シミュレーション辞典

日本シミュレーション学会 編

コロナ社

I 共通基礎

口絵 1　GPGPU（p.367）

II 電気・電子

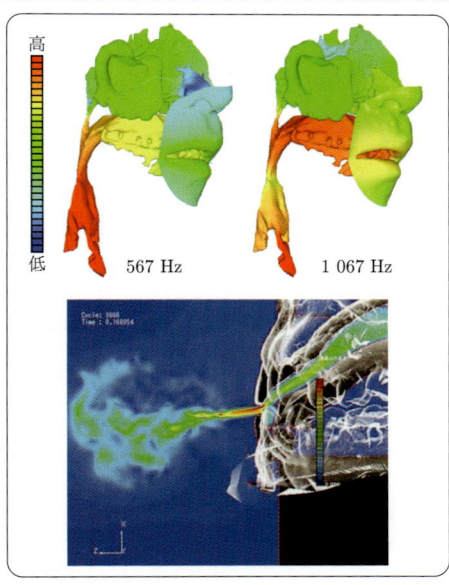

口絵 2　声道問題（p.178）

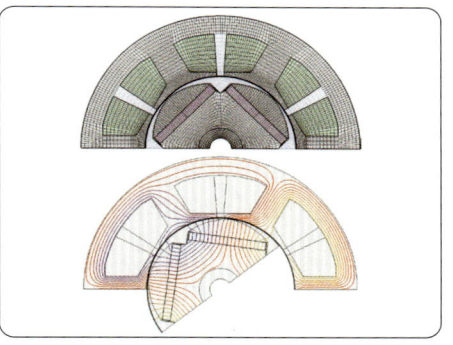

567 Hz　　1 067 Hz

口絵 3　モーター解析（p.331）

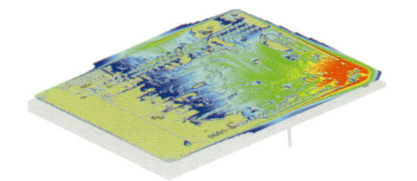

口絵 4　EMC 解析（p.364）

III 機械

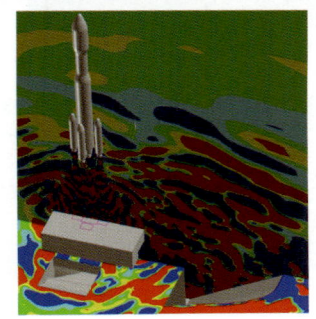

口絵 5　宇宙機の流体問題（p.20）

口絵 6　折紙工学（p.31）

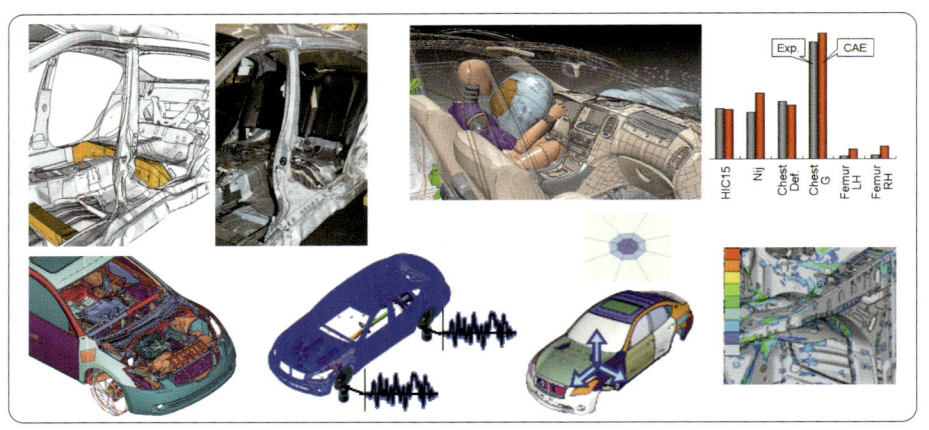

口絵 7　自動車の構造問題（p.128）

IV　環境・エネルギー

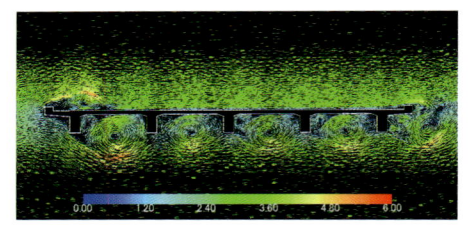

口絵 8　土木構造物（p.240）

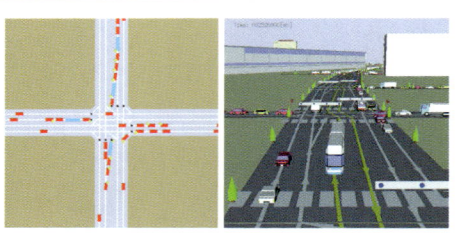

口絵 9　交通シミュレーション（p.101）

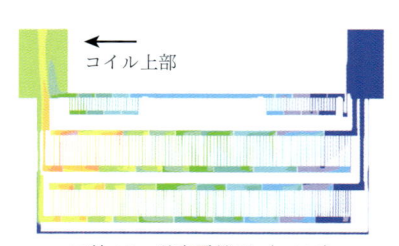

口絵 10　送変電機器（p.186）

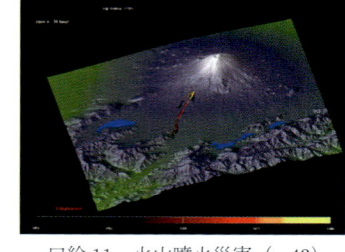

口絵 11　火山噴火災害（p.43）

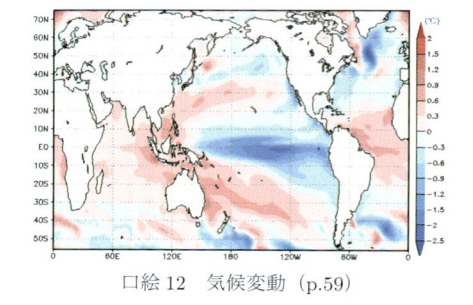

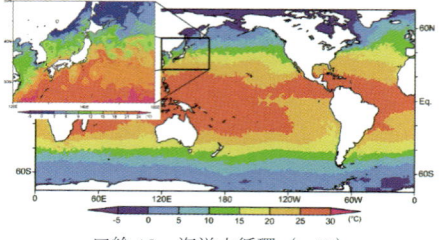

口絵 12　気候変動（p.59）

口絵 13　海洋大循環（p.36）

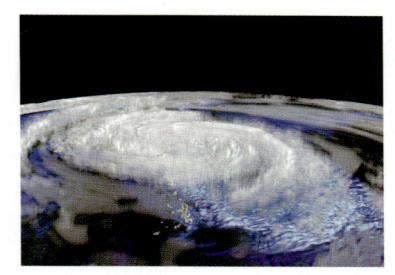

口絵 14 地球シミュレータ (p.202)

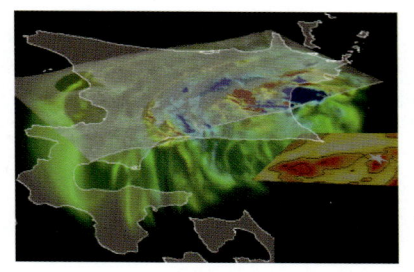

口絵 15 地震災害 (p.119)

V 生命・医療・福祉

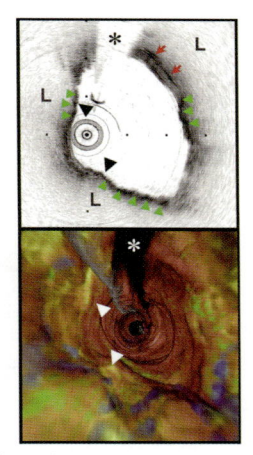

口絵 16 光コヒーレンストモグラフィ (p.271)

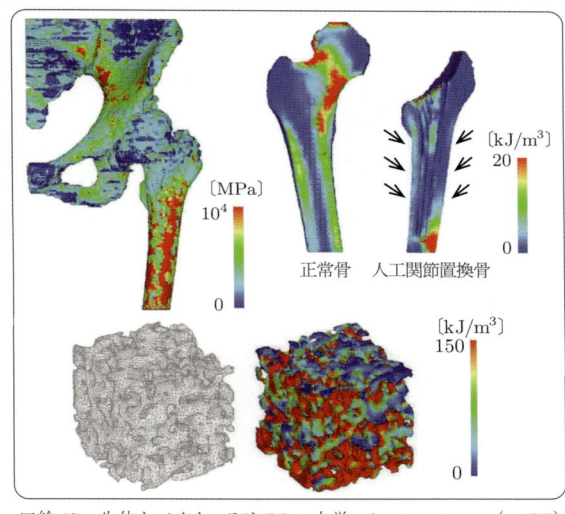

正常骨　人工関節置換骨

口絵 17 生体とバイオマテリアルの力学シミュレーション (p.175)

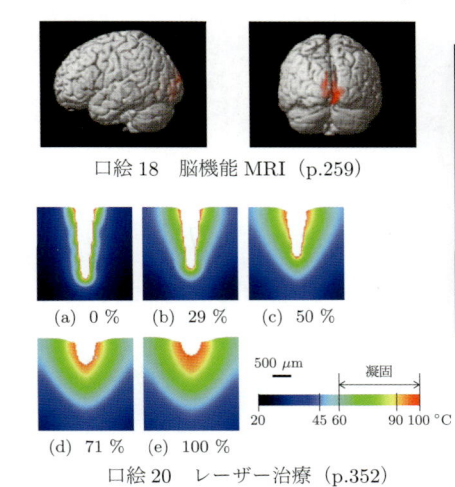

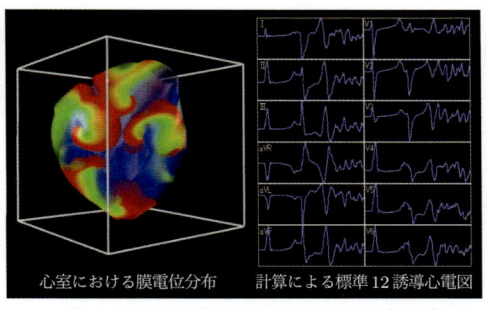

口絵 18 脳機能 MRI (p.259)

(a) 0 %　(b) 29 %　(c) 50 %

(d) 71 %　(e) 100 %

500 μm　凝固

20　45 60　90 100 °C

口絵 20 レーザー治療 (p.352)

心室における膜電位分布　計算による標準12誘導心電図

口絵 19 仮想心臓シミュレーション (p.45)

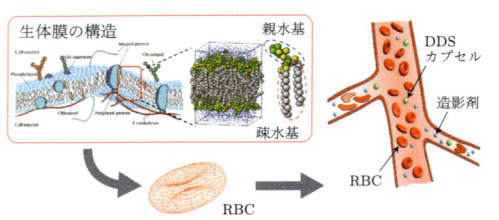

口絵 21 生体力学 (p.177)

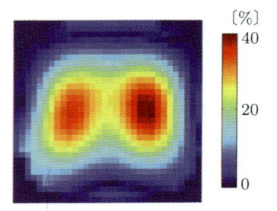

口絵 22 電気インピーダンストモグラフィ (p.216)

VI 人間・社会

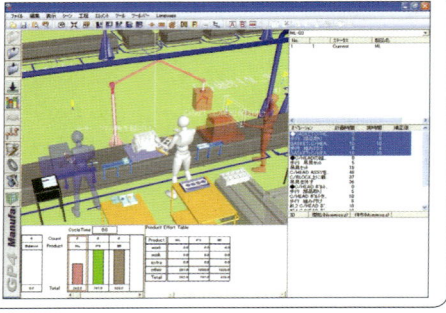

口絵 23 工程計画 (p.102)

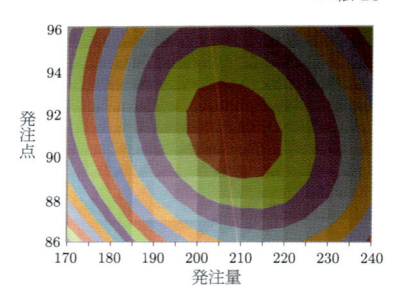

口絵 24 需給シミュレーション (p.141)

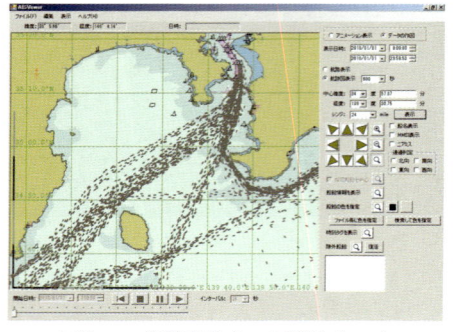

口絵 25 海難事故リスク評価 (p.35)

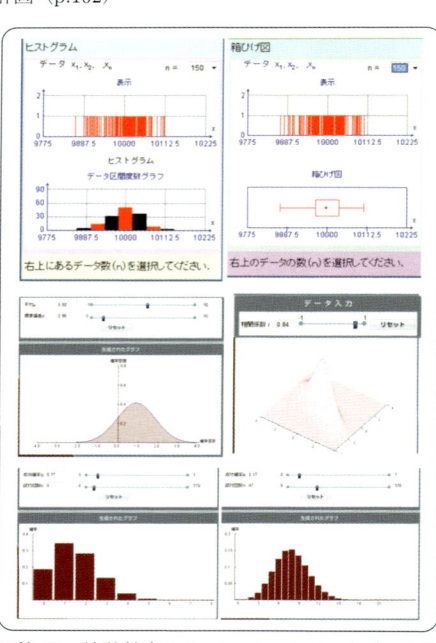

口絵 26 統計教育シミュレーションツール (p.229)

VII 可視化

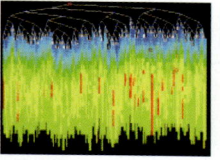

口絵 27 木構造データの情報可視化 (p.58)

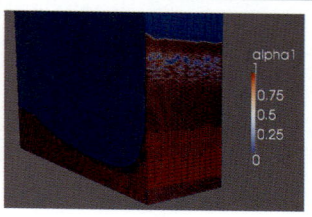

口絵 28 自然科学シミュレーションと情報可視化 (p.125)

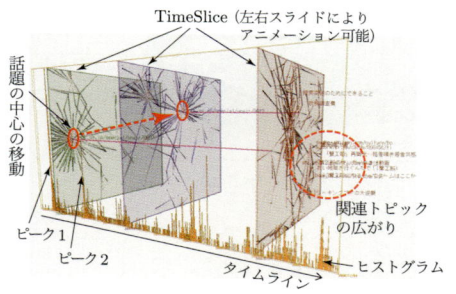

TimeSlice (左右スライドによりアニメーション可能)
話題の中心の移動
関連トピックの広がり
ピーク1
ピーク2
タイムライン
ヒストグラム

口絵 29 時系列データの情報可視化 (p.118)

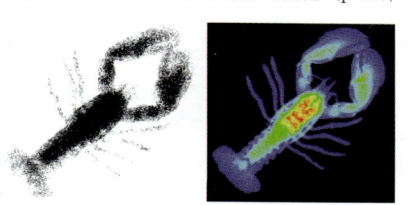

口絵 30 モンテカルロ法の可視化応用 (p.332)

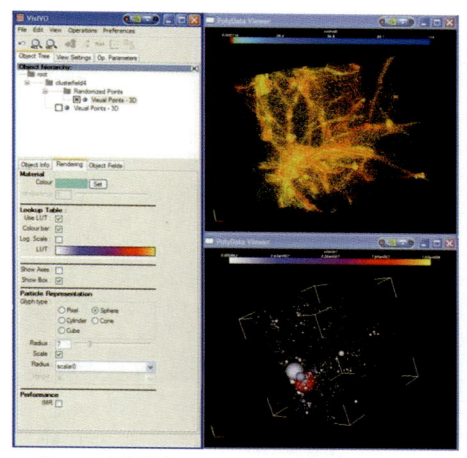

口絵 31 宇宙関連ビジュアルデータマイニング (p.17)

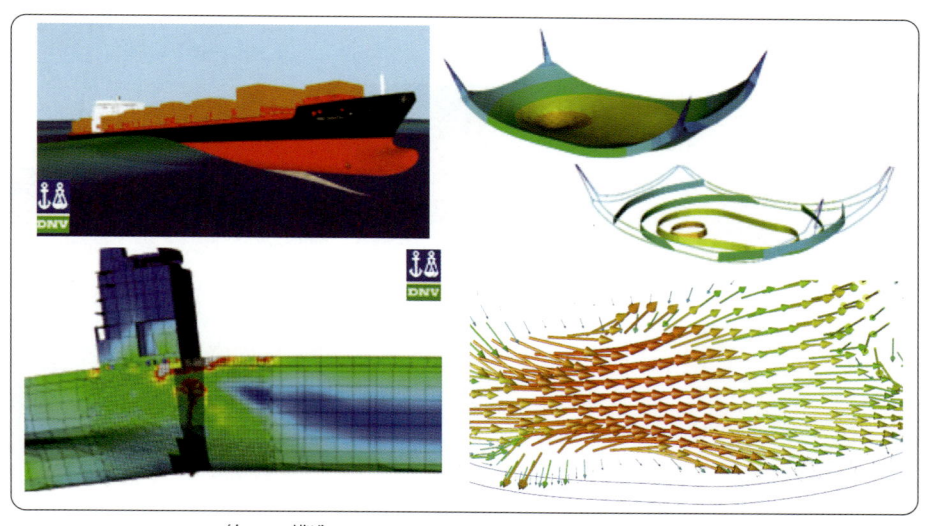

口絵 32 構造シミュレーションとボリューム可視化 (p.98)

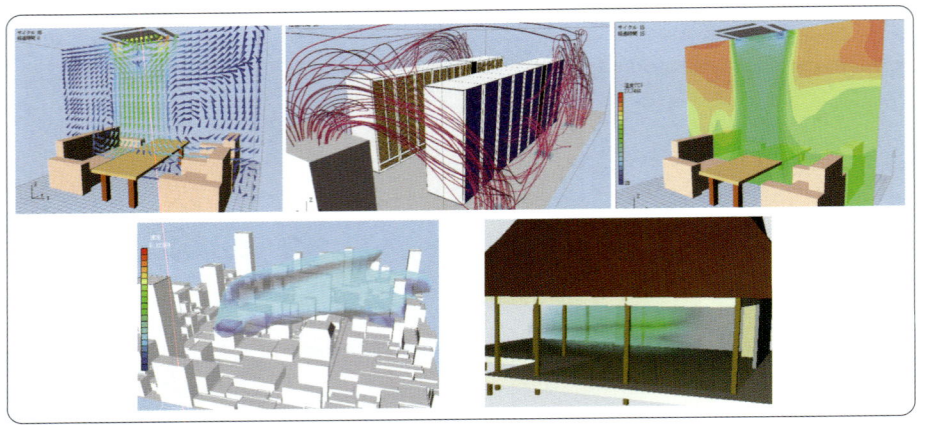

口絵33 流体シミュレーションとボリューム可視化 (p.346)

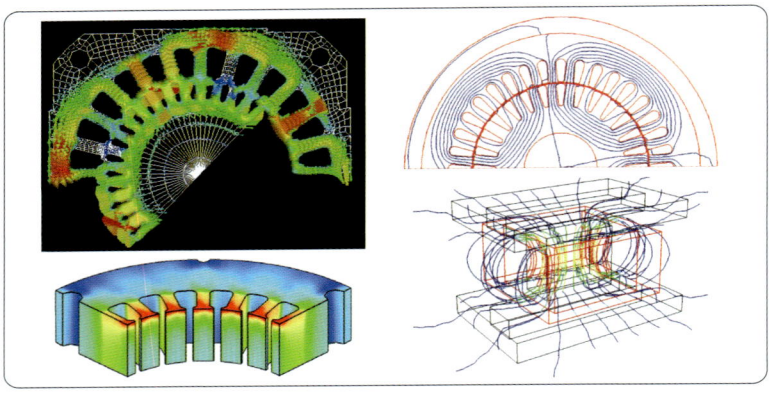

口絵34 電磁界シミュレーションとボリューム可視化 (p.219)

口絵35 複合現実感 (p.293)

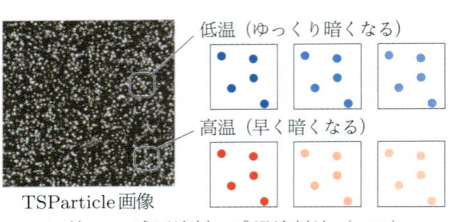

低温（ゆっくり暗くなる）
高温（早く暗くなる）
TSParticle画像
口絵36 感圧塗料・感温塗料法 (p.50)

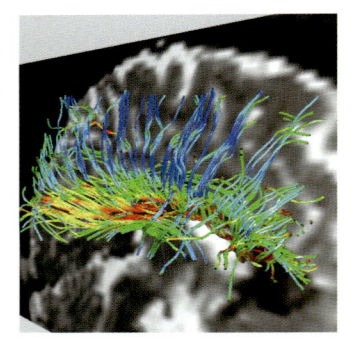

口絵37 テンソルボリュームデータの可視化 (p.223)

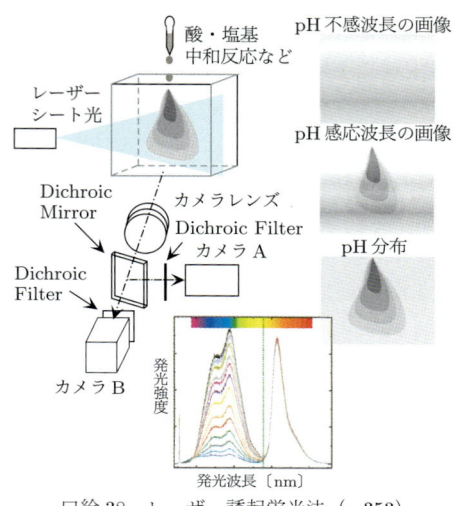

口絵 38　レーザー誘起蛍光法（p.353）

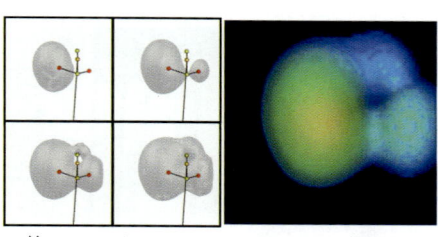

口絵 39　ビジュアルデータマイニングの基礎理論：位相解析（p.280）

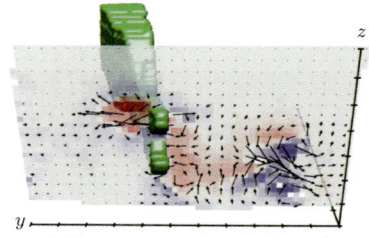

口絵 40　ステレオ PIV（p.167）

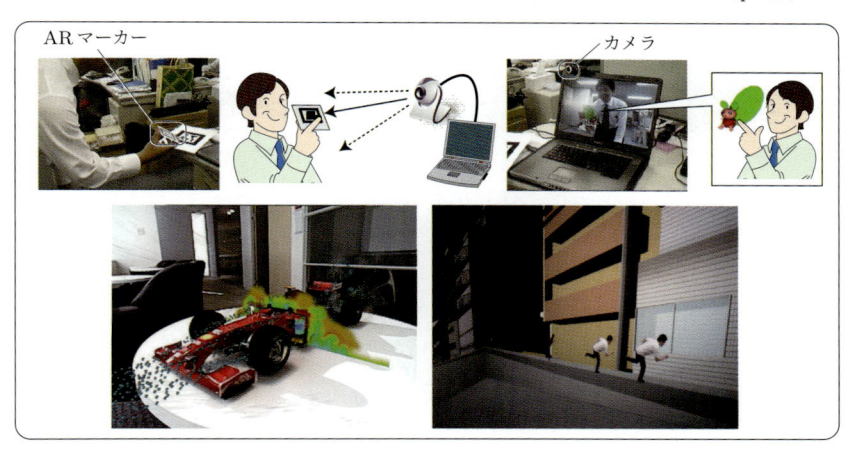

口絵 41　拡張現実感（p.38）

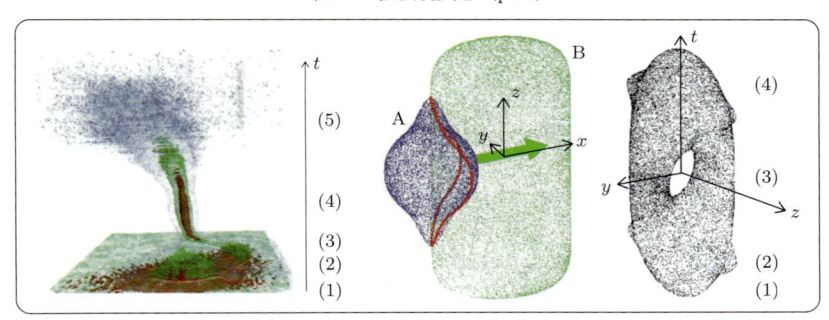

口絵 42　高次元シミュレーションと可視化（p.95）

口絵 43　CAD/CAE におけるバーチャルリアリティ（p.361）

口絵 44　マイクロ PIV（p.323）

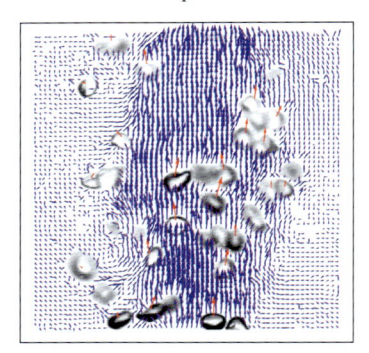

口絵 45　気泡影法（p.63）

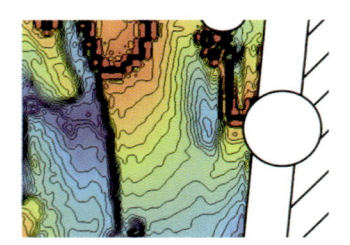

口絵 46　高速度 PIV（p.100）

VIII　通信ネットワーク

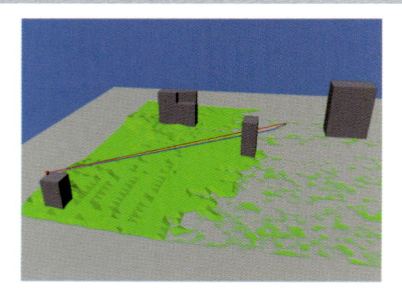

口絵 47　マイクロ・ミリ波無線システム（p.322）

まえがき

　シミュレーションとは，物理的に異なったシステムで他のシステムの振る舞いを予測したり評価したりするという意味である．理工学のシステムにおいて，物理系は微分方程式で記述されるので，同じ方程式で記述される他の物理系でどのような現象が起きるかを観測して振る舞いを予測することが，多様な組み合わせで行われてきた．

　例えば，与えられた微分方程式に従う電気回路を作って現象を予測する仕組みはアナログコンピュータと呼ばれ，一分野を形成している．オペアンプの技術革新によって，アナログコンピュータは非常に容易に作成できるようにもなっている．また，自動車や航空機の設計において，巨大な扇風機によって風の流れを作り，その中に対象の形状モデルを置いて，その空気力学的な特性を調べる風洞実験もシミュレーションである．2次元静電解を記述するラプラス方程式が2次元の定常流をも記述することを利用して，目に見えない電界の形成を流体場によって可視化するのもシミュレーションである．さらに異なる種類のシミュレーションとしては，例えば多次元空間内の図形の体積を疑似乱数によって計算するというような，モンテカルロシミュレーションがある．矩形の中に円盤を書き，ダーツをたくさん投げて，円盤内に入った数と全投擲数の比をとると，その比は円盤の面積と矩形の面積の比に収束していくであろう．これから円周率πを求めるのがモンテカルロシミュレーションの原理である．

　1940年代以前はこのようなシミュレーションが中心であったが，ディジタルコンピュータの発明以降は，物理現象を記述する方程式を差分法や有限要素法などによって離散化してコンピュータで解くことが広く行われるようになった．ムーアの法則に従うようなコンピュータの計算能力の指数関数的な向上に伴い，シミュレーションはディジタルコンピュータによる数値計算を指すことが最も多くなったといっても過言ではない．古典力学の方程式や量子力学系の方程式など，さまざまな物理系のディジタルコンピュータシミュレーションが行われるようになっている．そのために，特定の分野に特化した優れたシミュレーションソフトウェア（シミュレータとも呼ばれる）が誕生し，分野ごとにデファクト標準と見なせるものが確立していることもある．シミュレータのユーザはシミュレートしたい対象をシミュレータに入力し，その計算結果を受け取る．この場合にシミュレータは一種のブラックボックスとなる．

　さらに，人間が要素として入る社会系も，シミュレーションの対象として近年は大きくクローズアップされてきている．経済シミュレーション，政治の決定過程の合理性を示すためのシミュレーション，避難時の人間行動のシミュレーションなど枚挙にいとまがない．ゲーム理論などが利用されることも日常茶飯事であるが，実際に人間がゲームを行って社会事象をシミュレートする時代にもなっている．また，ウェブ技術の進展によって，ツイッターなどを通じてリアルタイムに人々の声が聞こえるようになり，情報通信技術とシミュレーションをリンクさせることも可能となった．当然のことながら，シミュレーションの過程や結果を人々にわかりやすく可視化することも行われている．

こうしてシミュレーションの関わる分野は非常に広範となり，その応用分野も広大となっている。医療や災害防止などへの活用も活発に行われている。また，物理実験の代わりとしてシミュレーションがそれを負担することも多くなった。

　本シミュレーション辞典は，本邦初のこの分野の中項目辞典として，以下のような趣旨で発刊するものである。

1. シミュレータのブラックボックス化に対処できるように，何をどのような原理でシミュレートしているかがわかることを目指す。そのため，数学と物理の基礎にまで立ち返って解説する。
2. 各中項目は1ページとして，その項目の基礎的事項をまとめ，また必ず文献を挙げてその分野をさらに調べようとするときの道しるべとする。すなわち，1ページという簡潔さをもってその項目の標準的な内容の提供を目指す。
3. 辞典であるので，五十音順に項目を並べるが，一方，各分野の導入解説として「分野・部門の手引き」を供し，ハンドブックとしての使用にも耐えうることを目指す。すなわち，その導入解説に記される項目をピックアップして読むことで，その分野の体系的な知識が身につくように配慮している。
4. 広範なシミュレーション分野を総合的に俯瞰することに注力している。どの分野を扱うかは「分野・部門の手引き」に譲るが，理工系から社会系，医学系，可視化などの分野に至る。シミュレーションの本質は，分野が異なっても同じ原理で現象を予測できることにある。広範な分野を総合的に俯瞰することによって，予想もしなかった分野へ読者を招待することも意図している。また，その相互の相似性にも感嘆の声を上げていただけるものと期待している。このような相互の相似性の認識が，真に創造的な次世代のシミュレーションの科学と技術を生むことを期待している。

　また，これは日本シミュレーション学会30周年を記念し，学会の総力をあげて，この広大なシミュレーション分野の基礎を体系的に記述するものである。

　本辞典の作成においてシミュレーション学会は多くの方々のお世話になった。まず，執筆をお引き受けいただいた多くの著者の方々にまず感謝したい。また，分野・部門の主査や幹事の方々にも厚く御礼申し上げる。また，執筆協力者の方々には著者の紹介などにご尽力をいただいたことを感謝する。最後に，コロナ社の方々のご尽力なくして本辞典は完成しなかった。厚く御礼申し上げたい。

　なお，本辞典は版を重ねるごとに精度を増し，信頼性を上げることを意図している。読者には忌憚のないご意見を寄せられることをお願いしたい。

2012年1月

大石進一

編集委員会

役　職	分　野	氏　名	所　属
編集委員長		大石進一	早稲田大学
分野主査	共通基礎	山崎　憲	日本大学
分野幹事	共通基礎	奥田洋司	東京大学
分野主査	電気・電子	寒川　光	芝浦工業大学
分野幹事	電気・電子	宮本良之	産業技術総合研究所
分野主査	機　械	萩原一郎	東京工業大学
分野幹事	機　械	小俣　透	東京工業大学
分野主査	環境・エネルギー	矢部邦明	東京電力株式会社
分野幹事	環境・エネルギー	勝野　徹	富士電機株式会社
分野主査	生命・医療・福祉	小野　治	明治大学
分野幹事	生命・医療・福祉	岡田英史	慶應義塾大学
分野主査	人間・社会	古田一雄	東京大学
分野幹事	人間・社会	和泉　潔	東京大学
分野主査	可視化	小山田耕二	京都大学
分野幹事	可視化	岡本孝司	東京大学
分野主査	通信ネットワーク	佐藤拓朗	早稲田大学

2012 年 1 月現在

部門主査一覧

	分野	部門	氏名	所属
I-1	共通基礎	数学基礎	大石進一	早稲田大学
I-2	共通基礎	数値解析	荻田武史	東京女子大学
I-3	共通基礎	物理基礎	小机わかえ	神奈川工科大学
I-4	共通基礎	計測・制御	井前 譲	大阪府立大学
I-5	共通基礎	計算機システム	谷 啓二	日本アドバンストテクノロジー
II-1	電気・電子	音 響	山崎 憲	日本大学
II-2	電気・電子	材 料	宮本良之	産業技術総合研究所
II-3	電気・電子	ナノテクノロジー	宮本良之	産業技術総合研究所
II-4	電気・電子	電磁界解析	五十嵐一	北海道大学
II-5	電気・電子	VLSI設計	福井義成	海洋研究開発機構
III-1	機 械	材料力学・機械材料・材料加工	都井 裕	東京大学
III-2	機 械	流体力学・熱工学	香川利春	東京工業大学
III-3	機 械	機械力学・計測制御・生産システム	岡村 宏	芝浦工業大学
III-4	機 械	機素潤滑・ロボティクス・メカトロニクス	小俣 透	東京工業大学
III-5	機 械	計算力学・設計工学・感性工学・最適化	萩原一郎	東京工業大学
III-6	機 械	宇宙工学・交通物流	田辺 誠	神奈川工科大学
IV-1	環境・エネルギー	地域・地球環境	河村哲也	お茶の水女子大学
IV-2	環境・エネルギー	防 災	淵 昌彦	東京ガス
IV-3	環境・エネルギー	エネルギー	矢部邦明	東京電力
IV-4	環境・エネルギー	都市計画	吉村 忍	東京大学
V-1	生命・医療・福祉	生命システム	小野 治	明治大学
V-2	生命・医療・福祉	生命情報	清水和幸	九州工業大学

V-3	生命・医療・福祉	生体材料	三林浩二	東京医科歯科大学
V-4	生命・医療・福祉	医療	岡田英史	慶應義塾大学
V-5	生命・医療・福祉	福祉機械	大日方五郎	名古屋大学
VI-1	人間・社会	認知・行動	菅野太郎	東京大学
VI-2	人間・社会	社会システム	寺野隆雄	東京工業大学
VI-3	人間・社会	経済・金融	和泉　潔	東京大学
VI-4	人間・社会	経営・生産	渡邉一衛	成蹊大学
VI-5	人間・社会	リスク・信頼性	松岡　猛	宇都宮大学
VI-6	人間・社会	学習・教育	玉木欽也	青山学院大学
VI-7	人間・社会	共　通	古田一雄	東京大学
VII-1	可視化	情報可視化	伊藤貴之	お茶の水女子大学
VII-2	可視化	ビジュアルデータマイニング	藤代一成	慶應義塾大学
VII-3	可視化	ボリューム可視化	小山田耕二	京都大学
VII-4	可視化	バーチャルリアリティ	牧野光則	中央大学
VII-5	可視化	シミュレーションベース可視化	田中　覚	立命館大学
VII-6	可視化	シミュレーション検証のための可視化	岡本孝司	東京大学
VIII-1	通信ネットワーク	ネットワーク	小野里好邦	群馬大学
VIII-2	通信ネットワーク	無線ネットワーク	佐藤拓朗	早稲田大学
VIII-3	通信ネットワーク	通信方式	嶋本　薫	早稲田大学

2012年1月現在

執筆者一覧

相澤りえ子	愛野成幸	青井　真	青木尊之	青木伸俊
朝田洋雄	芦原貴司	安達泰治	足立吉隆	阿波根明
荒木敏弘	飯塚　聡	五十嵐一	池田（向井）有理	池田久利
石井克哉	石垣　綾	石川正明	石橋章司	石原裕二
和泉　潔	伊藤建一	伊藤貴之	伊東　拓	伊藤正彦
稲垣敏之	稲田　慎	井上　諭	井上剛伸	井前　讓
今村文彦	岩松　勝	巖見武裕	岩見達也	岩本正実
上中隆史	魚住　超	氏家良樹	宇治橋貞幸	牛場潤一
臼井英之	内山孝憲	浦久保秀俊	近江雅人	大石進一
大石雅寿	大川晋平	太田　順	大谷　実	大槻知明
大西慶弘	大野暢亮	大林　茂	大森敏明	大山　力
岡田英史	岡田和則	岡田賢治	岡田　裕	岡部洋二
岡村　宏	岡本　剛	岡本吉史	荻田武史	小木哲朗
奥野恭史	尾暮拓也	長田直樹	小野　功	小野　治
小野謙二	小野﨑保	小野倫也	小畠隆行	帯川利之
大日方五郎	小俣　透	貝原俊也	香川利春	梶田秀司
樫山和男	柏木雅英	梶原逸朗	門信一郎	金井　靖
金谷泰宏	金山　寛	兼田敏之	河合弘泰	川勝康弘
川口達也	川口秀樹	川口拓之	川嶋健嗣	河西憲一
河野龍太郎	川端裕一	川原亮一	河村庄造	河村拓馬
神田　学	菅野太郎	雉本信哉	北尾彰朗	北岡哲子
北澤大輔	北嶋龍雄	北村達也	木村彰徳	木本昌秀
日下博幸	工藤博之	國上真章	久保田周治	久米秀樹
倉田博之	倉橋節也	黒須　茂	黒田真也	小池英樹
髙　炎輝	合田義弘	香山正憲	小柴正則	小西　聡
小林　修	小松敬治	小山田耕二	斉藤和雄	坂井忠裕
榊原　潤	坂根栄作	坂本尚久	櫻井鉄也	酒匂一成

佐々木節	佐々木貴規	佐々木誠	佐藤彰洋	佐藤勲
佐藤和則	佐藤俊一	佐藤拓朗	佐藤威	佐藤文俊
眞田一志	寒川光	佐和橋衛	獅子堂達也	篠田淳一
篠原恭介	嶋田総太郎	嶋田有三	嶋本薫	清水太郎
清水信行	下田宏	下村卓	下山幸治	肖鋒
白井宏明	白山晋	進士忠彦	忻欣	新藤孝敏
杉野修	杉原正顯	鈴木克幸	鈴木昌弘	瀬々潤
背戸一登	曽我部正道	染矢聡	髙木周	髙木亮治
鷹羽浄嗣	髙橋英一	髙橋桂子	髙橋恒一	髙橋成雄
髙橋真吾	髙橋裕樹	髙橋康人	田川和義	滝川雅之
竹中毅	田坂修二	田中英一郎	田中覚	田中哲平
田中弘美	田邊國士	谷川ゆかり	谷口治人	谷啓二
田端正久	田村兼吉	田村裕	田村義保	千葉晶彦
千葉敏	辻村泰寛	土田英二	土屋隆生	土屋卓也
綱島均	手嶋教之	寺野隆雄	土井章男	都井裕
東塚知己	東藤貢	徳田清仁	徳田伸二	戸田祐嗣
轟章	富田孝史	富永禎秀	富山潤	鳥海不二夫
内藤尚	内藤泰宏	直島好伸	長岡栄	中尾充宏
中沢一雄	長澤幹夫	中島宏	仲田晋	長藤かおり
中野敬介	中野純司	長松昭男	中村元	中村昌弘
中山剛	奈良高明	西川雅章	西野成昭	西村直志
布目敏郎	根武谷吾	野口聡	野中謙一郎	萩原一郎
橋本省二	橋本康弘	長谷和徳	長谷川恭子	長谷川剛
長谷川均	畠中清史	濱崎公男	原井洋明	原口亮
原田博司	姫野龍太郎	兵頭志明	平川保博	廣瀬通孝
深川良一	福井伸太	福井義成	藤井秀樹	藤岡寛之
藤代一成	藤田英輔	藤田和広	藤田喜久雄	藤田壽憲
藤中透	藤原一毅	藤原義久	淵昌彦	古川修
古田一雄	細部博史	本名信行	本間俊充	牧勝弘
牧野淳一郎	真木雅之	正本和人	増井忠幸	増田直紀
升本順夫	松井藤五郎	松岡猛	松尾哲司	松田三知子
松野浩嗣	松原繁夫	松本充司	三浦純	三末和男
水田忍	水野貴之	水野誠	三井斌友	三巻利夫

宮内　敦	三宅　隆	宮澤泰正	宮田健治	宮田悟志
宮地英生	宮村浩子	宮本良之	宮脇和人	村岡裕明
村松鋭一	村松和弘	望月隆史	森川良忠	森　忠宏
森村浩明	門伝徳久	矢城陽一朗	柳本　潤	矢野澄男
矢花一浩	八巻直一	山崎　憲	山崎　徹	山田博司
山田幸生	山田吉英	山本章夫	山本　潮	山本　徹
山本　肇	雪島正敏	横山速一	由川　格	吉田憲司
吉野秀明	吉村　忍	吉本芳英	若槻尚斗	渡邉一衛
渡辺一帆	渡邉國彦	渡辺浩太	渡辺　淳	渡辺美智子
渡部善隆	綿貫啓一	Jonas Aditya Pramudita		

執筆協力者

涌井　一	藤井裕矩	久保田啓一

分野・部門の手引き

■ I 分野：共通基礎

シミュレーションはきわめて広範な分野を担保する技術であり，それを活用するには各分野の専門領域の知識はもちろん必要だが，それだけでは十分でない．一般に現場で得られたデータは複雑で難解であるから，専門知識を真に活用するには，その知識を組み込む数値解析法やコンピュータシステム技術の理解が必須である．そこで本分野では，諸分野において共通する項目について，「数学基礎」，「数値解析」，「物理基礎」，「計測・制御」，「計算機システム」の5部門を取り上げて解説している．

【I-1 部門】数学基礎

シミュレーションを行うための数学的な基盤を与えるのは「関数解析」（p.51）である．この部門では，まず関数解析を線形から非線形まで解説している．つぎに，有限要素法の基礎となる「ソボレフ空間と数値計算」（p.190）の関係について述べる．さらに，理工学のモデル方程式として微分方程式が重要であることから「微分方程式と数値計算」（p.289）について説明する．その後，周波数解析などで重要「フーリエ解析」（p.292）の数学的基礎を論じる．続く「数値線形代数」（p.163）は数値計算の基礎，「最適化」（p.110）は工学的設計の基礎である．そして，「統計」（p.228）における数値計算技法についてまとめる．最後に，世界のモデルを帰納的に構築するための「統計的学習機械」（p.231）について解説する．

【I-2 部門】数値解析

数値解析学は，微分方程式などが対象とする問題を数値的に解析する学問であり，計算機による「数値計算と浮動小数点演算」（p.161）が基礎である．数値計算の適用範囲は非常に多岐にわたるが，直接的なものとしては，数値線形代数（p.356「連立1次方程式」，p.67「行列の固有値問題」），「非線形方程式」（p.287），微分方程式（p.148「常微分方程式の初期値問題」），「数値積分」（p.162）が代表的である．さらに，偏微分方程式の数値解法として，「有限差分法」（p.334），「境界要素法」（p.65），「有限要素法」（p.335），「CIP法」（p.363）のような，さまざまな離散化手法がある．「ベクトルと行列のノルム」（p.306）は数値線形代数の分野において，「補間と直交多項式系」（p.312）の概念は数値積分の分野において，それぞれ重要な役割を果たす．また，数値計算の途中で現れるさまざまな誤差を厳密に評価する「精度保証付き数値計算」（p.179）に，近年注目が集まっている．

【I-3 部門】物理基礎

本部門では，物理学におけるシミュレーション手法のうち，原子炉やプラズマのシミュレーション手法，および物性物理学や素粒子物理学の分野における代表的なシミュレーション手法を紹介している．原子炉関係では，「原子炉物理」（p.88），「放射線輸送」（p.311）の各中項目で原子炉まわりのシミュレーション手法を概説し，「核物理」（p.39）で原子核を構成する粒子のシミュレーション手法に

ついて述べる．プラズマ関係では「プラズマ物理」(p.299), 「太陽風」(p.196) の各中項目で，その分野におけるシミュレーション手法を概観している．素粒子物理学関係では「量子色力学」(p.349) でこの分野の最先端の手法を紹介している．「量子力学の基礎方程式」(p.350), 「分子軌道法」(p.304), 「密度汎関数法」(p.327) では，物性物理学やナノテクの分野で使われる分子・原子のシミュレーション手法について述べている．

【I-4 部門】計測・制御

計測過程は逆問題と関わりがあるとされる．はじめに，逆問題を考慮した「計測原理」(p.84), および「計測技術」(p.83) を取り上げる．つぎに，計測と制御の融合 (p.329「メカトロニクスとディジタル制御」) を通して，制御系設計に必要な項目を紹介する．具体的には，制御対象に関するもの (p.184「線形モデル」)，安定性に関するもの (p.4「安定性」)，非線形系を視野に入れたもの (p.340「リアプノフ安定」)，線形系設計手法の代表的なもの (p.111「最適レギュレータ」)，状態の情報が不完全なもの (p.29「オブザーバ」)，雑音などの確率現象を含むもの (p.49「カルマンフィルタ」)，数値計算に基づくもの (p.369「LMI 設計」) などを扱う．

【I-5 部門】計算機システム

計算機シミュレーションが実験と理論に続く第3の科学の位置を占めるようになって久しい．この間，ユーザのアプリケーションもその規模や内容に大きな拡がりを見せ，それに伴って必要な計算機もさまざまな方式が展開されつつある．本部門では，計算機システムの歴史の中で重要な役割を果たしてきた，米国主導の「スカラ超並列計算機」(p.164) と日本主導の「ベクトル並列計算機」(p.307) に加え，アプリケーションは限定されるが特定の分野で優れたパフォーマンスを発揮する「専用計算機」(p.185)，既存のパーツを使って組み立てられる Do-It-Yourself 型の「PC クラスタ」(p.371), また，最近話題になっている「GPGPU」(p.367), およびマルチフィジクス，マルチスケールのアプリケーションをターゲットとする「複合（ハイブリッド）システム」(p.295) を扱う．一方，ネットワークを介した計算機システムの利用形態にも大きな変化が起こりつつある．基本的な「グリッドコンピューティング」(p.72) に加え，「クラウドコンピューティング」(p.71) が最近注目されつつある．最後に，これらの計算機システムのいずれにおいてもその活用に不可欠な「データストレージ」(p.211) の動向についても扱う．

■ II 分野：電気・電子

電気・電子分野においては，古典解析と量子解析が主要な役割を果たす．古典解析においては，スカラ場の解析とベクトル場の解析が中心をなし，前者としては音場解析，後者としては電磁界解析が主要な対象となる．本分野では，音場解析については「音響」部門，電磁界解析については「電磁界解析」部門をおいて解説している．また，電磁界解析から回路解析が派生したが，それを含む分野の解説として，現代のディジタル社会を支える「VLSI 設計」部門を置いた．また，回路素子などのもととなる材料系は，量子解析が古典解析とともに重要となる．これを「材料」部門で解説する．ナノデバイスは材料系として近年注目を集めているので，この分野を特に取り出して「ナノテクノロジー」部門を置いた．

【II-1 部門】 音響

音場の支配方程式（波動方程式）はFDTD法によって離散化して解くことができる（p.365「FDTD法による音場シミュレーション」）。また，等価な電気回路に置き換えて分布定数として扱う伝達線路行列法によって解くこともできる（p.224「伝達線路行列法の波面合成法への応用」）。定常解を求める場合は，ヘルムホルツ方程式を有限要素法で扱う。有限要素を用いると，構造解析のように，非定常問題も扱える（p.336「有限要素法による音場シミュレーション」）。これらの手法は「声道問題」(p.178)，「聴覚」(p.204)や「楽器」(p.46)のシミュレーション，「音声合成」(p.33)に応用されている。また，「音場の可視化と音源の同定」(p.32)では，境界要素法を用いて開放領域を扱う。

【II-2 部門】 材料

本部門では，量子力学におけるナノスケールの物理現象の解明から，統計力学による熱的平衡状態および非平衡状態の記述まで，さまざまな次元の現象を扱い，理解することが要求される。量子力学的数値計算では，電子の多体問題を扱うシュレディンガー方程式を近似する密度汎関数理論を基礎とした数値計算により，凝集系を扱う。密度汎関数理論の数値計算を実行する際に，基底状態のみならず励起状態の精度を向上させるために必要な工夫として，「電子励起エネルギーの計算手法」(p.222)も進歩している。また，統計力学的熱平衡状態を効率的に精度良く記述するために確率過程を取り入れた分子動力学計算手法，すなわち「統計力学的手法による分子動力学計算」(p.232)が進む一方で，非断熱現象を扱うための電子の時間依存の扱いを取り入れた「非断熱動力学シミュレーション」(p.288)も発達している。また，特別な性質を持つ材料「誘電体」(p.337)，「GaN中不純物」(p.366)，「磁性半導体」(p.123)，「SiC粒界構造」(p.374)において，それらの材料を精度良く数値シミュレートするためのノウハウも事例ごとに必要になっている。

【II-3 部門】 ナノテクノロジー

ナノテクノロジー部門において，複雑化する材料に対応した大規模計算の手法「オーダーN法」(p.28)を発達させることは重要である。また，材料の性質に基づいて，電子部品として利用される材料の性能「電気伝導」(p.218)と「磁気構造」(p.115)をできるだけ精度良く見積もることが，エレクトロニクス産業から求められている。一方で，エネルギー関連材料におけるエネルギー蓄積機構や材料劣化機構を説明するための材料シミュレーション（p.368「Liイオン電池」，p.258「燃料電池」）も，今後ますます重要になっていく。それらのシミュレーションの基盤技術となるシミュレーション技術「電気化学反応」(p.217)は，環境技術に重要な光触媒反応のミクロな機構をシミュレートする場合「光触媒設計」(p.272)にも重要となる。材料の加工方法の一つとして，最近高強度レーザー光照射を利用した加工方法に注目が集まっている。高強度の光電場と物質の相互作用の解明が待たれており，対応するシミュレーション技術「高強度レーザーと物質の相互作用」(p.90)が重要な役割を果たす。

【II-4 部門】 電磁界解析

電磁界解析では「電磁界の離散化」(p.220)の方法をもとに，離散化されたマクスウェル方程式を導く。解くべき問題によって，変数の選び方や周波数による電磁界の形態の変化（p.172「静磁界解析」，p.15「うず電流解析」，準定常電磁界解析，高周波電磁界解析など）にバラエティが多い。また，設計に必要となる物理量も設計対象によってさまざまであるため，数値解析手法も，FDTD法，有限要素

法，モーメント法，境界要素法など多岐にわたる．応用面では，電磁波を局所的に閉じ込め，任意の方向に導く「誘電体導波路解析」（p.338）と「光ファイバ解析」（p.274），モーメント法が有効な「アンテナ解析」（p.5），電子デバイスの高周波数化で重要性を増した「EMC 解析」（p.364），低周波数であるが高い効率を求められる「モーター解析」（p.331）のほかに，新しい解析対象である「超電導解析」（p.206）と垂直磁気記録方式の「磁気ヘッド解析」（p.116）を紹介する．「磁性材料モデリング」（p.122）はヒステリシス特性の扱い方を，「電磁力計算」（p.221）は電磁力の計算手法を解説する．最後に，電磁界解析で数値計算手法が進化している話題として，境界要素法に「高速多重極法」（p.99）を適用する例と，共役勾配法で「マルチグリッド法」（p.325）を応用する例を加えた．

【II-5 部門】VLSI 設計

VLSI によるディジタル回路の設計では，論理回路の機能の検証を「ロジックシミュレーション」（p.358）で行う．つぎに，回路の遅延時間を考慮する「タイミングシミュレーション」（p.195）を行う．最後に，電子回路的に正しく動作するかどうかを調べる「回路シミュレーション」（p.37）を行う．一方，MOSFET レベルでの半導体素子のデバイス動作は，キャリア（電子と正孔）の流れを解く「半導体デバイスシミュレーション」（p.269）によって解析し，半導体デバイスの製造工程（製膜，加工，熱拡散，不純物ドーピングなどの工程）は「半導体プロセスシミュレーション」（p.270）によって解析する．

■ III 分野：機械

機械分野においては通称3力と称されているとおり，本辞典でも「材料力学・機械材料・材料加工」部門，「流体力学・熱工学」部門，「機械力学・計測制御・生産システム」部門を設けた．これらの縦糸に対し，横糸として，「機素潤滑・ロボティクス・メカトロニクス」部門，「計算力学・設計工学・感性工学・最適化」部門を設けた．そして，代表的な産業応用事例として，「宇宙工学・交通物流」を取り上げた．

機械分野のシミュレーションでは，有限要素法や有限差分法，境界要素法などを用いた計算力学が中心である．計算力学は，当初自動車産業が牽引した．これは，衝突試作車は1台数千万から1億円と高価であり，システムによってそれより安価に弾塑性，座屈などの検討ができれば十分ペイしたためである．計算力学の材料問題への本格的な応用を皮切りに，流体力学・熱工学や機械力学までシミュレーションの範囲が拡大し，いまやナノ・バイオなどへ応用の拡大が進むとともに，手法の深化もなされている．また，これらの解析をさらに有効にするための最適化法や，設計に落とし込む設計工学，また，計算力学の最後の砦に位置付けられる，感性の問題への盛んな試みなどを紹介する．

【III-1 部門】材料力学・機械材料・材料加工

材料力学においては，「非線形構造解析」（p.286）により，弾塑性，座屈などを考慮した非線形構造挙動，さらには慣性力の影響を考慮した「動的応答」（p.233）が，有限要素法により計算される．さまざまな制約条件下で，応力，変位などの目的関数を最小化する設計変数（構造寸法など）を求める手法が「構造最適設計」（p.97）である．構造応答に伴う材料損傷，き裂の発生・伝播などの破壊挙動は，「連続体損傷力学」（p.355）および「破壊力学」（p.268）などにより評価される．結晶，原子・分子スケールなどの微視的材料挙動の解明には「ナノ・マイクロメカニクス」（p.244）が適用される．機械

材料に対しては，FRP などの「複合材料」(p.294)，センサネットワークやアクチュエータ材料を組み込んだ「スマート構造材料」(p.169) の開発が，シミュレーションの支援のもとに進められている。材料加工は，プレス成形，鍛造，圧延などの「塑性加工」(p.188) と，切削，研削，研磨などの「機械加工」(p.55) に大別してシミュレーション技術開発が行われている。

【III-2 部門】流体力学・熱工学

流体力学および熱分野ではきわめて多くの分野に関連し，産業分野環境生活福祉の分野にも多くの応用の紹介が行われている。「油圧システム」(p.333) は油圧システムの基本である油圧機器要素のモデリングから解説し，さまざまなツールを紹介している。「空気圧システム」(p.70) は空気の持つ圧縮性のモデリングの重要性を指摘し，各要素のモデリングとツールを紹介している。「流体シミュレーション」(p.345) では，一般的に CFD と呼ばれる数値流体計算における，さまざまな数学モデルのわかりやすい解説を行い，また離散化法を説明している。さらに，本部門では，非線形特性を有する「粘弾性流体の流動」(p.257)，インクジェットへの応用が重要な「自由表面流れ」(p.140) や「乱流燃焼現象」(p.339) についても，きわめて有効な解説を行っている。

【III-3 部門】機械力学・計測制御・生産システム

機械力学・計測制御分野における動的挙動に関する検討として，モデルの圧縮やビジュアル化が可能な「振動モード」(p.158) の解析手法が振動解析の中核にあり，実験モード同定や予測技術として大自由度系にも適用されている。振動の抑制に関するシミュレーション技術としては，動吸振器に関する受動・能動・多重化等手法の複雑化に多用されている (p.142「受動型動吸振器」)。特に，「能動振動制御」(p.262)，「能動音響制御」(p.261) の分野では，対象の正確なモデル化と適応制御アルゴリズムの組合せをチューニングする必要があり，シミュレーションが欠かせない。さらに，「吸音・制振構造」(p.64) では，各種低減手法のシミュレーションの適用が欠かせない。

対象別に見てみると，ロボット等の機構運動を伴う機械系での「マルチボディダイナミクス」(p.326) が複雑な挙動の把握，対策に有効である。また，エネルギー変換装置として重要な回転機械は，高速回転時の安定のために軸径の連成モデルの活用が有効である (p.34「回転系安定性，軸・軸受・構造連成モデル」)。

機械の「大規模構造・複合領域」(p.192) のシミュレーションは，複雑化される製品の開発には不可欠である。すなわち，数千万自由度モデルや非線形，き裂の進展，アッセンブリモデル等に対応するために，行列の縮退，分散並列処理，連成解析などの手法が取り入れられている。構造の複雑化や高周波領域では，「統計的エネルギー解析法」(p.230) があり，振動エネルギーのバランス，伝達を予測する手法が精度を向上させている。人体に関する分野でのシミュレーションは，「スポーツ工学」(p.168) として人体や環境との連成を含め器具の機能の向上に寄与する手法として活用され，また，人体のダメージに関する「人体モデル」(p.157) は，ディジタル化によるモデルの構築と検討に利用されている。

生産システムでは，製品のものづくり支援シミュレーションとして，「ディジタル開発」(p.210) と称するコンピュータ上でのモデル化により，実際のモノがない段階での検討が進んでいる。同様に，「製造ライン」(p.173) に関しても，作業時間，作り込みやコストダウン等の付加価値を生み出すためのシミュレーションがあり，最適化を目指している。「加工システム」(p.41) では，切削，プレス，溶

接などでそのメカニズムのシミュレーションが進み，実績をあげつつある．

【III-4 部門】機素潤滑・ロボティクス・メカトロニクス

本部門では，歯車，ねじ，軸受などの「機械要素」(p.56) に関するシミュレーションを紹介し，機械要素から構成され機械の駆動部である機構に関して，幾何学的，力学的，強度的な観点からのシミュレーションを説明する (p.57「機構学」)．また，摩擦，磨耗，潤滑などを扱う「トライボロジー」(p.242) に関するシミュレーションを説明する．ロボティクスに関しては，「移動ロボット」(p.8)，「歩行ロボット」(p.315)，「ロボットマニピュレータ」(p.360)，メカトロニクスに関しては，「視覚情報処理」(p.113)，「位置決め制御」(p.6) のシミュレーションを紹介する．メカトロニクスでは，このほかに「流体力学・熱工学」部門，「電磁界解析」部門などに関連する中項目があるので参照してほしい．

【III-5 部門】計算力学・設計工学・感性工学・最適化

本部門では，まず計算力学から「構造工学」(p.96)，および流体・バイオ・ナノテクノロジー（p.82「計算力学（流体）」，p.81「計算力学（バイオ）」，p.80「計算力学（ナノテクノロジー）」），そして「シンキング CAE」(p.153) を取り上げた．また，設計工学からは，「設計工学」(p.181) のほか，「リバースエンジニアリング」(p.342)，「デザイン科学」(p.212)，「ロバスト設計」(p.359) を取り上げた．感性工学からは，「感性工学」(p.52) のほか，「癒し工学」(p.9)，「折紙工学」(p.31)，「協調工学」(p.66) を取り上げた．最適化から「感度を使った最適化」(p.54)，「応答曲面法による最適化」(p.26) を取り上げた．

【III-6 部門】宇宙工学・交通物流

本部門では，その主要な産業分野に対応して，宇宙機，航空機，鉄道，自動車に関するシミュレーションの紹介を行う．宇宙機では，「宇宙機の熱・構造問題」(p.19)，「宇宙機の流体問題」(p.20)，「宇宙往還機の飛行」(p.16)，「宇宙機の運動」(p.18) について，航空機では，「航空機の構造問題」(p.91)，「航空機の流体問題」(p.93)，「航空機の飛行」(p.92) について，鉄道では，「鉄道の構造問題」(p.214)，「鉄道の流体問題」(p.215)，および次世代の高速鉄道である「超電導磁気浮上式鉄道」(p.207) について，また自動車では，「自動車の構造問題」(p.128)，「自動車の流体問題」(p.130)，「自動車の騒音」(p.129) について，シミュレーションの現状と動向を概説する．

■ IV 分野：環境・エネルギー

環境関係では，物理的にも時間的にも大きなレベルで流体などをシミュレートする必要があるが，海洋・河川・都市など場所ごとのモデルと，地球レベルのさらに大きなモデルが必要なシミュレーションを「地域・地球環境」部門で解析対象ごとに取り上げた．応用面では，特に東日本大震災後，安全・安心のためのシミュレーションが注目されており，地震・津波・雷など災害種別ごとに「防災」部門で取り上げた．「エネルギー」部門は，電力と都市ガスに絞って，供給から利用までの，熱・流体・電磁界の挙動や，安全・安定性の解析などについて概要のみを取り上げている．また，都市インフラとして共通する技術を「都市計画」部門で取り上げた．

本分野は，「共通基礎」「電気・電子」「機械」分野のほか，特に「人間・社会」分野と密接に関わっている．併せて関連項目を参照してほしい．

【IV-1 部門】地域・地球環境

地域・地球環境は流体（気体と液体の総称）と密接に関連している。流体の運動は，非線形の支配方程式（ナヴィエ・ストークス方程式）を数値的に解くことにより，また，流体による熱や物質の輸送は，流速をもとに移流拡散方程式を解くことによりシミュレートできる。流体の中で，大気（気体）に関連する話題として，スケールが小さい順に「流体騒音」(p.347)，「粒子飛散現象」(p.344)，「微気象」(p.276)，「都市気候」(p.238)，「大気汚染物質の輸送」(p.191) がある。この中で流体の圧縮性が問題になるのは流体騒音で，シミュレーション手法が他のものとは異なる。また水や海水（液体）に関連する話題として，スケールの小さい順に「河川環境」(p.44)，「湖沼環境」(p.105)，「沿岸環境」(p.25)，「沿岸海流」(p.24) がある。「地下環境」(p.200) も多孔質中の流体の運動と見なすことができる。「気象予測」(p.60)，「海洋大循環」(p.36)，「地球温暖化」(p.201)，「気候変動」(p.59) では，空間・時間スケールが大きく，大気と海洋の相互作用の考慮が，シミュレーションにとって本質的な重要性を持つ。いずれにせよ，環境に関する精度の良いシミュレーションを行うためにはスーパーコンピュータの使用が欠かせない。その中でも「地球シミュレータ」(p.202) は多くの成果をあげてきた。

【IV-2 部門】防災

本部門では，代表的な災害である地震災害・水害・洪水災害・津波災害・火災災害・雷災害・高潮災害・雪氷災害・火山噴火災害・土砂災害を取り上げた。それぞれの災害分野においてさまざまなシミュレーション技術が活用されているが，それらの中からいくつかの例を挙げて，シミュレーションがどのように活用されているかを示した。「地震災害」(p.119) では，地震動および地震動予測，「水害・洪水災害」(p.160) では浸水・流出・高潮，「津波災害」(p.208) では，発生と伝播・被害予測，「火災災害」(p.42) では，建築火災・都市火災，「雷災害」(p.47) では，送電線への雷撃・雷によって発生する電圧の推定・雷リスクの評価・雷予測，「高潮災害」(p.197) では，大気・高潮・大気−高潮−波浪の連成・被害，「雪氷災害」(p.183) では，降雪予測・積雪予測・災害予測，「火山噴火災害」(p.43) では，溶岩流・火砕流・噴煙，「土砂災害」(p.239) では，地すべり・斜面崩壊・土石流のシミュレーション例を示した。

【IV-3 部門】エネルギー

発電に関しては，「核融合」(p.40)，「原子力発電」(p.86)，「火力発電」(p.48) のほか，「自然エネルギー利用」(p.124) について，代表的なシミュレーション技術を述べている。各要素技術については，「共通基礎」分野のほか，材料・熱・流体や制御に関係する他の項目を参照されたい。電力系統に関しては，計算手法について「電力系統解析」(p.226) で紹介し，解析・訓練のためのシミュレータや給電システムについて「電力系統制御・シミュレータ」(p.227) で紹介している。電力流通設備に関しては「送変電機器」(p.186) で，電力利用技術に関しては「省エネルギー技術（工場・家庭）」(p.143) と「省エネルギー技術（ビル）」(p.144) に分けて，広範にわたる技術の一端を紹介した。都市ガスについては，「都市ガス製造」(p.236)，「都市ガス供給」(p.235)，「都市ガス利用機器」(p.237) の三つに分けて，設計・制御・保守などに関わるシミュレーションを紹介した。いずれも幅広い技術のごく一部を紹介したにとどまるため，「地域・地球環境」部門や VI 分野の「リスク・信頼性」部門などの関連項目も参照してほしい。

【IV-4部門】都市計画

都市計画は土木工学と深く関連しており、「交通シミュレーション」（p.101）では構造物の上に展開されるシステムを、「土木構造物」（p.240）では構造物そのものをシミュレーションの対象として扱う。いずれも複数の現象が混在する問題であり、解析者はその中から特に着目する現象を選び、現象に応じた適切なモデルを選択する必要がある。

■ V分野：生命・医療・福祉

本分野はシミュレーションを行う分野の中でも最も有効性を発揮する領域である。本分野は特に安全性を確保することが重要であり、危険を伴う実際の実験はほとんどできないことから、十分なシミュレーションを行う必要がある。「生命システム」部門では、生命の存続が第一であり、それに関わる基本的な項目を挙げている。「生命情報」部門では、生命そのものを維持する複雑で巧妙な情報系統をシミュレーションを通して明らかにしている。一方、生体におけるハードウェアとして「生体材料」が取り扱われている。「医療」部門は、特に医療に関わる物理化学の原理やセンサー等の計測技術について取り扱う。「福祉機械」部門では、福祉ロボットを中心としたシミュレーションが取り扱われる。

【V-1部門】生命システム

生命システムのセントラルドグマで重要な役割を担う生体分子は、超並列演算の「分子コンピューティング」（p.305）の情報分子として、今後のシミュレーション技術の一つの方向性を示している。生命システムの基本となる恒常性に関わる維持機構は、「ホメオスタシス」（p.317）の原理として捉えることができる。脳と機械の情報インタフェースが「ブレイン・マシンインタフェース」（p.301）という具体的な要素技術として考えられつつある。また、生命システムの情報伝達を担う神経系は「ニューロンの数理モデル」（p.247）として古くから研究されている。「配列解析」（p.267）および「プロテオミクス」（p.302）は近年のDNA情報分子やタンパク質のおもな機能特性を探る上での重要なキーワードであり、その応用である「遺伝子組み換え」（p.7）は優れた工学的手法となっている。脳の情報処理機能は「ブレインコンピューティング」（p.300）として捉えることができ、その要素として「シナプス可塑性」（p.132）のモデル解析が重要である。

【V-2部門】生命情報

細胞のモデリングやシミュレーションに関しては、細胞のどのレベルに着目するかによってアプローチが異なり（p.112「細胞シミュレーション」）、細胞内シグナル伝達カスケードを化学反応速度論に基づいてモデル化し、シミュレーションを行うもの（p.117「シグナル伝達」）から、酵素反応モデルに基づいた代謝反応シミュレーション（p.194「代謝生化学シミュレーション」）や、「生体分子ネットワーク」（p.176）の数理モデル化とシミュレーションを行うものがある。さらには、近年の1分子観察技術の発展や、スーパーコンピュータなどの計算機の能力向上により、1分子一つひとつの運動を直接表現するシミュレーションを行うことも可能になってきた（p.376「1分子粒度細胞シミュレーション」）。一方、細胞の骨格や細胞膜の構造の変化を捉えることも可能になってきており、MRI、CT、超音波などの医用画像データをもとにした解析を行い、筋骨格系、臓器の変形から血流までの、生体力学に関する動的挙動シミュレーションをすることも可能になってきている（p.177「生体力学」）。また、これらのモデリングやシミュレーションに関して、ソフトウェアやデータベースなどの基盤も整備され

てきている（p.112「細胞シミュレーション」，p.117「シグナル伝達」，p.194「代謝生化学シミュレーション」）．

【V-3 部門】 生体材料

生体材料や臓器においては，デバイスの最適化や創薬化学，生体機能理解など，多岐にわたる領域でシミュレーションが実施されている．生体に置換する人工物において，合金の Processing map や FEM 解析が「人工関節用金属材料の加工法（p.155）」に用いられ，「医療用材料の MRI アーティファクト（p.12）」では磁場歪みマッピングが適用されている．「生体とバイオマテリアルの力学シミュレーション（p.175）」においては CT 画像を用いた力学モデル解析が，「骨リモデリング（p.316）」や「仮想心臓シミュレーション（p.45）」では，物理的な数理モデリングや電気化学モデリングによる臓器の機能理解が行われ，診断および治療に展開されている．また，バイオケミカルなシミュレーションは「システム創薬科学（p.120）」や「ソフトマテリアル（p.189）」の研究開発にコンビナトリアルな技術として取り入れられている．生体の機能を統合的に理解するために，「生命体統合シミュレーション」（p.180）では，分子から臓器・個体までの多様なシミュレーションが実施されている．

【V-4 部門】 医療

本部門では，シミュレーションの医療応用の基盤となる生体の基礎特性を記述するモデルとして，「筋肉の特性」（p.69），「神経−血管相互作用」（p.154），「生体組織の光学特性」（p.174），「脳磁図」（p.260），「脳波」（p.263）を取り上げた．臨床応用が進んでいる医療機器におけるシミュレーションの例として，「磁気共鳴イメージング」（p.114），「脳機能 MRI」（p.259）を示した．光や電気を用いた診断・治療技術では，シミュレーションが重要視されている．そこで，電気を用いた診断技術として，「電気インピーダンストモグラフィ」（p.216），光を用いた診断機器として「近赤外分光法」（p.68），「蛍光トモグラフィ」（p.76），「光コヒーレンストモグラフィ」（p.271），治療機器として「レーザー治療」（p.352）を紹介した．

【V-5 部門】 福祉機械

本部門では，人のさまざまな運動や機能をシミュレートする必要がある．人の筋骨格系のモデルとしての剛体リンク系の運動方程式をその制御系である神経系のモデルを組み込んでシミュレートしているものに，「義足歩行」（p.61）のシミュレーションや，歩行リハビリテーション機器設計のためのシミュレーション（p.314「歩行リハビリテーションロボット」），リハビリテーションのためのローイング動作（p.357「ローイング動作を用いたリハビリテーション」）がある．神経系の代行としての筋への電気刺激（FES）の効果を人体の剛体リンクモデルとともにシミュレートする場合もある（p.62「機能的電気刺激による動作」）．「衝撃を受ける人体の挙動予測」（p.146）では，剛体リンク系のほかに物性が分布する弾性体の有限要素モデルが用いられることが多い．車の運転と同じように，実際に近い環境をハードウェアで実現し，人が体験するためのシミュレータがある．これには「車いす駆動」（p.73）や「電動車いすシミュレータ」（p.225），「障がい者・高齢者疑似体験機器」（p.145），「聴覚障がい者のためのコミュニケーション支援システム」（p.205）などが含まれる．

■ VI分野：人間・社会

　本分野は，シミュレーションを用いて人間あるいはその集合体としての社会の振る舞いを解明し，社会的な問題の解決に役立てるための技術を扱う分野である。適用対象の観点と適用課題の観点から六つの部門を設けた。まず，適用対象の観点からは，人間個人，あるいは少人数の集団やチームの振る舞いをシミュレーションの対象とする「認知・行動」部門と，より大規模な人間集団の振る舞いを対象とする「社会システム」部門を設けた。適用課題の観点からは，人間・社会系のシミュレーションの活用が期待される産業分野を考慮し，「経済・金融」，「経営・生産」，「リスク・信頼性」，「学習・教育」の4部門を設けた。さらに，シミュレーション技術と社会との関係を解説する中項目「シミュレーション技術と社会」（p.133）を共通項目として追加した。

【VI-1部門】認知・行動

　人の振る舞いを考慮したシミュレーションを行うためには，考慮する人の認知行動を記述・表現する何らかの「ヒューマンモデル」（p.291）が必要となる。ヒューマンモデルはその対象や利用目的によって多岐多様にわたる。人間の脳の仕組み・振る舞いに焦点を当てた「ニューラルネットワーク」（p.246）や，知覚や記憶，知識（p.203「知識モデル・知識表現」）といった個別の「認知特性」（p.251）に焦点を当てたものから，それらの統合体として個人の認知的振る舞いを捉える「情報処理モデル」（p.151），「状態遷移モデル」（p.147），「認知アーキテクチャ」（p.250），さらには複数人のインタラクションを対象とする「コミュニケーションモデル」（p.107）や「チーム・集団モデル」（p.199）などがある。また，工学分野では，「ヒューマンエラー」（p.290）の視点や，人間と人工物や環境との相互作用を積極的に考慮する「人間機械系」（p.249）や「分散認知」（p.303）の視点，より現場志向の強い「マクロ認知」（p.324）の視点も重要である。これらのモデルの応用として，人間信頼性評価や分散認知分析，具体的問題における行動シミュレーション（p.310「防災シミュレーション」）などが挙げられる。

【VI-2部門】社会システム

　社会システム領域のシミュレーションは，予測に利用するというよりも，意思決定のサポートに利用する面が強い。それは，物理法則のような第一原理が存在せず，また，意思決定の対象になるべきパラメータ数がきわめて多いという社会システムの性質に依存している。そのような状況を認識した上で，本部門では，社会システムに関連するシミュレーションに関して重要な項目を取り上げた。まず，「社会システムシミュレーション」（p.136）では，この領域のシミュレーション，特にエージェントシミュレーションの基本的な考え方を紹介し，ついで，「エージェントシミュレーションツール」（p.22）では，しばしば利用されるソフトウェアシミュレーションのツールの概要を説明する。「システムダイナミクス」（p.121）では歴史的にも価値が高い社会シミュレーションの一手法について述べている。一方，社会問題では，必然的に大規模シミュレーション問題を扱う必要があり，このための方法について「社会シミュレーションの大規模化」（p.137）で説明している。「社会ネットワーク」（p.138）に関する議論もシミュレーションの基本として重要である。「組織シミュレーション」（p.187），「ビジネスシミュレーション」（p.277），「感染症シミュレーション」（p.53），「物流シミュレーション」（p.297），「軍事シミュレーション」（p.74），「歴史シミュレーション・計算考古学」（p.354），「歩行者流」（p.313）の各項目では，その分野のタスクに特有の性質や技法について解説している。これらの項目に関連す

分野・部門の手引き　xix

るものとしては，VI-3 部門から VI-6 部門の内容が挙げられる。また VII 分野の可視化の問題や VIII 分野の通信ネットワークとの関連も深い。

【VI-3 部門】経済・金融

　経済・金融領域におけるシミュレーションの役割はますます高まっている。特に金融市場のシミュレーションである「人工市場」(p.156) や，「マーケティングサイエンス」(p.321)，「オークション」(p.27) の分野での発展がめざましい。その背景には「自動売買」(p.131) や「排出権取引市場」(p.266) といった新しい経済的な手段や制度が立ち上がってきていることがある。さらに，情報技術の発展により，大規模で詳細な「高頻度経済データ」(p.103) の取得が可能となり，「経済データ分析における機械学習」(p.77) などを用いた新たな経済現象の分析が行われるようになった。これらのデータ解析結果と，「実験経済学」(p.126) による知見とを併せて，現実の経済行動に関するより詳細なモデルが構築されている。経済行動モデルを用いたシミュレーションにより，「複雑系経済学」(p.296)，「経済物理」(p.79)，「非線形経済動学」(p.285) といった経済現象のダイナミクスに関する新たな学問領域が起こった。これらの研究成果が，「サービス工学」(p.108) や「経済ネットワーク」(p.78) 分析のような現実の経済現象へフィードバックされている。

【VI-4 部門】経営・生産

　生産は，素材や部品を投入して，より高い価値のある製品に変換する活動である。また，経済的な目的を達成するために，財・サービスの生産・流通・販売・リサイクルを計画的に設計し，組織し，運用する総合的な活動が経営である。本部門では，経営・生産活動においてシミュレーションが最も適用されている範囲について扱っている。初めに，ものづくりを中心にしたシミュレーションの適用と今後の展開について「生産管理」(p.170) に示す。生産対象である製品が決まると，「工程計画」(p.102) により，その製品をどのように生産するかを決める。これはいわば川の流れの川床を設計することにあたる。一方，流れの全体量を決めるのが「需給シミュレーション」(p.141) である。工程設計が決まり，流れる全体量が決まると，月単位，週単位，日単位，時間単位などの細かさで「生産計画」(p.171) を行い，詳細な計画を作成する。生産に必要な素材や部品の調達，できあがった製品の保管・輸送を行うのが「物流マネジメント」(p.298) である。生産に必要な資源である 3M (Man, Machine, Material) の中で，物や人については工程計画で扱われるが，機械・設備の保守・保全については「設備管理」(p.182) で扱われている。

【VI-5 部門】リスク・信頼性

　リスク評価の基礎をなすのはシステム信頼性解析である。単純なシステムの信頼度は解析的に求めることができるが，冗長系などの複雑なシステムになると，シミュレーションが有効な手段となる。シミュレーション法としてはモンテカルロ法が一般的に用いられている (p.159「信頼性評価」)。システムの動作成功基準が変化する「動的システム評価」(p.234) は，より一層難しく種々の手法が提案されており，これらにおいてもシミュレーションが有効な解析手段となっている。

　人間活動に伴う各種リスクの評価においてもシミュレーションが広く活用されている。それらには，「海難事故リスク評価」(p.35)，「自動車事故リスク評価」(p.127)，「航空事故リスク評価」(p.94)，「鉄道事故リスク評価」(p.213) がある。「原子炉事故時の放射性物質拡散」(p.87) の数値シミュレーションとしては，わが国では SPEEDI が使用され，リスク評価，線量評価のための重要な情報を提供している。

【VI-6 部門】学習・教育

　まず，世界各国の人々の交流を目指す，国際言語としての英語について，「コミュニケーショントレーニング」(p.106) で解説する．「統計教育シミュレーションツール」(p.229) では，データのばらつきと記述統計，確率分布とパラメータ，標本分布と推測統計について紹介している．「医療教育用シミュレータ」(p.10) は，医療技術の習熟を主目的としたトレーニング機材である．ここでは特に，心肺蘇生シミュレータ，診察シミュレータ，手技トレーナを取り上げている．心肺蘇生法としては，一般市民が人の救命の可能性を向上させるために行う「1次救命措置」(p.375) と，医療機関で行う「2次救命措置」(p.377) について解説している．これらの医療教育用シミュレータは，「スキルスラボ」（臨床技能研修室，p.166）などに，医療機器・器具とともに設置されている．「OSCE」（オスキー，p.370）とは，技能・態度を客観的に評価するための臨床能力試験のことである．この中項目では，そのために活用されている医療教育用シミュレータについて述べている．最後に，「訓練用シミュレータ」(p.75) では，製造，運輸，サービスなどの産業分野において，おもに人工物の運転・操作の業務に当たる専門職を養成するために利用されている訓練用シミュレータの事例として，プラントシミュレータ，運転・操作訓練用シミュレータ，組立訓練用シミュレータ，知的訓練支援システムを紹介している．

■ VII分野：可視化

　可視化分野においては，シミュレーションと人間との間のインタフェースが重要な役割を果たす．シミュレーション結果は一般に，3次元空間で定義される数値データのような空間的構造を持つデータと，それ以外のデータとに大別され，それぞれCG技術を使って人間に提示される．両者を説明するために，前者に対しては「ボリューム可視化」部門を，後者に対しては「情報可視化」部門を置いた．ボリューム可視化や情報可視化を使って，これらのデータに隠されている対象の構造や挙動に関する新たな知見を得るための方法論を説明するために，「ビジュアルデータマイニング」部門を置いた．また，シミュレーションによって可視化された人工的な世界の中に入り込み，そこで疑似体験を行うことを可能にする技術に関して「バーチャルリアリティ」部門を置いた．さらに，シミュレーションが利用されている可視化技術や，シミュレーションの精度向上のために利用される実測データに対する可視化技術を説明するために，それぞれ「シミュレーションベース可視化」部門と「シミュレーション検証のための可視化」部門を置いた．

【VII-1 部門】情報可視化

　情報可視化とは，物理空間以外の空間で表現される現象や，自然科学以外の分野での現象も対象とした，より包括的な可視化技術であり，多様なシミュレーション結果の視覚的理解手段として有効であると考えられる（p.149「情報可視化」）．

　情報可視化の諸技術は，しばしばその対象となるデータ構造に基づいて分類される．特に重要な技術として，「木構造データの情報可視化」(p.58)，「ネットワークの情報可視化」(p.256)，「多変量データの情報可視化」(p.198)，「時系列データの情報可視化」(p.118) などがある．また，情報可視化の諸技術の中には，単に情報を視覚的に表現するだけでなく，ユーザによる対話的操作によって能動的に情報を引き出すことを狙った手法が多い．その基礎的な考え方は「情報可視化のユーザインタラクション」(p.150) に述べられている．

情報可視化の適用範囲は，非常に多岐にわたっている．本部門では，おもに「自然科学シミュレーションと情報可視化」(p.125)，「社会科学シミュレーションと情報可視化」(p.135)，「人間科学シミュレーションと情報可視化」(p.248) の3項目に絞って，情報可視化の典型的な適用事例を紹介する．

【VII-2 部門】ビジュアルデータマイニング

「ビジュアルデータマイニング」(p.279) では，見るべき対象データの特徴を数理的に捉えるためのデータマイニングが活用される．統計学はデータ要素間の関係を明らかにする (p.282「ビジュアルデータマイニングの基礎理論：統計処理」)．また，機械学習によって分析可能なレベルまでデータが縮約される (p.281「同：機械学習」)．さらに，位相のようなデータ特徴空間への変換を介した分析も行われる (p.280「同：位相解析」)．一方，利用者による大規模なデータの検索や操作を容易にするデータベース技術 (p.283「ビジュアルデータマイニングのための大規模データ管理」) や，没入的環境を提供して利用者を作業に集中させるための高解像度・高精細ディスプレイ技術 (p.284「ビジュアルデータマイニングのためのディスプレイ技術」) も重要な要素技術となる．代表的な応用分野には，マルチフィジクス・マルチスケール解析を中核とする「流体力学におけるビジュアルデータマイニング」(p.348)，「バイオインフォマティクスにおけるビジュアルデータマイニング」(p.265)，「宇宙関連ビジュアルデータマイニング」(p.17) などが含まれる．「ビジュアルアナリティクス」(p.278) は，領域横断的なビジュアルデータマイニングの究極の形態の一つを与えている．

【VII-3 部門】ボリューム可視化

数値シミュレーションでは，3次元空間において数値データが出力される場合が多い．このようなデータを「ボリュームデータ」(p.319) と呼び，本部門では，数値データをスカラ，ベクトル，テンソルと分類した上で，ボリュームデータ向け可視化技術を説明する (p.318「ボリューム可視化」，p.165「スカラボリュームデータの可視化」，p.308「ベクトルボリュームデータの可視化」，p.223「テンソルボリュームデータの可視化」)．計算機の性能向上に伴い，ボリュームデータは大規模になる傾向があり，効率の良い可視化を行うためには，特徴探索や高速化技術が重要とされる (p.320「ボリュームデータにおける特徴探索」，p.193「大規模ボリュームデータの可視化」)．さらに，ボリュームデータを出力するシミュレーションとして，構造・流体・電磁界・医療シミュレーションを取り上げ，ボリューム可視化の適用事例について説明する (p.98「構造シミュレーションとボリューム可視化」，p.346「流体シミュレーションとボリューム可視化」，p.219「電磁界シミュレーションとボリューム可視化」，p.11「医療シミュレーションとボリューム可視化」)．

【VII-4 部門】バーチャルリアリティ

バーチャルリアリティとは，コンピュータによって創出された人工的な世界の中に入り込み，そこでさまざまな体験（疑似体験）を可能とする技術である．バーチャルリアリティは，シミュレーション結果である可視化に臨場感や没入感を与え，ユーザに深い理解を与えるために重要である．また，バーチャルリアリティ自体，コンピュータシミュレーションによって生み出される世界でもある．バーチャルリアリティは人間の五感への刺激やヒューマンインタフェースをはじめとする，多岐にわたる技術で構成され，その応用範囲もまた広い．そこで，本部門では，まず「バーチャルリアリティ」(p.264) の定義を与え，続いて「立体視」(p.341)，「3次元音響」(p.378)，「触感デバイス」(p.152) で視覚，聴覚ならびに触覚を刺激する技術を解説する．そして，バーチャルリアリティの代表的システムである

「CAVE」（p.362）の構成を示す。CAVEまたはCAVE関連システム上でのシミュレーション事例として，「シミュレーションとバーチャルリアリティ・地球シミュレータ」（p.134）と「CAD/CAEにおけるバーチャルリアリティ」（p.361）を紹介する。また，「ディジタルアーカイブ」（p.209）では，バーチャルリアリティの記録への応用事例を紹介する。最後に，人工的な世界のみを構成するバーチャルリアリティに対して，仮想と現実を融合する「拡張現実感」（p.38）や，これらを包含する概念・技術である「複合現実感」（p.293）について解説する。

【VII-5部門】シミュレーションベース可視化

シミュレーションと可視化の間には密接な関係がある。まず，シミュレーションの結果を可視化することでその直感的な理解が可能になることは，容易に理解されるであろう。しかし，両者の関係はそれだけではない。多くの可視化技術は，それ自体がシミュレーションの技術そのものであり，いわばシミュレーションによって画像を生成しているのである。本部門では，シミュレーションに基づく可視化に焦点を絞り，物理学（p.332「モンテカルロ法の可視化応用」，p.245「ニュートン力学の可視化応用」），数学（p.95「高次元シミュレーションと可視化」，p.13「陰関数曲面法と可視化」），情報科学（p.30「オブジェクト指向技術と可視化」，p.23「遠隔視触覚協働環境」）で考案され利用されているシミュレーション技術の可視化への応用例を紹介する。

【VII-6部門】シミュレーション検証のための可視化

流体シミュレーション結果の有効性を評価するためには，流体実験との比較検証に基づいた妥当性評価が必須である。流れの可視化に基づく実験評価が，流体シミュレーションの検証には非常に有効である。可視化によって，温度や速度などといった物理量を定量化して求めることが容易になってきた。本部門では，最先端の定量可視化手法について紹介をする。「粒子画像流速測定法」（PIV, p.343）は，流体速度分布を定量化するための基礎的な手法である。PIVの応用として，平面上の速度3成分情報を取得するための「ステレオPIV」（p.167），体積中の速度3成分を取得する「トモグラフィックPIV」（p.241），高時間分解能で時系列変動を捉える「高速度PIV」（p.100），0.1 mm以下の微小流路内速度分布を取得する「マイクロPIV」（p.323），気泡など混相流流動へ応用した「気泡影法」（p.63）などがある。

温度や圧力などのスカラ量分布を計測するための手法としては，「レーザー誘起蛍光法」（p.353），「感圧塗料・感温塗料法」（p.50），「光学的干渉法」（p.89）などの手法が応用できる。

■ VIII分野：通信ネットワーク

本分野では，インターネット，基幹ネットワークなどの優先通信ネットワークと，携帯電話，光通信，衛星，無線アドホックなどの無線通信ネットワークの，システムレベルのシミュレーション手法について示すとともに，ネットワークやシステムを構成するハードウェアからプロトコルを具体化する上で必要なシミュレーションの手法について述べる。また，通信品質を評価する手法や，通信サービスの評価に関するシミュレーション手法についても明らかにしている。「ネットワーク」部門は，インターネット，光ネットワークを中心に，ネットワークのトラフィック，ネットワーク制御，評価のシミュレーション手法を明らかにしている。「無線ネットワーク」部門では，携帯電話，衛星回線，マイクロ・ミリ波通信，無線LANなどの無線システムのシミュレーション手法について示している。

「通信方式」部門では，変復調方式など，通信の基礎技術についてシミュレーションの観点から述べている．

【VIII-1 部門】ネットワーク

本部門では，有線・無線共通のネットワークにおける「トラフィック解析」（p.243），「ルーティング解析」（p.351）などの基本的なネットワーク理論とともに，具体的なネットワーク構成として「インターネットプロトコル」（p.14），「光ネットワーク」（p.273），「災害時のネットワーク」（p.109）について解説する．また，具体的なネットワークの制御方法，評価方法として「ネットワーク制御」（p.254），「QoS/QoE評価」（p.373），「ネットワーク測定」（p.255），「ネットワークシミュレーション」（p.253）について説明する．また，ネットワークがユーザへ提供するサービスをモデル化する内容として，「ネットワークサービス」（p.252）について述べる．

【VIII-2 部門】無線ネットワーク

本部門では，具体的な無線システムとして「携帯電話システム」（p.85），「衛星回線」（p.21），「マイクロ・ミリ波無線システム」（p.322），「光無線ネットワーク」（p.275）について述べるとともに，ネットワークを構成するアーキテクチャとして「アドホックネットワーク」（p.2），「メッシュネットワーク」（p.330），「コグニティブ無線技術」（p.104）について説明する．また，アドホックネットワークの具体的なネットワークの応用として「無線LAN」（p.328），「P2P」（p.372），「車々間通信」（p.139）のネットワーク構成方法について述べる．

【VIII-3 部門】通信方式

「ネットワーク」部門，「無線ネットワーク」部門で示した具体的なシステムに用いる通信基礎技術として，「誤り訂正」（p.3），「変復調方式」（p.309），「アクセス制御」（p.1）のシミュレーション方式について示す．

凡　　例

1. **項目および項目名**
   a. 本辞典は中項目方式の記述による．各項目は，項目名，その外国語，本文，および参考文献よりなる．
   b. 各項目は五十音順で配列した．また，全体を8分野に分け，分野内を部門に分けた．分野および部門については各ページの上部に番号として記した．これについてはp.ivの部門主査一覧を参照されたい．
   c. 記号を含む項目名は記号をそのまま用い，アルファベット順の位置に配列した．

2. **本文**
   a. 各項目内にA, B, C, … の小項目を設けた．
   b. 太字で記した述語は重要語句であり，基本的にはその外国語を括弧内に記した．これらの述語は，すべて和文索引・欧文索引で検索できる．

3. **参考文献**
   a. 参考文献は項目の末尾に掲げ，本文中で引用するときには，1)のように文献欄の番号を記した．
   b. 単行本の場合は原則として
   　　　　番号）著者名：書名，発行所（発行年）
   と記した．叢書名を書名のつぎに示した場合もある．
   c. 雑誌の場合は原則として
   　　　　番号）著者名：論文題名，雑誌名，巻，号，開始ページ
   と記した．

分野：環境・エネルギー
部門：地域・地球環境 [IV-1]

海洋大循環
[英] ocean general circulation

海洋大循環とは，大洋規模あるいは全地球規模での海洋の3次元的な流れであり，おもに海面での風応力によって駆動される風成循環と，海面での浮力フラックスにより駆動される熱塩循環がある[1]．これらの海洋大循環は，大気循環とともに，熱帯域で吸収された太陽からの熱を高緯度域へと輸送し，地球の気候形成とその変動(⇒p.59)に重要な役割を果たしている．

A. 風成循環

風成循環は，海面から数百メートル深までの海洋表層で顕著に見られる，水平方向に卓越した循環であり，地球儀や地図帳などで海流図としてよく目にする．亜熱帯循環や亜寒帯循環のような大洋内で閉じた循環がある一方，南極周辺の南大洋では遮る陸地がないため，東西につながった周極流を形成する．また，各大洋の西側では黒潮のような西岸境界流があり，流れの不安定化による擾乱の発達など，乱流的な振る舞いを示す．

B. 熱塩循環

熱塩循環は，海表面から海底まで達し，全海洋を巡る大規模な循環であり，風成循環の及ばない深層ではこの循環が卓越する．熱塩循環は，大気から強い冷却などを受けて密度が増加した表層の海水が，グリーンランド周辺や南極周辺などで深層へと沈み込み，海洋全体に広がりながら，各大洋内部で徐々に上層へ湧き上がり，沈み込み海域へと戻って行く循環である．一巡するのに千年程度の時間をかけ，非常にゆっくりと流れている．そのため，さまざまな原因による混合過程の影響を強く受けており，熱塩循環の適切な再現には，海洋内部の混合パラメタリゼーションの扱いが重要と考えられている．

C. 海洋大循環モデル

このような海洋大循環に伴う3次元の流れや，水温，塩分，密度などの分布の時間発展を計算するため，1960年代に海洋大循環モデルが開発され，その後さまざまに用いられるようになった．海洋を含む流体運動は，**ナビエ・ストークス方程式** (Navier-Stokes equations) と質量保存の式，さらにエネルギーに関する式や状態方程式を連立させた非線形の偏微分方程式 (partial differential equation) 系で表される．これらを差分方程式で近似し，海洋を水平方向と鉛直方向に離散化してシミュレーションを行う[2]．その際，着目する現象に合わせて，多様な座標系が用いられている．

海洋のモデルには，方程式系の近似の度合いによりさまざまなものがある．海洋大循環モデルの正式な定義は曖昧だが，表層から深層までを含めた全球規模の海洋大循環を再現できるプリミティブ方程式系で表されるものを，海洋大循環モデルと呼ぶことが多い．海面での風応力による運動量フラックスと，大気海洋間の熱フラックスとを境界条件として与えることで，風成循環と熱塩循環を駆動する．

D. 海洋大循環のシミュレーション

複雑な海岸海底地形を持ち，非定常，非線形の，時空間的に非常に幅広いスペクトルの現象を含む海洋大循環のシミュレーションは，十分な解像度に加え，出力データを時空間的に密に保存する必要があるため，膨大な計算機資源を必要とする．また，計算機の性能向上とともに高解像度化が進んでいるが，それでも格子間隔以下の空間規模を持つ現象を取り入れるための**パラメタリゼーション** (parameterization) は不可欠であり，その研究も同時に発展していく必要がある．

近年では，**地球シミュレータ** (The Earth Simulator, ⇒p.134, p.202, p.307) などの最先端スーパーコンピュータを駆使した高解像度数値シミュレーションが可能となり，大洋規模の循環に加え，直径数百km程度の中規模渦や海洋前線帯も，現実的に再現することができるようになった．また，観測データを用いてモデル結果を修正しながらシミュレーションを行う，データ同化技術(⇒p.24, p.60, p.191)の発展も目覚ましく，精度の良い海洋循環のデータが得られつつある．

高解像度海洋大循環モデルで再現された海面水温分布の例を下に示す（口絵13）．大洋規模の分布とともに，黒潮域の中規模渦や前線構造も再現されている．

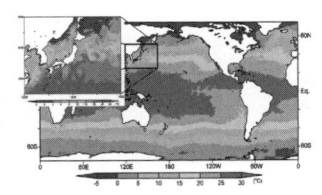

参考文献

1) The Ocean University: *Ocean Circulation*, Pergamon Press, p.238 (1989)
2) Griffies, S. M.: *Fundamentals of Ocean Climate Models*, Princeton University Press, p.518 (2004)

分野：通信ネットワーク
部門：通信方式 [VIII-3]

アクセス制御
[英] access control

アクセス制御は，まず通信形態が**一対一**（point to point）の場合と一対多（point to multi point）の場合で異なり，さらに無線アクセスと有線アクセスでも異なり，さまざまな方式が提案されている。有線系や一対一の場合に関しては，多くはネットワーク部門での記述が該当するため，ここでは主として無線系かつ一対多の場合の**多元アクセス方式**（multiple access scheme）に関して記述する。

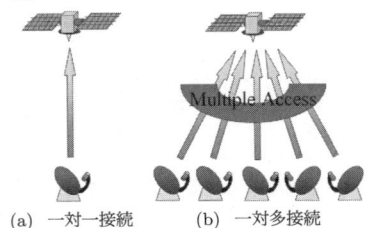

(a) 一対一接続　　(b) 一対多接続

図から明らかなように，複数局が一つの相手局にアクセスする多元接続形態をとる場合，同時に複数局がアクセスするとデータの衝突が発生し，受信が不可能になる可能性がある。多元アクセス方式では，衝突を回避するために，さまざまな排他的な制御を行う。以下に代表的なアクセス制御方式を示す。

A. 周波数軸でのアクセス制御

周波数軸では，古くは代表的な **FDMA**（frequency division multiple access; 周波数分割多元アクセス方式）方式が開発されている。これは各局を異なる周波数に配置するもので，局間の干渉はほとんどなく，簡易な方式である。アナログ方式の初期の携帯電話は **FM**（frequency modulation; 周波数変調）方式であり，FDMA方式を採用しており，現在でもコードレス方式で使用されている。欠点として，周波数帯域が使用局数に比例して必要であり，周波数の有効利用の観点では十分といえないことが挙げられる。近年では，**OFDMA**（orthogonal frequency division multiple access; 周波数直交多元アクセス方式）と呼ばれる方式がWiMAX等で用いられ，周波数軸での直交性を利用して各局の周波数上での配置を極限まで縮めることで，周波数の有効利用を実現している。

B. 時間軸でのアクセス制御

時間軸でまったく制御を行わない場合は純アロハ方式（pure ALHOA）と呼ばれ，各局からのデータ（パケットと呼ばれる）は，データ発生時に即時に送信される。その場合，回線の有効利用率は最大でも約18％である。この数値を高くするために開発されたのが，**スロット付きアロハ方式**（slotted ALOHA）であり，各局は同期され，パケット時間長と同等のスロットと呼ばれる時間枠を共有し，その枠に合わせるように，各局がパケットを送出する。スロット同期を行うことで純アロハ方式の倍の回線利用率が得られるが，最大で36％であり，さらに，その最大利用率に達した際には約半数のパケットが衝突しており，実用的には10％前後で用いられることが多い。**TDMA**（time division multiple access; 時分割多元アクセス方式）は，あらかじめ送出するスロットを各局に割り付けるもので，衝突はないが，待ち時間が発生し，多数局で回線を共有する場合には不向きである。比較的少数局でかつ各局からの送出頻度が高い場合には非常に有効であり，信頼性も高く，優れた方式といえる。ALOHA方式の持つ即時性とTDMA方式の持つ信頼性を兼ね備えたハイブリッド方式として，予約型アロハ方式や割り当てウィンドウアクセス方式などが提案されている。下図では，時間軸でのアクセス方式の特性を比較している。

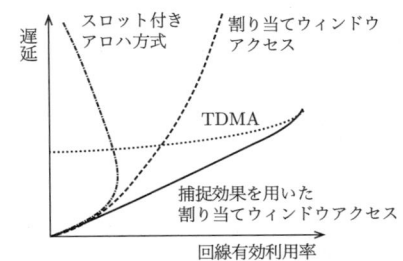

C. 符号軸でのアクセス制御

CDMA（code division multiple access; 符号分割多元アクセス方式）は1次変調としてQPSK等の位相変調を用い，その後の工程として符号により拡散される。具体的には，各局に割り当てられた符号をもとにNRZ信号を作成し，1次変調波に掛け合わせることで生成され直接拡散ともいわれる。複数キャリアを用いるMC-CDMA等，さまざまな方式が存在する。

D. その他

MIMOと呼ばれる複数アンテナを用いた**SDMA**（space division multiple access; 空間分割多元アクセス）方式などが存在する。

参考文献
1) 阪田史郎, 嶋本　薫 編著：無線通信技術大全, リックテレコム社 (2007)

分野：通信ネットワーク
部門：無線ネットワーク ［VIII-2］

アドホックネットワーク
［英］ad-hoc network

アドホックネットワークは，アクセスポイントなどの通信基盤を必要とせずに，その場にいる複数の無線端末のみで構築可能なネットワークである．隣接端末間の直接通信だけでなく，必要に応じて周辺の端末が中継役を担うことで遠隔端末間の間接通信も可能とする．無線端末が集まれば，それらの間で通信可能になるため，イベントなどの一時的なネットワーク利用や，災害発生時における被災情報などの情報交換での利用などが将来的に期待されており，盛んに研究・開発が行われている．このようなアドホックネットワークにおける通信方式の性能評価においては，特にネットワークに参加する無線端末数が多い環境を考慮する場合，実機を用いた実験・評価を容易に行えない場合がある．そのため，通信方式の性能評価において，コンピュータを利用したネットワークシミュレーションが行われている．アドホックネットワークのシミュレーションは，通信モデル，端末の移動モデルを設定した上で，**ネットワークシミュレータ**（network simulator）を用いて行われる．

A．通信モデル
端末間で行う無線通信の設定としては，電波伝搬モデル，送信電力（または受信可能範囲），無線通信で使用する各レイヤの通信プロトコル，通信を行う想定アプリケーション（データ伝送速度やパケットサイズなど），通信フロー数などが挙げられる．特に，各無線端末は自律的な移動が可能であることを想定している．このため，送受信端末間の経路がいったん発見されても，その経路上の端末が移動するなどにより，隣接端末間の送受信電波範囲を超えて経路切断状態になることがあり，安定して利用できる保証がない．このことから，アドホックネットワークでは経路の切断検知や再構築に関して，制御トラフィックを抑えた**経路制御方式**（routing method）が必要となる．一般的な設定としては，電波伝搬モデルに 2 波モデル，MAC プロトコルに IEEE802.11 の CSMA/CA 方式，経路制御方式に AODV や DSR，トランスポート層プロトコルに TCP や UDP，想定アプリケーションに FTP や CBR がよく用いられる．

B．移動モデル
シミュレーションにおいて端末の移動を考慮する場合に，その移動モデル（移動する範囲，移動方法）を設定する．移動モデルとしては，各端末が目標地点を設定して移動し，目標地点に到達すると目標地点を再設定して移動を繰り返す，ランダムウェイポイントモデル（random waypoint model）がよく用いられている．**VANET**（vehicular ad-hoc network；車両群によって構成されるアドホックネットワーク）の場合，移動通信を行う実体は通常道路上を移動する車両であるため，適当な道路マップや実在の都市の道路マップを設定し，その道路上を移動する車両の移動パターンを作成してシミュレーションを行う．

C．ネットワークシミュレータ
アドホックネットワークのシミュレーションを行うための代表的なソフトウェアとしては，ns-2[1]，QualNet[2]，OPNET[3] などがある．これらは有線系も含む汎用のネットワークシミュレータであり，アドホックネットワーク専用ではないが，有線系のネットワークで使用される通信プロトコルに加えて，アドホックネットワークのシミュレーションに必要となる通信プロトコルや無線端末の移動に関わるモジュールを組み込むことで，アドホックネットワークのシミュレーションを行うことができる．あらかじめ用意されているアドホックネットワーク用のプロトコルもあるが，自分で新しい通信プロトコルを記述して組み込むことも可能である．ネットワークシミュレータ ns-2 を使用してアドホックネットワークのシミュレーションを実行した例を以下の図に示す．

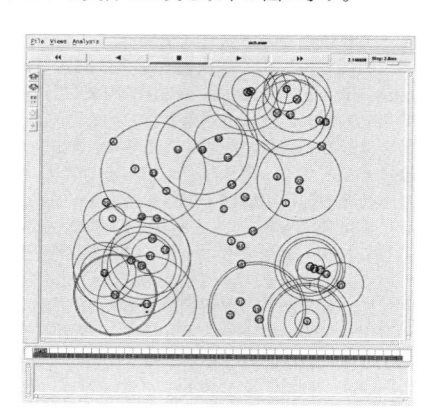

参考文献
1) http://www.isi.edu/nsnam/ns/
2) http://www.scalable-networks.com/products/qualnet/
3) http://www.opnet.com/
（すべて 2010 年 10 月現在）

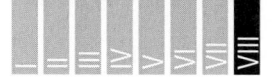

誤り訂正
[英] forward error correction

誤り訂正のシミュレーションでは，想定される誤りを種々の条件で加えてその訂正能力を評価する，モンテカルロシミュレーションが用いられている。

誤り訂正のシミュレーションをブロック構成図で表すと，下図のように，データソース（情報源），誤り訂正符号化（通信路符号化），誤り付加（通信路），誤り訂正復号（通信路復号），データシンク（再生データ蓄積）および特性評価（ビット誤り率; bit error rate; BER），フレーム誤り率（frame error rate; FER）の測定など）の機能から構成される。誤りとしては，熱雑音が支配的なAWGN（additive white Gaussian noise）通信路の場合はランダムな誤りを加えるが，通信路の性質（フェージング，干渉など），変復調方式や各種伝送方式を考慮する必要がある場合，これらを通信路のモデルとしてシミュレーションに組み込み，それらを経て得られる誤りパターンによって，誤り訂正の効果を評価する。

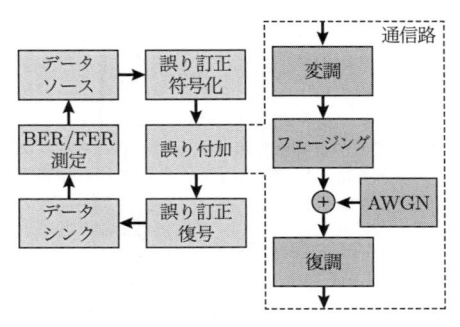

評価の対象である誤り訂正符号には，A. ブロック符号（block code），B. 畳込み符号（convolutional code），そして，それらの組み合わせから構成される，C. 連接符号（concatenated code）などがある。

A. ブロック符号

ブロック符号には，ハミング符号，ゴーレイ符号，BCH符号，LDPC符号などの二元符号に加えて，リード・ソロモン符号などの非二元符号がある。これらは，シフトレジスタからなるメモリ機能と排他的論理和（exclusive OR）から構成される剰余回路を基本に構成することができ，シミュレーションにおいても，その論理演算をプログラミングして誤り訂正符号化・復号を実行させる。

B. 畳込み符号

畳込み符号は，拘束長 K に相当する段数分のシフトレジスタと排他的論理和からなる符号器（符号化率 R）で生成される。その復号法には，逐次復号法（sequential decoding），畳込み符号に対する最尤復号法（maximum likelihood decoding; MLD）である**ビタビ復号法**（Viterbi decoding）などがある。ビタビ復号法をはじめとする誤り訂正復号において，受信信号を1/0に判定したのちに復号処理を行う硬判定（hard decision）よりも，1/0の確率（尤度）を用いる軟判定（soft decision）のほうが誤り訂正効果を高くすることができる。下図に畳込み符号化ビタビ復号BER特性のシミュレーション例（$R=1/2$，$K=7$）を示す。

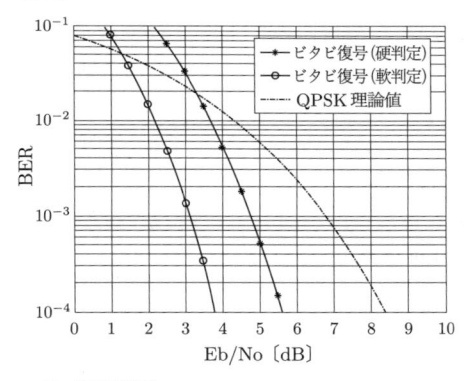

C. 連接符号

複数の誤り訂正符号を組み合わせる方式を連接符号あるいは鎖状符号という。連接符号には，インタリーブを介して直列に縦続接続する符号化と，並列に並べる符号化がある。前者には，外符号にリード・ソロモン符号，内符号に畳込み符号化ビタビ復号法を用いる方式などがある。また，後者の代表的な符号として，**ターボ符号**（turbo coding）がある。ターボ符号の復号では，前段の復号結果を用いた繰り返し復号により特性を改善するために，復号結果に確率情報を持たせる必要がある。そのため，ターボ符号の復号においては，軟判定出力ビタビ復号（soft output Viterbi algorithm; SOVA）やMAP（maximum a posteriori probability）アルゴリズムを用いる。

参考文献

1) 阪田史郎，嶋本 薫 編著：無線通信技術大全，第5章，pp.65–100 (2007)

2) S. Lin, D. J. Costello Jr.: *Error Correcting Coding Second Edition*, Pearson, Prentice Hall (1983, 2004)

安定性
[英] stability

システムの安定性を解析するために，安定性に関する理論を用いたさまざまな手法が用いられている[1]．ここでは**線形時不変**（linear time-invariant）システムに限定して安定性の定義と安定判別法を紹介する．システムの安定性に関しては複数の定義があるが，以下のものがよく用いられている．

（1）入出力安定性 平衡状態にあるシステムに任意の有界な入力を加えたときの出力が有界であるとき，このシステムは有界入力有界出力安定であるという．伝達関数 $G(s)$ で表されるシステムの特性多項式を

$$A(s) = a_0 s^n + a_1 s^{n-1} + \cdots + a_{n-1} s + a_n$$

とする．このシステムが入出力安定であるための必要十分条件は，$A(s)$ の零点の実部がすべて負となることである．

（2）内部安定性 システムに入力を加えないとき，任意の初期状態に対して状態変数のノルムが時間経過とともに0に収束すれば，このシステムは漸近安定であるという．**状態方程式**（state equation）

$$\frac{d}{dt}x(t) = Ax(t) + Bu(t), \quad y(t) = Cx(t)$$

で表されるシステムが内部安定であるための必要十分条件は，係数行列 A の固有値の実部がすべて負となることである．

あるシステムの入出力安定性と内部安定性は必ずしも一致しないが，行列 A の特性多項式を $A(s) = \det(sI - A)$ とすると，安定性はいずれも多項式の性質によって判別できることがわかる．以下では，一般性を失うことなく $a_0 > 0$ と仮定し，$A(s)$ の零点の実部がすべて負であるとき $A(s)$ が安定であるという．

近年は数値計算手法が発達しており，具体的な数値が与えられれば，丸め誤差などが問題にならない範囲で行列の固有値や多項式の零点を計算して安定判別を行うことも可能である．以下は，高次方程式を解く必要がない手法として以前から知られているものである．

A．ラウス安定判別法

特性多項式 $A(s)$ の係数を用いて，ラウス（Routh）表と呼ばれる数表を定義する．この表の第 i 行第 j 列を $r_{i,j}$ とすると，最初の2行は $r_{1,j} = a_{2(j-1)}$，$r_{2,j} = a_{2j+1}$ で，係数が存在しない場合は0とする．それ以降は

$$r_{i,j} = -\frac{1}{r_{i-1,1}} \begin{vmatrix} r_{i-2,1} & r_{i-2,j+1} \\ r_{i-1,1} & r_{i-1,j+1} \end{vmatrix}$$

とする．このとき，$A(s)$ が安定であるための必要十分条件は，ラウス表の第1列の要素が第 $n+1$ 行まですべて正となることである．

B．フルビッツ安定判別法

多項式 $A(s)$ の係数を用いて定義される $n \times n$ 行列

$$H = \begin{bmatrix} a_1 & a_3 & a_5 & a_7 & \cdots & 0 & 0 \\ a_0 & a_2 & a_4 & a_6 & \cdots & 0 & 0 \\ 0 & a_1 & a_3 & a_5 & \cdots & 0 & 0 \\ 0 & a_0 & a_2 & a_4 & \cdots & 0 & 0 \\ \vdots & \vdots & \vdots & \vdots & \ddots & \vdots & \vdots \\ 0 & 0 & 0 & 0 & \cdots & a_{n-1} & 0 \\ 0 & 0 & 0 & 0 & \cdots & a_{n-2} & a_n \end{bmatrix}$$

をフルビッツ（Hurwitz）行列という．ただし，係数が存在しない場合は0とする．行列 H の主座小行列式

$$\Delta_1 = a_1, \; \Delta_2 = \begin{vmatrix} a_1 & a_3 \\ a_0 & a_2 \end{vmatrix}, \; \cdots, \; \Delta_n = \det H$$

をフルビッツ行列式という．

このとき，$A(s)$ が安定であるための必要十分条件は，上記のフルビッツ行列式がすべて正となることである．

C．ナイキスト安定判別法

伝達関数（transfer function）$G(s)$ で表されるシステムに，伝達関数 $H(s)$ で表される補償要素を介して負のフィードバックを行った閉ループシステムの安定性は，$1 + H(s)G(s)$ の零点により定まるが，これを計算する代わりに，ループ伝達関数 $L(s) = H(s)G(s)$ の周波数応答 $L(j\omega)$ を用いて，図式的に安定判別を行う方法が知られている．

角周波数 ω を $-\infty < \omega < \infty$ の範囲で変化させたときの $L(j\omega)$ の複素平面上の軌跡を，ナイキスト（Nyquist）軌跡という．伝達関数 $L(s)$ の極 s のうち，実部が非負のものが n 個あるとする．このとき，閉ループシステムが安定であるための必要十分条件は，$L(s)$ のナイキスト軌跡が点 -1 を通らず，そのまわりを反時計方向にちょうど n 回囲むことである．これをナイキストの安定判別法という．ループ伝達関数 $L(s)$ が安定のときは，ナイキスト軌跡が点 -1 を囲むかどうかにより安定判別ができる．

参考文献

1) 井村順一：システム制御のための安定論，コロナ社 (2000)

分野：電気・電子
部門：電磁界解析 [II-4]

アンテナ解析
[英] antenna analysis

アンテナ解析におけるシミュレーション技術には，アンテナのタイプや把握したい特性などに応じてさまざまなものがある．アンテナのタイプには，八木アンテナのような線状アンテナ，小型通信機器に内蔵されるマイクロストリップアンテナ，さらに，衛星放送受信用パラボラアンテナのような開口面アンテナなどがある．一方，その解析スキームは，大別して電磁場解析と幾何光学的な解析方法があり，電磁場解析にはさらに周波数領域と時間領域解析がある．

A．周波数領域電磁界解析

アンテナに関連する電磁波動現象は，通常 MHz～GHz の周波数レンジであり，したがって，過渡現象が生じるとしても数ナノ秒～数マイクロ秒のオーダーである．そのため，多くの場合は入力インピーダンスなどの定常的な特性に興味があり，また，興味のある周波数は搬送波近辺の狭い周波数帯であることも多いため，周波数領域解析が主流となっている．

（1）モーメント法・境界要素法 境界積分方程式（boundary integral equation, ⇒ p.65）に立脚したスキームであるため，開放領域問題に適しており，したがって，アンテナ解析でも最もポピュラーに用いられているシミュレーション方法である．とりわけ，線状アンテナ，マイクロストリップアンテナに対しては，太さや厚さを無視した線要素，面要素で定式化を行えば，数値モデルの作成が容易で，かつ，所要メモリも少なくてすむという利点がある．また，アンテナ解析で求めたい指向性や入力インピーダンスなどの値も，必ずしも領域全体にわたる電磁場計算は必要なく，アンテナ上に誘起される表面電流から求めることができる．しかしながら，その一方で，電磁波の散乱の様子を可視化したい場合など，アンテナ近傍領域内の場の値が必要なときには，境界上の表面電流を求めたあとで別に計算する必要があり，これには計算コストがかかる．

（2）有限要素法 解析領域内に誘電率の異なる不均一な媒質がある場合，境界要素法では均一媒質ごとに領域分割したり特殊な定式化が必要になったりするが，有限要素法（⇒ p.335）では標準的な定式化の範疇で取り扱える利点がある．しかしながら，その一方で，領域型の解法であるため，アンテナから数波長以上離れたところまで解析領域をとった上で，その領域の外側境界になんらかの**吸収境界条件**（absorbing boundary condition）を課す必要があり，とりわけマイクロストリップアンテナなどの解析では，領域外側境界からの非物理的な反射を避けるために大きな解析領域が必要となり，必ずしも計算の効率は良くない．

B．時間領域電磁界解析

アンテナ近辺での電磁波の振る舞いを視覚的に把握したい場合や，パルス応答をフーリエ変換して広帯域の周波数特性を一度に計算したい場合は，時間領域解析もしばしば行われる．

（1）時間領域差分法 プログラムや数値モデル作成が簡単で，所要メモリ・計算時間も少ないなどの手軽さから，近年，アンテナ解析でも頻繁に利用されている．また，計算時間がかからないという理由から，過渡現象のみならず，正弦波を入力し定常状態になるまで数百周期程度のタイムステップ計算を行って単一周波数の特性を調べるというやり方もしばしば行われている．しかしながら，その一方で，これも領域型のスキームなので解析領域の外側には吸収境界条件が必須で，そのためには最低でも波源から数波長程度の解析領域を確保する必要がある．したがって，マイクロストリップアンテナのように，波長に比べて極端に小さいサイズの数値モデルを扱う場合，単純に時間領域差分法を用いると，莫大なグリッド空間が必要となる．このため，微細構造を持つ数値モデルに対しては，特別な定式化やサブグリッド法などを適用して，計算コストを節約する工夫が行われることもある．

（2）時間領域積分方程式法 広帯域特性の計算が容易であるといった時間領域解析の利点と，開放領域の取り扱いが容易であるといった境界積分方程式法の利点を合わせた解法が，時間領域積分方程式法である．ところが，所要メモリが周波数領域の積分方程式法よりもさらに比べものにならないほど莫大であるため，必ずしも広く用いられてこなかった．しかしながら，計算機の高性能化に加え，**高速多重極法**（fast multipole method, ⇒ p.99）を用いたメモリの削減などにより，徐々に利用が始まりつつある．

C．幾何学的な解析

開口面アンテナ，都市におけるビルでの電波伝搬の様子など，波長に比べて大きい系における電波の反射や回折を調べたい場合に用いられる．電波伝搬を光線として扱うため，物理的な意味が理解しやすいという利点がある．幾何光学的回折理論，レイトレーシング法などがある．

参考文献

1) 山下 監修：電磁波問題の基礎解析法，電子情報通信学会 (1987)

2) 宇野：FDTD 法による電磁界およびアンテナ解析，コロナ社 (1998)

分野：機械
部門：機素潤滑・ロボティクス・メカトロニクス　［III-4］

位置決め制御
［英］positioning control

位置決め制御は，工作機械，半導体や液晶パネル製造用露光装置，ハードディスクや光ディスクなどの情報機器，産業用ロボットなどで利用される，物体を任意の目標位置に移動，追従させる技術である[1]．各種の位置決め制御システムにおいて，目標の位置決め性能を満たすため，位置決めコントローラが設計される．

A. 位置決め制御システム

下図のように，位置決め制御を実現するシステムは，物体の変位・角度を測定するセンサ，物体を目標方向に駆動するための案内とアクチュエータ，アクチュエータへの指令値をリアルタイムで計算するコントローラから構成される．後述の位置決め性能，装置スペース，使用環境，コストなどの観点から，センサ，案内，アクチュエータの組み合わせが決定される．

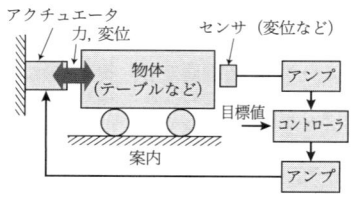

例えば，ナノメートルを対象とする高速・超精密位置決め機構では，変位計としてレーザ干渉計システム，案内として非接触式の空気静圧案内，アクチュエータとしてリニアモータが，また，高速性や精度がそこまで要求されない場合，変位計としてリニアエンコーダ，案内としてボールガイド，アクチュエータとしてボールねじとモータなどが選択され，それらの特性（摩擦の有無，非線形特性，飽和など）に合わせて，位置決めコントローラが設計される．

フィードバック制御の有無，物体の直接・間接的な変位・角度計測により，**開ループ制御**（open-loop control），**セミクローズドループ制御**（semiclosed-loop control），**閉ループ制御**（closed-loop control）に分類される．高精度，高速な位置決め制御を達成する場合，物体の変位・角度を直接計測し，フィードバックする閉ループ制御が望ましい．

B. 位置決め性能

位置決め形態としては，原点から目標位置までの経路や時間を問わない **PTP**（point to point）方式と，移動する際の経路と時間の関係を問う **CP**（continuous path）方式に分類される．例として，前者はハードディスクヘッドのシーク制御，後者は工作機械テーブルの軌跡制御などが挙げられる．

位置決め性能の評価項目として，位置決め範囲，(1) 目標値追従性，(2) 外乱抑圧性，(3) モデル化誤差・変化に対するロバスト性などが挙げられる[1]．

（1）目標値追従性　目標値に対して，どれだけ少ない偏差で，物体を駆動できるかの指標である．ステップ応答の場合，目標値に到達するまでの立ち上がり時間や行きすぎ量，目標偏差内に定常的に入るまでの整定時間が評価される．

また，微小なステップ目標値に対して，出力の違いが識別可能な限界が，位置決め分解能である．位置決め分解能は，フィードバック信号を得るセンサ分解能に大きく依存する．

周波数応答の場合，周期的な目標値に対して，目標値と制御量までのゲインと位相特性を計測し，どこまで高い周波域まで，ゲイン低下と位相遅れを抑制できるかが指標となる．

（2）外乱抑圧性　一定位置に物体を保持する場合，静的・動的な外乱力に対して，どの程度の偏差内で，物体の位置を保持できるかの指標である．

（3）モデル化誤差・変化に対するロバスト性　制御系設計モデルの誤差や機構の特性変化に対して，系の安定性や，目標値追従性や外乱抑圧性などの劣化を最小化できるかの指標である．

C. 位置決めコントローラ

古典制御，現代制御，ロバスト制御などが設計に用いられる．基本的なコントローラに対して，摩擦補償のための外乱オブザーバ，周期的な外乱補償のための**繰り返し制御**（repetitive control）[2]，CPでの追従誤差低減のための**フィードフォワード制御**（feedforward control）などが，目標性能を達成するために付加される．

近年，位置決めコントローラ設計および制御系シミュレーションでは，Mathworks 社のMATLAB と呼ばれる制御系設計用のツールを備えたソフトウェアと，Simulink と呼ばれるグラフィカルなブロックダイアグラムツールを合わせた CAD[3]が，国内外の企業や大学で一般に用いられている．また，上記プログラムを用い，市販の DSP（ディジタルシグナルプロセッサ）ボードを用いたディジタル制御のためのコードも自動生成される．

参考文献
1) 精密工学会 監修：実用 精密位置決め技術事典，産業技術サービスセンター (2008)
2) 中野道雄ほか：繰返し制御，コロナ社 (1989)
3) http://www.mathworks.com/

遺伝子組み換え
[英] gene recombination

　遺伝子組み換えとは，ある生物が持つ遺伝子を，遺伝子工学的手法によって他の生物へ導入する操作を指す。遺伝子組み換えが行われた生物は，導入遺伝子に対応したタンパク質を新たに発現することから，例えばインスリンや成長ホルモンといった遺伝子組み換え医薬の生産や，薬剤・環境耐性の獲得が可能になる。この技術は，おもに現代生物学を中心とした基礎研究分野に加えて，食品や医療などの応用分野で広く用いられている。人工設計された遺伝子でも効率的なタンパク質発現が可能であるため，タンパク質の**構造シミュレーション** (structural simulation, ⇒p.267) と遺伝子組み換え技術の連携が期待されている。

　以下に，遺伝子組み換えを行うための遺伝子工学的手法について記述する。

A. 目的遺伝子の探索・入手
　目的遺伝子の探索は，各生物の染色体やmRNA，人工的に作製された遺伝子ライブラリを対象に行われる。探索には，目的遺伝子の一部の塩基配列を持つ標識核酸（プローブ）が用いられ，このプローブと遺伝子間のハイブリッド形成により，目的遺伝子の存在が特定できる。目的遺伝子の大量調製法として，(1) 制限酵素を用いた染色体からの切り出し，(2) 目的遺伝子がコードされたmRNAからの，逆転写酵素によるcDNA合成，(3) **PCR** (polymerase chain reaction) 法による遺伝子増幅が挙げられる。

B. ベクターへの遺伝子の組み込み
　ベクター (vector) とは，一方の生物から他の生物へ外来の遺伝子を運び込むDNA分子を指し，プラスミドベクター（環状のDNA），ファージベクター（バクテリオファージのDNA），ウイルスベクター（真核生物に感染するウイルスのDNA）がこれに該当する。人工的に遺伝子をベクター内に組み込む際には，ベクターの特定部位を制限酵素により一度切断し，DNAリガーゼを用いて遺伝子をこの部位に再結合させる。

C. 細胞への遺伝子導入
　(1) 塩を利用した導入　　目的遺伝子を持つプラスミドベクターを大腸菌へ導入する場合，$CaCl_2$や$RbCl_2$により処理され，プラスミド受容能が向上した菌体（コンピテントセル）を用いる。動物細胞の場合は，DNA分子とリン酸カルシウムが混合した凝集体を添加し，細胞の持つ食作用によりベクターを細胞膜内へ取り込ませる「リン酸カルシウム法」が有名である。

　(2) 感染を利用した導入　　ウイルスの一種であるバクテリオファージは，細菌に対する感染性を持ち，大腸菌へのウイルスベクター導入が可能である。同様に，動物細胞への感染には，動物ウイルスが利用される。さらに，レトロウイルスやアデノ随伴ウイルスなどは，細胞の染色体内に組み込まれる性質を持つことから，目的遺伝子を細胞内で安定に維持させることもできる。植物細胞の場合，土壌細菌であるアグロバクテリウムを用いた感染・遺伝子導入が一般的である。

　(3) リポフェクション法　　表面に陽性の電荷を持つ脂質二重膜小胞に陰性の電荷を持つ目的遺伝子を吸着させ，細胞膜との融合により，DNA分子を取り込ませる。

　このほかにも，電気的パルスにより細胞膜の受容能を上げる「エレクトロポレーション法」や，細いガラス管や針を直接細胞に突き刺し，DNA分子を注入する「マイクロインジェクション法」，「プリッキング法」などの遺伝子導入法がある。

D. 遺伝子導入細胞の選別
　あらかじめ選択マーカー遺伝子が組み込まれたベクターを使用しておけば，ベクターの導入に成功した細胞を選別（スクリーニング）することができる。一般的には，薬剤耐性遺伝子をマーカー遺伝子とし，アンピシリンのような薬剤を含む培地中でも生育可能な細胞をベクター（遺伝子）導入細胞として選別する方法や，蛍光・発光タンパク質遺伝子を使用してベクター導入細胞を見分ける方法などがある。

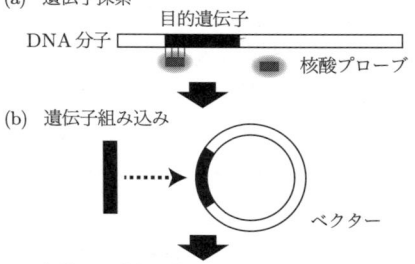

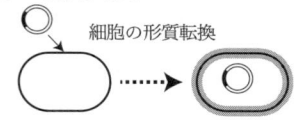

(a) 遺伝子探索

(b) 遺伝子組み込み

(c) 細胞への遺伝子導入

参考文献
1) 半田　宏　編著：わかりやすい遺伝子工学，昭晃堂 (1997)

移動ロボット
[英] mobile robot

移動ロボットとは，広義には，車輪機構や脚型機構を有し比較的長距離を移動する能力を持つロボットを指す。このロボットの移動は，車輪の回転または脚の歩容により実現する。このうち車輪機構は，以下に示すように広く用いられている。

- 自身の有するセンサ情報から動作を生成する自律移動ロボット
- 工場内を走行する無人搬送車（automated guided vehicle; AGV）
- 乗用車

ここでは，車輪機構を有する移動体を狭義の移動ロボットと考え，そのシミュレーション技術について述べる。車輪型移動ロボットは，通常二つ以上の駆動輪に入力指令を与えることで，移動を実現する。ここでは

(1) 入力指令によって移動ロボットがある時間後に現在の場所からどの場所に到達するかを導出する，**運動学**（kinematics）シミュレーション
(2) 移動ロボットの動特性を求める，**動力学**（dynamics）シミュレーション
(3) 作業環境内に障害物が存在するときに，それらを避けつつ目的地に向かうためにはどのように移動すればよいかを求める，**障害物回避**（obstacle avoidance）シミュレーション

の三つについて述べる。

A. 運動学シミュレーション

移動ロボットの運動学シミュレーションをするためには運動学の解析が必須である。移動ロボットにはさまざまな機構があり，運動学を構成する式がそれに応じて異なる。また，移動ロボットは通常のマニピュレータと異なり，運動方程式が，車輪速度ベクトルとロボットの並進・回転速度ベクトルの関係を表すヤコビ行列の形式で表現される点が特徴的である。例えば次式は，最もよく用いられている機構である２駆動輪１キャスター（2DW1C）タイプの移動ロボット（下図）の速度関係式である。

$$\begin{bmatrix} \dot{x} \\ \dot{y} \\ \dot{\theta} \end{bmatrix} = \begin{bmatrix} \frac{\cos\theta}{2} & \frac{\cos\theta}{2} \\ \frac{\sin\theta}{2} & \frac{\sin\theta}{2} \\ -\frac{1}{B} & \frac{1}{B} \end{bmatrix} \begin{bmatrix} v_1 \\ v_2 \end{bmatrix}$$

移動ロボットが入力指令により現在の場所からどの場所に移動するかを導出するためには，そのヤコビ行列を時間積分する必要がある。一般的には上式を解析的に積分することは不可能であり，数値積分により移動ロボットの到達場所を導出するのが通常である。その他の移動ロボット機構の運動学に関する記述は，高野[1]に詳しい。

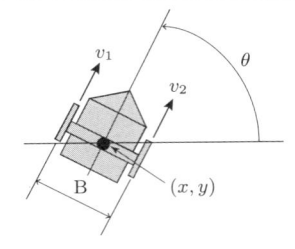

B. 動力学シミュレーション

移動ロボットが高速に走行する場合や，走行時の車輪のすべりを考慮する必要がある場合には，移動ロボットの動力学を考慮しなければならない。通常移動ロボットは比較的低速で走行するため，ロボティクスにおいて，動力学解析の研究はあまり多くなされていない。築島ら[2]は，車輪の摩擦により滑りが生じる際の，移動ロボットの動力学を考慮した動作シミュレーション法について論じている。なお，乗用車の動力学については，自動車工学の分野で広く研究されている。

C. 障害物回避シミュレーション

移動ロボットの障害物回避は，ロボットの動作計画問題の一分野であり，多くの研究がなされている。特に移動ロボットはセンサを用いて未知の外界を探索し，障害物を回避しつつ経路を生成することが多いため，長い歴史を有する。動作計画を遂行する空間構造（作業空間とコンフィグレーション空間），ロボットと障害物の干渉チェック法，動作計画アルゴリズム（ロードマップ法，セル分割法，人工ポテンシャル法など）について議論されている。これにより，ロボットの動作をシミュレートすることができる。この分野の概観は太田ら[3]に詳しい。

参考文献
1) 高野政晴：ロボットの運動学，第10章 移動ロボット，オーム社（2004）
2) 築島隆尋，高野政晴，佐々木健，井上健司：車輪式移動ロボットの運動学および動力学の一般理論に関する研究，日本ロボット学会誌，**8**, 6, pp. 699-711（1990）
3) 太田 順，倉林大輔，新井民夫：知能ロボット入門，コロナ社（2000）

分野：機械
部門：計算力学・設計工学・感性工学・最適化　[III-5]

癒し工学
[英] iyashi engineering

現代人の多くは物質的に満足していても，自分では埋められない空虚感に心を浸食されていることが多い．空虚から生まれる感情は，増幅すると自己中心的な怒りや危険感情に姿を変え，いじめや暴力，無差別殺人，己に向けば自殺などの問題行動として表出される．この状況を少しでも好転させるには，虚しさで空洞化した人々の心に素早く良い作用をもたらす適切な刺激が必要である．その刺激が癒しである．

癒し工学は，各人に適切な癒しの構造特徴を心理学と工学により抽出分析・数量化して生成し，社会のどの場面でも癒しを必要とする人に最適な癒しを提供できる社会システムまでを目指した学問である．

A. 癒しの定義

「癒し」(iyashi) が社会で幅広い意味で使われていることに鑑み，癒しを「心の虚しさを独力で元に戻すことができない人の心を，より好ましい状態に戻すことができる刺激」と定義した．これによると，医療行為や単なるリラクゼーションは癒しに含まれない．

B. 癒し工学の方法論

下図に癒し構造と効果度を分析する基本的手順を示す．

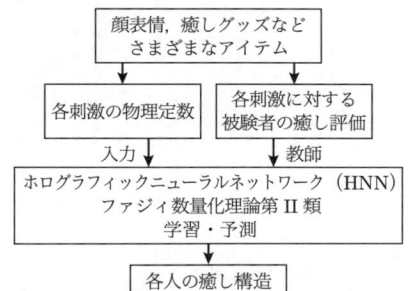

```
┌─────────────────────────┐
│ 顔表情，癒しグッズなど  │
│ さまざまなアイテム      │
└─────────────────────────┘
    ↓                    ↓
┌──────────────┐  ┌──────────────┐
│各刺激の物理定数│  │各刺激に対する│
│              │  │被験者の癒し評価│
└──────────────┘  └──────────────┘
    入力                教師
        ↓            ↓
┌─────────────────────────────────┐
│ホログラフィックニューラルネットワーク(HNN)│
│ファジィ数量化理論第II類         │
│学習・予測                       │
└─────────────────────────────────┘
              ↓
        ┌──────────┐
        │各人の癒し構造│
        └──────────┘
```

(1) 癒しになると考えられるさまざまなアイテムについて，各人に癒しの程度を評価してもらう．それを被験者各人の心理評価とし，**心理評価** (psychological evaluation) に使われたアイテムの物理的な色，形，図柄の位置，表面粗さ，その他の特徴を数値化する．その数値データを**ホログラフィックニューラルネットワーク** (holographic neural network; **HNN**) などの学習システムへ入力し，各人のそのアイテムに対する心理評価を教師信号として，学習システムを学習させる．システム内部の解析から，各人の癒しに結び付く物理要素が求まる．

(2) 癒されるアイテムについて感情を表す評価語を各人に選んでもらう．評価語群の**主成分分析** (principal component analysis) から，アイテムのどの要素が人を癒すのかと，癒されたときの人の心的状態がわかる．

(3) 各人固有の癒し要素が抽出できれば，下図に示すように，工学的に癒しを生成・提供し，必要なときに各人の心をより良い状態に持っていく．

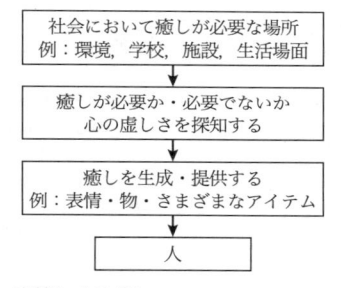

```
┌─────────────────────────┐
│社会において癒しが必要な場所│
│例：環境，学校，施設，生活場面│
└─────────────────────────┘
              ↓
┌─────────────────────────┐
│癒しが必要か・必要でないか│
│心の虚しさを探知する     │
└─────────────────────────┘
              ↓
┌─────────────────────────┐
│癒しを生成・提供する     │
│例：表情・物・さまざまなアイテム│
└─────────────────────────┘
              ↓
          ┌──────┐
          │  人  │
          └──────┘
```

C. 表情による癒し

［癒し］という言葉の由来によると，人は人によって癒されるが，手段の一つは顔表情である．B.(1) の方法で解析すると，人が癒される表情であるかどうかを判断する際，口の面積や右眉の面積に依存する特徴を持つという結果が出ている．

D. 癒し表情の生成

B.(1) の方法で表情に関して各人の癒し構造が求まるので，癒されない表情をその構造になるように変換することができる．この結果は B.(3) に応用することができる．

E. 癒されるグッズ

癒される視覚系グッズは，B.(2) の方法で分析すると，［懐かしい・きれい・かわいい］という特徴を持っていること，また，そのときの人の心的状態の特徴は［肯定的気分を引き起こされる・好み・愛着を感じる・活性弛緩する・肯定的感覚を誘発される］であると研究されている．

参考文献

1) Kitaoka, T., et al.: "Definition Detection and Gene-ration of Iyashi Expressions", J. Computational Science and Technology, 2, 4, pp.413–422 (2008)

2) 北岡哲子ほか：いやしの構造分析とグッズの分析・評価への応用，日本感性工学会論文誌第9巻1号，pp.43–49 (2009)

分野：人間・社会
部門：学習・教育 [VI-6]

医療教育用シミュレータ
[英] simulator for medical education

医療教育用シミュレータは，医療技術の習熟を主目的としたトレーニング機材である。

医・歯学部学生が医療チームの一員として診療に参加し，医療に必要な態度・技能を自らが習得する診療参加型実習（クリニカルクラークシップ）が積極的に導入されているが，実際の医療行為の中での実技習得には制約も多い。例えば，皮膚縫合を実際の患者で練習することはできないし，特殊な心雑音を聴取したくても該当する患者がいなければ困難である。そこで，シミュレータを利用したオフ・ザ・ジョブトレーニングによって，ある程度のリアリティを有する環境での手技習得が推進されつつある。

医療教育用シミュレータには，縫合練習用などの単純なものから，コンピュータ制御の救急救命処置（心肺蘇生）練習用マネキン，高度なものでは訓練者の動作に反応・追従するコンピュータグラフィックスを用いた検査機器操作シミュレータや，**触感デバイス**（sense of touch device, ⇒ p.152）を用いた手術シミュレータが開発されている。

医療教育シミュレータは，卒後臨床研修施設などに設けられた**スキルスラボ**（skills lab; 臨床技能研修室, ⇒p.166）等に，医療機器・器具とともに設置され，単なる手技の習熟に留まらず，診療チームの円滑な行動の訓練・他職種の業務の理解，リアリティのある状況下での意思決定の訓練，医療安全のための問題点の洗い出しと対策の検討などにも用いられている。

A．心肺蘇生シミュレータ

1次救命措置（basic life support; **BLS**, ⇒ p.375），**2次救命措置**（advanced cardiovascular life support; **ACLS**, ⇒ p.377）等に頻用され，BLS用の簡易なものから，コンピュータ制御によってさまざまな心疾患病態を再現できる高度なものまで，多くの種類がある。また，小児の心肺蘇生訓練用シミュレータ（下図）もある。

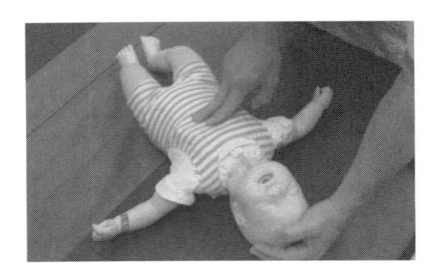

一般市民を対象とするBLS講習会の開催やAEDの普及といった状況を背景に，心肺蘇生シミュレータは，最もポピュラーな医療教育用シミュレータの一つとなっている。

B．診察シミュレータ

心疾患診察手技訓練用生体シミュレータ，呼吸音聴診シミュレータ，血圧測定トレーナ，乳癌触診モデル，直腸診シミュレータ，前立腺触診モデル，眼底診察シミュレータ等，多くの種類がある。下図の高機能乳児医療シミュレータは，診察に加えて治療の訓練にも用いられる。

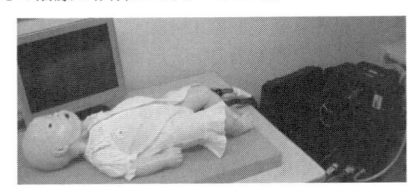

C．手技トレーナ

採血・静脈注射シミュレータ，縫合手技トレーナ，中心静脈穿刺挿入シミュレータ（下図），腰椎穿刺シミュレータ，分娩トレーナ，婦人科用シミュレータ，看護ケアアセスメント用シミュレータ，気道管理トレーナ等がある。

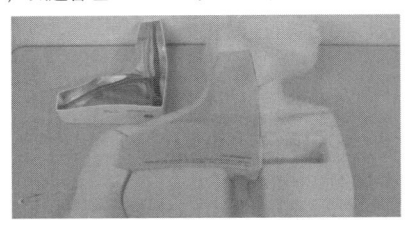

また，バーチャルリアリティを用いた内視鏡シミュレータ（下図）や，触覚を擬似体感できる腹腔鏡手術訓練シミュレータ等もある。

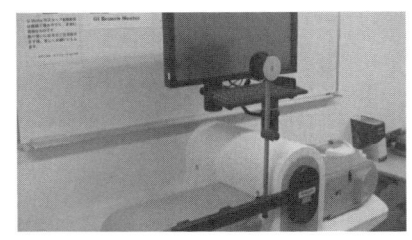

参考文献

1) Kogan JR, et al.: "Tools for direct observation and assessment of clinical skills of medical trainees: a systematic review", *JAMA*, **302**, pp.1316–1326 (2009)

分野：可視化
部門：ボリューム可視化　［VII-3］

医療シミュレーションと
ボリューム可視化
［英］medical simulation and volume visualization

医療シミュレーションは，医師や看護師が各種の診断や手術を効率的に学習・実施するために，有効活用されている．例えば，医療シミュレータ（模擬医療）を用いて，医学生や研修医が，内視鏡手術や問診などの習熟度を早期に上げ，医療の安全性を高めている．また，再手術が困難で，難度の高い手術に対して，術前に反復練習が可能になることで，スキルアップや緊急時の対処も可能になる．

計算機の性能向上とともに，工学的な CAE（computer aided engineering）が，医療分野でも有力な診断支援として期待されている．数値流体力学（computational fluid dynamics; CFD）の応用では，複雑な血管の3次元モデルを構築して，その挙動を予想する．有限要素法（finite element method; FEM）の応用では，骨格や筋肉を含めた肉体の3Dモデルによる応力分布の計算が可能になっている．このような工学的シミュレーション技術は，脳動脈瘤の破裂予想，心筋梗塞における心臓のモデル化，歯・インプラントの強度解析や配置シミュレーション，加重時における骨格の姿勢予想，歩行シミュレーションなどに応用されている．

医療シミュレータや医療分野への工学的な CAE の応用に対して大きな役割を担っているのは，人体内部を非侵襲で計測可能な装置である．これには例えば，**X線コンピュータ断層撮影**（computer tomography; **CT**），**核磁気共鳴画像法**（magnetic resonance imaging; **MRI**），超音波断層（ultrasonography），**単一光子放射断層撮影**（single photon emission computed tomography; **SPECT**），**光断層撮影技術**（optical coherence tomography; **OCT**）などが挙げられる．これらの計測装置から得られる画像群は3次元画像と呼ばれ，画像診断，医療シミュレータ，術前計画支援，内臓や骨の立体視などに使用されている．

医療シミュレーション結果や3次元画像を対象とした断面像表示で使用される手法としては，(1) ウィンドウ幅/ウィンドウレベル（window width/window level; WW/WL）や (2) MPR が挙げられる．3次元画像をスクリーンに投影する投影像表示には，(3) MIP，(4) VR（ボリュームレンダリング），(5) サーフェスレンダリングが使用される．また，心臓モデルや血管モデルの血流シミュレーション結果や**拡散テンソル磁気共鳴画像法**（diffusion tensor magnetic resonance imaging; **DT-MRI**）などは，ベクトル場やテンソル場の情報として与えられる．

ここでは，医療シミュレーションに関連した (1) WW/WL，(2) MPR について概説する．(3)〜(5) の手法は，スカラボリュームデータを対象とした可視化手法であり，「スカラボリュームデータの可視化」（p.165）を参照してほしい．また，医療シミュレーションにおいても，ベクトル場やテンソル場の可視化には，流線，矢印図，コンタープロット，渦中心の表示，パーティクル表示などの汎用的な可視化手法が用いられている．これらの手法に関しては，Bankman[1] または「ベクトルボリュームデータの可視化」（p.308）を参照してほしい．

A. WW/WL

一般に医用画像は計測する機種やその原理に依存したスカラ値（グレースケールと呼ばれる）で取得されるため，表示の際には，適切な輝度値やカラーに変換する必要がある．そのため，スカラ値の分布に対して，表示の中心（WL; ウィンドウレベル）と，WL を中心とした表示幅（WW; ウィンドウ幅）を与えて，必要な範囲のみをわかりやすく表示する．原画像と WW/WL を調整した画像を以下に示す．

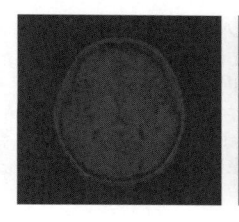

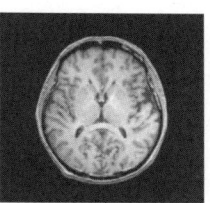

B. MPR

MPR（multi planar reconstruction; multi planer reformat）は，スライス画像として取得した3次元画像を用い，水平面（axial plane），冠状面・前額面（coronal plane）および矢状面（sagittal plane）方向の2次元画像を補間処理により生成・表示する．斜め方向の任意断層面の表示も可能であり，実際の日常的な診療に使用されている．さらに，この考え方を拡張した手法として，3次元画像から，任意方向の断面像を補間により求めることが可能である．補間には，3重線形補間などが使用され，より詳細な観察や測定が必要な場合に有効である．

参考文献

1) Issac N. Bankman (Editor-in-Chief): *Handbook of Medical Imaging*, pp.659–755, Academic Press (2000)

分野：生命・医療・福祉
部門：生体材料　[V-3]

医療用材料のMRIアーティファクト
[英] MRI artifact of medical materials

脳動脈瘤クリップや人工関節などのインプラントは，MRI画像（⇒p.114）上にアーティファクト（偽像）を発生させ，診断の妨げとなる場合がある[1]。インプラント材料として，おもにCo-CrやTi合金などの常磁性金属が用いられる。これらの医療用材料がMRIスキャナ内の静磁場（B_0）を乱すことでアーティファクトが発生するので，**磁化率アーティファクト**（susceptibility artifact）と呼ばれる。そのため，医療用材料の低磁化率化が進められているが，インプラントの形状およびB_0に対する方向により磁場歪みが異なるため，アーティファクトを予測するためにはシミュレーションによる磁場歪みマッピングが必要である。また，MRIでは，さまざまな撮像法（pulse sequence）により多様な画像が得られ，高周波磁界（RF pulse）や傾斜磁場などの印加の仕方が工夫されている。撮像法が異なると，磁化率アーティファクトも異なるが，磁場歪み情報に基づく予測が可能である。

医療用材料のMRIアーティファクトにおけるシミュレーションは，A.磁場歪みマッピング，およびB.アーティファクト予測からなる。

A. 磁場歪みマッピング

下図に示す静磁場中で磁化された材料から発生する磁束のうち，B_0方向成分のみがMRIアーティファクトに関与する。その成分の磁場歪みΔBは，**有限要素法**（finite element method; **FEM**, ⇒p.335）などによる磁界解析（⇒p.172）を用いてマッピングできる[2]。

−20　0　20 ppm

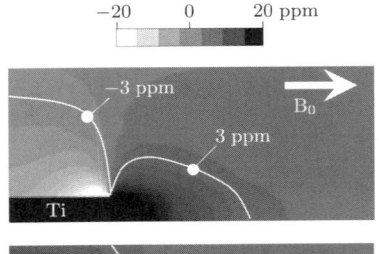

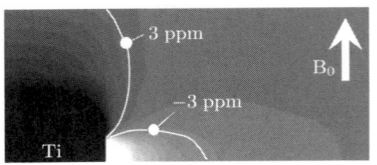

−3 ppm
B_0
3 ppm
Ti

−3 ppm
3 ppm
B_0
−3 ppm
Ti

B_0方向に依存して，磁場歪みΔBの分布は異なる。インプラントなどによる磁場歪みを低減すべく，**常磁性体**（paramagnetic material）と**反磁性体**（diamagnetic material）の生体適合性材料を組み合わせたさまざまな形状の磁場歪みマッピングが行われている[2]。磁場歪みを3次元的に精密に実測する方法が確立されていないため，磁場歪みマッピングの精度が未確認である。磁場歪みがMRI画像に与える影響の高精度定量化が待たれている。

B. アーティファクト予測

MRIの撮像原理は，磁場歪みがない均一磁場が印加されていることを前提としているため，インプラントなどによる磁場歪みは，アーティファクトの原因となる。発生するアーティファクトは撮像法に依存し，多くの場合，画像欠損領域などの偽陰性アーティファクトとなるが，偽陽性アーティファクトとなる場合もある。MRIは生体中の水や脂肪の水素原子核から磁気共鳴信号を発生させ画像化する方法で，磁気共鳴信号には振幅情報と位相情報がある。例えば，MR血管撮像（MR angiography）で用いられるグラジエントエコー法の場合，空間的な位相情報$\phi(x,y,z)$は$\Delta B(x,y,z)$と定量的につぎの関係がある。

$$\phi(x,y,x) = \gamma \cdot TE \cdot \Delta B(x,y,z)$$

ここで，γは磁気回転比（gyromagnetic ratio），TEはエコー時間（echo time）で，高周波磁界印加から信号検出タイミングまでの時間を表す。このように，画像化される信号と磁場歪みの関係は原理的に知ることができるので，インプラントなどによる磁場歪みがどのように画像に現れるかは，算出可能である。逆に，撮像法を改良することで，アーティファクトを低減する研究も行われている。さらに，高周波磁界によりインプラントに誘起される**渦電流**（eddy current, ⇒p.15）がアーティファクトを発生する場合があるが，この磁気歪みマッピングも，前述の磁界解析に渦電流を考慮すれば原理的には予測可能である。インプラントなどによるMRIアーティファクトは，おもに特定の撮像法を用いて実験的に研究されているが，撮像法の改良・開発は目覚ましいので，シミュレーションによる予測が期待される。

参考文献
1) 山本　徹：医療用金属材料概論, 3.2 MRIアーチファクト, pp.46–52, 社団法人日本金属学会 (2010)
2) Y. Gao, et al.: "Reduction of artifact of metallic implant in magnetic resonance imaging by combining paramagnetic and diamagnetic materials", *Journal of Applied Physics*, **107**, 09B323 (2010)

分野：可視化
部門：シミュレーションベース可視化 ［VII-5］

陰関数曲面法と可視化
[英] implicit surface modeling and visualization

3次元形状の正確なモデリングは，構造や流体のシミュレーションの多くの場面で必要とされ，ポリゴン形式，パラメータ形式，陰関数形式などで形状を表現する．このうち陰関数形式では，形状表面の点群からの曲面生成が可能であり，形状計測装置によって取得した点群から計測対象形状を再構成するなどの用途で利用される．

A. 陰関数曲面法

陰関数形式では，物体の内側と外側で正負が反転する**スカラ場**（scalar field）$f(\boldsymbol{x})$を用い，その零等値面$f(\boldsymbol{x}) = 0$として形状を定義する．この手法はおもにスカラ場を構築するためのモデリング技術，およびスカラ場の零等値面を描画するレンダリング技術の二つからなる．陰関数曲面法の特徴としては，$f(\boldsymbol{x})$の正負による内外判定が可能，物体同士の集合演算によるCSG（constructive solid geometry）や異なる二つの曲面の連続的な変形（モーフィング）が容易，欠損点群データの補間（interpolation）がある程度可能，といったことが挙げられる．

B. スカラ場の生成と可視化

物体表面のn個の点$\boldsymbol{x}_1, \boldsymbol{x}_2, \cdots, \boldsymbol{x}_n$からスカラ場$f(\boldsymbol{x})$を生成する問題は，**陰関数曲面モデリング**（implicit surface modeling）の基本的な問題であり，1990年代後半からさまざまな手法が提案されてきた．なお，以下に述べる手法は，いずれも各入力点での法線が与えられていることを前提にしている．

代表的な陰関数曲面モデリング手法の一つに，スカラ場をRBF（radial basis function）の線形結合，すなわち$f(\boldsymbol{x}) = \sum_{i=1}^{N} \lambda_i \phi(\|\boldsymbol{x} - \boldsymbol{x}_i\|_2) + p(\boldsymbol{x})$（$p(\boldsymbol{x})$は係数を未知数とする多項式）として表現する手法がある[1]．これは大域的な補間条件をもとに連立1次方程式を立て，これを解くことで係数を求める手法である．

原理的にはこの大域的な補間条件によって目的の曲面が得られるが，連立1次方程式を解くための計算コストの問題があるため，大量点群の補間には適さない．この問題を解決したのがMPU（multi-level partition of unity implicits）法[2]に代表される，局所的な補間条件を利用する手法である．この手法では，分割された小領域ごとに局所的なスカラ場を生成し，生成された複数のスカラ場に重み関数を掛けて足し合わせることで，大域的なスカラ場が定義される．局所的なスカラ場の生成では大規模連立1次方程式を解く必要がないため，大域的な手法に比べて扱える入力点数が飛躍的に増加した．

さらに，フーリエ変換やウェーブレット変換などの周波数解析に基づく手法も提案されている．例えばウェーブレット変換を利用した手法[3]では，入力点群をもとにスカラ場のウェーブレット係数を求め，ウェーブレット基底の線形結合としてスカラ場が表現される．この手法では，ウェーブレットの局所性を利用することで，大量点群からの曲面生成を可能としている．

その他，時間軸tを加えた4変数のスカラ場を定義することで曲面の連続的なアニメーションを表現する手法[4]など，用途や目的に応じた曲面モデリング手法が提案されている．

生成された陰関数曲面は方程式$f(\boldsymbol{x}) = 0$の解であるため，**レンダリング**（rendering）の際にはこの方程式を解いて曲面上の点を求める必要がある．陰関数曲面のおもなレンダリング手法は，スクリーンの各画素からの視線が曲面と交差する位置を求めて輝度値を決定する手法（直接的レンダリング），および，曲面を近似するポリゴンモデルに変換してから描画する手法（間接的レンダリング）[5]の二つに大別される．下図に，(a) 入力点群（stanford bunny）と，(b) 陰関数曲面（MPU法）のポリゴン化による可視化の例を示す．

(a) (b)

参考文献

1) G. Turk and J. F. O'Brien: "Modelling with Implicit Surfaces that Interpolate", *ACM Trans. on Graphics*, **21**, 4, pp.855–873 (2002)

2) Y. Ohtake, et al.: "Multi-level Partition of Unity Implicits", *ACM Trans. on Graphics*, **22**, 3, pp.463–470 (2003)

3) J. Manson, et al.: "Streaming Surface Reconstruction Using Wavelets", *Computer Graphics Forum*, **27**, 5, pp.1411–1420 (2008)

4) J. Süßmuth, et al.: "Reconstructing Animated Meshes from Time-Varying Point Clouds", *Computer Graphics Forum*, **27**, 5, pp.1469–1476 (2008)

5) J. Bloomenthal, et al.: *Introduction to Implicit Surfaces*, Morgan Kaufmann Publishers (1997)

インターネットプロトコル
[英] protocols in the Internet

インターネットにはさまざまな種類のネットワークが接続されていると同時に，さまざまなハードウェアおよびオペレーティングシステム (operating system) の端末，コンピュータ，ノードなどが接続されている．それらがたがいにデータをやりとりするための統一された手順として，インターネットでは**プロトコル**（protocol）が規定されている．プロトコルは階層状に定義され，それぞれの階層で通信のために必要な機能を分担している．

ここでは，インターネットにおける通信方式を理解する上で基本となるプロトコル階層構造について説明し，各階層における役割や代表的なプロトコルについて概説する．

A．プロトコル階層構造

コンピュータ間の通信機能を階層構造を用いて定義したモデルとして，**OSI参照モデル**（OSI reference model）がある．この階層モデルにおいては，通信プロトコルを7階層に分けて定義し，それぞれの階層が果たすべき役割を規定している．インターネットにおける通信プロトコルも同様に，階層構造で説明されるが，その階層数は7ではなく，一般的には5層モデルで規定される．下図は，二つの階層モデルを示している．図中，インターネットのプロトコルモデルは4層構造に見えるが，これは，OSI参照モデルにおける物理層，データリンク層に該当する部分の区別があいまいであるためである．また，OSI参照モデルにおける5～7層は，インターネットにおいてはまとめて「第7層」あるいは「アプリケーション層」と呼ばれる．

OSI参照モデル	インターネットのプロトコルスタック
7. アプリケーション層	SNMP, DNS, SMTP, FTP, TELNET, HTTP, NTP,…
6. プレゼンテーション層	
5. セッション層	NETBIOS
4. トランスポート層	TCP, UDP,…
3. ネットワーク層	IP, ICMP,…　ARP, RARP,…
2. データリンク層	Ethernet, Token Ring, X.25, FDDI, ATM, WDM,…
1. 物理層	

このような階層構造を用いるメリットは，階層間の**インタフェース**（interface）が守られている限りにおいて，それぞれの階層は他の階層を意識することなく設計でき，階層単位で部分的に入れ替えることができる点にある．

インターネットが**TCP/IP**（transmission control protocol/Internet protocol）ネットワークと呼ばれるのは，インターネットにおいて中核をなすプロトコルが，第3層のIPおよび第4層のTCPであるためである．

B．各層のプロトコルの役割

インターネットにおける各層の役割と，代表的なプロトコルについて概説する．

（1）**アプリケーション層**　ユーザやアプリケーションプログラムに対して，具体的な通信サービスを提供する．電子メールで用いられる**SMTP**（simple mail transfer protocol），ウェブで用いられる**HTTP**（hypertext transfer protocol）などが挙げられる．

（2）**トランスポート層**　エンド端末間の通信の管理を行う．**輻輳制御**（congestion control）や**エラー回復制御**（error recovery control），フロー制御（flow control）などを行い，信頼性の高いコネクションを提供するTCPや，そのような複雑な機能を提供せず，単純なデータグラム転送を提供するUDP（user datagram protocol）などが挙げられる．

（3）**ネットワーク層**　ネットワークにおける**アドレス付け**（addressing），**経路制御**（routing），**パケット転送**（packet forwarding）などを行う．インターネットにおいてはIPがその役割を担っている．

（4）**データリンク層**　直接接続されている二つの機器間のデータ転送を行う．IEEE 802.3イーサネットや，IEEE802.11無線LANなどで用いられているプロトコルが該当する．

（5）**物理層**　電気・光変換や，機械的作業などを含む，ビット情報の回線への送出を行う．

C．TCP/IPネットワークの性能評価

TCP/IPネットワークの性能評価には，しばしばシミュレーションが用いられる．代表的なシミュレーションツールとして，ns-2[1]やns-3[2]が挙げられる．

参考文献
1) http://www.isi.edu/nsnam/ns/
2) http://www.nsnam.org/
3) James F. Kurose, et al.: *Computer Networking: A Top-Down Approach Featuring the Internet*, Addison-Wesley (2004)
4) 村田正幸：マルチメディア情報ネットワーク，共立出版 (1999)

うず電流解析
[英] eddy current analysis

時間変化する磁界中に導体を入れると，磁界の変化を妨げる方向に電流が流れる。これを**うず電流**（eddy current）と呼ぶ。うず電流が流れることにより，ジュール損失が発生し，電気機器の効率が低下する。一方，この熱を積極的に利用したうず電流加熱もある。このようなうず電流を解析する方法として広く利用されている有限要素法（⇒p.335）について解説する。

A. AV法

マクスウェル方程式（Maxwell equation）において変位電流を無視した

$$\text{rot}(\mu^{-1}\boldsymbol{B}) = \sigma\boldsymbol{E} + \boldsymbol{J}_0, \quad \text{rot}\boldsymbol{E} = -\dot{\boldsymbol{B}}$$

$$\text{div}\boldsymbol{B} = 0, \quad \text{div}(\sigma\boldsymbol{E}) = 0$$

を考える。これらは $\boldsymbol{B} = \text{rot}\boldsymbol{A}$ を満たすベクトルポテンシャル $\boldsymbol{A}$，および，$\boldsymbol{E} = -\dot{\boldsymbol{A}} - \nabla\dot{V}$ を満たすスカラポテンシャル V を用いて

$$\text{rot}(\mu^{-1}\text{rot}\boldsymbol{A}) + \sigma(\dot{\boldsymbol{A}} + \nabla\dot{V}) = \boldsymbol{J}$$

$$\text{div}\sigma(\dot{\boldsymbol{A}} + \nabla\dot{V}) = 0$$

と表せる。これらを離散化するために，辺有限要素の基底関数 $\boldsymbol{N}_i$，節点要素の基底関数 N_j を用いて $\boldsymbol{A} = \Sigma_i a_i \boldsymbol{N}_i$, $V = \Sigma_j v_j N_j$ と近似する。ただし a_i は $\boldsymbol{A}$ の要素辺 c_i 上の積分 $a_i = \int_{c_i} \boldsymbol{A} \cdot d\boldsymbol{s}$ であり，v_j は要素節点 n_j における V の値である。さらにガラルキン法を適用すると

$$\text{K}\boldsymbol{a} + \text{S}\dot{\boldsymbol{a}} + \text{L}\dot{\boldsymbol{v}} = \boldsymbol{j}, \quad \text{L}^t\dot{\boldsymbol{a}} + \text{M}\dot{\boldsymbol{v}} = 0$$

の形の有限要素方程式を得る。ここでそれぞれの行列成分は

$$K_{ij} = \int \mu^{-1}\text{rot}\boldsymbol{N}_i \cdot \text{rot}\boldsymbol{N}_j dV$$

$$S_{ij} = \int \sigma \boldsymbol{N}_i \cdot \boldsymbol{N}_j dV$$

$$L_{ij} = \int \sigma \boldsymbol{N}_i \cdot \nabla N_j dV$$

$$M_{ij} = \int \sigma \nabla N_i \cdot \nabla N_j dV$$

で与えられる。有限要素解析においては，時間微分を差分で近似し，各時間ステップ n において $\boldsymbol{a}^n$ と $\boldsymbol{v}^n$ の連立方程式を解く。このような $\boldsymbol{A}$ と V を未知変数とする方法を AV 法（またはAφ法）と呼ぶ。磁性材料が非線形性を持つ場合には，「静磁界解析」（p.172）で述べたようなニュートン法（⇒p.287）が用いられる[1]。一方，線形磁気特性を仮定して定常解を求める場合には，時間微分を $j\omega$ で置き換えた周波数領域解析が行われる。有限要素解析においては，表皮厚よりも要素サイズを十分に細かくすることが必要である。

B. A法

A法はAV法において v を除いた

$$\text{K}\boldsymbol{a} + \text{S}\dot{\boldsymbol{a}} = \boldsymbol{j}$$

を解く方法である。このようなことが可能である理由は，v に対応するスカラ場の勾配 $\Sigma_i v_i \nabla N_i$ と，v に勾配行列を乗じた $\text{G}\boldsymbol{v}$ に対応するベクトル場 $\Sigma_i v_i \Sigma_j G_{ji} \boldsymbol{N}_j$ が等しいという条件

$$\nabla N_i = \Sigma_j G_{ji} \boldsymbol{N}_j$$

が満足されているからである。すなわち ∇N_i で表される場は辺要素基底 $\boldsymbol{N}_j$ の線形結合で表現できるため，前者を省略可能である。節点要素，辺要素を含む**ホイットニー要素**（Whitney element）は，この互換性を満足する。

A法はAV法に比べて変数が少なく，また定式化が簡単であるため利用されることがあるが，特に周波数が低い場合や，導電率が低い場合などには，行列 $\text{K} + \text{S}/\Delta t$ が特異行列に近くなるため，連立方程式の反復解法の収束が悪くなる。一方，AV法ではこのような問題が生じないことが知られている[2]。

C. TΩ法

AV法と双対な方法がTΩ法である。この方法は電導電流 $\boldsymbol{J}_c = \sigma\boldsymbol{E}$ と強制電流 $\boldsymbol{J}_0$ に対して電流ベクトルポテンシャル $\boldsymbol{J}_c = \text{rot}\boldsymbol{T}_c$, $\boldsymbol{J}_0 = \text{rot}\boldsymbol{T}_0$ を導入し，アンペアの法則を用いて磁界 $\boldsymbol{H}$ を $\boldsymbol{H} = \boldsymbol{T}_c + \boldsymbol{T}_0 - \nabla\Omega$ と表す。支配方程式は残ったマクスウェル方程式より

$$\text{rot}(\sigma^{-1}\text{rot}\boldsymbol{T}_c) = -\mu(\dot{\boldsymbol{T}}_c + \dot{\boldsymbol{T}}_0 - \nabla\dot{\Omega})$$

$$\text{div}\mu(\dot{\boldsymbol{T}}_c + \dot{\boldsymbol{T}}_0 - \nabla\dot{\Omega}) = 0$$

となる。$\boldsymbol{T}_c$ は辺要素，Ω は節点要素で表現し，ガラルキン法を用いて有限要素方程式を導く。要素面 S_i を流れる強制電流 $I_i = \int_{S_i} \boldsymbol{J}_0 \cdot d\boldsymbol{S}$ を表すために，面の境界辺で定義される $T_{0j} = \int_{c_j} \boldsymbol{T}_0 \cdot d\boldsymbol{s}$ を考え，木に属する要素辺では零とし，補木で I_i とする。AV法は磁束密度 $\boldsymbol{B}$，TΩ法は磁界 $\boldsymbol{H}$ を求める方法である。有限要素を十分に細かくしたとき，これらは同じ結果に収束する。うず電流損失値を計算すると，前者は下から，後者は上から一致する値に収束することが，多くの数値計算で確認されている。

参考文献
1) 高橋：三次元有限要素法, 電気学会 (2006)
2) H. Igarashi: "On convergence of ICCG applied to Finite Element Equation for Quasi-static fields", *IEEE Trans. Magn.* 38, pp.3129–3132 (2002)

分野：機械
部門：宇宙工学・交通物流 ［III-6］

宇宙往還機の飛行
［英］flight of spaceplane

　宇宙往還機とは，地球（あるいは大気のある惑星）周回軌道と地上間を繰り返し往復する再使用型（reusable）の有翼形状の宇宙機（spacecraft/plane/ship）を指し，使い切り形式のカプセル型は含まない。通常の航空機と異なって，**飛行領域**（flight envelope）が広大であるため，飛行特性が**飛行条件**（flight condition）（速度，高度）によって大きく変動するのが特徴である。宇宙往還機のシミュレーションには，推力装置・センサ・アクチュエータの各動特性，運動方程式に関わる空力特性，飛行制限領域（空力加熱，荷重倍数，平衡滑空，動圧），風モデルなど，幅広い学問分野と技術分野の知識が要求される。下図は，帰還飛行時の飛行制限領域と突入回廊を示している。

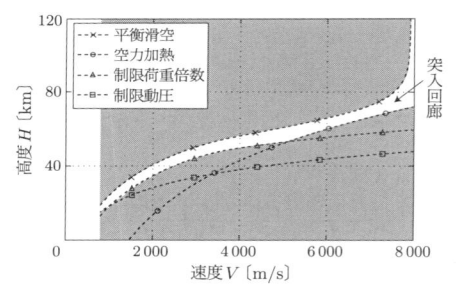

（グラフ：横軸 速度 V [m/s] 0〜8000，縦軸 高度 H [km] 0〜120。平衡滑空，空力加熱，制限荷重倍数，制限動圧の曲線と突入回廊を示す）

　宇宙往還機の誘導制御上の問題点は，機体運動を非線形運動方程式として取り扱わなければならないことと，運動方程式のパラメータに空気力学上の不確かさが存在することである。

A．上昇飛行

　離陸方式には水平離陸方式と垂直離陸方式があり，さらに単体で宇宙空間まで到達する**単段方式**（single-stage-to-orbit; **SSTO**）と，母機から切り離された子機が宇宙空間へ到達する**2段方式**（two-stage-to-orbit; **TSTO**）とがある。推進装置には，スクラムジェットなど各種の**空気吸込**（air-breathing）エンジンとロケットエンジンを併用する複合エンジンが構想されており，シミュレーションにはこれらの研究途上のエンジン特性も必要である。

B．帰還飛行

　帰還飛行は，再突入フェーズ，エネルギー調整フェーズ，滑走路への進入・着陸フェーズに分けられ，翼やパラウィングを用いた無推力の滑空飛行により水平着陸する。揚抗比がかなり小さいことから，着陸地点への正確な誘導が困難であり，推力を用いる方式も提案されている。

C．誘導制御とシミュレーション

　（１）**誘導制御**　　誘導とは機体を質点の並進運動と捉えて，速度と軌道を基準速度や基準軌道に導く制御のことである。制御とは**姿勢制御**（attitude control）の略称であり，機体運動を剛体の回転運動と捉えて，その姿勢を安定化することである。代表的な再突入誘導方式として，事前に定めた基準となる抗力加速度−速度のプロファイルに機体のそれを追従させる，スペースシャトルオービタの**クローズドフォーム**（closed form）誘導がある[1]。この方式に関して，**ダイナミックインバージョン**（dynamic inversion; **DI**）と称するフィードバック線形化手法の適用も検討されている[2]。

　（２）**運動方程式と変数**[3]　　並進運動（高度，緯度，経度，飛行経路角，機首方位角，速度）の入力変数としては，推力，迎え角，バンク角，スピードブレーキがあり，これらはまた，姿勢制御系によって制御される。姿勢制御のための入力装置としては，エレベータとエルロンを複合したエレボンや，ラダー，スピードブレーキ，ガスジェットなどがある。飛行制御用のシミュレーション言語としては，PC環境ではMATLABが普及しているが，航空機メーカーが開発した汎用ソフトウェアもある。

　（３）**有人飛行と信頼性**　　有人飛行には，信頼性・安全性の確保のため，制御システムの構成要素であるセンサ，アクチュエータ，計算機などの耐故障制御シミュレーションや，緊急時に予定軌道を離脱し帰還させるための飛行シミュレーションも重要である。

参考文献

1) Jon C. Harpold and Claude. A. Graves, Jr.: "Shuttle Entry Guidance", *J. of the Astronautical Sciences*, **27**, 3, pp.239–268 (1979)

2) Kenneth D. Mease and Jean-Paul Kremer: "Shuttle Entry Guidance Revisited Using Nonlinear Geometric Methods", *J. of Guidance, Control, and Dynamics*, **17**, 6, pp.1350–1356 (1994)

3) 加藤寛一郎：スペースプレーン 超高層飛行力学，東京大学出版会 (1989)

宇宙関連ビジュアルデータマイニング
[英] visual data mining in astronomy

天文分野では，あらゆる電磁波帯を対象とする観測と，物理や化学法則に基づいた理論的考察やスーパーコンピュータ・専用計算機を用いたシミュレーション結果とを対比することにより，新しい宇宙像が構築されてきた。

ここでは，GRAPEとバーチャル天文台を取り上げる。GRAPE（重力多体問題専用計算機）は，天体間に働く力として**重力**（gravity）が支配的であることに着目した専用計算機である。バーチャル天文台は，半導体技術の進展により得られる超大量の**多波長データ**（multi-wavelength data）から，観測データやカタログデータのみならずシミュレーションデータも含めることを通じて，新知見を見いだそうとする。

A. GRAPE

銀河や恒星などの天体間に働く力は重力が主である。銀河や銀河団の形成，恒星集団の進化などを数値シミュレーション研究の対象とする場合，銀河には約 $10^{10} \sim 10^{12}$ 個もの恒星が含まれており，これらの天体間に働く重力をすべて計算する必要がある。重力は二つの天体間の質量と距離によって計算できるが，その計算量は扱う天体数の2乗に比例して，重力多体問題の計算量の大部分を占めることになり，これが重力多体問題のネックとなる。GRAPE（gravity pipe）は，東京大学や国立天文台の研究者によって開発された多体問題専用計算機であり，重力計算を専用のパイプラインを組み込んだハードウェアで高速に処理する。実際のシミュレーションにあたっては，重力計算以外はホスト計算機が担当する仕組みになっている。

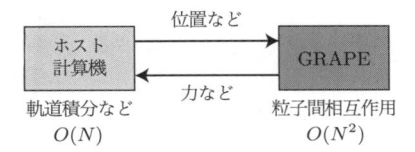

```
[ホスト計算機] --位置など--> [GRAPE]
              <--力など--
  軌道積分など              粒子間相互作用
    O(N)                     O(N^2)
```

GRAPEの開発は1989年から行われ，2010年の時点では第8世代にあたるGRAPE-DRが利用可能である。GRAPE-DRは，1チップ当りの演算性能が1 TFlopsあり，1システム当りでは2 PFlopsに達する。GRAPE-DRは，その電力当りの演算性能が評価され，Green500リストで世界一とされる。また，GRAPE開発グループは，これまでに**ゴードン・ベル賞**（Gordon Bell Prize）を3回受賞している。

B. バーチャル天文台

宇宙の諸現象は，さまざまな波長における望遠鏡によって観測される。その多波長データをシミュレーションデータなどと比較することを通じて，研究者は現象に対する理解を深める。

世界の多くの天文台が構築した**天文データベース**（astronomical database）を，標準プロトコルを介して高速ネットワークで相互接続し，コンピュータ上に仮想的な宇宙を構築して研究を進める基盤がバーチャル天文台（virtual observatory; VO）である。2010年現在，18のプロジェクトが参加した国際バーチャル天文台連合が，標準プロトコルの策定に携わっている（口絵31）。

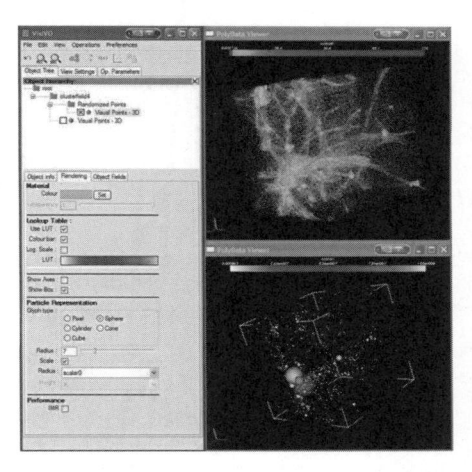

（1）観測データ・カタログデータの可視化
バーチャル天文台では，世界各地の天文台や衛星によって取得された観測データやデータ解析によって得られたカタログデータが，数多く利用できる。2010年現在，1万を超えるデータが相互利用可能となっており，さらに登録データが増加している。利用できるデータは，VOポータルやVOプロトコルに準拠したアプリケーションにより検索・可視化され，天文学研究に利用されている。

（2）シミュレーションデータの可視化
VOアプリケーションの一部は，シミュレーションデータと観測データを同時に可視化・表示する機能を持つ。

参考文献
1) GRAPE プロジェクト, http://jun.artcompsci.org/grape/
2) 国際バーチャル天文台連合, http://www.ivoa.net/

分野：機械
部門：宇宙工学・交通物流　[III-6]

宇宙機の運動
[英] motion of spacecraft

一般に，剛体として扱われることが多い宇宙機の運動は，その質量中心の並進運動（軌道運動）と，質量中心まわりの姿勢運動に分けて考えることができる．軌道運動と姿勢運動は連成しない場合も多く，運動の時定数も離れているため，解析の目的に応じて個別に扱われることも多い．しかし，姿勢変更により推力加速度方向を制御するロケットの飛行解析や，衛星搭載の地球観測センサの視野方向解析など，軌道運動と姿勢運動を合わせて考慮しなければならない場合もある．

より複雑な運動としては，本体への反作用が無視できないほどの大きな駆動部や柔軟構造物を有する宇宙機の姿勢運動，あるいは，近接飛行をする複数の宇宙機の相対軌道・姿勢運動（ランデブーや編隊飛行）などが挙げられる．

ここでは，宇宙機の運動の基本となる軌道運動と姿勢運動のシミュレーションについて説明する．

A．軌道運動のシミュレーション

軌道運動のシミュレーションは，計画初期の**ミッション設計**（mission design），宇宙機設計条件導出のための軌道計画，運用段階での制御計画立案や軌道決定などで用いられる．

軌道運動のシミュレーションでは，宇宙機は質点として扱われ，解析に要求される精度に応じて，宇宙機に働く力がモデル化される．検討の初期段階では，計算負荷の低い簡易モデルが用いられ，中心天体の重力のみが働く**二体問題**（two body problem）としてモデル化される．検討が進み，より精度の高い解析が求められる段階になると，他の摂動力も考慮した，より詳細なモデルが用いられる．地球を周回する衛星の軌道では，地球重力場の高次項や太陽・月の重力が，また，惑星間軌道を航行する宇宙機では，惑星の重力や太陽輻射圧が主要な摂動力となる．

軌道の制御には，宇宙機に搭載された推進系を用いるのが一般的である．現在広く用いられている化学推進系は，推力が大きく，軌道運動の時定数と比較して短い時間で速度変更が完了するため，瞬時の速度変更（**インパルス ΔV**; impulse ΔV）として軌道制御をモデル化することも多い．一方で，注目する運動期間に比べて制御期間が長くなるロケットの運動や，電気推進系を使用する宇宙機の運動では，軌道制御は，大きさ・方向を変えながら連続的に作用する加速度としてモデル化される．

軌道運動のシミュレーションの結果として直接得られるのは，宇宙機の位置・速度の履歴であるが，そこから導出される情報も多い．地球を周回する衛星の場合，日照・日陰の履歴，地上局からの可視性，地上の対象物の観測性などが導出され，衛星の設計解析，運用解析，ミッション解析に用いられる．惑星間軌道を航行する宇宙機では，太陽距離・地球距離の履歴や，太陽・地球との幾何学的な関係などが，宇宙機の設計に役立てられる．

B．姿勢運動のシミュレーション

姿勢運動のシミュレーションは，宇宙機の姿勢制御系の設計や性能解析，運用段階での姿勢制御計画立案や運用解析に用いられる．計算機上に構築されたモデルを用いるソフトウェアシミュレーションが一般的だが，モーションテーブル上にセンサ等の実搭載機器を設置した，ハードウェアシミュレーションが実施されることもある．以下の説明では，ソフトウェアシミュレーションを想定する．

姿勢運動のシミュレーションでは，宇宙機本体は**剛体**（rigid body）として扱われる．近年の宇宙機では，太陽電池パドル，アンテナ等の大型柔構造物や，大量の推進薬が搭載されることも多く，これらは，その振動特性を合わせた振動子としてモデル化される．また，大型構造物が駆動される場合には，駆動反力はもちろん，駆動制御系までを含めてモデル化する場合もある．

姿勢を制御するためには，姿勢センサを用いて姿勢を検知・決定し，姿勢制御ソフトウェアにより制御命令を生成，アクチュエータを用いて制御トルクを発生する必要がある．姿勢制御系の設計・解析に用いるシミュレータでは，これらセンサ，アクチュエータ，制御ソフトウェアを模擬する．センサとしては，太陽センサ，恒星センサ，慣性センサ等が用いられるが，機器の搭載位置や視野などを考慮した姿勢情報に，機器の誤差特性に応じた誤差を重畳させたデータを生成するようモデル化される．アクチュエータとしては，スラスタ，リアクションホイール等が用いられるが，発生トルクのほか，遅れなどの特性まで含めてモデル化される．

姿勢運動のシミュレーションの結果として得られる宇宙機の姿勢履歴からは，姿勢制御性能（目標姿勢到達までの時間など），観測機器の指向性能（制御精度や安定度），軌道制御精度などが導出される．また，運用解析など，それほどの精度を要しない場合には，姿勢ダイナミクスを含まない，姿勢履歴を作成するためだけの簡易モデルが使用されることもある．

分野：機械
部門：宇宙工学・交通物流 [III-6]

宇宙機の熱・構造問題
[英]spacecraft thermal and structural technology

宇宙機の熱・構造分野での問題は，ロケット搭載時の構造の強度的な問題と，軌道上の熱問題とに分けられる。軌道上では対流がないので熱条件は輻射が主となり，衛星内部の熱問題と熱によるひずみは，輻射に加えて熱伝導も考慮しなければならない。

A. 熱のシミュレーション

宇宙機に搭載されている機器は，正常に作動するための適切な許容温度範囲がある。また，赤外線の検知器のように極低温への冷却が必要な場合もあるし，アンテナや太陽電池パドルのように衛星の外部に露出されているものもある。宇宙機の全運用期間中に熱問題でトラブルが起こらないよう，適切に熱制御を実施する必要がある[1]。

熱制御には，断熱ブランケットなどによる受動的な方法と，ヒーター，冷却機などによる能動的な方法がある。熱制御設計では，軌道での宇宙からの熱入力を考慮し，表面材料の熱特性，熱要素間の伝熱特性などを決定するため，熱のシミュレーションを行う。各機器や構造要素について熱伝導係数，太陽光吸収率，熱放射率，比熱，放射結合係数などのデータを入力し，Thermal Desktop（解析ソルバーはSINDA/FLUINT）という市販ソフトウェアで解析するのが標準となっている。このシミュレーション計算は，熱回路網解析で，輻射を含んでいるので，本質的に非線形計算である。熱モデルの節点数は，数百〜数千点程度である。

B. 構造のシミュレーション

構造に関するシミュレーションは，三つに分けることができる[2]。一つ目はロケット搭載時の機械環境条件に強度的に耐えうるかどうかの検証，二つ目は軌道上でのダイナミクス，三つ目は熱入力による変形で，近年ミッション要求が厳しくなり，機器の取り付けアライメントが，指向要求などにより厳しく制限される。

一つ目の機械環境に対する強度・剛性計算は，通常の応力解析と固有振動計算である。使用する有限要素プログラムは，市販のNASTRANが標準である。ロケットとの結合解析（CLA）では，**モード合成法**（component mode synthesis）の一つであるCraig-Bampton法を使う。以前は静的モデルと動的モデルを分けて作っていたが，現在は同じ有限要素モデルで，数万〜十万自由度程度の規模である。CLAにおいては，ロケットの運動による外力を入れて動的応答計算を行い，その結果を使って，宇宙機の内部応力も計算する。

二つ目の軌道上ダイナミクスは，展開構造の展開シミュレーションや，柔軟構造振動と姿勢制御系との動的シミュレーション計算を行う。前者の展開シミュレーションは有限要素法を直接使うシミュレーションである。後者の姿勢制御シミュレーションでは，柔軟構造は精密にモデル化するが，それをモードモデルに縮小し，質点として取り扱う宇宙機本体と組み合わせる。そのため，比較的小さな制御モデルとなり，MATLABなどを使って運動シミュレーションができる。以下に，衛星の軌道上の振動モード例を示す。

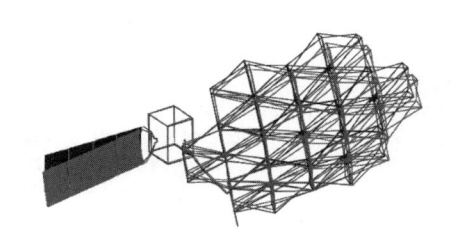

三つ目の熱による変形計算においては，姿勢制御・軌道制御に使うスターセンサなど，センサの機体パネルへの取り付け角度への影響を解析したり，アンテナ鏡面の鏡面誤差を，材料の線膨張係数や剛性変化を考慮しながら精密に計算したりする。下図は衛星の熱ひずみ解析の有限要素分割例である。

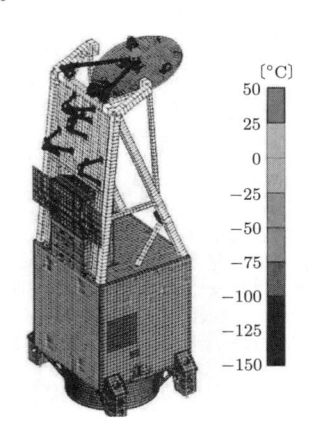

参考文献

1) 大島ほか編：熱設計ハンドブック，朝倉書店 (1992)

2) Wilfried Ley, Klaus Wittmann, et al. (eds.): *Handbook of Space Technology*, John Wiley & Sons, pp.203-236 (2009)

宇宙機の流体問題
[英] fluid dynamics of spacecraft

宇宙機の流体問題においては，通常の流体機器における流体問題のほかに，高温・高圧のロケットエンジン内部から真空・極低温の宇宙空間に至るまでの，極限的な状況を考慮する必要がある．この極限的な環境は，地上では再現することが難しく，数値シミュレーションによる現象予測が非常に重要である．

A. 内部流れ
宇宙機推進器内部流れに関する数値シミュレーションの現状と課題を示す．

（1）燃焼流 燃焼効率，壁への熱流束の予想，振動燃焼の抑制などが課題である．主として，**RANS解析**（Reynolds averaged Navier-Stokes analysis, ⇒p.345）による定常性能解析は実験との比較で数％オーダまでの一致が見られるが，設計情報としてはまだ不十分である．予測精度向上への課題は，実用**LES解析**（large eddy simulation analysis, ⇒p.345）のための**燃焼・乱流**（combustion-turbulence, ⇒p.339）の相互作用のモデリング，燃焼反応モデル・熱輸送物性の精度向上などが挙げられる．また，噴霧微粒化を伴う燃焼器では，界面捕獲手法の適用が難しいため，一般に噴霧粒子は質点の集合として扱うが，初期粒径の予測，2次微粒化のモデリングが不十分であり，評価精度の大幅な低下の原因となっている．

（2）ターボポンプ キャビテーションを伴う定常解析が可能となり，定常特性を評価できるツールとして利用されている．しかし，重大な不具合となりうる非定常旋回キャビテーションの再現等は十分ではなく，キャビテーションモデルの改良，LES解析と組み合わせた際の大規模非定常解析の数値的な安定性確保などが課題である．

（3）電気推進 連続体近似による電磁流体を解く取り組みがなされている．現時点では乖離・電離モデルなどの**非平衡性**（non-equilibrium）の考慮，2Dの定常解析ができるようになってきたが，モデルの不確定性，妥当性の検証などが不十分である．また，3D化やエンジン起動時の過渡特性評価など，課題は多い．

B. 外部流れ
宇宙機機体外部流れに関する数値シミュレーションの現状と課題を示す．

（1）ロケットプルーム音響 現在問題になっているレベルの音響環境予測は可能となりつつある（±6 dB）．今後さらなる高精度化のためには，より高い精度で音の発生メカニズムや伝播減衰などを捉える必要がある．また，実際のロケット打ち上げの際には，散水により音の低減と射場の保護を行うため，液・固相流れも連成させて解く必要がある．下図に，H2B打ち上げ時のプルーム音響解析を示す（口絵5）．

（2）高温気体による加熱 再突入機の空力加熱評価では，高温気体効果を考慮した解析が行われているが，まだ十分な評価はできていない．高温のロケットエンジンプルームからの**輻射**（radiation）に関しては，マクロな放射・散乱・吸収係数に基づく輻射強度方程式が，おもに用いられている．しかし，これらのモデル係数は大きな誤差要因となっており，モデル係数の推算精度を上げることと，モデル係数の少ない支配方程式に基づく大規模解析が，今後の課題である．

（3）希薄流 火星飛行機など，通常の連続体近似が成り立つ領域や，超低高度衛星などでDSMC（direct simulation Monte Carlo）解析が必要な領域が存在し，それぞれ研究開発が進んでいる．一方，軌道上での衛星のコンタミの問題（高精度センサ類の汚染）では，連続体として噴出したガスが，連続体として扱えない領域にまで希薄になる．連続流解析とDSMC解析をつなぐような手法の開発が不可欠である．

C. 高レイノルズ数流れの解析
宇宙機の流体問題における一般的な課題である**高レイノルズ数流れ**（high Reynolds number flow）の解析では，主としてRANS解析が行われているが，本来非定常である現象を捉えるには不十分であることがわかってきている．今後の計算機性能の向上も見越して，LES/DES（detached eddy simulation）解析を組み合わせた高次精度かつ大規模非定常解析が，評価には不可欠である．

参考文献
1) 日本計算工学会，財団法人計算科学振興財団 編：計算力学シミュレーションハンドブック－超ペタスケールコンピューティングの描像, pp. 94–110, 丸善 (2009)

衛星回線
[英] satellite link

衛星通信の特性を表すおもな指標は，衛星回線の品質である．この回線品質を所望値に設計するのが，回線設計である．また，回線設計だけでなく衛星の配置も設計する際は，衛星との通信可否を示す衛星の**カバレッジエリア**（coverage area）も重要になる．これらは，計算機シミュレーションにより衛星回線に関する性能を評価する際に不可欠な技術要素であるため，ここではこれらを決定するパラメータと計算方法をまとめる[1]．

A. 衛星カバレッジエリア
衛星回線の品質や衛星を用いた通信の遅延時間を得るためには，まず衛星との距離を知る必要がある．

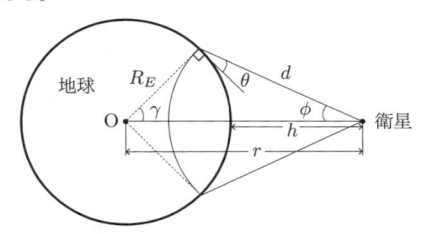

地球が完全球であると仮定する．上図に示すように，地球の半径 R_E，衛星の軌道高度 h，衛星の軌道半径 r ($r = R_E + h$)，観測地点から衛星までの距離 d，観測地点における衛星の**仰角**（elevation angle）θ，地心角 γ，衛星天底角 ϕ には以下の関係がある．

$$d = \sqrt{r^2 + R_E^2 - 2rR_E \cos\gamma}$$
$$= \sqrt{r^2 - R_E^2 \cos^2\theta} - R_E \sin\theta$$
$$= r\cos\phi - \sqrt{R_E^2 - r^2 \sin^2\phi}$$

$\theta = \cos^{-1}(r\sin\gamma/d) = \cos^{-1}(r\sin\phi/R_E)$
$\gamma = \sin^{-1}(d\cos\theta/r) = \sin^{-1}(d\sin\phi/R_E)$
$\phi = \sin^{-1}(R_E \sin\gamma/d) = \sin^{-1}(R_E \cos\theta/r)$

なお，以下の関係式が成り立つ．
$$\sin\gamma/d = \cos\theta/r = \sin\phi/R_E$$

衛星の周期は $2\pi r^{3/2}/\sqrt{\mu}$ により求められる．

なお，$\mu = 398\,600.44$ km^3/s^2 である．この式から，衛星高度が与えられると円軌道を行う衛星の周期を知ることができる．

B. 衛星通信の回線設計
地球局から衛星に向かう回線（上り回線）で送信された信号は，衛星に搭載されている中継器（トランスポンダ）を経由して，衛星から地球局に向かう回線（下り回線）で地球局に向けて送信される．この間，地球局や衛星における熱雑音や空間伝搬損失などにより，回線品質の劣化が生じる．この品質劣化を補うため，アンテナの指向性利得やトランスポンダの利得を設計する必要がある．このような設計に供するのが**回線設計**（link budget）である．衛星通信の回線設計では，回線品質指標として**搬送波電力対雑音電力比**（carrier-to-noise ratio; **CNR**; **C/N**）が用いられる．

下表に，回線設計の例を示す．

		項目	値
上り回線	(1)	地球局の送信電力 [dBW]	10.0
	(2)	地球局の送信アンテナ利得 [dBi]	52.0
	(3)	上り回線の使用周波数 [GHz]	14.0
	(4)	伝搬距離 [km]	37 225.5
	(5)	自由空間伝搬損 [dB]	206.8
	(6)	衛星の受信アンテナ利得 [dBi]	25.0
	(7)	衛星での受信電力 [dBW]	−119.8
	(8)	雑音温度 [dBK]	29.0
	(9)	単位帯域当りの雑音電力 [dB/Hz]	−199.6
	(10)	等価雑音帯域幅 [dBHz]	44.0
	(11)	雑音電力 [dB]	−155.6
	(12)	上り回線のC/N [dB]	35.8
	(13)	他のシステムによる干渉 [dB]	33.0
	(14)	上り回線の総合C/N [dB]	31.2
トランスポンダ	(15)	トランスポンダ利得 [dB]	125.0
下り回線	(16)	衛星の送信電力 [dBW]	5.2
	(17)	衛星のアンテナ利得 [dBi]	25.0
	(18)	下り回線の使用周波数 [GHz]	12.0
	(19)	伝搬距離 [km]	37 225.5
	(20)	自由空間伝搬損 [dB]	205.4
	(21)	地球局の受信アンテナ利得 [dBi]	50.0
	(22)	地球局での受信電力 [dBW]	−125.2
	(23)	雑音温度 [dBK]	24.4
	(24)	単位帯域当りの雑音電力 [dB/Hz]	−204.2
	(25)	等価雑音帯域幅 [dBHz]	44.0
	(26)	雑音電力 [dB]	−160.2
	(27)	下り回線のC/N [dB]	35.0
	(28)	他のシステムによる干渉 [dB]	33.0
	(29)	下り回線の総合C/N [dB]	30.9
総合	(30)	総合C/N [dB]	29.7
	(31)	要求C/N [dB]	27.0
	(32)	リンクマージン [dB]	2.7

表における計算方法について，以下に補足説明する．

(7) (1) + (2) − (5) + (6) で得られる．(22) についても同様である．

(11) (9) + (10) で得られる．(26) についても同様である．

(14) (12) と (13) を真数に変換し，$1/(1/(12)+1/(13))$ により求めている．(29) についても同様である．

(30) $1/(1/(14)+1/(29))$ により求めている．

(32) (30) − (31) で得られる，回線品質上の余裕度合いを表す．

参考文献
1) 阪田史郎，嶋本　薫：無線通信技術大全, 11章，リックテレコム (2007)

分野：人間・社会
部門：社会システム [VI-2]

エージェントベースシミュレーションツール
[英] toolkit for agent-based social simulation

社会システムシミュレーションの有力な方法として，**エージェントベースシミュレーション**（agent-based simulation; **ABS**）が普及しつつある[1, 2]。多くのシミュレータがJavaなどのオブジェクト指向言語で記述されているが，その一方で，エージェントベースシミュレーション固有の性質を簡便かつ効率的に利用できるように設計された，エージェントシミュレーションツールも発表されている。このようなツールには，エージェント，行動・情報交換ルール，ワールド，ワールドのルール，シミュレーションの表示方法に，それぞれ特徴がある[3]。ここでは，代表的なツールとしてSwarm, Netlogo, artisoc, Mason, Repast, SOARSを取り上げる。

A. エージェントシミュレーションツールの基本概念

ABSSにおける**エージェント**（agent）は人間や生物，組織のモデルであり，内部状態，行動ルール，外部とのインタラクション機能を持つモジュールである。行動ルールに従ってエージェントは行動し，外部とのインタラクションを行う。ワールドは，エージェントが行動する世界であり，経済市場，物理空間などの固有のルールを持つ。通常，ワールドは2次元の平面で表現される。ワールドのパラメータは自由に設定できる。

ABSSの大きな特長として，シミュレーションの状態を，系全体のマクロな視点からも，個々のエージェントの内部状態を含むミクロな視点からも分析できることが挙げられる。

シミュレーションの表示は，時間軸や空間状態の変化に即した動的なもの，結果を個々のエージェントレベルにまで詳細に表すもの，マクロな状況を表すものなど多岐にわたる。シミュレーションの情報量が多いためにグラフィックスが多用されることが多い。GISなどの外部データとの連携機能を持つものもある。

これらの諸概念は，多くのツールでは**オブジェクト指向**（object oriented）のソフトウェアシステムとして実現されている。複数のモデル表現を許し，大規模化，並列化を目指すツールも存在する。

B. 主要なツールの概要と特徴

（1）**Swarm**[4]　サンタフェ研究所を中心にオブジェクトライブラリとして実現されたツールである。もともと人工生命の研究の文脈で開発された，複雑系シミュレーションのためのツールで，使いこなすには高度のプログラミング技術が必要である。

（2）**NetLogo**[5]　Logoに類似した言語とグラフィカル画面を備えた簡便なツールである。もともとは教育目的に設計されたため，基本的なモデルの開発に適している。

（3）**artisoc**[6]　社会科学系の研究者・学生が簡便に利用できるように，東京大学と構造計画研究所とが中心となって開発したものである。VisualBasic風の言語でシミュレータを記述できるので，取り扱いが容易である。

（4）**Mason**[7]　ジョージメイソン大学で研究開発が進められているツールである。オブジェクト構成が明快である。プロトタイプシステムとしての社会・政治分野への適用例が多い。

（5）**Repast**[8]　アルゴンヌ国立研究所で研究開発が行われているツールで，社会科学への適用を目指している。非常に機能が豊富で，社会システムシミュレーションに関連するさまざまな技術を実装している。さまざまなバージョンが存在する。

（6）**SOARS**[9]　東京工業大学で研究開発が進められている。他のツールと違い，エージェントのステージ（stage）とロール（role）という概念を導入して，抽象的な空間の取り扱いを容易にしている。アイコンベースの言語を持つ。

C. ツールの情報入手先

社会シミュレーションツールは，進歩が非常に速く，しかもその多くがフリーウェアであるために，最新かつ適切な情報を得るためには，ウェブ情報源が欠かせない。そのための有用なサイトに，JASSS[1]とACE[2]がある。これらには定期的にツールに関する報告が掲載される。

参考文献

1) Journal of Artificial Society and Social Simulation, http://jasss.soc.surrey.ac.uk/
2) L. Tesfatsion: Agent-Based Computational Economics -Growing Economics from the Bottom Up, http://www2.econ.iastate.edu/tesfatsi/ace.htm
3) C. Nikolai and G. Madey: "Tools of the Trade: A Survey of Various Agent Based Modeling Platforms", *Journal of Artificial Societies and Social Simulation*, Vol.12, No.2-2 (2009)
4) http://www.swarm.org/
5) http://ccl.northwestern.edu/netlogo
6) http://mas.kke.co.jp/
7) http://cs.gmu.edu/~eclab/projects/mason/
8) http://repast.sourceforge.net/
9) http://www.soars.jp/

遠隔視触覚協働環境

[英] haptic collaborative virtual environment; HCVE

近年，患者の負担が軽く，日常生活への早期復帰が可能であることから，内視鏡手術や血管内手術などの**低侵襲手術**（minimally invasive surgery）が注目を集めている．低侵襲手術は高度な技術と熟練を要するため，研修医は動物やシミュレータを用いて訓練を積む必要がある．しかし，近年の動物愛護意識の高まりにより，実物の臓器を対象とした訓練を行うことが難しくなっている．また，従来のシミュレータは基本的に**スタンドアロン**（stand-alone）型であり，1人での単独作業しかできず，内視鏡手術など多人数での協働作業を行うことはできなかった．

そこで，リモートシミュレーション技術の一種である，遠隔多地点間で同一のシミュレーション世界（仮想柔軟物体）を共有する技術を利用した，遠隔視触覚協働環境（HCVE）の研究開発が行われている．

A. HCVE のためのリモートシミュレーション技術

遠隔多地点間で同一のシミュレーション世界（仮想柔軟物体）を共有する方法として，シミュレーション世界への入力情報を物理演算サーバにいったん集約・入力し，結果を各クライアントに配信する，**クライアント-サーバ**（client-server）型の方法が挙げられる．Gunn ら[1] は，リアルタイム性を優先させるために幾何ベースの変形計算サーバ（実際の物理則とは異なる疑似的な物理シミュレータを採用しており，非常に低速な変形操作のみしか与えることができない）を用いた HCVE を提案し，オーストラリアとスウェーデン間でインターネット回線を介した協働手術シミュレーションに成功している．

これに対し，サーバを必要とせずレイテンシを小さくすることが可能な P2P（peer to peer, ⇒p.372）型のネットワーク構成を用いた方法が，Sankaranarayanan ら，田中ら，Lee らによって提案されている．Sankaranarayanan ら[2] の提案は，記録再生型の変形シミュレーションを用いた遠隔協働環境である．記録再生型の変形シミュレーションを用いる利点は，少ないパラメータで変形の記述が可能で，低通信コストに寄与できることである．しかし，それぞれのノードにさまざまな向きへの操作力を与えたときの物体全体の変形を事前に求めておく必要があり，切断・剥離などのトポロジ変化を含むシミュレーションは難しい．田中らは，遠隔多地点間での仮想柔軟物体の共有手法として，各地点で同一の変形モデルを持ち，**操作パラメータ**（operational parameter）と**タイムスタンプ**（time stamp）のみをたがいに送受信して，同一時刻の操作パラメータを同一の法則で抽出し変形モデルに入力する手法を提案している．近年では，各地点の計算機の性能がたがいに異なる環境において，仮想柔軟物体の共有を低通信コストで行うことが可能になっている[3]．

通信コストを削減するための別のアプローチとして，Lee ら[4] は非反復受動的機械積分器と呼ぶ数値積分を提案するとともに，これを用いた変形計算による HVCE を提案している．この数値積分法は，陰解法を用いていないにもかかわらず，大きな時間ステップを用いて計算を行うことができる．そのため通信の頻度を下げることができ，結果的に低通信コストに寄与している．

B. HCVE における可視化

上記の変形シミュレーションのユーザインタフェースとして，臓器や手術器具などをコンピュータグラフィックスで描くことが必要になる．近年の GPU 技術の向上や通信の高速化などにより，ポリゴンメッシュ化された臓器群は，リアルタイムの臓器変形に遅れることなく可視化できる．また，CT や MRI 等で取得される医用データは，本来，臓器の内部構造も記述するボリュームデータであるので，内部を透視して可視化するボリュームレンダリングを本格採用する試みも進んでいる．さらに，ボリュームレンダリングとポリゴンレンダリングを半透明融合表示する研究も進んでいる．

参考文献
1) C. Gunn, et al.: "Combating Latency in Haptic Collaborative Virtual Environments", *Presence*, **14**, 3, pp.313–328 (2005)
2) G. Sankaranarayanan, et al.: "Hybrid-network Architecture for Interactive Multi-User Surgical Simulator with Scalable Deformable Models", *Proc. MMVR17*, pp.292–294 (2009)
3) K. Tagawa, et al.: "A Synchronization Method for Haptic Collaborative Virtual Environments of Multipoint and Multi-level Computer Performance Systems", *Proc. MMVR18* (2011)
4) D. J. Lee and K. Huang: "Peer-to-Peer Control Architecture for Multiuser Haptic Collaboration over Undirected Delayed Packet-Switching Network", *Proc. ICRA* (2010)

沿岸海流
[英] coastal ocean current

海流は，風や大気の熱によって海洋中の圧力が変化し，それによって駆動される水平方向の海の流れである．潮汐によって駆動され1日以下の短い周期で変動する潮流とは一般に区別され，一定の幅で同じ方向に流れていることが多い．海流は，地球自転と成層の影響がともに効果的な時空間スケールで生じる，地球流体力学的な現象である．通常，コリオリ項を含む静水圧およびブシネスク近似の非圧縮性粘性流体の運動方程式と，水温および塩分の輸送方程式を同時に解くことによって，海流の数値シミュレーションが行われる．

A. 海洋中規模変動のシミュレーション

海流変動に含まれるさまざまな時空間スケールの変動のうち，数十日周期，数百km規模の，海洋中規模渦と海流の相互作用による海流変動や，同様の時空間スケールを持つ海流自体の不安定による蛇行など，いわゆる**海洋中規模変動**（ocean mesoscale variation）は，沿岸の海況に大きな影響を及ぼしている．過去20年間において急速に発展した人工衛星観測網の全地球規模での現業化により，現代では海洋中規模変動を精度良く観測することが可能になっている．同時に，観測データをもとに海流の初期値を推定し（データ同化，⇒p.60），中規模変動を表現可能な10km程度の水平格子解像度を持つ数値モデルを用いて，中規模変動の時間スケールである1〜2ヶ月先まで初期値の時間発展を計算する数値海流予測技術，すなわち「海中天気予報」が確立した．

B. 中規模以下変動のシミュレーション

近年，計算機の発達により計算の水平解像度を大幅に向上させることが可能となり，1km以下の水平解像度で海洋中規模変動をシミュレートすることが，さかんに行われるようになった．従来は表現できなかった，数日周期，数km規模以下の時空間スケールを持つ，いわゆる**中規模以下変動**（sub mesoscale variation）の振る舞いが注目されている．中規模以下変動は，海流や中規模渦が形成されている境界付近（前線）で活発に生じている．数百mの鉛直スケールを持つ中規模変動に対し，中規模以下変動の鉛直スケールは数m〜数十mであるが，中規模以下変動も，中規模現象と同様に地球自転と成層の効果が同時に支配的となる地球流体力学現象である．こうした時空間スケールは，従来，沿岸にごく近い海域で個別にシミュレートされてきた河川水や発電所の温排水と同じスケールであり，いまや外洋起源と沿岸起源の現象を継ぎ目なく同時にシミュレートし，その相互作用を解析することが可能になっているといえる．

C. 沿岸海流のモデリング

沿岸海域は水深が浅く熱容量が小さいので，外洋に比べて海上風，加熱・冷却，降水蒸発，河川水流出など，外力への応答時間が短くなり，かつ，潮汐や波浪など，短周期で変動する外力が重要になってくる．より高精度な外力を入力するために，大気，波浪，潮汐モデルと海流モデルとを結合させてシミュレートする手法も用いられ始めている．それとともに，従来は比較的単純にモデル化されることが多かった風応力の定式化が，波浪による海表面の変化を反映するようになるなど，結合過程が詳細にモデル化されるようになっている．また，海洋現象のモデル化において最も困難とされている乱流混合過程についても，波浪，潮汐，大気モデルとの結合を前提とした新しいモデル化が提案されている．

沿岸海流をシミュレートするための汎用数値モデルとして，1980年代に開発された，海底地形に沿うシグマ（σ）座標系の**POM**（Princeton Ocean Model）が従来よく用いられてきた．外洋影響を入れつつ沿岸域を詳細に解くために，粗格子領域内部に細格子領域をはめ込む，入れ子手法（nesting）が使われることが多い．最近になって，同様なシグマ座標系モデルであるが，波浪，潮汐，大気，生態系モデルとの結合やデータ同化などの付加機能に優れる**ROMS**（Regional Ocean Modeling System）や，非構造格子の採用によって入れ子手法を使わなくても複雑な沿岸地形を効率的に表現できる**FVCOM**（Finite Volume Coastal Ocean Model）が，よく用いられるようになっている．乱流混合過程については，成層影響を考慮しつつ，乱流エネルギーとその散逸ないしは乱流スケールを解く二方程式系モデルが従来よく使われてきたが，最近では，ラージエディシミュレーションモデル（⇒p.339）により，ラングミュア循環など沿岸海域の詳細な物理過程を直接表現することによって，乱流混合過程をより詳細にモデル化する試みがなされている．

参考文献
1) J. C. McWilliams: "Targeted coastal circulation phenomena in diagnostic analyses and forecasts", *Dynamics of Atmospheres and Oceans*, **48**, 1-3, 3 (2009)

分野：環境・エネルギー
部門：地域・地球環境 [IV-1]

沿岸環境
[英] coastal sea environment

沿岸のシミュレーションで対象とする現象は，流れ，波浪，鉛直循環などの物理学的な現象，**富栄養化** (eutrophication)，**貧酸素化** (hypoxia)，有害物質汚染などの化学的，生物学的現象である．計算海域としては，水質や底質の悪化が問題となる閉鎖性海域を対象とすることが多いが，干潟や藻場など，ある特定の機能を持った海域を対象とする場合もある．数日〜数週間規模の変動から，季節変動・経年変動まで，さまざまな時間スケールの変動を対象とする．空間解像度の観点からは，ボックスモデル，鉛直1次元モデル，水平・鉛直2次元モデル，3次元モデルが用いられる．また，再現する現象の観点からは，流動場モデル，生態系モデル，**流れ場−生態系結合モデル** (hydrodynamic-ecosystem coupled model) が用いられる．以下に，現象別に分類し，シミュレーション技術の現状と課題，今後の方向性について述べる．

A. 物理現象のシミュレーション

数値モデルとしては，デカルト座標系において，ブジネスク近似と**静水圧近似** (hydrostatic approximation) を仮定した運動方程式，連続の式，水温と塩分の移流・拡散方程式を用いる．沿岸海域の規模が大きい場合は，地球の自転による効果を考慮する必要がある．海面，海底，河川，開境界における境界条件と初期条件を与える．格子分割法としては，水平方向には正方格子，鉛直方向にはz座標系またはσ座標系が用いられ，差分法により離散化されることが多い．近年は有限要素法を用いて詳細な地形を再現したものもある．

潮汐流の再現性は，開境界での水位，流速変動の与え方を工夫することにより検証される．風による流れや，河川流入による密度流の再現性は，流速の計測データを用いて検証される．近年は，開境界からの海流の影響を無視できないとの報告もあり，外洋域のシミュレーションモデルとの結合が今後の課題である．

構造物などの設計に必要とされる波浪特性は，波浪モデルを用いて予測されるが，長周期の海面振動や内部波の予測は，流れの計算とともに行われる．内部波は，水中における物質の輸送や乱流拡散に大きな影響を及ぼすため，計測データを蓄積するとともに，その振幅や周期をより正確に再現する必要がある．

鉛直循環については，従来は，**混合層モデル** (mixed layer model) と呼ばれる鉛直1次元モデルを用いて，成層，混合層の厚さが計算された．各種の乱流モデルを用いた計算が行われ，水温の鉛直分布の再現性が検証されている．ただし，成層は水面の加熱・冷却に伴う鉛直混合のみでなく，流れによる熱の輸送にも依存するため，近年は3次元モデルを用いた解析が行われている．今後は気候変動などに伴う微小な水温変化を予測できるように，数値モデルを高度化する必要がある．

B. 水質・底質のシミュレーション

数値モデルとしては，以前は植物プランクトン (P)，動物プランクトン (Z)，栄養塩 (N) を状態変数とするNPZモデルが用いられた．現在は，多くの化学物質や生物が状態変数として組み込まれた複雑な生態系モデルが用いられている．水中の化学物質やプランクトンの時間変化は，移流・拡散方程式により記述される．格子分割法としては，当初はボックスモデルが用いられたが，湧昇域で2次元の流れ場−生態系結合モデルが用いられてから，3次元モデルに移行している．

水質，底質の季節変動や富栄養化現象，貧酸素化現象は，おおむね再現されるようになっている．ただし，植物プランクトンのブルーミングなど短絡的な現象は，十分に再現されていない．したがって，非定常性が強い現象の予測精度を高めることが，今後の課題である．また，貧酸素化に伴う水中−底泥間の物質フラックスの予測は，貧酸素化の富栄養化への影響を知る上で重要であるため，海水・海底境界の計測データの蓄積とともに，数値モデルの高度化が必要である．一方，油，ゴミ，有害化学物質などのシミュレーションは，流れ場モデルの情報を用いて，移流・拡散方程式を解く方法か，粒子を追跡し，ランダムウォークなどで確率的な分布を求める方法により行われている．汚染の発生状況から汚染源を特定するリバースシミュレーションの取り組みも始められている．

生態系モデルに関する今後の主要な課題としては，データ同化などによるパラメータ値の合理的な決定方法や高次栄養段階の生物のモデリングが挙げられる．

参考文献
1) 堀江　毅：沿岸海域の水の流れと物質の拡散に関する水理学的研究，港湾技研資料，360 (1980)
2) 横山長之：海洋環境シミュレーション−水の流れと生物（環境シミュレーションシリーズ），白亜書房 (1993)

分野：機械
部門：計算力学・設計工学・感性工学・最適化［III-5］

応答曲面法による最適化
［英］optimization using response surface

最適化問題において，最適化対象の変数変化による応答変化は，必要不可欠な情報である．しかし，実験や解析でこのすべての応答変化を得るためには，コストが膨大になることが多い．このような場合に，複数の設計変数の組み合わせ点における応答から，応答の近似関数を求め，その近似関数を用いて最適化を行う方法を，応答曲面法による最適化という．

A．応答曲面

応答曲面（response surface）とは，変数と応答との近似関係であり，次式で表される．

$$y = f(x_1, \cdots, x_k) + \varepsilon$$

ここで，$x_1, \cdots, x_k$ は k 個の変数，f は近似関数，ε は誤差である．近似関数として1次多項式を用いれば，応答曲面は次式となる[1]．

$$y = \beta_0 + \sum_{i=1}^{k} \beta_i x_i$$

2次多項式を用いると次式となる．

$$y = \beta_0 + \sum_{i=1}^{k} \beta_i x_i + \sum_{i=1}^{k} \beta_i x_i^2 + \sum_{i<j} \beta_{ij} x_i x_j$$

応答関数 f は多項式に限定されない．したがって，**多層ニューラルネットワーク**（neural network）や，サンプルから統計的に空間分布を推定する**クリギング**（kriging）も，応答曲面法に含まれる．また，スプライン補間などの補間法も応答曲面に含めて考えることができる．

変数変換などで最終的に線形の回帰モデルに変換可能であれば，未知係数 β は**誤差最小2乗法**（least square errors method）で求めることができる．非線形回帰モデルの場合には，尤度最大化や誤差最小化になんらかの非線形最適化手法を用いて求められる．

誤差が応答曲面の推定値を中心として正規分布であり，誤差分散が全体に均一であれば，推定精度の確率的予測も可能となる．クリギングでは誤差分散はサンプル点からの距離に依存して変化する．

B．実験計画

応答曲面の作成に必要な複数の点を選択することは，近似精度を向上させる上で重要であるだけでなく，少ないサンプリングで効率良く応答曲面を作成するために必要である．サンプリングの計画を実験計画（design of experiments）と呼ぶ．

多項式の応答曲面では，誤差最小2乗法で多項式の係数が簡単に推定できるが，その係数の分散は，応答の分散に依存する項とサンプルの座標に依存する項の積になる．したがって，サンプリング座標を適切に選択することで，応答を求めないで応答曲面の分散を最小化することができる．これが実験計画法である．

このように，実験計画法は回帰モデル（近似曲線）によって異なるために，一般に他のモデルへの実験計画の流用はできない．**直交表実験計画**（orthogonal design）は直交関数による近似に適切であり，単純な多項式近似には**中央複合計画**（central composite design）が適切である．設計空間に制限があり，適切な実験計画ができない場合には，A最適（A-optimal），D最適（D-optimal），E最適，G最適，Q最適，L最適などがある．一般には，計算コストと適切性からD最適が使用される場合が多い．多層ニューラルネットワークやクリギング，補間法ではラテンハイパーキューブ手法が用いられる場合が多い．

C．分割手法

応答曲面は設計対象となる変数空間全体を近似する場合に最も作業が簡単であるが，近似しようとする応答が複雑であると，適切に近似できないことがある．この場合には，一般に複数の応答曲面に分割して近似する．

複数の応答曲面に分割する手法としては，変数が少ない場合には，設計空間を複数に分割して複数の応答曲面で近似する方法が，最も容易である．しかし，変数が多い場合には，均等に空間を分割することは，非現実的なほどに膨大なサンプル点が必要となってしまう．

この場合には，初めは全体をおおざっぱに近似し，最適空間がありそうな部分空間を拡大して応答曲面近似する方法（拡大応答曲面法）や，狭い範囲を近似して近似範囲を移動させながら最適解を求める方法（移動応答曲面法）などが適用される．

多層ニューラルネットワークやクリギング，あるいは補間法では，精度を向上させたい最適解が存在する可能性が高い領域の周辺のサンプル点数を局所的に増加させて，最適解が存在する領域の応答の近似精度を向上させることも，技術的には可能である．

参考文献

1) Raymond H. Myers, Douglas C. Montgomery, and Christine M. Anderson-Cook: *Response Surface Methodology: Process and Product Optimization Using Designed Experiments*, Third Edition, Wiley (2009)

分野：人間・社会
部門：経済・金融　[VI-3]

オークション
[英] auction

　オークションは限られた財（商品・資源）をだれにいくらで販売するかを決定する方法の一つである。近年はインターネットオークションの普及もあり，美術品に限らずさまざまな財が取引され，オークションは身近なものとなっている。

　学術的には，経済学やゲーム理論の一部としてオークション理論が発展してきている。これは，売り手に対してはオークション方式の選択や設計に関する知見を，買い手に対しては合理的な入札方法に関する知見を与えてくれる。また，近年，人工知能など計算機科学の分野でも，オークションは盛んに研究されている。

　オークション理論は方式や入札戦略を議論する基礎を与えるが，均衡解析を行うには，参加者の合理性の仮定が必要であり，また，モデルの単純化が必要となる場合が多い。そのため，理論予測とフィールドでの観察結果が一致しない場合も存在する。このような点を克服，あるいは補うものとして，シミュレーション技術の応用が期待されている。以下にいくつか研究事例を紹介する。

A. オークション理論の拡張
（1）限定合理性　実世界の取引場面では，情報が過少・過多であったり，あるいは取引ルールを誤解したり，といったことが生じうる。しかし，この状況を扱おうとして合理性の仮定を取り除くと，理論的な取り扱いが困難になる。

　これに対して，Godeら[1]は参加者が限定合理的であると仮定し，ダブルオークション市場における取引を，コンピュータシミュレーションを用いて解析した。ここで**ダブルオークション**（double auction）とは，証券市場など売り手・買い手双方が複数存在するオークションを指す。

　シミュレーションでは，予算制約を満たす範囲内でランダムに振る舞うとする**ゼロ知性**（zero-intelligence）の取引者が仮定された。これは，売り手は費用以上の価格をランダムに，買い手は財の評価値以下の価格をランダムに値付けして取引を行うとするものである。その結果は，完全合理性を仮定した場合とあまり変わらない，効率的な取引が実現できることを示している。

　（2）スナイピング　インターネットオークションでは，入札終了時刻が設定された，**公開競り上げ方式**（English auction；**英国式オークション**）が多く用いられている。公開競り上げ方式を用いる場合，理論では，早期に入札しても，終了時刻直前に入札しても，落札の可否や支払額は変わらないとされている。一方，実際のオークションでは，スナイピングと呼ばれる**終了時刻直前の入札**（last minute bidding）が多く観察される。この理論と現実のずれを埋めようとしてモデルを複雑化すれば，理論的解析は困難になる。

　この問題に対して，Mizutaら[2]は早期入札者とスナイパーという二つのタイプの入札者を設定したエージェントベースシミュレーションを行い，スナイピング戦略が有効であることを確認している。

B. 実世界での応用
　学術面だけでなく，実世界への応用という点でもシミュレーションへの期待は大きい。ここでは応用事例として，**検索連動広告**（search advertising）オークションにおける入札シミュレータを取り上げる。

　GoogleやYahoo!などの検索サイトでキーワード検索の結果として現れる画面には，スポンサーリンクやスポンサードサーチのリンクが含まれる。これが検索連動広告であり，どの広告リンクを掲示するかはオークションにより決定される。具体的には，まず，広告主がキーワードの組み合わせに対して入札額を設定する。そして，検索サイト利用者がキーワード入力した際，それに合致する入札の中で入札金額の高いものから順に検索結果画面に掲示される。実際には，クリック率なども加味して掲示順が決定される。

　広告主が適切な入札額を決定しようとすれば，試行錯誤が必要である。そこで，Googleは入札シミュレータBid simulatorを提供し，入札額を変更した際に，どのように掲示回数やクリック回数が変化するかといった情報を広告主に提供している。このシミュレータの特徴は，過去7日間の実データを用いて掲示回数などを推定する点にある。このため，より精度の高い予測が可能になっていると考えられる。

参考文献
1) D. K. Gode and S. Sunder: "Allocation Efficiency of Markets with Zero-Intelligence Traders", *Journal of Political Economy*, 101, pp.119–137 (1993)

2) H. Mizuta and K. Steiglitz: "Agent-based simulation of dynamic online auctions", Winter Simulation Conference (2000)

分野：電気・電子
部門：ナノテクノロジー [II-3]

オーダーＮ法
[英] $O(N)$ method

第一原理計算で扱うことができる系のサイズは，大規模な並列計算機の普及とともに増えつつあり，2011年現在，1辺が数ナノメートル程度のセルを十分な精度でシミュレートすることが可能である。一方，このような計算を行う際に必要な計算量およびメモリ使用量は，原子数 N とともにそれぞれ $O(N^3)$, $O(N^2)$ のように増加する。例えば，シミュレーションを行うセルの1辺を2倍にすると，原子数は 8 倍になるので，計算時間は500倍以上に増大することになる。したがって，ナノテクノロジーにおける本格的な応用計算を行う上で，このような計算コストの振る舞いは大きな障害となる。また，メモリ使用量は計算時間ほど急激に増加するわけではないが，足りないとそもそも動作させること自体が困難になるため，こちらも深刻な問題である。

ところで，半導体や絶縁体のようにエネルギーギャップを持つような系においては，精度を損なうことなく電子状態を強く局在させることが可能である。例えば，電子の基底状態をユニタリ変換することで得られる局在ワニエ関数は，それぞれの中心からの距離に応じて指数的に減衰する。また，密度行列も同様の振る舞いを示すことが知られている。このような性質を生かして，計算量・メモリがともに $O(N)$ ですむような（近似的な）電子状態計算法が，最近数多く提案されている[1]。ここでは，これらのオーダーＮ法と呼ばれる手法について概略を紹介する。

A．アルゴリズム

オーダーＮ法は 20 年程度の歴史を持ち，さまざまなバリエーションがあるが，主要なアルゴリズムとしては，**分割統治法**（divide and conquer），**密度行列法**（density matrix minimization），**フェルミ演算子法**（Fermi operator expansion），**局在軌道法**（orbital minimization）などが知られている。それぞれ長所・短所があり，一概には優劣を付けがたいが，特に (i) 並列計算との適合性，(ii) 基底関数との相性，(iii) 反復計算の安定性，(iv) 精度を上げた場合の収束性，(v) 自己無撞着性との兼ね合い，(vi) 構造最適化や分子動力学計算などで原子が移動する場合の扱い，といった点に注意して，最適なアルゴリズムを選択する必要がある。なお，これらのアルゴリズムは，金属系のようにエネルギーギャップを持たない系に対しては適用できないものが多い。これを回避する手法もいくつか提案されているが，信頼性や計算効率の面から総合的に見て，いまだ改善の余地が大きいといえる。

B．基底関数

通常，第一原理計算を行う場合には，平面波や原子軌道を基底関数として用いることが多い。一方，オーダーＮ法を使用する場合には，上で述べた実空間における電子状態の局在性を利用しているため，空間全体に広がった平面波基底は不向きである。したがって，大部分のオーダーＮ法は原子基底，あるいは有限要素法，差分法，ウェーブレットのような実空間基底を用いて開発されている。これらの基底関数にはそれぞれ特徴があり，特に (i) 系統的に精度を改善できるかどうか，(ii) 基底関数同士が直交しているかどうか，(iii) 内殻電子を陽に扱うかどうか，(iv) 変分原理を満たすかどうか，といった観点から，適切なものを選ぶことが重要である。また，多くの場合にはハミルトニアン行列の対角化が最も計算負荷の高い演算であるが，基底関数によっては行列要素の計算のほうがコストが高いため，注意が必要である。すでに原子基底[2]や有限要素基底[3]を用いた本格的な応用計算も行われている。

C．今後の展望

大雑把な見積もりであるが，オーダーＮ法が従来の計算方法よりも高速になる系のサイズは，数百原子程度であると考えられている。現在の計算機で扱うことができる最大の原子数はこれと比べてそれほど変わらないため，今の時点でオーダーＮ法による高速化の恩恵は限られているといってよい。一方，近い将来に予定されている次世代スーパーコンピュータのような大規模なシステム上においては，オーダーＮ法が今よりも重要な役割を果たすと考えられる。したがって，オーダーＮ法の信頼性の確立，および適用範囲の拡張が強く望まれている。

参考文献

1) 宮崎 剛，押山 淳：特集「電子状態の第一原理計算の現状と課題」大規模系への対応の現状と課題，日本物理学会誌，第64巻，第4号，pp. 248–255 (2009)

2) T. Ozaki: "$O(N)$ Krylov-subspace method for large-scale *ab initio* electronic structure calculations", *Phys. Rev. B* **74**, 245101 (2006)

3) E. Tsuchida: "*Ab initio* molecular dynamics simulations with linear scaling: application to liquid ethanol", *J. Phys.: Condens. Matter* **20**, 294212 (2008)

オブザーバ
[英] observer

現代制御理論において，状態フィードバックは最も基本的な制御則となっている．これは制御対象の状態の値をすべて入手できるときに適用可能となるが，実際の制御対象においては状態のすべてを直接測定できない場合が多い．このとき状態フィードバックを実現するためには，なんらかの方法で状態を推定しなければならない．

制御対象がつぎの式で記述されるとする．

$$\dot{x}(t) = Ax(t) + Bu(t) \quad (1)$$
$$y(t) = Cx(t) \quad (2)$$

オブザーバは，測定可能な出力信号 $y(t) \in R^\ell$ と入力信号 $u(t) \in R^m$ を用いて，状態変数 $x(t) \in R^n$ を推定するシステムである[1]．

A. 全状態オブザーバ

状態変数 $x(t)$ の推定値を $\hat{x}(t)$ とするとき

$$\dot{\hat{x}}(t) = (A - LC)\hat{x}(t) + Bu(t) + Ly(t) \quad (3)$$

はオブザーバとなる．行列 L は $A - LC$ が安定（すべての固有値の実部が負）となるように設計される．式(1)と式(3)の両辺の差をとり，式(2)を用いると，

$$\dot{x}(t) - \dot{\hat{x}}(t) = (A - LC)[x(t) - \hat{x}(t)]$$

が得られる．これより，$A - LC$ が安定のとき推定誤差 $x(t) - \hat{x}(t)$ が零に漸近することがわかる．式(3)のオブザーバは，その次数が制御対象と同じ n 次であることから，**同一次元オブザーバ**（identity observer）とも呼ばれる．

B. 最小次元オブザーバ

出力 $y(t) = Cx(t)$ には $x(t)$ の値が反映されているので，状態の数 n から出力の数 ℓ を引いた $n - \ell$ 次元でオブザーバを構成できる．これを**最小次元オブザーバ**（minimal order observer）という．

rank $C = \ell$ のとき，rank $\begin{bmatrix} U^T & C^T \end{bmatrix}^T = n$ となるような $(n-\ell) \times n$ 行列 U が存在する．もし，$Ux(t)$ の推定値 $z(t) \in R^{n-\ell}$ が得られれば

$$\begin{bmatrix} U \\ C \end{bmatrix}^{-1} \begin{bmatrix} z(t) \\ y(t) \end{bmatrix} \to x(t) \quad (4)$$

となり，$z(t)$ と $y(t)$ を用いて $x(t)$ を推定することができる．これより，最小次元オブザーバを

$$\dot{z}(t) = \hat{A}z(t) + \hat{B}y(t) + \hat{J}u(t) \quad (5)$$
$$\hat{x}(t) = \hat{C}z(t) + \hat{D}y(t) \quad (6)$$

で設計することを考える．式(1), (2), (5)より，

$$\dot{z}(t) - U\dot{x}(t) = \hat{A}[z(t) - Ux(t)]$$
$$\qquad + (\hat{A}U + \hat{B}C - UA)x(t)$$
$$\qquad + (\hat{J} - UB)u(t)$$

となる．ここで

$$\hat{A}U + \hat{B}C - UA = 0, \quad \hat{J} = UB \quad (7)$$

が成り立つように $\hat{A}, \hat{B}, \hat{J}$ を選べば，

$$\dot{z}(t) - U\dot{x}(t) = \hat{A}[z(t) - Ux(t)]$$

となり，$\hat{A}$ が安定な行列であれば，$z(t) \to Ux(t)$ が満たされる．また，式(6)における $\hat{C}, \hat{D}$ が

$$\hat{C}U + \hat{D}C = I \quad (8)$$

を満たせば，式(4)より $\hat{x}(t) \to x(t)$ となる．

与えられた A, B, C に対して，式(7), (8) を満たす $\hat{A}, \hat{B}, \hat{J}, \hat{C}, \hat{D}, U$ を求める具体的な手順として Gopinath の方法[2]がある．それは $T = \begin{bmatrix} \overline{C}^T & C^T \end{bmatrix}^T$ が正則になる $\overline{C}$ を選び

$$TAT^{-1} = \begin{bmatrix} A_{11} & A_{12} \\ A_{21} & A_{22} \end{bmatrix}, \quad TB = \begin{bmatrix} B_1 \\ B_2 \end{bmatrix}$$

$$\hat{A} = A_{11} + \hat{L}A_{21}, \quad \hat{J} = B_1 + \hat{L}B_2$$

$$\hat{B} = A_{12} + \hat{L}A_{22} - (A_{11} + \hat{L}A_{21})\hat{L}$$

$$\hat{C} = T^{-1}\begin{bmatrix} I \\ 0 \end{bmatrix}, \quad \hat{D} = T^{-1}\begin{bmatrix} -\hat{L} \\ I \end{bmatrix}$$

$$U = \begin{bmatrix} I & \hat{L} \end{bmatrix}T$$

とするものである．ただし，$\hat{L}$ は $\hat{A}$ が安定となるように設計される行列である．

C. 汎関数オブザーバ

状態フィードバックの制御則は，ゲインを表す行列 K を用いて $u(t) = Kx(t)$ の形となるので，$x(t)$ そのものを推定しなくても，$Kx(t)$ の推定値が得られれば，制御が可能になる．スカラ値 $Kx(t)$ の推定値を得るオブザーバを**汎関数オブザーバ**（functional observer）という．汎関数オブザーバの構成可能条件，最小次数，設計手順は井上[3]などで明らかにされている．

参考文献

1) D. G. Luenberger: "An Introduction to Observers", *IEEE Trans. on Automatic Control*, **AC-16**, pp.596–602 (1971)

2) B. Gopinath: "On the Control of Linear Multiple Input-Output Systems", *Bell Syst. Tech. J.*, **50**, pp.1063–1081 (1971)

3) 井上 昭：線形制御系の状態変数の線形関数観測オブザーバ, 計測自動制御学会論文集, **10**, pp.487–492 (1974)

分野：可視化
部門：シミュレーションベース可視化［VII-5］

オブジェクト指向技術と可視化
［英］object-oriented technology and visualization

オブジェクト指向技術は，1960年代に開発されたSIMULA[1]に起源を遡ることができる．オブジェクト，クラス，継承などの主要な概念は，この時点ですでに導入されていた．その後，**オブジェクト指向**（object orientation）という言葉を発明したAlan Kayが率いるXerox Palo Alto Research Centerのチームが，Smalltalk[2]を1978年に開発した．SmalltalkはSIMULAに影響を受けたオブジェクト指向言語であるだけではなく，現在でいう統合開発環境を提供した．その後，C++言語の登場により，オブジェクト指向プログラミングが広く行われるようになる．C++言語は，SIMULAに影響を受けたC言語の改良版と見なすことができる．純粋オブジェクト指向言語と比較すると，C言語など非オブジェクト指向言語のライブラリが利用できる点や，必ずしもオブジェクト指向プログラミングを強制されない点が現実的と評価され，普及するに至った．ただし，オブジェクト指向の概念は，本来，プログラミング言語と関係なく体系化できることには注意されたい．

A. シミュレーション

オブジェクト指向言語は，科学技術計算分野で普及するまでには時間が必要であった．単純なプログラムに対する計算の実効性能がC言語やFORTRANに比べて遅かったからである．しかし，大規模ソフトウェアの開発においては，オブジェクト指向技術を用いることによる開発効率，保守効率の優位性が考慮される．オブジェクト指向分析，設計技法の開発に伴い，精緻な設計図を残すことも可能となった．

科学技術分野における大規模ソフトウェア開発にオブジェクト指向技術を用い，C++言語で開発を行った最初の成功例は，1994年に国際協力で開発が開始された放射線シミュレータ**Geant4**[3]である．Geant4は，さまざまな放射線と物質の相互作用をシミュレートするためのツールキットとして設計され，高エネルギー物理学，宇宙，医学など幅広い分野で利用されている．FORTRANで記述されたGEANT3の開発継続と保守が，放射線の種類の多さ，その相互作用の種類の多さ，対象となる物体の構造の複雑さから限界に達したため，新たにオブジェクト指向技術を用いて開発された経緯がある．GEANT3のコードは150万行あったが，Geant4は60万行程度でGEANT3以上の機能を実装することに成功している．実行性能も両者はほぼ同等である．Geant4のような複雑系をシミュレートする大規模ソフトウェアに対しては，オブジェクト指向技術の有効性が証明されたことになる．

下図に，Geant4による素粒子実験のシミュレーションを示す．

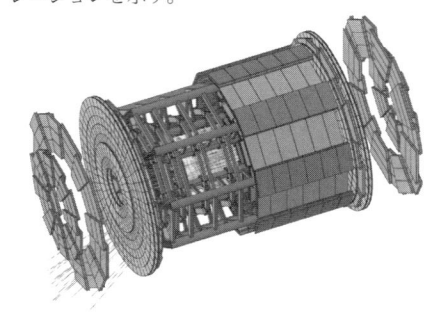

B. 可視化

Geant4のように幅広い分野へ応用される汎用のシミュレータは，可視化への要求仕様も多様になる．すべての要求仕様を一つの可視化ツールで満たすことは困難なため，Geant4では複数の可視化ツールを提供している．それらは，物体形状，物体階層，粒子の軌跡，粒子の相互作用をインタラクティブ性，スピードまたは印刷品質に特化した機能を持たせたダムターミナル，インタラクティブな操作を必要としない即時表示，インタラクティブ表示，オフライン表示またはネットワークを介した遠隔表示を可能にしている．

このように多様な可視化機能は，オブジェクト指向における**継承**（inheritance）や**多相性**（polymorphism）によって機能を抽象化することで，実装や機能拡張が容易になっている．オブジェクト指向技術は，シミュレーションの開発者が必要とする可視化機能を備えた可視化ツールを，開発者自身が独自に開発することを容易にする．

参考文献

1) O.-J. Dahl and K. Nygaard: "SIMULA: an ALGOL-based simulation language", *Communications of The ACM*, **9**, 9 (1966)

2) D. H. H. Ingalls: "The Smalltalk-76 programming system design and implementation", *Proceedings of the 5th ACM symposium on Principles of programming languages* (1978)

3) S. Agostinelli, et al.: "Geant4 — A Simulation Toolkit", *Nuclear Instruments and Methods* A 506, pp.250–303 (2003)

分野：機械
部門：計算力学・設計工学・感性工学・最適化　[III-5]

折紙工学
[英] origami engineering

A．折紙工学の誕生

折り紙は日本の伝統文芸とされているが，「紙を折る」ことは，だれもが行う行為であり，世界のどこでも独自の折り紙はある．しかし，日本の折り紙の種類は圧倒的に多く，精緻で美しい．日本人は独特の発見的方法でこのような折り紙を創作していくが，欧米のMITやケンブリッジなどの有力大学では，日本人に創作された折り紙を幾何学的に分析し，それを学問としている．さて，2003年に野島武敏と萩原一郎は，当時折り紙の産業応用が，日本の七夕飾りをヒントに英国のエンジニアが発明したハニカムコアのみであることを遺憾とし，日本応用数理学会に「折紙工学研究部会」を立ち上げた．このことは，2008年に新たに設けられた，わが国の科学技術を海外に広く紹介するJSTのコーナー[1]にも紹介されている．以来，いくつかの学協会で「折紙工学」のオーガナイズセッションが設けられ，すでに多くの研究例がある．

B．折紙工学の現状

下図に野島が創生した数々の折り紙モデルを示す（口絵6）．上段は螺旋型で，(a) ひまわりの小花が描く螺旋（中心から時計回り34本，半時計回り21本の螺旋），(b) サボテンの小花の螺旋の側面，(c) 生きた化石，オウム貝の切断面（自然界における最も美しい螺旋といわれる（等角螺旋））である．下段は対称型で，(d) カーボンC60 (32面体，隅切り20面体)，(e) 籠型Cナノチューブ（螺旋型という人もいる），(f) 銅製円錐殻を軸圧縮により塑性座屈後，引き伸ばしたものである．そして，(g)は(f)の折り紙モデルである．

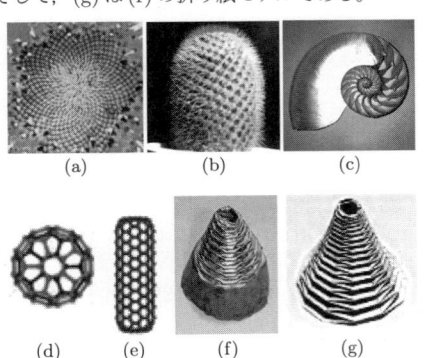

野島は，螺旋状の折線が折り畳み構造の良好な展開能をもたらすとの考えに基づき，折り畳み型の円筒，円錐や円形膜などを数多く開発してきた．これらは簡素な収納と確実な展開が求められる宇宙構造物のマスト，宇宙構造物をローコストで製作するためのインフレータブル構造 (inflatable structure; 風船型構造) の基本モデルの開発や，太陽光を用いて航行させるソーラーセイル（宇宙ヨット）等の設計を対象に考えられたものである．

また，構造を強化する特性を有するジグザグ面やスリットなどを導入し，加工を容易にして作られる高剛性のコアや，3次元のハニカムコアモデルは，軽量構造を設計する際の基本モデルともなっている．これらの構造モデルの開発には，**平面充填形**（plane filling structure），**空間充填形**（space filling structure）や螺旋構造など，幾何学の基本知見をできるだけ取り入れてきている．

萩原は，野島が発明した世界初の3次元展開収縮構造である**反転螺旋型円筒折り紙構造**（reverse spiral cylindrical origami structure）のエネルギー吸収構造としての可能性を示している．さらに，戸倉，五島らと共同で，野島，斎藤らが開発したトラスコアの産業応用を進め，ハニカムコアに総合的に勝る特性を示している．**剛式折り**（rigid origami）の一般化が，舘知宏氏によって精力的に行われている．実際に折ることが困難な**立体折り紙**（3D origami）について，三谷は「軸対称な形」に限定して立体折り紙の設計手法を開発し，これを利用した服飾デザインが行われている．その他，情報幾何学などに関する研究例もあるがここでは割愛する．詳細はシミュレーション学会誌の特集号を参照されたい．

下図では，図(a), (b)で2種類のトラスコアパネルを示し（図(a)はダブルコア，図(b)はシングルコア），図(c)でソーラーパネル，図(d)で多工程成形シミュレーションを示している．

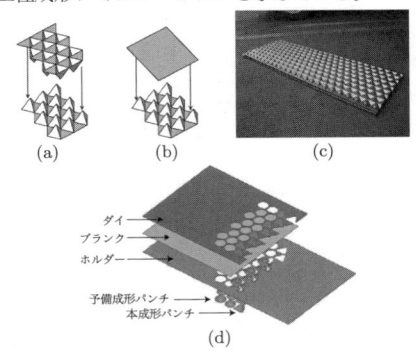

参考文献

1) http://sciencelinks.jp/content/view/656/260/（英語，仏語，中国語）
2) 萩原一郎ほか：折紙工学の現状と課題，シミュレーション，第29巻，第3号，pp.80–120 (2010.9)

分野：電気・電子
部門：音響 [II-1]

音場の可視化と音源の同定

[英] visualization of sound field and acoustic intensity

A. 音場の可視化と複素音響インテンシティ

一般に，音場を定量的に求めるためのパラメータとして，音圧，周波数，時間などが用いられるが，スカラ量であるため，音場を可視化するには限界があった．そこで，音響インテンシティ法が用いられるようになった．**音響インテンシティ**（acoustic intensity）は音場内の任意の点で，その点を含む微小面を法線方向に通過する単位面積当りの**音響エネルギー流れ**（energy flow）の大きさと方向を示すベクトル量である．

$$I_c = \frac{1}{2}pv^* = \frac{1}{2\omega r}\left[P^2(r)\nabla\phi(r) + j\frac{1}{2}\nabla P^2(r)\right]$$

ここで，I_c は複素音響インテンシティ，p は音圧，v は粒子速度，$*$ は複素共役を示す．

下図 (a) は音源中心軸上のアクティブ音響インテンシティ分布である．音が距離とともに減衰する様子を見ることができる．また，(b) はリアクティブ音響インテンシティで，反射がある音場では前後を向くベクトルが交互に現れている様子を確認できる．図の計算値は**境界要素法**（boundary element method）による順解析の結果である．

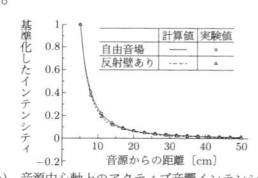

(a) 音源中心軸上のアクティブ音響インテンシティ

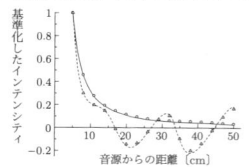

(b) 音源中心軸上のリアクティブ音響インテンシティ

B. 境界要素法と遺伝的アルゴリズム

境界要素法（⇒ p.65）に**最適化**（optimization）手法として遺伝的アルゴリズムを併用し，探査のための基本データに音響インテンシティを用いて音源探索を行う**逆問題**（inverse problem）の例を示す．

（1）境界要素法 ヘルムホルツ方程式（Helmholtz equation）から**境界積分方程式**（boundary integral equation）を求め，領域境界の条件を与えて離散化し，その節点から任意の領域内点の**音圧**（sound pressure），**粒子速度**（particle velocity）などの値を求める．

（2）最適値問題 音源の探索は，つぎのような残差二乗和を最小とする音源位置を求める最適化問題として扱う．

$$T = \min\left(\sum_{i=1}^{m}|Ia_i' - Ia_i|^2, \sum_{i=1}^{m}|Ir_i' - Ir_i|^2\right)$$

Ia_i', Ir_i' は観測点 i におけるアクティブおよびリアクティブ音響インテンシティベクトルの測定値，Ia_i, Ir_i は想定した音源から計算で求めた観測点 i におけるアクティブおよびリアクティブ音響インテンシティベクトル，m は測定点数である．

（3）フローチャート 下図に音源探索のフローチャートを示す．残差二乗和は各世代において**遺伝的アルゴリズム**（genetic algorithm）によって評価された集団から，アクティブ音響インテンシティとリアクティブ音響インテンシティについてそれぞれ別に求め，小さいほうを採用する．

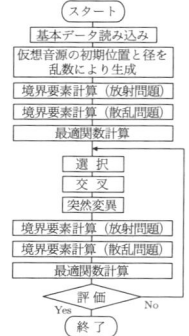

下表に探索結果を示す．試行の平均と真の音源位置を比較したところ，音圧を最適化手法の基本データとして探索すると，スカラ量であるため探索結果は良くない．これに対し，音響インテンシティを基本データとして探索すると，ベクトル量であるため，かなり正確に探索できていることがわかる．また，複素音響インテンシティを基本データとして探索した場合には，アクティブ音響インテンシティ分布とリアクティブ音響インテンシティ分布の相乗効果により，さらに良い結果が得られることがわかる．

データの種類	x	y	z	最大誤差
音圧	56.3	4.3	13.4	41.2
アクティブ音響インテンシティ	50.3	46.0	30.4	0.6
リアクティブ音響インテンシティ	50.4	45.3	31.4	0.4
複素音響インテンシティ	50.2	45.6	30.9	0.2
実際の音源位置	50.0	45.5	31.0	―

音源から放射される音波の音響インテンシティ分布を例として取り上げ，音響インテンシティが音場の可視化や，**音源探査**（sound source exploration）などに有効である．

参考文献
1) 田中正隆，田中道彦：境界要素解析の基礎，培風館 (1984)
2) 北野宏明：遺伝的アルゴリズム，産業図書 (1993)

音声合成
[英] speech synthesis

A. 音声生成の音源-フィルタ理論[1]

音声は，呼気流が**声帯**（vocal folds）や**声道**（vocal tract）で音響に変換され，声道にてその音源に音響的修飾が加えられたのち，口唇や鼻孔から放射されることにより生成される。**音源-フィルタ理論**（source-filter theory）は，この一連の過程を線形モデルとして表現したものであり，現在の音声処理技術の基盤になっている。

周波数領域の表現を使えば，声帯音源 $G(\omega)$ が声道フィルタ $V(\omega)$ を通過して放射特性 $R(\omega)$ で出力されることにより母音 $S(\omega)$ が生成される過程が，以下の式で表される。

$$S(\omega) = G(\omega)V(\omega)R(\omega)$$

子音の場合，音源は声帯のみならず声道内でも生成される。しかし，その音源が声道フィルタを通過し，放射特性をもって出力される点は母音と同じであるため，この理論で表すことができる。

この理論では音源と声道が音響的にたがいに独立であると仮定している（実際には相互作用がある）。すなわち，音声合成においては，音源と声道の伝達特性を独立に用意し，畳み込むことによって音声が合成できることを意味している。声道の伝達特性の計算については「声道問題」（p.178）を参照。

B. 声帯音源のモデル[1]

声帯は気管の上端かつ声道の下端に位置する喉頭にあるヒダ状の器官で，粘膜，靭帯，筋により構成される。成人男性の場合，その上下方向の厚さは約 3 mm，前後方向の長さは約 15 mm である。有声音発話時，声帯は連続的に開閉し，準周期的な音（声帯音源）を生み出す。その周波数（基本周波数）は平均的な成人男性で約 120 Hz，成人女性で約 240 Hz である。

声帯音源は音声合成において自然性や品質に大きく寄与するため，そのモデルはきわめて重要な意味を持つ。下図は声帯を機械振動体としてモデル化したもので，2質量モデル[2] と呼ばれる。このモデルは声帯を上下二つに分割し，それぞれに質量を割り当てている点が特徴であり，呼気圧を駆動源として声帯振動をシミュレートする。このモデルは声帯振動を高精度にシミュレートできることが知られており，声帯音源生成メカニズムの検討や音声合成の声帯音源生成に利用されている。

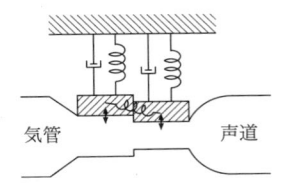

このほか，声帯を内部構造も含めて有限要素法（⇒ p.335）でモデル化し，その振動をシミュレートする研究も行われている。

C. 生理学的モデルに基づく音声合成

Dang と Honda は，舌，下顎，歯列，声道壁，筋などのモデルを構築し，音声合成を行った[3]。下図にこの音声生成系の生理学的モデルを示す。このモデルの舌は有限要素法によりモデル化されており，舌筋や下顎を動かす筋へ収縮指令を与えることにより声道形状が定まる。このモデルは音声器官の変形上の制約を自然に取り込みつつ発話運動をシミュレートすることができ，得られた声道形状に基づいて音声を合成することができる。

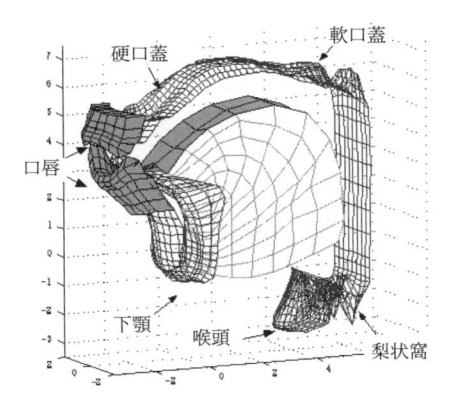

参考文献

1) 鏑木 編：音声生成の計算モデルと可視化，コロナ社 (2010)

2) Ishizaka and Flanagan: "Synthesis of voiced sounds from a two-mass model of the vocal cords", *Bell Syst. Tech. J.*, 50, pp.1233–1268 (1972)

3) Dang and Honda: "A physiological articulatory model for simulating speech production process", *Acoust. Sci. & Tech.*, 22, pp. 415–425 (2001)

回転系安定性,軸・軸受・構造連成モデル

[英] stability of rotating machinery, coupled system of shaft, bearing and casing

現代の人間の生活に不可欠な電気や熱などのエネルギー変換のほとんどは,**回転機械**(rotating machinery)によってなされている。回転機械は大きな回転エネルギーを持って高速で回転しているので,なんらかの異常によって安定性を失うとたいへん危険な事態となる。したがって,精密なシミュレーションにより入念な設計がなされる。また,振動問題が発生した際には,その原因を単純モデルで定性的に推定したのち,その対策仕様を定量的に決定するためにシミュレーション技術が役立つ。

A. 回転機械のモデル化と運動方程式の縮小

下図で示されるように,回転機械は回転軸,回転円板,軸受,ケーシングなどから構成される。回転軸やケーシングは有限要素法のはり要素を用い,軸受はバネ・ダッシュポットでモデル化して,回転機械全体の運動方程式を構築するのが一般的である。

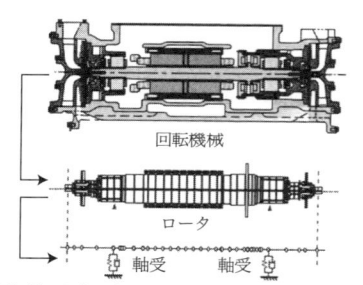

回転軸・回転円板・ケーシングのはり要素モデル

シミュレーションの目的は,得られた運動方程式から,設定された回転数での各節点の変位を計算することである。そのため
(1) 運動方程式を直接数値積分する方法
(2) 運動方程式をモード座標系に変換し,重要な低次の振動モードの重ね合わせで変位を表現してモード座標の解を求め,物理座標に戻す方法:**モード解析法**(modal analysis)

が用いられる。(2)のモード解析法は,振動モードの直交性を利用した有力な手法であるが,全系の固有値解析を行う必要がある点,モード座標が変数なので,物理座標のイメージが理解しにくいという点が考えられる。そこで
(3) 運動方程式の変数のうち,いくつかの重要な変数(マスター座標)を選択し,その自由度に全系を静的に縮小する方法(グヤン静縮小)
(4) グヤン静縮小と,スレーブ座標(マスター座標以外の変数)のモード解析を組み合わせる方法

などが用いられる。これらの方法は一般的な大規模構造物のシミュレーション手法と同じであるが,回転機械においては,軸受力や制御力などの反力が作用する点を必ずマスター座標に設定する必要がある。これは,縮小された軸系の運動方程式を構築したのちに,軸受などを追加して全系の運動方程式を構築するからである。

B. 回転機械の安定性

回転機械の**不安定**(instability)を引き起こすいくつかの原因と,シミュレーションによる予測・検証について述べる。

(1) 滑り軸受による不安定振動 滑り軸受は潤滑膜に生じる圧力によって回転体を支持するものであるが,設計が不適切であるとオイルホワールやオイルホイップなどの激しい不安定振動(自励振動)を引き起こす可能性がある。シミュレーションにおいては,滑り軸受の油膜の復元力と減衰力を考慮した運動方程式の**安定判別**(stability analysis)を行う。

(2) 内部減衰の影響 内部減衰は,回転軸と円板の接合部の摩擦減衰,回転部材の材料減衰など,ロータ自身が持つ減衰である。シミュレーションにおいては,内部減衰を考慮した運動方程式から変位振幅を表す微分方程式を導き,変位振幅の時間微分の正負から安定判別を行う。

(3) 回転軸の非対称性の影響 回転軸は真円であることが望まれるが,実際にはキー溝の存在や,構造的に非対称にならざるを得ない場合がある。シミュレーションでは,回転座標で定義された回転軸の曲げ剛性の非対称性を慣性座標に変換して運動方程式を構築し,安定判別を行う。

(4) シールの影響 流体回転機械で用いられるシールでは,作動流体が及ぼす流体力がロータに不安定振動(自励振動)を引き起こすことがある。シミュレーションでは,シールの流体力を考慮した運動方程式の安定判別を行う。

参考文献
1) 松下修己,田中正人,神吉 博,小林正生:回転機械の振動,コロナ社 (2009)
2) モード解析ハンドブック編集委員会 編:モード解析ハンドブック,コロナ社 (1999)
3) 山本敏男,石田幸男:回転機械の力学,コロナ社 (2001)

分野：人間・社会
部門：リスク・信頼性［VI-5］

海難事故リスク評価
［英］marine accident risk analysis

　海難事故のリスク評価を行うためのシミュレーション手法には，(1) 海上交通流シミュレーション，(2) 計算や模型実験による船体運動シミュレーション，(3) 操船シミュレータによるシミュレーションなどがある．(1) は多数の船舶の航行を流れとして捉えたときのリスク評価，(2) は船舶の物理的な運動からのリスク評価，(3) は人間の判断が絡んだ事故でのリスク評価を目的として実施される場合が多い．

A. 海上交通流シミュレーション

　海上交通流シミュレーション（marine traffic simulation）は，個々の船舶ではなく，多数の船の航行を流れとして取り扱い，マクロにリスク評価を行う手法である．ある海域を設定し，計算機上で個船ごとに設定した航海計画に従って複数の船舶を航走させ，海上交通流を再現する．船間距離が一定値以下となった場合を衝突と定義することにより，衝突の多い場所やその確率を予測することも，航路上の問題点を定量的に把握することが可能となる．このため，新たな航路設定や港湾計画など，広く海上交通計画で利用されている．このシミュレーションでは，個船ごとの航行アルゴリズムの設計が最も重要であり，海上交通規則を遵守するのみの単純なものから，自律的に避航操船を行うものに，最近は高度化されつつある．さらに，操船者の熟練度や性向による操船判断の違いを組み込むことにより，**ヒューマンファクタ**（human factor）の分析や，エラー防止対策の効果の定量的な評価に利用しようという試みも盛んになっている（口絵25）．

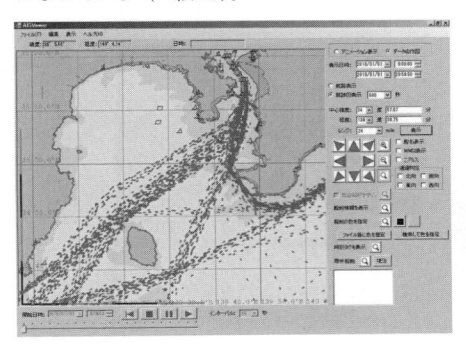

B. 計算・模型実験

　海難事故発生後にその事故原因を特定するためには，浮力（buoyancy），復原性（stability），操縦性（maneuverability）等の計算による船体運動シミュレーションが用いられる．これらは船舶流体力学にとっては古典的な問題であるが，事故発生状態の多くは，通常の航行状態とは異なる．例えば，スラミング（波面が船体を打つことにより生じる衝撃現象）や甲板冠水といった非線形な現象下での計算では，非線形ストリップ法，非線形パネル法，粒子法やCIP（cubic-interpolated pseudoparticle）法といったCFD（computational fluid dynamics）手法なども使用される．また，複雑な波浪中や浅水域などの特殊な環境での船体運動の予測は計算だけでは難しいため，模型によるシミュレーション実験が行われる場合もある．

C. 操船シミュレータ [1]

　操船シミュレータ（bridge simulator）は，ブリッジ（船橋）とその周囲の大型のスクリーンからなり，スクリーンには船の動きに応じてリアルタイムに変化する景観のCGが投影される．事故が発生した状態を繰り返し再現でき，ヒューマンファクタを含む事故原因を詳細に分析するのに利用される．事故を忠実に再現するには，関係する船舶すべての正確な位置データが必須であるが，近年，自船の位置情報を発信・記録する**自動船舶識別装置**（automatic identification system; **AIS**）やVDR（voyage data recorder）の設置が大型の船舶に義務付けられたため，データが入手しやすくなり，事故再現精度は向上している．ただし，操船シミュレータの多くは船員教育用として設計されているため，平水中の船体運動モデルを利用し，他船はシナリオに従って航行する．海難事故時の状態で，事故時と異なった操船をした場合を解析するためには，上述の海上交通流シミュレーションや計算・模型実験の成果を用いて，船体運動モデルを波浪中に対応させ，他船に自律的に避航する機能を持たせることが必要となる．そうした海難事故評価用の操船シミュレータの開発が進められている．

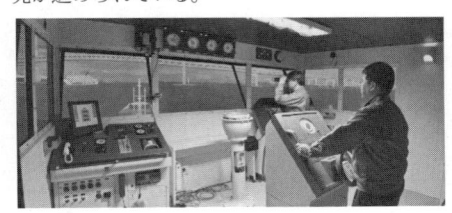

参考文献

1) K. Tamura, et al.: "New Attempt to Investigate Maritime Accident using AIS Data and Bridge Simulator", C-5-, MARSIM 2009 (2009)

海洋大循環
[英] ocean general circulation

海洋大循環とは，大洋規模あるいは全地球規模での海洋の3次元的な流れであり，おもに海面での風応力によって駆動される風成循環と，海面での浮力フラックスにより駆動される熱塩循環がある[1]。これらの海洋大循環は，大気循環とともに，熱帯域で吸収された太陽からの熱を高緯度域へと輸送し，地球の気候形成とその変動（⇒p.59）に重要な役割を果たしている。

A. 風成循環

風成循環は，海面から数百メートル深までの海洋表層で顕著に見られる，水平方向に卓越した循環であり，地球儀や地図帳などで海流図としてよく目にする。亜熱帯循環や亜寒帯循環のような大洋内で閉じた循環がある一方，南極周辺の南大洋では遮る陸地がないため，東西につながった周極流を形成する。また，各大洋の西側では黒潮のような西岸境界流があり，流れの不安定化による擾乱の発達など，乱流的な振る舞いを示す。

B. 熱塩循環

熱塩循環は，海表面から海底まで達し，全海洋を巡る大規模な循環であり，風成循環の及ばない深層ではこの循環が卓越する。熱塩循環は，大気から強い冷却などを受けて密度が増加した表層の海水が，グリーンランド周辺や南極周辺海域で深層へと沈み込み，海洋全体に広がりながら，各大洋内部で徐々に上層へ湧き上がり，沈み込み海域へと戻って行く循環である。一巡するのに千年程度の時間をかけ，非常にゆっくりと流れている。そのため，さまざまな原因による混合過程の影響を強く受けており，熱塩循環の適切な再現には，海洋内部の混合パラメタリゼーションの扱いが重要と考えられている。

C. 海洋大循環モデル

このような海洋大循環に伴う3次元の流れや，水温，塩分，密度などの分布の時間発展を計算するため，1960年代に海洋大循環モデルが開発され，その後多方面で用いられるようになった。海洋を含む流体運動は，**ナビエ・ストークス方程式**（Navier-Stokes equations）と質量保存の式，さらにエネルギーに関する式や状態方程式を連立させた非線形の**偏微分方程式**（partial differential equation）系で表される。これらを差分方程式で近似し，海洋を水平方向と鉛直方向に離散化してシミュレーションを行う[2]。その際，着目する現象に合わせて，多様な座標系が用いられている。

海洋のモデルには，方程式系の近似の度合いによりさまざまなものがある。海洋大循環モデルの正式な定義は曖昧だが，表層から深層までを含めた全球規模の海洋循環を再現できるプリミティブ方程式系で表されるものを，海洋大循環モデルと呼ぶことが多い。海面での風応力による運動量フラックスと，大気海洋間の熱フラックスとを境界条件として与えることで，風成循環と熱塩循環を駆動する。

D. 海洋大循環のシミュレーション

複雑な海岸海底地形を持ち，非定常，非線形の，時空間的に非常に幅広いスペクトルの現象を含む海洋大循環のシミュレーションは，十分な解像度に加え，出力データを時空間的に密に保存する必要があるため，膨大な計算機資源を必要とする。また，計算機の性能向上とともに高解像度化が進んでいるが，それでも格子間隔以下の空間規模を持つ現象を取り入れるための**パラメタリゼーション**（parameterization）は不可欠であり，その研究も同時に発展していく必要がある。

近年では，**地球シミュレータ**（The Earth Simulator, ⇒p.134, p.202, p.307）などの最先端スーパーコンピュータを駆使した高解像度数値シミュレーションが可能となり，大洋規模の循環に加え，直径数百 km 程度の中規模渦や海洋前線帯も，現実的に再現することができるようになった。また，観測データを用いてモデル結果を修正しながらシミュレーションを行う，データ同化技術（⇒p.24, p.60, p.191）の発展も目覚ましく，精度の良い海洋循環のデータが得られつつある。

高解像度海洋大循環モデルで再現された海面水温分布の例を以下に示す（口絵13）。大洋規模の分布とともに，黒潮域の中規模渦や前線構造も再現されている。

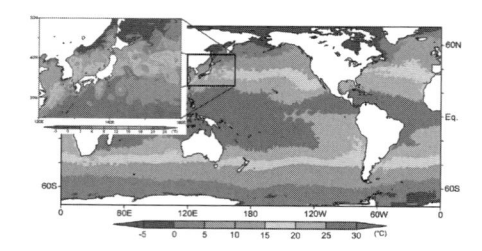

参考文献

1) The Ocean University: *Ocean Circulation*, Pergamon Press, p.238 (1989)

2) Griffies, S. M.: *Fundamentals of Ocean Climate Models*, Princeton University Press, p.518 (2004)

分野：電気・電子
部門：VLSI 設計　[II-5]

回路シミュレーション
[英] circuit simulation

　代表的な回路シミュレータは **SPICE**（Simulation Program with Integrated Circuit Emphasis）であり，SPICEは電子回路のアナログ動作をシミュレートするソフトウェアである．カリフォルニア大学バークレー校で1973年に開発された．現在使われている回路シミュレータは，SPICEをもとに改良・機能付加したものが多い．

　半導体のシミュレーションでは，半導体プロセスシミュレーション（⇒p.270）により，半導体を形成することが可能かを検証し，半導体デバイスシミュレーション（⇒p.269）により，トランジスタ等の素子がうまく動作するかを検証する．半導体デバイスシミュレーションは，偏微分方程式を解くため，一つのトランジスタ，あるいは数個の素子の動作の検証に留まる．数多くのいろいろな素子を組み合わせて，アナログ特性を解析するために，回路シミュレーションを行う必要がある．回路シミュレーションでも，非常に大規模な回路の特性を検証することは，収束性と計算時間の点から困難である．そのため，回路シミュレーションで得られたアナログ特性を近似したモデルで，回路動作のタイミングを中心に，大規模な回路の検証を行うのが，タイミングシミュレーション（⇒p.195）である．論理シミュレーション（⇒p.358）は，論理回路としてのディジタル的特性を検証し，結果を0/1で得る．

A. 回路シミュレーションの概要

　回路シミュレーションは，解きたい回路の現象に対応して，DC解析，AC解析，過渡解析などがある．中でも過渡解析が最も計算時間を必要とする．回路素子には，線形素子と非線形素子がある．線形素子には，抵抗，キャパシタンス，インダクタンス等があり，非線形素子には，ダイオード，トランジスタ等がある．

　回路に非線形素子が含まれていれば，DC解析，AC解析では，非線形方程式を解く．ニュートン法（⇒p.287）を利用し，連立1次方程式を複数回解いて解を求める．

　過渡解析では，非線形常微分方程式の初期値問題を解く．常微分方程式の陰解法で非線形方程式に変換し，ニュートン法を適用して，ニュートン法の各反復ごとに連立1次方程式を解いて，解を求める．過渡解析の回路シミュレーション手順を以下に示した．

```
常微分方程式の初期値問題
      ↓
   常微分方程式の陰解法
      ↓
   非線形方程式
      ↓ ニュートン法
   連立1次方程式    ニュートン法の各反復
                    ごとに連立1次方程式
                    を解く
```

B. 連立1次方程式の求解

　この連立1次方程式の係数行列は，非ゼロ要素が1％以下の**ランダムスパース行列**（random sparse matrix）で，回路規模が大きくなるほどスパースになる．また，連立1次方程式が悪条件になることもある．そのため，LU分解（⇒p.356）にはフィルインも考慮したピボット選択法が用いられる．

C. コード生成

　過渡解析では，係数が異なる行列を係数とする連立1次方程式を多数回解く必要があり，ランダムスパース行列を係数とする連立1次方程式を解く時間が，大部分の時間を占める．そのため，ランダムスパース行列を高速に解く必要があり，高速化には**コード生成法**（code generation method）が用いられる．コード生成は，回路シミュレーションに現れる非常にスパースな行列を解くための方法である．密行列とは異なり，ランダムな疎構造を持つスパース行列の場合には，問題ごとのデータ構造の特徴を利用して，高速化することができる．回路データごとに異なる回路接続から回路方程式の構造を解析し，各回路専用の行列解法プログラムを生成する．

　回路シミュレーションのコード生成では，フィルインを削減し，また安定した解を得るために，スパース行列をピボット選択付きのLU分解法でシンボリックデコンポジションを行い，LU分解の手順を決めて，LU分解を実行する機械語列（コード＝プログラム）をメモリ内に生成する．この専用ソルバーは，ループをすべて展開したものになっている．コード生成法は，回路シミュレーションのランダムスパース行列専用のコンパイラと見ることもできる手法である．問題によっては，数百倍高速化されることもある．

参考文献

1) Nagel, L.: "SPICE2: A Computer Program to Simulate Semiconductor Circuits", *Tech Rpt ERL-M520*, University of California Berkeley (1975)

分野：可視化
部門：バーチャルリアリティ ［VII-4］

拡張現実感
[英] augmented reality; AR

拡張現実感はCG（コンピュータグラフィックス）と実映像をリアルタイムに，3次元的に合成する技術である[1]。

A. 典型的なARシステム例

代表的なシステムを下図に示す（口絵41，以下同）。ARマーカーが描かれたカードを手に持ち，ウェブカメラの前に立つと，撮影された画像ではカードの上にCGのキャラクターが表示される。カードを左右に傾けても，CGキャラクターは，その上に乗ったまま，カードの動きに追従する。ARシステムは，画像からARマーカーを抽出し，そこからカードの位置と角度を算出する。それに基づき，あらかじめ登録された3次元のモデルをリアルタイムでレンダリングし，実写映像の適正な位置に合成する。

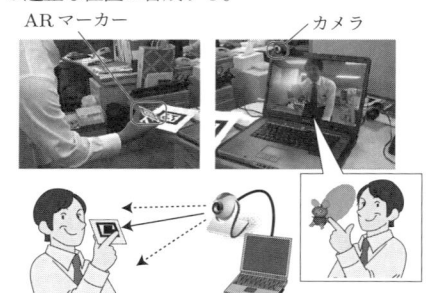

位置計算の精度は，撮影されたマーカーの解像度に依存する。高解像度のカメラに大きく写るほど精度は良くなる。マーカーは，上図のような幾何模様が適しているが，一般の画像を用いてもよい。しかし，マッチングの判定は難しくなる。画像処理アルゴリズムは，照明条件の変化にもロバストでなければならない。

B. 流体シミュレーションへの応用事例

データ提供：北海道大学大学院工学研究科 坪倉 誠 准教授
協力：(株)日本レースプロモーション，アドバンスソフト(株)

この技術は放送や**電子広告**（digital signage）で実用化されているが，シミュレーション分野にも利用できる。上図は，レーシングカーのまわりの流体解析の可視化結果を，実際の模型の周辺に合成表示したもので，3次元トラッキング技術の例である。

まず，模型の周囲にARマーカーを配置して，いろいろな角度から撮影を行い，3次元空間内に特徴点を配置する。つぎに，マーカーを外して撮影した画像において，先に計算された特徴点からモデルの3次元位置を特定し，CGをオーバーレイしている。

C. 避難シミュレーションへの応用事例

ARに応用可能な技術として，OpenGL合成技術がある。これは複数の3次元CGプログラム（OpenGLで記述された）を改変することなく，一つのウィンドウにリアルタイムで合成表示する。例えば，実写から3次元**ビデオアバタ**（video avatar）を生成するプログラムと景観シミュレーションのプログラムをリアルタイムに合成することで，実写映像を使った避難シミュレーションを実現する（下図では事前撮影した人物画像を利用）[2]。避難時の心理研究ではリアルな可視化が不可欠で，実写の利用が有効と考えられる。

このほか，ARマーカーを3次元マウスの代替に使えば，物体の回転，断面の位置指定を直感的に行うことが可能となり，シースルーの**ヘッドマウントディスプレイ**（head mounted display; **HMD**）を使って，いま見ている景色にCGを合成することができる。

このように，シミュレーション結果の可視化において，ARは入出力インタフェースとして今後利用が期待されている。

参考文献

1) R. Azuma: "SIGGRAPH95 Course Notes: A Survey of Augmented Reality", Los Angeles, Association for Computing Machinery (1995)

2) 宮地，田近，高田，樫山：避難シミュレーションシステムへのOpenGL Fusion技術の適用，日本バーチャルリアリティ学会第13回大会論文集, Vol.13, 1C4-4 (2008)

分野：共通基礎
部門：物理基礎　[I-3]

核物理
[英] nuclear physics

原子核物理におけるシミュレーションは，高々数百個の**核子**（nuclear；中性子と陽子の総称）または**クォーク**（quark）からなる有限フェルミ粒子系としての原子核の構造と，原子核同士の衝突による構成粒子の離合集散を模擬するために行われる。それにより核反応または核構造そのものを研究する道具として，あるいは巨視的体系（粒子線検出器や放射線治療などの施設）の設計を目的として用いられる。

A. モデル

核反応のシミュレーションには，考慮する構成粒子の種類，相互作用の種類，波動関数の近似方法，対象とするエネルギーによって，さまざまなモデルが存在する。それぞれが特定の条件下で良い近似となっているので，場合に応じて使い分けられる。代表的なものは以下のとおりである。

(1) カスケードモデル
(2) Vlasov-Ueling-Uhlenbeck (VUU) モデル
(3) 量子分子動力学（QMD）
(4) 反対称化分子動力学（AMD）
(5) カラー分子動力学（CMD）

カスケードモデルは構成粒子間の衝突のみで核反応を記述するモデルで，粒子間の結合力は無視するか，簡単なフェルミガスとして考慮される。粒子間衝突では弾性散乱のほか，中間子・バリオンの（共鳴状態の）生成と崩壊，中間子多重生成などが考慮される。衝突後の粒子の状態はあらかじめ与えた分布に従って確率的に決定されるが，衝突後に粒子が占める位相空間がすでに占有されている場合は，その衝突はなかったものとして計算が進められる（パウリ排他律）。衝突の扱いは粒子間の衝突が考慮されるモデルに共通である。VUUモデルは，イベント平均の結果決まる平均場と粒子間衝突下での点状のテスト粒子の分布の時間発展を解くことで，原子核平均場の変化を精度良く求める枠組みである。

QMD, AMD, CMDは**分子動力学**（molecular dynamics）的な手法である。個々の粒子はコヒーレント状態（ガウス波束）で表されており，それらの位置と運動量座標の時間発展がハミルトン方程式と確率的な粒子間衝突によって決定される。ただし，AMDでは全系の波動関数がスレーター行列式の形で記述されているのに対し，QMDとCMDでは直積が用いられる。また，AMD, QMDの構成粒子は核子であるが，CMDの構成粒子はクォークで，クォーク間相互作用として簡単な1グルーオン交換力が用いられる。

AMDは殻構造的な様相とクラスタ的様相の両方を自然に記述できるため，軽〜中重原子核の構造研究手法としても広く用いられている。摩擦冷却法と呼ばれる方法で最小エネルギー状態が求められ，角運動量およびパリティ射影をすることにより，原子核の準位や形状が決められる（冷却の前に射影されることもある）。この方法は，最近ではハイペロンやK中間子などを含むハイパー核構造の研究でも威力を発揮している。一方，QMD, CMDは無限に広がった原子核物質（例えば中性子星やその内部にあるクォーク物質）のシミュレーションにも用いられ，中性子星クラストの非一様構造や超新星爆発時の星内部の構造変化が記述される。

B. 手法

各モデルとも，乱数初期値を変えて構成粒子の初期分布，衝突係数や原子核の向きの違う多くのイベントを生成し，その統計平均をとることで，断面積や生成された粒子の分布が決定される。

C. ツール

実用的な計算ツールで用いられる模型は，計算時間の速いカスケード模型とQMDだけである。世界的にはMCNPX, GEANT, MARS, FLUKA, PHITS等のツールがある。これらは核反応のシミュレーションだけでなく，その結果放出された粒子が巨視的な体系で起こす副次的反応によってどのように分布し，エネルギーが対象にどのように付与されるか等も計算可能であり，また，さまざまな施設の設計を行えるよう複雑な幾何形状を柔軟に入力することができるよう配慮されている。

国産のシミュレーションパッケージPHITS[1,2]は，RIST, KEK, JAEA, チャルマース大学（スウェーデン）の協力のもと，開発，維持，ベンチマーク，ユーザサポートが行われている。これまでに，加速器施設の設計，スポレーション中性子源の設計，核融合炉の設計，加速器駆動核変換施設の設計，粒子線治療施設の設計など，宇宙工学や保健物理などの分野で多くの実績をあげている。PHITSでは，上記の原子核シミュレーションに加え，低エネルギーでは原子炉計算と同様の核データライブラリを用いる精密モンテカルロ計算が行われる。また，巨大施設から細胞の1セル，半導体デバイスなどのミクロスケールのシミュレーションも可能な汎用ツールである。

参考文献

1) K. Niita, et al.: *JAEA-Data/Code 2010-022* (2010)
2) http://phits.jaea.go.jp/indexj.html

分野：環境・エネルギー
部門：エネルギー [IV-3]

核融合
[英] nuclear fusion

核融合炉は，温度 10 KeV（約1億°C），密度 10^{20} m^{-3} 程度の重水素 D と三重水素 T からなる**プラズマ**（plasma; 完全電離気体，⇒ p.299）中で核融合反応

$$D + T \rightarrow He^4 \ (3.5 \ MeV) + n \ (14.1 \ MeV)$$

を起こし，中性子の持つエネルギーを源にして発電する．また，ヘリウム（α 粒子）の持つエネルギーは，プラズマを高温に維持する熱源となる．計画中のITER（国際熱核融合実験炉）やJT-60SA はトカマク型[1]と呼ばれる，プラズマを磁場で閉じ込めるドーナッツ状の装置である．核融合プラズマのシミュレーション研究は，ITER やJT-60SA の閉じ込め性能を予測することが中心的課題である．そして，実験との検証を通じてシミュレーションの予測性能を高め，つぎのステップである発電炉（原型炉）の設計に貢献することを目指す．

A. 乱流輸送シミュレーション

磁場閉じ込めプラズマ中には，イオン，電子の密度，温度勾配が不可避的に存在し，それらが乱流を生成して熱を損失させる．この**乱流輸送**（turbulent transport）はトカマクの閉じ込め性能を決めるため，乱流輸送機構の解明と輸送の予測は，核融合研究の中心的課題の一つである．磁場閉じ込めプラズマの乱流現象を記述する基礎理論（非線形ジャイロ運動論）は，1980 年代に定式化された．これは，磁力線のまわりの粒子のラーマー回転を解析的に消去し，かつ運動のハミルトン構造を保持した，5次元（空間3次元，速度空間2次元）の一体粒子分布関数 f の発展方程式（gyrokinetic Vlasov 方程式）と，それが作る電荷密度，電流密度に無矛盾な電磁場に関するマックスウェル方程式からなる．これらの方程式系を解く方法として，当初，伝統的な**PIC法**（particle in cell method; 粒子法）が採用された．特に，分布関数のマックスウェル分布からのズレだけを追跡するδf 法は，サンプリングノイズを大幅に低減する技法として広く用いられている．しかしながら，エネルギーやエントロピーの保存則をより長時間成立させるため，また，粒子間の衝突現象を取り入れるため，実空間・速度空間にグリッドを構成して，分布関数の発展方程式を離散的に解く方法（CFDに相当する）が研究・開発されている[2]．

B. 磁気流体力学シミュレーション

磁場閉じ込めプラズマ中では，磁力線が弦のように振動する，トロイダル Alfvén 固有モード（TAE）と呼ばれる波が存在する[3]．核融合反応で生成された α 粒子が TAE と相互作用して損失し，プラズマ加熱に働かないことが懸念される．本格的な核融合実験は ITER を待たねばならないため，α 粒子と TAE の相互作用の研究では，シミュレーションが重要である．TAE は巨視的な波動現象であるため，分布関数の速度に関するモーメントをとることから導かれる**磁気流体力学**（magnetohydrodynamic; **MHD**）方程式で良く記述される．一方，核融合反応で生成された α 粒子はマックスウェル分布から著しく離れているため，ジャイロ運動論モデルで扱うことが必要であり，PIC法が用いられる．PIC法は時間積分としては陽解法であるので，MHD方程式にも陽解法が用いられる．

C. ダイバータシミュレーションおよび統合シミュレーション

トカマクはダイバータ配位[1]であり，開いた磁力線領域（スクレイプオフ層; SOL）におけるプラズマ（周辺プラズマ）のシミュレーションは，磁力線に沿った熱流速などの予測と制御を通じてプラズマ対向機器を保護する上で，重要な課題である．特に ITER では，プラズマとダイバータ板とが直接接触しない「非接触プラズマ」の特性の解明が重要な課題となっている．周辺プラズマは連続流体として取り扱われ，密度，運動量およびエネルギーバランスの方程式を基礎方程式とする．また，周辺プラズマと中性粒子との相互作用および不純物挙動のシミュレーションには，モンテカルロ法が用いられる．そして，これらを統合したシミュレーションコードの開発が進められている．

ディスラプション時に相対論的領域にまで加速された電子（逃走電子と呼ばれる）が，雪崩的に発生・増大することがある．それは最終的に炉に損傷を与えるため，ITER では逃走電子発生の回避・緩和法の研究が求められている．そのためには，MHD現象の発生から炉構造物への電子の衝突までの一連の現象を，異なる物理モデルで模擬することが必要となる．今後，このような統合シミュレーションも，重要な研究課題になると予想される．

参考文献
1) J. Wesson: *Tokamaks*, 3ed, Oxford Univ. Press (2004)
2) Y. Idomura, M. Ida, S. Tokuda, and L. Villard: *J. Computational Phys.*, **226**, 244 (2007)
3) 中島徳嘉ほか: *J. Plasma Fusion Res.*, **85**, 3, 105 (2009)

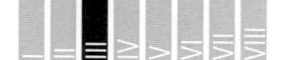

分野：機械
部門：機械力学・計測制御・生産システム ［III-3］

加工システム（切削・プレス・溶接等）
［英］processing system（machining, press, welding）

加工システムの中には，切削，プレスや鍛造などの塑性加工，溶接，切断，研磨，鋳造といったさまざまな方法が存在する．ここでは，それらのシミュレーション（特に切削，プレス，溶接）について，現状と方向性を示す．

A. 切削

切削（machining, ⇒p.55）とは，工具を用いて対象物の不要な部分を削り取る加工方法である．切削のシミュレーションはいくつかの種類に分けられるが，そのうち実用化されているのは，加工全体を考慮し，工作機械との干渉チェックや削り残し，あるいは，ワークへの衝突などを確認するシミュレーションである[1]．これらは，計算コストの観点から工具の変形や発熱は考慮されない．

それに対し，工具や被削材の変形，切りくずの生成，発熱，摩擦など局所的に発生する現象を考慮したシミュレーションが開発され，使われつつある[2]．摩耗を抑えたり，加工品の品質向上に適した加工条件や工具形状の検討を行うものである．加工時の変形や発熱を精度良くシミュレートするために重要なのは，刃先近傍での高速な塑性変形や亀裂進展による切りくず生成，塑性変形に伴う発熱現象や工具との接触，そしてその接触面での摩擦，さらには摩擦発熱，そして温度上昇に伴う被削材の軟化特性であり，それらが考慮されている．局所的に詳細な現象を考慮するため，この方法で現実的にシミュレートできるのは，例えばドリルでは数回転程度である．

切削の中でシミュレーションが遅れている部分として，**クーラント**（coolant）の考慮がある．クーラントは，切削中の潤滑性・冷却性を高め，切りくずの排出を促す．クーラントの流体解析を実施した例はあるが，切削の切りくず生成も考慮しながらの例はない．クーラントの状況によって潤滑性が変わり，摩擦係数が変化する．クーラントの流量，速度によって外気への熱伝達が変わる．そして，クーラントの圧力によって切りくずの生成・排出状況が変化するが，これらの連成に関しては，今後期待される部分である．

切削加工後，加工前のバルク材中の残留応力や，加工中の熱や応力が影響して変形が発生し，最終の製品の形状精度に悪影響を与えることがあり，それを予測するシミュレーションの必要性もかなり高い．しかし，現時点では，簡易的にその一部が考慮できるシミュレータがあるにすぎず[3]，この分野に関しても今後が期待される．

B. プレス

プレス加工（press, ⇒p.188）などの塑性加工は，工具の間に材料を入れて力で成形する加工である．シミュレーションを行う際には，局所的に変形が大きくなることから，有限要素法を用いた場合，要素のリメッシュなどの技術も必要なケースもある．しかし，他の加工に比べて現象がシンプルであるため，加工システムのシミュレーションの中でも早くから取り組まれてきた部分である．汎用の有限要素法解析ソフトウェアで，現時点で，ある程度実用化されている[4]．さらに，加工時に発生するしわ，割れ，スプリングバックによる形状変化なども表現できるようになっている．それらの精度向上のために，シミュレーションで使用する材料モデルの研究が引き続き行われている．

C. 溶接

溶接（welding）は，付加された熱によって金属材料が溶融することで接合させる加工である．シミュレーションには，熱源の現象や，材料の溶融・凝固の温度分布の履歴，さらには，その熱履歴に伴う材料特性の変化も考慮する必要がある．ある瞬間の局所的で詳細な溶接のシミュレーションは，すでに開発され，販売されているものもある[5]．さらに，溶接では溶接後に凝固冷却する際の熱収縮が原因となって，変形が起こる．スポット溶接のように，ある個所だけの溶接もあれば，順次溶接部を移動しながら接合していくものもあり，後者の場合は，局所的な溶接の影響が積算されて最終的な変形が起こる．切削と同様に，簡易的な熱影響と溶接部の形状変化を重点的に考慮したシミュレーションはあるが，局所的な詳細シミュレーションを全体に行うことは，計算コストの面でいまだ現実的ではない．

参考文献
1) http://www.cgtech.com/usa/machine-simulation/
2) http://www.thirdwavesys.com/products/advantedge_fem.htm
3) http://www.mscsoftware.co.jp/products/marc/appli_nc.php
4) 例えば http://www.lstc.com/
5) 例えば http://www.swantec.com/sorpas.php

分野：環境・エネルギー
部門：防災 [IV-2]

火災災害
[英] building fire and urban fire

ここでは，建築火災と都市火災に関するシミュレーション技術について述べる（森林火災，船舶火災や，爆発などの火災には触れない）。

A. 建築火災

建築火災のシミュレーション技術は，建築物内の居室で発生した火災の性状を予測することを通じて，構造的な安全性の評価や，建築物の利用者の避難安全性の評価に用いられる。予測手法は大きくは，ゾーンモデルとフィールドモデルの二つに分けられる。

（1）ゾーンモデル 室空間を一つまたは複数の検査体積と捉えて，検査体積内での温度・圧力や化学種濃度などの物理量が一様であると見なし，当該検査体積と周壁あるいは隣接検査体積との間の熱収支および質量収支を計算して，つぎの計算ステップにおける物理量を予測する。検査体積は，火災時における室内の垂直温度分布を評価するため，室空間を水平面で分割する。分割する数に応じて，室全体を一つの検査体積とする1層ゾーンモデルや，高温層と低温層の二つの検査体積とする2層ゾーンモデルが一般的であり，後者は建築設計の実務でよく用いられている。近年ではさらに詳細な予測を行う多層ゾーンモデルの実用化に向けた研究が進められている。

（2）フィールドモデル CFD（computational fluid dynamics；数値流体力学，⇒ p.345）に基づくシミュレーションモデルであり，建築物内外の空間を多数の計算格子に分割し，各格子点と周壁あるいは周囲の格子点間について熱収支，質量収支に加え運動量の収支を計算して，つぎの計算ステップにおける物理量を予測する。ゾーンモデルに比べて，詳細な出力情報が得られ，複雑な室形状や建築計画への適合性が良いなどの長所がある反面，計算条件の設定が煩雑，計算負荷が高いなどの短所がある。

近年のCFDに関する計算技術やコンピュータの演算能力の向上を背景に，活用事例の増加傾向が著しい。しかし，現時点で建築物の火災安全設計の実務における利用は限られている。火災実験や実火災事例とCFDの比較検証の蓄積が進められて有効性が示されてきており，今後の評価技術として発展が期待される。

B. 都市火災

都市火災のシミュレーション技術は，都市（市街地）内のある地点で発生した火災が建築物から建築物へ伝播することによる延焼拡大性状を予測するものであり，火災拡大による人的・物的被害を軽減するための都市計画や，大規模地震時の火災に対する被害想定，危険度評価などに用いられる。予測手法は，大きくは延焼速度式（およびその2次元平面への展開）と，個別建築物の形状や配置を踏まえたシミュレーションとの二つに分けられる。

（1）延焼速度式 市街地の建築物密度や耐火建築物の混成割合，風速・風向および出火からの経過時間をパラメータとして，延焼速度（単位時間に火災前面が燃え進む距離）を求めるものであり，これを時間的に積み上げることで，火災の最前面の位置が得られる。また，2次元平面に展開して，出火点を中心とする円形や風下側に伸びる卵形の曲線で火災前面を表現し，火災被害領域を予測する。

この手法の原型は，数年ごとに大火が発生していた1930～1950年代頃の，燃えやすい建築物を主体とした均質な市街地における実火災に基づいている。その後，市街地の建築物の難燃化を反映して改良が加えられ，都市防火区画の設計基準などに活用されている。

（2）個別建築物の形状や配置を踏まえたシミュレーション技術 より詳細な評価や対策立案に対する社会的要請を背景として，また，近年のGIS（geographic information system；地理情報システム）の普及や，電子的な地理情報の整備を背景として，開発・普及が進められている。

計算対象領域内の個々の建築物の形状，配置，防耐火性能などの市街地情報と，出火場所，風向・風速などの計算条件を入力して，各建築物の火災性状の時刻歴や延焼時刻を計算する。火災性状の計算手法としては，防耐火性能に応じた建築物内部および建築物間の延焼速度を，実火災データに基づいて求めておき，隣接建築物の出火時刻を逐次求めるものや，建築物の開口部の形状や配置までを入力して，開口部を通じた熱およびガスの収支に基づいて，建築物の火災性状と，周囲の建築物の受熱・延焼を求めるものなどが活用されている。

近年は，建築物の火災性状予測にゾーンモデルを採用することにより，建築物の防耐火性能や建築計画に関して，よりいっそう詳細な評価を行うシミュレーションモデルが開発されている。

参考文献

1) (社)建築研究振興協会：BRI2002 二層ゾーン建築内煙流動モデルと予測計算プログラム (2003)
2) 建築研究所：市街地の延焼危険性評価手法の開発，建築研究報告 No.145 (2006)

分野：環境・エネルギー
部門：防災 [IV-2]

火山噴火災害
[英] volcanic eruption disaster

火山活動は**マグマ**（magma）のダイナミクスに起因する現象であり，噴火に至る過程や，噴火に伴うさまざまな現象について，シミュレーションが実施されている．

噴火現象には，マグマの蓄積・上昇・噴出，および直接的な火山災害をもたらす溶岩流・火砕流・噴煙などがある．これらのシミュレーションにおいては，弾性体力学や破壊力学，流体力学，熱力学などの連携により，多様な物理現象を総合的に定式化する必要がある．

火山噴火現象におけるシミュレーションの代表例は，A. 溶岩流シミュレーション，B. 火砕流シミュレーション，C. 噴煙シミュレーションなどである．これらはおもに，火山噴火による災害の到達範囲やその時間を評価することを目的として利用されることが多い．

A. 溶岩流シミュレーション

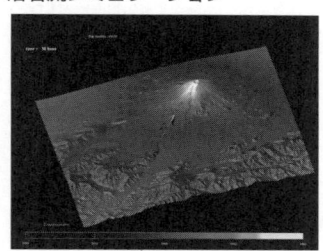

溶岩流（lava flow）は，脱ガスがある程度進んだ状態のマグマが，およそ千数百℃の温度で火口から流出する現象である．その流動は噴出率，総噴出量，温度に依存する粘性などによって決まる．地形に沿って流下しながら，大気からの冷却などの影響も受け，固化や再溶融などの現象が発生する（口絵11）．

これらを再現する溶岩流シミュレーション技術には，おもに決定論的手法と確率論的手法の二つのアプローチがある．前者では，有限差分法や有限体積法による2次元あるいは3次元モデルにより，ダイナミクスを計算する．流速を地形勾配の関数で表現するものや，鉛直方向の変化は水平方向より少ないと仮定した浅水波方程式によりモデル化したものなどが，広く利用されている．また，溶岩流内部の3次元対流や周辺からの冷却効果を加味したモデルも提案されている．後者は特に防災を目的としたものが多く，迅速な溶岩流流下の評価を行うことを重要視して，地形勾配のみを最優先に評価する．セルオートマトン法によるものも近年導入されている．

B. 火砕流シミュレーション

火砕流（pyroclastic flow）は，高温の岩塊や火山灰などの固体と，火山ガスや大気といった気相とが混合して，山体を流下する現象である．細粒の火山灰などを含む噴煙が，周辺大気を取り込みながら乱流となって噴煙柱を形成し，それが崩壊することによって大規模な火砕流が生じることがある．

現象発生時の現場観測に危険を伴うことや，発生頻度が低いことから，火砕流には未知の部分が多い．そのため，シミュレーションを駆使した，物理的なメカニズムの解明が期待されている．火砕流の主たる現象は，粒子流として解釈される．このため，CIP法（⇒p.363）などの粒子法による重力流シミュレーションを適用して評価する，先駆的な研究が行われている．また，火砕流の到達範囲を把握するために，現象を単純化したエナジーコーンモデルによるシミュレーションが広く行われている．これは，火砕流の初期位置エネルギーと流下の摩擦エネルギーのバランスを考慮するものである．

C. 噴煙シミュレーション

火山噴火による**噴煙**（volcanic plume）は，火山噴火災害の中で最も直接的に被害をもたらす現象であり，大規模噴火の場合，地球規模の気候変動（⇒p.201）をもたらすこともある．火山噴煙は，噴火に伴ってマグマが破砕した火山灰が，大気と混合して拡散したものである．高温の火山灰と気体それぞれの質量・運動量・エネルギー方程式系をカップリングさせて現象の評価を行っている．また，大気中に噴出された噴煙の状況を，境界条件として気象で使われている大気モデルと結合し，より広域での降灰予測なども，シミュレーションにより実用化されている．

D. その他

これらのほか，火山活動に伴う現象であるマグマ生成過程，地下における岩脈貫入，火山性地震・火山性微動・火山性地殻変動，マグマの発泡・上昇に伴う爆発過程，水蒸気爆発，土石流・岩屑なだれ・泥流などにも，数値シミュレーションが適用されている．複雑な自然現象のメカニズムの解明と災害軽減予測を目的としたこれらのシミュレーション技術は，まだ緒についた段階であり，今後の発展が望まれる．

参考文献
1) 石峯康浩：火山研究への貢献が期待される多様なコンピュータシミュレーション, 火山, **52**, 4, pp.221–239 (2007)
2) 井田喜明, 谷口宏光 編：火山爆発に迫る, 東京大学出版会 (2009)

分野：環境・エネルギー
部門：地域・地球環境［IV-1］

河川環境
［英］river environment

河川環境に関わるシミュレーションは，流れ・地形といった物理環境の解析，河川水質の解析，河川生態系の解析に大別され，解析対象によってこれら三つの解析手法を組み合わせて用いている．

A. 物理環境の解析[1]

河川の流速，水深，地形といった物理特性は，河川の環境基盤そのものであり，これらの違いによって水質形成や生態系の特徴が変化するため，河川環境シミュレーションの最も基礎的な解析技術に位置付けられる．物理環境解析では，河川の流速・水深，河床地形，河床材料の粒度分布などが解析対象とされる．

河川の上流から下流までを一貫して解析するような場合は，河川横断面内で流速や水深などを平均化して解析する1次元解析が用いられることが多い．また，特定の河道区間内における砂州形状の解析など，河川の平面的な特性に着目する場合は，水深平均2次元解析が用いられることが多い．橋脚や護岸設備など，河川内に設置された構造物周辺の局所的な流れ場を解析する際には，3次元解析技術が用いられることもある．

（1）流速・水深の解析　流れの連続式，レイノルズ方程式（⇒p.82）を，適宜，解析する次元に応じて積分したものを支配方程式として用いる．これらのうち，特に流水中の鉛直方向の圧力分布を静水圧分布で近似して水深積分された方程式群は，**浅水流方程式**（shallow water equation）と呼ばれ，河川の平面2次元流れの解析に多く用いられている．

（2）河川地形・粒度分布の解析　水深や流速などの解析結果から流水中の土砂輸送量（流砂量）を推定し，土砂の連続式（地形変化量と流砂量の間での土砂収支式）を解析することによって，河川地形の変化予測が行われる．さらに，河床材料を構成するさまざまな土砂粒径ごとに土砂収支が満たされるよう解析することにより，河床材料の粒度分布の予測が行われる．

B. 河川水質の解析[2]

河川水質の解析について，水質汚濁が社会的に問題となっていた1970〜1980年代頃は，汚濁に関わる水質項目に注目が集まり，BOD（生物化学的酸素要求量）やDO（溶存酸素濃度）に関する解析が盛んに行われた．現在の水質解析においては，汚濁解析の側面より，河川環境や生態系の評価に資する解析に力が注がれるようになり，解析対象とする水質項目として，BOD，DOに加え，窒素，リンといった1次生産に関わる栄養塩や，水生動物のエネルギー源である粒状態有機物に関する解析が行われるようになっている．

河川の水質は，河川内で生じる現象だけで決まるわけではなく，むしろ，河川流域からの物質負荷量の影響をより強く受ける傾向にある．そのため近年では，河川流域全体での水・物質動態の総合的把握に基づいた流域水・物質循環モデルの開発が，精力的に行われている．

C. 河川生態系の解析

河川生物が生息するためには，その生物にとって適切な生息場と，生息に必要な餌資源の両方が満たされている必要がある．これに対応し，河川生態系の解析においては，場として適性を評価する**生息場評価**（habitat evaluation procedure）と，食物連鎖によるエネルギーの流れから生物量そのものを記述する**生息量予測**（population dynamics model）の両面からの研究・技術開発が行われている．

（1）生息場評価　評価対象とする生物種を選定し，流速，水深，河床材料の粒径など，その生物の生息場として重要となる環境要素を抽出する．抽出された要素それぞれについて，各要素の値と，生息場としての適性値とを関連付ける関数形を設定する（設定された関数は選好曲線と呼ばれる）．実際に生息場評価を行う地点の流速，水深などの環境要素について，選好曲線より適性値を算出し，それらの相乗平均をとるなどして，生息場適性評価値を算出する．

生息場評価は，評価の手続きが論理的に明快で，環境変化に対する生息場適性値の変化が明瞭に示されることから，河川事業を行った際の環境影響評価に適用しやすいなどの利点を持つが，あくまでも場の評価であり，対象種の生息状況までは評価できないことに留意する必要がある．

（2）生息量予測　河川生物の生息量そのものを変数として予測する技術であり，成長，代謝，産卵などといった生物の生理・生活史に基づいたモデルや，河川水質解析，食物連鎖網解析と連動したモデルなどが開発されている．ただし，河川生態系を構成するすべての生物種を考慮することは実質的に不可能であることや，魚類など生物自体が活発に移動する場合はモデル化が煩雑となることなどから，現時点においては，藻類や底生昆虫など，おもに食物連鎖低次の生物の生息量予測に用いられることが多い．

参考文献
1) 池田駿介：詳述水理学, 技報堂出版 (1999)
2) 宗宮　功 編著：自然の浄化機構, pp.85–116, 技報堂出版 (1990)

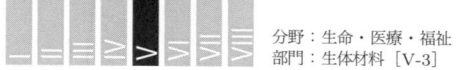

分野：生命・医療・福祉
部門：生体材料　[V-3]

仮想心臓シミュレーション
[英] virtual heart

心臓に関するモデルシミュレーションの研究は幅広く行われている。「仮想心臓シミュレーション」に対して厳密な定義はないが、一般には、多数の心筋細胞の結合を実現し、心筋組織よりマクロな心臓の電気生理学的興奮とその伝播を基軸とするモデルおよびシミュレーションを指すことが多い。したがって、対象が心筋でも、単一細胞における**イオンチャネル**（ion channel）や代謝、シグナル伝達などの**細胞シミュレーション**（cell simulation, ⇒p.112）とは区別される。単純な組織形状だけでなく、医用画像（⇒p.11）から心臓全体の構造（形状）を取り込み、心筋の収縮や血流などを含めたマルチスケール・マルチフィジックス対応の仮想心臓シミュレーションも行われるようになってきた。

特に仮想心臓という単一のモデルがあるわけではなく、研究の目的に応じて、モデルも最適化する必要がある。心筋組織は、基本的に空間的に連続に分布する細胞内領域と細胞外領域の結合体としてモデル化することができる。細胞外領域をアースし、細胞膜電位を細胞内電位に一致するとして細胞内電位のみを計算する**モノドメインモデル**（monodomain model）と、細胞内外の電位を独立に計算して、その差分から細胞膜電位を計算する**バイドメインモデル**（bidomain model）に大別される。

A. モノドメインモデル

細胞外電位を0と考え、細胞内電位＝膜電位と仮定して、構成単位となる心筋細胞（膜）モデルを多数連結させたモデルである。心筋細胞モデルも、数十種類のイオンチャネルの動態を記述したHodgkin-Huxley型の微分方程式（⇒p.247）であるが、近年ますます複雑化する傾向にある。

モノドメインモデルは、不整脈などの病的な興奮伝播の再現などによく利用される。特に、頻拍・細動などの頻脈性不整脈のメカニズムとして、渦巻状の興奮伝播**スパイラルリエントリー**（spiral wave reentry）が知られており、その特性が詳細に調べられている[1]。このような研究では、実験データとの対比が重要であり、体表面心電図だけでなく、心表面からの多電極マッピングや、さらに空間分解能に優れた「オプティカルマッピング」のデータなどと照合されることが多い。

一方、心室細動発生時には、興奮波は生成・分裂・消滅を繰り返すため、直感的な解析が困難になることが多い。そこで、3次元的なスパイラルリエントリーの回転軸である「フィラメント」の動態解析から、不整脈の危険度を予測する研究[2]も行われている。

心室細動シミュレーションの例を以下に示す（口絵19）。

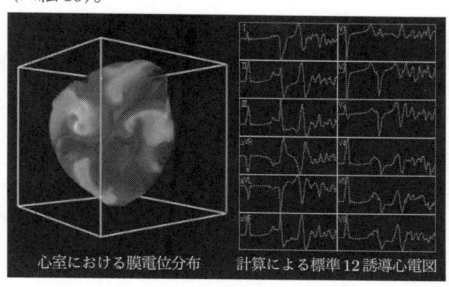

心室における膜電位分布　　計算による標準12誘導心電図

B. バイドメインモデル

バイドメインモデルは、細胞内領域と細胞外領域をそれぞれ独立に計算して連成させるので、モノドメインモデルに比べて計算量は2桁以上多くなる。しかし、細胞外電位を計算しないモノドメインモデルでは、外部からの電気刺激による細胞外の電位変化が細胞膜を興奮させる過程を再現できないことから、バイドメインモデルは電気的除細動を対象とするような研究には必須である。もともとバイドメインモデルは、強い電気刺激時に発生する「バーチャルエレクトロード現象」と呼ばれる複雑な電位分布を再現したことから研究が進展した。

バイドメインモデルによるシミュレーションにより、電気的除細動における電気ショック波形として、単相性よりも二相性のほうが優位であることの理論的根拠が示された。さらに、心筋の表面には現れない電気ショック直後の心室壁内部の興奮波の重要性などが示唆された[3]。

参考文献

1) 稲田紘、児玉逸雄、佐久間一郎、中沢一雄編著：なぜ不整脈は起こるのか―心筋活動電位からスパイラルリエントリーまで、コロナ社 (2006)

2) Haraguchi R, et al.: "Transmural Dispersion of Repolarization Determines Scroll Wave Behavior during Ventricular Tachyarrhythmias", *Circulation Journal*, **75**, pp.80–88 (2011)

3) Ashihara T, et al.: "Tunnel Propagation of Postshock Activations as a Unified Hypothesis for Fibrillation Induction and Isoelectric Window", *Circulation Research*, **102**, pp.737–745 (2008)

分野：電気・電子
部門：音響 [II-1]

楽器
[英] musical instrument

楽器に関する数値シミュレーションには，他の工学・科学分野と同様，特性解析や設計を目的とするものがある一方で，シミュレーションそのものを電子楽器の音源として用いるという，楽器に特有の目的もある．

A. 弦楽器

理想的な弦は，小振幅の場合に1次元の波動方程式で表現でき，容易に解析解を求めることができる．しかし，実際の弦楽器において，特にピアノの弦などは剛性が大きく，力学的には梁としての性質を併せ持つことから，高次の部分音ほど基本音の周波数の整数倍よりも高周波側にずれる性質（非調和性）が顕著に表れることが知られている．すなわち，波動方程式に対して，剛性による復元力の項を加える必要がある．このような場合でも厳密解を求めることができることから，撥弦楽器や打弦楽器には，**モード法**（modal method）によるシミュレーションが有効とされる．一方，さわり機構（固定された「さわり」に弦が繰り返し接触する）を有する弦楽器や，擦弦楽器（弓と弦の間の摩擦力に**非線形性**（nonlinearity）を持つ）においては，解析解を求めることは困難であり，**有限差分法**（finite difference method, ⇒p.334），**有限要素法**（finite element method, ⇒p.335）などで時間領域解を求める手法が用いられる．弦楽器全体では，弦と共鳴胴（胴内部の空洞共鳴を含む）との連成問題となるが，弦単独でも高次部分音における2次系列[1]などの興味深い現象が存在し，研究対象となっている．

B. 管楽器

管楽器は，振動の発生源であるリード部と，共振器である共鳴管に大別できる．リード楽器において，リード部では圧力に対し非線形に開口面積が変化し，下流に流量の変化を引き起こす．金管楽器の場合には唇，エアリード楽器では揺動するエアジェットがリードの代わりとなる．共鳴管はリード部によって発生した流量変化を音圧に変換し，遅延時間をもってリードにフィードバックする．これらを反映してクラリネットの発音機構を記述する微積分方程式が提案されている[2]．

通常，リード部は質点バネ系で表現し，共鳴管部分は断面積と特性インピーダンスを対応させた1次元の伝送線路としてモデル化するのが一般的であるが，管の曲げの影響などをより詳細に考慮する目的で，共鳴管部分のモデル化に有限要素法などを用いることもある．

C. 打楽器

膜鳴楽器においては，振動膜が2次元的な広がりを持ち，膜振動と空気との結合が大きいことから，弦振動に比べて空気負荷による影響が大きい．したがって，高い精度を得るためには，膜振動と空気中の音波との連成問題としてモデル化することが必要である．

体鳴楽器は構造物の機械的な振動が音波として放射されるものであり，振動解析と音響放射の問題を解くことが必要である．機械振動については，複雑な形状でも柔軟に対応できる有限要素法によるモード解析を用い，音響放射については，開領域問題であることから**境界要素法**（boundary element method, ⇒p.65）を用いるのが一般的である．シンバルやドラに代表されるシェル型の打楽器は，強い形状非線形性を有することから，モード間のエネルギーの授受が起こり，カオス的な振る舞いを呈する．そのため，これらのシミュレーションは簡単ではない．

D. 電子楽器としてのシミュレータ

電子楽器の音源として演奏に用いることを目的とする楽器のシミュレータが物理モデル音源として知られている．実際の楽器の音をサンプリングして再生するタイプの音源と異なり，例えば管楽器では吹鳴圧力やアンブシュアなどのパラメータを変化させ，合成音の音色を自在に操れることが最大の利点である．この種のシミュレータでは，リアルタイム性が求められることから，1次元のディジタルウェーブガイドモデルが用いられることが多い．これは楽器を遅延線やディジタルフィルタとしてモデリングするもので，**ディジタル信号処理**（digital signal processing; **DSP**）との適合性が良く，実際に市販された．なお，弦を伝送線路としてモデリングする考え方自体は古くから存在し，ピアノ弦とハンマーを含むピアノのアナログ電子回路によるシミュレータも考案された．

近年ではエレキギター等に用いるアンプシミュレータが脚光を浴びている．これはアンプの電気的な特性をディジタル信号処理により模擬するもので，名器と呼ばれるような高価なアンプの特性がソフトウェアにより安価に実現できる．厳密には，これを楽器のシミュレータと考えるのには無理があるが，演奏に用いるシミュレータとして紹介しておく．

参考文献

1) 中村　勲, 長沼大介：ピアノ音のスペクトル特性, 音楽音響研究会資料, **12**, MA93–13 (1993)

2) Schumacher: "Self-sustained oscillations of the clarinet: an integral equation approach", *Acoustica*, **40** (1978)

分野：環境・エネルギー
部門：防災 [IV-2]

雷災害
[英] lightning disaster

雷災害に関係するシミュレーションにおいては，送電線や高建造物などへの雷撃様相の模擬，および雷撃によって発生する過電圧の推定が主要な課題である。

A. 送電線などへの雷撃様相のシミュレーション

通常，雷雲からリーダと呼ばれる放電が地上に向かって進展してくるが，送電線などの接地された高建造物がある場合には，雷雲からの下向きリーダの接近によって接地側からも上向きのリーダが発生し，これらが結合すると，送電線などへの雷撃となる。

送電線では，電気を送っている電力線の上部に架空地線と呼ばれる接地された線を配置して，電力線への直撃を防止するようにしている。ただし，それでも電力線への直撃が生じる場合もあるため，下向きリーダの進展方向の統計分布，接地構造物への放電が生じる距離と雷撃電流との関係などを考慮して，送電線への雷撃発生を予測し，送電線の雷事故率を推定する計算プログラムが開発されている[1]。発変電所や配電線も同様の考え方により，**耐雷設計** (lightning protection design) が行われている。

上記のプログラムでは，雷雲からの下向きリーダは直線上に進展することが仮定されているが，実際には，下向きリーダの進展方向や雷撃特性は，接地構造物による電界変歪や接地構造物からの上向きリーダから影響を受けるものと考えられる。そのため，リーダ先端部分の電界分布を計算し，最大電界方向にリーダは進展するとして，送電線への雷撃特性をシミュレートすることも提案されている。さらに，接地構造物からの上向きリーダの発生を考慮して，避雷針などの遮蔽効果を評価することも検討されている[2]。ただし，リーダのモデル化，上向きリーダの発生条件など，検討すべき課題はまだ多い。また，雷放電の枝分かれはフラクタル的な構造をしているため，フラクタル理論を用いて枝分かれの様相をシミュレートすることも行われている。

B. 雷によって発生する過電圧の推定

上記のような架空地線によって送電線への直撃が防止できても，雷撃電流が架空地線から鉄塔を通じて大地へ流れる間に鉄塔の電位が上昇し，鉄塔から電力線への放電が生じる場合もある。この結果，**サージ** (surge) と呼ばれる過電圧が電力設備に発生・伝搬し，場合によっては機器の損傷などをもたらす。サージ現象の解明には複雑な回路解析が必要であるが，現在では**EMTP** (electromagnetic transients program) と呼ばれる汎用回路解析プログラムを用いて，設備各部に発生する過電圧の解析や，避雷器などの保護対策の効果の検討が行われている。

配電線の場合には，配電線近傍への雷撃でも，電磁誘導により配電線に過電圧が発生する場合がある。このような現象に対して，従来は，等価回路による解析が主であったが，近年は数値電磁界解析の手法の一つであるFDTD法（finite-difference time-domain method, ⇒ p.220）に基づき，マックスウェルの方程式を差分化して直接解くことにより，過電圧の発生様相や過渡電磁界分布を解析することが行われるようになった。さらに最近，**VSTL** (Virtual Surge Testing Lab.) と呼ばれるFDTD法をベースとした汎用サージ解析プログラムが電力中央研究所により開発されている。FDTD法は電力設備の雷サージ解析のみならず，建物の雷撃時における内部電磁界分布の解析や，接地電極へ雷撃電流が流れ込んだときの土中の電流分布や周辺の電磁界分布の解析など，各種解析に活用されている。

C. 雷リスクの評価

一般に，リスクは損失の大きさとその発生確率の積で定義されるが，雷による被害防止対策も，このようなリスクの考え方に基づいて進めることが提案されており，そのためのリスク評価プログラムの開発も開始されている[3]。**雷リスク** (lightning risk) を評価するためには，雷により各種設備に発生する被害を精度良くシミュレートすることが必要である。しかし，設備の種類や雷対策の有無などによって被害の発生様相は異なるため，現在，実験と理論の両面から各種設備の雷被害発生のモデル化が進められている。

D. 雷予測

雷の発生は，雷撃に伴って放射される電磁界から落雷位置を標定する落雷位置標定システムや気象レーダにより，かなり精度良く把握できるようになった。これらのデータに基づいて，雷の発生を予測する試みも気象庁などで開始されている。

参考文献

1) 耐雷設計委員会送電分科会：送電線耐雷設計ガイド，電力中央研究所総合報告 No.T72 (2003)

2) 電気学会：構造物への雷放電特性と雷遮へいモデル，電気学会技術報告 第1147号 (2009)

3) T. Shindo, T. Suda: "A study of lightning risk", IEEJ Trans. on Electrical and Electronic Engineering, Vol.3, No.5, pp.583–589 (2008)

分野：環境・エネルギー
部門：エネルギー［IV-3］

火力発電
［英］thermal power generation

火力発電分野におけるシミュレーション技術の活用は，ボイラやガス化炉，ガスタービンなどの大規模で複雑な流動・伝熱・反応現象を伴う機器を対象としたものから，運転制御解析用あるいは運転員の訓練用シミュレータなど，火力発電プラント全体を対象とするものまで，多岐に及んでいる。

近年，計算機性能の大幅な向上と，Star-CD，ANSYS Fluent，ANSYS CFX など市販の汎用熱流体解析コードの普及により，開発期間の短縮やコスト削減の観点から，火力発電機器のシミュレーションは，設計や運転最適化などの有効な手段として広く活用されてきている。

一方，火力プラント全体のシミュレーションや運転員の訓練用シミュレータなどにも，MATLAB や Simulink など市販の数値解析ソフトウェアの利用が広がってきている。

A．火力発電機器のシミュレーション

大規模かつ複雑な形状を持つ火力発電機器においてシミュレーションが有効な分野としては，**ガスタービン**（gas turbine）の燃焼器や動翼，**微粉炭焚ボイラ**（pulverized coal-fired boiler），石炭や超重質油の**ガス化炉**（gasifier）など，運転中の計測が困難な高温機器の設計や運転最適化のための温度推定，ガスや粒子の挙動解明，性能影響因子の解明などがある。現状では，計算負荷が軽く実用的な規模の計算に向くことから，時間平均的な流れ場を仮定した**レイノルズ平均**（Reynolds-averaged Navier-Stokes）**モデル**による計算（RANS 法，⇒ p.339, p.345）が主流となっている。一方，**ラージエディシミュレーション**（large eddy simulation; LES 法）に代表される非定常計算が可能な手法を適用することで，予測精度は大幅に向上するものと考えられるが，微粉炭燃焼場などきわめて複雑かつ変動の激しい流れ場に適用された事例は，いまだきわめて少ない。このため，RANS 法と LES 法の利点を併せ持ち，大規模かつ複雑な形状を持つ火力発電機器内の現象を高速かつ高精度にシミュレートできる手法の開発が進められている。

（1）ガスタービン　ガスタービン動翼の寿命評価のためには，運転中の計測が困難な起動/停止時における翼温度分布の変化を明らかにすることが必要となる。このため，翼まわりのガスの熱流動状態，翼構造部の熱伝導，および内部冷却の効果を連成させて解く，翼温度解析モデルの開発などが進められている。

（2）微粉炭焚ボイラ　幅広い炭種に適応できる微粉炭燃焼技術の開発に向けて，ボイラ内のガス流速分布や微粉炭粒子の挙動を推測し，最適なバーナ操作条件や燃焼条件を探索できるシミュレーション技術の開発などが進められている。

（3）ガス化炉　高温高圧のガスで満たされる石炭や重質油などのガス化炉の内部は，下図に示すように，高濃度の微粉炭や灰粒子などが炉内を飛び交う複雑な流動・反応・伝熱場となっている。このガス化炉の最適設計，特性評価，長期安定運転のために，炉内のガスや粒子の挙動，温度分布，反応性評価，灰の付着・成長現象，溶融スラグの排出性評価などにさまざまシミュレーション技術が活用されている。

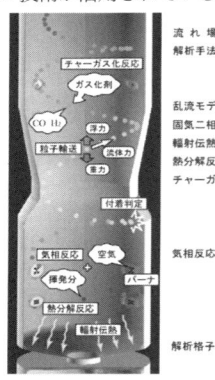

流れ場	三次元弱圧縮性乱流
解析手法	Finite Volume Method
	Hybrid Upwind Differencing
	SIMPLEC algorithm
乱流モデル	k-ε 2方程式モデル
固気二相流	Eulerian-Lagrangian Method
輻射伝熱	Discrete Transfer Method
熱分解反応:	$C_nH_mO_l \to (CH_4, H_2, CO, CO_2, H_2O)$

チャーガス化反応:
$C + (1-\gamma/2) O_2 \to \gamma CO + (1-\gamma) CO_2$
$C + H_2O \to CO + H_2$
$C + CO_2 \to 2 CO$

気相反応:
$CH_4 + 1/2 O_2 \to CO + 2 H_2$
$H_2 + 1/2 O_2 \to H_2O$
$CO + 1/2 O_2 \to CO_2$
$CH_4 + H_2O \rightleftarrows CO + 3 H_2$
$CO + H_2O \rightleftarrows CO_2 + H_2$

解析格子	Multi Blocks, Body Fitted Coordinates

B．火力発電プラントのシミュレーション

火力発電プラント全体のシミュレーションは，従来，専用のハードウェアを使用して実施されることが多かったが，近年は汎用のパソコン上で動作するシミュレーション技術の開発が急速に進展している。

（1）火力発電プラント　頻繁な起動，停止，負荷変化が求められる火力発電プラントの，負荷変化時における挙動解析や制御システムの設計などのために，市販の数値解析ソフトウェアを使ったシミュレーションが活用されている。

（2）訓練用シミュレータ　運転員の訓練を目的として，汎用のパソコン上で動作する，安価でコンパクトなシミュレータの開発が進められている。

参考文献
1) 渡邊裕章, 馬場雄也, 丹野賢二, 橋本 望, 白井裕三, 黒瀬良一：微粉炭燃焼場の高度数値シミュレーション手法－ RANS 法, LES 法と実験結果の比較－, 電中研報告, M07015 (2008)
2) 電中研レビュー, 44, p.43 (2001)

カルマンフィルタ
[英] Kalman filter

雑音に乱された観測信号に統計的処理を施すことにより，有用な情報を取り出したり別の信号を推定したりすることは，科学技術のさまざまな分野で見られる基本的な問題である．カルマンフィルタの理論は，この問題に対して適当な仮定のもとで最適な解を与えるものである[1]．

A. フィルタリング問題
信号の推定問題を下図に示す．観測信号 y_t は信号 s_t と雑音 v_t の和で表される．フィルタは，現時刻 t までの観測データ $\mathcal{Y}_0^t := \{y_0, y_1, \cdots, y_t\}$ に基づいてターゲット信号 $x_{t+\tau}$ の推定値 $\widehat{x}_{t+\tau|t}$ を与えるアルゴリズムである．ただし，$\{x_t\}$ と $\{s_t\}$ は相関を持つと仮定している．また，$\tau = 0$（現在），$\tau > 0$（未来）および $\tau < 0$（過去）のとき，フィルタは，それぞれ濾波型，予測型および平滑型と呼ばれる．

最適フィルタリング問題（optimal filtering）は，推定誤差分散

$$\mathrm{E}\{\|x_{t+\tau} - \widehat{x}_{t+\tau|t}\|^2\} \quad (\text{E: 期待値})$$

を最小にするフィルタを求める問題である．

現代の最適フィルタリング理論は，1940年代のコルモゴロフ，ウィーナーらの研究から発展してきた．ウィーナーは定常過程に対し，無限時間観測のもとで，スペクトル解析により周波数領域における最適フィルタを導出した．ウィーナーフィルタは，理論的な功績は大きかったが，実際の応用においては，定常性の仮定や定常信号のスペクトル推定が障壁となった．これらの難点を克服するために多くの研究が行われたが，これに成功したのは1960年代初頭のカルマンであった．

B. カルマンフィルタ
カルマンは，非定常過程のモデルとして線形状態空間モデル

$$x_{t+1} = A_t x_t + w_t,$$
$$y_t = C_t x_t + v_t, \quad s_t = C_t x_t$$

を採用することにより，ガウス白色雑音 $\{w_t\}$，$\{v_t\}$ と初期状態 x_0 の統計的性質が既知であるという仮定のもと，直交射影の原理に基づいて最小2乗推定値 $\widehat{x}_{t+\tau|t} = \mathrm{E}\{x_{t+\tau}|\mathcal{Y}_0^t\}$ を計算するアルゴリズムを提案した．このアルゴリズムをカルマンフィルタという．濾波型（$\tau = 0$）カルマンフィルタを以下に示す．ただし，初期状態 x_0 は平均 $\overline{x}_0$，共分散 Ξ_0 のガウス分布に従い，$\{w_t\}$，$\{v_t\}$ はそれぞれ平均 0，共分散 Q_t，R_t のガウス白色雑音と仮定した．

時間更新 $\quad \widehat{x}_{t+1|t} = A_t \widehat{x}_{t|t}$
$\qquad\qquad P_{t+1|t} = A_t P_{t|t} A_t^\top + Q_t$

観測更新 $\quad \widehat{x}_{t|t} = \widehat{x}_{t|t-1} + K_t(y_t - C_t \widehat{x}_{t|t-1})$
$\qquad\qquad P_{t|t} = P_{t|t-1} - K_t C_t P_{t|t-1}$

ゲイン $\quad K_t = P_{t|t-1} C_t^\top (R_t + C_t P_{t|t-1} C_t^\top)^{-1}$

初期値 $\quad \widehat{x}_{0|-1} = \overline{x}_0, \quad P_{0|-1} = \Xi_0$

カルマンフィルタは，単純な行列計算により逐次的に最適推定値が得られるので，コンピュータによる実装が容易であり，信号処理，制御工学，通信工学，航空宇宙工学，経済学，土木工学など，さまざまな分野で広く利用されるようになった．特に，1960年代からアポロ計画などの宇宙開発でカルマンフィルタが採用されたことは有名である．

C. 最近の発展
カルマンフィルタが多くの成功を収め，その有用性が広く認知される一方で，システムが非線形である場合や，雑音が非ガウス性あるいは統計的性質が未知である場合にも対処するための，新しい試みがなされている．雑音の統計的性質が未知である場合に，確定的な設定のもとで最悪雑音に対する2乗推定誤差を最小化する，ミニマックス手法に基づいた H^∞ フィルタが提案されている[1]．非線形システム・非ガウス性雑音に対する推定手法としては，モンテカルロ法とベイズ推定に基づく粒子フィルタが有効であり，近年多くの応用事例が報告されている[2]．また，非線形システムに対して，状態方程式を線形近似せずに，少数のサンプル点から統計量を近似するような非線形変換を用いた Unscented カルマンフィルタが，良好な推定精度と実装のしやすさから，近年注目を集めている[3]．

参考文献
1) 片山：新版 応用カルマンフィルタ，朝倉書店 (2000)
2) 樋口：粒子フィルタ，電子情報通信学会誌，**88**, 12, pp.989–994 (2005)
3) S. Julier and J. Uhlmann: "Unscented filtering and nonlinear estimation", *Proc. of IEEE*, **92**, 3, pp.401–421 (2004)

分野：可視化
部門：シミュレーション検証のための可視化［VII-6］

感圧塗料・感温塗料法

［英］pressure sensitive paint / temperature sensitive paint; PSP/TSP

ある波長成分を持つ光で励起された分子が，吸収したエネルギーを熱と光として放出する際に，三重項状態を経て出す光を燐光という。三重光状態を経るため，蛍光よりも発光時間が長い。燐光物質の多くは有機・無機の配位子を持つ金属錯体であり，カメラで撮影可能な可視光発光には，金属原子のd軌道が重要な役割を持つ。希土類原子を含むものも多い。ポルフィリン誘導体や多環式芳香族炭化水素化合物も多い。吸収スペクトルと発光スペクトルは金属原子と配位子との関係で決まる物質固有のものだが，温度によって燐光物質内の電子状態が変化することや，放出エネルギーの一部を周囲の気体または液体中の酸素分子に渡すことにより，燐光の発光強度や減衰時定数（寿命）といった光学特性が変化する。これを利用して酸素濃度や温度を定量可視化する手法が，感圧塗料・感温塗料（PSP/TSP）法である。

PSP/TSPは，**LIF**（laser induced fluorescence, ⇒p.353）と同様に発光強度を利用し，大気圧条件など酸素濃度が既知の条件で取得した背景画像で解析対象画像を規格化して，スタンボルマー則などに基づいて酸素濃度分布を評価する。また，LIF同様，二色法により高精度計測が可能である。さらに，燐光は発光時間が長いため，寿命すなわち燐光強度の時間変化を，容易にカメラで捉えることができる。二色法が異なる波長の発光強度の比を利用するのに対し，燐光寿命法は異なる時刻における発光強度の比を分析するため，高精度な分析が可能である。一般的に，発光強度より寿命のほうが温度などに対する感度が高いといわれている。LEDなどの励起光強度を周期的に変化させ，燐光発光強度の時間変化と比較する方法もある。

A．固体表面における測定

PSPは感圧塗料と呼ばれ，航空機，高速車両などの研究にしばしば利用される。高速気流により固体壁面近傍の気体圧力が低下すると，ヘンリー則に従って酸素分圧が変化するため，間接的に翼面などでの圧力を測定できる。また，食品製造工程や細胞活動計測などの分野で重要な，溶存酸素濃度測定にも利用可能である。酸素分子が浸透できる高分子などに燐光物質を混ぜ，固体壁面に一様に塗布する。高分子中での酸素分子の透過性が計測の時間応答性を悪化させることから，アルミニウム表面を多孔性に加工して燐光物質を直接壁面に担持させる陽極酸化法や，微小スケール計測への適用性を高めるためのLangmuir-Blodgett膜法など，壁面に燐光物質を付着させる方法の改良が行われている。

PSPに利用される有機系燐光物質の多くは，その燐光が酸素濃度と同時に，温度にも依存する。温度による酸素濃度計測誤差を排除するため，温度のみに依存する燐光特性を持つ物質を併用する。TSPは表面温度の計測のみでなく，この目的でしばしば利用される。TSPの利用法はPSPとほぼ同じである。温度と燐光寿命の関係は，実験経験式やアレニウスの式に基づいて評価される。

B．動的複合計測

燐光物質を含む粒子を用いて，任意の作動流体の速度分布および温度（酸素濃度）分布を**同時計測**（simultaneous measurement）するTSParticle（PSParticle）法[1]がある。有機系燐光物質を多孔性粒子に吸着させる方法や，高分子に重合して粒子化する方法によって粒子を合成するほか，ディスプレイ等に利用されている無機蛍光体粒子を直接利用することもできる。TSParticle法の概念を下図に示す（口絵36）。

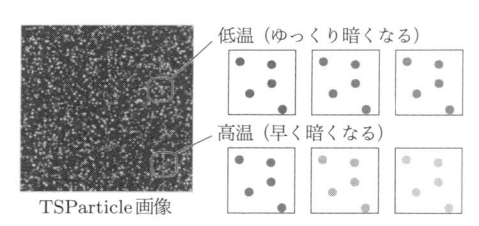

TSParticle画像

低温（ゆっくり暗くなる）

高温（早く暗くなる）

粒子画像を取得し，**PIV**（particle image velocimetry, ⇒p.343）/PTV法で速度分布を得ると同時に，粒子像の燐光寿命から温度を解析する。二色法の適用も可能であるが，寿命を用いれば1台のカメラとシングルパルスレーザーのみの簡単な機器構成で複合計測を実現できる。マイクロ・ナノスケールの微小空間における計測も可能である。マイナスから約1000℃までの広範な温度に適用できる。測定時間は100 μ秒と短く，LIF同様，他の点計測器に比べて高い感度と高い時間・空間分解能で測定が可能である。現時点では，気体の温度分布を測定する手段がほかにないため，電子機器の除熱や屋内空調，内燃機関など，広範な分野で適用が進められている。

参考文献

1) S. Someya, et al.: "Combined two-dimensional velocity and temperature measurements of natural convection using a high-speed camera and temperature sensitive particles", *Experiments in fluids*, 50, 1, 65 (2010)

関数解析
[英] functional analysis

数値シミュレーション分野において，関数解析は主要な解析手法となる．

A. ヒルベルト空間とバナッハ空間

ベクトル空間において内積が定義される関数空間を，内積空間という．内積からはノルムが定義される．そのノルムについて基本列があればその収束先もその内積空間に含まれる場合に，その内積空間は完備であるという．完備内積空間をヒルベルト空間という．a, b を $a < b$ なる実数として，区間 (a, b) 上のルベック積分の意味で 2 乗可積分な関数の集合を $L_2(a, b)$ と書く．これはヒルベルト空間になる．微分方程式の解析では，高階微分も $L_2(a, b)$ に含まれる**ソボレフ空間**（Sobolev space，⇒ p.190）（ヒルベルト空間となる）が有用となる．

ベクトル空間においてノルムが定義される関数空間を，ノルム空間という．完備ノルム空間をバナッハ空間という．ヒルベルト空間はバナッハ空間である．a, b を $a < b$ なる実数として，区間 $[a, b]$ 上の連続関数の集合を $C[a, b]$ と書く．これは最大値ノルムによりバナッハ空間になる．有限次元ノルム空間はバナッハ空間となる．

B. 線形作用素

X と Y をバナッハ空間とする．X の部分集合 D から Y への写像 $f : D \subset X \to Y$ を，関数解析では作用素という．D を f の定義域という．一方，$f(D)$ を f の値域という．$x \in D$ と x に収束する任意の D 内の点列 $x_n \to x$ ($n \to \infty$) について $f(x_n) \to f(x)$ ($n \to \infty$) となるとき，f は点 x で（点列）連続という．f が D のすべての点で連続なとき，f は D 上で連続という．定義域が X 全体となる線形連続作用素 $L : X \to Y$ が逆作用を持つとき，$L^{-1} : Y \to X$ も連続線形作用となる．これは連続逆定理と呼ばれる．有界集合を有界集合へ写す作用素は有界作用素という．線形作用素が有界であることと連続であることとは同値となる．

C. フレッドホルムの交代定理

バナッハ空間 X の有界閉集合 C が与えられたとする．C に含まれる任意の無限列から収束する点列が取り出せるとき，C を（点列）コンパクトという．バナッハ空間 X から他のバナッハ空間 Y への線形作用素 L が，有界集合を相対コンパクトな集合に移すとき，L を**コンパクト線形作用素** (linear compact operator) という．相対コンパクトな集合とは，その閉包がコンパクトとなること をいう．相対コンパクトな集合は有界集合であるので，コンパクト線形作用素は有界線形作用素である．

線形連続作用素 $L : X \to Y$ を考える．$R(L)$ が閉集合となり，$\dim N(L) < \infty$ かつ $\operatorname{codim} R(L) < \infty$ を満たすとき，L をフレッドホルム作用素といい，$\operatorname{ind}(L) = \dim N(L) - \operatorname{codim} R(L)$ をその指数という．線形フレッドホルム作用素 $L : X \to Y$ に線形コンパクト作用素 $C : X \to Y$ を足した線形作用素 $L + C : X \to Y$ は，L と同じ指数を持つフレッドホルム作用素になる．明らかに恒等作用素 $I : X \to X$ は指数 0 のフレッドホルム作用素であるから，線形コンパクト作用素 $C : X \to Y$ について $I + C : X \to Y$ も指数 0 のフレッドホルム作用素となる．指数 0 の線形フレッドホルム作用素 $L : X \to Y$ においては，単射であることと全射であることとは同値となる（**フレッドホルムの交代定理**; Fredholm alternative theorem）．

D. 非線形方程式の解の存在定理

以下，X と Y をバナッハ空間とする．D を X の領域とし，$f : D \to Y$ を連続作用素とする．$x \in X$ において，ある連続線形作用素 $A : X \to Y$ が存在して

$$f(x + y) = f(x) + Ay + \omega(y)$$

かつ $\|\omega(y)\| \to 0$ ($\|y\| \to 0$) が成り立つとき，f は点 x においてフレッシェ微分可能といい，$A = f'(x)$ と表す．A が線形コンパクトのとき f は（点 x で）コンパクトという．また，A が線形フレッドホルムのとき，f はフレッドホルムであるという．

D を X の領域とし，$f : D \to Y$ を連続とする．非線形方程式 $f(x) = 0$ の解の存在と（局所的な）一意性を示すためには，つぎの**ニュートン・カントロビッチの定理** (Newton-Kantorovich theorem) がきわめて有用である．$f : D \to Y$ はある $\tilde{x} \in X$ でフレッシェ微分可能，$f'(\tilde{x}) : X \to Y$ は可逆で，$\|f'(\tilde{x})^{-1} f(\tilde{x})\| \leq \alpha$ および $\tilde{x}$ を中心とする半径 2α の閉球 B が D に含まれるとする．f が B 上でフレッシェ微分可能である $\omega > 0$ が存在して，任意の $x, y \in B$ について

$$\|f'(\tilde{x})^{-1} [f'(x) - f'(y)]\| \leq \omega \|x - y\|$$

を満たすとする．このとき，$\kappa = \alpha \omega \leq 1/2$ ならば，$f(x) = 0$ の真の解 $x^* \in D$ が存在して $\|x^* - \tilde{x}\| \leq (1 - \sqrt{1 - 2\kappa})/\omega$ で，B の中で $f(x) = 0$ の解は x^* のみである．

参考文献

1) 大石進一：非線形解析入門，コロナ社 (1997)

感性工学
[英] kansei engineering

感性という言葉は以前から用いられていたが，製品の性能よりもデザインなどで消費者が選択行動をする価値観の時代を迎え，コンピュータへの実装を考慮して問い直されてきている．感性には多くの因子が関与する．その意味するところは広くかつ深く，「感性」の定義も厳密には定まってはいない．これについては，感性工学を学問領域に広めた長町[1]や日本感性工学会[2]，長島ら[3]などを参照されたい．感性は日本語であり，欧米ではそのまま受け取る傾向があるが，韓国や中国では独自の解釈も行われている．英語訳も適切なものがないため，上記のようにkanseiをそのまま用いている．

感性も発信能力と受信能力が大きく関与する．その能力を高めることが感性を磨くことになる．これまでのコンピュータは文字記号情報の処理に関して多くのアルゴリズムが開発されてきたが，言語に含まれる**非テキスト情報**（non-text information; 意欲，ニュアンス，裏の意図，嘘，勘違いなど）の処理や，人の描いた図の意味処理はこれからである．さまざまな因子が関与する食品を食品感性といっている．言語や表情，態度などの人が発信する情報も，地域や状況も含めて，多くの因子が関与している．製品が発信する情報も，技術的なレベルから製作者の哲学的意図のレベルまであり，多階層の意味情報構造を形成している．開発側の発信感性を消費者の受信感性にフィットさせることに，製作者は苦労している．人の意思決定の大半が感性的に行われ，論理的に行われているものは非常に少ないため，真に人に役立つコンピュータであるために，**感性の構造化**（kansei structuring）と実装化が感性工学に求められている．

A. 感性の応用領域

日本感性工学会には，あいまいと感性，アパレル，感性産業など38の部会がある．哲学から産業応用まで分野が広く，各領域における感性とはなにかを調べる段階であり，感性の構造化とその機械化は今後の課題である．感性工学は，感性のコンピュータへの実装が可能になって初めて成功とされるため，構造化とシンセシスのスパイラルが必要になってくる．これからのユビキタスの健康と医療の時代では，個々の感性に合わせた対応が求められる．オーダーメイド・テーラーメイド医療では身体的治療だけでなく心理的安心感までもが対象となり，心の構造化も要求されてくる．

B. 海外の感性

物質文明に限界を感じ始めた先進国ほど感性に関心があるようだが，アナログ的思考とディジタル的思考の傾向の違いや，デカルト的構造化指向と関係ネットワークによる合成指向など，感性の必要性はわかるが絶対視はできないとする側面もある．D. ゴールマンのEQの提案以来，欧米でも感覚情動の研究が進められている[4]．ただ，仏教的文化の国は，日本の意図とする感性が理解できるとされる．

C. 感性シミュレーション

感性をシミュレートするためにはモデルが必要だが，包括的なモデルの構築までには至っていない．感情語の生成・認識のシミュレーションだけでなく，ロボットやコンピュータエージェントの表情のシミュレーションも迫真的エージェントとして試みられている．リアルに近いと「不気味の谷の問題」もある．会話エージェントとして表情があったほうがよいのか，音声だけのほうがよいのか，また，音声はどのような質が一般的に好まれるのかの分析も必要である．

ロボットというハードウェアが関与するものは日本が得意だが，ネットワークを含めたソフトウェアの発想は欧米のほうが豊かである．日本の感性表現はアニメ的であるが，欧米の感性表現はよりリアルさを追求している．これは擬音や擬態の語彙の多さにも見て取れる．直接表現と間接表現に対する美意識の違いも感性である．地域の生活の違いについても，製品開発ではシミュレーションが必要になってくる．

感性シミュレーションも，無意識層の情報抽出レベルをニューラルネットワークで行い，抽出された特徴の意識層への選択的提案と，挙げられた意味情報の処理をするためにオントロジーによる定義を行い，ベイジアンネットワークによる**因果確率推論**（causality probabilistic inference）を行う試みもある．特に，故障診断や病気の診断では，診断プロセスの説明機能が重要視される．2030年の産業構造でも感性は重要視される予想で，感性や感情で社会がどのように推移するかのシミュレーションは，より重要性を増すだろう．しかしながら，当面は状況シミュレーションの確立と感性構造のモデル化の両側面からの接近が必要とされている．

参考文献
1) 長町三生：感性工学, 海文堂 (1989)
2) http://www.jske.org
3) 長島知正ほか編：感性と情報, 森北出版 (2007)
4) R. Picard: *Affective Computing*, MIT Press (1997)

感染症シミュレーション
[英] infection simulation

　感染症の流行を予測しようとする取り組みは，公衆衛生上重要な課題であり，その基本的な考え方は，1920年代のケルマックとマッケンドリックによる古典的SIRモデルに始まる．

A. 古典的SIRモデル

　古典的SIRモデルとは，対象とする集団を感受性人口（S：susceptible），感染人口（I：infected），回復人口（R：recovered）の三つの状態に分けることで，感染が集団の中でどのように拡大していくかというダイナミズムを数理学的手法により明らかにするものである．古典的SIRモデルは「感受性人口 $S(t)$ は，感染人口 $I(t)$ との接触により感染が成立し，接触率 β はこれらの積に比例し，感染人口は一定の率 γ で回復人口 $R(t)$ に移行する」という仮定に従い，つぎの方程式で示される．

$$\frac{dS(t)}{dt} = -\beta S(t) I(t)$$

$$\frac{dI(t)}{dt} = \beta S(t) I(t) - \gamma I(t)$$

$$\frac{dR(t)}{dt} = \gamma I(t)$$

$\beta I(t)$ は時間 t における感染力と定義される．古典的モデルが対象にしてきたのは閉鎖された社会における感染流行であることから，現実には病原体の特性，人間行動の多様性を考慮する必要がある．

B. SOARSを用いた感染症シミュレーション

　今日の**都市構造**（urban structure），社会活動における感染症の影響を検証できる手法として，エージェントベースシミュレーションが注目されてきた．感染症に対するアプローチとして社会ネットワークを考慮したカーネギーメロン大学のカーリーらのBio War[1]や，ブルッキングス研究所のエプスタインらによるセル型モデル[2]が知られている．わが国においては，東京工業大学の出口らによるシミュレーション開発用言語であるSOARS（Spot Oriented Agent Role Simulator）が報告されている．ここでは，SOARSを用いた感染症シミュレーションについて紹介する．

　SOARSの特徴は，感染過程を病原体の特徴，人の行動および都市構造に沿ってモデル化できることであり，病態モジュール，感染モジュール，社会活動モジュールから構成される[3]．

　（1）病態モジュール　　感染症に罹患した場合，一定の潜伏期間（incubation period）を経て感染症状を呈することとなるが，病態の推移は，病原体の特性に加えて，エージェントの年齢，予防接種・治療の有無などの影響を受けることから，個々のエージェントの特性に応じた**遷移確率**（state transition probability）を設定することでモデル化される．

　（2）感染モジュール　　感染は，感染者からの病原体排出，病原体による場の汚染，病原体の人への感染という過程をたどるとして，(1) 病原体の排出抑制，(2) 場の汚染の減衰対策，(3) 場の密度の対策，(4) エージェントの汚染防御，(5) エージェントの汚染の減衰対策，(6) 身体的な条件による感染抑制という六つのフィルタの積によりモデル化される．

　（3）社会活動モジュール　　人間の社会活動に関するもので，都市構造や病院，学校などの組織のモデル化であり，その上でさまざまな年齢，性別，職業などの属性を有したエージェントが移動と接触を繰り返すことになる．

　（4）感染症対策の評価　　感染したエージェントは，仮想社会の中で病原体を排出し，場を汚染することで他のエージェントを感染させるという過程をたどることになる．SORASを用いた感染モデルにおいては，三つのモジュールを組み合わせることで，対象とする都市構造に応じて社会対策（入院・隔離，学校および事業所の閉鎖など）や予防接種による**感染拡大予防対策**（outbreak control measure）の評価を行うことが可能となる．

参考文献

1) CASOS, http://www.casos.cs.cmu.edu/projects/biowar/（2011年4月1日現在）

2) Derek Cummings, Donald S. Burke, Joshua M. Epstein, Ramesh M. Singa, and Shubha Chakravarty: *Toward a containment strategy for smallpox bioterror: an individual-based computational approach*, Brookings Institution Press (2004)

3) 金谷泰宏, 出口　弘, 齋藤智也, 兼田敏之, 小山友介, 市川　学, 田沼英樹：新型インフルエンザに対するパンデミック対策プログラムとプロジェクト分析, オペレーションズ・リサーチ, 53(12), pp.667–671 (2008)

感度を使った最適化

[英] optimization with sensitivity analysis

A. 最適化解析の種類

最適化解析（⇒p.110）には最適性規準法，数理計画法，応答曲面法（⇒p.26）がある．最適性規準法は，各部が均等に力を発揮する構造が最適であるといった規準を設けて対応するものである．それに対し，数理計画法は，次式のように，明確に数理的に表現される．

Minimize $f(X)$
subject to $h_j(X) \leq 0 \quad (j = 1, 2, \cdots, m)$
$\underline{X_i} \leq X_i \leq \overline{X_i} \quad (i = 1, 2, \cdots, N = 2n_{ei})$

ここで，$f(X)$ は目的関数，$h_j(X)$ は拘束関数，X_i は設計変数である．しかし，最適性規準法は数理計画法のデュアル法の一種であることが，馬ら[1]によって示されている．今日の構造感度解析と最適化解析の組み合わせは1980年頃からスタートしている．当初は，剛性感度と固有値感度が使用できたのみであり，動的過渡問題を慣性拘束法で行うなどの工夫が行われている[2]．固有モード感度は，複数の固有モード感度が同時に求められることが必要だが，長らく単一の固有モード感度を扱うNelson法[3]しか実用化されていなかった．複数の固有モード感度を扱うものに対しては，パラメータの値を変えるだけで他の手法を表現できるという意味で最も汎用的な萩原-馬法が開発され，実用域に達している[3]．

B. 数理計画法の種類

感度を用いた最適化で最も基本的なものは，最急降下法である．これは目的関数に対する各設計変数の感度を成分とするベクトルを変更方向とするものである．さらに2階の感度を使用して変更の大きさを求めるのが，ニュートン法である．通常，構造解析ソフトウェアには汎用市販ソフトウェアが用いられるため，2階感度解析を使うのは容易でなく，1階感度で変更量を求める準ニュートン法や可能方向が用いられたが，1980年頃の最適化解析における設計変数の数は，せいぜい100程度であった．これに対し，Schmitによって初めて提案された **SAO**（sequential approximate optimization）という方法が著しく発展し，設計変数の数は基本的に無制限となった．SAOの基本的な考え方は，元の複雑な最適化問題を一連の簡単な最適化問題に転換して，段階的に最適構造を求めることである．最適化のステップごとに，目標関数と拘束関数を，ある簡単な関数で近似する．例えば，テイラー級数の展開によれば，目標関数は1次近似にすることができる．拘束関数についても線形近似を用いると，得られる近似問題は線形の最適化問題になり，従来の線形計画法によって解くことができる．ところで，構造最適化の場合では，設計変数と目標関数や拘束関数との関係は逆数の関係になっていることが多い．したがって，設計変数に関する直接展開の代わりに，設計変数の逆数に関して近似展開をすれば，より厳密な近似問題が得られる．この考え方に基づいているのが**デュアル法**（dual method）である．

下表に示すように，通常のSAO法もデュアル法も，時に数理計画法で必要な凸性が得られないことがある．コンリン法では目的関数，拘束関数とも設計変数による1階感度が負のとき，逆数の感度を採用することにより，凸性の範囲を広げている．下表から，MMA法は特別な場合にコンリン法と一致し，コンリン法に勝ることができること，馬らの方法はさらに，**MMA法**（method of moving asymptotes），**コンリン法**（convex linearization）にパラメータのとり方で一致させることができ，収束性がいっそう良いことを示している．

手法	中間関数	関数の凸性
SAO法	$y_i = x_i$ 設計変数	非凸の場合がある
デュアル法	$y_i = 1/x_i$	非凸の場合がある
コンリン法	$y_i = \begin{cases} x_i, & \partial g/\partial k_i > 0 \text{のとき} \\ 1/x_i, & \partial g/\partial k_i < 0 \text{のとき} \end{cases}$ $(i=1,2,\cdots,n)$	$g \approx g^k = g_0^k$ $+\sum_+ d_i^k x_i + \sum_- d_i^k/x_i$
MMA法	$y_i = \begin{cases} 1/(U_i - x_i), & \partial g/\partial k_i > 0 \text{のとき} \\ 1/(x_i - L_i), & \partial g/\partial k_i < 0 \text{のとき} \end{cases}$ $(i=1,2,\cdots,n)$	コンリン法より速く収束．$L_i=0, U_i=\infty$ のときコンリン法に一致
馬ら[1]の方法	$y_i = |x_i - c_i|^{\xi 1}$ $(i=1,2,\cdots,n)$	c_i, ξ_i の値によってコンリン法やMMAに一致

参考文献

1) 馬，菊池，萩原，鳥垣：振動低減のための構造最適化手法の開発，日本機械学会論文（C編），60巻577号，pp.3018–3024 (1994.9)

2) 萩原：車体材料の開発・加工技術と信頼性評価，技術情報協会，p.4 (2007.4)

3) 萩原：モード重合法の応用，計算力学ハンドブック（日本機械学会編，I. 有限要素法 構造編），p.94 (1984.7)

機械加工
[英] machining

機械加工は，機械的に材料を除去する切削，研削，研磨の総称である。機械加工では，工具と工作物の干渉により工作物の不要な部分が削り取られて除去され，所望の形状と面が創成される。個々の切れ刃によって削り取られる厚さは，ナノメートルからサブミリメートルまでのきわめて広い範囲にあり，超精密加工や微細加工では，サブナノメートルのオーダになることも少なくない。

機械加工のシミュレーションでは，幾何学的なプロセスと物理的なプロセスが対象となる。特に切削ではシミュレーションが多用され，主として，工具経路の設定や衝突回避問題などの幾何学的な検証，切削状態の予測，仕上げ面品位と加工精度の予測に用いられる。

A. 幾何学的シミュレータ

CAM（computer-aided manufacturing）で生成された工具経路，工具の運動と姿勢変化，工具・工具ホルダー系と工作物との衝突回避，加工面の生成状態などの検証に，幾何学的シミュレータが用いられる。幾何学的シミュレータは，工具や工作物の姿勢が変わる多軸工作機械において不可欠であり，例えば，ポケットの高速・高能率加工を実現するため，幾何学的シミュレータを用いて，衝突回避のための工具姿勢の最適化と，工具の突き出し量の最小化が行われる。迅速な検証のために，シミュレータの高速化が大きな課題となっている。

下図は，矩形断面の曲がった深穴をボールエンドミルで5軸加工する際のシミュレーションの一部である[1]。近年，こうしたシミュレーションをもとに，複雑で入り組んだ形状を巧妙に削り出す技術が発達してきた。

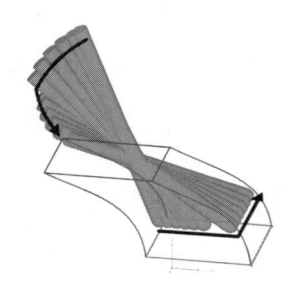

B. 切削状態の予測

最適な切削条件を求めるため，切りくず生成，切削力，切削温度，工具摩耗などの予測に，主として有限要素法によるマルチフィジクス解析が行われる[2]。切削シミュレーションでは，静的解法と動的解法のいずれもよく使用される。

切削状態を特徴付ける境界条件は，工具と切りくずの間の摩擦境界条件のみであるため，切りくずの生成に対する幾何学的な拘束がきわめて弱い。そこで，実用精度での予測には，高温・高ひずみ・高ひずみ速度に対応した工作物の**構成方程式**（constitutive equation）と，工具・工作物の熱物性を用いることが必須である。実際の切りくず生成時のひずみ，ひずみ速度ならびに切削温度はそれぞれ，おおむね3，$10^4 \sim 10^5$ s^{-1}，1 000°Cであるが，この範囲のデータを収集することが難しい場合には切削専用の有限要素コードを利用し，インストール済みの材料データベースを使用することもできる。

切削シミュレーションの究極の目標は，工具摩耗の予測であり，それには摩耗速度が温度と応力に依存する臼井の摩耗特性式[3]が適用されている。この特性式では工具と工作物の組み合わせに対して二つのパラメータの同定が必要であるが，工具摩耗には不確定な要素が少なくない。

C. 仕上げ面品位と加工精度の予測

航空機のエンジンや機体の構成部品の切削では，仕上げ面残留応力や加工変質層などの**サーフェスインテグリティ**（surface integrity）の評価がきわめて重要である。また，薄肉の大型部品は残留応力により変形するので，高い予測精度が求められる。さらに，素材となる圧延材などの残留応力が切削によって解放されることにより，大きな変形を引き起こすことが少なくないので，素材の状態を含めたマルチスケールの総合的な予測・評価が不可欠である。

切削力ならびに熱応力による工具・工作物の変位やびびり振動によっても，加工精度は低下する。したがって，変形解析と温度解析のほかに，工具・工作物・工作機械を対象としたマルチボディダイナミクスによるびびり振動予測が，薄肉のリブ構造の切削において必要となる。

参考文献

1) 森重功一，竹内芳美：C-Spaceに基づいた5軸制御加工における工具姿勢の決定法－工具形状を考慮したC-Spaceの生成と安全第一加工戦略－，精密工学会誌, 66, pp.1140–1144 (2000)

2) T. H. C. Childs, K. Maekawa, T. Obikawa, and Y. Yamane: *Metal Machining — Theory and Application*, Arnold (2000)

3) E. Usui, T. Shirakashi, and T. Kitagawa: "Analytical prediction of three dimensional cutting process (part 3)", *Journal of Engineering for Industry*, 100, pp.236–243 (1978)

分野：機械
部門：機素潤滑・ロボティクス・メカトロニクス ［III-4］

機械要素
［英］machine element

歯車（gear），ねじ（bolt/nut assembly），軸受（bearing）などの各機械要素に関するシミュレーションは，必ずしも数値計算だけでなく，相似的な実験による場合や，実験的検証を同時に行う場合も多い．応力，流体，振動，疲労などの各現象について，計算的手法および実験的手法の両方からの取り組みがある．

A．歯車

歯車は，機械の動力伝達および角度伝達のための要素として，最も使用されているものの一つである．負荷を考慮せず，角度伝達のみの問題であれば幾何学的な数値解析で解決できることが多いが，動力伝達の場合，歯車の歯にかかる力と，それによるさまざまな影響について，設計時，また使用中の問題発生時に考慮する必要がある．

（1）歯車設計用解析 歯車は，用途に応じた伝達機能と耐久可能な強度を有する設計を行う必要があり，その指針となる規格が各国で定められている（JGMA（日本），AGMA（米国），DIN（ドイツ）など．企業内で独自の規格を定め，それに則って設計する場合もある）．歯車の強度は，曲げ強度や歯面強度などにより評価するのが一般的だが，製品の場合はわずか数ミクロンのオーダの誤差が影響するため，より厳密かつ限界を見極めた設計を行う必要がある．歯車のかみ合いは，接触面とその面圧が変化しながらすべりと転がりを行う複雑な問題である．歯形からかみ合い率や歯元応力なども当然変化するため，歯形の決定は単に幾何学的問題では解決できない．そのため，歯車の諸元に基づいて歯形および厳密な強度計算を行い，これらを数値的にシミュレートするソフトウェアが専門の企業から販売されている．もしくは，企業や研究機関で独自に開発されている．

（2）歯車装置運転中の解析 歯車の運転時の潤滑油の流れ方や，摩耗による歯形の変形，疲労などのシミュレーションが，理論的・実験的の両面より行われている．また，歯の接触面の疲労試験は，歯車ではなく円筒同士を押し付けたローラテストなどによって行われることもある．また，下図に示す歯車装置の振動騒音発生メカニズムからわかるように，歯車機構全体の解析を行うためには，歯車，軸，軸受，歯車箱およびそれを固定するねじ等の各機械要素のモデル化が精度良く行われていなければならない．歯車のかみ合い時に，歯のたわみ分の強制変位，およびバネこわさが変動することなどから，歯車のかみ合い部を加振源とした振動が発生する．歯の作用平面上に2本の平行バネを置き，軸受を3次元にモデル化し，上記の加振源を入力した振動解析が行われる[1]．

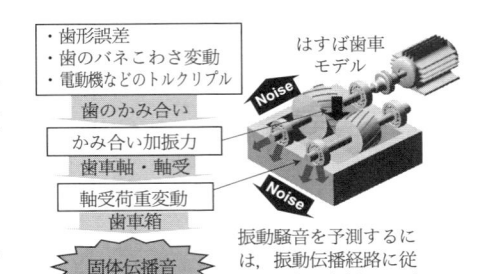

B．ねじ

ねじの引張特性[2]およびせん断破壊について，弾塑性有限要素解析によりシミュレーションを行い，実験結果との比較で検証を行っている．また，転造過程におけるねじ谷底の残留応力とボルトの疲労強度の関係や，残留応力の発生のシミュレーションモデルなども提案されている．さらに，ねじのゆるみに対するシミュレーションも行われている．

C．軸受

（1）転がり軸受 転がり軸受では，運動性能解析が行われており，摩擦を詳細に考慮していることが軸受解析の特徴である．軸受の動トルクやころの公転すべりなどを，解析的にも求めており，実験との検証もなされている．また，接触面圧解析，応力解析（クリープ），軸受（スピンドル）の熱解析，軸受の流体解析などが行われ，さらに亀裂の伸展から疲れ寿命診断手法が提案されており，実験による検証も行われている．また，軸受の振動やAE（acoustic emission）法などを用いて異常診断する手法への取り組みがある．

（2）すべり軸受 すべり軸受は温度の把握が最も重要であり，油膜厚さ，負荷容量，油糧，損失などをもとに温度上昇が解析されている．また，寿命診断も，転がりと同様に検証を含めて行われている．

参考文献

1) 王 韶峰，梅澤清彦，北條春夫，松村茂樹：はすば歯車系の振動解析，日本機械学会論文集C編 **62**(600), pp.3275–3282 (1996)

2) 奥林敬末，萩原正宗，浜田政彦，弘岡義男：ボルトの引張特性に及ぼす遊びねじ部の影響，日本機械学会論文集C編 **72**(718), pp.1982–1986 (2006)

分野：機械
部門：機素潤滑・ロボティクス・メカトロニクス ［III-4］

機構学（機械設計）
［英］mechanism（machine design）

機構は，機械要素にて構成される機械の駆動部である．目的の動作を経済的に実現するため，幾何学的・力学的・強度的観点からシミュレーションを行う．

A. 機械と機構学・機械設計の関係

機械を設計するには，所要の動作を実現する機構をまず決定（機構学）し，その機構を実現するために必要な機械要素を設計もしくは選定し，その機構が所要の仕事を果たすために必要な強度を設計する（機械設計）．試作回数を減らして機械を製作するために，まず行われるのが**機構解析**（mechanical analysis）である．

機構は，リンク機構，歯車機構，摩擦伝動，巻掛け伝動，カム機構などがあり，おもに運動伝達手段として使用される．機構を構成している最小単位の機能を備えたものを**機素**（element）という．一方，機械要素とは，歯車，軸，軸受，ねじ等の機械を構成する部品のことであり，異なる定義のものであることに留意されたい．

B. 各種機構とその解析

（1）リンク機構　リンク機構は，幾何学的な速度・加速度解析からつり合いの式を用いた静力学，慣性力，遠心力，コリオリ力などを含めた動力学解析が行われる．近年，**パラレルリンクマニピュレータ**（parallel link manipulator）が注目され，軽量・高剛性・多自由度の利点からさまざまな用途に活用されている．複数のアームおのおのの式を束ね，始点と終点を一致させる条件で全体式を生成し解析する．関節が多いとがたつきが積算され，計算誤差のもととなるため，高精度化には誤差まで考慮した解析が必要である．

（2）歯車機構　歯車機構は，角度伝達と動力伝達の用途があり，状況に応じて歯形を決定する．増減速や伝達方向変換に使用する場合が一般的だが，高減速なウォームギアの自動締りの特性を生かして，逆入力を防止することもある．**遊星歯車機構**（planetary gear drive）が多く活用される．これは高減速で小型であり，入出力が同軸であり，固定部位を変更するだけで3種類の減速比を実現する（例えば内装3段変速自転車，シリーズパラレル式ハイブリッド車）など利点が多い．自転・公転が同時に起こるため，減速比計算にのり付け法を用いる．太陽歯車の荷重分配が重要であり，機構の工夫や力学モデルによる挙動解析を行い，設計へのフィードバックが行われている．

（3）摩擦伝動　摩擦伝動は，おもに動力伝達に使われる．過負荷時にはすべりが発生し，逆入力による機械の損傷防止も可能である．滑らかな無段変速を特長とする**トロイダルCVT**（troidal continuously variable transmission）が実用化され，伝達効率・挙動解析などが行われているが，摩擦やすべり，転動体の変形などトライボロジー的観点からの解析が必要である．

（4）巻掛け伝動　各種ベルトやベルト式CVT，チェーンなど，おもに動力伝達を目的とする．タイミングベルトはバックラッシがないため，角度・動力ともに伝達したいロボットなどに使用される．幅広ベルトは，伸び・ねじれ・蛇行・スティックスリップなどの現象を考慮してモデル化した解析が行われている．

C. 機構解析ソフトウェア

近年の機構解析用ソフトウェアは，上記のような各種機構をモデルとして容易に作成し，幾何学的な解析だけでなく，力学的関係までを考慮するマルチボディダイナミクスを用いた機構運動解析を行うことが可能である．

（1）幾何学的な機構解析　大学生の教科書レベルに想定された本では，2次元モデルの各機構の動作解析や，カムの形状や歯車の歯形の創成を容易に行えるソフトウェアが付属し，各機構の幾何学的条件下での動きを視覚的に確認できることがある．また，近年の3次元CADソフトウェアには，各機械部品を画面内で拘束して機素を生成し，それらを連結して機構を構成し，幾何学的条件による範囲で動作確認・干渉チェックを行える機能を備えていることが多い．

（2）機構運動解析　機素の質量特性値や大変形，非線形の弾性体および接触，機素同士の各種拘束条件，拘束により発生する内力・外力の作用・反作用，摩擦，応力，圧力などを含む力学的関係までを考慮したマルチボディダイナミクスを扱う解析ソフトウェアが各社から販売されており（例えばLMS DADS（LMS），Adams（ISID），RecurDyn（FunctionBay K.K.）など），企業における装置開発時にそのような製品を使用することが一般的になっている．設計者は，実現したい機構の運動を理論的に解析するが，その結果の確認が必要である．装置の試作機を製作する前，もしくは破損等の問題発生時に，実現象に近い状態の装置をモデル化し，解析ソフトウェアにより検証実験して，動作の実現性や強度などを確認する．近年は構造解析・磁場解析・制御システムなどと連成して解くこともできる．

分野：可視化
部門：情報可視化 ［VII-1］

木構造データの情報可視化
[英] information visualization for hierarchical structure

木構造データとは，データが親子関係を持つデータのことをいう。組織図や家系図などがこれに当たり，その表現には木構造グラフが用いられる。近年では，計算機をはじめとする技術の進歩によって，広い分野で木構造データを解析する需要が高まっている。この需要を受け，木構造データを自動的にグラフ化する研究が発展した。

木構造データの情報可視化研究について，ここでは，A. グラフ表現方法，B. 最近の動向，C. さまざまな分野での利用を取り上げる。

A. グラフ表現方法
木構造データの可視化アプローチには，親子関係をリンクで表現する**ノード・リンク表現**（node-link，下図左），**リンクの提示を略する隣接表現**（adjacency，中），**入れ子状で表現する空間充填表現**（space-filling，右）がある。

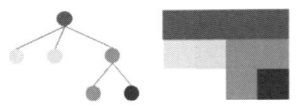

（1）ノード・リンク表現 親子関係のあるノード間にリンクを持たせて表現する。階層データの親子関係をリンクで表現するグラフ化手法の歴史は古く[1]，その配置に関しても，直交座標系を用いたレイアウトだけでなく，極座標系を用いたレイアウト，階層に応じて座標を再定義するレイアウトなどがある。さらに，3次元空間を利用したCone Tree，表示空間を非線形に歪ませるHyperbolic Tree など，グラフから詳細情報を取得するための対話的操作も含めた技術の改良がなされてきた。このアプローチでは，親子関係を直観的に把握できる。

（2）隣接表現 リンクを表現するとグラフが混雑するため，リンクを用いず，ノードの隣接状態から親子関係を提示する。特に極座標系を用いたレイアウトを採用した際に利用されることが多く，ノードが持つ値の変動の把握を助ける。

（3）空間充填表現 データの大規模化が進む中で，より空間を効率的に利用することを目指して，階層データを入れ子状に表現する。有名な手法としてTreemapsがある。この手法では，限られた空間内で多くのノードの分布を把握できる特長を持つ一方で，ノードの階層の深さを把握しにくいという欠点がある。この欠点を補うために，階層を表す矩形領域に陰影を付けたり，対話的操作を用いて階層の深さを認識しやすくする研究が試みられている。

なお，ここで紹介した研究事例の詳細については，S. Cardら[2]を参照されたい。

B. 最近の動向
木構造データを可視化する需要は，大規模データ解析を中心に高まっている。特にデータの大規模化，高次元化，解析の多様化に対して，従来の可視化手法の拡張が求められている。これらの需要に応えるために，全体像を捉えながら詳細情報に焦点を当てて観察できる拡大・縮小機能や，提示する情報を対話的操作によって選択できる機能，また，異なる形式のグラフを組み合わせた可視化ツールなどの開発が，盛んに取り組まれている。

C. さまざまな分野での利用
階層データの可視化は，さまざまな分野でデータ解析の手助けとして利用されている。大量のウェブページのアクセス状況を解析した例[3]では，ウェブページのディレクトリ構造が空間充填表現で可視化されている（下図左，口絵27）。その際に大規模化に対応するための高速化や，効果的な配置が実現した。また，数理計画問題の計算過程を可視化した例[4]では，視覚的に認識できる要素だけを描画することで，100万要素の大規模データの可視化を可能にした（下図右，口絵27）。その他，生物情報科学の分野ではマイクロアレイデータの解析，経済学では株式投資のためのデータ解析などに利用された例がある。今後もさまざまな分野での利用が期待される。

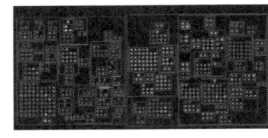

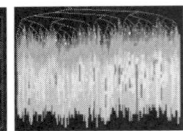

参考文献
1) E. M. Reingold and J. S. Tilford: "Tidier drawing of trees", *IEEE TSE*, **7**, 2, pp. 223–228 (1981)

2) S. Card, et al.: *Readings in Information Visualization: Using Vision to Think*, Morgan Kaufmann (1999)

3) T. Itoh, et al.: "Hierarchical Data Visualization Using a Fast Rectangle-Packing Algorithm", *IEEE TVCG*, 10, 3, pp.302–313 (2004)

4) 宮村（中村）浩子ほか：VAULT: Visualization and Analysis Utility for Large Tree structure, 京都大学数理解析研究所講究録, 1644, pp. 12–19 (2009)

分野：環境・エネルギー
部門：地域・地球環境 [IV-1]

気候変動
[英] climate variation

気候変動とは，気候が平年状態（通常，過去約30年間の平均状態）からずれることを意味する．気候変動に関するシミュレーション技術としては，大気海洋結合モデルによる A. 気候変動現象の再現実験や，B. 季節予報などがある．

大気海洋結合モデル（coupled general circulation model）とは，大気の循環や変動を再現する大気大循環モデルと，海洋の循環や変動を再現する**海洋大循環**（ocean general circulation, ⇒ p.36）モデルとを結合させたモデルである．大気と海洋の3次元の格子点において，温度や運動量などを物理法則に基づいてシミュレートし，大気と海洋の間では，運動量や熱，淡水のフラックスの交換を行う．1960年代に真鍋淑郎と Kirk Bryan によって開発され，1969年に初めてこのモデルのシミュレーション結果が発表された．現在では，気候変動の研究や予測だけではなく，**地球温暖化**（global warming, ⇒p.201）の研究まで，幅広い研究分野で用いられている．

気候変動現象（climate variation phenomenon）とは，太平洋のエルニーニョ現象やインド洋のダイポールモード現象などの大気海洋相互作用現象のことである．世界各地に**異常気象**（abnormal weather）を引き起こすため，そのメカニズムの理解や予測は重要な課題である．

A. 気候変動現象の再現実験

大気海洋結合モデルによって気候変動現象を再現し，そのメカニズムの詳細を調べる研究が活発に行われ，メカニズムの理解に貢献してきた．また，観測データが比較的豊富にあるのは最近約50年間に限られるため，気候変動現象の長期変動の研究にも用いられている．しかし，気候変動現象の振幅，周期，季節性，偏差の空間分布などの再現性には問題も残されており，その改善は今後の課題である．

B. 季節予報

季節予報は，地球観測データを初期値として，大気海洋系の時間発展を計算し，数か月から数年先までを予測するものである．初期値に用いる観測データには誤差が含まれているため，アンサンブル予測と呼ばれる手法（初期値などを少しずつ変化させた予測実験を数回から数十回行い，その平均をとる）が用いられる．また，予測に用いるモデルにもバイアスが存在するため，複数のモデルを用いることにより，そのバイアスを減じる手法もとられている．

エルニーニョ現象については，Mark Cane と Stephen Zebiak のグループが世界で初めて，1986年から87年にかけて発生したエルニーニョを予測することに成功した．この際に使用したモデルは，現在多くの機関で用いられているような精緻な大気海洋結合モデルではなく，かなり簡略化した結合モデルであった．また，インド洋ダイポールモード現象の予測については，海洋研究開発機構の羅京佳と山形俊男らが，地球シミュレータ上で高解像度大気海洋結合モデル SINTEX-F1 による予測を行い，世界で初めて，2006年に発生した現象の予測を1年も前に成功させた[1]．

以下の図は，2010年3月1日を予測開始日とし，約半年後の2010年9～11月の海面水温偏差を，SINTEX-F1 モデルによって予測したものである（口絵12）[2]．この予測どおり，2010年秋には，東太平洋赤道域の海面水温が異常に低下するラニーニャ現象が発達した．

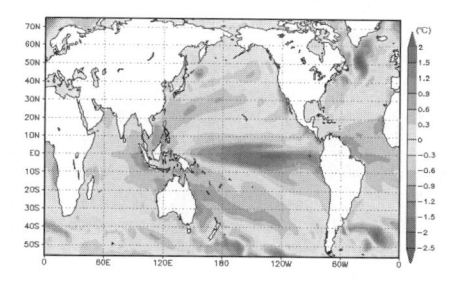

エルニーニョ現象については最大2年先まで，ダイポールモード現象については最大1年先までの予測が可能となっているが，その予測精度は，イベントごとに大きく異なる．また，大西洋熱帯域で発生する大西洋ニーニョ現象の予測については，1季節先についても予測が難しく，今後の課題である．

最近では，全球の大気海洋結合モデルの予測結果を境界条件にある特定の領域にダウンスケーリングした領域モデル（⇒p.60）による地域気候変動予測も行われるようになっている．

参考文献
1) 羅　京佳，佐々木亘，ベヘラ・スワディヒン・クマル，山形俊男：数値気候モデルを用いた季節予測，Innovation News, **11**, pp.6-7 (2009)

2) 海洋研究開発機構，http://www.jamstec.go.jp/frsgc/research/d1/iod/（2010年12月27日現在）

分野：環境・エネルギー
部門：地域・地球環境 [IV-1]

気象予測
[英] weather prediction

　気象予測は，気象の数値シミュレーションの一つであるが，初期値の重要度が大きい点が気候予測（「気候変動」(p.59)，「地球温暖化」(p.201) 参照）と大きく異なっている．また，実用的な気象予測は，予測結果を入手するタイミングが重要となるため，解析値を境界条件に用いる再現実験と区別されるべきものである．ここでは，**数値天気予報**（numerical weather prediction; 通常単に「数値予報」と呼ぶ）を中心に，予報モデルと初期値を作成するためのデータ同化について述べる．

A. 予報モデル

(1) 支配方程式　　乾燥大気の状態を表す代表的な変数としては，風速の3成分，気圧，気温，密度がある．大気の運動を表す基本的な物理法則は，ナビエ・ストークスの式

$$\frac{d\mathbf{v}}{dt} = -2\mathbf{\Omega} \times \mathbf{v} - \frac{1}{\rho}\nabla p - g\mathbf{k} + \mathbf{F}$$

で表される（$\mathbf{v}$ は風速ベクトル，$\mathbf{\Omega}$ は地球回転のベクトル，ρ は密度，g は重力加速度，$\mathbf{k}$ は鉛直方向の単位ベクトル，$\mathbf{F}$ は地球曲率に関する項や渦粘性など，その他の項）．右辺は第1項がコリオリ力，第2項が気圧傾度力，第3項が重力に対応する．連続の式，熱力学第1法則，状態方程式を加えたものが基本的な方程式となる．鉛直方向の運動方程式は，静力学の式（重力と鉛直気圧傾度力の平衡）に置き換えられることが多いが，近年は静力学近似を用いない**非静力学モデル**（non-hydrostatic model）も使われるようになってきている．

(2) 全球モデル　　地球全体を予測対象とし，通常，地球を完全な球で近似する．緯度経度方向の離散化に球面調和関数展開（経度方向にはフーリエ級数，緯度方向にはルジャンドル倍関数）を用いるスペクトル法のモデルと，格子法を用いるモデルの2通りがある．前者は，ヨーロッパ中期予報センター，米国環境予測センター，フランス気象局，日本（気象庁）などで用いられており，後者は，英国，ドイツ，カナダなどの気象局で用いられている．近年，全球を準一様な格子で覆う非静力学モデルも研究用に開発されている．

(3) 領域モデル　　地球上の一部を覆うもので，通常，等角投影または等緯経度の地図上における座標系で計算が行われる．2重フーリエ級数展開を用いるスペクトルモデルと格子法を用いるモデルの2通りがあるが，近年は格子法の非静力学モデルが主流となってきている．気象庁では2004年9月から日本域メソモデルに非静力学モデルを導入し，2006年3月から水平解像度5 km鉛直50層のモデルを，3時間おきに運用している．非静力学モデルでは，音波を水平・鉛直ともに陰解法（⇒p.233）する方法と，水平には陽解法（⇒p.233）し鉛直方向のみ陰解法する方法とがあり，前者は気圧についての3次元楕円方程式を，後者では鉛直1次元の楕円方程式を解く必要がある[1]．

B. 初期値

　初期値の作成は，観測データに基づいて格子点値の第1推定値（通常，前回解析値からの予報）を修正することによって行われ，この過程を客観解析，あるいは**データ同化**（data assimilation）と呼ぶ．現在の数値予報での主流となっている**4次元変分法**（4 dimensional variational method）では，以下のように定義されたコスト関数を最小化することによって解析値を求める．

$$\begin{aligned}J(\mathbf{x}) &= \frac{1}{2}(\mathbf{x} - \mathbf{x}_b)^{\mathrm{T}}\mathbf{B}^{-1}(\mathbf{x} - \mathbf{x}_b) \\ &\quad + \frac{1}{2}(HM\mathbf{x} - \mathbf{y}_o)^{\mathrm{T}}\mathbf{R}^{-1}(HM\mathbf{x} - \mathbf{y}_o) \\ &\quad + J_c\end{aligned}$$

ここで，$\mathbf{x}_b$ は第1推定値，$\mathbf{y}_o$ は観測値，H は予報モデル M の予報変数を観測物理量に変換する演算子，$\mathbf{B}$ と $\mathbf{R}$ はそれぞれ背景誤差共分散行列と観測誤差共分散行列である．右辺第1項は解析値と第1推定値との差で，背景項と呼ばれる．第2項は観測演算子によって変換された値と観測値との差で，観測項と呼ばれる．J_c はペナルティ項で，ノイズを解析場から減らすための項である．4次元変分法では，予報モデルが表現する時間発展を通して，非定時のさまざまな観測データを同化できるメリットがあるが，コスト関数の最小値探索のため，モデルや観測演算子を線形化してそのアジョイントを作成し，繰り返し計算する必要がある[2]．

　数値予報でのデータ同化の手法として，近年**アンサンブルカルマンフィルタ**（ensemble Kalman filter）が注目されており，カナダ気象局における週間アンサンブル予報などで用いられ始めている．

参考文献

1) K. Saito, J. Ishida, K. Aranami, T. Hara, T. Segawa, M. Narita, and Y. Honda: "Nonhydrostatic atmospheric models and operational development at JMA", *J. Meteor. Soc. Japan*, 85B, pp.271–304 (2007)

2) 露木 義：変分法によるデータ同化の基礎，数値予報課報告別冊, 48, pp.1–16 (2002)

分野：生命・医療・福祉
部門：福祉機械 [V-5]

義足歩行
[英] prosthetic walking

義足（prosthesis）は，脚切断者の遺失した部位の外観や運動機能の一部を補う福祉用具である．その性能が切断者の **QOL**（quality of life）に与える影響は大きく，性能向上が求められている．歩行シミュレーションを応用して，義足を使用した際の工学的な評価や義足性能の高度化を達成する試みが徐々になされてきている．それらの応用先は主として，義足の評価支援技術への適用である．

義足着用時の歩行動作などの評価において用いられる手法は，計測データをもとにした**逆動力学シミュレーション**（inverse dynamic simulation）と，人の運動制御系のモデルにより動作を作り出す**順動力学シミュレーション**（forward dynamic simulation，⇒p.315）に分類することができる．ここでは，二つの手法の概要を示し，近年注目されている順動力学シミュレーションによる義足歩行シミュレーションの研究例を紹介する．

A．逆動力学シミュレーション

計測データをもとにした逆動力学シミュレーションによる評価では，剛体リンクからなる**筋骨格モデル**（musculo-skeletal model，⇒p.62）の運動方程式に，運動計測より得られたデータを代入することで，時々刻々の関節の間に働く力，関節モーメント，筋張力（⇒p.69）など，直接計測できない物理量を算出する手法が用いられている．この手法を用いた運動力学的評価が一般にはよく行われている．

B．順動力学シミュレーション

実験によらない事前評価が可能な手法として，人の運動制御モデルにより筋骨格モデルを駆動して義足着用時の運動を再現する，順動力学歩行シミュレーションを用いる手法が提案されている[1]．実験によらないために，義足を製作する前に機能を評価できることに加えて，実験の危険性が高いケースや被験者の数が限られるケースなど，実験が困難な状況であっても，コントロールされた状況におけるパラメトリックな評価が可能になるという利点があり，今後の発展が期待されている．

下図は，神経振動子のネットワークからなるリズム生成システムを運動制御モデルとし，股義足（股関節から遠位の義足）を着用した身体の筋骨格モデルを駆動して歩行するシミュレーション[2]の概要図である（左脚が股義足を表す）．

骨格系を剛体リンクモデルとし，その合計自由度は 22，全身で 53 の筋を考慮した．神経振動子モデルは，Matsuoka のモデルに体性感覚をフィードバックする項 FeedBack(·) を加え

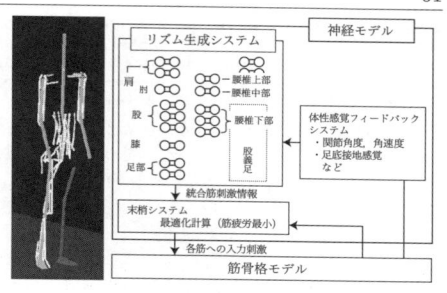

$$\tau_n \dot{u}_n = -u_n - \sum_{n'} w_{nn'} y_{n'} - \beta v_n + u_0$$
$$+ \text{FeedBack}_n(\mathbf{q}, \dot{\mathbf{q}}, R_{\text{foot}})$$
$$\tau'_n \dot{v}_n = -v_n + y_n$$
$$y_n = f(u_n), \quad f(u_n) = \max(0, u_n)$$

で表されるニューロンモデル（⇒p.314）を，相互抑制結合してモデル化される．ただし，上式は n 番目の振動子を表し，u_n, v_n は状態変数，$\mathbf{q}, R_{\text{foot}}$ はそれぞれ全身の関節角度と足底接地判定変数，$\tau_n, \tau'_n, w_{nn'}, \beta, u_0$ は定数である．出力 y_n に比例したモーメントが対応する関節の駆動力として入力され，運動が生成される．ここで生成される運動を歩行にするためには，神経振動子の定数パラメータを調整する必要がある．パラメータの調整には遺伝的アルゴリズムを用い，運動の評価関数には，転倒までの歩数と移動距離，移動距離当りの全身の消費エネルギーや躍度を最小とする関数などを組み合わせたものを用いる．これまでに複数歩の歩行を種々の義足着用モデルによって生成することに成功しており，その歩行は実際の義足歩行の定性的な特徴を再現していた[1,2]．また，本シミュレーションを応用することで，義足の設計案の評価も行われており，設計支援ツールへの応用についても有用性が確かめられている[2]．

参考文献

1) Hase and Obuchi: "Computer Simulation Study of Human Locomotion with a Three-Dimensional Entire-Body Neuro-Musculo-Skeletal Model: III. Simulation of Pathological Walking and Its Application to Rehabilitation Engineering", JSME international journal C, 45-4, 1058-1064 (2002)

2) 内藤ほか：神経・筋骨格系を有する人体モデルを用いた股義足開発支援シミュレータの開発, バイオメカニズム, 18, 113-125 (2006)

機能的電気刺激による動作
[英] motion of functional electrical stimulation

機能的電気刺激（functional electrical stimulation; **FES**）は脊髄損傷，脳卒中などで麻痺している神経や筋に電気刺激を与え，失われた身体機能の再建を行う治療法である。脳，脊髄損傷などの上位運動ニューロン障害では，大脳皮質運動野からの随意的運動命令が下位運動ニューロンに伝達されないため，筋肉が麻痺して運動は障害される。しかし，末梢神経や筋は興奮性を維持しており，電気刺激を末梢神経，筋系に与えることで運動機能を再建できる。FESによる動作の再建では，マイクロコンピュータによって制御する人工運動中枢から多チャネルの電気パルスを出力し，刺激電極を介して末梢神経，筋系を刺激する。これにより複数の筋を収縮させて運動機能の再建を行う。

健常者の場合は，すべての筋は協調して働いており，使用する筋を随意に選択することはできない。しかし，FESでは特定の筋だけを選択して機能させることができる。また，人間の筋骨格系には機構的に冗長な筋群が多く存在するため，すべての筋を使用しなくても運動は可能である。したがって，目的の動作を再建する刺激プログラムを設計するために，FESによる動作のシミュレーションが求められる。

FESによる動作のシミュレーションでは，筋収縮モデル（⇒p.69）を用いた電気刺激に対する筋張力のシミュレーション，および，筋骨格モデルを用いた筋張力に対する身体運動のシミュレーションを行う。

A．筋収縮モデル

筋の収縮特性を数式化したモデルには，分子レベルの収縮現象に着目したモデルから，下図に示すようなマクロな力学モデルまで，種々のモデルが提案されている[1]。図のモデルは収縮要素CE，直列弾性要素SE，並列粘弾性要素PE，および腱Tの四つの要素から構成され，各筋の生理パラメータを設定することによって，力学特性が計算される。また，FESの刺激入力から筋の活動状態を設定することにより，各筋の筋張力を計算する。ここで，粘弾性要素SE，PEは一定ではなく，筋張力に比例することが知られており，最大筋張力は筋の長さと収縮速度の関数になる。

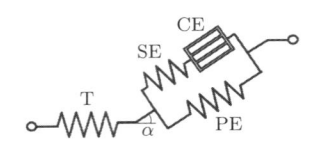

B．筋骨格モデル

電気刺激によって生じる筋張力の変化は，骨格のリンク機構を介して関節の回転力，すなわち関節トルクに変換される。筋骨格モデル（⇒p.314）では，筋張力を関節トルクに変換し，また，関節と関節をつなぐ体節を剛体リンクでモデル化することにより，身体の挙動を計算する。

FESによる松葉杖歩行をシミュレートするための単純化した筋骨格モデルと，松葉杖歩行の動作シミュレーションを下図に示す[2]。

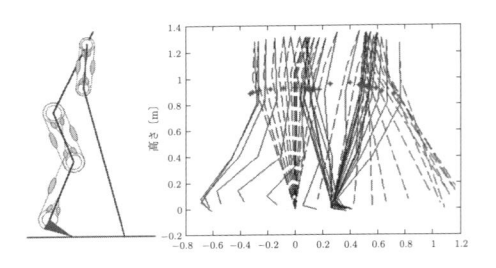

C．制御モデル

FESにより動作再建を行う臨床現場では，あらかじめ患者ごとに動作を確認しながら調整した刺激パターンを，なんらかのトリガ入力によって刺激筋に送るフィードフォワード制御が多く用いられている。センサーを用いた閉ループ制御など，新しいFESの制御手法を確立するためにも，実験的検討の一部を計算機によるモデルシミュレーションに置き換えて行う試みがなされている。

参考文献
1) 星宮 望，赤澤堅造 編著：筋運動制御系（MBEトピックスシリーズ第3巻），昭栄堂 (1993)
2) 巖見武裕, 佐々木誠, 宮脇和人, 中村真知子, 松永俊樹, 島田洋一：FESを用いたSWING THROUGH歩行による対麻痺歩行の再建（歩行シミュレーションと臨床応用），日本機械学会論文集（C編），751-75, 673/679 (2009)

分野：可視化
部門：シミュレーション検証のための可視化 ［VII-6］

気泡影法
［英］bubble shadow method

工業，土木，医療など多岐にわたる分野において，気体と液体が混合した流れ（気液二相流）が多く見られる．気体と液体が混合するため，気相流量，液相流量，ボイド率などのさまざまな物理量を押さえながら，現象を理解することが必要である．気液二相流の流動様式（気泡流，スラグ流，噴霧流など）はよく知られており，気液二相流動の現象の理解において，可視化は非常に有用なツールとして古くから利用されている[1]．ここでは，この気液二相流の流動様式の中でも，個々の気泡を含む気泡流の可視化とその計測について解説する．

A. 気泡影画像の取得

気泡は，粒子とは異なり，自由界面を持つため，気液界面の移動や気泡形状の変形を伴い，特有の挙動を示す．そのため，気泡界面を鮮明に取得する必要がある．このような画像を取得する方法として，気体と液体のような異なる媒質の境界の屈折率を利用する．典型的な撮影方法は，撮影対象となる透明な流路に対して，後方に照明装置（おもに白色光や赤外線を利用した LED およびレーザー光など）を，前方にカメラを設置することで，照明装置からの光の投影画像がカメラで取得できる．取得された気泡画像は，気液界面での光の屈折により，ドーナツ状の輪の陰影を持つ物体として認識できる．ただし，投影画像であるため，奥行き情報が含まれることに注意が必要である．

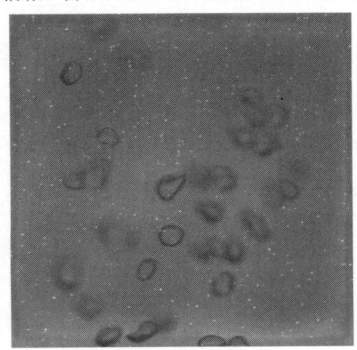

B. 個々の気泡の速度計測

個々の粒子や気泡の速度を計測する方法として，**PTV**（particle tracking velocimetry；粒子追跡流速計測法）がある[2]．気泡は二値化およびラベリングなどの前処理により，個々の気泡の重心位置として計算される．そして 2～4 時刻間の気泡の重心位置の移動量を PTV により計算することで，個々の気泡の流速情報が得られる．このとき，前処理からは，気泡数，気泡数密度，気泡等価直径，さらに画像内の投影ボイド率などの物理情報が抽出できる．これらの情報は，気泡の並進運動方程式との比較や，気泡に作用する抗力や気泡間相互作用力などに利用できる．

C. 気泡の周囲の速度計測

単一気泡周囲の伴流や，複数の気泡を含む周囲の流れは，界面を介する物質移動やエネルギー交換を説明する上で重要である．気泡周囲の流動を把握する方法として，通常の **PIV**（particle image velocimetry，⇒p.343）同様に，流体に追従するトレーサ粒子を注入する方法を用いる．その撮影方法には，気泡による散乱光を抑制するため，異なる波長を持つレーザーシート光でトレーサ粒子を照明し，バンドパスフィルタによりトレーサ粒子のみをカメラで撮影する方法がある．また，気泡とトレーサ粒子のサイズや輝度値が明らかに異なり，画像前処理によって気泡とトレーサ粒子が認識できる場合は，1 台のカメラで同時撮影したのち，前処理により気泡とトレーサ粒子を分離する方法がとられる．周囲流体の流速は，トレーサ粒子画像から PIV により得ることができる．また，「B. 個々の気泡の速度計測」で述べた気泡の速度計測を併用することで，気泡の挙動とその周囲の流動を同時に把握することもできる．PIV の解析で注意すべき点は，画像輝度値分布のパターンの類似性を評価しているため，背景や気泡のような物体を含む解析において計測精度が低下することである．そのため，撮影時点，ないし前処理の段階でそれら情報を十分取り除くことが重要である（口絵 45）．

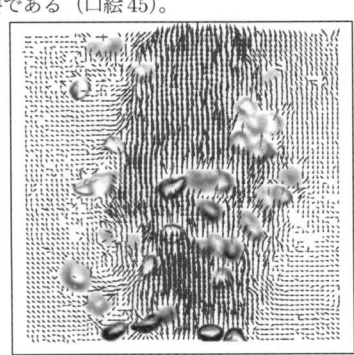

参考文献

1) 日本機械学会 編：改訂 気液二相流技術ハンドブック，コロナ社（2006）
2) 可視化情報学会 編：PIV ハンドブック，森北出版（2002）

吸音・制振構造
[英] sound absorbing/damping structure

吸音は音波のエネルギーが熱や振動に非可逆的に変換される現象である。制振は振動を減衰させ、増幅を防止する効果である。

A. 吸音材による吸音

グラスウールやフェルトといった内部に空気を多く含む多孔質材料は、音を吸収する特性がある。これらの**吸音材**（sound absorbing material）は軽量であり、車両などに広く用いられている。この吸音性能は吸音材を等価回路に置き換えてシミュレートされている[1]。

吸音の評価は**吸音率**（sound absorption coefficient）で表すことができる。吸音率 α は入射した音のエネルギー I_i に対する吸収された音のエネルギー I_a と透過音のエネルギー I_t の和のエネルギー比率であり、0～1の値を示す。1は反射音のエネルギー I_r がないことを意味する。

$$\alpha = \frac{I_a + I_t}{I_i} = \frac{I_i - I_r}{I_i} = 1 - \frac{I_r}{I_i}$$

B. 共鳴器による吸音

多孔質吸音材は高い周波数領域の吸音性能を確保することができるが、低い周波数の吸音は対象の音の波長の1/4程度の厚い構造が必要であり、適応上の課題がある。ここで**ヘルムホルツ共鳴器**（Helmholtz resonator）の吸音原理を利用した下図のような吸音構造も利用されている。

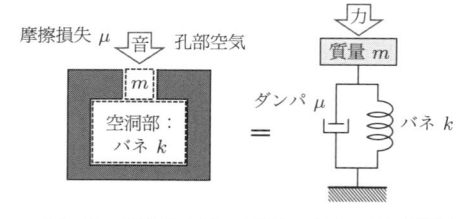

ここで s は孔の面積、l は孔の長さ、V は空洞の体積、c は音速とすると、共鳴器の共鳴周波数は以下で表される。この共鳴器は周波数が限定されるが、吸音率を向上させることができる。

$$f = \frac{c}{2\pi}\sqrt{\frac{s}{lV}}$$

また、音の制御には遮音構造も用いられる。ここで、遮音性能の高い壁はほとんど吸音効果がなく、音が反射される。このため、遮音壁には吸音構造を組み合わせるなどの工夫が必要となることが多い。

C. ダンパによる制振

粘性ダンパ（viscous damper）や摩擦ダンパ（friction damper）などを用いて振動を低減する機構は、建築や車両に広く用いられている。これは振動のエネルギーを吸収する構造であり、原理は簡易であるが、作動上の制約があり、適切に作動させる条件は限定される。このため、詳細の検討が必要になることが多い。建築では、各層に2個以上の制振装置を取り付けるなど、設計基準の規定も定められている。

D. ダイナミックダンパによる制振

対象の構造物の振動を抑える方法として、可動質量を付加する**制振構造**（dynamic damper）が広く用いられている。減衰比 ζ が0.05の構造物に対して10％の重量のダンパの効果を、下図に示す。

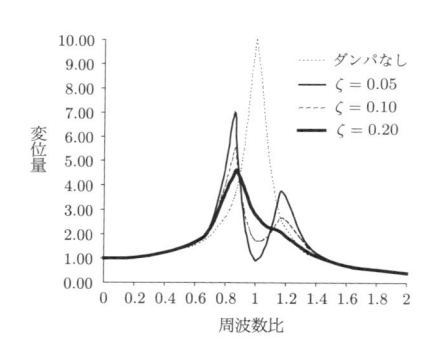

ダンパの減衰量が増えると効果が大きくなるが、さらに減衰を増加させるとダンパが作動せず効果が得られなくなる。このため、構造全体のシミュレーションを実施して、ダンパの作動条件を明確化することが重要となる。

また、**振動遮断**（vibration isolation）も重要テーマであり、総合的に振動低減を図る設計が重要となる。これは建築では**免震**（seismic isolation）と呼ばれている。

参考文献

1) 荒井昌昭：多孔質吸音材のシミュレーション, 日本音響学会誌19(1), 9-16 (1963.1)

分野：共通基礎
部門：数値解析 [I-2]

境界要素法
[英] boundary element method; BEM

工学に現れる偏微分方程式の数値解法の一つであり，与えられた問題を，考える領域の境界における積分方程式に変換したのちに，これを数値的に解く．外部領域の波動問題や，解に特異性のある問題において特に有効である．

A. 歴史[1]

境界要素法の基礎である積分方程式の研究は，非常に長い歴史を持っている．しかし，偏微分方程式の数値計算法としての研究が行われたのは，20世紀に入ってからであり，例えばクプラーゼのグループの研究が有名である．工学における数値計算法として研究が進んだのは，1960年代に入ってからである．当初は境界積分（方程式）法 (boundary integral (equation) method) と呼ばれていた．1970年代には，境界要素法 (boundary element method) という呼称が一般的となり，1980年代には特に活発に研究が行われた．考える領域の境界のみで計算を行うことができるため，当初は計算効率の向上が期待されたが，行列が密になり，行列の計算量だけでも未知数の個数 N に対して $O(N^2)$ となるため，大規模問題に適さないことが認識された．さらに，特異積分の数値的取り扱いが容易でないなどの理由から，**有限差分法** (finite difference method, ⇒p.334) や**有限要素法** (finite element method, ⇒p.335) などに比べて，必ずしも広く使用されるには至っていない．しかし，音響，電磁波，弾性波に代表される波動問題，亀裂問題に代表される解に特異性のある問題などのいくつかの用途には，特に有効な方法であるとされている．また，1980年代後半には，ロクリン・グリンガードの**高速多重極法** (fast multipole method, ⇒p.99) [2] に代表される高速境界要素法が発展し，その計算量が $O(N)$ 程度まで減少したことにより，再度注目されるようになった．

B. 境界要素法の手順

ラプラス方程式の境界値問題を例にとる．

$$\Delta u = 0 \quad (x \in \Omega)$$
$$u = \bar{u} \quad (x \in \Gamma_0) \qquad (1)$$
$$\frac{\partial u}{\partial n} = \bar{g} \quad (x \in \Gamma_1) \qquad (2)$$

ここで，$\bar{u}, \bar{g}$ は与えられた関数，Ω は $\mathbb{R}^2$ の有界領域，Γ はその境界で，交わらない部分 Γ_0, Γ_1 からなっているものとする．この問題の解 u は，ラプラス方程式の基本解

$$G(x) = -\frac{1}{2\pi}\log|x|$$

を用いてつぎのように書ける．

$$u(x) = \int_\Gamma \left[G(x-y)\frac{\partial u(y)}{\partial n} - \frac{\partial G(x-y)}{\partial n_y} u(y) \right] dS_y, \quad x \in \Omega \qquad (3)$$

式 (3) において x を境界に近づけると，次式が得られる．

$$\frac{1}{2}u(x) = \int_\Gamma \left[G(x-y)\frac{\partial u(y)}{\partial n} - \frac{\partial G(x-y)}{\partial n_y} u(y) \right] dS_y, \quad x \in \Gamma \qquad (4)$$

式 (4) に境界条件 (1), (2) を用いて得られる積分方程式を離散化して数値的に解き，求められた境界上の u, $\partial u/\partial n$ を式 (3) に代入すると，考える境界値問題の数値解が求められる．

C. 境界要素法の特徴

境界要素法には，つぎのような利点がある．(a) 問題の次元が一つ下がるので，問題の規模を縮小することができる．このため，メッシュ作成が容易であり，移動境界値問題や逆問題などの解法としても有利である．(b) 任意の領域形状へ対応できる．(c) 有限の境界で囲まれた外部領域の問題に適用できる．このため，特に波動問題で有利である．(d) 基本解の重ね合わせによって解を構成するので，概して高精度であり，解の特異性の表現も比較的容易である．一方，つぎのような欠点がある．(a) 計算量が多い．しかし，前述のように，この問題は高速境界要素法の進歩により解決しつつある．(b) 非線形問題には向かない．(c) 基本解が陽に求められない問題には向かない．このため，適用範囲は事実上定数係数の線形偏微分方程式の一部に限られる．とはいえ，ラプラス方程式をはじめ，ヘルムホルツ方程式，弾性体の方程式，マックスウェル方程式，熱方程式，波動方程式など，多くの問題に適用可能である[3]．なお，マックスウェル方程式におけるガレルキン法を用いた境界要素法は，しばしば**モーメント法** (method of moments) とも呼ばれる．

参考文献

1) 小林昭一 編著：波動解析と境界要素法, 京都大学学術出版会 (2000)

2) Nishimura, N.: *Applied Mechanics Reviews*, **55**, pp.299–324 (2002)

3) Bonnet, M.: *Boundary Integral Equation Methods for Solids and Fluids*, Wiley (1995)

分野：機械
部門：計算力学・設計工学・感性工学・最適化 ［III-5］

協調工学
［英］collaborative engineering

A. 協調工学とは

協調には人間と人間の協調と，人間と機械の協調がある。前者は **CSCW**（computer supported collaborative work system）として発展している。後者は**マン・マシンインタフェース**（man-machine interface）として発展している。さて，自動車の開発などでは，クレイモデル（clay model）は3次元のCADモデルに，試作車はプリサイスなモデルに，実験はシミュレーションに置き換わることにより，大幅な開発期間の短縮が得られている。下図に，自動車開発のリボリューションの様子を示す。

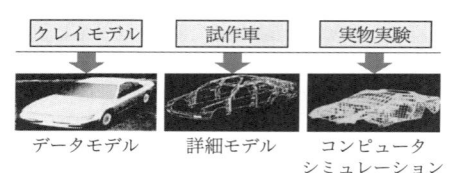

クレイモデル	試作車	実物実験
データモデル	詳細モデル	コンピュータシミュレーション

すなわち，これまでの物ベースの開発スタイルから，データを衝とする開発へのイノベーションが起こり，設計の上流段階でたいがいの特性開発が得られることになっている。ただし，依然として，乗り心地，操縦安定性，音質などの人間特性に関わる特性開発は，試作車なしでは容易でない。これら人間特性に共通するものとして

(1) 人間感覚と物理的評価指標の関係を得るのが困難
(2) 年齢，性別，民族による嗜好特性の相違

などを挙げることができる。

B. 静的協調と動的協調

そのため，萩原[1]は，下図に示すように，人と機械の協調において**静的協調**（static collaboration）と**動的協調**（dynamic collaboration）を区別して定義している。

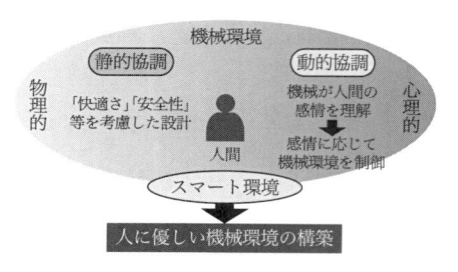

静的協調は，ターゲットユーザーを決め，その好みに合致するように特性開発を行うものである。ただし，ターゲットユーザーを決めても個人差がある。そこで，動的協調とは，表情から満足度をセンシングし，満足な表情が得られるまで特性の変更を行おうとするものである。部屋を賢い空間にし，冷暖房の調整を，中にいる人の顔や仕草から行おうとするスマート空間の考えもこれに近い。ドライバーの顔の表情をCCDカメラで撮り，満足度に対応しようとしている様子を下図に示す。

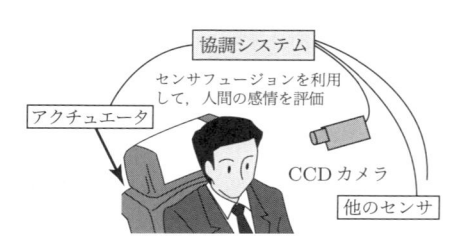

C. 協調工学の手法と今後の方向

感性情報だけでは設計に結び付かない。設計にフィードバックするには，下図のような感性情報と計算力学特性とのマッピングが必要となる。これには，**ニューラルネットワーク**（neural network）などが有効である。この分野は計算科学シミュレーションの最後のターゲットとなるものであり，視覚情報⇔表情変化⇔脳波変化⇔ヘモグロビン変化と，まさに心と脳に関するマルチフィジクス・マルチスケールの計算科学シミュレーションの援用によって解決されると考えられる。

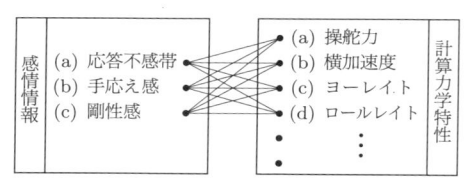

参考文献

1) 萩原一郎：「人と機械の知的協調システム」ミニ特集を組むに当たって，計測と制御，第38巻第6号, pp355-356 (1999.6)

2) 萩原一郎：感性と自動車（乗り心地の科学），繊維学会誌, Vol.64, No.9, pp.287-290 (2008)

分野：共通基礎
部門：数値解析 [I-2]

行列の固有値問題
[英] matrix eigenvalue problem

n 次正方行列 A の標準固有値問題 $A\bm{x} = \lambda\bm{x}$ の数値計算による解法では，問題の規模や種類，求めたい固有値の数や範囲などに応じて多くの方法がある。以下では，これらの方法のいくつかを示す。

A. すべての固有値を求める方法

適当なユニタリ行列 U によって $U^*AU = T$ とすることで，行列 A を上三角行列 T に変換することができる。これを**シューア分解**（Schur decomposition）と呼ぶ。特に A がエルミートのとき，T は対角行列でその対角要素は実数となる。このような行列の変換には QR 法などを用いるが，行列 A にそのまま適用すると計算量が大きいため，まず，ハウスホルダー変換などの直交変換によって A を三重対角行列や上ヘッセンベルク行列に変換しておく。これらの計算の主要部は，行列の次元の3乗に比例する。

B. 一部の固有値を求める方法

一部の固有値を求める場合，絶対値最大の固有値や，実固有値の最小または最大の固有値などを求める問題は外部固有値問題と呼ばれ，それ以外の場合には内部固有値問題と呼ばれる。それぞれの問題に応じた方法の詳細は，例えば Z. Bai ら[1]を参照されたい。

（1）べき乗法と逆反復法　べき乗法は，絶対値最大の固有値を求める。任意の零でないベクトル $\bm{v}_0$ を初期値として A を繰り返し掛け，$\bm{v}_k = c_k A\bm{v}_{k-1}$ $(k = 1, 2, \cdots)$ を計算する。ここで c_k は $\bm{v}_k$ を正規化する適当な係数である。絶対値最大の固有値が縮重していなければ，$\bm{v}_k$ のレイリー商 $(\bm{v}_k^* A \bm{v}_k)/(\bm{v}_k^* \bm{v}_k)$ はこの固有値に近づく。逆反復法は $(A - \sigma I)^{-1}$ に対してべき乗法を行う。これにより，σ に最も近い固有値が得られる。固有値が縮重しているときや，一度に複数の固有値を得るときには，ベクトル $\bm{v}_0$ の代わりに複数の列ベクトルを持つ行列に A を掛けてから直交化を行うことを繰り返す。これは部分空間反復と呼ばれる。

（2）大規模疎行列向けの解法　適当な部分空間の正規直交基底 Q が与えられたとき，固有値問題 $Q^* A Q \bm{u} = \mu \bm{u}$ を解くことで，リッツ値 μ およびリッツベクトル $Q\bm{u}$ を求める方法を，**レイリー・リッツ手法**（Rayleigh-Ritz procedure）と呼ぶ。この方法は，多くの固有値解法において近似固有対を求めるために用いられる。アーノルディ法は部分空間の生成に**クリロフ列**（Krylov sequence）を用い，特に A が対称行列の場合には**ランチョス法**（Lanczos method）となる。これらの方法では，絶対値最大の固有値が得られる。任意の点の近傍の固有値を求めるときには調和リッツ近似を用いるが，収束が遅い場合には $(A - \sigma I)^{-1}$ に対して方法を適用する shift-invert 型の方法を利用する。この場合には，連立1次方程式を解く必要がある。ヤコビ・ダビッドソン（JD）法は最大固有値を求める方法で，修正方程式と呼ばれる連立1次方程式を解くため，その効率的な解法が必要となる。調和リッツ近似により，内部固有値問題にも適用可能である。共役勾配（conjugate gradient; CG）法は，最小固有値とその近傍の固有値を求めるときに有効である。複素平面上の円領域や円環領域など，領域を指定して固有値を求める方法として，A のレゾルベント $R(z) = (zI - A)^{-1}$ の周回積分を用いた櫻井・杉浦（SS）法がある。

C. 一般化固有値問題

一般化固有値問題 $A\bm{x} = \lambda B\bm{x}$ で B が正則のとき，LU 分解を用いて $B^{-1}A$ の標準固有値問題に帰着させる。特に A が対称で B が正定値の場合には，コレスキー分解により対称な標準固有値問題にする。一部の固有値を求める問題では，$B^{-1}A$ にアーノルディ法などを適用する。B の分解を用いない場合，すべての固有値を求めるときには A と B を同時にシューア形にする QZ 法が用いられる。一部の固有値を求めるには，JD 法や CG 法，SS 法など，直接一般化固有値問題に適用可能な方法を用いる。

D. 非線形固有値問題

2次固有値問題 $(A_0 + \lambda A_1 + \lambda^2 A_2)\bm{x} = \bm{0}$ は，以下のようなコンパニオン行列による一般化固有値問題に帰着できる。

$$\begin{bmatrix} O & I \\ A_0 & A_1 \end{bmatrix} \begin{bmatrix} \bm{x} \\ \lambda\bm{x} \end{bmatrix} = \lambda \begin{bmatrix} I & O \\ O & -A_2 \end{bmatrix} \begin{bmatrix} \bm{x} \\ \lambda\bm{x} \end{bmatrix}$$

3次以上でも上記のような一般化固有値問題に帰着できるが，行列の次元が多項式の次数に比例して大きくなる。多項式固有値問題へ拡張したアーノルディ法や JD 法では，次元が大きくなることはない。SS 法は指数関数などの多項式以外の非線形固有値問題にも適用可能である。

参考文献

1) Z. Bai, et al.: *Templates for the Solution of Algebraic Eigenvalue Problems: A Practical Guide*, SIAM (2000)

分野：生命・医療・福祉
部門：医療 [V-4]

近赤外分光法
[英] near infrared spectroscopy

近赤外分光法は，可視光よりも波長が長い近赤外領域の光を用いて物質の吸収を測定し，成分分析を行う測定技術である．医療分野では，生体組織に対する透過性が比較的高い 700～900 nm の波長の光が主として用いられ，非侵襲生体機能計測に応用されている．対象とする吸収物質は，血液中に存在する酸素化・脱酸素化ヘモグロビンをはじめとして，ミオグロビン，シトクロムなどがある．また，体外から導入した吸収物質を対象とする測定も行われている．

A. 修正ランバート・ベア則

分光光度計のように物質中を光が直進し，検出光の減衰が吸収のみで生じる条件では，物質による吸光は，ランバート・ベア則で表すことができる．生体組織を対象とした近赤外分光法では，散乱が存在するため，物質による減光 A は散乱による検出光の減衰と光路長の変化を考慮した，修正ランバート・ベア則（modified Lambert-Beer law）[1]で記述される．

$$A = \ln\left(\frac{I_0}{I_1}\right) = \varepsilon c_1 \langle L \rangle + G \quad (1)$$

ここで，I_0 は照射光強度，I_1 は検出光強度，ε は対象物質のモル吸光係数，c_1 は対象物質のモル濃度，$\langle L \rangle$ は検出光の平均実効光路長，G は散乱による減光を表している．

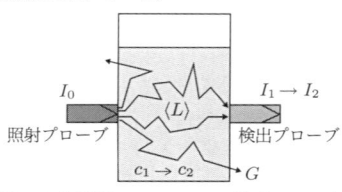

実際の生体計測においては，散乱による減衰 G を実測することができず，また生体組織中には多くの吸収物質が含まれているため，式 (1) から特定の吸収物質の濃度を定量測定することは困難である．そこで，対象とする吸収物質のみが変化する測定条件を設定することで，バックグラウンドの吸収，散乱を相殺し，濃度変化量 Δc を測定する方法が用いられている．

$$\Delta A = \ln\left(\frac{I_1}{I_2}\right) = \varepsilon (c_2 - c_1) \langle L \rangle$$
$$= \varepsilon \Delta c \langle L \rangle \quad (2)$$

対象とする吸収物質が複数存在する場合は，複数波長に対する減光を測定し，式 (2) を連立することで解析を行うことができる．

検出光の平均実効光路長 $\langle L \rangle$ は，散乱の影響によって照射プローブと検出プローブの間隔よりも長くなる．検出光の伝播経路は，ふく射輸送方程式や光拡散方程式（⇒p.76）を解くことによって求めることができる．

B. 光機能モニタリング

光機能モニタリング（optical monitoring of biological function）は，照射-検出プローブを体表に装着して，生体機能の時間変化を測定するものである．代表的なものに，心拍で生じる動脈の収縮・拡張に起因する減光変化から動脈血酸素飽和度を測定するパルスオキシメーターがあり，臨床現場で広く利用されている．

C. 光機能トポグラフィ

光機能トポグラフィは，複数の照射-検出プローブを体表に装着して近赤外分光法による多点計測を行い，生体機能情報を体表面から見た分布図としてイメージングする方法である．脳が活動している部位の局所的な血液量の増加をイメージングする脳機能測定（brain function measurement, ⇒p.154, p.259, p.263）や，運動中の筋代謝のイメージングなどに応用されている．

D. 拡散光トモグラフィ

拡散光トモグラフィ（diffuse optical tomography）は，近赤外分光法を用いて生体機能の断層像を再構成するものである．光は生体組織で散乱されるため，組織中を直進する X 線による CT の画像再構成アルゴリズムは適用できない．そこで，組織断面内の吸収変化の分布 $\Delta \mu_{aj}$ と各照射-検出プローブ対で測定した減光度変化 ΔA_i の関係を，以下のような順問題として記述する．

$$\begin{bmatrix} \vdots \\ \Delta A_i \\ \vdots \end{bmatrix} = \begin{bmatrix} \ddots & \cdots & \vdots \\ \vdots & \frac{\partial A_i}{\partial \mu_{aj}} & \vdots \\ \vdots & \cdots & \ddots \end{bmatrix} \begin{bmatrix} \vdots \\ \Delta \mu_{aj} \\ \vdots \end{bmatrix} \quad (3)$$

ここで，i は照射-検出プローブ対，j は測定断面内の位置（画素）を表している．係数行列は，断面内の位置 j で生じた微小な吸収変化の，照射-検出プローブ対 i で検出される減光変化に対する寄与を表しており，検出光の伝播経路を解析するシミュレーションで求められる．式 (3) の逆問題（⇒p.84）を解くことで断層像が得られるが，一般に不良設定問題となるため，先験情報を利用した画像再構成法などが提案されている．

拡散光トモグラフィは，まだ研究段階ではあるが，新生児の脳代謝計測や乳がんの診断などへの応用が期待されている．

参考文献
1) Delpy, et al.: *Phys. Med. Biol.*, 33, 12, pp.1433-1442 (1988)

筋肉の特性

[英] mechanical property of muscle

筋肉は二つの重要な特性を示す。一つは，**力－長さ関係**（force-length relationship）であり，もう一つは**力－速度関係**（force-velocity relationship）である。

力－長さ関係は，筋肉が長くなると力が大きくなる性質を表している。つまり，筋肉はバネのように振る舞う。そのバネ定数は筋肉の活動度が高いほど大きくなり，活動度が高いほど同じ長さでもより大きな力を発揮することができる。なお，筋肉はバネとは異なり，収縮する力を発生することはできるが，伸長する力を発生することはできない。

力－速度関係は，Hill の式として知られている。筋肉の両端を固定し，最大の収縮力 P_0 を発揮している筋肉の一端に負荷 P をつけて解放すると，瞬時にある長さの短縮が観測され，続いて一定の速度 v で短縮する。この速度は負荷の大きさによって変化し，負荷の大きさと短縮速度の間には，つぎの関係がある。

$$(P+a)(v+b) = b(P_0+a) = 一定$$

ここで，a と b は定数である。この式は，負荷つまり筋肉の収縮力と速度の関係が双曲線で表されることを示す。

A. Hill のモデル

Hill のモデル（Hill's model）は，筋肉の特性を良く近似することができる。しかし，筋肉の収縮におけるミクロな現象（⇒p.81）に基づくものではない。Hill のモデルは，下図に示すように収縮要素，並列弾性要素および直列弾性要素で構成される。

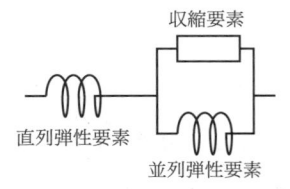

収縮要素は力－長さ関係と力－速度関係を表す。直列弾性要素は，筋肉（クロスブリッジ）や腱などの全体の受動的な弾性である。並列弾性要素は，筋線維の結合組織などの受動的な弾性である。Hill のモデルは収縮要素の長さ L_{CE} を変数とする状態方程式で表される。モデル全体の長さを L_M，収縮要素が発生する力を F_{CE}，直列弾性要素が発生する力を F_{SE}，並列弾性要素が発生する力を F_{PE} とすると

$$F_{PE} + F_{CE} = F_{SE}$$

$$F_{CE} = f_1(L_{CE}, \dot{L}_{CE})$$
$$F_{PE} = f_2(L_{CE})$$
$$F_{SE} = f_3(L_M - L_{CE})$$

となる。なお，実際のシミュレーションでは，並列弾性要素はしばしば考慮されない。また，並列弾性要素は直列弾性要素と収縮要素の全体に対して並列に接続されることもある（⇒p.62）。

B. 伸長による力の増加

筋肉を伸長すると力は増大する。しかし，さらに伸長すると，やがて長くなっても力が変化しなくなり，さらに伸長すると力は減少し始める。ある長さ l_b で固定した筋肉を一定の強度で刺激するときの力と，それより短い長さ l_a で固定した筋肉を同じ強度で刺激し，力を発生している状態から長さ l_b に伸長して定常状態になったときの力を比較すると，後者が大きい。これは，Hill のモデルでは説明することができない力の増加である。伸長によって収縮機構が活性化されて力が増大することから，収縮要素を力発生要素と粘性要素に加えて並列弾性要素を考えるモデルが提案されている。このモデルでは，並列弾性要素，直列弾性要素および粘性要素は一定ではなく，力発生要素が発生する力の大きさに依存して変化する。つまり，脳からの指令によって力だけではなく粘弾性も調節されている。

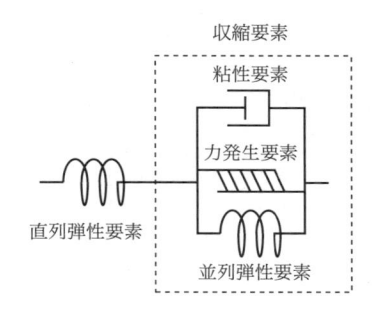

参考文献

1) J. M. Winters and L. Stark: "Muscle Models: What Is Gained and What Is Lost by Varying Model Complexity", *Biological Cybernetics*, **55**, pp.403–420 (1987)

2) G. K. Cole, A. J. van den Bogert, W. Herzog, and K. G. M. Gerritsen: "Modelling of Force Production in Skeletal Muscle Undergoing Stretch", *J. Biomechanics*, **29**, pp.1091–1104 (1996)

3) 星宮 望, 赤澤堅造：筋運動制御系, 昭晃堂 (1993)

空気圧システム
[英] pneumatic system

空気圧の特徴は，空気の持つ**圧縮性**（compressibility）に起因する性質にある。この点が油圧，水圧とは大きく相違する。現在では，空気の圧縮性を考慮したモデルを用いたシミュレーションにより，空気圧システムの設計を迅速かつ適切に行うことが可能となっている。そこで用いられる空気圧要素モデルや空気圧システム全体のシミュレーションについて，以下に解説する[1, 2]。

A. 空気圧要素のモデル

（1）空気圧力源　空気圧システムで利用される圧縮空気は，コンプレッサで製造され，ドライヤー，フィルタ，タンクなどを経て，減圧弁に至る。コンプレッサの運転状況により供給源の圧力は変動するが，油圧や水圧と違って，空気の圧縮性により，減圧弁の下流の圧力は定圧と見なすことができ，また，減圧弁より上流の要素は空気圧システムの動作には影響が小さい。このため，供給圧力を一定として減圧弁より下流をシミュレートすることが多い。また，空気圧力源に関しては，一般的な配管網と同様に，配管設計を行う際，定常管摩擦モデルを用いて圧縮空気の輸送配管網を適切化するシミュレーションが存在する。

（2）抵抗要素　オリフィスなどの要素に加え，空気圧システムで用いられる電磁切換弁や速度制御弁などの機器が抵抗要素となる。このモデルは圧縮性を考慮したベルヌーイの式から導出される。この式では流体の粘性は考慮されておらず，実際とは一致しない。このことから，ISO6358ではこれに修正を加えた式が示されている。このとき，抵抗要素の特性は，**ソニックコンダクタンス**（sonic conductance）および臨界圧力比で表される。これらの値は実測により調べる必要があるが，市販されている空気圧機器では，特性値として表示されており，シミュレーションにおいて利用できる。臨界圧力比によって，抵抗要素で音速となり，質量流量は上流圧力のみで決まるか，亜音速流となり双方の圧力の影響を受けるかに場合分けされる。複数の抵抗要素が直列や並列に接続される場合は，それらを一つの抵抗要素に近似的に置き換える合成法が用いられることもある。

（3）容器およびシリンダ　容器またはシリンダ（cylinder）にある質量流量の圧縮空気が充填または放出されたときの圧力変化は，**理想気体の状態方程式**（equation of state of ideal gas）より求められる。その際に，圧力変化に伴う温度変化を求める必要が生じる。この温度変化は，圧力変化が速いときには断熱変化を，遅いときには等温変化を仮定することで消去できる。しかし実際には，空気の状態変化は，壁面からの熱伝達の影響を受けて断熱状態と等温状態の中間となる。これはポリトロープ変化と呼ばれ，比熱比をポリトロープ指数に置き換えて対応してきたが，実際の指数は定数ではなく変化する。そこで，状態方程式にエネルギー方程式を連立させる方法も提案されている。エネルギー方程式中に含まれる熱伝達係数はヌセルト数の関数となるが，これを一定としても，より現実に近い圧力応答が得られる。

さらに，シリンダの応答を求めるためには，シリンダに取り付けられる負荷質量を含めた運動方程式を立てる。このとき，シリンダパッキンの摩擦力は，乾摩擦と速度に比例して増加する粘性摩擦を組み合わせたモデルがよく用いられる。

（4）管路要素　管路（pipe）は各空気圧要素を接続するのに不可欠である。管路が太くて短く，空気圧システムの応答に影響しない場合は無視する。管路の特性が問題となる場合は，管路を1次元流れとし，連続の式と運動方程式，およびエネルギー方程式またはポリトロープ変化を連立させる。シリンダ駆動時の管路の影響は，管摩擦による圧力降下が主であることが多い。その場合には，管路を等価な圧力降下を持つ抵抗要素に置き換えて，シミュレーションを行う。

B. シミュレーション法とツール

以上に示した各要素のモデル式は，管路要素を除いて常微分方程式で表される。管路要素については空間に対して差分化し，これらを連立させてルンゲ・クッタ法などを用いて解く。このための専用ソフトウェアはなく，MATLAB等の汎用のものを利用して解かれている[3]。日本フルードパワーシステム学会のホームページ[4]からは，管路を含む容器への充填放出やシリンダの応答シミュレーションプログラムがダウンロードできる。また，空気圧機器メーカーでは空気圧シリンダ・駆動機器の適切なサイズを選定することを目的としたシミュレーションを提供している。

参考文献
1) 日本機械学会：機械工学便覧 応用システム編γ2 流体機械, 丸善, pp.246–249 (2007)
2) 香川利春, 蔡 茂林：圧縮性流体の計測と制御, 日本工業出版 (2010)
3) 川上幸男：空気圧システムにおけるシミュレーション手法, 日本フルードパワーシステム学会誌, **39**, 4, pp.196–200 (2008)
4) http://www.jfps.jp/

クラウドコンピューティング
[英] cloud computing

A. クラウドコンピューティングとは

エンドユーザがコンピュータなどの計算資源を直接保有するのではなく，インターネットの「向こう側」にある計算資源をサービスとして利用し，使った分だけ料金を支払うモデルをいう．マシンの台数に応じて効果的に性能を上げることができる**拡張性**（scalability），需要に応じてマシン構成を短時間に変更できる**敏捷性**（agility），マシンが故障してもサービスに影響を及ぼさない**可用性**（availability）の高さが特長である．

B. クラウドの分類

提供されるサービスの抽象度によって，大きく3階層に分類される．

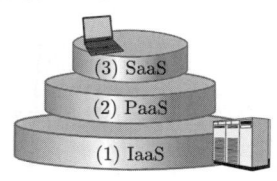

（3）SaaS
（2）PaaS
（1）IaaS

（**1**）**IaaS**（infrastructure as a service）　デベロッパ向けのハードウェア環境を提供するサービス．仮想化されたサーバやネットワークなどの資源が要求に従って短時間で用意され，その管理者権限が与えられる．デベロッパはインターネット経由でログインし，必要なソフトウェアを自分でインストールして利用する．代表例として，Amazon Web Services のうち計算処理能力を提供する Amazon EC2，ストレージを提供する Amazon S3 がある．

（**2**）**PaaS**（platform as a service）　プログラマ向けのソフトウェア開発・実行環境を提供するサービス．ハードウェア環境に加え，OS，プログラミング言語処理系，データベース管理システムやウェブサーバなどの各種ミドルウェアが含まれる．プログラミング環境として Java か Python を用いる Google App Engine と，.NET API を用いる Microsoft Windows Azure が代表的である．

（**3**）**SaaS**（software as a service）　エンドユーザ向けのアプリケーションをインターネット経由で提供するサービス．企業向け顧客情報管理システムの Salesforce CRM が代表例とされるが，携帯電話向け乗換案内など身近なサービスも多い．

C. クラウドをシミュレーションに使う

シミュレーションプログラムをクラウド化する際の指針と，最近の技術動向を示す．

（**1**）**新規開発**　PaaS をうまく使うと，ソフトウェアの配備・運用にかかる手間を大幅に削減できるので，新たにプログラムを開発するのであれば検討に値する．大量のデータを処理する場合は MapReduce[1] の枠組みに乗せることで，クラウドのスケーラビリティを効果的に活用できる．

（**2**）**既存プログラムのクラウド化**　手もとのコンピュータ上で現に動いているプログラムは，IaaS を使ってそのままクラウド上で動かせる可能性がある．最近ではクラウド上に **HPC**（high performance computing）クラスタや **GPU**（graphics processing unit, ⇒p.367）クラスタを構築するサービスも登場し，MPI ベースの並列プログラムや，CUDA ベースの GPGPU プログラムも実行できるようになっている．ただし，クラウド上のデータ保存には，スケーラビリティに優れる分散 key-value ストア[2] がしばしば用いられ，従来のファイルシステムやリレーショナルデータベースは利用できない場合があるため，事前に技術的な検討を要する．また，パッケージソフトウェアや機密データなどをクラウド上で扱おうとする場合，ライセンスやコンプライアンスなど，法律的な問題にも留意すべきである．

（**3**）**シミュレーションサービスの利用**　それぞれの分野に特化したシミュレーションプログラムやパッケージソフトウェアを SaaS として提供する動きも相次いでいる．例えば SGI Cyclone は計算生物学，計算化学，数値流体力学，有限要素解析，計算電磁気学およびオントロジー分野の著名なソフトウェアを利用できるサービスであり，高い性能が要求される科学技術計算に特化したサービスを謳っている．クラウド業界は変化が速く，ここで各分野のサービスを網羅的に紹介することはできない．身のまわりの分野でも役立つサービスがないか探してみよう．

参考文献

1) J. Dean and S. Ghemawat: "MapReduce: Simplified Data Processing on Large Clusters", http://labs.google.com/papers/mapreduce.html

2) 首藤一幸：key-value ストアの基礎知識, http://www.shudo.net/article/Software-Design-201002-KVS/

分野：共通基礎
部門：計算機システム ［I-5］

グリッドコンピューティング
[英] grid computing

A. 概要

グリッドコンピューティングとは，大雑把にいえば，広域ネットワーク上の計算機，データベース，実験装置，センサ，人間などの資源を仮想化・統合し，必要に応じて**仮想計算機**（virtual computer）や**仮想組織**（virtual organization）を動的に形成するための基盤技術である[1]．グリッドという言葉は，送電線網（electrical power grid）に由来する．電力サービスのように，いつでも，どこでも，必要なだけの計算サービスが簡単に利用できることを目指している．

グリッド誕生の背景には，科学技術研究の高度化に伴って大規模計算を可能とする計算機資源の需要があったこと，また，大型実験装置から生成される実験データの，世界的規模での共有を実現するシステムの需要があったことなどが挙げられる．今日の具体例として，大型ハドロン衝突型加速器（large hadron collider）のデータを解析，共有するWLCG（worldwide LHC computing grid）が稼動しており，欧米ではEuropean Grid InfrastructureとTeraGridが，環太平洋ではPRAGMAがグリッド基盤の構築，展開，利用を推進している．

地理的に分散した異機種混合計算資源をネットワークで接続し，全体を効率的に機能させるためには，それぞれの資源を個別に扱うのではなく，それらの多様性を吸収隠蔽する共通のインタフェースで資源を扱う必要がある．これが計算資源の仮想化である．仮想化された計算資源は，その地理的ないしネットワーク的所在情報などは隠蔽され，利用者からは単に要件を満たす計算資源として見える．計算資源に限らずデータベース，実験装置，センサなども同様に仮想化し，さらに利用者グループも加えて，グリッド環境上で形成したものが仮想組織である．

B. 主要な機能

仮想化された資源群を利用するには，認証・認可を行うセキュリティ機能，資源情報を収集・提供する情報サービス機能，利用者の計算実行要求を処理するジョブ実行管理機能，スケジューリング・ファイル管理・データベース管理機能が必要となる．加えて，地理的に分散した異機種混合資源環境の特徴を踏まえたアプリケーション開発環境および実行支援環境が必要である．これらの機能を提供するのが**グリッドミドルウェア**（grid middleware）であり，代表的なものとして，Globus Allianceに開発されたGlobus Toolkitというオープンソースソフトウェアがある．

グリッドミドルウェアの主要な機能のうち利用者との関わりが深いものは，セキュリティ機能，プログラミングモデル，アプリケーション実行支援である．セキュリティ機能については，公開鍵暗号方式に基づくX.509電子証明書を用いて認証を行う実装が主流であり，代理証明書の仕組みを利用することによって，1回の認証のみですむシングルサインオンを実現している．

プログラミングモデルでは，分散並列環境において従来から広く普及しているマスタ・ワーカモデルとノード間直接通信モデルがグリッド上でも用いられている．ただし，計算資源が均質ではないグリッドでは，その不均質性あるいはシステム障害を許容するプログラミングが必要となる．マスタ・ワーカモデルのプログラミングツールとしては，Open Grid Forumで規格化されたGridRPCがあり，ノード間直接通信モデルでは従来のMPI（message passing interface）をグリッド用途に拡張した実装が試みられている．

アプリケーション実行支援環境では，アプリケーションの探索，実行，監視機能に加えて，複数のアプリケーションの連携実行のためのワークフロー機能などが提供される．実行支援環境はウェブサービスとして実装されていることが多いため，一般的に流通している端末から容易に利用できる．

C. 適用例

わが国においてもグリッドコンピューティングは精力的に研究開発されており，平成15年度から5年間の文部科学省委託研究では，NAREGIミドルウェアが開発された．実証評価から実運用に向けた活動の具体例としては，溶液中の巨大分子の電子構造計算を行うナノサイエンス連成アプリケーションがグリッド上で実行され，高度な計算模型による解析を可能とすることが実証された．また，すばる望遠鏡の観測データの解析から可視化までが研究協力機関の資源を跨いで実行され，天文データ解析へのグリッドの有用性が示された．国内の最先端学術情報基盤構築の観点からは，スーパーコンピュータを運用する情報基盤センターのグリッド連携が進められており，50 Tflop/s規模のグリッド環境がすでに構築され，実証評価されている．

参考文献
1) 合田憲人, 関口智嗣 編著：グリッド技術入門, コロナ社 (2008)

分野：生命・医療・福祉
部門：福祉機械　[V-5]

車いす駆動
[英] wheelchair propulsion

車いす駆動に伴う最も深刻な問題は，使用者の半数以上が経験する上肢の痛みや2次的障害の発症である．車いす駆動シミュレーションのおもな目的は，駆動動作だけでなく，日常生活動作そのものにも支障をきたすこれらの問題を解決するために，身体負荷，駆動効率，残存運動機能などを定量的に評価し，個々人に適した車いすを実現することである．

A. 身体負荷と駆動効率

身体負荷の評価には，表面筋電位，心拍数，酸素摂取量などの運動生理学的指標が古くから用いられてきたが，身体運動計測技術ならびにモデル解析技術の発達に伴い，近年では，実測困難な関節トルクや筋張力などを指標とした生体力学的評価が盛んに行われている[1]．生体力学的指標は，

(1) **駆動操作とハンドリム駆動力の3次元計測**
(2) **剛体リンクモデル**（rigid link model）をもとに，計測データから関節トルクを算出するための**逆動力学解析**（inverse dynamics）
(3) **筋骨格モデル**（musculo-skeletal model，⇒p.62）をもとに，関節トルクから筋張力を推定するための**最適化計算**（optimization calculation, ⇒p.110）

により，算出される．

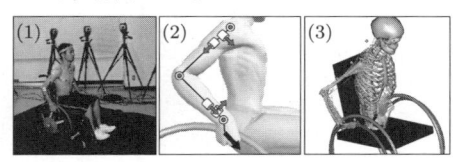

駆動効率は，筋張力や酸素摂取量などから計算できる人のエネルギー消費量と，車いすが行った仕事量の比で表される．また，ハンドリムに加えた駆動力と，その中に含まれるハンドリム接線方向成分（＝推進に直接寄与する力）の比で表される場合もある．

B. 上肢の残存運動機能

上肢残存筋力の評価には，各関節まわりに発揮可能な最大関節トルクを測定する等速性筋力測定装置や，徒手により判定を行う徒手筋力検査法などが用いられる．また，手のひら位置に発揮可能な操作力特性の評価には，ロボット工学（⇒p.360）における可操作性の概念に，実測した個々人の最大関節トルク特性を反映させた，**操作力楕円体**（manipulating force ellipsoid）が用いられ

る[2]．操作力楕円体は，全方位に発揮可能な力ベクトルで構成され，その形状や配向により，ハンドリムへの力の加えやすさや推進力の生成しやすさなどを予測できる．

C. 車いすの最適設計

車いすのおもな設計パラメータには，ホイールベース長さ，トレッド幅，シート高さ，座面角度，背もたれ角度，フットレスト角度などがある．近年では，テストコース，トレッドミル，車いすシミュレータ上での駆動計測が行われ，各パラメータが身体負荷，駆動効率，操作性などに与える影響の解明が進められている．また，車いすシミュレータは，高度化と知能化が進み，惰性走行，スロープ走行，パワーアシスト走行（⇒p.314）などのさまざまな走行環境の再現と，コンピュータ制御による各設計パラメータの調整が可能となった．これにより，駆動計測，適合性評価，設計パラメータの調整をリアルタイムに繰り返し，自動的かつ短時間に最適形状を探索する車いすシミュレータの開発も進められている[2]．これらの研究成果は，経験や勘に基づいて処方されてきた従来の適合手法に対する科学的なエビデンスの立証や，標準的な設計指標の確立に役立つものと期待されている．

D. 駆動フォームの最適化

2次的障害を改善する他のアプローチとしては，駆動計測により得られる手先軌道と駆動力を目的動作とし，筋骨格系の冗長性を利用して，身体負荷が低減するような駆動フォームを**遺伝的アルゴリズム**（genetic algorithm）によって探索する最適化手法がある[1]．この計算手法は，使用者の関節可動域や最大関節トルク特性を制約条件として与えるため，身体負荷が少なく駆動効率の良い駆動フォームの指導に利用できる可能性がある．

参考文献
1) 大日方五郎ほか：車椅子駆動におけるモデルベースアプローチ，シミュレーション，**24**, 1, pp.23–31 (2005)
2) Makoto Sasaki, et al.: "Simulator for optimal wheelchair design", *Journal of Robotics and Mechatronics*, **20**, 6, pp.854–862 (2008)

分野：人間・社会
部門：社会システム［VI-2］

軍事シミュレーション
［英］military simulation

軍事分野の諸活動において，シミュレーションは教育・訓練，武器など機材の研究および開発，各種計画（国防，調達，作戦，後方支援）の立案など，さまざまな分野で活用される。このうち，操縦訓練機材などのマン・マシンシミュレーション，武器機材などの研究開発あるいは維持整備に使用されるハードウェアシミュレーション等を除き，軍事活動，作戦行動を扱う多くの軍事シミュレーションは，複数の人間の意思決定と相互作用を含み，社会シミュレーションとしての性質を持つ。

A．おもな適用分野

これらの社会シミュレーションとしての軍事シミュレーションの中で活用されるのは，まず教育・訓練分野では，戦略（strategic）レベルの教育・企画立案を目的とした政治-軍事（politico-military）ゲーミング，作戦（operational）～戦術（tactical）レベルの作戦指揮・情勢判断のための**図上演習**（war gaming），事前検証・訓練のための作戦予行（mission rehearsal），戦闘レベルのチームワークやリーダーシップを訓練するための戦闘（combat）シミュレーションなどである。これらにはゲーミングを主とした人間介在型（human in the loop）シミュレーションが用いられる。つぎに，国防計画あるいは作戦計画の立案では，国防政策レベルの政策立案における軍の任務-能力評価や，現在から将来のリスク分析に，また，作戦における行動方針（courses of action; COA），後方支援計画などの立案・比較評価に活用され，ゲーミングに加えて，さまざまなモデルおよびシミュレーション（主として非人間介在型の時間実行可能な非解析的確率モデル）が用いられている。

B．技術的取り組み

これらのさまざまな**モデリング&シミュレーション**（modeling & simulation; **M&S**）では，現代の高度化する軍事作戦の教育・訓練，計画立案・実施を支援するためにさまざまな技術的・組織的取り組みが行われてきた。代表的なものとして，米国防総省 M&S 室（Defense Modeling & Simulation Office; DMSO（現 M&S Coordination Office; MSCO））を中心に推進された，複数のシミュレーションを分散環境下で連合して実行させるための技術規格である **HLA**（High Level Architecture; IEEE 1516）の開発，統合シミュレーションシステム JSIMS（Joint Simulation System）の開発（ただし JSIMS へのオールインワン的な集約は成功せず，のちに同計画はキャンセルされた），M&S リポジトリの構築，M&S の確認・検証・承認プロセスである **VV&A**（Verification, Validation & Accreditation），環境データの表現仕様である **SEDRIS**（Synthetic Environmental Data Representation & Interchange Specification; ISO/IEC 1823）の整備などがある。

C．今後の課題

現代の軍事環境，軍事活動に特徴的な，軍事以外の作戦（military operations other than war; MOOTW），典型的な非対称作戦である反乱対処活動（counterinsurgency; COIN），あるいは平和協力活動（peace operation）等は，軍事以外の多様なアクターを含み，これらアクターによる戦闘以外の複雑かつ不断に変化する行動の影響を受ける。このような環境の変化は，軍事シミュレーションに，社会シミュレーションとしてのより顕著な性格である**人間・組織・社会**（individual, organizational and social; **IOS**）に関するM&Sの実現を強く要求する。このような軍事シミュレーションでは，社会シミュレーションが本来抱える課題（IOS の行動理論とデータの整備，VV&A の方法論）に加え，軍事に特有の課題（敵性データの取得，軍事情報の保全），現代の軍事環境に特徴的な課題（拡大する手段（DIME; 外交・情報・軍事・経済）/効果（PMESII; 政治・軍事・経済・社会・情報・社会基盤）の取り扱い，各アクターの適応的行動変化）の解決が求められる。

参考文献

1) "The 2008 Modeling and Simulation Corporate and Crosscutting Business Plan", DoD Research & Engineering (2009.2)

2) "Key Concepts of VV&A", M&S Coordination Office (2006.9)

3) Manghani, F.: "An Introduction to SEDRIS", SEDRIS organization (2009.6)

4) Zacharias, G. L., et al.: *Behavioral Modeling and Simulation: From Individuals to Societies*, National Academy Press (2008)

分野：人間・社会
部門：学習・教育　[VI-6]

訓練用シミュレータ
[英] training simulator

製造，運輸，サービスなどの産業分野において，おもに人工物の運転・操縦の業務に当たる専門職を養成するために，さまざまなシミュレータが開発，利用されている。

その多くは，運転・操縦の対象となる人工物の挙動やプロセスを模擬するシミュレーションソフトウェアに加えて，訓練者が運転・操縦の現場に近い体験を得られるように，制御室，操作盤，操縦席などの忠実なレプリカによるインタフェースを備えている。さらに，**仮想現実感**（virtual reality; **VR**，⇒p.264）技術を用いて，訓練者がより現実に近いダイナミックな感覚体験を得られるようなシミュレータも利用されている。

A．プラントシミュレータ

（1）運転訓練用シミュレータ　発電所，化学プラント，生産設備などの**プロセスシステム**（process system）の運転員を養成するために用いられるシミュレータである。運転制御室や運転制御盤のレプリカを備えた本格的システムから，個人学習用のPCで動く簡易システムまで，さまざまなものが利用されている。

シミュレーション対象には，通常時における起動，運転，停止はもちろん，機器故障や事故が発生した場合など，異常時のプラント挙動も含まれ，さまざまな運転シナリオを用いて運転員の訓練が行われる。

（2）保守訓練用シミュレータ　プロセスシステムの保守要員を養成するために用いられるシミュレータで，欠陥・故障の検知や異常診断など，保守業務の意思決定に必要な技能を対象とするものと，保守作業そのものに必要な技能を対象とするものとがある。

保守訓練の場合，訓練者が保守対象の実物に触れることが，必要な技能を修得する上で重要であり，シミュレーションソフトウェアよりも保守対象の物理的レプリカがシミュレータの主要部分となる。訓練目的によっては，想定される欠陥・故障を模擬したレプリカや，欠陥・故障の兆候を示す模擬信号の発生装置などが用いられる。

B．運転・操縦訓練用シミュレータ

自動車，航空機，船舶，電車，建設機器などの運転者・操縦者の訓練にシミュレータが活用されており，自動車を対象とする**ドライビングシミュレータ**（driving simulator），航空機を対象とするフライトシミュレータ，船舶を対象とする操縦シミュレータ，電車を対象とするトレインシミュレータ，建設機器を対象とする建設機器シミュレータなどがある。

導入学習用や娯楽用のPCで動く簡易システムもあるが，本格的システムでは，操縦席を忠実に模擬したインタフェース，VRを用いた窓外視界映像の提示機能，操縦室全体を油圧リグで駆動して加速度を体感する機能などを備えている。

C．組織訓練用シミュレータ

組織活動における専門家の判断や，コミュニケーション能力の訓練に用いられるシミュレータで，主として防災，危機管理，安全保障などの分野で開発，活用が進んでいる。

訓練環境には，訓練者以外の人間・組織が含まれるため，それらの人間行動もシミュレーションの対象となる。したがって，訓練者はシミュレータが作る仮想組織の一員として行動することによって，訓練シナリオを体験する。このように，人間をシミュレーションモデルの一部に取り込む形のシミュレーションを，**人間介在型シミュレーション**（human-in-the-loop simulation）と呼ぶ。

D．知的訓練支援システム（ITS）

最近では，あらかじめ選択された訓練課題に沿って対象システムの挙動をシミュレートするだけではなく，訓練者がより効果的に技能・知識を修得できるように，人工知能技術を活用して，訓練成果に応じて適応的に訓練課題を選択したり，訓練者の理解を支援したりする，知的訓練支援システム（intelligent tutoring system; ITS）の機能を備えたシミュレータが開発されている。

知的訓練支援機能を実現するために，訓練者の認知状態や知識・理解のレベルなどを記述するための訓練者モデルが組み込まれている。この訓練者モデルを参照しながら，訓練者の訓練課題に対する応答をモニタリングして訓練者の習熟状態を把握し，適切な訓練課題や訓練支援を提供する。

また，現実には観測不可能な訓練対象のメカニズム，プロセス，ロジック，内部状態などを，CG，VR，**拡張現実感**（augmented reality; **AR**，⇒p.38）などを用いて訓練者に提示することも，訓練者の理解を促進する手法として用いられる。

参考文献

1) BWR運転訓練センター，http://www.btc.co.jp/index.html
2) 柏原昭博，伊東幸宏 編：特集「学習支援の新しい潮流－学習科学と工学の相互作用」，人工知能学会誌，**21**, 1, pp.51-98 (2006)

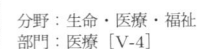

蛍光トモグラフィ
[英] fluorescence tomography

蛍光（⇒p.353）を発し，かつ特定の生理学的あるいは病理学的情報を与えることができる物質を生体内に導入し，体表面で観測される蛍光のデータから，内部に存在している蛍光物質の濃度分布や蛍光寿命などの特性を画像として求めて，それらの画像により生理学的あるいは病理学的情報を得ようとする技術が，蛍光トモグラフィである。

蛍光を用いたこの技術は，新薬開発や遺伝子発現研究などにおいて，小動物を用いた実験に利用することが容易であるため，**分子イメージング**（molecular imaging）の一手法として急速に注目され発展している。ヒトへの応用は，乳房を対象とする場合や内視鏡を用いた手法以外では，体内に導入する薬剤の毒性の問題や，体内深部からの蛍光検出が困難であることなどから，まだ解決すべき課題が多く，将来のテーマと考えられている。

A. 励起光・蛍光の生体内伝播モデル

蛍光トモグラフィには生体による吸収が弱い**近赤外光**（near infrared light）が用いられるが，可視光や近赤外光は，生体内を直進するX線とは異なり，生体組織により強く散乱される。そのため，蛍光トモグラフィはX線CTのアルゴリズムでは実現できず，生体内光伝播を記述する基礎方程式に基づいた**逆問題**（inverse problem）解法（⇒p.84）のアルゴリズムが必要である。生体内光伝播を記述する厳密なモデルはふく射輸送方程式であるが，偏微分積分方程式であるため，解法が容易ではない。1 cmを超える生体組織に対しては，拡散近似が適用でき，**光拡散方程式**（photon diffusion equation）が用いられる。

励起光（添え字x）と蛍光（添え字m）のそれぞれに対する時間依存の光拡散方程式は，式(1), (2)となる。

$$\frac{1}{c}\frac{\partial \phi_x}{\partial t} = \nabla \cdot (D_x \nabla \phi_x) - (\mu_{ax} + \varepsilon N)\phi_x \quad (1)$$

$$\frac{1}{c}\frac{\partial \phi_m}{\partial t} = \nabla \cdot (D_m \nabla \phi_m) - \mu_{am}\phi_m$$
$$+ \frac{\gamma \varepsilon N}{\tau} \int_0^t \exp\left(\frac{-(t-t')}{\tau}\right) \phi_x dt' \quad (2)$$

ここで，cは光速，tは時刻，ϕは積分強度，$D = 1/(3\mu'_s)$は拡散係数，μ'_sとμ_aはそれぞれバックグラウンドの換算散乱係数と吸収係数，εは励起光に対する蛍光物質のモル吸収係数，Nは蛍光物質のモル濃度，γは蛍光の量子収率，τは蛍光寿命である。ϕは位置rと時間tの関数であり，D, μ_a, N, τは位置rの関数であるが，見やすくするため省略している。式(2)の右辺第3項が，蛍光を表す光源項である。基礎式(1), (2)において，再構成する未知数は$N(r)$と$\tau(r)$であり，バックグラウンドの光学特性値$\mu'_s(r)$（⇒p.174）と$\mu_a(r)$は既知であることが望ましい。εとγは蛍光物質の物性値であり既知である。基礎式(1), (2)は，適当な境界条件と初期条件のもとで有限要素法（⇒p.335）などにより解かれる。

体表面r_bで測定される光強度$\Phi_i(r_b,t)$（$i=x$またはm）は，表面での外向き法線方向をnとして式(3)で表される。

$$\Phi_i(r_b,t) = -D(r_b)\frac{\partial \phi_i(r_b,t)}{\partial n} \quad (3)$$

励起光を数十MHzで強度変調する場合は，式(1), (2)を周波数領域に変換し，また，励起光が連続光の場合には左辺はゼロで，変数tを無視すればよい。

B. 画像再構成アルゴリズム

生体表面での励起光および蛍光の測定データ$\Phi_i(r_b,t)$から蛍光特性$N(r)$と$\tau(r)$を再構成するアルゴリズムは，蛍光特性を仮定して式(1), (2)を解き，$\Phi_i(r_b,t)$の計算結果が測定結果と一致するように蛍光特性をアップデートするプロセスを繰り返す，逆問題解法に基づく。蛍光特性のアップデートには，$\Phi_i(r_b,t)$の計算結果と測定結果の差に基づいて，各種の手法を用いることができる。基本的には，**拡散光トモグラフィ**（diffuse optical tomography, ⇒p.68）のアルゴリズムの拡張である。

励起光の測定データを必要とせず，蛍光の測定データのみで画像を再構成する方法として，トータルライト法が提案されている。励起光の波長と蛍光の波長が数十nmしか違わないことから，$D_x = D_m$, $\mu_{ax} = \mu_{am}$と仮定して式(1)と(2)を整理すると，$\Phi^*_m(r_b,t)$を蛍光寿命が0のときの$\Phi_m(r_b,t)$としてトータルライト

$$\Phi_t(r,t) = \frac{\Phi^*_m(r,t)}{\gamma} + \Phi_x(r,t)$$

を定義できる。これを利用することにより，蛍光の測定データのみで画像を再構成可能となる。

再構成画像の空間分解能や蛍光特性の忠実度などの画質を改善するために，X線CTや拡散光トモグラフィの画像を利用する方法も研究されている。

参考文献

1) E. M. Sevick-Muraca, et al.: *Biomedical Photonics Handbook* (T. Vo-Dinh ed.), Chap.33, CRC Press (2003)

2) A. Marjono, et al.: *Opt. Exp.* **16**, 19, pp. 15268–15285 (2008)

3) Y. Lin, et al.: *Opt. Exp.* **18**, 8, pp.7835–7850 (2010)

経済データ分析における機械学習
[英] machine learning for analyzing economic and financial data

シミュレーションによる経済データ分析には，経済システム全体をモデル化してシミュレーションを行うものと，マルチエージェントを用いてシミュレーションを行うものとがある．機械学習は，いずれの場合においても，よりもっともらしいシミュレーションを行うための重要な技術である．

A. 経済モデルのための機械学習

経済データの特徴は，データが時系列をなすことである．過去データから時系列モデルを推定するために，機械学習の技術が用いられる．

最も単純なモデルは f を線形和で表す**線形回帰モデル** (linear regression model)[1] であり，直近の m 個の観測値からつぎの観測値 x_t を求める式は，つぎのように表される．

$$x_t = a_0 + \sum_{i=1}^{m} a_i x_{t-i} + \epsilon_t$$

ここで m は説明変数の数で，次数と呼ばれる．また，ϵ_t は残差と呼ばれ，平均0，分散 σ^2 の正規分布に従う独立な確率変数であるホワイトノイズ（白色雑音）と仮定する．このモデルは，時系列解析の分野では AR モデルと呼ばれており，$AR(m)$ と表される．

時系列モデルの推定には，最小二乗法や最尤推定が用いられる．**最小二乗法** (least squares)[1] は，モデル f の出力と実際の値の二乗和誤差

$$E = \frac{1}{2} \sum_{t=N}^{N} [x_t - f(x_{t-1}, \cdots, x_{t-m})]^2$$

を最小化する手法である．**最尤推定** (maximum likelihood estimation; **MLE**)[1] は，モデルが f のときの観測確率 p に対する対数尤度

$$l = \mathrm{E}_X [\log p(X|f)]$$
$$\approx \frac{1}{N-m} \sum_{t=m+1}^{N} \log p(x_t|f)$$

を最大化するモデル f を求める手法である．モデルに潜在変数が含まれるとき，潜在変数の期待値を求めた上で対数尤度を最大化することを繰り返す EM アルゴリズム[1]が用いられる．潜在変数の確率分布を仮定しない場合は，潜在変数の期待値を推定するのにマルコフ連鎖モンテカルロ法 (MCMC)[1] が用いられる．

B. マルチエージェントシミュレーションのための機械学習

マルチエージェントを用いた経済シミュレーションにおける機械学習の技術は，エージェントが行動規則を学習するミクロな学習と，シミュレーションパラメータを最適化するマクロな学習に分けられる．また，エージェントがシミュレーション前に学習するものをオフライン学習といい，エージェントがシミュレーション中に学習するものをオンライン学習という．

(1) エージェントの行動学習 エージェントが行動規則を学習して環境に適応することによって，よりもっともらしく振る舞うエージェントによるシミュレーションを行うことができる．行動規則の学習には，試行錯誤を通じて将来にわたって得られる報酬を最大化する**強化学習** (reinforcement learning)[2] や，生物の進化をモデル化した**遺伝的アルゴリズム** (genetic algorithm; **GA**)[2] などが用いられる．

エージェントの行動学習に関する技術の多くは，単体のエージェントによる静的な環境での学習を対象としており，複数のエージェントが同時に学習する場合には，動的な環境で学習する手法が必要となる．また，個の効用だけでなく，自分が所属するグループ全体の効用の最大化についても考慮しなければならない．

経済シミュレーションでは，短期的なシミュレーションならオフライン学習でも大きな問題は生じないが，長期的なシミュレーションを行う場合はオンライン学習を行うことが望ましい．

(2) シミュレーションパラメータの最適化 よりもっともらしいシミュレーションを行うためには，シミュレーションに参加するエージェントの数や，タイプが異なるエージェントの構成比など，シミュレーションパラメータを最適化することも必要となる．シミュレーションパラメータの最適化は，大規模な組み合わせ最適化問題となることから，GA が用いられることが多い．

オンライン学習を行うシミュレーションにおいて，シミュレーションパラメータを最適化する場合には，エージェントの行動学習に関するパラメータの最適化も同時に行われる．

参考文献
1) C. M. Bishop 著，元田 浩ほか 監訳：パターン認識と機械学習―ベイズ理論による統計的予測，シュプリンガー・ジャパン (2007, 2008)
2) S. Russell, P. Norvig 著，古川康一 監訳：エージェントアプローチ人工知能，共立出版 (2008)

分野：人間・社会
部門：経済・金融 [VI-3]

経済ネットワーク
[英] economic network

経済ネットワークは，経済主体（企業，銀行，家計など）がそのノードをなし，それら主体間の相互作用がリンクをなしている。経済ネットワークの構造が重要なのは，そのリンクが経済主体間の依存性を意味しており，例えば需要や価格変動の伝播，連鎖倒産といった，依存関係に必然的に伴うネットワーク効果を理解する上できわめて重要だからである。

A. 多元的な関係性

実体経済の基幹は，企業がその上流の企業から原材料や商品などの中間財となる財やサービスを買い，それに付加価値を付けて，その下流にある企業，最終的には消費者に売るという生産（production）である。付加価値を次々と付けていくこれらの過程全体は，経済主体が複雑に絡み合いながら，上流から下流にわたる巨大なサプライチェーンを形成しており，国内だけでも数百万社以上の企業が，数千万から億にものぼる数の動的な有向グラフを形成していると考えられる。

このネットワークの各ノードでは，原材料や中間財に加えて，労働（labor）と金融（financing）も必須である。これら生産・労働・金融は経済活動の最も基本的な基盤であるので，経済主体間の主要なリンクは必然的に多元的な関係であり，ノード間に異種の関係性が生産・金融・労働市場のリンクとして存在する。下図はそのごく一部を，企業，銀行とその間の**サプライチェーン**（supply chain）（実線），銀行間金融（破線），銀行・企業間金融（点線）について示したものである。

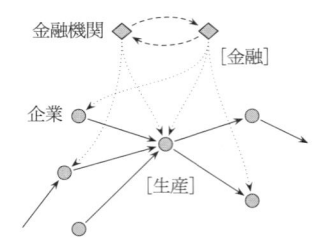

それ以外にも，企業間の資本関係，金融市場からの調達，また金融機関の決済システムがあり，家計の役割として労働の供給，消費者なども経済ネットワークの重要な一部である。

B. ダイナミクス

生産ネットワークでは，おのおのの取引リンクは信用関係（credit relationship）を表す。例えば，仕入先企業への支払いは通常一定の期間中に行うという信用に基づいて行われる。関連会社・子会社間で行われる貸借や，金融機関からの借入金，労働者の賃金も信用をベースにしているといえるであろう。このような依存関係を表すリンクは，経済主体間の影響の受けやすさという意味も持っている。

いま，ある企業が倒産すると，その上流側にいる企業は売掛金が回収できなくなる可能性がある。貸し手の債務がしだいに集積していくと，その企業も結果的に倒産する可能性があり，これは**連鎖倒産**（chain of bankruptcy）と呼ばれる。このような連鎖リスクのダイナミクスのモニタリングや制御には，各ノードのリンク数の分布（次数分布），各リンクの両端にあるノードの属性（リンク数，サイズ，産業，地域特性，コミュニティ等）の相関構造，密なつながりのクラスタコミュニティ構造などの把握が重要となる。

また，その構造はシステム全体の**脆弱性**（fragility）と表裏一体となっているので，経済主体間の依存性と系全体の脆弱性をシミュレートし評価することができるようなモデリングとシミュレーションの技術が求められており，大規模な経済シミュレータの構築が模索されている。

なお，経済学のより広い背景とのつながりはEasleyら[1]，ネットワーク上でのダイナミクスの数理はNewman[2]，経済ネットワークのいくつかの側面についてはAoyamaら[3]，Schweitzerら[4]とそれらに含まれる文献を参照されたい。

参考文献

1) D. Easley and J. Kleinberg: *Networks, Crowds, and Markets — Reasoning About a Highly Connected World*, Cambridge University (2010)

2) M. Newman: *Networks — An Introduction*, Oxford University (2010)

3) H. Aoyama, Y. Fujiwara, Y. Ikeda, H. Iyetomi, and W. Souma: *Econophysics and Companies — Statistical Life and Death in Complex Business Networks*, 4〜6章, Cambridge University (2010)

4) F. Schweitzer, G. Fagiolo, D. Sornette, F. Vega-Redondo, and D. White: "Economic Networks — What do we know and what do we need to know?", *Advances in Complex Systems*, **12**, 407 (2009)

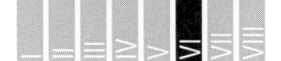

分野：人間・社会
部門：経済・金融 [VI-3]

経済物理
[英] econophysics

経済物理とは，物理学で培われてきた方法論を，経済現象の解明に応用することにより，数理的・実証的理解を目指す学際的研究領域の一つである．特に，統計物理学で重要とされる微視的視点 (microscopic) と巨視的視点 (macroscopic) との関係から，経済活動に対する理解を深める研究が精力的になされている．経済物理は物理の気風である自由の風潮に基づき，積極的にこれまでになかった方法論・研究対象・モデルを経済学に持ち込むことにより，新しい潮流を作り出しつつある．

A. 微視的モデルと巨視的モデル

企業・家計・政府（あるいは生産者・消費者）として分類される**経済主体** (economic actor) の活動を微視的視点からモデル化し，経済活動全体を経済主体間のネットワーク上での相互作用の**総体** (aggregation) として捉える研究や，トレーダー間での証券と貨幣の交換を通じて市場価格が決定されるとするモデルによって，金融市場の価格変動の説明を行う研究がある．金融市場の研究では，トレーダーをファンダメンタリストとノイズトレーダーとに分類し，属性間の遷移を考慮することもある．

B. 計算機の発展

経済物理の研究は，1990年代初頭に主として統計物理学や情報科学などの学際的分野で始まった．このような研究が可能になった背景として，1980年代から始まったコンピュータの普及と，社会の電子化（高度情報化社会の出現）が挙げられる．特に，1990年代後半から経済活動に関するデータの蓄積とコンピュータの処理速度・記憶容量の充実により，大量の経済データをコンピュータによって高速に処理することができるようになった．そのため，それ以前の経済学では注目されてこなかった分析手法が研究されるようになった．特に異質的エージェント間のネットワーク上での情報伝達を通じた相互作用が，われわれの経済活動を表現する適切なモデルと考え，**エージェントベースシミュレーション** (agent-based simulation; **ABS**) や，大量の経済データを用いた研究が行われている．

C. 実証分析

多くの研究者は大量の金融データ，企業データ，資産データを用い，エージェント間の相互作用とデータの示す統計的性質を考慮して，経済現象のモデル化，定量化，推定，予測を主たる研究活動としている．また，経済データの背後に存在するデータ生成メカニズムの物理的な仕組みに着目し，エージェント間の相互作用の因果関係に注目して，理論構築と実証的な理論検証を行うことを特色とする．

D. Pareto分布

Paretoによって発見された富xの累積分布関数が**べき乗則** (power law) に従う性質[1]がある．

$$P(\geq x) \propto |x|^{-\alpha} \qquad (\alpha > 0)$$

富の分布に見られるべき乗則は，個人所得や資産，企業損益や企業資産において共通して観測され，少数のエージェントが大部分の収入や富を得ることを示している．このような不平等性が生じるメカニズムを明らかにするために，経済物理の研究者は古典的経済理論で導入される，**代表的エージェント** (representative agent) に対して，**異質的エージェント** (heterogeneous agent) の概念を提案している．そして，異質的エージェントがネットワーク上で生産財・消費財・知財と貨幣とを交換することにより，富のべき乗則が生じることを理論的に示している．

E. ファットテール性

Mandelbrotにより指摘された，金融市場の対数収益率rの確率密度関数に見られるファットテール性 (fat tailedness)

$$p(r) \propto |r|^{-(\alpha+1)} \qquad (\alpha > 0)$$

に着目した多くの研究がある[2]．この金融市場で観測される対数収益率rの確率密度関数を再現するために，これまで多くの時系列モデルが計量経済学・金融工学を中心に研究されてきた．しかしながら，既存の研究では時系列モデルの提案とパラメータ推定方法に強い関心が持たれてきたため，エージェントモデルと時系列モデルとを橋渡しする研究は多くはなされてこなかった．経済物理では，金融市場の価格生成過程をエージェント間の相互作用から考えることにより，エージェントモデルから時系列モデルを演繹的に導出する研究が積極的に行われている．

参考文献

1) 青山秀明，家富　洋，池田裕一，相馬　亘，藤原義久：経済物理学, 共立出版 (2008)

2) R. N. Mantegna and H. E. Stanley: *Introduction to Econophysics: Correlations and Complexity in Finance*, Cambridge University Press (2000)

分野：機械
部門：計算力学・設計工学・感性工学・最適化 ［III-5］

計算力学（ナノテクノロジー）
[英] computational mechanics（nano-technology）

ナノテクノロジーは，2001年に米国の国家的戦略研究目標に設定されて以来，競争的研究資金獲得の優位さもあって，世界的に活発化された技術分野である．特定の共通な指導原理が存在するわけではなく，従来技術をナノスケールで実現した際に生じる特異な現象の抽出と解明，およびそれらの応用といった展開が「ナノテクノロジー」という名称のもとで進められているといえる．このような機運を生んだきっかけとしては，フラーレンやカーボンナノチューブ等の従来の分子の概念ではきわめて大きな構造単位の物質群の発見と，走査トンネル顕微鏡や原子間力顕微鏡をはじめとするnmからサブnmスケールで構造を直接観測する実験手段の実現がほぼ同時期になされたことが考えられる．その後，ソフトマター等の従来からnmスケールの問題を取り扱ってきた分野も取り込んで，きわめて幅広い技術領域を構成している．

半導体素子の構成部を従来のサブミクロンからナノスケールにスケールダウンすることによる集積度の向上や量子効果の利用，多様な機械の機構をナノスケールで実現することによるナノマシンの開発，ナノスケールで素材の構造や挙動を制御することによるマクロ特性の向上などはトップダウン型のアプローチと呼ばれる．一方で，単分子膜やミセル，コロイドといった分子集合体が示す特異な構造とその性質を研究し応用を開発すること，分子やクラスタ等をナノスケールで制御して配置する技術の開発など，ミクロな構造体がナノスケールで配置された新たな構造とその特性に注目したアプローチはボトムアップ型のアプローチと呼ばれる．後者では，なんらかの条件のもとで自発的に形成される構造に特に興味が持たれており，**自己組織化**（self-organizing）という概念で特異な構造形成が探索されている例が多い．

ナノ構造の実験観測手段，ナノで実現される物性をマクロに取り出す方法，ナノ構造の安定性等実験的方法のみで検討するにはまだ困難な課題が多く，シミュレーションによる取り組みがおおいに期待されている分野である．

A．ナノマテリアルのシミュレーション

フラーレンやカーボンナノチューブ，nmサイズのクラスタ等は，総称して**ナノマテリアル**（nano-material）と呼ばれる．それぞれの構造の特徴（1次元性や表面の割合の多さなど）による特異な物性の発現への期待もあって**電子状態理論**（electronic structure theory）に基づくシミュレーションが行われることが多い[1]．原子やイオンを内包したフラーレン等の電子物性や光学特性，金属ナノクラスタの触媒特性などが密度汎関数法や分子軌道法等によって研究されている．構造の基本単位が大きいため，大規模並列計算の手法開発が重視されている．

B．自己組織構造形成シミュレーション

ボトムアップ型アプローチの対象となるナノ構造体は，低分子の数にして数百個程度以上によって構成され，その自由度の多さのために従来の分子シミュレーションでは扱うのが困難な場合が多い．構造ゆらぎが大きいことも特徴の一つであるため，計算の大規模化とともに安定性の高い時間発展の計算法も重要である．古典力場を用いた全原子型の分子動力学シミュレーションの大規模化とともに，系の振る舞いの支配要因を抽出したモデルによる粗視化シミュレーションの開発も盛んに行われている[2]．生体分子の機能や触媒反応，光励起過程などを含む問題に適用される際には，電子状態理論に基づく計算と古典力場を用いた計算とを相互参照して実行するハイブリッドシミュレーションもしばしば適用されている．

C．ナノデバイスと走査プローブ顕微鏡

ナノデバイスでは，量子細線や量子ドットといった**量子効果**（quantum effect）が発現しうる構造単位の量子状態（おもに電子状態とスピン状態），およびそれら構造単位を制御して配置した際に期待される量子状態の情報の交換/伝達が問題となる．したがって，電子状態計算の大規模化と注目している量子状態の特徴を抽出したモデル系のシミュレーションが重要である．実験的には想定どおりに構造単位が配置されていることを確認する必要があるが，このための主要手段である走査プローブ顕微鏡による像を測定対象の構造や電子状態との関係から解釈し説明する必要があり，そのための方法として，電子状態シミュレーションや電子状態-古典力場系の**ハイブリッドシミュレーション**（hybrid simulation）[3]等が適用される．

参考文献

1) 例えば，T. Akasaka, F. Wudl, and S. Nagase (eds.): *Chemistry of Nanocarbons*, John Wiley (2010)

2) 例えば，A. Jusufi, R. DeVane, W. Shinoda, and M. L. Klein: *Soft Matter*, **7**, 1139 (2011)

3) 例えば，S. Ogata, Y. Abe, N. Ohba, and R. Kobayashi: *J. Appl. Phys.*, **108**, 064313 (2010)

分野：機械
部門：計算力学・設計工学・感性工学・最適化 [III-5]

計算力学（バイオ）
[英] computational mechanics（bio）

生物が関わる幅広い時間と空間に対応して，バイオ分野における計算は，さまざまな時空間を対象とする．時間に関しては，生体分子の電子状態変化や化学結合伸縮振動に関わるフェムト（10^{-15}）秒領域から，生命の進化に関わる数十億年の領域までが対象になる．空間に関しては，生体内の電子や原子レベルの問題に関わるオングストローム（10^{-10} m）から，通常の生物圏である地球に及ぶ範囲を対象とする．また，遺伝子などのバイオに関わる大規模データを情報と考えることで，さまざまな計算による分析が実行されている．

バイオにおける計算，特にシミュレーションの目的は，これまで知られている現象の分析や，想定される条件下における現象の予測といった，他の分野でのシミュレーションと共通する目的に加えて，複雑なデータを再現するモデルを構築するためにも使われる．例えばバイオ分子レベルでは，複雑な実験データを再現するように分子立体構造を構築したり，立体構造精密化を実行したりすることが，日常的に行われている．

バイオにおけるシミュレーションのためのモデル化の手法は，対象とする現象に応じて多岐にわたる．モデル化の方法としては，物理的・化学的原理に基づいたモデル化や，統計データの分析に基づいて統計モデルを構築する方法，実験や観測によって得られた時空間データに基づいた数理モデルを立てる手法などがあるが，複数の原理に基づいてモデルを構築することも頻繁に行われているため，これらを厳密に区別することは困難である．シミュレーションが既知の現象を良く再現するかを検証することで，モデルのパラメータや基礎方程式が修正されて，再計算されることも多い．

バイオにおける計算は，バイオに関わる研究が進むにつれて，さまざまな分野から発展してきた歴史的経緯がある．そのため，多岐にわたる研究分野が複雑に関係しながら発展してきた．例えば，捕食者と被食者の関係を表す古典的モデルである**ロトカ・ヴォルテラ方程式**（Lotka-Volterra equation）は，生態学と密接に関係して生まれてきた．バイオ分子シミュレーションは，1950年代からコンピュータの発展とともに台頭してきた分子シミュレーションと同時に発展してきた．また，ゲノム解読を端緒とするバイオ分野における網羅的オミックス（omics）研究は，遺伝子進化シミュレーションや代謝シミュレーションなどを可能にしてきている．ここでは代表的なものとして，A. 数理生物，B. バイオ分子シミュレーション，C. 代謝シミュレーションを取り上げる．

A. 数理生物
生命現象のあらゆる数理が対象になりうる．代表的なシミュレーションの例として，個体群のダイナミクス，疾患流行のダイナミクス，形態形成，パターン形成，適応と進化のダイナミクスなどがある．

B. バイオ分子シミュレーション
分子レベルのバイオ系のシミュレーションに用いられるモデルは，他のナノレベルのシミュレーションとほぼ同じである．量子力学（quantum mechanics）と対応して，原子レベルのモデルは分子力学（molecular mechanics）と呼ばれる．バイオ系では，アミノ残基や核酸残基などを原子よりも大きい粒子で表す粗視化モデル（coarse grained model）もよく用いられる．計算には，**量子化学計算**（quantum chemistry calculation），**分子動力学法**（molecular dynamics），モンテカルロ法，**基準振動解析**（normal mode analysis）などが用いられる．

（1）立体構造構築・立体構造精密化 今日ではX線結晶解析・核磁気共鳴・低温電子顕微鏡などから原子レベルでの立体構造モデルを構築し，実験データをなるべく再現するように，モデルの最適化・精密化をする過程で，分子シミュレーションが用いられる．

（2）機能解析・物性解析 生体分子システムの機能原理の解明や物性解析のために，分子シミュレーションは広く使われている．

（3）立体構造予測・モデリング 立体構造が未知のバイオ分子の立体構造予測，分子複合体の構造予測，既知の分子立体構造に基づく新規分子の立体構造モデリングなどがある．薬剤になりうる分子のスクリーニングや設計などにも用いられる．

C. 代謝シミュレーション
多数の要素が関わる生体内の代謝反応過程を，反応速度論などに基づく多数の微分方程式などによってモデル化し，数値的に解くことでシミュレートする．

参考文献
1) 岡崎 進，岡本祐幸 編：生体分子系のコンピュータ・シミュレーション（化学フロンティア8），化学同人 (2002)

計算力学（流体）
[英] computational mechanics（fluid）

A. 流れのシミュレーション

流れの計算機シミュレーションは，種々の流れの現象を**ナヴィエ・ストークス方程式**（Navier-Stokes equation）などの数理モデルで捉え，これを離散化して有限個の未知数を求める連立方程式などとし，計算機処理を行って得られる数値解を理解しやすい方法で表示しようとするものである。このような数値解析による現象の検討・予測は，大量の計算を短時間にこなすことを可能にした計算機の大型化・高速化に負うところが大きい。しかしながら，最終出力に至るまでにいくつかの操作を踏むので，原理的・人為的誤差ないしは見逃しを誘引する可能性に注意を要する。「初めに現象ありき」の立場から見れば，現象を確かめる手段としての原点は現象そのものの正確な観測か，理論に裏付けられた実験かであるが，流れに関するバリエーションを持たせた実験は，その測定手段も含めて必ずしも容易ではない。そこに計算機シミュレーションの応用性を見出すことができるわけであるが，実験との相補性が必要であることに，つねに留意しなければならない。

シミュレーション結果の信頼性を高めるには，その結果が普遍性のあるものであることをなんらかの形で示す必要があるが，特に**乱流現象**（turbulent phenomenon）のシミュレーションに関しては，いろいろと検討の余地を残している。しかしながら，シミュレーションを実験の相補的手段として試みる場合，渦動粘性係数にすべての不明点を帰着させて，平均流に対する**レイノルズ方程式**（Reynolds equation）（形式的には，層流の場合のナヴィエ・ストークス方程式と同じ）を出発点に置き，この平均流が正確に求まれば，シミュレーションの目的がほぼ達せられる場合もある。渦動粘性係数をいかに決めるかは，いつも問題になるところであるが，いったん既知と仮定しよう。するとつぎなる問題は，その方程式をいかに精度良く解くかである。これには有限体積法（古くは差分法と呼ばれた）や有限要素法など種々の解法がある。しかし，いずれも**レイノルズ数**（Reynolds number）が大きくなると，離散度が有限なメッシュでは，それに依存する人工粘性をいかに少なくするかが問題になる。

古くより，数値解析研究者の多くの努力が人工粘性を少なくすることに注がれているが，いまだ完全な解決を見たとはいいがたい。また，計算費用の観点からは，何度もメッシュを変更して再計算することは，一般には不可能である。現実的なアプローチは，妥当と思われるメッシュを一つ固定し，その上で構築された離散モデルとしての近似スキームを解くことである。その際，実質的な粘性係数は，離散化による人工粘性を加味した実効的な値を考えることになる（ケーススタディや逆問題を解くことにより探すことが多い）。このような観点からは，近似スキームはナヴィエ・ストークス方程式の有限体積（差分）近似（⇒p.334）や有限要素近似というよりも，現象の離散モデルというほうがふさわしい。ただ，この場合の離散モデルは，前述の計算結果の普遍性を追求されるといささか苦しくなる。メッシュ依存性に対する問題を完全に払拭していないからである。この意味において，理想化された極限状況としての偏微分方程式を真のモデルとし，有限体積法（差分法），有限要素法（⇒p.335）によるその近似を考えるという伝統的な数理物理学のアプローチは，離散化誤差のみが問題になるので，理論的な取り扱いを容易にしている。けっきょく解析者のとりうる道は，必要に応じて詳細な数理モデルを採用し，それをできるだけ正確に近似して，離散モデルに応じたデータを採用し，所望の結果を得ることである。モデルの不正確さをそれに対応したデータで補うことにより，不正確さをある程度カムフラージュできる。このようなシミュレーションの柔軟性が，時としてシミュレーション不信を招くのであるが，現象の定式化，離散化，それに応じたデータ作りの各ステップの正確さを少しずつ増していくことにより，その信頼性がしだいに高まっていくことも明白である。

B. シミュレーション手法と応用例

流体あるいは熱などに関わる物理現象の多くは，非線形偏微分方程式で記述されるので，特殊な場合を除いて，解を求めるのが困難な場合が多く，このため昔から多くの近似解法が考案されてきた。

特に高速のディジタル計算機を前提とした偏微分方程式の近似解法としては，有限体積法（差分法）と有限要素法がよく用いられる。いずれも連続場で求める方程式の解を有限個の分割点における値で代表し，連立方程式あるいは漸化式などに帰着させるが，それぞれの適用分野によって発展の度合いが異なる。**非圧縮性粘性流**（incompressible viscous flow）の解析でも，有限要素法のほうが歴史的に新しいといえるが，最近では境界要素法（⇒p.65）など他の解法も研究されている。応用分野も圧縮流，混相流，燃焼流，それらの乱流と広がり，希薄流の解析などでは粒子法なども用いられ，マルチスケール解析も活発になってきている。

計測技術
[英] instrumentation technology

　計測は文字どおりに解釈すると「はかる」ことである．実在する「物」について，ある量をはかることである．「はかる」ことは，はるか昔に人類が獲物を分けたり，物を交換したりした時代から発達してきた概念であり，寸法の大小，量の大小は人類の共同生活に大切な役目を果たしてきた．現代におけるものさし，計量カップ，はかりによる科学的計測技術もその延長上にあり，人類の永年にわたる英知の結晶といえる．計測は単なる精密な測定だけではない．測定することによって数値化されたデータを処理し，目的に適して有益となるように，その結果を活用する技術までも含んでいる．

A. 計測結果の不確かさ解析
（1）誤差と不確かさ　測定という行為には必ず不確かさを伴うが，どの程度の不確かさなのかが評価できなければならない．測定値と真の値との差として**誤差**（error）が定義されてきたが，真の値は永遠にわからないという本質的なことを考えると，それによって評価するのは不適切であると判断されるに至った．そして，測定結果は必ずばらつくものであると考え，計測する過程で考えられるばらつきの要因すべてを**不確かさ**（uncertainty）という概念で包含している．従来の誤差評価では，測定結果にばらつきを引き起こす**偶然誤差**（accidental error）と，測定結果に偏りをもたらす**系統誤差**（systematic error）というものを考え，その概念に従ってそれぞれを評価していた．しかし，一つひとつの誤差の要因を考えていくと，この要因が偶然なのか系統なのか不明確な場合が多く，混乱や矛盾を生んでいた．そこで，従来偶然誤差と系統誤差に分けられていたものも，すべてばらつきの要因と考えることにする．

　測定結果（一連の測定データの平均を求めたり，一定の補正をしたのちの平均の推定値を求める）の不確かさを評価するためには，まず要因（ばらつきの要因と考えられる量）ごとに標準偏差または標準偏差の推定値を求める．これを標準不確かさ（standard uncertainty）という．そして，標準不確かさの重み付き二乗和の平方根を求め，測定結果の不確かさの値とする．これを合成標準不確かさ（resultant standard uncertainty）という．

$$u_c(y) = \sqrt{\sum_i c_i^2 u^2(x_i)}$$

ここで，$u_c(y)$ は測定結果 y の合成標準不確かさ，$u(x_i)$ は要因 x_i の標準不確かさ，c_i は x_i の y に与える影響の大きさである．

　測定値の存在する区間を表す尺度としては，**拡張不確かさ**（extended uncertainty）を用いる．真の値がこの範囲内にあることを前提としているわけではないが，統計でいう**信頼区間**（confidence interval）と同じ形をしている．

$$U = k u_c$$

ここで k は係数（coverage factor）であり，通常2が使われる．

（2）誤差伝播　測定は，**直接測定**（direct measurement）と**間接測定**（indirect measurement）とに大別できる．直接測定では，測定量をそれと同種類の基準量と比較して測定する．間接測定では，測定したい量と一定の関係にあるいくつかの量について測定を行って，その関係式から測定値を導き出す．間接測定される値にここの直接測定における測定値のばらつきがどのように伝播する（影響する）かは，誤差伝播の法則を用いて評価される．

（3）相関と回帰　測定データの中から規則性を見出したい場合には，相関係数や回帰曲線を求めることがよく行われる．測定にはばらつきがあるので，相関や回帰曲線は重要な役割を果たす．いくつかの測定値の間に相関が強いということになれば，ある関数が想定される．想定した関数に測定値を代入して生じる残差を2乗し，各測定点での残差の2乗の総和を最小にする関数の係数を求める方法は，**最小二乗法**（least square method）として知られている．

B. 計測法
　計測にはいろいろな量の計測があるが，機械計測に分類される量としては，長さ，質量，時間などの力学量，温度，熱量などの熱学量，圧力，流量，流速などの流体量など，多様な計測が含まれる．

　近年，計測技術の発展はめざましく，CNC型3次元測定機やレーザおよび画像計測機など，オプトメカトロ技術を駆使した高精度な自動計測器が普及している．これらの最新型計測器は非常に便利であるが，測定対象や測定環境に合わせた適切な測定条件の設定や，測定対象を考慮した適切な測定基準軸の設定などは，測定者の技量に委ねられており，計測に関する基本的な事柄を理解していなければ，十分に使いこなすことはできない．

参考文献
1) 工業調査会 編：計測機器の原理百科, 工業調査会 (1997)
2) 鈴木亮輔ほか：計測工学, 昭晃堂 (2002)

計測原理
[英] principle of instrumentation

A. 直接計測と間接計測
　計測とは対象を定量化し情報化することであり，あらゆる科学・工学の基礎である．一般に物理量の測定は，測定量と基準量を直接比較する直接測定と，測定したい量と因果関係のある別の量を測定し，計算によって知りたい測定値を得る間接測定とに分類される[1]．非侵襲計測，非破壊検査，リモートセンシングなど，**間接測定**（indirect measurement）法の重要性が近年ますます高まっている．

B. 順問題と逆問題
　計測したい物理量の分布を $s(x)$，観測データの分布を $d(x)$ とするとき，両者の因果関係は，第1種のフレドホルム型積分方程式 $d(x) = \int g(x,x')s(x')dx$ の形で表されることが多い．ただし x, x' は時空間変数，$g(x,x')$ は物理場から決まる積分核である．$s(x)$ から $d(x)$ を求める問題は順問題，$d(x)$ から $s(x)$ を求める問題は**逆問題**（inverse problem）と呼ばれる．特にシフト不変性を有する $g(x,x')$ に対して上式は畳み込み積分となる．形式的には，d, g のフーリエ変換を D, G とすれば，s のフーリエ変換は（$G=0$ となる周波数以外で）D/G と表され，逆フーリエ変換により s が求まる．しかし，G の高周波ゲインが小さい場合，データ中に含まれる観測ノイズの微小な高周波成分が G の除算により拡大され，推定解に真の解とは異なる大きな高周波成分が混入する．これが逆問題の解の不安定性である．よって，間接計測系の設計においては，s の高周波成分を損失なく d に変換する物理場 g の選択がまず重要である．例えば合成開口レーダに見られる能動的波動場計測がその典型である[2]．その上で，目的信号以外の変量の影響を除去する信号選択性の良い計測手段[3]，および，高周波ノイズの推定解への影響を減らす正則化解法が肝要となる．

C. 信号選択性の良い計測法
　（1）**偏位法・零位法**　　測定量を別の量に変換して測定するオープンループ型の偏位法に対し，測定量と基準量の差が零となるようフィードバックループを用いる測定法を零位法という．零位法の利点として，平衡状態で対象とのエネルギーのやりとりがなくなり対象への影響が最小限となる，また，測定量と基準量の差を見るためレンジが小さくてすみ，高感度化が容易である，などが挙げられる．
　（2）**差動計測法**　　空間的に対称に配置された二つのセンサ出力の差分を計測することで，両センサに同相・対称に混入するノイズ成分を抑え，両センサに逆相・反対称に入力される信号成分を高精度に検出する方法である．ホイートストーンブリッジ，差動トランス，8の字コイルなど，高精度な測定法に普遍的に見られる．
　（3）**補償法**　　対象となる物理量以外に複数の要因のノイズ成分が含まれるとき，差動構造で取り除けないノイズ成分に主たる感度を持つ測定系を用い，その成分を取り除く方法である．
　（4）**相関計測法**　　測定したい物理量を既知の参照信号により変調して測定した上で，参照信号との相関処理により，ノイズ成分の影響を抑え，目的の信号のみを選択的に検出する方法である．参照信号を一定周波数の正弦波とするロックイン計測が代表例である．

D. 逆問題の正則化解法
　（1）**線形解法**　　s と d の積分方程式において，s のサポート，および観測点を有限の点に限定すれば，線形方程式 $\bm{d} = G\bm{s}$ を得る．ここで $\bm{s} = [s(x_1'), \cdots, s(x_M')]^T$ は推定したい解，$\bm{d} = [d(x_1), \cdots, d(x_N)]^T$ は観測ベクトルであり，行列 G の (i,j) 成分は $g(x_i, x_j')$ である．ムーア・ペンローズ一般逆行列 G^+ を用い，$\bm{s} = G^+\bm{d}$ により最小二乗解・ノルム最小解を求めると，G が悪条件のときは，小さい特異値の除算により微小ノイズが拡大される（不安定性）．これを抑えて滑らかな解を得るのが**正則化**（regularization）であり，打ち切り特異値分解，Tikhonov の正則化法や，先験情報を用いた最大事後確率推定などがある[4]．
　（2）**非線形解法**　　推定解の物理的制約や先験情報から $s(x')$ を未知パラメータを含む既知関数系で表現し，パラメータ推定により $s(x')$ を再構成する手法もよく用いられる．この場合 $g(x,x')$ の関数系に応じ，観測データが未知パラメータの非線形関数となるため，非線形最適化が必要となり，初期値選定や局所最適解の回避が重要となる．近年，観測データ中の支配的な周波数成分から大域最適解を直接再構成する解法も種々の系で提案されている．

参考文献
1) 真島正市，磯部　孝 編：計測法通論，東京大学出版会（1974）
2) 安藤　繁：合成開口レーダと間接計測技術，計測と制御，**22**, 2, pp.209–218（1983）
3) 山崎弘郎ほか 編：計測工学ハンドブック，朝倉書店（2001）
4) 久保司郎：逆問題，培風館（1992）

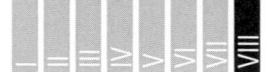

分野：通信ネットワーク
部門：無線ネットワーク ［VIII-2］

携帯電話システム
［英］cellular system

携帯電話方式は、「いつ」「どこでも」「だれとでも」通信できる利便性を有し、いまや1人1台の携帯端末を保有する程度に全世界で広く普及している通信システムである。

A. 携帯電話システム

第1世代のアナログ方式では、異なる周波数の無線チャネルを異なる通信者に割り当てる、**周波数分割多重アクセス**（frequency division multiple access; **FDMA**）が用いられた。第2世代（2G）のディジタル方式では、同一の無線チャネルの複数の時間スロットを異なる通信者に割り当てる**時間分割多重アクセス**（time division multiple access; **TDMA**）が採用された。

大容量・広帯域モバイルマルチメディアサービスを実現する第3世代（3G）方式（**IMT-2000**（International Mobile Telecommunications 2000）と呼ばれている）が、全世界で広く普及している。3G方式では、同一の周波数帯域で異なる拡散符号を用いて複数通信者の送信信号を多重する、**符号分割多重アクセス**（code division multiple access; **CDMA**）が採用されている。3G方式である**広帯域CDMA**（wideband code division multiple access; **W-CDMA**）やCDMA2000は、2G方式に比較して音声サービスユーザの大容量化を実現している。また、モバイルインターネットの普及により近年飛躍的に増大しているデータトラフィックを効率的に伝送するため、CDMAを用いる高速パケットアクセスのサービスが提供されている。

さらに、さまざまなサービス品質（quality of service; QoS）を有するトラフィックを一元的にサポートするブロードバンドパケットアクセスである、**LTE**（long-term evolution）の導入が開始されている。LTEは、100 Mbps以上のピークデータレート、および既存の3G方式より高い周波数利用効率や、低遅延を実現する。下りリンクでは**直交周波数分割多重アクセス**（orthogonal frequency division multiple access; **OFDMA**）、上りリンクではシングルキャリアFDMAが採用されている。第4世代方式に位置付けられるIMT-Advancedは、1 Gbps以上のピークデータレートを実現し、LTEなどに比較して、さらに高いユーザスループットの向上、大容量化などの高性能化が期待されている。

B. シミュレーションによる性能評価手法

携帯電話方式では、高い周波数利用効率、セル平均およびセル端のスループットの向上などを実現するために、高効率変復調技術、誤り訂正（チャネル符号化）・再送制御技術、無線リソース制御技術、ダイバーシチ技術、マルチアンテナ技術など、さまざまな無線アクセス技術が適用されている。このような高度な無線アクセス技術の性能を評価するためには、計算機シミュレーションが必須である。

シミュレーション評価では、携帯電話システムを構成するさまざまな伝搬チャネル環境、および多数の基地局、移動局からなる複雑な無線リンクをすべて模擬することは現実的ではない。そこで、対象とする技術の評価に特化したモデルが用いられる。無線リンク特性のシミュレーション法は、単一の無線リンクに特化し、比較的複雑な信号処理技術を評価する**リンクレベルシミュレーション**（link-level simulation）、および、複雑な信号処理を省略し、多数の無線リンク接続間の干渉電力を考慮してシステム容量を求める**システムレベルシミュレーション**（system-level simulation）に大別できる。

（1）リンクレベルシミュレーション 単一の送信部の信号処理、受信部の信号処理、およびその間の伝搬チャネルをモデル化し、モデル化した処理をモンテカルロ法に基づいて多くの試行回数分行うことにより、誤り率、スループット等の受信特性を求める。一般にベースバンド等価低域モデルが用いられ、ベースバンドの同相（in-phase）、直交（quadrature）成分から構成される複素信号に無線伝搬チャネルの変動を直接与えて、雑音成分を付加したのちに、受信機での復調、復号処理を行う。

（2）システムレベルシミュレーション 複数セルと多数のユーザ端末から構成される非常に多くのリンク接続を考慮した特性評価を行うためのものである。したがって、試行ごとのシミュレーション時間を短縮し、またシミュレーション規模を縮小するため、一般に送信部、受信部の信号処理は省略し、事前に別途取得したリンクレベルシミュレーションの特性を参照して、多数のリンク接続を考慮した特性を高速に計算する手法をとる。

参考文献
1) 奥村善久, 進士昌明 監修：移動通信の基礎, コロナ社 (1986)
2) 日本シミュレーション学会 編：小特集 移動無線ネットワークとシミュレーション, シミュレーション, **28**, 2, pp.59–90 (2009)

分野：環境・エネルギー
部門：エネルギー [IV-3]

原子力発電
[英] nuclear power generation

原子力発電技術は，原子炉特有の原子核反応や，生物・材料への放射線の影響から，従来の電気・機械・化学工学までを包含する総合技術であり，かつ，実験観察が困難な現象が多いため，先端シミュレーション技術を最大限に活用して，安全性・信頼性を確保している。ここでは，シミュレーションが重要な役割を果たす四つの例を示す。

A. 原子炉の炉心管理

原子炉の炉心管理では，所定の期間にわたって安全性を保ったまま運転を持続でき，かつ燃料経済性に優れた燃料集合体装荷パターンを決定する。また，運転時に炉心の状態を監視し，設計値が妥当であることを計装で確認し，出力変更時などの安全な操作法を策定する。

炉心管理では，**原子炉物理**（reactor physics，⇒p.88）に基づき，変化する燃料組成を評価する燃焼解析が中心的な役割を果たす。燃焼解析では，ある時点の燃料の組成をもとに，臨界となる制御条件と出力分布を中性子核計算と熱水力計算で求め，その出力分布をもとにして，ある時間後の燃料の組成を求めるという計算を繰り返す。

中性子核計算の手法としては拡散法が主流であるが，近年，より精度の高い近似ができる輸送法（⇒p.311）の適用が進んでいる。

B. 原子炉材料の中性子照射損傷

原子炉の炉心近傍で使用される金属材料は，中性子などの放射線照射に曝されて，機械的な特性が変化する。原子炉を安全に運転するためには，この特性変化のメカニズムを理解して，変化量を精度良く予測し，適切な対策を講じることが重要である。高エネルギーの放射線が衝突すると，原子の弾き出しの連鎖により金属結晶の乱れが生じ（ピコ秒，ナノメートルの世界），これが拡散することで偏析などの組織の変化を引き起こし（秒から年，マイクロメートルの世界），結果として機械特性などの特性変化（数年から数十年，センチメートルからメートルの世界）に至る。

メカニズムの理解には，これらの全時間・全空間スケールにおける情報が必要であるが，実験的に取得が困難または不可能であり，第一原理計算，分子動力学法，キネティックモンテカルロ法，転位動力学法などの異なる手法を，目的・時間/空間スケールに応じて使い分ける。また，原子レベルあるいは極短時間での実験観察手法の発展により，シミュレーションと実験の直接的な連携による現象の理解も進んでいる。

C. 原子力発電プラントの安全評価

原子力プラントの安全審査では，そのプラントの安全確保対策が妥当であることを確認する。比較的小型の工業製品であれば，実験を主としてこれを確認することが可能であるが，原子力プラントの場合，原子炉の挙動をシミュレートできる解析コードにより，それを確認することになる。この解析コードでは，原子炉の炉心，冷却系機器などがモデル化され，実際に考えられる外乱から万一の事故までに対して原子力プラントがどのように応答するか評価される（⇒p.96）。

現行の安全解析では，所定の判断基準に照らして解析結果が最も厳しくなる，「決定論的」と呼ばれる手法が用いられている。しかし近年は，コンピュータ性能の向上による解析手法やモデルの高度化の流れを背景に，より現実的な解析結果が得られる解析コードと，解析モデルなどの不確かさの影響を統計的に評価する**統計的安全評価手法**（statistical safety evaluation method）が注目されている（⇒p.87）。

D. 放射性廃棄物処分の安全評価

原子力の持続的利用に不可欠な放射性廃棄物処分の安全性は，例えば地層処分（⇒p.200）では，埋設した廃棄物からおもに地下水によって運ばれる放射性核種の影響を評価して示す。特に放射能濃度が高い廃棄物や，半減期がきわめて長い放射性核種を含む廃棄物については，千年あるいは万年以上の桁の，きわめて長期の将来にわたる安全性の評価が必要である。しかし，これらの工学的な実証は不可能である。そこで，放射性廃棄物処分の安全評価には，将来予測のシミュレーション技術が不可欠となる。

シミュレーション技術の信頼性は安全評価の信頼性に直結するものであり，鉱物表面への放射性核種の収着などの微視的な素反応や，天然母岩の間隙や亀裂中の地下水の流動などの巨視的な物質移行について，実現象をいかに忠実に表現するかが肝要である。今後の発展が期待される課題としては，化学反応と物質移行を連成した解析コードの高次元化や，モンテカルロ法を適用した確率論的手法の開発などが挙げられる。

参考文献

1) 日本原子力学会：第36回炉物理夏期セミナーテキスト―基礎から学ぶ炉心解析 (2004)

2) 関村直人ほか：核融合材料の照射下挙動に関するマルチスケールモデリング, J. of Plasma and Fusion Research, 80, pp.228–235, pp.318–324, pp.492–499 (2004)

3) 日本原子力学会：統計的安全評価の実施基準：2008 (2009)

4) 原子力機構：地層処分のセーフティケースを支援するための知識ベース (2010)

分野：人間・社会
部門：リスク・信頼性　[VI-5]

原子炉事故時の放射性物質拡散
[英] atmospheric dispersion of radioactive releases at nuclear accidents

原子炉事故時に大気中に放出される放射性物質の拡散シミュレーションは，つぎのようなさまざまな目的で用いられる。(1) 施設の許認可やリスク評価：原子力発電所の設置許可の際の安全解析や原子力施設がもたらすリスク評価といった，原子力施設の安全評価に用いられる。(2) リアルタイムの影響評価：事故によって大気中に放射性物質が放出された際，適切なモニタリングや防護措置を検討するために，放射性物質の時間空間的な拡がりを予測することが期待される。(3) 事故後の線量再構成：米国スリーマイル発電所事故，旧ソ連チェルノブイリ発電所事故，福島第一原子力発電所事故などの原子力施設の事故後に，放射性物質の放出量推定や人の線量評価に利用可能な測定データを補完するため，拡散や沈着の推定に利用される。

A．解析的方法

放射性物質は大気中に放出されると，大気乱流拡散の過程によって移流・拡散する。移流・拡散の推定は通常，**乱流拡散**（turbulent diffusion）の統計理論あるいは拡散方程式を解くことによって行われる。施設の許認可やリスク評価においては，大気中へ放出された物質の移流拡散の推定には，多くの場合，ガウス型の解析的モデルが広範に用いられる。安全評価では，さまざまな気象条件の評価結果（例えば1年間）を得て，影響の最大値やスペクトルを導出するため，計算コストを考慮して**ガウスモデル**（Gaussian model）を適用する。この場合，さまざまに異なる気象条件においても，放出物の濃度は水平方向および鉛直方向にそれぞれガウス分布に従うと仮定される。濃度分布の標準偏差（拡散幅ともいう）には，パスキル・ギフォード線図[1]）がよく用いられる。これは，大気安定度と放出源からの風下距離の関数として表される。基本的に，一様風のもとでの一定の連続点源放出の場合，大気汚染などの環境アセスメントではガウス型プルームモデルが使用されるが，原子炉事故のような比較的短期で放出量の時間変化があり，また気流の時間変化を考慮する場合には，連続プルームを複数のパフ（気塊）で置き換えたガウス型パフモデルが用いられる。

B．数値的方法

近年，原子炉事故のリアルタイムな影響評価のために，拡散方程式を数値的に解くシミュレーションモデルも数多く開発され，含まれる物理過程をより現実的に表現することが可能となった。数値シミュレーションモデルは，地形の影響などを考慮した気流計算と，その結果を入力として放出された放射性物質の移流・拡散方程式を数値的に解く方法である。SPEEDI（緊急時迅速放射能影響予測ネットワークシステム）は，このような数値シミュレーションモデルの一つであり，原子力発電所などの事故時における防災対策のための情報提供を目的としている。

気流計算には，対象領域内の気象観測データから現況の場の解析を行う診断型の方法と，数値気象予報のように，観測値を初期条件にして質量，運動量，熱力学的エネルギーの保存方程式を解き気流場の時系列予測を行う予報型の方法とがある。診断型の気流計算には，通常得られる地上風の観測値から適当な荷重係数を用いて格子点上の値を補間する簡便な方法から，地形の影響を考慮し質量保存則を束縛条件として，観測点の値の修正をできるだけ小さくするように変分法を用いて風速場を解析する**客観解析法**（objective analysis）[1]）がよく用いられる。

2次元あるいは3次元の気流計算から得られた気象場などのデータを用いた放出放射性物質の移流・拡散の計算は，一般に3次元の移流・拡散方程式を数値的に解くことによって実行される。原子炉事故の場合，放出源が単一の点源と仮定できるので，大気汚染の解析のように計算格子点の濃度を差分法によって解くオイラー型の手法ではなく，放出物を多数の粒子で模擬し，平均風速による移流と乱流によるランダムな移動の和で軌跡を計算し，評価格子内の粒子の数から濃度を計算する**ラグランジュ型のPIC法**（particle in cell; 粒子法）が一般に用いられる。

C．その他のプロセス

原子炉事故による放出放射性物質の影響評価は，大気中における移流・拡散のほか，つぎのような物理過程が考慮される。

(1) 放射性崩壊
(2) 放出熱や運動量によるプルームの上昇や放出粒子の重力沈降
(3) 放出点近傍の構造物による航跡影響
(4) 大気と地表面境界での作用による地表面への乾性沈着
(5) 降水による放射性物質のウォッシュアウト（降水の落下過程での取り込み）およびレインアウト（降水の生成過程での取り込み）に起因する地表面への湿性沈着

参考文献
1) J. E. Till and H. A. Grogan: *Radiological Risk Assessment and Environmental Analysis*, Oxford University Press (2008)

原子炉物理
[英] reactor physics

核分裂エネルギーを発生させる原子炉は，非常に大きなエネルギーを潜在的に有しているため，事前の予測計算により，設計する**原子炉**（nuclear reactor）の振る舞いを精緻に把握することが不可欠である（⇒p.86）。原子炉物理は，幾何形状などの原子炉の仕様，炉心内の燃料配置，温度などの運転状態，中性子と原子核の反応確率を与える微視的断面積などを入力として，原子炉内において核分裂を引き起こす中性子の空間・角度・エネルギー分布を計算し，最終的に炉心の熱出力分布・制御棒価値などの安全性や炉心寿命などの経済性を評価するための理論的枠組みを体系的にとりまとめたものである。

以下では，原子炉物理のシミュレーションの代表例として，原子炉内における中性子の挙動を評価する**中性子輸送計算**（neutron transport calculation），原子炉内における核分裂や中性子捕獲に起因する核種の消滅・変換・生成を評価する**燃焼計算**（burnup calculation）について記載する。さらに，原子炉シミュレーションにおけるマルチスケール・マルチフィジックス性について概要を述べる。

A. 中性子輸送計算

原子炉内における中性子の挙動は，以下のボルツマン輸送方程式によって正確に記述できる。

$$\frac{1}{v}\frac{\partial \psi}{\partial t} = -\Omega \cdot \nabla \psi - \Sigma_t \psi + Q$$

ここで，左辺は**角度中性子束**（neutron angular flux）の時間変化，右辺はそれぞれ，漏洩による消滅，原子核と中性子の衝突による消滅，核分裂や散乱などによる中性子の生成を表している。ボルツマン輸送方程式は，エネルギー1変数，空間3変数，角度2変数，時間1変数の合計7変数に関する偏微分方程式であり，これを原子炉のような複雑で大型の体系における数値計算に直接用いることは容易ではない。そのため，エネルギーに関してはグループ化，空間・角度については離散化や関数展開，時間に関しては離散化や定常近似などのさまざまな近似が用いられる。ボルツマン輸送方程式において，中性子の角度分布を $L=1$ 次までの球面調和関数で近似することにより得られる中性子拡散方程式は，熱伝導方程式と同様の表式となるが，比較的精度の良い近似として，現在の動力用原子炉の計算に広く用いられている。

中性子輸送計算で現れる行列は，典型的な疎行列であり，その数値解法として，SOR法やADI法，あるいはKrylov部分空間法などが用いられる（⇒p.356）。また，原子炉の**実効増倍率**（effective multiplication factor）は，行列の最大固有値として与えられるため，べき乗法などを用いて計算を行う（⇒p.67）。高速な計算を行うため，マルチグリッド加速法（⇒p.325），固有値シフト法などさまざまな加速法が用いられる。

大型の動力炉において，個々の燃料棒を独立のメッシュに割り当てる場合，中性子輸送計算における未知数は 10^8 個程度となる。一つの炉心を設計するためには，中性子輸送計算を $10^3 \sim 10^6$ 回程度繰り返し行う必要があるため，計算速度がきわめて重要となる。

B. 燃焼計算

炉心における核種の生成・消滅は，原子数密度の時間に関する1階の微分方程式で記述される。そのため，数値解法として，ルンゲ・クッタ法，指数行列法，（指数行列評価における）Krylov部分空間法などが用いられる。また，予測子・修正子法により，時間離散化に関する誤差を低減することが一般的である。燃焼計算において考慮する核種の数は数十～数百程度であり，各燃料棒や燃料集合体において，これらの核種の変化を個々に評価する。

C. マルチスケール・マルチフィジックス性

原子核反応が発生するスケールは 10^{-15} m程度であり，一方，動力炉の炉心サイズは数mであることから，原子炉物理計算でカバーすべき空間スケールは15桁にわたる。同様に，中性子エネルギーのスケールは10桁，時間のスケールも10桁に及ぶ。また，熱流動状態や燃料の機械的な振る舞いは炉心の中性子の挙動に影響を与え，また，中性子が引き起こす核分裂は，発熱を通じて熱流動や燃料の振る舞いに影響を与える。したがって，原子炉の解析においては，これらを連成してシミュレーションを行う必要がある。

参考文献
1) D. G. Cacuci (ed.): *Handbook of Nuclear Engineering*, Springer (2010)
2) Y. Ronen (ed.): *Handbook of Nuclear Reactors Calculations*, CRC Press (1987)

分野：可視化
部門：シミュレーション検証のための可視化　[VII-6]

光学的干渉法
[英] interferometry

波長が一定の単色光で可干渉性が高い光を重ね合わせると，光路長の差に応じた干渉縞ができる．これを利用して光路中にある物体の計測を行うのが光学的干渉法である．可干渉性の高い光は，光源の小さい連続発振式のレーザーなどで容易に得られる．ヘリウムネオンレーザーなどのガスレーザーや，半導体励起のYAGレーザーに可干渉距離の長いものが多い．

代表的な光学的干渉測定法として，マッハ・ツェンダ干渉法，ホログラフィ干渉法がある．ホログラフィ干渉法はPIV計測にも応用され，ホログラフィックPIV（particle image velocimetry, ⇒p.343）[1]と呼ばれる．

A．マッハ・ツェンダ干渉法

マッハ・ツェンダ干渉法（Mach-Zehnder interferometer）では，下図のように光を物体光と参照光に分け，ハーフミラー等を用いてスクリーンで重ね合わせる．物体光の光路中にある，光を透過できる物質の密度に起因する光路長の変化が干渉縞として得られる．初期状態で物体光と参照光の光路長・位相が一致する場合，物体光中に密度変化が生じると無限干渉縞が形成される．この縞は等密度線となる．初期状態で物体光と参照光に光路差がある場合，密度変化を縞の変位から読み取ることができる．

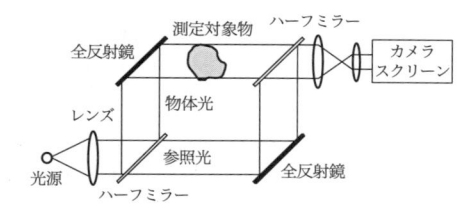

B．ホログラフィ干渉法

ホログラフィ干渉法（holographic interferometry）は，参照光と，物体光が測定対象物に当たった散乱光とをフィルム上に照射し，単色で位相の揃った再生光を用いて物体光の持っていた位相情報を取り出す方法である．インラインホログラフィと呼ばれる方法とオフアクシスホログラフィと呼ばれる方法があり，前者は物体光・参照光・再生光を同じ方向から照射する方式，後者は物体光と参照光に角度を持たせる方式である．オフアクシスホログラフィでは，物体を素通りした物体光がフィルムに当たることを避け，側方散乱光をフィルムに照射する．参照光として平面波を使うと，その進行方向を反転させるだけで実像を再生でき，測定対象物とフィルム位置の間に存在していた観察窓などの影響をキャンセルした実像を得ることができる．また，オフアクシスは二重露光を行い，2回の露光の間に対象物に生じた相対的な変化を精度良く捉えることができる．

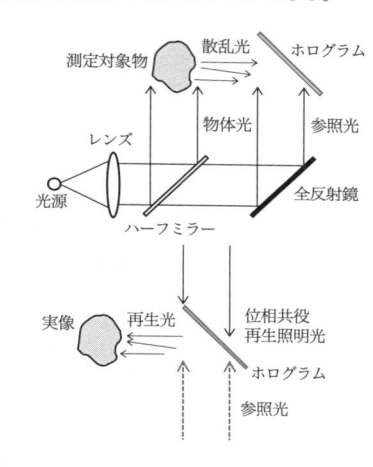

C．ホログラフィックPIV

ホログラフィックPIVは，光源にパルスレーザーを用いて粒子像の記録をホログラフィで行うもので，粒子像は3次元的に再生される．この再生像を用いてPIV解析を行う．異なる参照光を用いることにより多重露光が可能であり，再生像の空間分解能は非常に高い．ただし，可干渉性の高いパルスレーザーシステムが必要である．粒子数密度はあまり高くすることができない．また，粒子像が奥行き方向に伸びるため，3次元計測では再生像をステレオ撮影するなどの必要がある．また，ホログラフィックPIVでは，物体光のうち，粒子周囲を通過しただけの非散乱成分を取り除くことでS/N比を高めるため，光学的なハイパスフィルタを用いることが多い．

近年，空間解像度の高いカメラの入手が容易になったため，現像の手間を省けるディジタルホログラフィが行われている．また，空間分解能を向上させるため，ピエゾ素子で微動させることが可能なミラーを用いた，位相シフト型ディジタルホログラフィが行われている．位相シフトディジタルホログラフィでは，表面形状や歪などの動的な高精度計測が可能である．

参考文献
1) 可視化情報学会 編：PIVハンドブック，森北出版 (2002)

高強度レーザーと物質の相互作用

[英]interaction of high intensity laser with matter

レーザー光の照射により起こる現象は，レーザー光の強度に応じて様相が大きく変化し，異なる計算手法が用いられる。レーザー光の光電場が物質内で電子に働く電場に比べてはるかに弱い場合は，レーザー光と物質の相互作用は摂動論を用いて扱われ，原子や分子であれば分極率により，固体であれば誘電率により記述される。レーザー光の電場強度が物質内で電子に働く電場と同程度になると，さまざまな非線形現象が現れ，レーザー光を用いて分子運動を制御することが可能となる。最近はアト秒領域の原子・分子科学が進展している。このようなレーザー光のもとでは，電子やイオンの運動は波束の時間発展として記述されるため，**時間依存シュレディンガー方程式**（time-dependent Schrödinger equation）を直接実時間で解くアプローチが有効である[1, 2]。さらにレーザー電場の強度が増すと，電子のエネルギーが増して波動性は重要でなくなるが，相対論による扱いが必須となる。この場合には，相対論的プラズマに対するシミュレーション法が有効である[3]。

A. 高強度レーザーと量子シミュレーション

レーザー光の電場強度が 10^{13} W/cm^2 程度を超えると，レーザー電場との相互作用により，さまざまな非線形現象が起こる。原子や分子，クラスターでは，多光子吸収や量子トンネル現象によるイオン化が起こり，イオン化により発生した電子波束がレーザー電場により加速されることによる電子再散乱が起こる。電子再散乱は，高次高調波発生やアト秒X線パルスの生成など，重要な応用をもたらしている。最近は，アト秒領域における原子・分子科学や，X線自由電子レーザーを用いた研究が進展しつつある。

このような波動性と非線形性が著しい電子とイオンの運動を記述するために，レーザー電場中における1電子の運動に対する時間依存シュレディンガー方程式を，時間領域で直接解くアプローチが発展してきた。電子再散乱を伴うイオン化過程の記述には，たとえ1原子の場合でも，広大な空間領域にわたって方程式を解く必要があることから，原子に対して直線偏光レーザーが照射する場合や，2原子分子に対して軸方向に直線偏光レーザーが照射する場合のような軸対称となる問題に対して，これまで多くの計算が行われてきた[1]。一方，3次元空間で方程式を解くことが必要となる分子やクラスターとレーザー光の相互作用は，たとえ小さな分子の場合でも大規模な計算が必要とされる。

分子サイズが大きくなり価電子の数が増すと，1電子の運動だけを扱うことは良い近似ではなくなり，多電子の運動を同時に記述することが必要になる。大きな分子やクラスター，固体とレーザー光の相互作用では，多電子運動の記述は必須である。このような場合は，**時間依存密度汎関数法**（time-dependent density-functional theory）に基づくシミュレーションが有効である[2]。**密度汎関数法**（density functional theory，⇒p.327）は物質構造の第一原理計算に広く用いられている。時間依存密度汎関数法は，密度汎関数法を電子のダイナミクスを記述できるよう拡張した枠組みである。時間依存コーン・シャム方程式を初期値問題として解くことにより，高強度パルスレーザーが引き起こす物質中の電子やイオンの運動を記述することができる。最近では，原子や分子におけるイオン化や高次高調波発生，クーロン爆発などの現象に加え，ナノチューブや固体にパルスレーザーを照射した際に起こるコヒーレントフォノン生成などの現象に対して，時間依存密度汎関数法を用いた第一原理計算に基づくシミュレーションが進展している。

B. 超高強度レーザーと相対論的シミュレーション

10^{18} W/cm^2 を超える強度を持つレーザー光のもとでは，電子の運動速度は光速に近づく。そのため，特殊相対性理論による記述が必要になる。一方で，波動性は重要ではなくなり，粒子としての記述が有効になる。このような超高強度レーザーパルスとクラスターや固体との相互作用では，MeV（メガ電子ボルト ＝ 10^6 eV）ものエネルギーを持つ電子や陽子が発生し，レーザー加速技術として注目されている。また，超高強度レーザーはきわめて高いエネルギー密度を持つことから，新たな高強度場科学と呼ばれる分野を拓くものとして注目されている。このような超高強度レーザー光と物質の相互作用では，相対論的**プラズマ**（plasma，⇒p.299）に対するシミュレーション法が有効であり，プラズマ粒子シミュレーション（PIC; particle in cell 法）を中心に応用がなされている[3]。

参考文献

1) A. D. Bandrauk and H. Z. Lu: *Lecture Notes in Computer Science*, **5976**, 99 (2010)
2) 矢花一浩：日本物理学会誌 **62**, 406 (2007)
3) 坂上仁志，岸本泰明，千徳靖彦，田口俊弘：プラズマ・核融合学会誌第81巻増刊，p.64 (2005)

航空機の構造問題
[英] structure of aircraft

軽量化・安全性・コストを追求することが，航空機構造では厳に要求される。一方では耐空性基準を満たすことも課題であり，基準適合性を確認するための検証も必要である。それに応えて，多くの解析と試験が行われる。解析では，NASTRANに代表される有限要素法（finite element method; FEM）を使った構造解析，破壊解析と破壊力学を用いた解析，振動解析，熱解析，衝撃解析に加えて，構造を支配する諸要因と内在する**不確実要因**（uncertainty）も変化させて，構造挙動を模擬して特性を捉えるシミュレーションが，金属構造と複合材構造について広く行われる。そこでは構造の適切なモデル化がきわめて重要である。シミュレーションは**仮想現実感**（virtual reality）を展開できる模擬実験であり，優れた技法である。その結果を容易に理解できる画像表示も，シミュレーション技法と一体となって主要な役割を担っている[1]。

A. 構造強度，振動，空力加熱

FEMを主コードに用いて，構造解析，破壊解析，振動解析，熱解析による構造挙動を把握するためにシミュレーションを行う。これは有効な技法である。精度は多様な試験を通じて確認されている。シミュレーションの要点は，応力の最も高い危険個所（hot spot）を見出すことである。例えば，構造が突風や操舵による外荷重を受けた場合，応力と変形の関係をシミュレーションによって解き，危険個所を特定する。同時に設計要求を満たすことができる最適な構造も導出する。場合によっては，線形と非線形，弾塑性，柔構造に対する大変形の解析も行う。振動に対する動的応答解析により，共振点，変形モードや変位と応力の関係を導出するためにも，また，超音速機のように空力加熱を受ける構造の挙動を評価するための熱応力解析にも，シミュレーション技法を効果的に使用する。

B. フラッタ

コンピュータ能力向上を活用したCFD（computational fluid dynamics; 計算空気力学）技術により，ナヴィエ・ストークス（Navier-Stokes）理論を用いた非定常空気力を計算し，フラッタ現象を解明するためにシミュレーションを行う。この結果，遷音速領域でのフラッタ限界を精度良く推測できるようになり，フラッタに対する翼構造の安全性を著しく向上させるとともに，重量軽減を達成できるようになった。計算環境がこのように整備され，多様な翼モデルについて汎用ソフトウェアを使って効率良くシミュレーションを行うことが可能になっている。

C. 衝撃

航空機では不慮の事態で不時着，また着水（ditching）して衝撃荷重が加わっても，搭乗者を傷つけず，また火災の発生を防ぐ**耐衝撃安全性**（crashworthiness）が構造に要求される。衝撃荷重を構造と座席，また付帯装備によって吸収し，人体に及ぼす影響を軽減する耐衝撃システムを開発するため，構造，座席，人体の連成を解析しながら動的挙動と破壊過程を把握できる多様なシミュレーションを行う。そこでは質量，バネ，減衰とFEMを組み合わせた線形と非線形を計算できる代表的なコードである，LS-DYNAにより解析する。着水衝撃では，流体と構造の連成解析を行う。全体破壊は局所破壊が引金（trigger）になるので，局所的現象を解析できるコードも準備する必要がある。

D. ダメージトレランス

確率要因と確率過程が支配する構造の**ダメージトレランス性**（damage tolerance; 耐損傷性）は，信頼性解析とリスク解析により評価するので，確率統計情報を取得するために，シミュレーションの特徴を最も生かすことができる**モンテカルロ法**（Monte Carlo method）を用いる[2,3]。おもな確率事象は，(1) 突風荷重（合成ガウス過程）と地上走行荷重，(2) ランダム荷重下で発生・拡大する損傷（疲労，亀裂進展），(3) 最終破壊判定に使う強度（破壊靱性値，終極強度），(4) 保守整備検査での損傷発見，である。金属構造の疲労亀裂進展速度のシミュレーションには，NASAが開発したNASGROに示す下式が広く使われると考える。

$$\frac{da}{dN} = C\left[\left(\frac{1-f}{1-R}\right)\Delta K\right]^n \frac{\left(1 - \frac{\Delta K_{th}}{\Delta K}\right)^p}{\left(1 - \frac{K_{max}}{K_c}\right)^q}$$

ここで，a は亀裂長，N は繰り返し数，f は亀裂開口関数，R は応力比，C, n, p, q は定数，K は応力拡大係数，ΔK は K の変動範囲，K_{max} は K の最大値，ΔK_{th} は ΔK の下限界，K_c は破壊靱性値である。

参考文献

1) 日本航空宇宙学会ほか：構造強度に関する講演会講演集，第47回〜第52回 (2005〜2010)
2) 津田孝夫：モンテカルロ法とシミュレーション，培風館 (1995)
3) 三根 久：モンテカルロ法・シミュレーション，コロナ社 (1994)

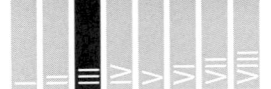

航空機の飛行
[英] flight of aircraft

飛行性能が優れていても，パイロットが操縦して飛行タスクを遂行できなければ，その性能は十分に発揮されない。このタスク遂行に関わる特性を**飛行性**（flying qualities）という。飛行性の良否を最終的に判断するのはパイロットであり，操舵入力に対する機体応答（開ループ）特性だけでなく，パイロットが操縦しているときの機体応答（閉ループ）特性の検討が重要となる。このため飛行性評価では，パイロットを数学モデルに置き換えた計算シミュレーションではすまされず，飛行シミュレータを用いた，人間パイロットを含む実験が欠かせない。

A. 飛行シミュレータの構成要素

飛行シミュレーションを行うには，(1) 航空機運動計算部，(2) 人間パイロット，(3) パイロットと航空機とのインタフェース部（操縦桿など），(4) 外部視界や計器の視覚情報を与える装置が欠かせない。さらには臨場感・没入感を増強するため，体感情報（加速度）や聴覚情報（エンジン音など）を与える装置も備えられる。

ディジタルコンピュータで運動計算を行う場合，演算繰り返し周期を大型機で 50 ms，高運動機で 10 ms 程度以下に，そして操舵入力から外部視界の動きまでの伝送遅れを 150 ms 程度以下にしないと，そのせいで **PIO**（pilot induced oscillation）を誘発させる危険が生じる。運動計算で多用される時間積分の解法には簡潔なオイラー法や Adams-Bashforth 法が使用される。

B. 飛行シミュレータ発達の流れ

飛行シミュレータの始まりは，実際の航空機を用いたレスポンスフィードバック方式による**可変特性機**（variable stability airplane）である。センサで検出した機体応答に応じて舵面やスロットルを自動的に動作させ，空力特性（空力微係数）を変化させる方式である。運動計算も視覚・体感装置も不要であり，機体搭載コンピュータがアナログの時代でも実現可能であった。わが国では P2V-7改 VSA と NAL VSRA がある。

コンピュータ技術の発達に伴い，地上設置型シミュレータが登場してくる。ここでは，運動計算部や視覚情報装置などが必須となる。コンピュータがアナログからディジタルへとさらに発達していくと，それまで線形微小擾乱運動方程式に限られていた運動計算が，大量の機体データを内蔵する非線形剛体運動方程式でも，実時間演算できるようになる。視覚情報装置も，カメラ撮影映像を投写するなどの方法から CGI 方式へと移り，スクリーンも大型化・ドーム型化して，臨場感や没入感を高めている。また，実機とは異なり，体感情報を与えるモーション装置の可動範囲が限られているので，ハイパスフィルタを組み込んで加速度の高周波成分のみの模擬に限定し，かつ定常に近い状態でモーション機構が中立位置に戻るようにしている。離着陸時などの低周波の前後・左右方向の加減速度は，コックピットを傾けて重力加速度の成分を活用している。なお，モーション装置による加速度付与はパイロット操舵の初動反応を早める効果がある。

一方で，機体搭載コンピュータの発達により，実機を用いた**インフライトシミュレータ**（in-flight simulator）が登場した。前述の可変特性機とは異なり，これは模擬機の運動計算を行う演算部を有し，母機の運動をモデル機のそれに追従させるモデルフォローイング方式が採用されている。ここでは母機運動によって視覚情報と体感情報が得られる。さらに，コックピット部をモデル機のものに置き換えれば，完璧に近い飛行模擬が実現される。ただし，可変特性機においてもいえることであるが，6自由度運動の自在な模擬には6自由度方向の制御力が必要であり，そのため，通常機体に備わっている主要3舵とスロットルのほかに，制御用に揚力と横力を変動できる DLC（direct lift control）と DSFC（direct side-force control）舵面が必要となる。わが国のインフライトシミュレータには，NAL（現 JAXA（宇宙航空研究開発機構））MuPal-α がある。

C. 飛行性評価法

飛行性評価は，達成されるタスク性能とそれに要するワークロードの両面から見て検討される。パイロットからの評価結果は，**パイロットレイティング**（pilot rating）（Cooper-Harper rating scaleが代表的）とパイロットコメントで表されるが，ほかにワークロードや PIO など，目的に応じたレイティングも考案されている。同時に操舵・機体応答，パイロット心身反応（心拍数，発汗量など）といったデータが取得され，検討に用いられる。いずれにしても，シミュレータによる飛行性評価の結果を深く理解するには，パイロットと技術者間の真摯かつ冷静な対話が欠かせない。

参考文献
1) 日本航空宇宙学会 編：航空宇宙工学便覧，pp.763–766, 丸善 (1992)
2) R. P. Harper and G. E. Cooper: "Handling Qualities and Pilot Evaluation", *J. Guidance*, **9**, 5, pp.515–529 (1986)

分野：機械
部門：宇宙工学・交通物流　[III-6]

航空機の流体問題
[英] aerodynamics of aircraft

　航空機の空力設計上の課題として，経済性，安全性，環境適合性の観点から，低抵抗化，失速防止，低騒音化などが挙げられる．航空機の空気力学は古くから研究され，多くの設計概念や手法（理論）の創出と，風洞試験による定量的分析手段の開発を経て，現象の理解と解析および設計能力は飛躍的に進歩した[1]．加えて近年の計算機能力の向上は，流体力学の基礎方程式（ナヴィエ・ストークス方程式）を数値的に解くことを可能とし，空力課題を解決しつつある．しかしながら，実機に関する複雑な空力現象の予測や定量的な解析の点では，種々の課題が内在している．以下に代表的な流体問題と現状をまとめる．

A. レイノルズ数効果
　これは実機と風洞試験模型との寸法差に起因する粘性補正効果であり，実機の**高レイノルズ数** (high Reynolds number) 状態での抵抗特性の定量的予測が設計現場で重要な課題となっている．特に，境界層遷移および乱流境界層特性の予測精度は，十分とはいえない[2]．そこで，航空機の開発過程では，低温あるいは高圧気流による高レイノルズ風洞の適用が想定される．ただし，模型および試験費が高価になるため，開発の最終段階で性能確認試験として使われるのが常である．近年はLES (large eddy simulation) などのCFD技術によってこの課題解決が試みられ，その進展に期待が寄せられている．

B. 剥離予測
　航空機の失速は主翼の**境界層剥離** (boundary layer separation) に関係し，3次元かつ非定常性を伴うため，定量的な予測はいまだ困難な状況にある[2]．しかしながら，近年の計算環境の飛躍的向上と高精度の乱流モデルの開発により，CFDを用いた剥離現象の予測が多く研究されている．ただし，失速特性（最大揚力，失速角など）やそのレイノルズ数効果（例えば，薄翼失速・前縁失速・後縁失速の分類とレイノルズ数の相関など）の予測に関しては，いまだ定量的に十分な精度はない．今後はその精度改善が最大の課題と考えられている．

C. 衝撃波伝播
　ソニックブーム (sonic boom) は超音速航空機の各部から発生する衝撃波の大気伝播中の整理・統合によって作られる[1]．ソニックブーム理論はすでに開発され，現在はそれを用いてソニックブーム低減化のための最適設計法の研究が進められている．ただし，衝撃波による非線形干渉や大気中の分子吸収，地上近傍の大気乱流によるブーム圧力波形への影響の定量的予測は，いまだ研究課題である．これらに対しては，非構造・構造ハイブリッド格子を用いたCFD技術の適用による複雑機体の近傍場解析や，非線形波動の分散過程を模擬するBurgers方程式の適用などが試みられ，課題解決に向けた研究が進められている．

D. 機体・推進系干渉
　航空機の推進系の影響を忠実に模擬するためには，ジェット排気干渉を正確に扱う必要がある．通常の風洞試験では，高温ガスの高速排気を模擬することは困難であるため，エンジンナセルの内部を単純な流路とし，なにも中に入れないことで，エンジン作動時の最大流量条件を模擬した風洞試験を行う．これと流量変化に対する抵抗の補正分を推進系のみの試験で把握し，それを踏まえて最終的に機体の抵抗特性を予測する手法が一般的である．ただし，風洞試験で複雑な実機状態の抵抗要因を高精度で予測することは困難であり，ここでもCFDを用いた機体・エンジン統合解析技術の進展に期待が寄せられている．

E. 空力騒音解析
　航空機の騒音源の一つとして，離着陸時の脚や高揚力装置から発生する剥離流に起因した渦騒音は無視できない．通常の風洞は送風機が騒音源となるため，送付機，風路，測定部に工夫を施して（例えば吸音材を貼るなど）暗騒音を低減した低騒音風洞が開発され，それを用いた低騒音化研究が本格化している．一方，CFDでもLESをベースとした非定常3次元流の解析が可能となり，機体近傍の圧力変動を定量的に予測することも可能となった．しかし，遠方までの圧力伝播を高精度で予測することは，いまだ挑戦的課題であり，今後の研究の加速が求められる．

F. 回転翼の空力特性
　回転翼 (rotary wing) の空力特性の予測精度の向上は，古くて新しい課題である．例えば，ヘリコプタブレードは翼根から翼端まで，マッハ数，迎角，レイノルズ数が大きく変化し，かつ流れ場が3次元非定常となるため，定量的に高精度の予測は困難である[1]．しかし，近年はCFDの回転翼への適用技術が発展し，空力騒音特性の定量的な分析が可能となりつつある．ただし，上記の複雑な空力現象をすべて考慮することはいまだ困難であり，その解決が今後の大きな課題と考えられている．

参考文献
1) 日本航空宇宙学会 編：航空宇宙工学便覧, pp.47-113, 345-500, 654-660, 丸善 (1992)
2) 山名正夫, 中口 博：飛行機設計論, 第4, 6章, 養賢堂 (1968)

航空事故リスク評価
[英] aircraft accident risk analysis

A. 航空事故と航空交通管理

航空事故とは航空機の運航における事故である．事業用航空機についての事故統計（ボーイング社）では，ここ10年間の年ごとの死亡事故率（件/出発数）は 10^{-6} 未満である．

通常，われわれが利用する航空機は，**計器飛行方式**（instrument flight rules; **IFR**）で運航され，出発から到着まで航空交通管制の指示に従い飛行する．このほか，飛行情報や通信など多くのサービスを受けている．ここでは，安全性，効率，環境負荷などを考慮した**航空交通管理**（air traffic management; **ATM**）が行われている．ATMでは適切な安全目標を設定し，これを満たすようシステムを設計・運用する．このため，リスクの推定，評価，管理，監視などが必要となる．

B. 航空事故のリスク

ATMシステムの構築・運用では，安全性が最重要課題である．これは，しばしば事故の発生件数やリスクで評価される．対象とする危険事象には，空中衝突，地形との衝突（controlled flight into terrain; CFIT）やニアミス（インシデント）などがある．リスクは事故の蓋然性と被害の重大さで表すが，衝突の場合は重大さは明白なので，普通には蓋然性のみを問題とする．通常，衝突リスクの評価尺度は，単位飛行時間当りの衝突事故件数，または1飛行（出発）当りの衝突事故件数の期待値とされる．

C. リスク評価とシミュレーション

航空路やターミナル空域でのリスク評価では，**目標安全度**（target level of safety; **TLS**）と呼ばれる最大許容リスクレベルを設定し，これと推定したリスクとを比較して評価している．最近では，確率論的な定量的リスク評価が行われている．

航空やATMのシステムは，人，物，ソフトウェア，環境など，多くの要素を含む大規模で複雑なシステムである．ここでの衝突リスクなどの推定には，種々のシミュレーションが行われる．このための基礎データは，運用データやシステムの仕様などである．下図に平行な2本の経路からなる航空路における航空機の空中衝突リスクに影響を与える要因の例を示す．

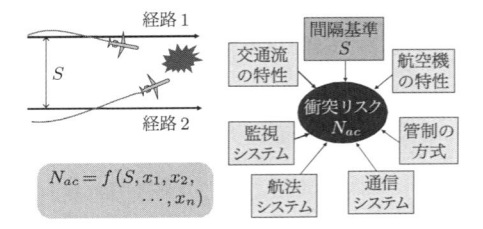

（1）計算機シミュレーション これは構築したモデルに基いて計算機上で行うシミュレーションであり，リスクに影響する諸要因を考慮する．しばしば，事故を誘発する稀な予定外の事象などが対象となる．確率的評価を行う場合には，不確定要素を扱うためにモンテカルロ法（Monte Carlo method）を中心とした確率・統計的手法を用いることが多い．

（2）実時間シミュレーション リスク評価の対象である系に，管制官やパイロットなどの人間（human）が含まれる場合が少なくない．例えば，上図において，管制官の介入によるリスク軽減効果を検討する場合である．ここでは，介入時の航空機間の間隔の閾値や介入頻度などが重要である．この特性を計算機上で模擬するのは容易でない．こうした場合には，系に計算機と実際の人間を取り込み，実時間でのシミュレーションが行われる．この方法は人間を含む複雑な系を模擬できるが，反面，大掛かりな施設や人員を要し，コストが高いのが難点である．

D. 最近の研究例

オランダ航空研究所（NLR）は，TOPAZ（Traffic Organization and Perturbation Analyzer）[1]と称するATMの事故リスク評価ツールを開発してきた．このツールは，運用者や専門家との対話を通じた危険源の洗い出し（ハザード同定）を含む定性的評価の部分と，高度で複雑な数学モデルによる定量的評価の部分からなる．後者には，ペトリネット（Petri net）によるモデルとモンテカルロシミュレーションを併せた数学モデルを用いている．この手法では，人間系をも前後関係を考慮したモデル（contextual model）として取り込み，さまざまな状況における条件付き確率を総合して，事故リスクを推定している．最近，将来のATMシステムなどに対して，TOPAZによる適用例が報告されている．ただし，ツールの使用には高度な数学的素養が必要と思われる．

参考文献

1) H. Blom, et al.: "Accident Risk Assessment for Advanced Air Traffic Management", in G. Donohue & A. Zellweger (eds.): *Air Transport Systems Engineering*, AIAA, pp. 463–480 (2001)

$N_{ac} = f(S, x_1, x_2, \ldots, x_n)$

分野：可視化
部門：シミュレーションベース可視化 [VII-5]

高次元シミュレーションと可視化
[英] high-dimensional simulation and visualization

シミュレーションの可視化は，通常，2次元画像，3次元画像，またはそれらのアニメーション（animation）として表現される．一方，シミュレーション自体は，4次元以上の高次元空間で行われることも多い．例えば4次元シミュレーションとは，通常，3次元座標 (x, y, z) に時間 t を加えた，4次元空間で行われるものである．4次元シミュレーションの可視化にはアニメーションが広く用いられている．しかし，アニメーションでは特定の時間に注目した解析が難しく，また，全時間的な変動を一目で理解するのにも不便である．このため，近年，4次元シミュレーションを4次元空間における**静止画**（still image）として可視化する手法が試みられ，成果をあげている．

A．xyt 空間での可視化

前述のような，アニメーションを高次元空間の静止画に置き換えるという手法は，2次元アニメーションの静止画化にも適用できる[1]．すなわち，**時系列**（time series）で出力される xy 平面上での画像群を縦に重ね，xyt 空間におけるボリュームデータと見なして可視化すればよい．

ここでは，例として，プラズマ粒子群の衝突の可視化を取り上げる（データ提供：大阪大学 田中和夫研究室）．下図は，二つの炭素試料に高出力レーザーを照射してプラズマ粒子群をそれぞれ生成させ，それらを垂直な角度で衝突させた様子を可視化したものである（口絵42）．衝突は xy 平面内で起こり，上向きを正の方向に設定した時間軸 t により，衝突の時間経過を1枚の静止画として可視化している．

上図で，下から上へ時間を追って現象を見ていくと，以下のように，1枚の静止画から衝突過程の全体像を読み取ることができる．(1) レーザーが照射された xy 平面上の2か所で，高温のアブレーション（溶発）が発生，(2) 上記の2か所でプラズマ粒子群がそれぞれ生成，(3) 二つのプラズマ粒子群が衝突し，合体して，一つの小さく高温なプラズマ粒子群を生成，(4) 合体したプラズマ粒子群はしばらく静止状態を維持，(5) やがてプラズマ粒子群は冷えつつ拡散．

B．$xyzt$ 空間での可視化

上と同様に，xyz 空間（3次元）における立体形状の時間 t に対する変動は，$xyzt$ 空間（4次元）における静止画として可視化できる．

ここでは，例として，たがいに運動する2曲面の衝突の可視化を取り上げる[2]．下図（左）のように，レモン型の曲面Aが x 軸の正の方向に動き，静止している薄い板状の曲面Bに衝突する場合を考える（口絵42）．両者の衝突部は，衝突曲線という3次元的な閉曲線を構成する．時間が経過するにつれ，衝突曲線の形状が連続的に変化する．

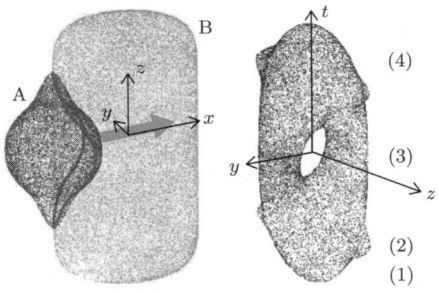

衝突曲線の連続的な変化は，$xyzt$ 空間内で2次元曲面を構成する．これを zyt 空間に投影したのが上図（右）である．下から上へ時間を追って見ていくと，以下のように，**衝突過程**（collision process）の全体像を1枚の静止画から読み取ることができる．(1) 衝突が1点で始まる，(2) z 方向の衝突幅がいったん拡大し，再び減少，(3) 衝突が y 軸の正の側と負の側の2か所に分かれる．(4) (1) から (3) を逆順に繰り返して衝突が終了．

参考文献

1) N. Sakamoto, T. Kawamura, K. Koyamada, and K. Sakamaki: "Spatiotemporal Analysis of Morphological Changes in Cell Death Using Multiple Volume Visualization", *IEEE Visualization Proceedings Compendium*, pp.52–53 (2008)

2) S. Tanaka, A. Shibata, H. Yamamoto, and H. Kotsuru: "Generalized Stochastic Sampling Method for Visualization and Investigation of Implicit Surfaces", *Computer Graphics Forum*, vol.20(3), pp.359–367 (2001)

分野：機械
部門：計算力学・設計工学・感性工学・最適化　[III-5]

構造工学
[英] structural mechanics

金属やコンクリート，複合材料など固く容易には形を変えない固体は，建物・土木構造物や乗り物，情報機器，ロボット，発電プラントなどの**構造**（structure）と呼ばれる骨格を構成し，われわれが快適，安全に暮らすための空間や，生活・移動・コミュニケーション手段，エネルギーを提供する．このような固体も大きな力を受けると変形し，場合によっては壊れてしまうこともある．それゆえ，力が加えられたときの固体の変形・破損挙動を定量的に把握することが，固体を適切に利用していく上でとても重要である．このための学問分野が構造工学である．

構造の変形・破損様式には，基本的な弾性変形に加えて，塑性変形，クリープ変形，座屈，破断，脆性破壊，延性破壊，疲労・疲労破壊などがある．このような変形・破損挙動を評価する際の基本力学量は，変位ベクトル，ひずみテンソル，応力テンソルであり，加えてそれらと関連付けられる応力拡大係数などの破壊力学パラメータや損傷・寿命パラメータなどがある．

構造は形が複雑であり，弾塑性や大変形などのさまざまな非線形挙動も生じるので，その解析には有限要素法（⇒p.335）が最もよく用いられ，弾性波動解析などでは境界要素法も使われる．ここで，金属・コンクリート・複合材などの材料の相違は，変形挙動に関しては，応力-ひずみ関係に対応する構成方程式で表現され，破損挙動に関しては，材料強度や寿命に集約される．また，梁，板，殻，ソリッドの特徴的な構造要素に対応して，有限要素が開発され利用されている．

構造工学シミュレーションの活用法は，大きく二つに分けられる．一つはA．構造設計のためのシミュレーション，もう一つはB．事故要因分析のためのシミュレーションである．

A．構造設計のためのシミュレーション

新しい機器や構造物などを設計する際に行われるシミュレーションである．構造設計においては，使用環境における力学条件を想定した上で，設計対象が所定の性能を発揮し，**構造健全性**（structural integrity）を担保するような設計解が探索される．このプロセスは，より具体的には，使用環境において想定される変形・破損様式を考え，それぞれの様式に対応する制限値を設定し，すべての制限値を超えないように，構造の形・寸法，材料，使用法などを決定していくものである．

このプロセスは一種の逆解析となり，構造工学シミュレーションを繰り返し行う必要がある．土木建築構造物や原子力構造機器，圧力容器などにおいては，国や学協会によって，それぞれに構造設計基準が定められており，それに基づいて設計が行われる．なお，設計プロセスには，仕様条件や材料物性値などに関連する不確実性を吸収する目的で，少なからず安全余裕が見込まれている．このため，計算速度や使いやすさなどが優先され，必ずしも高精度のシミュレーションが用いられるとは限らない．

B．事故要因分析のためのシミュレーション

外的あるいは内的要因によって破損などが生じた際の事故要因の分析に用いられる．**事故要因分析**（accident cause analysis）においては，現実に発生した荷重や実際の材料・寸法などを用いた，より精度の高い分析が必要であり，3次元解析，非線形解析，連成解析などの高精度シミュレーションが用いられる．

下図は，2007年7月16日に発生した新潟県中越沖地震で被災した東京電力柏崎刈羽原子力発電所の7号機の原子炉容器の地震時応答を，並列有限要素法解析コードを用いて計算して得られた，容器表面の応力分布である．

参考文献

1) 矢川元基 編：構造工学ハンドブック，丸善 (2004)

2) 矢川元基，吉村 忍：計算固体力学，岩波書店 (2005)

3) T. Oku, S. Yoshimura, et al.: "Seismic Response Analysis Using 3D FEM Analysis for BWR Nuclear Reactor Facilities", Proceedings of SNA+MC2010, Tokyo, Oct. 17-21 (2010)

分野：機械
部門：材料力学・機械材料・材料加工 [III-1]

構造最適設計
[英] structural optimal design

A. 構造最適設計の概要

最適設計とは，製品の設計を最も良くする手法の総称である．人類がものを作り始めて以来，より良い設計を行うことは自然な考え方であったが，数学的に最適な構造を求めるという考え方は，1960年代に初めて登場し，有限要素法などの評価手法の進歩と，**数理計画法**（mathematical programming）などの最適化手法の進歩を両輪として発展してきた．

構造最適設計とは，構造強度を保持した上での重量の最小化やコストの最小化，安全性の最大化といった設計を，計算機のアルゴリズムを用いて自動的に生成するという考え方である．

B. 最適設計の定式化

一般的な構造最適設計問題の定式化は以下のとおりである．

$$\min_{\mathbf{x}} f(\mathbf{x}, \mathbf{u})$$
subject to
$$g_i(\mathbf{x}, \mathbf{u}) \leq 0 \quad (i=1,\cdots,l)$$
$$h_j(\mathbf{x}, \mathbf{u}) = 0 \quad (j=1,\cdots,m)$$

ただし，$\mathbf{x}$は設計の際に変化させるパラメータであり，**設計変数**（design variable）と呼ばれる．$\mathbf{u}$は状態変数で，例えば構造解析の場合，多くは変位法を用いた有限要素法が使われるため，変位が用いられる．fは**目的関数**（objective function）と呼ばれ，これを最小（あるいは$-f$を最大）とする解を求める．また，g_iは不等号制約条件，h_jは等号制約条件と呼ばれ，設計変数はこれらの条件を満足するように変化させなければならない．構造最適設計においては，応力や変位，固有振動数や座屈荷重などが目的関数，制約条件として用いられる．一般に目的関数は一つの関数であるが，実際の製品の設計においてはさまざまな要求がある．そこで，一つを目的関数として扱い，他の要求を制約条件として扱ったり，複数の要求を線形和などの形でスカラ化したりするなどの処理が必要になる．一方，複数の目的関数をそのまま扱う考え方もあり，その場合は求められる解は単一の解ではなく，パレート解と呼ばれる解の集合になる．このパレート解は設計問題の性質を表現しており，これを参考にして設計者は設計を行うことができる．

最適設計の問題は，設計変数の種類により，つぎの三つに分けることができる．

(1) 板厚や断面寸法などの構造寸法を設計変数とする寸法最適設計
(2) 境界の形状を変化させる形状最適設計
(3) 空間上の位相を自由に変化させ，穴を開けるなどを容易に行うことができる位相最適設計

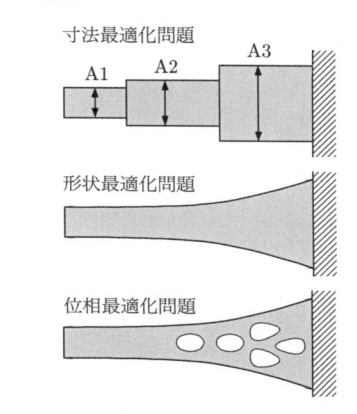

C. 最適設計のアルゴリズム

一般に構造最適設計問題は，線形の解析であっても設計変数に対して線形ではなく，非線形計画法が用いられる．設計変数の種類によっては，連続的な値をとらないものも多く，その場合は離散変数を扱える最適化アルゴリズムが必要になる．

連続変数の場合には，SLP（逐次線形計画法）やSQP（逐次2次計画法）などが用いられる．また，離散変数の場合には，分岐限定法などの数理計画法のほかに，GA（遺伝的アルゴリズム）やPSO（生物群最適化）などの発見的探索法が用いられる．

前述のように，目的関数，制約条件の評価には，しばしば大規模な解析を何回も繰り返すことが必要になり，解析の評価回数をいかに少なくするかが効率的な計算のために非常に重要である．評価関数の設計変数に対する微係数を**感度**（sensitivity）と呼ぶが，感度の計算を差分によって行うより，支配方程式を解析的に微分することによって行ったほうが一般に効率的である．また，設計変数の数が制約条件の数より多い場合は，随伴法を使うことにより，より効率的に感度を計算することができる．

参考文献
1) 山川　宏　編：最適設計ハンドブック—基礎・戦略・応用, 朝倉書店 (2003)

分野：可視化
部門：ボリューム可視化 [VII-3]

構造シミュレーションとボリューム可視化

[英] structure analysis simulation and volume visualization

構造解析シミュレーションは，安全安心を実現するために必要不可欠な技術として認識されている．**大型モデル**（large scale model）解析の事例を示す．大型移動機械であるコンテナ船（全長 275 m，下図参照，口絵 32（以下同））の荒天波浪時における事故原因の追及に際して，船形状全体を対象に実施された構造シミュレーションでは，船底ビルジキールのクラッシュと継続して生じたクラックからの浸水の原因を解明するために，波解析，材料非線形・形状非線形を伴うクラッシュ解析およびクラック進展解析が行われた．

ボリューム可視化技術を使えば，船底ビルジキールのクラッシュにおける等価塑性ひずみ分布は，下図のようにわかりやすく表現される[1]．

A. 構造シミュレーション出力

構造シミュレーションでは，構造物のメッシュ情報，メッシュの各頂点（節点）での座標，変位ベクトルが出力される．メッシュ情報はメッシュを構成する小立体（四面体や六面体要素など）の頂点座標番号のリストにより表現される．この出力結果より，各メッシュでの歪みテンソルや応力テンソルのデータが導出される．これらのテンソルデータは，要素ごとにその内部のガウス点で計算され，外挿計算により各節点座標でのデータ値に変換される．可視化処理の対象としては，各節点におけるベクトルデータまたはテンソルデータとなる．

B. 変位ベクトル可視化[2]

変位ベクトルは構造物が外力を受けてどのように変形するのかを理解するのに重要である．元の座標値に変位ベクトルを加えて変形図を作成し，これを表示する方法がよく使われる．また，この変位ベクトルの絶対値をとることでスカラデータに変換し，これを下図(a)のように境界面でコンター表示したり，下図(b)のように，構造物内部で変位量の等値面を表示したりする．境界面は，要素面のうち隣接する要素のないものの集合として抽出される．

(a) 境界面コンター表示

(b) 等値面表示

C. 応力テンソル可視化[2]

応力テンソルでは，構造物に仮想面を考え，この法線ベクトルを与えることにより，応力ベクトルが決定される．この法線ベクトルと応力ベクトルが平行になる場合は，固有ベクトルが重要とされ，特に対応する固有値が最大になる主応力ベクトルが矢印表示で可視化されることが多い．下図の可視化により，外力の伝達方向を確認できる．

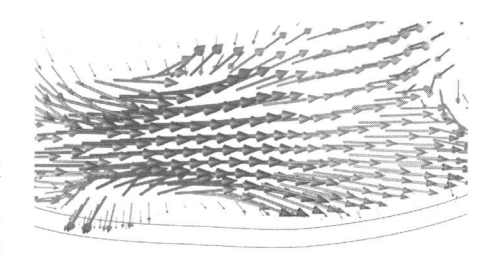

参考文献

1) DNV(Det Norske Veritas) Container Ship Update（ノルウェー船級協会 著作権所有）(2008)

2) GLview 可視化操作資料 株式会社トランスウッズ，大阪市 (2010)

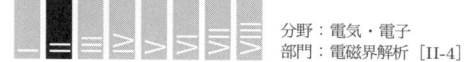

高速多重極法

[英] fast multipole method

高速多重極法は，従来 $O(N^2)$ の演算量が必要であった N 体間相互作用の近似値を，必要な精度を確保しつつ $O(N)$ や $O(N\log N)$ で高速に計算する手法であり，クイックソートやFFTなどと並んで，20世紀のTOP10アルゴリズムの一つとして数えられている。電荷や波源といったソース点の集合を含む空間に階層構造を導入し，その構造を利用して**分割統治計算**（divide and conquer algorithm）を進める。その計算過程において，できるだけ多くのソースからの影響を多重極展開および局所展開を用いて一括計算し，演算量と使用メモリの削減を図る方法である。高速多重極法の出発点は，基本解の変数分離型の展開を求めることにあり，その適用範囲は天体物理学や分子動力学，静・動弾性問題，音響問題，電磁波問題など広範にわたる。ここでは，簡単のために3次元ラプラス場（多数の点電荷間の静電界相互作用計算）を例題として，高速多重極法の手順を概説するが，その他の場においても基本的な考え方は同様である。

A. 高速多重極法のアルゴリズム

まず，分割統治計算のために3次元解析領域を立方体格子（以下セル）に分割し，8分木構造を作成する。解析領域中の全点電荷を含む立方体をルートとし，レベル0のセルとする。その立方体を8等分してレベル1のセルを作成する。以下同様に，レベル l のセル（親セル）を8等分してレベル $l+1$ のセル（子セル）を作成し，設定したレベル数，またはセル内の点電荷数が指定値以下になるまでセル分割を繰り返す。最下層の（子を持たない）セルをリーフと呼ぶ。高速多重極法では，セルの遠近を8分木構造に基づいて判定する。二つのセル間に辺または頂点などの共有部分があるセルを近傍，親セルの近傍セルの子セルのうち自分自身とは近傍ではないセルを遠方という。

この8分木構造に基づいて各セルで多重極・局所展開係数を求め，相互作用計算を行う。まず，リーフからルートへ向かって以下の手順を行う。

(1) リーフセルの中心に多重極展開を定義する。
(2) 子セルで定義された多重極展開を親セルに移動（M2M）して加え合わせる。

以上により，すべてのセルに多重極展開係数が定義された状態となる。続いて，ルートからリーフに向かって各レベルで以下を実行する。

(3) 親セルに局所展開がある場合，その局所展開を自分に移動（L2L）し，加え合わせる。
(4) 遠方にあるセルの多重極展開を自分のセルの局所展開に変換（M2L）し，手順(3)で求めた局所展開に加え合わせる。
(5) リーフセルにおいて，局所展開の寄与と近傍セル内点電荷の影響を加え合わせ，任意位置でのポテンシャルを求める。

以下に，2次元**境界要素法**（boundary element method, ⇒p.65）における高速多重極法の概念図を示す。

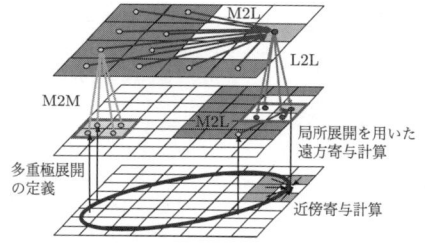

境界要素法に適用する際には，各要素に対して面積分が必要になるが，ポテンシャルやその法線方向微分値を数値面積分公式に応じた積分点に離散化すれば，上述のアルゴリズムはそのまま適用できる。また，境界要素法に適用された高速多重極法は，係数行列と任意ベクトルとの積を高速計算する手法と等価であり，連立方程式の解法として**反復法**（iterative method, p.356「連立1次方程式」を参照）を適用することになる。

B. 応用分野

電磁現象は本質的にその影響が無限遠にまで及ぶため，解析対象に加えて周囲の広範な空気領域も考慮する必要がある。したがって，電磁界解析では，均一な開領域問題に適した境界要素法などの積分方程式法がしばしば用いられており，その膨大な演算量や使用メモリを大幅に削減できる高速多重極法を活用する利点は非常に大きい。応用分野として，高電圧分野における静電界解析，航空機などの大規模電磁波散乱問題，フォトニック結晶を対象とした周期構造波動問題などが挙げられる。

参考文献

1) 小林昭一 編：波動解析と境界要素法, 京都大学学術出版会 (2000)

2) 宅間 董, 濱田昌司：数値電界計算の基礎と応用, 東京電機大学出版局 (2006)

3) Y. Otani, N. Nishimura: "A periodic FMM for Maxwell's equations in 3D and its applications to problems related to photonic crystals", J. Comput. Phys., vol.227, pp.4630–4652 (2008)

分野：可視化
部門：シミュレーション検証のための可視化［VII-6］

高速度PIV
［英］high time-resolved particle image velocimetry; high time-resolved PIV

1990年代後半のCCDカメラ，レーザーの普及に続き，2000年以降，高速度カメラや高周波パルスレーザーが急速に普及してきた。

それまでのPIV (particle image velocimetry, ⇒ p.343) は，多くの場合，1秒に1組2枚の画像15組程度を取得するのが限度であった。つまり15 Hzでの速度計測であった。2枚の画像の撮影タイミングを任意に制御できるため，ある1時刻における高速な流れを測定する点では特に問題がなかったものの，剪断・回転の強い流れなどでは，速度を時間微分して求める加速度などの値の算出に大きな問題があった。また，従来のPIVでは，周期現象については振動の特定位相のみの瞬時速度分布を平均するなどして対応していたが，変動周期の不安定性の評価や，周期の不安定な現象の測定は難しかった。

これまでのCCDカメラ同様の空間解像度を持つ高速度カメラと高周波パルスレーザーを用いて，速度のサンプリングレートを向上させ，測定のダイナミックレンジを改善するのが，高速度PIVである。高速度PIVでは，高次項の導入により渦度や**圧力**（pressure）など，速度の微分値に関するパラメータの算出精度が向上するだけでなく，下図のように，2画像間の撮影時刻差の選択肢が増えることから，高速部と低速部が同一画像上に含まれるような流れの解析も可能になる。最近では，最大5～10 kHzで画像対を取得することができるようになったため，非常に高速な非定常現象を捉えることも可能である。

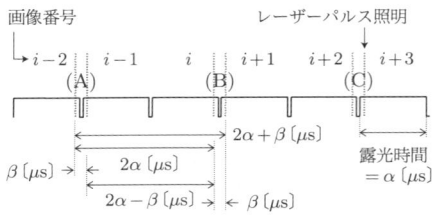

β：2画像間の撮影時刻差の最小値
（ダブルパルス照明の時間差）

A. 高速化によるメリット

高速度PIVでは，従来のPIVに比べて速度算出の空間解像度を向上させることもできる。PIVでは検査領域の類似性を相関関数を用いて評価するため，検査領域が小さくなりすぎると，相関に寄与する輝度値情報が減る。したがって，あまり検査領域を小さくすることはできない。高速度PIVの場合，流れの変化が数kHzより十分小さく，複数の画像対間で大きく変化しない場合，他の画像対の同じ検査領域における相関係数を利用できる。つまり，時間解像度の高さを空間情報の向上に利用できるため，検査領域の大きさを小さくした場合でも，多くの輝度値情報をもとに相関関数を評価できる。

B. 適用例

これらの特徴により，高速度PIVはこれまで測定が困難だった多種多様な流れ場の測定に利用されている。例えば，流れと流体内構造物との相互作用による自励**振動**（oscillation）では，その固体の振動と流れの振動を同時に捉えつつ，高速度PIVの特徴を活かして，構造物表面の圧力分布を評価した例がある。また，高速鉄道や高速で蒸気が流れる工業用プラントなどを対象とした，音響共鳴現象の解明にも利用されている。下図は，気流噴流の音響共鳴振動について，従来どおりの位相固定法によって得た噴流の位相平均速度分布 (a) と，高速度PIVで得た同じ噴流の振動位相遅れの空間分布図 (b) の例である。また，静翼・動翼を持つ回転機器内の流れの振動の位相遅れ分布 (c) の例も示した（口絵46）。この図では静翼の後縁で剥離した流れが振動発生源となっていることがわかる。同様に，近年，高速度PIVではさまざまな応用計測が盛んに試みられている。

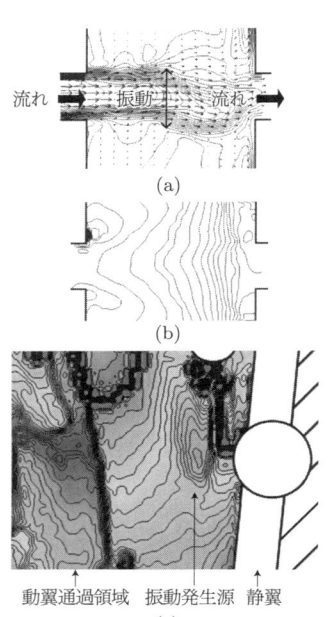

分野：環境・エネルギー
部門：都市計画 [IV-4]

交通シミュレーション
[英] traffic simulation

自動車交通流を記述する最初のモデルは1950年代に提案され，以降，おもに渋滞問題を対象として道路インフラ整備や信号制御などの運用策の設計や評価のために，シミュレーションが利用されてきた．近年では，渋滞問題だけでなく，自動車交通から排出される温室効果ガスの推定や，ITS (intelligent transport systems; 高度道路交通システム) 技術評価に関連する研究にも利用されている．シミュレータの中には高性能なCG機能を備えるものもあり，シミュレーション結果をそのまま映像化して都市交通計画の合意形成に利用することもできる．

シミュレーションは，車両移動モデルと利用者選択行動モデルから構成される．いずれも人間の知的活動の結果であり，完全なモデル化は不可能であるため，近似的な手法として多数のモデルが提案されている[1,2]．問題の規模や再現したい現象の種別に応じて，モデルを選択する必要がある．

モデルの分類の観点はいくつかあるが，車両移動の表現の粒度に応じて**巨視的モデル** (macroscopic model)，**微視的モデル** (microscopic model)，その他に分類することができる．巨視的モデルは一般に近似度が高く，高速に計算可能であるため，大規模な問題に適用される．微視的モデルは，計算負荷は高いが，現象を詳細に表現できるため，比較的小領域のシミュレーションに利用されることが多い．ただし，計算技術の進展に伴い，最近では大規模な問題も微視的モデルで詳細に計算しようとする傾向にある．

A. 巨視的モデル

巨視的モデルでは，交通流を1次元の圧縮性流体として近似する事例が多い．時刻t，位置xにおいて，道路区間の局所的な密度を$k(x, t)$，平均速度を$V(x, t)$，平衡状態の速度をV_e，流入・流出交通量を$r(x, t)$，緩和時間をτとして，一般に以下の形式で記述される．

$$\frac{\partial k}{\partial t} + \frac{\partial (kV)}{\partial x} = r$$
$$\frac{\partial V}{\partial t} + V\frac{\partial V}{\partial x} + \frac{1}{k}\frac{\partial P}{\partial x} = \frac{1}{\tau}(V_e - V)$$

Pは交通流による圧力を表しており，さまざまな定式化がなされている．

これ以外にもナビエ・ストークス方程式における粘性項を追加したモデルや，統計的モデルとしてボルツマン方程式 (⇒p.130) を応用した手法も考案されている．

B. 微視的モデル

微視的モデルでは，車両1台ごとの挙動を取り扱う．交通現象を場の状態変化として捉える場合には，しばしば**セルオートマトン** (cellular automaton) が利用される．一方，移動主体としての車両同士および車両と場の相互作用として捉える場合には，**マルチエージェントシステム** (multi agent system, ⇒p.127, p.173) が利用される (口絵9)．

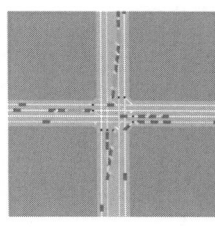

車両移動は，セルオートマトンにおける状態遷移規則や追従モデルで記述される．追従モデルでは，自車両の速度変化を，先行車からの刺激とそれに対する運転者の反応感度によって決定する．古典的な追従モデルの一つであるチャンドラーのモデルでは，時刻tにおける車両nの位置を$x_n(t)$，遅れ時間をτ，感受率をαとして，以下の式を用いて加速度を求める．

$$\ddot{x}_n(t + \tau) = \alpha [\dot{x}_{n-1}(t) - \dot{x}_n(t)]$$

上式の右辺を変更した追従モデルも多数提案されている．

マルチエージェントシステムを用いた研究には，シンプルなモデルによって現象のメカニズムの解明を試みるものと，人工知能の手法や制御理論を組み合わせて人間の複雑で知的な振る舞いの再現を試みるものの，二つの方向性が存在する．

C. その他のモデル

巨視的モデルと微視的モデルの中間として，密度や平均速度などの巨視的な情報から車両1台ごとの微視的な移動量を算出するモデルや，車両群の挙動を記述するモデルなども考案されている．これらはメゾスコピックモデル (mesoscopic model) と呼ばれることがある．

参考文献

1) D. Helbing, et al.: "Micro- and Macro-simulation of Freeway Traffic", *Mathematical and Computer Modelling*, **35**, pp.517–547 (2002)

2) M. Pursula: "Simulation of Traffic Systems — an Overview", *Journal of Geographic Information and Decision Analysis*, **3**, 1, pp. 1–8 (1999)

分野：人間・社会
部門：経営・生産 [VI-4]

工程計画
[英] manufacturing process design

製造業の生産準備業務（量産開始までの工法の検討，作業フロー立案，ライン作りなどの工程計画業務）におけるシミュレーション技術としては，製品設計の組立成立性の検証，生産プロセスの工程成立性の検証，また，生産時点の生産能力を予測する検証などがある。

A. 製品設計の組立成立性の検証

生産準備業務では製品設計を受けて，組立成立性などの検証を行う必要がある。CADで定義された製品は部品形状とその構造が与えられるだけで，組立てが可能であることは保証されない。このため，組み立てる順を想定して，空間構造的に組立てが可能かどうかを検証する必要がある。ここでは各部品の構造問題だけでなく，組立て時の部品間干渉の確認，また，工具や治具を利用した場合のクリアランスや，作業者が作業できるか否かの姿勢検証も重要である。

このためのシミュレーション技術を**ディジタルモックアップ**（digital mock up）と呼ぶ。3D CADデータを活用して，仮想3次元空間で各条件下における干渉やクリアランスを求める技術が実現されており[1,2]，自動車，電機などの組立系製造業では広く活用されている。下図に，ディジタルモックアップの例を示す（口絵23）。

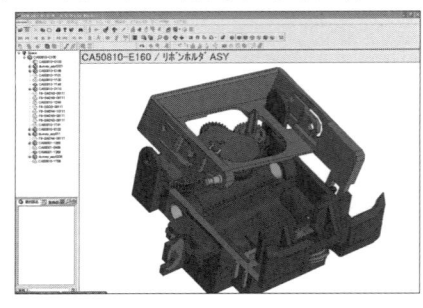

B. 生産プロセス工程成立性の検証

量産工場では作業フローを基本として，工程編成を検討する必要がある。工程編成には，何人で分担して生産するのか，ある作業者がどの作業を担当するのか，メイン工程で作業するのか，サブ工程で部分を事前に作業するのかなどが含まれる。ここでの検証は製品構造や工法の観点で実施される。その目的は，生産性とコストの最適化を行い，標準的な工程計画と標準作業時間を決定することである。

このためのシミュレーション技術として**工程計画ソフトウェア**（manufacturing process design software）がある。多くは組立作業時間をもとに各工程の負荷バランスを調整し，生産効率を最大化する検討を行うことができる。

現段階では，与えられた作業時間を基礎に計画しているが，レイアウトや作業性を反映できていないことに問題がある。課題としては，作業場所，部品置き場などのレイアウトや作業フローを制約条件として，IE（industrial engineering）における動作分析の考え方をベースにした作業時間の予測技術，作業性評価技術との連携が期待される。近年，この課題を解決したシミュレーション技術[2]も出現してきている。下図に作業性の評価を行うシミュレーション例を示す（口絵23）。

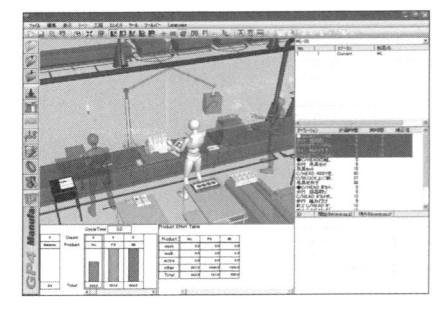

C. 生産能力の検証

製品製造の量産段階では，製品設計やプロセス検討に加えて，生産品目の生産計画や，作業者の能力，工場内の物流計画，設備停止や失陥率などの変動要素を反映して生産能力を検証する必要がある。このためのシミュレーションとして，**離散型シミュレーション**（discrete-event simulation）を利用したシステムが数多く開発され，広く活用されている。

ここでは，あらかじめ与えた単位時間を持つ作業工程群と，それらの間の工程ネットワーク，さらには工程間の遷移条件を与えることにより，状態遷移シミュレーションを行い，最終製品の出来高や中間製品の滞留状況，各設備の稼動状況などを予測して，現場で発生する問題に事前に対処する。ここでの課題は，基礎単位が時間であり，実際の工場のレイアウトを反映させることが難しいことと，工程ネットワークや状態遷移の条件を与える方式が複雑であり，生産現場の実際の技術者に普及していないことである。

参考文献
1) IE Review, Vol.48, No.4 (2007.10)
2) 雑誌FUJITSU, Vol.58, No.3 (2007.5)
3) 中村昌弘：グローバル生産の究極形，日経BP (2011)

分野：人間・社会
部門：経済・金融 [VI-3]

高頻度経済データ
[英] high-frequency economic data

経済や社会現象に対して網羅的に記録されたデータセットのことを，高頻度経済データと呼ぶ．一般的に，時系列方向に高解像度で記録されたデータを指す場合が多いが，同時点のある事象を系列的・横断的に高解像度で記録したクロスセクションデータも，高頻度経済データに含まれる．

高頻度な時系列方向のデータのおもなものには，**ティックデータ**（tick data）と呼ばれる金融市場における価格のデータがある．高頻度なクロスセクションデータのおもなものには，企業の**財務諸表データ**（financial statement data）や，店舗の売上や消費者の購買行動を記録した**スキャナデータ**（scanner data）がある．

これら以外に，テレビや新聞などで流れるニュースを秒単位に記録したデータや，住宅情報誌に掲載されたすべての不動産情報を記録したデータなども含まれる．

いくつかの高頻度経済データは，ウェブ API などを用いてインターネット上から比較的容易に収集が可能である．また，楽天[1]などの一部の企業は，データをウェブで公開している．

高頻度経済データを用いた実証分析は，**経済物理**（econophysics, ⇒ p.79）[2]や**計量ファイナンス**（quantitative finance）の分野で活発に行われている．

A．金融市場

株式市場や為替市場におけるトレーダーらの取引注文を，1秒や 1/100 秒のタイムスタンプで網羅的に記録したデータを，金融市場の高頻度経済データと呼ぶ．

一般に，取引価格や，売りの指値の最安値，買いの指値の最高値のみをタイムスタンプとともに記録したデータは，ティックデータと呼ばれる．このティックデータに加えて，取引が成立しなかったすべての注文が記録されたデータは，**オーダーブックデータ**（order book data）と呼ばれている．

2010年現在，円ドル外国為替市場における1日の取引数は，数万回のオーダーである．つまり，秒の時間スケールで為替レートが変動している．このような高頻度な価格変化は，外国為替だけではなく，大型株の株価でも一般的に観測される．

近年，この金融市場の高頻度経済データを活用したボラティリティの測定が，計量ファイナンスの分野で大きく注目されている．このボラティリティは**実現ボラティリティ**（realized volatility）と呼ばれ，1分間などの短い価格変動の過去1日分の日内2乗和によって定義される．高頻度経済データの活用によって，ヒストリカルボラティリティに比べて，リアルタイムにボラティリティを測れるようになった．

B．財務諸表

財務諸表には，企業の貸借対照表，損益計算書，キャッシュフロー計算書，株主資本等変動計算書が含まれる．横断的に記録された企業の財務諸表データは，クロスセクション方向の高頻度経済データの代表例である．

最新の研究では，日本企業約150万社，世界の企業約6000万社の網羅的な財務諸表データを活用し，産業や国の成長に関する実証分析が行われている．

企業財務に関する高頻度経済データには，単独企業の業績を表すデータのほかに，企業間の仕入れや得意先の関係を網羅的に記録したデータも存在する．このような企業間の取引関係をスーパーコンピュータに読み込ませ，コンピュータ上で仮想的に企業間取引をシミュレートすることによる，企業の連鎖倒産の予測などが研究されている．

C．スキャナデータ

小売業における店舗の品揃えや，各商品の価格更新，販売数など，店舗側の販売行動を記録したデータと，消費者の購買履歴を記録したデータの2種類が存在する．

前者は店舗のレジに備え付けられた POS システムにより収集されることが多いため，POS データとも呼ばれる．

後者には，電子マネーやクレジットカードの使用履歴により機械的に収集されたデータや，サンプル家計にハンディスキャナを配布して，すべての購入商品のバーコードを記録しもらったデータがある．

Amazon.com や価格.com など，ウェブ上での店舗の販売行動や消費者の購買行動を記録したデータも，広い意味でスキャナデータに含まれる．

参考文献
1) http://rit.rakuten.co.jp/rdr/index.html
2) 増川，水野，村井，尹：株価の経済物理学，培風館 (2011)

コグニティブ無線技術
[英] cognitive radio technology

無線通信システムのブロードバンド化が要求されているが，今後さらにブロードバンド化を推進していくためには，現状さまざまな問題がある．中でも特に深刻なのが，今後標準化される新しいブロードバンドシステムに割り当てることができる周波数が不足しつつある問題である．この対策として，既存の無線通信システムを特定の周波数帯域に移行させ，新たに周波数を確保することも考えられるが，移行には時間とコストがかかり，現実的ではない．以上の問題を，現状の周波数割り当てを変更することなく解決し，かつ電波資源の有効利用を目指す技術が，コグニティブ無線技術である．

コグニティブ無線技術とは，ITU-Rでは，(1) 電波の利用状況，地理環境の情報，各国の法規性，オペレータなどが持つ通信運用のための方針に代表される各種ポリシー，および現状のコグニティブ無線システム内の状況などの情報を取得する機能 (obtaining knowledge) と，(2) それを所定の目的を達成するために運用パラメータおよびプロトコルを決定し，ダイナミックかつ自律的に調整する機能 (decision and adjustment)，(3) 得られた結果から学習を行う機能 (learning)，という三つの機能からなるシステムとして定義されている[1]．コグニティブ無線技術は，無線機の電波利用環境のセンシング方法により，大きく二つに分けられる．ヘテロジニアス型および周波数共用型である．

A. ヘテロジニアス型コグニティブ無線技術

この技術は，無線機が既存の無線通信システムをセンシングし，利用できることがわかれば，必要とする帯域幅を既存システムで確保して通信を行う技術である[2]．

この技術を端末に導入した場合は，端末自らが，各システムに割り振られている周波数をセンシングして，使用可能な通信システムを一つもしくは複数見つけ出し，利用者の要望に合わせて必要数の無線通信システムを用いて通信を行う．一方，基地局に導入した場合は，前提として，複数の既存無線システムと無線LANのようなシステムとをブリッジする，無線ルータの機能を基地局が備えているものとする．そして，電波の利用環境に応じて，複数の既存無線システムから適切な通信システムを選択し，そのシステムを介してインターネット接続を行う．さらに，利用者側には無線LANのシステムを提供し，利用者からは可搬型の無線LAN基地局として見えるようにする．

B. 周波数共用型コグニティブ無線技術

この技術は，無線機が，各システムに割り振られていない空き周波数，もしくは各システムに割り振られているが利用されていない周波数や時間スロット等の無線リソースをセンシングにより認識し，その空き周波数/時間を使って，利用者が必要とするリソースを計算機シミュレーション等により確保し，通信を行う技術である[2]．このとき最適化するパラメータとしては，スループット，干渉量などが挙げられる．

この技術を基地局に導入した場合は，基地局自らが，各システムに割り振られていない周波数，もしくは各システムに割り振られているが利用されていない周波数を見つけ出し，その周波数を用いて独自の通信システムを実現させる．一方，端末に導入した場合は，端末自らが，各システムに割り振られていない周波数，もしくは各システムに割り振られているが利用されていない周波数を見つけ出し，つぎに，その周波数を用いて端末間でアドホック通信を行う（下図）．

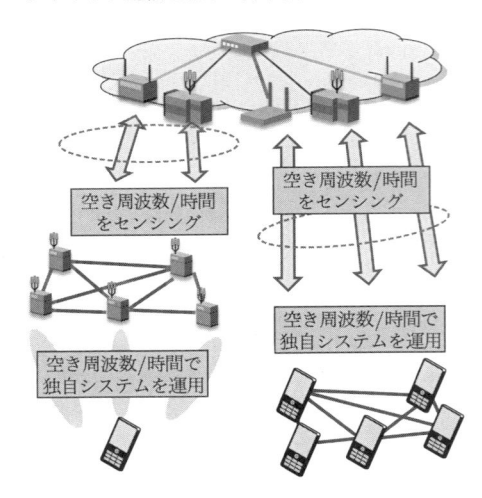

参考文献

1) Definitions of Software Defined Radio (SDR) and Cognitive Radio System (CRS), Report ITU-R SM.2152 (2009.9)

2) H. Harada, et al.: "Research, Development, and Standards Related Activities on Dynamic Spectrum Access and Cognitive Radio", *IEEE Dyspan 2010*, pp.1–12 (2010.4)

分野：環境・エネルギー
部門：地域・地球環境　[IV-1]

湖沼環境
[英] lake environment

　湖沼のシミュレーションで対象とする現象は，環流，波，鉛直循環などの物理学的な現象，および**富栄養化**（eutrophication），**貧酸素化**（hypoxia）などの化学的，生物学的な現象である。ダム湖も含めた湖沼の規模は，数十m規模から千km規模までの範囲にあり，深さは数mから数百mである。成層期の定常的な環流や主要藻類のブルーミングのように，数日～数週間の現象を扱う場合もあれば，気候変動の影響のように100年規模の現象を扱う場合もある。空間解像度の観点からは，ボックスモデル，鉛直1次元モデル，水平・鉛直2次元モデル，3次元モデルが用いられる。また，再現する現象の観点からは，流れ場モデル，生態系モデル，**流れ場-生態系結合モデル**（hydrodynamic-ecosystem coupled model）が用いられる。以下に，現象別に分類し，シミュレーション技術の現状と課題，今後の方向性について述べる。

A. 物理現象のシミュレーション

　数値モデルとしては，デカルト座標系において，ブジネスク近似と**静水圧近似**（hydrostatic approximation, ⇒p.25）を仮定した運動方程式，連続の式，水温の移流・拡散方程式を用いる。湖沼の規模が大きい場合は，地球の自転による効果を考慮する必要がある。湖面，湖底，河川における境界条件と初期条件を与える。格子分割法としては，水平方向には正方格子，鉛直方向にはz座標系またはσ座標系が用いられ，差分法により離散化されることが多い。

　環流のシミュレーションには，浅水湖では2次元モデル，深水湖では3次元モデルが用いられる。浅水湖や規模の小さい湖沼では，**吹送流**（wind-driven current）が支配的であり，深水湖で規模が大きい湖沼では，**密度流**（density-driven current）の効果が大きくなることがシミュレーションにより確認されている。ただし，吹送流のシミュレーションでは，湖面上での空間的に密な風速・風向データが不足しているため，これらのデータの取得，あるいは大気モデルとの結合が今後の課題である。

　静振については，水位データとの比較により，数値モデルの再現性が検証されている。内部波は，水温の鉛直分布の時系列変化との比較により数値モデルの検証が進められているが，位相速度，振幅の再現性の検証は十分ではない。内部波は，深層での鉛直混合や物質循環に大きな影響を及ぼすため，より詳細な検討が必要である。

　鉛直循環については，鉛直1次元モデルでもおおむね再現可能であり，気候変動の影響に関する長期シミュレーションが数多く実施されている。ただし，微小な水温変動を再現・予測する必要があるため，今後は吹送流，密度流，内部波の影響を考慮できる，3次元モデルを用いた長期シミュレーションが主流になると考えられる。

B. 水質・底質のシミュレーション

　数値モデルとしては，以前は無機態リン濃度と植物プランクトンの成長との関係を線形回帰式で表した簡易的なモデルが用いられていた。現在は，複数種の植物プランクトン，動物プランクトン，バクテリア，非生物有機物質，数種類の栄養塩，魚類など高次栄養段階の生物が状態変数として組み込まれた，複雑な生態系モデル（ecosystem model）が用いられている。また，鉛直解像度の高い底質モデルも開発されている。さらに，流れ場モデルとの結合も行われるようになった。格子分割法も，ボックスモデルから，3次元流れ場-生態系結合モデルに移ってきている。

　水質，底質の季節変動は，生態系モデルでおおむね再現されるようになっている。富栄養化現象に関しては，流入負荷と植物プランクトンの濃度の関係が，モデル式やパラメータ値の高精度化により再現されるようになった。ただし，数日スケールの植物プランクトンのブルーミング，植物プランクトン種の遷移の予測は今後の課題である。貧酸素化現象は，富栄養化と成層の組み合わせとして再現される。ただし，貧酸素化に伴う水中-底泥間の物質フラックスの予測は，貧酸素化の富栄養化への影響を知る上で重要であり，湖水・湖底境界の計測データの蓄積とともに，数値モデルの高度化が必要である。

　湖沼の生態系モデルに関する今後の主要な課題としては，データ同化などによるパラメータ値の合理的な決定方法や高次栄養段階の生物のモデリングが挙げられる。

参考文献
1) 下ヶ橋雅樹, 迫田章義, 鈴木基之：湖沼生態系数理モデルの現状と今後の課題, 生産研究, 52(2), pp.96-103 (2000)

2) 中田喜三郎, 日野修次, 植田真司：湖水の流動モデルと生物地球化学的物質循環モデル, 陸水学会誌, 67, pp.281-291 (2006)

コミュニケーショントレーニング
[英] communication training

この分野の範囲はたいへん広いが，以下では「国際言語としての英語」の理論的方法論的訓練について述べる．現代の英語教育では，英語をアメリカ人やイギリス人とのコミュニケーションを目的とした英米語ではなく，世界各国の人々との交流を目指す国際言語と考える傾向にある．この認識は従来の英語観ならびに英語教育観を大きく変えることになるため，学校教育や企業研修でつぎの2方面の理解と実践の訓練が求められる．なお，本名ら[1]にあるように，これらの教育プログラムは，eラーニングやネットワークコミュニケーションで実践され，効果を上げている．

A. 普及と変容

現代英語は二つの特徴を持つ．一つはその国際的普及である．このために，英語の話し手はネイティブスピーカーよりも，ノンネイティブスピーカーのほうがずっと多くなっている．そして，ノンネイティブはネイティブとの間よりも他のノンネイティブとの間で英語を使うことが多くなっている．これは英語運用の世界的現実である．

もう一つは英語の多様化である．非母語話者は独自の言語文化を基礎として，英語の新しい機能と構造を開発している．これは発音のみならず，語彙，統語，そして語用論やレトリックのレベルにまで及んでいる．専門家はこのような展開を示す現代英語を，**世界諸英語**（world Englishes）と呼ぶ．英語はもはや単数ではなく，複数で考える言語なのである．

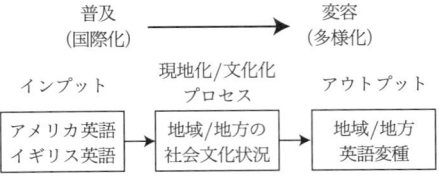

普及　　　　　　　　変容
（国際化）　　　→　　（多様化）

インプット　　現地化／文化化　　アウトプット
　　　　　　　プロセス
アメリカ英語　　地域／地方の　　地域／地方
イギリス英語　　社会文化状況　　英語変種

このことは，普及と変容の関係を考えればよくわかるだろう．ものごとが普及するためには，適応が求められる．インドのマクドナルド店にはビーフバーガーがない．その代わりに，人々は美味しいチキンバーガーやマトンバーガーをほおばっている．ことばもこれと似ており，英語が世界に広まれば，世界に多様な英語が発生する．英語の国際化は必然的にその多様化を生む．一方なくして他方は得られない．

従来，共通語には「画一」「一様」というイメージがつきまとっていた．しかし，よく考えてみると，多様な言語でなければ，共通語の機能をはたせない．アメリカ英語を唯一の規範とすれば，英語は「国際言語」として発達しないだろう．だから，母語話者も非母語話者も，たがいにいろいろな英語の違いを認め合う，寛容な態度が求められる．

B. 多様性のマネジメント
（異文化間リテラシーの育成）

ところで，英語が英米文化の枠を越えて，多様な変種を包摂する多文化言語となると，新たな問題が生じる．それは変種の違う話し手同士で，相互理解がうまくいかなくなる可能性である．異変種間相互理解不全の問題は，英語のさまざまな次元に見られる．

これらの問題に対処する方法はいくつか考えられる．一つは，標準化案である．諸変種の普及は相互理解を困難にするので，一つのパターンに再統一しようという考え方である．それはけっきょくのところ，英米基準に復帰するということになる．一見これは当然の方法のように思われるが，はたしてそうであろうか．そもそも英語の普及にあたって，標準化案は英米パターンを確立させる方法であった．

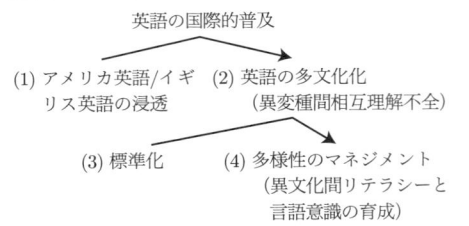

英語の国際的普及

(1) アメリカ英語／イギ　　(2) 英語の多文化化
　　リス英語の浸透　　　　　（異変種間相互理解不全）

(3) 標準化　　　　(4) 多様性のマネジメント
　　　　　　　　　　（異文化間リテラシーと
　　　　　　　　　　　言語意識の育成）

しかし，現実に生じたのはそれではなく，英語の多文化化であった．つまり，標準化は多文化化を防止する案であったのに，その機能をはたせなかった．多文化化の防止に役立たなかった方策を，多文化を規制するのに再度用いることは，無意味といわざるを得ない．そこで，異変種間相互理解不全の問題を解決する道は，別のところに求めなければならない．

すなわち，多文化性を受容し，育成しながら，相互理解を図る新しい方法を発見しなければならないのである．それは多様性のマネジメントである．その方法は**異文化間リテラシー**（intercultural literacy）と呼ぶことができる．これは21世紀の多文化共生社会で求められる，きわめて根本的な能力ともいえる．

参考文献
1) 本名信行・松田岳士 編：国際言語としての英語：世界へ展開する大学院eラーニングコースの研究開発，アルク (2005)

コミュニケーションモデル
[英] communication model

コミュニケーションを記述，表現するためには，当事者間において，メッセージがどのように生成されるか，それがどのように伝達されるか，そして，それがどのように解釈して受け取られ，どのような効果をもたらすか，などの観点が必要となる．

A. 一般コミュニケーションモデル

コミュニケーションのモデルとして古典的でかつ代表的なものは，Shannon と Weaver によるモデル (Shannon-Weaver communication model) である．このモデルでは，コミュニケーションにおける情報伝達過程に注目し，そのプロセスをつぎのように表現する．まず，情報ソース (information source) と呼ばれる情報の送り手が，なんらかのメッセージを生成する．そのメッセージは送信器 (transmitter) によってシグナルに変換され，情報チャンネル (information channel) を通じて受信器 (receiver) へと送られる．このとき，場合によっては外部からのノイズがシグナルに影響を与える．受信器は受け取ったシグナルを再度メッセージへと変換し，メッセージが最終的な送り先 (destination) に伝わる．例えば，このモデルを双方向の情報伝達に拡張することで，人間の二者間のコミュニケーションプロセスを表現することが可能となる．このモデルはさまざまな情報伝達の過程に当てはめることができるシンプルかつ汎用性の高いモデルである．一方で，情報が伝達される過程のみに焦点が当てられており，例えば，人間のコミュニケーションにおいて，人間がメッセージをどのように生成するのか，あるいは，ある文脈 (context) において受け取ったメッセージを人間はどのように解釈し，どのように応答を生成するのかといった側面に関する特性については，なにも記述していない．

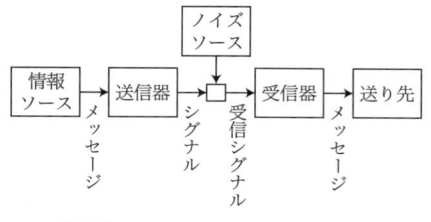

B. 語用論モデル

コミュニケーションのモデリングには，メッセージの伝達プロセスやメッセージの意味 (semantics)・統語 (syntax) といった内容における特性だけでなく，コミュニケーションの解釈や生成，意図といった**語用論** (pragmatics) 的観点も重要である．

例えば Grice は，コミュニケーションをそこに参加する参加者による共同行為と捉え，コミュニケーションを円滑に行うためのマナーともいえる**協調の原則** (cooperative principle) が働いていると提唱した．Grice は以下の4種類九つの原則 (maxim) に整理している．

1. 量の原則 (maxim of quantity)
   (a) 必要なだけ情報量を与える
   (b) 必要以上に情報量を与えない
2. 質の原則 (maxim of quality)
   (a) 偽と思っていることはいわない
   (b) 十分な証拠がないことはいわない
3. 関係の原則 (maxim of relation)
   (a) 関係のあることをいう
4. 様式の原則 (maxim of manner)
   (a) わかりにくい表現を避ける
   (b) 曖昧さを避ける
   (c) 簡潔にいう
   (d) 順序良く整理していう

また，Sperber と Wilson は Grice の関係の原則を拡張し，**関連性理論** (relevance theory) を提唱している．この理論は，発話の解釈には関連性が主要な制約として働くとともに，交わされる発話には，その発話が最適な関連性を持つことを伝え合う機能があるという仮説に基づく．

言語学や言語哲学におけるこれらの原則や理論は，コミュニケーションの文脈依存性や創発性，メッセージの推論や解釈，言葉の機能における特性の説明を試みているものの，これらの特性のすべてを説明するものではなく，計算機シミュレーションへの実装に適した形式のモデルも提供されてはいない．このようなコミュニケーションの語用論的特性を考慮し，人間同士のコミュニケーションの特性やそこから生じる社会的特性などを説明し予測できるようなモデルや，計算機モデルへの発展が期待される．

参考文献

1) Shannon C. E. and Weaver W.: *The mathematical theory of communication*, University Illinois Press (1969)

2) Sperber D. and Wilson D.: *Relevance 2nd edition*, Wiley-Blackwell (1996)

サービス工学
[英] service engineering

　サービス工学とは，サービス生産性向上とイノベーション促進を目的として，サービスを科学的・工学的に研究する研究分野の総称である．サービスを研究対象とするほかの工学分野としては，情報工学，経営工学，生産システム工学などがあり，サービスコンピューティング研究，**オペレーションズリサーチ**（operations research; **OR**）研究，ライフサイクル工学研究などとも関係が深い．また，工学分野以外でも，経済学，経営学，商学，消費者心理学，マーケティング研究分野などにおいて，サービス（産業）に関係するさまざまな研究が行われてきた．さらに，教育・医療・交通などを含めた広義の公共サービスについては，看護学や公共衛生学などを含め，より幅広い分野において研究がなされている．

　サービス工学では，サービス現場において，サービスの観測，分析，設計，適用を繰り返し行うこと（最適設計ループ）によって，サービス提供プロセスの効率化や付加価値の向上，新たなサービスの創出を目指している．2010年に経済産業省が公表した技術戦略マップでは，サービス工学分野で用いられる技術群が，観測技術，分析技術，設計技術，適用技術，IT基盤技術という五つの項目によってまとめられた．サービス生産向上のための設計ループを下図に示す．

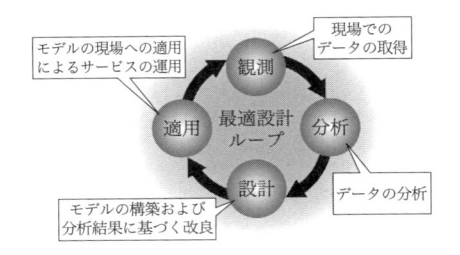

A. サービスの観測技術
　サービスには顧客や従業員を含めた多くの人間的要素が含まれるため，それらを質的・量的に観測する技術が必要となる．

　（1）初期仮説策定技術　　サービスの受容者（顧客，消費者，患者など）と提供者（従業員，医師など）の行動の背景にある意図やスキル，満足度を理解するための技術として，インタビュー技術（**エスノグラフィ**（ethnography）など）やアンケート技術（顧客満足度調査技術など）が含まれる．

　（2）センシング技術　　RFID，ICカード，加速度センサーなど，各種のセンサーなどによって，人間行動や環境を定量的に観測するための技術が含まれる．

B. サービスの分析技術
　（1）数理分析技術　　購買履歴データやアンケートデータ，人間行動データなど，多様なデータを分析し，理解するための技術として，統計分析技術（多変量解析，数量化理論，**ベイジアンネットワーク**（Bayesian network），ニューラルネットワークなど）やデータマイニング技術（テキストマイニングなど）が用いられる．また，OR研究では，サービス現場で起こる現象を系統的に調査・分析し，評価するための手法（タグチメソッド，線形計画法など）が研究されてきた．

　（2）モデリング技術　　人間（集団）行動のモデリング技術として，ベイジアンモデリング技術，ネットワーク構造分析技術，ペルソナ作成技術などが含まれる．

C. サービスの設計技術
　サービスを設計し，最適化するためには，サービス提供プロセスを記述・設計し，シミュレーションを行うことが必要となる．

　（1）プロセス設計技術　　サービスプロセスの記述・設計技術として，サービスブループリンティング，サービスCAD，ビジネスプロセスモデリング表記法（business process modeling notation; BPMN）などが挙げられる．

　（2）シミュレーション技術　　人間（集団）行動の予測や，社会におけるサービスの普及過程をシミュレートする技術として，マルチエージェント技術や複雑ネットワーク技術が広く用いられてきた．また，消費者の意思決定を予測するための技術として，ゲーム理論などがある．

D. サービスの適用技術
　現場でのサービス適用を支援する技術として，情報提示技術（ディジタルサイネージ（digital signage）技術など）や生活者支援技術（サービスロボット技術など），ライフログ基盤技術，人材育成技術（ウェブラーニング技術など）が含まれる．

参考文献
1) 内藤　耕 編著：サービス工学入門，東京大学出版会 (2008)
2) 経済産業省：技術戦略マップ2010（第6版），サービス工学分野 (2009)

分野：通信ネットワーク
部門：ネットワーク ［VIII-1］

災害時のネットワーク
［英］telecommunication networks during disasters

地震などの大規模な災害時には，総理大臣官邸をはじめ防災関係機関間の横断的な情報通信ネットワークである中央防災無線網や，警察庁，消防庁などが独自に構築している自営のネットワークが，災害情報の収集伝達などに活躍する．しかし，これらのネットワークは，防災関係機関など，いわば限られた人々の情報伝達に使用されるものである．ここでは，一般の人々が普段使用している**携帯電話**（cellular phone）などの公衆ネットワークにおける災害時の輻輳，規制制御，シミュレーションにおける問題について述べる．

A. 災害時の輻輳

災害時には，被災地の家族や友人への安否確認などにより**通信需要**（call demand）が急増し，輻輳状態になる．例えば，平成7年1月の阪神・淡路大震災では，固定電話による全国から兵庫県への通信要求は最大で通常時の50倍[1]となったが，当時，携帯電話の加入は約400万台であり，輻輳はあまり問題にならず「携帯電話は災害に強い」とまでいわれていた．しかし，その後携帯電話は一般に普及し，多くの人が災害時に安否確認などに使いたいと思うようになった．平成15年5月の宮城県沖地震では，地震直後から3時間後までに東北地域の携帯電話から発信された**総通話量**（total traffic volume）は，通常時の約30倍に膨れ上がり，かかりづらい輻輳状態になった[2]．平成16年10月の新潟県中越地震では，発災直後から約6時間，新潟県への通信要求が殺到し，一時は通常時の約45倍にのぼった[3]．さらに，平成23年3月の東日本大震災では，通常時の約60倍の通信要求が発生した．

B. 規制制御

上記のような輻輳時には，過負荷によるシステムダウンを避けるため，また，重要通信を確保するため，一般の通信端末の被災地への**発信規制**（call regulation）や，被災地での発信規制が行われている．重要通信の確保については，電気通信事業法の第8条に「天災，事変その他の非常事態が発生し，又は発生する恐れがあるときは，災害の予防若しくは救援，交通，通信若しくは電力の供給の確保又は秩序の維持のために必要な事項を内容とする通信を優先的に取り扱わなければならない」と定められており，具体的には，気象庁，消防庁，警察庁などの府省庁，都道府県，市町村，電力会社，ガス事業者などが，電気通信事業者とあらかじめ契約して，災害時に発信規制を受けない優先端末を持つことにより実現している．

携帯電話の発信規制の例を下図に示す．一般端末の発信動作を，基地局から報知される規制情報によって規制する．規制する端末が偏らないように一般端末を群分けして，周期的に規制を行う．発信規制の規制率はかなり高く，例えば新潟県中越地震では最大87.5％の発信規制が行われた[3]．

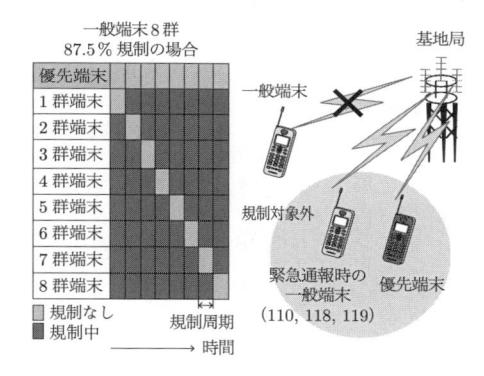

C. シミュレーションにおける問題

重要通信の関係者はもちろんのこと，一般の人にとっても災害時には強い通信要求が発生する．少しでも多くの通信を実現するための，そして，通信設備が被害を受けてもネットワークが機能するためのネットワーク構成・制御の研究開発は重要であり，これにはシミュレーションが必須となる．

精度の高いシミュレーションを行うためには，さまざまな問題がある．例えば，通信要求と通信時間のモデルに用いる適切な分布は，災害の種類や規模に応じて変わると考えられ，単純でないこと，また，通信要求が通常の数十倍になるため，シミュレーションの実行時間が膨大になってしまうことなどが挙げられる．

参考文献
1) 武井 務：阪神・淡路大震災における通信サービスの状況，電子情報通信学会誌，vol.79, No.1, pp.2–6, (1996)
2) 総務省東北総合通信局：災害時における情報通信システムの利用に関する検討会 第1次報告書, pp.1–12 (2003)
3) 総務省総合通信基盤局：平成16年新潟県中越地震 電気通信事業における被害・復旧等の状況及び今後の対応, 災害時の電気通信サービス確保に関する連絡会報告書, pp.6–19 (2004)

分野：共通基礎
部門：数学基礎 [I-1]

最適化
[英] optimization

一般に最適化問題の解法は，逐次近似解法（反復法）$x_{k+1} = x_k + \alpha_k \Delta x_k$ の形式を持つ．反復法のアルゴリズムは，近似解をどの方向に動かすかを決める探索方向ベクトル Δx_k およびステップ幅 α_k を決めるルールによって決定される．最適化アルゴリズムにおける枢要な計算は，この探索方向ベクトルの計算である．特に大規模あるいは悪条件の問題に対しては，探索方向の精密な計算が要求される．

今日の実用的問題の解決において反復法に要求される局所的収束速度は，超1次収束性，あるいはそれに近い速い収束性である．超1次収束性を実現するためには，探索方向ベクトルを，最適解が満たすべき1次の必要条件となる非線形方程式に適用するニュートン法の探索方向ベクトルに漸近していくように設計することが，必要十分であることが知られている．したがって，すべての実用的アルゴリズムは，最適解から離れた近似解から出発しても有効であるように，ニュートン法をさまざまに変形したものであると見なすことができる．

A. 制約なしの最適化

目的関数 $f(x)$ を最小化する $x \in R^n$ を求める問題に対する1次の必要条件 $\nabla_x f(x) = 0$ にニュートン法を適用すると，$x_{k+1} = x_k + \Delta x_k$ となる．Δx_k は1次方程式 $\nabla_x^2 f(x_k)\Delta x_k = -\nabla_x f(x_k)$ の解である．実用的なすべてのアルゴリズムの探索方向ベクトル Δx_k は，この方程式の係数行列 $\nabla_x^2 f(x_k)$ を適切な正定値行列 H_k で置き換えた1次方程式 $H_k \Delta x_k = -\nabla_x f(x_k)$ を解いて得られる．

変数の数 n が非常に大きい場合には，2次微分情報であるヘッセ行列 $\nabla_x^2 f(x_k)$ を直接扱うことは実用的ではない．BFGS更新公式などで知られる準ニュートン法においては，反復法の過程で得られる $\{x_k\}$ と $\{\nabla_x f(x_k)\}$ の差分情報を用いて，H_k 自体をも逐次更新することにより，$\nabla_x^2 f(x_k)$ を近似することが行われている．

H_k の代わりに逆行列 G_k を逐次更新する公式がある．1次方程式を解かずとも，数学的に同値な $\Delta x_k = -G_k \nabla_x f(x_k)$ が得られ，一見得策に見える．しかし，有限精度による数値計算においては，連立方程式を解いたほうが格段に優れていることが，経験的に知られている．

先進的アルゴリズムにおいては，前の1次方程式を修正コレスキー分解法（modified Cholesky method）を用いて解き，Δx_k を求める．H_k の正定値性が数値的に十分でない場合には，方程式 $(H_k + \Delta)\Delta x_k = -\nabla_x f(x_k)$ を解いたことになるからである．Δ は分解過程で必要に応じて適応的に定まる正値対角行列である．

B. 等式制約条件付き最適化

等式制約条件 $g(x) = 0 \in R^m$ のもとで目的関数 $f(x)$ を最小化する $x \in R^n$ を求める問題に対する1次の必要条件は，$\nabla_x f(x) - \{\partial g(x)\}^t \lambda = 0$，$g(x) = 0$ である．$\partial g(x)$ は $g(x)$ のヤコビ行列とする．この非線形方程式を変数 x, λ について解く修正ニュートン法は，$x_{k+1} = x_k + \Delta x_k$

$$\begin{bmatrix} H_k & -(\partial g)^t \\ \partial g & \end{bmatrix} \begin{pmatrix} \Delta x_k \\ \lambda_{k+1} \end{pmatrix} = -\begin{pmatrix} \nabla_x f \\ g \end{pmatrix}$$

となる．元のニュートン法においては，H_k はラグランジュ関数 $L(x,\lambda) = f(x) - \lambda^t g(x)$ のヘッセ行列である．ヤコビ行列 $\partial g = \begin{bmatrix} Y & 0 \end{bmatrix} Z^{-1}$ と分解することにより，この1次方程式を解くことができる．Y, Z はそれぞれ $m \times m$, $n \times n$ 可逆行列とする．この分解は例えばLQ分解，特異値分解，LU分解などで実行することができる．

C. 不等式制約条件付き最適化

不等式制約条件 $g(x) \geq 0 \in R^m$ のもとで目的関数 $f(x)$ を最小化する $x \in R^n$ を求める問題に対する必要条件は，**KKT条件**（Karush-Kuhn-Tucker conditions）として広く知られている．この条件の中の等式に修正ニュートン法を適用すると，探索方向ベクトルは，行列

$$\begin{bmatrix} H_k & -(\partial g)^t & 0 \\ \partial g & 0 & -I \\ 0 & D_z & D_y \end{bmatrix}$$

を係数行列とする1次方程式の解として与えられる．D は対角行列である．内点法においては，これに対しさまざまな数値解法が提案されている．f, g が線形の場合には，$m \times m$ 行列 $\partial g D_z (\partial g)^t$ のコレスキー分解を用いる解法が広く使われている．H_k 自体の更新公式も多くの方法がある．

参考文献
1) 藤田 宏, 今野 浩, 田邊國士：最適化法, 岩波講座 応用数学 9, 岩波書店 (1994)
2) 小島政和, 土谷 隆, 水野眞治, 矢部 博：内点法, 朝倉書店 (2001)

最適レギュレータ
[英] optimal regulator

つぎのような線形時不変システムを考える。
$$\left.\begin{array}{l}\dot{x}(t) = Ax(t) + Bu(t),\ x(t_0) = x_0 \\ y(t) = Cx(t)\end{array}\right\} \quad (1)$$

ここで $x(t) \in \mathbf{R}^n$, $y(t) \in \mathbf{R}^r$, $u(t) \in \mathbf{R}^m$ である．このシステムに対して2次形式の評価関数

$$J(u) = \int_{t_0}^{\infty} \{y^T(t)Qy(t) + u^T(t)Ru(t)\} dt \quad (2)$$

を最小にするような制御入力 $u(t)$ を求める最適制御問題は，**最適レギュレータ問題**（optimal regulator problem）と呼ばれる．ここで，Q, R は正定対称行列である．ただし，便宜的に $Q = I$（I は単位行列）とおく．このとき式(2)の評価関数 $J(u)$ を最小にする入力，すなわち最適な入力 $u(t)$ は，状態フィードバック

$$u(t) = Kx(t),\ K = -R^{-1}B^T P \quad (3)$$

で与えられる．ここで P は

$$PA + A^T P - PBR^{-1}B^T P + C^T C = 0 \quad (4)$$

を満足する行列である．式(3)の $u(t)$ を式(1)に代入すると，閉ループシステム

$$\dot{x} = [A + BK]x(t) \quad (5)$$

が得られる．また最適な入力 $u(t)$ を適用した際の評価関数 $J(u)$ は $x_0^T P x_0$ となる．

A. リカッチ代数方程式

式(4)はリカッチ代数方程式（algebraic Riccati equation）と呼ばれる[1]．同式から解 P が対称行列となることは明らかである．また，対 (A, B) が可安定でかつ対 (C, A) が可検出であれば，リカッチ代数方程式(4)は非負値解 P を少なくとも一つ持ち，式(5)の閉ループシステムは漸近安定となることが知られている．また，対 (C, A) が可観測ならば，正定な唯一解 P を持つ．

最適レギュレータを設計するためには，リカッチ代数方程式を解かなければならない．その数値解法の代表的なものとして，クライマンの方法や，有本・ポッターによる固有値分解法などがある．例えばクライマンの方法では，リカッチ代数方程式(4)が，式(3)の K を用いて P に関するリアプノフ方程式

$$P(A + BK) + (A + BK)^T P$$
$$= -(C^T C + K^T RK) \quad (6)$$

として表されることを利用し，繰り返し的に式(4)の数値解 P を求める．

B. 可制御性と可観測性

リカッチ代数方程式の解の存在と正定解の一意性に対して，可制御性や可観測性，さらに可安定性や可検出性の概念は，重要な役割を果たす．それらの概念を簡単に述べる．式(1)のシステムあるいは対 (A, B) が**可制御**（controllable）であるとは，任意の初期状態 x_0 から出発した状態を有限時間内に原点へ移すような入力 $u(t)$ がつねに存在することをいう．一方，式(1)のシステムあるいは対 (C, A) が**可観測**（observable）であるとは，システムの初期状態 x_0 を有限時間内の観測値 $y(t)$ から一意に決定できることをいう．また，可安定性と可検出性は，可制御性と可観測性の条件を緩和した概念である．$A + BK$ が安定になる行列 K が存在するならば，対 (A, B) は**可安定**（stabilizable）であるといい，双対的に $A + KC$ が安定になる行列 K が存在するならば，対 (C, A) は**可検出**（detectable）であるという．可制御（可観測）であれば可安定（可検出）であるが，その逆は一般には成立しない．

C. 極配置

式(1)のシステムが「A. リカッチ代数方程式」で述べた条件を満たせば，重み $Q, R (>0)$ の選び方とは無関係に，閉ループシステム(5)は漸近安定となる．すなわち，閉ループシステムのすべての固有値の実部が負となっている．しかしながら，このような安定性が成り立つだけでは十分でなく，安定余裕が要求される場合がある．その場合には，折返し法[2]などを使って所望の領域に極配置を行えばよい．折返し法では，あるパラメータ $\alpha (< 0)$ を設定し，閉ループシステムのすべての固有値がそれ以下となるような状態フィードバックを，リカッチ代数方程式の性質を利用して計算する．この α を適切に選定することで，所望の領域への極配置が可能となる．

参考文献

1) 西村敏充, 狩野弘之 著, システム制御情報学会 編：制御のためのマトリクス・リカッチ方程式, 朝倉書店 (1996)

2) 浜田 望, 松本直樹, 高橋 徹：現代制御理論入門, コロナ社 (1997)

細胞シミュレーション
[英] cell simulation

生命現象の分子レベルの数理モデルを連成し，細胞レベルの現象，機能をシミュレートしようとする試みであり，一般システム理論を生命科学に敷衍し，生命のシステムとしての理解をめざすシステム生物学（systems biology）において，細胞をシステムレベルで記述・解析するための主要な技術の一つである．

A. シミュレーション対象としての細胞

細胞をシミュレーションの対象として見たとき，時間的・空間的・量的に多彩な要素を内包している著しいマルチスケール性が，その大きな特殊性として挙げられる．

時間的には，マイクロ秒以下で決定的な状態遷移を起こすイオンチャネルから，分〜時間オーダーで変化する遺伝子発現までが連動して，細胞レベルの機能を制御する．

空間的には，プロトンから核酸やタンパク質複合体といった生体高分子まで，多様なサイズの分子がそれぞれ決定的な役割を果たす．また，真核生物では複雑な膜構造により細胞内が分画されており，それぞれ固有の機能を有する．

量的には，ATP のようにミリモルオーダーの高濃度で存在する分子もあれば，各遺伝子座のように細胞中にたかだか数個しか存在しないものもあり，いずれもが不可欠である．

また，細胞内で起こる事象（要素間相互作用）もきわめて多彩であり，それらの数学的表現であるモデルもまた多様にならざるを得ない．例えば，代謝モデルには酵素反応速度論（⇒ p.117, p.194）による微分方程式を用いるのが一般的である一方，遺伝子発現は，制御を受ける遺伝子座が細胞当り数コピーしか存在しないため，確率モデルを採用するのが適切であり，発現制御を考慮した代謝モデルを構築するには，両者の連成が必要となる．

このように，細胞レベルの機能や構造に着目し，そのシミュレーションを行うには，マルチスケール事象の集合を，要素ごとに適したマルチアルゴリズムでモデル化する必要がある[1]．

B. 動的モデルと静的モデル

細胞の数理モデルは，**静的モデル**（static model）と**動的モデル**（dynamic model）に大別される．生きているということは変化し続けることなので，細胞は本質的に動的システムであるが，システムを構成する各要素の動的な特性をすべて測定しモデル化するのは容易ではない．

一方で，生命には恒常性（⇒ p.317）という特徴があり，代謝など細胞の恒常性を支えているシステムについて，合理的に（準）定常状態を仮定し，静的モデルを適用できる場合がある．代謝ネットワークを対象とした研究では，定常状態を仮定した流束均衡解析（flux balance analysis; FBA）等を用いてゲノムスケールの解析も行われている[2]．

動的モデルが成果をあげている対象として，神経細胞や心筋細胞の膜興奮がある．パッチクランプ等の1分子レベルの観察が可能な測定技術を用いて，生きている細胞中で分子機能を測定できるため，複雑かつ高精度の数理モデルが構築されている．

また近年，複数のリン酸化部位を持つタンパク質など，可能なすべての状態を書き下そうとすると組み合わせの爆発を起こす対象に対して，系内の反応ルールの集合としてモデルを記述し，生じる分子状態を自動生成する**ルールベースモデル化**（rule-based modeling）が試みられている[3]．

C. ソフトウェア，データベース

生命現象の数理モデルを記述するための表現様式として，**SBML**（systems biology markup language），CellML 等が開発されており，数理モデルの相互利用，データベース化に寄与している．また，ルールベースのモデル化の表現様式にはBNGL（BioNetGen language）等がある．

数理モデルを収集した代表的なデータベースとして BioModels がある．CellML にもモデルを集積したリポジトリがある．

シミュレーションを実行するための数値計算ソフトウェアも多数発表されており，SBML に対応するものだけでも100以上ある．オープンソースで開発され，複数のアルゴリズムに対応するソフトウェアには，CellDesigner, COPASI, E-Cell, VCELL 等がある．このうち，E-Cell，VCELL はルールベースのモデル化への対応も進められている．

参考文献

1) K. Takahashi, et al.: "A Multi-algorithm, Multi-timescale Method for Cell Simulation", *Bioinformatics*, **20**, 4, 538–546 (2004)

2) A. M. Feist, et al.: "Reconstruction of biochemical networks in microorganisms", *Nat Rev Microbiol*, **7**, 2, 129-43 (2009)

3) W. S. Hlavacek, et al.: "Rules for modeling signal-transduction systems", *Sci STKE*. **2006**, 344, re6 (2006)

視覚情報処理

[英] visual information processing

視覚は他のセンサに比べて一度に多くの情報が得られるため，ロボットや自動化機械の環境認識に有用である．視覚情報処理では，カメラで得た画像を解析し，対象シーンの記述や物体の発見・認識などを行う．画像生成過程のモデル化，物体特徴の統計的なモデル化，画像分割，確率的状態推定などにおいて，シミュレーション技術と共通の基盤技術も多く利用されている．

A. 画像生成過程のモデル化と認識

画像は光源からの光が物体に照射され，その反射光を受光素子で捉えることにより生成される．その過程は，光源の種類と方向，物体形状，表面反射モデルの三つで規定される．画像処理分野では，特に**反射モデル**（reflectance model）について多くの研究が行われており，例えばTorrance-Sparrowモデルでは，反射率，表面粗さなどのパラメータでさまざまな材質を表現する．写実的な映像を生成するコンピュータグラフィックス（CG），実画像とCGの自然な合成を目指す**複合現実感**（mixed reality）技術などとの関連も深い．

画像生成過程のモデルを用いれば，画像から対象物の属性を推定することも可能である．画面上の輝度分布から物体形状を求める手法はその一例であり，**陰影からの形状復元**（shape from shading）と呼ばれる．

B. 対象物の見えの記述と照合

認識対象の画像（モデル画像）の色，模様などから得られるさまざまな特徴量を計算しておき，入力画像からも同様の特徴量を計算して比較することにより，認識を行うことができる．

対象物の領域全体の色分布をヒストグラムで表したものは，色特徴の例である．ヒストグラムのビンは，RGBやHSVなどの色空間を均等に分割するか，モデルの色分布データにベクトル量子化を適用するなどして決定し，ヒストグラムの類似度は，ヒストグラム同士の交差や確率分布間の距離指標であるBhattacharyya距離などを用いて評価する．色の空間的な分布情報も併せて利用するために，色同士の位置関係を考慮した色共起ヒストグラムも用いられる．

既知物体の認識（特定物体認識と呼ぶ）では，局所的なパターン（局所特徴）の組合せにより物体モデルを記述することが多い．画像中のスケール変化と回転に不変な**SIFT**（scale invariant feature transform）と呼ばれる特徴量およびその仲間は，強力な識別性能を持ち，広く利用されている．

物体をカテゴリ（顔，人，車など）として認識する場合（一般物体認識と呼ぶ）には，数多くの画像から学習によって認識アルゴリズム（識別器）を獲得する手法が主流である．輝度変化の大きさと方向に注目するHaar-like特徴や，エッジの方向と強さの分布を用いたHOG特徴などの局所的なパターンの組合せを特徴ベクトルとし，SVM（support vector machine）やAdaBoostなどの学習アルゴリズムを利用するものが多い．また，多くの画像から得られたSIFTなどの局所特徴をクラスタリングして局所特徴の辞書を作り，各語彙に属する特徴が得られる割合を用いてカテゴリ認識を行うBag-of-Features手法も，最近注目を集めている．

C. 対象物の切り出し

対象物の画像中からの切り出しは，対象物の色，模様，動き，奥行きなどをモデルとして記述し，それに近い性質を持つ領域を抽出することで行えるが，画像ノイズや対象物と似た性質を持つ背景などの影響で，正確に切り出すことは一般に難しい．対象物は画像中で一定の大きさを持つため，境界を除いて隣り合った画素は，同一の対象に属する．このことから，画素の対象物らしさと周囲画素との同一性を合わせた評価関数を構成し，最適なラベル付けを求める最適化問題として定式化できる．通常，反復条件付き最適化手法やアニーリング法などの繰り返し手法を用いるが，近年では**グラフカット**（graph cut）手法という大域的最適化手法が注目を集めている．

D. 状態推定

実世界における視覚情報処理では，対象物の認識結果や状態の推定結果の不確かさを避けることは難しく，それらを陽に考慮した処理が必要となる．不確かさの扱いには統計的推論が適しており，視覚情報処理過程や対象物の状態変化を確率的にモデル化し，最尤推定やベイズ推定を行う．高次元の推定問題では，統計物理で用いられる**マルコフ連鎖モンテカルロ**（Markov chain Monte Carlo; **MCMC**）法なども利用される．また，動的システムの推定（人物の追跡など）では，カルマンフィルタやパーティクルフィルタのベイズフィルタが用いられる．

参考文献

1) 池内克史ほか：物体モデリングの基礎（幾何，反射特性），ロボット情報学ハンドブック（松原 仁ほか編），pp.276–286，ナノオプトニクス・エナジー（2009）
2) 八木康史, 斎藤英雄 編：コンピュータビジョン最先端ガイド1/2，アドコムメディア（2008/2010）

分野：生命・医療・福祉
部門：医療 [V-4]

磁気共鳴イメージング
[英] magnetic resonance imaging; MRI

磁気共鳴イメージング（MRI）は生体の断層画像計測手法（⇒p.11）であり，今日の医療には欠かせない診断技術となっている。ここでは，磁気共鳴と緩和について概説したのちに，2次元フーリエ変換（⇒p.292）によるイメージングの原理について述べる。

A. 磁気共鳴

水素原子核のスピンによる磁場は通常さまざまな方向を向いており，たがいに打ち消し合っているため，巨視的な磁場は0である。一方，静磁場においては，スピンによる磁場はやや静磁場方向に傾き，巨視的な磁化ベクトルが静磁場方向に形成される。また，スピンはラーモア周波数と呼ばれる静磁場に比例した一定の周波数で，歳差運動と呼ばれる回転運動をしている。

$$\omega = \gamma B_0$$

ここで，ωはラーモア周波数，γは磁気回転比で核種に固有な値，B_0は静磁場の強度である。ここにラーモア周波数とまったく等しい周波数の電磁波を照射すると，磁化ベクトルは照射時間に応じて徐々に傾いていく。この現象を**核磁気共鳴**（nuclear magnetic resonance）と呼ぶ。MRIでは歳差運動による磁場の変動を，コイルに生じた誘導起電力として捉えており，磁化ベクトルの傾きが静磁場方向と90°となるときに信号は最大となる。

B. 緩和

NMR信号は，90°パルスによる励起直後から，時間とともに減衰する。この減衰を自由誘導減衰（free induction decay; FID）と呼ぶ。減衰には二つの要因が挙げられる。一つはRFパルスの照射により励起した核スピンが，周囲の分子に熱振動としてエネルギーを放出しながら指数関数的に元の状態に戻っていく過程であり，これを**縦緩和**（longitudinal relaxation）と呼ぶ。縦緩和の時定数は縦緩和時間（T_1）と呼ばれる。もう一つは，局所的な磁場の違いに伴う歳差運動の位相の乱れにより磁化ベクトルの静磁場に垂直な平面上での成分が指数関数的に減少する過程で，これを**横緩和**（transverse relaxation）と呼ぶ。横緩和の原因はさらに2種類に分けられる。一つはスピン間の相互作用によるものであり，これを純粋なT_2緩和と呼ぶ。もう一つは，局所的な磁場の不均一性などによって起こる緩和である。この二つを合わせた横緩和の時定数をT_2^*と呼ぶ。

C. イメージングの原理

MRIでは，歳差運動をしている磁化ベクトルを，一定方向に磁場が線形に変化していく線形勾配磁場を用いて，空間的に異なる周波数および位相の信号をエンコードすることでイメージングをしている。

x方向の線形勾配磁場を印可すると，磁化ベクトルの歳差運動は撮像領域の左端で最も遅く，右端で最も速くなる。つまり，信号の読み出し時に勾配磁場を印可することで位置情報を周波数情報に置き換えた信号を捉えることができる。読み出し時に勾配磁場が印可されることを，**周波数エンコード**（frequency encoding）と呼ぶ。また，y方向の信号分離には，90°パルスと周波数エンコードの間に，勾配磁場をy方向に一定時間印可することで，空間的情報を付与する。y方向の歳差運動に位相差が生じるため，この操作を**位相エンコード**（phase encoding）と呼ぶ。

MRIで実際に計測するのは，コイルに生じた誘導起電力の時間変化である。静磁場による定数項や緩和の影響を省くと，計測される信号は次式のようになる。

$$s(t) = \int_{-\infty}^{\infty} \int_{-\infty}^{\infty} f(x,y) e^{-i\gamma(G_x tx + G_y t_y y)} dx dy$$

ここで，$f(x,y)$は水素原子量の空間分布，$G_{x,y}$は磁場勾配，t_yは位相エンコードの印可時間を示す。この信号は，2次元周波数空間（k空間）でx方向の周波数に平行な1本の直線上の信号に相当する。位相エンコードの磁場勾配を変化させた測定を複数回行うことでk空間の信号を捉え，それをフーリエ変換することにより画像が得られる。ただし，実際の信号の記述には，さらに緩和の項や繰り返し時間などが関わるため，より複雑な式となることに注意されたい。

MRIのシミュレーションは，磁化ベクトルの挙動を理解することに用いられていることが多く，教育やアーティファクトの解析（⇒p.12）などに応用されている[1,2]。

参考文献

1) H. Benoit-Cattin, et al.: "The SIMRI project: a versatile and interactive MRI simulator", *Journal of Magnetic Resonance*, **173**, pp.97–115 (2005)

2) I. Drobnjak, et al.: "Development of an FMRI Simulator for Modelling Realistic Rigid-Body Motion Artifacts", *Magnetic Resonance in Medicine*, **56**, 2, pp.364–380 (2006)

分野：電気・電子
部門：ナノテクノロジー [II-3]

磁気構造
[英] magnetic structure

固体における原子の配列の様子を結晶構造と呼ぶが，磁性体において原子の磁気モーメントの配列状態も考慮に入れた結晶構造のことを磁気構造という。強磁性，反強磁性，フェリ磁性，らせん磁性など種々の配列がある。磁性は量子力学（⇒ p.350）的効果であり，パウリの排他律および電子間のクーロン相互作用を考慮すると，個々の電子のスピンの間に相互作用（交換相互作用）を見出すことができる。絶縁体のように電子の局在性が比較的強い場合，磁性原子固有の磁気モーメントを定義し，それらの間に交換相互作用が働いているとする**ハイゼンベルグ模型**（Heisenberg model）

$$\mathcal{H} = -\sum_{i \neq j} J_{ij} \mathbf{S}_i \cdot \mathbf{S}_j$$

が議論の良い出発点となる。結晶構造と J_{ij} が与えられれば，最も安定な磁気構造は，J_{ij} のフーリエ係数

$$J(\mathbf{q}) = \sum_{i \neq j} J_{ij} \exp[i\mathbf{q} \cdot (\mathbf{R}_i - \mathbf{R}_j)]$$

から求めることができる。$J(\mathbf{q})$ の極大を与える $\mathbf{q}$ が最安定なスピン配列の波数ベクトルとなる。さらにモンテカルロ法などの数値計算手法を用いることで，有限温度での相転移現象（例えば常磁性から強磁性への転移や，ある磁気構造から別の磁気構造への転移）をシミュレートすることができる。

J_{ij} の定量的評価を行うためには，量子力学に基づいて電子状態を計算する必要がある。通常，**密度汎関数理論**（density functional theory）に基づく第一原理電子状態計算がよく用いられる。遍歴磁性体におけるスピン密度波など，ハイゼンベルグ模型が良い出発点とならない場合においても磁気構造の議論が可能となる。以下では，DFT計算によるシミュレーション手法のうちよく用いられるものについて概説する。

A．全エネルギーによる磁気構造の予測

各原子の磁気モーメントの向きを $\mathbf{e}_i$ とすると，DFT計算では，原子の配列 $\{\mathbf{R}_i\}$ および磁気モーメントの配列 $\{\mathbf{e}_i\}$ を与えると，コーン・シャム方程式を数値的に自己無撞着に解くことにより，結晶全体にわたる電荷密度 $n(\mathbf{r})$，磁化密度 $\mathbf{m}(\mathbf{r})$，および系の全エネルギー E が求まる。最安定の磁気構造の候補がある程度絞られている場合，それぞれの候補配列 $\{\mathbf{e}_i\}$ に対してDFT計算を実行し，得られた $E[\{\mathbf{e}_i\}]$ を比較することで，磁気構造間の相対的安定性を議論することができる。

B．J_{ij} の定量的評価

DFT計算をうまく用いると，ハイゼンベルグ模型における交換相互作用パラメータ J_{ij} を定量的に評価することができる。

（1）直接的方法 適当に大きなサイズのスーパーセルを用意し，そこにさまざまなスピン配列 $\{\mathbf{e}_i\}$ を立て，DFT計算を実行する。配列間のエネルギー差をDFT計算から得るとともに，ハイゼンベルグ模型に基づき，同じエネルギー差を J_{ij} を用いて表す。このようにして J_{ij} に関する連立方程式を立て，これを解くことになる。パラメータ J_{ij} の個数が比較的少ないときは実用的な方法となる。

（2）摂動的手法 安定な磁気構造での電子状態が得られているとする。任意の磁性原子対の磁気モーメントの相対角度を無限小だけ回転させる摂動を考える。この摂動による全エネルギーの変化分を，無摂動系の波動関数やポテンシャルで書き下すことができれば，B.(1)のような煩雑な手続きを踏まずに，J_{ij} を効率良く求めることができる。第一原理計算手法のうち，グリーン関数を用いるKKR（Korringa-Kohn-Rostoker）法ではこの定式化ができており[1)]，広く適用されている。

C．一般化ブロッホ定理とらせん磁性

スピン軌道相互作用の効果が非常に弱く，無視してよい場合には，一般化されたブロッホの定理[2)]を用いることにより，任意の波数ベクトル $\mathbf{q}$ の磁気構造のDFT計算を，スーパーセルを用いることなく結晶構造の単位胞内で効率良く行うことができる。結晶構造の周期と無関係な周期をとるらせん磁性の議論が可能となる。

D．結晶磁気異方性

磁化容易軸・困難軸も磁気構造に関する重要な情報である。スピン軌道相互作用が比較的弱い場合には，局所力の定理を用いた摂動的な計算により，磁気異方性の定量的な議論が容易にできる。

参考文献
1) A. I. Liechtenstein et al.: "Local spin density functional approach to the theory of exchange interactions in ferromagnetic metals and alloys", *Journal of Magnetism and Magnetic Materials* **67**, 65 (1987)
2) L. M. Sandratskii: "Noncollinear magnetism in itinerant-electron systems: theory and applications", *Advances in physics*, **47**, 1, 91 (1998)

分野：電気・電子
部門：電磁界解析 [II-4]

磁気ヘッド解析
[英] magnetic recording head analysis

垂直磁気記録方式を用いたハードディスクドライブ（HDD）用記録ヘッド・再生ヘッド，および将来のヘッド解析について述べる。

磁気記録の諸現象はきわめて短時間（ナノ秒オーダー）に微小な領域（サブナノメートル）で起こるため，実験による検証が困難であり，解析計算の担う役割が大きい。垂直磁気記録方式では，ヘッド素子と垂直2層媒体の軟磁性裏打層（soft magnetic underlayer; SUL）との相互作用が強いため，この両者を考慮した解析が必須である。シールドや記録ヘッド全体の寸法が10マイクロメートルオーダーであるのに対し，要求される分解能は1ナノメートル以下である。また，再生ヘッドの磁性薄膜の厚さもナノメートルオーダーであり，**マルチスケール解析**（multi-scale analysis）の典型例である。

A. インダクティブ記録ヘッド

静的な記録磁界を求めるには，磁性体を連続体として取り扱うマクスウェル方程式を解く有限要素法（Maxwell-FEM，⇒p.335），またはLandau-Lifshitz-Gilbert（LLG）方程式

$$\frac{d\mathbf{M}}{dt} = -\gamma \mathbf{M} \times \mathbf{H} - \frac{\alpha \gamma}{M_s} \mathbf{M} \times (\mathbf{M} \times \mathbf{H}) \quad (1)$$

を解く**マイクロマグネティクス解析**（micro magnetic analysis）が用いられる[1]。ここで，$\mathbf{M}$, $\mathbf{H}$, α, γおよびM_sは，それぞれ磁化ベクトル，実効磁界ベクトル，制動定数，ジャイロ定数，および飽和磁化である。式(1)の離散化には差分法または有限要素法（有限要素法＋境界要素法（⇒p.65））[2]が用いられる。

Maxwell-FEMは簡便な手法であり，モデリングの妥当性を確認する上で有用であるが，磁気異方性や（反）強磁性結合などを扱うことができない。そのため，主磁極直下の磁界分布は比較的正しく求めうるが，リターンパスやシールドから生ずる磁界は正しく表現できない恐れがある。また，軟磁性体内部の磁化は取り扱えない。一方，マイクロマグネティクス解析は，残留磁化などの計算が可能であるが，計算量が多く，大容量計算を高速化する技術が必須となる。

高周波電流への追従性やヘッドおよびSUL内部の磁化挙動を求めるダイナミック解析には，マイクロマグネティクス解析が用いられる。高い線密度およびトラック密度を得るために付与されるトレーリングシールドおよびサイドシールド内部の磁化挙動を知り，不要な磁界の発生を抑制するために，精力的に解析が行われた。

B. 磁気抵抗効果型再生ヘッド

HDDでは，媒体に記録された磁気信号の読出しにはTMR（tunneling magnetoresistive）素子が用いられる。本素子はフリー層（感磁部）/絶縁層/固定相/反強磁性結合層よりなり，フリー層の磁化は両端に配された硬磁性材料で緩く固着されている。素子を挟むように電極を兼ねた磁気シールドを設ける。目的に応じて巨大なシールドは鏡像として扱い，マイクロマグネティクス解析が行われる。素子の小型化に伴って，垂直通電型構造のTMR素子では，スピントルクノイズの問題が顕在化している。この問題に対応するには，式(1)にスピントルク項を加えた計算が必要になる。さらに，今後高密度化が進むと，シールド間の距離が狭くなり，現状の構造では再生素子を構成し得なくなる。そのため，差動型などの新規の構造が，マイクロマグネティクス解析により検討されている。

C. 次世代磁気記録ヘッド

今後も大量に生成されるデータを蓄積するために，HDDの大容量化を支える高密度記録が必須である。垂直磁気記録を基礎に置いた次世代の磁気記録として種々の方式が提案されているが，ここでは熱アシスト記録ヘッドを例にとる。レーザーダイオードから発せられた光が導波路を通り，近接場光素子に照射されて，素子から発せられた電磁波により記録媒体が熱せられる。また，記録ヘッドからは記録磁界が加えられ，媒体記録層の温度が上がった状態（保磁力が下がった状態）で媒体に信号が記録される。さらに，記録後はすみやかに媒体の温度を下げる必要がある。ここで必要になる解析技術は，電磁波（光）解析，熱伝導解析，およびマイクロマグネティクス解析であり，磁性材料などの温度依存性が問題になる。前述したマルチスケールに加えて**マルチフィジクス解析**（multi-physics analysis）となる。

本項目で述べたマイクロマグネティクス解析の磁気記録への応用については，日本磁気学会誌「まぐね」の連載講座（全7回）を参照されたい。

参考文献

1) 吉田和悦，金井 靖，Simon Greaves, 高岸雅幸，赤城文子：連載講座 マイクロマグネティクスの磁気記録への応用I, まぐね, **4**, 4 (2009)

2) http://www.magpar.net/static/magpar-0.9/doc/html/index.htm

分野：生命・医療・福祉
部門：生命情報 [V-2]

シグナル伝達
[英] signal transduction

細胞は，自身の生命維持あるいは機能発現のために，多数のシグナル伝達分子を介して情報伝達を行う．これを細胞（⇒ p.112）のシグナル伝達と呼ぶ．シグナル伝達の挙動のより深い理解，未知の機構の予測を目的として，多様なシミュレーションが行われてきた[1]．シグナル伝達のシミュレーションを幅広く捉えれば，遺伝子発現データの統計モデルから細胞の刺激応答の制御モデル，概日リズムの細胞間同調の位相振動子的解析など，さまざま対象と手法が含まれる．その中で最も代表的なものは，細胞内シグナル伝達カスケードの**化学反応速度論**（chemical kinetics）に基づいたシミュレーションである[2]．ここでは，このシミュレーションついて記述する．

A. 細胞内シグナル伝達カスケードの化学反応速度論に基づいたシミュレーション

細胞内におけるシグナル伝達分子は，おもにタンパク質と低分子化合物である．シグナル伝達分子は特定のパートナーと結合して（**分子-分子相互作用**; molecular-molecular interaction）化学的性質を変化させる性質を持つ．また，酵素と呼ばれる一部のタンパク質は，特定のパートナー（基質）の化学変化を触媒して産物へと変化させる性質を持つ（**酵素反応**; enzymatic reaction, ⇒ p.194）．細胞内では，これら2種の反応を基礎として，多種のタンパク質が複雑に相互作用しながら情報伝達を行う．これをシグナル伝達カスケードと呼ぶ．

下図に複雑な細胞内シグナル伝達カスケードの一例を示す．関係分子を略称で表し，相互作用を矢印で表している．ここでは，がんに関わる細胞内シグナル伝達カスケードの一部を抜き出した[3]．

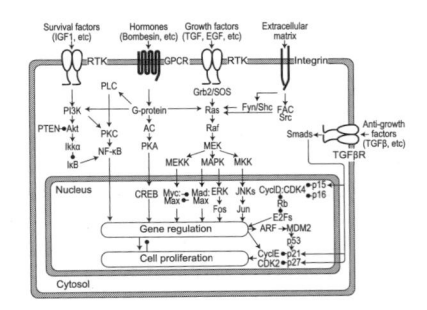

シグナル伝達カスケードのダイナミクスは，化学反応速度論に基づいたシミュレーションによって再構成できると考えられている．化学反応速度論の枠組みにおいて，分子Aと分子Bの相互作用は次式で記述される．

$$A + B \underset{k_b}{\overset{k_f}{\rightleftarrows}} AB$$

ここで，k_f, k_b は反応速度定数であり，特に $K_d = k_b/k_f$ を解離定数と呼ぶ．上式を常微分方程式により記述すると，次式になる．

$$d[A]/dt = -k_f[A][B] + k_b[AB]$$

ここで，$[A]$, $[B]$, $[AB]$ はおのおの分子 A, B, AB の濃度である．同様に，ミカエリス・メンテン型の酵素反応は基質S, 酵素E, 産物Pとしたとき，次式で記述される．

$$S + E \underset{k_{-1}}{\overset{k_1}{\rightleftarrows}} SE \overset{k_2}{\rightarrow} P + E$$

ここで，k_1, k_{-1}, k_2 は反応速度定数であり，k_2 および $K_m = (k_2+k_{-1})/k_1$ は，古典的な酵素反応速度論的実験により観測可能な量である．上式を基礎に，シグナル伝達カスケードの枠組みを連立微分方程式で表現し，初期分子濃度や反応速度定数といったパラメータを決定して，分子濃度の時間変化を解くことが，基本的なシミュレーションの方法である．シミュレーションに必要なシグナル伝達の枠組みやパラメータの決定のためには，過去の実験などの事前知識を参考にする．事前知識が不十分であったり，実験条件が不均一であったりすることが，信頼性の高いシミュレーションを行うにあたっての課題となることが多い．

B. 応用シミュレーション

応用として，1細胞内の空間情報を複数のコンパートメントにより表現して生化学反応の空間局在を検討する反応拡散シミュレーション（⇒ p.376）や，少数分子同士の反応を追跡するモンテカルロシミュレーションなどが行われている．これらは，近年発展が目覚ましいシグナル伝達分子の細胞内局在の光学観測や，1分子計測の結果などを解釈するために，たいへん有効である．

一方，多種のタンパク質間の相互作用データベースや，SBML (systems biology markup language) に代表されるシグナル伝達カスケードの表記法の統一も，シミュレーションの補助的側面から重要視され，盛んに研究・開発が行われている．

参考文献
1) 北野宏明：システムバイオロジー, 秀潤社 (2001)

2) U. S. Bhalla and R. Iyenger: "Emergent Properties of Biological Signaling Pathways", *Science*, **283**, 381 (1999)

3) D. Hanahan and R. A. Weinberg: *Cell*, **100**, 57 (2000)

時系列データの情報可視化

[英] information visualization of time-varying data

自然科学・社会科学を問わず，現象の時間変化を理解する必要がある問題は多数存在する．ここでは，時系列データの情報可視化技術の中から代表的なものを論じ，事例を紹介する．

A. 連続数値型の時系列データの可視化手法

情報可視化技術が対象とする時系列データの多くは，多次元的な連続数値として表現されるものであり，身のまわりに非常に多く存在する．多数の観測点における気象計測値，多数の患者の健康診断値，多数の企業の株価などがその代表例であろう．われわれは日頃から，連続数値型の時系列データを，横軸に時刻を割り当てた2次元直交座標系で表現することに慣れている．その中でも特に，**折れ線グラフ**（polyline chart）が非常によく用いられていることから，情報可視化の研究においても折れ線グラフをベースとした汎用手法が特に多く発表されている．その多くは，大規模で複雑な時系列データの概要理解，クラスタ分析，頻出パターン検索などを目的としている．一例として，井元ら[1]は，類似度に従って順序付けられた折れ線グラフを3次元空間に配置するとともに，部分頻出パターンをマークすることで，時系列データの効果的な俯瞰と局所抽出を実現している．また，重要単語の出現頻度の時系列変化を表現するThemeRiverのように，適用分野に特化した可視化システムも多数ある．

B. 複合的なデータ構造を有する時系列情報の可視化手法

時間に沿って変化するデータ構造を可視化する手法も，多く報告されている．典型的な例として，**木構造**（tree structure, ⇒p.58）や**ネットワーク構造**（network structure, ⇒p.256）の構造自体の時系列変化，あるいは各ノードに付加された数値情報の時系列変化を表示する手法が提案されている．これらの手法は特に，ウェブサイトやソーシャルネットワークの変遷，ビジネスプロセスや企業組織の変遷といった情報への適用が期待される．また，地理的な時系列統計情報の地図上での効果的な可視化手法，人流や物流などの時系列変化の可視化手法なども活発に議論されている．これらの手法における時系列の表現には，木構造・ネットワーク構造・地図などを表現する2次元空間上に時系列情報を組み込むか，あるいは時刻を割り当てるために1座標軸を加えた3次元空間を用いることが多い．

C. 事例：ウェブサイトの時系列変化の可視化

ウェブページを連続的に収集したウェブアーカイブからの時系列情報抽出により，過去から現在への社会動向の分析が進んでいる．また，これらの時系列情報の可視化により，コミュニティ抽出およびその時間変化分析，口コミ等の情報伝搬におけるソースおよびインフルエンサの分析などが可能となる[2]．ウェブ構造の時系列変化を可視化する手法としては，(1) アニメーションを利用，(2) 3次元の1軸を時間軸とし一定間隔でグラフを配置，(3) スプレッドシート等の利用による複数時間グラフの並列表示，(4) 複数時間のグラフの重畳表示などがある．伊藤ら[3]は，インタラクティブに操作可能なグラフ可視化部品を3次元空間に配置することで，上記の4手法を統合して利用することを可能にした．このシステムでは，任意の数のグラフ可視化部品（TimeSlice）を時間軸上に配置でき，これらを左右にスライドすることで構造変化をアニメーション表示することが可能である．また，視点を変更することで重畳表示を，また，その状態でTimeSliceを横に展開することで並列表示も実現している（口絵29）．

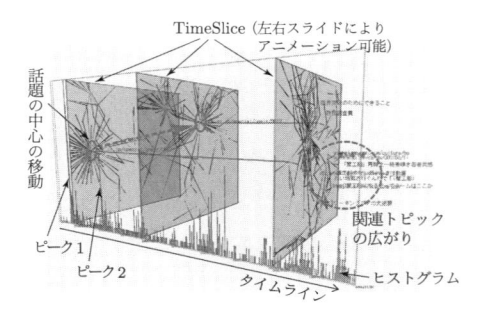

参考文献

1) M. Imoto, T. Itoh: "A 3D Visualization Technique for Large Scale Time-Varying Data", 14th International Conference on Information Visualization (IV10), 17-22 (2010)

2) M. Kitsuregawa, T. Tamura, M. Toyoda, et al.: "Socio-Sense: A System for Analysing the Societal Behavior from Long Term Web Archive", APWeb; LNCS, Vol.4976, 1-8 (2008)

3) M. Itoh, M. Toyoda, and M. Kitsuregawa: "An Interactive Visualization Framework for Time-series of Web Graphs in a 3D Environment", 14th International Conference on Information Visualization (IV10), 54-60 (2010)

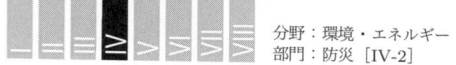

分野：環境・エネルギー
部門：防災　[IV-2]

地震災害
[英] earthquake disaster

地震災害に関連するシミュレーションは，断層破壊，地震動，津波，相互作用，構造物（建物など）の挙動・破壊，被害行動（エージェントシミュレーション）など多種多様であるが，ここでは地震災害の根本的な原因である**地震動**（ground motion）に関するシミュレーション技術について説明する．

A. 地震動シミュレーション

木造建物や中低層ビルなどの構造物の被害は，周期がおおむね1〜2秒の地震動の影響を大きく受けるが，配管などを有するプラントではより短周期の，また，長大構造物（高層ビルや長大橋，石油タンクなど）ではより長周期の地震動（**長周期地震動**; long period ground motion）の影響を大きく受ける．このように，被害の発生に関連する地震動の周期帯はおおむね0.1〜10秒と比較的広帯域であるため，現在のモデルでは単一の手法で高精度な地震動シミュレーションを行うことは困難である．そこで，周期1秒前後を境界に，長周期側は決定論的手法を，短周期側は統計的手法を用いてシミュレートすることが多い（口絵15）．

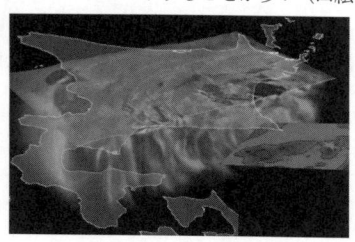

（1）決定論的手法　地震とは，地中に存在する**断層面**（fault plane）が食い違い運動を起こす現象である．この運動により放出されるエネルギーが，地球内部を地震波動として伝播し，地上に達することで地震動が生じ，地震災害を引き起こす．地震波に対する地球の挙動は弾性体で近似できることが古くから知られており，適切な震源（断層滑り）モデルおよび地下構造（弾性定数）モデルを用いて**弾性波動方程式**（elastic wave equation）を解くことで，地震動を決定論的にシミュレートできる．地球は不均質であり，特に，都市の多くが存在する堆積平野や盆地の地盤は軟弱であるため地震動が増幅され，その継続時間も長くなる．地下構造の不均質さが地震動に及ぼす影響は地震工学や地震災害の観点からも重要であるため，モデルの自由度の高い差分法や有限要素法を用いることが多い．ただし，地下構造に関する情報が十分に得られていない場合には，鉛直方向の不均質のみをモデル化し，計算機負荷の軽い離散化波数法などにより簡便に計算することも多い．

（2）統計的手法　対象とする地震動が短周期になるほど，震源および地下構造のモデル化に時空間的詳細さ（分解能）が求められる．おおむね1秒より短い周期においては，多くの場合必要な精度でモデルを構築することが困難であるため，統計的手法を用いることが多い．これには統計的グリーン関数法などがある．統計的グリーン関数法とは，波形の包絡形状は地震規模や震央距離の関数として経験的に設定し，位相は乱数を用いて得られる統計的グリーン関数を用いて，地震の基本的な性質であるω^{-2}則（オメガ2乗則）を拘束条件として地震動を合成する手法である．

（3）広帯域地震動シミュレーション　被害の発生に関連する周期帯をカバーする広帯域地震動を得る現実的な手法として，長周期側を決定論的手法で，短周期側を統計的手法で計算し，マッチングフィルタを用いて両者を適切な周期を境に足し合わせる，ハイブリッド法がある．簡便に広帯域地震動を得るために，全周期帯を統計的手法で計算する場合もある．また，震源や地下構造のモデル化の際に短波長の不均質さを乱数的に加味するなどして，決定論的手法をより広帯域に適用する試みも行われている．なお，対象領域において発生した中小規模の地震動記録が観測されている場合には，これをグリーン関数に見立てて大地震の地震動を合成する，経験的グリーン関数法が用いられることもある．

B. 地震動予測

地震ハザードマップ（seismic hazard map）を作成するには，将来起こる地震に対して地震動を予測する必要がある．震源モデルに関しては，断層滑りの詳細を予測することは不可能であることから，地震動を特徴付ける断層の性質を可能な限り単純化してモデル化し（特性化震源モデル），過去に発生した地震のスケーリングなどから，経験的にパラメータを設定する．地下構造モデルに関しては，ハザードマップ作成を目的として全国的なモデル化が行われているが，精度的には不十分であり，今後の高精度化が望まれる．

参考文献

1) 日本建築学会 編：地盤震動−現象と理論−，日本建築学会 (2005)

2) 日本建築学会 編：最新の地盤震動研究を活かした強震波形の作成法，日本建築学会 (2009)

3) 青井　真ほか：地震動シミュレータ：GMS，物理探査，57，651-666 (2004)

4) 地震ハザードステーション J-SHIS（Japan Seismic Hazard Information Station） http://www.j-shis.bosai.go.jp/

分野：生命・医療・福祉
部門：生体材料［V-3］

システム創薬科学
［英］systems-based drug design

ヒトゲノム解読完了を受けて，個別の遺伝子やタンパク質の働きから生命現象を解明しようとするこれまでの考え方に加え，生命現象を多数の生体内分子の相互作用（⇒p.176）からなる複雑な「システム」の挙動として解析しようとする試みがなされている。「システム創薬科学」とは，生体系を数理モデル化し，薬物の作用をシステムに与える摂動として観測するとともに，それら生体システムを総合的に制御するようなドラッグデザインを開発するための研究分野である。

これまでの創薬科学は，単一の疾患原因タンパク質を特定し，その単一標的タンパク質の機能制御を目的とした創薬「分子標的創薬」が，合理的な創薬として広く用いられてきた。しかしながら，単一の疾患原因タンパク質を標的としてデザインされた医薬品の多くが，実際には意図しない別のタンパク質を標的にしているという事実が頻繁に観測され，このことが，意図した薬効消失や予期せぬ副作用の主要因の一つであると考えられてきた。このような背景から「システム創薬科学」は，生体システムに及ぼす総合的な薬理作用を考慮することにより，薬効消失や副作用を合理的に回避する次世代型の創薬に役立つものとして期待されている。

一般に創薬科学は，疾患原因分子を同定してその疾患メカニズムを解明することを目的とした「生物学」と，疾患原因分子を制御し治癒効果を発揮する化学物質を合成する「化学」との，二つの領域が基礎研究段階において重要視されている。これに対してシステム創薬科学では，**バイオインフォマティクス**（bioinformatics; 生命情報学，⇒p.265）や**システムズバイオロジー**（systems biology）という新しい生物学と，**ケモインフォマティクス**（chemoinformatics; 化学情報学）や**システムズケミストリー**（systems chemistry）という新しい化学のさらなる研究進展とその融合が必要である。

A. 創薬のためのシステムズバイオロジー

ゲノム情報をはじめとした網羅的なバイオ実験データ（オミクス実験データ）から，生体分子間の相互作用をネットワーク表現することによって構築した，生体分子ネットワークのさまざまな解析研究が，バイオインフォマティクスにおいてなされてきた。創薬目的としては，疾患関連ネットワークの構築による疾患メカニズムの解明や生体系のシグナルパスウェイのシミュレーション解析，臓器シミュレーションなどが進められている。

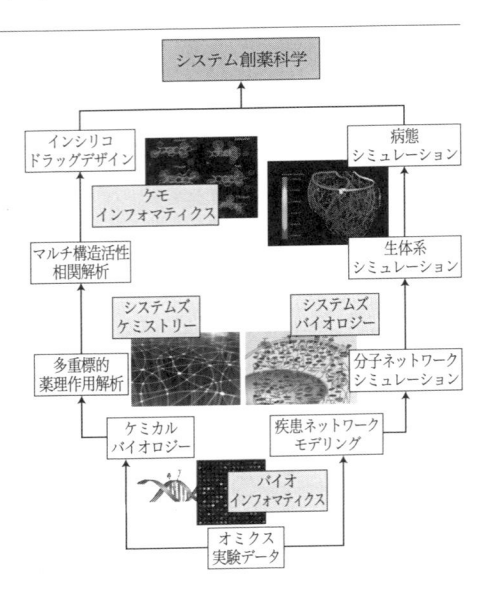

B. 創薬のためのシステムズケミストリー

ごく最近，薬物作用を，複数の標的タンパク質と薬物との多対多相互作用として観測・評価するPolypharmacology（多重標的薬理）という新しい概念が提唱された。また，複数の薬物を任意に組み合わせることによって，単一の薬物とは異なる薬効や，本来の薬効の促進を図る，コンビネーションドラッグに関する実験とそのシミュレーション研究が進められている。

参考文献

1) H. Kitano: "A robustness-based approach to systems-oriented drug design", *Nat Rev Drug Discov.* **6**, 3, 202 (2007)

分野：人間・社会
部門：社会システム ［VI-2］

システムダイナミクス
［英］system dynamics; SD

システムダイナミクスは，非線形システムの動的振る舞いを理解するためのシミュレーションとモデル化の手法の一つである．SDが対象とするのは，システム要素間に時間遅れを伴うフィードバックが存在し，系全体として複雑な動きをする社会システムである．このようなシステムは，従来の制御理論で数学的定式化が可能な部分と，人間の意思決定のように定性的な部分とが混在するために，シミュレーション以外の方法で接近することは難しい．

A. システムダイナミクスの基本概念

SDを利用するためには，まず，対象システムの因果モデルを作成する．そして，対象の振る舞いを規定する動的な仮説を設定し，これを**ストック**(stock) と**フロー** (flow) の図式で表現する．ストックとはシステム内に蓄積される変数，フローはシステムを流れる諸要素を表す変数である．この因果関係を表現したものが，**ストック・フロー図式** (stock-flow diagram; **SFD**) である．下図にストック・フロー図式の例を示す[1]．

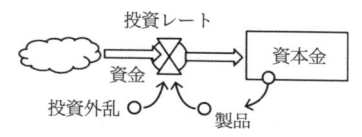

図は，企業への投資が資本金に変化をもたらすフィードバックの例になっている．太い線は実際の資金の流れを，細い線は情報の流れを表す．このモデルでは，ストック変数である資本金の大きさに基づいてフロー変数である製品情報が決定され，それが投資レートを決定し，ふたたび資本金に変化をもたらす状況を表している．また，投資レートは，システムの外部からの投資外乱フローの影響も受ける．ここでは，投資外乱はシステムの境界の外にあると仮定している．雲型の記号はフローの**発生元** (source) または**消去先** (sink) を表現する．この例では，投資レートと投資外乱のパラメータの調整によって，企業業績の変化を分析することができる．

SDで適切なモデルを設計するためには，ストック変数，フロー変数，レート変数，境界をどのように決定するかが重要である．さまざまな変数間の関係や，フィードバックの時間遅れなども考慮する必要がある．SFDの記述は，適当なSDツールを利用すると，ほぼ1対1にシミュレータに写像できる．

SDFに含まれるさまざまなパラメータを調整してシミュレーションを繰り返すことで，対象システムの動的な挙動を分析することが可能となる．ただし，他の社会シミュレーションの場合と同様に，シミュレーションのパラメータ数が多いので，モデル調整には膨大な作業が必要である．

B. システムダイナミクスの利点と欠点

システムダイナミクスは，1950年代にマサチューセッツ工科大学（MIT）教授のジェイ・W・フォレスター（Jay Wright Forrester）が，産業プロセスの構造と挙動の関係を調べる手段として開発したものであり，ローマクラブによる「成長の限界」の議論の中で分析に利用されたことで知られる[2]．

ここで強調された利点は，要素間の非線形なインタラクションが決定的な影響を与えうる，複雑な社会システムの問題に対して，SDを利用することによって，専門家と政策決定者が共通の視点を持って議論できるようになったことである．

また，欠点としては，モデル化に際して，現象を抽象的に把握する能力が必要になることや，**フィードバック** (feedback) を中心とする**システム思考** (system thinking) の概念が必要であること，また，シミュレーション結果の解釈に際しては，これが実際の社会現象の予測であると誤解されがちであることが挙げられる[3]．

C. システムダイナミクスのためのツール

SDのシミュレーションツールは，基本的にはビジュアルな表現であるSFDを変換して得られる非線形差分方程式を数値的に解いて，結果をグラフ表示する機能を持つ．

これらは，原理さえ理解していれば，通常の表計算システムでも実現できる．しかし，SFDをビジュアルに編集しながらSDの実行・分析が可能である点では，専用ツールが便利である．この目的で，**Stella/iThink** や **Vensim** などがよく利用されている．

参考文献

1) D. H. Meadows: *Thinking in Systems: A Primer*, Chelsea Green Pub. (2008)

2) D. H. Meadows, J. Randers, D. Meadows: *Limits to Growth: The 30-Year Update*, Chelsea Green Pub. (2004)

3) B. Williams and R. Hummelbunner: *Systems Concepts in Action – A Practitioner's Toolkit*, Stanford Business Books (2011)

磁性材料モデリング
[英] magnetic material modeling

A. 磁性材料の特性

磁性材料の磁化特性は下図のような曲線で表される。磁束密度 B が0となる磁界 H_C は保磁力と呼ばれる。保磁力の大小により，磁性材料は**硬磁性材料**（hard magnetic material）と**軟磁性材料**（soft magnetic material）に大別され，おもに前者は永久磁石に，後者は鉄芯材料に用いられる（磁気記録材料についてはここでは触れない）。

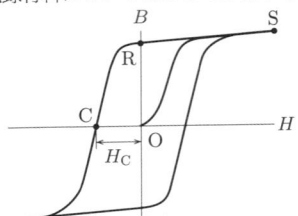

永久磁石の磁気特性を表すために，図のOからSの着磁過程の部分，およびSからCの減磁過程の部分を，別々の曲線（あるいは折れ線）で表現する手法がよく用いられる。

一方，電気機器の高精度磁界解析のために，鉄芯材料の磁気特性のモデリング技術が発達している。代表的な鉄芯材料は電磁鋼板であり，その鋼板面内方向の磁気特性が重要である。以下，そのモデリング手法を中心に述べる。

B. 飽和特性のモデリング

軟磁性材料に対しては，**ヒステリシス特性**（hysteresis property）を無視し，飽和特性のみをモデル化することが多い。磁気特性が等方的でかつヒステリシス性を示さない場合には，磁界ベクトル H と磁束密度ベクトル B は同方向となる。一般的な有限要素磁界解析（⇒p.335）の際には，磁束密度から磁界を求める必要があることから，任意方向の磁気特性を $H = h(B)$ の形で表し，関数 h を B の補間多項式で与えることが多い。あるいは，ベクトル的に $H = \nu B$ の形の表現もよく用いられる。ここで，ν は磁気抵抗率であり，計算の便宜上，$|B|^2$ の関数として補間多項式で与えることがしばしばである。

磁気異方性を考慮する場合には，磁気特性の方向依存性を表現するため，B の大きさと方位角の関数として H を表現する手法がよく用いられる。

C. 鉄損のモデリング

鉄損（iron loss）は**うず電流損**（eddy current loss）と**ヒステリシス損**に大別される。前者は，有限要素うず電流解析（⇒p.15）により算出することが通常である。後者については，前述のようにヒステリシス特性を無視した有限要素解析ののちに，得られた磁束密度分布から後処理的に算出することが多い。

D. ヒステリシス特性のモデリング

ヒステリシス特性については，時間変化率に対する依存の有無により，動的（あるいは交流）ヒステリシス特性と静的（あるいは直流）ヒステリシス特性に大別される。商用周波数付近における電磁鋼板のヒステリシス特性の時間変化率依存性（動的部分）はうず電流の効果によるものであり，前述の有限要素うず電流解析により取り扱うことができる。ただし，異常うず電流損については，有限要素解析により直接算出することが困難であり，動的ヒステリシスモデルによるモデル化手法が提案されている。電磁鋼板の動的ヒステリシスモデルは，静的ヒステリシスモデルにうず電流による磁界の項を付け加えたものがほとんどである。以下，静的ヒステリシス特性のモデル化手法について述べる。

静的ヒステリシスモデルとしては，Preisach モデル[1,2]，Jiles-Atherton モデル[1]，Stoner-Wohlfarth モデル[1,2]が代表的であり，鉄芯材料に限らず，さまざまな磁性材料の特性表現に用いられている。Preisach モデルは，マイナーループを含むヒステリシス特性表現に対して高い能力を持ち，有効な同定手法も開発されているため，最もよく用いられるモデルである。しかし，有限要素磁界解析に用いるには計算コストが大きいという欠点を持つ。そのため，Preisach モデルと数学的に等価で，かつ，簡潔な表現が可能であるプレイモデルが提案されている[3]。

磁気異方性や回転磁界を取り扱う場合には，ベクトルヒステリシスモデル[2,3]が必要である。

参考文献

1) F. Liorzou, B. Phelps, D. L. Atherton: "Macroscopic Models of Magnetization", IEEE Trans. Magn., 36, 2, pp.418–428 (2000)

2) I. D. Mayergoyz: *Mathematical Models of Hysteresis and their Applications*, Elsevier (2003)

3) T. Matsuo: "Anisotropic Vector Hysteresis Model Using an Isotropic Vector Play Model", IEEE Trans. Magn., 46, 8, pp.3041–3044 (2010)

分野：電気・電子
部門：材料 [II-2]

磁性半導体
[英] magnetic semiconductor

半導体的な電気光特性と（反）強磁性を同時に示す化合物を磁性半導体という。歴史的には Eu カルコゲナイド（EuX; X=O, S, Se, Te）やカルコゲナイドスピネル（CdCr$_2$Se$_4$ や HgCr$_2$Se$_4$ 等）などが精力的に研究されてきた。最近では II-VI族，III-V族，IV族や IV-VI族半導体に Cr や Mn 等の磁性不純物（⇒ p.366）を添加した系，例えば Ga$_{1-x}$Mn$_x$As や In$_{1-x}$Mn$_x$As といった**希薄磁性半導体**（dilute magnetic semiconductor; **DMS**）がよく研究されている。磁性不純物濃度 x は 10 % 前後まで実験的に可能である。

磁性半導体の電子状態の特徴は，磁性原子位置に局在磁気モーメントを形成している d または f 電子と，価電子帯を形成する陰イオンの p 電子の間に大きな混成が見られることである。この特徴的な電子状態により，磁性半導体では磁気的性質と半導体的性質がたがいに大きく影響し合い，例えば大きな負の磁気抵抗や異常ホール効果が観測される。伝導キャリア濃度の制御により磁気特性を変調することも可能である。

外部電場による磁性制御の可能性から，磁性半導体は**半導体スピントロニクス**（semiconductor spintronics）材料として期待されているが，強磁性転移温度（T_C）が低い。例えば T_C(EuO) = 69 K，T_C(CdCr$_2$Se$_4$) = 129.5 K，T_C(Ga$_{0.91}$Mn$_{0.09}$As) = 150 K や T_C(Zn$_{0.8}$Cr$_{0.2}$Te) = 300 K が観測されている。実用を目指した素子開発の進展のためには，高い T_C を持つ磁性半導体の合成が不可欠である。

希薄磁性半導体は既存のエレクトロニクスと整合性が良く，結晶成長技術も確立しているので，スピントロニクス材料の候補とされており，有用な材料の設計指針を与えるためにシミュレーションが数多く行われている。希薄磁性半導体をシミュレートする方法として代表的なものは，p-d 交換相互作用モデルによるシミュレーションと，**第一原理計算**（first-principles calculation）に基づくシミュレーションの二つである。

A. p-d 交換相互作用モデル

このモデルでは，局在モーメントと伝導キャリア間の相互作用をつぎのハミルトニアン H_{pd} で記述する。

$$H_{pd} = J_{pd} \sum_{i,I} \vec{S}_I \cdot \vec{s}_i \delta\left(\vec{r}_i - \vec{R}_I\right)$$

ここで，S_I は位置 R_I にある局在モーメント，s_i は位置 r_i にある正孔のスピンモーメント，δ はデルタ関数である。J_{pd} は局在モーメントと正孔のスピン間の交換相互作用を表すパラメータで，GaMnAs 等の場合は反強磁性的であることが実験的に知られている。半導体のバンド構造を $k \cdot p$ 法で計算し，磁性不純物の分布および系の強磁性を平均場近似で取り扱うことで，磁気特性を見積ることができる。このシミュレーション法は T. Dietl らによって初めて希薄磁性半導体に応用され，代表的な希薄磁性半導体の T_C や磁気異方性を良く再現することが確かめられた。未知の新物質に適用して材料設計に用いる場合には，モデルの正当性に注意を払う必要がある。

B. 第一原理計算に基づくシミュレーション

入力パラメータとして原子の種類と結晶構造のみを与え，第一原理（量子力学，⇒ p.350）に基づいて電子状態を計算して物性をシミュレートする方法は，材料設計の有力な方法である。結晶の電子状態計算には密度汎関数法に基づくバンド計算の手法が一般的に用いられる。希薄磁性半導体中の磁性不純物のランダムな分布は，スーパーセル法またはコヒーレントポテンシャル法を用いてシミュレートされる。希薄磁性半導体においては，磁性不純物の濃度は 10 % 前後であるので，磁性不純物間の平均距離は比較的大きい。そのため，磁気特性の正確な予測には，磁性不純物間の交換相互作用の距離依存性を正しく計算しておく必要がある。交換相互作用を線形応答の方法で計算し，モンテカルロシミュレーションにより磁気特性を見積もる方法がよく用いられ，希薄磁性半導体のキュリー温度の良い見積もりを与えることが示されている。下図は，GaMnAs のキュリー温度の第一原理計算に基づくシミュレーション結果と実験値[1,2]を示している。

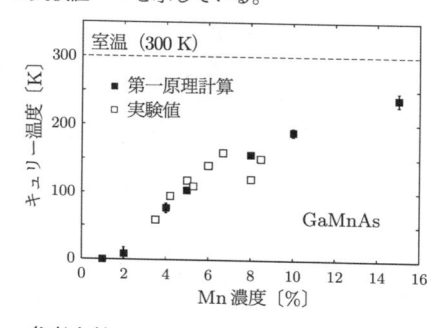

参考文献

1) K. Sato, et al.: First-principles Theory of Dilute Magnetic Semiconductors, Rev. Mod. Phys., **82**, 1633 (2010)

2) F. Matsukura, et al., Handbook of Mag. Mat., **14**, 1 (2002)

分野：環境・エネルギー
部門：エネルギー ［IV-3］

自然エネルギー利用
[英] utilization of renewable energy resources

最近，CO_2 排出と地球温暖化の関係が問題視されるようになり，自然エネルギーの利用がクローズアップされるようになってきた。

特に注目されているのは，風力エネルギーと太陽光エネルギーである。世界的には風力エネルギーの導入量が多いが，日本においては政府の導入目標もあり，太陽光エネルギーに脚光が当たっている。

しかし，風力エネルギーも太陽光エネルギーも，気象条件に左右される不安定なエネルギー源であるため，その利用に際しては注意が必要である。今後の大量導入を考えると，風力エネルギーも太陽光エネルギーも一度電気エネルギーに変換してから電力システム経由で利用する形態になることが予想されるので，ここでは，気象条件などによって変動する自然エネルギー起源の電力が電力システムに連系される際のシミュレーション技術について述べる。

A．出力予測
電気エネルギーは貯蔵が難しく，消費に合わせて発生しなければならない性質を持っているため，出力が不安定な電源が電力システムに接続されると，電力システムの安定運用に悪影響を及ぼす可能性がある。太陽光発電の出力変動の例を下図に示す。

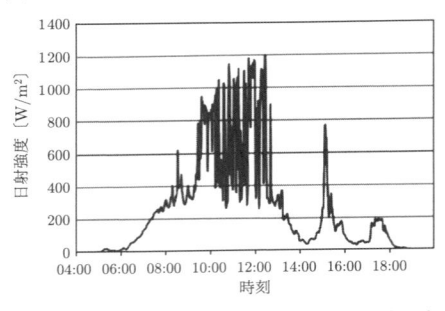

一般的な風力発電の出力予測手法は，気象予報データなどから風車位置の風況を予測し，それに基づいて風力発電の出力を予測するという手法である。ただし，風車付近の地形や隣り合う風車からの影響などがあり，予測を難しくしている。特に日本は地形が複雑であり，予測が難しいといわれている（⇒ p.276）。

太陽光発電に関しては，上空の雲の動きが問題となる。こちらも基本的には気象予報データを利用することになり，太陽光発電パネルの傾斜角度などを考慮して予測が行われる。

風力，太陽光とも，現状では正確な予測は困難であり，予測誤差は10％から数十％程度である。

B．配電系統のシミュレーション
日本では太陽光発電が大量に一般家庭に導入されることを想定しているため，配電系統に与える影響が最初に問題になるものと予測されている。

配電系統の末端に設置された太陽光発電設備が急に発電すると，配電線の電圧が上昇することが懸念されている。その予測・評価のためには，配電ネットワークの解析手法（⇒ p.226）に太陽光発電出力の確率変動を組み入れることが必要になる。特に太陽光発電設備が多数導入された場合には，距離的に近い設備同士の出力は相関が大きくなることに注意して，シミュレーションを行うことが求められる。

また，上位系統の停電時に，末端系統がそこに含まれる電源によって自立運転を続けることも懸念されるので，検証が必要である。

C．系統擾乱時の電源脱落
欧州において，系統擾乱時に風力発電機が解列し，大きな事故につながるという事象があった。系統擾乱時の電圧低下や周波数変動がどの程度起きるかを予測し，そのときに自然エネルギー電源が脱落するかどうかの検討も重要である。

最近は電源脱落防止機能 FRT（fault ride through）を備えた風力発電機も増えているが，旧型のものにはないため，系統擾乱時の脱落量を事前に予測し，必要に応じて出力制限を行っている例もある。

D．周波数・潮流予測
さらに，大量に自然エネルギー電源が導入されると，系統擾乱がなくても自然エネルギー電源の出力変動によってシステム全体の周波数が変動することが懸念される。そのような場合には，同時に連系線などの電力潮流が大きく変動することも考えられる。

この現象を評価するためには，広い地域全体にわたる風況，日射のシミュレーションが必要となる。広い地域で日射が同時かつ急峻に変化すれば，周波数変動が大きくなるし，地域間格差が大きくなると，連系線潮流に大きな影響が出る。

参考文献
1) 電気学会技術報告「スマートグリッド，マイクログリッドを含む新電力供給システムの研究動向」（2011 発行予定）

自然科学シミュレーションと情報可視化

[英] information visualization for scientific simulation

自然科学シミュレーションの多くは，物理空間における自然現象を離散的に解く。その結果の可視化には，ボリューム可視化に代表される3次元CG手法が用いられてきた。一方で最近，物理空間に限定しない一般的な情報可視化手法を用いた可視化の事例が増えている。ここでは，そのいくつかの例について述べたい。

A. 非物理空間情報の可視化

自然科学シミュレーションの結果には非物理空間情報を抽出できるものが多く，その可視化が物理現象の理解の一助になることも多い。例えば，多くの自然科学シミュレーションは時系列情報や多次元情報として得られることから，**時系列データ** (time-varying data, ⇒p.118) や**多次元データ** (multi-dimensional data, ⇒p.198) の情報可視化手法を適用することで，その時系列変化に関する知見を確認できることが多い。また，シミュレーション結果の分類結果として得られる**木構造** (tree structure, ⇒p.58) や，特異点（例えばスカラ場の極点，ベクトル場の渦中心）を連結してできる**ネットワーク構造** (network structure, ⇒p.256) を可視化することが有用な場合も多い。

B. 物理空間を非物理空間に置き換えた可視化

自然科学シミュレーションの多くは，物理空間における離散点上での物理値を求める。この離散点から木構造などのデータ構造を再構築することで，自然科学シミュレーション結果を情報可視化により表現することができる。一例として，伊藤ら[1]は，原子力プラントの計測情報やシミュレーション情報を，そのプラント構造や物理値で階層的に分類したデータ，およびその時系列情報を可視化した事例を報告している。

C. 物理空間における可視化手法とのリンク

ボリューム可視化と情報可視化をリンクさせることで，自然科学シミュレーション結果を多角的に可視化するシステムも，多数報告されている。例えば，シミュレーション結果であるボリュームから時系列データや多次元データを抽出し，その情報可視化結果とのインタラクションをボリューム可視化に反映する仕組みを用いたシステムが，多くの自然科学分野において報告されている。また，ボリューム可視化のためのパラメータや伝達関数を制御するユーザインタフェースとして，情報可視化を活用する事例も増えている。

D. 事例：大規模原子炉シミュレーション結果の情報可視化

シミュレーション結果の大規模化は，さまざまな分野で問題になっている。原子力の分野においても，シミュレーションを高性能な計算機で行うため，そこから得られる結果は大規模化する。このような大規模データを可視化する際には，物理空間を非物理空間に置き換え，シミュレーション結果を簡素化して示す傾向がある。

原子炉の耐震性評価シミュレーションの可視化例を下図に示す。「2次元マトリクス表示」では，4次元の時空間に分布する応力値を，情報可視化技術を用いて示している。この図から**特徴領域** (region of interest; **ROI**) を絞り込むができ，絞り込んだデータは「サイエンティフィックビジュアリゼーション」技術で可視化する。より詳細なデータ変動などを知りたいときには，情報可視化技術である「グラフ表示」を用いる。このように，情報可視化技術は大規模データからの特徴取得，詳細情報取得にも有効である。

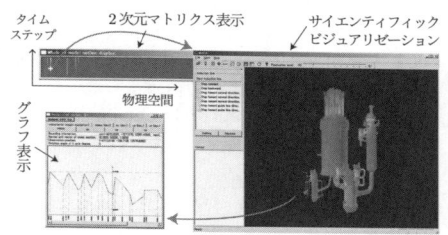

原子力の分野では，原子炉内部の流体シミュレーションも行われている。下図は，**気液二相流体** (gas-liquid two-phase flow) による構造へのインパクトを定量的に評価するため，気液二相界面近傍を精緻に解いた計算例である。さらに，原子炉の構造解析と内部の流体シミュレーションを連携する試みもなされている。ここでも「サイエンティフィックビジュアリゼーション」「情報可視化」技術の利用が期待されている（口絵28）。

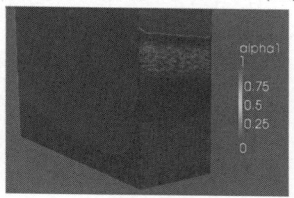

参考文献

1) T. Itoh, S. Furuya, H. Ohshima, K. Okamoto: "Hierarchical Data Visualization for Atomic Plant Data", *Journal of Fluid Science and Technology*, 3(4), 553-562 (2008)

実験経済学
[英] experimental economics

　実験経済学は，実際の人間を被験者として，実験室などに構築した仮想的なマーケットやゲームを通じて，経済理論の検証や人間の経済行動，社会制度を分析する研究分野である。心理学などの分野でも被験者を用いた実験が行われるが，それらと異なる点は，実験で得られた得点に応じて現金報酬を支払うことである。単に経済的インセンティブを与えるためだけではなく，そのような現金報酬によって，被験者の選好を統制する点に特徴がある。その方法論を基礎付けているのが，Vernon Smith による**価値誘発理論**（induced value theory）[1, 2] である。

A. 価値誘発理論
　川越[3] の説明に基づいて，以下に簡潔にまとめる。被験者の選好を統制するために，報酬に関する以下の三つの条件が要請される。

- 非飽和性（non-satiation）：報酬が多いほど高い効用を得なければならない
- 感応性（saliency）：報酬は実験で得た利得に比例したものでなければならない
- 優越性（dominance）：実験報酬以外の要因に左右されてはならない

これらを満たす報酬手段を実現することで，実験者が望む効用関数を被験者が持って行動していると見なせる。そのほかにも情報の秘匿（privacy）や類似性（parallelism）が要請されている。

B. 専用の経済実験室
　多くの大学や研究機関が，実験経済学研究のための被験者実験設備を有している。例えば，ハーバード大学，カリフォルニア工科大学などの研究チームは，専用の実験室を所有している。日本でもはこだて未来大学に初めて実験室が作られ，ついで京都産業大学や大阪大学などにも作られた。現在では，実験経済学のための専用実験室を持つ研究機関は多い。

　写真は京都産業大学が所有する実験室である。ネットワークで繋がった複数台のコンピュータと，情報遮蔽用のパーティション付きのデスクで構成される。パーティションは，被験者間の情報を統制するためである。必要な情報はディスプレイを通じてやりとりされ，被験者はキーボードやマウスを用いて意思決定を行う。このような実験室は，価値誘発理論が要請する条件を満たす環境を構築するのに都合が良い。

C. 実験経済学用ソフトウェア z-Tree
　経済実験を実施するための汎用的なソフトウェアがいくつか開発され，その多くがフリーで公開されている。その中でも，Urs Fischbacher らによって開発された z-Tree[4] は，簡単な手続きでさまざまな経済実験を設計・実施することができるため，世界中の研究者に利用されている。多くの言語に対応しており，日本語も使用可能である。ただし，利用するには使用契約書の送付が必要である。

D. 実験経済学とシミュレーション
　実験経済学における研究は，おもに統計的手法で実験結果を分析することが多いが，近年ではシミュレーションをうまく組み合わせた研究も増加している。例えば，つぎの二つが代表的なものである。Gode と Sunder が行った研究[5] では，ランダムな行動をとる zero-intelligence agent を用いたダブルオークションのシミュレーションを行い，被験者実験結果と比較しながら，そのようなエージェントであっても高い市場効率を達成することを示している。また，Erev と Roth による研究[6] は，複数種類のゲームにおいて，従来の理論解よりも実験結果を良く再現する強化学習アルゴリズムを構築している。

参考文献
1) V. L. Smith: "Experimental economics: induced value theory", *American Economic Review*, **66**, 2, pp.274–279 (1976)
2) V. L. Smith: "Microeconomic systems as an experimental science", *American Economic Review*, **72**, 5, pp.923–955 (1982)
3) 川越敏司：実験経済学，東京大学出版会 (2007)
4) http://www.iew.uzh.ch/ztree/index.php
5) D. K. Gode and S. Sunder: "Allocative Efficiency of Markets with Zero Intelligence Traders: Market as a Partial Substitute for Individual Rationality", *Journal of Political Economy* **101**, 1, pp.119–137 (1993)
6) I. Erev and A. E. Roth: "Predicting How People Play Games: Reinforcement Learning in Experimental Games with Unique, Mixed Strategy Equilibria", *American Economic Review* **88**, 4, pp.848–881 (1998)

分野：人間・社会
部門：リスク・信頼性　[VI-5]

自動車事故リスク評価
[英] traffic accident risk analysis

自動車事故を未然に防ぐ予防安全技術分野では，さまざまな安全運転支援システムが開発されている．それらの技術の開発や改良には，事故統計分析（マクロ事故分析），事故事例分析（ミクロ事故分析），運転行動解析を行って，その結果をもとにシステムの目標性能と仕様を決定し，ドライビングシミュレータや実車での試験によってシステムの機能を確認し，事故低減効果を予測するプロセスがとられている．

実車を用いる試験では，事故に至るかどうかという評価を行うには危険が伴うので，機能確認には限界がある．また，**ドライビングシミュレータ** (driving simulator) を用いても，自動車事故はきわめて低い頻度で発生するために，有意な事故発生確率の統計データを得るには膨大な実験回数が必要となって，現実的ではない．

そこで，ドライバの運転行動特性をモデル化して，仮想道路交通環境内を走行する自動車にそのモデルを搭載し，事故発生の頻度を効率良く調べて運転支援システムの効果を調べる目的で，自動車事故リスク評価シミュレーションの手法が開発されてきた．

代表的な自動車事故リスク評価シミュレーションとしては，芝浦工業大学で開発しているユニバーサルドライバモデル[1]，交通安全環境研究所で開発している ASSESS[2]，トヨタグループが開発している ASSTREET[3] などがある．

このシミュレーションは，ドライバ運転行動モデル，道路環境モデル，車両システムモデルの3要素を組み合わせ，交通シミュレータ上の仮想交通として構成される．

A. ドライバ運転行動モデル

ドライバの知覚，認識，判断，操作のプロセスをモデル化して，ドライバのエラーが起因となって事故に至るドライバの運転行動を模擬する．例えば，脇見，居眠り，ぼんやり運転による他車両や歩行者の見逃し，他車両の速度や位置の見誤り，リスク判断の誤り，反応の過度な遅れなどのエラーを確率的に設定して，事故を再現する．

ドライバモデルでは，ドライバは道路環境を認識して，走行状況に応じて判断を行い，自動車の前後方向の運動の制御と，進路変更に伴う左右の運動の制御に関わる操作を行う．単純なモデルでは，左右方向の進路の運動自由度を無視して，前後運動だけの操作をすることが多い．

B. 道路環境モデル

交差点，カーブなどの道路構造を模擬してモデル化したものである．車線の中心線に自動車を沿わせるためのレールを配置したかのようにして，自動車の車線内での左右の運動自由度を無視した単純な構造にする場合が多い．

C. 車両システムモデル

ドライバが自動車に行うスロットル・ブレーキ操作の入力に対して前後加速度を出力し，ステアリング操作の入力に対して，自動車の垂直軸まわりの回転角速度であるヨーレイトや左右方向の横加速度を出力する運動モデルである．ドライバの知覚・認識・判断のミスによる事故を対象とする場合は，自動車の運動特性の違いはあまり問題にはならず，前後加速度やヨーレイトなどをそのままドライバの入力とする単純なモデルで記述する場合も多い．

安全運転支援システムを搭載し，その有無で事故が起こる頻度を調べ，効果を確認する．

D. 交通シミュレータ

道路環境モデル(B) の中で，ドライバ運転行動モデル(A) を搭載した車両システムモデル(C) を複数台走行させて，交通状況を模擬するシミュレーションプラットフォームのことを交通シミュレータ（⇒p.101）と呼ぶ．個々のドライバや自動車をエージェントとして捉えるマルチエージェントシステムを用いたシミュレーション手法をとることが多い．もとは交通渋滞などを予測する交通流シミュレーションから進化して，ドライバの知覚・認識・判断のプロセスを複雑化したものと位置付けられる．

参考文献
1) 川上翔大，古川　修ほか：交通シミュレータによる予防安全評価用ユニバーサルドライバモデルの開発（第二報），自動車技術会学術講演会前刷集 No.68-10, pp.19–24, 文献番号 20105050 (2010)

2) 木　義郎ほか：予防安全支援システム効果評価シミュレータ（ASSESS）のための交通流生成モデルの開発，自動車技術会シンポジウムテキスト No.12-09, pp.7–12, 文献番号 20104045 (2010)

3) 阿賀正己ほか：予防安全評価と交通シミュレーション技術，自動車技術会シンポジウムテキスト No.12-09, pp.1–6, 文献番号 20104044 (2010)

分野：機械
部門：宇宙工学・交通物流［III-6］

自動車の構造問題
［英］structural simulation of automobile

自動車の構造問題は，比較的単純な静的応力・剛性問題から，振動騒音などの動的線形問題，衝突時の大変形などの動的非線形問題まで多岐にわたる。

現在，これらのシミュレーション技術は，車両の開発プロセス上でCADによるディジタル設計と一体的に運用されている。これにより図面の質が大きく上がり，結果的に試作型の削減・廃止や，開発期間の短縮に繋がっている。

ここでは，代表的な事例としてA. 衝突解析，B. 振動騒音解析，C. 車両走行耐久解析を取り上げ，現状の技術レベルについて簡潔に述べる。

A. 衝突解析

現時点での衝突解析は，構造問題に留まらず乗員の**傷害値予測**（injury value prediction）まで広がっており，エアバッグの展開シミュレーションなどの流体解析も含んだ複雑な構成となっている。

下図（口絵7，以下同）は側面衝突時の車体の変形モード比較である（左：解析，右：実験）。部品破断の高精度予測技術などに課題を残しつつも，高度な設計判断ができる精度を十分持っている。

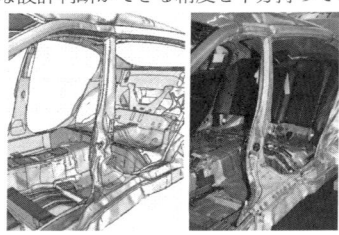

さらにダミー，エアバッグをはじめとする拘束装置などを加えたシミュレーション結果を，傷害値の実験結果比較を含めて下図に示す（左：前突傷害値解析，右：傷害値の実験比較）[1]。

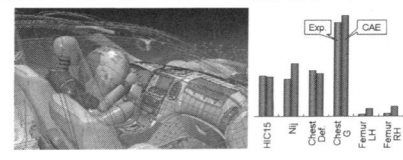

B. 振動騒音解析

振動騒音解析も衝突解析と同様に，**車両全体**（full vehicle）を有限要素法で解く方向に向かっている。下図(a)は典型的な振動騒音モデルである[1]。このモデルを活用することで，車体を主とする構造としての振動騒音問題，サスペンションやパワートレインなどゴムマウント等を介して連結されている部品との連成振動問題などを，効率良く解くことができる。例えば，耳元の騒音の予測精度は下図(b)に示す程度であり，非常に正確な予測が可能となっている[1]。

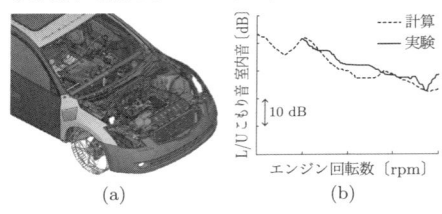

C. 車両走行耐久解析

世界中の路面で所定の走行距離を安全に走破できるようにするためには，車両走行時の入力によるダメージを正確に把握し，車体・シャシーなどの構造部品の耐久寿命設計を行うことが必要である。また，耐久実験は長期間を要し，目標に達しない場合の費用・開発期間への影響が甚大であることから，解析による事前予測は重要である。以下，車体のスポット溶接の**疲労寿命予測**（fatigue life prediction）について述べる。

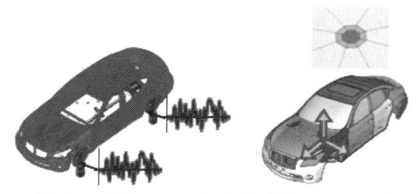

上図は，車体への入力予測（左）と，スポット溶接詳細モデルおよび車体全体モデル（右）を示している。左図に示すような実走行時の入力を模擬した機構解析により，正確な車体への入力を計算する。他方，右図のように，スポット溶接周辺を詳細にモデル化した車体全体のモデルで，単位入力時の発生応力を計算する。入力レベルの発生頻度を考慮し，結果についてはσ-Nカーブで寿命変換をすることで，最終的な寿命解析が完了する。現時点の予測精度はおおむね1/10〜10倍程度であり，さらなる改善が必要である。下図は，各部位の寿命予測である。

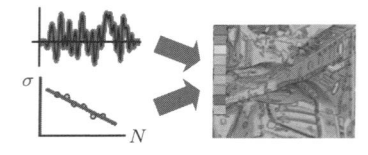

参考文献
1) 日産技報 2010, No.66, 小特集 CAE, pp. 42-72 (2010)

自動車の騒音
[英] noise of vehicle

自動車は試作品による検証を行いながら開発され，実験による検証が行われてきた．また，並行して精力的に進められたシミュレーション技術の蓄積により，高精度なシミュレーションモデルの構築が進んでいる．

A. 車内騒音と車外騒音

騒音の種類には，車室内の乗員が感じる車内騒音と，車道の近隣住民などが感じる車外騒音がある．実際には，さまざまな騒音の検討にシミュレーションが取り入れられているが，ここでは，最も盛んに実施されている車内騒音を紹介する．これにはエンジン騒音，路面からの入力によるロードノイズ，歯車の噛み合いにより発生するギアノイズ，制動時のブレーキ鳴き，高速走行時の風切り音などがある．

B. 伝達系のシミュレーション

騒音対策部位は，その源である加振力と，この振動や騒音が人間に伝わるまでの伝達系に分けることができる．低減を検討するためのシミュレーションも，加振力の低減を目的とするものと，伝達系の改善を目的とするものとがある．加振力を検討するためのシミュレーションは，その加振源により，流体解析，磁場解析，機構解析など，手法やアプローチが異なってくる．一方，車内騒音の伝達系では，線形な構造の振動特性が支配することが多く，この場合には以下に述べる手法が適用できる．

車内騒音は周波数帯によって伝達経路が異なる．500 Hzから1 kHzを境に，これより低い周波数では，起振力により車体構造が振動し，客室の空気と接するパネルの振動で騒音が発生する**固体伝播**（solid borne）が主体となる．こうした領域では，車体構造系の固有モードと客室内空気の共鳴モードにより加振力を増幅するシステムが潜んでいるため，**有限要素法**（finite element method; **FEM**, ⇒p.335）による**モード解析**（modal analysis）に基づいたシミュレーションが行われる．デザインや居住空間などの要件で決まる車室内形状が，空洞共鳴の特性を決定するため，基本的にはいろいろな加振力に対して空洞共鳴をなるべく励起しない車体構造とするための検討が行われる．

C. 大規模有限要素の固有値解析

モード解析では，固有モードの求解が計算時間の多くを占める．この計算時間は自由度の2乗や3乗に比例する部分があり，区分モード合成法を利用して多くの部分構造に分け，最後に全系の計算を行ったほうが効率的な場合がある[1]．計算に必要な記憶媒体に高速なメモリを利用できるか，低速なハードディスクを使わなければならないかは，その計算規模で決まる．モデルを分割すると並列計算と組み合わせやすく，ハードウェアの特性とうまく組み合わせれば，計算効率を劇的に高めることができる．大規模な車体構造モデルなどでは，自動で領域分割を行って多くの部分構造を構築し，全系の特性を計算する手法が用いられる．

D. モーダル差分構造法

コンピュータ性能の向上により，試作品の完成を待つ前にその特性を把握することができるようになってきた．現在の課題は，最適設計を行うために繰り返し行われる，構造変更したときの動特性の迅速な予測である．望月ら[2]によって開発されたモーダル差分構造法は，構造変更しない部分を縮約して計算効率を図るもので，**区分モード合成法**（component mode synthesis; **CMS**）に立脚した考え方である．従来の手法では，縮約構造の作成において，境界点の自由または拘束する分系モードを用いる．これに対し，この手法では現構造全体のモード特性から変更する部分を差し引いて特性を得る．このため，実際の境界条件に近いモードを利用することによる精度の向上と，すでに得られている計算結果の利用による作成効率の向上とが可能となった．さらに，結合境界のGuyan静縮約を組み合わせることで，従来の区分モード合成法を含有する，一般化された定式化を提案している．

100万節点の音響－構造振動連成モデルで，ルーフを設計変更する問題にモーダル差分構造法を適用すると，構造変更の特性変化予測の計算時間が14％に短縮されることが示されている．

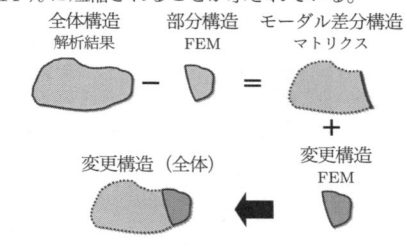

参考文献
1) 長松昭男, 大熊政明：部分構造合成法, p.354, 培風館 (1991)
2) 望月隆史, 萩原一郎：モーダル差分構造法とGuyanの静縮約による区分モード合成法の一般化, 日本機械学会論文集C編, 76巻768号, pp. 144–151 (2010)

自動車の流体問題
[英] aerodynamic problem of road vehicle

A. 空力特性 [1, 2]

自動車が走行中に空気から受ける力とモーメントは，重心を原点として主流方向，鉛直上向き方向，車両横方向の3軸に分解され，それぞれ抗力，揚力，横力，ローリングモーメント，ヨーイングモーメント，ピッチングモーメント（空力6分力）と呼ばれる。

車両開発において，この6分力の中で最初に考慮しなければならないのは，燃費性能に関わる抗力すなわち空気抵抗である。近年，自動車の高速化や環境問題の高まりの中，空気抵抗の低減が再び叫ばれるようになってきた。空気抵抗の低減は，乗員の居住性や荷物の積載性，そして商品として大きな魅力となる車両のスタイリングとトレードオフの関係になる場合も多く，開発初期段階から他の性能との調整が必要である。つぎに，高速走行中に橋の上やトンネル出口などで吹く強い横風で問題となる横風安定性の支配的要因は，横力，ヨーイングモーメントである。車両開発においては，横風安定性を高めるため横力，ヨーイングモーメントが低減するように，車体形状を工夫している。さらに，揚力は操縦安定性や乗り心地性能に影響を与える因子である。

B. その他の流体問題 [1, 2]

車体まわり以外のおもな流体問題として，エンジンルーム内流れ，空力騒音，車室内流れ，エンジン気筒内流れなどがある。エンジンルーム内流れは，ラジエータ，ラジエータファン，エンジン，その他多数の部品を含む複雑な流路の熱流れ問題となる。空力騒音は，気流の乱れや圧力変動といった流れの非定常性によって発生するものである。車室内流れは，車室内快適性を向上させる空調流れ，フロントやサイドウインドの氷結や曇りを晴らすデフロスト流れなどが挙げられる。エンジン気筒内流れは，燃焼も考慮すれば，乱流火炎伝播や化学反応を含む複雑な解析問題である。さらには，ブレーキフェードを防ぐためのブレーキ冷却流れ，泥や埃などの汚れがウインドに付着し視認を阻害させるソイリング，ワイパー浮上を引き起こしワイパー払拭性能を劣化させるワイパーまわり流れ，空調系やエンジン吸排気系の管内流れなど，多岐にわたっている。

C. 解析手法 [1, 2]

現在，自動車の流体問題に対して**数値流体力学**（computational fluid dynamics; **CFD**）が頻繁に用いられている。空力特性の予測に関して，CFDは風洞実験と同様に車両開発の不可欠な技術となっている。特に，車両デザイン案が複数ある開発初期段階では空力的優劣を判断する有力なツールである。自動車のCFDにおいて，乱流の取り扱いは大きく分けて二つある。一つは流れ場の時間平均モデルである**RANSモデル**（Reynolds averaged Navier-Stokes model）であり，もう一つは空間平均モデルの**LES**（large eddy simulation）である。RANSモデルは，速度や圧力を時間平均成分と時間変動成分に分けて，ナヴィエ・ストークス（NS）方程式から得られるレイノルズ方程式を基礎とする方法である。RANSモデルには，レイノルズ方程式を乱流エネルギー k と乱流散逸率 ε の輸送方程式を用いて解く，いわゆる **k-ε モデル**（k-ε model）や，レイノルズ方程式をレイノルズ応力輸送方程式を用いて解く **RSMモデル**（Reynolds stress model）などがある。一方，LESモデルでは，空間フィルタリングによってフィルタサイズより小さい渦をSGS（subgrid scale）応力モデルで表し，それ以外の大きな渦GS（grid scale）については，NS方程式を非定常で直接計算する。一般的に，精度および計算コストは k-ε，REM，LESの順に高くなる。車両開発時の空力特性の計算においては，計算コストと時間を考慮して，k-ε モデルを用いた計算が主流となっている。最近では，コンピュータリソースの進歩に伴い，RSM，LESを用いて車両まわりの高精度計算を研究段階で行う例も出てきた。特に，流体騒音，エンジン気筒内解析においては，LESで流れ場を解析する方法が主流となりつつある。

上述の解析法のほかに，NS方程式を支配方程式とはせずに，分子運動論の基礎方程式であるボルツマン方程式を格子点上で解く格子ボルツマン法があり，車両の流体解析で実用化されている。さらに，乱流モデルを用いずにNS方程式を直接計算する直接解法（direct Navier-Stokes; DNS）もあるが，車両の流れ解析の場合には，格子点数や計算コストと時間の問題から実用化されていない。

参考文献

1) W. H. Hucho: *Aerodynamics of Road Vehicles* (Fourth Edition), SAE INTERNATINAL (1998)

2) 自動車技術会 編：自動車のデザインと空力技術（自動車技術シリーズ10），朝倉書店（1998）

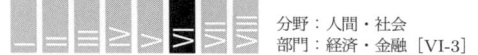

自動売買
[英] automated trading

自動売買は，株や為替などの金融商品の売買をコンピュータを用いて行うことをいう。

自動取引には大きく分けて2種類が存在する。取引の自動執行によってマーケットインパクトの軽減などを目指すアルゴリズムトレードと，統計数理などを用いて人間による裁量を排除し，取引銘柄を決定するシステムトレードである。

A. アルゴリズムトレード

アルゴリズムトレードは，株式市場や為替市場においてあらかじめ決められたアルゴリズムに従って，コンピュータが自動的に売買を執行する取引手法を指す。おもに大口注文を行う際に，高速かつ最適な執行を実現するために用いられる。米国の株式市場では，すでに半数近くの注文がアルゴリズムトレードによって行われているといわれている。

最適執行戦略としては，コスト最小化を目指す戦略と，VWAPなどのベンチマークに執行価格を近づけるベンチマーク型の戦略がある。

（1）コスト最小化戦略 コスト最小化戦略を目指すアルゴリズムトレードでは，大口の注文を執行する際に発生する複数のコストについて考慮する。ここでいうコストには，直接的なコスト（手数料や税金）のほかに，間接的なコストも含まれる。間接的なコストを計算する方法としては，**IS法** (implementation shortfall method)[1] が用いられることが多い。IS法で考慮される間接コストには，注文が市場に与える影響「マーケットインパクト」，時間をかけて取引を行う際に価格変動によって生じる「タイミングコスト」，時間内に取引が行えないリスクである「機会コスト」がある。小口注文のサイズや執行のタイミングは，過去の市場情報から統計数理を用いて設定する。

（2）ベンチマーク型戦略 ベンチマーク型アルゴリズムトレードでは，**VWAP** (volume-weighted average price) や **TWAP** (time-weighted average price) といったベンチマークに沿った価格での執行を目指す。VWAP戦略では，過去の日中出来高を参考に統計数理などの技術を用いて，その日の価格ごとの出来高を加重平均した「出来高加重平均価格」に沿った執行が可能となるよう，時間ごとの売買高と目標売買価格を決定する戦略が用いられる。

B. システムトレード

システムトレードでは取引対象となる銘柄の選定を行い，売買量を決定する。その執行は必ずしもコンピュータが行うわけではなく，人間が手動で行うことも多い。人間による裁量を排除することで，プロスペクト理論に代表される人間の非合理的な判断を防止できる。システムトレードには，テクニカル分析を用いた手法や定量分析を用いたクオンツ取引などがある。

（1）テクニカル分析 テクニカル分析は株価の遷移などを数学的に扱い，過去の時系列パターンなどに基づいて分析・予測する手法である。テクニカル分析の具体的な手法としては，ゴールデンクロス，MACD，RSIなどがある。株式取引，為替取引などで個人投資家を中心に広く用いられている分析理論であるが，効率的市場仮説，ランダムウォーク理論などを根拠に，金融工学者などには否定されることも多い[2]。一方で，機械学習やシミュレーションなどを用いて，テクニカル分析の精度を向上させようという試みもある。

（2）クオンツ取引 クオンツ取引は，定量分析[3]によって数理的に分析した情報から取引戦略を決定する取引手法である。一般的なファンダメンタル指標であるPERとPBRを使った戦略，機械学習やシミュレーションなどや人工知能の技術を用いた価格変動のデータマイニング，ポートフォリオ理論を用いた組み合わせ最適化など，その戦略の範囲は幅広い。ただし，その手法は公にされないことが多く，ブラックボックス取引とも呼ばれる。

（3）プラットフォーム 一般の投資家がシステムトレードを実現するためのプラットフォームとして，トレードステーション[4]などがある。また，システムトレードの取引コンテストとして，トレードサイエンス社のカブロボコンテスト[5]，外為どっとコムのバーチャルFX[6]などがある。

参考文献

1) Kendall Kim: *Electronic and Algorithmic Trading Technology: The Complete Guide*, Academic Press (2007)
2) バートン・マルキール：ウォール街のランダムウォーカー, 日本経済新聞出版社 (2007)
3) 吉野貴晶：株式投資のための定量分析入門, 日本経済新聞出版社 (2003)
4) http://www.tradestation.com/
5) http://kaburobo.jp/
6) http://www.virtualfx.jp/

シナプス可塑性
[英] synaptic plasticity

神経細胞は細胞体，軸索，樹状突起からなり，神経細胞間のつなぎ目を**シナプス**（synapse）と呼ぶ．神経回路網（⇒p.246）において，神経細胞間の情報伝達はシナプスを介して行われ，神経細胞への刺激入力の与え方により，その伝達効率が変化することを**シナプス可塑性**（synaptic plasticity）という．

A．ヘッブ学習則と長期増強現象

シナプス可塑性に関して，ヘッブは1945年「神経細胞のシナプス前線維の信号がシナプス後細胞を興奮させたとき，そのシナプスは強化される」という**ヘッブ学習則**（Hebbian rule）を提案した．しかし，仮説のため，そのような可塑性シナプスが実際に脳内に存在するかどうかは，長い間明らかにされなかった．ブリスらは，ウサギ海馬歯状回の錐体細胞に短時間の高頻度刺激（テタヌス刺激）を与えると，シナプス伝達効率が長期間（数時間〜数日）にわたって増強される**長期増強現象**（long term potentiation; **LTP**）が生じることを明らかにした（下図参照）．その後，LTPは大脳新皮質など，中枢神経系の多くの興奮性シナプスでも起こることが明らかにされている[1]．

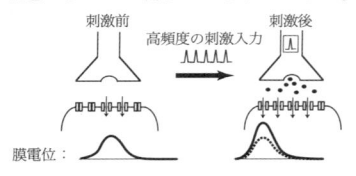

B．長期抑圧現象

LTPだけでは，伝達効率は上昇するのみであり，いずれは飽和してシナプスの可塑性が失われてしまうため，増強とは逆の減弱現象が存在することが推測された．伊藤らは小脳プルキンエ細胞に低頻度の刺激入力を与えると，LTPとは逆の**長期抑圧現象**（long term depression; **LTD**）が生じることを示した（下図参照）．その後，LTPやLTDは海馬，小脳，さらに大脳新皮質を含む脳内の多くの神経細胞において観測されている．同一神経細胞でも，入力刺激の与え方によってLTPあるいはLTDが発現することも明らかにされ，LTP/LTDは学習・記憶といった脳の高度な情報処理機能の細胞レベルの基礎過程と考えられている[1]．

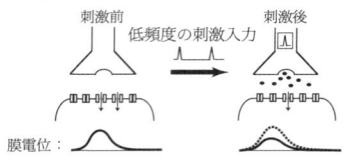

C．スパイクタイミング依存性シナプス可塑性

細胞体近くで生成された活動電位（⇒p.247）は，軸索先端に伝搬されるとともに，樹状突起も逆伝搬する．このとき，前シナプスへの入力と逆伝搬活動電位の到達のタイミングにより，シナプスの伝達効率が増加あるいは減少することが明らかにされた[2]．これは**スパイクタイミング依存性シナプス可塑性**（spike-timing dependent synaptic plasticity）と呼ばれ，逆伝搬活動電位の到達前に前シナプスへ入力が与えられた場合はLTP，逆のタイミングの場合にはLTDが生じる．

D．LTP/LTDの発現機序のモデリング

LTPやLTDの発現機序については，生理学的・薬理学的実験から，シナプス前部への入力刺激によりシナプス後部内に流入するカルシウム（Ca^{2+}）の濃度変化がシナプス可塑性に大きく関与し，濃度変化が大きい場合はLTP，小さい場合はLTDの発現が示唆されている．この知見をもとに，下図に示すシナプス学習則（変化則）モデルが提案された．すなわち，学習則曲線は三つのS字（シグモイド）曲線①，②，③の加減算によって求められるので，数式モデルは以下のようになる．

学習則曲線 = 曲線① − 曲線② + 曲線③
$$= A_1 \cdot \frac{1}{1+e^{\frac{Ca-x_1}{x_2}}} - A_2 \cdot \frac{1}{1+e^{\frac{Ca-y_1}{y_2}}} + A_3 \cdot \frac{1}{1+e^{\frac{Ca-z_1}{z_2}}}$$

神経細胞の等価電気回路モデル（⇒p.300）にこの学習則曲線を組み込むことにより，シナプス可塑性に関する計算機シミュレーションを行うことができる[3]．

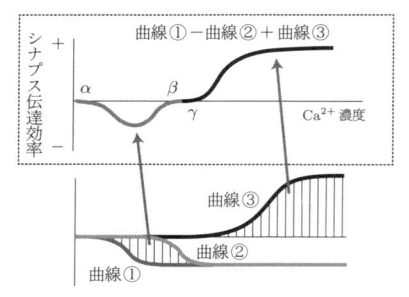

参考文献

1) 松本，大津 編：神経細胞が行う情報処理とそのメカニズム（脳とコンピュータ），培風館 (1991)

2) Bi, G. and Poo, M.: *J. Neurosci.* 15, pp. 10464–10472 (1998)

3) Kitajima, T. & Hara, K.: *Neural Networks*, 13, pp.445–454 (2000)

シミュレーション技術と社会
[英] simulation technology and society

科学技術の成果を社会実装する場合に，研究者，技術者，行政の視点や価値観のみで行ったために，多くの人々から強い反発を受け，社会対立を巻き起こした例が過去に数多くある．特に，安全が大きな関心事となる迷惑施設設立地，先端医療，食品生産・流通や，人々の生活を大きく変える可能性のある大規模開発，先端技術導入，社会制度改革などでこの傾向が強い．

シミュレーション技術もこの例外ではなく，シミュレーション技術を社会に広範に導入したり，社会問題の解決に活用したりする際には，科学的・技術的論点ばかりではなく，社会学的，社会心理的，あるいは倫理的論点について考慮しておくことが不可欠である．

A. ポストノーマルサイエンス

人々の価値観とは独立に存在する科学的真理を，好奇心に動機付けられて探究する営みが基礎科学である．**社会的決定**（social decision-making）においては，この基礎科学によって得られた知識を根拠に，客観科学の伝統的手法である**ノーマルサイエンス**（normal science）に従うことが合理的であると考えられ，そのような社会的決定のみが正当であるとされてきた．しかし，現在の複雑化した社会において，ノーマルサイエンスは機能しなくなってきている．

まず，十分な科学的知識が得られるのを待ってから社会的決定を行うのでは手遅れになるために，不十分な知識のままで決定を行わなければならないことが多いが，この場合，決定者の主観の影響から逃れることはできない．つぎに，研究室の理想環境と異なり，社会的文脈においてまったく同一の現象が繰り返されることは少なく，科学的実証に必要な統計的有意性を示せないことが多い．最悪，過去に一度も生起したことのない現象に関して決定を行わなければならない場合さえある．さらに，社会的決定の多くは人々の価値観に強く依存するが，価値観の問題を客観科学の手法で解決することはできない．例えば，「より良い社会のために〇〇技術を活用する」といった場合に，だれにとっての「良い社会」にするべきなのかは科学が答えるべき問題ではなく，社会的あるいは政治的な問題である．

このように，ノーマルサイエンスではもはや社会的決定の問題に決着がつかなくなった現在の状況を，**ポストノーマルサイエンス**（post normal science）と呼ぶ．

B. 科学技術ガバナンス

科学技術ガバナンスとは，科学技術と社会との関係を調整し，科学技術の方向性を公共の利益に沿うようにする社会の仕組みや働きである．

（1）参加型アプローチ　　ノーマルサイエンスが機能していた時代には，研究者や技術者など専門家の意見に基づき，行政がパターナリスティックに社会的決定を行う技術官僚モデルが採用されてきた．しかし，ポストノーマルサイエンスの時代に技術官僚モデルは機能しない．

ポストノーマルサイエンスにおいて社会的決定が正当化される際の根拠は，決定が科学的真理と客観科学の手法に裏付けされていることではなく，公正な手続きに従って行われたということに求められる．民主主義に価値を認める社会において，ここでいう公正な手続きとは，専門家・非専門家の区別なく問題に利害・関心を有する人がだれでも自由に意見表明した上で，理性的な合意が形成されることである．

専門家と行政ばかりでなく，利害・関心を有する産業界や一般市民などを社会的決定に参加させる方法を，社会的決定の参加型アプローチ（participatory approach）と呼び，これからの科学技術ガバナンスに不可欠な手法と考えられている．

（2）科学技術コミュニケーション　　科学技術コミュニケーション（science communication）とは，かつては科学技術の専門知識を有する送り手から，専門知識を有しない受け手への知識の一方的伝達とされてきた．しかし今日では，個人，組織，集団間での科学技術に関する情報や意見のやりとりの相互作用と考えられるようになった．

参加型アプローチにおいて，議論に必要な専門知識を非専門家の市民に正確に理解してもらうこと，また市民の意見，要望，不安などを汲み取ることが重要である．一方，行政や専門家の側は，決定に従って実施された自らの業務に関して，社会的**説明責任**（accountability）を求められる時代になった．これらのことから，円滑な科学技術コミュニケーションが，科学技術ガバナンスの重要課題であるといえる．

参考文献
1) 藤垣裕子：専門知と公共性，東京大学出版会 (2003)
2) 小林傳司：誰が科学技術について考えるのか，名古屋大学出版会 (2004)
3) 古田一雄，長崎晋也：安全学入門，日科技連，pp.177–197 (2007)

シミュレーションとバーチャルリアリティ・地球シミュレータ

[英] simulation and virtual reality / Earth Simulator

今日のスーパーコンピュータの性能向上は目覚ましく，大規模な計算機シミュレーションが可能となっている．現在では3次元シミュレーションが当然のように行われている．しかし，この計算規模の拡大は，計算結果のデータの大規模化と複雑化をもたらした．データの複雑化により，従来のように2次元のディスプレイとPCまたはグラフィックスワークステーションを用いるデータの可視化方法では，解析が困難になりつつある．このような背景から，立体視が可能なバーチャルリアリティ（VR）装置がデータの可視化に用いられるようになった．

日本国内で最高性能の部類に入るスーパーコンピュータの地球シミュレータを保有する海洋研究開発機構では，VFIVEと呼ばれるCAVE用可視化ソフトウェアを開発し，CAVE型VR装置をデータ可視化に利用している．

A. 地球シミュレータ

地球シミュレータ（Earth Simulator, ⇒p.202）とは，海洋研究開発機構が保有するベクトル型のスーパーコンピュータである．オリジナルの地球シミュレータは，理論演算性能40 Tflopsで，2002年から約3年間，コンピュータの性能ランキングTOP500で1位の座を守り続けた．2009年にシステムを更新したことで，理論演算性能が131 Tflopsへ，主記憶容量が10 TBから20 TBへ向上した．

B. CAVE型VR装置

CAVE（CAVE Automatic Virtual Environment, ⇒p.362）は，米国のイリノイ大学で開発された没入型のVR装置で，1992年のSIGGRAPHで発表された．典型的なCAVE装置は，10フィート×10フィートのスクリーンを4面持つ（正面・左面・右面・床面）．スクリーン上の映像は，立体眼鏡をかけることで，立体的に見ることができる．この立体映像は，トラッキング装置の情報により，つねにユーザの視点・視線に合わせて生成されるので，ユーザは3次元のコンピュータグラフィックスへの深い没入感を経験する．入力装置としてワンドが用意されている．

日本国内でも，多くの大学や研究機関にCAVE型のVR装置が導入されている．

（1）トラッキング装置　トラッキング装置は，つねにユーザ（実際は立体眼鏡）やワンドの位置・方向を検出し，CAVEの制御用コンピュータに送る．立体映像はこの情報をもとに射影計算などがなされて生成される．トラッキング装置は，磁気，超音波，光学式などがある．

（2）立体眼鏡　視差が付いた映像を立体的に見るために用いる．時分割方式，偏光方式などがある．

（3）ワンド　ワンド（Wand）はCAVE用の典型的な入力装置で，三つのボタンと一つのジョイスティックから構成される．

C. VFIVE

海洋研究開発機構 地球シミュレータセンターでは，VFIVE（Vector Field Interactive Visualization Environment）と呼ばれる，CAVE型VR装置用の対話的可視化ソフトウェアを開発している（核融合科学研究所で開発が始まった）．このソフトウェアは，2次元ディスプレイ用の可視化ソフトウェアをCAVE用に移植したものではなく，もともとCAVE用として誕生した．設計は，ワンドを利用した対話性に重点を置いている．地球シミュレータが生成する大規模なデータを可視化するために，自動解像度調節機能付き興味領域切り出し機能を開発・搭載した．基本バージョンは，コードが公開されている．

下図に，(a) 4面CAVEシステム，(b) 立体眼鏡，(c) ワンドを示す．

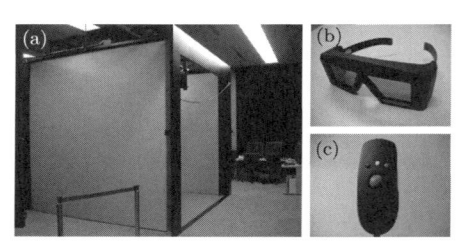

参考文献

1) C. Cruz-Neira, et al.: "Surround-Screen Projection-Based Virtual Reality: The Design and Implementation of the CAVE", *Proc. ACM SIGGRAPH'93*, pp.135–142 (1993)

2) 陰山 聡，大野暢亮：バーチャルリアリティを用いた対話的3次元可視化ソフトウェアの開発とその応用, *J. Plasma Fusion Res.*, vol.84, No. 11, pp.834–843 (2008)

分野：可視化
部門：情報可視化 ［VII-1］

社会科学シミュレーションと情報可視化
［英］information visualization for social simulation

情報可視化は自然科学系の情報のみならず，社会科学系の情報にも有用である．ここでは，社会科学系の情報の中から，**トレンド**（trend），**ビジネス**（business），**セキュリティ**（security）といった問題に関する可視化の事例を紹介する．シミュレーション結果のみならず，実測結果の可視化の事例も紹介するが，基本的にすべての技術はシミュレーション結果の可視化に適用可能である．

A. 社会科学情報の可視化

（1）トレンドの可視化　雑誌，新聞記事，ウェブページ，学術論文といった文書には，多くのトレンドが潜んでいる．これらの文書情報に対して，自然言語処理やテキストマイニングなどの技術によって得られるキーワード頻出度，文書間類似度，およびこれらの時系列変化などを可視化することで，文書から抽出されたトレンドを表現するための研究が，多く発表されている．また，株価の動向に代表される経済トレンドの可視化の研究も多く，smartmoney.comなどのウェブサイトでも実際に利用されている．また www.babynamewizard.com/voyager/ では，アメリカにおける子供の名前のトレンドが時系列データとして可視化されている．

（2）ビジネスの可視化　業務状況の見える化が重要視されて久しい．情報可視化技術が見える化に貢献した事例として，製造や物流などのビジネスプロセスの可視化や，組織変更に伴う収益性やコミュニケーション量の可視化などが挙げられる．近年では，ビジネスプロセスや組織変更のシミュレーション技術も発達しており，シミュレーション結果の検証にも情報可視化が用いられることが期待される．

（3）セキュリティの可視化　計算機に蓄積されるログからの故障診断や不正検出のために情報可視化を用いる研究も活発である．特に2001年のアメリカ連続テロ以来，サイバー攻撃に代表される不正行為の可視化の研究事例が増えている．また，購買情報から検出される不正行為の可視化の研究事例も増えている．例えば，クレジットカード決済での不正購買分布の可視化や，その検出のためのシミュレーション結果の可視化の事例が報告されている．

B. 事例：計算機ネットワーク攻撃の可視化

社会科学情報の一例として，計算機ネットワーク攻撃の可視化の事例を報告する．

計算機ネットワーク攻撃に関するポータルサイトとして，攻撃数や地域別情報を可視化するInternet Storm Center[1]がある．より高度な可視化例としては，ポートスキャン等をパラレルコーディネート上に可視化するRUMINT[2]，不正侵入検知システムのログをマトリクス状に可視化するIP Matrix[3]などがある．

IP matrixを用いて，計算機ネットワークへの不正侵入検出履歴を可視化した例を，下図に示す．一般的に不正侵入検出履歴の分析において，攻撃者を認知するには，各サイトを代表するIPアドレスの上位16ビットを特定できればある程度十分である．逆に，あるサイト内部の感染の程度を知るためには，下位16ビットを可視化したい．以上の考察に基づき，IP matrix ではA.B.C.D形式で表されるIPアドレスの上位8 bit(A)を縦軸に，つぎの8 bit(B)を横軸にとった2次元マトリクスを表示する．同様に下位16 bitのうち上位8 bit(C)を縦軸に，下位8 bit(D)を横軸にとった2次元マトリクスを表示する．

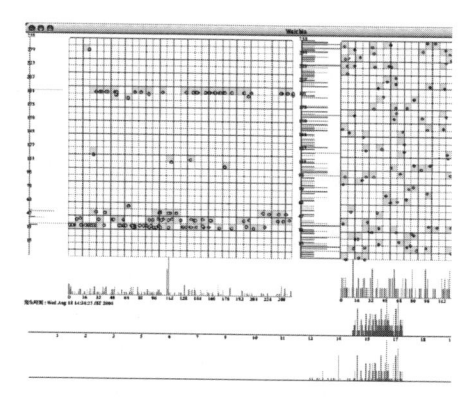

参考文献

1) Internet Storm Center, http://www.isc.sans.edu/

2) Gregory Conti: *Security Data Visualization: Graphical Techniques for Network Analysis*, No Starch Press (2007)

3) Hideki Koike, Kazuhiro Ohno, and Kanba Koizumi: "Visualizing Cyber Attacks Using IP Matrix", Proc. on VizSEC (2005)

社会システムシミュレーション
[英] social system simulation

社会や組織の問題にシミュレーションを用いる研究は，古くから行われている．例えば，1960年代には組織の意思決定を扱う Cyert らの研究[1]があり，1970年代には**ゴミ箱モデル**（garbage can model）がある．また，非線形動的状況を分析する**システムダイナミクス**（system dynamics; SD, ⇒p.121）が「成長の限界」の研究に用いられたことはよく知られている[2]．しかし，これらのシミュレーション研究が，社会システム研究の主流になることはなかった．モデルが現実離れしていると思われたためである．この領域の研究開発は，1990年代初めに**エージェント**（agent）技術の進展とともにほぼ同時期に世界各国で復活した．そして，2010年時点では，経済・金融・物流・組織・歴史・軍事・災害・緊急時・意思決定・マーケティング・知識管理・ゲーミングなど，あらゆる分野で使われるようになっている．

A. 社会システムシミュレーションの背景

社会システムシミュレーションが注目を集めている背景には，以下の三つの理由がある[3]．

第一に，人類活動の世界規模での展開と，インターネットをはじめとする技術の急速な発展普及に伴って，世界規模で人々の意識・行動の変化に社会制度が追いつかない現象が頻発していることである．これらは，従来の社会科学の研究方法では事前の理解が難しく，トップダウン型の政策決定方法では制御できないという特性を持つ．

第二に，エージェント技術の進展により，シミュレータの実現が容易になったことである．エージェントを用いる社会システムシミュレーションでは，社会・組織・個人をエージェントとして捉え，それらの相互競争・競合・協調を通して，ボトムアップにシステムを構成する過程と構造の性質とを精査する．

第三には，コンピュータ技術の進歩が挙げられる．われわれが対象とする変動する社会システムは，システムの規模の観点からはメゾスケールである．これには個々の構成員に着目するモデルが適切である．さらに，これらのモデルは並列性が高く，並列計算技術と相性が良い．

B. 社会システムシミュレーションの特徴

エージェントに基づくシミュレーションは下図にまとめられる．その特徴は以下のとおりである．(1) ミクロ的な観点においてエージェントが（個別の）内部状態を持ち，自律的に行動・適応し，情報交換と問題解決に携わる点，(2) その結果として対象システムのマクロ的な性質が創発する点，(3) エージェントとエージェントを囲む環境とが**ミクロ・マクロリンク**（micro-macro link）を形成し，たがいに影響を及ぼし合いながら，システムの状態が変化していく点．

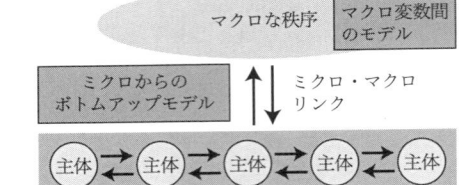

そのため，エージェントの内部のデザイン，インタラクションの方式，ミクロ・マクロリンクの形成が，システムの評価以前に大きな問題になる．

また，社会システムには物理法則のような確固とした原理原則がないために，モデルには必然的に数多くのパラメータが存在する．この調整によって結果が大きく異なることもある．そこで，モデルの理解性・伝達性・正確性といった側面で，問題が生ずる．

C. 社会システムシミュレーションの展望

社会システムシミュレーションの研究開発は，本質的に学際的・学問横断的であり，理論，シミュレーション，実験と実践という三つのアプローチを融合することが重要である．

また，社会システムシミュレーションには四つのレベルが存在する．まず現実の現象を忠実に再現しようという As-Is レベル，そこにさまざまな要因を加味して得られる As-If レベル，さらに，過去の複数のシナリオの評価を行う Would-Be レベル，将来の意思決定の参考にするための Will-Be レベルである．各レベルにおけるモデル開発のサイクルが繰り返されることから，新しい社会システムシミュレーションの方法論が確立する．

今後必要になる手法としては，対話型シミュレーション，参加型シミュレーション，パラメータやエージェント数が多い**大規模シミュレーション**（large-scale social simulation, ⇒p.137），多くのシナリオを分析するための並列型シミュレーションが考えられる．

参考文献

1) R. M. Cyert, J. G. March: *A Behavioral Theory of the Firm*, Prentice-Hall, (1963)

2) D. H. Meadows: *Limits to Growth*, University Books (1972)

3) 寺野隆雄：なぜ社会システム分析にエージェント・ベース・モデリングが必要か，横幹，Vol. 4, No.2, pp.56–62 (2010)

分野：人間・社会
部門：社会システム［VI-2］

社会シミュレーションの大規模化
[英] enabling large-scale social simulation

近年，計算機やネットワークの高性能化および低価格化が急激に進む中で，従来は困難であった大規模な計算機実験を気軽に行うことができる環境が整いつつある。そのため，社会シミュレーション分野においても，大規模化に関する研究が活発に行われている。

A. 社会シミュレーションの実験手法

社会シミュレーションの実験手法には，**順シミュレーション**（forward simulation），**逆シミュレーション**（inverse simulation），**モデル選択**（model selection）がある。順シミュレーションでは，パラメータの値をさまざまに変化させて結果を収集し，各パラメータの結果に対するランドスケープを分析する。逆シミュレーションは，実証データに合うようにパラメータを調整する方法であり，実証データがどのような因果を重ねてきたかを明らかにする。モデル選択は，逆シミュレーションにより実証データを再現できたモデルの中から，最も単純なモデルを選ぶ方法である。モデル選択は，機械学習に使われる手法である属性選択を用いることで実現できる。

B. 大規模化に際しての問題点

シミュレーションを大規模化する際に一般に問題となるのは，「計算時間」と「メモリ容量」である。例えば，**エージェントベースシミュレーション**（agent-based simulation; **ABS**）において，エージェント数を増やす，エージェントの意思決定のための計算を複雑にする，精度を上げるために試行数を増やすといった大規模化を行いたい場合，一つのCPUコアでは現実的な計算時間内で満足のいく計算が得られないという問題が生じる。また，パラメータの数を増やす，エージェント数を増やすといった大規模化の場合は，一つのマシンに搭載されているメモリ容量が足りなくなる恐れがあり，そもそも計算自体が実行できないという問題が起きる。

C. 問題点への対処法

計算時間の問題に対しては，複数CPUコアを用いたプロセスの並列化，メモリ容量の問題点に対しては複数マシンのメモリへのデータの分散化により対処できる。並列化に際しては，プロセス間の同期回数を減らすとともに，プロセスの粒度を揃えることにより，各CPUコアの稼働率を向上させることが重要である。一方，分散化に際しては，プロセス間の通信量および通信回数を極力減らすことが重要である。

並列・分散化の対象としては，シミュレータそのものを対象とする「シミュレーション内の並列・分散化」，および，複数回のシミュレーションの実行を対象とする「シミュレーション間の並列・分散化」が考えられる。

D. ハードウェア

一般的な並列計算機環境としては，SMPマシン，**PCクラスタ**（PC cluster, ⇒ p.371），**グリッド**（grid, ⇒ p.72）がある。SMPマシンは，複数のCPUコアが共有メモリを介して密結合しており，プロセス間で大量のデータ通信が必要な並列化に向いている。PCクラスタは，複数のマシンを高速ネットワークで相互結合したものであり，プロセス間でのデータ通信能力はSMPマシンより劣るが，SMPマシンよりも大規模な並列・分散化が可能である。グリッドは，地理的に分散したPCクラスタなどの計算資源をインターネットを介して相互接続したものである。一般にインターネット経由のデータ通信がボトルネックとなるが，PCクラスタよりも大規模な並列・分散化が可能である。

E. ミドルウェア

並列分散プログラミングを支援するためのソフトウェアとして，さまざまなミドルウェアが研究開発されている。並列分散プログラミングは一般に煩雑になることが多いため，すべてを自前で開発せずに，なるべくミドルウェアを利用することが望ましい。一般的なミドルウェアとしては，SMPマシンではOpenMP，OpenCLなど，PCクラスタではMPI，Condor/MWなど，グリッドではGlobus，GridMPIなどが提供されている。一方，社会シミュレーションの並列・分散化を支援するための研究開発も活発になされている。例えばエージェントベースシミュレーション分野においては，シミュレーション内の並列・分散化を指向したZACE[1]，シミュレーション間の並列・分散化を指向したSOARS[2]やSOMAS[3]などが開発されている。

参考文献

1) Mizuta, H. and Steiglitz: "Agent-based simulation of dynamic on-line auctions", Proc. 2000 Winter Simulation Conf., pp.1772–1777 (2000)

2) http://www.soars.jp/

3) Yang, C., Takahashi, T., Jiang, B., Yamada, T., Ono, I., and Terano, T.: "A Grid-Oriented Social Simulation Framework for Large Scale Agent-Based Modeling", 6th Conf. of the European Social Simulation Association (ESSA2009) (2009)

社会ネットワーク
[英] social network

社会ネットワークは，社会学において 1930 年代くらいから研究されてきた対象である．この研究分野を指して，社会ネットワーク分析（social network analysis）とも呼ぶ[1]．

ここで，「ネットワーク」は，数学のグラフ理論が指すグラフと同義である．したがって，一つのネットワークは頂点（node; vertex）と枝（link; edge; tie; arc）からなる．下図で，黒丸が頂点，二つの黒丸を結ぶ線分が枝である．日本語の社会ネットワークの文献では，枝のことを紐帯と呼ぶことが多い．

「社会」とは，ネットワークの種類の中でも，人間関係のネットワークを対象とするという意味である．したがって，頂点は人，枝は 2 人の間のなんらかの人間関係を指す．

A. 社会ネットワークの複雑性

（1）複雑ネットワーク　概して，社会ネットワークは複雑な構造を持つ．人間関係に限らずに，さまざまなネットワークを扱う分野は複雑ネットワーク（complex network）ないし，ネットワークの科学（network science）と呼ばれ，1998 年頃に勃興した．「複雑」とは，現実世界に見られる人間関係，会社の取引関係，インターネット，食物網などのネットワークが複雑であることを指す[2, 3]．

（2）スケールフリー・ネットワーク　各頂点が持つ枝の数を，その頂点の次数（degree）という．社会ネットワークであれば，次数は知人の数である．多くのネットワークにおいて，次数の分布はべき乗則（power law）$p(k) \propto k^{-\gamma}$ に従う．ここで，k は次数，$p(k)$ は次数が k である頂点の相対的な頻度，γ はべき指数と呼ばれる正の数である．スケールフリー・ネットワーク（scale-free network）とは，次数のべき則がある程度広い k の範囲にわたって成立するネットワークである．このとき，大半の頂点は平均よりも小さい次数を持つ．少数の頂点は平均よりも非常に大きい次数を持ち，そのような頂点をハブ（hub）という．

例えば，電子メールの送受信で定義されるインターネット上の人間関係や，性関係のネットワークにおいて，スケールフリー性が観察されている．他のオフラインの社会ネットワークは，1 人が単位時間に対面できる人数に限界があるなどの理由で，スケールフリーでないことが多い．しかしながら，次数分布は，比較的大きい分散を持つことが多い．

B. 大規模データ

社会ネットワーク分析は，1998 年頃以前は，比較的小さいネットワークを研究対象としていた．ネットワークを構築することは，対面訪問や電話などに基づく社会調査を伴い，調査費用や回答の精度が大規模化の障壁だったのである．

インターネットの発展によるデータ収集範囲の拡大，データ解析に用いられる計算機の飛躍的な進歩により，1990 年代後半頃から，大規模な社会ネットワークが解析されるようになった．そのようなデータの例に，Facebook や mixi に代表されるソーシャルネットワーキングサービス（SNS），ブログ，電子メールの送受信のログが挙げられる．

すでに紹介したように，これらのネットワークの多くがスケールフリー性を持つ．ほかにも，コミュニティ構造（community structure），クラスタ性（clustering; 社会ネットワークの文献では推移性（transivity）とも呼ばれる），小さい平均距離（average path length; characteristic path length）などの性質を持つことが多い．

C. ネットワーク上のダイナミクス

社会ネットワーク分析は，元来ネットワークの構造を研究対象としており，現在もその傾向がある．一方，ネットワーク上で起こるダイナミクス（情報伝搬や合意形成など）も，社会ネットワークのより深い理解と応用につながる視点である．その理解のためには，確率過程や微分方程式系に基づく解析的な手法や，マルチエージェントモデルのシミュレーションが威力を発揮する．そのような研究成果は，統計物理学，工学，生物などの研究者から多く提出されている．

例えば，スケールフリー・ネットワーク上では，情報や感染症が伝わりやすくなる[2, 3]．

参考文献
1) 安田 雪：実践ネットワーク分析―関係を解く理論と技法，新曜社 (2001)
2) 増田直紀, 今野紀雄：複雑ネットワーク, 近代科学社 (2010)
3) 増田直紀, 今野紀雄：「複雑ネットワーク」とは何か, 講談社ブルーバックス (2006)

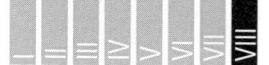

分野：通信ネットワーク
部門：無線ネットワーク［VIII-2］

車々間通信
［英］inter vehicle communications; IVC

　高度道路交通システム（intelligent transport systems; ITS）のコア技術の一つが，**ITS 無線システム**（ITS wireless communications system）である。携帯電話システムや無線 LAN システムと比較して，サービスエリアは限定され，ナローバンドであるが，データ通信のリアルタイム性や高品質性に優れ，安全運転支援システムの**要求 QoS**（quality of service）を満足する。

　近年，**路車間通信**（road to vehicle communication; **RVC**）や車々間通信の実用化開発が積極的に実施され，**先進安全自動車**（advanced safety vehicle; **ASV**）や**知能道路**（SMARTWAY）の実現に近づいた。5.8 GHz 帯 DSRC（dedicated short range communication）型 RVC を採用した SMARTWAY は，ETC 機能を併せ持つ ITS 車載機に対して，道路交通状況や予防安全情報を提供する。ASV 用 DSRC 型 IVC システムについては，主要特性要因であるサービスエリアとリアルタイム性と高品質性に関する開発目標が設定され，伝搬特性を考慮したデータ伝送特性評価シミュレーション，装置開発や実フィールド試験が実施されている。

A. 5.8 GHz DSRC 型 IVC システム

　総務省・国土交通省共同実験（2008 年 10〜11 月）や ASV-4 大規模実証実験（2008 年 12 月〜2009 年 2 月）を通して，安全運転支援用 ITS 無線システムの研究開発は，実用化に向けて確実に進展した。さらに，2009 年 2 月には，東京臨海副都心地区（お台場）において ITS 推進協議会主催の公開デモンストレーションが実施され，RC-005 準拠の 5.8 GHz 帯 DSRC 型 IVC 装置[1]を用いて，ASV 用に検討中の出会い頭・右左折時衝突防止，追突防止などに必要な安全運転支援情報が確実かつすみやかに提供されることが実証できた。

B. 700 MHz 帯 RVC/IVC 路車協調システム

　国内における IVC システムの想定利用周波数は，上述の 5.8 GHz 帯のほかに，アナログ TV 放送の跡地であり 2012 年 7 月から利用可能となる 700 MHz 帯（715〜725 MHz）がある。700 MHz 帯は 5.8 GHz 帯と比較して，伝搬損失が軽減し遠方まで電波が到達するため，安全運転支援サービスエリアの拡張が期待できる。また，電波の回り込み特性も良好で，ビル影や大型車後方などの NLOS（見通し外）通信も期待できる。しかしながら，建物などの道路周辺構造物での反射波による**マルチパスフェージング**（multipath fading）や，安全運転支援サービスを実施中の自車と周辺車両とは無関係に，遠方走行車両からの**干渉波**（interference wave）の影響が深刻となる。この干渉回避技術の開発には，700 MHz 帯伝搬特性を考慮したシミュレーションが必須である。

C. 700 MHz / 5.8 GHz マルチバンド車々間通信システム

　ITS 安全運転支援システムでは，見通し外と見通し内適用シーンで，おのおの 268.8 m と 300 m の通信距離，最大 500 台のシステム容量が求められている[2]。しかしながら，700 MHz と 5.8 GHz の IVC のおのおの単独のシステムとしてパケット損失，遅延などに関する車両制御側からのシステムの要求 QoS と上述の通信距離に関わる要件を同時に満足させることは困難である。マルチバンド車々間通信（multi-band inter group & inter vehicle communications; MBIG-IVC）システム[3]は，700 MHz 帯 IVC システムの NLOS 通信特性と 5.8 GHz 帯 DSRC 型 IVC システムの局所的通信の**リアルタイム性**（realtime characteristic）および安定性を活用し，ITS 用に割り当てられた複数の無線周波数の有効利用を図る。

　下図に MBIG-IVC システムのコンセプトを示す。自律的に構成された車群を階層的に通信管理し，安全運転支援アプリケーションを実現する。MBIG-IVC システムでは，すでに RC-005 準拠の IVC システムにも導入されている，同一サービスを享受する自車と周辺車両で構成される車群の概念を取り入れて，安全運転支援アプリケーションの実現性を向上させている。

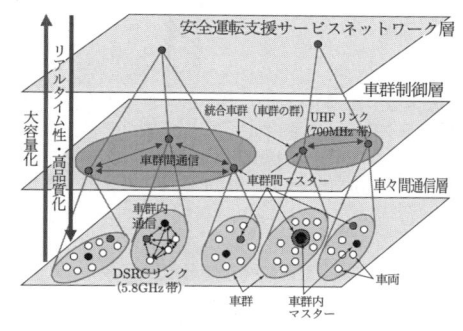

参考文献

1）徳田清仁：安全運転支援用車々間通信システムの開発—新通信フォーマット ITS FORUM RC-005 準拠, 自動車技術, Vol.63, No.2, pp.25–29 (2009)

2）総務省：ITS 無線システムの高度化に関する研究会報告書 (2009)

3）徳田清仁ほか：マルチバンド車々間通信システムの開発, 電子情報通信学会, RCS2009-271, Vol.109, No.440, pp.83–88 (2009)

自由表面流れ
[英] fluid flow with free surface

　液体または気体のみからなる単純な流動は，一般的に単相流（single phase flow）と呼ばれる。これに対し，気体と液体，固体と液体，気体と液体，あるいはたがいに混ざり合わない液体同士が相互作用をしながら流動する現象または流れ自身を混相流（multiphase flow）と呼ぶ。混相流は工業上非常に重要な応用分野を含んでいる。その中でも液体と気体の混相流においては，各相の境界面が自由に変形することができるため，自由表面と呼ばれる。実流動の計測において，この界面挙動の捕捉は移動現象の定量評価に際しきわめて重要であり，また，数値シミュレーションにおいても，自由界面の形状，振る舞いの精緻な取り扱いの良否は計算結果に劇的な影響をもたらすことが多く，この取り扱いについてさまざまな研究が行われている。

A. 自由表面流れの計算手法
　一般的に，自由界面を含む流れの解析手法は，対象とする現象のスケールや界面形状の複雑さなどにより得手不得手があり，どの手法が一番良いかという選択は容易ではない。現在研究が進められて，ある程度実用に供されていると思われる計算手法を大別すると，(1) 空間に固定された計算格子を用い，関数として界面を設定し，その移流を流体の方程式と連立または逐次的に緩和させて計算を進める手法，(2) 連続相の計算のための空間固定メッシュとは独立に，マーカーなどの仮想的な点の集合として界面を表現し追跡する方法，(3) メッシュを用いず，界面を含む流体全体の挙動をラグランジュ的に計算する方法などに分かれる。(1) は VOF（volume of fluid）法[1] やレベルセット（level set）法が，(2) はフロントトラッキング法（front-tracking method）[2] が，(3) は粒子法[3] が該当する。

B. 自由表面流れに関連する無次元数
　自由表面流れにおける特徴的な力学的作用の一つは表面張力である。表面張力は局所の気液界面形状のみならず，場全体の流動様式や体積/表面積比などの熱物質移動現象に関わりの深いパラメータに影響を与える重要な力である。

- Froude 数（Fr）：慣性力と重力の比の平方根。重力場における水波現象の分析などに用いられる。
- Weber 数（We）：慣性力と表面張力の比。気液界面の安定性に関連し，例えば液滴が気流中を運動する際の変形・分裂挙動に関連する。
- Eötvös 数（Eo）：気泡に作用する浮力と表面張力の比。水中を上昇する気泡の形状を決める。

C. 自由表面流れの工業応用
　噴霧液滴の微粒化・スプレー（液体燃料の気化，噴霧塗装），液膜の安定性・不安定性解析，気泡の分裂微細化（水質浄化，廃水処理），気液接触装置（水中へのガス吸収，殺菌洗浄），キャビテーション気泡の生成・消滅（大型船舶のスクリュー），液面振動，スロッシング（大型燃料貯蔵容器の設計），各種海洋現象（津波，砕波，波浪），開水路の流れ（河川による浸食作用）などが挙げられる。

D. 数値計算連
　粒子法による自由表面の大変形を扱った計算の一例を以下に示す[4]。図中上方のノズルから連続的に供給される溶融樹脂が空気中を垂落し，下方の相対速度を有する移動壁に接触すると，粘着および粘性により左方へ引きずられながら自由表面が変形する過程が明瞭に表現されている。このように，空間に固定された格子を用いない計算手法には，気体と液体の表面についての特別な取り扱いが不要であるという優れた利点がある。

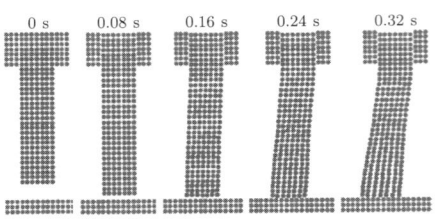

←── 定速移動

参考文献
1) C. W. Hirt and B. D. Nichols: "Volume of fluid (VOF) method for the dynamics of free boundaries", *J. Comp. Phy.*, **39**, 1, pp.201–225 (1981)

2) S. O. Unverdi and G. Tryggvason: "A front-tracking method for viscous, incompressible, multi-fluid flows", *J. Comp. Phy.*, **100**, 1, pp.25–37 (1992)

3) 越塚誠一 著，日本計算工学会 編：粒子法，丸善 (2005)

4) 鷲頭ほか：粒子法による溶融樹脂の塗布挙動シミュレーション，第24回数値流体力学シンポジウム，C5-4 (2010)

分野：人間・社会
部門：経営・生産　[VI-4]

需給シミュレーション
[英] demand and supply simulation

　需給シミュレーションは，需要と供給の均衡を経済的に維持する**在庫マネジメント**（inventory management）における技法として重要である。
　需給シミュレーションでは，(1) 市場の構造を表現する需要モデル，(2) 生産・配送など供給の仕組みを表現する供給モデル，(3) 市場と供給先の状況に基づいて在庫量を管理するための発注方式などが，調査の対象になる。

A. 需要モデル
　需要量は，製品の基本的な変動である製品ライフサイクル，人口・所得などの社会的・経済的な動向あるいは周期的・季節的変動など，さまざまな要因によって変化する。需要量は一般に，一定間隔（期）ごとに観測された時系列データとして捉えられる。t期のデータをD_tとすると，1期前の需要量はD_{t-1}で表される。シミュレーションでは，過去に観測された実測データ，あるいは需要量の数式モデルを用いて生成される需要データが用いられる。
　数式モデルでは，t期の需要量D_tは，所与の説明変数$x_{t1}, \cdots, x_{tp}$の**需要関数**（demand function）$f(x_{t1}, \cdots, x_{tp})$によって

$$D_t = f(x_{t1}, \cdots, x_{tp}) + \varepsilon_t$$

と表される。ここで，ε_tはt期の確率変動を表す誤差項である。代表的な需要関数モデルを以下に示す。
　（1）傾向変動モデル　　傾向変動は多項式関数，指数関数あるいは成長曲線などを用いて表現される。
　（2）季節変動モデル　　季節変動は周期関数を用いて表現される。複数の周期関数を組み合わせれば，より複雑な周期変動が表現できる。
　（3）循環変動モデル　　景気変動など，周期が固定されない循環変動を表す方法に，自己回帰型関数や移動平均関数などがある。複数の関数を組み合わせることによって，より複雑な循環変動を表現できる。
　（4）需要予測　　多くの需要モデルは一般の**線形回帰モデル**（linear regression model）

$$y_t = \beta_1 x_{t1} + \cdots + \beta_p x_{pt} + \varepsilon_t$$

で表現される。これはベクトル表現を用いて

$$\mathbf{y} = \mathbf{X}\boldsymbol{\beta} + \boldsymbol{\varepsilon}$$

と記述できる。このとき，$\boldsymbol{\beta}$の最小2乗推定値$\boldsymbol{\beta}$は次式で推定される。

$$\boldsymbol{\beta} = (\mathbf{X}'\mathbf{X})^{-1}\mathbf{X}'\mathbf{y}$$

B. 供給モデル
　製品は一般に，工場で生産され，消費地に配送される。したがって，供給量には一般に，納入リードタイムや数量制約などの条件が付加される。需給シミュレーションではしばしば，需要と供給の連鎖が多段階に連結された**サプライチェーン**（supply chain）がモデル化される。

C. 発注方式
　需要量と供給量の均衡を経済的に維持するためには，「いつ，どれだけ発注するか」を決定する発注方式が重要となる。
　在庫量の推移を把握する方法には，客の到着ごとに在庫量をチェックする連続モデルと，一定間隔（日々，閉店後）で在庫量をチェックする離散モデルとがある。代表的な発注方式として，あらかじめ発注点を設定し，在庫量が発注点以下になったとき発注を行う定量発注方式と，(s, S)発注方式，および一定間隔で発注を行う定期発注方式が知られている。
　（1）定量発注方式　　在庫量が発注点に到達したときに，あらかじめ定められた数量を発注する方式で，経済的な発注点と発注量を設定することが重要である。下図は，その解析例である（口絵24）。

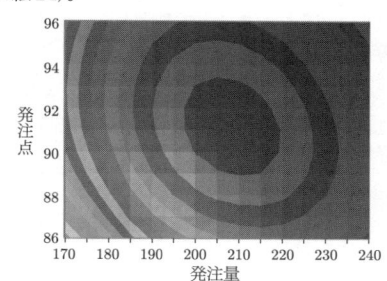

　（2）(s, S)方式　　在庫量が発注点に到達したとき，あらかじめ定められた補充点と在庫量の差を発注量とする方式である。
　（3）定期発注方式　　一般的には，［(発注間隔+納入リードタイム)中の需要予測値+安全在庫量］を補充点とする，標準定期発注方式と呼ばれる方式を指す。補充点を固定した場合は，定期補充点方式と呼ばれる。
　これ以外に，発注点を将来の予測在庫量に設定する予測型発注点方式なども考えられる。

参考文献
1) 圓川隆夫，黒田　充，福田好朗　編：生産管理の事典，朝倉書店 (1999)

2) 平川保博：オペレーションズ・マネジメント，森北出版 (2000)

分野：機械
部門：機械力学・計測制御・生産システム［III-3］

受動型動吸振器
［英］passive dynamic vibration absorber

機械の振動問題は，その機械の機能や信頼性の低下を招くばかりでなく，人体に与える振動障害や騒音公害の原因にもなる点で，たいへん重要なテーマである．そこで，古くから種々の**ダンパ**（damper）が考案されて**制振**（vibration control）が図られてきた．その代表的なものに動吸振器がある．これは別名ダイナミックダンパ（dynamic damper）とも呼ばれている．建築・土木工学の分野では，**同調形マスダンパ**（tuned mass damper; **TMD**）と呼ばれている．

動吸振器は補助質量とバネおよびダンパの組み合わせにより，機械の共振の抑制に用いられる受動型制振器である．この動吸振器が "dynamic vibration absorber" の名称で文献に登場したのは，1928年に遡る．Ormondroyd と Den Hartog によって米国機械学会誌（ASME）に掲載された[1]．その後，多くの研究者により動吸振器設計の基盤が築かれた．動吸振器の特徴は，他の受動型制振器に比べて小型軽量ながら，優れた制振効果を発揮することにある．

制御技術の発展に伴って，動吸振器のバネとダンパを能動要素 A とコントローラ Co およびセンサ P で置き換えた**能動型動吸振器**（active dynamic vibration absorber）が生まれた．そこで，それと分類するために受動型動吸振器と呼ばれるようになった．下図に，1自由度系で表された制振対象に取り付けられたそれらの動吸振器の力学モデルを示す．

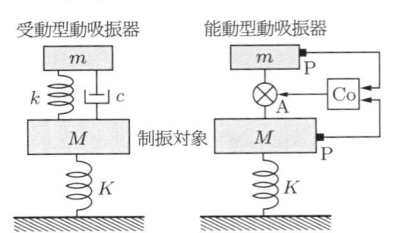

M, K：制振対象の質量とバネ定数
m, k, c：動吸振器の質量，バネ定数，減衰係数
A：能動要素，P：センサ，Co：コントローラ

受動型と能動型を組み合わせたものは，ハイブリッド型動吸振器と呼ばれる．

A. 受動型動吸振器の最適設計式

受動型動吸振器は，設計が不十分だと機能しない．最適設計が施されると，軽量小型ながら大きな制振性能が得られる．その設計法の基本は，質量比 $\mu = m/M$ を適切に定めたのち，動吸振器の質量 m，バネ定数 k，減衰係数 c を

$m = \mu M$, $k = m(K/M)/(1+\mu)^2$, $c = 2m\sqrt{K/M}\sqrt{3\mu/8(1+\mu)^3}$ と設定すればよい．

能動型，ハイブリッド型動吸振器の設計法については背戸[2]を参照されたい．

B. 多自由度系への拡張

図では制振対象が質量 M とバネ定数 K からなる1自由度系となっているが，一般的には制振対象は多数のモードを有する多自由度系である．そこから問題となるモードを抽出して，上式により動吸振器を設計すればよい．

いま，n 個の質点からなる n 自由度系の i 番目のモードが制振対象であるとすれば，その中の質点 j に注目して，その点に動吸振器を設置するものとして1自由度系を表現すると，質量は次式で表される．m_j は j 番目の質点の質量，x_j は i 次モードの j 番目の質点の振動振幅である．

$$M_{ji} = m_1\left(\frac{x_1}{x_j}\right)^2 + m_2\left(\frac{x_2}{x_j}\right)^2 + \cdots$$
$$\cdots + m_j + \cdots + m_n\left(\frac{x_n}{x_j}\right)^2$$

この質量 M_{ji} を，i 次モードの j 点における等価質量と呼んでいる．この等価質量がわかれば，上式によって i 次モードの制振のための動吸振器が設計できる．

無限自由度を有する連続系の場合は上式が適用できないので，質量感応法と呼ばれる式 $M_{ji} = \Delta m_{ji}\frac{\omega_{ji}^2}{\Omega_{ji}^2-\omega_{ji}^2}$ が用いられる．ここで，Δm_{ji} は i 次モードの j 点に取り付けられた既知の質量，Ω_{ji} と ω_{ji} は Δm_{ji} を取り付ける前と後の固有振動数である．等価質量がわかれば，等価剛性 K_{ji} は $K_{ji} = M_{ji}\Omega_{ji}^2$ から算出される．適用事例を含む詳しくは背戸[2]を参照されたい．

C. 多重動吸振器

受動型動吸振器は最適設計が施されれば優れた制振性能を発揮するが，動吸振器自身の減衰率の変動や主振動系の固有振動数の変動などがあり，最適値が崩れると制振性能が減退する．特に質量比が小さいほど，その度合いが大きい．それらの変動の影響を受けにくくする（ロバスト性を高める）方法の一つに，動吸振器の多重化がある．動吸振器を多重化することによって，制振性能の向上とロバスト性を高め，パラメータ変動に強い動吸振器が構成できる．これも背戸[2]に詳しい．

参考文献

1) Ormondroyd, J. and Den Hartog, J. P.: "The Theory of the Dynamic Vibration Absorber", Trans ASME, APM-50-7 (1928)
2) 背戸一登：動吸振器とその応用，コロナ社 (2010)

分野：環境・エネルギー
部門：エネルギー　[IV-3]

省エネルギー技術（工場・家庭）
[英] energy conservation tool for factories and houses

地球温暖化防止対策として，工場，事務所，家庭で無駄なエネルギー使用を抑制する省エネルギーの重要性が広く認識されるようになってきた．省エネルギーの第一歩は，どこで，どれくらいエネルギーが消費されているかを知り（見える化），省エネ対策を考え，推進することである．機器ごと，時間ごとに分析して，無駄を見つけ出すことから省エネが始まる（⇒ p.201）．

年間エネルギー消費量（annual energy consumption）が大きい企業では，**エネルギー使用の合理化に関する法律**（Act Concerning the Rational Use of Energy；省エネ法（Energy Conservation Law））[1] に従って，国へエネルギー使用状況を定期報告し，中長期計画を届け出る．工場やビルの省エネルギー評価指標である**エネルギー原単位**（energy specific unit）は，設備の新設・更新時のエネルギー消費量の推定や，省エネ対策の推進に役立つ．

一方，家電品，事務機器，自動車などの省エネを促進するため，省エネ法では23品目を定め，数年後のエネルギー消費効率を予測し，最も高効率の機器の性能に近づけるようにしている．その**トップランナー基準**（Top Runner Program）についても述べる．

A. 工場のエネルギー原単位

エネルギー使用量は，工場ではほぼ生産量に比例する．省エネ法では，エネルギー使用量を，生産量で除した「エネルギー原単位」を管理指標として用いている．原単位の時間変化や，設備ごとの比較，産業別の比較などにより，省エネ対策を見出すことが可能になる（⇒ p.144）．

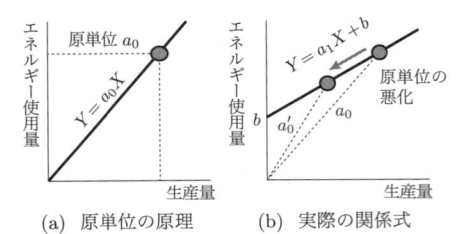

工場のエネルギー使用量を Y，工場での生産量（ビル等では床面積）を X とすると，エネルギー原単位 a_0 は，次式となる．

$$a_0 = Y/X, \quad Y = a_0 X$$

しかし，実際の工場では，生産量がゼロであっても，一定のエネルギー消費 b は必要であり，Y は以下の式で与えられる．

$$Y = a_1 X + b$$

Y は生産量や季節により変動し，また，長期的には景気変動の影響を受ける．例えば，図(b)では，生産量が減少すると，原単位は $a_0 \rightarrow a_0'$ と傾きが大きくなり，原単位が悪化する．また，昼休みや休憩時間には生産量が減少するため，原単位が悪化する．この対策として，アイドリング機器や不要な照明等を消灯するなど，エネルギー消費固定分 b の削減は，多くの工場で実施されている．また，高効率機器の採用は，原単位の向上に有効な手段である．

B. トップランナー基準

前述の23品目の「トップランナー基準」[1]では，各機器の現在の性能実測値をもとに，目標年度までに最も高効率の機器の性能と同等の水準に到達するまでの性能向上を予測して基準値を定めている．また，この性能基準および測定法に従って性能を5段階評価し，**省エネラベル**（energy saving label）として表示している．この評価は，エコポイント補助制度でも活用された[2]．

トップランナー基準は，下図のように，区分ごとの目標基準値を目標年度に達成するように定められる．例えば，液晶テレビの場合には，アスペクト比，画素数，受信機サイズ，DVD再生機能の有無などにより38区分があり，基準値 E〔kWh/年〕は受信機サイズ S〔インチ〕の関数式で決まる．一例として，アスペクト比16：9，32型以上のフルハイビジョンの基準値 E を示す（2008年度基準，目標年度2012年）．

(1) 付加機能が三つの機種：$E = 6.6S - 75$
(2) 付加機能が二つの機種：$E = 6.6S - 87$
(3) 付加機能が一つの機種：$E = 6.6S - 99$
(4) 上記以外の機種：$E = 6.6S - 111$

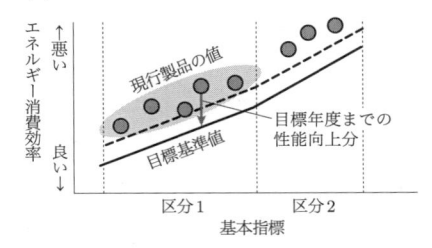

(a) 原単位の原理　　(b) 実際の関係式

参考文献

1) 省エネルギーセンター　編：省エネ法関係情報，http://www.eccj.or.jp/law06/index.html#01
2) 省エネルギーセンター　編：省エネ型製品情報サイト，http://www.eccj.or.jp/cgi-bin/real-catalog/index.php

分野：環境・エネルギー
部門：エネルギー［IV-3］

省エネルギー技術（ビル）
［英］energy conservation tool for buildings

業務用ビルのエネルギー原単位（⇒p.143）は，次式で計算される[1]。

$$\frac{エネルギー使用量}{床面積}\ [\mathrm{MJ/m^2 \cdot 年}]$$

原単位は，事務所やデパート，学校，病院などの用途によって異なる．下図に示す業務用ビルの**省エネ診断**（energy audit program）結果によれば，デパートが $3\,451\ \mathrm{MJ/m^2 \cdot 年}$ と最も大きく，学校が $1\,494\ \mathrm{MJ/m^2 \cdot 年}$ と最も小さい（図中，括弧内はデータ件数と平均規模 $[\mathrm{m^2}]$ を表す）．

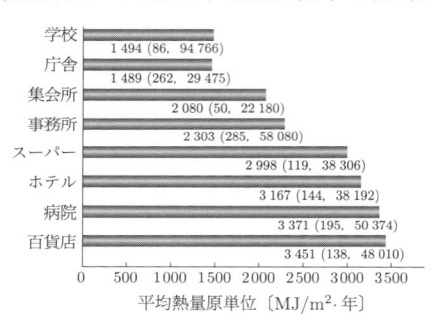

首都圏から関西圏にある 2〜20万 $\mathrm{m^2}$ の大規模商業ビル（エネルギー管理指定事業場）のうち，百貨店39店，総合スーパー12店，ショッピングセンター15店のエネルギー消費と延床面積の関係を以下に示す．種別ごとの実測値より求めた近似式（平均値）より上にある店舗では，エネルギー消費が平均より多いことを示しており，省エネ対策が必要かどうかの目安となる．

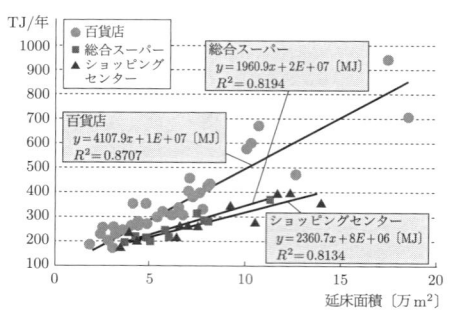

業務用ビルでは，建物構造や気象条件，空調機器などの使用条件により，エネルギー使用量の正確な把握が難しい場合，上記の実測値や推定式から求める必要がある．そこで，各種ビルのエネルギー消費量の分析結果をもとにシミュレーションを行う，**原単位管理ツール**（Energy Specific Unit Management Tool）"ESUM" が開発された[2]．床面積や部屋構造，在室人員，空調機器などの情報を入力して，エネルギー消費量を予測計算することができる（下図）．

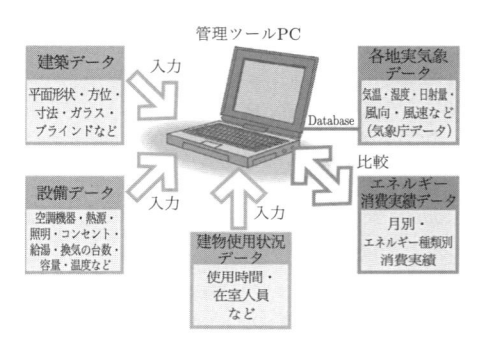

原単位管理ツールは，画面の操作ガイドに従い，下図のフローに沿って順次データを入力すると，各データの入力ごとに順次**負荷計算**（load calculation）を実行し，エネルギー消費量を年間・月別・エネルギー種類別・消費先別に算定し，見やすい形で表示する．

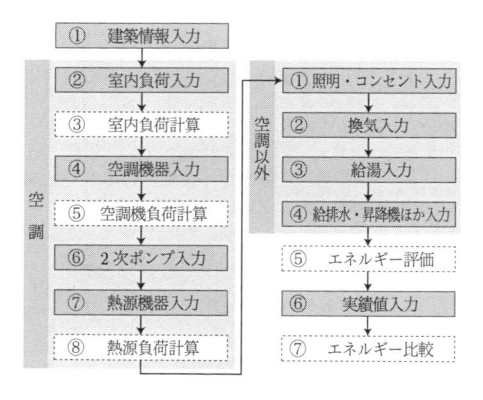

参考文献
1) 省エネルギーセンター 編：省エネ法関係情報，http://www.eccj.or.jp/law06/index.html#01
2) 省エネルギーセンター 編：ビルのエネルギー消費原単位管理ツール，http://www.eccj.or.jp/audit/esumt/index.html

障がい者・高齢者疑似体験機器
[英] senior simulator and prosthesis simulator

健康な若年者には，**高齢者**（the elderly）や**身体障がい者**（person with physical disabilities）が日常生活において感じる不便さを実感することは難しい。そのため，高齢者や障がい者の身体特性を疑似体験（⇒ p.264）するための機器が作られている。これらの体験には転倒などのリスクが伴う場合も多いので，安全への配慮が必要不可欠である。また，これらの機器のほとんどは，主観的に不便さを実感することが主たる目的であり，高齢者や障がい者の身体特性を厳密にシミュレートしているわけではない。そのため，実際の高齢者や身体障がい者を被験者にする代わりに，健常者がこれらの機器を使って調査・研究をしたのでは，正しい評価結果は期待できない。

A．高齢者疑似体験機器
日本で最初に高齢者疑似体験機器が注目されたのは，1992年から日本ウエルエージング協会が実施しているインスタントシニアであった。これはカナダ・オンタリオ州政府の Through Other Eyes プログラムで開発されたもので，協会認定のインストラクターの指導で体験するプログラムである。その後，類似の疑似体験機器が販売されるようになったが，インストラクター制度がないものもある。

これらの疑似体験機器では，白内障や視野狭窄を模擬するゴーグル，難聴を模擬する耳栓，関節拘縮を模擬するサポーター，筋力低下を模擬するおもり，指先での細かな作業の困難さを模擬する手袋などが基本的な構成要素となっている。そのほかに，**装具**（orthotics）を使って，高齢者に特有な円背や腰曲がり，ひざ曲がりなどの姿勢にする機器や，高齢者に頻発する関節リウマチを模擬する機器などもある。

B．身体障がい者疑似体験機器
日本では身体障がいは，視覚障がい，聴覚・言語障がい，肢体不自由，内部障がいの四つに分類される。感覚障がいである視覚障がいと聴覚障がいの場合には，アイマスクや耳栓などで感覚遮断することで疑似体験する方法がとられる。言語障がいと内部障がいを疑似体験する方法は，いまのところない。

肢体不自由には，麻痺，変形，欠損などがある。このうち麻痺は，意識的に動かさないようにしたり，包帯などで固定したりすることで模擬することが多い。また肘・膝・足関節を拘束して，関節拘縮を模擬する片麻痺の体験装具もある。変形を模擬することは困難である。

欠損を模擬することは難しいが，四肢の欠損を補うために作られる**義肢**（prosthesis, ⇒ p.61）の使用を疑似体験する機器がある。例えば大腿切断者が使う大腿義足は，膝部の動きに特徴がある。この膝部の動きを健常者が体験するために，模擬大腿義足が使われる。これは下図上段のように健足の膝を折り曲げた状態でソケットに固定する構造の義足である。模擬義足の膝部が人体の膝よりも下に位置するなど，大腿義足と完全に同じ動きをするわけではない。同様の考え方で模擬義手も作られている（下図下段）。

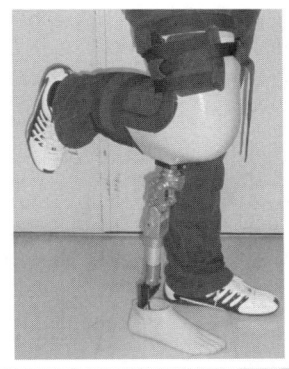

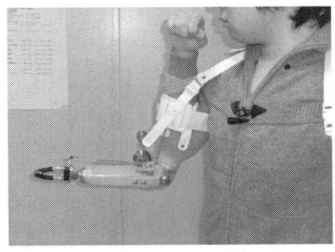

色覚異常（color vision deficiency）は身体障がいには含まれないが，この色覚異常を疑似体験するフィルターも開発されている。科学的に色覚特性を考えて作られており[1]，このフィルターを使えば色覚異常を有する人にも見やすい表示かどうかを客観的に確認することができる。

参考文献
1) Miyazawa, K., et al.: "Functional spectral filter optically simulating colour discrimination property of dichromats", *ECVP2006*, Vol.35 (Suppl), pp.197–198 (2006)

分野：生命・医療・福祉
部門：福祉機械 [V-5]

衝撃を受ける人体の挙動予測

[英] motion prediction of human body sustained impacts

衝撃を受ける人体の挙動予測技術は，おもに自動車事故時の乗員や歩行者の挙動予測の分野で開発や応用が行われ，列車・航空機などの車両内の乗員・乗客の衝撃挙動予測（⇒p.91, p.128）から，高齢者の歩行中の転倒予測に関わるものまで，幅広い衝撃速度と人体姿勢（座位・立位など）を伴うさまざまな環境を対象として利用されている．衝撃を受ける人体の挙動予測技術は，マルチボディシミュレーションと，人体有限要素シミュレーションに大別される．

A．マルチボディシミュレーション

マルチボディシミュレーションは，人体を構成する頭部・腕・足などの各部位を代表的なパーツのみの剛体系として表現し，その間をジョイントで接続した人体マルチボディモデルを用いて，衝撃時の人体挙動を予測する．人体**マルチボディ**（multi-body）モデルを用いれば，さまざまな環境下で衝撃を受ける人体の挙動シミュレーションが可能である．このモデルの特徴は，形状や力学特性の変更が比較的簡単で，かつ計算時間が短いことであり，衝撃時の人体挙動を大局的に見積もるときに有用である．しかし，衝撃を受けたときに発生しうる骨折などの傷害を予測することは困難である．

B．人体有限要素シミュレーション

人体有限要素シミュレーションは，人体を**有限要素法**（finite element method; **FEM**, ⇒p.335）を用いて可能な限り解剖学的構造に忠実に表現し，各要素にそれぞれの力学的な特性（ヤング率，ポアソン比，降伏応力など）を与えた**人体モデル**（human model, ⇒p.157）を用いて，衝撃時の人体挙動を予測する．このモデルの長所は，衝撃入力時の人体の骨などに生じる応力分布まで計算することができ，あらかじめ定めた応力の限界値を発生応力が超えた場合に，人体のその部分に破壊，すなわち傷害が発生したと判定できることである．その一方で，全身を有限要素で構成しているため，マルチボディモデルに比べて大幅な形状変更が難しく，計算時間が長いという短所もある．

C．人体挙動シミュレーションの実施例

衝撃を受ける人体の挙動シミュレーションの実施例と，今後の技術開発の方向性を以下に示す．

高齢者転倒事故においてしばしば発生する大腿骨頸部骨折を予測するため，まず歩行中の高齢者の転倒挙動を，人体マルチボディモデルを用いて予測し，その後転倒時の大腿骨頸部骨折をマルチボディ-有限要素複合モデルにより予測した研究例がある[1]．これはマルチボディシミュレーションと有限要素シミュレーションのそれぞれの利点を上手に組み合わせた例である．ほかにも同様のアプローチが有効になる対象があると考えられ，今後の活用が期待できる．

また，人体の骨格，関節，肉部，脳・内臓を有限要素でモデル化し，自動車事故時の乗員や歩行者の挙動と傷害を，同時に予測した研究例がある．例えば，40 km/hで走行する車両と衝突したときの歩行者の挙動を予測するとともに，全身の骨折や脳傷害なども予測できる（下図）[2]．ただし，実際には衝突前に乗員や歩行者は身構え，その筋作用により衝突後の人体の挙動が変化すると考えられる．衝突前の**身構え**（brace）が人体の挙動や傷害に及ぼす影響について，全身の筋をモデル化して予測した研究例[3]もある．これは，衝撃を受ける人体の挙動を精確に予測する上で，今後重要になる技術である．

参考文献

1) 山本創太ほか：歩行者転倒における大腿骨頸部骨折発生機序の生体力学的検討, 日本機械学会論文集A編, 72巻, 723号, pp.1799-1807 (2006)

2) A. Tamura, et al.: "Effects of pre-impact body orientation on traumatic brain injury in a vehicle-pedestrian collision", *International Journal of Vehicle Safety*, **3**, 4 (2008)

3) M. Iwamoto, et al.: "Investigation of pre-impact bracing effects for injury outcome using an active human FE model with 3D geometry of muscles", *22nd ESV Conference*, No.11-0150 (2011)

状態遷移モデル

[英] state transition model; state machine model

いくつかの区別可能ななんらかの状態が定義され，これらの状態の遷移によって人間の認知過程や振る舞いを表現するヒューマンモデルの部類を状態遷移モデルと呼ぶ．実際には，モデルの目的によって人間のさまざまな特性に付随する状態が定義される．通常，状態遷移モデルに分類されるモデルでは，各状態において処理される情報の具体的内容やその処理内容は問わない．これらを考慮，詳細に実装することによってモデルはより情報処理プロセス的モデルになる．

さまざまな状態遷移モデルを以下に挙げる．

A. 感情の状態遷移モデル

状態遷移モデルの例としては，例えば，人間の感情のモデリングにおいて，ラッセルの円環モデルで定義される連続的な感情空間に対して，いくつかの代表的な区別可能な感情ラベル（感情状態）を定義し，これらの各感情（心的状態）の遷移を**マルコフ過程**（Malkov process）として表現することで，人間の感情生成や変化をシミュレートする例などが報告されている．このような状態遷移モデルを用いた感情のシミュレーション技術は，例えば，人工物の感情生成と表出に応用する例などが報告されている．

B. プラント運転操作モードの遷移モデル

Worledge[1]は，プラント運転員操作の状態を

(1) プラントの状態の解釈に基づいて行動決定を行っている状態
(2) 表面的な観測に基づいて行動決定を行っている状態
(3) 正しい行動をとってプラント状態が期待どおりに推移している状態
(4) 誤った行動のためにプラント状態が期待から外れている状態

の四つに分類し，時間依存の状態間遷移確率を仮定した**人間信頼性評価**（human reliability analysis）を行っている．このモデルでは，人間の心的状態のみを対象としているわけではなく，むしろ，運転員の心的状態とプラント状態の両方を考慮した運転操作のモードが状態として定義されている．このように，どのような区別可能な状態を認識・定義するかは目的に依存する．

C. 情況依存的行動特性の状態遷移モデル

そのほかにも，人間の情況依存的行動特性に焦点を当てたヒューマンモデルで，Hollnagelが提案する**COCOM**（contextual control model）[2]では，人間が目的的に自身の行為系列を組織化できる程度（制御の程度）と，その人がそのために利用可能だと認識している時間（主観的利用可能時間）の2軸から以下のような四つの制御モード（心的状態）を定義している．

(1) 混乱状態モード：いわゆるパニック状態．行為がランダムに選択されて実行されるような状態である．
(2) 機会主義的モード：つぎの行為が現在の情況にのみ依存し，長期的な展望のない場当たり的，試行錯誤的状態．
(3) 戦術的モード：なんらかの計画や手順に従って行動がなされている状態．戦略的モードよりも見通しは短期的である．
(4) 戦略的モード：全体的な状況を把握し，長期的な展望のもとで目標設定，行動計画がなされるような状態．

COCOMではこれらの状態の遷移が情況依存的に決定されると仮定し，遷移に影響を与える要素，言い換えると情況を決定する要素として，直前の行為の結果判定，主観的利用可能時間，同時目標数，計画の利用可能性，事象の地平，実行モードの六つを挙げている．このモデルは人間機械系の統合型シミュレーション環境に実装され，航空機の着陸シミュレーションに適用された．情況依存の制御モードを考慮することで動的環境変化における多様な行動シナリオの再現に成功している．

D. セルオートマトン

セルオートマトン（cellular automaton）も，各セルを複数の内部状態と外部からの影響による遷移ルールを持つ個別の人間のなんらかの特性と見なせば，ヒューマンモデルの状態遷移モデルとして捉えることができる．人間の社会的振る舞いや創発性を模擬するモデルとして，しばしばセルオートマタがモデルとして用いられる[3]．この場合，どれだけ人間の特性を考慮・反映した内部状態や遷移ルールを想定しているかが，ヒューマンモデルとしては重要となる．

参考文献

1) Worledge D. H.: "Some useful characteristics of performance models", *Proc. IEEE Conf. Human Reliability*, pp.43–52 (1985)

2) Hollnagel E.: *Human Reliability Analysis – Context and Control*, Academic Press (1993)

3) 市川惇信：複雑系の科学，オーム社 (2002)

常微分方程式の初期値問題
[英] numerical solution of initial-value problem of ordinary differential equations

独立変数 t に依存する未知関数 $x(t)$ の微分方程式に，初期条件を課した問題

$$\frac{dx}{dt} = f(t, x) \ (t > 0), \quad x(0) = x_0 \quad (1)$$

は，科学・技術の広範な領域で現れる．一般的な関数 f に対しては，その解の解析的な形式を求めることはきわめて困難であり，この問題にモデル化される現象をシミュレーションによって解明するためには，コンピュータの力を借りた数値解法が必須である．

A. 離散変数法

問題(1)に対して最も取り扱いやすい数値解法は，解くべき区間 $[0, T]$ を N 等分割するステップ点 $t_n = nh$ $(n = 0, 1, 2, \cdots; h = T/N)$ の上で微分方程式を近似する関係式を導き，それを逐次解く方法であり，これは**離散変数法**(discrete variable method) と呼ばれる．**有限差分法**(finite difference method, ⇒ p.334) に通ずるこの原理の最も簡単な場合は，$dx/dt(t_n)$ を $(x_{n+1} - x_n)/h$ $(x_n, x_{n+1}$ はそれぞれ真の解の値 $x(t_{n+1})$, $x(t_n)$ の近似値) で近似することで得られる $x_{n+1} = x_n + hf(t_n, x_n)$ である．$n = 0, 1, 2, \cdots$ と進めれば，近似解の列 $x_1, x_2, \cdots$ が得られる．この方法は**オイラー法**(Euler method) と呼ばれる．オイラー法で得られる近似解は，f に関する適切な滑らかさの仮定のもとで，h を 0 に近づけたとき，その誤差 $\max_n |x(t_n) - x_n|$ が h に比例して減少するという意味で，1次収束する．もとより1次収束では十分ではないので，より大きな収束次数を持つ離散変数法が工夫されている．これらの方法は，連立微分方程式系(問題(1)において x, f, x_0 とも同次元のベクトルである場合) についても容易に適用できるよう，関数値計算に関して「線形」であるのが通例である．

B. ルンゲ・クッタ法

ステップ点 x_n から x_{n+1} へ進むため，その中間での f の関数値計算(これを段(stage) という)を含め，それらの重み付き平均値によって x_{n+1} を決める方法を総称して，**ルンゲ・クッタ法**(Runge-Kutta method) という．以下に掲げる最もよく知られた4段法は，古典的ルンゲ・クッタ法といい，4次を達成している．

$$k_1 = f(t_n, x_n)$$
$$k_2 = f(t_n + h/2, x_n + (h/2)k_1)$$
$$k_3 = f[t_n + h/2, x_n + (h/2)k_2]$$
$$k_4 = f(t_n + h, x_n + hk_3)$$
$$x_{n+1} = x_n + (h/6)(k_1 + 2k_2 + 2k_3 + k_4)$$

C. 線形多段階法

第 n ステップより後方ですでに計算されている $x_{n-1}, \cdots, x_{n-k}$ と，それに対応する f の関数値の線形結合として x_{n+1} を求める方法を総称して，**線形多段階法**(linear multistep method) という．例えば $k = 2$ である3段階法として，$x_{n+1} = x_n + (h/12)[23f(t_n, x_n) - 16f(t_{n-1}, x_{n-1}) + 5f(t_{n-2}, x_{n-2})]$ (陽的アダムス3段階3次法) が知られている．この式の右辺は，既知の値からただちに与えられるため，陽的である．これに対して，右辺に $f(t_{n+1}, x_{n+1})$ を含む方法もあり，陰的と呼ばれる．前者を予測子(predictor)，後者を修正子(corrector) として使う PC 法が，線形多段階法の最も普及した実践方法である．

D. 硬い系

離散変数法を評価する基準は，収束次数のみではない．漸近安定な初期値問題に対して，やはり安定な数値解を生成しなければ，離散変数法の信頼性は失われる．オイラー法，古典的ルンゲ・クッタ法，陽的アダムス法は，いずれも数値的安定性に限界のある方法であり，特に大規模連立系で安定性と収束性とが同時に要求される場合には，有効でなくなる．このような問題を**硬い系**(stiff system) と呼び，現在も研究・開発・実践の続いている課題である．詳しくは下記の参考文献を参照されたい．

参考文献

1) 三井斌友：常微分方程式の数値解法，岩波書店 (2003)

2) E. Hairer, S. P. Nørsett, and G. Wanner 著，三井斌友 監訳：常微分方程式の数値解法 I－基礎編，丸善出版 (2012)

3) E. Hairer and G. Wanner 著，三井斌友 監訳：常微分方程式の数値解法 II－発展編，丸善出版 (2012)

分野：可視化
部門：情報可視化　[VII-1]

情報可視化
[英] information visualization

情報可視化の定義と動向を概観する。

A. 情報可視化の定義

計算機科学において可視化が学術分野として認知されたのは，3次元CG技術の応用として1980年代後半に発表された，ボリュームレンダリング（⇒p.165）に代表される諸技術が一つの動機である。これらの技術はおもに自然科学系の情報を対象とすることから，**サイエンティフィックビジュアリゼーション**（scientific visualization; **SciVis**）と呼ばれるようになった。これに対して**情報可視化**（information visualization; **InfoVis**）は，可視化の枠組みや概念を拡大する一分野として，1990年代から活発に議論されている。SciVisがおもに物理空間での現象を再現する技術であったのに対して，InfoVisは物理空間に限らず，論理空間・多次元空間・時空間なども対象にしたことから，InfoVisは自然科学系の情報だけでなく，人文科学・社会科学・芸術なども対象にする，より包括的な可視化技術として注目されるようになった。

情報可視化の黎明期の技術は，おもにヒューマンインタフェースの国際会議において，1990年代初頭に多く発表されている。その後1995年には，IEEE Information Visualization（IEEE InfoVis）という国際会議が，情報可視化という単語を初めて冠した会議として創立されている。また，1996年に日本では，小池英樹（現 電通大教授）が，bit誌別冊に情報可視化の解説記事[1]を執筆している。

当時の情報可視化の代表的な研究者であるStuart Cardは，情報可視化を以下のように定義付けている。

> 動的な3次元CG技術を利用して，科学技術分野に限定されず，（多くの場合）空間的構造を持たない大量データ（文書やビジネス系大規模DB）に潜む有用な情報を，より迅速にかつ容易に理解するための方法論

B. 情報可視化技術の適用分野

前述のとおり，情報可視化技術の適用分野は，自然科学のみならず，人文科学，社会科学，芸術などを含めて非常に広範囲にわたる。

情報可視化技術の学術論文やプレスリリースを振り返ると，適用分野の発展は，IT分野の学術・産業と密接な関係にあることがわかる。例えば1995年後半には，ウェブの発達に伴い，ウェブの構造を可視化する論文が多数発表された。また，その数年後には，ウェブ上の大量文書から有益な情報を発掘するという目的から，自然言語処理やテキストマイニングなどの諸技術との融合研究が多数発表された。2000年代に入ると，連続テロなどの影響からサイバーセキュリティに関する可視化技術（⇒p.135）が，また，ゲノム解読などの需要急増に伴い生命情報の可視化技術（⇒p.265）が，おもに欧米において戦略的に投資され，多くの研究成果が発表された。最近では，それらに加えて，ソーシャルネットワークをはじめとする人間科学的な情報の可視化（⇒p.248）や，SciVisがおもな役割を担ってきた自然科学系情報の可視化にも，情報可視化技術を適用した事例が多く発表されている。

C. 情報可視化技術の分類

情報可視化の手法は主として，扱うデータ構造によって分類される。1996年にBen Shneidermanは，情報可視化が扱う主要なデータ構造を，「1次元，2次元，3次元，多次元，時系列，木構造，グラフ構造」の7種類であるとしている。この中でも多次元（p.198），時系列（p.118），木構造（p.58），グラフ構造（p.256）の可視化は重要な課題であり，現在までに多くの論文が発表されている。また，情報可視化の学術会議では，このデータ構造に基づいて論文が分類されることが多い。例えば国際会議IEEE InfoVisでは，2002年から2010年まで連続してグラフ構造可視化のセッションが組まれており，研究の活発さが伺える。また，これらのデータ構造を複合的に組み合わせた情報を対象とした技術も，最近活発に議論されている。例として，時系列の多次元情報，大域的には木構造を構成するグラフ，時系列／多次元情報を有する木構造／グラフ構造，といった複合的な情報が活発に可視化されている。

データ構造以外の側面から考えると，どの分野の技術に深く関連しているか，という観点から情報可視化技術を分類することもできる。インタラクション技術（⇒p.150）やデータベースとの連携技術などについては旧来から多く研究されているが，最近ではそれに加えて，**ビジュアルアナリティクス**（visual analytics; 視覚的分析技術，⇒p.278）の研究が活発になったことから，データマイニング，自然言語処理，パターン認識，視覚認知といった多様な分野との連携が進んでいる。

参考文献

1) 小池英樹：ビジュアライゼーション，bit別冊 ビジュアルインタフェース―ポストGUIを目指して―, pp.24–44, 共立出版 (1996), http://www.vogue.is.uec.ac.jp/~koike/bit/bit.html

情報可視化のユーザインタラクション
[英] user interaction in information visualization

情報可視化では,一般に一つの静的な図だけでは表現できる情報が限られる.このため,大規模情報を扱う際は,可視化すべき情報をユーザが操作する**ユーザインタラクション**(user interaction)の導入が鍵となる.

Shneiderman[1] は,情報可視化のユーザインタラクションにおける基本タスクを,概観表示(overview),ズーム(zoom),フィルタ(filter),詳細表示(details-on-demand),関連付け(relate),履歴(history),抽出(extract)の七つに分類した.さらにその設計指針として,以下の "Visual Information Seeking Mantra" を提唱した.

Overview first, zoom and filter, then details on demand. Overview first, zoom and filter, then details on demand. Overview first ⋯

これは,概観表示から始まりズームとフィルタを経て詳細表示へ至ることと,その一連の作業を繰り返すことの重要性を述べたものである.

以下ではこのようなユーザインタラクションの一般的な例として**動的検索**(dynamic query)と**魚眼表示**(fisheye)を紹介したのち,特定の場合として,木とネットワークの可視化におけるインタラクションを取り上げる.

A. 動的検索

動的検索は種々の情報の可視化に適用可能なインタラクション手法である.これはフィルタ技術の一種であり,ユーザが入力するパラメータに基づいて,不要な情報を可視化から消去する.

動的検索の特徴は,ユーザのパラメータ入力に応じて即座(通常100ミリ秒以下)に可視化を更新する点にある.入力にはスライダが用いられることが多く,その場合ユーザは滑らかにパラメータを変更できるようになる.動的検索ではパラメータ変更のたびに可視化が更新されるため,パラメータの細かな違いに応じた情報のパターンや傾向を,ユーザは可視化の変化から読み取ることができる.

B. 魚眼表示

魚眼表示は概観表示とズームを複合するもので,適用範囲の広い手法である.これは全体の概観を可視化の中に残したまま,ユーザの興味の対象となっている特定の部分を拡大表示し,それ以外を縮小表示する.可視化のコンテクストと焦点(focus)を同時に提示できるため,魚眼表示はフォーカス+コンテクスト(focus + context)とも呼ばれる.

魚眼表示の方法は歪み表示(distortion)による手法と,専用の可視化手法の二つに大別される.前者は通常の可視化手法を用い,その結果に幾何変換を適用して歪みを生じさせることで魚眼表示を実現する.後者は可視化手法自体に魚眼表示を組み込むものであり,概観表示とズームに加えてフィルタや詳細表示を取り入れることも可能である.

C. 木とネットワークの可視化におけるインタラクション

木とネットワークの可視化におけるインタラクションには,おもにズーム,魚眼表示,インクリメンタル表示の3種類がある[2].ズームは前述の基本タスクの一つである.(木やネットワークの場合に限らず)ズームが導入されたシステムでは,可視化の対象をある部分から他の部分へ変更する視点移動(pan)が必要になることが多い.遠くへの視点移動では,移動中にズームアウトを行うことで,ユーザがコンテクストを把握しやすくなる.

魚眼表示を組み込んだ可視化手法も多く開発されている.Hyperbolic Tree は滑らかな魚眼表示と焦点の連続移動を実現する木の可視化手法である.これは非ユークリッド幾何の発想に基づいて円形の領域に木を配置するものであり,焦点付近のノードを中央に,遠方のノードを円周付近に配置する.ユーザはノードのクリックやドラッグによって焦点を変更でき,それに応じて全体の配置が滑らかに変形される.

インクリメンタル表示は,ワールドワイドウェブのように概観表示のできない巨大なネットワークの可視化に有効である.これは,ネットワークの局所的な可視化を出発点とし,焦点の移動に応じて徐々に隣接部分を可視化に含める.

参考文献

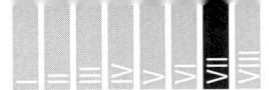

1) B. Shneiderman: "The Eyes Have It: A Task by Data Type Taxonomy for Information Visualizations", *Proceedings of the 1996 IEEE Symposium on Visual Languages (VL)*, pp.336–343 (1996)

2) I. Herman, G. Melançon, and M. S. Marshall: "Graph Visualization and Navigation in Information Visualization: A Survey", *IEEE Transactions on Visualization and Computer Graphics*, **6**, 1, pp.24–43 (2000)

分野：人間・社会
部門：認知・行動 [VI-1]

情報処理モデル
[英] information processing model

人間の思考や振る舞いを，外界からの情報の知覚・認識，認識した情報や知識に基づくなんらかの状況判断・行動選択といった情報処理プロセスの観点から解釈・表現するモデルのことを情報処理モデルという．ここでは，認知工学における情報処理モデルの代表例を三つ挙げる．

A．Wickens の人間情報処理モデル
これまでに情報処理モデルに類されるモデルが数多く提案されているが，Wickens の人間情報処理モデル (model of human information processing) は，それらの典型として挙げられる．Wickens のモデルでは他の情報処理モデルと同様に，獲得された情報が複数の段階で処理され，各段階でなんらかの情報の変換や操作が行われるさまが表現されている．これらの主要な段階には，1) 感覚器による情報獲得，2) 知覚，3) 認知と記憶，4) 行動選択と実行，5) フィードバック，6) 注意が挙げられている．また，このモデルでは，フィードバックループの導入とともに，情報処理が必ずしも外界からの情報獲得から始まる必要がないことを説明し，人間の情報処理プロセスが単純な S-O-R フレームワークで捉えられないことを強調している．

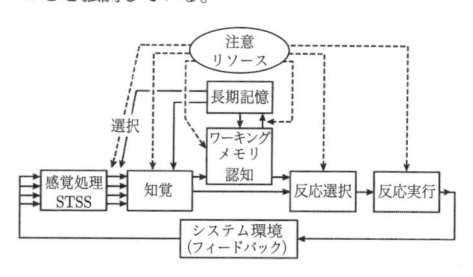

B．Rasmussen の SRK モデル
このモデルは，人間の行動がスキル，ルール，知識の三つのレベルの認知活動によって実現され，それぞれのレベルで異なる情報処理がなされるさまを表現している．三つのレベルのうち，**スキルベース** (skill-based) の行動は，感覚運動系の自動化された制御による行動を指し，**ルールベース** (rule-based) の行動は，経験や学習によって獲得された規則や手順を，パターンマッチングによって意識的に適用する行動を指す．**知識ベース** (knowledge-based) の行動は，既存の規則や手順がそのまま適用できないような未知のあるいは不慣れな状況において，外界に対する心的表象であるメンタルモデルを用いて状況を理解・予測することで，適切な対応を生成するような行動を指す．また，情報はそれぞれのレベルでシグナル，サイン，シンボルとして，それぞれ異なる解釈のもと知覚され処理される．

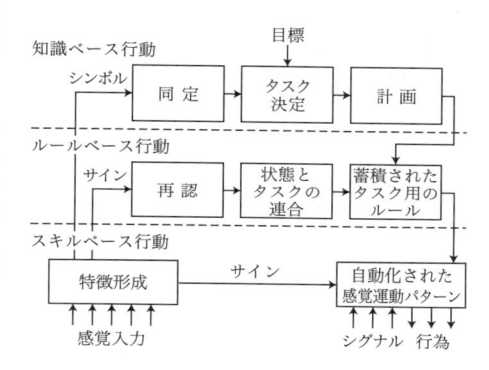

C．Card の情報処理モデル
Wickens や Rasmussen のモデルは，人間の振る舞いを捉えるための視点を提供する概念的モデルであり，それ自体は計算機シミュレーション等で人間の振る舞いを予測することを目的としていない．一方，Card はコンピュータユーザーの行動を定量的に解析・予測することを目的に，人間情報処理モデル (model human processor) を提案した．このモデルは，知覚，認知，運動の三つのサブシステムから構成され，各サブシステムはそれぞれの処理機構とメモリを持っている．各処理には所要時間が定義され，各メモリには容量・保持時間と符号化のためのコードが定義されている．このモデルによるシミュレーションによって，例えば，刺激に対する反応時間や各メモリの使用容量を評価することができ，**ヒューマン・マシンインタフェース** (human-machine interface) の操作性や**心的作業負荷** (mental workload) を定量的に見積もることができる．

参考文献
1) Wickens C. D. and Hollands J. G.: *Engineering Psychology and Human Performance* (3rd Ed.), Prentice Hall (1999)

2) Rasmussen J.: "Skills, rules, knowledge: signals, signs, and symbols and other distinctions in human performance models", *IEEE Trans SMC.* MSC-13, pp.257–267 (1983)

3) Card S. K., et al.: *The Psychology of Human-Computer Interaction*, Erlbaum (1983)

分野：可視化
部門：バーチャルリアリティ［VII-4］

触感デバイス
［英］sense of touch device

遠隔操作や情報伝達において，**体性感覚**（somatic sensation）への**触力覚提示**（haptic feedback）が重要な要素の一つになりつつある。体性感覚への情報は，おもに対象物の形状を力覚で筋肉や関節にフィードバックする**深部感覚**（deep sensation）提示と，テクスチャなどの触感を伝える**皮膚感覚**（cutaneous sensation）提示の複合提示で再現される。

1990年代より，バーチャルリアリティの分野で力覚提示技術が進展した。**力覚提示**（force feedback）では，コンプライアンスや摩擦を物理的に提示することでテクスチャをも表現できるが，触感のすべてを忠実に表現するのは困難である。近年，心理物理測定やシミュレーションを組み合わせ，皮膚感覚の生理現象と物理量との関係を明らかにすることで，リアルな触感を再現する提示法や触感デバイスの実現を目指した研究開発が進められている。

A．触感の定義と基礎技術

触感は，「物に触れたとき手や肌で受ける感じ。感触」（広辞林）と定義される。

心理学では古くより，形容詞で表現する**SD 法**（semantic differential method）を用いた官能評価により，触感の分類が行われてきた[1]。最近の研究では，触感デバイス開発を目的に，物に触れた感覚をSD 法で評価し，「粗さ感」「硬軟感」「湿り気感」「温冷感」が触感の心理特性の要素として抽出されている。さらに材料の表面粗さ，摩擦特性，熱特性，弾性などの物理量と触感の要素との相関関係が明らかにされた[2]。この研究では，触感は，平均粗さ，熱伝導率，縦弾性係数の物理量を介して触感の要素を知覚し，材質を判別するという心理物理モデルを導いている。

生理学の観点では，触感を知覚するプロセスは，対象物に触れた際に皮膚の変形の大きさに応じて触覚受容器で発生する神経インパルスが，体性感覚野などの中枢神経系に伝達され，最終的に人の意識下に知覚されると考えられている。忠実に触感を再現するために，皮膚の変形と神経インパルスとの関係を有限要素法で求めた事例[3]など，皮膚感覚を担う各種の触覚受容器の特性と触感との関係を対応付ける試みが行われている。触感デバイスを開発する上で，シミュレーションと心理物理特性の検証，認知モデルの最適化は重要な課題である。

B．触感の再現とデバイス技術

「粗さ感」「硬軟感」「摩擦感」「温冷感」などの触感を提示するアクチュエータや刺激提示法が開発されている[2]。

「粗さ感」の提示には，皮膚の表面に機械的な変位や振動を生成するために，圧電素子や形状記憶合金をアレイ状に実装する方法や，高分子アクチュエータ，空気圧などが用いられる。「硬軟感」の提示には，柔軟なシートの張力を制御する手法や，指先と物体との接触面積や圧力分布を制御する方法などが試みられている。「摩擦感」の提示では，超音波振動や静電力を用いたアクチュエータが開発され，皮膚表面の摩擦を制御することで微細なテクスチャを表現できる。「温冷感」の提示にはペルチェ素子と熱電対を組み合わせた温度制御のアプローチが行われている。

一方，複合的な心理特性である触感を単一のデバイスで再現するために，触覚受容器の個々の特性を考慮して選択的に各受容器を刺激する方式が研究されている。機械刺激方式として，応力分布の差異を利用し皮膚の深さ方向への刺激を制御する方式と，振動周波数の違いで応答が異なる触覚受容器を刺激する方式との二つがあり，電気刺激方式として，直接皮膚に電流を流し神経軸索の活動電位を制御する方式がある[2]。

ヒトが物に触れた触感を再現するには，今後も触覚の生理や心理，認知，アクチュエータ，種々のシミュレーションなど，幅広い研究分野を統合したアプローチが求められる。

C．触感デバイスの応用

触感デバイスを含め，触覚技術の応用分野は幅広い。臨場感通信・放送，遠隔医療やショッピングなどにおける忠実な触覚情報の伝達，遠隔地間で相手の反応を触覚で伝える感覚インタフェース，現存しない恐竜や貴重な国宝といった実際に触れられないものの可触化，障害のある人への視覚や聴覚情報の感覚代行，各種情報機器やGUIなどの触覚インタフェース，種々の製品開発時における触感のシミュレーションなど，多岐にわたると予想されている。触感デバイスを含む触覚技術の進展は，情報社会を変革する可能性を有している。

参考文献

1）和田陽平，大山　正，今井省吾 編：感覚・知覚心理学ハンドブック，誠信書房 (1969)

2）下條　誠，前野隆司，篠田裕之，佐野明人 編：触覚認識メカニズムと応用技術，サイエンス＆テクノロジー (2010)

3）前野隆司：触覚のモデリングと有限要素解析，VR学会誌，Vol.9, pp.72–76 (2004)

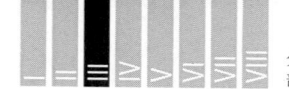

分野：機械
部門：計算力学・設計工学・感性工学・最適化 [III-5]

シンキングCAE
[英] thinking CAE

A. CAEとシンキングCAE

CAE（computer aided engineering）は，下図のように，対象物の構造やシステムをモデル化（modeling）して，コンピュータの解析（analysis）能力を利用し，その対象物の持っている機能を明らかにする．逆に，機能から具体的な構造などを導くシンセシス（synthesis）は，従来CAEが苦手としており，トライアルアンドエラーを繰り返すことになる．最適化（optimum, ⇒p.110）手法では，構造の変更に一定の規則を適用してコンピュータに繰り返しルールを指示するため，変更する構造の本質を理解して変更の規則を定めないと，直接的な対象物へのアプローチ能力に限界が生じる．したがって，シンキングCAEは，より創造的なものづくり（design）を行うため，対象物の本質を見通す洞察力の活用を支援するものである[1]．

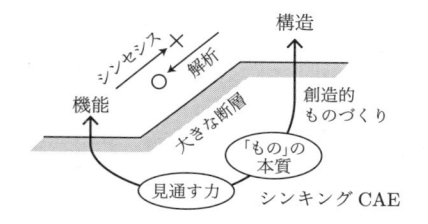

具体的な製品開発においては，軽量化，信頼性，コスト等の多目的最適化による総合的開発力が問われる．すなわち，シンキングCAEは，適切な構造の変更規則を把握し，変更のプロセスを明示化することにより，創造性の高い手段を提供できる．

B. その役割について

製品開発上流でのプロセスでは，最初に開発する機能が決まり，その後，その機能を満足する具体的な構造が提案されなければならない．上図に示したように，機能から構造へのプロセスには大きな壁があり，その移行は困難を伴う．さらに，多くの開発課題は**多目的**（multiobjective）であり，またその性格上，**多峰性**（multi modal）[1]を持つ場合が多く，構造に関する基本的考え方と基本構造のポテンシャルにより，得られる結果のレベルが決まる．新製品の差別化の実現には高いレベルが求められる．

したがって，基本構造を決める段階で，基本構造のポテンシャルを見極めることが重要である．

C. シンキングCAEへのアプローチ

シンキングCAEへの三つのステップを下表に示す．まったく新しいものの創造は，神しかできない．われわれは，自然や人類が模倣を繰り返してきた産物からヒントを得，新しいものに挑戦してきた．

1	構造の持つ機能を明らかにする	選択される構造のビジュアルな特性を把握する ⇒ リバースエンジニアリング
2	機能を発生させるメカニズムを解き明かす	材料力学などの基礎工学の基礎理論からビジュアルな法則の適応を組み上げ，戦略を立てる ⇒ ビジュアルシンキング
3	目標を達成できる構造を見出す	構造と対話しながら，構造の進化と新しい戦略を繰り返す ⇒ シンキングCAE

第一のステップは，リバースエンジニアリング（reverse engineering, ⇒p.342）である．ここでは対象物を徹底して解析し，その本質を調べて把握することが重要である．これがしっかりできていないと，ものの本質は顕在化しない．

第二のステップは，**ビジュアルシンキング**（visual thinking）である．最も基本になる材料力学の問題について考えると，ビジュアルな手法として主応力分布（principal stress contour），ひずみエネルギー（strain energy）分布，ミーゼス応力（von Mises stress）分布があり，局所的ではなく，力の流れ（stress flow）など大局的メカニズムに注目する．

第三のステップがシンキングCAEである．対象物への戦略を組み立てて実行する．対象物に対して，その各部位の要・不要について，CAEを介して会話を行い，シンキングしながら積み上げていく手法が用いられる．

参考文献

1) 岡村 宏，林田興明：シンキングCAEの勧め，シミュレーション，Vol.25, No.4, pp.21-26 (2006)

2) 岡村 宏，長谷川浩志：教育的見地からのシンキングCAE，計算工学講演会論文集，Vol.13 (2008)

神経-血管相互作用
[英] neuro-vascular interaction

脳の賦活部位において見られる一過性の血流増加と神経活動の関係を**神経血管カップリング**(neurovascular coupling)という。神経血管カップリングではミリセカンドオーダーの**神経活動**(local field potential; **LFP**, ⇒p.263)に続いて、数秒後に**脳血流**(cerebral blood flow; **CBF**)の増加が観察される。下図に、神経血管カップリングのタイムコース(ラット体性感覚野における計測)を示す。

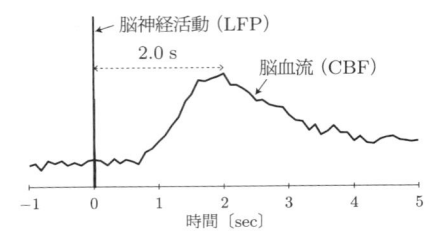

この神経血管カップリングを利用し、脳内の血流変化を指標とした脳神経機能の計測が行われている。脳血流の変化は、陽電子放出断層撮影法(positron emission tomography; PET)、磁気共鳴イメージング(magnetic resonance imaging; MRI, ⇒p.114)、近赤外分光法(near infrared spectroscopy; NIRS, ⇒p.68)などによって生体外から検出・画像化が可能なため、脳疾患の診断や高次脳機能研究に広く利用されている。

神経血管カップリングにおける予測対象には、A. 脳神経活動に対する血管反応、B. 血行動態、C. 酸素輸送動態などがある。

A. 脳神経活動に対する血管反応

(1) 血管反応関数 神経の電気活動は血管反応に比べて時間的に非常に速いため、強度情報のみを保持したインパルス関数(impulse function)で表される。一方、血管反応は、(1) 潜時(delay)、(2) 広がり(broadening)、(3) 高さ(height)の三つのパラメータで最適化されたデルタ関数(delta function)で表される。このとき、両者の関係を決定する伝達関数(transfer function)に相当する生理学的パラメータの探索が行われている。例えば、血管拡張を駆動する分子の放出や、血管平滑筋の弛緩反応を誘発するメッセンジャー分子の動態に関する研究が行われている。

(2) 定量的関係 下図に神経血管カップリングの定量性を示す。図からもわかるように、神経活動、特にLFPと脳血管反応の大きさの関係には、一般的にある範囲で線形性が成り立つ。しかしある強度以下(threshold; 閾値)、もしくは以上(saturation; 飽和)では、非線形成分を考慮する必要がある。

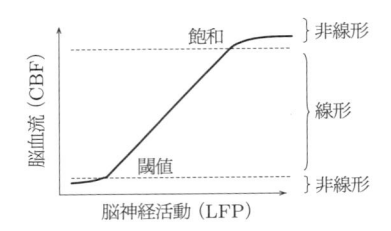

B. 血行動態

脳活動によって誘発される血行動態の変化を表す関数を、特に**血行動態応答関数**(hemodynamic response function; **HRF**)という[1]。HRFは前述の血流画像法によって検出される信号変化を解析する際に用いられる。ガンマ関数の組み合わせや、時間不変の非線形特性を考慮した関数、あるいは血流インパルス応答(hemodynamic impulse response function)を実測して神経活動との畳み込み積分(convolution function)で表したものなどがある。

C. 酸素輸送動態

血行動態の変化をもとに、血液中あるいは組織中の酸素濃度変化を予測する試みが行われている。MRIやNIRSを用いた脳機能計測では、血液中のヘモグロビン分子の酸素飽和度を指標としているので、血液中の酸素濃度を予測することは、脳機能画像の信号源を理解する上で非常に重要である。酸素濃度の予測には、血管と組織の空間構造を考慮した拡散モデルや、コンパートメントモデルによる酸素交換モデルなどがある[2]。これらのモデルに脳血流、動脈血の酸素濃度、ヘモグロビン濃度などを入力し、神経活動による**脳組織酸素代謝率**(cerebral oxygen metabolic rate of oxygen; **CMRO$_2$**)や血流変化による組織への**酸素輸送動態**(oxygen transport dynamics)を求める研究が行われている。

参考文献

1) K. J. Friston, et al.: "Analysis of functional MRI time-series", *Human Brain Mapping*, **1**, 2, 153 (1994)
2) R. Valabrègue, et al.: "Relation between cerebral blood flow and metabolism explained by a model of oxygen exchange", *J. Cereb Blood. Flow. Metab.* **23**, 536 (2003)

分野：生命・医療・福祉
部門：生体材料 [V-3]

人工関節用金属材料の加工法
[英] metal forming process of artificial joint made of metallic materials

A. Co-Cr-Mo 合金の特性

Co-Cr-Mo 合金は，機械的特性，耐食性，耐摩耗性，および生体適合性に優れていることから，人工股関節（⇒p.175）などの生体インプラント材料として使用されている。しかし，Co-Cr-Mo 合金は硬く，塑性加工性（⇒p.188）に乏しいため，精密鋳造後，切削加工（⇒p.41, p.262）により仕上げ加工が施される。その際，硬さと加工硬化能が高いため切削工具が摩耗しやすく，機械加工による仕上げまでには長時間を要することから，低生産性・高コストであるという問題がある。また，Co-Cr-Mo 合金は，鋳造ままでは引け巣やボイドなどの鋳造欠陥や，Cr, Mo-rich の σ 相などの脆い析出物を多く含んでおり，これらは靱性などの機械的特性を大きく低下させ，破壊や割れの原因となる。

しかし，最近 Ni フリー Co-Cr-Mo 合金の研究が進み，窒素添加や熱間加工による結晶粒微細化などによって機械的特性が大きく向上することが確認されており，より生産性の高い塑性加工を用いた**ニアネットシェイプ**（near net shape）加工の可能性が示されている。さらに，ただ形を作る付形化技術だけではなく，熱間領域での加工効率をマップ化した Processing map と FEM 解析（⇒p.335）を使用し，内部の微細組織も同時に制御できるニアネットシェイプ加工技術が開発されている[1]。

B. 熱間鍛造加工条件の最適化

熱間鍛造による合金の組織制御は，熱間鍛造条件と加工組織との関係を示す Processing map を作成して行う。Processing map は熱間鍛造性の定量的評価法として Prasad らにより提案されたものであり，動的材料モデル（DMM）に基づいた Power dissipation map と Instability map から構成されている（それぞれ下図 (a), (b) を参照）。Power dissipation map は，加工条件（ひずみ，ひずみ速度，温度）に対して，エネルギー分散効率 η をプロットしたものであり，熱間加工により生じる組織変化を定量的に評価することが可能である。また，Instability map は熱間加工における塑性不安定性を予測するもので，Ziegler により提案された。熱間加工による組織変化，微細組織形成への影響を評価し，割れや塑性不安定性などが生じない最適加工条件を選定する指標として利用できる。動的再結晶の発現する熱間鍛造条件についても，「動的再結晶領域」として Processing map 上に記述される。

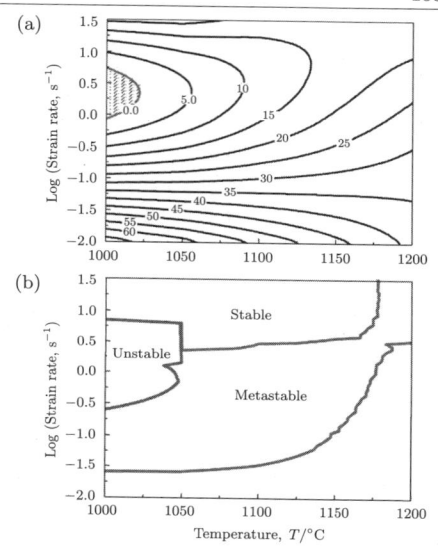

C. 鍛造シミュレーション

そこで，人工関節の熱間型鍛造プロセスの最適化を，FEM 解析に基づいた鍛造シミュレーション（以下，簡単に鍛造シミュレーションという）により行う場合は，加工後の被加工物の各断面の温度分布，ひずみ分布，ひずみ速度分布が，あらかじめ作成された被加工物と同一の合金の Processing map 上の，どの領域に位置するかを調べることで，鍛造シミュレーションにより得られる解析結果から形成される熱間鍛造後の組織の予測が可能となる。したがって，鍛造シミュレーション結果の意味付けとして Processing map から得られる情報を活用することにより，熱間鍛造加工後の材料内部組織を最適に制御できるニアネットシェイプ加工技術（ここではこのような鍛造加工技術をインテリジェント鍛造加工技術と呼称する）を開発することができる。次世代のハイテク技術を導入したインテリジェント鍛造加工技術の開発には，負荷荷重に加え，スライド速度，スライド位置をミクロン単位で高精度に制御できなければならない。近年，目覚ましい普及を見せている油圧をはじめとした各種のサーボプレス機の導入により，上述した高精度制御のプレス加工が可能であり，インテリジェント鍛造加工技術の開発に対するハード面での必要条件は整っている。

参考文献
1) 小野寺恵美ほか：インテリジェント鍛造法による Ni フリー Co-Cr-Mo 合金製人工股関節システムの成形加工プロセスの検討, 塑性加工, 51, pp.227–232 (2010)

人工市場
[英] artificial market

A. 人工市場＝エージェント＋価格決定メカニズム

人工市場とは、その言葉のとおり、計算機上に人の手によって人工的に作り出された架空の市場のことである。これまで人工市場研究は、既存のモデルでは説明できなかった市場現象のメカニズムの解明や、市場理論の検証などで、多くの成果を上げてきた。人工市場に参加しているのは、エージェントと呼ばれる計算機プログラムで表現された仮想的なディーラーである。各エージェントの投資行動が集積して金融価格が決定されていくまでの価格決定のやり方を、価格決定メカニズムと呼ぶ。どのようなエージェントを人工市場に参加させるのかが、人工市場研究の最も重要な点である。

B. 人工市場研究の発展とおもな成果

初期の人工市場では、各エージェントが少数の固定的な取引ルールしか持たないモデルが多かった。人工市場に**学習**（learning、⇒p.77）と**創発**（emergence）という観点を初めて導入したのが、サンタフェ人工株式市場の研究である[1]。このモデルでは、各エージェントの用いる予測式を従来よりも多様にし、さらに、予測式の学習に進化的学習手法を用いた。これにより、バブルの発生や、予測ルールの複雑性の上昇などを人工市場で創発させた画期的な研究である。そののちに、より現実的な人工市場が出てきた。U-Martプロジェクト[2]は、各エージェントの取引戦略を詳細化する方向の発展である。価格決定を行う市場サーバに、多様な取引プログラムが接続するタイプの人工市場である。これにより、金融価格の乱高下など市場の投機的な動きを回避するために、手数料率や値幅制限などの操作、マーケットメーカーの有無、価格の更新速度の変更などの間接的な制御方法のテストを行っている。AGEDASI TOFは、現実の経済記事をもとにしたデータを人工市場に入力し、各エージェントに経済状況を判断する**認知機構**（cognitive mechanism、⇒p.251）を持たせた[3]。この人工市場により、現実のある時期のバブル発生・崩壊のメカニズムを解明したり、市場介入政策の決定を支援するシステムを構築した。このほかにも、市場制度を評価する研究など、人工市場を現実の金融市場の分析や評価に役立てる方向に進んできている。また、市場理論の検証や実証研究に関しても、多くの成果を上げてきた。下図は、AGEDASI TOFで1995年の円高バブルを再現した画面である。

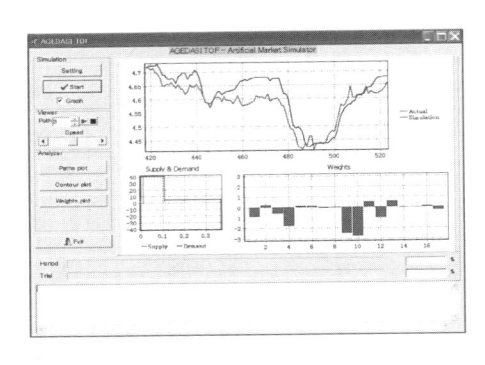

C. 現実の市場に近づく人工市場

近年、現実の市場環境が電子化・ネットワーク化したことを背景に、実際の市場と人工市場との融合を図る新たな研究の方向性が現れてきている。一つは、経済ニュースから入力データを自動生成できるように、テキストマイニング技術と人工市場の統合を行う研究である。もう一つは、実際の電子取引で使われるような**自動取引**（automated trading、⇒p.131）プログラムを人工市場に参加させ、自動取引プログラムのパフォーマンスを評価したり、自動取引プログラムが市場に与える影響を測る研究である。今後、ソフトウェア技術の発展によって人工市場の取引エージェントがより現実的になれば、人工市場が実際の金融市場における取引戦略の試験台になることが可能であろう。それにより、個々の取引戦略の発展に貢献するだけでなく、金融市場全体の制度設計やルールの取り決めなどに対しても貢献できるであろう。

参考文献

1) Arthur, W., Holland, J., LeBaron, B., Palmer, R., and Tayler, P.: "Asset pricing under endogenous expectations in an artificial stock market", in Arthur, B., Durlauf, S., and Lane, D. (eds.): *The Economy as an Evolving Complex System II*, pp.15–44 Addison-Wesley (1997)

2) 喜多　一，森　直樹，小野　功，佐藤　浩，小山友介，秋元圭人：人工市場で学ぶマーケットメカニズム－U-Mart工学編－，共立出版 (2009)

3) 和泉　潔：人工市場－市場分析の複雑系アプローチ，森北出版 (2003)

分野：機械
部門：機械力学・計測制御・生産システム　[III-3]

人体モデル
[英] human model

人間の特性や動作を重視している分野，例えばスポーツ工学，衝撃生体工学，感性工学などでは，被験者実験がよく行われている．しかし，倫理的問題や再現性の問題が存在するため，被験者実験の代替・補助として，人体モデルを用いたシミュレーションも行われてきている．

人体ディジタルモデルには，筋骨格モデル，マルチボディモデル，有限要素モデルなどがある．人体筋骨格モデルは骨格，関節および筋力のモデルにより構成され，外力または身体運動と，筋力または関節トルクとの関係を解析するために用いられている．人体マルチボディモデルは，各体節を表現する複数の剛体の連結により構成され，外力と各体節の挙動との関係を短時間で求めるために使用されている．人体有限要素モデルは生体組織の変形や応力を解析できるため，人体の傷害や用具の快適さなどの解析への応用が期待されている．ここでは，頭部衝撃，自動車事故時の乗員挙動，転落・転倒(slip/fall)の解析における人体ディジタルモデルの利用例を述べることにしたい．

A. 頭部衝撃

衝撃による人体傷害を解析するために，全身および部位別の人体有限要素モデルが多く開発されてきた．生体忠実性の高いモデルを得るために，医用画像から各部位の幾何形状の取得，屍体や動物実験結果に基づいた材料特性の定義，および被験者または屍体実験との比較による妥当性検証が行われてきた．

頭部傷害は死亡や後遺症の可能性が高いことから，生体忠実性の高い頭部有限要素モデルの開発が盛んである．現状では，脳傷害のみならず頭蓋骨骨折も予測可能なところまで発展してきている[1]．有限要素モデルによるボール衝突の頭部傷害解析の例を下図に示す．

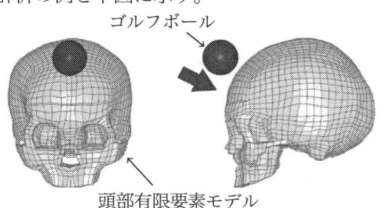

ゴルフボール

頭部有限要素モデル

B. 自動車事故時の乗員挙動

自動車事故における人体傷害を解析するためには，傷害の発生を予測できることだけでなく，事故時の乗員挙動を再現できる人体モデルが必要である．そのため，形状や材料特性のみならず，関節特性や筋肉特性もモデル化された全身人体モデルが開発され，自動車事故をより長い時間帯で解析することができるようになった．

モデル化や計算時間の短縮のため，全身人体モデルとしてマルチボディモデルが主流だったが，モデリング技術と計算機性能の向上により，最近では全身人体有限要素モデルの開発・活用も多くなってきている[2]．

C. 転落・転倒

転落・転倒は子供や高齢者に重大な傷害をもたらす事故の一つである．子供や高齢者は成人に比べて傷害耐性が低く，体型や関節特性なども成人とは異なっている．そこで，転落・転倒事故をより適切に解析するために，子供や高齢者の体型や特性を表現する人体モデルが開発されてきた．

遊具からの転落事故を想定した子供マルチボディモデルによるシミュレーション（下図）の開発が進められ，遊具に潜在する危険性の可視化が期待されている[3]．また，高齢者の転倒において大腿骨骨折が多く発生していることから，高齢者のマルチボディと有限要素の複合モデルを構築し，転倒挙動と大腿骨骨折との関係の解明を目指している研究もある．

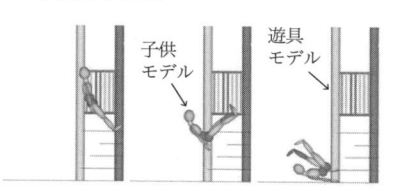

子供モデル　　遊具モデル

人体モデルを用いたシミュレーションの利用は，衝撃による人体挙動と傷害の解析に限られているのが現状である．しかし，能動的運動や意思のモデル化が可能になれば，事故直前の回避行動のシミュレーションはもちろん，スポーツ工学や感性工学への応用も期待できる．そのため，より精巧な人体モデルの開発が望まれる．

参考文献

1) 片桐麻衣佳ほか：直接衝撃を受ける頭部の有限要素解析と骨折発生クライテリア，シンポジウム：スポーツ・アンド・ヒューマン・ダイナミクス2010講演論文集, pp.88-93 (2010)

2) 木佐貫義勝ほか：人体モデル「THUMS」を用いた交通事故傷害再現, 自動車技術会論文集, Vol.34, No.1, pp.133-138 (2003)

3) 宮崎祐介ほか：年齢別子ども転倒シミュレータによる遊具の転倒傷害危険度の可視化, 日本ロボット学会誌, Vol.26, No.6, pp.561-567 (2008)

振動モード
[英] vibration mode

A. 固有モード

物体に加える外作用を変化させると，自由振動（free vibration）が生じる．自由振動は，物体の質量と剛性で決まる特定の形で振動する．この形を**固有モード**（natural mode）という．固有モードは特定の速さを伴う．この速さを**固有振動数**（natural frequency）という．物体が減衰を有する場合には，固有モードは特定の消えやすさを有する．この消えやすさを**モード減衰比**（modal damping ratio）という．固有モード，固有振動数，モード減衰比を合わせて**モード特性**（modal parameter）という．モード特性は，自由振動だけではなく，強制振動，過渡応答，自励振動，サーボ特性などの動的現象を支配する機械や構造物の基本的性質である．

多自由度系は，自由度の数と同数の固有モードを有する．モード特性のうち固有モードと固有振動数は，固有値解析と呼ばれる数値解法によって求められる．

B. モード解析

多自由度系の任意の振動は，複数の固有モードの重ね合わせとして表現できる．このことを数式で表現すれば，空間座標から**モード座標**（modal coordinate）への座標変換式は

$$\{x(t)\} = \sum_{r=1}^{N} \xi(t)\{\phi_r\} = [\phi]\{\xi(t)\}$$

となる．ここで，N は系の自由度数，$\{x(t)\}$ は空間座標系の変位ベクトル，$\{\phi_r\}$ は r 次固有モード，$[\phi]$ はモード行列，$\{\xi(t)\}$ はモード係数ベクトルである．上式を利用して空間座標系をモード座標系に変換した運動方程式を用いる振動解析の方法を，モード解析（modal analysis）という．モード解析は，つぎの二つの特徴を有する．(1) 空間座標系では連立微分方程式で表現される多自由度系の運動方程式は，モード座標系を用いれば1自由度系運動方程式に変換できる．そのため，複数の1自由度系微分方程式を解くだけで，大自由度連立微分法方程式を直接解くのと等価な解を得ることができ，振動解析が著しく簡単になる．(2) 異なる固有モードは力学エネルギー的に独立しているので，振動解析に際し，目的とする周波数近傍の少数の固有モードを除く大多数の固有モードを省略でき，系の自由度を著しく削減できる．

モード解析の理論は100年以上前から存在するが，有限要素法（finite element method; FEM）による多自由度系の振動解析が可能になった1960年代以降は特に脚光をあびるようになった．FEMとモード解析の融合により，数十万自由度以上の大自由度系の振動解析が簡単に実行できる．モード解析は振動解析の中核技術になっている．

C. 実験モード解析

機械や構造物を加振し，加振力と応答を測定し，信号処理を行って**周波数応答関数**（frequency response function）を求めることを，振動試験という．振動試験によって得た周波数応答関数をもとにして，曲線適合（curve fitting）を行ってモード特性を得ることを，実験同定という．振動試験と実験同定を合わせた一連の手段を，実験モード解析（experimental modal analysis）という．実験モード解析は，信頼できる良好なシミュレーションを可能にするモデル同定に不可欠であり，CAEの進歩とともに重要性を増している．

信号処理は，実現象の連続量を離散量に変換するAD変換と，時刻歴データを周波数領域データに変換する高速フーリエ変換（FFT）からなる．AD変換は，時刻歴を離散化する標本化（sampling）と，量や大きさを離散化する量子化からなる．

振動試験で用いられる加振方式には，不つり合いを有する回転体を用いて加振力を生じさせる機械式や，油圧を周期変化させる電気油圧式，高誘電体のピエゾ圧電効果を利用する圧電式，電磁気力を利用する導電式，打撃ハンマーを用いる打撃式などがある．また，加振波形としては，時間的に一定あるいはほとんど変化しない定常波加振，同一波形を標本化時間に合せて周期的に繰り返す周期波加振，周期性を有しない不規則波加振および打撃加振などがある．応答の計測には，加速度計による加速度計測，レーザドップラー効果を利用した速度計測，レーザ光線やひずみゲージを用いる変位計測などがある．これらの中から目的と用途に応じて適切な方法を選択し，組み合わせる必要がある．

参考文献
1) 長松昭男：モード解析入門，コロナ社 (1993)
2) モード解析ハンドブック編集委員会 編：モード解析ハンドブック，コロナ社 (2000)
3) 制振工学ハンドブック編集委員会 編：制振工学ハンドブック，コロナ社 (2008)

信頼性評価
[英] reliability analysis

A. 信頼性評価とは

日常生活では，信頼とは「信じて頼ること」，「誤り（過ち）のないものとして，信用すること」などと捉えられている。

工学システムにおいては，信頼度とは，システムが動作開始後一定期間にわたり継続して，要求される機能を果たす度合いとされており，数値化して定量的に表現される。

単一機器の信頼度は，時間経過とともに故障が発生するため低下していく。故障率が一定値 λ の場合の機器の信頼度は，動作開始時に健全（1.0）であるとすると

$$R(t) = \exp[-\lambda t]$$

という指数分布の式となる。単一の機器の場合は，一度故障して機能が停止するとその時点で信頼は失われるので，修理・保修は考えない。

工学システムは複数の機器で構成されており，全体システムとしての信頼度は，各機器の信頼度の論理的な組み合わせとなる。例えば下図の**ブロックダイアグラム**（block diagram）に示すシステムでは，α 系統の機器 A，B の信頼度の積と β 系統の機器 C の信頼度の和集合がシステムの信頼度となる。

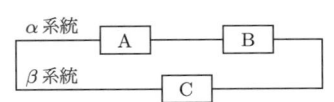

各機器の故障率が一定の場合のこのシステムの信頼度の値は

$$R(t) = \exp[-(\lambda_A + \lambda_B)t] + \exp[-\lambda_C t] - \exp[-(\lambda_A + \lambda_B + \lambda_C)t]$$

となる。第3項は α 系統と β 系統が同時に動作している場合を二重に加えないための項である。

上図のような簡単なシステムでも，機器 C が故障したら，α 系統（機器 A，B）が機能している間に修理することが可能となる。それゆえ，保修率 μ を考慮する必要がでてくる。また，故障率一定のモデル以外にも，電子部品の故障のモデルに使われる**ワイブル分布**（Weibull distribution）

$$R(t) = \exp\left[-\left(\frac{t-\gamma}{\eta}\right)^m\right]$$

や，バスタブ曲線の近似に使われる**ベータ分布**（beta distribution）

$$f(t) = -\frac{d}{dt}R(t) = \frac{\Gamma(a+b)}{\Gamma(a)\Gamma(b)} t^{a-1}(1-t)^{b-1}$$

など，種々の分布型が用いられる。

この場合，システムが複雑になるとともに，信頼度を解析的に求めることは格段に難しくなる。シミュレーションによる信頼性評価[1]により，この困難さが容易に克服されうる。

B. モンテカルロシミュレーションによる信頼性評価

シミュレーションや数値計算を乱数を用いて行う方法の総称を**モンテカルロ法**（Monte Carlo method）と呼ぶ。n 回シミュレーションを行い，ある事象が m 回起きれば，その発生確率は m/n で近似されることをもとにして，機器の故障発生事象をモデル化する。

区間 0～1 での一様乱数が値 $R(t)$ より小であるときは，機器 A が時刻 t まで健全であるとし，それより大の場合は故障状態であると判断する。これにより故障率が一定でなくても時刻 t における信頼度の表現式が得られれば，故障発生をモデル化できることになる。

機器 A の状態を A で表し，正常なら 1，故障なら 0 を割り当てると，先の図のシステム状態 S は $S = A \cdot B + C$ のブール代数式で表現することができる。

機器 A，B，C の状態を乱数を用いて判断した結果，$A = 1$，$B = 0$，$C = 1$ であったとき，システム状態 S は $S = 1 \cdot 0 + 1 = 0 + 1 = 1$ となり，正常状態のケースとなる。この試行を多数回（n）実施したときに正常状態が m 回観察されると，システムの信頼度に m/n が得られる。試行回数 n が増加するに従って m/n は一定値に収束し，システムの信頼度の正確な値が得られる。

システムの構造がいかに複雑になっても，S がブール代数式で表現できれば，このシミュレーション法により信頼性評価が可能となる。

従来，解析的には解けなかった**論理ループ構造**（logical loop structure）を持ったシステムの信頼性評価も，シミュレーションにより容易に実施できることが示されている[2]。

参考文献

1) P. E. Labeaua and E. Zio: "Procedures of Monte Carlo transport simulation for applications in system engineering", *Reliability Engineering and System Safety*, Vol.77, pp.217–228 (2002)

2) 松岡　猛：ブール代数方程式による論理ループ構造の信頼性解析，信頼性学会誌，Vol.32, No.5, pp.377–395 (2010)

分野：環境・エネルギー
部門：防災 [IV-2]

水害・洪水災害
[英] flood disaster

近年，地球温暖化（⇒p.201）に伴い，これまで想定していた計画基準を超える雨量による浸水被害が多発する可能性が指摘されている。このような水害の危険性を予測する上で，数値シミュレーション技術は不可欠である。また，数値シミュレーションは，各種設定条件を変えられることから，ハザードマップの作成の上でも有用である。ここでは，その際に用いられるシミュレーション手法とその課題について記す。

A．浸水シミュレーション

浸水域の推定手法には，堤防からの越流や決壊条件などを与えて地盤高データのみから評価するものと，数値シミュレーションを利用して算出するものがある。後者では，浸水域の時間的な変化や流速などの情報も得られるほか，水勢による遡上効果などによる浸水域の広がりも考慮できる利点がある。また，その結果をもとに時々刻々変化する様子をアニメーション化することにより，水害時のイメージを明確に伝えることも可能となる。浸水シミュレーションは，通常2次元の不定流（浅水方程式系）の連続式および運動方程式を，差分法（⇒p.334）や有限要素法（⇒p.335）等で解くことで行われるが，最近では**粒子法**（particle method）と呼ばれる手法も使われ始めている。粒子法は，複雑な構造物などの形状を容易に取り込める利点を有するが，現状では計算時間を要することが欠点である。また，いずれの手法においても，その精度向上のためには，手法の高度化のみならず，地盤高や構造物などのデータの高精度化も必要となる。さらに，近年注目を浴びている内水氾濫などの都市型水害のシミュレーションを行うためには，排水口や下水管網などの人工水路の影響を適切に反映するためのモデル化，ならびに基盤データの整備も重要な課題である。

浸水シミュレーションや流出シミュレーションの入力データとなる雨量情報には，これまで観測点がまばらな雨量計データから推定したものを利用するしかなかったが，最近，**二重偏波気象レーダ**（multi-parameter radar；マルチパラメータ・レーダ）から，高精度で高時間・空間分解能の雨量データを推定する技術が開発され，この情報が都市型水害の実時間予測などに活用されることが期待されている。

B．流出シミュレーション

河川計画の際の流量予測や実時間洪水予測などの方法として，貯留関数法や，菅原正巳が開発したタンクモデル（tank model）などの集中型概念モデル，および流域の地理情報の空間分布を考慮した分布型物理モデルがある。このほか，小河川や下水道の設計の際には，合理式と呼ばれる経験的な式がしばしば使われる。集中型概念モデルは，計算が容易なこともあり，広く使われ実用面での実績も多いが，用いられる各種パラメータを観測値と計算値の関係をもとに設定する必要があるため，過去に観測されていない入力値に対する出力値は精度が保証されない。したがって，地球温暖化を踏まえた将来予測を行う場合，過去の観測とは異なる値がモデルに入力される可能性があるため，その出力結果の妥当性に注意を払う必要がある。これに対して，分布型物理モデルは連続の式と運動方程式から構成され，各種パラメータは衛星データなどから得られる土地利用情報をもとに決定される。しかしながら，分解能に見合う入力データや，パラメータを調整するための検証データが現状では不足していることや，その設定が複雑であることから，実用面での課題は多い。

C．高潮シミュレーション

伊勢湾台風や米国でのハリケーン・カトリーナの例に見られるように，沿岸域では高潮によりしばしば甚大な浸水被害が生じる。高潮予測（⇒p.197）では，浸水シミュレーションと同じ浅水方程式系が使われることが多いが，最近では多層モデルを使用する例も増えている。また，高潮シミュレーションでは潮位偏差のみを求め，その後天文潮を足し合わせることにより潮位を算出することが多いが，天文潮位の変化を直接組み込んで計算する場合もある。さらに，高波浪の砕波に伴う高潮を再現するため，海洋・波浪結合モデルの開発も進められている。

従来の高潮予測では，実用面から，簡単なパラメトリック台風により算出される気圧や風が外力として与えられていた。しかし，日本など複雑な地形を有する周辺海域における風速・風向の再現性には，問題が多いことが指摘されている。このため，高精度の大気モデルの結果を利用した高潮シミュレーションが，最近行われており，高潮の再現精度も向上しつつある。

参考文献
1) 越塚誠一：粒子法, 丸善出版 (2005)
2) 池淵周一, 椎葉充晴, 宝 馨, 立川康人：エース水文学, 朝倉書店 (2006)
3) 月刊海洋編集部 編：高潮の特性と物理, 海洋, 32(11) (2000)

分野：共通基礎
部門：数値解析 [I-2]

数値計算と浮動小数点演算

[英] numerical computation and floating-point arithmetic

数値計算は，解析的手法によって問題の厳密解を得ることが困難な場合に，数値的手法によって数値解を得るために利用される計算方法の総称である．実際には，計算機による有限桁計算である浮動小数点演算の利用を前提とすることが多い．数値計算の適用範囲は，理工学のさまざまな分野に及ぶ．数値計算を利用したシミュレーションを，数値シミュレーションと呼ぶ．

有限桁計算では，最終的な計算結果を得るまでの過程において，計算結果を一定の桁数に丸めながら計算を進めるため，丸め誤差が蓄積する．これ以外にも，問題のモデル化誤差，微分方程式などを離散化したときの離散化誤差，無限回の操作を有限回で停止させた場合の打ち切り誤差などがある．そのため，最終的に得られた計算結果がどの程度正しいかを考慮する必要がある．

A. 浮動小数点演算

浮動小数点数は，計算機において実数を近似した表現方式である．浮動小数点数における演算は，浮動小数点演算と呼ばれる．浮動小数点演算の標準規格として，まず，2進数（$\beta = 2$）の場合について IEEE 754-1985 が制定され，つぎに，10進数を含めた基数非依存の場合について IEEE 854-1987 が制定された．その後，これら二つを統合した IEEE 754-2008 が，IEEE 754-1985 の改訂版として制定された．

浮動小数点数 a は，基数 β（β進数）において
$$a = (-1)^S \times F \times \beta^E, \quad S \in \{0,1\}$$
と表現される．ここで，S を符号部，E を指数部，F を仮数部と呼ぶ．ただし，E は $E_{\min} \leq E \leq E_{\max}$ を満たす整数，F は有限桁の非負数であり，F の桁数を有効桁数と呼ぶ．

F は，β進数で小数点以下 $p-1$ 桁までの数

| f_1 | . | f_2 | f_3 | $\cdots$ | f_p |

で表現される．ただし，f_k（$k = 1, 2, \cdots, p$）は β より小さい非負の整数で，正規化数では $f_1 \neq 0$ とする．このとき，F は
$$F = \sum_{k=1}^{p} f_k \beta^{1-k}$$
であり，a の有効桁数は p 桁（β進数）である．また，$E_{\min} \leq E \leq E_{\max}$ であり，$E_{\min} = 1 - E_{\max}$ である．

現在，数値計算でおもに使用されている基本フォーマットは，単精度と呼ばれている binary32（$\beta = 2$, $p = 24$, $E_{\max} = 127$）と，倍精度と呼ばれている binary64（$\beta = 2$, $p = 53$, $E_{\max} = 1\,023$）である．

浮動小数点演算では，設定された**丸めモード**（rounding mode）に従って，演算結果を浮動小数点数に丸める．通常，丸め誤差を最小化するために，**最近点への丸め**（rounding to the nearest）を用いる．重要な性質は，「実数から浮動小数点数への変換」，「四則演算」，「平方根」などの1回の操作については，無限の精度で計算した結果（実数演算の結果）を浮動小数点数に（指定された丸めモードに従って）丸めた結果と一致する，という点である．これを，**正確丸め**（correct rounding）と呼ぶ．このとき，「1回の浮動小数点操作において，不正確な値は仮数部の最後の桁にしか現れない」ということが保証される．

IEEE 754-2008 において，三角関数などの初等関数については，正確丸めは「推奨」とされているが，「必須」ではない．

B. 精度と誤差

数値計算で用いられる「精度」という言葉には二つの意味があるので，注意が必要である．一つは，1回の演算結果を有効数字に丸める際の最大有効桁数という意味での**精密さ**（precision）であり，もう一つは，最終的な計算結果の正しさの意味での**精確さ**（accuracy）である．前者は，固定された値であり，例えば，前述の IEEE 754-2008 に従う浮動小数点演算（最近点への丸め）であれば，精密さは β進 p 桁である．一方，後者は，数値計算のアルゴリズムやその実装方法，すなわち計算内容によって結果の正しさが変わるため，計算対象に依存する値である．

精確さを表すときには，正しい計算結果 r に対する数値計算結果 $\tilde{r}$ の**絶対誤差**（absolute error）$|r - \tilde{r}|$，あるいは**相対誤差**（relative error）$|(r - \tilde{r})/r|$（$r \neq 0$）を用いる．相対誤差が1以上の場合は，$\tilde{r}$ は1桁も正しくない結果ということになる．

参考文献

1) IEEE Computer Society: *IEEE Std 754-2008: IEEE Standard for Floating-Point Arithmetic* (2008)

分野：共通基礎
部門：数値解析 [I-2]

数値積分
[英] numerical integration

定積分や無限積分の近似値を求めることを数値積分という。

A. 補間型公式
定積分
$$I = \int_a^b f(x)w(x)dx \quad (w(x) > 0,\ a < x < b)$$
に対し，(a,b) における $f(x)$ の補間多項式（⇒ p.312）†$p(x)$ をとり，I を $\int_a^b p(x)w(x)dx$ で近似して得られる公式を，**補間型数値積分公式**（interpolatory quadrature formula）という。この公式は $\sum_{i=0}^n w_i f(x_i)$ の形をしている。$x_0, \cdots, x_n$ を**分点**（abscissas, ⇒p.312）といい，$w_0, \cdots, w_n$ は $f(x)$ に無関係な定数で，**重み**（weight）という。分点と重みのとり方により，種々の公式が得られている。

（1）ニュートン・コーツ公式 $w(x) = 1$ のとき積分区間 $[a,b]$ の n 等分点 $x_i = a + i(b-a)/n$ $(i = 0, \cdots, n)$ を分点†にとる積分公式を，$n+1$ 点**ニュートン・コーツ公式**（Newton-Cotes formula）という。

（2）ガウス型公式 有限または無限区間 (a,b) で定義された積分 $\int_a^b f(x)w(x)dx$ に対し，$w(x)$ に関する直交多項式系 †$\phi_0(x), \phi_1(x), \cdots$ をとり，n 次多項式 $\phi_n(x)$ の零点 $x_1, \cdots, x_n$ を補間点とする $f(x)$ の $n-1$ 次補間多項式を $p(x)$ とする。$p(x)w(x)$ を $[a,b]$（または (a,b)）で積分すると，$G_n = \sum_{i=1}^n w_i f(x_i)$ と表せる。G_n を n 点**ガウス型公式**（Gauss formula）という。同じ分点数の補間型公式の中で最も高い次数の多項式の正確な積分値を与えるという意味で，補間型公式の中で最適な公式である。
$w(x) = 1$ の場合，G_n は**ガウス・ルジャンドル公式**（Gauss-Legendre formula）という。$\int_{-\infty}^\infty e^{-x^2} f(x)dx$ に対するガウス型公式は，**ガウス・エルミート公式**（Gauss-Hermite formula）である。

B. 複合公式
積分区間 $[a,b]$ を m 等分し，各小区間に補間型公式を適用する公式を，複合公式という。
複合台形公式 T_m は
$$T_m = h\left[\frac{1}{2}f(a) + \sum_{i=1}^{m-1} f(x_i) + \frac{1}{2}f(b)\right]$$
と書ける。ここで，$h = (b-a)/m$，$x_i = a + ih$ である。

無限積分 $\int_{-\infty}^\infty f(x)dx$ に対する刻み幅 h の複合台形公式は $T_m(h) = h \sum_{i=-m}^m f(ih)$ で与えられる。和は $|f(-mh)| + |f(mh)|$ が十分小さくなるまでとる。
複合台形公式 T_m の誤差は漸近展開
$$T_m - I \sim \sum_{j=1}^\infty c_{2j} h^{2j} [f^{(2j-1)}(b) - f^{(2j-1)}(a)]$$
を持つ。ここで，c_{2j} は定数である。この式を**オイラー・マクローリンの公式**（Euler-Maclaurin formula）という。

オイラー・マクローリンの公式より，$b-a$ を周期とする解析関数の定積分 $\int_a^b f(x)dx$ や $f(x)$ が解析的に急減少する無限積分に対し，複合台形公式はきわめて良い性質を持つことがわかる。

C. 変数変換型公式
定積分 $I = \int_a^b f(x)dx$ が与えられたとき，$\lim_{t \to -\infty} \phi(t) = a$, $\lim_{t \to \infty} \phi(t) = b$ を満たす滑らかな関数 $\phi(t)$ をとると
$$I = \int_{-\infty}^\infty f[\phi(t)]\phi'(t)dt$$
となる。$g(t) = f[\phi(t)]\phi'(t)$ が解析的に急減少であるとき，複合台形公式の収束は著しく速い。このような公式に**二重指数関数型公式**（double exponential formula）がある。

D. 多重積分
低次元の直方体領域には，直積型公式が利用できる。例えば，$\int_a^b g(x)dx \fallingdotseq \sum_{i=0}^n w_i g(x_i)$, $\int_c^d h(y)dy \fallingdotseq \sum_{j=0}^m \widetilde{w}_j h(y_j)$ のとき
$$\int_a^b dx \int_c^d f(x,y)dy \fallingdotseq \sum_{i=0}^n \sum_{j=0}^m w_i \widetilde{w}_j f(x_i, y_j)$$
となる。

高次元の直積型公式は，標本点数が指数関数的に大きくなるので利用できない。次元にかかわらず利用できる公式に，**モンテカルロ法**（Monte Carlo method）がある（⇒p.228）。$\mathbb{R}^n$ の領域 D で定義された多重積分
$$\int_{\boldsymbol{x} \in D} f(\boldsymbol{x})d\boldsymbol{x}$$
は，D に一様分布する N 個の乱数 $\boldsymbol{x}_i$ により
$$\frac{D \text{の体積}}{N} \sum_{i=1}^N f(\boldsymbol{x}_i)$$
で近似する。誤差のオーダは $O(1/\sqrt{N})$ である。

参考文献
1) 長田直樹：数値微分積分法，現代数学社 (1987)

数値線形代数

[英] numerical linear algebra

数値線形代数とは，計算機の使用を前提として，線形代数に現れるさまざまな問題を具体的に解く算法を研究する分野をいう．

数学の線形代数の議論では，演算は誤差のないものであり，演算回数についても意識されることはない．また，行列を記憶しておくのに必要なメモリといったことも意識されない．数値線形代数では，これらの点が重要な意味を持ち，これらの観点から，算法が研究される[1]．

A. 連立1次方程式の解法

連立1次方程式 (system of linear equations, ⇒ p.356) $Ax = b$ の解法は，数値線形代数の一番大きく，かつ重要な分野であり，さまざまな算法が開発されている（線形代数の本に書いてあるクラメールの公式や掃き出し法は，数値線形代数の観点からは良くないので注意）．基本的なものは，(1) LU 分解法（ガウスの消去法），(2) 定常反復法（ヤコビ法やガウス・ザイデル法など），(3) クリロフ部分空間法（CG 法，BiCG 法，GMRES 法など）である．LU 分解法は有限回の演算で解が求められる解法である．ただし，行列 A が疎行列（0である要素が多い行列）であっても，操作の途中で要素が0でなくなり，一般に，演算量も増え，かなり多くのメモリを必要とすることになる（ただし，行と列の入れ換えを行って，少ない演算量とメモリで実行する技術（スパース技術）もかなり開発されている）．(2) の定常反復法は，方程式を $x = Lx + c$ の形に変形し，漸化式 $x_{k+1} = Lx_k + c$（初期値 x_0 は適当にとる）に従って近似解 x_k の列を生成する方法である．A の0でない要素を格納するメモリがあれば計算が実行できるので疎行列向きであり，A の性質がよくわかっていて良い初期値が得られている場合には有効である．反復法であるから，得られる解は近似解である．(3) のクリロフ部分空間法は，初期近似解 x_0 を適当にとり，その残差 $r_0 = b - Ax_0$ の定めるクリロフ部分空間 $\mathcal{K}_k(A, r_0) = \mathrm{span}\{r_0, Ar_0, \cdots, A^{k-1}r_0\}$ から解に関する情報 z_k を取り出して，漸化式 $x_k = x_0 + z_k$ に従って近似解 x_k の列を生成する方法である．Aとベクトルとの積が主要な演算であり，大規模疎行列の場合に有効な解法である．前処理と呼ばれる技法を施すことによって収束性が改善され，さまざまな前処理が提案されている．

B. 固有値問題の数値解法

固有値問題 (eigenvalue problem, ⇒ p.67)「$Ax = \lambda x$ を満たす λ（固有値）とベクトル $x \neq 0$（固有ベクトル）を求める」の解法は数値線形代数の2番目に大きく，かつ重要な分野であり，さまざまな算法が開発されている．実用上現れる問題の多くは実行列に対する固有値問題であるので，以下，A を実行列とする．なお，線形代数の本では，特性方程式 $\det(A - \lambda I) = 0$ を求め，そののちに方程式を解いて固有値を求めることが多いが，数値線形代数としては適切な方法ではない．

以下，紙面の都合で算法を単に列挙する．詳細は杉原ら[1]や Z. Bai ら[2]を参照されたい．また，実際にその算法を用いるにあたっては，信頼のおけるソフトウェア，例えば LAPACK[3] などを用いるのがよい．

（1）対称行列の場合 すべての固有値を求める標準的な方法として，2分法，QR 法，分割統治法，MRRR (multiple relatively robust representations) 法がある．また，古典的な方法にヤコビ法があり，これは近似固有値の相対誤差が小さいという特長を持つが，遅いため比較的小さな問題に用いられる（現在高速化の研究が進んでいる）．大規模行列の場合，行列変形を伴うこれらの方法を用いることは不可能であるので，適当なベクトル u_0 から出発してクリロフ部分空間 $\mathcal{K}_k(A, u_0)$ を作り，そこから絶対値最大の固有値や一部の固有値を求めるといったことが行われる．この系列の算法に，べき乗法，ランチョス法がある．また，別の部分空間列を用いるヤコビ・ダビッドソン法と呼ばれる方法もある．

（2）一般の行列の場合 線形代数において重要視されるジョルダン標準形は，数値線形代数的には求めることはできない．その代わりになるものが行列のシューア分解であり，シューア分解を求める形で固有値が計算される．この方向ですべての固有値を求める標準的な方法として，QR 法がある．大規模行列の場合，対称行列の場合と同様に，絶対値最大の固有値や一部の固有値を求めるといったことで満足せざるを得ないが，算法として，べき乗法，アーノルディ法，非対称ランチョス法，ヤコビ・ダビッドソン法などがある．

参考文献

1) 杉原正顯, 室田一雄：線形計算の数理, 岩波書店 (2009)

2) Z. Bai, J. Demmel, J. Dongarra, A. Ruhe and H. A. van der Vorst: *Templates for the Solution of Algebraic Eigenvalue Problems: A Practical Guide*, SIAM (2000)

3) http://www.netlib.org/lapack/ （2011年5月現在）

分野：共通基礎
部門：計算機システム [I-5]

スカラ超並列計算機
[英] scalar massively parallel processor

A. スカラ超並列計算機とは

廉価なキャッシュベースの汎用マイクロプロセッサを要素計算機とし，これを多数（1000台規模）結合して一つのジョブを並列に処理することにより，計算全体の高速化を図る並列計算機を指す．アーキテクチャとしては，ベクトル並列計算機（⇒p.307）が **SIMD**（single instruction multiple data）であるのに対して，**MIMD**（multiple instruction multiple data）に分類される．一般的には，複数のCPUチップをボード上で結合してノードを構成し，ノード間を高速ネットワークで結合する．結合ネットワークには，3次元トーラス，単（多）段クロスバー，ツリー等の方式があり，それぞれ結合特性が異なるため，適用するアプリケーションにより適切に選択する必要がある．また，CPU−メモリ空間のとり方で，分散メモリ，共有メモリに分かれる．前者では，メモリはCPUに分散され，各CPUは独立したメモリ空間を持つ．後者では，コストの観点からCPU（ノード）ごとに物理的にメモリを分散させた上で論理的に共有する，分散共有メモリ方式が一般的である．スカラ超並列計算機は，キャッシュ（cache）ベースのチップを用いるため，キャッシュのミスヒットが計算効率を大きく劣化させる．さらに，共有メモリシステムでは，計算のタイミングによりキャッシュ上のデータと共有されているメモリ上のデータとに一貫性がなくなる，キャッシュコヒーレンス問題が発生しうる．これを回避する方式もいくつか考案されているが[1]，余分な計算負荷が必要となるため，キャッシュのミスヒットに加え，計算全体の効率を劣化させる要因の一つとなっている．しかし，比較的廉価な汎用のマイクロプロセッサを用いると全体コストが低く抑えられることや，後述の米国政府の支援もあり，並列計算機の主流となって近年大きな発展を遂げた．

B. スカラ超並列計算機の歴史

（1）第1期：1980年代から1990年代前半 米国で，大学の研究者や大手半導体メーカを離れた人たちが並列コンピューティングのベンチャー会社を立ち上げ，nCUBEやシンキングマシンのCMシリーズなど，専用チップを用いた並列計算機を開発して，注目を集めた．これに刺激されて大手計算機メーカでも，インテル社がParagon，クレイ社がT3シリーズ，IBM社がSPシリーズ等を製品化した．

（2）第2期：1990年代後半から2000年代前半 米国は，自国の半導体世界戦略から，すでに優位な地位を確立していたマイクロプロセッサを並列化した，巨大SMPP開発を国家プロジェクトとして推進した．その中心的な計画が **ASC**（Advanced Simulation and Computing；旧ASCI）計画である．ASC計画では，核爆発シミュレーションを主目的として，米国エネルギー省傘下の三つの国立研究所に以下の六つの巨大システムが整備された．

- ASC Red [1996, SNL] 1.8 TF（Intel）
- ASC Blue Mountain [1998, LANL] 3.1 TF（SGI Cray）
- ASC Blue Pacific [1998, LLNL] 3.9 TF（IBM）
- ASC White [2000, LLNL] 12.29 TF（IBM）
- ASC Q [2002, LANL] 20.48 TF（HP）
- ASC Purple [2006, LLNL] 92.78 TF（IBM）

SNL：Sandia National Laboratories
LANL：LosAlamos National Laboratory
LLNL：Lawrence Livermore National Laboratory
TF：TFLOPS; tera FLOPS

（3）第3期：2002年以降 2002年にLINPACKのTop500における首位の座を地球シミュレータに奪われた米国は，その巻き返しに向けて，大規模並列計算機開発の方向を軌道修正した．まずは，LLNLとIBMが，それまで蛋白質構造解析を主要なアプリとして開発を進めていたBlue Gene（BG）計画を拡張し，BG/Lを共同開発して，2004年11月のLINPACKで首位を奪還した．BG計画はその後もLからP，Qへと拡大・拡張を続けている．米国ではBG計画以外にも，2008年に世界で初めてペタフロップス（PF）を超えた，LANLにおけるRoadrunner（1.3 PF，IBM，PowerXCellとAMD Opteronのハイブリッドシステム．以降このタイプの製造は中止）や，Oakridge National LaboratoryのCray XTをベースとしたJaguar（2009年11月，1.75 PF）などが続いた．近い将来では，2012年にLLNLのSequoia（20 PF，IBM）が計画されている．日本では，理化学研究所が2012年完成の「京」（LINPACKで10 PFを目標，富士通）を製作中であるが，2011年6月に製作途中のシステムで8.162 PFを実現し，日本がLINPACKのTop500で再び首位を奪還した．

参考文献

1) 例えば，馬場敬信：コンピュータアーキテクチャ，オーム社 (2000)

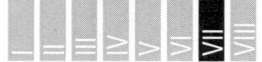

分野：可視化
部門：ボリューム可視化［VII-3］

スカラボリュームデータの可視化
[英] visualization for scalar volume data

計測やシミュレーション等により3次元空間中のスカラ場（scalar field）を記述するデータが得られる場合，これを**スカラボリュームデータ**（scalar volume data）と呼ぶことができる。医療分野で用いられるX線CT（computer tomography）やMRI（magnetic resonance image）が代表的な例である。スカラボリュームデータは，3次元座標とスカラ値の関係を記述する。3次元スカラ場の分布を観察するためには，これを2次元的に表示することが必要となる。おもな可視化の手法は，(1) 3次元空間中に定めた2次元断面上での分布情報を表示するものと，(2) 3次元的な分布情報を2次元平面に投影するものとに大別される[1]。

A. 断面像表示

断面像（slice image）は，3次元空間中に定めた2次元断面上でのスカラ場の分布情報を表現するものである。表示断面の設定は，3次元空間中に平面または曲面を指定することで行う。断面像中の点 (p,q) における画素値 $c(p,q)$ は，対応する3次元空間中の座標 (x,y,z) に対応するスカラ値 $r(x,y,z)$ に適切な変換を加えることにより求める。r がスカラであることから，c はこれと対応する白黒の濃淡値，または擬似的に対応付けられた色情報として設定する。断面像表示は，3次元スカラ場の分布の一部のみを表示するものであり，画像中に3次元分布全体の情報は含まないが，断面上については，3次元空間中の各位置におけるスカラ値の情報を直接表示可能である。

B. 投影像表示

投影像（projection image）は，3次元スカラ場の情報を2次元平面に投影し，表現するものである。投影面（projection plane）上の点 (p,q) における画素値 $c(p,q)$ は，投影中心（projection center）と点 (p,q) とを結ぶ直線を投影線（projection line）とし[2]，投影線上でのスカラ値の分布を代表する値として設定する。投影像表示は，3次元スカラ場の分布全体の情報を統合して表示できる。一方，3次元空間中の各位置におけるスカラ値の情報は，直接的には表示できない。

投影面上の各画素を通る投影線群は，投影中心を通り放射状に得られる。このような投影法を透視投影（perspective projection）と呼ぶ。これに対し，投影中心が投影面に対して無限遠にあるとした場合，投影線群はたがいに平行となる。このような投影法を平行投影（parallel projection）と呼ぶ。透視投影では，投影中心よりも遠方の対象が小さく投影されるため，投影像の大きさから奥行き情報を表現することができる。一方，平行投影では投影像の大きさが投影中心からの距離に依存しないため，対象の大きさを投影像から比較することが可能となる。

上記投影法のもとでの，おもな投影像表示手続きには，**最大値投影法**（maximum intensity projection; **MIP**），**サーフェスレンダリング**（surface rendering），**ボリュームレンダリング**（volume rendering）がある[1]。おのおのについて，代表的な手続きを示す。

（1）最大値投影法　投影線上のスカラ値分布に対し，その最大値に対応する画素値を定め，投影面の対応画素に記述する。スカラ値の画素値への変換は，断面像表示と同様の手順により行う。本手法は，注目する対象が高スカラ値を持つ場合に，投影面に沿った対象の配置の把握を容易にする。

（2）サーフェスレンダリング　注目する対象の表面と投影線との交点のうち，投影中心から最短距離のものについて，この点における陰影情報を，投影線方向，表面の法線方向，光源位置などから求め，投影面の対応画素に記述する。対象表面として，あらかじめ指定した値に対応するスカラ場中の等値面（isosurface）が多く用いられる。本手法により，投影中心から見た対象表面の凹凸，対象相互の隠蔽（occlusion）等が表現できる。

（3）ボリュームレンダリング　あらかじめ指定した伝達関数（transfer function）[3]により，視線上のスカラ値の分布を色情報と不透明度（opacity）の分布に変換し，これを積算して対応画素に記述する。本手法は，3次元スカラ場の分布を程度の異なる半透明表示により表現するものであり，適切な伝達関数と積算手順の導入により，注目対象の配置の把握が，奥行き方向も含めてある程度可能となる。

参考文献

1) Y. Kim, S. C. Horii: *Handbook of Medical Imaging, Volume 3. Display and PACS*, pp. 41–48, SPIE Press (2000)

2) 川合　慧 監訳：コンピュータグラフィックス（第2版），pp.164–165, 日刊工業新聞社 (1999)

3) 中嶋正之，藤代一成 編著：コンピュータビジュアリゼーション（インターネット時代の数学シリーズ4），p.43, 共立出版 (2000)

スキルスラボ
[英] clinical skills simulation laboratory

　スキルスラボ（skills lab; 臨床技能研修室）とは，医療技術・技能の習熟を目的とし，シミュレータ等を活用して学習者に実際の医療現場を模した各種の擬似環境を提供するための医療シミュレーション施設である．シミュレーションによる知識と技能の付与は，学習者に**試行**（trial and error）と**振り返り**（reflection）の機会を与えるため，座学を上回る教育効果が期待できる．スキルスラボでは，学習目的に合わせて，基本的な手技習得からシナリオに沿った診療シーンの擬似体験まで，多様な学習形態による効果的な学習が可能である．

A．スキルスラボの概要
　スキルスラボは，各種の**医療教育用シミュレータ**（simulator for medical education, ⇒p.10）および手技トレーナ（下図上段は気道管理トレーナ，下段は腹腔鏡下縫合トレーナ）に加えて，心電図計，血圧計，除細動器，救急カート，挿管セット，吸引器などの医療用器具が設置され，シミュレータおよびこれらの器具を備え，リアリティを持った擬似体験による学習が可能となっている．

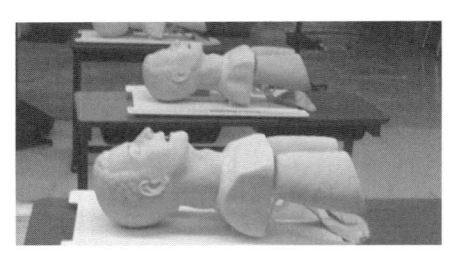

　スキルスラボには，それらのシミュレータや医療器具に加えて，視聴覚教材，模型，コンピュータソフトウェアを用いたシミュレーション学習の支援環境や，技能だけでなく態度教育の充実のための医療面接用の部屋，身体診察のためのトレーニング室などが併設されていることも多い．

B．スキルスラボの運営
　シミュレーション教材としては，各種のシミュレータやコンピュータソフトウェアがあるが，残念ながら，現在の技術水準では，ただ単にこれらの教材を学習者に提供するだけでは学習効果は十分には上がらない．これらの教材を効果的に活用するためには，どのような方法で教材を学習者に提供するかについての，運用面での支援が不可欠である．例えば，心肺蘇生シミュレーションの場合，蘇生訓練用のシミュレータ（下図）はコンピュータで部分的に制御できても，一見「マネキン」とほとんど変わらない．そこに，シナリオによる状況設定，蘇生チームでの個々の役割分担，蘇生のために残された時間など，さまざまな要素を加味することによって，学習者にインパクトを与える，効果的な救命救急教育が可能となる．スキルスラボの運営には，機器の管理などに加えて，このような訓練プログラムの立案・実施支援の能力も要求されている．

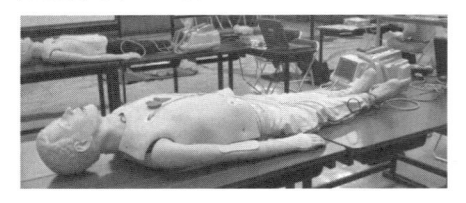

C．スキルスラボの設置場所
　スキルスラボは，医療系学部を有する大学をはじめ，医師の初期研修施設に指定されている病院などの卒後臨床研修施設に広く設置されており，学生および医療スタッフの研修に活用されている．また，医療機器メーカーが提供する，実際の病院とほぼ同じ診療機器と病室を有し，要所に多様なシミュレータを配した大規模な臨床技能研修施設も，国内に存在する．

D．スキルスラボの利用形態
　スキルスラボは，単なる手技習得の場に留まらず，学部学生・研修医の教育支援はもとより，職員教育（医療安全教育など）の支援，研修指導医・指導員の育成，医師・看護師などの復職再教育支援や，診療チームの円滑な行動の訓練・他職種業務の理解，リアリティのある状況下での意思決定の訓練，医療安全のための問題点の洗い出しと対策の検討などにも用いられている．

参考文献
1) Lynagh M, et al.: "A systematic review of medical skills laboratory training: where to from here?", *Med Educ*, **41**, pp 879–878 (2007)

分野：可視化
部門：シミュレーション検証のための可視化　[VII-6]

ステレオPIV
[英] stereoscopic particle image velocimetry; stereo PIV

　流体中に混入した**トレーサ粒子**（tracer particle）に**光シート**（light sheet）を照射し，その散乱光を2台のカメラによって異なる方向から撮影することで，トレーサ粒子（すなわち流体）の速度を計測する方法をステレオPIVと呼ぶ．カメラ1台によるPIVは速度ベクトル2成分のみを計測するが，ステレオPIVは速度ベクトル3成分の計測を可能とする．

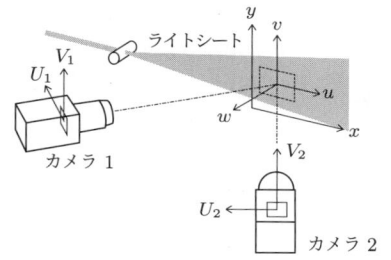

A. カメラ校正
　ステレオPIVを用いる場合には，あらかじめカメラ校正（camera calibration）を行い，**投影関数**（projection function）を求めておくことが必要となる．PIVを含めた一般的な画像計測においては，3次元物体空間に置かれている測定対象が，レンズと撮像素子を介して2次元画像空間に投影される．ここで，物体空間の座標系（物体座標系）を画像空間の座標系（画像座標系）に写像する関数を投影関数という．投影関数は物体空間における位置と画像空間における位置の対応関係を表すものであり，画像に物理的な位置情報を与える上で必要となる．通常は，既知の間隔で格子状に点が描かれた平板を光シート面内に挿入し，それを撮影したのち，各点の物体座標と画像座標を算出して最小2乗法で投影関数を求める．これをカメラ校正という．投影関数としては3次程度の多項式やピンホールカメラモデルに基づく式などが用いられる．

B. 速度3成分の算出
　ステレオPIVでは，通常のPIVと同様の手法で，各カメラで撮影された粒子画像における粒子移動量を求めたのち，以下の方法により物体座標における速度を算出する[1]．投影関数をF_XおよびF_Yとし，それを時間tで微分すれば

$$\frac{dX}{dt} = \frac{d}{dt}F_X(x(t), y(t), z(t))$$
$$= \frac{\partial F_X}{\partial x}\frac{dx}{dt} + \frac{\partial F_X}{\partial y}\frac{dy}{dt} + \frac{\partial F_X}{\partial z}\frac{dz}{dt}$$

$$\frac{dY}{dt} = \frac{d}{dt}F_Y(x(t), y(t), z(t))$$
$$= \frac{\partial F_Y}{\partial x}\frac{dx}{dt} + \frac{\partial F_Y}{\partial y}\frac{dy}{dt} + \frac{\partial F_Y}{\partial z}\frac{dz}{dt}$$

となる．ここで，物体座標系(x, y, z)，画像座標系(X, Y)とする．物体座標における粒子速度を

$$u = dx/dt$$
$$v = dy/dt$$
$$w = dz/dt$$

画像座標における粒子速度（像速度）を

$$U = dX/dt$$
$$V = dY/dt$$

下付き添え字をカメラ番号（1あるいは2）とすれば，像速度は

$$\begin{bmatrix} U_1 \\ V_1 \\ U_2 \\ V_2 \end{bmatrix} = \begin{bmatrix} \frac{\partial F_X^1}{\partial x} & \frac{\partial F_X^1}{\partial y} & \frac{\partial F_X^1}{\partial z} \\ \frac{\partial F_Y^1}{\partial x} & \frac{\partial F_Y^1}{\partial y} & \frac{\partial F_Y^1}{\partial z} \\ \frac{\partial F_X^2}{\partial x} & \frac{\partial F_X^2}{\partial y} & \frac{\partial F_X^2}{\partial z} \\ \frac{\partial F_Y^2}{\partial x} & \frac{\partial F_Y^2}{\partial y} & \frac{\partial F_Y^2}{\partial z} \end{bmatrix} \begin{bmatrix} u \\ v \\ w \end{bmatrix}$$

と表される．これを変形してテンソル表示すれば

$$u_i = \left(F_{ij}^T F_{ij}\right)^{-1} F_{ij}^T U_j$$

となり，速度ベクトル3成分を像速度および投影関数の勾配から求めることができる．

C. 計測例
　ステレオPIVを用いて生きた魚の尾部近傍を計測した例を示す．下図は魚が尾を振り，体を時計回りに回転させた直後の速度分布である（口絵40）．ベクトルは計測面（図中y-z面）内成分を，色は面外成分（赤：奥向き，青：手前向き）を示す．魚が後方に向かう流れと右向きのジェットを生み出していることがわかる．

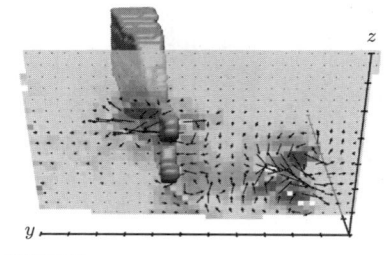

参考文献
1) 可視化情報学会編：PIVハンドブック, pp. 172–191, 森北出版 (2002)
2) Sakakibara, et al.: "Stereo-PIV study of flow around a maneuvering fish", *Exp. Fluids*, **36**, 282 (2004)

分野：機械
部門：機械力学・計測制御・生産システム［III-3］

スポーツ工学
［英］sports engineering

近年，スポーツ工学におけるシミュレーションの利用は増加する傾向にある．これは，さまざまな特性を有するプレーヤー，スポーツ用具およびスポーツ環境との間の複雑なインタラクションを考慮でき，パラメータスタディなどが容易にできるためである．スポーツ工学におけるシミュレーション，特にコンピュータシミュレーションの現状について，ゴルフ，シューズおよびヘルメットを例として挙げ，解説することにしたい．

A. ゴルフ

ゴルフに関するシミュレーションは，スウィング動作，クラブヘッドとボールまたは地面との衝突，およびボールの飛行の解析に用いられる．

スウィング動作のシミュレーションでは，ゴルファーがいかに遠く，かつ正確にボールを打つことができるかを目標として，ゴルファーの運動とクラブの挙動との関係や，シャフトの特性とヘッド速度との関係を解析する研究が進められている[1]．この解析では，剛体リンクモデルがよく使われている．

クラブヘッドとボールまたは地面の衝突シミュレーションでは，有限要素法または粒子法がよく利用されており，ボールの打ち出し条件（速度，角度，スピン）に対するクラブの各種パラメータ（ヘッドの質量や慣性モーメント，ロフト角，フェーズ面の厚さや摩擦係数など）の影響が研究されている．クラブの各種パラメータの影響を正確に把握できるように形状を簡略化した模擬クラブの有限要素シミュレーションも行われている[1]．有限要素シミュレーションによるクラブとボールの衝突解析の例を下図に示す．

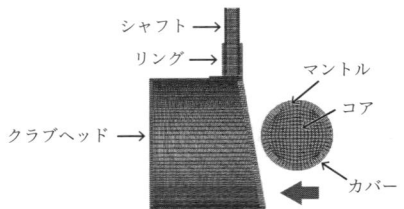

ボールの飛行シミュレーションでは，CFD (computational fluid dynamics) を用いることが多く，ボールまわりの空気の流れやボール挙動に対するディンプルの影響等が解析されている．

B. シューズ

スポーツシューズ，特にランニングシューズには，衝撃緩衝性，屈曲性，安定性，フィット性などが求められる．中でも衝撃緩衝性は傷害を防ぐ重要な機能であり，また，ランナーの能動的運動の影響も小さいため，機械的試験と被験者実験に加えて，簡易ソールモデルを用いた衝撃シミュレーションによる評価手法の開発が行われている[2]．

そのほかには，有限要素法によるグリップ性の評価，CFDによる空力特性の解析，ランナーとシューズとサーフェスのバネ-質点モデルによる床反力の推定などを行う研究もある．

C. ヘルメット

ヘルメットは衝撃から頭部を保護するために最も有効な用具である．アメリカンフットボールやモータースポーツのような衝突や事故を伴うスポーツでは，ヘルメットの使用が義務化されており，ヘルメットの緩衝性の評価手法の開発が進められている．

乗車用ヘルメットの緩衝性の評価では，ヘルメットの落下試験が一般的に実施されているが，頭部内部の各種物理量を調べ，かつさまざまな条件下の評価を容易に行うために，有限要素シミュレーションによる新たな評価手法も開発されている[3]．ヘルメット落下試験の有限要素シミュレーションの例を下図に示す．

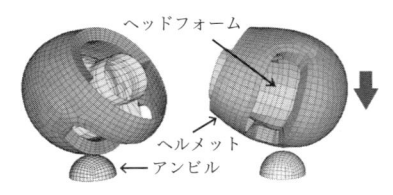

シミュレーションの精度はモデリング技術と計算機性能に依存するが，スポーツ工学におけるシミュレーションでは，プレーヤーの受動的・能動的特性および用具や環境との融合が求められ，高度な技術が必要となる．これまでのシミュレーション技術の進歩から考えると，スポーツ工学におけるシミュレーションはますます高度になっていくと考えられる．

参考文献
1) 田中克昌ほか：有限要素解析によるシャフトの取付位置がボールの反発特性に与える影響の考察，シンポジウム：スポーツ・アンド・ヒューマン・ダイナミクス2010講演論文集，pp.359-364 (2010)
2) 西脇剛史：FEMを用いたシューズの機能性評価法，バイオメカニズム学会誌，Vol.24, No.2, pp.82-86 (2000)
3) 高　鐵雄ほか：有限要素頭部生体モデルによるヘルメットの頭部保護性能の評価，自動車技術会論文集，Vol.34, No.1, pp.127-132 (2003)

分野:機械
部門:材料力学・機械材料・材料加工 [III-1]

スマート構造材料
[英] smart structure and material

構造用材料は,構造物の形状と荷重を保持する性能が必要とされるが,スマート構造材料では,その材料にさらにセンサネットワークやアクチュエータ材料を組み込むことで,状態の変化を検知して効率的に適応する機能を構造部材自身に持たせることを目的としている[1])。

中でも,センサネットワークによる構造ヘルスモニタリング (structural health monitoring) や,アクチュエータ材料による形状制御・振動制御などの可能な適応構造 (adaptive structure) が研究されているが,これらを実現するためには実験とシミュレーションの両面からの検証が必要となる。

A. 構造ヘルスモニタリング

構造物の健全性,特に損傷や劣化の検出を目的とした構造ヘルスモニタリング技術においては,おもに,**光ファイバセンサ** (optical fiber sensor) によるひずみ計測に基づいた手法と,**音響超音波法** (acousto-ultrasonics) で形状や特性の変化を検出する手法に分けられる。

光ファイバセンサは測定原理によって数種類に分類できるが,中でも近年では,FBGセンサ (fiber Bragg grating sensor) と分布型センサ (distributed sensor) が主流となっている。FBGセンサは光ファイバ中に形成した回折格子であり,局所的な領域におけるひずみの絶対値を高精度かつ高速に計測できる。つぎに分布型センサは,通常の光ファイバをそのままセンサとして使用でき,光ファイバの各位置からの散乱光を利用することで,長い距離にわたるひずみ分布を計測できる。以上のような光ファイバセンサを構造物に張り巡らせてひずみ分布を計測し,その結果を有限要素法などの数値解析によるひずみ分布シミュレーション結果と比較することで,損傷の発生を検出することが可能となる。

つぎに,音響超音波法では,ガイド波であるラム波を用いた研究が主流であり,構造物の複数点に設置した圧電セラミックス (piezoelectric ceramics) で相互にラム波を送受信する。そして,各伝搬経路における受信波を解析することで,損傷の発生を検出することが可能となる。ただし,受信波形を正確に解析するためには,ラム波の周波数分散性の理論計算や,有限要素法による波動伝播の数値解析シミュレーション,ニューラルネットワーク等を利用したデータ処理手法を組み合わせることが望ましい。

B. 適応構造

アクチュエータ材料 (actuator material) を組み込んで駆動させることにより,構造物自体の形状を滑らかに制御できれば,飛行機などの高速輸送用構造体のさらなる軽量化や高性能化・高安全化が図れる。同様な効果は,機体まわりの流体の流れをアクチュエータ材料で微小に制御することでも期待できる。また,振動や騒音を抑制することで,構造部材への疲労荷重を低減させると,長寿命化が図れるとともに,乗客の快適性も向上する。さらに,構造自体に力を発生させて損傷の進展を抑制できれば,さらなる安全性も期待できる。

このような,環境に適応して高効率で制御可能な構造は,特に航空宇宙の分野で期待されているが,そのためには,さまざまなアクチュエータ材料の高性能化を図るとともに,その駆動メカニズムのモデリングとシミュレーションが行えることが必須となる。そして,アクチュエータ材料の特性を十分に把握した上で,構造物のどの位置にどれだけ組み込めばよいか,また,構造物を的確に制御するためには,どれだけのエネルギーをアクチュエータ材料に与えればよいかも,マルチフィジクスシミュレーションで検討する必要がある。

そのような適応構造を実現するために期待されているアクチュエータ材料としては,圧電セラミックス,形状記憶合金 (shape memory alloy),磁歪材料 (magnetostrictive material),ポリマー系アクチュエータ (polymer actuator),磁気粘性流体 (magnetorheological fluid) 等が挙げられる[2])。これらアクチュエータ材料の駆動メカニズムに関しては,理論的モデルの構築と,有限要素法などへの組み込みによる力学的挙動のシミュレーションが研究されており,より駆動性能の高い材料の開発にフィードバックされている。そして,アクチュエータ材料の高性能化と力学的挙動の十分な理解が進むことで,上述のようなさまざまな機能を有する適応構造の実用化が期待される。

参考文献
1) 日本機械学会 編:インテリジェント技術-材料・構造-,日刊工業新聞社 (2001)
2) 古屋泰文,樋口俊郎,今泉伸夫 監修:未来型アクチュエータ材料・デバイス,シーエムシー出版 (2006)

生産管理
[英] production management

A. 生産管理と生産プロセス

生産管理とは「財・サービスの生産に関する管理活動」であり，具体的には「所定の品質（quality）・原価（cost）・数量および納期（delivery; due date）で生産するため，またはＱ・Ｃ・Ｄに関する最適化を図るため，人，物，金，情報を駆使して，需要予測，生産計画，生産実施，生産統制を行う手続きおよびその活動」をいう．また，狭義には，生産工程における生産統制を意味し，工程管理ともいう[1]．

上に示した生産管理を業務の流れとして見ると，一般に生産プロセスはつぎのように捉えることができる．顧客からの要求を，商品企画，製品設計により製品や構成部品の図面として具体化する．その製品を生産するための加工方法や組立方法（工法）を決め，生産手段としての設備や作業者の役割分担を決め，設備については必要な機能に応じた設備設計を行う．また，作業者についても同様に作業者が持つべき技術を決める．生産計画により生産のタイミングと数量が決まると，生産方式を決め，工程設計が行われる．さらに，詳細な生産計画が決まると，必要な資材の調達活動が始められる．ここまでの段階では，ほとんどが情報の流れを扱うことになる．

発注先から資材が納入され，数量と品質の検査が行われ，資材倉庫に保管される．生産現場での生産計画に基づき，必要なものを，必要な量だけ，必要なときに供給し，生産が行われる．できあがった製品は再び数量と品質の検査を受け，製品倉庫に保管される．顧客の要求に基づいて出荷計画が立てられ，製品倉庫から顧客に届けられる．顧客に届いた製品は，保守・点検を受けながら使用され，リユース，リサイクルなどのプロセスを通り最終的には廃棄される．後半の段階では，物と情報の両方の流れが存在する．

さらに，これらの各段階において，さまざまな物的あるいは人的資源が投入され仕事が進められていくため，その活動に必要な金の流れが発生することになる．

B. 生産プロセスのシミュレーション

生産プロセスにおける顧客の要求段階から製品の廃棄までの製品のライフサイクル全体に対して，さまざまなシミュレーションが考えられ実現されてきている．その代表的なものが，**オペレーションズリサーチ**（operations research; **OR**）からのアプローチと設計・製図からのアプローチである．

前者では，問題を制約条件と目的関数（評価尺度）に分け，これらを数式により表現して定式化し，数学的な知識を用いて最適化する．しかし，変数の個数が増大し，問題が複雑になると，容易に最適解が得られないため，シミュレーションにより複数の近似解を求めて，その中から最も良い解を得ようとすることになる．この方法は，数値化が可能な生産計画，資材計画，生産順序計画，物流計画などの段階で利用されている．

後者は，製品設計のコンピュータ利用に伴って急速に発展した．設計段階で作られたディジタル情報を図示し，生産プロセスでの物の動きをシミュレーションにより見ながら物的な干渉や加工性の評価を行う．不都合が生じた場合には設計へフィードバックできるようになった．このようなディジタルマニュファクチャリングは機械加工の分野で始まったが，人的な組立作業への適用が可能になり，量産試作段階での活用や生産プロセスの改善での利用が一般化しつつある．

C. 生産シミュレーションの展開

生産管理に関わるシミュレーションは，ある特定の問題領域に区切って用いられてきた．部分最適から全体最適が求められるようになると，シミュレーションもそれに応じて広い問題に対応していく必要がある．

PLM（product lifecycle management）は，製品に関わる情報を，製品の企画段階から設計・開発，製造，保守，廃棄に至るまでの製品ライフサイクル全体にわたって全社的かつ部門横断的に管理する考え方である．このような全社的な問題では，評価尺度もQCDだけでなく，S（safety; 安全性），M（morale; モラール・士気），E（environment; 環境），P（productivity; 生産性）へと広げていく必要がある．そこには人的な要素が入るため，いっそう複雑化する可能性がある．また，計画段階（plan）を中心とした検討だけでなく，実行（do），評価（check），対策（act）を含めたPDCAのサイクルを通じて，シミュレーションを用いて問題を解決していく必要がある．さらに，1企業からその連鎖であるサプライチェーンへの広がりも検討しなければならない．このような線から面への広がりを考慮すると，他のシミュレーションの領域との連携が重要な課題になる．

参考文献

1) 日本経営工学会, 日本規格協会：JIS Z 8141 生産管理用語, 日本規格協会 (2001)
2) 山田太郎：PLM戦略, PHP研究所 (2005)
3) 渡邉一衛：ものづくり・サービスづくりのシミュレーション, シミュレーション, **28**, 1, pp. 41–45 (2009)

分野：人間・社会
部門：経営・生産　[VI-4]

生産計画
[英] production planning

　生産計画とは，広義には生産活動におけるすべての計画のことで，在庫計画や日程計画，生産能力計画などが含まれる。狭義には，生産量と生産時期に関する計画のことである。期間の観点からは，長期計画，中期計画，短期計画に分けられる。期間が短くなるほど，より精度の高い情報に基づき具体的な計画を立てる。

　生産スケジューリングは，システムの効率的な運用を実現することを目的に行う。効率化の指標として，生産量の最大化，仕掛量の逓減，リードタイムの短縮，納期の厳守，利益の最大化などが用いられる。

A．生産スケジューリング

　生産設備の構成により，生産スケジューリングは単一機械，並列機械，フローショップ，ジョブショップに分類できる。

　（1）単一機械　単一の生産設備を用いて加工を行う場合のスケジューリングである。生産する製品順序により，その段取り時間が異なる場合が多く，加工物の投入順序を決定する問題となる。

　（2）並列機械　同種の機能を有する複数の生産設備を用いて加工を行う場合のスケジューリングである。加工対象はそれらの設備のいずれを用いて生産されてもよい。この場合には，加工物をどの生産設備を使ってどの順序で生産するかを決定する問題となる。

　（3）フローショップ　製品の加工順序に従って生産設備を配列し，それを用いて加工対象物を生産する場合のスケジューリングである。各生産設備の製品による加工時間の違いを考慮して加工対象物の投入順序を決定する問題となる。

　（4）ジョブショップ　フローショップとは異なり，加工対象物によって加工順序が異なる場合のスケジューリングである。加工対象物はそれぞれの加工順序に従って生産設備へ搬送され，加工が行われる。この場合，生産設備ごとに順序を決定する問題となる。

B．スケジューリング技法

　スケジューリングの方法には大きく数理計画法，シミュレーション，**人工知能**（artificial intelligence；**AI**）を用いた手法が存在する。**数理計画法**（mathematical programming）を用いる方法は，スケジューリング問題を目的関数と制約式により表現し，その最適化を指向するところにある。解法としては，**分枝限定法**（branch and bound method），**動的計画法**（dynamic programming），**ラグランジュ緩和法**（Lagrange relaxation method）など，スケジューリング問題を組合せ最適化問題として解く方法がある。

　AIを用いた方法では，人間が持っている特定の問題に対する知識をシステムに与え，それを用いてスケジュールを半自動化する。この方法は最適化指向ではなく，目標達成指向とでもいうべき方法である。**制約誘導論**（theory of constraint-induced），ルールベースシステム，**事例ベース推論**（case-based reasoning）などの手法がある。

C．シミュレーションによる方法

　シミュレーションを用いた方法としては，作業の着手開始から納期に向かってジョブを割り付けるフォワードシミュレーションと，納期から逆向きにジョブを割り付けるバックワードシミュレーションとがある。

　スケジューリングを行う際，用いるデータの性質により，静的スケジューリングと動的スケジューリングの二つに分けられる。静的スケジューリングは，事前に作業時間，加工経路，納期といったデータがある程度正確に与えられている場合のスケジューリングである。作成したスケジュールの実現可能性が高く，さまざまな条件を考慮した計画を作成することが可能であり，最適化手法が適合する。

　動的スケジューリングは，これらのデータが与えられていない場合のスケジューリングである。

　動的スケジューリングに対して最も実用的なスケジューリング法として，優先規則を用いたシミュレーションによる方法がある。優先規則には先着順規則，最小作業時間規則，最小余裕時間規則，最大残り作業量規則など数多くの規則がある。この方法では，優先規則を用いて待ち行列内のジョブを評価し，最も評価の高いジョブから順に処理を行う手続きを繰り返すことにより，スケジュールを作成する。

　しかし，優先規則を用いたシミュレーションは，スケジューリングの最適化を指向するものではない。スケジューリングの目的に適った優先規則を用いることは，シミュレーションを使ってスケジューリングを行う場合の大きな課題である。また，異なる複数の優先規則を線形結合し，複数の評価尺度を考慮する方法は，単一の優先規則の場合に比べて優れた特性を持っていることが示されている[1]。

　シミュレーションは最も有力な手法の一つであり，現場に即応したさまざまな条件を取り入れやすい方法といえる。

参考文献
1) コンウェイ R. W., マックスウェル W. L., ミラー L. W.（関根智明監修）：スケジューリングの理論，日刊工業新聞社 (1967)

分野：電気・電子
部門：電磁界解析 [II-4]

静磁界解析
[英] magnetostatic analysis

うず電流，あるいは導体が運動するような時間変動のない電磁界を取り扱う場合，マクスウェル方程式を静磁界問題として求解できる。辺要素有限要素法を用いて静磁界問題を解く場合，辺 i の重み付き残差 G_i は次式のようになる。

$$G_i = \int_V (\nabla \times \boldsymbol{N}_i) \cdot (\nu \nabla \times \boldsymbol{A}) \mathrm{d}V$$
$$- \int_V \boldsymbol{N}_i \cdot \boldsymbol{J}_0 \, \mathrm{d}V = 0$$

ここで，$\boldsymbol{N}_i$ は辺要素の形状関数，ν は磁気抵抗率，$\boldsymbol{A}$ は磁気ベクトルポテンシャル，$\boldsymbol{J}_0$ は強制電流密度である。なお，境界積分項は省略する。

鉄芯などの磁性体が含まれた電気機器の磁界解析では，磁性体の直流磁気特性を考慮した非線形磁界解析が必要となる。代表的な非線形解法として，過小緩和法や**ニュートン・ラフソン法**（Newton-Raphson method, ⇒ p.287）（以下，NR法）がある。一般的に，過小緩和法は NR 法よりも収束が遅く，緩和係数の設定いかんでは，発散して解が得られないケースがある。一方，NR 法の収束は，過小緩和法より高速であるが，使用する磁気特性によっては発散する可能性があり，収束安定化の観点から**直線探索**（line-search）の導入が好ましい。直線探索は，次式のように NR 法反復ごとに修正係数 α を導入する。

$$\boldsymbol{A}^{(k+1)} = \boldsymbol{A}^{(k)} + \alpha^{(k)} \delta \boldsymbol{A}^{(k)}$$

ここで，k は NR 反復ステップ，$\delta \boldsymbol{A}$ は $\boldsymbol{A}$ の修正ベクトルとする。

A．直線探索
非線形解析の収束安定化を行うため，修正係数 α の設定基準として，つぎの 2 種類を述べる。

（1）残差ノルムに着目した基準 この基準は，NR 反復 k 回目における残差ノルムの 2 乗 $\|\boldsymbol{G}^{(k)}\|^2$ が，1 ステップ前の値 $\|\boldsymbol{G}^{(k-1)}\|^2$ よりも減少するまで，次式に従い，α を半減させる[1]。

$$\alpha^{(k,l)} = \alpha^{(k,l-1)} \times 0.5$$

ここで，l は NR 反復 k 回目における半減回数とし，$\alpha^{(k,1)} = 1.0$ とする。以上より，本方法の修正係数は緩和（$\alpha \leq 1.0$）のみとなるため，収束安定化は図れるが，加速を行えない欠点がある。

（2）汎関数最小化に基づく基準 この基準では，エネルギー汎関数 χ が最小となる α を計算する。それゆえ，NR 反復 k 回目の α は，次式に基づいて計算できる[2]。

$$\frac{\partial \chi^{(k+1)}}{\partial \alpha^{(k)}} = \left[\frac{\partial \chi^{(k+1)}}{\partial \boldsymbol{A}^{(k+1)}}\right]^T \frac{\partial \boldsymbol{A}^{(k+1)}}{\partial \alpha^{(k)}}$$
$$= \left[\boldsymbol{G}(\boldsymbol{A}^{(k)} + \alpha^{(k)} \delta \boldsymbol{A}^{(k)})\right]^T \delta \boldsymbol{A}^{(k)} = 0$$

上式は解析的に解けないので，1 次元のニュートン法を使用して厳密に α を推定する方法，あるいは $\boldsymbol{G}^{(k+1)T} \delta \boldsymbol{A}^{(k)}$ が α に対して線形変化すると仮定して α を推定する方法がある。双方を比較すると，非線形収束特性は同様な特性が得られており，厳密に α を推定する方法では，1 次元ニュートン法に必要な計算時間が増加するため，線形変化と仮定する方法で十分である[2]。

B．線形方程式の収束判定値緩和に基づく非線形静磁界解析の高速化

（1）収束判定条件の定義 通常，磁界解析で使用されている連立 1 次方程式の解法（例えば ICCG 法）の収束判定条件は，反復 n 回目の残差ノルムを $\|\boldsymbol{r}_n\|$ とすれば，$\|\boldsymbol{r}_n\|/\|\boldsymbol{r}_0\| < \varepsilon_\mathrm{cg}$ となる。一般的に，ε_cg は 10^{-6} 程度の値が設定されるが，ε_cg を 10^{-2} のように緩和しても，NR 法の収束判定値を適切に設定すれば，解は劣化しないことが数学的に証明されている[3]。

（2）非線形磁界解析の高速化の結果 A.(2) で示した $\boldsymbol{G}^{(k+1)T} \delta \boldsymbol{A}^{(k)}$ の線形変化に基づく直線探索（LS）を導入した NR 法と，ε_cg を緩和させた ICCG 法の併用による非線形高速磁界計算法を，薄形永久磁石回転機（離散化要素：六面体 1 次辺要素，要素数：235 008，未知変数：682 080）のコギングトルク解析（機械角 0.2° 刻み，90 ステップ）へ適用する。計算結果を表に示す。LS を導入し，$\varepsilon_\mathrm{cg} = 10^{-2}$ とすれば，通常の解法（LS なし，$\varepsilon_\mathrm{cg} = 10^{-6}$）と比べて，高速化が可能である。

LS	$\log_{10}$ (ε_cg)	total NR ite./ave.	total ICCG ite./ave.	max. torque (mN·m)	CPU time (h)
×	−6	603/6.7	474 888/5 277	9.53	18.4(1.00)
○	−6	435/4.9	363 321/4 037	9.53	14.4(0.78)
○	−2	455/5.1	144 235/1 602	9.53	6.49(0.35)

CPU Intel CORE i7 4.08 GHz (over-clock) & 6.0 GB RAM

参考文献
1) K. Fujiwara, et al.: *IEEE Trans. Magn.*, Vol.29, No.2, pp.1962–1965 (March 1993)
2) Y. Okamoto, et al.: *IEEE Trans. Magn.*, Vol.45, No.3, pp.1288–1291 (March 2009)
3) 岡本ほか：電気学会静止器・回転機合同研究会資料, SA-05-65, RM-05-72, pp.1–8 (2005)

分野：機械
部門：機械力学・計測制御・生産システム ［III-3］

製造ライン
［英］production line

モノづくりの要である生産技術・製造部門では，シミュレーション機能を内包した，さまざまなITツールを導入している．下表に生産準備段階で従来利用しているソフトウェアツールの支援対象をまとめた．

対象	内容
工程設計・作業設計	CAM（computer aided manufacturing），自動工程設計，ロボットプログラミング，NCプログラミング，NCデータチェック，ディジタルモックアップ
レイアウト・物流	工場内レイアウト，工場内物流計画，自動搬送車配送計画・制御
生産計画・運用	スケジューリング，作業アロケーション，稼動状況モニタリング，スケジュール管理
品質管理	検査プログラミング，データ処理，実績ロギング

最近では，製造時の効率化に加えて環境配慮が必須となっており，省エネルギー・資源循環型生産を実現するために，事前に環境影響評価も行える形でのシミュレーションが重要となっている．また，製品へのユーザ要求の多様化や，必要な製品を必要な量だけ製造する傾向から，多品種少量生産ひいては変種変量生産が主流となっている現在では，同じ生産機械とその配置でさまざまな製品を製造するフレキシブル生産ラインが用いられるので，事前に最適な製造方法と工程をプランニングすることは重要である[1]．これらのことから，製造ラインのコンピュータシミュレーションとして**バーチャルマニファクチャリング**（virtual manufacturing, ⇒ p.102）技術の利用が盛んになりつつある．

A. 製造ラインモデリング

精度の高いシミュレーション結果を得るためには，製造対象である製品や，製造を実行する場である工場や機械群，さらに，工場でやりとりする情報を正確にモデリングする技術が必要である．

（1）製品モデル 製品定義情報に加えて，許容公差，材料/加工法，組立/分解手順，管理データなど，製品に関するさまざまな情報をモデル化して**製品モデル**（product model; **PM**）を構成し，開発から製造，運用支援に至る製品の全ライフサイクルにわたり一貫して利用する[2]．製品定義情報は，製品の形状や機能などを表現するものである．ソリッドモデルによる形状表現をベースに，製品設計システムで生成する．この製品モデルに，生産設計結果の情報を付加し，さらに製造履歴などの情報も付加する．

（2）工場モデル・機械モデル 工場の構成要素である工作機械，加工機械，自動搬送車，自動倉庫などの各機械の仕様やその能力をモデル化した機械モデルに，各機械モデル間の関係，配置などの情報を加え，製造ラインの工場モデルを構成する．また，機械，製造ライン，工場に関する管理情報や環境情報なども加える必要がある．

（3）製造データモデル 上述の生産技術関連を中心とした情報に加えて，企業情報システムと生産情報システム間でやりとりするデータ，例えば，製品受注情報，在庫管理情報，配送計画情報など，製造ラインの運用管理に関わる情報などもモデル化する必要がある．

B. バーチャルマニファクチャリング

コンピュータ上の仮想工場を利用して，製造ラインのシミュレーションを行う手法が，最近活発に使われている．

（1）ディジタルファクトリ 実際の製造ラインをモデリングしてコンピュータ上に構成した仮想の工場が，**ディジタルファクトリ**（digital factory）である．これを利用することで，製造ライン上での現象や挙動，製造工程，人の動作などの細かいチェックから，工場全体としての稼働計画の検討までが行える．これにより，製品とプロセスの試作レス設計と製造，製造ラインの試作レス設計と構築，設計情報と製造情報の一元化と一括活用，製造工程や品質の制御と管理などが可能となる．製品モデルや人体モデルの挙動に加えて，組立やメンテナンス過程のシミュレーションも行えるディジタルモックアップも，広い意味でこの類に入る．

（2）マルチエージェント 製造対象物も含め，生産システムの全構成要素をソフトウェアエージェントとして実装し，マルチエージェントシステムとしてディジタルファクトリを構成することで，実システムとモデルの対応をとり，シミュレーションベースの精度も柔軟性も高い製造プランニングと制御を行おうとする試みがある．

（3）ライフサイクルシミュレーション
近年の循環型社会では，製造システムにおいても，素材から製品を作り出す順工程に加えて，分解や再加工といった逆工程も統合的に管理する必要がある．製品や構成部品のリユースやリマニュファクチャリングといった動的な循環の効果や，循環におけるバランスを評価するためにも，**ライフサイクルシミュレーション**（life cycle simulation）は重要である．

参考文献

1) 木村文彦：製造システム（シリーズ現代工学入門），岩波書店（2005）
2) 精密工学会 編：生産ソフトウェアシステム（精密工学シリーズ），オーム社（1991）

生体組織の光学特性
[英] optical property of biological tissue

生体組織の光学シミュレーションを行うには，生体組織がどのような光学的性質を有するかを定義する必要がある．生体内での光伝播を微視的に捉えると，細胞膜，核などの細胞組織により光は屈折・反射しながら伝播していくが，このような微視的モデルを考慮して光伝播を解析することは非常に困難であるため，この光学的な性質を巨視的かつ定量的に捉えるのが**光学特性値**（optical property）である．生体組織は光の散乱媒体であり，光学特性値としては，吸収係数 μ_a，散乱係数 μ_s，および散乱位相関数 $p(\theta)$（θ は散乱角）が必要である．光散乱現象を伴うため，光学特性値の計測は複雑となる．多重散乱の影響を除去するためには，数十ミクロンの厚さに切除して単散乱の状態にして計測する必要があるが，加工は困難である．そのため，光学特性値測定法は生体組織内を多重散乱した光を検出し，その計測結果と理論解析とが一致するような光学特性値を推定する手法が一般的である．

光学特性値測定のための手法としては，おもに（1）時間分解計測と光拡散方程式を用いたシミュレーションにより光学特性値を推定する方法と，（2）積分球を用いた計測とモンテカルロシミュレーションによる解析により光学特性値を推定する方法の二つがある．

A. 時間分解計測と光拡散方程式

時間分解計測とは，極短パルス光を生体組織に照射し，高速検出器によってパルス光強度の時間変化曲線を計測する手法である（下図）．入射した極短パルス光が，光伝播経路の違いによって広がった形で検出される．

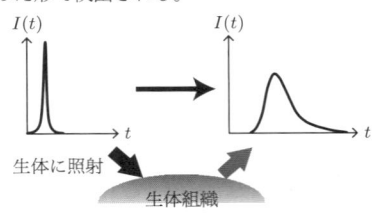

一方，シミュレーションを行う光伝播の厳密な基礎方程式は，光エネルギー保存式としてのふく射輸送方程式である．しかし，これは偏微分積分方程式であり，解くのが容易ではないため，これを近似し，散乱パターンが等方散乱となる領域で成立する**光拡散方程式**（photon diffusion equation，⇒p.76）がおもに用いられる．この場合には，$p(\theta)$ の平均余弦である異方散乱パラメータ g を用い，μ_s の代わりに換算散乱係数 $\mu_s' = (1-g)\mu_s$ を定義し，光学特性値としては μ_s' と μ_a を考えればよい．この手法は，時間分解計測によって検出器で得られた計測を行う一方で，試料の光学特性値 μ_s' と μ_a を仮定し，光拡散方程式を用いたシミュレーションを行い，検出器で得られる光強度の時間変化曲線を求める．この結果を計測結果とフィッティングし，一致すれば光学特性値が決定される．一致しない場合は再度光学特性値 μ_s' と μ_a を仮定して，シミュレーションを行う．この繰り返し演算を続けることにより，光学特性値が決定される[1]．この手法は，光源−検出器間距離がおよそ1cmより長い場合など，散乱パターンが等方散乱になり，光拡散方程式が成立する場合に有効である．

B. 積分球を用いた計測とモンテカルロシミュレーション

積分球とは，内壁が完全拡散反射体の球体であり，試料を透過ないし反射した光の全透過率 T，全拡散反射率 R を計測することができる．下図は積分球を用いた計測の概念図である．

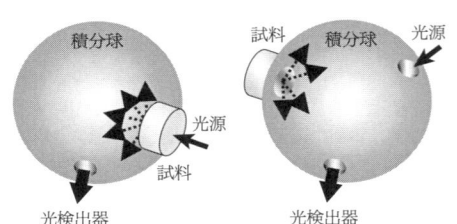

また，シミュレーションの手法としては，確率論的手法である**モンテカルロ法**（Monte Carlo method）がよく用いられる．モンテカルロ法は，光をエネルギー粒子と考え，生体組織の光学特性値が統計的に実現されるように各粒子の散乱ごとの経路を決め，多くの光エネルギー粒子の光伝播挙動から，統計的に意味のある結果を得る方法である．積分球による T と R の計測結果とシミュレーション結果が一致したときに仮定した μ_s' と μ_a をその試料の光学特性値とする[2]．散乱位相関数 $p(\theta)$ をゴニオフォトメータなどの装置を用いて測定できれば，この手法は，等方散乱近似が困難な小さい試料や薄い試料にも適用可能であり，また，分光計測も容易である．

参考文献
1) 田中ほか：光学，31-12, pp.886–892 (2002)
2) 水野ほか：日本機械学会論文集C, 63-607, pp.889–894 (1997)

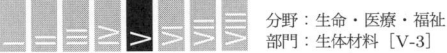

生体とバイオマテリアルの力学シミュレーション

[英] mechanical simulation of living body and biomaterial

計算機技術の発展に伴い，**医療用画像**（medical image, ⇒ p.11）を利用した生体の実3次元構造のモデル化が可能になってきており，生体内で使用するバイオマテリアルの力学解析（⇒ p.81）に応用されている．また，μ-CT画像を利用することで，微細な多孔質構造を有するバイオマテリアルの力学解析も可能になってきている．

ここでは，A．CT画像を利用した骨のモデル化，B．人工関節置換股の解析，C．多孔質バイオマテリアルの解析について概説する．

A. CT画像を利用した骨のモデル化 [1]

近年，医療用CT画像の数値解析への応用が進み，骨の詳細なモデル化が可能になってきている．CT画像の濃淡を骨密度分布に反映させ，さらに骨密度と弾性率を関係付けることで，実構造に近い数値モデルを構築することができる．例として，下図に3次元股関節モデルの弾性率分布状態を示す．骨の不均質な構造が良く再現できていることがわかる（口絵17）．

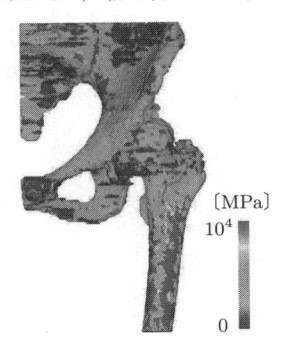

B. 人工関節置換股の解析 [1]

末期の変形性関節症に対しては人工関節置換術が有効であるが，金属製の人工関節（⇒ p.155）と骨の弾性率の差異に起因する**応力遮蔽**（stress shielding）による骨組織吸収の問題が，しばしば報告されている．したがって，骨内部の力学状態を知ることが重要である．しかし，実験的手法の応用はたいへん困難であり，唯一の定量的評価方法は数値解析である．下図は，健全な大腿骨と人工関節を挿入した大腿骨の断面での**ひずみエネルギー密度**（strain energy density; **SED**）分布を示している（口絵17）．図から，人工関節の挿入によりSEDが低下していることがわかる．このような力学刺激の低下と骨吸収の関係について，活発な研究が行われている．

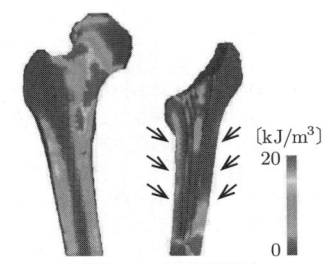

正常骨　　人工関節置換骨

C. 多孔質バイオマテリアルの解析 [2]

骨になんらかの疾病が生じて組織の一部を除去した場合，失われた組織を再生する必要がある．近年，多孔質構造を有するバイオセラミックス製人工骨による骨再生が行われるようになってきた．このような人工骨の力学特性を把握するために，μ-CT画像を利用した実構造の数値モデル化と有限要素解析が行われている．下図はハイドロキシアパタイト製人工骨の有限要素モデル（⇒ p.335）と，単純圧縮下でのSED分布状態を示している（口絵17）．立方体モデルの1辺は500 μmであり，微細な多孔質構造による不均質なSED分布状態が再現されている．

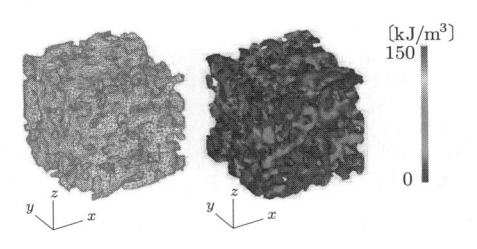

参考文献

1) 東藤貢ほか：股関節の応力状態に及ぼす臼蓋形成不全の影響，臨床バイオメカニクス，**31**, 149 (2010)

2) 例えば，A. Alberich-Bayarii, et al.: "Microcomputed tomography and microfinite element modeling for evaluating polymer scaffolds architecture and their mechanical properties", Int J biomed Mater Res Part B, **91**, 191 (2009)

生体分子ネットワーク
[英] biomolecular network

A. 生体分子ネットワークとは
　生命科学の進展によって，遺伝子発現調節系，信号伝達系，物質・エネルギー変換過程である代謝反応系（⇒p.194）を，生体分子ネットワークマップとして記述できるようになった。生体分子ネットワークのシミュレーションとは，そのようなネットワークマップを数理モデル化して，細胞内分子の動的挙動をコンピュータ上に再現し，細胞が生み出す多様な生物機能を理解するための方法である。既存の生物学的データを説明するだけでなく，未知の反応経路やシステムの動的特性に関する予測を行う。さまざまな細胞機能，例えばストレス応答，発生，細胞周期，増殖，概日リズムにおける遺伝子発現系や信号伝達系，TCA回路や解糖系を含む代謝システムのシミュレーションが行われている[1, 2]。

B. シミュレーションの方法
　まず，生体分子ネットワークマップ上にある生物学的反応を数理モデルで表現して，分子濃度や反応流束（flux）などの動的挙動の変化を数値計算する。一般に，細胞内で多数の分子が複雑に関与する生化学反応の動力学的モデルを，正確に作成することは難しい。システム全体の本質的挙動を失わない形で，数理モデルを抽象化することが大切である。つぎに，数理モデルのシステム解析を行って，システムの特性（**ロバストネス**（robustness），適応性，安定性，振動性など）を予測する。シミュレーションによる解析結果と生物学的実験データを比較して，既存のネットワークマップの問題点を見つけたり，未知の反応や動的特性を予測したりする。
　シミュレーションの数学的方法としては，**微分方程式**（differential equation）を用いて，生体分子濃度の時間変化をシミュレートする方法や，生化学反応の化学量論に基づいて，代謝物質の反応流束を予測する**流束収支解析**（flux balance analysis）がある。前者は，生化学反応に関わる多数の速度パラメータ値が必要なので，動力学的データが十分にあるときに用いられる。ミカエリス・メンテン式（⇒p.194），General Mass Action，S-Systemの数学的形式が用いられる。後者は，生化学反応の化学量論式に基づいて，代謝流束が満たすべき物質収支式を線形代数方程式として記述する。**定常状態**（steady state）でのみ有効であるが，微分方程式と異なり，各反応の詳細な動力学的データを必ずしも必要としない。情報科学的方法として，ペトリネットを用いて生体分子ネットワークを表現する方法がある。
　一般に，細胞当り数個の転写因子が遺伝子発現を調節する。その場合，転写因子の個数は確率的ゆらぎの影響を強く受けるため，それによって合成されるタンパク質は，細胞ごとに変動する。細胞では，確率的変動を抑制したり，逆に，確率的変動を利用して細胞ごとの動的特性の多様性を高め，環境変化への適応能力を向上させたりすることが知られている。確率的シミュレーションは，重要な役割を担っている。胚発生に見られるように，空間中で細胞分化を誘導するモルフォゲンの濃度勾配が生じる系では，分子濃度の時間的空間的変化を偏微分方程式で記述する。

C. システム解析
　感度解析（sensitivity analysis，⇒p.54），**安定性解析**（stability analysis，⇒p.4）は，数理モデルの動的特性を解明する一般的方法である。感度は，環境や内部状態を表すパラメータの変化に対して，目的パラメータがどの程度変化するのかを示して，システムのロバストネスを評価する指標の一つである。パラメータの摂動に対して，目的パラメータの変化が小さいとき（感度が小さいとき），システムはロバストであるといえる。安定性解析を用いて，システムの時間応答特性や振動性などを評価する。摂動に対するシステムパラメータの時間応答特性を調べ，元の状態にすばやく戻る系は安定性が高い。双安定性の系では，段階的刺激入力に対して，ある閾値の前後で，出力値がディジタル的変化をする。双安定性は細胞運命を決定する遺伝子発現スイッチにしばしば見られる。心臓の拍動や概日リズムのような自律振動をする系では，システム解析によって振動条件を推定することは重要である。

参考文献
1) N. L. Novere, et al.: "BioModels Database: a free, centralized database of curated, published, quantitative kinetic models of biochemical and cellular systems", *Nucl. Acids Res.*, **34**, D689–D691 (2006)

2) H. Kurata, et al.: "CADLIVE Dynamic Simulator: Direct Link of Biochemical Networks to Dynamic Models", *Genome Res.*, **15**, 590-600 (2005)

生体力学
[英] biomechanics

生体力学に関するシミュレーションは，筋骨格系・臓器の変形から血流まで，生体の力学に関わる動的挙動[1]を再現し，そのメカニズムを解明すること，さらに，その結果を医療応用する部分までを対象とする．この際，生体力学シミュレーションに特有かつ重要となるのが，MRI（⇒p.114），CT，超音波などの**医用画像**（medical image, ⇒p.11）データをもとにした解析である．多くの場合，医用画像データより得られた静的な画像データに対して，その動的挙動を表す支配方程式（質量保存式と運動量保存式など）を解くことにより，動的挙動を予測する．

従来は，計算規模の制約から，**流体力学**（fluid mechanics, ⇒p.82, p.345）・**固体力学**（solid mechanics）をベースにした力学的側面に特化したシミュレーションが主であったが，最近では，生理学的効果を考慮に入れ，生体の持つ階層性を重視した**マルチスケール・マルチフィジックスシミュレーション**（multi-scale and multi-physics simulation）が重要視されている．以下では，最近の動向と今後の方向性について示す．

A. 生体の階層性

生命を維持している生体の機能の本質はその階層性（⇒p.180）にある．すなわち，DNAレベルで与えられる遺伝情報をもとにしてタンパク質，さらには細胞が作られ，そしてその集合体である組織・器官・臓器がその機能を発揮し，脳神経系の統率のもと，外界からの攪乱に対して比較的ロバストに生命が維持されるという非常に複雑なシステムをなす．例えば，血液の**微小循環系**（microcirculation system）に限って見ても，その機能を理解するためには，下図に示すように，血流を流れる血球細胞や薬剤搬送担体，造影剤などの変形流動挙動から，毛細血管系における血管壁との相互作用，さらには生体膜を介した分子輸送・シグナル伝達まで，連続体レベルから分子レベルに至るさまざまな効果を取り入れた，マルチスケール・マルチフィジックスに基づいた解析を行う必要がある（口絵21）．

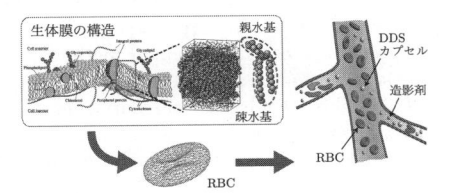

B. 病態予測

シミュレーションによる病態の再現とは，正常（健常）状態に与えられた攪乱に対し，元の状態に戻せない状態を再現することである．すなわち，病態の進行を予測し，早期治療を施すためのシミュレーションを実行するためには，細胞レベルからの積み上げとしての健常状態の再現と，細胞レベルにおける攪乱に対する病態の再現が本質的に重要となる．現在，次世代スーパーコンピュータ「京」を用いた生体シミュレーションのソフトウェア開発が盛んに行われているが，心筋細胞レベルからの心臓全体の機能の再現[2]（⇒p.45）など，細胞や細胞内分子の挙動から臓器全体の挙動を予測しようとするシミュレーションへの期待が大きい．

C. 治療支援・薬効評価

次世代における生体力学シミュレーションの役割として大きな期待が持たれているものには，医療と関連した治療の計画や支援，さらに術後の状態の予測などがある．また，薬効の評価なども大きな期待が持たれており，すでに一部のシミュレーションでは，実際の患者のデータをもとにした薬効の予測などが始まっている．生体力学のシミュレーションは，生体そのものを理解するという究極の目標もさることながら，直感的には評価しにくい治療法の検討などにおいても，おおいに役立つ．特に，低侵襲治療法として大きな期待が持たれている**超音波治療**（ultrasound therapy）などでは，シミュレーションによる焦点制御手法の検討や装置の設計などが次世代型の超音波治療器の開発に重要であると考えられており，シミュレーションへの期待は大きい．

次世代スーパーコンピュータの開発にも関連して，病態予測や治療支援，薬効評価を目的とした種々のソフトウェアが急速に開発されており，今後ますます生体力学シミュレーションの結果が，実際の医療に利用されていくと考えられる．

参考文献

1) Irving P. Herman: *Physics of the Human Body: Biological and Medical Physics, Biomedical Engineering*, Springer-Verlag (2007), 【邦訳】齋藤太朗，髙木建次：翻訳 人体物理学，NTS inc. (2010)

2) 久田俊明ほか：実用化を目指す心臓シミュレータ UT Heart，応用数理，Vol.19, pp.42–46 (2009)

声道問題
[英] vocal tract acoustics

音声は，呼気流が**声帯**（vocal folds）や**声道**（vocal tract）で音源に変換され，声道においてその音源に音響的修飾が加えられたのち，口唇や鼻孔から放射されることにより生成される。声道は音声の音響的特徴を決定付けるため，その音響特性を求めるさまざまな手法が研究されている。

また，近年，**磁気共鳴画像法**（magnetic resonance imaging; **MRI**）等を用いた調音形態・動態観測技術が進歩し，声道音響特性シミュレーションに不可欠な高精度の声道形状が得られるようになってきた。

A．1次元声道モデル[1]
声道は，下図に示すような複雑な形状をしている（口絵2）。この図は**有限要素法**（finite element method, ⇒p.335）により計算された3次元声道モデル（日本語母音/a/，左向き，鼻腔を含む）の壁面上の音圧分布を示しており，声門を567 Hzと1 067 Hz（それぞれ第1，第2共鳴周波数）で駆動している[1]。

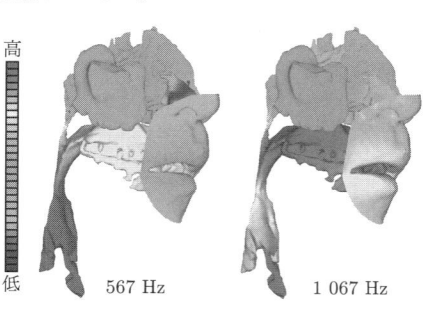

しかし，声道内では音波が平面波で伝搬すると仮定すれば，声道を1次元の声道断面積関数として表すことができる。声道断面積関数は，声道中心線に直交する声道断面積を声門から口唇まで並べたものである。この近似は約3.5 kHzまでは有効で，母音に重要な周波数帯域を含むことができる。

声道を声道断面積関数で近似し，さらに声門から声門下部を見込んだインピーダンスや，口唇や鼻孔における放射特性を考慮に入れて，電気的等価回路でモデル化することができる。この電気的等価回路の伝達特性を求めることによって，声道音響特性を知ることができる。

B．3次元声道モデル
（1）有限要素法によるシミュレーション[1]
3次元の音場を支配する微分方程式を以下の**波動方程式**（wave equation, ⇒p.224）とする。

$$\nabla^2 \phi = \frac{1}{c^2}\frac{\partial^2 \phi}{\partial t^2}$$

ここで，ϕ は速度ポテンシャル，c は音速である。この波動方程式に有限要素法を適用して解くことにより，音場内の ϕ を求めることができる。この原理をMRI観測により得られた3次元声道モデルに適用し，母音発話時の声道の伝達特性を求める研究が行われている（上図を参照）。

（2）FDTD法によるシミュレーション
差分法の一種である**FDTD法**（finite-difference time-domain method, ⇒p.220）でも3次元声道モデルのシミュレーションが行われている。Takemotoら[2]では，MRI観測に基づき製作された声道模型の伝達特性の実測値と，FDTD法によるシミュレーションの結果とがほぼ一致することを示している。その上で，FDTD法により得られた声道伝達特性のピークや谷が，声道のどの部分の共鳴や反共鳴に由来するのかを明らかにしている。

（3）流体音響シミュレーション 摩擦音は声道内の狭窄部などで発生する乱流雑音により生成される。声道内の呼気流の流れを表す方程式（ナビエ・ストークス，⇒p.36）をスーパーコンピュータを用いて解くことによって，摩擦音生成の原理を解明しようとする試みが行われている。下図は歯擦音[s]発音時の気流のシミュレーションを示している（口絵2）[3]。

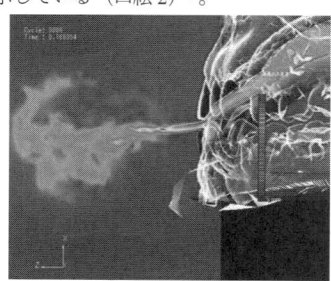

参考文献
1) 元木, 松崎：音声生成の計算モデルと可視化, 2章, コロナ社 (2010)
2) Takemoto, et al.: "Acoustic analysis of the vocal tract during vowel production by finite-difference time-domain method", J. Acoust. Soc. Am., 128, pp.3724–3738 (2010)
3) Nozaki: "Numerical simulation of sibilant [s] using the real geometry of a human vocal tract", High Performance Computing on Vector Systems 2010, Part 4, pp.137–148 (2010)

分野：共通基礎
部門：数値解析 [I-2]

精度保証付き数値計算
[英] verified numerical computation

精度保証付き数値計算とは，数値計算におけるすべての誤差を把握した上で，計算結果の精度を保証する数値計算をいう．

A. 区間解析

無理数など多くの実数は，固定桁の数では表現できない．そこで，閉区間を数の拡張とすることが考えられた．両端が有限桁の数で計算機で表現できるものであれば，計算機で保持できる．区間はその中に含まれる数を表すと考える．数値計算は所望の解を含む区間を計算すると考える．これを区間解析という．区間解析は1950年代に須永照雄やRamon E. Mooreらによって創始された．区間の四則演算をつぎのように定義する（a, b, c, d を実数とし，$a \leq b$，$c \leq d$ が成立するとする）．

$$[a, b] + [c, d] = [a + c, b + d]$$
$$[a, b] - [c, d] = [a - d, b - c]$$
$$[a, b] * [c, d] = [\min\{ac, ad, bc, bd\},$$
$$\max\{ac, ad, bc, bd\}]$$
$$[a, b]/[c, d] = [\min\{a/c, a/d, b/c, b/d\},$$
$$\max\{a/c, a/d, b/c, b/d\}]$$
$$(0 \notin [c, d])$$

これを区間演算という．数を区間に，数の四則演算を区間の四則演算に置き換えれば，有限回の四則演算で計算できる数は，計算された区間に含まれるようになる．区間の両端に現れる数を**IEEE754**の倍精度浮動小数点数として，区間の下端を計算するときには $-\infty$ 方向への丸めで計算し，区間の上端を計算するときには ∞ 方向への丸めで計算すれば，丸めの誤差を厳密に考えても，最終的に得られた区間に真の計算結果が含まれるようになる．これを機械区間演算という．例えば，ガウスの消去法において，数を区間に，数の四則演算を区間演算に置き換えて得られるアルゴリズムを区間ガウスの消去法という．こうして，有限四則演算で計算できる式の区間演算評価法が，数値計算の精度保証方式として出現した．この単純な方式では，計算の途中で区間幅が急速に増大し，ゼロ区間割りの発生のために適用範囲が著しく狭くなる．以下ではこれを回避する方法を概観する．

B. 平均値形式

f を1階連続微分可能な実数から実数への関数とする．$f([a, b]) = \{y | y = f(x), x \in [a, b]\}$ と定義する．区間の集合から区間の集合への関数 F が任意の区間 $[a, b]$ について $f([a, b]) \subset F([a, b])$ を満たすとき，F を f の**区間包囲**（interval inclusion）という．f が数の四則演算と初等関数などの合成関数等の組み合わせで表現されているとき，四則演算を区間演算で，初等関数をその区間包囲で置き換えて得られる関数は，f の区間包囲になっている．これを f の**区間拡張**（interval extension）という．f の区間拡張は，一般には $f([a, b])$ のかなりの過大評価になる．それに対して，$c \in [a, b]$ として

$$f([a, b]) \subset f(c) + F'([a, b])([a, b] - c)$$

と評価する方法が考えられた．これを平均値形式という．ただし，F' は f' の区間拡張である．平均値形式は，特に区間 $[a, b]$ の幅が小さいときに，$f([a, b])$ の過大評価でない区間包囲を与えることが多い．特に，$k(x) = x - f'(x)^{-1} f(x)$ に対して平均値形式を適用したものをクラフチック作用素といい，これを $K([a, b])$ と書く．$[a, b] \subset K([a, b])$ は非線形方程式 $f(x) = 0$ の解が区間 $[a, b]$ に存在するための十分条件となる．

C. 高速精度保証法

n を自然数，A, B を $n \times n$ の実行列，$b, x, \widetilde{x}$ を n 次元実ベクトルとして，連立1次方程式 $Ax = b$ を考える．このとき，行列のノルムをベクトルのノルムから誘導されたノルムとして，$\|BA - I\| < 1$ が成立するならば，A は正則となり

$$\|A^{-1} b - \widetilde{x}\| \leq \frac{\|B(A\widetilde{x} - b)\|}{1 - \|BA - I\|}$$

が成立する．ただし，I は単位行列である．S. Oishi と S. M. Rump は MATLAB のプログラムで

```
>>down();
>>L=B*A-eye(n);
>>up();
>>U=B*A-eye(n);
```

とすると（down() と up() は丸めの向きをそれぞれ $-\infty$ 方向と ∞ 方向へ変更する命令），$BA - I \in [L, U]$ となることを述べ，これを上記定理に適用して，連立1次方程式の近似解を得るのに比べて数倍程度の手間で，その解を精度保証できる方式を提唱した．これは高速精度保証法と呼ばれ，精度保証付き数値計算の実用化の道を開いた．

参考文献

1) 大石進一：精度保証付き数値計算，コロナ社 (2000)
2) 中尾充弘，山本野人：精度保証付き数値計算，日本評論社 (1998)

生命体統合シミュレーション
[英] integrated simulation of living matter

　生命体統合シミュレーションは，正式には「次世代生命体統合シミュレーションソフトウェアの研究開発」と呼ばれる文部科学省の委託事業のプロジェクトである。2006年10月から理化学研究所を中核拠点として15機関，約300人の研究者が参加して推進されている。2012年度末までの約7年間のプロジェクトで，次世代スーパーコンピュータ研究開発プロジェクトの一部にあたる。10 Peta FLOPSの性能を目指して開発中の京の性能をフルに引き出し，革新的な成果をあげることを期待して進められている，二つのグランドチャレンジプロジェクトのうちの一つである（もう一つは次世代ナノ統合シミュレーション）。

　このプロジェクトは，ペタスケールのシミュレーション技術によって，ライフサイエンスの諸課題解決にブレークスルーをもたらす，仮説-検証型の新たな研究手法を提供し，計算科学により生命現象を定量的かつ統合的に理解・予測・解明することを目指している。また，その結果として，創薬・ヘルスサイエンスや，新規医療技術へ貢献するものである。

　解析的アプローチをとる分子・細胞・臓器全身のそれぞれのスケールの研究チームと，大量の実験データからその背後にある法則に迫るデータ解析融合研究チームの合計4チームを置き，研究を開始した。その後，生命体基盤ソフトウェア開発・高度化チーム（略称HPCチーム）と脳神経系研究開発チームが追加され，現在は6チームがそれぞれの研究開発を推進している。

　プロジェクト名称から，生命現象を統合的にシミュレートするソフトウェアが一つだけできあがるような印象を与えるが，実際には生命科学分野で高性能計算が必要となるシミュレーションソフトウェアを34本開発中である。

　各チームの目標と開発中のソフトウェアは，以下のようになっている。

A. 分子スケール研究開発

　膜タンパクと代謝酵素（⇒p.81, p.194）を対象に機能の解析を目指し，**量子化学**（quantum chemistry）計算・**分子動力学**（molecular dynamics）計算・**粗視化モデル**（coarse grain model）計算の三つの計算方法を目的に応じて組み合わせ，9本のソフトウェア開発を行っている。粗視化モデルを使った計算では，多剤耐性化に関連する多剤排出トランスポータAcrBの機能的回転機構の仮説を，計算機シミュレーションで初めて実証した[1]。

B. 細胞スケール研究開発

　細胞内の空間を**ボクセル**（voxel）に区切り，細胞内にある各種器官（オルガネラ）に特有の代謝反応を考慮した，物質の輸送拡散と反応を連成して解くシミュレーションソフトウェアRICSを開発している。細胞膜など膜での輸送もモデル化されている。このソフトウェアは，考慮すべき代謝反応などを記述したデータセットを変えることで，種々の細胞を取り扱える。

C. 臓器全身スケール研究開発

　人体をボクセルモデルで構築し，**オイラー型**（Eulerian approach）の**構造流体連成**（fluid-structure coupling）ソルバーを新たに開発する。また，東京大学久田研究室で開発している心筋モデルから構築されたマルチスケール心臓シミュレータの大規模化・高速化を行っている。そのほかに，医療機器開発や治療方法検討に関連して，超音波や重イオン粒子を使ったがん治療シミュレーションも行っており，全部で6本のソフトウェアを開発している。

D. データ解析融合研究開発

　肺がんと薬の関係を明らかにすることを目指し，9本のソフトウェアを開発している。代表的なものを挙げると，細胞内のさまざまな代謝反応のネットワークを推定するものや，千種類にのぼるタンパク質相互間の反応性を網羅的に推定するもの，病気に関連した遺伝子を十万人規模のデータベースから一挙に解析するものなどである。

E. 脳神経系研究開発

　昆虫の脳と人の視覚を京でシミュレートすることを目指し，5本のソフトウェア開発を行っている。大脳皮質の神経細胞と，神経細胞同士を接続するシナプスの信号処理（⇒p.132）を再現・予測したり，昆虫の感覚から行動までの神経回路の情報処理を，個々の神経形態を考慮したモデルを使ったシミュレートしたりするソフトウェアを開発中である。

F. HPC

　分子動力学計算用などの高速コアライブラリや並列計算用ミドルウェア，可視化ソフトウェアなど，4本のソフトウェアを開発している。この高速コアソフトウェアを使った分子動力学計算では，すでに部分的に稼働している京を使って約1.5 PetaFLOPSの性能を達成しており，さらに高い性能を目指している。

参考文献
1) http://www.riken.go.jp/r-world/info/release/press/2010/101117/detail.html
2) http://www.csrp.riken.jp/index_j.html

設計工学
[英] design engineering

A. 設計と設計工学

設計（design）とは，社会や生活で有用な人工物を創り出すための計画を立案する行為である。それ自体は有史以来至るところで脈々と行われてきている。また，近代以降は，設計を合理的に行うための理論や技術が，さまざまな技術領域で個々に整備されてきている。しかしながら，科学技術の高度化による人工物の複雑化，資源環境問題による制約の顕在化，社会や生活の成熟に伴う要求の高度化などを受けて，設計に求められる合理性はそれ以上に高いものになっている。この要請に応えるためには，個々の技術領域には依存しない形で，また，社会や生活との関係をも含めた形で，設計のための理論や技術を整備する必要がある。設計工学は，さまざまな人工物を横断的に捉えて，それらの設計を合理的に進めるための，領域横断的で普遍的な理論や技術を指す[1]。

B. 設計問題の特質

設計では，狭義には，なんらかの要求に対してそれを実現しうる実体の像（モデル）を見つけ出す必要があり，広義には，そもそもの要求を定義することも求められる。これらの内容はいずれも，与えられた人工物に対してなんらかのモデルを用いてその挙動を予測する順問題ではなく，いわば，結果を導く条件を求める逆問題となる。さらに，導くべき結果そのものも未確定であり，開放形の問題となる。このため，設計解を導き出す過程は，なんらかの案を想定した上でその挙動を予測するとともに，評価を行って改善点を見出し，代替案を想定することを繰り返す生成検査型（generate and test）となる。この意味で，設計は，アナリシス（analysis）の問題ではなく，シンセシス（synthesis）の問題であるとされる。また，**行為の中での省察**（reflection in action）が重要であるともいわれている。

C. 設計プロセスの多段性

設計を上記とは別の観点から見ると，決定すべき内容が膨大であることから，抽象的な全体像から始めて具体的な細部までを詰める必要がある。そのため，設計での生成検査型の操作は，視点や範囲をさまざまに切り替えながら段階的に進められていく。設計プロセスはこの性質を受けて，例えば以下のように整理されている[2]。

企画（planning）： 設計解で具現化すべき要件を定め，制約条件についての情報を収集する。
概念設計（conceptual design）： 機能構造を構築して，適切な設計解の原理を探索し，それらを組み合わせて設計解の概念を構成する。
実体設計（embodiment design）： レイアウトや形態を決定して，技術や経済性などの面から実現可能性を考えながら，システムを展開する。
詳細設計（detail design）： 個々の部品の配置や形態，寸法，特性を各実現可能性を再確認しながら決定し，さらに，生産などに向けたさまざまなドキュメントを作成する。

ただし，このような分類は，絶対的なものではなく，ある種の理解のためのものでもある。

D. 設計方法論

設計方法は，上述のように，個別的なものから汎用的なものへと拡大してきていて，設計工学としては汎用的なものが重要である。それらの内容は各段階に応じて特徴を異にしており，上流についてのものとしては，顧客の要求や物理機能，製造上の構成要素などの対応関係を適切なものにするための**品質機能展開**（quality function deployment; **QFD**），信頼性設計のための**FMEA**（failure mode effect analysis）や**FTA**（fault tree analysis），ライフサイクルのさまざまな局面での事項を概念設計段階で見積もるための組立性設計法などの各手法が代表的である。また，一連のものは，それらの位置付けの共通性を踏まえて**DFX**（design for X）**方法論**として総称されている。

E. 設計支援技術

設計が下流に至って内容が具体化してくると，さまざまな計算機の援用による設計支援技術が活用される。例えば，対象物の形状を**CAD**（computer-aided design）モデルで表現してそれを核とし，評価に向けて解の挙動を予測するために**CAE**（computer-aided engineering）を，加工計画を立てるために**CAM**（computer-aided manufacturing）を用いたりする。また，数理計画法などをCAEに連係させた設計最適化も重要なツールとなりつつある。それらに限らず，ディジタルモックアップ（digital mock-up; DMU）やPDM（product data management）なども含めて，さまざまな支援技術を統合的に活用する状況を**ディジタルエンジニアリング**（digital engineering）と呼ぶことも多い。

参考文献
1) 日本機械学会 編：機械工学便覧 β1編，設計工学，丸善 (2007)
2) Pahl, G., Beitz, W., Feldhunsen, J., Groto, K. H.: *Engineering Design: A Systematic Approach (3rd Ed.)*, Springer-Verlag (2007)

設備管理
[英] plant management

設備管理は，日本工業規格（JIS）において「設備の計画，設計，製造，調達から運用，保全を経て廃棄・再利用に至るまで，設備を効率的に活用するための管理」と定義されている．設備管理全体のシミュレーションには多くのコストと時間を要するので，一般的には要素に分けて行われる．設備管理の領域の一つである **PM**（productive maintenance）の技術的側面の一つである **設備保全**（plant maintenance）を取り上げる．

重要な機器の設備保全の方法に，**状態監視保全**（monitored maintenance）がある．これは，使用中の動作の確認，劣化傾向の検出，故障や欠点の位置の確認，故障に至る記録および追跡などを目的として，連続的，定期的，間接的に状態を監視し，それに基づいて設備を保全する方式である．

ここで，状態監視保全を受けているある機器が故障した場合について考える[1]．故障後の機器の状態として Good-as-New と Good-as-Old が考えられる．Good-as-New は，機器が故障し，修復されたのちの状態が初期状態に戻るもので，修理せずに新しいものに交換した場合に相当する．Good-as-Old は，修復時間中も引き続き劣化が進むもので，修理をして再使用する場合に相当する．また，ここでは，より現実的な状況を想定し，一定の修復時間内に修復が完了しない場合は，修復に失敗したとする．機器の故障率を $\lambda(t)$，故障密度関数を $D(t)$，信頼度を $R(t)$，一定の修復時間を T_R，修復開始時刻を t_S，修復終了時刻を t_E として，機器の **アベイラビリティ**（availability）を，Good-as-New と Good-as-Old に分けてモデル化する．なお，$R(t)$ と $D(t)$ は，それぞれつぎのように定義される．

$$R(t) = \exp\left[-\int_0^t \lambda(t')dt'\right]$$
$$D(t) = \lambda(t)R(t)$$

A. Good-as-New のモデル
Good-as-New により機器が n 回の修復を受けた場合のアベイラビリティ $A_n(t)$ をラプラス変換すると，次式のようになる．

$$A_n(s) = R(s) \cdot [D(s)\exp(-sT_R)]^n \quad (1)$$

また，$t > T_R$ のときのアベイラビリティ $A(t)$ は次式で与えられる．

$$A(t) = R(t) + \sum_{i=1}^{\infty}[A_i(t)] \quad (2)$$

式 (1), (2) より得られた式を逆ラプラス変換すると，Good-as-New, 修復時間一定の場合の機器のアベイラビリティは，次式の積分方程式の解として求められる．

$$A(t) = R(t)\int_0^{t-T_R} dt_S D(t - t_S - T_R) A(t_s) \quad (3)$$

B. Good-as-Old のモデル
Good-as-Old により機器が n 回の修復を受けた場合のアベイラビリティ $A_n(t)$ に式 (2) を代入することにより，Good-as-Old, 修復時間一定の場合の機器のアベイラビリティは，次式の微分方程式の解として求められる．

$$\frac{dA(t)}{dt} = -\lambda(t)A(t) + \lambda(t-T_R)A(t-T_R) \quad (4)$$

C. Life 分布を用いたシミュレーション
故障率にはワイブル分布が用いられることが多いが，ここでは，初期故障期，ランダム故障期，磨耗故障期からなるバスタブ曲線を連続する時系列で扱える Life 分布を用いて，Good-as-New と Good-as-Old のそれぞれの場合をシミュレートする．Life 分布は次式で与えられる．

$$\lambda(t) = b\beta(\beta t)^{b-1}\exp\left[(\beta t)^b\right]$$

形状パラメータ $b = 0.5$，スケールパラメータ $\beta = 0.01$，修復時間 $T_R = 10$ 時間としたときのシミュレーション結果を下図に示す．

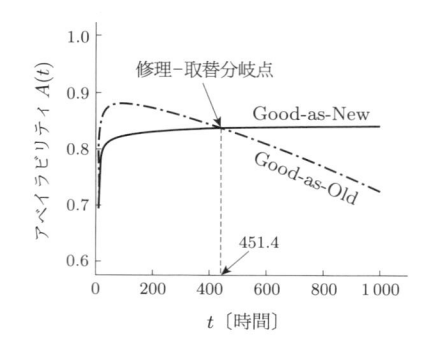

参考文献
1) 辻村泰寛：大規模システムの信頼性解析手法とその原子力プラントへの応用に関する研究，博士学位請求論文，工学院大学 (1991)

分野：環境・エネルギー
部門：防災 [IV-2]

雪氷災害
[英] snow and ice disaster

雪崩，吹雪，着氷雪，屋根雪など，雪や氷が原因となって発生する災害を雪氷災害（または雪害）と呼ぶ．これらは，人命を脅かすだけでなく，建物の損壊や農林被害をもたらす．また，交通障害による物流の遅延や，除雪に要する経費負担なども広義の雪氷災害である．

雪氷災害を防ぐために，これまでは除雪体制や融雪剤の散布体制を整備したり，吹雪や雪崩の危険箇所に防雪施設を設置するなどの対策がとられてきたが，近年はこれらに加えて，災害の現況モニタリングやシミュレーションによる発生予測などの情報を利用することにより雪氷災害の被害を軽減する，ソフトウェア的な対策の重要性が認識されている．

雪氷災害の発生は降雪量や積雪の状態に大きく左右されるため，災害予測には，それらの予測が的確に行われることが前提となる．以下では，降雪・積雪・災害（雪崩と吹雪）の予測の現状と課題を示す．

A．降雪予測

雲の中で氷の結晶が成長し，やがて落下してくる（雲物理過程という）のが降雪である．雲物理過程をシミュレートするモデルの開発が行われているが，実際に降雪量を予測する場合は，雲物理過程をある程度簡略化して組み込んだ**気象モデル**（numerical meteorological model）が用いられることが多い．雪氷災害の予測を行う場合，空間分解能が小さいほうが好ましいが，現状では，降雪分布のパターンを再現するものの地点ごとの降雪量の予測精度には改良の余地がある．

B．積雪予測

雪が降るたびに順次地上に積もり積雪となる．融雪期を除くと，雪が降るときや積もってからの気象条件の影響を強く受けながら積もるので，一般には積雪は雪質（種類や含水率）の異なる層構造をとる．積雪予測では，降雪量や気温，風速，日射量などの気象条件を入力として，雪質の変化や積雪の圧縮のモデルを組み合わせ，積雪の量だけでなく，積雪内部の層ごとの状態を計算するモデルが開発されている．積雪が融けたり，雨が降ったりすると，積雪内部に水分が含まれるようになり，積雪の性質は大きな影響を受ける．積雪内部の水の移動のモデル化は現在の重要な課題となっている．

C．災害予測

（1）雪崩　斜面上の積雪内部のある深さに注目すると，それより上の積雪に作用する重力の斜面方向成分が雪崩の駆動力となる．雪崩が発生するか否かは，駆動力とその深さにおける剪断強度との大小により決まる．雪崩は，積雪の一部が流れる表層雪崩と，積雪全体が流れる全層雪崩に大別される．前者はすべり面が積雪内部にある場合で，後者は積雪底面にある場合である．駆動力と剪断強度を予測することにより，降雪予測と積雪予測の結果を用いて雪崩の発生危険度を予測できる．また，雪崩の被害範囲を予測する場合には，雪崩の流下範囲を知る必要があり，そのためには**雪崩の運動モデル**（snow avalanche dynamics model）を組み合わせることになる．運動モデルとして，質点モデルや連続体モデルなどが開発されているが，これらに含まれるさまざまなパラメータの最適化が課題となっている．

（2）吹雪　吹雪はいったん積もった雪が風で舞い上がる現象である．空中の飛雪粒子の運動には，つぎの三つの形態がある（⇒ p.344）．(1) 大きな粒子は雪面を転がる（転動）．(2) それよりやや小さい粒子は，雪面から飛び上がっても再び落下して，雪面に衝突する運動を繰り返す（跳躍）．(3) さらに小さい粒子は，空中を煙のように漂う（浮游）．転動は跳躍に含めて扱われることが多く，運動学的なモデルで表される．また，浮游は**乱流拡散モデル**（turbulent diffusion model）で表される．これらを組み合わせると，吹雪によって生じる吹きだまりや視程障害の予測が可能となる．最近では，これまでの1次元モデルに代わり，吹雪の風下への発達を考慮できる2次元モデルも開発され，視程障害の予測に用いられるようになってきた．吹雪は，微細な地形の起伏や林・建物などの地物の影響を受ける．現在，それらのモデル化が進められている．

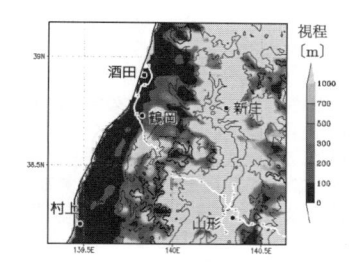

参考文献

1) 佐藤　威ほか：吹雪による視程悪化の予測とその検証，寒地技術論文・報告集, 23, pp.75–80 (2007)

分野：共通基礎
部門：計測・制御 [I-4]

線形モデル
[英] linear system modeling

一般に，制御系設計は動的システムを対象とする．動的システムとは，現在の情報はもちろんのこと，過去の情報にも関連するシステムのことである．別な表現をすれば，積分器が含まれるものとして表現されるシステムのことである．制御系設計において，対象システムのモデル化は重要である．対象とする動的システムの種類により，(1) 線形系または非線形系，(2) 集中定数系または分布定数系，(3) 時不変系または時変系，(4) 連続時間系または離散時間系，(5) 確定系または確率系などに分類することができる．以下では，線形系，集中定数系，時不変系，連続時間系，確定系として分類される動的システムについて述べる[1]．なお，制御系設計の一つの流れとして，モデル化を前提としない考え方もある．ビヘイビアアプローチなどがその一例である[2]．数学的なモデル化表現として，大きく分けると伝達関数によるものと状態方程式によるものがある．

A. 伝達関数による表現

対象システムの出力と入力を $u(t)$ および $y(t)$ とする．それらのラプラス変換を $U(s)$ および $Y(s)$ とおくとき，対象システムの**伝達関数** (transfer function) $G(s)$ は，入力と出力の分数形式で表される．

$$G(s) = \frac{Y(s)}{U(s)}$$
$$= \frac{b_m s^m + b_{m-1}s^{m-1} + \cdots + b_0}{s^n + a_{n-1}s^{n-1} + \cdots + a_0} \quad (1)$$

ここで，1入力1出力とし，$a_0, b_0, a_1, b_1, \cdots$ は実数であり，$n \geq m$ とする．伝達関数の導出方法として，(a) 入力と出力の動的関係を表す微分方程式をラプラス変換する方法や，(b) 入力にインパルスを与えたときの出力応答をラプラス変換する方法などがある．

$G(s)$ に対して $s^n + a_{n-1}s^{n-1} + \cdots + a_0 = 0$ を n 次の特性方程式といい，その根（複素数）を特性根または極という．動的システムの安定性は極の実部の値により決まる．$G(s)$ の安定性を判定するには，(a) 極を直接に計算する方法と，(b) 特性方程式の係数による**ラウス・フルビッツの安定判別法** (Routh-Hurwitz stability criterion, ⇒p.4) が代表的である．後者は複素数の直接的な計算を行うことなく，実数の計算のみにより，安定判別を可能にしている．なお，一巡伝達関数のナイキスト線図によりフィードバック系の安定性を判別する方法として**ナイキスト安定判別法** (Nyquist stability criterion) がある (⇒p.4)．

$G(s)$ に対して $b_m s^m + b_{m-1}s^{m-1} + \cdots + b_0 = 0$ の根を零点という．零点は安定判別には関係しないものの，制御系設計に影響を与えるといわれる．零点の実部の値により，$G(s)$ を非最小位相系，最小位相系という．

なお，1入力1出力システムを中心に述べたが，多入力多出力システムに対しても，伝達関数に基づく理論は伝達関数行列により体系化されている．

B. 状態方程式による表現

入出力の関係を表す伝達関数に対し，対象システムの状態に焦点を当てるのが，以下の微分方程式である．

$$\dot{x}(t) = Ax(t) + Bu(t), \quad y(t) = Cx(t)$$

これを**状態方程式** (state equation) という．多入力多出力の取り扱いが容易である．$x(t), u(t), y(t)$ をそれぞれ状態ベクトル，入力ベクトル，出力ベクトルという．A, B, C は適切な大きさの行列であり，それぞれシステム行列，入力（制御）行列，出力（観測）行列という．状態ベクトルの次元が対象システムの次元を表す．また，システムの安定性は行列 A の固有値の実部の値により決まる．安定判別の方法として線形システムに対する**リアプノフ安定定理** (Lyapunov stability theorem, ⇒p.340) が知られている．この場合も固有値（複素数）の直接的な計算を行うことなく，実数計算のみにより安定判別を可能にしている．

ここで，伝達関数と状態方程式の関連について述べる．式(1)は次式に変換が可能である．

$$A = \begin{bmatrix} 0 & 1 & 0 & \cdots & 0 \\ 0 & 0 & 1 & \cdots & \\ \vdots & & & & \\ & & & & 1 \\ -a_0 & -a_1 & \cdots & & -a_{n-1} \end{bmatrix},$$

$$B = \begin{bmatrix} 0 \\ 0 \\ \vdots \\ 1 \end{bmatrix}, \quad C = \begin{bmatrix} b_0 & b_1 & \cdots & 0 \end{bmatrix}$$

この状態方程式を可制御正準形式という．上式と双対な状態方程式を可観測正準形式という．

参考文献

1) 伊藤正美：自動制御，丸善 (1981)

2) J. W. Polderman and J. C. Willems: *Introduction to Mathematical Systems Theory: A Behavioral Approach*, Springer (1998)

専用計算機
[英] special-purpose computer

シミュレーションにおける専用計算機の利用には長い歴史がある。これは，特定のアプリケーションに専用化することで，汎用計算機に比べて高い価格性能比を実現できる可能性があるからである。ここでは，おもに 1980 年代以降の，LSI が利用可能になってからの試みについて概観する。

A. 格子 QCD シミュレーション用計算機

格子 QCD シミュレーションでは，空間＋時間の 4 次元を規則的な格子で離散化し，その上でモンテカルロ計算を行う。このため，格子上にマイクロプロセッサを配置し，最近接プロセッサ同士を結合することで，安価に高性能なシステムを構成できる。1970 年代から欧米において，また日本にもいくつかのプロジェクトがあった。QCDOC プロジェクトで開発されたシステムは，IBM の BlueGene の原型になっている。

B. スピン系専用計算機

1980 年代に試みられて一定の成功を収めたものに，スピン系のモンテカルロシミュレーション用計算機がある。スピン系のシミュレーションでは，近接したスピン間の相互作用ポテンシャルの評価と，乱数の生成が必要になる。前者は単純なビット演算であり，後者も，**線形帰還シフトレジスタ** (linear-feedback shift register) を使うなら，非常に長周期の**擬似乱数** (pseudo-random number) を小規模なハードウェアで高速に生成できる。このため，基本ゲートやフリップフロップを使った小規模な回路で，当時の汎用計算機と同等の速度を実現できた。

C. 粒子シミュレーション用計算機

1980 年前後に始まったもう一つの試みは，**分子動力学** (molecular dynamics) や天体のシミュレーション用の専用計算機である。粒子系シミュレーションでは，粒子間相互作用の計算が計算量の多くを占める。このため，相互作用計算をハードウェアパイプラインで行うことで，汎用計算機に比べて小規模なハードウェアで高い性能を実現できる。

このような試みの最初のものは，デルフト工科大学の DMDP である。これは相互作用計算のほか，時間積分も専用ハードウェアで行うもので，実効的に，ファン・デル・ワールス力で相互作用する単原子分子システムしか扱えなかった。

1985 年に開発された MIT の Digital Orrery は，太陽系の惑星の軌道を長時間計算するための専用計算機である。これは，粒子数が 10 個程度のシステムの高速計算を目的としたため，DMDP とは違い，専用パイプラインを持たないリング結合の SIMD 計算機である。

東京大学，理研，国立天文台では，1988 年頃から GRAPE シリーズの開発を続けてきている。GRAPE では，相互作用計算の部分のみハードウェア化し，時間積分などはワークステーションや PC で行っている。この構成により，高い性能と，ある程度の柔軟性を両立させることができた。相互作用の計算方法も，直接計算のほか，**ツリー法** (tree method) や**高速多重極法** (fast multipole method) も利用可能である。同様な考えに基づいて，分子動力学用の一連の MD-GRAPE も開発された。

2000 年代になって，D. E. Shaw Research において Anton が開発された。Anton では，相互作用計算は専用パイプラインで行われ，時間積分などのさまざまな処理はプログラム可能なプロセッサで行われるが，これら両方と，専用のネットワークを集積した LSI を開発した。これにより，汎用計算機に比べて非常に低レイテンシーで高バンド幅なネットワークが構成され，数万程度の原子数では 2 桁近い高速化が実現した。

D. 現状と将来

現在では，特定のアプリケーションに専用化した計算機をプロセッサレベルから開発することは困難になってきている。これは，LSI 開発の初期費用が莫大なものになったからである。汎用プロセッサでも初期費用の高騰は大きな影響があり，2000 年前後を境に，高性能マイクロプロセッサを開発するベンダの数は大きく減少した。

一方，FPGA（論理回路を再構成可能な LSI）を利用した専用回路や GPGPU のような，汎用プロセッサに比べると制限はあるがピーク性能が高いプロセッサの利用は，今後拡大するものと思われる。

参考文献

1) Alder, B. J. (ed.): *Special Purpose Computers*, Academic Press (1988)

2) Makino, J. and Taiji, M.: *Scientific Simulations with Special-Purpose Computers — The GRAPE Systems*, John Wiley and Sons (1998)

3) Shaw, D. E., et al.: "Anton: A Special-Purpose Machine for Molecular Dynamics Simulation", *Proceedings of the 34th Annual International Symposium on Computer Architecture* (2007)

分野：環境・エネルギー
部門：エネルギー [IV-3]

送変電機器
[英] transmission and distribution equipment

　送変電機器は，電力の輸送を担う送電線などと，電圧の変換などを行う変電所などに大きく分けられ，両者に共通の熱や機械振動，電磁界解析 (, ⇒p.219, p.220) などが用いられる。また，電気回路の過渡現象を解析する汎用ソフトウェアが用いられている。基本となる解析と，機器・システムに固有の解析である流体解析やアークプラズマ (arc plasma, ⇒p.299) 解析とを組み合わせたシミュレーションが開発されている。

A. 部分放電信号の伝搬
　高電界下においては放電の一種である部分放電が発生する。**部分放電** (partial discharge) は，絶縁破壊に至る前兆として見られる場合があるし，部分放電自体が劣化を進展させるので，早期に検出したほうがよい。部分放電から発生する電磁波を検出して機器の診断に役立たせる研究が進められている。電磁波の発生からセンサに至るまでの伝搬が，3次元でシミュレートされている。

B. 変圧器内の流動
　変圧器 (transformer) 内のコイルや鉄心の損失で熱が発生する。外部に熱を取り去って温度上昇を防ぐために，**絶縁** (insulation) 媒体を循環させている。油で絶縁する油入変圧器に比べ，SF6ガスで絶縁したガス絶縁変圧器では，絶縁媒体が気体であるので，冷却効率を高めるために流動のシミュレーションが行われる。下図はコイル内の数mmのギャップを圧縮性流体であるSF6ガスが循環する状況をシミュレートしたもので，同軸状形状の断面内におけるガスの温度分布を示す (口絵10)[1]。

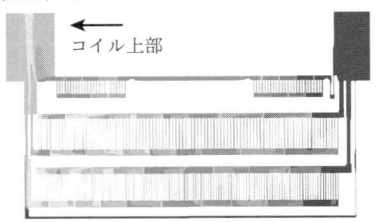

C. 遮断器の消弧現象
　遮断器 (circuit breaker) は，接点の乖離によって数万℃のアークプラズマが発生し，これを電流零点で消弧する。アークプラズマの消弧を中性粒子，イオン，電子の挙動で解析する研究や，アークプラズマを熱流体として解析する研究がなされている。
　70－500 kV級で主流となっているSF6ガス遮断器は，接点を開くのと同時にパッファと呼ばれるガス圧縮装置のピストンを駆動して，高圧力のガスを作る。このガスはノズルを介して，接点間に発生したアークプラズマに超音速で吹き付けられる。接点乖離やピストンでのガス圧縮などの一連の動作と，アークプラズマとガス流の相互作用を，流体解析手法を用いてシミュレートする手法が開発されている。下図はこの遮断現象シミュレーションの結果例である[2]。アークプラズマが消弧されてから20ミリ秒後の，接点周囲のガスの密度分布を示している。

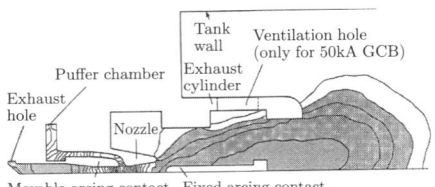

D. 開閉器駆動部の動作
　遮断器の接点駆動には，油圧やばねによる駆動機構を用いている。3次元CADと駆動力の解析を組み合わせて，駆動部から接点までの動作をシミュレートしている。精密なカム動作の可視化や，数トンの力による応力の分析が行われ，信頼性の高い駆動部の開発に役立っている。

E. ブッシングの地震による振動
　高電圧機器は絶縁距離を確保するために高い構造となる。特に，機器から外部に電気を取り出すブッシングと呼ばれる装置は，10 mを超える場合がある。この装置が地震の際に大きく振動する状況を，3次元CADと振動解析によってシミュレートしている。

F. エポキシ注形の硬化
　ガス絶縁開閉装置は，SF6ガスを封入した金属タンク内に，絶縁物で導体を支持する構造となっている。絶縁物には高い絶縁性能が必要であり，一般にエポキシ樹脂の注形絶縁物が使われている。2種類の樹脂を用いて注形過程で化学反応を起こさせ，硬化させる。樹脂の注入から化学反応で硬化する過程をシミュレートし，最適な条件を検討している。

参考文献
1) 小林恒夫ほか：電気学会 静止器研究会，SA-04-75, (2004.12)
2) T. Mori, H. Ohashi, H. Mizoguchi, K. Suzuki: "Investigation of technology of developing large capacity and compact size GCB", IEEE Trans. Power Delivery, vol.12, pp.747–753 (1997.2)

分野：人間・社会
部門：社会システム [VI-2]

組織シミュレーション
[英] organizational simulation

組織に関する特性をシミュレーションにより解明する試みは，古くは1970年代のCohenらによるゴミ箱モデルまで遡ることができる。その後1990年代には主として**計算組織論**（computational organization theory）において，フォーマルなモデルによる組織研究の1領域として組織シミュレーションの研究が進められた。現在の組織シミュレーションでは，なんらかの形でエージェント概念を含むのが普通である。組織シミュレーションの対象は多岐にわたっているが，これまで計算組織論を中心に展開されている研究領域は，おもに組織デザイン，組織学習，組織における情報システム，組織の進化と構造変動などである。最近では，組織シミュレーションはマネジメント政策を分析するツールとして，複雑なマネジメント状況を支援するためにも利用されつつある。

A. 情報処理アプローチ

エージェントベースの組織シミュレーションでは，組織を情報処理の観点からモデル化することが多い。その際組織が有していると考える性質は，(1) 学習や経験に関するエージェントの限定合理性，(2) 情報が組織のあらゆるところで多様な形態で存在し，複数のエージェントで共有され，それらは必ずしも整合しないという情報遍在性，(3) 組織パフォーマンスや組織文化の形成に影響を与える組織内での認知や内部モデル（あるいはメンタルモデル）による情報の共有状態を表す情報分散共有制約，(4) 組織環境などの外的な不確実性およびエージェントの能力やタスクの処理過程などの組織内で生じる不確実性，(5) エージェントの知的活動の相互作用から生じる組織学習プロセスを含む組織知能，(6) 現在の組織パフォーマンスが示す不可逆的な学習プロセスの経路依存性，(7) エージェント間の明示的および非明示的なコミュニケーション，である。

情報処理アプローチ（neo-information processing view）に基づく組織モデルは，基本的にタスク指向の構造を持つ。基本的な構成要素は，エージェントとそのスキル，エージェントが処理するタスク，そして組織構造である。エージェントは環境や組織状況を認知した上で意思決定と行動を行うが，認知された状況や意思決定ルールは，エージェントの持つ内部モデルとして表現され，エージェントの多様性を表す。タスクモデルにはタスクやサブタスク間の依存構造が含まれる。組織構造では，エージェントとタスク，タスクと資源，タスクとスキルなどの関係やタスクの割り当て構造などを定義する。

B. 組織シミュレーションの諸モデル

情報処理アプローチに基盤を置く組織シミュレーションのモデルは，エージェント，タスク，資源，エージェントの学習能力などを，どの程度詳細にモデル化しているかに依存して分類することができる。例えば，チームによるタスク処理デザインに利用されるLevittらのVirtual Design Team（VDT）は，初期のモデルではタスクと資源の関係に特徴があり，エージェントは学習をせず，タスクに多様性もなかった。一方，CarleyらのORGAHEADは，エージェントの学習とタスクの再配置により，組織構造のダイナミクスに焦点が当てられている。

C. モデルの妥当性

組織シミュレーションで構築されるモデルの妥当性は，モデルの解像度に応じて，方法および利用される事実やデータが異なる。

伝統的な組織論における理論の確認や形成に関わるモデルは，一般的に抽象度が高く，特定の組織の計数的な実際のデータが存在しない，あるいは入手が困難であることが多い。抽象的なモデルの妥当性は，理論によるシステム全体の性質や様式化された事実（stylized fact）を再現させることで確認される。特定の組織を対象にしたモデルでは，分析の目的に応じて対象組織の構造を細部まで表すこともある。その場合，多数のパラメータを調整したり，モデルの妥当性を評価するために，実際のデータが収集・利用される。しかし，組織モデルの妥当性評価では，たとえデータが収集できたとしても，システムの挙動をそれに合致させることは特に困難である。これは社会を対象としたシミュレーションモデルについて，一般的にいえることでもある。そのため現在では，組織モデルの妥当性の評価は，単なる外部データとの合致ではなく，問題関与者の参加による承認（accreditation）過程として捉えられることもある。

参考文献

1) M. D. Cohen, J. B. March, and J. P. Olsen: "A Garbage Can Model of Organizational Choice", *Administrative Science Quarterly*, 17(1), pp.1–25 (1972)

2) K. M. Carley: "Computational and Mathematical Organization Theory: Perspective and Directions", *Computational and Mathematical Organization Theory*, 1(1), pp. 39–56 (1995)

分野：機械
部門：材料力学・機械材料・材料加工 [III-1]

塑性加工
[英] technology of plasticity

塑性加工シミュレーションでは，塑性加工中の材料の変形挙動や加工に必要な力，工具の各部に作用する応力の解析，あるいは，塑性加工中の材料の延性破壊や，塑性加工中の材料の内部組織や集合組織の変化の解析，塑性加工金型の変形や応力の解析を行う．その目的は，コンピュータ内に仮想的な塑性加工を再現することで，塑性加工工程や塑性加工金型寸法を決定するのに必要な，上述の情報を得ることにある．塑性加工シミュレーションの技法としては，初等理論（スラブ法），**エネルギー法**（energy method; 上界法・下界法），**すべり線場法**（slip line field method）が利用されてきたが，現在は有限要素法がおもに利用されている．また，圧延加工を中心に，初等理論が利用されている．

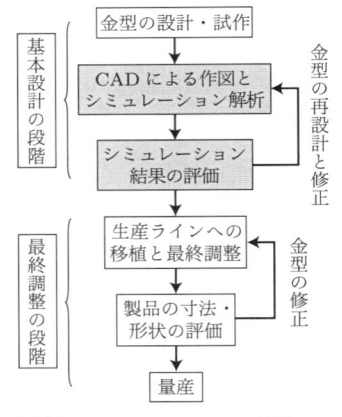

A. 塑性加工シミュレーション技法

（1）初等理論（スラブ法） 初等理論（elementary method; slab method）は，塑性変形している材料内部の応力分布を仮定し，材料内部に想定した微小要素についてのつり合い条件を，材料の降伏条件と連立させて解く方法である．古くから塑性加工の解析手法として利用されてきたものであり，変形が比較的単純で応力分布の近似が容易である問題に対して，応力を見積もるのに適している．例えば，板圧延や引抜きといった問題に対しては，2次元応力場の計算に現在でもよく利用されている．

（2）有限要素法 他の分野と同様に，塑性加工シミュレーションにおいても**有限要素法**（finite element method; **FEM**）の利用価値は高い．FEMによれば，複雑な塑性加工の解析もでき，精度も高い．欠点は計算時間であるが，現在では計算機の演算も十分高速化されているため，数多くの塑性加工法に利用されている．

（3）静的FEMと動的FEM 次式に示す静的なつり合い式を基礎式とするFEMを静的FEMと呼び，ここにはさらに陰解法と陽解法がある．

$$\frac{\partial \sigma_{ji}}{\partial x_j} + \rho g_i = 0$$

これに対して，次式に示す動的なつり合い式を基礎式とするFEMを動的FEMと呼び，これは陽解法によって解かれる．

$$\rho \dot{v}_i = \frac{\partial \sigma_{ji}}{\partial x_j} + \rho g_i$$

B. 各塑性加工に利用されるシミュレーション

（1）薄板のプレス成形 この成形法では，成形終了後に板に残留するスプリングバックを予測する必要があるため，弾塑性材料モデルに基づく弾塑性FEM（elastic-plastic FEM）が利用されている．また，冷間圧延された板を素材とするため，素板の面内異方性をも含んだ解析がしばしば行われる．

（2）鍛造加工 これとは対照的に，バルク材の加工である鍛造加工では，加工終了時点での残留応力が製品形状に影響しない．そこで，計算速度が速い，剛塑性材料モデルに基づく剛塑性FEM（rigid-plastic FEM）が利用されている．冷間鍛造では金型に作用する応力値が高く金型変形が大きいため，金型のFEMによる応力解析の重要度が高い．

（3）押出し・引抜き加工 押出し加工は，熱間で行われ，ダイス穴形状が複雑であるため，剛塑性FEMあるいは粘塑性FEM（viscoplastic FEM）が利用される場合が多い．一方，引抜き加工は，冷間加工であり，ダイス穴形状が単純であるため，弾塑性FEMが利用される場合が多い．

（4）圧延加工 初等理論が依然活躍している分野であるが，弾塑性FEMあるいは剛塑性FEMも活用されている．ただし，板圧延のロール変形との相互作用に起因する圧延板の平坦度不良やスキンパス圧延については，いまだシミュレーション結果を得ることは困難である．

参考文献
1) 日本塑性加工学会 編：塑性加工便覧, pp. 1081–1097 (2006)

分野：生命・医療・福祉
部門：生体材料 [V-3]

ソフトマテリアル
[英] softmaterial

　ソフトマテリアルは，文字どおり固体と流体の中間的性質を持つ物質を意味し，具体的には高分子の集合体を指す。このような物質はしばしば特異な力学的振る舞いを示すことが知られており，分子レベルのミクロな取り扱いが本質的となる場合が多い。そのため，シミュレーションの手法としては，おもに分子動力学法（⇒p.81）が用いられる。ソフトマテリアルの代表的な応用研究として，**ドラッグデリバリーシステム**（drug delivery system）がある。

A. 分子動力学法

　分子動力学法では，分子を構成する各原子を古典的な質点と見なす。つぎに，それらに働く力を計算し，その力を入力としてニュートン方程式（⇒p.289）を解き，各原子の運動を求める。考慮される力には，クーロン力，ファンデルワールス力，共有結合による原子間力などがある。ただし，水分子に関しては，生命科学分野では不可欠であり，かつ非常に多数を必要とするため，特別なモデル化を施すことが多い。

B. ドラッグデリバリーシステム

　ドラッグデリバリーシステム（DDS）とは，薬物を病巣へ選択的に集積させる技術を指す。その最も重要な適用先として，がん治療が挙げられる。多種多様な手法が検討されている中，有望視されるものの一つとして**ポリエチレングリコール**（polyethylene Glycol; **PEG**）を用いる方法がある。

　（1）PEGミセルによるDDS　この方法では，**ミセル**（Micelle）と呼ばれる球殻をPEGで構成し，その内部に抗がん剤を封入する。これにより腎臓での体外排出を避け，血管内を巡らせて病巣まで到達させることが可能となる。がん病巣はEPR（enhanced permeability and retention）効果と呼ばれる性質を持っており，PEGミセルを効率的に取り込む。ミセルは病巣内に入ると酸性度の違いにより溶解し，抗がん剤を放出する。良いミセルに求められる条件の一つとして，血中で分解しない高い凝縮性が挙げられる。そのためには，部品であるPEGの組成に工夫を凝らす必要がある。

　（2）凝縮シミュレーション　ポリエチレングリコール＝ポリアスパラギン酸＝ジエチルトリアミン（PEG-PAsp(DET)）は有望なミセルの素材とされるが，これにコレステロールを付加することでさらに凝集能が増すという実験結果がある。この場合，コレステロールの疎水性とPEGの親水性がミセル化の駆動力になると推測される。これを確認するために，ポリエチレングリコール＝ポリアスパラギン酸＝ジエチルトリアミン＝コレステロール（PEG-PAsp(DET)-Chole）の水中における挙動を分子動力学法によってシミュレートした結果を下図に示す。

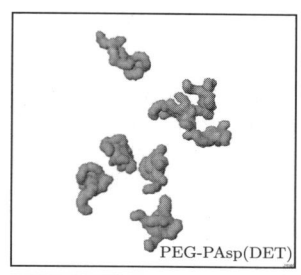

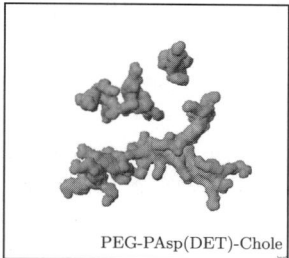

PEG-PAsp(DET)

PEG-PAsp(DET)-Chole

　初期状態として，20 000個の水分子を入れた立方体の中心部に，8個のPEG-PAsp(DET)またはPEG-PAsp(DET)-Choleを20～30オングストローム間隔で並べる。1回の時間ステップで1フェムト秒進め，1 000 000ステップ後に1ナノ秒後の状態を得る。

　図では分子の外形に相当するファンデルワールス面を描画している。複雑な3次元形状になるため，どちらがより良く凝縮しているかを定量化すること自体が，一つの数学的な問題である。しかし，3次元的に回転させてさまざまな角度から観察してみると，コレステロール同士がほぼ接している部分が何か所か見られるなど，総じてPEG-PAsp(DET)-Choleのほうが良好であると判断される。

参考文献
1）上田　顕：分子シミュレーション，裳華房 (2003)
2）大庭　誠，片岡一則：ナノバイオテクノロジーとドラッグデリバリーシステム，脈管学，**48**, pp.371-377 (2008)

ソボレフ空間と数値計算
[英] Sobolev space and numerical analysis

A. ソボレフ空間

Ω を n 次元ユークリッド空間 R^n ($1 \leq n \leq 3$) の領域とし，$L^2(\Omega) \equiv L^2$ を Ω 上で 2 乗可積分な関数の集合とする．L^2 の関数 u, v には，内積

$$(u, v) \equiv \int_\Omega u(x)v(x)dx$$

が定義され，L^2 はこの内積のもとでヒルベルト空間 ($\Rightarrow$ p.51) になる．自然数 m に対して Ω 上の m 次の L^2 ソボレフ空間 $H^m(\Omega) \equiv H^m$ は，関数自身とその m 階以下のすべての導関数が $L^2(\Omega)$ に属するような関数の集合として定義される．ただし，導関数は「超関数の意味の微分」と解釈されるが，ほとんどの場合は通常の意味の微分と一致する．H^m は内積 $\langle u, v \rangle_m \equiv \sum_{|k|=0}^{m}(D^{(k)}u, D^{(k)}v)$ のもとでヒルベルト空間となる．ただし，$D^{(k)}$ は多重指数 $k = (k_1, \cdots, k_n)$ に対応する偏微分

$$D^{(k)} \equiv \frac{\partial^{|k|}}{\partial x_1^{k_1} \cdots \partial x_n^{k_n}}$$

を意味する ($|k| = k_1 + \cdots + k_n$)．さらに，$H_0^1(\Omega) \equiv H_0^1 := \{\phi \in H^1 \mid \Omega \text{ の境界で } \phi = 0\}$ と定義する．ここで，$\partial\Omega$ は Ω の境界である．なお，H_0^1 ではそのノルムを $\|\phi\|_{H_0^1} := \|\nabla\phi\|_{L^2}$ で定める．ここで，$\nabla u = (\frac{\partial u}{\partial x_1}, \cdots, \frac{\partial u}{\partial x_n})$ である．

B. ポアソン方程式

関数 $g \in L^2(\Omega)$ に対し，つぎの偏微分方程式 (ポアソン方程式の境界値問題) を考える．

$$\begin{cases} -\Delta u = g, & x \in \Omega \\ u = 0, & x \in \partial\Omega \end{cases} \quad (1)$$

ここで $\Delta u \equiv \frac{\partial^2 u}{\partial x_1^2} + \cdots + \frac{\partial^2 u}{\partial x_n^2}$ である．この方程式の解 (弱い解) は，つぎの弱形式 (変分形式) を満たす関数 $u \in H_0^1$ として定義される．

$$(\nabla u, \nabla \phi) = (g, \phi), \quad \forall \phi \in H_0^1 \quad (2)$$

C. 有限要素法

ポアソン方程式 (1) の近似解を求めるためには，差分法 ($\Rightarrow$ p.334)，有限要素法 ($\Rightarrow$ p.335)，境界要素法 ($\Rightarrow$ p.65)，スペクトル法などの数値的手法が用いられる．これらの中でも，有限要素法は偏微分方程式の弱解を最も自然な形で数値化したものであり，汎用性に優れた数値解法として知られている．いま，S_h を抽象的な意味でのパラメータ h に依存する $H_0^1(\Omega)$ の有限次元部分空間とするとき，式 (1) の有限要素近似解 $u_h \in S_h$ は，式 (2) の離散化 (discretization) として次式で定義される．

$$(\nabla u_h, \nabla \phi_h) = (g, \phi_h), \quad \forall \phi_h \in S_h \quad (3)$$

ここで，S_h は一般に，領域 Ω を最大メッシュサイズが h であるような小領域に分割し，おのおのの小領域で多項式である関数 (区分多項式) からなる H_0^1 の有限次元部分空間である．実際の数値計算では，近似解 u_h を S_h の基底関数の 1 次結合として表現しておけば，変分形式 (3) は，その係数を未知数とする連立 1 次方程式に帰着するので，それを解いて具体的な近似解が求められる．

D. 誤差評価

変分形式 (3) は，連続問題 (2) の離散化であるから，誤差 $u - u_h \neq 0$ であり，その大きさは，与えられた有限要素空間 S_h の性質とともに，それを測るノルムや解の滑らかさにも依存する．一般に，S_h が区分的に 1 次以上の多項式で構成されるとき，式 (1) の解 u が H^2 に属する (2 回微分可能な滑らかさを持つ) ならば

$$\|u - u_h\|_{H_0^1} \leq C_1 h \|u\|_{H^2}$$

の形の評価が成り立つ．ここで，C_1 は h に無関係な正定数である．例えば，Ω が四角形領域で，四角形メッシュの場合，S_h が連続な区分双 1 次多項式ならば $C_1 = 1/\pi$ にとることができ，三角形一様メッシュでは，$C_1 \leq 0.493$ となることなどがわかっている．一般に，区分的 r 次多項式を用いた場合，解が H^{r+1} に属するならば，C_r を正定数としてつぎが成り立つ．

$$\|u - u_h\|_{H_0^1} \leq C_r h^r \|u\|_{H^{r+1}}$$

これらは，実際の計算に先立って誤差の限界を見積もるものであり，**事前誤差評価** (a priori error estimate) と呼ばれる．これに対し，実際に計算された近似解の誤差を個別に数値として求めることは**事後誤差評価** (a posteriori error estimate) と呼ばれるが，その厳密な評価には精度保証付き数値計算の技法が必要となる．

参考文献

1) 菊地文雄：有限要素法概説 [新訂版]，サイエンス社 (1999)

2) 田端正久：偏微分方程式の数値解析，岩波書店 (2010)

分野：環境・エネルギー
部門：地域・地球環境 [IV-1]

大気汚染物質の輸送

[英] transport and transformation of air-pollutants

大気汚染物質としては，**光化学オキシダント**（photochemical oxidant）の主要成分であるオゾン，酸性雨の原因となる硫酸エアロゾルおよび**硝酸エアロゾル**（aerosol），黄砂に代表される土壌性エアロゾルなどが知られている。このうち土壌性エアロゾルについては，地表からの巻き上げ量を風速の関数として近似することができるため，地表から直接大気中に放出されるものとして取り扱うことができるが，オゾンや硫酸エアロゾル，硝酸エアロゾルなどは，陸面・海面および人為的起源より放出された窒素化合物および炭化水素などの前駆物質から大気中での光化学反応を経て生成されるため，数値シミュレーションを行う際には，それらの前駆物質も含め，大気中での移流（⇒p.363）や生成・消滅過程などを計算する必要がある。また，大気中の微粒子であるエアロゾルの場合は，その種別や粒径ごとに分類する必要がある。

A. 化学輸送モデル

大気汚染物質およびその前駆物質の地表などからの放出と，大気中での移流および光化学変化を計算する数値モデル。空間次元としては，0次元（BOXモデル），鉛直および水平1次元モデル，2次元モデル，3次元モデルなどに分類される。対象領域としては，地球全体を取り扱う**全球モデル**（global model）と，特定領域のみを取り扱う**領域モデル**（regional model）とに分類される。気象場との相互作用を考慮したモデルをオンラインモデル，そうでないモデルをオフラインモデルと呼称することもある。

一般的には，連続の式

$$\frac{\partial n_i}{\partial t} = -\nabla \cdot (n_i \mathbf{v}) + P_i - L_i$$

をもとに，化学物質 i の濃度 n_i の時空間分布を離散化し，n_i の時間発展を解くことになる。ここで $\nabla \cdot (n_i \mathbf{v})$ は風速 $\mathbf{v}$ による化学物質移流フラックスの発散（divergence）であり，P_i および L_i はそれぞれ光化学反応などによる生成と消滅を意味する。エアロゾルの場合はこれに加えて重力沈降や凝集などの影響も併せて考慮する必要がある。

光化学的生成および消滅の速度が非常に速く，数値モデルで用いられる時間間隔（数秒から数十分程度）の間に平衡に達すると仮定できる場合は，それらの化学種をひとまとめにして移流計算などを簡略化することがある。これはファミリー法（family method）と呼ばれ，NO，NO_2，NO_3，N_2O_5 などをまとめた NO_x などがよく用いられる。また，対流圏では森林などから放出されるイソプレンなどの複雑な揮発性有機化合物（volatile organic carbon; VOC）の反応を考慮する必要があるが，そのすべてを考慮すると数百から数千の化学種を取り扱う必要があるため，例えば α-ピネンと β-ピネンをモノテルペン類として取り扱うなど，反応過程がある程度近い化学種をひとまとめにする（lumping）のが一般的である。

B. データ同化

化学輸送モデルに人工衛星などから得られた観測値を取り込み，計算結果の不確定性を減らしたり，観測値の得られない時間・空間における大気汚染物質の分布などを推定するために用いられる。時間ごとに独立した観測値の空間分布をもとにした同化（静的同化）を行う最適内挿法，時間方向に特定の幅を持つ観測値の時空間分布をもとにした同化（動的同化）を行うアンサンブルカルマンフィルタ（⇒p.60）や4次元変分法（⇒p.60）などが用いられる。

（1）最適内挿法 解析誤差の期待値が最小になるように，第1推定値とイノベーション（第1推定値と観測値との差）を内挿する。各同化時間で独立に同化が行われるため，解析値の時間変化が連続的にならない場合がある。

（2）アンサンブルカルマンフィルタ 同一の期間に対し，解析値を初期値として化学輸送モデルを複数回実行し（アンサンブル計算），アンサンブル平均とそれぞれのアンサンブルメンバとの差を用いて背景誤差を推定する。つぎに，観測データを用いて推定値に修正を加え，解析値を求める。アンサンブル予報を通して観測誤差の情報を含んだ解析誤差が時間発展し，つぎの同化時刻では背景誤差として使用されることになる。

（3）4次元変分法 観測値と化学輸送モデルによる第1推定値との差の情報を過去に向かって伝搬させるアジョイント演算子を適用し，同化期間内の観測データを同化することによって，最適な連続した時間変化を推定する手法である。異なる化学輸送モデルに対して，それぞれアジョイントモデルを構築する必要がある。

C. インバージョン解析

化学輸送モデルと観測値，逆解法（inverse method）とを組み合わせ，地表などからの放出量分布の推定を行う。森林や海洋への吸収量などの不確定性が大きく，大気中での化学変化がほとんどない二酸化炭素などの気体について，放出量分布を推定するのに有効な手法である。

参考文献
1) 露木 義, 川畑拓矢 編, 気象学におけるデータ同化, 気象研究ノート（日本気象学会）, **217** (2008)

分野：機械
部門：機械力学・計測制御・生産システム ［III-3］

大規模構造・複合領域
［英］ large scale simulation/co-simulation

製造業における製品開発において，構造物に対するさまざまなシミュレーションが必須となった。高精度で詳細な設計案検討のため，シミュレーションモデルは年々複雑化している。解析モデルは大規模になり，そして，複合領域の物理現象のシミュレーションも一般的になっている。

これらのシミュレーションには，高性能なコンピュータシステムおよびソフトウェアが非常に重要である。数千万自由度を容易に取り扱うことができるソフトウェアも現在販売・使用されている。

A. 大規模構造領域

3次元CADシステムにより作成されたアセンブリモデルに対する各種詳細なシミュレーションが行われており，線形解析では数千万自由度，非線形解析でも1千万自由度のモデルが解かれる場合もある。大規模解析の場合，振動解析（⇒p.233）は直接運動方程式を解く方法に比べて必要な記憶容量が少なく，計算時間も短い，モード法を用いた周波数応答および過渡応答が実施される。この際の実固有モード計算（⇒ p.67, p.158）には，これまでLanczos法がおもに用いられてきたが，大規模解析では計算時間が膨大になるため，現在は専用の高速実固有値解析ソルバーが用いられている。いずれの場合も構造・質量・減衰行列が膨大な大きさになるため，**行列の縮約**（matrix reduction）が行われ，その後，解が求められる。

大規模モデルでは，反復法（⇒p.356）で高速に近似解を求めることが行われるようになってきたが，実固有値解析およびモード法周波数応答・過渡応答解析では，解の精度が若干落ちる。

用途例 自動車のエンジンやミッションなど，3次元要素主体の構造物では，線形静解析，実固有値解析および振動解析のほか，ボルト締結，接触条件，ガスケットや弾塑性材料特性を考慮した，陰解法（⇒p.233）による静的幾何学および材料非線形解析が行われる。いずれも，反復法により求解の高速化を図ることができる。

2次元要素が主体の車体などについても，エンジンなどと同様の解析が行われるが，反復法の効果が少ないため，分散並列処理により求解の高速化を図るのが一般的である。陽解法（⇒p.233）による衝突解析（⇒p.128）や板材のプレス成形解析（⇒p.188）も行われ，これらについても分散並列処理が有効である。

原子力関連機器や航空機などでは，強度解析や振動解析のほか，き裂進展が重大事故の要因になるため，大規模モデルによるき裂進展解析も行われる[1]）。

複写機などの精密機械でも，非常に多くの部品を含むアセンブリモデルを構築するため，大規模解析が行われている。

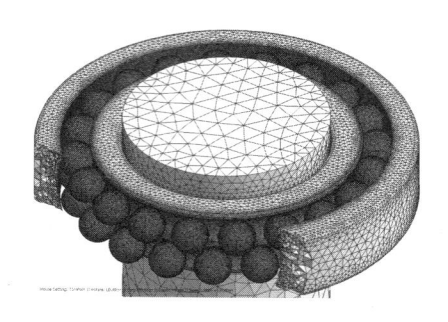

B. 複合領域

構造，機構，伝熱，流体，電磁場の各シミュレーションは，それぞれ異なる構成則および解法を持つ。そのため，複数領域にまたがる現象の解を求めるには，それぞれの解析コードで求めた共通物理量をたがいに連携させながら解を求める必要がある。ある解析コードで物理量を求めたのち，他の解析コードでその物理量をもとに解を求めることを**弱連成解析**（weak coupling analysis），複数の解析コードで逐次物理量を相互に利用しながら解を求めることを**強連成解析**（strong coupling analysis）と呼ぶことがある。例えば，流体解析で求めた圧力や伝熱解析で求めた温度を構造解析で利用して応力を求めるのは，弱連成解析である。

上記のほか，マルチボディダイナミクス（⇒p.326）-構造連成解析，伝熱-流体-構造連成解析，電磁場-伝熱-構造連成解析など，さまざまな連成解析が日常的に行われている。

用途例 自動車のエンジン，トランスミッション，サスペンションの動的挙動をマルチボディダイナミクスで求め，その結果から各部の動的応力応答が求められる。パワートレインの振動解析から，その内部・外部音響特性が求められる。

自動車のほか，さまざまな工業製品で用いられている樹脂部品の場合，樹脂流動解析（⇒p.257）の結果を用いた成形品の応力解析が実施されている。

参考文献

1) 岡田 裕, 荒木宏介, 河合浩志：大規模破壊力学解析のための応力拡大係数計算手法－四面体要素を用いた仮想き裂閉口積分法（VCCM），日本機械学會論文集 A 編, 73 巻, 728 号, pp.498-505 (2007)

分野：可視化
部門：ボリューム可視化 [VII-3]

大規模ボリュームデータの可視化
[英] visualization of large-scale volume data

可視化は，データから画像を生成し，人間の視覚能力を用いてデータの持つ情報を分析し，把握するプロセスである（⇒ p.278, p.279）。データに内在する情報を抽出するためには，対象とするデータの選択やその操作，色や画角・伝達関数のパラメータ設定など多くのタスクが必要となり，大規模データに対してはマニュアル操作による可視化には限界がある。大規模データ可視化の困難さは，扱うデータサイズに起因しており，データハンドリングとレンダリングコストを削減し，効率的・効果的な手法によりユーザの意思決定を支援することが重要である。

近年の大規模データに対する可視化は，上述の問題点を解決するために，視覚的な認識過程と認知に関する原理が可視化プロセスに組み込まれ，効果的な表現を追求している。同時に，並列計算機アーキテクチャ（⇒ p.164）に適した効率的なデータ管理方式により，大規模データの可視化を実現している。

A. データマネージメントシステム

大規模データを効率良く取り扱うためには，LOD（level-of-detail）やOOC（out-of-core）などのデータ管理方式により，大規模データを並列計算機上で管理するデータマネージメントシステム（DMS）が必要になる[1]。スケーラビリティ（scalability）確保のために，後続の処理アルゴリズムの要求に応じて適切な方式が選択される。

（1）LOD 必要とされる詳細度に合わせて，適切な解像度のデータを供給するデータ管理方式。計算機の階層的なメモリ構造と親和性が高く，多重解像度表現が可能である。

（2）OOC 計算機の主記憶に入りきらないサイズのデータを効率良く扱うデータ管理方式。データをサブブロックに分割し，要求されるサブブロックを適切なアルゴリズムにより主記憶に供給する。スケジューリングによりデータロードのコストを隠すことができる。

B. データリダクション

大規模なデータを効率的に可視化する方法として，直接元データを可視化するのではなく，なんらかの方法でデータの特徴を失わないようにサイズを削減し可視化する。データ削減の代表的な方法には，データ圧縮，ROI（region-of-interest）選択，メタデータなどがある。

（1）データ圧縮 情報技術で用いられる符号圧縮を援用する。圧縮アルゴリズムは可逆・非可逆とも多岐にわたるが，エンコード/デコード時の処理コストから選択できる。データサイズの削減とともに，ディスクからメモリへのデータロードのコストを大きく削減する。

（2）ROI選択 データの部分空間を可視化対象とすることにより，扱うデータ量を低減し，処理コストを下げる。

（3）メタデータ データの特徴を良く表す抽象度の高い指標（メタデータ）を用いて対象データを探査する。通常，メタデータのサイズは元のデータに比較して格段に小さくなる。一例として，ベクトル場の渦構造を表す速度勾配テンソルの第2不変量（スカラ量）などがある。

C. レンダリング

ボリュームデータ（⇒ p.319）は3次元の一価変数として定義される。ボリュームデータ向けの可視化法（⇒ p.318）として，**ボリュームレンダリング**（volume rendering, ⇒ p.165）は，データの大局性と空間的な内部構造を同時に表現できる効果的な手法である。描画性能の向上のために並列化を，表現の向上のために認知性などを考慮する，高速高品質なレンダリング法が研究されている。

（1）並列レンダリング 並列化により性能の向上を図るが，一連のレンダリングタスクにおいて，どの部分で処理を並列化するかにより特性が異なる[2]。並列数が多くなると，各ノードで部分画像を生成し，その画像をマスターノードに集約・重畳するソートラスト（Sort-last）方式の性能が良い。GPUを活用することもできる。

（2）レンダリング表現 高品質な画像を生成するため，間接照明効果の採用や，人間の持つ色や深度の認識特性を考慮した描画パラメータの選択（perception-driven），データの重要な箇所に焦点を当てた表現（importance-driven），データの顕著な特性に着目した表現（saliency-driven）などの手法により，大規模データを効果的に表現する手法の研究が進められている[3]。

参考文献

1) Cláudio Silva, et al.: "Out-of-core algorithms for scientific visualization and computer graphics", *Visualization '02 Course Notes* (2002)

2) Alan Chalmers, et al.: *Practical Parallel Rendering*, AK Peters (2002)

3) Chaoli Wang, et al.: "Perception-Driven Techniques for Effective Visualization of Large Volume Data", *IEEE Visualization '08 Tutorial* (2008)

代謝生化学シミュレーション
[英] metabolic biochemical simulation

代謝経路（metabolic pathway）のシミュレーションは、生命のシステム的理解を深めるために必要なだけでなく、有用物質の効率的生産を目指した微生物の改変にも役立つ。細胞における代謝システムは、代謝物の連鎖的生産過程をネットワーク表現した上位層、おのおのの代謝物の生産反応を触媒する酵素タンパク質の関連などを表現した中間層、そのタンパク質の生成に関わる制御関係を表現した下位層の3階層からなると考えられる。この三つの層の数理的モデルをおのおの作り、さらにこれら三つの層間の関係について数理モデルを構築すれば、細胞レベルのシミュレーションモデルができあがる。現在では、まだこのようなモデルはできておらず、完全なシミュレーションには遠いが、ここでは、そのために必要となる基本情報と基本技術について簡単に紹介する。

A. 代謝経路情報のデータベース

シミュレーションモデル構築のために必要な情報は、アメリカのSRIが運用するEcoCyc[1]や京都大学バイオインフォマティクスセンターが運用するKEGG（Kyoto Encyclopedia of Genes and Genomes）[2]から取得することができる。このほかにも、ドイツのブラウンシュヴァイク大学のBRENDAデータベースがあり、ここには反応速度パラメータも提供されている。

B. 酵素反応速度式

代謝物の生成反応は**酵素**（enzyme, ⇒p.117）に制御されるので、この反応モデルは特に重要である。下のような基本的な酵素反応を考える。

$$S + E \xrightleftharpoons[k_{-1}]{k_1} SE \xrightarrow{k_2} P + E$$

酵素Eが基質Sに結合して複合体SEを形成し、**触媒反応**（catalytic reaction）ののちに酵素Eは分離し、生成物Pができる。k_1, k_{-1}, k_2は反応速度定数である。

酵素Eの濃度は一定とする。また、基質Sは過剰に存在するとし、その初期濃度を$[S]_0$とする。反応のごく初期以外はSEの濃度変化はないと仮定すると、この反応速度vはつぎのように書ける。これは**ミカエリス・メンテンの式**（Michaelis-Menten kinetics）と呼ばれている。この式の導出については、例えばステファノポーラスら[3]を参照されたい。

$$v = \frac{V_{\max}[S]_0}{[S]_0 + K_m}$$

最大速度$V_{\max}$は、定常状態におけるvの上限を表している。一方、K_mはミカエリス定数と呼ばれ、最大速度の1/2の速度を与える基質濃度である。同一の基質に対しては、K_mが小さい酵素のほうが大きい酵素よりも作用が強い。逆に、同一の酵素に対しては、K_mが小さい基質は大きいものより作用を受けやすい。$V_{\max}$とK_mを求める方法としては、Lineweaver-Burkプロット法、Eadie-Hofsteeプロット法、Hanes-Woolfプロット法がある。

拮抗阻害、非拮抗阻害、不拮抗阻害などの阻害剤を含む反応についても、その反応速度の式を立てることができる[3]。このほか、質量作用則に基づく式やS-Systemを用いた式[4]も、代謝システムのモデル化に使われる。

C. シミュレーションの実際

代謝シミュレーションの先導的な実行例としてE-Cell[5]がある。マイコプラズマ菌の遺伝子から選択した127個の遺伝子による仮想的な細胞モデルを作成し、シミュレーションを実行したものである。酵素反応にはミカエリス・メンテン式を用いており、基質や生成物が二つ以上あるときや、活性作用や抑制作用の影響があるときには、それを反映するような拡張を行っている。また、代謝経路の構造情報は、主としてKEGGやEcoCycのデータベースから得ている。

D. 線形代数方程式系によるモデル化

以上に述べた方法は、微分方程式系によるモデル化によるものであるが、代謝システムのモデル化（⇒p.176）では線形代数方程式系によるモデル化も行われる。すなわち、細胞内の代謝物質が定常状態にあるという仮定のもとに、代謝量論式と測定できる比速度から、**代謝流束**（metabolic flux）が満たすべき収支式を線形代数方程式として表すものである。代謝流束の情報は、冒頭に述べた3階層の最上位に位置するもので、培養環境の変化や特定の遺伝子破壊などによる下位層からの影響は、この層の代謝流束分布を変化させる。生産物の変化量を把握することができるため、代謝流束情報は産業応用の点からも重要である。

参考文献
1) http://ecocyc.org/
2) http://www.genome.jp/kegg/
3) G. ステファノポーラスほか著, 清水 浩, 塩谷捨明 訳：代謝工学―原理と方法論―, 東京電機大学出版局 (2002)
4) 江口至洋：細胞のシステム生物学, 共立出版 (2008)
5) M. Tomita, et al.: "E-CELL: Software Environment for Whole-Cell Simulation", *Bioinformatics*, **15**, 1, 72 (1999)

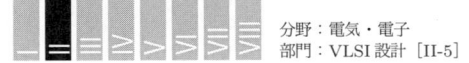

分野：電気・電子
部門：VLSI 設計　[II-5]

タイミングシミュレーション
[英] timing simulation

タイミングシミュレーションとは，回路の**遅延**（delay）なども考慮してタイミングを検証するためのシミュレーションである。

シミュレーションに使われるシミュレータの方式は大きく二つに分けられる。一つはロジックシミュレータ（⇒p.358）であり，遅延情報を持たせてシミュレーションを行う。ロジックシミュレータの一般的な機能となっている。もう一つは回路シミュレータ（⇒p.37）をベースとし，精度をある程度犠牲にして，高速化アルゴリズムを導入したシミュレータである。**高速回路シミュレータ**（fast circuit simulator）などとも呼ばれる。

A. ロジックシミュレータ

ロジックシミュレーションにおいては，ゲートレベルより抽象度の低いレベルでは，遅延情報を含んだシミュレーションが可能となる。

回路図入力や論理合成などによって作成されたゲートレベルの回路情報では，ゲート遅延を考慮したシミュレーションを行うことができる。さらに，配置配線によって配線長が決まると，配線遅延も考慮した**タイミング検証**（timing verification）を正確に行うことが可能になる。配置配線の前は，過去の製品での経験を参考にするなど，なんらかの方法で配線遅延を見積もる必要がある。

半導体集積回路のプロセス技術が進歩し，微細化，大規模化が進むと，ゲート遅延は小さくなり，配線遅延は大きくなる。このため，配線遅延を正確に見積もることがタイミング検証において重要になる。配置配線などの結果得られた情報をシミュレーションに取り込むことを，**バックアノテーション**（back annotation）と呼ぶ。

B. 高速回路シミュレータ

回路シミュレータは回路の出力波形を数値計算によって正確に計算するので，タイミングの検証に用いることが可能である。ただし，高精度に計算する分，計算速度は遅くなる。このため，高精度タイミング検証に用いることを目的に高速化が検討され，回路シミュレータの基本アルゴリズムがほぼ確立されたころ，盛んに研究が行われた。

ゲート遅延を正確に計算するためには，MOSトランジスタなどの特性を正確に抽出し，シミュレーションに反映させる必要がある。また，ロジックシミュレータによるタイミングシミュレーション同様，配置配線後にはより詳細なシミュレーションを行うことが可能である。LPE（layout parameter/parasitic extraction）によって配線の寄生RCを抽出し，それを回路情報に取り込む。これを**バックアノテーション**と呼ぶ。抽出された寄生RCの値は，設計されたRやCと同様，回路方程式にそのまま取り込まれる。バックアノテーションされた回路情報を用いてシミュレーションを行うことを，**ポストレイアウトシミュレーション**（post layout simulation）などとも呼ぶ。

現在使われているシミュレータの多くは，回路シミュレータと同様，以下のような手法が用いられる。

- 修正接点法などによる回路方程式の定式化
- ガウスの消去法などによる疎行列解法
- 台形法，後退オイラー法などによる数値積分
- ニュートン法（⇒p.287）などによる線形化

これらを基本として，高速化技法としては以下のようなものが用いられる。

（1）回路分割　　全体回路を複数の小ブロックに分割することにより，規模の小さい連立方程式を複数持つ問題に変換する。一般的な数値シミュレータの領域分割であるが，半導体集積回路ではCMOS設計が普及したため，MOSトランジスタのゲート端子で回路を分割する方法が成功した。本方式における中核的な技法である。

（2）イベントドリブン　　回路分割が行われることにより，各部分回路では入力が変化しない場合は計算を省略するアルゴリズムを用いることができる。

（3）テーブルルックアップモデル　　MOSトランジスタなど，複雑な挙動を示す素子の特性をテーブル化し，シミュレーション時の計算を省略する。

（4）階層シミュレーション　　電気回路では，通常，基本的な部分回路が複数か所で使用される。同じ構造の部分回路が近い条件で使用された場合，その計算を省略することが考えられる。

（5）マルチレートアルゴリズム　　回路が時定数の大きく異なる部分回路からなっている場合，そのすべてにおいて同一のタイムステップを用いることは冗長である。時定数に応じて異なるタイムステップを使用するアルゴリズムが考えられる。

参考文献
1) Andrew T. Yang and Ivan L. Wemple: "Timing and Power Simulation for Deep Sub-Micron ICs: VLSI Technology, Systems, and Applications", *Proceedings of Technical Papers.* pp.79–86 (1995)

太陽風
[英] solar wind

太陽内部の磁場構造が約11年の長周期で変動する一方で、太陽表面は日々刻々とダイナミックに変化し、太陽フレア、CME（コロナ質量放出）などの爆発的な現象が頻繁に観測される。太陽内部の磁力線が外に向かって開いているコロナホールからは、荷電粒子群である**プラズマ**（plasma, ⇒ p.299）（おもにプロトン、電子）が超音速流として惑星間空間に吹き出されている。これを太陽風と呼ぶ。プラズマは磁力線に巻き付く運動をするため、太陽風が太陽表面から吹き出されるとき、太陽磁場を惑星間空間に運び出す。これを惑星間空間磁場（IMF）と呼ぶ。すなわち、太陽風は、太陽起源の磁力線を伴って惑星間空間を流れる超音速プラズマ流といえる。太陽風の地球近傍における平均速度は秒速450 km、密度はおよそ2～5個/ccである。

A. 太陽風シミュレーション

太陽風シミュレーションは大きく二つに分けられる。一つは、太陽表面から惑星間空間に至る広大な領域における太陽風の大規模構造を再現するものであり、もう一つは、太陽風が惑星間空間を伝播する過程において生じる乱流の微細構造を調べるものである。前者はグローバル/マクロシミュレーションであり、おもに磁気流体（MHD）方程式を用いる[1]。後者は、太陽風中のミクロなプラズマ現象を扱うため、有限ラーマー半径効果等のプラズマ運動論的効果を考慮する粒子シミュレーション[2]がおもに用いられる。

B. 太陽風プラズマ未解決問題

太陽風プラズマの未解決問題の一つとして、太陽表面近傍におけるコロナ加熱、そこでのプラズマ加速がある。約6000度の太陽内部に対し、コロナは100万度の高温であり、この「コロナ加熱問題」は長年の謎とされている。その要因として、磁力線を伝播するアルヴェン波動による加熱や、コロナ内の磁気的不連続点でのフレア加熱が提唱されているが、観測事実をうまく説明できず、いまだ未解決である。また、コロナプラズマが超音速流として吹き出される加速機構についてもよくわかっていない。

一方、惑星間空間を伝播する太陽風中では多くの乱流が観測される。この乱流が太陽面起源か、もしくは、惑星間空伝播時に局所的に発生し発展したものかについても議論がある。この解明には、太陽表面から惑星間空間に至る広大な領域を対象にした大規模シミュレーションを行う必要がある。グローバルMHDシミュレーション等による試みが行われているが、伝播時の局所乱流の微細現象再現にまでは至っていない。

C. 先端的グローバルシミュレーション

今後は、グローバルな太陽風伝播を高精度なMHD手法で解き進めつつ、同時に、局所的なアルヴェン波動と粒子の相互作用を伴う擾乱を粒子モデル手法で再現できる先端的シミュレーション方法の開発と実用化が必要となる。高精度MHDにプラズマ運動論的効果、3次元的効果を取り入れたシミュレーション解析により、コロナ加熱のみならず、アルヴェン波動乱流の起源や非線形発展プロセスの詳細を解明できる。MHD手法には、衝撃波面、不連続面を数値的に安定に解き進める手法（例えば、三好[3]）を導入する必要がある。一方、太陽風乱流の局所構造や素過程の定量的理解には、本質的に非線形波動粒子相互作用や波動間相互作用によるエネルギー散逸過程の理解が不可欠であり、高精度の粒子モデルを導入する必要がある。従来の粒子モデル[2]の高性能化に並行して、各空間格子点でのプラズマ速度分布関数を解き進めるブラゾフシミュレーションの本格利用が、今後有効になる。

D. 宇宙天気

太陽風と惑星固有磁場の相互作用に関するグローバルMHDシミュレーション研究も精力的に行われている。また、「宇宙天気」という枠組みの中で、太陽風変動が惑星間空間および惑星磁気圏に与える影響の定量的理解が進められている。JAXAや米国NOAAによる太陽風の衛星常時モニタリングが行われる一方、スーパーコンピュータを用いたグローバルMHDシミュレーションにより、太陽面から地球超高層大気までの状態をリアルタイムで統合的に計算できるシミュレータも独立行政法人情報通信研究機構（NICT）で開発され運用されている[4]。

参考文献

1) 草野完也：講座 プラズマ計算機シミュレーション入門, 6. MHDシミュレーションの基礎, プラズマ・核融合学会誌, Vol.74, No.9, pp.1030–1039 (1998)

2) C. K. Birdsall and A. B. Langdon: *Plasma Physics via Computer Simulation*, Adam Hilger (1991)

3) 三好隆博, 草野完也：講座 高速プラズマ流と衝撃波の研究事始め, 3. 高速プラズマ流を伴う計算機シミュレーションの基礎, プラズマ・核融合学会誌, Vol.83, No.3, pp.228–240 (2007)

4) http://www2.nict.go.jp/y/y223/simulation/realtime/enter.html

分野：環境・エネルギー
部門：防災 [IV-2]

高潮災害
[英] storm surge disaster

台風などによる高潮災害を数値計算する技術は，大きく3段階に分かれる。第1段階は，高潮を生起する台風などによる大気の気圧や風の時間・空間変動の計算，第2段階は，高潮としての海水流動の計算，そして第3段階は，浸水 (inundation, ⇒p.160) や漂流物 (debris) など，被害の計算である。高潮の計算では，気圧や風の計算結果を入力として，海洋の海水流動の計算が実行されることが多い。しかし，近年，海上風によって生起される波浪が海面抵抗となって高潮の生成に寄与する効果を取り入れるために，大気モデル，高潮モデルに加えて波浪モデルを連成させた計算も行われている。

A. 大気のシミュレーション

高潮の外力である気圧と風の計算モデルには，経験的モデルと局地気象モデルがある。

台風の経験的モデルは，中心気圧，最大風速半径，移動速度をパラメータとして，気圧や風の平面分布を経験式で与えるものである。短時間で計算できる反面，内湾などまわりの陸上地形の影響を受ける海域では，再現性に限界がある。

局地気象モデルは，大気の運動，水蒸気，熱などの基礎方程式を3次元で計算するものであり，陸上地形の起伏や土地利用に対応した粗度も考慮できる。平面的な空間分解能は一般に2〜5 kmである。計算の初期条件には，気象GPV（局地気象モデルより広域を粗い格子で計算した結果。気象庁，ECMWF，NCEPから提供）を空間的に内挿したものを与える。ただし，気象GPVは台風のような空間的に小規模で激しい現象の再現性が必ずしも十分でないため，台風ボーガス（3次元の経験的台風モデル）を初期場に埋め込むこともある。

B. 高潮のシミュレーション

高潮の計算とは，海面を押す気圧の変化や風と海面とのせん断応力で生じる海水の流れを計算することである。海水が流れることによって生じる地盤とのせん断応力，海水の粘性なども考慮している。さまざまなモデルが使われている。

基礎方程式として最も基本的なモデルは，海面から海底までの流速・流向を一様と近似したものである（単層・長波モデル）。高潮による海面の変化だけでなく，表層から底層の流速の違いも詳しく解析するために，水温や塩分濃度の異なる層に分割したいくつかのモデル（多層モデル）や，さらに鉛直方向の流速成分まで詳しく解析するモデル（3次元流動モデル）も使われる。層の分け方には，水平に分ける方法（レベルモデル）と，海面と海底を一定の割合で分ける方法（σ座標モデル）がある。

C. 大気-高潮-波浪の連成シミュレーション

高潮の計算では，通常，大気（気圧・風）が高潮（海水の流れ）に作用することだけを考えているが，厳密には大気，高潮，波浪が相互に関係している。例えば，高潮で流れが生じて水深が変化すると，波浪の発達や伝播が変化する。これらの背後にある天文潮は，高潮と波浪の両方に影響する。そして，波浪の状態が変化すると，海面におけるせん断応力が変化するため，同じ風でも高潮の吹き寄せ効果に違いが生じる。また，波浪や高潮によって海面の温度が変われば，大気にも影響が出る。

このような複雑な相互作用を考慮するために，高潮-波浪，あるいは大気-高潮-波浪の連成計算も行われている。

D. 被害のシミュレーション

高潮による被害計算の基本は浸水計算である。高潮による浸水は静水圧近似を適用できる水理現象なので，浸水計算モデルの支配方程式は，高潮計算モデルと同様な浅水方程式（⇒p.44）となる。このため，浸水と高潮を一連の現象として数値計算する。ただし，陸上に遡上し，構造物を越流する現象を計算するために，移動境界を設定する必要がある。

浸水計算は，地形データの空間解像度に大きく影響を受ける。航空レーザー測量など，最近の測量技術の進歩により，詳細な地形および建物データを入手できるようになってきたので，計算空間に建物を再現した詳細な計算も可能である。ただし，これまでの計算では，陸上建物は建物の密集程度に対応した粗度係数を使用することが一般的である。

また，高潮により船舶やコンテナなどが漂流する被害が発生している。このような被害を推定するためには，漂流物モデルによる計算と高潮計算や浸水計算とを連成（⇒p.295）する。漂流物モデルは津波 (tsunami, ⇒p.208) 分野で多く開発されているが，高潮にも適用できる。漂流物モデルは，流体運動の計算から得られる水位や流速データを入力としてモデルを駆動する方法と，漂流物を移動物体として流体運動と一緒に解析する方法に大別される。

参考文献
1) 河合弘泰：高潮数値計算技術の高精度化と気候変動に備えた防災への適用，港湾空港技術研究所資料，No.1210, p.97 (2010)

分野：可視化
部門：情報可視化　[VII-1]

多変量データの情報可視化
[英] information visualization of multivariate data

　多変量データは行列のように表現され，その行は観測される個体，列は観測される変数（変量）を表す．それぞれの変数は，実数値（長さなど）またはカテゴリー値（色など）をとる．表そのもの，またはそれを集計したものをグラフィックスによって可視化すると，データの有用な情報を得ることができる．これはデータの整理を行うための記述統計学の一つの手法である．

A．静的な統計グラフィックス
　昔から人間は，データの整理のために紙の上に統計グラフィックスを描いてきた．1変数ずつに関するグラフィックスとしては，実数値変数の場合は**ヒストグラム**（histogram），カテゴリー値変数の場合は**棒グラフ**（bar chart）によって，変数の分布を可視化する．2個の実数値変数に関しては，**散布図**（scatter diagram）が有用である．2個以上のカテゴリー値変数に関しては，可視化とはいえないが，カテゴリー値の組み合わせごとに個体の数を集計した**分割表**（contingency table）が有用である．
　現在では，統計グラフィックスは計算機によって作成されるので，複数のグラフィックスが容易に描かれる．例えば，散布図を行列のように配置した散布図行列により，多くの2変数間の関係が可視化できる．

B．対話的・動的な統計グラフィックス
　個体数や変量数が多い場合などは，対話的・動的な統計グラフィックスを利用する必要がある．下図に示されるように，興味のある個体をマウス操作により選択して，それに対応するグラフィックスの部分を強調表示し，さらに複数のグラフィックスにおいて選択された個体に対応する部分を連携して強調表示することが有用である．

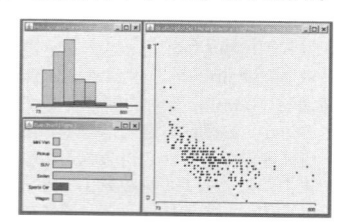

　アニメーションを利用して擬似的な3次元表示を行うもの（3次元散布図）なども，計算機によって実現されている．
　つぎに，対話的で動的な機能を積極的に取り入れた新しい統計グラフィックスの例を示す．

　（1）平行座標プロット　　平行座標プロット（parallel coordinate plot）は実数値をとる多変量データを直接的に表示する．ここでは上下方向の座標軸を変数の数だけ左右に平行に配置する．各座標軸の上端はその変数の最大値，下端は最小値を示すのが普通である．変数の値は座標軸上にプロットされ，隣接する座標軸上の同じ個体に属する値が線分で結ばれる．すなわち，各個体は一つの折れ線で表現される．個体の選択と強調表示，座標軸の配置換え，上下の反転などを対話的に行うことによって，データの性質を明らかにすることができる．

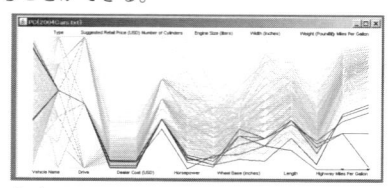

　（2）モザイクプロット　　モザイクプロット（mosaic plot）は，複数のカテゴリー値変数を持つデータを集計した分割表を表現する．全体のデータの個数を大きな長方形で表し，それを変数の値によって分割していく．まず，第1変数の値を横方向にとり，その大きさで長方形を縦方向に分割する．つぎに第2変数の値を縦方向にとり，その大きさで小長方形を横方向に分割する．第3の変数がある場合，その値をもう一度横方向にとり，さらにそれぞれの小長方形を縦方向に切り分ける．第4の変数があれば，その値を縦方向にとり，小長方形を横方向に切り分ける．以後変数が増えるごとに，縦，横の順に小長方形を交互に分割していく．切り分ける変数の選択とその順序を対話的に変えたり，データを選択・強調したりすることにより，有用な情報を得ることができる．

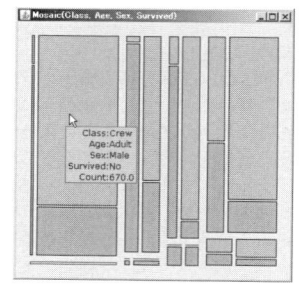

参考文献
1) Chen, C.-H., Härdle, W., and Unwin, A. (eds.): *Handbook of Data Visualization*, Springer (2008)

分野：人間・社会
部門：認知・行動 [VI-1]

チーム・集団モデル
[英] team and group model

実社会の人間の営みを考えるとき、ほとんどの場面において他人との相互作用を無視することはできない。ゆえに、人間の振る舞いをモデル化してシミュレートする際には、人間が集団として振る舞う際の特性を考慮することも必要となる。人間の集団はその規模や相互作用の様相により、2人組のチームから、グループ、コミュニティ、組織、社会といったさまざまなタイプに分類される。このような集団に関する既存のヒューマンモデルでは、特定の集団の様相に注目することで見出された特性を限定的に記述するものが多く、統一的に集団の振る舞いを説明する理論やモデルは存在しない。

集団の行動形成プロセスは、一般的につぎのような影響因子とプロセスからなる枠組みで捉えることができる[1,2]。まず、行動形成に影響を与える因子として、集団を構成する個人の特性、サイズや構造、多様性や凝縮性といった集団としての特性、集団の振る舞いに影響を与える外部因子あるいは境界条件としての環境の特性、どのようなタスクを集団として行うかに関するタスクの特性が挙げられる。これらの因子の影響のもと、さらに社会的な影響や相互作用のプロセスを経て最終的な集団行動が形成される。

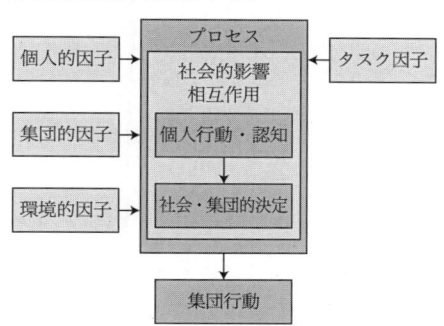

プロセスプラントや船舶、航空機といった大規模人工物の運用あるいは医療活動など、高い安全性や信頼性が求められる領域では、**チームワーク**（team work）が集団の行動形成プロセスで特に重要になると考えられている。また、集団内における知識や状況認識の共有も重要な因子となる。

A. チームワーク

チームワークは、チームの目標を達成するために必要とされる振る舞いやそのプロセスのことを指す。優れたチームワークがどのように形成されるのか、その機構の理解はあまり進んでおらず、優れたチームにおける特徴的な振る舞いや、そのための条件がまとめられるに留まっている。優れたチームに特徴的な振る舞いとしては、**相互監視**（mutual performance monitoring）、**相互の支援**（backup behavior）、内外の変化に対する**適応性**（adaptability）、**リーダーシップ**（leadership）、**チーム志向**（team orientation）が挙げられる。また、これらの振る舞いには、状況やタスク、チームに関するメンタルモデルの共有（shared mental model）、他のメンバーとの相互信頼（mutual trust）、クローズドループコミュニケーション（closed loop communication）が必要であることが指摘されている。

B. 集団・社会影響

集団の行動形成には、個人の認知行動の単純な総和では捉えられない強い非線形性が認められる。このような非線形性が産み出す創発性によって、チームによる高い生産性や問題解決能力が期待できる。一方、社会学や社会心理学では、権威勾配や同調行動、社会的手抜き、集団浅慮、リスキーシフトといった、人間の相互作用に共通して見られる負の側面も指摘されている。

C. 組織モデル

組織のように構造化された集団では、個人間の相互作用だけでなく、個人の繋がりや役割分担、タスク構造といった集団行動を形成する要素の構造や、要素間の関係も無視できない。このような組織の構成要素や要素間の構造を対象とした代表的モデルとして、PCANSモデルがある[3]。このモデルでは、組織の構成要素として成員、スキル、タスク、リソースを定義し、例えば成員とタスクの繋がりによって役割分担を、成員と成員の繋がりによって組織構造を、といったように、各構成要素間の繋がりで組織をネットワーク表現する。

参考文献

1) 古田一雄：プロセス認知工学, 海文堂 (1998)

2) Salas E., et al.: "Modeling Team Performance: the basic ingredients and research needs", in *Organizational Simulation*, Rouse B. W. and Boff R. K. (eds.), Wiley-Interscience (2005)

3) Carley K. and Krackhardt D.: "PCANS Modle of Structure in Organizations", *Proc. Int, Symposium on Command and Control Research and Technology*, pp.113–120 (1998)

分野：環境・エネルギー
部門：地域・地球環境 [IV-1]

地下環境
[英] underground environment

A. 地下環境の予測と評価

地下水資源や地中熱の利用，石油や地熱などのエネルギー開発など，地球表層付近における人間の活動は，地下の環境変化をもたらす。地球表層を構成する土壌・地層や地下水などの物理・化学的な変化とその生態系への影響を予測・評価するツールとして，数値シミュレーションが活用されている。ここでは，事例として土壌・地下水汚染，高レベル放射性核廃棄物の地層処分，二酸化炭素の地中貯留を取り上げる。

（1）土壌・地下水汚染 土壌や地下水中が，重金属，有機溶剤，農薬，油などの物質により汚染されている場合がある。**揮発性有機化合物**（volatile organic compounds; **VOC**）は水よりも粘性が小さく，比重が大きいため，これらが一度地下に入り込むと，深部まで汚染が広がりやすい。水銀・カドミウムなどの重金属は地盤に収着されやすい。これらの汚染は，掘削除去，不溶化，封じ込め，井戸を用いた揚水や吸引，微生物の利用などにより浄化可能である。汚染源を特定したり，汚染物質の広がりや浄化効果を予測したりする際などにシミュレーションが利用されている。

（2）高レベル放射性核廃棄物の地層処分 原子力発電所から発生する**高レベル放射性廃棄物**（high level radioactive waste; **HLW**）は，半減期の長い放射性物質を高い濃度で含むため，人が触れる恐れのない深部地下に埋設処分する。HLW処分場の安全性評価では，処分場閉鎖後にHLWが地下水に接触し，その流れとともに生物圏に達するリスクを予測・評価する必要がある。対象期間が超長期（100万年以上）のため，実験的検証が困難であり，シミュレーション予測が重要になる。

（3）二酸化炭素の地中貯留（carbon capture and storage; **CCS**） 二酸化炭素（CO_2）の大気放出抑制対策であり，発電所などの排ガス中のCO_2を分離・回収してパイプラインや船舶で貯留地点まで輸送し，ボーリングを通じて地層（貯留層）中に圧入し封じ込める技術である。
CO_2（超臨界状態）は地下水よりも比重が軽いが，貯留層の上部を覆う浸透性の低い地層（キャップロック）によって，CO_2の上昇は著しく妨げられる。時間の経過とともに，地下水中への溶解や炭酸塩鉱物化によりCO_2は長期間固定化される。貯留層の選定や長期的安定性の予測，周辺環境影響評価などにシミュレーションが活用される。

B. 地下環境のシミュレーション手法

シミュレーションには有限差分法（⇒ p.289, p.334），有限体積法，有限要素法（⇒ p.335）などの数値解析手法が使われる。

（1）熱と流体の移動 土壌や地層などの多孔質媒体中の熱と流体の流れの支配方程式は，単位体積当りの質量・エネルギー保存則で一般的に表示できる[1]。

$$\frac{\partial M^\kappa}{\partial t} = -\nabla \cdot \mathbf{F}^\kappa + q^\kappa$$

ここで，κは流体の成分，M^κは質量（またはエネルギー），$\mathbf{F}^\kappa$は質量流束（または熱流束），q^κはシンク・ソースである。多孔質媒体中の流体（地下水や石油，ガス等）の運動は，次式のダルシー則（Darcy's law）で記述できることがよく知られている。

$$\mathbf{u}_\beta = -k \frac{k_{r\beta}}{\mu_\beta}(\nabla P - \rho_\beta \mathbf{g})$$

ここで，βは流体の相（気相や液相など），$\mathbf{u}_\beta$はダルシー流速ベクトル，Pは圧力，μ_βは粘性係数，$\mathbf{g}$は重力加速度ベクトルである。絶対浸透率kは地層の流体の通しやすさを表す。β相の相対浸透率$k_{r\beta}$（0～1）と界面張力による圧力差である毛管圧$P_{c\beta}$（$P_\beta = P - P_{c\beta}$，P_βはβ相圧力）は，通常，空隙中に占めるβ相流体の体積比（飽和度）の関数として与える。

質量流束は，流れによる移流と濃度差による分散（あるいは拡散）を考慮して，次式となる。

$$\mathbf{F}^\kappa = \sum_\beta X_\beta^\kappa \rho_\beta \mathbf{u}_\beta - \sum_\beta \rho_\beta \mathbf{D}_\beta^\kappa \nabla X_\beta^\kappa$$

ここで，X_β^κはβ相流体中の成分κの質量分率，$\mathbf{D}_\beta^\kappa$は分散（あるいは拡散）係数テンソルである。
熱流束は，熱伝導と熱対流を考慮して

$$\mathbf{F}^h = \sum_\beta h_\beta \rho_\beta \mathbf{u}_\beta - \lambda \nabla T$$

となる。ここで，Tは温度，λは熱伝導率，h_βはβ相流体の比エンタルピーである。

（2）化学反応性の物質移動 地下水中の化学物質の濃度は，上記の移流や拡散，分散などに加えて，吸脱着，イオン交換，錯体形成，酸化－還元，溶解－沈殿，放射性壊変など，液相中あるいは液相－固相間の化学反応に伴う物質移動によっても変化する。溶解－沈殿では固相である地層を変質させる。酸化－還元反応などでは微生物が大きく関与する。近年これらの固液間の化学反応や微生物分解も考慮した，多成分の化学反応性物質移行シミュレーションも可能になっている[2]。

参考文献
1) Pruess, K., et al.: *TOUGH2 User' Guide*, Lawrence Berkeley National Lab (1999)
2) 藤縄克之：環境地下水学, 共立出版 (2010)

分野：環境・エネルギー
部門：地域・地球環境 [IV-1]

地球温暖化
[英] global warming

　地球の気温はさまざまな時間スケールで変動しているが、近年一般に地球温暖化（または単に温暖化）という場合には、人間の活動に伴う、産業革命後の地球表面の大気や海洋の温暖化を指す。2007年に発表された国連の**気候変動に関する政府間パネル**（Intergovernmental Panel on Climate Change; **IPCC**、⇒p.202）の第4次評価報告書[1]は、これまでの科学的知見を集約し、「20世紀半ば以降の温暖化が人為要因による確率は90％以上」とした。

　地球温暖化の要因特定や将来の気候変化の予測には、大気、海洋、陸面、海氷などからなる地球表層の気候システムをシミュレートする気候モデルの結果が参照されることが多い。

A. 気候モデル

　気候モデルとは、物理法則に則って地球表層の気候やその変動をシミュレートするコンピュータプログラムのことである。大気温の鉛直1次元構造のみを計算する簡単なものもあるが、今日では、大気や海洋の地球規模の3次元的な運動（大循環）や気温などの分布を時間発展方程式に従って解く**大循環モデル**（general circulation model; **GCM**）を用いるものを、**気候モデル**（climate model）または単にGCMと呼ぶことが多い。

　（1）気候モデルの構成　大循環気候モデルは、大気大循環モデル、海洋大循環モデル、陸面モデル、海氷モデルなどからなる。大気大循環モデルは、大気の水平・鉛直の運動方程式、質量・水蒸気の保存式、熱力学第1法則などの物理法則を地球大気に適用したもので、偏微分方程式を有限差分法（⇒p.289, p.334, p.345）やスペクトル法（Galerkin法の一種で、球面調和関数を基底関数として用いる）で離散化して、速度、気温、大気密度、水蒸気量などの時間発展を計算する。大気中での水蒸気の凝結（雲の生成）、降水、降雪も計算する。海洋大循環モデルは、水温、塩分と海流を予報変数として同様に解く。陸面モデルは、大気と陸面間の熱、水蒸気、運動量などの交換を、種々の植生や積雪条件下で解く。海氷モデルは、海氷の生成、成長、移動、融解と、大気や海洋との熱、水、運動量などの交換をシミュレートする。

　（2）パラメタリゼーション　大循環気候モデルの特徴の一つは、離散化に伴い、放射伝達や雲、乱流などの計算格子以下の小スケールの現象の効果を、計算格子の変数を用いて表現（パラメタリゼーション）せざるを得ないことである。これらの効果を考慮しないと、現実的なシミュレーションは不可能である。温暖化に関連して、近年では人為起源を含む各種エアロゾル（微粒子）とその放射や雲に対する影響のパラメタリゼーションの重要性が増してきている。パラメタリゼーションには各種の方法があり、その違いが将来の温暖化の程度など、同条件下での異なる気候モデルによる予測にばらつきを生むこととなる。現在、標準的な気候モデルの計算格子は100 km四方程度であり、積乱雲など数km〜数十kmスケールの雲はパラメタライズせざるを得ない。高速計算機の登場により、数km以下の計算格子を用いて雲を陽に表現するモデルも作られているが、そこでも計算格子以下の小乱流や雲粒成長などのパラメタリゼーションは必要となってくる。

　気候モデルのパラメタリゼーションの精度向上には、観測に基づく気象現象、微物理過程への理解が欠かせない。観測データとの照合や毎日の天気予報、エルニーニョ予測などの検証を通して、パラメタリゼーションや気候モデル全体の精度向上が図られている。

B. 気候モデルによる地球温暖化予測

　気候モデルコミュニティでは、温暖化の将来予測だけでなく、20世紀の気候や古気候再現実験など、共通の実験設定でモデル間の相互比較を行い、予測の不確実性の定量化と低減に向けて努力している。20世紀再現実験では、観測された温室効果気体増加、地球の冷却効果のある人為エアロゾル排出などの人為要因に加え、太陽定数の変化や大規模火山噴火などの自然要因も考慮される。IPCC第4次評価報告書では、このような20世紀再現実験の結果が人為起源温暖化を結論付ける根拠の一つとなった。

　近年、生物化学過程を含み、炭素循環をシミュレートできるモデルも登場し、二酸化炭素排出量を与えて、大気中の濃度を計算できるようになった。また、温暖化適応策などにおける重要性に鑑み、これまで温暖化予測では採用されていなかった観測データによる初期値化を施して、人為・自然両要因による気候変動の近未来予測を行う試みも始まっている。

参考文献

1) IPCC (Solomon, et al. (eds.)): *Climate Change 2007—The Physical Science Basis*, Cambridge University Press, 996pp (2007)

2) 近藤洋輝：地球温暖化予測の最前線, 成山堂書店 (2009)

分野：環境・エネルギー
部門：地域・地球環境［IV-1］

地球シミュレータ
［英］Earth Simulator

A. 地球シミュレータの開発

地球シミュレータの開発は，1996年7月航空・電子等技術審議会地球科学技術部会がまとめた報告書「地球変動予測の実現に向けて」にさかのぼる。世界をリードするスーパーコンピュータの開発研究やその利用が，計算科学のみならず航空宇宙科学，環境科学，分子科学，材料科学，原子力工学など広範な学術分野における爆発的な発展に寄与するという広い認識をもとに，「地球シミュレータ計画」が科学技術庁（当時）において開始された。地球シミュレータの当初の主たるターゲットは，気候変動予測の実現であり，この設定には，1997年12月に京都で開催された第3回気候変動枠組条約締約国会議（COP3）において採択された気候変動枠組条約に関する議定書（京都議定書）を考慮したとされる。

2002年3月から2009年3月まで稼働した初代の地球シミュレータは，640台の計算ノードを1ホップで転送が可能な**クロスバネットワーク**（crossbar switch network）で結合し，多量のデータの高速転送を可能とした分散メモリ型並列計算機であった。各計算ノードは，理論性能8 GFLOPSのベクトル型計算プロセッサ8台が主記憶装置16 GBを共有する共有メモリ型並列計算機である。全体として計算プロセッサは5120台，理論ピーク性能は40 TFLOPS，主記憶容量10 TBであった。2002年4月のニューヨークタイムズ紙には，その性能の高さが「コンピュートニクショック」として驚嘆をもって世界に紹介され，その後の約2年間は世界一の規模の計算機システムであり，世界初の科学技術計算が数多く実行され成果を挙げた。2009年4月からはシステムを更新して運用が開始されている。新しい地球シミュレータのシステム構成は，160台の計算ノードとそれらを2段の**ファットツリーネットワーク**（Fat-Tree network）で結合した分散メモリ型並列計算機であり，主記憶容量20 TB，理論ピーク性能は131 TFLOPSである。計算機システムの規模としては，世界54位（2010年11月現在）である。DARPA HPC Challenge Award Competitionでは，アプリケーション応用分野における高性能実証試験の一つであるGlobal FFT部門で1位を獲得した（2010年11月）。

B. 地球シミュレータの応用

地球シミュレータの主たる応用ターゲットは，地球科学分野への貢献である。気候変動に関する政府間パネル（Intergovernmental Panel on Climate Change; **IPCC**）第5次評価報告書へは，地球シミュレータを活用した文部科学省主導の「人・自然・地球共生プロジェクト」による報告が大きな貢献を果たした。さらに，**インド洋ダイポール**（Indian Ocean Dipole; **IOD**）現象や**エルニーニョもどき**（ElNino Modoki）現象などの，新しい気候変動メカニズムの発見にも寄与している。

第一義的目的を達成するだけでなく，ベクトル型スーパーコンピュータの特性を活かすと連続体計算を非常に高速に計算できることから，実際の地球シミュレータが使用されている応用・適応分野は広範である。地震，津波，火山などのメカニズム解明や二酸化炭素地下貯留技術（⇒ p.200）の開発，自動車，新幹線，風車などの安全設計，カーボンナノチューブ，テラヘルツ発振超伝導素子をはじめとする材料設計，大規模な乱流メカニズムの解明，全ゲノム・全タンパク質配列解析，インフルエンザウイルス変異解析や創薬設計などが挙げられる。いずれのテーマにおいても，世界でまだ例のない超大規模な実アプリケーションが研究開発され，実行されている。現時点においても，超大規模な実アプリケーションを高速に実行できる世界屈指のスーパーコンピュータとして，世界最先端のシミュレーション研究開発に利用されている。

地球シミュレータ上で大気海洋結合モデル（⇒ p.59）MSSGを使用して予測シミュレーションを実行した，2003年台風10号の雲と海表面の様子を以下に示す（口絵14）。

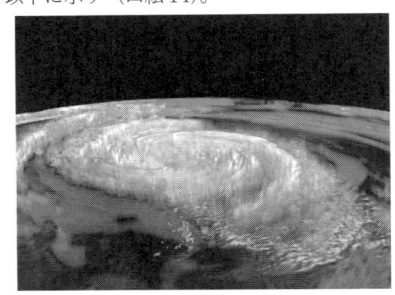

参考文献
1) 独立行政法人 海洋研究開発機構：地球シミュレータ開発史（2010），http://www.jamstec.go.jp/es/jp/publication/index.html#es-d
2) Top 500 Supercomputer site, http://www.top500.org/
3) 地球シミュレータセンター, http://www.jamstec.go.jp/esc/

知識モデル・知識表現
[英] knowledge model and knowledge representation

　人間の高次の認知能力は，知識を使用した推論によって実現されている．一般に知識モデルとは，この知識の仕組みを説明し，表現するものである．知識表現とは人工知能研究分野の術語であり，人間の知識を使って計算機に推論させるための具体的な知識モデルである．

　知識の仕組みや本質を探求する研究領域は，哲学，言語学，認知心理学，人工知能研究など広範囲にわたるが，まだ決定的な答えは出ていない．しかし，人間の高次の認知能力がおもに言語能力に依存していることは共通認識になっており，これまで提案されている知識モデルは，概念の相互の関係性を構造的に記述して説明している．ここで概念とは，心の中のなんらかのイメージに名辞を与えて操作の対象としたものである．

　知識モデルには，古くから**宣言的知識**（declarative knowledge）と**手続き的知識**（procedural knowledge）の分類がある[1,2]．また，近年では知識表現を効率良く利用する方法として，**オントロジー**（ontology）のアプローチがある[3]．

A．宣言的知識と手続き的知識

　宣言的知識とは，概念の間の事実関係を記述する知識である．一方，手続き的知識とは処理を実行する方法を記述する知識である．前者については，つぎの (1) から (4) のモデルが，後者については (5) のモデルがよく知られている．

　（1）意味ネットワーク　1968 年に Quilian によって提案された宣言的知識の知識表現である．知識を概念が相互にリンクされたネットワークとして説明・記述し，さまざまな意味記憶の想起にかかる時間の長短をうまく説明する．

　（2）スキーマ　心理学で古典的な宣言的知識の知識表現であり，人が一定の構造を認識するときのパターンのことである．例えば目，鼻，口などの要素から顔のスキーマが構成され，これにより顔を認識できるようになるとされる．

　（3）フレーム　1975 年に Minsky によって提案されたスキーマを精緻化した知識表現である．フレームはその後の知識表現の基礎となっており，オブジェクト指向言語のクラス定義の基礎にもなっている．一つのフレームは一つの概念を表現するデータであり，さまざまな情報を保持するためのスロットからなっている．特徴的なのが "is-a" スロットと "part-of" スロットであり，概念の継承関係と概念の入れ子関係を表現できる．

　（4）スクリプト　1975 年に Schank によって提案された行為に関するフレーム表現であり，場面に応じた人間の一連の行為を表現する．もともと自然言語処理のための知識表現であり，SAM という文章理解の計算機シミュレーションに使用された．

　（5）プロダクションシステム　Newel と Simon によって 1972 年に提案された手続き的知識の知識表現である．知識は IF 節と THEN 節からなるルールの集合によって記述され，IF 節には概念の関係を論理式で表現した条件，THEN 節には状態を変化させる操作を記述しておく．物事の初期状態を論理式で表現し，IF 節が適合する順に THEN 節を実行して初期状態を目標状態に変換できることが確かめられれば，問題を解決する手続きが得られたことになる．専門家の問題解決をシミュレートするエキスパートシステムへの実装が有名である．

B．オントロジー

　オントロジーとは知識表現を一般性が高いように記述しようとする一連のアプローチである．

　人工知能研究の分野では，エキスパートシステムの成功ののちに，記述・表現された知識の再利用性や可読性，エージェント間の協調性の限界が認識され，知識をクラス定義のような形で一般的に記述する必要性が認識されるようになった．このような意図で作られる知識表現を，哲学の分野にちなんでオントロジーと呼ぶ．もともとこの語は神学的な文脈の中で存在物の普遍的な性質を問う場合に使われる語であったが，人工知能研究の分野では，これよりも便宜的に計算機処理用の知識表現を指して用いられる．

　オントロジーのアプローチは，ウェブオントロジー記述言語 OWL のように記述フォーマットを標準化しようとするものと，CYC プロジェクトのように百科事典的な常識を記述しようとするものの二つが主流である．

　オントロジーは今後蓄積が進み，情報検索や自動翻訳などのさまざまなサービスの背後で，人間の認知能力をシミュレートするために利用されると考えられる．

参考文献
1) 箱田祐司, 都築誉史, 川畑秀明, 萩原　滋：認知心理学, 有斐閣 (2010)
2) 人工知能学会 編：人工知能学辞典, 共立出版 (2005)
3) AIDOS 編著：オントロジ技術入門, 東京電機大学出版局 (2005)

分野：電気・電子
部門：音響 [II-1]

聴覚
[英] hearing

聴覚に関わるシミュレーションは，おもに物理的な振動現象を対象とした聴覚末梢系のシミュレーションと，ニューロンの神経活動を対象とした聴覚中枢神経系のシミュレーションに大別される．

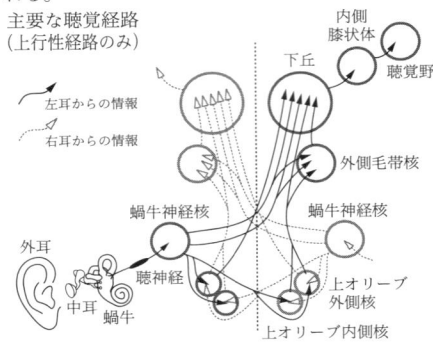

主要な聴覚経路
(上行性経路のみ)

左耳からの情報
右耳からの情報

内側膝状体
下丘
聴覚野
外側毛帯核
蝸牛神経核
蝸牛神経核
外耳
中耳
蝸牛
聴神経
上オリーブ外側核
上オリーブ内側核

A．聴覚末梢系
（1）外耳，中耳 頭部および外耳は，音の方向判断に重要な役割を果たしている．これらにより，音が耳に届いたときに両耳間で時間差や音圧差，および音源の周波数スペクトルの変形が生じ，われわれは音の方向を知ることができる．近年，計算機の高速化により，音源から外耳道入口までの音響伝達関数，すなわち**頭部伝達関数**（head-related transfer function）に関するシミュレーションが行われるようになってきた．鼓膜と耳小骨（中耳）は，外耳から入った空気の振動を**蝸牛**（cochlea, 下記参照）内の液体に効率良く伝えるための，インピーダンス変換を行う機能を持っている．鼓膜や耳小骨の挙動は，有限要素法（⇒p.335）などを用いた計算機シミュレーションによって，詳細に解析が行われている．

（2）蝸牛 聴覚特有の器官である蝸牛は，耳に入ってくる音の周波数分析を行う役割を担っている．蝸牛は引き伸ばすと筒状の形状をしており，リンパ液で満たされた内部には，**基底膜**（basilar membrane）といわれる生体膜が伸びている．鼓膜の振動が，耳小骨を介して蝸牛に伝わると，基底膜上に進行波が生じる．基底膜上で波の立つ場所が音の周波数に依存して変わることで，蝸牛の周波数分析機能が実現される．このような基底膜の振動は，分布定数回路で表現されたモデルや有限要素法，あるいは時間領域で設計されたガンマトーンフィルタ等を使ってシミュレーションが行われている．さらに，微細加工技術で作成された機械式の蝸牛モデルを使ったシミュレーションも行われている．基底膜の各位置での振動は，基底膜上の内有毛細胞により電気活動に変換され，さらに神経伝達物質を介して聴神経に伝えられる．この聴覚の巧妙な**機械−電気−化学変換**（mechanical-electric-chemical conversion）については，詳細なモデル化は行われておらず，入出力関係をもとに簡略化された機能モデルを使ってシミュレーションが行われている．

B．聴覚中枢神経系
聴覚神経系は，末梢神経から大脳（聴覚野）に至るまでに多数の中継核が存在する．中枢神経系全体のシミュレーションは，その入力となる末梢系，および下位の複数の神経核のシミュレーションを順次行っていかなければならず，容易ではない．

（1）単耳処理 刺激が単純な音（例えば，トーンバースト）であっても，末梢の聴神経，蝸牛神経核，対側（反対側）の下丘というように単耳性上行性経路を進むにつれて，ニューロンの応答は複雑化していく．下丘までのニューロンの基礎的な時間および周波数応答パターンの再現は，現在，計算機シミュレーションにより成功している．このような時間−周波数応答パターンの複雑化は，単耳であっても成立する聴覚の基礎的な音情報処理能力と関係があると考えられるため，たいへん興味深い．しかし，その関係の解明には至っていない．また，特定の生理現象に限定すれば，聴覚野ニューロンに関するシミュレーションの成功例もある．

（2）両耳処理 上オリーブ複合体（内側核，外側核）は，左右の聴覚情報が最初に出会う神経核で，両耳処理，すなわち音の方向判断のための処理が行われていると考えられている．歴史的に，音源定位能力が優れたメンフクロウ（鳥類）の処理モデルをもとにして，上オリーブでの音源定位処理に関するシミュレーションが行われてきた．しかし，最近になって哺乳類の音源定位処理は鳥類とは異なるという説が有力になりつつあり，その説を検証するためのシミュレーションが行われている．

参考文献
1) H. Wada, et al. (eds): *Recent Developments in Auditory Mechanics*, World Scientific Pub (2000)
2) R. Meddis, et al. (eds): *Computational Models of the Auditory System*, Springer (2010)
3) 日本音響学会 編：聴覚モデル, コロナ社 (2011)

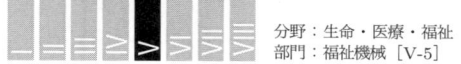

分野：生命・医療・福祉
部門：福祉機械　[V-5]

聴覚障がい者のための
コミュニケーション支援システム

[英] assistive product for communication and information for people with hearing difficulties

聴覚（⇒p.204）障がい者のコミュニケーション方法として，A. 補聴器と補聴システム，B. 要約筆記と字幕，C. 手話などがある。また，コミュニケーションの補助手段として，口形などから話者の発話を推測する読話や口話を利用している聴覚障がい者もいる。なお，障害などにより情報を収集することが不可能あるいは困難な人に対して，代替手段を用いて情報を提供することを情報保障という。

A．補聴器と補聴システム

補聴器（assistive product for hearing）などを利用して音や音声を大きくし，残存聴力を利用してコミュニケーションを行っている聴覚障がい者は数多く，特に難聴者にとっては，おもなコミュニケーション方法となっている。

（1）補聴器　耳あな型，耳かけ型，骨導式ポケット型などの種類がある。聴覚障がい者の聞こえの状態には個人差があるため，補聴器を調整して聴覚障がい者の個々人に合わせる作業，すなわち，適合（fitting; フィッティング）を行う必要がある。補聴器を装用した際の聞こえの改善度の推定や補聴器検査のために，シミュレータが利用されている。また，聴覚障がい者の聞こえの状態を体験することができる難聴シミュレータも用いられている。以下に難聴シミュレータの聴力図（audiogram）を示す。縦軸は音の大きさ，横軸は音の高さを示す。灰色のバナナ状帯域は会話音声の分布を示し，電話などのアイコンは環境音を示している。

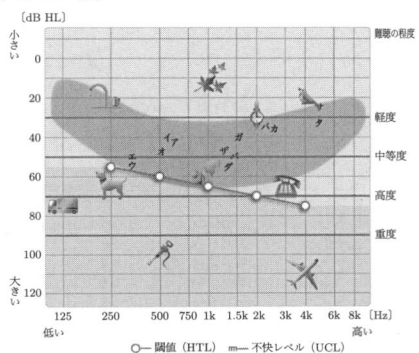

なお，人工内耳（⇒p.301）の適合に関しても，同様にシミュレーション技術が利用されることがある。

（2）補聴システム　補聴器などを補助する補聴システムも利用されている。磁気ループ機器（induction-loop device）は，ループ状アンテナによる誘導磁場を利用することで，補聴器に直接クリアな音声信号を伝えることができる。磁気ループ以外に赤外線（⇒p.275）やFM無線方式の補聴システムもある。

B．要約筆記と字幕

聴覚障がい者への情報保障として，文字や文章を利用して情報を伝達する手段がある。

（1）要約筆記　要約筆記（note taking）は聴覚障がい者のためのコミュニケーション保障手段の一つで，話し手の話の内容をつかんで筆記し，聴覚障がい者に伝達するものである。要約筆記は文字入力や表示方式で分類されており，筆談，OHP要約筆記，パソコン要約筆記などがある。

（2）字幕　一般に字幕（caption）とは映画やテレビの映像に付加された翻訳文章や解説であるが，聴覚障がい者の情報保障手段としても用いられており，字幕用デコーダなどの製品がある。

近年，音声認識技術を応用した要約筆記や字幕の研究も行われており，有効性の検証のためにシミュレーション技術が利用されている。

C．手話

手話（sign language）は視覚を利用する言語の一つであり，聴覚障がい者の中でも，ろう者が中心となって利用している。手や指，腕を使う手指動作だけではなく，口形や視線など非手指動作も手話を構成する重要な要素である。わが国には日本手話，日本語対応手話，中間手話など，いくつかの種類の手話がある。手話を介した情報保障手段が手話通訳である。手話通訳者の代替あるいは手話の学習教材として手話アニメーションが研究されており，市販化もされている。また，データグローブや画像認識技術を利用した手話認識に関する研究も行われている。手話アニメーションや手話認識の研究では人体モデル（⇒p.157）や動作モデルなどが用いられており，有用性の評価などにシミュレーション技術が用いられている。

参考文献

1) 電子情報通信学会編：会議・プレゼンテーションのバリアフリー，電子情報通信学会 (2010)

2) 全国要約筆記問題研究会，http://www.normanet.ne.jp/~zenyoken/

3) シーメンスヒアリングインスツルメンツ株式会社の難聴シミュレーター，http://hearing.siemens.com/jp/01-professional/03-partner-solutions/06-connexx/02-hearing-loss-simulator/hearing-loss-simulator.jsp

超電導解析

[英] electromagnetic simulation of superconductor

超電導特性は，温度，磁場，電流に大きく依存しており，それぞれの状態に応じた特性を考慮しながら解析を行う。

ここでは，A. 超電導複合導体（極細多芯構造），B. 高温酸化物超電導体の E-J 特性について概説する。

A. 超電導複合導体（極細多芯構造）

超電導複合導体は，安定化母材（銅など）の中に微細な超電導フィラメントを埋め込んだ複合極細多芯構造をしている。温度 T，磁場 B，電流 I に応じて，**超電導状態** (superconducting state)，**分流状態**，**常電導状態** (normal state) をとる。

- 超電導状態（$T < T_{CS}(B)$ かつ $I < I_C(T,B)$）：
$$J_{SC} = \frac{I}{A_{SC}}, \quad J_M = 0$$

- 分流状態（$\{T \leq T_{CS}(B)$ かつ $I > I_C(T,B)\}$ もしくは $T_{CS}(B) \leq T < T_C$）：
$$J_{SC} = \frac{I_C(T,B)}{A_{SC}}, \quad J_M = \frac{I - I_C(T,B)}{A_M}$$

- 常電導状態（$T_C \leq T$）：
$$J_{SC} = 0, \quad J_M = \frac{I}{A_M}$$

ここで，T_{CS} は電流分流開始温度，I_C は臨界電流，J_{SC} は超電導体の電流密度，J_M は母材の電流密度，A_{SC} は超電導体の断面積，A_M は母材の断面積である。以下に，温度と電流密度に依存する超電導複合導体の状態図を示す。

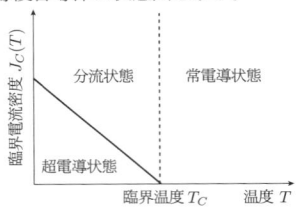

B. 高温酸化物超電導体の E-J 特性

高温酸化物超電導体では，**臨界状態モデル** (critical state model) を考慮した解析が必要である。臨界状態モデルには，**ビーンモデル** (Bean model)，**n 値モデル** (power-law model) などがある。

また，高温酸化物超電導体には異方性があり，ab 面内の電流密度 J_{SCa}，J_{SCb} と c 軸方向の電流密度 J_{SCc} が大きく異なる。一般に c 軸方向の臨界電流密度 $J_{C\perp}$ は，ab 面方向の臨界電流密度 $J_{C\|}$ の $1/3$ 程度である。そして，以下の関係式を満たす。

$$\left(\frac{J_{SCa}}{J_{C\|}}\right)^2 + \left(\frac{J_{SCb}}{J_{C\|}}\right)^2 + \left(\frac{J_{SCc}}{J_{C\perp}}\right)^2 = 1$$

（1）ビーンモデル 電界，磁場に依存せず，臨界電流密度 J_C を一定として扱う。超電導体内の電流密度 J_{SC} は 0 か臨界電流密度 J_C をとる。

$$J_{SC} = \begin{cases} J_C & (E \neq 0) \\ 0 & (E = 0) \end{cases}$$

下図 (a) に，ビーンモデルの電界 E と電流密度 J_{SC} の関係を示す。

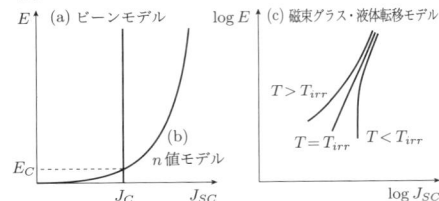

（2）n 値モデル 磁束フロー・クリープ状態を考慮して，電流密度の増加により電界が上昇していく。一般に，次式が用いられる。

$$E = E_C \left(\frac{J_{SC}}{J_C}\right)^n$$

ここで，E_C は臨界電流密度 J_C を定義するための基準電界である。上図 (b) に，n 値モデルの電界 E と電流密度 J_{SC} の関係を示した。

（3）磁束グラス・液体転移モデル n 値が電界依存することを考慮し，適用範囲をより広げたモデルである。

$$E = \begin{cases} E_C \left(\dfrac{J_{SC} - J_{CM}}{J_C - J_{CM}}\right)^n & (T < T_{irr}) \\ E_C \left(\dfrac{J_{SC}}{J_C}\right)^n & (T = T_{irr}) \\ E_C \dfrac{(J_{SC} + J_{CM})^n - (J_{CM})^n}{(J_C + J_{CM})^n - (J_{CM})^n} \left(\dfrac{J_{SC}}{J_C}\right)^n \\ \hspace{4em} (T > T_{irr}) \end{cases}$$

上図 (c) に，超電導体温度 T と不可逆温度 T_{irr} に応じた電界 E と電流密度 J_{SC} の関係を示した。

参考文献

1) J. Nakatsugawa, et al.: *IEEE Trans. Appl. Supercond.*, **9**, 2, 1373–1376 (1999)

2) M. Tsuda, et al.: *Cryogenics*, **39**, 893–903 (1999)

3) H. Ueda, et al.: *IEEE Trans. Appl. Supercond.*, **13**, 2, 2283–2286 (2003)

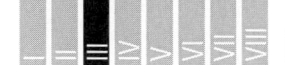

超電導磁気浮上式鉄道
[英] superconducting maglev system

超電導磁気浮上式鉄道は，**超電導磁石**（superconducting magnet）の発生する強力な磁界により，車両を推進，浮上，案内させるシステムである．走行時の車両は地上設備といっさい非接触に保たれるため，高速で安定に運行することができる．また，接触がないため摩耗などが発生せず，従来の鉄車輪の鉄道システムより，保守性の面から見ても有利であると考えられる．

超電導磁石による電磁的な支持機構は，実験室内に設置できるような小型の試験装置では，十分な特性把握をすることが困難であり，システムを設計するにあたってシミュレーションに頼る部分が大きい．さらに，高速で走行する列車を実現するためには，車両，電気，土木など各分野でこれまでに経験したことのない現象が生じることが想定され，事前に計算機によるシミュレーションは不可欠である．

A．超電導磁石

超電導磁石は，極低温に冷却されたある種の物質の電気抵抗がほぼ零になることを利用した磁石である．電気抵抗が零になると，通常の銅線に比べて非常に大きな電流を流すことができ，一度流した電流はほとんど減衰しない．すなわち，きわめて強力な磁界を電源から切り離した状態で発生する磁石を実現できることになる．

この超電導磁石は，磁気浮上システムのキーテクノロジーであり，古くから実験と並行して種々の解析が行われてきた[1]．

超電導磁石は，内部を極低温に保つため，金属の断熱容器に超電導コイルが格納され，走行中は，地上コイルからの電磁的な外乱にさらされる．このような機器をシミュレートするためには，電磁界解析（動磁場解析），発熱解析，振動解析が必要となる[2]．詳細に実物を模擬するためには，動磁場解析と振動解析がたがいに連成していることから，大規模な計算機資源を必要とする．

B．推進・浮上・案内システム

超電導磁気浮上式鉄道では，従来の鉄道の車輪が超電導磁石に相当する．車輪は車両を駆動させ，支持し，案内する．同様に浮上式鉄道では，超電導磁石が，車両を推進し，浮上し，案内することとなる．超電導磁気浮上式鉄道では，推進にリニア同期モータを，浮上案内に誘導反発方式を採用している[3]が，これらの検討は，電磁気的な解析が主となる．これには，以前より空間高調波による磁界解析が行われてきた[4]．この解析手法は，すみやかに計算結果を得ることができ，パラメータの変更も容易である．

C．車両

磁気浮上式鉄道に限らず，従来の鉄道においても，車両運動の解析は，システムを設計する上で必須である．ガイドウェイの不整による外乱や，地震発生時の挙動など，基本性能に関わるシミュレーションはもとより，乗り心地など快適性に関する解析も，今日では必要不可欠である．

在来の鉄道の場合と同様に，浮上式鉄道でも車体や台車が複数連結されたモデルとなるため，いわゆるマルチボディダイナミクスの解析となり，単一の物体の運動に比べて複雑な挙動をシミュレートすることが求められる．最近では模型実験と解析による検証が盛んに行われている．

超電導磁気浮上式鉄道は，地上を高速で走行するシステムであるため，空力的な解析も必要である．車両の空気抵抗などの予測は，風洞試験と並び，CFD解析の手助けが必要となる．また，トンネルの出入りなどで発生する**微気圧波**（tunnel sonic boom）についても，数値解析は，対策を行うための重要な手段である．最近では，走行時に発生する騒音についても，シミュレーションによる予測が現実化しつつある．

D．その他

車内環境への対策として，電磁放射や磁気シールドなどの検討には，電界解析や有限要素法による磁界解析がおもに用いられる．

また，長大なインフラストラクチャを有するため，土木構造物の検討，特に地震対策については，地震動と車両運動の双方を考慮したシミュレーションが必要である．

希土類超電導線材の開発など，材料の基礎的特性の解明については，分子レベルの計算機シミュレーションによる成果が反映されている．

参考文献

1) J. R. Powell and G. T. Danby: "Magnetic suspension for levitated tracked vehicles", *Cryogenics* 11, pp.192–204 (1971)
2) 岩松：浮上式鉄道用超電導磁石の渦電流解析，日本AEM学会誌，Vol.3, No.2, pp.19–24 (1995)
3) 正田：磁気浮上鉄道の技術，p.24, オーム社 (1992)
4) 藤原：浮上コイル側壁配置磁気浮上方式の特性，電気学会論文誌D, Vol.108, No.5, pp.439–446 (1998)

分野：環境・エネルギー
部門：防災 [IV-2]

津波災害
[英] tsunami and its disaster

津波は，地球上の物理現象により生じる波動運動である．基本的に，津波は連続体としての「水」であるので，地震や地滑りなどの変動を初期条件として与えて，流体挙動を解析することになる．現在のシミュレーションでは，全地球を対象として発生から伝播，さらには遡上の過程までを再現・予測することが可能となっている．さらには，数値解析で得られる津波の挙動に関する情報を利用して，どのような影響や災害が生じるのかを評価し予測する研究が進められている．その概要を紹介する．

A. 発生と伝播のシミュレーション

1960年代に入り，数値解析技術の発展に加えて，地震に対する断層モデルの提案により，津波の初期条件（波源）を定量的に設定できるようになった．それ以降，歴史的な津波の再現に成功を収め，さらには想定条件を与えることにより，将来の予測をすることも可能となった．なお，最近の地震学の研究の発展により，複数の断層が存在したり，また，断層のすべり分布が非一様であることも推定されている．

一方，通常の**地震性津波**（earthquake induced tsunami）としての特徴としては，発生の水深に比べて水平スケールがたいへん大きいことが挙げられ，そのため，波動の支配モデルとしては，潮汐波と同様に，長波近似理論（分散項を無視した**線形長波理論**（linear long wave theory）や**浅水理論**（shallow water theory, ⇒ p.44））を用いることができた．この時間発展方程式を差分法や有限要素法を用いて解き，津波の水位や流速を求めていくことになる．ここで重要なのは数値解析の安定条件である．さらに，打ち切り誤差（⇒ p.334）などに起因する数値誤差を小さく抑える工夫（精度向上）も必要となる．このとき，計算精度向上の一つの目安は，1波長に対する格子数（分解能）であり，十分多くの格子点で表現する必要がある．津波は浅海域に伝播するにつれて波長が短くなる性質があるので，分解能を一定に保つには，格子サイズを小さくすることが必要になってくる．この一つの対応策として，水深に応じて格子サイズを変化させる多領域分割手法が提案されている．

B. 被害を予測し減災へ

津波による莫大な水塊移動が多くの被害をもたらす．いったん生じるとその影響範囲は広く，数々の自然災害の中でも人的被害が大きくなるものの代表である．人的被害を軽減するには，津波来襲前に各地の津波到達時間や波高を予測し，迅速な避難を促すことが重要である．従来は，地震規模と津波発生有無を統計的にまとめた津波予報図による定性的な警報に留まっていたが，現在は数値シミュレーションを使い，諸条件とその結果をあらかじめデータベースに蓄積して，地震発生直後に迅速に津波情報を提供する，新しい**量的予報**（quantitative forecasting）システムへ移行している．

津波の被害は，陸域および浅海域の広い範囲に及ぶ．陸上では，人的被害をはじめとして，家屋被害，施設被害，火災延焼被害，経済被害，ライフライン被害，交通被害（道路，鉄道），農業被害，土砂移動による洗掘被害などがある．一方，海域での被害例としては，施設被害（防波堤など沿岸施設），船舶被害，水産被害，陸上と海域の共通として，油・材木流出がある．これらを適切に評価し予測することができれば，人的被害同様に軽減が可能である．

現在，過去の事例をもとにさまざまな津波被害を調査し，浸水深や流速により被害の発生基準を検討した成果が出ている．下表にあるように，津波による三つのタイプの素因から被害は発生し，周辺での誘因により拡大化される．なお，地形変化（堆積・浸食），**漂流物**（floating material, ⇒ p.197, p.295），火災（⇒ p.42）などの有無や分布状況により，どのような影響が生まれ，どのような被害になるのかは大きく変わるため，実際の被害を推定することは並大抵のことではない．まずは，下表を精査するとともに，各被害の**フラジリティ関数**（fragility function）などを評価して被害の定量的推定を行い，さらに，複合災害の過程を明確にする必要がある．

素因	誘因	影響	被害
浸水	海水（塩分含む）	溺死，火災，海水植物枯	地域崩壊，火災，農業被害
流れ・流速	漂流物，土砂，可燃物	建物・構造物破壊，浸食堆積，火災	家屋・施設被害，インフラ被害，環境破壊
波力		破壊力（破壊増）	家屋・施設，インフラ被害

参考文献
1) 首藤伸夫 編：津波の事典，朝倉出版 (2007)

分野：可視化
部門：バーチャルリアリティ ［VII-4］

ディジタルアーカイブ
［英］digital archive

1990年代には，おもに有形文化財をディジタル化して保存・蓄積したものを指していたが，現在はさまざまな分野のディジタル保存について用いられる．なお，文化財のディジタルアーカイブを指して**ディジタルカルチュラルヘリテージ**（digital cultural heritage）などともいう．

A. 目的
有形・無形のさまざまな**文化財**（cultural property）をディジタルデータとして保存・管理し，将来にわたりさまざまなメディアを活用して研究・公開などに利用することを目的とする．

B. 対象
当初は絵画・文書・書籍・古地図など，美術館・博物館・図書館・文書館などが所蔵する平面の文化財を扱うことが主だった（立体物は写真（平面）として扱った）が，現在はディジタル化機器の進化により彫刻や工芸品などの立体物を3次元情報として扱うことが可能であり，さらに演劇，音楽，工芸技術などの無形文化財をはじめとした，さまざまな分野がその対象になってきている．近年はビデオゲーム，メディアアート，ウェブサイトなど，ボーンディジタルの作品についても同様の動きがある．

C. アーカイブ製作フロー
以下のフローに沿ってディジタル化を行う．

1. 資料調査：ディジタル化の準備として対象資料の調査などを行う．
2. 仕様設計：対象の特性やコンディション，データの使用用途などから，ディジタル化手法，解像度，品質などの仕様を設計する．対象も手法も多岐にわたるため，適切な手法の選択が必要である．
3. ディジタル化：設計した仕様に従って対象をディジタル化し，保存する．
4. 色調管理：カラーマネージメントを適用する．
5. 品質評価：ディジタル化仕様と使用用途に沿った適切なデータかどうかを評価する．評価軸，評価環境，許容範囲などは事前に決めておく．
6. 保存蓄積：ディジタル化したデータをデータベース等に蓄積し，メタデータを付与する．
7. 加工：必要に応じてサムネイルの製作，電子透かしの埋め込みなどの加工を行う．
8. 利用：研究，展示公開，2次利用のために，各種メディアへの出力，コンテンツ化などを行う．

D. データの利用形態
（1）**保存・研究** 資料の劣化対策，修復時の情報，資料の2次資料として利用する．また，ディジタル上で画像処理ツール等を用いた資料比較，分析，X線や近赤外線など特殊な手法によるディジタル化データの利用，それらデータの可視化，各種シミュレーションの基礎データとしての利用，ネットワークを介した研究者同士の情報共有といったことが可能である．

（2）**展示・公開** ディジタル映像・VR（⇒p.264）・AR（⇒p.38）・情報端末などのディジタルコンテンツを制作し，来館者サービス，インターネットによる情報公開，教育，観光用途などに利用する．現物保護のために公開期間が制限されている文化財や，劣化の進行した資料のレプリカを作成し，代替展示することもできる．ディジタルデータを効果的に活用することで，現物資料へのアクセスを減らし，保存と活用・公開という背反した課題に対応することも可能である．

（3）**2次利用など** 複製品の製作，出版，DVD等へのメディア展開，ディジタルコンテンツの販売などに利用する．

E. 課題
（1）**データの長期保存** ディジタルデータそのものは劣化しないが，記録メディアは劣化する可能性があるため，データを長期的に保存する場合は，定期的なデータ内容チェックとマイグレーションを実施することが必須である．また，バックアップに関しては，遠隔地に保管することで，災害時などにおけるデータ消滅のリスクが低減される．

（2）**標準化に関して** より標準的な仕様によるディジタル化やドキュメンテーションを行うことで，研究および公開などにおいて長く利活用が可能な，信頼性の高いデータの作成が可能となる．日本国内ではまだ標準規格はないが，東京国立博物館の「ミュージアム資料情報構造化モデル」[1]や，東京大学の「文化資源のディジタル化に関するハンドブック」[2]などで，ディジタル化やメタデータ付与などのガイドラインを提案する動きがある．

参考文献
1) 東京国立博物館, http://webarchives.tnm.jp/docs/informatics/smmoi/
2) 東京大学情報学環, http://www.center.iii.u-tokyo.ac.jp/handbook

分野：機械
部門：機械力学・計測制御・生産システム［III-3］

ディジタル開発
［英］digital development

　従来の商品開発では，意匠設計の終了後，設計・試作・実験を行い，目標品質に達していない場合には再び設計を行うという工程を複数回行い，ついで生産部門により製造品質を確認したのちに，販売を行っていた．1900年代までの数値解析は，解析モデルの作成期間・解析時間が長く，解析精度も十分でなかったため，実験と併用しながら，商品開発を補助するものであった．

　2000年頃から，スカラ型コンピュータを並列化することで，コンピュータの処理能力が飛躍的に向上した．これにより，解析モデルの詳細化による解析精度の向上と，解析時間の短縮が可能になった．また，ソリッドモデルを扱う3次元CADが本格的に利用されるようになり，大規模な数値解析モデルを短時間で作成できるようになった．このようなことから，従来の開発プロセスで行われていた試作品による実験を行わずに，3次元CADから解析モデルの作成，数値解析の実行，結果の判断，対策の検討が，コンピュータ上で実現できるようになった．さらに，**DMU**（digital mock-up; ディジタルモックアップ）やディジタルマネキンを利用することで，あたかも試作品が目の前にあるようなディジタル試作（バーチャル試作）も実現できるようになった．

　このようなシミュレーション解析技術を駆使して，意匠設計の開始と同時に設計部門や生産技術部門が業務を開始する**サイマルテニアス・エンジニアリング**（simultaneous engineering; **コンカレント・エンジニアリング**（concurrent engineering））が行われ，開発期間のさらなる短縮が可能になった．このような開発プロセスは，ディジタル開発あるいは**バーチャル開発**（virtual development）と呼ばれている．ただし，解析精度が不十分な分野もあり，現状では試作品による確認も行われている．

　ディジタル開発で行われるシミュレーション解析には，A. 構造解析，B. 熱・流体解析，C. 機構解析，D. DMU などがある．

A. 構造解析
　おもに**FEM**（finite element method; 有限要素法，⇒p.335）を用いて，構造物に作用する荷重に対する各部の変位や内部応力を求める解析全般を，構造解析と呼ぶ．

　構造解析は，材料を弾性体と仮定し，微小変形を扱う線形問題と，非弾性体や大変形，接触・分離を扱う非線形問題に分類できる．また，荷重が時間により変化する動的問題と，変化しない静的問題に分類することもできる．

　例えば，構造物の剛性と軽量化の両立を目指す応力解析，車両の衝突を模擬する大変形解析，振動現象の解明や振動騒音対策に利用される振動解析などがある．放射音の騒音解析では**BEM**（boundary element method; 境界要素法，⇒p.65）も利用される．

B. 熱・流体解析
　構造解析と同様にFEMやBEMを用いて，気体や液体の流動や，熱の移動を扱う解析全般を，熱・流体解析と呼ぶ．

　例えば，車両の空気抵抗や横風安定性の解析や，車室内の温熱環境の解析，内燃機関における筒内ガス流動や吸排気系内の流れ解析，タービン内の翼列間流れの解析などで利用される．

　樹脂の射出成型では，金型内の流動（充填）解析と金型の冷却解析とを組み合わせて，部品設計と金型設計を同時に行うことが可能であり，離型後の反りの予測にも利用されている．

C. 機構解析
　機構解析では，複数の部品からなる機械システムにおいて，各部品の運動と機械システム全体の動作を解析する．この解析では，前述の構造解析や熱・流体解析とは異なり，ある拘束された条件下での物体の運動を，ニュートンの運動方程式を導出して解くことになる．機構解析は，例えば自動車の車両運動解析，操縦性解析，外乱安定性解析，乗り心地解析などに利用されている．

D. DMU
　DMUは，従来モックアップ（模型）で行っていた設計の検討作業を，コンピュータの画面上で実現したものである．DMUでは，機械の組立時に判明する部品同士の静的な干渉だけでなく，部品を移動させた際の動的な干渉も確認することで，部品形状の不具合を早期に発見することができる．硬い機械部品のほかハーネスなどの柔らかい部品を扱う機能や，ユーザを模擬したディジタルマネキンにより，手の到達範囲や筋力負荷，視界などの人間工学的な評価を行う機能がある．

参考文献
1) 福士敬吾：クルマづくりの新プロセス（特集 クルマの新しい創り方），自動車技術，**60**, 6, pp.25–29 (2006)
2) 鈴木盛雄：自動車開発における大規模数値解析の役割と期待（特集 スーパーコンピューティング），自動車技術，**62**, 5, pp.15–20 (2008)
3) 社団法人自動車技術会 編：自動車開発のシミュレーション技術（自動車技術シリーズ3），朝倉書店 (2008)

分野：共通基礎
部門：計算機システム [I-5]

データストレージ
[英] information storage technology

データストレージとは，電子情報を記録・保存・再生する技術であり，しばしば非常に容量の大きい情報を扱うことを意味し，数十年以上長期間にわたる情報の保存（アーカイブ）も対象になる．特に近年，情報への認識が非常に高まってきており，データが喪失されない保全性が強く求められる．一方で，データアクセスが高速であり，ビット当りのコストが低廉でなくてはならない．これらを同時に満たす万能ストレージ装置は存在しないので，最適化を要する大規模システムでは，複数種のストレージ機器を階層的に構成する．

A．ストレージサブシステムの構成
大型コンピュータやデータセンターでは，通常，**ハードディスク装置**（hard disk drive）を中心に光ディスク，フラッシュメモリ，磁気テープなどの複数種の情報記憶デバイスを階層的に構成し，全体を制御サーバでコントロールしている．階層化では，高ビットコストの高速小容量装置と，低ビットコストの低速大容量装置を適用目的で棲み分ける．各記録デバイスは，高記録密度で高速データアクセスのものほど広範に使用されるため，新しく開発される製品は年々これらの性能が着実に向上している．

B．RAID 並列ストレージ
業務用途では，データ喪失が許されないのはもちろんであるが，故障による運転停止もいっさい発生しない非常に高信頼のデータストレージが求められる．このため，複数のハードディスク装置を搭載し，冗長記録により信頼性を大きく向上させるとともに，並列読み書きによって転送速度を向上させた **RAID システム**（RAID (redundant arrays of independent disks) system）[1] が広く普及している．RAIDシステムでは，多数のハードディスク装置を並列運転することで大きな記録容量を実現すると同時に，数台ごとにグループ化して誤り訂正コードを含めて分散記録することで，当該グループ内の1台（クラスによっては2台）の装置が故障しても，データは保全され，連続運転が可能で，故障装置は運転中に交換できるようにしている．パーソナルコンピュータ（PC）向けのテラバイトオーダの小規模RAIDから，大規模サーバに接続されるペタバイトオーダの大容量のシステムまでが普及している．

C．ハードディスク装置
ハードディスク装置は，同心円状の記録トラックを磁気ヘッドが走査する構造を持つ，データストレージの中心的なデバイスである．ある程度の大きさのシーケンシャル情報を高速に読み書きするのに適し，トラック間のランダムシークにより，トラック単位でのランダムアクセスにも対応できる．ディスク面には配線領域がなく，全領域にビットセルを配置できるので，高密度大容量性に特に優れる．高速大容量用途には，ディスク径3.5インチの装置が使われることが多い．10 000 rpm以上の高速ディスク回転で，転送レートが速く，ハイエンド向けの数百ギガバイトの高性能・高信頼装置と，コンシューマ向けや低価格・大容量の数テラバイト級の装置に大別されて製品化されている．ノートPC用に開発された，ディスク径の小さい2.5インチ型でも大容量化が進んでいる．最近では，小径ディスクの高速回転性を生かしてハイエンドの高速装置にも使われ始めた．2005年には，ディスクの記録磁化をディスク面に垂直に向ける**垂直磁気記録**（perpendicular magnetic recording）が実用化され，年率40～50％程度の面記録密度の増加トレンドを維持している．

D．SSD
SSD（solid state drive; 固体ストレージ装置）は，ハードディスク装置と同サイズの筐体に不揮発性のフラッシュメモリを実装し，同一のインタフェースを備えたものである．最近のフラッシュメモリ素子は32 Gbitチップの開発など大容量化が進んでおり，現実的な容量のSSDが開発されている．ハイエンドSSDでは，転送速度を重視した設計により，1次記憶デバイスとしての搭載が増えている．フラッシュメモリ素子自体には書き換え回数制限の欠点があるが，ハードディスク装置に比べてI/O性能が1～2桁高い高価なハイエンドSSDが，サーバ向けに製品化され始めている．

E．ストレージインタフェース
ハードディスク装置等を接続するために，ストレージインタフェース（I/F）が規格化されている．高機能I/FのSCSIと，主としてPC等の内部接続用で低価格が特長のIDEが古くから使われてきたが，高速化のためにともにシリアル化され，SAS（serial attached SCSI）とSATA（serial ATA）が現在の主流である．転送速度は6 Gbpsと3 Gbpsである．さらに，ネットワークに接続することに特化した，光ファイバによる8 Gbpsの高速転送性能を持つFC（fibre channel）がある．これらは上記の階層化ストレージなどで，それぞれの所要転送速度やコストに応じて利用される．

参考文献
1) D. A. Patterson, G. Gibson, and R. H. Katz: *Proc. International Conf. on Management of Data*, pp.109–116 (1988)

デザイン科学
[英] design science

デザイン科学は，プロダクトデザイン，建築デザイン，グラフィックデザインなどのさまざまなデザイン領域において共通の基盤となる科学であり，デザインという創造的行為における法則性の解明と，デザイン行為に用いられるさまざまな知識の体系化を狙いとする学問である。

A. デザイン科学の概念

デザイン科学という用語を初めて用いたのは，1960年代に著書の中で「宇宙船地球号」という概念を示した建築家で思想家のB. Fullerである。その後現在までに，多くの研究者によってデザイン科学に関する議論が行われてきた。1970年代に，F. Hansenはデザイン科学の目標を「デザイン行為における法則の認識と規則の構築」と位置付けた。1980年代には，V. HubkaとW. E. Ederが，デザイン科学をHansenよりも広い概念で捉え，「デザイン領域における知識の集合やデザイン方法論の概念なども含むもの」と位置付けた。1990年代に，N. Crossはデザイン科学を「デザイン対象に対して組織化・合理化されたシステマティックなアプローチ」と表現し，科学的知識を活用するに留まらない科学的行為として，デザインを捉えた。なお，Crossはデザイン科学と**デザイン学**（science of design）の相違についても言及し，デザイン学を「科学的な探求手法を通じて，デザインに関するわれわれの理解を改善しようとする一連の研究」と位置付けた。2000年代に，松岡は自らの主催するデザイン塾において，デザイン科学を「デザイン行為における法則性の解明およびデザイン行為に用いられる知識の体系化を目指す学問」として，デザインに関わるあらゆる事象の本質を科学的に解明することを目指す，デザイン学の一つの中核をなすものと位置付けた。

B. デザイン科学の枠組み

さまざまなデザイン領域における共通の基盤を構築する上では，**デザイン科学の枠組み**（framework for design science）が必要である。ここでは，その代表的なものとして，デザイン行為とデザイン知識からなるデザイン科学の枠組みを紹介する。この枠組みは，デザイン知識に基づく行為としてデザイン行為を定義している。デザイン行為は，さまざまなデザイン実務，実務に使用されるデザイン方法，デザイン方法を体系的に論じるデザイン方法論，さまざまなデザイン行為の一般性を表現するデザイン理論から構成される。一方，デザイン知識は，さまざまな科学的知識のように一般性を有し形式知として表現される客観的知識と，個人的な経験や地域性のように特殊性を有し，形式知のみならず暗黙知としても表現される主観的知識から構成される。

C. 多空間デザインモデル

デザイン科学の枠組みを構築するうえでは，デザイン理論がその基盤となる。下図に，松岡が提唱するデザイン理論モデルの一例，**多空間デザインモデル**（multispace design model）を紹介する。

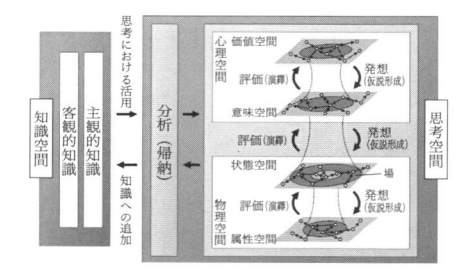

このモデルは思考空間と知識空間からなり，思考空間は，多様な価値間の議論を含む価値空間，機能性，操作性，意匠性などすべての意味を含む意味空間，デザイン対象が使用される場，およびデザイン対象と場の関係から生まれる状態が表現される状態空間，デザイン対象そのものの物理的特性が含まれる属性空間から構成される。一方，知識空間は，デザイン科学の枠組みと同様に，客観的知識と主観的知識から構成され，思考空間における分析（帰納），発想（仮説形成），評価（演繹）のもととなる。

多空間デザインモデルは，思考に用いられる知識の質を把握することの重要性や，価値と意味を場に依存するものとして評価することの重要性など，デザインにおいてシミュレーションを活用する上で必要となるいくつかの指針を与えている。

参考文献

1) V. Hubka and W. E. Eder: *Design Science*, Springer-Verlag (1996)

2) N. Cross: "Designerly Ways of Knowing: Design Discipline versus Design Science", *Design Issues*, 17, 3, pp.49–55 (2001)

3) Y. Matsuoka: *Design Science "Six Viewpoints" for the Creation of Future*, MARUZEN Co., Ltd. (2010)

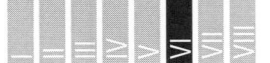

鉄道事故リスク評価
[英] railway accident risk analysis

鉄道（軌道も含む）事故には衝突事故，脱線事故，火災事故，踏切障害事故，道路障害事故，人身障害事故，物損事故などがあるが，ここでは，脱線事故リスク評価へのシミュレーションの適用について述べる。

A．マルチボディシミュレーション

鉄道車両では，多くの機械部品が力要素やジョイントを介して複雑に結合されている。このような機械システムを解析する**マルチボディシステム**（multi-body system; **MBS**）によるシミュレーションが，鉄道車両の動的な挙動を解析するツールとして広く用いられるようになってきている。

鉄道車両の運動解析においては，MBSを用いることにより，複雑な機構を有する台車や車体をCADにより構成して，運動方程式を直接導出することなく車両の挙動を計算することができる。特に，車輪とレールの断面形状を入力することにより，挙動解析に重要な車輪・レール間の作用力を精度良く模擬することができる点などは有用である。

B．鉄道車両の走行安全性評価への適用

鉄道の走行安全性において最も重要なものは，**脱線**（derailment）と**転覆**（overturn）である。脱線の形態は，車輪とレール間の作用力や輪軸の挙動により異なり，のり上がり脱線，すべり上がり脱線，とび上がり脱線に分類される。特にのり上がり脱線は発生する可能性が高いとされており，MBSを用いた車両運動シミュレーションによる検討が行われている[1]。

在来線においては，車体傾斜車両による曲線通過速度の高速化が求められており，車体傾斜車両の転覆安全性の検討が重要となる。また，強風時には運転規制が行われ，車両が基準速度以下で走行することがある。走行中の車両に風圧による横力が作用することにより，低速走行時においても脱線や転覆の危険性が高まることが予想される。このような走行安全性の評価を行うために，MBSを用いた走行シミュレーションが行われている[2]。

地震（earthquake）による脱線リスクの評価にも，MBS用いた走行シミュレーションが有効である。この場合には，地震により軌道が上下・左右に大きく変位した場合の車両の脱線挙動を把握することが重要となっている。新幹線車両と線路構造物との動的相互作用について詳細な解析が行える解析プログラムが開発され，地震発生時の車両脱線解析や脱線防止対策の検討に活用されている。ここでは，MBSによる車両モデルと有限要素法による構造物モデルにより，車両および構造物双方の非線形性を考慮した連成応答解析が可能である[3]。

C．ライトレール車両の走行安全性評価への適用

ライトレール車両（light rail vehicle; **LRV**）は，独立車輪台車やフローティング車両の導入による車内の低床化など，一般の鉄道車両とは異なる技術が採用されている車両であり，近年，新規路線の計画や既存の路面電車の設備改良の一環として導入が進められている。前述のMBSは，従来の鉄道車両とは異なる方式のライトレール車両の走行安全性評価への適用も可能であり，計画段階での走行安全性の検討に有効である。下図は，MBSによるライトレール車両の走行シミュレーションを示している。

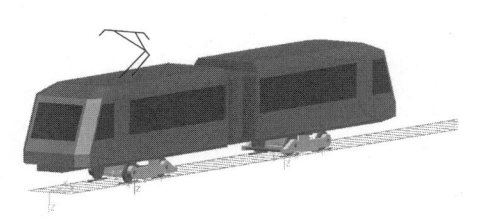

マルチボディシミュレーションは，複雑な機構のシミュレーションが比較的容易にできるという利点がある半面，プログラム自体がブラックボックス的になる傾向にあるため，計算した結果の信頼性が最大の問題となる。計算結果の信頼性を確保するためには，計算結果の解釈により一層の注意を払わなくてはならない。そのためには実物や模型を用いた実験検証が不可欠である。

参考文献
1) 石田弘明：車両運動の解析技術，第17回鉄道総研講演会要旨集「次世代の飛躍に向けて－基礎研究が支える鉄道技術－」，鉄道総研，pp.33–39（2004）
2) 石井清貴，谷藤克也：マルチボディソフトを利用したシミュレーションによる走行安全性の検討，JREA, Vol.52, No.6, pp.44–47（2009）
3) 松本信之，田辺　誠，涌井　一，曽我部正道：非線形応答を考慮した鉄道車両と構造物との連成応答解析法に関する研究，土木学会論文集A, Vol.63, No.3, pp.533–551（2007）

分野：機械
部門：宇宙工学・交通物流 ［III-6］

鉄道の構造問題
［英］railway structure problem

鉄道の技術分野は，電力，車両，軌道，構造物，信号，通信，防災，人間工学など，きわめて多岐にわたり，そのシミュレーションは，対象とする構成要素に応じた構成則や境界条件を用いて行われる．具体的な問題としては，架線やパンタグラフの挙動評価，車両の走行安全性や乗り心地，車体や台車の強度，レールやまくらぎの強度や耐久性，構造物の耐荷力，振動，劣化，騒音や地盤振動といった環境問題，各種自然災害による鉄道への影響度評価などが挙げられる．以下に，シミュレーションの現状と課題を示す．

A．構成要素に関する問題

鉄道システムは，前述のようにさまざまな要素から構成されるが，個々の構成要素の評価手法は，例えば車輪・レール間の構成則など，いわゆる鉄道固有の部分を除けば，鉄道以外の分野のシミュレーションと同じ技術が用いられる．例えば車体の強度は，さまざまな車両の衝突条件を設定し，非線形**FEM**（finite element method）により評価される．鉄筋コンクリート製の構造物は，鉄筋やコンクリートの非線形性，両者の付着などを考慮して，非線形FEMにより評価される．ただし，個々の構成要素を実際の営業線で使用するような場合には，現段階では，実物や模型実験による十分な検証を併用するのが一般的である．

B．構成要素間の相互作用に関する問題

鉄道システムは，前述のようにさまざまな要素から構成されるため，構成要素間の相互作用に関する問題も重要となっている．例えば，車両・軌道・構造物の連成問題などが挙げられる．

（1）走行安全性・乗り心地 高速鉄道では，軌道に要求される整備限度が厳しくなる．また，連続する構造物の変位・変形も一種の軌道変位として車両の振動系を加振することから，**走行安全性**（running safety）と良好な**乗り心地**（ride quality）を確保するためには，これらを適切に評価する必要がある．この分野の検討では，通常は，周波数応答関数，静的な構造計算，マクロモデル等を用いて近似解を求めることが多いが，新型車両による速度向上，新しい軌道・構造物形式，複雑な長大構造物などを対象とした場合には，車両を**MBD**（multibody dynamics）で，軌道・構造物をFEMでモデル化した動的相互作用解析などが行われ，走行安全性に関しては輪重，横圧，脱線係数などにより，乗り心地に関しては車体加速度により評価が行われる．

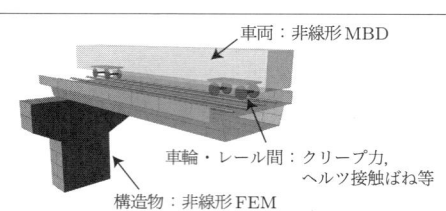

車両：非線形MBD
車輪・レール間：クリープ力，ヘルツ接触ばね等
構造物：非線形FEM

（2）地盤振動 高速列車から発生する地盤振動（ground vibration）に関しては，高架橋・橋りょう，盛り土，土被りの薄いトンネルなどが評価対象となる．地盤振動のシミュレーションは，構造物・地盤の起振力解析と，その起振力からの振動伝搬解析を組み合わせて行われる．構造物・地盤の起振力解析では，車両をMBDで，軌道・構造物をFEMでモデル化した動的相互作用解析などが用いられ，振動伝搬解析では，軌道・構造物をFEMで，地盤を**薄層要素法**（thin layered element method）やFEMでモデル化した動的相互作用解析が用いられる．薄層要素法とは，地盤を薄い層に分割し，水平方向の層内は均質な連続体として，深さ方向には層の分割面で離散化して解く手法である．

環境分野のシミュレーションは，現段階では予測精度が十分ではなく，実測，あるいはそれに基づく理論モデル，マクロモデルと併用して用いられるのが一般的である．

C．自然災害に関する問題

地震，強風，豪雨などの自然災害に関しては，鉄道以外の分野においても，すでにさまざまな予測，評価，対策技術が開発されている．一方，鉄道固有問題の例としては，地震時の走行安全性などが挙げられる．シミュレーションでは，車両をMBDで，軌道・構造物をFEMでモデル化した動的相互作用解析が行われ，数十km程度の線区を対象に，車両諸元，走行条件，軌道諸元，構造物諸元，地震動の特性，伝達経路などを考慮した総合的な検討が行われている．地震時のような大変形領域では，いずれの構成要素も非線形性がきわめて強いため，十分な検証が欠かせないが，全体系での再現は困難であるため，構成要素ごとに確認試験を行い，全体の解析精度が確保されている．今後，線区内での弱点個所の把握や，リスク評価に基づく対策工の合理的な選定に活用されていくと考えられる[1]．

参考文献
1) 曽我部正道，原田和洋，浅沼 潔，丸山直樹，渡辺 勉：連続する鉄道構造物群の地震時車両走行性，土木学会鉄道力学論文集，**13**, pp.177–184 (2009)

分野：機械
部門：宇宙工学・交通物流　[III-6]

鉄道の流体問題
[英] railway aerodynamics

航空機や自動車に比べて，鉄道は，(1) 列車が細長いこと（新幹線の幅は3.4 m，長さは最大16両編成で約400 m），(2) 地上構造物（トンネル，駅，家屋，電柱など）の内部あるいは近くを列車が走行すること，(3) 近接した位置において列車同士のすれ違いがあることなどの特徴を持つ．これらの特徴に関連した空気力学上の諸現象[1]があり，おもに，トンネル区間で発生するものと，明かり区間（非トンネル区間）で発生するものに分類できる．

A．トンネル区間

高速列車がトンネルに突入すると，トンネル内に圧力波（圧縮波と膨張波）が発生する．圧力波は，トンネル内を音速で伝播し，トンネル坑口で反射し，トンネル内を行き来する．トンネル内で圧力波と列車が出会うと，列車に加わる圧力が変化し，車両の構造強度に影響するばかりでなく，乗客に**耳つん**（aural discomfort）と呼ばれる不快な現象を起こすことがある．トンネル内の圧力変化は，実測データから求めた摩擦係数を用いて，非定常1次元圧縮性粘性シミュレーションにより，実用上十分な精度で予測することが可能である．

列車先頭部のトンネル突入によって生じた圧縮波のエネルギーの一部は，トンネル出口に到達したときにパルス状の圧力波（**トンネル微気圧波**; micro-pressure wave）となって外部に放射され，発破音となることがある．そしてこれが沿線の環境問題になる場合もある．トンネル微気圧波の大きさは，トンネル出口での圧縮波の波形と出口付近の地形により決まる．列車トンネル突入時の圧縮波の波形は，軸対称圧縮性非粘性流体計算でほぼ予想可能であり，最適化計算により求められた，圧縮波の形成を抑える先頭部形状の断面積分布が，新幹線車両の設計に役立てられている．圧縮波はトンネル内を伝播する間に変形するが，摩擦の影響を考慮した1次元圧縮性流体計算により評価される．トンネル出口での微気圧波の放射に関しては，地形の影響を考慮した音響学的シミュレーションの研究が進められている．

列車が走行することにより，トンネル内の温度が上昇する．地下鉄道では過度に温度を上昇させないために，空調設備が必要となる場合がある．地下鉄道の温熱環境は，1次元粘性熱流体シミュレーションにより予測される．

列車の高速化に伴い，トンネル内での乗り心地が悪化することがある．非圧縮性粘性流体シミュレーションにより，車両底部付近から気流の乱れが発生し，車両に変動空気力が作用するメカニズムが示唆されている．

B．明かり区間

列車の表面および近傍には，列車まわりの流れに伴う圧力場が存在し，その圧力場は列車とともに移動する．その結果，地上や対向列車では，パルス状の圧力変化を受け，地上構造物の振動やすれ違い時の対向列車の乗り心地に影響することがある．最大の圧力変化が発生する，高速列車先頭部の圧力変化はパネル法によりほぼ評価できる．なお，トンネル内でのすれ違いでは，圧力場がトンネル断面内全体に広がる傾向があるため，車両の左右側面間の圧力差は小さくなり，乗り心地への影響は明かり区間より小さくなる．

高速化とともに車両の軽量化が進んでおり，**横風**（cross wind）の影響を把握することは列車の安全運行に不可欠である．これまで，横風に対する車両の空力特性の評価は風洞試験で行われてきたが，風洞試験を補完するべく，非圧縮性粘性流体シミュレーションの研究が行われている．自然風を模擬した乱流境界層を流入条件とした計算や，局地的な強風地帯を走行する状態を模擬した計算の研究が進められている．

作業員やホーム上の旅客の安全に関わる，列車通過に伴って発生する風の評価や，車両に付着する雪対策や，軌道面に敷き詰めた砂利への影響の検討などにおいて，列車まわりの流れを求めることは重要であり，非圧縮性粘性流体シミュレーションによる研究が行われている．

C．その他

細長い形状のため，列車の空気抵抗に占める摩擦抵抗の割合は大きく，なおかつ全長を基準としたレイノルズ数は10^9のオーダに達するため，シミュレーションによる空気抵抗の定量的評価は，現状では困難である．今後の計算機の発達と乱流モデルの発展に期待したい．

パンタグラフは，低騒音性と安定した揚力特性が要求されるが，両者を同時に満たすことは難しい．そこで，シミュレーションによる流れ場および音源の解析や，最適計算による形状設計の研究が進められている．

参考文献
1) J. A. Schetz: "Aerodynamics of High-Speed Trains", *Annual Review of Fluid Mechanics*, 33, pp.371–414 (2001)

電気インピーダンストモグラフィ
[英] electrical impedance tomography; EIT

電気インピーダンストモグラフィ（EIT）は，体表面上に貼付した電極対から数mA程度の微弱電流を印加し，体表上に生じた電圧または電位差から生体内の導電率分布または導電率変化分布をイメージングする技術である．

EITの利点は，**X線CT**（X-ray computed tomography）などのように被曝の問題がなく，小型化が容易であることから，ベッドサイドにおける肺機能の変化などの連続モニタが可能である．しかし，電流は生体内で3次元的に広がって流れ，導電率分布によって電流密度が異なることから，X線CTと比較して空間分解能と局在性が非常に低いという問題がある．EITの測定対象部位は肺，脳，乳房など多岐にわたる．

A. EITの原理[1]

EITは，多数の電極を体表上に配置し，1組の電極対から電流を印加し，他の電極の電位または電位差を測定する．電流印加（drive）・電圧測定（receive）用の電極にはさまざまな組み合わせがあるが，最も一般的なものは隣接電極法である．右図のように電極を等間隔に配置し，隣接した1組の電極間（電極番号1–16）に電流を印加すると，実線のような等電位分布が生じる．他の隣接した電極間の電位差をすべて測定したのちに，電流電極を電極番号1–2〜15–16まで移動させて同様の電位差を測定し，画像再構成を行う．

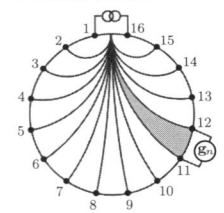

そのほかに，電流電極の組み合わせをつねに対向させて中心部分の検出感度を上げる対向電極法や，測定対象部分の導電率変化による体表面上の電位変化が最大となるように，電極に最適電流を同時に印加するアダプティブ法などがある．

B. 画像再構成アルゴリズム

医療用EITとしては，リアルタイム性が高い**逆投影法**（back projection method）がおもに用いられる．ここでは，代表的な「感度行列画像再構成アルゴリズム」について説明する[1,2]．

EITをリアルタイムで画像再構成するために，(1) 測定対象の境界が円形，(2) 電極を等間隔で配置，(3) 初期の導電率分布が均一，(4) 導電率変化が小さい，(5) 対象が2次元，と仮定する．まずGeselowitzの定理[3]を用いて定義される感度行列**S**を使うと，測定対象の境界で測定される電圧変化$\Delta \mathbf{g}$と導電率画像の変化$\Delta \mathbf{c}$との関係は

$$\Delta \mathbf{g} = \mathbf{S} \Delta \mathbf{c}$$

で示される．ここで，$\Delta \mathbf{c}$は均一な導電率分布$\mathbf{c_u}$の一部が$\mathbf{c}$へ変化したときの変化量，$\Delta \mathbf{g}$はそれに伴って境界で測定される電圧が$\mathbf{g_u}$から$\mathbf{g}$まで変化したときの変化量を示す．各感度係数は

$$S_{dre} = -\int_e \nabla \Phi_d \cdot \nabla \Phi_r dV$$

となる．ここで，測定対象eに各1組のdrive電極とreceive電極がある場合，receive電極に生じた電位勾配を$\nabla \Phi_d$とし，逆にreceive電極に同じ電流を印加してdrive電極に生じた電位勾配を$\nabla \Phi_r$とする．感度係数**S**は，**有限要素法**（finite element method; **FEM**, ⇒p.335）と2点の電極対からの距離r_1, r_2に位置する点電位を$\Phi = (r_1)^{-1} - (r_2)^{-1}$と仮定して求められる．**S**の逆行列を求めることが非常に困難であるため，次式に正規化感度行列**F**を導入して画像再構成（⇒p.84）すると

$$\Delta \mathbf{c}_n = \mathbf{F}^t (\mathbf{F}\mathbf{F}^t)^+ \Delta \mathbf{g}_n$$

となる．$\Delta \mathbf{g}_n = \mathbf{g}/\mathbf{g}_{ref}$, $\Delta \mathbf{c}_n = \mathbf{c}/\mathbf{c}_{ref}$で，ある基準値に対する変化率を示す．すなわち再構成される画像は，導電率の変化率分布を示す．tは転置行列，$+$は擬似逆行列を意味する．事前に**高速フーリエ変換**（fast Fourier transform; **FFT**, ⇒p.292）と特異値分解を用いて$\mathbf{F}\mathbf{F}^t$を算出し，逆FFTにより$(\mathbf{F}\mathbf{F}^t)^+$を求めることで，導電率変化$\Delta \mathbf{c}_n$の画像化が可能となる．

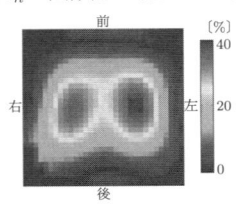

右図は胸部EIT画像の一例であり，肺の抵抗率（導電率$^{-1}$）変化を示す（口絵22）．そのほかに，計算時間と**不適切問題**（ill-posed problem）の欠点を有するが，より厳密な導電率分布計算が可能な繰り返し法として，修正Newton-Raphson法（⇒p.110），Double Constraint法，Layer Stripping法などがある．

参考文献

1) J. G. Webster (ed.): *Electrical Impedance Tomography*, Adam Hilger Bristol (1990)

2) P. Metherall, et al.: "Three-dimensional electrical impedance tomography", *Nature*, **380**, 509-12 (1996)

3) D. B. Geselowitz: "An application of electrocardiographic lead theory to impedance plethysmography", *IEEE, BME* **18**, pp.38–41 (1971)

電気化学反応
[英] electrochemical reaction

　電気化学反応とは，電極の電位により反応場の酸化還元電位を制御して，電極-溶液（固液）界面の反応種を酸化または還元する反応をいう。固液界面における電気化学反応のシミュレーション技法には，特に (i) 水分子が形成する水素結合ネットワークがイオンを水和，またプロトンの拡散を促進，(ii) 電子の授受を伴う反応，(iii) 金属，水，イオンおよび反応種で構成される複雑な反応場，(iv) 電気二重層の形成，といった状況をできるだけ正確に扱うことが要求される。(i)～(iii) は系を量子力学（⇒p.350）的に扱うことを要求しており，第一原理分子動力学法（FPMD）が用いられるが，これらと (iv) を同時に扱うことは難しい。しかし，固液界面に電圧を印加することによって誘起される電気二重層は，反応場を記述する上で重要である。また電圧に応じた界面構造の変化を通じて反応にも直接影響するため，いかに電圧印加の効果を取り込むかが課題である。

　電気二重層（electric double layer）とは，電極表面に誘起された電荷が作る電場を遮蔽するように水分子や溶質イオンが分布した領域のことである。電気二重層内には大きな電場勾配があり，化学反応を駆動する役割を担う。

　電気化学反応の FPMD シミュレーション法には A. 周期境界条件，B. 孤立スラブ，C. 有効遮蔽媒質法などのモデルがある。

A. 周期境界条件の方法

　固体や液体を扱う FPMD で一般的に用いられる方法である。固液界面を扱う場合は，下図 (a) のように z 軸方向に電極と溶液が繰り返し現れる**スーパーセル**（super cell）構造になる。

(a) 周期境界条件

| 電極 | 溶液 | 電極 | 溶液 |

(b) スラブモデル

| 真空 | 電極 | 溶液 | 真空 |

(c) 有効遮蔽媒質法モデル

| 真空 | 電極 | 溶液 | ESM |

太線はユニットセルを表す

　系に真空を含まないため，自己無撞着（SCF）計算の安定性は高いが，エネルギーの原点を定義できない欠点がある。電極の表と裏で溶液に接しているために，つねに二つの固液界面が存在し，片側の界面だけを解析することが難しい。

B. 孤立スラブの方法

　表面・界面を扱う FPMD では，図 (b) のような**スラブモデル**（slab model）が用いられることが多い。図 (a) に現れる二つの固液界面の一つに真空を挿入した構造になっている。系に一定電界を印加してシミュレートできるため，(iv) をある程度取り込むことができる。

　電圧印加によって誘起される電極表面の余剰電荷は，A，B のモデルでは記述できない。これはユニットセルに課された電荷中性条件による。余剰電荷を導入すると補償電荷も同時に導入する必要があり，エネルギーの原点やモデルの記述があいまいになる。

C. 有効遮蔽媒質法の方法

　FPMD の枠内で (iv) を効率良く取り込む方法として，有効遮蔽媒質（ESM）法[1]が提案されている。電極表面の余剰電荷を補償する電荷は，ユニットセルの外にある ESM 領域に誘起されるために，ユニットセルの電荷中性条件は課さなくてよい。これは図 (c) のような配置で電極と ESM の間に仮想的な電池を置いたことと等価であり，より自然に電気化学系をシミュレートすることができる。

　ESM 法を用いて FPMD を行いながら固液界面に電圧を印加していき，実際に電気化学反応をシミュレートすることも可能である[2]。界面構造や，界面の水分子の伸縮振動の電圧依存性なども解析することが可能である。

　有効遮蔽媒質（effective screening medium; **ESM**）**法**とは，電荷と静電ポテンシャルを結び付けるポアソン方程式を，グリーン関数を用いて解析的に解く方法である。ESM は比誘電率のみで特徴付けられる連続媒質であり，この値を変えることにより，z 方向の境界条件を任意に設定することができる。ESM 法による計算負荷の増大は無視できるほど小さく，既存の FPMD プログラムに容易に導入することができる。

参考文献

1) M. Otani and O. Sugino: "First-principles calculations of charged surfaces and interfaces: A plane-wave nonrepeated slab approach", *Phys. Rev. B* **73**, 115407 (2006)

2) 大谷　実，濱田幾太郎：電極反応の第一原理分子動力学シミュレーション，固体物理 第44号，pp.55–62 (2009)

電気伝導
[英] electron-conduction

電極間に挟まれたナノ構造体の伝導特性を，久保公式もしくはランダウアーの公式により求めるシミュレーションである。前者は数学的な技巧を駆使した難解な理論であるが，幅広い対象に適用可能である。後者は単純明快であるが，応用できる範囲は限られている。ナノスケールの電気伝導シミュレーションに限れば，ランダウアーの公式のほうが一般的によく使われる。

ランダウアーの公式（Landauer formula）は，下図のように理想化された1次元導体のモデルを用いて導かれる。

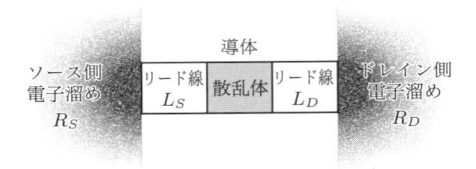

全系をソース (S) 電極，ドレイン (D) 電極，散乱領域に分け，電子が左の電子溜め R_S からリード線 L_S を通じて散乱体に流れ込む。流れ込んだ電子は散乱体で弾性散乱を受け，確率 R で反射し，確率 $T (= 1 - R)$ で透過する。反射した電子は電子溜め R_S に，透過した電子は電子溜め R_D にそれぞれ達して，そこで吸収される。電子溜めは十分に大きく，その内部ではすみやかに非弾性散乱が起こり，つねに熱平衡が保たれると仮定する。また，リード線は理想的なものであり，その中では電子の散乱は起こらず，電子をただそのまま通すだけの役割を果たすと考える。この公式によれば，電気伝導 (G) は次式で与えられる。

$$G = \frac{2e^2}{h}T$$

ここで，e は電荷素量，h はプランク定数である。透過確率 T ($0 \leq T \leq 1$) の値は，散乱体としてどのようなナノ構造体をとってくるかによる。

透過確率を求める方法は，大きく二つに分けられる。一つは無限系の**非平衡グリーン関数**（non-equilibrium Green's function）を用いて透過確率を計算する方法[1]，もう一つは**散乱波動関数**（scattering wave function）を直接計算する方法である。

A. 非平衡グリーン関数法

ソース電極およびドレイン電極の自己エネルギー (Σ_S, Σ_D) を用いて，エネルギー (E) における全系の遅延グリーン関数

$$G^r = [E - H_T - \Sigma_S - \Sigma_D]^{-1}$$

を計算することにより，電気伝導を求める方法である。ここで，H_T は散乱領域のハミルトニアンを切り出してきたものである。ランダウアーの公式は，電極の自己エネルギーの虚数部分 (Γ_S, Γ_D) と先進グリーン関数 (G^a) を用いて

$$G = \frac{2e^2}{h}\mathrm{Tr}[\Gamma_D G^a \Gamma_S G^r]$$

として与えられる。

B. 散乱波動関数法

系全体に広がる波動関数 Ψ を，散乱領域と電極界面で，つぎのような散乱の境界条件のもとで求める。

$$\Psi(x) = \begin{cases} \Phi^{\mathrm{in}}(x) + \sum_{i=1}^{N} r_i \Phi_i^{\mathrm{ref}}(x) & \text{S 側} \\ \sum_{i=1}^{N} t_i \Phi_i^{\mathrm{tra}}(x) & \text{D 側} \end{cases}$$

ここで，$\Phi^{\mathrm{in}}, \Phi_i^{\mathrm{ref}}, \Phi_i^{\mathrm{tra}}$ は，それぞれ電極内の入射波，反射波，透過波を表す。また，r_i は反射確率振幅，t_i は透過確率振幅であり，これらの2乗がそれぞれ反射確率，透過確率である。この方法には，Lippmann-Schwinger 方程式を解く方法[2]のほか，Recursion-transfer-matrix 法[3]，Over-bridging boundary-matching 法[4]，波動関数の時間発展から計算する方法などがある。

電子の平均自由行程よりも十分に小さい系での電気伝導では，上記の方法で取り扱いが可能であると考えられている。一方で，系が大きくなると，フォノン散乱効果や散乱領域で発生するジュール熱も考慮しなければならない。

参考文献
1) L. V. Keldysh: *Sov. Phys. JETP* **20**, 1018 (1965)

2) N. D. Lang: *Phys. Rev. B* **52**, 5335 (1995)

3) K. Hirose and M. Tsukada: *Phys. Rev. Lett.* **73**, 150 (1994)

4) K. Hirose, T. Ono, Y. Fujimoto and S. Tsukamoto: *First-Principles Calculations in Real-Space Formalism —Electronic Configurations and Transport Properties of Nanostructures—*, Imperial College Press (2005)

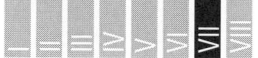

分野：可視化
部門：ボリューム可視化 [VII-3]

電磁界シミュレーションとボリューム可視化

[英] volume visualization in electro-magnetic field analysis

電磁界解析の**ポストプロセッシング**（postprocessing）として，磁束密度や損失分布といった解析結果の可視化が一般的に行われている。解析結果の可視化により物理現象の大域的・直感的な理解が容易になるばかりでなく，機器設計に有意な情報を抽出することも可能となる。

ここでは，電磁界解析分野で用いられる標準的な可視化方法であるベクトル表示，コンター表示，**磁束線**（magnetic flux line）表示に加え，今後の発展が期待される**ボリュームディスプレイ**（volumetric display）による可視化について概説する。

A. ベクトル表示

磁束密度や渦電流密はベクトル量なので，絶対値をベクトルの大きさや色で，方向を矢印の向きで表すベクトル表示を用いて可視化されることが多い。以下に，かご形誘導電動機における磁束密度ベクトル分布を示す（口絵34，以下同）。鉄心中の磁束の流れ方と大きさが一目瞭然であり，物理現象を把握する際に広く活用されている。

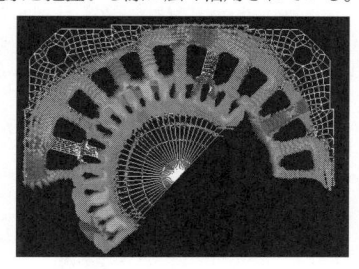

B. コンター表示

コンター表示は，機器内に発生する損失や温度の分布といったスカラ量を可視化する際に用いられる。一例として，表面磁石同期モーターの固定子に発生するヒステリシス損密度分布を以下に示す。損失密度分布を観察することで，その発生要因や機器内の発熱箇所を特定することなどが可能となる。

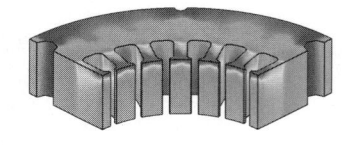

C. 磁束線表示

前述の磁束密度のベクトル表示により，磁束の流れをある程度把握することができるが，より直接的に可視化したものが磁束線表示である。その表示方法は，2次元解析または3次元解析で大きく異なる。

（1）2次元解析における磁束線可視化

2次元電磁界解析の場合，未知変数は磁気ベクトルポテンシャル A の z 成分 A_z である。このとき，磁束密度の x 成分および y 成分は，それぞれ $B_x = \partial A_z/\partial y, B_y = -\partial A_z/\partial x$ となるため，A_z の等高線がそのまま磁束線となる。以下に，かご形誘導電動機を対象とした磁束線表示例を示す。

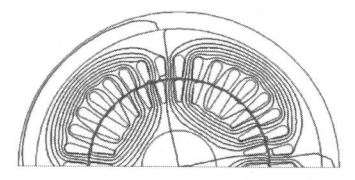

（2）3次元解析における磁束線可視化

3次元電磁界解析の場合，$dx/B_x = dy/B_y = dz/B_z$ が磁束線の式となる。一般的に解けないので，仮想粒子追跡法，もしくは媒介変数を用いて近似的に解くなどの手法が用いられる。

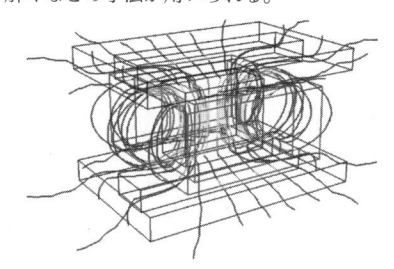

D. ボリュームディスプレイによる可視化

前述のベクトル表示，コンター表示，磁束線表示などを同時に観察できる手段として，ボリュームディスプレイがある。また，異なる物理量を同時に可視化することもできる。ボリュームディスプレイは，複数の液晶ディスプレイを重ねて，それぞれに個別の描画を行う。

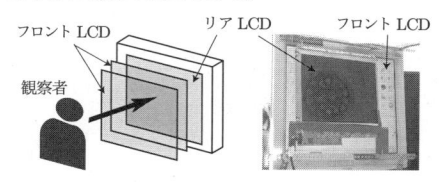

参考文献

1) S. Noguchi, et al.: *IEEE Trans. Magn.*, **41**, 5, pp.1820–1823 (2005)

2) S. Noguchi, et al.: *Proc. 14th CEFC*, 11P5 (2010)

分野：電気・電子
部門：電磁界解析 [II-4]

電磁界の離散化
[英] discretization of electromagnetic fields

電磁界の数値解析を行う際，空間中の点で定義される電荷密度や電界，磁束密度などを未知変数とするのではなく，それぞれを体積，線，面で積分し，直接計測が可能な電荷や電位差，磁束などに置き換えた上で離散化を行う方法が広く用いられている。

A. 電磁界の境界条件と積分量

電磁界を記述する量はそれぞれが積分される図形（多様体）を持っており，それらに応じた物質界面における**境界条件**（boundary condition）を有している（下表を参照）。電磁界の離散化において，それぞれの積分量を未知数とすれば，このような性質の違いを自然に組み込むことができる。電磁界の量をスカラ，ベクトルとして扱うのではなく，**微分形式**（differential form）として扱えば，このような電磁界量の性質の違いを明確にすることができる。

変　数	記号	界面連続性	積分
スカラ			
ポテンシャル	φ	連続	点
ベクトル			
ポテンシャル	$\boldsymbol{A}$	接線成分	線
電界	$\boldsymbol{E}$	接線成分	線
磁界	$\boldsymbol{H}$	接線成分	線
磁束密度	$\boldsymbol{B}$	法線成分	面
電束密度	$\boldsymbol{D}$	法線成分	面
電荷密度	ρ	―	体積

B. 離散化された回転

上記のような積分量に基づく離散化を与えるために，まず積分を行う面や線の関係を考える。開曲面 S_i を考え，その境界を構成する辺を c_j とする。面と辺はそれぞれ固有の向きを持つとする。面 S_i の境界 ∂S_i を，向きを考慮に入れた辺の線形結合で表現できると考え，$\partial S_i = \sum_j R_{ij} c_j$ と表す。ここで R_{ij} は S_i と c_j の向きが同じ（逆）なら 1(−1)，S_i が c_j を含んでいなければ 0 をとる係数である。すべての面について考えると，上式は行列形式 $\partial \boldsymbol{S} = R\boldsymbol{c}$ で表せる。この考え方に基づく離散化の例として $\boldsymbol{B} = \mathrm{rot}\boldsymbol{A}$ の離散化を考える。いま面 S_i を通過する磁束を b_i とし，辺 c_j 上のベクトルポテンシャルの線積分を a_j とすると，これらの関係は $b_i = \int_{\partial S_i} \boldsymbol{A} \cdot d\boldsymbol{s}$ より $b_i = \sum_j R_{ij} a_j$ と書ける。すべての面について考えると，これを $\boldsymbol{b} = R\boldsymbol{a}$ と書ける。よって，行列 R はベクトル解析の回転に対応していることがわかる。この理由から，R は回転行列と呼ばれる。上記と同様にしてベクトル解析の勾配，発散に対応した勾配行列 G や発散行列 D も導くことができる。

C. マクスウェル方程式の離散化

ここでは **FDTD 法**（finite difference time domain method）を例として述べる。FDTD 法の主セルの面を S_i とし，その境界を構成する辺を c_j とする（下図を参照）。また，面 S_i の中心に垂直に交わる副セルの辺を $\tilde{c}_i$，辺 c_j と中心で交わる副セルの面を $\tilde{S}_j$ とする。

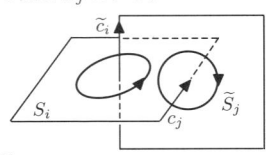

面 S_i, $\tilde{S}_j$ でそれぞれファラデーの法則，アンペアの法則をそれぞれ積分すると

$$\sum_j R_{ij} e_j = -\dot{b}_i$$
$$\sum_i R_{ji} h_i = j_j + d_j$$

の形を持つ離散化された**マクスウェル方程式**（Maxwell equation）を得る。また，**構成関係式**（constitutive relation）$\boldsymbol{D} = \varepsilon \boldsymbol{E}$, $\boldsymbol{B} = \mu \boldsymbol{H}$ も同様に，$d_j = \varepsilon_j e_j$, $b_i = \mu_i h_i$ と離散化できる。ただし，$\varepsilon_j = \varepsilon c_j/\tilde{S}_j$, $\mu_i = \mu \tilde{c}_i/S_i$ である。これらの式を主セル，副セルのすべての面について考え，さらに時間微分を中心差分で近似すると，FDTD 法の基本方程式

$$[R]\boldsymbol{e}^n = -[\mu]\frac{\boldsymbol{h}^{n+1/2} - \boldsymbol{h}^{n-1/2}}{\Delta t}$$
$$[R]\boldsymbol{h}^{n+1/2} = \boldsymbol{j}^{n+1/2} + [\varepsilon]\frac{\boldsymbol{e}^{n+1} - \boldsymbol{e}^n}{\Delta t}$$

を得る。肩文字は時間ステップを表す。このような離散化法は，有限要素法（⇒ p.335）や積分方程式法（境界要素法，⇒ p.5, p.65）などでも用いられる。特に有限要素法において，辺に割り振られた電界やベクトルポテンシャルの線積分を未知数とする辺要素が多く用いられる。

参考文献
1) 本間, 五十嵐, 川口：数値電磁力学, 森北出版 (2002)
2) 五十嵐, 亀有, 加川, 西口, ボサビ：新しい計算電磁気学, 培風館 (2009)
3) 五十嵐：電磁界解析のアプローチと特徴, シミュレーション学会誌, vol.27, no.3, pp.140–148 (2008)

電磁力計算
[英] electromagnetic force calculation

電磁界解析における電磁力の計算手法として，**マクスウェルの応力法**（Maxwell stress tensor method），**節点力法**（nodal force method），ローレンツ力による方法などが挙げられる．また，ここでは省略するが，トルクの計算式も電磁力の計算式より容易に求めることができる．

A. マクスウェルの応力法
磁性体や導体などの物体に作用する電磁力は次式で表される．

$$\boldsymbol{F} = \int_S \mathbf{T} \cdot \boldsymbol{n} \mathrm{d}S$$

ここで，S は下図に示すような電磁力を計算したい物体を囲む任意の閉曲面，$\boldsymbol{n}$ は S の外向き単位法線ベクトルである．

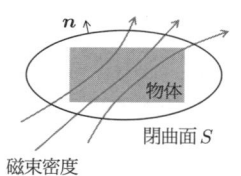

また，$\mathbf{T}$ はマクスウェルの応力テンソルと呼ばれるもので，透磁率が線形のときには次式で表される．

$$\mathbf{T} = \boldsymbol{HB} - U\mathbf{I}$$

式中の H，B，U は，それぞれ磁界強度，磁束密度，磁気随伴エネルギー（線形の場合は，磁気エネルギーに等しい）であり，$\mathbf{I}$ は対角が1，非対角が0となるテンソルである．

一般に，閉曲面上の磁束密度は周囲の要素磁束密度を平均化して求める．しかし，物体表面の磁束密度は不連続となるため，平均化による誤差が小さくなるように，閉曲面 S は物体表面ではなく，空気中に定義されることが多い．また，空気中であっても，磁界の変化が小さいような閉曲面 S をとることが望ましい．

B. 節点力法
節点力法とは，従来有限要素法の応力解析で用いられた節点力の概念を応用した方法である．節点力法における節点 i の電磁力 $\boldsymbol{f}_i$ は，次式で求められる [1,2]．

$$\boldsymbol{f}_i = -\int_V (\mathbf{T} \cdot \mathrm{grad} N_i) \mathrm{d}V$$

ここで，N_i は節点の補間関数，V は電磁力を計算したい物体内の節点が含まれる要素を表す．下図の黒丸で示した節点 i の節点力は，節点の周囲の灰色で示した要素から計算される．

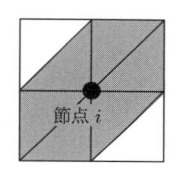

節点力法はマクスウェルの応力法のように，閉曲面を定義する必要はない．しかし，上図のように，周囲の要素の磁束密度から節点力を計算しているため，物体表面の節点力は，結果的に物体とその表面に接している空気の平均化がされていると考えてよい．

電磁力の精度はメッシュの粗密や切り方などにも左右されるため，十分注意が必要である．

C. ローレンツ力による方法
非磁性体で電流が流れている物体の電磁力計算には，次式で表される**ローレンツ力**（Lorentz force）を直接計算する手法も有用である．

$$\boldsymbol{F} = \int_V \boldsymbol{J} \times \boldsymbol{B} \mathrm{d}V$$

ここで，$\boldsymbol{J}$ は物体に流れる電流密度である．

ローレンツ力による方法は，マクスウェルの応力法のように閉曲面を必要としないこと，要素ごとにローレンツ力を計算すれば，電磁力分布を求めることができることなどの長所を有するが，非磁性の導体にしかこの方法を適用することはできない．

ここで示した方法のほかに，仮想変位法，等価磁化電流法などの電磁力計算法も提案されている．

参考文献
1) 五十嵐一，亀有昭久，加川幸雄，西口磯春，A. ボサビ：新しい計算電磁気学 [基礎と数理]，培風館 (2003)
2) 高橋則雄 著，社団法人電気学会 発行：三次元有限要素法 磁界解析技術の基礎，オーム社 (2006)

電子励起エネルギーの計算手法
[英] computational methods for electronic excitation energies

物質の電子状態を励起するのに要するエネルギーは，物質の同定や物性の理解に利用される．励起エネルギーを求める第一原理計算手法としては，密度汎関数理論が広く用いられているが，より高精度な計算手法も汎用的になりつつある．

A. 密度汎関数理論

密度汎関数理論では，電子状態はコーン・シャム方程式に従う．その固有値は広範な物質群の大域的特徴をよく記述する．ただし，半導体，絶縁体のバンドギャップは一般に過小評価される．また，電子相関の強い物質では，絶縁体を金属と予言するなど，定性的に誤る例もある．

密度汎関数理論がバンドギャップを過小評価するのは，つぎの二つの要因による．第一に，コーン・シャム方程式が記述するのは多電子が作る平均場中の1電子軌道であり（下図(a)参照），（逆）光電子分光で観測されるような電子を1個増減する過程（下図(b)参照）とは異なる．第二に，交換相関項に局所密度近似（local density approximation; LDA）や一般化勾配近似（generalized gradient approximation; GGA）などの近似が用いられる．また，密度汎関数理論は光吸収スペクトルにおいては励起子効果を表現できない問題を抱える．以上の問題は，多電子効果に起因する．

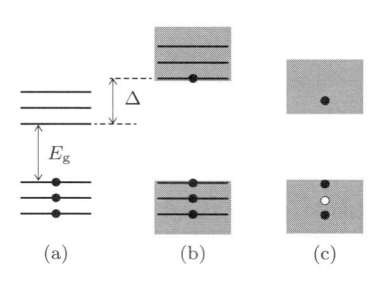

B. GW近似

多電子系の励起状態は，多体グリーン関数理論で定式化することができる．励起スペクトルはグリーン関数 G の周波数依存性から求められる．1電子励起スペクトルのピーク（準粒子エネルギー）は1体軌道のエネルギーに，自己エネルギー Σ の期待値で与えられる多体補正（上図の Δ）を加えることにより計算できる．自己エネルギーを遮蔽クーロン相互作用 W に関して摂動展開して W の最低次で近似すると，$\Sigma = GW$ と書けるため，GW近似（GW approximation）と呼ばれる（Hedin, 1965）．ハートリー・フォック近似と比較すると，フォック項のクーロン相互作用が遮蔽されたものに置き換わっている．遮蔽効果は乱雑位相近似（random phase approximation; RPA）で見積もられる．

第一原理計算によるGW計算は，シリコンとダイヤモンドに対して初めて実行された（Hybertsen and Louie, 1985）．その後，種々の物質に適用され，強相関系など一部の物質を除く多くの物質のバンドギャップが実験値と10〜15％以内で一致することが確認されている．

C. ベーテ・サルピータ方程式

光吸収スペクトルの励起子効果は，図(c)のように共存する電子とホールが相互作用することに起因する．この効果はベーテ・サルピータ方程式（Bethe-Salpeter equation; BSE）で取り込むことができる．その結果，準粒子エネルギーの準位差より低エネルギー側に励起子ピークが現れる．また，光学遷移の振動子強度に対する多体効果のため，スペクトルの形状が変化する．BSE法の第一原理計算は1990年代後半から現実の物質に適用されている．

D. その他の手法

光吸収スペクトルは，密度汎関数理論を拡張した時間依存密度汎関数理論（time-dependent density functional theory; **TDDFT**）でも扱うことができる．TDDFTは多電子系に対する厳密な理論であるが，現実系への適用計算においては，多電子効果に起因した交換相関核を断熱局所密度近似などで近似する．TDDFTはBSE法に比べて計算量が少なく，広く用いられている．有限系に対して有効であるが，固体の励起子効果の記述には交換相関核の改良が必要である．

分子，クラスターに対しては，精密な計算手法として配置間相互作用法（configuration interaction; CI），多配置自己無撞着場法（multi-configurational self-consistent field; MCSCF），MCSCFの一種である完全活性空間（complete active space self-consistent field; CASSCF）法などの量子化学的手法も用いられる．

参考文献

1) G. Onida, L. Reining and A. Rubio: *Rev. Mod. Phys.* **74**, pp.601–659 (2002)

2) 三宅　隆，フェルディ・アリアセティアワン：電子励起状態の定量的記述：GW近似とベーテ・サルピータ方程式，日本物理学会誌，**64**, 4, pp.276–282 (2009)

テンソルボリュームデータの可視化
[英] visualization for tensor volume data

テンソルボリュームの可視化では，テンソルデータをベクトルやスカラに変換して，それぞれベクトルボリュームデータまたはスカラボリュームデータ用可視化技術を使うことが多い．よく用いられるのは，テンソルデータに対して固有値分解を行い，その結果得られる固有値・固有ベクトルを利用することである．

A. テンソルグリフ表示

すべての固有値が実数であるテンソルデータに対して，直交する3本の矢印で固有ベクトルと固有値を表現する手法である．矢印の方向は固有ベクトルの方向に平行で，矢印の長さでその大きさを表す．固有ベクトルは，方向に任意性があり，両方向に矢羽根を描画する．この場合，固有値の正負により内外向きに違いを持たせる．

B. 超流線表示

超流線 (hyperstream line) とは，固有ベクトルデータが接線ベクトルに平行になるような曲線であり，応力テンソルボリュームで最大固有値に対応する固有ベクトルに対して計算された超流線は，与えられた外力がどのように伝播するのかを理解する上で有用な可視化画像を提供する．固有ベクトルには方向の任意性があるので，格子内部で固有ベクトルの補間を行うときは，その方向を維持するよう計算上の注意が必要となる．

また，医用画像計測装置の機能が向上して，手軽に拡散テンソル画像を撮影することができ，非侵襲で脳の神経線維を可視化することが可能となっている．神経線維を可視化するには，テンソルの最大固有値に対する固有ベクトルについて流線を描画する．

C. 縮退点探索

計測装置の機能が向上しても撮像の解像度はまだまだ粗く，一つの画素に100程度の神経線維が通過する程度なので，格子で神経線維が交差するケースをうまく処理できない場合がある．神経線維の方向がきちんとそろっている場合には，格子において固有値の最大値が突出して大きいが，交差してしまう場合には，最大固有値とそのつぎの固有値の大きさにあまり差がない状態になる．このような場所を特定するには，最大固有値とそのつぎの固有値の大きさが等しくなってしまうような点が，その格子に存在するかどうかを調べる．

このような点を**縮退点** (degenerate point) という．以下でその探索手法について説明する．

固有値の縮退については，テンソルから導出される特性方程式の解の性質を調べることで検討が行える．いま，テンソルデータを以下のように定義する．

$$T = \begin{pmatrix} T_{11} & T_{12} & T_{13} \\ T_{21} & T_{22} & T_{23} \\ T_{31} & T_{32} & T_{33} \end{pmatrix}$$

固有値 λ・固有ベクトル $\vec{x}$ の定義より

$$\det(T-\lambda I) = \begin{vmatrix} T_{11}-\lambda & T_{12} & T_{13} \\ T_{21} & T_{22}-\lambda & T_{23} \\ T_{31} & T_{32} & T_{33}-\lambda \end{vmatrix} = 0$$

と書ける．したがって，**特性方程式** (characteristic equation) は，以下のような λ の3次方程式となる．

$$F(\lambda) = \lambda^3 - P\lambda^2 + Q\lambda - R = 0$$
$$P = T_{11} + T_{22} + T_{33}$$
$$Q = \begin{vmatrix} T_{11} & T_{12} \\ T_{21} & T_{22} \end{vmatrix} + \begin{vmatrix} T_{22} & T_{23} \\ T_{32} & T_{33} \end{vmatrix} + \begin{vmatrix} T_{33} & T_{13} \\ T_{31} & T_{11} \end{vmatrix}$$
$$R = \begin{vmatrix} T_{11} & T_{12} & T_{13} \\ T_{21} & T_{22} & T_{23} \\ T_{31} & T_{32} & T_{33} \end{vmatrix}$$

このとき，固有値 λ の3次方程式の解の性質は，対応する3次関数の極大値と極小値から判定することができる．縮退点では，この3次方程式において極小点が零となるので，各係数 (P, Q, R) を用いてその条件を記述することができる．

下図は，拡散テンソル画像から生成された脳神経線維を表す（口絵37）．

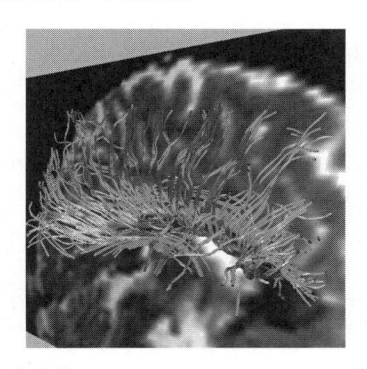

参考文献

1) 小山田耕二, 坂本尚久：粒子ボリュームレンダリング, コロナ社 (2010)

伝達線路行列法の
波面合成法への応用

[英] transmission-line modeling method for wave field synthesis

A. 伝達線路行列法

伝達線路行列法（transmission-line modeling）とは，ホイヘンスの原理に基づいた波動伝搬のメカニズムを時空間に離散化して，コンピュータ上で追跡する時間領域のシミュレーション方法である．これを定量的に行うために，波動伝搬を電気回路における回路素子に置き換え，線路の伝達を考える手法である．

音響問題では，等価的な電気回路として**分布定数回路**（distributed constant circuit）に置き換えて，**波動方程式**（wave equation）の近似解を求める．

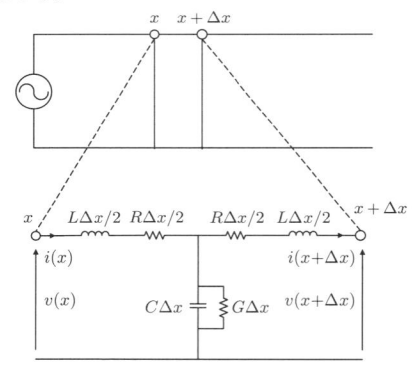

上図のような分布定数回路において，キルヒホッフ電圧則と電流則をそれぞれ適応し計算すると，以下のような波動方程式が得られる．

$$\frac{\partial^2 v(x)}{\partial x^2} = LC\frac{\partial^2 v(x)}{\partial t^2} + (RC+GL)\frac{\partial^2 v(x)}{\partial x \partial t} + RGv(x) \qquad (1)$$

$$\frac{\partial^2 i(x)}{\partial x^2} = LC\frac{\partial^2 i(x)}{\partial t^2} + (RC+GL)\frac{\partial^2 i(x)}{\partial x \partial t} + RGi(x) \qquad (2)$$

ここで，v は電圧，i は電流，R は抵抗，G はコンダクタンス，L はインダクタンス，C は静電容量を示す．音の波動方程式を式(1),(2)に対応させることで，音の波動伝搬を回路素子に置き換える．1次元の音の波動方程式は，以下の式のように表される．

$$\frac{\partial^2 p}{\partial x^2}p = \frac{1}{c^2}\frac{\partial^2 p}{\partial^2 t} \qquad (3)$$

$$\frac{\partial^2 u}{\partial x^2}p = \frac{1}{c^2}\frac{\partial^2 u}{\partial^2 t} \qquad (4)$$

ここで p は音圧，u は粒子速度，c は音速を示す．式(3)を式(1)に対応させ，式(4)を式(2)に対応させると，音波の変数が回路素子に置き換えられてつぎのような関係になり，シミュレーションが行える．

$$\begin{array}{ccc} 電気系 & \longleftrightarrow & 音響系 \\ v & \longleftrightarrow & p \\ i & \longleftrightarrow & u \\ LC & \longleftrightarrow & c^{-2} \\ R & \longleftrightarrow & 0 \\ G & \longleftrightarrow & 0 \end{array}$$

B. 立体音響

立体音響とは，仮想的な空間において，実際の音源と同一の位置や方向で音を知覚させるものである．この立体音響の手法の一つである波面合成法とは，実際の音場と同一の音場を複数のスピーカによって再現することであり，人の移動や向きにかかわらず立体音響を成立できる特徴がある．

基本的な原理としては，以下に示す**第2種レイリー積分**（second Rayleigh integral）によって説明される．

$$P_P = \frac{1}{2\pi}\int P_S \frac{\partial}{\partial Z_S}\left[\frac{\exp(ik|r_P - r_n|)}{|r_P - r_S|}\right]dS$$

ここで，P_P は制御したい音場の音圧，P_S はスピーカアレイの音圧を示す．上式はスピーカアレイの音圧 P_S を制御すれば，制御したい音場の音圧 P_P を制御できることを意味している．

C. 波面合成法への応用

波面合成法（wave field synthesis）における伝達線路行列法の利用方法としては，実際の音場と同一の音場が作成できているかを確認することが挙げられる．また，応用として，スピーカアレイの入力を伝達線路行列法により求め，実際に波面合成が行える．下図は，実際の音場のシミュレーションと伝達線路行列法で求めたスピーカアレイの入力により波面合成をした音場である（左図：実際の音場，右図：波面合成の音場）．

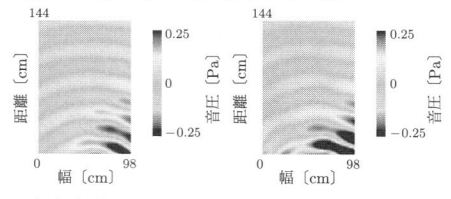

参考文献
1) 加川幸雄 訳：TLM 伝達線路行列法入門 非定常電磁界解析のためのもう一つのモデル, 培風館 (1999)
2) 日本音響学会 編：空間音響学（音響サイエンスシリーズ2), コロナ社 (2010)

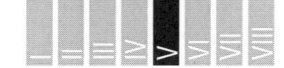

分野：生命・医療・福祉
部門：福祉機械　[V-5]

電動車いすシミュレータ
[英] electric wheelchair driving simulator

A．電動車いすの意義

電動車いすは四肢に障害のある者にとって，**自立移動** (independent mobility) を実現する，生活になくてはならない福祉機器である。また，より重度の障がい者に対しても，自らの意思で移動する自立移動を実現することにより，**QOL** (quality of life) に対する大きな効果が期待できる[1]。反面，電動車いすは移動体としての特性も持ち合わせており，安全性の確保も重要な課題となる。障がい者自立支援法における補装具費支給制度では，安全な操作の可否を判定項目の一つとして，更生相談所などで判断している。また，リハビリテーション病院などでは，電動車いすの**適合** (fitting) や訓練のサービスを実施している。このようなプロセスにおいて，特に通常のジョイスティックの使用が困難な重度障がい者は，操作方法の探索や操作入力装置の選定に時間や労力がかかるという現状がある。

B．電動車いすシミュレータシステム

電動車いすシミュレータは，このような場面で有効に働くシステムとして開発されたものである。パソコンの画面に走行環境が提示されるだけのシンプルなものから，没入感のある大画面とモーションベースを有する本格的なシステムまで開発されている。研究用で開発されたものが多いが，臨床場面で活用されているものもある（⇒ p.75）。

下図は，電動車いすシミュレータのシステム例である[2]。このシステムは，球面ディスプレイと**6軸動揺台** (6 axis motion base) を有することが特徴である。描画にはプロジェクタを4台使用し，**プロジェクションクラスタ技術** (projection cluster technology) により，ひずみ補正およびブレンディングを施し，臨場感（⇒ p.264）のある画像を表示することができる。水平視野角は120°，垂直視野角は50°である。これにより，左右の走行環境を的確に呈示でき，操作者に没入感を与えることができる。また，6軸動揺台により，力の場を表現することが可能になり，衝撃や坂道などの重力の変化を操作者に与え，実環境に近い操作環境を再現することができる。

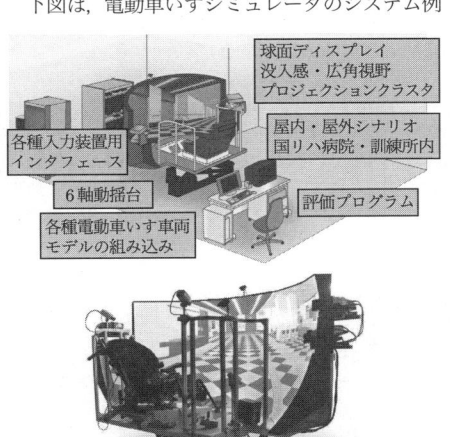

入力装置の接続インタフェースは市販の電動車いすのコントローラを実装し，D-sub 9 ピンコネクタにより市販の各種インタフェースを接続することができる。また，ティルトおよびリクライニング機能のついた椅子を実装し，各種障害に合わせた姿勢保持を実現できる。

C．電動車いすシミュレータの効果

このような臨場感のある電動車いすシミュレータは，重度障がい者の電動車いすの適合場面で効果を発揮することが示されている[3]。特に，操作が可能かどうか専門職が判断しがたい最重度の障がい者の電動車いす適合場面では，利用者の操作能力や適した入力装置を決定していく初期段階において，安全な環境で多くのパターンを試すことができ，高い有効性が得られている。また，操作のモチベーションの向上にも有効に働くことが示され，その相乗効果として操作能力の向上にも影響する。さらに，知的障害のある利用者の，新たな能力開発にも有効とされる。臨床場面での積極的な活用が期待されている。

参考文献

1) 井上剛伸，山内　繁，数藤康雄，廣瀬秀行，塚田敦史，石濱裕規，二瓶美里：QOLの構成要因に基づいた頭部操作式電動車いすの開発，日本生活支援工学会誌, 1, 1, pp.42–49 (2002)

2) Niniss, H., Inoue, T., Kamata, M., Shino, M., and Fujita, M.: "Development fo an electric wheelchair driving simulator for a practical use in clinical evaluations", *DSC Asia/Pacific 2006*, 1-12 (2006)

3) 井上剛伸，廣瀬秀行，塚田敦史，石濱裕規，数藤康雄，清水　健，関　寛之：電動車いすシミュレータの活用事例―リアリティ獲得のためのVR技術―, 日本バーチャルリアリティ学会論文誌, Vol.6, No.3, pp.203–209 (2001)

分野：環境・エネルギー
部門：エネルギー ［IV-3］

電力系統解析
[英] power system analysis

電力系統の解析は，電力系統を安定で（停電が少なく），経済的に計画・運用するために用いられる．ここでは，個別機器を詳細に解析する手法ではなく，電力系統全体の振る舞いを解析する手法について述べる．

A．解析手法の概要
電力系統の解析には，停電事故を防ぐために必須で電力系統の安定性（⇒p.4, p.184）を定める，熱容量（潮流計算），**安定度**（power system stability），**電圧安定性**（voltage stability, ⇒p.227），周波数変動に関する解析，的確に保護するための短絡電流や過電圧の解析，これらに影響を及ぼす制御系の設計，および発電の燃料費などを最小化する最適経済運用に関する解析がある．

これらの解析では，一般に，交流系統の電圧や電流は，その大きさと位相を表す複素数で表現される．これを実効値解析と総称する．これに対し，電圧や電流をその波形のままで解析する場合があり，これを瞬時値解析と称する．これらの解析手法は対象とする現象の時間領域によって使い分けられるが，大規模系統の解析では計算機負荷の面から実効値解析が用いられる．

実効値解析には，時間領域でのシミュレーション解析と，固有値解析のように安定性の指標などを直接求める解析とがある．総称としてのシミュレーションには，後者も含まれる場合が多い．また，同期機の動揺方程式を陽には扱わない解析を静的解析，陽に扱う解析を動的解析と称する．

これらの解析においては，計算機能力の向上により，現在では数百機の発電機を含んだ1万次元を超える微分方程式が日常的に解かれるようになっている．しかし，これらの解析結果は，入力したデータ，解析に用いられているモデル，解析手法そのもの（例えば時間領域のシミュレーションでは**数値積分手法**（numerical integration method, ⇒p.148）など）によって異なってくる．したがって，要素機器のモデリングや入力データの意味を十分に理解しておく必要がある．また，きわめて多数のデータを取り扱う場合には，**データベース**（database）を整備し，データの信頼性を積み上げていくことも重要である．

B．解析のモデル
（1）発電機とその制御系　発電機には同期機が中小容量機から大容量機まで広く使われており，これらが電力系統の安定性を支配する．このモデルとしては，d-q軸モデルが用いられ，d軸に界磁巻線とダンパ1巻線，q軸にダンパ1ないし2巻線のモデルがよく使用される．飽和は通常無視されるが，過電圧や過励磁が問題になる場合には考慮が必要である．

安定度へは励磁系の影響が大きいので，詳細なモデリングが必要である．周波数変動を伴う解析では，原動機やガバナおよびその運転方式が重要となる．ただし，解析目的によっては，これらのモデルを簡略化して解析効率を上げることもよく行われる．例えば，周波数変動解析では，発電機は出力特性に応じて数台にまとめられる．

（2）分散電源　基幹系統の解析では，太陽光発電や風力発電などの極小容量の分散電源（⇒p.124）は，多数台をまとめて負荷から差し引き，負荷のみとして表現することが多い．しかし，負荷と分散電源の特性は，特に（瞬時）電圧低下時に大きく異なってくるため，分散電源はある程度まとめても，負荷とは分離して表現すべきである．

（3）送変電機器　送変電に関わる送配電線，変圧器，調相設備は，安定度解析とそれ以上の時間領域の解析では，集中定数系のモデルで表現できる．特に送配電線では，誤差が比較的小さいπ形等価回路が，広く用いられている．

（4）パワーエレクトロニクス機器　大容量の直流送電に広く採用されている他励式直流送電，無効電力も自由に制御できて中容量までの直流送電に採用されつつある自励式直流送電，電力系統の潮流調整などの自由度を拡大するFACTS（Flexible AC Transmission System）機器がある．実効値解析では，これらの機器内のきわめて速い動作を適切に表現する必要がある．

（5）負荷　基幹系統の解析では，個々の負荷の容量は小さいので，変電所の2次側でまとめて表現する．まとめた負荷は電圧と周波数の代数的な関数で表現するのが一般的である（静的特性）．動的な特性を無視できない場合は，静的特性に動的な特性を付加するか，誘導機として別に表現する．なお，負荷にも瞬時電圧低下によって脱落する特性が見られ，この影響が大きい場合には考慮する必要がある．

参考文献
1) 安定度総合解析システム開発グループ：大規模電力系統の安定度総合解析システム，電力中央研究所，総合報告 T14 (1990)
2) 電気学会 編：電気工学ハンドブック，第6版, 24編, 電気学会 (2001)
3) 谷口治人 編著：電力システム解析―モデリングとシミュレーション解析―，電気学会B部門誌, Vol.130, No.8, pp.715–718 (2010)

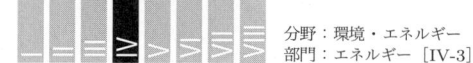

分野：環境・エネルギー
部門：エネルギー　[IV-3]

電力系統制御・シミュレータ
[英] power system control, simulator

電力系統制御には，時々刻々変化する電力需要に合わせて発電電力を制御する需給制御，系統事故発生時に送電ルートを切り替えて停電を防止する系統制御などがある．電力系統制御に必要になるおもな系統解析技術（⇒p.226）を以下に示す．また，系統解析技術の用途とおもな適用先を表に示す．

潮流計算　電力系統内各部の電圧および潮流の定常的な分布を計算する．送電設備の過負荷や電圧無効電力バランスの検討などに使用する．

安定度計算　電力系統に事故や送電線遮断などの擾乱が加わったときに，各発電機が同期を保ち，安定運転を継続できるか否かを計算する．

電圧安定性計算　電力系統に急激な負荷の増加や系統故障などの大擾乱が加わったときに，系統各部の電圧を適正かつ安定に維持できるか否かを計算する．

周波数応動計算　系統周波数が大幅に変動した際に適切な措置がとられないと，電源が次々と脱落して事故が拡大する恐れがあるため，電源脱落等による系統周波数の変動を計算する．

最適潮流計算　燃料費や送電損失などを最小化する潮流状態を計算する．

	用　途	おもな適用先
A	解析，検証，試験	系統解析シミュレータ
B	運用，制御，計画	中央給電指令所システム
C	教育，訓練	訓練シミュレータ

A．系統解析シミュレータ

系統計画，新規設備の導入による影響の検討，既設系統での事故・不具合発生時の現象解明，系統制御装置の試験などのために，電力系統で発生する現象を模擬し，結果を分析する系統解析シミュレータが使用されている．以下に系統解析シミュレータの適用範囲を示す．

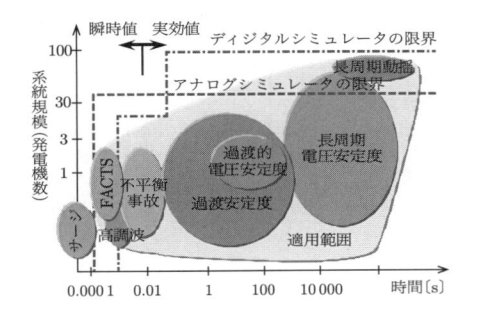

（1）**アナログシミュレータ**　電力系統の各構成要素（発電機，変圧器，送電線，負荷など）の縮小モデルを組み合わせた模擬装置で，各構成要素の容量および電圧をスケールダウンし，実現象に近い現象を実験室などで再現できるようにしたものである．発電機については，回転体のメンテナンスの煩雑さなどの理由から，発電機部分のみを計算機で模擬したものもある．大規模系統を構成するには膨大なコストがかかるため，おもに縮約系統での検証に用いられる．

（2）**ディジタルシミュレータ**　ディジタルシミュレータは，電力系統の各構成要素を数式で表し，ディジタル計算機で数値計算することにより，電力系統の挙動を模擬するものである．複数のCPUによる並列処理などにより実現象と同じタイムスケールで現象を再現可能としたものを**リアルタイムシミュレータ**（real-time simulator）と呼び，入出力用のインタフェースを介して実機と組み合わせてシミュレーションをすることも可能である．アナログシミュレータよりも容易に大規模な解析モデルを取り扱うことができる．

一方，通常のパソコンなどでノンリアルタイムに解析を行うものを解析プログラムと呼び，大規模系統の数秒から数時間にわたる現象を対象とした実効値プログラムと，数μ秒から数十秒の現象を対象とした，瞬時値プログラムとがある．実効値プログラムはおもに潮流計算や安定度計算などに用いられ，瞬時値プログラムはサージ現象（⇒p.47）やパワエレ機器（⇒p.226）の検討などに用いられる．

B．中央給電指令所システム

中央給電指令所システムは，高品質の電力を安定して供給するために，電力の安定供給と経済運用を支援するシステムである．翌日の電力需要を予測し，経済的な発電機の運転計画，系統事故発生時の影響評価などを行う．

C．訓練シミュレータ

訓練シミュレータは，電力系統における平常時の運用手順の理解から，種々の事故発生時の運用手順や復旧手順の習得まで，事故発生時においても迅速・的確に対応できる技術・技能を実システムと同じ環境の中で習得するための装置である．電力系統現象をリアルタイム（実際の現象と同じ速度）で模擬し，あらかじめ用意されたシナリオに従って系統事故を発生させ，操作員が事故の拡大防止および復旧の操作を行う（⇒p.75）．

参考文献

1) 電力系統の解析技術, 電気協同研究　第63巻第3号（2007.12）
2) 電力系統の利用を支える解析・運用技術, 電気学会技術報告　第1100号（2007.9）

分野：共通基礎
部門：数学基礎 [I-1]

統計
[英] statistics

統計学はデータからその裡に潜む真実を探るための学問の一つであり，データの解析のために，数値計算，数値解析が必須となる．このとき，計算の精度に留意する必要がある．特に関係している方法として，線形代数の数値的方法，非線形最適化と数値微分，数値積分とモンテカルロ法などがある．以下では，まず計算の精度について述べ，次にそれら三つの方法について述べる．

A．計算の精度

ディジタルコンピュータでの計算が有限桁である関係から桁落ちに気をつける必要がある．米国の NIST (National Institute of Standards and Technology) は，統計ソフトウェアの計算精度を高めるために，見本データを集めたページ[1]を作成している．分散分析の例では，いくつかの有名な表計算ソフトウェアや統計解析ソフトウェアが誤った解を与えている．データを x_i $(i=1,\cdots,n)$ とするとき，分散を次式で計算しているために桁落ちが起こっていることが理由である．

$$v^2 = \frac{\sum_{i=1}^n x_i^2}{n} - \left(\frac{\sum_{i=1}^n x_i}{n}\right)^2$$

分散を計算するためには，偏差（データと平均値の差）の2乗の和（変動）をデータ数で割る計算をするほうが桁落ちは起きにくい．

B．線形代数の数値的方法

統計的データ解析で最も使われる手法に**重回帰分析** (multiple liner regression analysis) がある．目的変数の列ベクトルを $\mathbf{y}$，説明変数からなるデザイン行列を $\mathbf{X}$（行数はデータ数 n であり，列数は説明変数の個数 k に切片を加えた $k+1$），パラメータの列ベクトルを $\mathbf{b}$ とするとき，解く必要がある連立方程式は

$$\mathbf{X}'\mathbf{X}\mathbf{b} = \mathbf{X}'\mathbf{y}$$

である．連立方程式を数値的に解くためには，左辺の行列の LU 分解（下三角行列 $\mathbf{L}$ と上三角行列 $\mathbf{U}$ の積に分解）を用いる．上記の正規方程式左辺の行列は実対称行列となるので，コレスキー法（$\mathbf{U}$ が $\mathbf{L}$ の転置となる）により解くことができる．数値的には等価であるが，逆行列を求めることにより，$(\mathbf{X}'\mathbf{X})^{-1}\mathbf{X}'\mathbf{y}$ が係数の推定値となる．説明変数の間の相関が大きい場合は，逆行列を安定して推定できないことがあり，一般化逆行列を用いたほうがよい．

主成分分析 (principal component analysis)

もよく使われる．これは，ケース＆バリアブル型のデータ（ある特定の対象（ケース）ごとに測定された複数のデータ（バリアブル）を表形式で表したデータ）において，分散を最大にするように変数の線形結合の係数を決め，できる限り少ない指標でケースごとの違いを説明するための方法である．数値計算的にはデータ間の相関係数から作成される相関行列の固有値・固有ベクトルを求める問題となる．相関行列は実対称行列であるので，QR 分解を利用して実対称三重対角行列に変換することにより，簡単に固有値を求めることができる．

C．非線形最適化と数値微分

統計学においては，なんらかの目的関数を最大（あるいは最小）にするような計算を行うことが多い．尤度を最大にするパラメータを推定する最尤法はその一つである．尤度方程式の解を解析的に求めることができる場合もあるが，多くの場合は，数値的手法を用いる必要がある．1次偏微分，ヘシアン（2次編微分からなる行列）ともに解析的に計算できる場合はニュートン法を用いればよい．しかし，多くの場合，ヘシアンを解析的に求めることは難しく，ダビドン・フレッチャー・パウエル法などのヘシアンの計算に，解析的手法を用いない準ニュートン法を用いる必要がある．

D．数値積分とモンテカルロ法

統計学では定積分の計算が必要になることも多い．関数を三角関数でフーリエ級数展開するためには，フーリエ係数を求める必要がある．高速な演算法として FFT が提案されている．最近はベイズ統計学が主流になっており，MCMC 法 (Markov chain Monte Carlo method) がよく使われている．尤度を数値積分法により近似的に計算するのではなく，マルコフ連鎖サンプリングを用いてモンテカルロ積分を行っている．また，複雑な状態空間モデルでの状態推定に用いられる粒子フィルタにおいても，確率分布を近似する乱数列を発生させることにより，積分計算を行っている．

参考文献

1) http://www.itl.nist.gov/div898/strd/
2) 田村義保 訳：技術者のための高等数学5 －数値解析（原書第8版），培風館 (2003)
3) 小柳義夫 監訳：計算物理学（基礎編），朝倉書店 (2001)

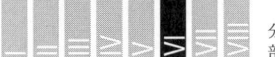

分野：人間・社会
部門：学習・教育 [VI-6]

統計教育シミュレーションツール
[英] simulation tool for statistics education

統計教育におけるシミュレーションツールとしては，おもにデータのばらつきと確率分布への理解や，標本分布に基づく推測理論の概念的理解を促すものが多く開発され利用されている。

統計教育自体は，情報化社会の需要を受けて1990年代以降から国際的に拡充されており，初等中等・高等教育から社会人教育に至るまでのすべてのレベルで実施されている。特に，統計分析ソフトウェアの普及により，計算アルゴリズムの習得が統計分析を実践する上で大きな意味を持たなくなった現在，教育の重点は，現実の不確実性を確率モデルで記述して推測するための一連の思考力の育成に置かれており，そのための概念理解に教育用シミュレーションツールは有効であるとして，各国のガイドラインで推奨されている。

シミュレーションツールには，A. データのばらつきと記述統計，B. 確率分布とパラメータ，C. 標本分布と推測統計，D. 確率とゲームなどがある。

A. データのばらつきと記述統計

データのばらつきを**分布**（distribution）として記述するヒストグラムや箱ひげ図などのグラフや基本統計量に関するツールで，データとの関係をダイナミックに見せ，分布や統計量の持つ意味が考察できるように設計されている。

下図は，データの密度とヒストグラムの高さおよび箱ひげ図の箱との関係をシミュレーションで視覚化したツールである（口絵26）。

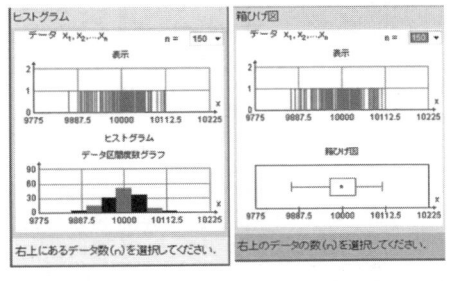

そのほかにも，データのばらつき方を変えて平均値と中央値の位置関係の変化を同時に見るツールや，ヒストグラムの形状と階級幅の関係をシミュレートするツールなどがある。

B. 確率分布とパラメータ

現実のデータのばらつきを確率分布でモデル化する推測統計を理解するためには，まず諸種の確率分布（probability distribution）の形状とそれを規定するパラメータの関係を知る必要がある。そのため，正規分布，二項分布，ポアソン分布，χ^2分布など，代表的な分布を示すツールが用意されている。下図上段は，正規分布と2変量正規分布の形状の変化を，スライダーでパラメータの値を変えることで視覚化できるツールである。下段は，二項分布の正規近似をスライダーでダイナミックに確認できるツールを示している（口絵26）。

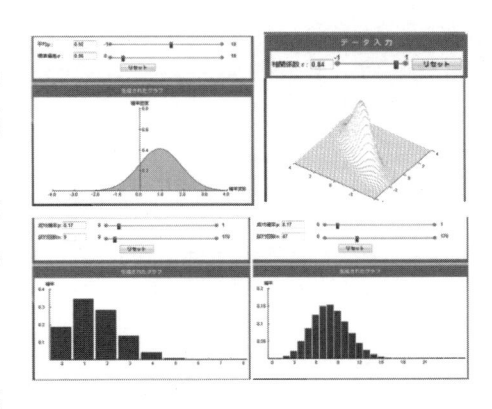

C. 標本分布と推測統計

分布の理解は，実際のデータの分布（ヒストグラム等で記述する経験分布）から，対象を母集団に一般化したもとでの確率分布，確率分布から標本の無作為抽出を繰り返した際の標本統計量の分布，すなわち**標本分布**（sampling distribution）へと進んでいく。特に標本分布は，理論だけで学習者が実感を持って納得することは難しいが，標本平均の標本分布を扱う中心極限定理や，信頼区間の標本分布を信頼度との関係で示すシミュレーションツールは，この学習に有効である。

D. 確率とゲーム

コイン投げやサイコロ実験などをシミュレートし，大数の法則と確率の概念を学習するツールや，近年では，モンティホールなどゲームを通じたシミュレーションで，統計教育を支援するツールがある。

参考文献
1) 理科ねっとわーく：科学の道具箱－確率・統計実験室，http://rikanet2.jst.go.jp/contents/cp0530/start.html
2) Rice Virtual Lab in Statistics, http://onlinestatbook.com/rvls.html

分野：機械
部門：機械力学・計測制御・生産システム ［III-3］

統計的エネルギー解析法
［英］statistical energy analysis; SEA

対象とする振動音響系（system）を**要素**（subsystem）に分割し、要素が有する振動エネルギーあるいは音響エネルギーを変数にして要素間のパワー平衡に注目し、要素間のエネルギー伝達を推定する解析法である。

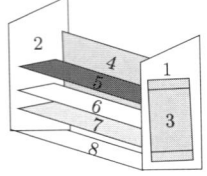

(a) 試供構造物　　(b) 主要構造

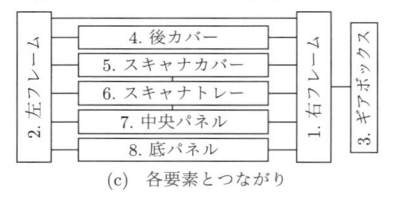

2. 左フレーム	4. 後カバー	1. 右フレーム	3. ギアボックス
	5. スキャナカバー		
	6. スキャナトレー		
	7. 中央パネル		
	8. 底パネル		

(c) 各要素とつながり

A. SEA の解析手順
（1） 要素分割　　振動騒音が問題となる対象系を複数の要素の集合体と考える。要素は構造（振動）要素と音響要素に大別される。構造要素は振動の種類（縦振動、ねじり振動や曲げ振動）ごとに要素と考える。例えば、2 枚の板で構成されている対象系において、板の曲げ振動だけを考えるときには 2 要素、3 種の振動を考慮する場合には 6 要素となる。音響要素はつながっている空間に対して適宜要素として分ける。

（2） SEA 基礎式（SEA モデル）　　r 個の要素で構成される対象系の SEA 基礎式は、周波数領域において以下で表される。

$$\begin{bmatrix} P_1 \\ P_2 \\ \vdots \\ P_r \end{bmatrix} = \omega \begin{bmatrix} \eta_1 + \sum_{i \neq 1}^{r} \eta_{1i} & -\eta_{21} & \cdots & -\eta_{r1} \\ -\eta_{12} & \ddots & & \vdots \\ \vdots & & \ddots & \\ -\eta_{1r} & \cdots & \cdots & \eta_r + \sum_{i \neq r}^{r} \eta_{ri} \end{bmatrix} \begin{bmatrix} E_1 \\ E_2 \\ \vdots \\ E_r \end{bmatrix}$$

ここで、P_i は系外から要素 i への入力パワー、ω は解析角周波数、E_i は要素 i の要素エネルギー、η_i は要素 i の減衰を表す**内部損失率**（internal loss factor; **ILF** または damping loss factor; **DLF**）、η_{ij} は要素 i から j へのエネルギーの伝わりやすさを表す**結合損失率**（coupling loss factor; **CLF**）である。ILF と CLF を評価することを SEA モデルの構築という。

（3） SEA 解析　　SEA モデルが構築できれば、以下の解析などが可能となる。

- 要素エネルギーの予測
- 要素間の要素エネルギーの伝搬経路の把握
- 入力寄与度解析
- 構造変更シミュレーション

B. SEA モデルの構築法
ILF と CLF の評価には、波動理論などに基づく解析解を用いる解析 SEA や、実験データを用いる実験 SEA、また、FEM を用いるものなどがある。解析 SEA は机上設計に、実験 SEA は対策検討に有用である。

（1） 解析 SEA　　ILF の予測は困難であるため、実験データベースを利用する。CLF は、例えば曲げ振動の板要素同士が結合長さ L_{ij} で結合されているときには、次式より評価する。

$$\eta_{ij} = \frac{c_{gi} L_{ij}}{\pi \omega S_i} \tau_{ij} = \frac{L_{ij}}{\pi^2 c_{gi} n_i} \tau_{ij}$$

ここで、τ_{ij} は要素 i から j への透過率、c_{gi}, S_i, n_i はそれぞれ要素 i の曲げ波群速度、表面積、**モード密度**（modal density; 角周波数当りのモード数）であり、要素形状や境界条件の情報は含まない。

（2） 実験 SEA　　対象系が既存の場合、加振実験で入力パワーと要素エネルギーを計測することにより、ILF と CLF を評価する。実験 SEA を用いた固体音低減プロセスは実用に供されている。

（3） FEM を用いた SEA　　FEM による強制振動解析結果を実験データとする数値的な実験 SEA など、種々の方法が提案されている。

（4） その他　　上記の各種 SEA を組み合わせた方法も使用されている。

C. 適用分野
(1) 試作が困難な航空宇宙および船舶、建築などの大型構造分野の振動音響予測（解析 SEA）
(2) 自動車の高周波数域における空気伝搬音予測（主として解析 SEA だが、実験 SEA と組み合わせることも行われている）
(3) 家電製品などの固体音低減対策（実験 SEA）

参考文献
1) R. H. Lyon and R. G. DeJong: *Theory and Application of Statistical Energy Analysis, Second Edition*, RH Lyon Corp (1998)
2) 大野進一，山崎　徹：機械音響工学入門，森北出版 (2010)

分野：共通基礎
部門：数学基礎 [I-1]

統計的学習機械
[英] statistical learning machine

知識の獲得は，仮説演繹法に基づいて通常行われる．仮説を構想し，観測可能な帰結を仮説から演繹し，その帰結を実験データと照合・検証することにより，仮説を確かめるという方法である．しかし，演繹主導のこの方法には，適用上の限界がある．対象が「物」であった近代科学とは異なり，現代社会が取り扱うべき対象は，異なる時間スケールでダイナミックに変化する多様な要素が複雑かつ階層的に結合した自由度を持つシステムであり，実体論的な仮説を容易に想定できるものは少ない．ゲノム研究を例にとっても，候補となる仮説の数は組み合わせ論的に増大し，各仮説の妥当性を検証することは，計算論的にも現実性がないばかりでなく，照合すべきデータ量が不足し，有意な実験的検証を行うことが困難であることが多い．

A. 機械学習の登場

人類が獲得した知識の大部分は，演繹推論によって得られたものではない．われわれはニュートンの運動法則を知らずとも，過去の経験による学習を通した帰納推論によって，身のまわりの物体の運動を直接予測できる．帰納推論を機械によって模倣・代置させる試みは，人工知能（AI）やパターン認識の分野で発展し，1970年代には，データの記号表現およびコンピュータの枚挙・検索能力に強く依存した方法が発展した．1980年代になると，**ニューラルネットワーク**（neural network; NN）や **SVM**（support vector machine）の研究が進み，与えられたデータの集合からその裏に潜む規則性を，規則性に対する強い仮説を媒介しないで捉える**機械学習**（machine learning）の概念が登場した．

B. 学習機械

機械学習は，情報科学および認知科学の研究者によって，SVM，PAC学習などの計算論的学習理論として発展させられてきたが，近年では計算機科学や統計科学の研究者が参入し，HMM，CART，ベイジアンネット，AdaBoost，dPLRMなどさまざまな学習機械（learning machine）が登場して，データマイニング，ロボティクスなどの分野に幅広く適用されている．

C. 学習機械の内部モデル

学習機械は，経験データを良く説明・予測する計算モデルを，内部に作り出す．NNにおいては，シグモイド関数と線形関数の多層的合成関数を内部モデルとし，バックプロパゲーションと呼ばれる反復アルゴリズムを用いて，モデルのパラメータの値をデータから学習させる．SVMにおいては，内部モデルとして，可塑性の高い非線形関数を間接的に構成し，パラメータの値を2次計画（最適化）問題の解として学習する．SVMにおいては，この2次計画問題を直接解かないで，対応する数学的に同値な双対問題を解く．このトリック（kernel trick）により，内部モデルを**カーネル関数**（kernel function）の線形結合によって表現することができ，計算コストが劇的に低減する．カーネル関数の導入は，AI研究のパラダイムの転換点となった．

D. 統計的学習機械

データには確率的変動や誤差がつきものであり，パラメータ値の良否を計る評価関数も一意には決まらない．これに対応するため，統計的学習機械においては，内部モデルを確率（統計）モデルによって表現する．従来の統計学においては，「真のモデル」が特定の数学的形式の中に入っていると想定した上で，パラメータ値の決定のみを問題にするが，統計的学習機械においては，「真のモデル」の形式はまったくわからないという前提のもと，きわめて柔軟で可塑的な内部モデルを用意した上で，経験データを最も良く説明・予測するパラメータ値を学習する．

一般に学習機械においては，学習させすぎると過剰適合になり，学習に用いなかったデータに対する予測力がなくなるという現象がある．これを回避し，汎化性を確保する必要がある．NNでは，バックプロパゲーションの反復回数を人為的に制限することにより汎化性を得ている．統計的学習機械においては，内部モデルとして正則化モデルを事前分布とする**ベイズモデル**（Bayes model）を採用することによって，パラメータ値を決定するための評価関数を内的に導き，人為的な介入を要することなく，汎化性を確保することができる．さらに，特定の正則化モデルを導入すると，カーネル関数が自然に導入され，SVMと同様の計算コストの低減ももたらされる．近年，NNやSVMの統計的学習機械化も図られている．

参考文献

1) T. Hastie, et al.: *The Elements of Statistical Learning*, Springer (2001)
2) 福水健次：カーネル法入門―正定値カーネルによるデータ解析―, 朝倉書店 (2010)
3) 田邊國士：帰納推論機械 PLRM と dPLRM―方法論，モデル，アルゴリズムおよび応用，システム/制御/情報, **51**. 2, pp.87–95 (2007)

統計力学的手法による分子動力学計算
[英] molecular dynamics simulation by advanced statistical methods

ミクロカノニカルでない**分子動力学**（molecular dynamics）の大部分はその基礎が統計力学にある。例えば能勢の方法によるカノニカル分子動力学では，運動方程式は熱浴と呼ばれる仮想的な自由度と結合され，エルゴート性の仮定のもとに，系の長時間平均がカノニカル分布となる。仮想的な自由度と結合している以上，その時間発展は厳密な意味では物理的でない。

そこで，ここでは分子動力学をより統計的な意味で拡張する手法を2種類扱う。この拡張された分子動力学では，ステップに沿った系の発展が物理的な時間に近似的な意味でも対応しているとはいえなくなるが，その代わり，系の統計的な扱いに改善がなされる。

A. マルチカノニカル法

物理的な統計重み $e^{-\beta E}$ を系の状態密度の推定 $\widetilde{W}(E)$ の逆数 $\widetilde{W}(E)^{-1}$ に置き換える手法である。このような物理的な温度と無関係の置き換えをしても，任意に与える逆温度 β での物理量 A の平均値は，**再重み付け**（reweighting）の式

$$\overline{A} = \frac{\sum_i A(X_i)\widetilde{W}(E_i)e^{-\beta E_i}}{\sum_i \widetilde{W}(E_i)e^{-\beta E_i}}$$
$$= \frac{\sum_X A(X)e^{-\beta E(X)}}{\sum_X e^{-\beta E(X)}}$$

によって与えられるので問題はない。ここで，X_i と E_i はステップ i での系の状態とエネルギーである。また，第二の等号は，$A\widetilde{W}(E)e^{-\beta E}$ のステップ平均と統計重み $\widetilde{W}(E)^{-1}$ でのアンサンブル平均が等しいことから，ただちに導かれる。

一方，この統計重みのもとでは，あるエネルギー E の観測確率は $P(E) \propto W(E)\widetilde{W}(E)^{-1} \sim 1$ となる。これは正準分布と異なって，系のエネルギー揺らぎが平均値のまわりに束縛されずに大きくなるということだが，この大きなエネルギー揺らぎは，系が活性化障壁を乗り越えていくのを助けることになる。このため，この手法では，系を平衡化させるため，またはその後平均値を得るために必要なステップ数が短くなると期待でき，これがこの手法の重要な利点となっている。また，この $P(E)$ が一様であることは，同時に先の再重み付けが，任意に与える温度について統計誤差の問題なく機能することを担保するので，計算の実務の観点から見ても，このシミュレーション結果からは幅広い温度の情報を同時に取り出せ，これも重要な利点となっている。

以上の議論は $\widetilde{W}(E)$ が手に入る前提のものであるが，当然，実際には $\widetilde{W}(E)$ の推定をどのように行うかがポイントとなる。この推定にたいへん有効な方法に **Wang-Landau 法**（Wang-Landau method）[1] がある。この方法では，$\widetilde{W}(E)$ はマルチカノニカルシミュレーションの間に，X_i の発展に沿って動的に構築される。

分子動力学法をこのマルチカノニカル法に拡張するには，元のカノニカル分子動力学アルゴリズムが系のエネルギー E から確率分布 $e^{-\beta E}$ を与えるアルゴリズムであり，E が任意でかつ対応する力場が E の粒子位置による微分であることを思い出すと，ある逆温度 β_0 で $E \to \beta_0^{-1} \log \widetilde{W}(E)$ と置き換え，この合成関数の微分として力場を計算し，この力場でカノニカル分子動力学を実施すればよいことがわかる。

B. レプリカ交換法

温度が異なる多数のカノニカル分布の同時分布を考える手法である。単に交換法と呼ばれたり，parallel tempering と呼ばれたりする。この手法では，温度を高温から低温まで離散的にとり，各逆温度 β^m で並列にカノニカルシミュレーション X_i^m を動かしつつも，二つの逆温度 β^m と β^n の間でボルツマン重みの同時確率 $e^{-(\beta^m E_i^m + \beta^n E_i^n)}$ が定める詳細つり合いに注意して，状態 X_i の交換を確率的に行う。メトロポリスの判定条件による具体的な交換の成功確率は

$$\min\{1, \exp[-(\beta^m - \beta^n)(E_i^n - E_i^m)]\}$$

である。

この交換は，状態 X_i を交換の前後で追跡する立場から見ると，温度の交換を行っていることになり，すなわちシミュレーションの経過とともに温度が動的に変化していくことになる。一方，各逆温度 β^m ごとに統計平均をとれば，それぞれの温度での物理量が得られる。

この手法では，系に設定される温度が高温と低温の間で揺らぐため，マルチカノニカル法と同様に，状態 X のエネルギー揺らぎが正準分布に束縛されずに大きくなる。このため，同様な計算上の加速効果が期待できる。一方でマルチカノニカル法と異なる点は，1次転移する温度をまたがると交換が成功する確率が小さくなるという困難があること，その一方で，使う統計重みの推定が不要であるという利点と，レプリカの自由度を使って平易にプログラムを並列化できる利点があることである。

参考文献
1) F. Wang and D. P. Landau: *Phys. Rev. Lett.*, **86**, 10, 2050 (2001)

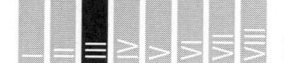

分野：機械
部門：材料力学・機械材料・材料加工 [III-1]

動的応答
[英] dynamic response

A. 動的応答の概要

構造物の解析において，荷重や変位などの入力が時間変化し，慣性力の影響が十分に大きい場合には，動的応答解析が必要になる。一般に，動的応答解析は，時間領域で計算を行う**時刻歴応答解析**（transient response analysis）と，周波数領域で計算を行う**固有振動解析**（eigen frequency analysis）に分けることができる。また，時刻歴応答解析においては，比較的ゆっくりとした現象をそれぞれの時刻における力のつり合いを考えながら解く陰解法と，非常に高速な現象に対してつり合い方程式を解くことなく解を求める陽解法に分けることができる。

B. 動的応答の基礎式

有限要素法による動的応答解析の基礎方程式は，以下のように書くことができる。

$$K\mathbf{u} + C\dot{\mathbf{u}} + M\ddot{\mathbf{u}} = \mathbf{f}$$

ただし，$\mathbf{u}$ は節点の変位ベクトルで，$\mathbf{f}$ は節点荷重ベクトル，K は剛性マトリクス，C は減衰マトリクス，M は質量マトリクスである。これを初期条件に対して時間積分をすることにより，時刻歴応答を計算することができる。

また，この式において，減衰の項と外荷重の項を無視し，K が変位に依存しない（すなわち線形である）と考えると，変位を周波数 ω，変形の形状 $\mathbf{u}_0$ の単振動として

$$K\mathbf{u}_0 = \omega^2 M\mathbf{u}_0$$

という一般化固有値問題と考えることができる。これに対し，固有値，固有ベクトルを求めることにより，固有振動解析を行うことができる。

C. 固有振動解析

上記の固有値問題を解いて得られる ω を固有振動数と呼び，$\mathbf{u}_0$ を固有振動モードと呼ぶ。これらはその構造物の典型的な振動の周波数と形状を表している。異なる固有振動数に対する固有振動モード同士は，たがいに K と M を介して直交するという性質がある。

$$\mathbf{u}_i^T K \mathbf{u}_j = 0 \quad (i \neq j)$$
$$\mathbf{u}_i^T M \mathbf{u}_j = 0 \quad (i \neq j)$$

また，構造解析が線形の場合には，変位をこの固有振動モードの線形の重ね合わせと考えることにより，固有モードの直交性からそれぞれのモードを独立（非連成）と考えることができる。これにより，時刻歴応答解析における自由度を大幅に減らすことができる。

また，実際の構造物に対して打撃を与えるなどの加振実験を行い，それによって測定された応答を用いて固有振動数，モード減衰比，固有振動モードなどを求める方法を，**実験モード解析**（experimental modal analysis）と呼ぶ。

D. 陰解法

前述の時間微分を含んだ基礎方程式を時間積分によって解く際に，時間 t における変位などの状態量が与えられたとき，時間 $t+\Delta t$ における状態量の計算において，剛性マトリクスに対する方程式を解くような時間の離散化を行う方法を，**陰解法**（implicit method）陰解法と呼ぶ。剛性方程式が非線形の場合には，反復計算により不つり合い力を収束させる必要があり，時間ステップ当りの計算量は陽解法に比べはるかに大きいが，時間積分の際の時間の刻み幅に制限がないため，陽解法より大きい時間刻み幅を用いることができる。

数値積分にはニューマークの β 法などが使われる。比較的ゆっくりとした現象に対して精度良くきちんと解く手法として，古くから使われている。

E. 陽解法

時間微分を含んだ基礎方程式を時間積分する際に，時間 $t+\Delta t$ における状態量の計算を，剛性マトリクスに対する方程式を解かずに計算する方法を，**陽解法**（explicit method）と呼ぶ。集中質量マトリクスなどにより質量マトリクスを対角化すれば，連立方程式をまったく解くことなく，つぎの時間ステップの状態量を計算できるため，非常に高速に計算できる反面，時間ステップのとり方に制限がある。すなわち，その材料中の弾性波が1要素内を進む時間よりも時間ステップを小さくとらないと，解析の安定性が失われるという性質がある。これはクーラン条件と呼ばれる。そのため，一般に非常に小さい時間ステップが必要であり，例えば有限要素メッシュの一部に小さな要素が存在すると，その要素により時間ステップがさらに小さくなり，解析に膨大な時間がかかるという問題も発生する。

時間積分にはおもに前進オイラー法が用いられる。歴史的には80年代以降に使われ始めた比較的新しい手法であるが，特に，衝突や衝撃問題など，短時間で大きな変形が生じるような問題に有効である。

参考文献
1) 近藤恭平：工学基礎 振動論，培風館 (1993)
2) 藤田勝久：振動工学－振動の基礎から実用解析入門まで，森北出版 (2005)

動的システム評価
[英] dynamic system analysis

A. 動的システムとは
工学システムを構成する機器の故障，修理，制御，運転員操作などがシステム力学に影響を与え，システムの動作成功基準が変化するものを，動的システムという。特に運転員が関与した人間－機械系は必然的に動的システムとなる。

フォールトツリー解析（fault tree analysis）では動的システムの信頼性評価は困難である。そこで，種々の手法が動的システム解析に対して提案されている。

これらの解析手法の能力を検定する標準的な問題として，下図に示すホールドアップタンク[1]が提案されている。

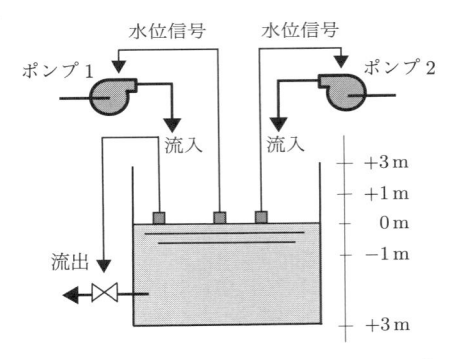

最初の水位は0 mの位置にあり，ポンプのON/OFFとバルブの開閉により，水位を±1 mの範囲に保つ。機器の故障（ポンプの停止/連続動作，バルブの開/閉固着，センサーの故障など）を考慮したときの，時間経過に伴う溢れ/枯渇状態の発生確率を求めることが課題である。

B. 動的システム信頼性解析手法[2]
（1）**動的フローグラフ手法（DFM）** 機器とプロセスパラメータの間の因果関係や時間的タイミングなどを，事前に用意された記号を用いて図形式で表現する。図に付随して決定表を用意しておく。**DFM**（dynamic flowgraph methodology）は航空や原子力の安全解析において使用されている。

（2）**確率的ペトリネット** ペトリネット（Petri net）はトークンとプレースを用いてシステム構造を表現して，シミュレーションにより動作状況を再現し，可能なシステム状態を調べることができる手法である。確率的ペトリネットは，これを確率過程に拡張し，信頼性解析に応用したものである。

（3）**GO-FLOW手法**[3] 成功確率を追うシステム信頼性解析手法であり，システム構造をチャート形式に表現する。その際，動的な挙動も標準記号を用いて表現でき，チャート情報をもとに自動的に信頼性評価が実行される枠組みとなっている。

（4）**DYLAM** プロセスの熱流動解析と故障などの確率過程を組み合わせて，実現可能なシステム状態を自動的にすべて調べ上げ，その発生確率も算出する。原子力分野での応用に使用されている。

（5）**CCMT** プロセス制御系の信頼性解析における離散マルコフ解析を拡張した方法である。システム状態をセルと呼ばれる離散状態に割り当て，動的なシステム状態変化を考慮した信頼性評価を可能としている。

C. シミュレーションによるシステム評価
「信頼性評価」（p.159）で紹介した**モンテカルロシミュレーション**（Monte Carlo simulation）により，動的システムの評価も可能である。ただし，短い時間間隔で区切られた多数の離散時間間隔を設定し，区間ごとに故障発生，状態遷移を乱数を用いて判断する。ある時刻におけるシステム状態は過去の事象の積算となっている。動的システムで現れる複数のシステム状態の定義，およびそれらの間の遷移条件も，解析モデルに組み込んでおく必要がある。

参考文献
1) T. Aldemir: "Computer-assisted Markov failure modeling of process control systems", IEEE Trans. Reliability, R-36, pp.133–144 (1987)

2) P. E. Labeau, C. Smidts, and S. Swaminathan: "Dynamic reliability: towards an integrated platform for probabilistic risk assessment", Reliability Engineering and System Safety, Vol.68, pp.219–254 (2000)

3) Takeshi Matsuoka: "GO-FLOW Methodology — Basic concept and integrated analysis framework for its applications", International Journal of Nuclear Safety and Simulation, Vol. 1, No.3, pp.198–206 (2010)

分野：環境・エネルギー
部門：エネルギー ［IV-3］

都市ガス供給
［英］city gas supply

首都圏のライフラインの一部を担う大規模都市ガス会社では，高圧・中圧・低圧の導管を利用し，下図に示す方式でガスを顧客に供給している。

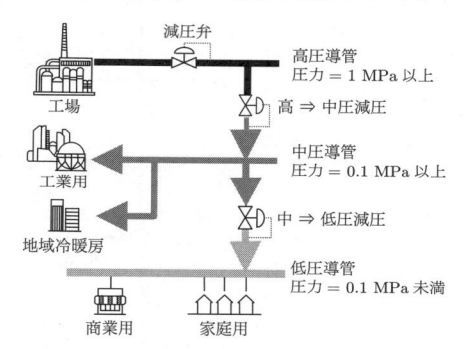

減圧弁
高圧導管　圧力＝1 MPa 以上
工場
高⇒中圧減圧
中圧導管　圧力＝0.1 MPa 以上
工業用
中⇒低圧減圧
地域冷暖房
低圧導管　圧力＝0.1 MPa 未満
商業用　家庭用

ガスを安定的に供給するために，あらゆる場面でシミュレーション技術が活用されている。中・低圧の導管では，日常頻繁に実施されるガス管工事に際して，導管網のシミュレーションを実施することにより，顧客にガスの供給不良が生じないかをつねに事前確認している。高圧の幹線網では，設計圧力の異なる幹線導管があるため，圧力制御を行う必要があり，動的なシミュレーション（⇒ p.234）によって高圧導管全体の圧力制御性および**流量制御性**（flow control）を確認している。

A．高圧導管圧力制御シミュレーション
（1）**モデル**　下図にシミュレーションモデルを示す。

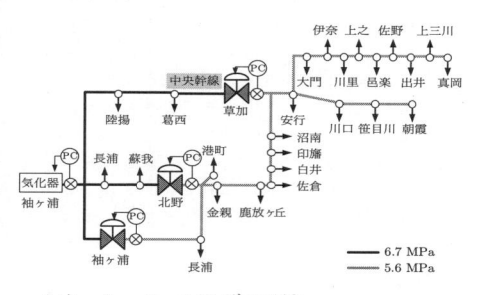

中央幹線
伊奈　上之　佐野　上三川
大門　川里　邑楽　出井　真岡
陸揚　葛西　草加
安行　沼南　川口　笹目川　朝霞
長浦　蘇我　港町　印旛
気化器　白井
袖ヶ浦　北野　佐倉
金親　鹿放ヶ丘
袖ヶ浦　長浦
― 6.7 MPa
― 5.6 MPa

シミュレーションモデルでは

- 制御パラメータ
- 減圧弁の制御圧力設定値
- 各減圧設備の需要

を入力して，分布定数モデルの非定常解析を行い

- 各拠点の圧力
- 弁開度
- 各幹線の通過流量

を出力する。

（2）**有効性確認**　下図に示すように，シミュレーションによる解析結果と実測結果を比較することにより，シミュレーションに使用した各種パラメータの妥当性を確認し，次回の解析時に参考にすることができる。また，あらかじめシミュレーションにより制御パラメータの最適化を検討することで，膨大な時間のかかる実環境における制御性確認テストを大幅に削減することができる。

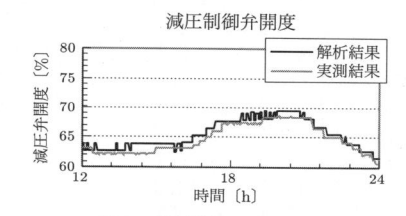

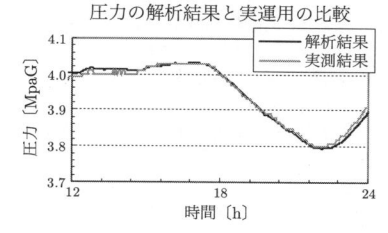

減圧制御弁開度
― 解析結果
― 実測結果
減圧弁開度 [%]
時間 [h]

圧力の解析結果と実運用の比較
― 解析結果
― 実測結果
圧力 [MpaG]
時間 [h]

B．緊急車両配置シミュレーション
直接都市ガスの挙動に関わるもの以外にも，シミュレーションが利用されている。ガス漏洩通報は，非常に広域でランダムに発生する。これに対して，多数ある緊急車両をどのように配置すれば，トータルとして最短時間で現地に到着できるかをシミュレートし，**最適な車両配置**（optimal arrangement of vehicle）を決定している。

参考文献
1) 計測自動制御学会産業論文集, Vol.8, No. 23, 155/156 (2009)
2) 第51回自動制御連合講演会, 山形大学工学部 (2008.11.22–23)

都市ガス製造
[英] city gas production

都市ガスの主原料は，海外から輸入している**LNG**（liquefied natural gas；液化天然ガス）が大部分を占めている．都市ガス製造においては，LNG基地の基本設計からオペレーションに至るまで，幅広くシミュレーションが行われている．

A．LNG基地の設計

LNG基地の建設では，設置される設備のスペックを決めるのにあたって，さまざまなシミュレーションが行われる．以下に，エンジニアリングの一環として行われているシミュレーションについて記す．

（1）**LNG基地基本設計** LNG基地は，原料であるLNGの受入，貯蔵，払出，気化，熱量調整，付臭といったプロセスが基本となっている．LNG基地の基本設計を行う際には，各プロセスにおける流量，圧力，温度，熱量，物理状態（固体・液体・気体）をシミュレートして，設備のスペックを決める必要がある．シミュレーションには，市販されている定常プロセスシミュレータを使用している．

（2）**冷排水影響** LNGを原料とする都市ガス製造では，$-162°C$のLNGと海水を熱交換することでガス化するのが一般的である．熱交換後の海水は海に戻されるが，LNGとの熱交換により冷やされた状態で放流されることになる．LNG基地を設計する際には，この冷却海水が周辺海域および海水利用設備に与える影響をシミュレートし，それらに支障が出ないよう，取水口および放流口の配置や形状を設計している．シミュレーションには，市販されている**CFD**（computational fluid dynamics；数値流体力学，⇒p.345）ソフトウェアを使用している．

（3）**LNG基地防災** LNGは，メタンを主成分とする可燃性ガスが液化されて体積が600分の1になったものなので，防災対策が不可欠である．設備に異常事態が起きても火災が発生しないように予防対策を行うとともに，万一の火災発生時における延焼防止・消火対策も施している．それらの防災対策を検討する際に行われるのが，LNG基地防災シミュレーションである．おもに漏洩LNGの蒸発・拡散範囲，輻射熱の温度影響範囲のシミュレーションからなる．これらの結果は，設備レイアウトや能力・サイズに反映される．シミュレーションには，各種解析モデルを取り込んだソフトウェアを使用している．

B．LNG基地の運転

さまざまな要因により，LNG基地のオペレーションには変更が生じる．この変更を検討する際にシミュレーションが行われる．また，オペレータの訓練にシミュレータが使用されている．

（1）**異種LNG混合貯蔵** LNGはその産地により成分に違いがあり，密度が異なる．密度の異なるLNGを同じタンクに入れると，条件によっては2層以上に分離して，外部入熱の蓄熱により短時間に大量のガス（boil off gas；BOG）が発生する**ロールオーバー**（rollover）現象が起こり，最悪の場合タンクを破損する恐れがある．そのため，混合貯蔵を行う場合には，シミュレーションを行って受入方法の事前検討を行う．シミュレーションには，市販されているCFDソフトウェアを使用している．

（2）**運転訓練シミュレータ** LNG基地においても制御用計算機による運転の自動化がなされている．しかし，想定外の機器の故障や工事への対応など，オペレータによる判断・操作は必要であり，高度に訓練されたオペレータはLNG基地の信頼性向上に不可欠である．そのようなオペレータを育成するには訓練が必要であるが，自動化が進んだLNG基地では，手動操作の機会が少ない．そこで，運転訓練シミュレータを活用している．シミュレータには，市販の動的シミュレータをベースにして構築した，運転訓練シミュレータを使用している（⇒p.75）．

C．LNG基地の保守

（1）**プロセス改善** 設備改造やプロセス改善を行う際，最適なパラメータや設定値を求めるために，流量，圧力，温度，熱量などの変動をシミュレーションにより確認する．シミュレーションには，運転訓練シミュレータのベースとなっている市販の動的シミュレータを使用している．

（2）**ポンプ故障診断** LNG基地ではLNGの昇圧にポンプを使用している．運転時間に応じた保守に加えて，振動を観測することにより故障時期を予測し，故障前に計画的に整備している．

参考文献
1）小山和夫：CFDによるLNGタンクの異種LNG混合受入シミュレーション―更なる安全性向上をめざして―，シミュレーション，**26**, 4, pp. 191–197 (2007)

都市ガス利用機器
[英] gas appliance

都市ガス利用機器には，家庭用から業務用，産業用まで多くの種類がある．これまでは，都市ガスを燃焼させることにより発生する熱エネルギーを用いる機器が多かったが，都市ガスを燃料として原動機を動かしてヒートポンプエアコンとして使用するシステムや，電気エネルギーに変換する**コージェネレーションシステム**（cogeneration system）は，すでに普及段階にある．都市ガスから水素を発生させて家庭用**燃料電池**（fuel cell, ⇒p.258）や燃料電池自動車に用いたり，直接的に電気化学反応により電気を発生させたりする新技術は，市場導入の初期段階，もしくは試験導入段階にある．低炭素社会の実現，環境問題への対処などの観点から，従来機器を含めていっそうの効率化，快適化が求められている．都市ガス利用機器に関連するシミュレーション技術としては，上記を含むきわめて広い対象と技術分野が含まれ，機器の研究開発段階だけでなく，利用段階においてもシミュレーションが活用されている．以下に代表的な事例を示す．

A. 床暖房時の人体温冷感の予測
床暖房された次世代省エネルギー基準住宅内の温熱環境シミュレーションを実施した場合の壁面温度と人体表面温度の分布を下図に示す．建物の断熱・気密性能，暖房方式の違いによる**温熱環境**（thermal environment）や室内投入熱量の相異などが予測されている．

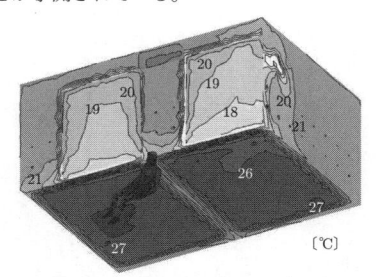

B. 業務用厨房の空調・換気シミュレーション
業務用厨房には，空調・換気用に多数の空気の流入・流出口が取り付けられ，厨房内に複雑な空気流動を引き起こしている．さらに，調理機器からの廃気や熱が加わると，厨房内の熱や空気の移動現象はきわめて複雑になり，厨房の環境改善に向けた実験的対応を難しくしている．シミュレーションは，流れや熱のソースと，形成される環境との因果関係を明確にできるので，きわめて有用である．以下にファミリーレストランの厨房の解析例（表面温度分布）を示す．

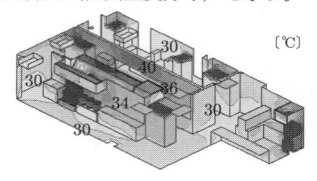

C. ガスエンジンの燃焼シミュレーション
ガスエンジンの開発に際して，燃焼安定化や効率向上，排ガス特性の改善などを目的としたシミュレーションが実施される．高温・高圧の**乱流燃焼**（turbulent combustion, ⇒p.339）を取り扱う高度な解析技術が必要とされる．以下に，副室式ガスエンジンにおける主室内への**火炎伝播**（flame propagation）の様子を示す．空気比などの各種運転条件やピストン形状などの幾何学的条件が燃焼に与える影響が評価される．

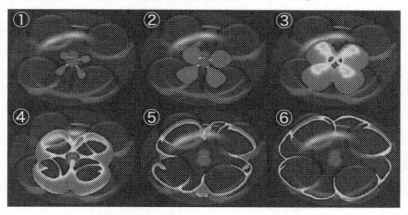

D. 都市熱環境シミュレーション
都市街区では，林立する高層ビルと舗装道路による土地被覆の人工的改変や，空調負荷をまかなうための人工排熱が，いわゆる**ヒートアイランド現象**（heat island effect, ⇒p.238）を引き起こしている．緑化，日射反射塗料，道路保水，潜熱放熱など，種々のヒートアイランド対策の効果を定量的に検討することが，シミュレーションにより可能となる．大手町地区を対象とした解析例（表面温度分布）を以下に示す．

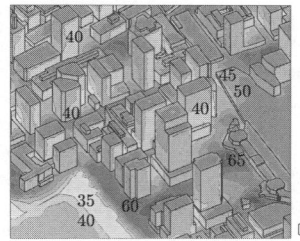

参考文献
1) 大森ほか：空気調和・衛生工学会大会講演論文集, pp.2271–2274 (2010)
2) 大岡ほか：日本建築学会大会学術講演梗概集, pp.915–918 (2008)

都市気候
[英] urban climatology

都市気候とは，都市化によって引き起こされる都市特有の各種気候要素の変化を意味し，具体的には，高温化（＝ヒートアイランド現象），風速低下，相対湿度低下，局所的集中豪雨の増加などが指摘されている。このうち高温化については，都市の中心ほど気温が高く，等温線があたかも等高線のように見えることから，「ヒート（＝熱）アイランド（＝島）現象」と名付けられた。ヒートアイランドは，リューク・ハワードによって19世紀にロンドンで初めて報告されて以来，世界中の都市で確認されている。地球温暖化の影響を除いた都市化による気温上昇量は，東京などの大都市において，この1世紀で約1〜2°である。以下，A. ヒートアイランドの原因，および，B. 都市気候のシミュレーション技術について述べる。

A. ヒートアイランドの原因

ヒートアイランド現象（⇒ p.237）の主因は，(1) **人工廃熱**(anthropogenic heat)の増加，(2) 緑地・裸地の減少に伴う蒸発散の減少，(3) 建物の凹凸による熱の貯留，の三つに大別される。(1) は，暖房・冷房・交通・生産など，われわれが都市生活で消費するエネルギーによる。東京23区を例にとると，人工廃熱は，地表面に到達する太陽光エネルギー（＝日射）の20％程度に相当する。都心の大商業地域で，夏期の冷房使用ピーク時に限れば，地表面に到達する日射を人工廃熱が凌駕する場合もある。(2) は，植物や水分を含んだ土壌面からの蒸発散（＝**潜熱**; latent heat）が減少することにより，地表面の温度が上がり，地表面から大気に伝わる熱（＝**顕熱**; sensible heat）の割合が増加するものである。都市は，同じように蒸発面の少ない砂漠によく例えられるが，夜間の気温に関する限り，砂漠とは正反対である。砂漠では，夜，急激に気温が低下するのに対して，都市では，熱帯夜で実感されるように下がりにくいのが大きな特徴である。その違いの原因は，(3) の建物の凹凸による**熱の貯留**（heat storage）である。同じ素材（例えば，コンクリート）でも，建物の凹凸があると，平面であるのに比べて日射や赤外放射を大気中に逃がしにくくなる。日中，砂漠や平面では，太陽から地表面に届く日射の30〜40％程度を反射して天空に戻す。一方，建物の凹凸は，日射の10数％程度しか反射しない。これは，凹凸面に差し込んだ日射が，凹凸面で何度も多重反射して，天空に逃げにくいためである。このように，建物の凹凸は，日中多くの日射を捉え，壁・屋根・道路の内部に熱を貯め込む。夜間は，砂漠や平面では，**赤外放射**（infrared radiation）を天空に逃がすことによって放射冷却が生じ，表面温度が気温よりも低下する。一方，建物の凹凸があると，赤外放射が凹凸面で多重反射するため，放射冷却が起きにくい。その結果，夜間でも壁や地面の温度が気温より下がらず，夜通し大気を加熱し続けて，熱帯夜を引き起こす。

B. 都市気候のシミュレーション技術

都市気候をコンピュータシミュレーションで再現するためには，通常の気候シミュレーション技術に加えて，(1) 人工廃熱の時空間分布，(2) 都市の凹凸による貯熱効果を考慮する必要がある。(1) については，解析対象とする都市における過去のエネルギー消費実績に基づき，人工廃熱マップを作成する。(2) については，都市キャノピーモデルと呼ばれる都市の凹凸による貯熱変化を簡易的に表現した物理モデルが数多く提案されており，そのいずれかを都市の地表面境界条件として気象モデル（⇒ p.183）に組み込む。(1)，(2) の両者を考慮することにより，とりわけ夜間の気温上昇の再現性が顕著に向上することが知られている。

しかしながら，建物の空間密度や高さといった詳細な幾何形状の違いが都市気候に及ぼす影響については，十分な定量的評価がなされておらず，今後の課題である。そのため，世界中の都市で，タワー観測による熱収支データが蓄積され，また，下図のような屋外都市模型実験施設でメカニズムを解明する試みなどがなされている。

参考文献
1) 日本気象学会 編：気象研究ノート「都市気候と都市気象」(2011)

分野：環境・エネルギー
部門：防災 [IV-2]

土砂災害
[英] sediment disaster

わが国では，土砂災害を防止するための法律が数多く定められている．例えば，警戒避難体制の整備など，ソフト対策を推進するための「土砂災害防止法」や，工事などのハード対策が中心の「砂防法」「地すべり等防止法」「急傾斜地の崩壊による災害の防止に関する法律」（砂防三法）などがある．

平成11年6月に広島地方を襲った土砂災害を契機に「土砂災害警戒区域等における土砂災害防止対策の推進に関する法律」（土砂災害防止法）が制定され，平成13年4月から施行された．その中で，土砂災害は「土石流」「がけ崩れ」「地すべり」の三つに分類されている．これらは運動様式や移動速度などで区分されるが，明確な分類基準はない．**地すべり**（landslide）は，地質構造的特性や力学的要因によって斜面が比較的広範囲に崩壊して移動するもので，その移動速度は緩慢である．また，**斜面崩壊**（slope failure; がけ崩れ）は，急傾斜面において，小規模な範囲で急速に移動するものをいう．**土石流**（debris flow）は，山体を構成する土砂や礫の一部が水と混合し，河床堆積物とともに渓岸を削りながら急速に流下する現象をいう．

A. 地すべり，斜面崩壊（がけ崩れ）に対する数値シミュレーション

斜面の安定性（安全率）を求める手法としては，**極限平衡法**（limit equilibrium method）が用いられている．すべり面の形状を直線と仮定する無限斜面法や，円弧と仮定する円弧すべり面解析（フェレニウス法，ビショップ法），任意の形状のすべり面を対象とする非円弧すべり面解析（ヤンブ法，Morgenstern-Price法など），円弧と非円弧を対象とするスペンサー法などがある．極限平衡法に関する研究は，1920年代から1960年代にわたって行われてきている．1960年代後半以降は，コンピュータの発達に伴い，極限平衡法の精度向上に関する研究が盛んになった．また，1970年代からは，線形弾性モデルや弾粘塑性モデルなどの土の構成式を用いた有限要素法による斜面の変形解析が多くなされるようになった．1980年代においても，有限要素法による斜面の安定解析に関する研究が多くなされ，極限平衡法を用いた3次元安定解析も行われるようになってきた．1990年代からは，降雨時の雨水の浸透を不飽和浸透解析により考慮した斜面の安定性評価シミュレーションが行われ始めた．2000年代以降になると，進行性斜面崩壊などの崩壊挙動を解析するために，粒子法の一種である個別要素法，SPH法（smoothed particle hydrodynamics method, ⇒p.367），Moving Particle Semi-implicit法やParticle-in Cell法などの適用が検討されてきている．以下に，Smoothed Particle Hydrodynamics法による斜面の大規模変形解析の例を示す．

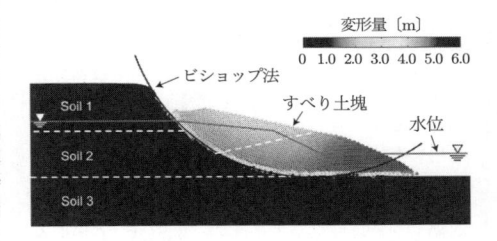

B. 土石流のシミュレーション

土石流のシミュレーションは，1980年代の中頃から盛んに行われている．シミュレーションはおもに，1次元流れや2次元流れなど，数学的な表現法と現象の解像度との関連付けを行うもの，あるいは，1層モデルや2層モデルなど，流れの場の領域区分を行い，これらと現象の解像度との関連を議論するものなどである．土石流の流れは，水の流れと乾燥した土粒子の流れとの中間的な力学に支配されており，その構造は複雑である．そのため，普遍性の高い構成則はいまだ確立されていない．基礎研究においては，解明すべき重要課題は多く残されてはいるものの，土石流の流速，流量，土砂濃度，堆積形状などが計算されることにより，現地における土石流の流れの過程を再現したり，砂防ダムなどの構造物により土石流がどのようにコントロールされるかについて予測をしたりすることができ，これらの成果を，土石流の流下，氾濫・堆積に伴う災害危険度マップの作成など，災害対策に直接つなげるための研究が活発になされてきている．

参考文献
1) 社団法人地盤工学会 編：地盤工学用語辞典，第9章 斜面安定，pp.192–213 (2006)
2) 江頭進治，伊藤隆郭：土石流の数値シミュレーション，日本流体力学会流体力学部門Web会誌，Vol.12, 第2号, pp.33–43 (2004)

分野：環境・エネルギー
部門：都市計画 [IV-4]

土木構造物
[英] concrete structure

土木工学で対象とする構造物は，道路，鉄道，橋梁，港湾，空港，ダムなどの社会基盤施設（infrastructure）であり，これらは建設規模が大きく，自然環境へ与える影響も計り知れない．したがって，建設前にコンピュータを用いて環境負荷を予測するシミュレーションは非常に重要な技術であり，数多くの数値解析的研究が行われている（例えば，土木学会[1]や牛島ら[2]）．また，建設後は長期的な供用が要求され，メンテナンスに関する研究や著書も数多く存在する（例えば宮川[3]）．

土木構造物には，おもにコンクリート構造物と鋼構造物がある．ここでは，常温で流体～固体の挙動を示す特殊な材料である，コンクリート材料を用いた構造物に対するシミュレーション技術について概説する．

コンクリート構造物は，人間と同様，時間の経過とともに成長し老化する．例えば，乳児期がフレッシュコンクリート（まだ固まらないコンクリート），幼児期～少年期が若材齢コンクリート，青年期～高年期が供用時コンクリートに相当するといえる．したがって，それぞれの年齢（材齢）に応じたシミュレーション技術が必要である．

A. 乳児期（フレッシュコンクリート）

コンクリート材料を用いて構造物の形成を行うために，鉄筋が緻密に配置（配筋）された型枠内にフレッシュコンクリート（fresh concrete）を流し込む（打設）．その際に「施工性」や「充填性」などが問題となる．つまり，フレッシュコンクリートの流動性の問題であり，物理的には粘塑性流体の移動・自由境界値問題である．既往の研究で用いられた手法として，粘塑性有限要素法（オイラー型，ラグランジュ型），差分法（⇒p.82），個別要素法（⇒p.295, p.367），フリーメッシュ法，粒子法（⇒p.160）などがある．

B. 幼児期～少年期（若材齢コンクリート）

打設後，コンクリートはセメントの水和反応により硬化現象が進行する．一般的にコンクリートの設計基準強度は，28日圧縮強度をいう．つまり，28日までは十分な保護（養生）を必要とするということである．供用される前の比較的若い材齢のコンクリートを「若材齢コンクリート」と呼び，強度発現や品質確保のために，コンクリートの養生が重要となる．この時期に問題となるのが，水和発熱反応に起因した体積変化，**水和反応**（hydration reaction）に伴う水の消費による自己収縮，不十分な養生条件に起因した乾燥収縮，クリープなどのさまざまな体積変化によるひび割れである．これらのひび割れを予測するためには，水和反応（化学反応モデル）に加え，熱－固体などの連成問題や，コンクリート中の水（細孔溶液）の水和反応による消費や移動などの化学反応の問題と，物質移動などさまざまな物理・化学現象の連成問題を考慮する必要がある．なお，上記の現象は自然環境条件にも大きく影響を受けるため，より複雑な問題となる．

C. 青年期～高年期（供用時コンクリート）

供用時には，構造物の**劣化現象**（deterioration phenomenon; 老化）が問題となる．コンクリート構造物の劣化現象として，**塩害**（salt damage），中性化，アルカリ骨材反応，凍害，化学的浸食，疲労などが挙げられる．劣化予測において考えなければならないのは，劣化現象の正しい理解，使用材料，施工状況などはもちろんのこと，構造物の立地条件や周辺の気象条件である．特に塩害やアルカリ骨材反応は海から飛んでくる塩分や温度，湿度などの影響を強く受けるため，近年では，**数値気象モデル**（numerical weather forecasting model）を用いた塩害評価シミュレーション技術の研究も行われている．さらに，同一構造物においても部位ごとに劣化速度（劣化状況）が異なることから，維持管理を合理的に行うことを目的とした，部位ごとの補修・補強優先順位を決定するためのシミュレーション技術も研究されている．下図は，付着塩分評価のための橋梁まわりの流れ解析（風速ベクトル）の一例である（口絵8）．

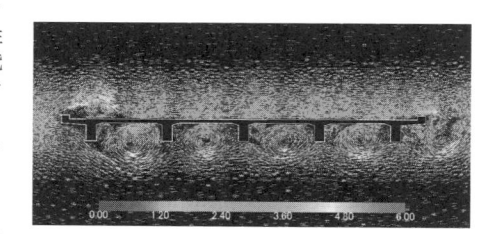

参考文献

1) 土木学会応用力学委員会計算力学小委員会：(国際セミナー) 土木工学における計算力学手法の新展開 (2005)
2) 牛島　省ほか：計算力学の最前線, 土木学会誌, Vol.88, No.8, pp.5-40 (2003)
3) 宮川豊章 監修, 森川英典 編：図説わかるメンテナンス－土木・環境・社会基盤施設の維持管理, 学芸出版 (2010)

分野：可視化
部門：シミュレーション検証のための可視化［VII-6］

トモグラフィックPIV
［英］tomographic particle image velocimetry; tomo PIV

　トモグラフィックPIVは，流体の速度ベクトルを3次元的に計測する方法である．流体中に混入したトレーサ粒子に光シートを照射し，その散乱光を複数台（通常4台）のカメラによって異なる方向から撮影する．下図に光源とカメラの配置例を示す．撮影された粒子画像を計算機上に設けた3次元配列に逆投影し，**乗法代数再構成法**（multiplicative arithmetic reconstruction technique; **MART**）等のアルゴリズムにより粒子の3次元画像を得たのち，微小時間間隔における粒子移動量を算出することで，トレーサ粒子（すなわち流体）の速度ベクトル3成分の3次元的分布を得る[1]．ステレオPIV（⇒ p.167）と同様に，あらかじめカメラ校正を行って**投影関数**（projection function）を求めておくことが必要である．

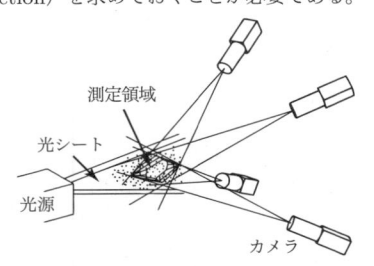

A. MARTによる3次元粒子画像の再構築

　測定領域の輝度値の推定値を格納する3次元配列をEとし，Eを貫くある柱状領域の要素（ボクセル）群がカメラのある矩形画素に投影されることを考える（下図参照．グレー部分は投影されるボクセルを示す）．

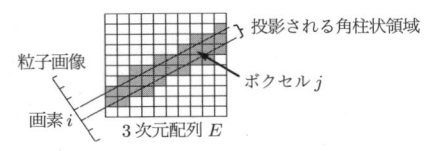

　すなわち，全粒子画像のi番目の画素の輝度値を$I(x_i, y_i)$，この画素に投影されるボクセル（総数N_i）のうちj番目のボクセル輝度を$E(X_j, Y_j, Z_j)$とおき，次式が成り立つとする．

$$\sum_{j \in N_i} w_{i,j} E(X_j, Y_j, Z_j) = I(x_i, y_i)$$

ここで，$w_{i,j}$はi番目の画素に投影される柱状の領域がj番目のボクセルと交差する体積をボクセル体積で除した値である．Eを推定するには，あらかじめEの全要素に1を代入したのち，次式を繰り返し計算する．

$$E(X_j, Y_j, Z_j)^{k+1} = E(X_j, Y_j, Z_j)^k \cdot \left[\frac{I(x_i, y_i)}{\sum_{j \in N_i} w_{i,j} E(X_j, Y_j, Z_j)^k} \right]^{\mu w_{i,j}}$$

ここで，μは緩和係数で$\mu = 0.5 \sim 1$程度，Eの右上添え字は繰り返し計算のインデックスである．なお，粒子画像の輝度分布は前処理により一様化しておくのが望ましい．

B. 粒子移動量の算出

　粒子の3次元分布が得られたら，つぎに粒子移動量を求める．粒子移動量は1時刻目と2時刻目の3次元粒子画像の相互相関から求める．相互相関関数が3次元である以外は，2次元PIV（⇒ p.343）と同様の方法による．下図は軸対称噴流の速度ベクトルと渦度等値面の計測例である[2]．

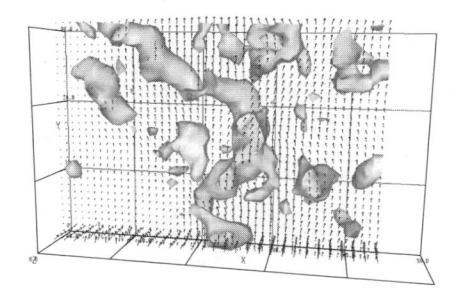

C. ボリュームセルフキャリブレーション

　カメラ校正により得られた投影関数に誤差が含まれず，理想的な場合には，「A. MARTによる3次元粒子画像の再構築」により粒子の3次元画像が求められるが，実際には計測中にカメラがわずかにずれるなどして誤差が含まれる．これを補正するのが，ボリュームセルフキャリブレーション[3]である．複数のカメラで撮影された粒子像の逆投影線の交点から粒子の3次元位置を求め，その点を再度画像に投影すると，その位置は投影関数の誤差の分だけ元の粒子からずれる．このずれを投影関数から差し引くことで投影関数が補正される．

参考文献

1) Elsinga, G. E., Scarano, F., Wieneke, B., and van Oudheusden, W.: "Tomographic particle image velocimetry", *Exp. Fluids*, **41**, pp. 933–947 (2006)

2) Sakakibara, J. and Thoroddsen, S. T.: private communication (2011)

3) Wieneke, B.: "Volume self-calibration for 3D particle image velocimetry", *Exp. Fluids*, **45**, pp.549–556 (2008)

トライボロジー
[英] tribology

"tribology" は「擦る」を意味するギリシア語 "tribos" と学問を意味する "logy" をつなぎ合わせた造語で，1966年にイギリス教育科学省のJost報告で提唱された。相対運動しながらたがいに作用を及ぼし合う2面およびそれに関連する実際問題に関する科学と技術と定義される。**摩擦**（friction），**摩耗**（wear），**潤滑**（lubrication）など対象分野は多岐にわたる。技術面では，摩擦の制御，摩擦面に生じる摩耗などの**表面**（surface）損傷の防止や軽減，摩擦面に起因する騒音・振動や摩耗粉などによる環境への影響の低減を目的に据える。機械工学，化学工学などが関与する典型的な学際領域で，マイクロ・ナノトライボロジーなど新たな分野が派生している。

A. 表面

表面粗さデータに所望の特徴を与え，接触シミュレーションの再現性や表面粗さモデルのパラメータの影響などを検討できるようになった。粗さ突起を除去した3次元的な表面粗さデータを生成したシミュレーション事例[1]などがある。

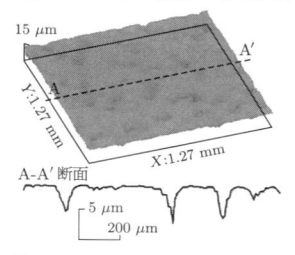

B. 摩擦

摩擦現象のメカニズムの解明にあたり，分子動力学法や粒子法が応用されている。粒子法は，接触圧力の扱いが簡便で，表面粗さなどのμmオーダの幾何学的形状や，ヤング率，硬さなどのマクロな機械的特性を考慮する場合に適用される。しゅう動する2面間に混入した異物が，つぶれながらコーティング膜に埋まり，その表面を引きずっていく，なじみ過程の様子をシミュレートした解析例などがある[2]。

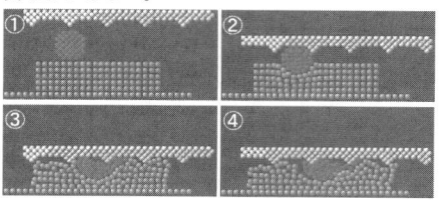

C. 摩耗

摩耗粉は，2面間の接触域内で徐々に成長・変形するため，リアルタイムでの観察が困難である。その生成過程の解明に離散要素法を応用し，剛体突起との接触により破断した脆性突起が，摩耗粉となって落ちる様子をシミュレートした解析例がある[3]。

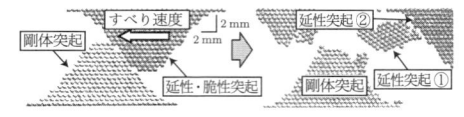

D. 潤滑

対向する2面を相対運動させるとき，潤滑剤を用いて摩擦の調整や表面損傷の軽減を図る。流体潤滑状態では，2面間に介在する流体膜の内部で圧力（動圧）が発生し，2面は表面粗さが干渉しない程度にまで離れる。動圧発生のメカニズムは，くさび効果，スクイーズ膜効果，ストレッチ効果から構成される。レイノルズは，このような流体潤滑の本質を1886年に理論的に検討し，定式化した。それ以来，レイノルズ方程式は，潤滑流体や潤滑面の性質あるいは作動状況に応じて修正が加えられている。また，流体潤滑膜の負荷容量や摩擦などを求めるために，レイノルズ方程式を基礎とする流体潤滑理論が発展を遂げ，潤滑油膜のキャビテーションや温度分布，潤滑面の変形を考慮した理論モデルなどが構築されている。動圧空気軸受の空気膜内で発生する圧力分布を求めたシミュレーション事例などがある。

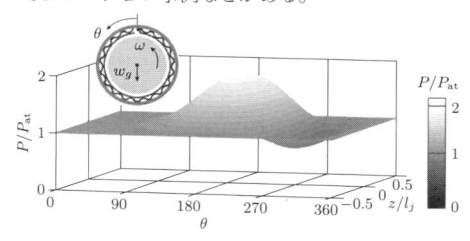

参考文献

1) 内舘，清水，岩渕：トライボロジーシミュレーションのための3次元表面粗さデータの生成手法，トライボロジスト，**55**, 6, 375 (2010)

2) 疋田，加藤：粒子法のトライボロジーへの適用事例，トライボロジスト，**55**, 6, 369 (2010)

3) 田中，阿保，坂本，格内：離散要素法を用いた摩耗粉生成過程のシミュレーションについて，トライボロジー会議予稿集 東京, 153 (2005.11)

トラフィック解析
[英] traffic analysis

トラフィックとは通信ネットワークに流れる通信量のことを指す。一般にトラフィック解析とは，トラフィックの需要予測や通信ネットワーク上での流通状況を把握するトラフィック分析，与えられたトラフィックに対して通信ネットワークの性能を定量的に評価し必要な設備量を算出するトラフィック設計，および通信ネットワークの安定的な運用のためにトラフィックを監視するトラフィック管理に大別される。トラフィック解析は高品質な通信ネットワークの構築に資するのみならず，通信ネットワークを適切に運用する上でも必要不可欠といえる。

トラフィック解析の中でもとりわけトラフィック設計は，通信ネットワークを構築する上での基盤となり，その性能を決定付けるといっても過言ではない。以下，トラフィック設計の背景となる理論について述べる。

トラフィック設計の代表的な手法として，トラフィック理論と呼ばれる数理的な方法論が知られている。トラフィック理論は**待ち行列理論**(queueing theory)とも呼ばれ，確率論を応用した混雑現象を解析する理論として，オペレーションズリサーチの重要な一角を占めている。トラフィック理論はサービスを提供するシステムの資源，混雑の度合い，およびサービスの品質を計る性能指標との関係を与える数学的な理論体系ともいえる。

A. 厳密解析による評価

トラフィック理論は電話交換設備に関する問題を端緒とする。電話サービスを提供する電話交換機間には，通話者をつなぐために回線が収容されている。トラフィック理論によると，回線数が c である電話交換機においてすべての回線が閉塞している時間の割合 B は，つぎのように評価される[1]。

$$B = \frac{a^c/c!}{\sum_{n=0}^{c} a^n/n!}$$

ここで a は呼量と呼ばれるパラメータであり，電話交換機の混雑の程度を表すと考えてよい。一方，全回線が閉塞する時間割合である B は，回線接続要求が電話交換機に到着した時点で回線がすべて閉塞している確率に等しいことが知られている。上式はアーランの損失式あるいは**アーランB公式**(Erlang B formula)と呼ばれ，サービスを提供するための資源である回線数と混雑の度合いである呼量が与えられたときに，サービスの品質を計る性能指標（回線接続要求の到着時に全回線が閉塞している確率，すなわち呼損率）を定量的に関係付ける式である。アーランB公式の見方を変えれば，呼量に対してサービス品質を実現する必要かつ十分な回線数を関係付けているともいえる。アーランB公式は厳密であるばかりか，サービス品質を満足する適切な回線数を算出する上で直接的な解を与えており，実用的でもある。

B. シミュレーションによる評価

トラフィック理論では，さまざまなシステムを待ち行列システムとして捉え，そのモデルに対する性質が理論的に究明されている。しかし，アーランB公式のようなサービス品質と資源と混雑の度合いを明確に示した厳密な解が得られない場合も存在し，必ずしも実用に供するとはいえない。一般に厳密な解析が困難なモデルについては近似的な解を探求することが多いが，待ち行列システムそのものを離散事象型シミュレーションによって分析することも可能である[2]。特にトラフィック理論が扱う待ち行列システムのモデルは，確率的な要素を含むため，乱数を用いた統計的計算手法である**モンテカルロ法**(Monte Carlo method)を応用したモンテカルロシミュレーションが適用できる。

トラフィック理論で扱う問題をモンテカルロシミュレーションで解析する際の例として，$GI/GI/1$ 待ち行列システムで記述できるようなシステムの待ち時間過程のシミュレーションを考える。$GI/GI/1$ 待ち行列システムの n 番目の客の待ち時間を W_n ($n \geq 0$) で表すとき，待ち時間過程 $\{W_n\}$ は

$$W_{n+1} = [W_n + S_n - A_n]^+ \quad (n \geq 0)$$

なる関係を持つ。ただし，$[\cdot]^+ = \max\{0, \cdot\}$ であり，S_n は n 番目の客のサービス時間，A_n は n 番目と $n+1$ 番目の客の到着間隔である。このシステムにおける確率的な要素は，客のサービス時間と到着間隔が従う確率法則であり，それらの確率法則に従う乱数列が与えられれば，待ち時間過程の実現値であるサンプルが得られる。サンプルを多数用意することで，システムの性能を示す指標（例えば待ち時間がある値 x を超える確率など）が推定できる。

参考文献
1) 高橋敬隆, 山本尚生, 吉野秀明, 戸田　彰：わかりやすい待ち行列システム－理論と実践－, pp.82–86, 電子情報通信学会 (2003)
2) 森戸　晋, 逆瀬川浩孝：システムシミュレーション, 朝倉書店 (2000)

ナノ・マイクロメカニクス
[英] nano/micromechanics

　ナノメカニクス（nanomechanics）はナノスケールレベルの力学解析や力学解析手法の総称である．一方，**マイクロメカニクス**（micromechanics）は微視力学とも呼ばれ，その定義は変遷している．ナノメカニクスまでを含めた微視的な力学解析や力学解析手法の総称として，マイクロメカニクスが用いられることもある．

A. マイクロメカニクス

　巨視的には均質と見なすことができる金属材料や複合材料でも，例えば，数 μm ～ 1 mm のスケールレベルに拡大すれば，二つ以上の材料相や結晶の集合体と見なすことができる．ただし，マイクロメカニクスでは，個々の材料相や結晶を連続体と見なす．

　マイクロメカニクス手法では，母相材料と第 2 相材料の力学的相互作用に基づき，材料の微視構造と巨視的力学挙動の関係を予測することがしばしば行われてきた[1]．そのために，無限な広がりを持つ等方弾性体中に存在する第 2 相粒子形状（マイクロメカニクスでは**介在物**（inclusion）と呼ばれる）を楕円体と仮定し，母相材料との力学的相互作用を考慮する．その内部で一様な分布を持つ**固有ひずみ**（eigen strain）を与えたときに，楕円体介在内部のひずみもまた一様な分布となることを利用し，固有ひずみ ε_{kl}^* と発生するひずみ ε_{ij} の関係を，Eshelby テンソル S_{ijkl} により

$$\varepsilon_{ij} = S_{ijkl}\varepsilon_{kl}^*$$

で表す．また，介在物の弾性定数が母相材料のものと異なる場合に，その違いを等価な固有ひずみと Eshelby テンソルを用いて表す場合がある．これを**等価介在物法**（equivalent inclusion method）という．

　さらに，Self-Consistent Method などを用いて材料の巨視的性質，例えば，複合材料の等価弾性定数などの予測を行う．そしてその結果は，有限要素法などを用いた巨視的な固体・構造解析に利用することができる．Self-Consistent Method による巨視的弾性定数の予測計算では，巨視的な弾性定数を持つ無限弾性体と介在物の力学的相互作用を等価介在物法で表現する．

　個々の材料相や結晶を連続体と見なし，有限要素法などの数値解析法で解析を行う場合もある．その代表的な手法は，材料の微視構造が一定の周期性を有することを仮定する均質化法（homogenization method）である．

　最近では，マイクロ（微視的）とは，分子や原子レベルのスケールを表現するとし，個々の材料相や結晶を連続体と見なすことができるスケールレベルに対する解析や解析手法は，**メゾ力学**（mesomechanics）と呼ばれることがある．

B. ナノメカニクス

　マイクロメカニクスよりもさらに小さい分子や原子レベルを対象とした解析や解析手法の総称である．その手法として代表的なものとして，**分子動力学法**（molecular dynamics）[2] や**第一原理計算**（first principle analysis）[3] がある．

　分子動力学法は，分子間の力学的相互作用を，ポテンシャル関数を利用して表現するものである．固体内部の分子や原子の配列を完全に知ることは不可能であり，簡単化されたモデルを用いることが多い．また，分子間相互作用を記述するポテンシャル関数はたいへん複雑なものになるため，簡略化された Lennard-Jones ポテンシャルがよく用いられる．

$$\phi_{ij} = 4\varepsilon\left[\left(\frac{a}{r_{ij}}\right)^{12} - \left(\frac{a}{r_{ij}}\right)^6\right]$$

ここで，a と ε は定数，r_{ij} は分子 i と j の間の距離を表す．

　さらに厳密に原子レベルのシミュレーションを行うためには，第一原理計算が使用されている．第一原理計算では，原子のエネルギー準位に関するバンド計算を行うことにより，さまざまな物質の結晶構造の決定や電気的・磁気的・化学的性質の予測，そして各原子に働く力を計算することが可能である．原子の電子状態を表す密度汎関数に基づく計算を行う．

　その他，マイクロメカニクスとナノメカニクスの中間的手法として，固体中の転位の動きに着目した**転位動力学**（dislocation dynamics）による計算がある．転位動力学を用いることにより，転位の動きと塑性変形の関係を解析することが可能になる．

参考文献

1) Toshio Mura: *Micromechanics of Defects of Solid*, Martinus Nijhoff Publishers (1982)

2) 例えば，松宮　徹：分子動力学法の材料研究への適用，材料 40(452), pp.509–518 (1991)

3) 山本武範ほか：第一原理シミュレータ入門 − PHASE & CIAO，アドバンスソフト (2004)

分野：可視化
部門：シミュレーションベース可視化 [VII-5]

ニュートン力学の可視化応用
[英] application of Newotonian dynamics to visualization

ニュートン力学では，**運動方程式**（motion equation）を解くことで質点または質点群のさまざまな運動を記述できる．運動方程式を計算機で解くことは，運動のシミュレーションを行うことにほかならない．このシミュレーションは，可視化における描画領域のサンプリングやサンプリング点配置の最適化などに応用できる．

A. 運動方程式
運動方程式は以下の形をとる．
$$m\frac{d^2\mathbf{r}(t)}{dt^2} = \mathbf{F} \tag{1}$$
ここで，$\mathbf{r}(t) = (x(t), y(t), z(t))$ は時刻 t における質点の位置ベクトル，$\mathbf{F}$ は質点に働く力である．解くべき運動により，力 $\mathbf{F}$，初期位置 $\mathbf{r}(0)$，初速度 $d\mathbf{r}(0)/dt$ を適切に設定して式 (1) を解けば，任意時刻 t での質点の位置 $\mathbf{r}(t)$ が求まる．これがニュートン力学の仕組みである．質点が複数ある場合は，それぞれの質点に対して式 (1) を作り，連立させて解けばよい．

B. 固定ポテンシャル力を利用した空間探索
運動方程式における力 $\mathbf{F}$ として，空間に固定されたポテンシャル $V(\mathbf{r})$ が生成するポテンシャル力を採用すれば，質点は引力によって $V(\mathbf{r})$ の極小点の方向に引き寄せられる．この運動を，特定の空間領域における特徴量の探索や**重点サンプリング**（importance sampling）に応用できる．また，質点がポテンシャルの極小点に到達した時点で探索を終了させたい場合には，**ポテンシャル力**（potential force）に加えて，速度に比例する摩擦力を導入する．まとめると，力 $\mathbf{F}$ は，γ を摩擦力の大きさを調整する正の定数として，以下の形をとる．
$$\mathbf{F} = -\nabla V[\mathbf{r}(t)] - \gamma\frac{d\mathbf{r}(t)}{dt} \tag{2}$$
上式の力 $\mathbf{F}$ は，スカラ場 $f(\mathbf{r})$ のゼロ等値面 $f(\mathbf{r}) = 0$ のサンプリングに応用できる．これも一種の空間探索である．手順は以下のとおりである．

1. 空間中に多数の点をランダム生成する．
2. 生成したそれぞれの点を初期点として，式 (2) の力を用いて運動方程式 (1) を解く．ポテンシャルとしては $V(\mathbf{r}) = \frac{1}{2}f^2(\mathbf{r})$ などを用いる．
3. 十分な時間が経過して運動が停止した状態での解の集合を，曲面上のサンプリング点とする．

C. 粒子間反発力を利用した曲面上のサンプリング点群の再配置
上記の方法，あるいはそれ以外の方法で生成したサンプリング点群でも，そのままでは曲面上で一様分布しないことが多い．点群分布の濃淡のムラは，点群を直接的あるいは間接的に利用して曲面を可視化する際に，画質を劣化させる．しかし，閉曲面に関しては，ニュートン力学の応用で点群分布を一様化できる[1, 2]．

まず，非一様なサンプリング点群を，たがいに反発力で遠ざけ合う力学的な粒子群であると想定する．つぎに，この描像に基づく運動方程式を解き，力の**平衡状態**（equilibrium state）に達した時点での粒子群を新たなサンプリング点とする．これにより，最近接の点間距離がほぼ一定となり，一様なサンプリング点の分布が実現する．また，得られたサンプリング点群を結んでポリゴン化すれば，ほぼ正三角形群の**ポリゴンメッシュ**（polygon mesh）となる（下図）．

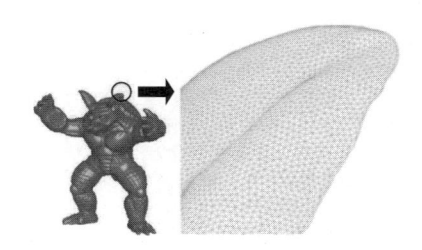

上記の手法において，i 番目の粒子（位置 $\mathbf{r}_i$）と j 番目の粒子（位置 $\mathbf{r}_j$）の間に働く反発力は，相対座標 $\mathbf{r}_{ij}$ とその大きさ r_{ij}，および適当な反発力ポテンシャル $V_{ij}(r_{ij})$ を用いて以下の形に書ける．
$$\mathbf{F}_{ij}(r_{ij}) = -\frac{\partial V(r_{ij})}{\partial r_{ij}}\frac{\mathbf{r}_{ij}}{r_{ij}}$$
i 番目の粒子に作用する力は，他のすべての粒子から受ける力の総和 $\sum_{i\neq j}\mathbf{F}_{ij}$ である．

参考文献
1) A. P. Witkin and P. S. Heckbert: "Using particles to sample and control implicit surfaces", Proceedings of SIGGRAPH 1994, pp. 269–277 (1994)
2) 小嶋一行, 岡 将史, 柴田章博, 仲田 晋, 田中 覚：陰関数曲面上における粒子拡散法を用いた高密度・大量点群のポリゴン化, 可視化情報学会論文集, 27(9), pp.77–83 (2007)

ニューラルネットワーク
[英] neural network; NN

ニューラルネットワークは，脳を模して並列分散処理を行うためのシステムである．このシステムを用いた研究は，脳機能の解明を目的とする計算論的神経科学と，脳機能の実現を目的とする人工知能の二つの潮流を作った．

ここでは，それらの源流となる脳・神経系の生理学について概説したのち，基本素子であるニューロンモデル，およびニューラルネットワークモデルについて，最も基本的なものを紹介する．

A. 脳・神経系の生理学

脳は，約千億個のニューロン（神経細胞）と約1兆個のグリア（神経膠細胞）が結合してできた超並列演算処理システムである．グリアの役割はニューロンの機能を支え補助するにすぎないと信じられているので（いまだ完全に解明されたわけではない），ここでもニューロンを基本素子として扱う．

ニューロンは，シナプスを介して他のニューロンからの入力を受け取り，膜電位を変化させる．そして膜電位が閾値を超えれば活動電位を出し，軸索から他のニューロンへ出力する．ニューロンには興奮性と抑制性の2種類があり，シナプス結合を介して複雑なネットワークを形成している．

大脳皮質では，形態や分布密度の異なるニューロンがそれぞれ表面と垂直な方向に層状に分布し，層構造を形成している．一方，表面と水平な方向には，似た機能を持つニューロンが近い場所に集まり，機能地図を形成している．

B. ニューロンモデル

1943年，McCullochとPittsは，ニューロンの動作特性を単純化した**形式ニューロンモデル**（McCulloch-Pitts formal neuron）を提案した[1]．このモデルは，空間・時間的加算性，閾値による非線形応答性など，ニューロンの動作特性の本質を良く捉えており，ニューラルネットワークの基本ユニットとして現在でも多く使われる．

$$x_i(t+1) = f\left[\sum_j w_{ij} x_j(t) - \theta_i\right]$$

ここでxは出力，wはシナプス結合荷重，θは閾値であり，添え字はニューロンの番号を表す．fをステップ関数にすると離散情報，シグモイド関数にすると連続情報が扱える．

C. ニューラルネットワークモデル

ニューロンモデルを結合すれば，ニューラルネットワークモデルとなる．結合形態の違いや結合荷重の学習方法の違いにより，さまざまなモデルが提案されている．

（1）結合形態の違い 入力ユニットから出力ユニットまでが順方向でのみ結合しているモデルを，階層型モデルと呼ぶ．代表的なものに，単純パーセプトロンや多層パーセプトロンがあり，パターン認識問題などで利用されている．一方，逆方向の結合も持つモデルを，相互結合型モデルと呼ぶ．代表的なものに，ホップフィールドネットワークやボルツマンマシンがある．連想記憶への適用が有名である．

（2）学習方法の違い ニューラルネットワークモデルを構築するには，ニューロン間の結合荷重を決定しなければならない．これを学習と呼ぶ．学習は教師あり学習，強化学習，教師なし学習の三つの学習方式に大別される．

教師あり学習では，各入力値に対して期待される出力値が既知であり，これを教師信号として，現在の出力と教師信号との差を少なくするように結合荷重を更新していく．その際，出力層から入力層に結合荷重の情報を逆伝播させて更新していく**誤差逆伝播法**（back propagation[2]）が最も有名である．これは合理的だが，実際の脳には見られない方式であるため，脳のモデル化には使えないことに留意すべきである．

教師あり学習が教師信号をベクトル値としてシステムに与えるのに対し，強化学習では報酬というスカラ値の情報を教師信号とする．大脳基底核では報酬予測に基づく学習を行っており，まさに強化学習を行っていると考えられている．

教師なし学習では，期待される出力値が未知であるため，内部に評価基準を持ち，それを満たすように結合荷重を更新していく．ランダムな結合荷重から競合学習により勝者を選んで位相地図を形成する，Kohonenの**自己組織化マップ**（self-organizing map）[3]が有名である．これは大脳皮質視覚野における機能地図の自己組織化モデルとしても用いられている．

参考文献

1) McCulloch, W. S. and Pitts, W.: "A logical calculus of the ideas immanent in nervous activity", *Bulletin of Mathematical Biology*, 5, pp.115–133 (1943)

2) Rumelhart, D. E. and Mcclelland, J. L.: *Parallel distributed processing*, Vol.1, 2, MIT Press (1986)

3) Kohonen, T.: "The 'Neural' Phonetic Typewriter", *IEEE Computer*, Vol.21, No.3, pp.11–22 (1988)

分野：生命・医療・福祉
部門：生命システム ［V-1］

ニューロンの数理モデル
[英] mathematical model of neuron

A. ニューロンの膜電位

静止状態にあるニューロン（neuron；神経細胞）の細胞膜内外の電位差を測ると，ニューロンの内側は約 −70 mV に帯電していることがわかる．このときの電位差を静止膜電位と呼ぶ．静止膜電位は細胞の中と外にあるイオン組成の違いによって形成され，おもに Na^+，K^+，Cl^- とさまざまな陰性荷電を持つタンパク質イオンの4種類が関係している．これらのイオンの濃度による拡散力と電気的な力のバランスによって膜電位は形成されている．

ニューロンの外から**シナプス結合**（synaptic connection, ⇒ p.132）を介した入力によって電位変化が起こり，膜電位が閾値を超えると**活動電位**（action potential）が生じる．これはおもに細胞膜に存在する電位依存性の Na^+ チャネルが開くことで，細胞外に多量に存在する Na^+ が一気に細胞内に流れ込むことによる．電位が約 +50 mV に達するころまでに Na^+ チャネルが閉じ，逆に K^+ チャネルが開いて K^+ が細胞外へ流出することによって，電位は再び静止膜電位付近まで戻る．その後，Na^+-K^+ ポンプによって，細胞内のイオン組成が復元され，再び静止状態となる．

活動電位は，膜電位が閾値を超えれば必ず起こり，超えなければ起こらない（全か無かの反応）．これにより，刺激の強さは活動電位の大きさではなく，その頻度として表現される．

B. ホジキン-ハクスレイのモデル

ニューロンの膜電位の変化を記述するために，さまざまなモデルが提案されている．その中で初めて提案されたモデルが，ホジキン-ハクスレイのモデル（HHモデル）である[1, 2]．HHモデルは実際のニューロン膜電位の挙動をよく説明できるので，現在でも広く用いられる（ホジキンとハクスレイはこの業績でノーベル賞を受賞している）．

$$C\frac{dV}{dt} = -g_L(V - E_L) - \sum_{ion} I_{ion} - I_{syn}$$

ただし

$$I_{ion} = g_{ion} m_{ion}^p h_{ion}^q (V - V_{ion})$$

であり，V は膜電位，C はニューロンの膜容量，I_{syn} はシナプス結合など外部からの入力電流，g_L は膜のコンダクタンス，E_L はリーク電流によって生じる電位である．g_{ion} は対応するイオンチャネルのコンダクタンス，V_{ion} はそのイオンの平衡電位，m_{ion} と h_{ion} は活性化チャネルと不活性化チャネルの開閉状態を表現する変数であり，通常 Na^+ では $p=3$，$q=1$，K^+ では $p=4$，$q=0$ が用いられる．m_{Na}，h_{Na}，m_K の具体的な式を以下に示す．

$$\frac{dm_{Na}}{dt} = \frac{0.1(25-V)}{\exp(\frac{25-V}{10})-1}(1-m_{Na}) - 4\exp\left(\frac{-V}{18}\right) m_{Na}$$

$$\frac{dh_{Na}}{dt} = 0.07\exp\left(\frac{-V}{20}\right)(1-h_{Na}) - \frac{1}{\exp(\frac{30-V}{10})+1} m_{Na}$$

$$\frac{dm_K}{dt} = \frac{0.10(10-V)}{\exp(\frac{10-V}{10})-1}(1-m_K) - 0.125\exp\left(\frac{-V}{80}\right) m_K$$

それぞれ右辺第1項はチャネルが閉じた状態から開いた状態へ遷移する確率，第2項はその逆の遷移確率を反映している．以上のように，HHモデルは4変数の連立方程式で表現される．他のパラメータの典型的な値は，$C = 1$ $\mu F/cm^2$, $g_L = 0.3$ mS/cm^2, $E_L = -54$ mV, $g_{Na} = 120$ mS/cm^2, $g_K = 36$ mS/cm^2, $V_{Na} = 50$ mV, $V_K = -77$ mV である．

C. ニューロンの発火頻度モデル

活動電位の膜電位変化を正確に表現するのではなく，発火タイミングや頻度をシミュレートするために用いられるモデルも提案されている．ニューロンの発火パターンは多様であり，正規発火（regular spiking），本質的バースト（intrinsically bursting），急速発火（fast spiking）などのパターンがある．これらを同一モデルのパラメータ変化によって表現したものに，イジケヴィッチのモデルがある[3]．

$$\frac{dV}{dt} = 0.04V^2 + 5V + 140 + u + I$$
$$\frac{du}{dt} = a(bV - u)$$

ここで，I は外部（シナプス結合）からの入力電流，u は復元変数である．ニューロンの活動は，V が 30 mV を超えると $V = c$, $u = u + d$ となるようにリセットされる．イジケヴィッチのモデルには a, b, c, d の四つのパラメータが存在し，これらを操作することで，さまざまな発火パターンを表現できる．

参考文献
1) 広中平祐 編：現代数理科学事典 第2版, pp. 300–327（神経脳科学），丸善（2009）
2) Hodgkin, AL., Huxley, AF.: "A quantitative description of membrane current and its application to conduction and excitation in nerve", J. Physiol., 117. pp.500–544 (1952)
3) Izhikevich, EM.: "Simple model of spiking neurons", IEEE Trans. on Neural Net., 14, pp.1569–1572 (2003)

分野：可視化
部門：情報可視化 ［VII-1］

人間科学シミュレーションと情報可視化
［英］information visualization and simulation in human science

A. 可視化の対象

情報可視化の目的の一つは大規模統計データに潜むパターンの発見である．その中でも，購買行動や視聴行動，交通機関の利用，回遊行動，コミュニケーション，コンテンツ共有，ヘルスケアといった，個人の日常生活の履歴を蓄積的に記録した**ライフログ**（lifelog）と呼ばれる大規模データが，人間科学における情報可視化の主たる対象である．

2000年代に入り，サービスのオンライン化とモバイル端末の普及，さらに企業マーケティングの深化（⇒p.321）を背景に，人々の行為の同定，追跡，データとしての蓄積が急速に進展し，ライフログは人間性を理解し利用するためのきわめて有用な情報資源として認知され始めた．この大規模データの可視化から見えてくるものは，人の行為の背後にある，通常は明示化されない認知的，心的，社会的背景であり，あるいは人々の無意識の構造である．例えば，学術論文の執筆という個人的行為を考えたとき，その行為の集合からは組織の構造や国家の学術政策，学際関係の広がりといった研究活動の背景が浮かび上がる．**ネットワーク**（network，⇒p.58, p.256）や**ダイアグラム**（diagram），**認知地図**（cognitive map）などの表現を用い，行為の統計や時系列，周期性，共起構造，相互依存関係，空間分布などを可視化することによって，行為に新しい観点からの解釈をもたらすことが，人間科学における情報可視化の意義である．

具体的な事例に目を向ければ，人々の移動の軌跡を動線マップとして可視化することで，都市や公共空間のデザインを支援する試みや，小売店における商品の最適配置，手術室における複数の医師の連成的挙動に関わる暗黙知の抽出といった試みが行われている．また，ニュース記事や音楽の視聴頻度の経時変化を話題やカテゴリーに分類したヒストグラムの時系列として描くことで，社会のトレンドや個人の関心の移ろいを可視化する試みもある．あるいは，ソーシャルネットワーキングサービスから得られた人々のつながりのデータを用いて，結合の強いコミュニティ構造を抽出し，その生成や消滅の社会ダイナミズムを進化の系統樹に似たダイアグラムとして可視化する試みなど，その対象は人間活動の多様性を反映して広範である．

B. 可視化の方法

一般に，情報可視化を行う際には，人間にとっての自然な空間表象を踏まえた情報のレイアウトが肝要である．例えば，人間関係をネットワークで図示する場合には，関係の近い人物同士を空間的に近接した位置に配置する工夫が典型的である．そのような視認性基準，より広義には審美性基準を満足するために，クラスタリングに代表される統計的・情報論的分類手法や，多自由度の評価関数を解くための力学的手法，確率論的ヒューリスティクス，機械学習（⇒p.281）の技術などが用いられる．

一方，審美性基準は所与とは限らない．人々の行為の表出は多義的であり，物理的なセンサーを用いる場合でも，あるいはウェブからデータを取得する場合でも，行為を捉える視点に応じてデータの持つ構造は変化する．期待する構造に適した審美性基準を提案し，それを数理的に定義付けていくことは情報可視化全般に共通する課題だが，人間科学においては特に重要なテーマである．情報の視覚表現を開拓する活動として，コミュニケーションデザイン領域における**インフォメーショングラフィックス**（information graphics）[1]が従来からある．それらの成果を，描画の自動化やパーソナライゼーションの観点から，ウェブ技術やHCI（human-computer interaction）の枠組みで捉え直すことも，情報可視化の表現力を高める上で有効なアプローチであろう．

また，可視化の初期段階であるデータの取得に着目すると，センサーデバイスを用いて選択的に記録した行動データは，可視化にとって利用しやすいものが多い．しかし，定点カメラの映像のように，コンテクストを限定しないセンシングを行う場合，データを解釈し行動を同定するための高度なコンピュータビジョン技術が必要になる．同じく，ウェブデータを用いる場合にも行動意図の曖昧さが問題となる．テキストデータに対しては自然言語処理の役割が大きいが，より実践的な方法は，データ生成時に行為の意味を純化・分節化するためのシステム的な制約をユーザに課すことである．例えば，コンテンツへのタグ付け，分類，評価，関連付け等の仕掛けを提供することは，ユーザの行動意図を戦略的に限定し，良質なデータを得る上で有効な手段となる．

参考文献

1) 例えば，Robert L. Harris: *Information Graphics: A Comprehensive Illustrated Reference*, Oxford University Pr. (1996)

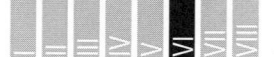

分野：人間・社会
部門：認知・行動 [VI-1]

人間機械系
[英] human-machine system

人がなんらかの目的を持って行動しようとするときは，感覚器官を通して外部から入手した情報がなにを意味するかを解釈して状況を理解し，そこで必要な行為を選択し，実行するといった過程が反復される．しかし，人の能力には限界があって，一連の過程がいつも完璧に行える保証はなく，機械による支援が必要になる．機械による支援には，人の能力の伸展，人の負担軽減，人のバックアップ，人の機能の代替など，いくつかのタイプがある．

人が機械を使いながら，あるいは人が機械の支援を受けながら，所期の目的を達成しようとするさまを考察するとき，人と機械を一つのシステムと見なして人間機械系と称する．

自動化が進展している人間機械系には，**監視制御**（supervisory control）の形態をとるものが多い．すなわち，「人がなにをすべきかを決めてコンピュータに指示し，その指示に沿ってコンピュータが適切な制御を実行しているかどうかを人が監視する」という制御形態である．航空機，自動車，鉄道，船舶などの交通移動体や原子力プラントなど，現在の社会のさまざまな領域で見ることができる．

自動化が進んだ人間機械系では，高度な知能，自律性，高信頼性を備えた機械によって，人だけでは到底なし得なかったことが容易に実行できるようになり，利便性，効率，安全性，快適性などの向上につながっている．

一方で，高度な知能や自律性といった機械の「誇るべき特質」があだになることもある．例えば「機械はいま，なにをしているのだ？　なぜこのようなことをするのだ？」というように，機械が人の予期しないことをして人を驚かせる**オートメーションサプライズ**（automation surprise）が起こることがある．また，人の意図と機械の意図が食い違うといった現象が起こることもある．これらは知能を持った機械ならではの現象である．

機械の高信頼性も，人の行動に好ましくない変容をもたらすことがある．例えば，機械が確実に任務を遂行する様子を繰り返して見ているうちに，機械にも能力限界があり，故障の可能性もあるということが人の念頭から消えて，「機械に任せておいて大丈夫」という気持ちが芽生え，**過信**（overtrust）やそれに基づく**過度の依存**（overreliance）が生じることがある．

このような不都合をなくし，人と機械が良いパートナーシップを持つ人間機械系を構築する上で，シミュレーション技術は欠かせない．ここでは，A. 機械の動作の模擬，B. 人間機械系の動作の模擬，C. 仮想的世界の模擬の3タイプに分けて説明する．

A. 機械の動作の模擬

人の操作に応じて機械（航空機や自動車など）がどのような挙動を示すかを忠実に再現しようとしたもの（フライトシミュレータ，**ドライビングシミュレータ**（driving simulator）など）が典型である．これらは，その機械の操縦に当たる人（パイロットやドライバなど）の教育・訓練にも利用されるが，人間機械系の設計や評価にも重要な役割を果たす．例えば，人と機械の間の役割分担の妥当性や，人を支援する機能や**ヒューマン・マシンインタフェース**（human-machine interface）の有効性を評価しようとするとき，役割分担の方策，支援機能，ヒューマン・マシンインタフェースをシミュレータに組み込み，実験参加者を募ってさまざまなシナリオのもとで認知工学的実験を行うという方法がとられる．

B. 人間機械系の動作の模擬

人の参加を求めての実験が妥当ではないとき（過信の影響を調べたいからといって，「機械を過信しているつもりで振る舞うように」と実験参加者に指示することはできない），人の情報処理過程モデルを機械のモデルと統合し，人間機械系全体の挙動を模擬することがある．また，「A. 機械の動作の模擬」で述べた評価について，おのおのの代替案の利点・欠点を短期間で洗い出したいときにも，人を計算モデルで代用する方式がとられる[1]．

C. 仮想的世界の模擬

人と機械の相互作用あるいはヒューマン・マシンインタフェースの設計上の課題に関する知見を得ようとする際，必ずしも実在する機械を模擬対象としなくてもよい．すなわち，仮想的世界をコンピュータ上に構築し，そこで実現された適度の複雑さを持つ機械を管理・制御するタスクを実験参加者に課して，認知工学的実験を行う方式もある[2]．

参考文献

1) P. Carlo Cacciabue (ed.): "Modelling Driver Behaviour in Automotive Environments", Springer (2007)

2) M. L. Cummings, et al.: "The role of human-automation consensus in multiple unmanned vehicle scheduling", *Human Factors*, 52, 1, pp.17–27 (2010)

認知アーキテクチャ
[英] cognitive architecture

　認知心理学やヒューマンファクタ研究における多くのヒューマンモデルは，信号検出や視覚探索，記憶，意思決定といった特定の認知サブシステム，あるいは**認知モジュール**（cognitive module）に限定された人間の特性の記述や説明を試みてきた。

　一方，人間のタスク実行時の振る舞いにおける特性の記述や説明，予測といった人間の認知の全体の特性を扱うためには，これら複数のサブシステムモジュールを考慮し統合したモデルが必要となる。このような人間の認知に関する個別のモジュールやサブシステムを統合することを意図するモデルや，統合のための仕組みのことを，認知アーキテクチャと呼ぶ。このような認知アーキテクチャは多くの場合，計算機による実装とシミュレーションを志向している。認知アーキテクチャの基本概念はNewell[1]が詳しい。

　これまでにいくつかの認知アーキテクチャが提案されている。代表的な認知アーキテクチャの例として，ACT-R[2]，CHREST[3]，CLARION[4]，CogAff[5]，EPIC[6]，SOAR[7]，がある。

A. ACT-R

　認知アーキテクチャの代表的な一つが，Andersonらが開発しているACT-R（Adaptive Control of Thought-Rational）である[8]。ACT-Rは大きく分類すると，実環境との相互作用を表現する視覚モジュールと運動モジュール，対象とする領域に関する知識や事実（**宣言的知識**; declarative knowledge），プロダクションルール（**手続き的知識**; procedural knowledge）を格納する記憶モジュール，心的操作を行うバッファ，パターンマッチングを行うモジュールから構成される。それぞれのモジュールは個別の異なる人間の認知特性，認知サブシステムに対応しており，また，異なる特定の脳機能への対応付けも試みられている。各モジュールにはそれぞれ信頼性の高い認知特性のモデルや理論が表現され実装されている。例えば，ACT-Rでは手続き的知識をプロダクションルールとして表現するが，プロダクションルールの選択においては，次式で表されるような期待利得による優先順位と適用可能なプロダクションの期待利得に基づく選択確率を考慮することで，より高い期待利得のルールが確率的に選択される。

$$E = PG - C$$

ここで，Pはそのルールが選択されたときに目標が達成される期待値，Gはその目標達成に割り当てられる価値，Cは目標達成に見込まれるコストを表している。そのほかにも，知識の適用頻度やルール選択の成功履歴に基づく学習などの認知特性が考慮されている。また，運動モジュールに含まれるモーターモジュールでは，例えば人間の動作特性を表した**Fittsの法則**（Fitts's law）などが考慮されている。

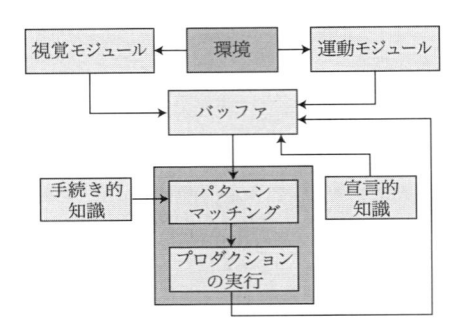

B. 認知アーキテクチャの課題

　ACT-Rを用いるためには，適用領域に関する知識を実装する必要がある。領域知識の記述が容易な静的な問題への適用は比較的容易だが，動的な環境下における複雑タスクの実行などをシミュレートすることには限界がある。この問題は，その他の認知アーキテクチャにも共通する。動的環境のモデリングとシミュレーション，およびそれらとの統合が，現実コンテキストへの適用の課題である。

参考文献

1) Newell A.: *Unified Theory of Cognition*, Harvard University Press (1990)
2) http://act-r.psy.cmu.edu/
3) http://www.psychology.nottingham.ac.uk/research/credit/projects/CHREST/
4) http://www.cogsci.rpi.edu/~rsun/clarion.html
5) http://www.cs.bham.ac.uk/~axs/cogaff.html
6) http://www.umich.edu/~bcalab/epic.html
7) http://www.soartech.com/
8) Anderson R. J.: *The Atomic Components of Thought*, LEA (1998)

分野：人間・社会
部門：認知・行動 [VI-1]

認知特性
[英] cognitive characteristics

ヒトの認知は，それを一つの情報処理として捉えると，コンピュータとのアナロジーで考えることができるが，コンピュータとは異なる特性を持っている。ここでは，その特性についてA. 感覚・知覚，B. 記憶，C. 推論に分けて解説する。

A. 感覚・知覚

感覚（sensation）とは感覚器官を介して外界の情報が脳へ流れる情報入力である。ヒトの感覚には，視覚，聴覚，味覚，嗅覚，皮膚感覚，自己受容感覚があり，これらを感覚様相と呼ぶ。感覚は刺激に対して感覚受容器が反応することで外部の物理的な（あるいは化学的な）変化を検出するものであり，例えば，視覚では外部の可視光線の波長や強度が刺激になる。

刺激の物理量とヒトの感じる感覚量は単純な比例関係ではなく，下記のような関係がある（E：感覚量，S：物理量，k：比例定数）。

$$E = k \cdot \log S$$

この関係式はウェーバー・フェヒナーの法則（Weber-Fechner's law）と呼ばれており，中程度の刺激に対してよく当てはまる。

一方，知覚（perception）とは，感覚器官から得られた情報の意味を解釈することである。ヒトの知覚は同じ外部刺激に対してつねに同じ解釈であるわけではなく，そのときの知識や注意の焦点により変化する。例えば，ルビンの壺と呼ばれる多義図形を見た場合，注意の向け方によって壺に見えたり，2人の顔が向かい合っているように見えたりする選択的注意（selective attention）の特性がある。騒音のある環境で会話する場合，注意を向けた人の声が浮き上がって聞こえるカクテルパーティ効果（cocktail party effect）も選択的注意である。

B. 記憶

ヒトの記憶（memory）を保持時間の違いから見ると，感覚記憶（sensory memory），短期記憶（short-term memory; STM），長期記憶（long-term memory; LTM）の三つに分類できる。

感覚器官に入力された情報は，短期間，感覚器官に保持されると考えることができ，これが感覚記憶である。視覚では1秒以下，聴覚では2〜3秒間，情報が保持される。この情報のうち，注意が向けられたものが短期記憶に転送される。

短期記憶は，推論の際に作業領域として用いられ一時的に情報が保持されるが，その記憶容量は7±2チャンク（chunk; ヒトが扱う情報の単位）といわれている。また，短期記憶に保持された情報は18秒で80％忘却されるが，情報を更新する維持リハーサルを行うことでリフレッシュされる。

一方，長期記憶はほぼ制限のない容量があると考えられている。長期記憶には，ヒトが経験した具体的な出来事のようなエピソード記憶（episodic memory）と，一般的な概念の意味や他の概念との関係のような意味記憶（semantic memory）がある。エピソード記憶はつねに正確に過去の出来事を保持しているわけではなく，他の出来事の記憶が干渉して記憶が曖昧になることがある。また，意味記憶は，その概念的な関連を示す意味ネットワーク（semantic network，⇒ p.203）を構成している。エピソード記憶や意味記憶は宣言的記憶（declarative memory）であるが，このほかになんらかの認知活動や動作を行うための一連の行動を記憶した手続き的記憶（procedural memory）がある。長期記憶は，それらを知識として利用するために複数の内容が関連付けられたスキーマ（schema，⇒ p.203）と呼ばれる構造を持つ。長期記憶の内容は，なんらかの情報を手がかりに関連するものが活性化されて思い出されるが，頻繁に思い出されるものや最近思い出したものが優先的に再生される傾向がある。

C. 推論

ヒトが外部の情報や記憶している知識から論理的に正しい（と思われる）結論を導くことを推論（reasoning）と呼ぶ。ヒトの推論には，演繹的推論（deductive reasoning），帰納的推論（inductive reasoning），アブダクション（abduction）等がある。ヒトが社会生活において考える問題は非常に複雑であるため，論理的にはほぼ無限の可能性を考える必要があるが，時間的，資源的，知識的な制限から完全に合理的な判断は望めない。そのため，ヒトの演繹的推論では，経験的に獲得されたヒューリスティックス（heuristics）を用いることで，ある程度の成功が期待できる推論を行う。帰納的推論は多くの事例から一般的な規則を導き出す思考である。ヒトの帰納的推論では，自分が持っている仮説を支持する証拠ばかりを集めようとする確証バイアス（confirmation bias）や，目立つ事例，思い出しやすい事例が積極的に利用される利用可能性ヒューリスティックス（availability heuristics）があり，その結論には歪みがある。

参考文献
1) 吉川榮和 編著：ヒューマンインタフェースの心理と生理，コロナ社 (2008)

分野：通信ネットワーク
部門：ネットワーク［VIII-1］

ネットワークサービス
［英］network service

通信回線やサーバ，各種通信機器を用いて通信環境を構築するサービスが，さまざまな形態で提供されている．2地点間を結ぶ通信回線を提供する専用線サービスは，多地点間を結ぶネットワークサービスへと発展し，提供されるインタフェースも多様化している．ネットワークサービスには，A. 仮想プライベートネットワーク（virtual private network; **VPN**），B. 広域イーサネット（wide area Ethernet），C. ソーシャルネットワークサービス（social network service; **SNS**）などがある．通信ネットワークの利用状況やサービス品質を評価するためのシミュレーションでは，目的に応じて各種サービスの仕組みを考慮したモデル化が必要となる．

A. 仮想プライベートネットワーク

多くのユーザが共有する公衆網を仮想的な専用網，すなわちVPNとして利用できるサービスである．安価に専用網を構築できる特徴がある．

VPNは，認証技術や暗号化技術を用いて，公衆網上の安全な専用網として構築される．VPNを構築する公衆網の管理方法や，適用される暗号化技術に応じて，安全性のレベルが変わる．

（1）IP-VPN 通信事業者が提供する専用のIP網上でVPNを構築するサービスである．複数のVPNがIP網設備を共有するが，通信事業者の管理下で安全性と品質を維持することを特徴とする．VPNの構築には，ラベルと呼ばれるヘッダ情報をIPパケットに付与して転送するMPLS（multi protocol label switching）技術が適用される．

（2）インターネットVPN 公衆のインターネット上にVPNを構築するサービスである．通信事業者が提供するIP網に比べて，安全性と品質の管理が難しくなるが，コストの低減やアクセス回線の多様化などのメリットがある．安全性を確保するために**IPsec**（security architecture for Internet protocol）や**SSL**（secure socket layer）等の暗号化技術が適用される．

B. 広域イーサネット

IEEE802委員会で規格化されているイーサネットを用いて，遠隔地にあるLAN間等を接続するサービスである．イーサネットでは，**OSI**（open systems interconnection）参照モデルのレイヤ2（データリンク層）で規定されるイーサネットフレームを**CSMA/CD**（carrier sense multiple access with collision detection）[1]の仕組みにより転送する．

広域イーサネットでは，基本的にレイヤ2スイッチでイーサネットフレームの交換転送が行われる．遠隔地でもイーサネット環境が共有できるため，LAN環境を広域に構築することが可能となる．また，IP-VPNやインターネットVPNと異なり，レイヤ3でのIP利用を前提とする必要はなく，イーサネットフレームに対応した多様なプロトコルが利用可能となる．

伝送速度が128 kbps〜100 Mbps，1 Gbps，10 Gbps等のサービスが提供されており，さらに，契約した伝送速度以上にベストエフォート型でトラフィックを流すことが可能となるなどのオプションサービスもある．新たなインタフェース仕様や機能オプションについては，現在も標準化が進められている[2]．

C. ソーシャルネットワークサービス

インターネットのウェブサイト等を利用して人間関係のネットワークを構築するアプリケーションとしてSNSがある．SNSでは，実社会における友人や知人を介して，信頼関係に基づく人的ネットワークを構築する．サービスの普及当初は構成メンバーからの紹介をもとにメンバーが拡張されていたが，最近は，必要情報の公開などを条件に，登録制によるメンバーの拡張が行われている．SNSのサービス提供者は，人的ネットワークの構築や管理，ネットワークを構成するメンバー間の交流促進のためのシステム運用などを行う．

SNSの情報伝搬や成長過程については，人的ネットワークの統計的な特性に基づく分析などが行われている．特に，ある人が世界中の任意の人に知人を通じてたどり着くまでの中継数が限られていることを示すスモールワールド[3]の概念は，こうした分析を行う上で多く参照され，情報伝搬の評価モデル等にも利用される．

参考文献

1) IEEE Std 802.3 2002 Edition, "Carrier Sense Multiple Access with Collision Detection (CSMA/CD) Access Method and Physical Layer Specifications" (2002)

2) 阿部多伎明良 編：広域イーサネット技術概論，社団法人電子情報通信学会 (2005)

3) Duncan J. Watts: *Six Degrees: The Science of a Connected Age*, W. W. Norton & Company, 1st edition (February 2003)

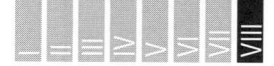

ネットワークシミュレーション
[英] network simulation

通信ネットワークは，複数のノードとリンクで構成され，ルーティングをはじめとするさまざまな通信規約（プロトコル）によって，情報（パケット）が転送されるシステムである．この通信ネットワークをコンピュータ上の仮想環境に構築して，さまざまなプロトコル動作，パケット転送動作を模擬し，転送遅延，リソース使用率，スループット，経路確立・変更の収束時間など，ネットワーク性能評価項目を計測，分析する手段を，ネットワークシミュレーションという．

A. おもな評価対象システム

通信ネットワークを構成するノード（ルータ，スイッチ）は，下図に示す**TCP/IP**（transport control protocol / Internet protocol）を含む，さまざまなプロトコルにより構成される．ノードでは，各層のプロトコル処理動作に従ってパケットが生成され，ネットワークに送出される．また，**OSPF**（open shortest path first），**BGP**（border gateway protocol）など，パケットがネットワーク上を流れる経路を制御するためのさまざまな**ルーティングプロトコル**（routing protocol）の設定に従い，ネットワーク上をパケットが流れる．ネットワークシミュレーションでは，このような機能を有するノードとこれらを接続したリンクにより構成された，通信ネットワークシステムを扱う．すべてのプロトコル動作を最初からモデル化するには時間がかかるため，これらの機能を模擬したライブラリを有するシミュレーションツール（OPNET[1]，ns2[2]，Qualnet[3]など）を利用することが多い．

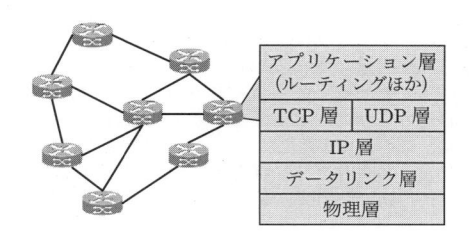

B. シミュレーションの利用

ネットワークシミュレーションは，おもにプロトコル性能評価とネットワーク性能評価を行うために利用される．

（1）プロトコル性能評価　ルーティング制御・パケット転送制御などの新規プロトコルについて，プロトコル処理動作を模擬するシミュレーションモデルを構築し，想定するネットワークにおいて，所定の性能を満たすかどうかを評価する．十分な**正確性**（fidelity）を確保するために，まず，制御を実現するために実行される，ノード間の情報シーケンス，交換する情報内容を示すパケットフォーマット，プロトコル状態と状態間遷移を定義するイベントなどを正確にモデル化する．つぎに，イベントごとに処理が進む**離散イベントシミュレーション**（discrete event simulation; **DES**）というシミュレーション方法により，プロトコル動作を模擬する．この際，性能評価項目の計測，解析を行い，計測結果を実際のプロトコル設計にフィードバックする．

（2）ネットワーク性能評価　パケット転送経路を決定するルーティングプロトコル設定，ネットワーク構成，および，ノード間で流通する通信量（トラフィック）の交流行列が与えられたとき，リンク使用率，転送遅延，パケット損失などの性能評価項目を計測し，ネットワーク全体が所定の性能を満たすかどうかを評価する．対象とするネットワーク構成情報と計測トラフィック情報から，ネットワークモデルを構成する．シミュレーション実験では，トラフィック量の増減や，リンク・ノード障害箇所についてさまざまなシナリオを想定し，ネットワーク全体の性能（エンドノード間の疎通の可否，リンク使用率など）を比較評価する．このようなさまざまなシナリオに対して，シミュレーション実験を実行，計測結果を比較する，"What-if test"と呼ばれる方法論がよく利用される．

C. 今後の課題

ネットワークシミュレーションでは，ネットワークの規模が大きくなると，イベント処理数や状態変数も飛躍的に増加し，多大な処理時間を要することがある．このような場合には，詳細にプロトコル動作を模擬する部分と，簡略化したモデルを用いたり，解析的な結果を利用したりする部分とを合わせた，ハイブリッドな方法論がとられることもある．検討目的をよく考慮してモデル化を行うことが重要になる．また，実装置とシミュレーションを結合させるsystem in the loop（SITL），複数のシミュレーションを協調して実行する**協調シミュレーション**（co-simulation）という方法論も利用されつつある．

参考文献
1) http://www.opnet.com/
2) http://www.isi.edu/nsnam/ns/
3) http://www.qualnet.com/
（いずれも2010年10月18日現在）

分野：通信ネットワーク
部門：ネットワーク［VIII-1］

ネットワーク制御
[英] network control

ネットワーク制御とは，通信サービスに要求される**品質**（quality of service; **QoS**, ⇒p.373）を満足するよう，確率的に変動する通信トラフィックに対して，限られたシステムリソースを効率的に割り当てるメカニズムである．ネットワーク制御を適用した通信システムの特性を解明するためには，トラフィックの確率的な挙動や複雑なシステム要素間の交互作用を考慮する必要がある．このため，トラフィック理論や制御理論などの解析的手法の適用は限定され，シミュレーション技術が幅広く活用されている．

通信システム内のトラフィックの流れ（フロー）に着目すると，ネットワーク制御は，流量制御，順序制御，経路制御に大別できる．以下，それぞれの制御技術の概要と分類を示す．

A. 流量制御

設計負荷を超えるトラフィックがシステムに加わることにより，無効な処理や再送が増大し，スループット低減などの性能劣化が生じる．一般に，このような混雑に伴う性能劣化を**輻輳**(ふくそう)（congestion）と呼ぶ．

流量制御は，加わるトラフィックの量（フロー量）を定められたレベルに制限し，システムリソースの無効保留による輻輳を抑える規制的制御である．以下のとおり，全体フロー制御と個別フロー制御に分類できる．

（1）全体フロー制御 着目するシステムに加わるトラフィック全体の流量を制限する制御である．自然災害やチケット予約などに伴い発生するネットワーク輻輳に対する発信規制制御（過負荷制御），平常トラフィック時の**呼受付制御**（connection admission control; **CAC**）などが含まれる．

（2）個別フロー制御 個々の通信単位を表すフローごとの制御である．代表例として，トランスポートレイヤにおけるTCPウィンドウフロー制御，フローごとの帯域幅を制限するシェーピングやポリシングが挙げられる．

B. 順序制御

システム内でのフローの転送（より一般的には「処理」）の順序を入れ替える制御である．コンピュータ分野におけるスケジューリング，通信分野における**優先権制御**（priority control）が，順序制御に該当する．以下，N. K. Jaiswal[1]，藤木ら[2]に従い，優先権が定められる場所による分類を示す．

（1）外部優先権制御 システムに入る前から退去まで優先権が変わらない制御である．処理の中断を伴う割込み形優先権と処理完了を待つ非割込み形優先権を基本とし，これらを組み合わせた複合形優先権，判断形優先権，量子指向形優先権などがある．

（2）内部優先権制御 システム内部の状態に応じて優先権が変わる制御である．あるクラスの処理をすべて終えた時点で他のクラスの処理に移る交番優先権，待ち時間の増加に伴い優先度を高くする動的優先権，遮断形優先権（留保制御），走行時間形優先権（ラウンドロビン等）などが代表的である．

C. 経路制御

システム内の負荷に応じてフローの転送ルートを変更する制御である．システムの冗長性に着目して空きリソースを有効に活用する，いわゆる拡大的制御である．以下のとおり，途中経路を変更する**ルーティング制御**（routing control, ⇒p.351）と宛先自体を変更するデスティネーション制御に分類できる．

（1）ルーティング制御 電話網における，固定迂回ルーティング（遠近回転法）やダイナミックルーティングに加え，インターネットにおけるOSPF，BGPなどのプロトコルに従う経路制御もこの分類に含まれる．

（2）デスティネーション制御 通信相手の宛先自体を変更する制御である．ミラーやキャッシュサーバを用いた配信コンテンツの再配置制御が代表的である．コンテンツをコピーするポイントに宛先を変更するという意味で，マルチキャストもこの制御に含まれる．

これからの通信を取り巻く環境の変化を，ネットワーク制御の観点から見ると，人対人の通信から人対機械，機械対機械の通信への変化，予測が困難で要求品質や帯域が異なるトラフィックの多様化などがさらに進展すると考えられる．今後は，このような変化に対して，ユーザが要求する品質の範囲内で『通信時間・経由ルート・着信先・通信形態』を制御することで，ユーザとサービス提供者の双方にとって『望ましいトラフィックの流れ』を実現するネットワーク制御の実現が望まれる．

参考文献
1) N. K. Jaiswal: *Priority Queues*, Academic Press (1968)
2) 藤木正也，雁部頴一：通信トラフィック理論，丸善 (1980)

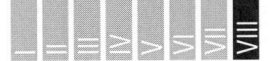

分野：通信ネットワーク
部門：ネットワーク [VIII-1]

ネットワーク測定
[英] network measurement

インターネットトラフィックの増加とインターネットの利用形態・アプリケーションの多様化に伴い，ネットワーク（NW）の状態を把握することで，効率的な運用を支えるネットワーク測定が重要となっている．

ネットワーク測定技術は，大きく，**アクティブ測定**（active measurement）と**パッシブ測定**（passive measurement）に分けられる．アクティブ測定は試験パケットを NW 上で送受信することで，NW の品質や状態を把握する測定法を指す．パッシブ測定は，NW を通過する実トラフィックを観測する測定法を指す．

A. アクティブ測定

アクティブ測定は，一般に，着目する送受信端末間でのエンドツーエンド通信品質を把握するのに用いられ，試験パケットを送出してその往復伝搬遅延時間やパケット損失率を測定する．また，端末間でのスループットや，通信経路上のボトルネックリンク帯域を推定するツールも存在する[1]．また，複数のエンドツーエンドでのアクティブ測定データから，NW 内部の状態を推定する**トモグラフィ**（tomography）と呼ばれる測定分析手法も研究されている[2]．

簡単な例を用いて，内部区間のパケット損失率を推定する手順を説明する．送信ノード 0 と二つの宛先ノード 1, 2 があり，ノード 0 から 1 への NW 上の経路，および 0 から 2 への経路において，ノード 0 から NW 内部ノード 3 までは経路が同じだとする．このとき，ノード 0 と内部ノード 3 の間のパケット到達率 A，内部ノード 3 と宛先ノード 1 の間のパケット到達率 B を推定する方法は以下のとおりとなる．送信ノード 0 から二つの宛先ノード 1, 2 に試験パケットペア（パケットの対）を送信する．先発と後発のパケットがそれぞれノード 1, 2 に届く確率 D, E，および両方とも終点に届く確率 F を計測し，$A = (DE)/F$，$B = F/E$ により推定する[2]．このように，トモグラフィでは NW 内部の状態を推定するために用いられる．

B. パッシブ測定

最も基本的な測定は，SNMP（simple network management protocol）を用いて，NW 上のルータ内の MIB（management information base）より，各リンクを流れるトラフィック量（バイト数）を収集し，リンクの使用状況を把握する方法である．

一方，品質劣化要因となる NW リソースの浪費や，セキュリティ上の問題を引き起こすトラフィックの検出に対する要望の増大に伴い，**フロー測定**（flow measurement）が注目されており，異常トラフィックの検出や，ヘビーユーザの特定，トラフィックエンジニアリング等への応用が検討されている．ここでフローとは，{送信元 IP アドレス，宛先 IP アドレス，送信元ポート番号，宛先ポート番号，プロトコル番号} の五つ組を同じくするパケット群を指す．

NW 内の各ルータでフロー情報（フローごとのパケット数，バイト数）を測定し，それらをコレクタと呼ばれる装置で収集・加工する．例えば，プロトコル/ポート番号別に集約してアプリケーション別トラフィックを把握したり，対地別に集約して交流トラフィックを把握したりすることが可能となる．その他，下図に示すように，ある集約単位でのトラフィック量（バイト数，パケット数，フロー数など）の時系列データを作成し，トラフィックの急激な変化を検出したら，トラフィックの突発的な増加を分析することで，**DDoS**（distributed denial of service）攻撃などの異常トラフィックを検出・特定する．

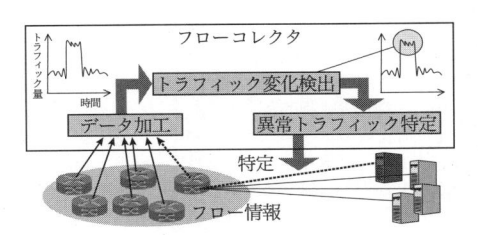

すべてのフロー情報を収集するには，監視対象 NW で全パケットキャプチャが必要となるが，NW の大規模化・高速化によりスケーラビリティの問題が生じるため，通常はパケットサンプリングに基づくフロー測定が行われる．そのため，サンプリングに起因する情報欠損の影響を考慮したフロー分析手法が必要となる[3]．

これらの測定により得られたフロー統計などをもとに，NW シミュレーションへの入力モデルに利用することも可能である．

参考文献
1) Pathchar, http://www.caida.org/
2) 長谷川亨，阿野茂浩，鶴 正人，尾家祐二：大規模ネットワークの品質計測・障害推定技術，電子情報通信学会誌 vol.91, no.2 (2008)
3) 川原亮一，森 達哉，上山憲昭：IP フロー計測技術の応用，電子情報通信学会誌, vol.93, no. 4 (2010)

ネットワークの情報可視化
[英] information visualization for networks

ネットワークを可視化することの意義は，そのままでは直接見ることができない構造を視覚的に表現することで，分析や操作を可能あるいは容易にすることである．ネットワークはグラフとして抽象化できるため，ネットワークの可視化は**グラフ描画**（graph drawing）と言い換えることができる．

グラフの視覚的な表現には**連結図**（node-link diagram）が用いられることが多い．ノードは一つの図形で，エッジはノードをつなぐ線で表される．表現形式はノードやエッジの形状や配置に関する規約と，可読性を高めるための美的基準（aesthetic criteria）によって定められる．与えられたグラフに対して，表現形式に従った視覚的表現を生成する技術が描画技術である．

A. 古典的なグラフ描画技術

グラフ描画技術は 1980 年代頃から発達してきており，90 年代前半には古典的手法と呼ばれる基本的な手法が揃った[1, 2]．

（1）無向グラフの描画技術 力指向アルゴリズムが有名であり，実装と拡張の容易さから幅広く利用されている．表現上の特徴としては，ノードの配置に制約がなく，エッジを直線で描く．

力指向アルゴリズムは，1984 年に Eades によって提案された**スプリングモデル**（spring embedder model）に端を発する．グラフをバネによってモデル化し，その安定状態を求める．小規模グラフに関しては良い配置を与える．計算速度や配置の質を改善するために，Kamada & Kawai (1989)，Fruchterman & Reingold (1991)，Frick ら (1995) などによって改良手法が開発された．

（2）有向グラフの描画技術 有向グラフの描画手法としては，1981 年に提案された Sugiyama アルゴリズムが有名である．ノードを水平な平行線上に配置し，エッジは下向きの折れ線で描く．美的基準としては，エッジ交差数最小化やバランス性などが採用されている．Gansner ら (1988) によって改良され，ツールキット Graphviz でも利用されている．Sugiyama & Misue (1991) により，ノード内にグラフが入れ子になった複合グラフへの拡張も行われた．

B. 大規模グラフの描画技術

古典的手法では大規模なグラフの描画は難しい．そのため，大規模グラフ向けの技術が開発されている[3]．

（1）大規模グラフの配置技術 力指向アルゴリズムで大規模なグラフを扱うために，マルチレベル法が開発された．与えられた大規模グラフから粗いグラフを作成し，配置を求める．その結果を詳細なグラフの初期配置に利用することで高速化する．そのほかにも，代数的なアプローチによる高速化や，GPU（graphical processing unit）を利用した高速化なども取り組まれている．数百万ノードのグラフを数秒で描画する手法もあるが，描画の質が課題として残されている．

（2）大規模グラフの表現技術 描画の高速化だけでは大規模なグラフの可読性の確保は難しい．そこで，表現形式に関しても工夫がなされている．代表的なものとしては，視覚的なクラスタリングがある．例えば，エッジバンドル（edge bundle）は，エッジを束ねて表現することで骨格を顕在化させる．そのほかにも，構造的な魚眼表示により着目部分を詳細に，それ以外を粗く表示する手法もある．

C. 動的グラフの描画技術

時間とともに変化するグラフの系列を描く技術も開発されている[3]．

（1）動的グラフの配置技術 変化の認知を助けるためにメンタルマップを保存する必要がある．そのためには，系列内のグラフをまとめて処理すると都合が良い．まとめ方として，アグリゲートやマージがある．このような手法はオフライン手法と呼ばれ，グラフの系列が事前にすべて与えられていると仮定している．対する手法はオンライン手法と呼ばれ，現在までの系列しか利用しない．

（2）動的グラフの表現技術 グラフを視覚的にうまく表現するためには，2 次元（以上）必要である上に，さらに時間軸を表現しなければならない．表現上の工夫としては，物理的な時間を利用する（アニメーション），スナップショットを 1 列あるいは行列状に配置する，あるいは 2 次元上に描かれたネットワーク図を系列順に積み重ねる（2.5 次元表現）といった手法がある．

参考文献
1) 杉山公造：グラフ自動描画法とその応用，コロナ社 (1993)
2) M. Kaufmann and D. Wagner (eds.): *Drawing Graphs: Methods and Models*, Lecture Notes in Computer Science, Vol.2025, Springer (1998)
3) 三末和男：ネットワークの可視化技術，電子情報通信学会誌 Vol.92, No.2, pp.112–117 (2009)

粘弾性流体の流動
[英] flow in visco-elastic fluid

高分子の融液や溶液は，変形に対して粘性流体と弾性体の中間的性質を呈する。このような性質を**粘弾性**（visco-elasticity）といい，プラスチックの成形やビルの免震装置，最近では物体表面を流れる流体の抵抗低減などで重要な役割を果たしている。

プラスチックの成形加工（polymer processing）では，高温で溶融されたプラスチック融液を金型内に流動充填し，冷却固化させることで製品を得ている。このとき，型内の融液は流動に伴うせん断変形を伴いつつ固化するため，材料の粘弾性とその温度変化に基づいて，製品内にせん断ひずみが残留する現象が生じ，製品の品位に影響する。したがって，より高品位な製品を得るためには，製品内に残留するひずみを高精度に予測することが求められる。

こうしたシミュレーションを行うためには，材料の粘弾性のモデル化と，それに合致した構成方程式の構築，粘弾性の温度依存性のモデル化などが必要となる。

A. 材料の粘弾性のモデル化

粘弾性は粘性と弾性の双方を併せ持った性質であることから，一般に，粘性を表すダッシュポットと弾性を表すバネを組み合わせたモデルで表される。最も単純な粘弾性モデルは，一組のダッシュポットとバネを並列に接続した**フォークト模型**（Voigt model）と，ダッシュポットとバネを直列に接続した**マックスウェル模型**（Maxwell model）である。前者は粘弾性を呈する固体のモデルであり，後者は粘弾性流体の挙動を説明するためのモデルである。実際の高分子の挙動は，一組のダッシュポット・バネの組み合わせで表されるほど単純でないため，通常は複数のダッシュポット・バネを直並列に組み合わせた一般化マックスウェル模型あるいは一般化フォークト模型が用いられる。

B. 構成方程式

材料のひずみとそれにより生じる応力の関係を表す方程式を構成方程式（constitutive equation）という。1次元の変形の場合，純粘性のニュートン流体に対しては，$\dot{\gamma}$ をひずみ速度として $\tau = \eta\dot{\gamma}$ であり，純弾性のフック弾性体に対しては，ε をひずみとして $\sigma = E\varepsilon$ である。

粘弾性体に対しては，その変形状態によってさまざまな構成方程式が提案されているが，せん断流動場に対しては，つぎの**レオノフモデル**（Leonov model）[1] がよく用いられる。

$$\bar{\tau} = \sum_{k=1}^{N} \frac{\eta_k}{\theta_k} \begin{pmatrix} c_{11,k} & c_{12,k} & 0 \\ c_{12,k} & c_{22,k} & 0 \\ 0 & 0 & 1 \end{pmatrix}$$
$$+ s\eta_0 \dot{\gamma} \begin{pmatrix} 0 & 1 & 0 \\ 1 & 0 & 0 \\ 0 & 0 & 0 \end{pmatrix}$$

ここで $\bar{\tau}$ は応力テンソル，$\dot{\gamma}$ はせん断速度，$c_{ij,k}$ は k 番目の緩和モードのフィンガーの弾性ひずみテンソル要素であり，η_k と θ_k は k 番目の緩和モードのせん断粘度と緩和時間である。また，η_0 はゼロシェア粘度で $\eta_0 = \sum_{k=1}^{N} \frac{\eta_k}{1-s}$ として求める。すなわち，このモデルでは粘弾性流体を N 個のマックスウェル模型と一つのダッシュポットを並列接続した模型でモデル化している。

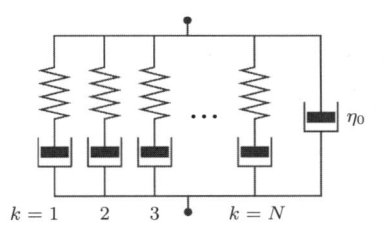

C. 粘弾性の温度依存性のモデル化

高分子融液の粘弾性特性の温度依存性を表すモデルには，アレニウス式とWLF式による**温度時間換算則**（time-temperature superposition principle）が用いられることが多い。特に後者は，流動を生じるような軟質な高分子材料に対して良い近似を示すとされる。

温度時間換算則は，温度変化を特性時間の変化に置き換えて表すモデルである。すなわち

$$\theta_k(T) = \theta_k(T_0) \frac{\alpha_T}{\alpha_{T_0}}, \quad \eta_k(T) = \eta_k(T_0) \frac{\alpha_T}{\alpha_{T_0}}$$

である。この式中の α_T をシフトファクタと呼ぶ。WLF式[2] によれば，シフトファクタはつぎのように求められる。

$$\log_{10} \alpha_T = -\frac{C_1(T - T_{\text{ref}})}{C_2 + (T - T_{\text{ref}})}$$

T_{ref} として，高分子材料のガラス転移温度より50 K高い温度を用いると，非晶性の高分子に対しては $C_1 = 8.86$, $C_2 = 101.6$ K となることが知られている。

参考文献
1) Leonov, A. I.: *Rheol. Acta*, 15, pp.85–98 (1976)
2) Ferry, J. D.: *Viscoelastic Properties of Polymers*, John Wiley & Sons, p.274 (1980)

燃料電池
[英] fuel cell

燃料電池は古く1839年にそのひな形といえるものが提案されており，自動車の動力源としてもガソリンエンジンより早く検討されていたといわれる。長期間忘れられていたともいえる時期が続いたが，現在では発電効率が高い動力源として期待が持たれている装置である。多様なタイプが提案されているが，開発が進んでいるものを大きく分けるとプロトン交換膜形と高温形に分類される。

プロトン交換膜形は電極間にプロトン交換膜を挟んだ構造をしており，高分子電解質膜が用いられている。固体高分子形燃料電池とも呼ばれる。高温形は高温における電解質内での高イオン拡散性を利用するもので，溶融塩を含む電解質溶液を支持膜に含浸させるものと固体内のイオン拡散を利用するものとがある。それぞれの形によって電極反応が異なり，特に低温側で使用する形では電極触媒を用いる必要がある。

開発課題としては導入コストとランニングコストの低減，長寿命化などが挙げられ，電極および電極触媒，電解質，燃料ガスの供給と排出機構など各部材での高性能化が要求されている。これらの課題に対してシミュレーションを活用した研究が行われている。各部材の内部およびそれぞれの界面で生じる過程が重要な要素となるため空間的，時間的に幅広いスケールでの取り扱いがなされている。

A．セルの構成とナノシミュレーション

下図に，固体高分子形燃料電池セルの模式図を示す。

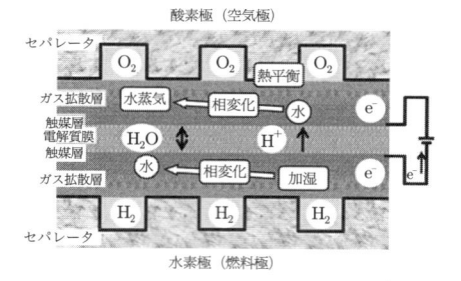

ここで，それぞれの構成要素は多孔質構造もしくは分散構造を有していて複雑であるが，分子やイオンが直接関与する過程は分子軌道法や密度汎関数理論に基づく電子状態計算が，分子の集合状態に関しては（古典）分子動力学法が，さらに多孔質構造や分散構造については動的密度汎関数法（密度分布関数による自由エネルギー計算）や粗視化粒子動力学法が適用される。また，セル全体の動作性能を解析/予測するためにはマクロな化学反応速度シミュレーションと熱流体シミュレーションが適用され，燃料の供給条件や生成した水の排出状況などに応じた電圧−電流曲線の計算などが行われる。これは，セル構造の設計に使われるレベルにあるといえる。

B．電極触媒の反応性と構造

電極触媒反応については，水素，酸素，水分子などの反応に関わる電極表面での吸着状態や化学結合の交換などが電子状態計算の結果に基づいて解析される。電極表面の結晶面や共存元素の影響などが調べられるが，通常の電子状態計算と比較すると「電位の効果」を考慮する必要があることが特徴となる。カーボン電極上の白金微粒子の担持形状についてはクラスターモデルによるMO計算が多く報告されているが，粒子分散状態についてはフェーズフィールド法（動的密度汎関数法の一種）によって調べられた例がある。電極部分の多孔体構造には球状粒子などの堆積過程を想定したモデリングがなされた例があり，モデルの信憑性は体積密度などで評価される。モデリングによって得られた多孔質構造のもとで電解液や燃料などの輸送をシミュレートするためには，複雑な流路形状やクヌーセン拡散領域に有効な格子ボルツマン法が用いられる例が多い。ガス拡散層の構造と特性についても同様の状況にあるが，構造が電極触媒に比べて大きいために顕微鏡写真をディジタル化して作成したモデル構造が用いられることもある。

C．電解質膜シミュレーション

電解質膜の構造は，おもに高分子が親水基と疎水基を共存させていることによる水とのミクロ相分離によって決定される。大規模な古典分子動力学シミュレーションや粗視化粒子法などによって高分子の化学構造とミクロ相分離構造との関係が調べられ，高分子材料設計の方針策定に利用され始めている。固体内のイオン拡散を利用する固体電解質形では，固体電解質の多結晶組織構造のシミュレーション（フェーズフィールド法）と古典および第一原理分子動力学法による結晶粒内，結晶粒界におけるイオン拡散の動力学的計算が行われる。材料の結晶構造とイオン拡散性の関係の把握などで活用されている。

分野：生命・医療・福祉
部門：医療 [V-4]

脳機能 MRI

[英] brain functional magnetic resonance imaging; fMRI

MRI（⇒p.114）を用いたシミュレーションは，脳機能イメージング解析の分野にも利用されている。その代表的なものは，fMRI解析ツールのSPM (statistical parametric mapping) である。ここでは，A. fMRIのメカニズム，B. SPMの概要，C. SPMに関係するヘモダイナミックシミュレーションについて述べる。

A. fMRIのメカニズム

非侵襲的な形態画像ツールとして，MRIが臨床の場に広がり始めていた1990年代前半に，MRIが形態画像だけでなく機能画像も取得できることを，日本人の研究者である小川らが発表し，神経科学の分野に大きな衝撃を与えた。今では，ヒトを対象とした神経科学研究において，欠かせないツールとして利用されている。デオキシヘモグロビンが作り出す磁場の不均一を敏感に反映するこの撮像法は，**BOLD** (blood oxygen level dependent) 法と呼ばれ，脳賦活時に酸素消費量の増加を血流の増加が上回ることにより，デオキシヘモグロビン濃度が低下して活動部位の信号上昇がもたらされることを利用したものである。この信号上昇を統計的に処理して有意な脳機能変化をマッピングするのが一般的である。

B. SPMの概要

この解析用ソフトウェアは，University College of Londonの神経学研究所に所属するFristonを中心とする研究グループにより，無料で配布されている[1]。基本的には，脳賦活によるBOLD信号変化のモデルを作成して，ピクセルごとに線形解析を行い，統計学的に有意に神経活動と相関する信号変化を含むピクセルを抽出するソフトウェアである。ただ，元のデータをそのまま使用して単純に線形解析しても，賦活ピクセルの抽出率は低い。そのため，動き補正 (head motion correction)，スムージング (spatial and temporal smoothing)，違う種類の撮像を併せるためのcoregistration，複数の被験者の脳データを加算するための脳形態の標準化 (normalization) など，さまざまなツールが装備されている。

SPMで検出された1次視覚野の活動を以下に示す（口絵18）。

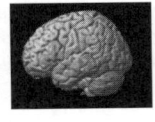

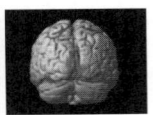

C. SPMに関係するヘモダイナミックシミュレーション

これまで述べてきたように，SPMは線形解析を基礎とする解析ソフトウェアである。そのため，脳賦活による信号変化のモデル作成が必要となるが，BOLD信号のメカニズムからわかるように，信号は循環代謝過程（**ヘモダイナミクス**; hemodynamics, ⇒p.154）の結果として変化するため，神経活動（⇒p.69）をダイレクトに反映したものではない。そこで，神経活動からBOLD信号変化に至るまでの過程に対して，多くのシミュレーションが行われてきた。ここでは，デオキシヘモグロビン量，局所脳静脈血液量，酸素抽出率などの循環代謝パラメータからBOLD信号変化をシミュレートした研究と，その検証を行った報告を紹介する。**DCM** (dynamic causal modeling) と呼ばれるこのシミュレーションは，カリフォルニア大学サンディエゴ校のBuxtonらにより提唱され[2]，その後の研究で，より線形性の高いモデルが提案された[3]。次式(1)は前者，式(2)は後者を表す。

$$\frac{\Delta S}{S_0} \approx V_0 \left[k_1(1-q) + k_2\left(1-\frac{q}{v}\right) + k_3(1-v) \right] \quad (1)$$
$$k_1 = (1-V_0)\, 4.3\theta_0 E_0 \text{TE}, \quad k_2 = 2E_0, \quad k_3 = 1-\varepsilon$$

$$\frac{\Delta S}{S_0} \approx V_0 [(k_1 + k_2)(1-q) + (k_3 - k_2)(1-v)] \quad (2)$$
$$k_1 = 4.3\theta_0 E_0 \text{TE}, \quad k_2 = \varepsilon r_0 E_0 \text{TE}, \quad k_3 = 1-\varepsilon$$

ここで，$\frac{\Delta S}{S_0}$ は信号変化率，E_0 は安静時酸素抽出率，V_0 は安静時静脈血液量率，TEはエコータイム，q は相対デオキシヘモグロビン量，r_0 は血管内 R_2^* と酸素飽和度間の勾配，v は相対血液量，ε は血管内外信号比，θ_0 は周波数オフセットである。

Fristonグループの Stephan らは，視覚野での機能相互作用の BOLD 測定データを用いて，Bayesianモデルにより，これらのシミュレーションモデルの妥当性を評価した[4]。その結果，非線形性の高い式(1)を用いて，新規の定数（式(2)の $k_{1\sim 3}$）を使用し，ε をフレキシブルに設定することで，より実際に近いシミュレーションが行えるとの結論を導き出している。

参考文献

1) http://www.fil.ion.ucl.ac.uk/spm/
2) Buxton, R. B., et al.: *Magn Reson Med*, 39(6), pp.855–864 (1998)
3) Obata, T., et al.: *Neuroimage*, 21(1), pp.144–153 (2004)
4) Stephan, K. E., et al.: *Neuroimage*, 38(3), pp.387–401 (2007)

脳磁図

[英] magnetoencephalography; MEG

脳内神経細胞の電気生理学的な活動によって生じた磁場（脳磁場，脳磁界）を，頭皮上に配置したコイルを介して超伝導量子干渉素子で非侵襲的に測定する技術（脳磁計），またその磁場データをいう．脳内の代謝や神経化学作用に基づくfMRI (⇒p.259) やPET等に比べて時間分解能に優れ，高次脳機能計測や小児てんかん等の診断に用いられる．

A. 脳磁場発生の機序

脳内神経細胞（ニューロン，⇒p.247）は細胞体，樹状突起，軸索からなり，ニューロン同士は軸索の末端と樹状突起の接合部（シナプス）を介して情報を伝達する．軸索末端から放出された神経伝達物質を樹状突起の受容体が受け取ると，ニューロンは細胞膜を通じてナトリウムイオン等を取り込み，細胞膜の電位（**シナプス後電位**; postsynaptic potential, ⇒p.132）が変化する．その後，細胞体から軸索の末端に向けて活動電位が伝導する．このとき，細胞体から樹状突起に向けて生じた電流に伴って磁場が生じる．発生した磁場は，そのもととなる被験者に提示した刺激に応じて，例えばそれが聴覚刺激であれば，聴覚誘発磁場などと呼ばれる．

測定される脳磁場は，多数のシナプス後電位の寄与による10 nAm オーダーの電流源から生じる．測定される磁束密度は10～1000 fT と微弱であり，地磁気の約10億分の1程度の磁場を検出する装置が必要である．

B. 脳磁図計測装置

（1）**超伝導量子干渉素子** ジョセフソン接合を持つリング状の超伝導素子（superconducting quantum interference device; SQUID）である．脳磁図では二つの接合を持つdc SQUIDが用いられる．超伝導ではリングを貫通する磁束の変化を打ち消す方向に，リング内に電流が生じる．リングにバイアス直流電流を加え，リング内の電流が臨界値を超えるようにしたときに，磁束の変化で接合部に生じた電位差を測定することで，高感度に磁場を検出できる．

（2）**ノイズ除去装置** 測定は磁気シールドルーム内で行われる．磁気シールドルーム壁には，高い透磁率を有するミューメタルや，銅，アルミなどの素材を用いる．

頭皮上で磁場を検出する際，グラジオメータ（gradiometer）が用いられることが多い．グラジオメータは逆向きに巻いた二つのコイルで構成され，磁束の空間的な勾配を検出することで，外部環境からの均一な磁場成分を除去する．グラジオメータには1次勾配型，2次勾配型などの種類がある．そのほかにも，磁束そのものを捕らえるマグネトメータ（magnetometer）や，直交する3方向に向けたコイルで磁場のベクトル成分を検出するベクトル型マグネトメータがある．コイルなどの検出部はデュワー（dewar）に収められ，液体ヘリウムで冷却して使用される．

C. 脳磁場の物理モデルと脳活動部位推定

生体の電気生理学的活動による信号は1 kHz以下であり，**マクスウェル方程式**（Maxwell equation）の準静場近似が成り立つ．脳磁図ではおもに0.1～100 Hzの成分を扱う．

脳内の電流は，細胞内に生じる1次（駆動）電流（J_p）と，それに伴う周囲の電場によって生じる2次（体積）電流（$-\sigma\nabla V$）の和で表される．σ は導電率，V は電位である．脳が均一な電気的特性を持つ複数の領域からなるとすると，位置 r での磁場は1次・2次電流を用いて，**ビオ・サバールの法則**（Biot-Savart law）から以下の式で表される．

$$B(\boldsymbol{r}) = B_0(\boldsymbol{r}) + \frac{\mu_0}{4\pi}\sum_{i,j}(\sigma_i - \sigma_j)\int_{s_{i,j}} V(\boldsymbol{r}')\frac{\boldsymbol{r}-\boldsymbol{r}'}{\|\boldsymbol{r}-\boldsymbol{r}'\|^3}\times dS'_{i,j}$$

ここで B_0 は J_p のみによる磁場，μ_0 は透磁率，σ_i は領域 i の導電率であり，右辺第2項は領域 i と j の接する面での積分である．上式の計算には境界要素法（⇒p.65），有限要素法（⇒p.335）が用いられる．また，脳の構造を同心球殻で近似することで，2次電流と，球の法線方向の電流は，磁場に寄与しないことが示されている．

J_p を近似する電流双極子と測定データには線形の方程式，$m(\boldsymbol{r}) = \sum_k \boldsymbol{L}_k \boldsymbol{q}_k$ が成り立つ．$m(\boldsymbol{r})$ は $\boldsymbol{r}$ での測定データ，$\boldsymbol{q}_k$ は k 番目の離散点の電流双極子ベクトル，$\boldsymbol{L}_k$ は $\boldsymbol{q}_k$ の測定データへの寄与を表す感度ベクトル（リードフィールド）である．複数の測定データから連立方程式を得て $\boldsymbol{q}_k$ について解くことで，脳活動部位が推定される．解法には一般化逆行列，ビームフォーマー（beamformer）法，MUSIC (multiple signal classification) 法等，さまざまな方法がある．

参考文献

1) M. Hämäläinen, et al.: "Magnetoencephalography-theory, instrumentation, and applications to noninvasive studies of the working human brain", Rev. Mod. Phys., **85**, 2, pp. 413–497 (1993)

分野：機械
部門：機械力学・計測制御・生産システム［III-3］

能動音響制御
［英］active noise control; ANC

騒音に対して逆位相の制御音を干渉させることで騒音を抑制する能動音響制御（ANC）は，比較的古い技術であり，以前から研究がなされている．近年はディジタル技術の進歩により制御系の性能が高くなってきたため，実用へ向けての研究も検討されるようになってきている．事前にシミュレーションを実施することで，制御要素（マイクロホンやスピーカ）の適切な配置を検討することや，制御効果を事前に見積もることが可能となる．また，**適応アルゴリズム**（adaptive algorithm）に独自の改良を加えようとする場合には，実験前のシミュレーションによる検討は不可欠である．

ANCにおいて，シミュレーション結果のみで議論できることは，それほど多くはなく，たとえ基礎的な検討であっても，モデル環境における実験結果と比較することが重要である．このことは他の多くの工学分野と同様であろう．シミュレーションを実施することのメリットは，注目するパラメータを変えながら多くの条件下での検討を比較的容易に行える点である．このことから，シミュレーションを実施する場合には，事前にモデル実験の結果と比較し，シミュレーションの精度が満足できるものであることを確認することが肝要である．精度の良いシミュレーションを実施するためには，事前に対象とする音場の特性を測定し，それをシミュレーションに反映させることが必要であり，これにより，実験を実施する前に定量的な検討が可能となる．

A. 適応制御と適応同定

適応同定（adaptive identification）は適応的に対象系の特性を同定する手法である．ANCの場合は実験で使用する制御系が**適応制御**（adaptive control）であることが多いため，実験時とほぼ同じ構成のままで適応同定が行える．このことから，ANCでは事前のシミュレーションに必要な音響特性の取得に適応同定を利用することが多い．ANCで用いられる適応アルゴリズムのうち現状で最も一般的なアルゴリズムは，**LMSアルゴリズム**（LMS algorithm）およびFiltered-x LMSアルゴリズムであるが，適応同定でも，LMSアルゴリズムを利用することで，音響特性を**FIRフィルタ**（FIR filter）として同定することができる．適応同定のブロック図を示す．

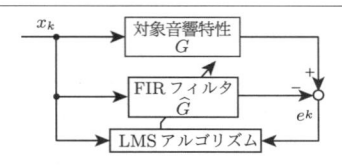

B. 結果の比較

ANCにおけるシミュレーションの役割を示すために，シミュレーションおよび実験について，その一例を紹介する．下図(a)に示すように，無響室内に制御要素を配置し，ANCを実施した際の実験結果を図(b)に示す．図の横軸が制御開始からの時間，縦軸が信号の大きさを示している．黒い実線が，制御しない場合の騒音信号であり，灰色の実線が制御時の結果である．ANCによって制御開始後数秒で騒音が小さくなっていることがわかる．同一の配置に対して対象音場の音響特性を適応同定によって求め，シミュレーションを実施した結果を図(c)に示す．図(b)の実験結果と比較すると，収束の過程が定量的にも良く一致しており，シミュレーションの妥当性が確認できる．このようにシミュレーションと実験の結果が良く一致することが確認できれば，適応アルゴリズムや制御パラメータを変更した場合の制御効果を実験前に把握することが可能となる．このように，ANCの実現にはシミュレーションは必要不可欠な手法である．

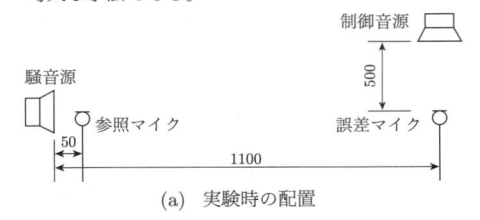

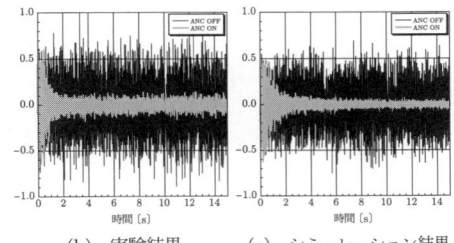

(a) 実験時の配置

(b) 実験結果　　(c) シミュレーション結果

参考文献
1) 鈴木昭次, 西村正治, 雉本信哉, 御法川学：機械音響工学, コロナ社 (2004)

能動振動制御
[英] active vibration control

各種機械の高性能化を実現するためには，振動を抑制することが要求される．将来の先端機械では，振動を能動的（アクティブ）に制御することの重要性が高まると考えられる．

柔軟な構造物の振動制御系を設計するためには，制御対象の正確な**モデル化**（modeling）と適正な制御手法の選定が必要である．ここで，必要に応じて制御対象のモデルを低次元化し，設計仕様に対応できる**制御理論**（control theory）を適用することにより，所望の振動抑制効果を達成させる．

A．制御対象のモデル化

物理座標系における機構系のモデル化において，有限要素法（FEM）による弾性構造物のモデル化が広く行われている．特に最近では，制御帯域の向上に伴い高周波数領域まで構造の弾性モードを把握する必要があり，より詳細な有限要素モデルによる解析が一般的になっている．FEMにより得られた構造系の運動方程式は次式となる．

$$M_s\ddot{x} + C_s\dot{x} + K_s x = B_{1s}w + B_{2s}u$$

ここで，M_s, C_s, K_s は，それぞれ質量行列，減衰行列，剛性行列であり，x, w, u は，それぞれ変位，外乱，制御入力ベクトルである．FEMでモデル化すると，離散的に設定した節点数により，上式の自由度（次数）が決まる．大規模モデルにおいては，自由度は数万ないし数十万に及ぶことがある．そこで，モード座標変換 $x = \Phi\xi$ を用いて低次元システムを作成し，制御系を設計する．ここで，採用モード数を r とする．低次元化後の**状態方程式**（state equation）は，モード座標 ξ とその時間微分 $\dot{\xi}$ からなるベクトル q を状態量として

$$\dot{q} = Aq + B_1 w + B_2 u$$

となる．ここで

$$q = \left\{\begin{array}{c}\xi \\ \dot{\xi}\end{array}\right\}, \quad A = \left[\begin{array}{cc} 0 & I_r \\ -\Lambda & -\Phi^T C_s \Phi \end{array}\right],$$

$$B_1 = \left[\begin{array}{c} 0 \\ \Phi^T B_{1s} \end{array}\right], \quad B_2 = \left[\begin{array}{c} 0 \\ \Phi^T B_{2s} \end{array}\right]$$

である．Λ は系の固有値行列であり，Φ は質量正規化されたモード行列である．

また，フィードバックのための出力方程式を次式のように記述する．

$$y_2 = C_2 + D_{21}w + D_{22}u$$

上述の状態方程式および出力方程式に基づいて，制御理論を適用し，制御器を設計することになる．

B．制御系設計

制御系には，装置としての性能向上とともに，特性変動や非線形性に対して**ロバスト安定性**（robust stability）を保証することが要求される．一般的な問題として，制御系のブロック線図を下図に示す．図において，$P(s)$ は**制御対象**（controlled system），$K(s)$ は設計すべき**制御器**（controller）である．**外乱**（disturbance）w は，構造系に作用する外力 w_f および**制御入力**（control input）に加わる外乱 w_r からなるベクトル $\left(w_f^T, w_r^T\right)^T$ である．外乱として，センサノイズを考慮することもある．

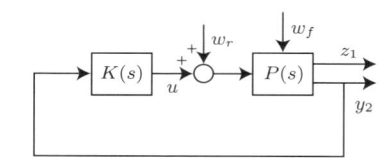

まず，H_2 **制御**（H_2 control）の制御器は，外乱 w から**制御量**（controlled variable）y_1 までの伝達関数行列 $T_{y_1 w}(s)$ の H_2 ノルムを最小にする，以下の H_2 制御問題に基づいて設計される．

$$\min \|T_{y_1 w}(s)\|_2$$

制御量 y_1 を制御応答 z_1（一般的には状態ベクトル q）と制御入力 u で定義すると，最適レギュレータ問題の 2 次形式評価関数と等価となり，制御性能と制御コストのトレードオフ問題となる．

つぎに，H_∞ **制御**（H_∞ control）における制御問題は以下のように記述される．

$$\min \|T_{y_1 w}(s)\|_\infty$$

すなわち，外乱から制御量までの伝達関数行列に関し，H_∞ ノルムを最小にする制御問題であり，H_∞ 制御理論は未知の外乱入力に対する最悪なケース設計となっている．

上述の制御問題に対してそれぞれの制御理論を適用することにより，制御器が設計される．

参考文献

1) 長松昭男，萩原一郎，吉村卓也，梶原逸朗，雉本信哉：音・振動のモード解析と制御，日本音響学会編，音響テクノロジーシリーズ，コロナ社 (1996)

2) 制振工学ハンドブック編集委員会 編：制振工学ハンドブック，コロナ社 (2008)

分野：生命・医療・福祉
部門：医療　[V-4]

脳波
[英] electroencephalogram

脳は，直径数十 μm 程度の微細な**神経細胞**（neuron）が千数百万個も集まった，きわめて大規模な情報処理システムである。したがって，システムを構成する個々の神経細胞の振る舞いと，全神経細胞全体のダイナミクスの両方を，生理学実験によりすべて計測することは不可能である。また，倫理的観点からも，ヒトの単一神経細胞の活動を侵襲的な実験手技によって測定することは強く制限されており，多くの場合は神経細胞全体の巨視的な活動を部分的に反映している脳波を計測するなどに留まる。そのため，ミクロレベルの挙動とマクロレベルの挙動の関連性を系統的かつ網羅的に理解する手段として，シミュレーション技術が用いられる。

脳波は脳表層に存在する錐体細胞の活動電位そのものではなく，錐体細胞に生じるシナプス後電位（⇒p.132）の重畳波形に影響を受けるといわれている。脳波の波形に影響を与える要素としては，視床内に存在する局所神経回路の影響と，皮質間回路や視床-皮質間相互作用による，巨視的神経回路の影響がある。そのため，脳波は多義的に解釈できる余地があり，その妥当性を説明するためのシミュレーション技術が必要とされる。

A． 脳波の波形とその解釈

Lagerlund と Sharbrough[1] は，脳内に電流双極子を仮定し，頭皮上に形成される電場分布を求めることで，上に挙げた神経回路が脳波形成に及ぼす影響を推定している。具体的には頭蓋骨と頭皮で覆われた脳を288メッシュの小領域に分割して，メッシュ内およびメッシュ間に仮定した神経結合を介して活動電位が伝播していく様子を，数値計算により求めている。これにより，視床にある抑制性介在神経細胞が脳波の周期性を規定していることが明らかにされ，その後の脳波研究に生理学的な保証を与えていった。

B． 単一神経細胞の活動予測

単一神経細胞および神経回路の演算特性を解析するための方法としては，神経細胞膜の電気的活動特性を定式化した**ホジキン-ハクスレイ方程式**（Hodgkin-Huxley equation, ⇒p.247）が代表的である。この方程式は，ヤリイカ神経軸索の電気生理学実験の結果に基づいて，細胞膜のイオン透過性特性を決定論的な電気的等価回路としてモデル化したものである。細胞膜内外に存在する Na^+ や Ca^{2+} が作り出すイオン電流の動態が表現されている。方程式のパラメータ数や特性が，生化学的な細胞膜構造そのものや，それらのダイナミクスを良く表現していたことが，後世の実験から明らかになっている。

なお，イオンチャネルの開閉に関与する変数群について情報縮約を行い，よりシミュレーション効率を高めた**フィッツーナグモモデル**（Fitzhugh-Nagumo model）も有名である。また，「神経細胞には活動閾値があり，入力量が一定値を超えたときに発火する」という原則を最も単純に定式化した**積分発火モデル**（integrate-and-fire model）も，よく用いられている。

C． 神経回路の活動予測

上述の「B. 単一神経細胞の活動予測」に挙げた一連のモデルは，その後マルチコンパートメントモデルに拡張され，神経細胞や細胞間ネットワークのシステム的理解につながった。例えば，イェール大学で開発された Neuron やカリフォルニア工科大学で開発された Genesis は事実上のスタンダードとなり，計算論的神経科学（⇒p.300）の発展に大きく貢献している。

D． 神経-筋ネットワークの活動予測

最近では，脳内の神経回路に留まらず，脊髄や骨格筋までを統合的に扱った感覚運動系のシミュレーションが報告されている。Williams と Baker[2] は，サルやヒトの四肢運動制御に関係する大脳皮質，脊髄，骨格筋を統合的にモデリングし，高負荷な神経筋マルチコンパートメントモデルの演算を分散コンピューティングにより実装して，生理実験結果の解釈を試みている。

E． 大規模シミュレーション

より大規模な神経回路網の動態をシミュレートするために，現在ではスーパーコンピュータの利用が進められている。理化学研究所では，次世代計算科学研究開発プログラムにおいて，大脳皮質局所回路の精緻なモデリングを進めている。海外でも BlueBrain Project（スイス）や MCell（米国）と呼ばれるシミュレータの開発が進められており，大規模計算機資源の活用による詳細な神経活動予測と，神経疾患に関する医療への応用が期待されている。

参考文献

1) Lagerlund TD and Sharbrough FW: "Computer simulation of the generation of the electroencephalogram", *Electroencephalogr Clin Neurophysiol* **72**, pp.31–40 (1989)

2) Williams ER and Baker SN: "Circuits generating corticomuscular coherence investigated using a biophysiolocially based computational model 1. Descending systems", *J Neurophysiol* **101**, 1, pp.31–41 (2009)

バーチャルリアリティ（仮想現実感）

[英] virtual reality; VR

バーチャルリアリティとは，コンピュータによって創出された人工的な世界の中に入り込み，そこで疑似体験（simulated experience）を行うことを可能とする技術である．和訳として仮想現実感という言葉が使われることがあるが，バーチャルとは「実際には存在しないが機能や効果として存在するも同等の」という意味であり，必ずしも仮想（＝イマジナリ）を意味しないため，この訳を問題視する研究者もいる．

バーチャルリアリティという言葉が世の中で使われるようになったのは，1989年頃のことである．米国西海岸のVPL社が，HMD（ゴーグル形ディスプレイ）とData Glove（手袋形入力デバイス）という特殊なインタフェースを用いて，未来の電話という触れ込みで，デモンストレーションを行ったのが最初である．

A．VR技術の要素

VR技術の根幹は，インタラクティブなCG（コンピュータグラフィックス）技術と，新しいヒューマンインタフェース技術，そしてシミュレーション技術であり，とりわけAIPという三つの要素が特徴的とされている．

語尾から説明していこう．PはPresenceであり，臨場感と訳してよいだろう．先述のHMDなどはまさにそのためのものであり，360度の視界を見渡すことができるようになっている．大きなスクリーンも同様の効果があり，例えばCAVE，CABINなどと呼ばれる装置（⇒ p.362）は，数メートル四方に立体スクリーンを張り巡らせ，映し出された立体映像の中にわれわれを没入させることができる．最近ではメガネなしの裸眼立体映像表示装置も試作されるようになり，それらを組み合わせた新しい装置が登場するかもしれない．

IはInteractionであり，眼の前の世界がどれほど自由に操作可能であるかという要素である．先述のDataGloveがまさにそのための装置であり，それを使うことによって，CGの物体を指先で自由に操ることができ，われわれが現実世界で行っているのと同じような身体感覚で，情報に接することができるようになった．

触覚などのより広い感覚をディジタル世界に取り込んでいこうという試みも，VR技術の中では重要視されており，いわゆる五感技術とVRの関連は深い．先述の視覚ディスプレイに加えて，立体音響ディスプレイ，触覚ディスプレイ，さらには嗅覚・味覚ディスプレイなど，種々の萌芽的なインタフェースが提案されている．特に最近注目を集めているのが，感覚相互作用の活用である．例えば疑似触覚（pseudo-haptics）と呼ばれる技術は，物体を操作したときの視覚的移動量を調整することによって，そのときに感じる抵抗感（触覚）を発生させようというものである．

AはAutonomyで，眼前の世界が首尾一貫した法則性を有していることを意味している．これはVRの技術のルーツの一つがシミュレーションであることによる．もう少し詳しくいうと，シミュレーションの結果を，われわれにわかりやすく伝える役割をVR技術は担っている．

シミュレーションの機構はさまざまで，どれが主流ということはないが，一番わかりやすいのが，例えば数値シミュレーションのような法則を記述したプログラムである．もちろん，大量のデータを蓄積しておいて状況に応じて必要な情報を読み出すような記録再生によるものや，ネットワーク自体を世界のモデルとして利用するもの，あるいはその先に現実世界が存在するもの（テレイグジスタンス）など，いろいろな方式が数多く存在する．ただし，いずれの場合もリアルタイムであることが必要条件となる．

B．VR世界のいろいろ

VR技術によって創出可能な世界は，現実の世界を忠実にシミュレート（模擬）することからスタートする．とはいうものの，最近ではVRでなければ表現できない世界はなにか，というやや矛盾した要求が議論されるようになりつつある．例えば，米国NASAがしばしば発表する，惑星探査機のデータから合成された惑星表面の風景画像や，博物館で試みられるようになった，遺跡の当時の生活風景の画像などは，現実にはけっして体験できない世界である．あるいは，ライフログのような大量の記録からVR世界を創出したり，シミュレーション機能を活用したりと，過去と未来を追体験することが可能な，いわゆるタイムマシン的な世界が注目されている．

われわれは自らの体験によって理解可能な世界を広げていく．その意味において，VRはわれわれにとっての世界を空間的にも時間的にも拡張してくれる技術であるということができるであろう．

参考文献

1) 日本バーチャルリアリティ学会 編：バーチャルリアリティ学，コロナ社 (2011)

分野：可視化
部門：ビジュアルデータマイニング ［VII-2］

バイオインフォマティクスにおけるビジュアルデータマイニング
［英］visual data mining in bioinformatics

生命科学に関連する情報を扱うバイオインフォマティクス（生命情報学）において，データの可視化は，解析やシミュレーションによる計算結果と実際の生命科学実験の結果の間の相違点を明確にする上で有用である．ここでは，現在バイオインフォマティクスで利用されている主たるビジュアルデータマイニング手法を示す．

A. ゲノム情報の可視化

近年，遺伝子工学が発達してきたことで大規模ゲノム（genome）配列が指数級数的に増え，これらの配列を可視化する需要が高まっている．ゲノム情報はゲノムブラウザ（genome browser）を用いて可視化するのが一般的であり，それには例えば Ensembl[1]，UCSC Genome Brwoser[2] がある．これらはウェブブラウザ上でゲノム情報を見られるシステムであったが，現在の配列情報はブラウザ上で可視化するには大きすぎることも多く Integrative Genomics Viewer[3] など，アプリケーションも作成されている．

これらのゲノム配列を可視化する応用として，個人の遺伝子情報の可視化[4] がある（下図）．将来的には，医療機関でこれらの情報を調べ，医師の診断補助となることが期待されている．

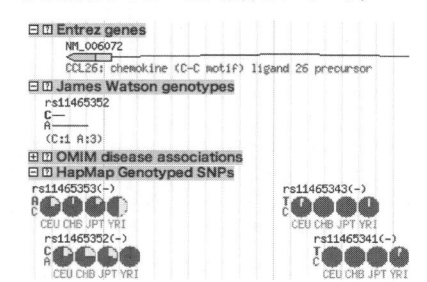

B. 遺伝子，タンパク質発現量の可視化

遺伝子，あるいはそれらが翻訳されたタンパク質は，環境により使われる量（発現量）が異なる．現在この発現量を網羅的に観測することが可能になり，可視化によるビジュアルデータマイニングが行われている．

発現量の可視化手法として，どの遺伝子がどの環境で働いているかを一望できるヒートマップ（heat map）が頻繁に利用される．それ以外にも，次元圧縮（⇒p.281）を用いて低次元に圧縮したのちに可視化する手法も用いられる．

商用のソフトウェア開発も盛んであり，代表的なものにアジレント・テクノロジー社の Gene-Spring GX や TIBCO 社の Spotfire がある．

C. 立体構造

遺伝子やタンパク質は，核酸あるいはアミノ酸が鎖状に繋がったものである．これらが細胞内で働くためには，特定の**立体構造**（3D-structure）を形成する必要がある．この形状に関しては，Protein Data Bank[5] を中心にデータベースが作成されると同時に，立体構造を可視化するビューアが構築されている（下図）．

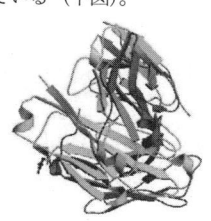

D. ネットワークの可視化

遺伝子やタンパク質，および細胞内のさまざまな化合物は，多くの場合たがいに**相互作用**（interaction）することで機能する．この作用は，ネットワーク（グラフ）で表記される．バイオインフォマティクスで可視化されるネットワークには，無向グラフで表されるタンパク質相互作用ネットワークや，有向グラフで表される**パスウェイ**（pathway），遺伝子制御ネットワークなどがある．可視化ソフトウェアには Cytoscape[6]，可視化を含めたデータベースには Kyoto Encyclopedia of Genes and Genomes[7] や Reactome[8] がある．

E. 細胞内シミュレーション

遺伝子発現量の情報とネットワークの情報を組み合わせ，細胞内の状態を逐一シミュレートして可視化する研究も行われている．一例として，E-Cell 3D[9] がある．

現在，階層の異なるデータを可視化するためには，それぞれ異なる手法が用いられているが，今後これらを統合し，統一的に俯瞰できる可視化手法が望まれる．

参考文献
1) http://uswest.ensembl.org/
2) http://genome.ucsc.edu/
3) http://www.broadinstitute.org/software/igv/
4) http://jimwatsonsequence.cshl.edu/
5) http://www.rcsb.org/
6) http://www.cytoscape.org/
7) http://www.genome.jp/kegg/
8) http://www.reactome.org/
9) http://ecell3d.iab.keio.ac.jp/

排出権取引市場
[英] carbon market

　地球温暖化（global warming）という気候変動に対し，二酸化炭素などの排出を抑え，地球の平均気温を産業革命以前のレベルから大きく上昇しないようにする取り組みが，国連を中心に行われている。温室効果ガス削減のための制度として，各企業や国などが排出できる量を排出枠という形で定め，その排出量を売買する取引が排出権取引であり，その売買の場が排出権取引市場である。1997年に採択された**京都議定書**（Kyoto Protocol）は，7年余りをかけて2005年にようやく発効した。それに合わせるように，欧州連合の排出権取引指令に基づいて欧州排出権取引制度がスタートし，米国や日本のプレーヤーも参入を始めている。

A. 地球温暖化

　1980年代後半，科学者たちは地球温暖化問題の警笛を発し，「温室効果ガス」の濃度増加を気候変動の前兆と捉えて，その起こりうる変動の大きさと，その変動が社会に及ぼす影響の重大さを報告した。国連の「気候変動に関する政府間パネル」（IPCC）は，地球の平均気温の上昇は過去1000年の中で最も急激であり，産業革命以前に比べて0.74℃にのぼると報告している。また，産業革命前に対する気温上昇が2℃を超えると，世界経済に大きな影響を及ぼすとも報告している。

B. 排出権取引

　排出権取引制度は，もともとカナダ・トロント大学のデイルズ（Dales）によって1968年に提唱された。デイルズは，環境に対して利用権を設定し，その利用権を取引可能にすれば，適切な環境利用の価格付けが行われ，結果として環境利用権の効率的な配分が可能になると主張した。

　（1）京都議定書　　京都議定書では，地球温暖化防止を目的とする世界で初めて法的拘束力のある温室効果ガスの削減目標を定めることに成功した。また，その削減目標の設定により，温室効果ガス取引制度の京都メカニズムの採択にも成功した。このことは，地球温暖化という地球規模の「相互的外部効果」の環境問題の解決には，各国が立場を乗り越え協力することが重要であるという認識が共有化されたことを意味するとともに，それだけ地球温暖化の状況が深刻であるということを物語っている。京都メカニズムと呼ばれる，市場原理を活用する排出量削減の仕組みは，つぎの3点である。

(a) **クリーン開発メカニズム**（clean development mechanism; **CDM**）：総排出枠が設定されている国（付属書I国）が関与して，数値目標のない国（途上国）で排出削減プロジェクトを実施し，その結果生じた排出削減量のクレジットを発行

(b) **共同実施**（joint implementation; **JI**）：付属書I国同士が協力した排出削減量のクレジット

(c) **国際排出量取引**：付属書I国間で排出枠の取得・移転取引を実施（下図）

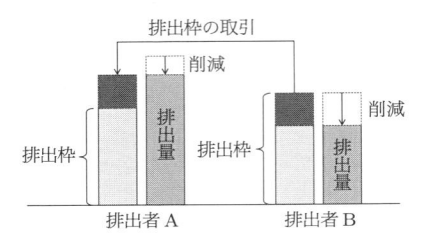

　これらの市場メカニズムの導入によって，目標達成のための全体費用を，個別の取り組みに比べて低下させることが可能となる。しかしながら，2001年に議定書離脱を表明した米国や，数値目標を持たない主要新興国の存在など，政府間，政府企業間の調整だけではフリーライダーの抑制が難しいことを示している。

　（2）世界の取引市場　　欧州では，世界に先駆けてロンドンのECX（欧州気候取引所）が2005年からEUA（欧州排出枠）の先物取引を開始した。2008年からはCDMによる排出権クレジットの先物取引やオプション取引，2009年からはスポット取引を開始している。日本では，自主参加型の排出流取引制度が2005年から試験的に開始され，総排出量を規制するキャップ・アンド・トレード方式と事業者負担軽減のための柔軟性のある制度設計が検討されている。

C. 排出量取引市場シミュレーション

　排出権取引制度の主要なテーマは，実際の取引でどの程度効率を上げられるかである。実験経済学やマルチエージェントシミュレーションなど，多くのシミュレーションモデルが提案されてきている。ペナルティの設計や取引制度（オークション，相対取引），責任制度（売り手，買い手），政府・企業に加えて市民の果たす役割など，制度設計に向けた研究も進んでいる。

参考文献
1) 環境省地球温暖化対策課：図解京都メカニズム (2006)
2) 環境省地球温暖化対策課市場メカニズム室：国内排出量取引制度について (2010)

分野：生命・医療・福祉
部門：生命システム［V-1］

配列解析
［英］sequence analysis

配列（sequence）とは，一般的には同じ種類かつ同じ大きさのデータが連続した表形式のデータ構造を意味するが，生物学的にはDNAやRNAのような核酸の塩基，あるいはタンパク質のアミノ酸の並びを指す．近年はタンパク質を修飾する糖鎖の構造が明らかにされつつあるが，糖鎖における糖の並びを配列と呼ぶこともある．

配列解析は，核酸の塩基配列やタンパク質のアミノ酸配列の解読，あるいは解読した配列を解析することによって，遺伝子やタンパク質の構造や機能（⇒p.302）などを解明する技術を含む．

A. DNAの塩基配列解析

DNA配列解析は，DNAの塩基（A, T, G, C）の並びを解読する技術を直接意味する場合が多い．塩基配列のおもな決定方法には，Maxam-Gilbert法，ジデオキシ法がある．

Allan MaxamとWalter GilbertによるMaxam-Gilbert法では，片側を放射性同位体または蛍光（⇒p.353）で標識したDNA断片を，塩基特異的な化学反応によって切断し，その断片をポリアクリルアミドゲル電気泳動で分離することによって，塩基配列を決定することができる．

Frederick Sangerらによるジデオキシ法では，DNA相補鎖合成時にdNTPとともにddNTPを加えることにより，DNAポリメラーゼによる相補鎖合成が塩基特異的に停止する性質を利用する．合成時に取り込まれるdNTPのうちいずれかを放射性同位体または蛍光で標識しておき，合成産物をポリアクリルアミドゲル電気泳動で分離することによって，検出された泳動パターンから配列が決定される．

Maxam-Gilbert法とジデオキシ法が発表された1975年から数年間はMaxam-Gilbert法のほうが高精度かつ迅速であったが，ベクターの改善やユニバーサルプライマーの採用によってジデオキシ法の精度や解析速度が高まり，主力を占めるようになった．4種類の蛍光色素で四つの塩基を同時に検出する方法を取り入れたジデオキシ法で，さらに迅速な処理が実現できるようになった．

近年は，平らなガラス板に代わり，キャピラリーと呼ばれる細いチューブ内で電気泳動を行う，キャピラリー型の次世代DNAシーケンサを用いることによって，精力的に塩基配列解析が行われている．

B. タンパク質のアミノ酸配列解析

タンパク質のアミノ酸配列は，DNAの塩基配列を翻訳することによって得られる．タンパク質は20種類のアミノ酸が直鎖状に連なった分子であり，さまざまな形に折りたたまれて特定の立体構造をとり，細胞内の適正な位置に局在化することにより，また場合によっては他のタンパク質分子と相互作用することにより，酵素や受容体などタンパク質としての機能を発揮することができる．タンパク質の立体構造や機能，細胞内局在や相互作用も，基本的にはアミノ酸配列によって決定付けられている．したがって，アミノ酸配列解析の意義は，立体構造や機能，細胞内局在や他の分子との相互作用などの情報を得ることにある．

タンパク質のアミノ酸配列解析には，その目的に応じてさまざまな手法がある．タンパク質の立体構造予測や機能予測では，まず，**配列類似性検索**（sequence similarity search）が多く用いられる．配列類似性検索は，構造や機能がわからないタンパク質のアミノ酸配列があった場合，すでに構造や機能が明らかにされている大量の配列データを検索して，目的のタンパク質と類似度の高い配列を見つける手法である．また，構造的・機能的に関連の深いタンパク質同士では，局所的に共通したアミノ酸の文字列パターンが見出される場合がある．このパターンは**モチーフ**（motif）と呼ばれる．さまざまな局所構造や機能のモチーフを同定することによって，タンパク質の構造や機能の推定に利用することができる．例えば，実験により構造情報が得られていない標的タンパク質と医薬品のドッキングシミュレーションなどに応用できる．

また，タンパク質を構成する個々のアミノ酸の物理化学的な特徴を利用したタンパク質2次構造予測，細胞内局在予測，局在化シグナル配列予測，特定の構造を持たないディスオーダー領域予測などについても，さまざまな方法が開発されている．

さらに，各生物種間で共通に存在する特定のタンパク質（オーソログ）の配列データの多重アラインメント解析から，生物種がどのように枝分かれして進化を遂げてきたのかを表現する進化系統樹を推定する方法がある（進化系統樹解析）．

参考文献
1）野島　博：遺伝子工学の基礎，東京化学同人 (1996)
2）藤　博幸：はじめてのバイオインフォマティクス，講談社サイエンティフィク (2006)
3）丸山　修，阿久津達也：バイオインフォマティクス－配列データ解析と構造予測－，朝倉書店 (2007)

破壊力学
[英] fracture mechanics

疲労その他の理由により，多くの構造物は経年化とともに損傷を生じる．その典型的なものとしてき裂損傷がある．破壊力学はき裂の力学状態評価を行い，き裂の進展によって構造物が破壊に至るか否か，どの程度の余寿命があるか，どの程度の荷重で構造が破壊に至るかなどについて，力学的評価を与えるものである．

その中には，線形弾性体に対して適用できる**線形破壊力学** (linear fracture mechanics)，塑性変形などの非線形変形がある場合にも適用できる**非線形破壊力学** (nonlinear fracture mechanics) がある．また，それらを利用して，繰返し疲労荷重下でき裂進展速度を予測する方法が確立されている．その他，複合材料に対する適用も進められている．

き裂の変形には，引張型（モードI），せん断型（モードII），引裂き型（モードIII）があり，き裂変形様式を表すために，破壊力学全般で使用される．

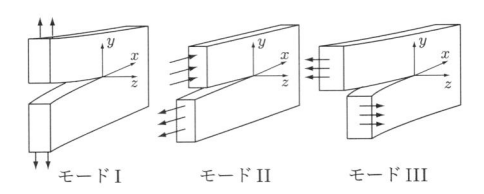

A. 線形破壊力学

き裂を有する構造が線形弾性体の場合や，線形弾性体であると仮定できる場合に使用される．き裂先端を座標原点とする極座標系 (r, θ) で表せば，応力が $1/\sqrt{r}$ に比例する特異性を持ち，次式で表すことができる[1]．

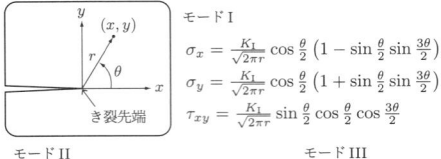

モードI
$$\sigma_x = \frac{K_\mathrm{I}}{\sqrt{2\pi r}} \cos\frac{\theta}{2}\left(1 - \sin\frac{\theta}{2}\sin\frac{3\theta}{2}\right)$$
$$\sigma_y = \frac{K_\mathrm{I}}{\sqrt{2\pi r}} \cos\frac{\theta}{2}\left(1 + \sin\frac{\theta}{2}\sin\frac{3\theta}{2}\right)$$
$$\tau_{xy} = \frac{K_\mathrm{I}}{\sqrt{2\pi r}} \sin\frac{\theta}{2}\cos\frac{\theta}{2}\cos\frac{3\theta}{2}$$

モードII
$$\sigma_x = \frac{-K_\mathrm{II}}{\sqrt{2\pi r}} \sin\frac{\theta}{2}\left(2 + \cos\frac{\theta}{2}\cos\frac{3\theta}{2}\right)$$
$$\sigma_y = \frac{K_\mathrm{II}}{\sqrt{2\pi r}} \sin\frac{\theta}{2}\cos\frac{\theta}{2}\cos\frac{3\theta}{2}$$
$$\tau_{xy} = \frac{K_\mathrm{II}}{\sqrt{2\pi r}} \cos\frac{\theta}{2}\left(1 - \sin\frac{\theta}{2}\sin\frac{3\theta}{2}\right)$$

モードIII
$$\tau_{xz} = \frac{-K_\mathrm{III}}{\sqrt{2\pi r}} \sin\frac{\theta}{2}$$
$$\tau_{yz} = \frac{K_\mathrm{III}}{\sqrt{2\pi r}} \cos\frac{\theta}{2}$$

ここで，K_I，K_II，K_III はき裂のモードI, II, III 変形にそれぞれ対応する**応力拡大係数** (stress intensity factor) と呼ばれる．

線形破壊力学では，き裂を有する構造が破壊に至るかどうかを，応力拡大係数を用いて判断する．例えば，K_I がその限界値 K_IC を超えたとき破壊に至ると判断する．

B. 非線形破壊力学

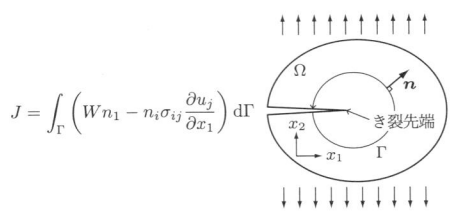

き裂周辺で材料の非線形変形が発生する場合に適用される．非線形破壊力学では，単位長さ当りのき裂進展によって解放されるエネルギー（**エネルギー解放率** (energy release rate)）でき裂の力学状態を評価することが多い．エネルギー解放率はしばしば J 積分[2]として有限要素法の解析結果から計算される．J 積分はき裂先端を囲む経路上の一周積分として定義される．

$$J = \int_\Gamma \left(Wn_1 - n_i\sigma_{ij}\frac{\partial u_j}{\partial x_1}\right)\mathrm{d}\Gamma$$

J 積分は，弾性材料の場合，計算結果が経路のとり方に独立（経路独立）であるとされる．弾塑性材料であっても，比例負荷状態でき裂が静止している限り，ほぼ経路独立であるとされる．

C. 疲労破壊問題

繰返し荷重下にあるき裂は，繰返し荷重による変形を繰り返して進展していく．1繰返し荷重サイクル当りのき裂進展量 $(\mathrm{d}a/\mathrm{d}N)$ は，1サイクル当りの応力拡大係数の変動量 (ΔK_I) によって Paris 則[3]で与えられる．

$$\mathrm{d}a/\mathrm{d}N = C(\Delta K_\mathrm{I})^n$$

ここで，C や n は実験的に定められる材料定数である．

参考文献

1) 岡村弘之：破壊力学と材料強度講座I－線形破壊力学入門, 培風館 (1976)

2) J. R. Rice: "A path-independent integral and the approximate analysis of strain concentration by notches and cracks", *J. Appl. Mech.*, 35, pp.376–386 (1968)

3) P. Paris and F. Erdogan: "A Critical Analysis of Crack Propagation Laws", *J. Basic Engng*, 85, pp.528–534 (1963)

半導体デバイスシミュレーション
[英] semiconductor device simulation

MOSFET(metal-oxide-semiconductor field effect transistor)などの半導体素子のデバイス動作をシミュレートする。素子の構造や不純物分布を与え，電極の電位や電流を入力することにより，素子内の電位分布，電流分布，直流特性，交流特性の計算や過渡解析などを行う。

A. 定常状態でのキャリア輸送モデル

素子内のキャリア輸送が定常状態である場合には，Si基板中の不純物濃度や電極の電位によってポテンシャル分布を求める**ポアソン方程式**(Poisson equation)と，電子と正孔の流れを決定する**電流連続式**(current continuity equation)および**輸送方程式**(transport equation)を解くことにより，電気特性を求めることができる。最も単純なモデルとして，キャリア(電子，正孔)の電流成分をドリフト電流と拡散電流で記述するドリフト拡散モデルが広く用いられている[1]。ポアソン方程式はポテンシャル ϕ とドナー(アクセプタ)濃度 N_D (N_A)，電子濃度 n，正孔濃度 p，Si の誘電率 ε を用いて，次式で表される(q は電子素量)。

$$\varepsilon \nabla^2 \phi = -q(N_D - N_A + p - n)$$

電流連続式は次式である。

$$\frac{\partial n}{\partial t} = \frac{1}{q}\vec{\nabla}\cdot\vec{j_n} + G_n - R_n$$
$$\frac{\partial p}{\partial t} = -\frac{1}{q}\vec{\nabla}\cdot\vec{j_p} + G_p - R_p$$

ここで，$\vec{j_n}, G_n, R_n$ ($\vec{j_p}, G_p, R_p$)はそれぞれ電子(正孔)の電流密度，対生成率，対消滅率である。比較的バンドギャップの小さい半導体では，キャリア連続式においてキャリアの生成消滅を考慮する必要があることが特徴である。

電子と正孔に対する輸送方程式は，それぞれの拡散係数を D_n, D_p とし，移動度を μ_n, μ_p とすると，次式で与えられる。

$$\vec{j_n} = q\mu_n n \vec{E} + qD_n \vec{\nabla} n$$
$$\vec{j_p} = q\mu_p p \vec{E} + qD_p \vec{\nabla} p$$

ここで，$\vec{E}$ は電界ベクトルである。なお，移動度と拡散係数の間にはアインシュタインの関係式が成立する。この輸送方程式の右辺第1項はドリフト項，第2項は拡散項である。

B. 移動度モデル

MOSFETは，ゲート電圧を付加することによってSi表面にキャリアの電導するチャネルを形成し，それによりスイッチング特性を実現している。ここで，チャネルは表面付近の浅い領域に形成されるため，バルク中のキャリア電導と大きく異なり，キャリアの移動度がゲート電圧に依存することが特徴である。キャリアの移動度は散乱過程によって決まるが，チャネル領域では移動度を支配する散乱機構がゲート電圧に依存する。チャネル領域の代表的なキャリアの散乱機構は，クーロン散乱，フォノン散乱，ラフネス散乱の3種類が知られている。クーロン散乱はイオン化したドーパント原子による散乱で，ゲート電圧が低い領域で優位になる。ゲート電圧が高くなると，フォノン散乱(おもに音響フォノンによる散乱)が優位になり，さらにゲート電圧が高くなると，ゲート絶縁膜とSi界面の凹凸に起因する散乱が支配的となる。これらの散乱機構は独立にモデル化され，**マティーセン則**(Matthiessen's rule)により移動度が求められる。

C. 非定常状態でのキャリア輸送モデル

素子の微細化に伴い，キャリアの非定常輸送現象が顕在化して，ドリフト拡散モデルが適用できなくなる。そこで，キャリアの輸送をより厳密なボルツマン(Boltzmann)方程式(⇒p.311)で記述するシミュレーション手法が用いられている。そのシミュレーション手法の一つとして，モンテカルロ法が確立されている[2]。素子内のキャリアの古典的なドリフト運動と散乱過程のシミュレーションであり，散乱過程を量子論に基づく散乱確率を用いた計算にモンテカルロ法が用いられる。特に，材料の複雑なバンド構造を精密に取り入れたシミュレーション方法は，フルバンドモンテカルロ法と呼ばれ，衝突イオン化現象やホットキャリアの絶縁膜注入現象の解析などに活用されている。

近年では，素子の微細化に適した量子細線に対するデバイスシミュレーション技術が精力的に研究されている。この際には，前述のキャリア電導の古典的な取り扱いができず，シュレディンガー(Schrödinger)方程式(⇒p.350)に基づく量子輸送モデルが必要になる。非平衡グリーン関数法などに基づく新たなデバイスシミュレーション技術の実用化が望まれる。

参考文献

1) S. Selberherr: *Analysis and Simulation of Semiconductor Devices*, Springer-Verlag (1984)

2) C. Jacoboni and L. Reggiani: "The Monte Carlo method for the solution of charge transport in semiconductors with applications to covalent materials", *Rev. of Mod. Phys.*, 55, pp.645–706 (1983)

分野：電気・電子
部門：VLSI設計 [II-5]

半導体プロセスシミュレーション
[英] semiconductor process simulation

半導体デバイスの製造工程は，絶縁膜などの製膜工程や加工工程，熱拡散工程，不純物ドーピングなど，多くのユニットプロセスから構成される。半導体プロセスシミュレーション技術も，これらのユニットプロセスごとのシミュレーションから構成される。おもなプロセスシミュレーションの用途としては，半導体デバイスの形状およびドーパント不純物の分布状態を求め，これをもとにして，デバイスシミュレーション（⇒ p.269）によって電気特性を評価することである。

Siデバイスに対するプロセスシミュレーションは，一般的に，**イオン注入**（ion implantation）シミュレーション，**熱拡散**（thermal diffusion）シミュレーション，**酸化**（oxidation）シミュレーション，製膜・剥離シミュレーションから構成される。

A. イオン注入シミュレーション

半導体の抵抗値および導電型を制御するため，不純物がドーピングされる。結晶Siにおいては，n型の導電体とするために，燐（P）や砒素（As）などの原子（ドナー）が用いられる。一方，p型の導電体とするためには，ホウ素（B）やインジウム（In）などの原子（アクセプタ）が用いられる。これらの不純物をSi結晶に導入する際に，イオン注入技術が用いられる。イオン源で生成した不純物イオンが電界で加速され，Si基板に打ち込まれる。イオン注入シミュレーションには，大別して2種類の方法がある。第一に，解析的な分布関数を用いる方法がある。分布関数のパラメータは注入エネルギーや注入角度に応じて決められる。Si結晶に対するイオン注入後の濃度分布は，ピアソン分布関数で記述できることが経験的に知られている。他方，Si酸化膜などのアモルファス物質への注入では，ガウス分布に近い濃度分布となる。

第二のシミュレーション方法は，モンテカルロ（MC）法を用いたもので，注入される原子のターゲット物質中での散乱を直接計算する[1]。MCイオン注入法では，注入原子とターゲット物質の原子との散乱は2体散乱で近似されることが多い。Si結晶へのイオン注入では，イオンが入射する位置を確率的に決める。また，アモルファス物質へのシミュレーションでは，散乱確率を乱数により決める。MCイオン注入法は解析的手法に比べて汎用性や精度が高い。

B. 熱拡散シミュレーション

イオン注入によって結晶Siに導入されたドーパント原子は，安定な結晶位置にないため，電気的には不活性な状態となる。また，イオン注入により結晶性も乱される（ダメージを受ける）ため，比較的高温（一般に800～1200°程度）でアニールが行われる。この高温アニールによる熱拡散により，ドーパントの濃度分布が変化する。この濃度分布を高精度にシミュレートするために，結晶Si中の不純物拡散機構のさまざまな研究が進められてきた[1]。不純物拡散には，結晶Si中の格子間Si原子や空孔が関与している。イオン注入後は格子間Siや空孔が多量に存在するため，拡散初期に不純物拡散が増速される現象，すなわち**過渡的増速拡散**（transient enhanced diffusion; **TED**）がある。これをシミュレートするために，不純物と格子間Siや空孔との反応を考慮した反応拡散方程式が用いられる。

C. 酸化シミュレーション

Si半導体デバイスにおいて，Si酸化膜は良質の絶縁膜である。酸素を含む雰囲気で高温処理を行うことにより，Si表面にSi酸化膜を形成する。酸化条件（雰囲気，温度，時間）と生成する酸化膜厚との関係は，Deal-Grove方程式[2]で良好に記述され，酸化シミュレーションに用いられる場合も多い。しかし，デバイス形状の複雑化に伴って，より高精度な計算が必要になり，O_2分子やOH分子など，酸化種の酸化膜中の拡散とSi表面での反応をシミュレートすることも増えてきた。なお，酸化反応は体積膨張を伴うので，酸化時に応力が発生する。そのため，応力に依存した酸化種の拡散や酸化反応も考慮されている。一方，酸化過程では，酸化膜とSi界面で過剰な格子間Si原子が生成される。これにより，ホウ素などは拡散が増速され（酸化増速拡散），アンチモンなどは拡散が抑制される。

D. 製膜・剥離シミュレーション

結晶Si上に絶縁膜などを形成技術や加工技術は基板表面での化学的・物理的な現象を用いたシミュレーション技術。個別的に研究開発されている。一般的な半導体プロセスシミュレーションでは，製膜・加工を理想化し，等方的，異方的な取り扱いや，それらの混在する条件で代替する場合が多い。

参考文献

1) R. B. Fair: *Impurity Doping Process in Si*, F. F. Y. Wang (ed), North-Holland, p.315 (1981)

2) J. P. Biersack and L. G. Haggmark: *Nucl. Inst. Meth.*, 257, p.814 (1980)

3) B. E. Deal and A. S. Grove: *Journal of Applied Physics* Vol.36 p.3770 (1965)

分野：生命・医療・福祉
部門：医療 [V-4]

光コヒーレンストモグラフィ
[英] optical coherence tomography; OCT

光コヒーレンストモグラフィ（OCT）は，生体表皮下1～2 mmの組織構造をおよそ10 μmの空間分解能でイメージングできる技術であり，眼科の網膜診断用機器として実用化されている[1]。このほかに内視鏡に組み入れて消化器外科，循環器系などで臨床診断が行われている。このOCT分野におけるシミュレーションの応用としては，光源のスペクトル分布に対するOCTイメージの空間分解能の評価や，高速動作のOCTにより得られた3Dイメージ（⇒p.11）からのフライスルー画像の作成などがある。

A. 光源のスペクトル対する空間分解能の評価

OCTでは，コヒーレンス時間τ_cがきわめて短い光源を用いて，マイケルソン干渉計により生体からの反射光を検出する。τ_cは光波のコヒーレンス関数$G(\tau)$とスペクトル関数$S(f)$より求められる。**ウィナー・ヒンチンの定理**（Wiener-Khinchin theorem; 定常確率過程のパワースペクトル密度が，対応する自己相関関数のフーリエ変換であることを示した定理）より，$G(\tau)$と$S(f)$はたがいにフーリエ変換（⇒p.292）で関係付けられている。ここで，光源のスペクトル関数$S(f)$をガウス型とすると，$G(\tau)$は以下で与えられる。

$$G(\tau) = \left| \int_{-\infty}^{\infty} S(f) \exp(i 2\pi f \tau) df \right|$$
$$= \exp\left[-\frac{\pi^2}{4 ln 2} (\Delta f \tau)^2 \right]$$

ここで，fは光の周波数，Δfは光源の光周波数分布の半値全幅（FWHM）である。上式の半値全幅の距離から光源のコヒーレンス時間τ_cを定義し，これに光速cを掛けたものが，光源のコヒーレンス長Δl_cである。

$$\Delta l_c = c \tau_c = \frac{4 ln 2}{\pi} \frac{c}{\Delta f}$$

二つの式より光源の波長スペクトルの関数が与えられると，光源のコヒーレンス長Δl_cを計算で見積もることができる。例えば，$\Delta f = 30$ Hz（波長スペクトル幅64 nm，中心波長0.8 μm）の発光ダイオードでは，Δl_cは9 μmである。

B. 3D-OCTからのフライスルー画像の構築

近年の**フーリエドメインOCT**（Fourier-domain OCT; OCTで検出される干渉信号スペクトルを周波数領域でフーリエ変換し，光軸方向の反射光信号を得る手法）の発達により，OCTデータ取得時間の高速化が進み，3D画像のデータ取得も容易になってきた。眼底網膜の3Dイメージ構築や血管内視鏡型OCTを用いた冠状動脈の3Dイメージ構築が行われている。

この3Dイメージから動脈内部のフライスルー画像を構築することができる。**フライスルー**（fly-through）とは，擬似的な3D空間の内部を，空中から視点を変えながら見て回るようなシミュレーション技術のことである。

下図(a)は回転型内視鏡プローブによる冠動脈のOCTイメージ，図(b)は断層イメージをもとに構成されたフライスルー画像である（口絵16）[2]。OCTイメージの中心の円形部分は，照射光プローブの回転部分を示している。フライスルー画像の白い矢印は，脂質沈着の範囲を示している。この画像解析により，血管内の狭窄部位の詳細を把握することができ，破裂を起こしたり心臓発作を引き起こしたりする可能性の高いタイプの動脈硬化性プラーク（atherosclerotic plaque）が存在する場合の特徴を見出すことができる。

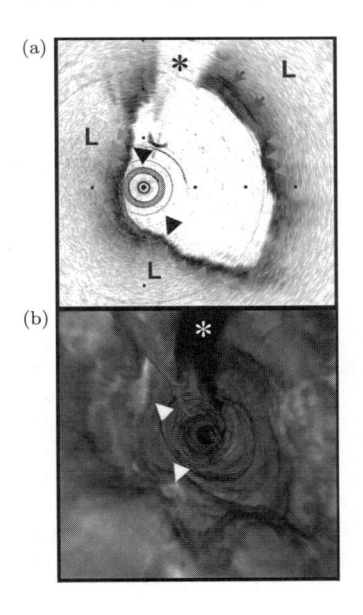

参考文献
1) D. Huang, et al.: "Optical coherence tomography", *Science*, **254**, 1178 (1991)
2) G. J. Tearney, et al.: "Three-dimensional coronary artery microscopy by intracoronary optical frequency domain imaging", *J. Am. Coll. Cardiol Img.*, **1**, 752 (2008)

光触媒設計
[英] photocatalyst design

第一原理計算 (first-principles calculation) に基づくシミュレーションにより，電極界面での反応機構を解明し，反応性を支配する要因を明らかにすることで，より効率的な光触媒を設計する指針が得られると期待されている。光触媒反応の代表的な例として，水の分解過程の研究が詳しく行われている。水の分解反応は以下の反応式で表される。

アノード：$H_2O \rightarrow \frac{1}{2}O_2 + 2H^+ + 2e^-$

カソード：$2H^+ + 2e^- \rightarrow H_2$

以下に，それぞれの電極表面上での触媒反応シミュレーションについて記述する。

A. 水素発生反応

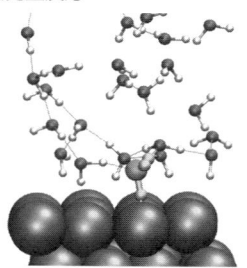

カソードでの**水素発生反応** (hydrogen evolution reaction) は，**電気化学反応** (electrochemical reaction) の最も基本的な反応として詳細な研究がなされている。金属表面上での分子吸着反応過程については，第一原理シミュレーションを用いて触媒反応機構を解明する研究が盛んに行われている。一方，電極反応に関しては，電極触媒に加えて，溶媒効果，および電極電位の効果が重要となる。これらの効果を第一原理シミュレーションに取り入れることは困難であったが，最近のスーパーコンピュータを用いた大規模シミュレーションによって，可能になりつつある。Pt電極表面上での水素発生反応の第1段階であるVolmer過程について，これらの効果を取り入れた第一原理シミュレーションが行われている[1]。

また，水素発生反応の触媒活性は，その中間体である水素の触媒表面上への吸着エネルギーに対して火山型の依存性を示すことを用いて，第一原理シミュレーションからの触媒探索も試みられている[2]。

B. 酸素発生反応

アノードでの水を酸化して酸素を発生する光触媒としては，TiO_2 が代表的である。酸化物表面は構造が複雑なことや，密度汎関数法における**局所密度近似** (local density approximation; **LDA**) や**一般化密度勾配近似** (generalized gradient approximation; **GGA**) でバンドギャップを過小評価してしまう問題のために，金属表面上の反応過程に比較して，酸化物表面上での反応過程の第一原理シミュレーションは少ない。その中で最も典型的な系として，ルチル型 TiO_2 の (110) 表面上での反応が詳しく調べられている。この表面上での水の酸化反応の素過程は，以下のように進むと考えられている[3]。

$$2H_2O + O^* \rightarrow HOO^* + H_2O + H^+ + e^-$$
$$\rightarrow O_2 + H_2O + {}^* + 2H^+ + 2e^-$$
$$\rightarrow O_2 + OH^* + 3H^+ + 3e^-$$
$$\rightarrow O_2 + O^* + 4H^+ + 4e^-$$

ここで，* は触媒表面での吸着サイトを表し，O^* などは表面に吸着した原子や分子，e^- は電極中の電子を表す。各素過程の自由エネルギー変化は，つぎのようにして見積もられる。吸着子や気体分子の自由エネルギーは，第一原理計算によるエネルギーに吸着子の振動モード，気体分子の振動や回転，並進エントロピーの寄与を加えることにより，比較的容易に求めることができる。水和した $H^+ + e^-$ の自由エネルギーについては，標準水素電極電位 ($U=0$) において，pH = 0 の溶液中の H^+ と，1気圧，298 K の H_2 ガスとが平衡であることを利用して，H_2 ガスの自由エネルギーに関係付けることができる。さらに，電極電位 (U) の効果は，電極中の e^- のエネルギーを $-eU$ にシフトする効果のみを考慮する。このようにして，各中間体の自由エネルギーを第一原理計算から見積もると，律速段階が明らかになり，過電圧も比較的実験と合うことが示されている。

参考文献

1) M. Otani, I. Hamada, O. Sugino, Y. Morikawa, Y. Okamoto, and T. Ikeshoji: "Electrode Dynamics from First Principles", J. Phys. Soc. Jpn **77**, 024802 (2008)

2) J. Greeley, T. F. Jaramillo, J. Bonde, I. Chorkendorff, and J. K. Nørskov: "Computational high-throughput screening of electrocatalytic materials for hydrogen evolution", Nature Materials **5**, 909 (2006)

3) Á. Valdés, Z. -W. Qu, G. -J. Kroes, J. Rossmeisl, and J. K. Nørskov, "Oxidation and Photo-Oxidation of Water on TiO_2 Surface", J. Phys. Chem. C **112**, 9872 (2008)

分野：通信ネットワーク
部門：ネットワーク［VIII-1］

光ネットワーク
［英］optical network

光ネットワーク分野におけるシミュレーション技術としては，光パケット交換システムにおけるパケット棄却率や遅延などの導出，光パスネットワークシステムにおける呼損率やパス設定時間などの導出，FTTHにおける実効帯域や遅延などの性能特性を得るためのシミュレーションがある．光信号の伝送特性を知るためのシミュレーションもあるが，紙面の都合上割愛する．

光パケット交換とは，従来，ソフトウェア処理やASIC等による電子処理技術により実現されてきたパケット交換を，光化したものである．特に，ペイロード部分を光電変換せず，一つの光スイッチで転送することで，広帯域性と省電力性を備える．光パスネットワークとは，従来SONET/SDHなど時分割多重により帯域が保証されていたサービスに対して，波長を回線の単位としてエッジルータ間やエンドユーザ間に品質保証されたパスを提供するものである．**EDFA**（erbium doped fiber amplifier；エルビウム添加光ファイバ増幅器）の技術進展により複数の波長を一括して増幅可能で広帯域性を十分に活かせるため，そのコストメリットを活かして徐々に実世界に導入されつつあるネットワークである．FTTHでは，電話やADSLなど従来のカッパーベースで通信速度と距離に制約があったアクセス回線を光化することによって，高速長距離化を達成する．複数のユーザがデータ転送に一つのメディアを共有するため，各端末のデータが衝突しないよう**DBA**（dynamic bandwidth allocation；動的帯域割当）という処理がなされる．

A. 光パケット交換

光パケット交換では，バッファサイズ30程度の光遅延線バッファの報告がある（電子処理では，1万，100万のバッファを用意可能）．サイズを増やすことが難しいので，シミュレーションでは，遅延よりもパケット棄却率を評価項目とすることが多い．光パケット交換技術は基幹網にインストールすることが想定されている．よって，アクセスとの帯域が大きく異なり，例えばバッファの遅延上限がパケット長の30倍とすると，1 Gbpsアクセスと100 Gbps基幹では，同じ端末からのデータがスイッチ内に複数存在することは稀であるため，到着過程はランダム（ポアソン過程）と見なせる．回線速度が大きなことから，ノード単体で評価をするものが多い．ネットワーク全体での性能評価は十分になされていない．今後は，回線速度が大きくても計算時間を短縮する方法，ネットワーク規模でのシミュレーションが望まれる．複雑なデータ到着過程はなく，プロトコル評価は稀なので，汎用のネットワークシミュレータではなく，独自にプロセスの状態遷移を定義して，離散イベントのシミュレーションをプログラムすることが多い．

B. 光パスネットワーク

単にパス設定の棄却率（呼損率）などを求める場合には，ポアソン到着パケット棄却率などの導出を行えばよく，光パスネットワークに閉じた評価であれば，独自のシミュレータを構築しやすい．一方，近年では，プロトコル評価や，パケット網との融合評価が求められることも多い．その場合，例えば新たな経路制御の評価をする際には，既存の商用シミュレーションツールOPNET[1]等で，OSPFやBGP等のプロトコルモデルがあるので，それをもとに拡張すれば，実現性や，制御オーバーヘッドなどの評価が可能となる．

C. FTTH

FTTHの主流は**PON**（passive optical network）であり，ユーザからのデータ転送要求は，OLT（optical line terminal）側にあるレート決定サーバにて調整がなされている．その決定アルゴリズムをDBAと呼ぶ．PONでは，通信距離や使用波長，受信パワーなどは標準で規定されているが，DBAは事業者独自のものが利用できるようになっており，そのアルゴリズムの性能を示すためにシミュレーションが用いられる．バックボーンと異なり，アクセスは統計多重効果を得にくいので，アプリケーションデータ送出モデル化も，得られた評価の有効性に大切となる．そこで，今のインターネットで多くのアプリケーションが利用するトランスポート層プロトコルであるTCPの輻輳制御機構を用いての評価が有用となる．その場合は，独自のプログラムでシミュレーションをするよりは，ns2[2]，ns3（network simulator）など，広まっているTclまたはPythonによってシナリオを記述し，C++によりアルゴリズムを記載する形のフリーのシミュレータや，OPNET[1]，QualNet[3]など，GUIとC/C++ベースの商用シミュレータの基本機能を拡張したり，充実したライブラリを用いたりすることで，より実モデルに近いシミュレーションを実現できる．

参考文献
1) http://www.johokobo.co.jp/opnet/
2) http://www.isi.edu/nsnam/ns/
3) http://www.scalable-networks.com/products/qualnet/

分野：電気・電子
部門：電磁界解析 [II-4]

光ファイバ解析
[英] optical fiber analysis

光ファイバはコアとクラッドのわずかな屈折率差を利用し，全反射によって光波（光ともいう）をコア内に閉じ込め，長距離伝送させるものである．光ファイバは，通常，軸対称構造を有しているが，実際の光ファイバには，不可避的に多少なりとも非軸対称性が存在する．また，単一偏波化のために意図的に非軸対称性を与えることもある．最近では，フォトニック結晶ファイバと呼ばれる新型ファイバが登場し，従来型ファイバでは実現し得ない特異な性質に関心が集まっている．

光ファイバ解析の基本は，伝搬方向に構造が一様な光ファイバの固有モード解析（⇒p.163）である．解析領域は光ファイバの断面であり，動作周波数（あるいは動作角周波数，動作波長）を与えて，個々の固有モード（導波モードに対応）ごとに，伝搬方向の位相定数（固有値）と対応する電磁界分布（固有ベクトル）を求める．特に，長距離伝送に使用される光ファイバの場合には，固有値，すなわち位相定数の波長に関する1階微分（群速度に対応）のみならず，2階微分（群速度分散に対応），3階微分（分散スロープに対応）など，高階微分の評価が必要になるので，固有モード解析には高い精度が要求される．なお，電磁界分布はモードフィールド径や実効断面積の評価に用いられる．

ところで，曲げ損失も光ファイバの重要な評価項目の一つであり，曲げの効果を反映した等価的な屈折率に基づく等価直線導波路近似が簡便な方法としてよく利用される．また，光ファイバのコア径は非常に小さいため，非線形性が現れやすく，非線形光ファイバとしての解析も重要である．

ここでは，固有モード解析を対象として，光ファイバ解析を，A. 軸対称光ファイバ解析，B. 非軸対称光ファイバ解析，C. フォトニック結晶ファイバ解析に分類する．

A. 軸対称光ファイバ解析

軸対称光ファイバには，コア内の屈折率が均一のステップインデックス形ファイバと，コア内の屈折率が半径方向に徐々に変化するグレーデッドインデックス形ファイバとがある．コアとクラッドの屈折率差は非常に小さいので，いずれの場合もスカラ波動方程式に基づく**スカラ波近似解析**（approximate scalar-wave analysis）によって，実用上十分な精度の解が得られる．

ステップインデックス形ファイバの場合には，どんなに多層になっても解析的に厳密な解析が可能である．一方，グレーデッドインデックス形ファイバの場合には，厳密解が存在しないので，屈折率分布を適当な階段関数で近似する階段近似法が利用される．また，屈折率分布を階段近似することなく，より忠実に評価できる有限要素法（⇒p.335）も広く利用されている．

B. 非軸対称光ファイバ解析

通常の軸対称光ファイバには，軸対称であるために，たがいに直交する二つの独立したモードが存在する．実際の光ファイバには，わずかな摂動によってこれらのモードの縮退が解け，モード間結合が生じてしまうので，コア形状を非軸対称とした単一偏波ファイバが開発されている．

コア形状が非軸対称になると，解析的に厳密な解析は困難になるので，非軸対称光ファイバの解析には有限要素法がよく利用されている．非軸対称光ファイバは，非軸対称な応力分布を与えることによっても実現できる．この場合には応力解析も必要になり，有限要素法が唯一の方法として利用されている．

C. フォトニック結晶ファイバ解析

フォトニック結晶ファイバは，クラッド部にクラッドの屈折率よりも低屈折率あるいは高屈折率の柱状散乱体を多数配置した複雑な構造を有している．フォトニック結晶ファイバには，従来型ファイバと同様に，全反射によって光波をコア内に閉じ込めるものと，フォトニックバンドギャップによって光波を相対的に低屈折率となるコア内に閉じ込めるものとがある．

クラッド部に配置する散乱体には空孔を用いることもできるので，コアとクラッドの屈折率差を従来型ファイバに比べて格段に大きくすることができる．このため，フォトニック結晶ファイバ解析では，スカラ波近似解析は成り立たず，ベクトル波動方程式に基づく**ベクトル波解析**（vector-wave analysis）が要求される．したがって，任意形状の散乱体への適用が容易な有限要素法がよく利用されている．なお，フォトニックバンドギャップを利用する場合には，バンド計算（⇒p.222）も必要になる．

参考文献

1) 小柴正則：光導波路解析，朝倉書店 (1990)
2) 岡本勝就：光導波路の基礎，コロナ社 (1992)
3) M. Koshiba: "Full-Vector Analysis of Photonic Crystal Fibers Using the Finite Element Method", *IEICE Trans. Electron.*, **E85-C**, 4, 881 (2002)

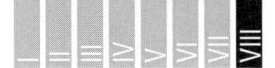

分野：通信ネットワーク
部門：無線ネットワーク ［VIII-2］

光無線ネットワーク
［英］optical wireless network

　光無線ネットワークとは，赤外線や可視光領域の光を，自由空間を介して通信相手に送る通信システムを構成するネットワークをいう。光通信技術は，高速化が容易で，秘匿性が高く，かつ法規制がなく，世界的な統一規格化が可能であることから，多くの期待が寄せられている。利用するシナリオにより，屋外のビル間や衛星/基地局との通信などに使用する**自由空間光無線**（free space optics; **FSO**）通信システムと，微小光電力を利用する数メートルの近距離通信に大別される。後者はさらに，目に見えない**赤外線通信システム**（infrared data association; **IrDA**）と，目に見える**可視光通信システム**（visible light communication; **VLC**）に分けられる。以下，おのおのについて概説する。

A. 自由空間光無線通信システム（FSO）[1]

　ブロードバンドネットワークを構築するにあたり，都市部においても，河川や鉄道の横断が必要な地域，あるいは光ファイバの引き込みが難しい集合住宅が存在する地域など，採算性や投資効率の面で光ファイバネットワークの建設が困難な場所も存在する。こうした地域の光ファイバとのインタフェースでは，設置が容易で，高速・大容量情報を瞬時に伝送可能な，自由空間光無線通信技術が有効な手段として認識されている。特に，電波を光ファイバに閉じ込めて伝送するRoF（radio on fiber）技術と光無線との融合は，光ファイバ上にある各種信号を，その形式にとらわれずに伝送することを可能とし，ヘテロジニアスネットワークの解決策として期待されており，光ファイバ通信と無線通信を融合する**統合型光無線**（radio on free-space optics; **RoFSO**）システムとして，研究開発が進められている。従来システムでは，光ファイバとは異なる波長（800 nm）を利用したシステムが実現されているが，光/電気変換などが必要であることや，構成デバイスの性能の観点から，この波長帯の光では高速化が困難であった。最近では，大気中に光/電気変換せずに**波長分割技術**（wavelength division multiplexing; **WDM**）を適用し，直接 1.55 μm の光キャリアを伝送するシステムが開発され，1.28 Tbps までの通信実験例が報告されている。

B. 赤外線通信システム（IrDA）[2]

　850〜900 nm の目に見えない波長範囲の近赤外光を利用した，1〜3 m 程度の近距離ワイヤレス通信を実現するために，1993年米国シリコンバレーのIT企業を中心にして，赤外線データコンソーシアム（IrDA）が設立された。"Point and shoot" という謳い文句でポイントツーポイント通信の規格化が行われた。発光ダイオード（LED）とホトダイオード（PD）の簡易な組み合わせで，小型，安価，低消費電力の赤外線デバイスが実現可能であることから，多くのPC，携帯情報端末（PDA，電子手帳など），プリンタ等との通信が期待されてきた。初期の通信は 115.2 kbps 半二重通信（SIR方式）であったため，PC間の通常のファイル転送に数十秒もかかり，普及には時間を要した。しかし，現在では 4 Mbps への速度の改善，ならびにプロトコルの改良が行われて，初期の方式に比べて約20 %まで通信時間の短縮を実現したIrSimple方式が，多くの携帯電話に導入されている。さらに最近では，1 Gbps の規格化（Giga-IR）が行われ，動画を瞬時に取得できる方式が実現されている。

C. 可視光通信システム（VLC）[3]

　LEDは消費電力が少なく耐用年数が長いため，今後LED照明は省エネルギーの担い手になると予想されている。VLCはこのLEDから出る光の点滅や強弱など，目に見えることの利点を活かした光通信であり，家庭やオフィス，駅や病院など公共施設の照明，街路灯，また，携帯電話，デジタルカメラ，イメージセンサ等のモバイル端末によるイメージング，センシング，さらに，車両のテールランプやヘッドランプ，カーナビゲーションを利用したITSシステム，薄型TVのバックライトなどと，広範囲な適用が期待されている。可視光通信は，人間の目に感じられない超高速の光のON/OFFにより信号を伝えるもので，目に対する安全性は問題ないが，設計次第では「光のちらつき」となり，照明光としての本来機能を妨害する可能性もある。このため，LED光源の変調方式，色や輝度の精度の安定性，温度と寿命，サイズ，コストといったさまざまな検討課題，さらに照明用電力を必要とすることから，電源との親和性や導入のタイミングを考慮した設計が求められている。

参考文献
1) 若森和彦：光無線通信の技術動向，画像電子学会年次大会2010，予稿T6-3 (2010.6.27)
2) 北角権太郎 (IrDA)：IrDAの最新動向，画像電子学会年次大会2010，予稿T6-2 (2010.6.27)
3) 春山真一郎：可視光通信の展望，画像電子学会年次大会2010，予稿T6-1 (2010.6.2)

微気象

[英] micrometeorology

微気象とは接地層内で起こる気象現象で，空間スケールは100 mより小さく，時間スケールは数時間より短い．身近な例として，大気乱流，汚染物質などの拡散，接地逆転，放射霧，森林キャノピー層内や防風林近くでの弱風，都市キャノピー層内での高温，ビル風，公園内での低温，公園からの冷気のにじみ出しなどが挙げられる．このように，微気象の対象は幅広く，それゆえ気象学，農業気象学，自然地理学，大気環境学（大気拡散学），風工学など，さまざまな分野で研究が行われてきた．

微気象のシミュレーションは，風洞実験と，CFDモデル（⇒p.130, p.345）を用いた数値シミュレーションとの二つに分けられる．ここでは，大気拡散・風工学分野と気象分野で利用されている数値モデルを紹介する．気象モデルは，風工学分野のCFDモデルと区別されることが多いが，気象モデルも広義のCFDモデルと見なす．

A．大気拡散・風工学分野の数値モデル

大気拡散分野の数値モデルは，歴史とともに大きく変化してきた．排ガス拡散による大気汚染が環境問題として深刻であった1970年代は，拡散実験に基づく拡散式を用いたモデル，例えば，有風時の連続排出煙の拡散・濃度を計算するプルームモデルが広く使われていた．無風時にはパフモデルが使われていた．現在では，RANSモデルやLESモデルを用いた計算も行われている．

風工学分野における数値モデルの利用は，風洞実験を補完・代替する目的のもと，RANSモデルの一つである標準k-εモデルを用いた，ビル風の定常計算から始まった．当時は大気の成層として中立を仮定したものが多かった．その後，浮力を考慮したk-εモデルや，より高精度なRANSモデルに発展し，現在では**LESモデル**（large eddy simulation model）も利用されている．風工学の分野で使われているモデルは，建物などを解像している点に特徴がある．

B．気象分野の数値モデル

気象学，農業気象学，自然地理学が対象とする大気現象は，乱流以外にも，成層状態，放射，地面の熱収支，水の相変化といった物理過程や，日変化をはじめとする時間変化が重要となる．そのため，これらの分野で使われている数値モデルは，風工学分野のモデルとよく似ているが，大気の物理モデルを含んでいる点と，現象の時間変化を重視する点に特徴がある．微気象は大気境界層内の現象であるため，気候モデル（⇒p.201）や予報モデル（⇒p.60）とは異なり，基礎方程式系にブジネスク近似が施されていることが多い．このような微気象モデルは，一般に**大気境界層モデル**（atmospheric boundary layer model）と呼ばれている．プラントルの境界層近似モデルと名前は似ているが，まったく異なるモデルであることに注意されたい．

大気境界層モデルは，鉛直1次元モデルから3次元モデルに拡張されてきた．最近は，風工学分野のモデルと同様に，Mellor-Yamadaモデル[1, 2]からLESモデルに移行しつつある．微気象モデルのサブモデルとして位置付けられる地面の熱収支，放射，水の相変化などの物理モデルも，時代とともにより複雑・精緻になっている．

大気境界層モデルは，これまで大気乱流，接地逆転，森林・都市キャノピー層内の気象のシミュレーションなどに用いられてきた．現在は，放射霧，ダストデビル（塵旋風）なども対象としている[3]．また，微気象よりもスケールの大きい大気境界層内の現象である，サーマルのシミュレーションなどにも利用されている．

以下に，LESモデルによる大気拡散シミュレーションの結果を示す．

図版提供：東京工業大学 神田 学 教授

参考文献

1) G. L. Mellor and T. Yamada: "A hierarchy of turbulence-closure models for planetary boundary layers," J. Atmos. Sci., 31, 1791–1806 (1974)

2) T. Yamada: "A numerical simulation of nocturnal drainage flow", J. Meteor. Soc. Japan, 59, 108-122 (1981)

3) 藤吉康志 編：ラージ・エディ・シミュレーションの気象への応用と検証，気象研究ノート，第219号，p.166，日本気象学会 (2008)

分野：人間・社会
部門：社会システム [VI-2]

ビジネスシミュレーション
[英] business simulation

A. ビジネス構造のモデル化

ビジネスシミュレーションは，企業が行うさまざまなビジネスの構造をモデル化し，それをもとにシミュレートすることで，問題の解決に役立つ解を求めるための手法である．この場合，本物を使わないでモデルを使うという点に特徴がある．ここでいうモデルとは，数理モデルや論理モデルと呼ばれるもので，対象を数式や論理式などで表現したものを指す．本物を使わないでモデルを使う理由にはつぎの点が挙げられる．

(1) 危険がある．本物の企業経営では失敗して倒産するような危険がある場合にも，モデルを使った実験であれば失敗が許される．
(2) 費用が高い．工場の建設や物流拠点の新設など，本物を作ると費用がかかりすぎる場合でも，モデルを作れば条件を変えて何度でも実験できるため，コストを下げることができる．
(3) 時間がかかる．企業の経営活動の検証を行うには長い時間が必要になるが，モデルでは時間を短縮して実行できる．

例えば，製造業，卸売業，小売業が連結したサプライチェーンの効率化を計画する場合，いきなり本物の企業で実施すると，失敗した場合に大きな損失をこうむる危険がある．かといって，本物の企業と同じものを実験用に作り上げるのは，コスト的に実現不可能であろう．また，経済変化などの外部環境の影響を見るには，何年もの時間が必要となってしまい，現実的でない．そこで，業界や各企業を数式や論理式でモデル化することができれば，上記の制約を取り除くことが可能となり，失敗しても実害はなく，本物よりもコストも低くすみ，また短時間に繰り返し実験できる利点がある．

ビジネス構造のモデル化にあたって重要なのは，シミュレーションの目的を明確にすることである．その目的に最も適合した特徴的なパターンを抽出してモデル化する．具体的には，対象となるビジネスの中のどの要素が最も重要かという優先度から，主要な変数をいくつか抽出し，さらにその変数間の関係を定義する．このとき抽出する変数は多ければよいというわけではない．本物のビジネスに近くなければならないと考えて，抽出する変数が多くなりすぎると，意思決定する制御変数（価格，生産数，広告費など）と目的変数（売上高，営業利益，シェアなど）との因果関係が複雑になって，どの意思決定がどの結果に効いているが不明確となり，シミュレーションの効果はかえって減少すると考えられる．目的に応じて，上手にディフォルメしたモデルにするほうが効果は高い．

B. コンピュータシミュレーション

このようなシミュレーションは，コンピュータを用いることで可能となる．これはコンピュータシミュレーションと呼ばれ，モンテカルロシミュレーション（⇒ p.332）やシステムダイナミクス（⇒ p.121）等の有効な手法が存在する．これらのコンピュータシミュレーション手法は，プログラムを作成することで，銀行のATMやスーパーマーケットのレジの待ち行列問題，製品の生産計画や在庫管理，人員の採用計画や教育計画など，相当範囲の問題をシミュレートすることができる．より簡易な方法として，Excelなどの表計算ソフトウェアを利用することも可能である．例えば，新規ビジネスの収支計画を検討する場合に，販売価格や販売数量，固定費や変動費などの条件を変化させて予想利益を算出するWhat-if分析や，目標利益を設定してそれを満足する解を直接求めるGoal-seek分析などがある．

C. ゲーミングシミュレーション

しかし，企業経営の問題を対象とする場合，人間の意思決定ルールが明示化されないと，プログラムを作成することはできない．そのような場合に，プログラムにできない意思決定部分を人間に入力させることで，シミュレーションの実行を可能とするのが，ゲーミングシミュレーションである．ビジネスには競争相手がいるので，シミュレーションを行うには，人間のプレーヤーが参加するゲーミングシミュレーションが有効である．これは**ビジネスゲーム**（business game）と呼ばれる．ビジネスゲームは従来，教育用のツールとして発達してきたが，経営者や管理者に学ばせたい状況を任意に作り出して体験させることができ，時間も現実より短縮できることから，実際のプロジェクトで体験するより効率が良いという利点がある．ビジネスゲームは人間の心理や倫理問題などを扱うことも可能であり，企業経営の問題解決のツールとしての研究も進みつつある．簡単にビジネスゲームを開発できる専用言語[1]が提供される事例もでてきている．なお，「ゲームの理論」は応用数学であり，人間のプレーヤーが参加するゲーミングシミュレーションとは別のものである．

参考文献
1) http://ybg.ac.jp/
2) 薦田憲久ほか：ビジネスシステムのシミュレーション，コロナ社 (2007)

ビジュアルアナリティクス
[英] visual analytics

ビジュアルアナリティクスは，旧来の科学技術データ可視化と情報可視化の間の垣根を取り払い，統計，数学，知識表現，管理・発見技術，知覚・認知科学，決定科学などの知見を取り込みながら，高度な対話的視覚インタフェースを用いた**解析的推論**（analytic reasoning）を築く科学と定義され，ビジュアルデータマイニング（⇒p.279）の究極の形態の一つを示している。その使命は，巨大かつ動的で時に自己矛盾を起こしているような複雑なデータから，予期されることを検出するだけでなく，予期できないことも同時に発見し（to detect the expected, and to discover the unexpected），時機を得た評価を効果的に共有し，行動に移すことにある。9.11テロ以来，特に欧米では国家安全のための有効な科学的方法論の登場が期待されており，ビジュアルアナリティクスはその最有力候補と目されている。

A. 欧米の研究動向

米国では2004年，国土安全保障省の配下に情報分析およびインフラ保護，緊急事態への準備に対応する科学技術研究開発部門として，NVAC（National Visualization and Analytics Center）が世界に先駆けて組織され，スタンフォード大学をはじめとする6か所の地域研究センターとともに全米規模で鋭意研究・開発が進められてきた。一方，欧州でも，欧州共同体のSeventh Framework Programme（FP7）に属する未来・新興技術（Future and Emerging Technologies）の経済的支援を受けて，2009年からビジュアルアナリティクスを総合的に研究するVisMasterプロジェクトが開始された。

B. VASTとEuroVA

ビジュアルアナリティクスに関する学界の牽引役となっている国際年会として，毎秋米国で開催されるVisWeekの一角を担うIEEE VAST（Visual Analytics Science and Technology）が，2006年に創設された。また，2010年からは欧州でも専門国際年会がEurographics/IEEE EuroVisと併催され始め，2010年はEuroVAST，2011年からはEuroVAと称されている。

C. ビジュアルアナリティクスマントラ

Keim[1]は，Shneidermanの"Visual Information Seeking Mantra"（⇒p.150）をビジュアルアナリティクス用に拡張した。そこでは，ビジュアルアナリティクスの基本プロセスを

"Analyze first, show the important, zoom, filter and analyze, details on demand."

と規定し，その反復により実際の分析は進めるとしている。情報可視化に比べて，分野固有の分析ツールとの連動をさらに強めているだけでなく，利用者によって，掘り下げるべき重要な部分時空間を視覚的に特定する行為が欠かせない点が強調されている。

D. 可視化出自管理

上記のマントラによって方向付けられたビジュアルアナリティクスの実際のプロセスでは，多くの参加者による遠隔協同作業が長期にわたることが多い。知と一体化した可視化の記録可能性や追跡可能性，再利用性を増強する上で，与えられた問題解決のプロセスに関するすべての情報を永続的に管理運用していく仕組みが必要になる。これを**可視化出自管理**（visualization provenance management）と呼ぶ。国際的によく知られた可視化出自管理環境の一例として，米国で開発されたVisTrails[2]が挙げられる。http://www.vistrails.org/にアクセスすると，ヒストリーツリーやグラフのスクリーンショットがすぐに見つかるだろう。

VisTrailsにおける利用者の視覚解析プロセスは，可視化ワークフローとその実行結果や得られた知見のノートをノードとし，それらの導出関係をリンクとするヒストリーツリーとして管理されるため，再実行や異なる実行同士の比較だけでなく，成功した解析サブプロセスをアナロジーとして用いて，新たな可視化デザインを誘導することもできる。

参考文献

1) D. A. Keim: "Visual Analytics: Scope and Challenges", S. J. Simoff, et al. (eds.): *Visual Data Mining*, Springer LNCS, **4404**, pp. 76–90 (2008)

2) http://www.vistrails.org/ （2011年11月現在）

3) J. J. Thomas and K. Cook (eds.): "Illuminating the Path: Research and Development Agenda for Visual Analytics", IEEE Computer Society Press (2006), http://nvac.pnl.gov/agenda.stm （2011年11月現在）

分野：可視化
部門：ビジュアルデータマイニング [VII-2]

ビジュアルデータマイニング
[英] visual data mining

高性能計算環境や計測装置の技術革新が進むにつれて，生成されるデータのサイズや複雑さが急速に増大している．そのようなデータに隠されている対象の構造や挙動に関する新たな知見を，視覚的手法を駆使して得るための方法論全般をビジュアルデータマイニングと呼ぶ[1]．ビジュアルデータマイニングは，単なるプレゼンテーショングラフィックスから**探究的可視化**（exploratory visualization）へと向かう可視化研究開発の流れの中で登場してきた概念でもあり，応用分野は科学技術から人文社会学まで拡がっている．

その具体的なタスクには，**データマイニング**（data mining）の手法を駆使して，見るべき対象データの特徴を数理的に捉えることも含まれる．統計学はデータ要素間の関係を明らかにする（⇒ p.282）．また，機械学習によって分析可能なレベルまでデータが縮約される（⇒ p.281）．さらに，位相のようなデータ特徴空間への変換を介した分析も行われる（⇒ p.280）．

このようなデータマイニングの本来の狙いがコンピュータによる自動化であるのに対して，ビジュアルデータマイニングを実行する主体はあくまで利用者であることに注意されたい．そこで，利用者による大規模なデータの検索や操作を容易にするデータベース技術との連動（⇒ p.283）や，没入的環境を提供して利用者を作業に集中させるための高精度・高精細ディスプレイ技術（⇒ p.284）も，重要な要素技術となる．

言い換えれば，ビジュアルデータマイニングは，人間のデータ分析能力をいっそう強化するための総合的環境を提供するものであり，人間とコンピュータが双方の能力の特質を活かして協調的に作業を進めることによって，巨大で複雑な対象の本質を追究することを可能にしている．その代表的応用分野には，マルチフィジクス・マルチスケール解析を中核とする，流体力学（⇒p.348），バイオインフォマティクス（⇒p.265），宇宙科学（⇒p.17）などが含まれる．

A. VRC2006 レポート

ビジュアルデータマイニングの必要性とその社会的インパクトを明らかにした報告書の一つとして，NIH/NSF VRC（Visualization Research Challenge）2006 レポート[1]が挙げられる．

このレポートでは，2003～2004年の2年間に生産されたデータ量だけで，有史以来それ以前に人類が作り出した全文書のデータ量を超えたと報告されている．しかも，今日のシミュレーションや計測のデータは，単に量的な問題だけではなく，多次元・多変量であり，時系列を扱い，視覚変換による多義性を有する点で，分析を本質的により困難なものにしている．この**情報ビックバン**（information big bang）に挑む知識増幅技術として，「人間の空間的な推論・決定能力を比喩的に（metaphorically）増強する（bootstrapping）すること」により，「パターンの検出や状況の的確な把握，タスクの優先順位付け」を可能にするビジュアルデータマイニングの技術的本質を明確に示している．

VRC 2006 レポートに示された**可視化発見プロセス**（visualization discovery process）は，"human-in-the-loop" を特徴とし，「データ」と「可視化」に「利用者」を加えた三位一体の枠組みとなっている．可視化を通じて外部記憶化されることで，知覚・認知されたデータは利用者の知識に変わる．そして，その拡充を求めて，利用者はさらに進んだ可視化に資するハードウェアやアルゴリズム，特定のパラメータ値などを策定し，可視化の改良に向けてフィードバックする仕組みがモデル化されている．本質的に利用者の介入を許していることから，ビジュアルデータマイニング技術のレベル向上は，半導体デバイスの性能向上を支配するといわれるムーアの法則には従わず，むしろ人間の知覚・認知の本質や制約・効果と関わる，専用オントロジーの開発や，革新的表示ハードウェア技術の導入，知覚心理学の研究成果の積極的な援用が肝要であると述べている．

B. 国内外の関連学会

このように，ビジュアルデータマイニングを構成する要素技術は多岐にわたるため，国内外の多くの学会に関連発表がまたがっている．国内では，1999年に初めて可視化情報学会にビジュアルデータマイニング研究会が発足した．国際的には，可視化分野の IEEE VisWeek，Eurographics/IEEE EuroVis，IEEE PacificVis やデータマイニング分野の ACM KDD 等の諸会議に，優れた原著論文の発表が多数見られる．

参考文献
1) C. R. Johnson, et al.: "NIH/NSF Visualization Research Challenges January 2006", IEEE Computer Society Press (2006), http://vgtc.org/wpmu/techcom/?page_id=11 （2011年11月現在）

分野：可視化
部門：ビジュアルデータマイニング［VII-2］

ビジュアルデータマイニングの基礎理論：位相解析
[英] topological analysis

一般的にシミュレーションで得られる計算結果は，2変数スカラ値関数 $f = f(x,y)$ あるいは3変数スカラ値関数 $f = f(x,y,z)$ や，その時間変化の離散サンプル点データとして与えられることが多い．そしてそれらの解析には，微分情報や等値面データなどのデータに内在する幾何特徴に注目することが一般的である．しかし，これらの幾何特徴は元来局所的な情報であり，データ全体の性質を捉えることが難しい．

この問題に対し，データの位相特徴に着目して，データ全体の構造の把握を優先的に行う，位相解析の手法が注目されている[1]．位相（topology）とは，滑らかな変形で移り変わることのできる対象を等しいものと見なし，その同値関係のもとで対象物の解析・分類を行う概念である．特にビジュアルデータマイニングにおいては，微分位相幾何学の概念から導き出される，A. **臨界点**（critical point），B. **コンターツリー**（contour tree），C. **モース・スメール複体**（Morse-Smale complex）などのデータ表現がよく用いられる．

A. 臨界点

臨界点は，対象となる n 変数関数 f の，各変数に関する1次偏微分がすべて0になる点として定義される．例えば，$f = f(x_1, \cdots, x_n)$ の場合

$$\frac{\partial f}{\partial x_i} = 0 \quad (i = 1, \cdots n)$$

となる点が臨界点となる．さらに，臨界点は対応するヘッセ行列

$$H = \left(h_{ij} = \frac{\partial^2 f}{\partial x_i \partial x_j}\right)$$

のインデックス（負の固有値の個数）を用いて，より詳細に分類される．例えば，2変数（$n = 2$）の場合，インデックス2，1，0の臨界点は，地形表面の頂上，峠，谷底にそれぞれ対応し，3変数（$n = 3$）の場合は，インデックス3，2，1，0の臨界点が，それぞれ3次元スカラ場（ボリューム）データの極大，鞍点，鞍点，極小に対応する．

B. コンターツリー

スカラ値関数 f の逆像を考えると，スカラ値の変化に応じて，逆像の連結成分には生成，消滅，併合，分岐の位相的な変化が生じる．それぞれの連結成分を一つの点と見なし，スカラ値方向にその変化を追うと，レーブグラフ（Reeb graph）と呼ばれるグラフ表現に変換することができる．さらに，スカラ値関数 f が1価関数として表現できる場合は閉路を含まないグラフ表現となり，特にコンターツリーと呼ばれている[2]．上記のグラフ表現においては，頂点は臨界点に対応し，辺は臨界点同士の接続関係を表すことになる．このようなグラフ表現は，スカラ値関数の離散データの微分位相情報を明確に反映することができ，データの大局的な振る舞いを理解するための重要な役割を担う．下図は，陽子・水素原子衝突のシミュレーションデータの可視化において，3次元スカラ場（ボリューム）データを，コンターツリーを用いて特徴強調表示を行った例である（口絵39）．

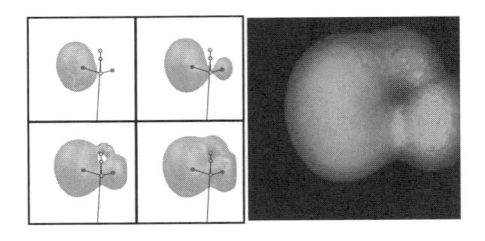

C. モース・スメール複体

モース・スメール複体も，臨界点を結ぶグラフの構造をなす点では，レーブグラフやコンターツリーと同じであるが，グラフが関数の値域に埋め込まれるのではなく，定義域に埋め込まれる点が大きく異なる．具体的には，2変数の場合においては，頂上と峠を結ぶ尾根線と，谷底と峠を結ぶ谷線により構成される地形表面の分割が，モース・スメール複体となる．モース・スメール複体は3次元スカラ場（ボリュームデータ）にも導入され，そのグラフ構造を簡単化することで，ノイズの影響によらない重要な臨界点情報を抽出する手法が考案されている[3]．

参考文献

1) S. Takahashi, Y. Takeshima, and I. Fujishiro: "Topological Volume Skeletonization and Its Application to Transfer Function Design", Graphical Models, Vol.66, No.1, pp.24–49 (2004)

2) H. Carr, J. Snoeyink, and U. Axen: "Computing Contour Trees in all Dimensions", Computational Geometry: Theory and Applications. Vol.24, No.2, pp.75–94 (2003)

3) P. -T. Bremer, H. Edelsbrunner, B. Hamann, and, V. Pascucci: "A Topological Hierarchy for Functions on Triangulated Surfaces", IEEE Transactions on Visualization and Computer Graphics, Vol.10, No.4, pp.385–396 (2004)

ビジュアルデータマイニングの基礎理論：機械学習
[英] machine learning

入力データの次元を3次元以下に下げる**次元圧縮**（dimensionality reduction）や，データを代表するいくつかの離散点を抽出する**クラスタリング**（clustering）は，シミュレーションや計測から得られたデータの可視化やマイニングにおける基本的な処理であり，近年，機械学習手法として発展してきている．

A. クラス分類における次元圧縮

学習機械（⇒p.231）は，入力 $\mathbf{x}$ と出力 t のサンプルである学習データ $[(\mathbf{x}_i, t_i)]_{i=1}^{n}$ を用いて，未知システムの入出力関係を推定する．例えば，手書き文字認識における文字の種類のように，出力 t が $\mathbf{x}$ の所属する特定のクラスを表すラベルとして与えられる場合の学習をクラス分類という．

フィッシャーの判別分析 フィッシャーの判別分析（discriminant analysis）[1]は，異なるクラスに属するデータの分離度を考慮した次元圧縮法であり，入力ベクトル $\mathbf{x} \in R^d$ を線形変換により低次元空間内の $\mathbf{y} \in R^l$ ($l < d$) に写像し，次元圧縮を行う．特に2クラスの分類問題では，d 次元ベクトル $\mathbf{w}^T = (w_1, w_2, \cdots, w_d)$ によって得られる1次元量 $y = \mathbf{w}^T \mathbf{x}$ を用いて入力 $\mathbf{x}$ の分類を行う．クラス C_k ($k=1,2$) のデータ数を n_k とし，その平均ベクトルを $\mathbf{m}_k = \frac{1}{n_k} \sum_{\mathbf{x}_i \in C_k} \mathbf{x}_i$ とすると，各データは $y_i = \mathbf{w}^T \mathbf{x}_i$ に変換され，その平均と分散は，$m_k = \mathbf{w}^T \mathbf{m}_k$，$\sigma_k^2 = \frac{1}{n_k} \sum_{\mathbf{x}_i \in C_k} (y_i - m_k)^2$ で与えられる．このとき重みベクトル $\mathbf{w}$ は，2クラス間の分離度を最大化するため，クラス間分散とクラス内分散の比

$$\frac{(m_2 - m_1)^2}{n_1 \sigma_1^2 + n_2 \sigma_2^2}$$

を最大にする $\mathbf{w}$ として求められる．2以上の K クラスの場合には，$(K-1)$ 次元までの低次元表現を得ることができる．

B. 自己組織化による情報圧縮

他方，出力は与えられず，入力 $\mathbf{x}$ のサンプル，$\{\mathbf{x}_i\}_{i=1}^{n}$ のみから入力 $\mathbf{x}$ の従う確率分布の情報を推定する学習は，教師なし学習や自己組織化と呼ばれる．

（1）クラスタリング データのラベル情報がない状況で，各データ間の類似度をもとに，データをいくつかの類似度の近いものの集まり（クラスタ）に分けることをクラスタリングという．最も代表的なアルゴリズムである K-means 法では，クラスタ数 K を設定し，K 個のクラスタ $\{C_k\}_{k=1}^{K}$ の中心 $\{\mathbf{m}_k\}_{k=1}^{K}$ をランダムに配置し，つぎの2ステップを更新がなくなるまで繰り返す．(1) 各データを最もクラスタ中心の近いクラスタに割り当てる．(2) 各クラスタに割り当てられたデータの平均 $\mathbf{m}_k = \frac{1}{n_k} \sum_{\mathbf{x}_i \in C_k} \mathbf{x}_i$ (n_k はクラスタ k に割り当てられたデータ数）にクラスタの中心を更新する．

K-means 法は，正規分布の重み付き足し合わせで定義される**混合正規分布**（Gaussian mixture model）の学習と捉えることができ，クラスタ数の推定法やさまざまな拡張が与えられている[2,3]．

（2）自己組織化マップ コホネンの自己組織化マップ（self-organizing map; **SOM**）は，高次元データに非線形な低次元多様体を当てはめることで，次元圧縮を行う手法である[4]．

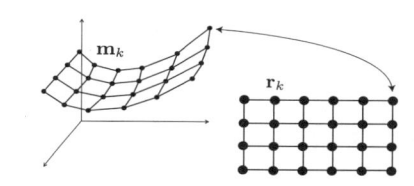

SOM では，K-means 法におけるクラスタの中心 $\{\mathbf{m}_k\}_{k=1}^{K}$ に対応する参照点に対して，あらかじめ低次元空間上の格子点 $\{\mathbf{r}_k\}_{k=1}^{K}$ との対応を定めておく（上図）．K-means 法と同様に，各データ点に最も近い参照点を対応させ，それに応じて参照点を動かす．このとき，データ $\mathbf{x}_i$ から最も近い参照点の番号を $c(i)$ とすると

$$\mathbf{m}_k = \frac{\sum_i h_{kc(i)} \mathbf{x}_i}{\sum_i h_{kc(i)}}$$

により参照点を更新する．h_{kc} は近傍関数と呼ばれ，低次元空間上の点 $\mathbf{r}_k$ と $\mathbf{r}_c$ が近いほど大きくなる関数を用いることにより，高次元データの類似度が低次元空間上での格子点の近さに反映された地図を作ることができる．確率モデルによる SOM の代替物として，Generative Topographic Mapping が研究されている[3]．

参考文献

1) 石井健一郎，上田修功，前田英作，村瀬洋：わかりやすいパターン認識，オーム社 (1998)

2) C. M. ビショップ著，元田ほか訳：パターン認識と機械学習 上，シュプリンガージャパン (2007)

3) C. M. ビショップ著，元田ほか訳：パターン認識と機械学習 下，シュプリンガージャパン (2008)

4) T. コホネン著，徳高ほか訳：自己組織化マップ，シュプリンガーフェアラーク東京 (2005)

分野：可視化
部門：ビジュアルデータマイニング［VII-2］

ビジュアルデータマイニングの基礎理論：統計処理

［英］visual data mining and statistical analysis

ビジュアルデータマイニングのための道具として統計学的手法は重要な地位を占めている．数式によるモデル化の前にデータの可視化が重要である．データ（シミュレーションにより得られるデータも含む）から情報を抽出するための可視化技術は，計算機の高速化やディスプレイの高密度化により，近年飛躍的に発展している．可視化のための統計処理としては，A．1変数の分布を表現するための方法，B．2変数の間の関係を表現するための方法，C．多変数の関係を表現するための方法，D．動的グラフィックを使う方法などがある．

A．1変数の分布を表現するための方法

データが与えられたときに最初に行うべきことは，値がどのように分布しているかを調べることであり，平均や分散を計算することではない．1変数の分布を表す方法としては，**ヒストグラム**（histogram），経験分布関数のグラフ，**箱ひげ図**（box plot）などがある．ヒストグラムは確率密度関数をデータにより近似したもの，経験分布関数のグラフは確率分布関数をデータにより近似したものであり，得られたデータの背景にある理論分布を考えるために重要である．箱ひげ図は複数の集団や対象を比較するために便利なグラフである．下図は，定期考査の複数の科目と入試の平均点の箱ひげ図であり，科目間の難易度の違いや入試成績との関係を知るために有用である．

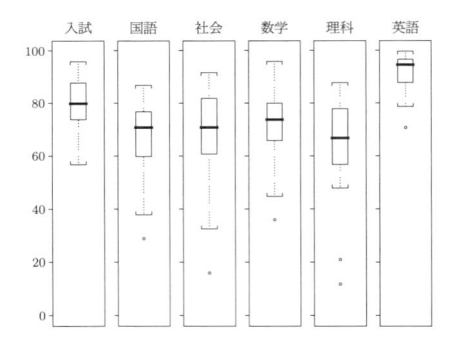

B．2変数の間の関係を表現するための方法

2変数のデータ間の関係を表す数値的尺度として相関係数がある．3変数以上であっても，2変数ごとの関係にのみ注目するのであれば同様である．1変数の場合に平均や分散を最初に計算すべきでないのと同様に，相関係数を最初に計算するのではなく，2変数の場合は散布図，3変数以上の場合は対散布図を描くべきである．相関係数は線形関係の程度を表すためだけの指標であり，2変数間に非線形関係があるときに，相関係数だけの計算だけすませてしまうと，関係を見逃すことになる場合がある．下図は紙面の関係から「入試」「国語」「社会」に限って描いた対散布図である．科目の違いを見る目的のためには箱ひげ図のほうが適しているが，関係を見るためには対散布図のほうが適している．

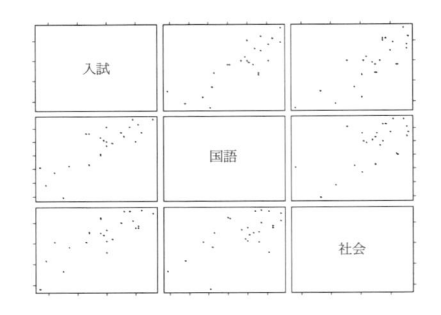

C．多変数の関係を表現するための方法

3変数以上の多変数データの可視化のためには**平行座標プロット**（parallel coordinate plot, ⇒p.198, B）が有用である．対話型操作により変数の並び替えを行ったり，透明度を変化させたりすることなどにより，変数間の関係を効率的に調べることができる．2次元の平行座標プロットを3次元へ拡張した3次元平行座標プロットもある．変数間の関係を同時に知りたい場合に用いることができる．

D．動的グラフィックを使う方法

3変数間の関係を見るために用いられる方法として3次元散布図がある．ある断面だけの静的な1枚の図ではなく，動的な回転を可能にすることで，視点を変えることができるようにしていることが多い．また，計算結果やデータ分布をアニメーションにすることにより，効率的なデータ解析が可能になる．

参考文献

1) 中野純司 編：特集 統計データの可視化, 統計数理, **55**, pp.1–119 (2007)
2) 水田正弘, 南 弘征, 山本義郎, 田沢 司：S-PLUSによるデータマイニング入門, 森北出版 (2005)

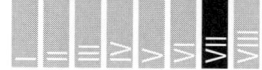

ビジュアルデータマイニングのための大規模データ管理

［英］large data management for visual data mining

ビジュアルデータマイニングの流れは，データを抽出変換し格納する情報処理と，仮説ルール，モデルを可視化探索（visual exploration）する知識処理からなる．

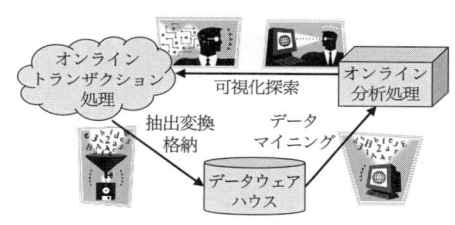

シミュレーション結果や出自記録，ウェブシステムのアクセスログなど，ディジタル環境におけるユーザの振る舞いは，リアルタイムのトランザクション記録として蓄積されている．

A．オンライントランザクション処理

排他制御などの高度な更新機能が必要となる業務トランザクション処理に対して，トランザクションのログ記録は追記のみでよい．正規分布に従わない，人工的なトランザクションを分析する**統計プロセス制御**（statistical process control; **SPC**）では，プロセス途中でのログを標本とする．

ログを分析データとするには，プロセスデータを抽出し，利用しやすい形にフォーマット変換し，データウェアハウスに格納（**ETL**; extract/transform/load）する．同時に，分析の信頼度を上げるために，不良データや重複データを整理するデータ圧縮，スクリーニング，ノイズ低減などデータクレンジング処理が行われる．

B．データウェアハウス

データウェアハウスは，トランザクションや統計データ，ユーザ選択データなどを格納するデータベースであり，標準の手順により，情報共有が行われる．

SQL言語で利用する表形式の関係データベースが多いが，非定型の分析に対応するために，インデックス作成が不要で，レプリケーションやオントロジーの追加変更が容易なキーと値を保存する形式のデータベースも用いられている．データの増大だけでなく，大量の問合せへの対応，広範囲なデータ収集，リアルタイム分析，モバイル入出力などへの対応も進んでいる．

C．データマイニング（DM）

データマイニングは，仮定したルールに従って，データウェアハウスの標本を発掘することで，ルールを分析検証する．データは，数値尺度だけでなく，名義尺度も多いため，自然言語の形態素分析をはじめ，統計処理（⇒p.282），機械学習（⇒p.281），位相分析（⇒p.280）による特徴抽出などが用いられる．

データは，検証に適した粒度でなくてはならない．元データの粒度を超えて過度に蓄積した標本に対して良く一致させたルールが，未知の標本に対しては予測精度をきわめて悪化させる，過学習の現象も知られている．

D．オンライン分析処理（OLAP）

OLAPでは，分析範囲の多変量データを多次元キューブに展開して分析する．属性値の軸に沿って断面を選ぶスライシングと，ルービックキューブのような多面的なダイス分析がある．キューブをメモリ上に展開することで，任意軸での集計などが高速化される．

OLAPの分析ビューとDMの抽出ルールは相補的である．DMのルールにより抽出されたデータに対して，シナリオ検証しながらビューを改良していく．検証するルールがビューに影響し，分析・分類された属性値は，抽出ルールにフィードバックされる．

E．可視化探索

分析モデルの表現には，統計的な識別関数やOLAPキューブだけでなく，ポリゴンやアイコン（グリフ）など可視化オブジェクトもある．**自己組織化マップ**（self-organizing map; **SOM**）による領域分類や，実験計画法によるパラメータ選択などのアルゴリズム支援と，ユーザの視覚認知特性を活かした可視化モデルの対話的選択により，効果的な関心領域（ROI）のドリルダウン分析ができる．セマンティックなタグの解釈，ストリーミング動画の分析などは，依然，人間の認知能力に頼る部分が多い．

ビジネスインテリジェンス　ビジネスインテリジェンスは，経営情報を整理分析して，経営判断や監査報告に役立てる．ダッシュボードから問合せを発行し，期間，部門，商品，地域など切り口を変えたヒストグラムや散布図により，特徴や傾向の情報可視化（⇒p.149）を行う．

参考文献

1) J. Han, M. Kamber, and J. Pei: *Data Mining: Concepts and Techniques*, 3rd Edition, Morgan Kaufmann Publishers (2011)

分野：可視化
部門：ビジュアルデータマイニング［VII-2］

ビジュアルデータマイニングのためのディスプレイ技術

［英］display technology for visual data mining

ビジュアルデータマイニングでは，大量の多次元データに対して，全体表示，ズーム，フィルタリング，詳細表示などの可視化機能（p.150「情報可視化のユーザインタラクション」を参照）が要求される．そのため，ディスプレイ技術では，大画面・高解像度，3次元・没入感，インタラクション，ネットワーク通信などに関して先端的な技術の利用が望まれる．

A. 大画面・高解像度ディスプレイ

ビジュアルデータマイニングに有効なディスプレイ技術の要素として，まず大画面・高解像度が挙げられる．データマイニングでは一般に大量のデータを扱うため，一度にできるだけ多くの情報量を提示できることが重要である．最近ではフルハイビジョン（1920×1080 ピクセル）のモニタやプロジェクタが普及してきているが，つぎの世代としては，4K（4096×2160），8K（8192×4320）等の超高精細ディスプレイの利用が研究されている．下図は4Kディスプレイを用いて地震データのビジュアルデータマイニングを行っている例である[1]．

一方，高解像度の大画面ディスプレイを安価に実現する方法として，**タイルドディスプレイ**（tiled display）の利用が挙げられる．これは通常の液晶モニタを縦横に複数枚並べて配置し，全体を一つの計算機のディスプレイとして利用する方法である．構成は4面程度の小規模なものから100面以上の大規模なものまで存在する．最近では，タイルドディスプレイとしての利用を想定し，ベゼルの細いモニタの開発が行われている．

B. 没入型3次元ディスプレイ

ディスプレイに求められる要素には，3次元立体視表示も挙げられる．一般にビジュアルデータマイニングでは多次元データを対象とすることが多いため，3次元ディスプレイの奥行きを利用することで，従来の2次元ディスプレイより1次元多い情報表現が可能になる．3次元立体視を実現する方法には，ステレオ眼鏡を用いる液晶シャッタ（LC shutter）方式，偏光フィルタ（polarizing filter）方式のほかに，裸眼立体視が可能なレンティキュラ（lenticular）方式，パララックスバリア（parallax barrier）方式などが使われている．

特に，広視野の立体視ディスプレイは，提示される映像空間の中にユーザが入り込む感覚が得られることから，没入型ディスプレイと呼ばれる．例えば，複数台のプロジェクタを横に並べたWall型ディスプレイ，複数枚のスクリーンを立方体状に配置した**CAVE**型ディスプレイ，曲面状のスクリーンを用いたドーム型ディスプレイ等が挙げられる．このような没入型ディスプレイでは，立体映像で表現されたデータ空間の中をユーザがウォークスルーすることで，探索的なビジュアルデータマイニングが可能になる．

C. インタラクション

ビジュアルデータマイニングでは，データを可視化しながら，インタラクティブに可視化方法やパラメータの変更を行えることが重要である．そのため，各種ディスプレイ装置では，インタラクションのためのデバイスを備えることが重要である．例えばCAVE型ディスプレイではWandと呼ばれる特殊なデバイスやゲームコントローラが用いられる．また，3次元空間の中での正確なパラメータ調整が必要な場合は，MIDIコントローラ等のデバイスが用いられることもある．

D. ネットワーク通信

ビジュアルデータマイニングは，ユーザが一人で行うよりも，複数のユーザが協調して行うほうが効果的になることが多い．この場合，複数のユーザがネットワークを介して可視化データを共有するとともに，相互に人物像を送受信し，コミュニケーションを行う仕組みが必要である．臨場感の高いコミュニケーション技術としては，ビデオカメラで撮影された人物映像を可視化映像の中に3次元的に合成する**ビデオアバタ**（video avatar）等が使用される．

参考文献

1) T. Ogi, Y. Tateyama, and S. Sato: "Visual Data Mining in Immersive Virtual Environment Based on 4K Stereo Images", Proc. HCI International 2009, pp.472–481 (2009)

非線形経済動学
[英] nonlinear economic dynamics

非線形経済動学（物理学では dynamics の訳語に「(動)力学」をあてるが，経済学では「動学」を用いる）とは，経済を非線形系として捉え，その複雑な振る舞いの性質を研究する分野をいう．狭義には，小自由度モデルを用い，非線形力学の数学理論やコンピュータによる数値実験によって，系のカオス的振る舞いなどについて分析する立場を指す．広義には，**ルールベースモデル**（rule-based model）などを用い，おもに数値実験によって，複雑系としての経済の振る舞いの性質を研究する立場も含める．

A. 非線形経済動学の誕生と意義

動学分析は経済学の歴史とともに古いが，19世紀後半に景気循環という現象が体系的に発見されたことに伴い，これを説明するために1930年代以降数理的な動学理論が急速に進展した．循環の発生原因をどのように見るかによって，当初から外生的循環論と内生的循環論の二つの立場があった．

外生的循環論（exogenous business cycle theory）は，伝統的な経済学のものの見方であり，循環運動の原因を，凶作，技術革新，経済政策のような経済外の出来事に求める．これら外生的な撹乱がなければ経済は本来安定であると見なし，解軌道が不動点へ収束するような安定な線形動学モデルに外生的ノイズを加えることにより，複雑な循環運動を説明しようとする．

これに対し**内生的循環論**（endogenous business cycle theory）は，循環運動の原因を，経済主体の行動やその相互作用など内生的なメカニズムに求める．たとえ外生的な撹乱がなくても経済は持続的な循環運動を生み出すと見なすので，安定な線形モデルは無用である．ここに，経済を非線形系として捉え，動学分析を行う理由が存在する．景気循環を内生的で持続する周期運動として捉えることは，景気循環を非線形現象として理解することと同義なのである．

伝統的な経済学は，今日に至るまで均衡分析に主眼を置いており，経済が均衡から外れても早晩復元すると見なす．これに対し，1930年代に誕生した狭義の非線形経済動学は，経済が均衡から外れているからこそ景気循環というダイナミクスが生じることを示し，経済学を均衡の呪縛から解き放ったのである．かくして経済学に新しいものの見方をもたらした非線形経済動学であるが，伝統的な経済学が戦後の学界を席巻していく過程で不当な批判を浴び，徐々に下火になっていった．

B. カオス経済動学

19世紀末に Poincaré が3体問題を研究する中で発見した**カオス**（chaos）という現象は，1960年代になって上田睆亮や E. N. Lorenz により再発見され，70年代に自然科学の諸分野で急速に注目されるようになった．それに伴い経済学でもカオス理論が盛んに応用されるようになり，戦後しばらくの間忘れ去られていた非線形経済動学が，80年代に再び脚光を浴びるに至った．カオスという現象がかくも衆目を集めた最大の理由は，小自由度の決定論モデルが複雑で予測不可能な振る舞いを示すという意外性であった．そのため，経済学においても，景気循環，株価，為替レートなどの複雑な振る舞いを小自由度モデルで描写するという逆問題への関心が，80年代に大きく膨らんだのである．

C. 広義の非線形経済動学へ

90年代になって，狭義の非線形経済動学は大きな転機を迎える．小自由度モデルで経済の複雑な振る舞いを説明することの限界が意識されるようになり，大自由度モデルへの関心が徐々に高まり始めたのである．第一に，物理学の影響により，数学的解析が不可能な高次元の非線形モデルを数値実験によって解析する手法が導入されるようになった．第二に，**進化ゲーム理論**（evolutionary game theory）が進展したことで，50年代に H. Simon が提唱した**限定合理性**（bounded rationality）という概念が改めて注目され，数理モデルでは記述できない意思決定過程をルールベースモデルで分析できるようになった．第三に，サンタフェ研究所の設立を契機として複雑系研究が急速に脚光を浴び，ルールベースモデルに基づく**エージェントベースシミュレーション**（agent-based simulation; **ABS**）のような複雑系研究の新たな手法が導入されるようになった．かくして，狭義の非線形経済動学は，数学的解析が不可能なルールベースの大自由度モデルなども取り込むことで，その守備範囲を大きく広げた．こうした発展方向に共通する基底概念はやはり非線形性であるので，広義に拡張されたとはいえ，非線形経済動学が経済の複雑な非線形現象の解明を目指していることになんら変わりはない．

参考文献

1) H. -W. Lorenz: *Nonlinear Dynamical Economics and Chaotic Motion*, Springer (1993), 【邦訳】小野﨑保，笹倉和幸：非線形経済動学とカオス，日本経済評論社 (2000)

2) W. D. Dechert and C. H. Hommes: *Journal of Economic Dynamics & Control*, **24**, pp. 651–662 (2000)

非線形構造解析
[英] nonlinear structural analysis

構造力学の基礎式は，(1) 応力成分の平衡方程式，(2) 応力・ひずみ関係式，(3) ひずみ・変位関係式である．これらの基礎式からなる偏微分方程式（あるいは変分原理）を，与えられた (4) 力学的境界条件，(5) 幾何学的境界条件のもとで解くことにより，構造物の変形あるいは応力分布などが計算される．このとき，これらの基礎式あるいは境界条件の非線形性に起因して，さまざまな非線形問題が発生する．

例えば，相当応力が降伏点を超えて塑性変形を伴うようになると，応力・ひずみ関係式は非線形となる．このような非線形問題は**材料非線形問題**（materially nonlinear problem）と呼ばれている．

また，大たわみ問題（有限変形問題）あるいは座屈問題（構造安定問題）のように，ひずみ・変位関係として非線形式が仮定される問題を，**幾何学的非線形問題**（geometrically nonlinear problem）と呼んでいる．

さらに，**接触問題**（contact problem）などのように，力学的境界条件と幾何学的境界条件が変形に依存して変化することに起因する非線形問題もある．

これらの非線形性を含む構造崩壊問題の例（円筒鋼管の逐次座屈）を以下に示す．

非線形問題に区分的線形化を施し，微小増分区間に対する線形解析の繰り返しによって解く方法が，増分法（荷重増分法）である．増分法の基礎理論を増分理論という．

増分理論の定式化には，大きく分けて**ラグランジュ法**（total Lagrangian formulation; **T.L.F**）と**更新ラグランジュ法**（updated Lagrangian formulation; **U.L.F**）の2種類があり，両者においては使用される応力とひずみの定義が異なっている．

これらの理論に基づいて，MARC (1970)，ANSYS (1970)，MSC/NASTRAN (1971)，ADINA (1975)，ABAQUS (1978) などの汎用商用コードが1970年代に続々と誕生した．これらは，バージョンアップが重ねられて現在でも広く使われている，有限要素法の老舗プログラムである．

A. 材料非線形解析

材料非線形解析の定式化には，初期剛性法と接線剛性法がある．接線剛性法は精度が良く計算安定性に優れるが，剛性マトリクスが荷重増分ステップごとに変化するため，全体系剛性方程式を解き直す必要があり，計算効率に劣る．また，定式化，プログラミングともに煩雑である．他方，初期剛性法は精度や計算安定性に劣るものの，弾塑性以外の材料非線形問題，すなわち粘弾性問題，粘塑性問題，クリープ問題などにも容易に適用可能である．

B. 幾何学的非線形解析

常に初期形状を参照するT.L.F.と時々刻々の変形形状を参照するU.L.F.は，3次元連続体解析においては理論的に等価であるが，数値計算上は，前者は微小ひずみ・小回転の問題，後者は有限ひずみ・大回転の問題に適している．よって，一般の最終耐力解析にはT.L.F.が，板殻構造のクラッシュ解析などにはU.L.F.が用いられている．

C. 接触解析

接触拘束条件の変分原理（最小ポテンシャルエネルギーの原理）への導入に際し，ラグランジュ乗数法においてはラグランジュの未定乗数 $\{\Lambda\}$ が，また処罰法においてはペナルティ数 α_p を含む処罰関数が用いられている．

ラグランジュ乗数法では，運動学的な接触拘束条件が厳密に扱われ，計算精度は良好であるが，$\{\Lambda\}$ の分だけ系全体の未知量数が増大し，計算効率が低下する．他方，処罰法においては，未知量数は増加しないが，解の精度と計算効率はペナルティ数 α_p の値に依存する．すなわち，α_p が大きいほど，接触拘束条件は厳密に扱われるが（くい込みが小さい），材料定数に依存する本来の要素剛性値とのオーダ差が拡大するため，剛性マトリクスの性質は悪化する．

参考文献
1) 都井 裕：計算固体力学入門―材料と構造のモデリングとシミュレーション―，コロナ社 (2008)

非線形方程式
[英] nonlinear equation

現象のシミュレーションにおいて，多くの問題が非線形方程式
$$f(x) = 0, \quad f : \boldsymbol{R}^n \to \boldsymbol{R}^n$$
の解を求める問題に帰着する．解析的に解けることは稀であり，反復によって数値的に求めることが多い．

A. 解の公式
1変数（$n=1$）でfが4次以下の多項式の場合は，いわゆる2次方程式の解の公式，カルダノ（Cardano）の公式（3次），フェラリ（Ferrari）の公式（4次）で解析的に解ける．いうまでもなく，5次以上の場合はそのような公式はない．

B. 二分法
1変数（$n=1$）の場合，二分法が簡単である．fを連続とし，点$a_0, b_0 \in \boldsymbol{R}$において$a_0 < b_0$，$f(a_0)f(b_0) < 0$ならば，中間値の定理により，開区間$(a_0, b_0)$に$f(x) = 0$の解が存在する．また，$c = (a_0 + b_0)/2$とすると，$f(c)$の正負によって
$$(a_1, b_1) = \begin{cases} (a_0, c) \\ (c, b_0) \end{cases}$$
のいずれかにおいて$f(a_1)f(b_1) < 0$が成立し，解の存在する区間の幅を半分にすることができる．

C. ニュートン法
fは微分可能と仮定する．1変数の方程式の場合，$x^{(0)} \in \boldsymbol{R}$を初期値とし，反復
$$x^{(k+1)} = x^{(k)} - \frac{f(x^{(k)})}{f'(x^{(k)})}$$
により逐次近似的に解を求める．ニュートン法は多変数方程式（$n \geq 2$）に対しても適用できる．$f : \boldsymbol{R}^n \to \boldsymbol{R}^n$のヤコビ行列
$$f'(x) = \left[\frac{\partial f_i}{\partial x_j} \right]$$
を用いて
$$x^{(k+1)} = x^{(k)} - f'(x^{(k)})^{-1} f(x^{(k)})$$
のような反復を行う．

局所収束性に優れ，真の解に十分近い近似解から出発すれば，非常に高速に解に収束する．真の解をx^*とすると，x^*が重解でないならば
$$||x^{(k+1)} - x^*|| = O(||x^{(k)} - x^*||^2)$$
が成立する（2次収束）．半面，大域的収束性が悪いため，良い近似解から出発しないと，振動したり発散したり，まったく収束しないこともある．複数の解がある場合，特定の解を狙って計算したり，すべての解を求めたりするのは難しい．

D. ホモトピー法
解きにくい非線形方程式$f(x) = 0$に対して，性質がよく似ているけれど解がわかっている補助方程式$g(x) = 0$を考え，ホモトピー方程式
$$h(x, t) = (1-t)g(x) + tf(x) = 0$$
を作る．$t = 0$のときの解はわかっているので，それをもとにして，例えば$t = 0.1$のときの解をニュートン法などで計算する．これを繰り返し，$t = 1$に到達すれば元の方程式$f(x) = 0$の解が得られる．大域的収束性に優れている．

補助方程式は，任意の初期値（自明解）$x_0 \in \boldsymbol{R}^n$を用いて
$$g_n(x) = f(x) - f(x_0)$$
$$g_f(x) = f'(x_0)(x - x_0)$$
のように機械的に作成することもできる．

E. Durand-Kerner-Aberth法
fが1変数n次多項式の場合
$$f(x) = x^n + a_1 x^{n-1} + \cdots + a_{n-1} x + a_n = 0$$
のn個すべての複素数解を同時に求める反復法が知られている．$x_1, \cdots, x_n$のすべてについて
$$x_k^{(m+1)} = x_k^{(m)} - \frac{f\left(x_k^{(m)}\right)}{\prod_{j \neq k} \left(x_k^{(m)} - x_j^{(m)}\right)}$$
のような反復を行う．初期値は，fを
$$f\left(\omega - \frac{a_1}{n}\right) = \omega^n + c_2 \omega^{n-2} + \cdots + c_n$$
と変形し，方程式
$$S(\omega) = \omega^n - |c_2| \omega^{n-2} - \cdots - |c_n| = 0$$
の唯一解rを用いて
$$x_k^{(0)} = -\frac{a_1}{n} + r \exp\left[\left(\frac{2(k-1)\pi}{n} + \frac{\pi}{2n}\right) i\right]$$
のようにするとよい（Aberthの初期値）．

参考文献
1) 山本哲朗：数値解析入門［増補版］，サイエンス社 (2003)
2) 篠原能材：数値解析の基礎，日新出版 (2005)

非断熱動力学シミュレーション
[英] non-adiabatic dynamics simulation

多粒子系において，系が質量の著しく異なる2種類の粒子からなる場合，軽いほうの粒子が重いほうの粒子に追随しながら運動することが多々見られる．その場合，運動は**断熱的**（adiabatic）であるという．系が完全に断熱的に運動する場合，軽いほうの粒子の位置は重いほうの粒子の位置により規定されるため，軽いほうの粒子の位置は従属変数として運動方程式から除外できる．このことを利用して自由度を減らして行う計算を**断熱動力学シミュレーション**（adiabatic dynamics simulation）と呼ぶ．これに対して，断熱性の仮定を用いずに両方の粒子の運動の自由度を扱う計算を非断熱動力学シミュレーションと呼ぶ．

A. 物質中の動力学の非断熱性

物性物理学や分子科学では，原子核と電子で構成される系として物質を扱う．原子核は最も軽いもの（水素原子）でも電子の約1 800倍の質量を有するため，断熱性の仮定を近似的に用いることができる．この近似は，特にボルン・オッペンハイマー近似と呼ばれる．

ボルン・オッペンハイマー近似（Born-Oppenheimer approximation）のもとでは，電子はつねに固有状態 Φ_α（基底状態 Φ_0 または励起状態 Φ_I）に留まって原子核に追随するものとして扱う．その結果，原子間ポテンシャルが原子核座標の関数 $E_\alpha\left(\vec{R}_1, \cdots, \vec{R}_N\right)$ として，原子間力はその微係数 $-\vec{\nabla}_{\vec{R}} E_\alpha\left(\vec{R}_1, \cdots, \vec{R}_N\right)$ としてそれぞれ決まり，それらに則って原子核の運動が規定される．E_α は**断熱ポテンシャル面**（adiabatic potential surface）とも呼ばれる．

ボルン・オッペンハイマー近似は，電子が異なる固有状態へ遷移する場合に破綻する．その遷移行列は，原子核の速度 $\frac{\partial}{\partial t}\vec{R}$ と原子核座標に関する1次の微分の行列要素 $\left\langle\Phi_\alpha\left|\vec{\nabla}_{\vec{R}}\right|\Phi_\beta\right\rangle$ の内積，および，2次の微分の行列要素 $\left\langle\Phi_\alpha\left|\Delta_{\vec{R}}\right|\Phi_\beta\right\rangle$ によって与えられる．これらの行列要素をそれぞれ1次，2次の**非断熱係数**（non-adiabatic coupling）と呼ぶ．1次の非断熱係数は，クーロン相互作用ポテンシャル V_C を用いた同等な式 $\left\langle\Phi_\alpha\left|\vec{\nabla}_{\vec{R}}V_C\right|\Phi_\beta\right\rangle/(E_\alpha - E_\beta)$ によっても与えられる．このことから，原子核の速度が大きいほど，また断熱ポテンシャル面間のエネルギー差が小さいほど，運動は非断熱的になることがわかる．

多原子分子においては，断熱ポテンシャル面が交差する点（原子核配置）が一般に存在すると考えられている．交差点では非断熱係数が無限大になり，電子系と原子核系の運動が著しく相関する．非断熱係数は電子系あるいは原子核系の波動関数の位相に相当する．そのため，交差点ではこれら波動関数が特異的になり，その一価性が失われることがある．その場合，交差点のまわりの運動には，量子力学（⇒ p.350）的干渉が伴う．実際，干渉効果は実験で観測されている．

金属電子系では，基底状態と励起状態のエネルギー差がゼロであるため，運動はつねに非断熱的である．荷電粒子が運動すると，金属電子系を励起し，その結果，荷電粒子は摩擦力を受ける．

B. 物質中の非断熱動力学シミュレーション

物質中における非断熱動力学シミュレーションを行うためには，ポテンシャル面と非断熱係数を求める必要がある．1次の非断熱係数を実際に計算する方法として，(1) 電子系の波動関数を直接数値的に微分する $\vec{\nabla}_{\vec{R}}\Phi_\beta$ 方法と，(2) $\vec{\nabla}_{\vec{R}}V_C$ に比例した摂動に対する電子系の応答関数から間接的に求める方法とがある．(1) は波動関数を求める必要があるので計算量が多いが，(2) は電子密度の計算ですむため計算量が少ない．最近，(2) に基づく計算方法の開発が**時間依存密度汎関数理論**（time-dependent density functional theory; **TDDFT**）を用いて行われている．

非断熱動力学シミュレーションを行う際，原子核を古典粒子として近似的に扱うことが多い．その際，2次の非断熱係数が不要となるため，計算は容易になる．古典近似に基づくおもなシミュレーション法に，(1) surface hopping 法と (2) Ehrenfest 動力学法がある．(1) は基本的に原子核を単一の断熱ポテンシャル面に沿って運動させるが，確率的に断熱ポテンシャル面間を遷移させてシミュレーションを行う．(2) は電子系を量子力学的に，原子核を古典的に，それぞれ時間発展させて行うもので，原子核は平均化された断熱ポテンシャル面上を運動することとなる．動力学に関わるポテンシャル面が多数ある場合は (2) が，少数の場合には (1) がそれぞれ適している．いずれの方法も古典・量子混合系特有の困難を伴う．そのため，適用限界を熟知した上でシミュレーションを行う必要がある．

参考文献
1) M. Baer: *Beyond Born-Oppenheimer: Electronic Nonadiabatic Coupling terms and Conical Intersections*, Wiley, Hoboken (2006)
2) C. Hu, H. Hirai, and O. Sugino: *J. Chem. Phys.* 127, 064103 (2007)

分野：共通基礎
部門：数学基礎 [I-1]

微分方程式と数値計算
[英] differential equation and numerical analysis

自然界におけるさまざまな現象に見られる規則性を法則として数学の言葉（数理モデル）で記述したとき，その多くは微分方程式で表される．よく知られたマックスウェル方程式，ニュートンの運動方程式，ナビエ・ストークス方程式，ポアソン方程式，ヘルムホルツ方程式，シュレディンガー方程式，アインシュタインの重力場の方程式は，すべて連続量の変化を記述する微分方程式であり，方程式の中では速度，加速度，摩擦，場の発散・回転などが導関数として自然な形で表現される．

A. 微分方程式

求めたい未知関数が未知関数自身とその導関数（微分）の関数関係式で与えられている方程式を，微分方程式（differential equation）と呼ぶ．例えば，物体の高さ u が時間 t とともに変化する様子は，ニュートンの運動法則として

$$\frac{d^2 u}{dt^2} = -g \quad (g は重力加速度)$$

で記述される．上式で $u = u(t)$ は独立変数 t の未知関数である．独立変数の関数 $u(t)$ を従属変数と呼ぶこともある．

（1）常微分方程式 独立変数が一つであり，1変数の導関数を含む方程式を，常微分方程式（ordinary differential equation）と呼ぶ．独立変数を x，未知関数を $u = u(x)$ とするとき，常微分方程式は適当な関数 F を用いて

$$F\left(x, u, \frac{du}{dx}, \cdots, \frac{d^m u}{dx^m}\right) = 0$$

で表すことができる．方程式を満たす $u(x)$ を「解」といい，解を見出すことを，微分方程式を「解く」という．また，式の中に現れる未知関数の微分の最高階数 m を，「階数」と呼ぶ．

（2）偏微分方程式 独立変数が複数個あり，未知関数の偏導関数を含む方程式を偏微分方程式（partial differential equation）と呼び，常微分方程式と区別するのが一般的である．例えば，独立変数を x, y，未知関数を $u = u(x, y)$ とするとき，2階の偏微分方程式は，適当な関数 G を用いて

$$G\left(x, y, u, \frac{\partial u}{\partial x}, \frac{\partial u}{\partial y}, \frac{\partial^2 u}{\partial x^2}, \frac{\partial^2 u}{\partial x \partial y}, \frac{\partial^2 u}{\partial y^2}\right) = 0$$

で表すことができる．

（3）微分方程式の種類 微分方程式が未知関数およびその導関数についての1次式で表されるとき，その微分方程式は線形（linear）であるといい，そうでない場合は非線形（nonlinear）であるという．

また，微分方程式はスカラ値だけでなくベクトル値（連立方程式）である場合も多い．

B. 微分方程式の数値解法

特に偏微分方程式の解を解析的手法で求めることは，特別な場合を除いて困難であり，多くの場合，連続問題を離散問題に置き換えることにより数値的な近似解を求めるアプローチがとられる．独立変数が時間変数 t と空間変数 x からなる場合（初期値問題）には，x について以下の離散化手法を用い，t については常微分方程式の数値解法を用いる場合もある．

（1）有限差分法（finite difference method; **FDM**） 未知関数の定義域を格子で覆い，格子点の集合で定義された関数で未知関数を近似する手法である．有限差分法は，偏微分方程式に現れる微分項を，格子点を用いた差分の近似に置き換える直接離散近似法であり，古い歴史を持つ．現在も気象・流体問題などで広く用いられている．

（2）有限要素法（finite element method; **FEM**） ガラーキン法（Galerkin method）の一種であり，未知関数の定義域を要素と呼ばれる小領域に分割し，いくつかの要素でのみ値を持つ有限個の基底関数の1次結合で未知関数を近似する手法である．未定係数は内積（積分）との直交性を満たすように決定する．関数空間論と結び付いた厳密な解析が行いやすいという特長を持つ．

（3）境界要素法（boundary element method; **BEM**） 問題となる支配方程式の基本解が既知の場合，基本解を用いて微分方程式を境界で定義された積分方程式に変換し，積分方程式を基底関数との1次結合で近似する手法である．任意形状領域に適用可能であることや，未知量が境界上に制限されるため未知数の数が大幅に減少することなどが特長である．

（4）その他の手法 一般的な方法として，スペクトル法，有限体積法，代用電荷法，粒子法，確率を用いる方法などがある．また，得られた離散近似解のまわりに厳密解が存在することを保証する精度保証付き数値計算も，近年研究が進んでいる．

参考文献
1) 俣野 博：微分方程式 I/II, 岩波講座 応用数学, 岩波書店 (1993)

ヒューマンエラー
[英] human error

これまでヒューマンエラーは緊張感の欠如や不注意といった人間側の要因で発生するとされていたが，認知科学の進展により，人間特性と人間を取り巻く環境要因の相互作用の結果としてエラーが理解されるようになった．

A. 定義
Reason[1]は，ヒューマンエラーとは「事前計画に基づく一連の精神的あるいは身体的活動が，意図した結果を得られないという状態の総称（ただし，偶然による失敗のものを除く）」と定義している．Strauch[2]は，簡単に「一つあるいは複数の意図しない否定的な結果をもたらすような行為や決断」と説明している．

一般的に「システムの許容範囲を逸脱する人間の判断や行為」をヒューマンエラーとしているものが多い．

B. 分類
（1）行動主義による分類 やるべきことの省略（omission error）と，やるべき行為と異なった行為の実行（commission error）といった行動主義による分類がある．やるべきことの省略には，不十分な行為（imperfection act）があり，また，同じ行為の間違いでも，余計な行為（extraneous act），順序の間違い（sequential error; misordering error），早すぎあるいは遅すぎといった時間の間違い（timing error）などがある[3]．

（2）認知プロセスによる分類 人間の情報処理プロセスをベースにしたエラーの分類では，解釈の間違い，判断や意思決定段階のエラーを**ミステイク**（mistake）と呼び，不正確な知識，うっかり忘れる，記憶のエラーを**ラプス**（lapse），そして，「口が滑る」で代表されるような実行の段階での意図と異なったエラーを**スリップ**（slip）と呼び，分類している[4]．

（3）発生状態による分類 上記(1)は見えるエラーであるので外部エラーモード（external error mode），(2)は人間の認知プロセスの中で発生するので内部エラーモード（internal error mode）と区別したり，あるいは，発生状態に着目し，系統的（systematic; symptomatic）とランダム（random; sporadic）に分けることもできる．系統的な場合は対策が立てやすい．

C. メカニズム
Lewinは，人間の行動についてつぎのようなモデルを提案した．

$$B = f(P, E)$$

ここで，Bは行動（behavior），Pは人（person），Eは環境（environment）を表す．このモデルから，人間自身の特性と人間を取り巻く環境の相互作用で行動は決定され，その行動が許容範囲から逸脱したものをエラーと考えることができる．

D. エラー対策
（1）人間への対策 危険予知訓練や指差呼称などの人間側に働きかけるエラー防止対策が労働災害防止のためにさかんに行われている．最近は，組織要因の観点から事故防止の考え方が提案されている．

（2）環境への対策 製造現場にはフールプルーフの研究，およびそれをプロセス産業に拡張したエラープルーフの研究などがある．これらは人間と機械のインタフェースや表示などの作業環境を改善してエラーを防止しようとするものである．

E. エラー確率
ヒューマンエラーを機械の故障率のように確率的に表現しようとする試みもある．機械だけの信頼性は故障率のデータを用いれば工学的な評価が可能である．しかし，原子力発電プラントのような人間と機械で構成されるシステム（human-machine system）の場合，人間の要素が定量化できないとシステム全体の確率論的な評価は困難である．このような必要性から**人間信頼性解析**（human reliability analysis）や**人間信頼性評価**（human reliability assessment）の研究が行われている．人間信頼性解析・評価では，不確かさやパラメータの感度分析，さまざまな状況想定の考慮などにおいて計算機シミュレーションが用いられている．

参考文献
1) Reason, J.: *Human Error*, Cambridge University Press (1990),【邦訳】林 喜男 監訳：ヒューマンエラー―認知科学的アプローチ―，海文堂出版 (1994)

2) Strauch, B.: *Investigating Human Error: Incident, Accidents, and Complex systems*, Ashgate Publishing Ltd. (2004)

3) 林 喜男：人間信頼性工学, 海文堂 (1984)

4) Norman, D. A.: *The Psychology of Everyday Things*, Basic Books Inc. (1988),【邦訳】野島久雄 訳：誰のためのデザイン？ 認知心理学者のデザイン原論, 新曜社 (1990)

分野：人間・社会
部門：認知・行動 [VI-1]

ヒューマンモデル
[英] human model

人間のなんらかの特性を解釈、表現したもの、あるいはそれらの解釈や表現を支える仮説や理論のことをヒューマンモデルという。ヒューマンモデルの対象は、人間の知覚や思考、感情、行動、知識、意思決定といった認知行動特性や、コミュニケーションやチーム・集団の振る舞いといった社会的特性、あるいは身体形状や生理機構など、人間のあらゆる特性要素が含まれうる。

これらのヒューマンモデルには、人間の特定の特性の説明や理解といった目的のもと、関連する現象や人間の振る舞いを記述、説明することに主眼を置いた記述性の高いモデル（descriptive model）もあれば、特に人間の認知行動を対象とする場合は、人間の理想的な振る舞いを説明したり、人の振る舞いの改善や人が誤りなく期待された行動をとるためにはどうしたらよいかを示唆したりすることに主眼を置いた規範性の高いモデル（prescriptive model; normative model）もあり、多様である。

A. ヒューマンモデルの対象

ヒューマンモデルの対象は必ずしも単一の人間のみに限定されるものではなく、環境や人工物、社会の要素を含んだそれらの間の相互作用における特性も、その対象に含まれる。人間の特性は複雑で多岐にわたり、単一のヒューマンモデルによって人間のすべての特性を詳細に記述、表現することはおおよそ不可能であるため、モデルの目的に従って、対象とする特定の特性を限定的に表現することを志向するのが普通である。適切なモデルの様相や、対象とする範囲、注目する特性は、つねにモデル構築の目的やモデル利用の目的に依存する。

B. 記述・表現形式

ヒューマンモデルは数理的モデルや論理的モデルとして、形式的に記述することが可能である。そのような形式的に記述されたモデルを実装した計算機シミュレーションによって、特定の状況あるいは条件下における人間の特性の振る舞いの予測や、予測の比較が可能となる。このようなヒューマンモデルを用いたシミュレーションは、人間の振る舞いの考慮が必要となる工学システムや社会システム、あるいは**社会技術システム**（socio-technical system）の設計・評価において、きわめて有効なツールとなりうる。また、形式・定式性の高いモデルのほかにも、例えば機能モデルや概念モデルのように、具体的な数理的あるいは論理的記述を志向せずに、抽象度の高い定性的記述がなされるモデルも多々ある。これらのモデルは、人間の振る舞いに対して新しい視点や概念を与え、上述した具体的なヒューマンモデルを実装するための枠組みを提供する。

C. さまざまな分野でのヒューマンモデル

専門領域や目的によって、さまざまなヒューマンモデルがこれまでに研究、提案されている。例えば、認知心理学の分野では、人間の情報処理における注意、知覚、記憶といった認知モジュールの詳細な機構や振る舞いを対象にしたモデルが、数多く提案されている。また、これらの認知モジュールに関する知見を統合する試みもなされている。このような統合モデルは、認知アーキテクチャ（cognitive architecture）と呼ばれ、これを用いた計算機シミュレーションに関する研究が盛んに行われている。さらに、人間の不完全な意思決定や**限定的合理性**（bounded rationality）を記述する、さまざまなヒューリスティクス（heuristics）やバイアス（bias）に関する研究も数多くなされている。

ヒューマンファクタや認知システム工学の分野では、特定領域のタスク実行における人間の情報獲得、意思決定、行動を、情報処理の観点から記述・表現する情報処理モデルや、タスク環境や人工物と人間の相互作用や、そこで行われる情報処理などの認知行動を強調する分散認知（distributed cognition）モデル、また、実タスク環境での**状況認識**（situation awareness）や意思決定を対象としたマクロ認知（macro-cognition）モデル、エラー分類やその発生機構に関するモデルなどが数多く提案され、人工物システムの設計・評価や教育・訓練などに応用されている。

これらのほかにも、社会科学で社会現象を説明するためのミクロモデルとして用いられる期待効用理論（expected utility theory）やプロスペクト理論（prospect theory）、ゲーム理論（game theory）などもヒューマンモデルに相当する。

参考文献
1) 古田一雄：プロセス認知工学, 海文堂 (1998)
2) Neville Moray (ed.): "Psychological Mechanisms and Models in Ergonomics", *Ergonomics Major Writing*, Vol.3, Taylor & Francis (2005)
3) 日本数理社会学会 監修：社会を〈モデル〉で見る, 勁草書房 (2004)

フーリエ解析
[英] Fourier analysis

与えられた関数をより簡単な関数（の和）で近似することは，その関数の性質を明らかにしたり，コンピュータ上で具体的に計算したりする上で有用である．連続で何回でも微分できる関数に対しては，多項式の和で表現するテーラー展開が適用できる．しかし，理工学の世界では不連続な関数をとり扱うことも多く，フーリエ級数やフーリエ変換の考え方が重要である．

A. フーリエ級数

関数 $f(t)$ がすべての実数 t に対して定義され，すべての t に対して $f(t+T) = f(t)$ となる正の数 T が存在するとき，$f(t)$ は**周期的**（periodic）であるといい，数 T を $f(t)$ の**周期**（period）という．有界区間 $[a, b]$ で定義された任意の関数も，その波形を繰り返すことにより，周期関数として容易に拡張することができる．

周期 T を持つ周期関数に対する**フーリエ級数**（Fourier series）$\widetilde{f}(t)$ はつぎで与えられる．

$$\widetilde{f}(t) = \frac{1}{2}a_0 + \sum_{n=1}^{\infty}\left(a_n \cos\frac{2\pi n}{T}t + b_n \sin\frac{2\pi n}{T}t\right)$$

$$a_n = \frac{2}{T}\int_0^T f(t)\cos\frac{2\pi n}{T}t\, dt \quad (n=0,1,\cdots)$$

$$b_n = \frac{2}{T}\int_0^T f(t)\sin\frac{2\pi n}{T}t\, dt \quad (n=1,2,\cdots)$$

$\widetilde{f}$ における級数を有限項で打ち切った関数

$$f_N(t) = \frac{1}{2}a_0 + \sum_{n=1}^{N}\left(a_n \cos\frac{2\pi n}{T}t + b_n \sin\frac{2\pi n}{T}t\right)$$

は，f に対する一つの近似関数と見なすことができるが，f が適当な条件を満たせば，$f_N(t)$ は $N \to \infty$ の極限において f の t における右極限と左極限の平均値に収束することが示される．しかし，不連続点の付近では振動現象が見られ，これは**ギブスの現象**（Gibbs phenomenon）として知られている．

B. フーリエ変換

関数 $f(t)$ が可積分かつすべての有界区間で区分的に連続であるとき，j を虚数単位として

$$\mathcal{F}(\omega) = \frac{1}{\sqrt{2\pi}}\int_{-\infty}^{\infty} f(t)e^{-j\omega t}\, dt$$

を満たす関数 $\mathcal{F}$ が存在する．$\mathcal{F}(\omega)$ を $f(t)$ の**フーリエ変換**（Fourier transform）という．このとき

$$f(t) = \frac{1}{\sqrt{2\pi}}\int_{-\infty}^{\infty} \mathcal{F}(\omega)e^{j\omega t}\, d\omega$$

も得られ，これは $\mathcal{F}(\omega)$ の**フーリエ逆変換**（inverse Fourier transform）といわれる．独立変数を複数個持つ場合のフーリエ変換・フーリエ逆変換も同様に定義することができる．

フーリエ変換が有用である一例として，偏微分方程式の求解が挙げられる．時間と空間の変数を持つ偏微分方程式に対して空間変数に関するフーリエ変換を施すことにより，時間変数についての常微分方程式を得ることができ，これを解いた結果にフーリエ逆変換を施して元の偏微分方程式の解を得る方法である．その他の応用例として，心電図の解析や信号処理などのデータ解析への適用も挙げておこう．フーリエ変換は，時間 t の関数 $f(t)$ を周波数 ω の関数 $\mathcal{F}(\omega)$ に変換していると見ることができる．例えば $f(t) = \sin(2t) + \sin(5t)$ に対してフーリエ変換を施したグラフを見ると，$\omega = 2$ と $\omega = 5$ の部分で急激な立ち上がりが見える．つまり，与えられたデータに対してフーリエ変換を施すことにより，どのような振動（光や色）が重ね合わせられているかを知る手掛かりとなる．また，多次元のフーリエ変換は，**コンピュータ断層撮影**（computed tomography; **CT**）における画像再構成手法としても応用されている．

C. 離散フーリエ変換

関数 $f(t)$ の有限個の離散値 $\{f_n\}$ を用いて，対応するフーリエ変換 $\mathcal{F}(\omega)$ の離散値 $\{\mathcal{F}_k\}$ を求めるのが**離散フーリエ変換**（discrete Fourier transform）であり，**逆離散フーリエ変換**（discrete Fourier inverse transform）とともに次式で与えられる（$k, n = 0, 1, \cdots, N-1$）．

$$\mathcal{F}_k = \sum_{n=0}^{N-1} f_n e^{-j\frac{2\pi nk}{N}}$$

$$f_n = \frac{1}{N}\sum_{n=0}^{N-1} \mathcal{F}_k e^{j\frac{2\pi nk}{N}}$$

離散フーリエ変換の計算量は，N^2 に比例して増大する．これを効率的に行うために**高速フーリエ変換**（fast Fourier transform; **FFT**）のアルゴリズムが開発された．詳細は木村[1]やクライツィグ[2]を参照されたい．

参考文献
1) 木村英紀：Fourier-Laplace 解析，岩波講座応用数学，岩波書店 (1999)
2) E. クライツィグ 著，阿部寛治 訳：フーリエ解析と偏微分方程式（原書第 8 版），培風館 (2005)

分野：可視化
部門：バーチャルリアリティ ［VII-4］

複合現実感
［英］mixed reality

複合現実感とは，**現実環境**（real environment）と**バーチャル環境**（virtual environment）を融合した情報提示の概念である．Milgram らは，下図に示すように，**拡張現実感**（augmented reality, ⇒ p.38）から**拡張バーチャリティ**（augmented virtuality）までを包含する広い概念を複合現実感（mixed reality）と表現し，現実環境−拡張現実感−拡張バーチャリティ−バーチャル環境までを明確に区分することなく，現実環境からバーチャル環境の間を連続体（virtuality continuum）と表現している[1,2]．

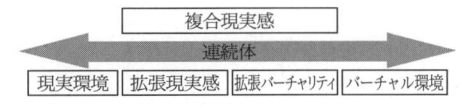

```
            複合現実感
    ←――――――連続体――――――→
 現実環境 | 拡張現実感 | 拡張バーチャリティ | バーチャル環境
```

A. 拡張現実感と拡張バーチャリティ

拡張現実感とは，現実環境にバーチャル環境の情報を重畳して提示し，現実環境にバーチャル環境の持つ機能を与えることで，現実環境における情報活動を支援する概念である．拡張現実感とは，われわれの住む現実環境を電子的な情報で"augment"（拡張）するという意味である．これに対して，**バーチャルリアリティ**（virtual reality, ⇒ p.264）で表現されたバーチャル環境に現実環境の情報を付加することは，拡張バーチャリティと呼ばれている．複合現実感とは両者を統合した概念で，現実環境とバーチャル環境にそれぞれたがいの情報を加えて"mix"（複合）することを意味する．

拡張現実感において，現実環境に付加したバーチャル環境の電子情報を**アノテーション**（annotation）と呼ぶ．アノテーションは現実環境中の特定の物体に関する説明や関連情報を含み，説明対象となる実物体近くに提示されることが多い．このため，拡張現実を実現するための基礎技術として，使用者が対象を観察する位置など，現実環境の情報を取得する技術が重要視されている．

B. 複合現実感システムの処理の流れ

現実世界に **CG**（computer graphics）を重ね合わせる方法として，ビデオシースルー（video see-through）方式と光学シースルー（optical see-through）方式の二つが提案されている．ビデオシースルー方式では，まず，ビデオカメラによって現実環境の実写映像を撮影し，一度コンピュータに取り込んで CG 画像を合成してからディスプレイに表示する．光学シースルー方式では，ハーフミラーに CG 画像を表示することで，半透明のディスプレイを通して現実の風景に直接 CG を重ね込む．ビデオシースルー方式はコンピュータで精密な合成処理ができるので映像の質が高く，光学シースルー方式は外界がそのまま見えるので安全性に優れている．複合現実感システムを構成するディスプレイ装置としては，通常の PC モニタのほかに，**頭部装着ディスプレイ**（head mounted display; **HMD**）がよく使用されている．また近年では，コンピュータの処理性能が向上するにつれて，ノートコンピュータ，携帯情報端末（personal digital assistant; PDA），携帯電話やスマートフォンなどのモバイル端末も用いられるようになってきている．

C. 複合現実感技術の例

下図に，ものづくり分野における複合現実感技術の適用例を示す（口絵 35）．図のように，複合現実感技術などを利用して，設計知識・製造技能を効率的・効果的に獲得するための熟練技能伝承システムが開発されている[3]．日本の製造業において，高付加価値製品の設計・製造を行うためには，ものづくり基盤技術や熟練技能の伝承，知識の創出が不可欠である．製造現場での作業を効率的かつ確実に内面化するため，複合現実感技術を活用し，知識のみならず，視覚情報，力覚情報，さらにはコミュニケーションなどを交えることにより，効果的な技能伝承および人材育成を行うことが試みられている．

(a) 拡張現実感

(b) 拡張バーチャリティ

参考文献

1) Paul Milgram and Fumio Kishino: "A Taxonomy of Mixed Reality Visual Displays", IEICE Transactions on Information Systems, E77-D, 12, pp.1321–1329 (1994)

2) 日本バーチャルリアリティ学会編：バーチャルリアリティ学, pp.137–176, コロナ社 (2011)

3) Keiichi Watanuki: "A Mixed Reality-based Emotional Interactions and Communications for Manufacturing Skills Training", *Emotional Engineering*, pp.39–61, Springer (2010)

複合材料
[英] composite material

複合材料分野におけるシミュレーション技術は近年発展がめざましい。航空機構造や自動車の軽量化を目的とした**繊維強化樹脂基複合材料**（fiber reinforced plastic; **FRP**）が幅広く適用されており，FRP 材料とその構造に関するシミュレーション技術が発展してきている。特に，いわゆる材料力学・構造力学をベースとした有限要素法シミュレーションによる従来の構造設計に留まらず，A. 材料設計，B. 材料成形・硬化，C. 加工・接合，D. 構造の運用・保守，といった領域で，流体力学・反応工学・損傷力学・破壊力学・光計測など複数の領域を融合しようとする取り組みが顕著となっている。

A. 材料設計

材料設計領域においては，FRP を構成する繊維・樹脂とその界面を直接モデル化し，内部の損傷進展過程をシミュレートすることにより，巨視的な材料強度特性に及ぼす材料微細構造の影響を明らかにする研究が進められている[1]。おもに，繊維・樹脂を再現する代表セルを用いたモデル化が行われており，均質化法を基礎としたシミュレーションも開発されている。単繊維モデル試験を利用して，内部損傷の観察結果と照合しながら，実現象に則した損傷進展プロセスを再現することが重要である。また，材料強度を支配する代表セルを適切にモデル化する必要がある。FRP 材料の高性能化に向けた微視構造設計へのさらなる応用が期待される。

B. 材料成形・硬化

材料成形・硬化領域においては，航空機構造部材の製造に用いられる **RTM**（resin transfer molding）成形や短繊維材料の射出成形などを対象として，成形時の樹脂流動や空隙の発生，硬化反応の解析法が精力的に開発されている。繊維束内への樹脂の含浸過程の解析法として，繊維・樹脂界面の表面張力が卓越する場における樹脂流動シミュレーションが開発されている[2]。手法としては，粒子法や混相流解析法の一種であるフェーズフィールド法などが用いられる。また，製造サイクルの短縮の観点から，樹脂の硬化反応プロセスを，分子軌道法と分子動力学を組み合わせたシミュレーションから見積もる試みも有望である。今後，異分野融合工学としての発展が期待される。

C. 加工・接合

加工・接合領域においては，ボルト接合部における接合強度解析や接着接合・補修部のはがれ解析などが行われている。これらはおもに，破壊力学や**損傷力学**（damage mechanics）的手法によるものである。ボルト接合強度においては，繊維圧縮損傷（キンク損傷）が重要な要因の一つであり，このような損傷の発生を追跡するには，繊維・樹脂単位の変形挙動を考慮することが重要である。国外の研究では，切削加工やアブレーション加工などが離散要素法や粒子法で解析され始めている。高速撮影技術をはじめとした可視化計測技術の発展とともに，高速変形下での破壊挙動に着目した FRP 加工のシミュレーション技術の高性能化が期待される。

D. 構造の運用・保守

構造の運用・保守領域においては，コヒーシブ要素を用いた損傷解析技術の発展とともに，光ファイバセンサを用いた計測技術，逆問題解析技術を融合した知的構造モニタリング技術が成熟してきている。FRP 積層板層内のクラックを再現するシミュレーションにより得られる不均一ひずみ分布から光センサ応答を解析し，クラック発生の検知と定量化をする手法が研究されている[3]。近年では，高分解能の分布型光ファイバセンサを用いることにより，衝撃負荷損傷の検出[4]や，接合部における損傷の定量化の試みも検討されている。ここでは，FRP 材料とその構造内部の変形分布を定量化するシミュレーション技術の成熟が必要とされている。航空機運用・保守の知能化と高効率化の観点から，今後の発展が期待される。

参考文献
1) 岡部朋永ほか：繊維強化プラスチックの破壊モード特性に関するマイクロメカニクス，日本複合材料学会誌, **35**, 6, 256 (2009)
2) 井上康博ほか：Phase-Field Navier-Stokes モデルによる繊維間隙スケール樹脂流れにおける気液界面ダイナミクスの検討，日本複合材料学会誌, **36**, 3, 94 (2010)
3) S. Yashiro, et al.: "A New Approach to Predicting Multiple Damage States in Composite Laminates with Embedded FBG Sensors", *Composites Science and Technology*, **65**, 3-4, 659 (2005)
4) S. Minakuchi, et al.: "Barely Visible Impact Damage Detection for Composite Sandwich Structures by Optical-Fiber-Based Distributed Strain Measurement", *Smart Materials & Structures*, **18**, 8, 085018 (2009)

分野：共通基礎
部門：計算機システム　[I-5]

複合（ハイブリッド）システム
[英] hybrid system

複合システムとは，異なるアーキテクチャのコンピュータを複数台，密結合して構成されたシステムのことで，ヘテロジニアスシステムともいう。これにはハードウェア的な結合とソフトウェア的な結合が考えられるが，システムをいう上では，ハードウェア的な結合を指すのが一般的で，その上でソフトウェア的結合が存在する。またハードウェア的結合にも，その粗密度にはさまざまな形態がある。たとえ物理的に近接して設置されていたとしても，一般的なネットワーク結合やファイル共有結合は，グリッドコンピューティングシステムと呼ぶべきであろう。

天文学計算や分子動力学計算で，2点間の距離を計算する専用機を密結合したシステムも複合システムの一つであるが，汎用的な意味では，ベクトル型とスカラ型の計算機を密結合させたシステムがこれにあたる。複合システムにする理由は，ベクトル型が得意とする連続体系計算とスカラ型が得意とする離散系計算とを，たがいに密接に連携させて行う必要があるシミュレーション手法が存在するからである。ただし，交換すべき情報量が非常に多い場合は，このようなシステムはあまり有効ではなく，一つの閉じた計算機で行うほうがよい。このようなシミュレーション手法には，計算機間の情報交換の頻度が少ない**連成シミュレーション**（multi-domain simulation）と，情報交換を比較的頻繁に行う**連結階層シミュレーション**（micro-macro interlocked simulation）とがある。

A. 連成シミュレーション

連成シミュレーションとは，空間スケールや時間スケールは同じくらいだが，異なる物理過程を伴うシミュレーションのことである。例えば，津波で沿岸の建造物が破壊されるというシミュレーションがある。津波は連続体であり，波動方程式に従うため，ベクトル型計算機で解くほうが効率が良い。その一方で，建造物の破壊は，例えば**個別要素法**（discrete element method; **DEM**）[1]を用いて計算することが多く，個別要素法は一般に，要素の数が非常に多い場合にはスカラ型計算機のほうが効率が良い。そこで，津波の計算をベクトル型計算機で行って，沿岸に達した津波の情報だけをスカラ型計算機に転送し，破壊の計算を行う。この場合は，建造物の破壊が津波に影響を与えることはないため，情報転送が一方通行であり，情報交換の頻度は非常に少ない。

B. 連結階層シミュレーション

連結階層シミュレーションとは，空間スケール，時間スケールとも大きく異なり，物理過程が異なる複数の物理階層にもまたがる，情報交換の頻度が多い計算である。例えば，極域における静かなオーロラアークの自発的生成のシミュレーションがある。マクロ階層では，電磁流体としての磁気圏と電離層の相互作用を解き，その結果，局所的に増幅する電離層直上の沿磁力線電流が得られる。沿磁力線電流の情報は，ミクロ階層側の計算機に渡され，離散系としてのプラズマ粒子の振る舞いが解かれ，局所的電場を導き出す。その結果，電子の加速によってオーロラアークを生じさせるとともに，電離層の電離度を変化させる。このことが，マクロ階層に対する電離層側の境界条件を変化させるので，その新しい条件に基づいてマクロ階層を解き，これを繰り返す。

複合システムの制御装置　　一般に連結階層シミュレーションでは，マクロ階層とミクロ階層のスケール差は，空間，時間ともに10^{10}程度にもなる。マクロ階層の変化はミクロ階層の短い時間で大きく変化するわけではなく，一方，ミクロ階層のわずかな変化は，ただちにマクロ階層に大きく影響を与えるわけではないので，マクロ階層とミクロ階層は同時進行的に計算が行える。計算すべきミクロ階層領域は，マクロ階層での変化の大きいところだけでよく，さらに，マクロ階層とミクロ階層での情報交換は，電流や電離度といった統計量でよいので，情報交換を頻繁に行うとはいっても情報量は非常に少ない。このため，マクロ階層用計算機とミクロ階層用計算機の間のネットワークは，回線の太さ（バンド幅）ではなく，レイテンシーが問題となる。このような複合システムとして，「連結階層シミュレータ」が佐藤哲也らによって提案されている[2]。これは，マルチプライヤと呼ばれる装置，あるいは主記憶同士のデータを直接交換する技術（remote direct memory access; RDMA）で，複数の計算機の情報を交換しようというものである。また，連結階層シミュレーションを行うためには，マクロ階層用とミクロ階層用の二つの計算機を動的に割り付けなければならず，このための装置として，スケジューリング機能も備えた統合バッチ処理装置が提案されている。

参考文献

1) 例えば，阪口　秀：計算工学会誌，Vol.8, No. 3, pp.28–33 (2003)
2) 特許出願 2005 − 15868

複雑系経済学
[英] economics of complex systems

コンピュータ上に人工的に構築された市場は人工市場や**仮想市場**（virtual market）と呼ばれ，そこではコンピュータシミュレーションによるさまざまな取り組みが行われている．人工市場の構築に用いられる理論モデルにはさまざまな種類が存在し，シミュレーションの目的も，経済史的な取り組みや市場の分析，**最適化**（optimization）への応用など多岐にわたっている．

一方，複雑系経済学は，従来の**新古典派経済学**（neoclassical economics）などにおける経済主体の「無限の合理性」や「規模に関する収穫逓減」を否定し，それらに代わって「限定合理性」と「規模に関する収穫逓増」を大前提として理論を再構成しようとするものである．そしてその目的は，現実に反する仮定を必要とする従来の経済理論に対し，発想を大きく転換させて，現実に基づいた新しい経済理論を作り出すことである[1]．

A. 経済学と仮想市場

代表的な社会モデルの一つである「市場」を対象としたシミュレーションを行う際，市場を構成する意思決定（経済）主体は人間であるため，各経済主体をエージェントとして捉え，市場全体をマルチエージェントシステムとして，モデルを作成するのが一般的である．そして，エージェント間の交渉プロトコルとして新古典派経済学を取り入れたものが，従来から分散人工知能の分野で提案されている市場指向プログラミングである[2]．

（1）市場指向プログラミング 新古典派経済学における競争市場の特徴を用いて，計算機上にマルチエージェント型の仮想市場を構築し，エージェント同士のインタラクションの結果，市場に存在するエージェントの効用に関しパレート最適な資源の配分を発現するマルチエージェントプロトコルが，**市場指向プログラミング**（market-oriented program; **MOP**）である．MOPでは，**一般均衡理論**（general equilibrium theory）に従い，経済主体の「無限の合理性」や「規模に関する収穫逓減」といった前提条件のもとで，必ずパレート解へ均衡することが保証されており，社会的な交渉ベースの最適化アルゴリズムとしてすでにその適用が進んでいる[2]．

（2）複雑系市場指向プログラミング 一般均衡理論に従う通常の市場指向プログラミングにおいては，あるタイミングにおいて1人の競り人のまわりに売り手と買い手がいっせいに集まり，それらが競り人のもとで価格を提示し合って，すべての商品について需要と供給が一致したとき，初めて取引が行われる．それに対し，複雑系経済学をベースとする仮想市場においては，生産エージェントと消費エージェント間の交渉は相対取引となる[1]．このような複雑系仮想市場におけるエージェント間の交渉過程を表現したものが，複雑系市場指向プログラミングである[3]．

B. 複雑系仮想市場

複雑系市場指向プログラミングを用いる複雑系仮想市場では，各エージェントが相互にミクロな交渉を行った結果として，最終的な市場の価格がボトムアップ的に形成されていく．その際，生産エージェント/消費エージェントは少しでも高く売れる/安く買える相手とのみ交渉を行うという，きわめて単純な購買戦略を持つ．したがって，そこには新古典派経済学が有する一般均衡理論は存在せず，基本的に，市場の安定性は保証されない発散系である．それにもかかわらず，ある実験条件下において取引が安定することが確認されており，より現実に近い市場の動きをシミュレーションによって発現させる新たな取り組みとして，興味深い結果を得ている[3]．なお，そこで提案されている複雑系仮想市場には，限定合理性を持つ消費エージェントや収穫逓増型の生産関数を有する生産エージェント，それらを仲介し価格裁定の機会を伺う仲介エージェント，さらに，交渉範囲を規定してその範囲が時間経過とともに変化する視野などがモデル化されている．この詳細は貝原ら[3]を参照されたい．

C. 今後に向けて

複雑系経済学のシミュレーションに関する新たな動きとして，仮想市場を構成するエージェントの裁定行為に**強化学習**（reinforcement learning）を取り入れたもの[4]や，エージェント間の情報交換に複雑ネットワークを適用する研究などが進められている．いずれも，現実の市場をより精緻にモデル化し，市場の持つ一般特性を解析的に明らかにしようとする取り組みであり，今後の展開が期待される．

参考文献
1) 塩沢由典：複雑系経済学入門, 生産性出版 (1997)
2) 相吉英太郎, 安田恵一郎 編著：メタヒューリスティクスと応用, 社団法人電気学会 (2007)
3) 貝原俊也, 藤井 進, 大家健司：複雑系経済学に基づく人工市場に関する研究, システム制御情報学会論文集, Vol.17, No.4, pp.170–177 (2004)
4) 和泉 清, 貝原俊也, 松井藤五郎：経済研究における機械学習応用, 人工知能学会誌, Vol. 24, No.6, pp.796–803 (2009)

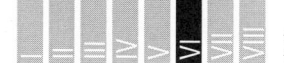

分野：人間・社会
部門：社会システム [VI-2]

物流シミュレーション
[英] logistics simulation

物流とは，生産物を生産者から消費者へ引き渡すことであり，その機能は輸送，保管，荷役，包装，流通加工などに大別される。そして，最近のモノづくりにおいては，顧客満足度の向上を目指し，原材料・部品供給業者から最終消費者に至るすべてのビジネス過程をトータルで管理する**サプライチェーンマネジメント**（supply chain management; **SCM**）が注目されており，SCMの最適化を実現する上で，トータル物流の効率化がその重要な役割りを担うようになってきた[1]。また，サプライチェーンは地球レベルで広がっており，物流がカバーすべき対象は大規模化・複雑化している。そして，この**トータル物流**（total logistics）の効率化を実現するために，物流シミュレーションの利用が進んでいる。

A. 物流シミュレーション手法

生産システム（manufacturing system）や多くの社会システムなどと同様に，物流システムにおいても，システムの状態に変化をもたらす出来事が時間軸上で不規則（離散的）に発生する。このようなシステムをシミュレートする際に用いられるのが，**離散型シミュレーション**（discrete-event simulation）である。離散型にするのは，システムの状態変化の発生タイミングが離散的であるため，あえて時間を細かく刻んで管理する必要はなく，この結果，時間を離散的に取り扱うほうが計算効率が上がるためである。

離散型シミュレーションは，「現時刻から最も近い将来に発生することが予定されているイベントを実行する」という処理を繰り返しながら進んでいく。そして，あるイベントを実行する際には，シミュレーション内の時計をそのイベントの発生予定時刻へと離散的に進めることで，時刻が逐次更新されていく[2]。このような動作をプログラム化する上で用いられるのが，(1) 事象処理ロジック，(2) 将来**事象カレンダー**（event calendar），(3) 事象ルーチンの三つである。商用のシミュレーションパッケージでは，システム内に流れる「もの」（エンティティ）の動きを記述することで，比較的容易にシミュレーションが可能となっており[3]，物流システムへの適用も多い。以下では，最適物流拠点の配置計画にシミュレーションを活用した事例を紹介する。

B. 最適物流拠点配置計画

ここで対象とする問題は，品種ごとに需要の大小や頻度が異なり，期間によってもばらつきがあり，また，生産ロットサイズの条件や，トラックの大きさと台数の制限がある中で，需要地側に持つ在庫量と工場近くに持つ在庫量，および輸送頻度・輸送量を決めるという現実的な問題である。

この問題のアプローチ方法として，ここでは下図のように**数理計画法**（mathematical programming）とシミュレーション手法を組み合わせたものを用いる。まず第1ステップとして，ロジスティクスネットワークをコスト面・環境面からトータルに最適化したのち，第2ステップとして，求めた最適化案の妥当性を検証するために，計画期間内の需要や調達価格の変動といった現実的な要素を加味したシミュレーション手法を適用する。これにより，より確かな最適ロジスティクスネットワークを実現する[4]。

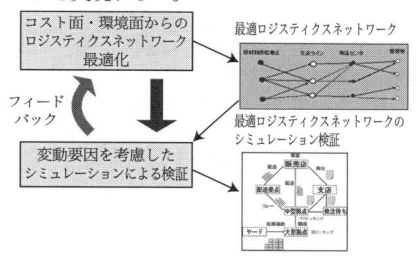

この第2ステップにおける物流シミュレーションでは，調達費用，生産費用，輸送費用，CO_2排出量，供給量，各拠点間の各輸送手段の稼働時間といった評価項目について，第1ステップで求めた最適ロジスティクスネットワーク案の定量評価を行う。また，このシミュレーションの結果，需要や調達価格の変動を加味した最適案に問題が生じた場合には，第1ステップの条件を緩めて再度最適化計算を実施し，最終的に効率的で実行可能な計画を立案する。

C. 今後に向けて

物流システムは，対象が大規模になるにつれ，例えば国際・国内物流のように階層性を持つようになる。それぞれの階層においてシミュレーションに要求される時空間の粒度は異なるため，今後は，マクロ・ミクロレベルのモデルを有機的に統合化するマルチスケールなモデリング技術やシミュレーション技術などが必要となるであろう。

参考文献

1) 例えば，湯浅和夫：物流管理ハンドブック，PHP研究所 (2003)

2) 貝原俊也：オペレーションズ・リサーチ，オーム社 (2004)

3) 森戸 晋ほか：Visual SLAMによるシステムシミュレーション，共立出版 (2001)

4) 城戸恒介ほか：海上ロジスティクスにおける環境問題解決アプローチ，情報処理，**51**, 3, pp. 304–311 (2010)

物流マネジメント
[英] logistics management

物流システムの機能は，輸送・荷役・保管・包装・流通加工・情報提供からなる．これらの各分野，さらにはロジスティクス全体に係るシミュレーションがある．

A. 輸配送シミュレーション

物流マネジメントに関するシミュレーションの中でも最も一般的なもので，道路条件や交通条件を準備し，要求される輸送条件，すなわち貨物特性（重量，容積，品質特性，荷姿，取り扱い特性など），輸送数量，輸配送元と輸配送先の地理的条件，時間的条件などが与えられたときに，最適な輸送方法（輸送手段，貨物の割り付け，輸送経路（ルート），輸送時間）を決定するためのシミュレーション技術である．評価尺度としては，輸配送コスト，輸配送時間，便数などがあり，最近ではCO_2排出量など，環境負荷に関するものもある．

代表的なものとしてつぎのものがある．
(1) 物流設計シミュレーション
(2) トラック輸送ルートシミュレーション

前者は，中長期的な輸送貨物見通しをもとに，最適な輸送手段（トラック，鉄道，船舶，航空など）や輸配送経路の選択を行うものである．利用する鉄道の駅や港湾におけるインフラ整備状況，輸送手段による輸送品質の確保，積み替えのための荷扱い条件，所要時間などに関する情報を準備し，また，今後の輸送情況の見通しを十分に検討して，シミュレートすることが要求される．物流戦略は，企業戦略の重要な部分を占め，流通チャンネルの設計とも関連付けながら行うことが必要である．

後者は，日ごと，さらには便ごとのトラック輸送ルートをシミュレートし，選択決定するためのものである．日々，輸送貨物のトラック等への割り付けを行うものから，各便ごとに最適輸送ルートをシミュレートするものまで，各種のソフトウェアも開発されている．

輸送ルートの選定問題は**巡回セールスマン問題**（traveling salesman problem; **TSP**）として知られているが，この問題は**NP完全問題**（NP-complete problem）であり，ノード数（巡回先数）が増加すると計算時間が急激に増加する難問である．これに加えて，時間的制約がある場合や積載効率を配慮する場合などに対する各種解法も提案されている．これらをもとに，各種必要条件を加味してシミュレーションを行えばよい．最近，情報技術の進歩によって，走行中に割り込みや経路変更が要求されることも多くなり，その都度最適経路をシミュレートする必要も生じ，短時間で結果が得られるシステムが要求されている．

B. 倉庫シミュレーション

この領域には，代表的なものとしてつぎのものがあり，**WMS**（warehouse management system）として提供されているものも多い．

(1) 保管・包装・荷役シミュレーション
(2) 倉庫作業管理シミュレーション

保管関係では，倉庫レイアウトや保管物のロケーション割り当てについて，物の流れをシミュレートし，意思決定に活用する．

保管場所や棚の位置によって，荷役の頻度や作業方法が異なり，作業効率に大きく影響する．また，荷姿によっても保管方法や荷役方法が異なる．そこで，**ユニットロード**（unit load）の決定やそれに伴う保管方法と場所，荷役方法，さらには輸送方法に関する複雑な関係を検討するためには，これらを要素とするシミュレーションが用いられる．

倉庫作業管理シミュレーションには各種のものがある．例えば，作業負荷と作業現場の進捗状況をつねに把握し，遅延気味の作業現場に進度の速い作業現場からどの程度の人員を回せば，すべての作業現場の終了時刻を合わせられるかをシミュレートし，作業指示を出せるようにするソフトウェアもある．このように，現場のリソースを有効に活用するためにシミュレーションが活用される．

C. 物流監視システムシミュレーション

物流システムには，「なにが」「いつ」「どこに」「何個」「どのような状態」であるかという情報，さらには，「いつ」「どこに」到着するかという予測情報の提供が要求される．また，トラックの走行状況や燃料消費量といった輸配送状況を把握することも要求され，これらに対応するためのシステムも開発・提供されている．これには位置情報を把握するために**GPS**（global positioning system）機能を備えたものや，タコグラフのほかリアルタイムに燃料消費量を把握・表示・情報伝送できる機能を備えたものも多い．これらの情報をもとに輸配送状況をシミュレートし，各トラックや輸配送施設に指示がなされる．リアルタイム情報に基づく顧客サービスや，経済的・環境的に効率的な作業指示のために，この分野のシミュレーションは重要な役割を果たしている．

参考文献

1) 日本ロジスティクスシステム協会：SCMソリューションフェア2009 "SCMへの挑戦と未来" ガイドブック (2009)

分野：共通基礎
部門：物理基礎　[I-3]

プラズマ物理
[英] plasma physics

プラズマ物理分野のシミュレーション対象は，宇宙空間や核融合炉心などの完全電離プラズマから，核融合境界層（壁際）や半導体プロセス，光源（蛍光灯，プラズマテレビ，気体レーザなど）といった弱電離・部分電離プラズマまで幅広い（⇒ p.40, p.196）。

プラズマそのものの挙動を記述する手法は，磁気流体モデル（MHD）と粒子モデルに大別される。

磁気流体モデルでは，プラズマを電導性の流体として扱い，荷電粒子に対する輸送方程式と電磁場に関するマックスウェル方程式，および状態方程式を離散化して解く。個々の粒子の磁場によるジャイロ運動よりもスケールの大きい無衝突完全電離プラズマに適する。

粒子モデルは，**モンテカルロ法**（Monte Carlo method）や **PIC 法**（particle-in-cell method）を利用して，電磁場における代表粒子（比電荷を保ち複数個の荷電粒子をまとめた超粒子）の運動を追跡していく手法であり，原子分子や壁との衝突が有意な場合や，速度分布関数の変化が重要となるミクロ不安定性，粒子と波動の共鳴現象など，運動論的な扱いなどに適する。

一方，プラズマ中の原子・分子・不完全電離イオンからの**輝線スペクトル**（line spectrum）は，その発光種（イオンや原子）だけでなく，励起源（おもに電子）の情報を有しており，その分光診断は重要な物理研究の手法である。

発光種の熱運動や電場によるシュタルク効果，磁場によるゼーマン効果はスペクトル形状に直接現れるが，励起源の情報は衝突を通じて間接的に励起準位密度（輝線強度と等価）に反映される。したがって，与えられた電子密度や電子温度における輝線強度を計算する**衝突輻射モデル**（collisional-radiative model; **CR model**）が重要な役割を担っている。

着目するプラズマの時空間構造により複数のモデルを使い分け，あるいは統合化するなどして，その結果に CR モデルを適用して実験と比較する研究も進んでいる。ここでは，プラズマ物理分野における PIC 法と CR モデルを中心に紹介する。

A. PIC 法

PIC 法は 1950〜60 年代にプラズマ物理の分野を中心に発展し，1980 年代になって Birdsall ら[1]の出版を機に広く使われるようになった。クーロンポテンシャルは遠距離まで及ぶため，粒子間相互作用を考慮すると，計算量が膨大となる。そこで，個々の超粒子はラグランジュの描像で位相空間内を追跡し，場の量である電荷密度や電流密度はオイラーの描像，すなわち静的な格子点で計算される。

実装には，まず格子点から粒子の位置に生じる電場と磁場を内挿して，運動方程式を積分して系の時間発展を求め，つぎに粒子の電荷や電流を，その粒子を囲む格子点に振り分け，マックスウェル方程式から格子点の電場と磁場を求める。このステップを粒子の運動に従って繰り返す。

数値安定性のために，格子幅はデバイ長よりも小さく，時間幅はプラズマ振動やジャイロ運動の周期よりも小さくとる。

B. CR モデル

CR モデルは 1970 年代，藤本による水素原子への適用以来，世界的に利用されるようになった[2]。ある励起準位 p の占有密度を n_p とすると，励起，電離，再結合，輻射遷移などの原子分子素過程による，p 準位への流入，p 準位からの流出を考慮したレート方程式は

$$\frac{d}{dt}\begin{pmatrix} n_2 \\ \vdots \\ n_p \end{pmatrix} = \begin{pmatrix} \cdot & \cdots & \cdot \\ \vdots & \ddots & \vdots \\ \cdot & \cdots & \cdot \end{pmatrix}\begin{pmatrix} n_2 \\ \vdots \\ n_p \end{pmatrix} + \begin{pmatrix} \cdot \\ \vdots \\ \cdot \end{pmatrix} n_1 + \begin{pmatrix} \cdot \\ \vdots \\ \cdot \end{pmatrix} n_{\text{ion}}$$

と行列の形に書ける。一般に，基底準位（$p=1$）の運動の時間スケールに対し，励起準位（$p \geq 2$）の準位寿命はきわめて短いので，n_1 の項を独立させることで左辺を 0 と置き（準定常近似），行列の三角化などの手法を用いると解ける。

得られる各準位の占有密度は，その場所における電子密度や電子温度の関数であるので，複数の励起準位密度を測定し，その測定値に合うような励起準位密度比を与える電子密度や電子温度を最小二乗法などで決定する。精度向上のため，大域的な輻射輸送を組み込む試みもなされている。

水素やヘリウム原子の場合，数十個の準位を考えれば十分であるが，多価イオンや分子では何百何千といった準位間の遷移を考慮する必要があり，信頼できる原子分子データの整備も重要な課題である。

参考文献

1) Birdsall and Langdon: *Plasma Physics via Computer Simulation*, McGraw-Hill (1985)

2) Fujimoto: *Plasma Spectroscopy*, Oxford (2004)

分野：生命・医療・福祉
部門：生命システム [V-1]

ブレインコンピューティング
[英] brain computing

脳（brain）は大脳，間脳，中脳，小脳，橋（後脳），延髄（髄脳）からなり，視覚，聴覚，嗅覚，記憶，運動，認識，感情といった高度な情報処理を行う器官である．実験とコンピュータ技術の進歩により，医学，生物学，生化学，心理学，さらに工学からも，「脳」研究が進められている．

A. 脳とコンピュータ

コンピュータは，大量のデータから条件に合うデータを選んだり，πの桁を5兆桁求めたりといった優れた処理能力を持っているため，人間の脳はコンピュータで置き換えられるのではないかと錯覚する人も多い．確かにコンピュータは，ディジタル化が可能なデータ探索やアルゴリズムの存在する情報処理では素晴らしい能力を持つが，われわれが瞬時に行うことのできるあいまいな図形の認識，不完全な情報からの推論といった処理は，ほとんど不可能である．この違いは，コンピュータと脳の情報処理方法の違いから生じる：コンピュータはノイマン型と呼ばれる，中央処理装置と記憶装置による「逐次処理」により，一方，脳は神経細胞からなる神経回路網を介した「並列・分散処理」により，情報を処理している．

B. 神経細胞の等価電気回路モデル

脳には数百億の**神経細胞**（neuron）が存在し，複雑に結合して**神経回路網**（neural network, ⇒p.246）を形成している．脳の持つ高度な情報処理機能は神経回路網の働きによって行われているので，脳の情報処理の基本素子は，その構成要素である神経細胞であると考えられる．

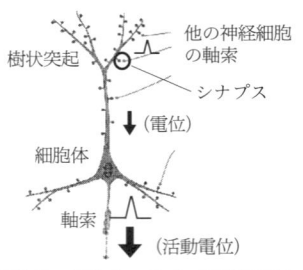

神経細胞は，細胞体，軸索，樹状突起からなり，神経細胞間の情報の伝達はシナプス（synapse, ⇒p.132）を介して行われる．神経細胞の工学モデルとして「積和閾値素子」であるマカロウ‒ピッツ（MaCulloch-Pitts）モデルが知られているが，実際の神経細胞はもっと複雑精緻な機能を持っている．

神経細胞膜は脂質二重層であり，細胞外はナトリウム（Na^+），塩素（Cl^-）等のイオン濃度が高く，細胞内はカリウム（K^+）のイオン濃度が高い．細胞膜のイオンチャネル受容体が活性化（開口）すると，各イオンは濃度勾配に従って細胞内外に移動する[1]．すなわち，細胞膜を通して，(1)細胞内外におけるイオン濃度勾配に従って (2)イオンの流れやすさはあるが (3)Na^+，Cl^-，K^+イオンの移動が生じる．脂質二重層の構造の細胞膜は，2枚の平行板と考えられることからコンデンサC，(1)は電源E，(2)は抵抗R，(3)は電流Iと考えられ，神経細胞膜は等価電気回路でモデル化される．

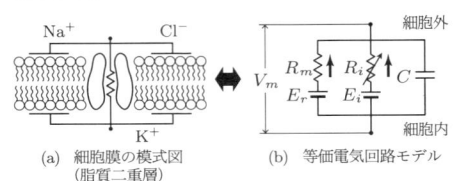

(a) 細胞膜の模式図（脂質二重層）
(b) 等価電気回路モデル

さらに，神経回路網において神経細胞間の情報伝達はシナプスを介して行われることから，神経回路網は電気回路網としてモデル化できる．電気回路網モデルにオームの法則やキルヒホッフの法則などの工学的知見を用いることにより，回路ダイナミクス（数式モデル）が求められ，C言語などを用いた計算機シミュレーションによって，神経回路網の特性を求めることができる．

C. 神経細胞シミュレータ

等価電気回路モデルから神経細胞の持つ特性を明らかにするためには，C言語などによるプログラミングが必要となるが，このような知識を用いずに神経細胞の特性を求めるために開発されたのがシミュレータ**"NEURON"**である[2]．神経細胞のモデルを計算機上に構築して，膜電位などの動特性を，複雑な数値計算/プログラミングの知識を必要としないで求めるソフトウェアである．"NEURON"では神経細胞をセクション（ケーブルまたはコンパートメント）と呼ばれる円筒をつなぎ合わせてモデル化し，細胞膜の動特性を求める．例えば，ホジキン‒ハックスレイ（Hodgkin-Huxley）方程式（⇒p.247）によって表される活動電位生成も，複雑な樹上突起分岐構造を持つ神経細胞の膜電位伝搬特性も，プログラミング知識なしで簡単に求めることができる．なお文献2）内の「ModelDB」は，これまでシミュレータ"NEURON"を用いて作製されたニューロモデルのデータベースである．

参考文献
1) 宮川，井上：ニューロンの生物物理，丸善 (2003)
2) http://www.neuron.yale.edu/neuron/

分野：生命・医療・福祉
部門：生命システム ［V-1］

ブレイン・マシンインタフェース
［英］brain-machine interface; BMI

脳と機械の情報処理を結ぶ種々の技術を総称してブレイン・マシンインタフェース，略してBMIと呼ぶ。欧米の研究者はブレイン・コンピュータインタフェース（BCI）と呼ぶことも多い。BMIの代表例は出力型BMIであり，脳活動から個体の意図を推定し，ロボットアームやPCなどの装置を操作するものである。一方，従来から研究されている人工内耳や人工視覚は，最近では入力型BMIと捉えられている。

形態としては，微小電極を脳に直接刺して計測する侵襲型BMIと，頭の外部から脳活動計測をする非侵襲型BMIがある。最近では脳表面から測定される電位（皮質脳波；ECoG）を用いた低侵襲型と呼ばれるものも研究されている。

最終的にはユーザーが常時装着できる形態が想定されるが，実際の研究においては，あらかじめ測定したデータを用いたオフラインの解析・テストなどが多く行われており，シミュレーション技術が重要な役割を果たしている。

A. 出力型BMI

（1）侵襲型 侵襲型BMIの代表的なものは，サルやラットの運動野へ多数の電極を刺し，その活動から運動を推測してロボットアームなどを操作するものである。100個ほどの運動野および頭頂葉ニューロンの活動からサルの腕の運動を推定できることがわかっており，これをロボットアームを制御するアルゴリズムに組み込むことで，サルの腕と同様の動きをさせることが示されている。さらに推定法を改良し，わずか18個のニューロンの活動から精度良くアーム制御ができることも報告されている。

ここでの基本原理は，運動野におけるポピュレーションコーディング説と呼ばれるものである。これは，運動の向きや力は一つのニューロン（⇒p.247）の出力ではなく，多数のニューロンの集合的出力で表現されるという考え方である。膨大な数の運動野ニューロンの中から数十個を取り出すだけで運動が再現できたことは，神経科学的にも興味深い。人での臨床試験もすでに行われており，運動野に100個程度の電極を刺すことでPCや義手の操作ができることが示されている。

（2）非侵襲型 侵襲型BMIは感染症や持ち運びの不便さなど問題も多い。そこで，脳へ直接電極を刺さずに，頭の外側から脳活動を計測する**非侵襲脳計測**（non-invasive neuroimaging）を応用したBMIも研究が行われている。このうち最もよく研究されているのは，脳波（⇒p.263）を用いるものである。

運動を行うとき，あるいは単に運動をイメージするときに，運動野周辺の脳波の周波数成分を観測すると，8〜12 Hz帯域の信号（μ波）が減衰することが知られている。これを利用して運動情報を取り出し，画面上のカーソルの2次元制御が可能であることが報告されている。また，P300と呼ばれる脳波成分は，刺激への注意や選好を反映するものとして知られており，これを応用したスペル入力装置も開発されている。画面上にアルファベットの一覧が表示されていて，一つひとつがランダムに点滅する。このとき被験者に自分のタイプしたいアルファベットを注視するように教示しておくと，それが点滅した際にP300が発生するので，推定が可能となる。

ほかにも近赤外分光法（NIRS, ⇒p.68）と脳波を組み合わせてヒューマノイドロボットの手足を操作した例もある。また，より空間解像度の高い**機能的核磁気共鳴法**（functional magnetic resonance imaging; **fMRI**, ⇒p.259）を用いて，被験者の見ている2次元画像を再現したり，ジャンケンの手を推定するといったことも実現されている。

B. 入力型BMI

（1）人工内耳 耳の不自由な患者の聴力（⇒p.204）を回復するために人工内耳を耳に埋め込む研究は，古くからなされている。すでに実用化もされており，乳幼児を含めた多くの患者が使用している。音は周波数成分ごとに，内耳の蝸牛と呼ばれる器官の異なる部位を活性化させる。人工内耳は蝸牛の中に電極を埋め込むことで，音に合わせて適切な位置を電気刺激する装置である。人工内耳を埋め込んだのちしばらくの期間を経ると，音の聞き取りができるようになり，通常の会話ができるほどに回復する患者も多い。

（2）人工視覚 失明患者に視力を取り戻させるために，視覚を人工的に生じさせる研究も行われている。人工視覚には2通りあり，大脳の視覚野を直接電気刺激する方法と，人工網膜を眼球に取り付けることで視神経に信号を送る方法である。これによって複数の光点を知覚することができるようになる。ただし，健常な視力と同程度のものを実現するには，解像度や装置の安定性など多くの技術的問題が残っており，今後の研究が期待される。

参考文献
1) 櫻井芳雄ほか：ブレイン-マシン・インタフェース最前線-脳と機械をむすぶ革新技術，工業調査会 (2007)
2) 川人光男：脳の情報を読み解く-BMIが開く未来，朝日新聞出版 (2010)

分野：生命・医療・福祉
部門：生命システム［V-1］

プロテオミクス
[英] proteomics

プロテオミクスとは，生体中に含まれるタンパク質全体を対象として，それらの機能・構造・分子間相互作用などの特性，さらに発現量・発現時期や代謝速度といった動態を明らかにする「プロテオーム解析」を行う学問分野をいう。「プロテオーム」(proteome) とは，タンパク質 (protein) と集合 (ome) を組み合わせた造語であり，ある生物が各遺伝子に基づいて発現する全タンパク質を意味する。特定のタンパク質に焦点を当てる生化学・分子生物学とは対照的に，プロテオミクスではあらゆるタンパク質を網羅した系統的解析を行う。

プロテオーム解析では，おもにタンパク質に対する2次元電気泳動や質量分析を行い，おのおのの等電点・分子量・部分アミノ酸配列などを明らかにする。これらの情報はゲノム解析からのデータベースをもとに解析され，最終的に個々のタンパク質の同定，および遺伝子との対応付けが行われる。一方でプロテオームとは，生体を構成する組織や細胞ごとに，またそれらの成育段階や存在環境により，動的に変動するものである。そのような膨大な情報量のプロテオームをゲノム科学と対応付けながら網羅的に解析するには，シミュレーションを含めた**バイオインフォマティクス** (bioinformatics) との相互連携が欠かせない。

プロテオミクスの発展は，タンパク質が展開する機能・分子間相互作用のネットワーク (⇒ p.176) を解明し，細胞の分化や老化といった生物学的プロセスの包括的な理解に貢献すると考えられる。さらに，疾患に関わる責任タンパク質の特定，創薬 (⇒ p.120) に向けた薬剤効果の調査や医療技術の開発にもつながると期待されている。以下，プロテオームの解析手法について簡単に記述する。

A. タンパク質の分離精製と同定

1975年に開発された2次元電気泳動 (two-dimensional gel electrophoresis; 2-DE) は，アクリルアミドゲルを用い，1次元目では等電点，2次元目では分子量によって数千種類のタンパク質を分離する手法である。2-DEで分離されたタンパク質は，ゲル内でのプロテアーゼ処理によりペプチドへ分解され，質量分析によるタンパク質同定へと移る。使用される質量分析装置には，マトリックスアシステッドレーザーデソープションイオン化飛行時間型質量分析装置 (MALDI-TOF MS) とエレクトロスプレーイオン化質量分析装置 (ESI MS) があり，それぞれペプチドマスフィンガープリンティング法，シークエンスタグ法により，ペプチドマップの作成や部分アミノ酸配列の決定が行われる。以上のデータに基づいて，最終的にタンパク質や遺伝子が同定される。この質量分析法では，タンパク質が細胞内で受けるリン酸化やアセチル化といった，翻訳後修飾の部位特定も可能である。

以下に，タンパク質の 2-DE（左）と質量分析結果（右）の模式図を示す。

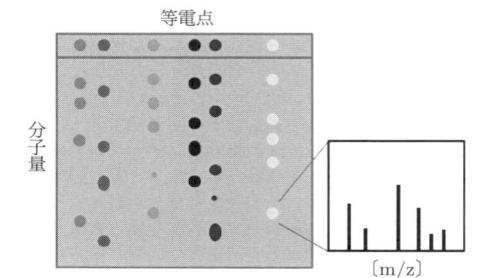

B. プロテオーム動態の比較解析

プロテオームの動態は，その時々の細胞の状態（分化・老化・不死化など）を敏感に反映し，変動する。この動態を比較解析するためには，時間軸に沿って2次元電気泳動を繰り返し，タンパク質発現の変化を比較する「ディファレンシャルディスプレイ」が有効である。

C. 相互作用解析

タンパク質間の分子間相互作用ネットワークを系統的に解析するためのおもな手法として，標的とする2種タンパク質相互作用の有無を，酵母細胞内でのレポーター遺伝子の発現の有無により確認する酵母2ハイブリッド法や，進化分子工学から派生した in vitro virus 法，ファージディスプレイ法が利用されている。

D. プロテオームプロファイリング

上記のような解析手法で得られた各タンパク質の特性や動態に関する分析結果（プロファイル）は，データベース化され，無償・有償で公開されている。また，これらの情報は非常に複雑かつ膨大であることから，シミュレーションを用いた系統的な理解が進められている。

参考文献
1) 平野 久：プロテオーム解析，東京化学同人 (2001)

分野：人間・社会
部門：認知・行動 [VI-1]

分散認知
[英] distributed cognition

人間の認知プロセスは，組織やチームといった集団，あるいはさまざまな人工物などのオブジェクトに囲まれた環境の中で行われている。

分散認知とは，人間同士，または人間と人工物や環境などとのインタラクションによって起こる認知プロセスは，それぞれに分散されていると考え，それらの環境中に存在する複数の認知的活動の結果として生じる情報の流れ，行動，思考といった観点から，個別の認知プロセスや，システム全体としての認知プロセスを記述し説明するための枠組み，または考え方である。

Hutchinsは，操船ブリッジにおける乗員間のインタラクションや業務についての分析を行った研究において，「分散認知」という言葉を用いた。分散認知の特徴は，現実の環境下の人間の振る舞いを理解するのに，個人の認知に着目するのではなく，現実環境で行われる作業を協調作業として捉えて，そのグループ内のインタラクションに注目することで，人間の認知モデルを導き出すところにある。この考え方は，認知工学的な視点だけでなく，文化や組織といった多面的な要素を含んだものである。

分散認知の視点から現実の環境における人間の振る舞いを観察した場合，以下のような特徴が見出される[1]。

(1) 社会的なグループや環境におけるメンバー間では，認知プロセスは分散している。
(2) 認知プロセスには，内的（人間の記憶や認知）構造および外的（物質や環境）構造とのインタラクションの関係が寄与している。
(3) 認知プロセスは時間を通して分散している。

これらプロセスの分散を捉えることが，システム全体としての認知的な達成を理解することや**人間機械系**（human-machine system; human-computer interaction，⇒p.249）の効果的な設計を行う上で重要である。

A. 分散認知分析

協調作業における環境内の情報の伝わり方に注目して，作業者の**状況認識**（situation awareness）を分析する方法を，分散認知分析という。分散認知分析は，チーム内の人間同士，または人間と人工物とのインタラクションがどのように行われているかを理解するための手法である。この手法の特徴は，人間-機械系システムの設計を行う際に，現場観察に基づく**エスノグラフィ**（ethnography）によって，その環境における人間やチーム等の振る舞いや，システムを含めたすべてのインタラクションについて，それらの行為の意味を理解する点であるといえる。

また，情報を中心としたインタラクションに注目することで，従来の認知分析のように一人の人間や一つの人工物を対象とするのではなく，人間や人工物を含めたシステム全体を分析の対象と捉えることも特徴である。

下図に分散認知のイメージモデルを示す。システムに入力された情報が表現状態を変化させながら，人や人工物に伝わっていき，対応が出力されることを示している。

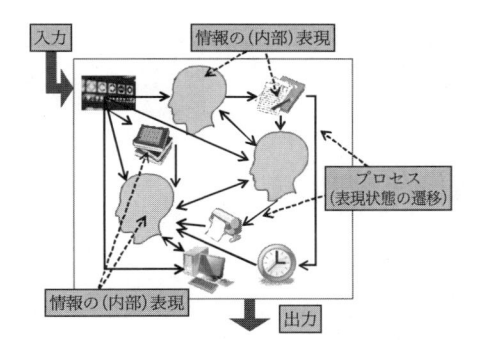

従来の認知分析では，情報処理プロセスが人間の頭の中で行われているものとして扱うため，それが実際にどのようになっているかを調べるのは非常に困難であった。それに対して分散認知分析では，情報処理プロセスは協調作業をしている人やそれに介在する人工物の間で行われていると見なすため，その様子を明示的に調べることができる。人間-機械系システムの設計を行う際に，考慮すべきヒューマンファクタの要素を抽出し，整理をすることに効果がある。

B. 分散認知分析の応用

航空機，船舶，航空管制システム，救急センター等の管制室などの設計や評価において，分散認知分析を用いたシステム全体のモデリング，および情報の流れやアウェアネスに関する計算機シミュレーションなどが多く行われている。

参考文献
1) Hollan, J., Hutchins, E., and Kirsh, D.: "Distributed Cognition: Toward a New Foundation for Human-Computer Interaction Research", *ACM Trans. on Computer-Human Interaction*, Vol.7 (2), pp.174–196 (2000)

分子軌道法
[英] molecular orbital method

分子軌道法とは，分子内の電子状態を記述するための近似法の一つで，原子に対する原子軌道（$1s, 2s, 2p, 3s, 3p, \cdots$のような一連の軌道）の考え方を，分子に対して拡張したものである。ある一つの電子が，一つの原子核と他の電子からのポテンシャルを受けて運動する原子の場合とは異なり，分子の場合は分子を構成する複数の原子核と他の電子からのポテンシャルの中を運動するため，電子の波動関数は分子全体に広がっていると考える。これを**分子軌道**（molecular orbital）という。一般に，分子軌道はLCAO近似という，原子軌道の線形1次結合（linear combination of atomic orbitals）によって表される。分子軌道法は，この分子軌道を用いて分子内の全電子の波動関数を表すもので，大まかに，経験的，半経験的，および非経験的の三つに分類される。最近のシミュレーションのほとんどは非経験的分子軌道法に基づいている。

A. 非経験的分子軌道法

非経験的分子軌道法は *ab initio* 分子軌道法とも呼ばれ，近年のコンピュータおよびソフトウェアの発達・進歩により急速に普及している。非経験的分子軌道法では，シュレディンガー方程式を解く際に必要となる分子積分を，実験値やパラメータで置き換えたり省略したりせず，すべて計算する。つまり，プランク定数や電子の質量，電気素量などの物理定数以外の実験値をまったく使用しないで，エネルギーや分子軌道を求める。

非経験的分子軌道法における基本的な近似法は，**ハートリー・フォック**（Hartree-Fock; **HF**）法である。さらに高精度な方法として，メラー・プレセット（Møller-Plesset; **MP**）摂動法などがある。

（1）ハートリー・フォック法（HF法）
電子のスピン関数と分子軌道の積で書けるスピン軌道を作り，さらにパウリの排他律を考慮した関数（スレーター行列式）を波動関数として用いる。分子内の電子は，原子核と他の電子でつくられる平均のポテンシャルの中を運動すると考える。これを平均場近似という。

（2）メラー・プレセット摂動法（MP摂動法）
レイリー・シュレディンガー摂動論を用いて，2次以上の摂動により相関エネルギーを取り込む近似法である。その次数により，MP2, MP3, MP4法などと呼ばれる。

B. 基底関数

代表的な基底関数（basis set）として，スレーター型軌道（Slater type orbital; STO）とガウス型軌道（Gaussian type orbital; GTO）がある。STOおよびGTOはつぎのような形で表される。

$$\chi_{l,m,n}^{\text{STO}} = A Y_{l,m}(\theta, \phi) \; r^{n-1} \exp\left[-\zeta \, r\right]$$

$$\chi_{l,m,n}^{\text{GTO}} = A Y_{l,m}(\theta, \phi) \; r^{n-1} \exp\left[-\zeta \, r^2\right]$$

ここで，Aは規格化定数，l, m, nは量子数，$Y_{l,m}(\theta, \phi)$は球面調和関数，rは原子核からの距離であり，ζは関数の広がりを示す定数である。STOとGTOの大きな違いは，その指数項である。

現在，ほとんどの非経験的分子軌道計算で使用される基底関数はGTOである。水素原子の基底状態の厳密解はSTOの形をとることからわかるように，原子軌道の特性を表すにはSTOのほうが良い関数であるが，分子の場合は，2個あるいは4個の基底関数の積を含む分子積分が必要であり，STOではその積分を行うことは困難である。一方，GTOでは，2個の基底関数の積が再び一つのガウス関数となり，分子積分が大幅に簡略化されるメリットがある。そこで，ζの異なるGTOの線形結合で一つの基底関数を表し，STOに近似させる縮約（短縮）GTO（contracted GTO; CGTO）を使う方法がとられている。CGTOを用いた基底関数には，STO-3G, 6-31G, 6-31G*, 6-31G**, 6-31+Gなどがある。

実際の計算では，まず，上記のような原子軌道を近似した形の基底関数の線形結合で分子軌道を記述し，これから系のエネルギーを求める。ついで，求めたエネルギーを変分原理により極小化するという条件で，つぎの新しい分子軌道を算出する。この操作を，前回と新しい分子軌道の，係数や系のエネルギーの差が十分小さくなるまで繰り返し行う。これを**自己無撞着場**（self-consistent field; **SCF**）法という。

C. 分子軌道計算が行えるソフトウェア

非経験的分子軌道法による計算が実行可能なソフトウェアとして，Gaussian, GAMESS, Jaguar, Spartanなどがある[1]。最近は，タンパク質などの巨大な生体分子の量子化学計算を行うために，北浦らにより提案されたフラグメント分子軌道法[2]に基づくABINIT-MP/BioStationが開発，使用されている。

参考文献

1) 菊池慎太郎，青江誠一郎 編著：はじめての生命科学，第4章（直島好伸），三共出版 (2009)
2) D. G. Fedorov and K. Kitaura (ed.): *The Fragment Molecular Orbital Method: Practical Applications to Large Molecular Systems*, CRC Press (2009)

分野：生命・医療・福祉
部門：生命システム [V-1]

分子コンピューティング
[英] molecular computing

分子コンピューティングとは，DNA (⇒ p.267) を中心とした生体分子の化学反応により情報処理を行うことである．現在までに開発された種々の遺伝子工学技術 (⇒ p.7) を巧みに駆使し，生体分子の設計やその化学反応の制御を行いながら，情報処理を行う．一方，分子コンピューティングが目指している研究分野は，化学反応系や細胞系を情報科学の観点から進展する分野でもあり，計算論的ナノテクノロジーや計算論的細胞工学と呼ぶべき分野へも発展しつつある．具体的には，分子コンピューティングにおける自己組織化や，分子・細胞間のコミュニケーション (⇒ p.112) のためのシミュレーションなどがある．塩基配列 (nucleic acid sequence) の設計技術を中心としたDNAを用いた自己組織を行う分子マシンの実現には，情報技術に関する知見が活躍しており，その意味で分子コンピューティングは計算機科学と化学・生物学の境界領域に存在する新しい研究分野と考えられている．

17世紀にパスカルが初めて機械式の計算機を研究して以来，コンピューティングを行う媒体として，これまでさまざまな機構が考案されてきた．現在，前世紀において発明された真空管や大規模集積回路の電子式の計算機構が主流を占めている中で，歴史的に見ても，分子コンピューティングは今後の計算機構の一つの候補と考えられる．

A. エーデルマンのDNAコンピューティング

分子コンピューティングの実験的な実証が初めてなされたのは，エーデルマンによるDNAコンピューティングである．エーデルマンはリベストおよびシャミアとともに，3人のイニシャルを用いたRSA公開鍵暗号 (public key cryptosystem) の発明でよく知られている．その演算処理はDNA分子を問題としているグラフに対応付けて設計し，ハイブリダイゼーション・ライゲーション反応や磁気ビーズ分離を用いて，反応溶液の中に解を求めるものである．

DNAコンピューティングの基本的な原理には，現在の電子計算機の原理であるチューリング機械との共通点が数多くあり，実際にエーデルマンは，ワトソンの論文とチューリングの論文から発想を得ていると述べている．デモンストレーションとして解かれた問題は数学の古典的な問題である「ハミルトン経路問題」である．この問題は一筆書きの一種であり，グラフ上のすべての節点 (ノード) を1回ずつ通るような経路 (パス) が存在するかどうかを，そして存在する場合には，具体的にその解を求める問題である．エーデルマンの実験では，ノード7，パス14という規模の問題に対し，21本 (7+14) のDNA鎖に翻訳して解を得ている．解はDNA分子の形で取り出される．その具体的な計算の手続きはつぎのようなものである．まず，開始ノードで始まり終了ノードで終わるDNA鎖をPCR (polymerase chain reaction) 法で増幅し，つぎに，解として適切な長さを持つDNA鎖を電気泳動 (electrophoresis) によって分離する．最後に，すべての点を経由しているDNA鎖を磁気ビーズに結合した相補DNA鎖と反応によって抽出および精製を繰り返し，ハミルトン経路を見出すものである．

B. 充足可能性 (SAT) 問題の分子コンピューティング解法

分子コンピューティングは，節形式で表現されたブール式の充足可能性問題 (SAT問題) についても，その解を得るための計算手法を提供している．節形式のブール式は節の連言であるので，節形式を充足させるためにはそのすべての節を充足させればよい．これが分子コンピューティングが有利に働く点である．節はリテラルの選言であるので，節を充足させるためには，そのリテラルのどれかを充足させればよい．したがって，各節から一つずつリテラルを選び，選んだリテラルのすべてを充足するような割り当てを作ることができれば，元のブール式は充足可能である．

C. シャピロの分子オートマトン

分子コンピューティングにおいても，計算能力の基礎となる有限オートマトンがシャピロにより実証された．有限オートマトン (finite automaton) の計算モデルは，ある入力アルファベットの列が与えられたとき，順番に入力を読み取っていき，モデルがとるつぎの状態を，現在の状態とそのとき読み取ったアルファベットで決定する．この工程を制限酵素 (restriction enzyme) を巧みに用いて取り扱うのが，シャピロが考案したオートマトンである．

参考文献
1) Z. Ignatova, I. Martinezperez, K. H. Zimmermann: *DNA Computing Models*, Springer (2008)

ベクトルと行列のノルム
[英] norm of vectors and matrices

数値計算では，微分方程式（⇒p.289）などを解く際に，最終的に線形問題に帰着させて解くことが多い．数値線形代数（⇒p.163）と呼ばれる研究分野では，計算機上での行列操作について取り扱う．詳細は，「連立1次方程式」(p.356) および「行列の固有値問題」(p.67) を参照されたい．ここでは，数値線形代数によく現れるベクトルノルムと行列ノルムについて説明する．

A. ベクトルノルム

n 次ベクトル $x = (x_1, x_2, \cdots, x_n)^T$ について

$$\|x\|_1 = \sum_{i=1}^n |x_i| \quad （マンハッタンノルム）$$

$$\|x\|_2 = \sqrt{\sum_{i=1}^n |x_i|^2} \quad （ユークリッドノルム）$$

$$\|x\|_\infty = \max_{1 \leq i \leq n} |x_i| \quad （最大値ノルム）$$

である．

ベクトルノルムは，数値線形代数のさまざまな場面で登場する．例えば，連立1次方程式 $Ax = b$ に対する反復解法の停止条件

$$\|b - Ax^{(k)}\|_2 \leq \varepsilon \|b\|_2$$

のように利用される．ここで，$x^{(k)}$ は近似解ベクトル，$b - Ax^{(k)}$ は残差ベクトル，ε は許容誤差である．

B. 行列ノルム

$n \times n$ 次の行列 A について，$\lambda_1, \lambda_2, \cdots, \lambda_n$ をその固有値とすると，A の**スペクトル半径** (spectral radius) $\rho(A)$ は

$$\rho(A) := \max_{1 \leq i \leq n} |\lambda_i|$$

のように定義される．$\lim_{k \to \infty} A^k = O$ の必要十分条件は，$\rho(A) < 1$ である（ただし，O は成分がすべてゼロの行列）．また，任意の行列ノルムに対して

$$\rho(A) \leq \|A\|$$
$$\rho(A) = \lim_{k \to \infty} \|A^k\|^{\frac{1}{k}}$$

が成立する．

$m \times n$ 次の行列 $A = (a_{ij})$ について

$$\|A\|_1 = \max_{1 \leq j \leq n} \sum_{i=1}^m |a_{ij}|$$

$$\|A\|_2 = \sqrt{\rho(A^H A)}$$

$$\|A\|_\infty = \max_{1 \leq i \leq m} \sum_{j=1}^n |a_{ij}|$$

$$\|A\|_F = \sqrt{\sum_{j=1}^n \sum_{i=1}^m |a_{ij}|^2}$$

である．ここで，A^H は A の共役転置行列を意味する．$\|A\|_2$ はスペクトルノルム，$\|A\|_F$ はフロベニウスノルムと呼ばれる．

上記の行列ノルムは，任意の n 次ベクトル x について，ベクトルノルムと両立し

$$\|Ax\|_p \leq \|A\|_p \|x\|_p, \quad p \in \{1, 2, \infty\}$$

が成り立つ．また，$m \times n$ 次の行列 A と $n \times k$ 次の行列 B に対し，すべて劣乗法性

$$\|AB\|_p \leq \|A\|_p \|B\|_p, \quad p \in \{1, 2, \infty, F\}$$

を持つ．

最大ノルム $\|A\|_{\max} = \max |a_{ij}|$ は，劣乗法性を持たない．

ノルムの同値性に関連し，$m \times n$ 実行列 A に対して，以下が成立する[1]．

$$\|A\|_2 \leq \|A\|_F \leq \sqrt{n} \|A\|_2$$
$$\|A\|_{\max} \leq \|A\|_2 \leq \sqrt{mn} \|A\|_{\max}$$
$$\frac{1}{\sqrt{n}} \|A\|_\infty \leq \|A\|_2 \leq \sqrt{m} \|A\|_\infty$$
$$\frac{1}{\sqrt{m}} \|A\|_1 \leq \|A\|_2 \leq \sqrt{n} \|A\|_1$$
$$\|A\|_2 \leq \sqrt{\|A\|_1 \|A\|_\infty}$$

条件数 (condition number) は，数値線形代数において問題の難しさを表すときに用いる指標の一つである．正方行列 A について，行列の条件数 $\kappa_p(A)$ は

$$\kappa_p(A) = \|A\|_p \|A^{-1}\|_p$$

で表される．

参考文献
1) G. Golub, C. F. Van Loan: *Matrix Computations, Third Edition*, The Johns Hopkins University Press (1996)

分野：共通基礎
部門：計算機システム [I-5]

ベクトル並列計算機
[英] vector parallel computer

ベクトル演算は，ベクトルの型をしたデータに同じ演算を行うことである．ベクトル計算機は，TIのASC，CDC Star-100を経て，1976年に出荷されたCray-1で基礎が確立した．ベクトル計算機の一般的な概念は，つぎのとおりである．
(1) パイプラインによる演算処理
(2) ベクトルレジスタの装備
(3) 演算性能に見合った高メモリスループット

ベクトル並列計算機は，ベクトル計算機を並列化したものである．**SIMD**は，single instruction multiple dataの略で，一つの命令で複数データの演算を行う．ベクトル計算機もSIMDの一形態である．すべてのベクトル並列計算機は網羅できないので，典型的な計算機について記述する．

現在のプロセッサでは，命令のフェッチ（命令のビット列をメモリからプロセッサに取り込む）とデコード（命令の解読）の比重が大きいが，ベクトル命令では1命令で複数の演算を行うので，ベクトル長の分だけ命令のフェッチとデコードの回数が少なくてすむ．マイクロプロセッサでも，浮動小数点演算ではSIMD機能の導入が進んでいる．

ベクトル並列計算機では，各ベクトル計算機を接続するネットワークの構成と性能が重要である．

A. CDC Star-100

1968年にCDC社が開発したCDC Star-100は，メモリからデータをロードして演算し，演算後，直接メモリにストアする方式であった．メモリの読み書きは演算に比べて遅いため，演算性能が出にくい方式である．性能は，当時の最高性能の計算機であったCDC7600の1/4から4倍といわれていた．理論性能は50 MFlopsであった．

B. Cray-1

Cray-1は，1972年にCDCを退社し，CRIを設立したシーモア・クレイが開発した．Star-100とは異なり，ベクトルレジスタを持ち，演算はベクトルレジスタ間で行う構成である．演算とデータの転送を分離したことと，ベクトルレジスタ上のデータの再利用により，演算性能が出やすい計算機になった．Cray-1の特徴は，**ベクトルレジスタ**（vector register）と**チェーニング**（chaining）であった．チェーニングは，ベクトルレジスタの演算がすべて終了する前に，すでに終了した要素がつぎの可能な演算を開始するという機能である．この二つの機能で，Cray-1は飛び抜けた計算性能を獲得した．理論性能は160 MFlopsである．

C. Cray XMP

Cray XMPは，最初のベクトル並列計算機で，並列化の構成は共有メモリ形式，最大4プロセッサ構成である．共有メモリ型の計算機はユーザにとって非常に使いやすいが，各プロセッサからのメモリ競合が問題となる．メモリ競合をなるべく回避するハードウェアを開発する必要があり，大規模なシステムを構成するのは困難になる．ただ，アプリケーション開発が容易になり，アプリケーション開発のコストは低く抑えられる．

D. NWT（数値風洞）

NWTは，科学技術庁航空宇宙技術研究所の三好 甫氏が開発した分散共有メモリ型のベクトル並列計算機である．富士通が製造を担当し，理論性能は280 GFlopsである．

大規模システムとするため，メモリ競合が起こらない分散メモリ型とした．166台のプロセッサ（ノード）を高速の単段クロスバーで接続し，高度の並列化を可能とした．スーパーコンピュータの評価尺度の一つであるTop500で，1位を獲得した．以後，日本がベクトル並列計算機では世界をリードするようになり，地球シミュレータの開発につながった．ただし，もともとTop500で1位を狙ったシステムではない．**Top500**は，密行列の連立1次方程式という比較的簡単な尺度で速度を計測しており，実際のアプリケーションの評価とは異なる．

E. 地球シミュレータ（ES）

ESは，地球環境問題を目的にしたベクトル並列計算機である．しかし，開発されたシステムは汎用性があり，New York Times誌のトップ記事で，スプートニクショックに匹敵するとして「コンピュートニクショック」と報じられ，米国に大きな影響を与えた．日本電気が製造を担当し，640ノード，5120プロセッサで，理論性能は40 TFlopsであった．

システム構成は，基本的にはNWTと同じであるが，つぎの点が異なる．
(1) 初めてベクトルプロセッサを1チップ化した
(2) ノードが8プロセッサのSMP構成である

ESもTop500を狙ったわけではないが，性能強化なしで5期連続の1位となった．このような例は，ほかにはない．

参考文献
1) 矢川元基 監修：ペタフロップスコンピューティング，培風館 (2007)

ベクトルボリュームデータの可視化
[英] visualization for vector volume data

ベクトルボリュームデータは，**多変量データ**(multivariate data) の一種であり，空間3次元と時間を独立変数とするものの呼称である．速度場 $\mathbf{u} = (u, v, w) : u = u(x, y, z, t)$，$v = v(x, y, z, t)$，$w = w(x, y, z, t)$ や渦度場が代表だが，スカラ場の勾配を成分とする場合もある．

直接的な可視化は，(1) ベクトルの直接表示によるもの，(2) 仮想粒子を用いるもの，(3) テクスチャ統合によるものに大別される．これらに位相構造を抽出，表示する方法が加わる．それぞれにおいて，始点の選び方，方向の表現，補間法，場の連続性（不連続性），あるいは局所と全体の関係性の表現が問題になる．また，表示という観点からは重なり（重畳）が問題になる．これらの問題は，定常場（steady field）に対しては解決されているものが多いが，非定常場（unsteady field）の可視化では未決のものが少なくない．

なお，各成分やベクトルの絶対値をスカラデータとして扱う場合については，「スカラボリュームデータの可視化」（p.165）を参照されたい．

A．ベクトルの直接表示

ベクトルの絶対値に比例した線分や矢印を，定められた始点から表示する方法である．絶対値の範囲が大きい場合は，一定の大きさで方向のみを示すこともある．始点の選び方と方向の表現が問題になる．

始点は，一般的には，計算格子の座標が用いられることが多い．結果の解釈において始点依存性が問題になる場合，切断面上で直交格子状に始点を配置することもある．補間が必要なときは，一般には各成分に対する補間が用いられるが，補間した絶対値から補間した成分の大きさを補正する場合もある．

方向の表現には，表示面を基準にした2次元矢印や，4角錐などの3次元の矢印が用いられる[1]．

データが多くなると，線分や矢印の重なりによって結果が煩雑になるが，直接的表現であり，定量的な分析のために必要な可視化である．

B．粒子追跡法

ベクトルの直接表示では，局所と全体の関係性の把握が難しいことがある．その場合，仮想的な粒子群を目印（マーカー）としてベクトル場に置き，場に従ってそれらを追跡し，軌跡を可視化する方法である．**粒子追跡法**（particle tracking method; particle tracing method）と呼ばれるが，実験・観測を含めるとトレーサ法（tracer method）として知られる方法である．速度場であれば，以下の微分方程式を解くことになる．

$$\frac{d\mathbf{x}}{dt} = \mathbf{u}(x, y, z, t)$$

ここで，$\mathbf{x}$ は仮想粒子の位置であり，その位置の速度に従って運ばれていく．非定常場の場合は瞬間場（instantaneous field）を用いることがある．この場合，右辺の t を固定し，左辺の時間微分を仮想的な時間 τ などに置き換える．この方法には，発生点依存性や空間補間と時間積分に伴う誤差が生じる問題のほか，可視化結果が煩雑になる場合も多いという問題もある[2]．規則的な発生位置を用いる方法，数値誤差の低減法，近接するいくつかの粒子を追跡することで面を形成する方法などが提案されている．また，仮想粒子に質量などの物理属性を与え，実験や観測との比較を行う場合もある．

C．テクスチャ統合

粒子追跡法で対象場全体を可視化するためには，計算時間の問題や粒子発生点の均質化の必要性が生じる．また，表示画面上での軌跡の重畳が問題になることも多い．これらを解決する方法として，ピクセル空間（pixel space）やボクセル空間（voxel space）に基づく **LIC**（line integral convolution）と呼ばれる方法が提案されている[3]．ベクトル場を利用したテクスチャの形成法でもあるので，**テクスチャ統合**（texture synthesis）とも呼ばれる．物体表面や切断面では面上の処理が行われ，画素ごとの色が決まる．ボクセル上でのLICの結果は，ボリュームレンダリングによって表示されることが多い．LICには対象場全体を効率的に可視化できるという利点の一方で，可視化誤差の問題がある．これを解決する方法に，粒子追跡法で得られた軌跡をピクセル空間やボクセル空間に射影するというピクセル露光法がある[2]．ただし，LIC に比べて効率面で劣る．

参考文献

1) R. P. Weston: "Color Graphics Techniques for Shaded Surface Displays of Aerodynamic Flowfield Parameters", *AIAA* 87-1182 (1987)

2) S. Shirayama and T. Ohta: "A Visualization of a Vector-field by a Homogenized Nascent-particles Tracking", *Journal of Visualization*, **4**, 2, 185 (2001)

3) B. Cabral and L. C. Leedom: "Imaging Vector Fields Using Line Integral Convolution", Proc. of SIGGRAPH '93, 263 (1993)

分野：通信ネットワーク
部門：通信方式［VIII-3］

変復調方式
［英］modulation and demodulation

変復調方式のシミュレーションでは，情報（変調波）に応じて，搬送波に各種変調処理を施し，通信路や受信機で想定される歪み・雑音を加えたのち，変調に対応した復調処理を施し，その特性をモンテカルロシミュレーションで評価する。一般に，**搬送波**（carrier）に変調方式に応じたさまざまな形で情報を載せて伝送する。

変調（modulation）とは，ベースバンド信号を通信路と親和性のある信号に変換する処理で，通信路が低損失である周波数帯域を活用したり，伝送に伴う信号品質の低下を防止するために行われる。**復調**（demodulation）は，変調とは逆に，受信信号からベースバンド信号を復元する処理であり，**検波**（detection）と呼ばれることもある。

搬送波に載せる情報が連続値をとりうるか，離散値しかとらないかによって，アナログ変調とディジタル変調に大別される。

A. アナログ変調

アナログ変調では，連続値をとりうる信号を搬送波に載せる。搬送波に連続値をとりうる信号で表される情報をどのように載せるかで，振幅変調と，**周波数変調**（frequency modulation）と**位相変調**（phase modulation）の**角度変調**（angle modulation）に大別される。

（1）振幅変調　**振幅変調**（amplitude modulation; AM）では，情報（変調波）に応じて搬送波の振幅を変化させる。振幅変調で得られる振幅変調波は，情報に応じて包絡線が変化する。すなわち包絡線に情報が載っているともいえる。振幅変調波の復調には，再生搬送波を用いる**同期検波**（coherent detection）と，用いない**非同期検波**（incoherent detection）である包絡線検波がある。一般的には，整流回路と低域通過フィルタからなる簡易な包絡線検波が用いられる。振幅変調は，中波ラジオなどで古くから用いられている。

（2）角度変調　角度変調では，情報（変調波）に応じて搬送波の瞬時位相を変化させる。周波数変調（frequency modulation）では搬送波の周波数を，位相変調（phase modulation）では搬送波の位相を，変調波に応じて変化させる。変調波を積分したのちに位相変調すれば周波数変調波が得られ，変調波を微分したのちに周波数変調すれば位相変調波が得られる。このように，周波数変調と位相変調には本質的な差異はない。

周波数変調波に対する復調には，**振幅制限器**（limiter）を通したのち，**周波数弁別器**（frequency discriminator）などの回路で周波数を電圧に変換し，その電圧信号を包絡線検波器などで復調する方法などがある。代表的な方法である周波数弁別器を下図に示す。位相変調波に対する復調は，同期検波と同様であるが，復調できる位相変化量が制限され，また復調回路が他の方式と比較して複雑になることから，アナログ変調ではあまり用いられていない。

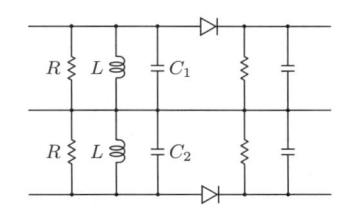

B. ディジタル変調

ディジタル変調では，離散値しかとらない信号を搬送波に載せる。搬送波に離散値で表される情報をどのように載せるかで，アナログ変調の振幅変調，周波数変調，位相変調にそれぞれ対応した，**ASK**（amplitude shift keying），**FSK**（frequency shift keying），**PSK**（phase shift keying）と，それぞれの組み合わせからなる変調方式がある。

各ディジタル変調波の復調は，アナログ変調の場合と原理的に同じで，ASK，FSK，PSKのそれぞれに対して，同期検波・非同期検波がある。同期検波の基本ブロックを下図に示す。各変調方式に対し，同期検波は非同期検波より優れた誤り率特性を達成する。

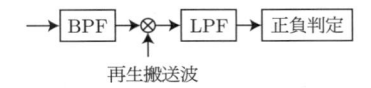

参考文献

1）ラシィ：詳説ディジタル・アナログ通信システム，丸善（2005）

防災シミュレーション
[英] simulation for emergency response and preparedness

自然災害や人工物の大事故，テロなどに対して適切かつ迅速に対応できる**危機対応システム**（emergency response system）を設計するためには，下図に示すような要素の考慮が必要である。これらの要素の影響評価や予測のために，さまざまなシミュレーション研究が行われている。

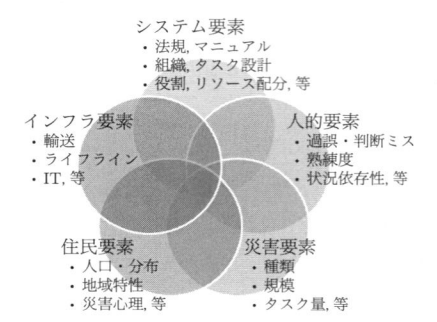

システム要素
・法規，マニュアル
・組織，タスク設計
・役割，リソース配分，等

インフラ要素
・輸送
・ライフライン
・IT, 等

人的要素
・過誤・判断ミス
・熟練度
・状況依存性，等

住民要素
・人口・分布
・地域特性
・災害心理，等

災害要素
・種類
・規模
・タスク量，等

A. 災害現象やインフラに関するシミュレーション

災害現象やその被害を予測・評価するための計算機シミュレーションは数多くなされている。例えば，**SPEEDI**（緊急時迅速放射能影響予測ネットワークシステム）[1]は，原子力発電所の事故によって放射性物質が大気中に放出されたときの拡散や被ばく線量のシミュレーションを行う。SPEEDIは，放出源情報や気象情報，地理情報をもとに拡散影響予測を行い，事故時の防災対策立案において基礎情報として活用される。そのほかにも，地震，津波，火山噴火，洪水，火災といったさまざまな災害現象と，それらが建物やインフラに及ぼす被害を予測するシミュレーションが行われている。これらの結果は防災対策の基礎情報として活用されるほか，例えば，ハザードマップの作成などにも用いられている。また，9.11同時多発テロ以降，テロや災害が都市機能に与える影響，すなわち**重要インフラ防護**（critical infrastructure protection）や**相互依存性分析**（interdependency analysis）に関する研究が盛んに行われている。

B. 危機対応に関するシミュレーション

災害・事故時の危機対応は，災害対策基本法に基づく関連法規，指針，マニュアル等によって整備されている。大規模な災害や事故では，さまざまな関連機関や組織の連携が必要とされるが，計画されている危機対応が適切に機能するかどうかを事前に把握することは難しい。総合防災訓練や，机上訓練などは，人によって行う危機対応シミュレーションの一形態である。人によるシミュレーションの目的には，参加者の危機対応能力の教育・訓練だけでなく，危機対応システムが計画どおり機能するかどうかの評価や，問題点の発見なども含まれる。一方，危機対応システムを計算機シミュレーションによって評価・予測する試みはあまりなされていない。計算機シミュレーションの例としては，マルチエージェントシミュレーションを用いた危機対応時の組織間の情報，人，リソースの流れを再現する試みがある[2]。各関連組織・部署をエージェントとして表現し，法律やマニュアルに基づく行動指針や役割・権限，ヒューマンファクタ等を実装して，震災総合防災訓練や原子力防災訓練の再現シミュレーションが行われている。また，人の状況判断をリアルタイムで入力する**人間介在型シミュレーション**（human-in-the-loop simulation）として教育・訓練への応用も期待されている。

C. 住民に関するシミュレーション

災害時の住民行動や判断傾向を理解・予測することは，適切な防災対策を講じる上で必要不可欠である。震災や火災時に人が避難するプロセスを計算機でシミュレートする研究は，数多く報告されている。ここで用いられるヒューマンモデルには，セルオートマトンの応用やマルチエージェントモデル，あるいは物理的挙動のアナロジーを用いた数理的モデルなどがある。また，災害下での住民の判断に焦点を当てたマルチエージェントモデルによるシミュレーション例も報告されている[3]。この研究では，住民の判断プロセスをベイジアンネットワークによりモデリングし，行政広報などの外部情報を入力して，住民がさまざまな要因に影響を受けながら危険の認識や判断を行うプロセスを再現している。

参考文献
1) 財団法人原子力安全技術センター, http://www.nustec.or.jp/japan/japan02.html
2) Kanno T., Makita J., and Furuta K.: "Simulation of Multi-Organizational Coordination in Emergency Response for System Resiliency", *IJTPM*, 8(4), pp.442–459 (2008)
3) Kanno T., Shimizu T., and Furuta K.: "Human Modeling and Simulation of Residents' Response in Nuclear Disaster", *CTW*, 8(2), pp.124–136 (2006)

放射線輸送
[英] radiation transport

　放射線にはγ線，β線，α線，中性子など多様な種類の電磁波および粒子線があり，それぞれ多様なエネルギーを有する。これらは，電離作用や核反応など，**物質との相互作用**（interaction with matter）において，エネルギーの授受を行う。放射線輸送とは，これら物質との相互作用による放射線の総合的な挙動をいう。

　物質との核反応には，大きく散乱反応と吸収反応がある。散乱には，運動エネルギーのみを与える弾性散乱反応と，それとともに物質を励起する非弾性散乱反応がある。吸収反応にも，物質を励起させ，電磁波もしくは粒子線を放出する反応と，核分裂や核破砕反応とがある。これらは，放射線の種類とエネルギーにより大きく異なる。

　放射線輸送にかかるシミュレーションでは，境界条件によって定められた体系内において，設定された放射線の線源条件のもとで，物質との相互作用を総合的，包括的に取り扱う。

　このシミュレーションは，当初，原子力や物理の限られた分野で発達した。その後，計算機およびシミュレーション技術の進展とともに，その応用範囲は拡大した。現在では，高エネルギー物理学実験への適用，医療における診断，治療線量評価，航空機乗務員被曝線量評価，宇宙環境下の半導体損傷評価など，放射線にかかるさまざまな分野でシミュレーションが行われている。

A. 中性子・γ線輸送

　現在最も一般的に行われている放射線輸送の計算は，数十 μeV から 20 MeV のエネルギー領域における中性子やγ線にかかる計算である。これらについては，つぎの**ボルツマン輸送方程式**（Boltzmann transport equation）に基づいてシミュレーションを行う。

$$\Omega \cdot \nabla \phi(\vec{r}, \Omega, E) + \Sigma_t(\vec{r}, E)\phi(\vec{r}, \Omega, E)$$
$$= \iint \sum_s (\vec{r}, \Omega', E' \to \Omega, E)\phi(\vec{r}, \Omega', E')d\Omega' dE'$$
$$+ Q(\vec{r}, \Omega, E)$$

この方程式においては，ある位相空間における放射線の入出にかかるバランスを，生成，吸収および散乱の各項の反応確率によって計算する。モンテカルロシミュレーションでは，このボルツマン輸送方程式を，粒子衝突密度に対する積分型輸送方程式，すなわちフレッドホルム型積分方程式として解く。その際の条件は，粒子を点と見なす，衝突間は直線的に動く，粒子同士は反応しない，反応は瞬時に起こる，である。このエネルギー領域の中性子・γ線にかかる散乱・吸収における反応確率は，物理モデルおよび実験データに基づいて評価された核データライブラリなどを用いて計算する。

　放射線輸送では，十数桁に及ぶエネルギー範囲と放射線の減衰を計算することが行われる。そこで，目的とする物理量を適切な計算時間で統計精度良く求めるために，さまざまな分散低減法が開発されている。例えば，実粒子の生成・消滅の代わりに，粒子のウエイトを粒子生存確率に応じて増減させる。また，ノンアナログ型の方法として，衝突における物理的遷移確率に対して，位相空間での重要度を人為的に変える手法などが用いられている。

　これら中性子およびγ線に関しては，総合的に計算するコードとして，米国で開発された MCNP[1] が世界的に最も広く使用されている。

B. 電磁カスケード

　高エネルギーの電子は物質中において電離損失により多重散乱し，その制動放射により X 線が生成される。X 線はまた相互作用により電子を生成し，多数の電子光子が生成される電磁カスケードが生じる。この**電磁カスケード**（electromagnetic cascade）については，電子・電子（Møller）散乱および陽電子・電子（Bhabha）散乱を考慮して，計算するコードとして，EGS5[2] がある。

C. ハドロンカスケード

　高エネルギー物理，宇宙科学などの分野では，核子，中間子など強い相互作用をする粒子，**ハドロン**（hadron）が多数生成される。このハドロン輸送ついては，さまざまな物理モデルを組み合わせて計算する。20 MeV から数 GeV においては，前平衡過程や蒸発過程などの原子核反応過程を考慮した核内カスケードモデル，数 GeV 以上では核子を構成しているクォークとグルーオンを基本的自由度とする Dual Parton Model もしくは Quark-Gluon String Model に基づいて計算する。また，重イオンについては，量子分子動力学に基づくモデルが用いられる。これに対して，PHITS[3] などの計算コードが日本で開発され，さまざまな分野で用いられている。

参考文献

1) J. F. Briesmeister (ed.): *LA-12625, LANL* (1993)

2) H. Hirayama, et al.: *SLAC-R-730 and KEK Report 2005-8* (2005)

3) K. Niita, et al.: *JAEA-Data/Code 2010-022*, JAEA (2010)

補間と直交多項式系
[英] interpolation and system of orthogonal polynomials

A. 補間

未知関数 $f(x)$ は区間 $[a,b]$ で連続であるとする。$[a,b]$ の異なる $n+1$ 個の点 x_i $(i=0,\cdots,n)$ における関数値 $f_i = f(x_i)$ が既知のとき，$g(x_i) = f_i$ を満たす関数 $g(x)$ を求めることを**補間** (interpolation)（または内挿）という。$g(x)$ を補間関数，x_i を標本点（または分点），f_i を標本値という。特に $g(x)$ が多項式のときは，多項式補間と呼ぶ。

$p_n(x_i) = f_i$ $(i=0,\cdots,n)$ を満たす n 次以下の多項式を，$f(x)$ の n 次**補間多項式** (interpolating polynomial) という。異なる $n+1$ 個の標本点に対する n 次補間多項式 $p_n(x)$ は，ただ一つ存在する。これは**ラグランジュ補間公式** (Lagrange interpolation polynomial) により

$$p_n(x) = \sum_{i=0}^{n} l_i(x) f_i$$

$$l_i(x) = \prod_{\substack{j=0 \\ j \neq i}}^{n} \frac{x - x_j}{x_i - x_j}$$

と表せる。

$x_0, \cdots, x_n$ を標本点とする n 次補間多項式 $p_n(x)$ は，**差分商** (divided difference) $f[i_0, \cdots, i_k]$ を

$$f[i] = f_i \quad (i = 0, \cdots, n)$$
$$f[i_0, \cdots, i_k]$$
$$= \frac{f[i_1, \cdots, i_k] - f[i_0, \cdots, i_{k-1}]}{x_{i_k} - x_{i_0}}$$
$$(1 \leq k \leq n)$$

により定義したとき，$p_{n-1}(x)$ を用いて

$$p_n(x) = p_{n-1}(x) + f[0, \cdots, n] \prod_{i=0}^{n-1}(x - x_i)$$

と表せる。これを**ニュートン補間公式** (Newton interpolation formula) という。

区間 $[a,b]$ に n 個の標本点，関数値と導関数値 x_i, f_i, f'_i $(i=1,\cdots,n)$ が与えられているとする。このとき，$H(x_i) = f_i$, $H'(x_i) = f'_i$ $(i=1,\cdots,n)$ を満たす $2n-1$ 次以下の多項式が一意的に存在する。$H(x)$ を，x_i を標本点とする**エルミート補間多項式** (Hermite interpolation polynomial) という。

補間区間を小区間に分け，各小区間を低次（例えば 3 次）多項式で補間し，それらを滑らかにつないだ関数を，**スプライン補間** (spline interpolation) と呼ぶ。

B. 直交多項式系

関数 $w(x)$ は有限または無限区間 (a,b) で連続かつ正の値をとり，積分

$$\int_a^b w(x) |x|^k dx \quad (k=0,1,\cdots)$$

が有限の値を持つものとする。このとき実数係数の多項式全体は，内積

$$(f,g)_w = \int_a^b f(x) g(x) w(x) dx$$

を持つ。

n 次多項式 $\phi_n(x)$ の系列 $\phi_0(x), \phi_1(x), \cdots$ が条件 $(\phi_n, \phi_m)_w = 0$ $(n \neq m)$ を満たすとき，これを重み関数 $w(x)$ に関する**直交多項式系** (system of orthogonal polynomials) という。直交多項式系は，最高次の係数を定めれば一意的に決まる。$\phi_n(x)$ は (a,b) に相異なる n 個の零点を持つ。

おもな直交多項式系を下表に示す。

区間	重み関数	名称
$[-1,1]$	1	ルジャンドル
$(-1,1)$	$1/\sqrt{1-x^2}$	チェビシェフ
$(-1,1)$	$(1+x)^\alpha (1-x)^\beta$ $(\alpha, \beta > -1)$	ヤコビ
$[0,\infty)$	e^{-x}	ラゲール
$(-\infty, \infty)$	e^{-x^2}	エルミート

例えば，**ルジャンドル多項式** (Legendre polynomial) $P_n(x)$ は

$$P_n(x) = \frac{1}{2^n n!} \frac{d^n}{dx^n} (x^2 - 1)^n \quad (n = 0, 1, 2, \cdots)$$

と表せる。x^n の係数は $(2n)!/2^n (n!)^2$ である。

また，**チェビシェフ多項式** (Chebyshev polynomial) $T_n(x)$ は

$$T_n(x) = \cos n(\cos^{-1} x)$$

と書ける。$T_n(x)$ の零点 $x_i = \cos(2i-1)\pi/(2n)$ $(i=1,\cdots,n)$ を補間点とする $f(x)$ の補間を**チェビシェフ補間** (Chebyshev interpolation) という。

$$c_j = \frac{2}{n} \sum_{i=1}^n f_i T_j(x_i) \quad (j = 0, \cdots, n-1)$$

とおくと，チェビシェフ補間は

$$p_{n-1}(x) = \frac{c_0}{2} + \sum_{j=1}^{n-1} c_j T_j(x)$$

と表せる。

参考文献
1) 杉原正顯, 室田一雄：数値計算法の数理, 岩波書店 (1991)

歩行者流
[英] pedestrian flow

歩行可能表面上における人間やその集団の動きを扱うシミュレーションを指す。前者を歩行者，後者を歩行者流と称するが，避難計画分析では前者を避難者 (evacuator)，群集事故分析では後者を群集 (crowd) と呼ぶこともある。

個々に着目する限りカオス的な振る舞いを示す歩行者行動も，その集積である歩行者流では秩序や規則性を形成する。平常時対向流における層流形成やその崩壊，高密パニック時におけるアーチング現象などの理論・知見が進展したのは，90年代における複雑系科学の登場以降である。

A. 歩行者モデルとシミュレーションの方式

歩行者モデルの形式として，低密時には気体，中高密時には液体や粒状媒体を模した従来の物理アナロジー，90年代に確立した**自己駆動粒子** (self-driven particle) に基づく**歩行者ダイナミクス** (pedestrian dynamics)，最近では高次知的機能を持つ**歩行者エージェント** (intelligent agent approach) などが報告されている。

歩行者モデルは2次元表現が多かったが，最近では3次元表現も盛んになりつつある。ここでは2次元・自己駆動粒子を念頭に解説する。

歩行者流シミュレーションの空間表現の形式には，(1) 離散空間，(2) 連続空間，(3) ネットワークなどが知られている。

各ステップにおいて複数の歩行者モデルを移動させる方式として，**ランダム直列アップデーティング** (random sequential updating) や，コンフリクト処理を伴う**並列アップデーティング** (parallel updating with conflict resolution) などが知られる。また，歩行者の行動モデルでも，ルールモデル (rule-based model) や床場モデル (floor field model) のほか，社会作用力モデル (social force model) などが知られる。

B. 歩行者モデルの例：社会作用力モデル

ここでは Helbing らの社会作用力モデルを説明する。このモデルは，歩行者 i の質量，速度をそれぞれ m_i, v_i とし，時刻 t における連続空間上の運動方程式として表される。

$$m_i \frac{dv_i}{dt} \begin{cases} m_i \frac{v_i^0(t)e_i^0(t)-v_i(t)}{\tau_i} + \sum_{j(\neq i)} \left[f_{ij}^{\text{soc}}(t) + f_{ij}^{\text{att}}(t) \right] \\ \quad + \sum_b f_{ib}(t) + \xi_i(t) \\ m_i \frac{v_i^0(t)e_i^0(t)-v_i(t)}{\tau_i} + \sum_{j(\neq i)} f_{ij}^{\text{ph}}(t) \\ \quad + \sum_b f_{ib}(t) + \xi_i(t) \end{cases}$$

他者と自分の身体が接触しない「平常状況」の式は上段で与えられる。第1項は，希望巡航速度を $v_i^0(t)$，目的方向を表す正規化ベクトル $e_i^0(t)$ として，現在の歩行者を目的方向と希望速度に漸近させる力として作用する。

$\sum_{j(\neq i)} f_{ij}^{\text{soc}}(t)$ は社会作用力と呼ばれ，他者との距離を維持しようと減速回避を行う反発力である。歩行者 j から歩行者 i への（正規化）方向ベクトルを n_{ij}，定数 A_i, B_i，歩行者 i, j の中心間の距離を $d_{ij}(t)$，歩行者 i, j の身体中心からの厚みの和を r_{ij} として

$$A_i \exp\left[(r_{ij}-d_{ij})B_i^{-1}\right] n_{ij} \left[\lambda_i + (1-\lambda_i)\frac{1+\cos(\phi_{ij})}{2}\right]$$

で表される。$[1+\cos(\phi_{ij})]/2$ はカージオイド型の感度係数，パラメータ λ_i は歩行者の進行方向以外の方向に位置する他者との社会作用力の比率を与える。$\sum_{j(\neq i)} f_{ij}^{\text{att}}(t)$ は障害物回避力であり，壁などの障害物に対する作用力，$\sum_b f_{ib}(t)$ は集団凝集力であり，C_{ij} を比例定数として $-C_{ij}n_{ij}(t)$ と表される。$\xi_i(t)$ は擾乱項として作用する。

他者に接触しながらも力を加える「高密パニック状況」は下段で与えられる。平常状況における集団凝集力は微小なため無視され，社会作用力を表す項が物理作用力 $\sum_{j(\neq i)} f_{ij}^{\text{ph}}(t)$ に置き換わる。

C. 社会作用力モデルの理論・知見

Helbing らは，シミュレーションから「平常状況」における (a) 層化現象，(b) ボトルネック部での二方向流の振動的流動，(c)「通り抜け」の形成，(d) 衝撃波，を考察するとともに，「避難パニック状況」における歩行者の早急な行動が引き起こす (e) 層流秩序の崩壊，(f) 致傷圧力の形成，(g) ボトルネックでの閉塞効果，(h) 一方通行路の路幅拡大部が引き起こす渋滞，(i) 早急さがもたらす避難効率の低下，(j) 立ち止まりや引き返しがもたらす「幽霊パニック」，(k) 充煙時の一つの非常口のみへの群集の殺到，などを論じた。

参考文献

1) Helbing, Farkas, Molnár, and Vicsek: "Simulation of pedestrian crowds in normal and evacuation situations", in Schreckenberg M. and D. Sharma S. (eds.): *Pedestrian and Evacuation Dynamics*, Springer-Verlag, pp. 21–58 (2001)

2) 兼田敏之：歩行者流のエージェントシミュレーション，計測と制御，43(12), pp.944–949 (2004)

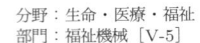

歩行リハビリテーションロボット
[英] robot for walking rehabilitation

歩行は，ヒトにとって最も基本的な機能動作の一つである．ロボット技術の発達は，ロボットの歩行（⇒p.315）や走行を可能とした．ロボットを歩行させる技術は，ヒトに装着する外骨格型の歩行アシスト装置をも可能とし，健常者の歩行における重量物の搬送や速い歩行，長い航続距離をアシストする装置がある．外骨格型の歩行アシスト装置は，その構造から下肢機能損傷者の**リハビリテーション**（rehabilitation，⇒p.357）のための歩行訓練に適用できる．

歩行リハビリテーション用の**外骨格装具型**（exoskeleton type orthosis）ロボットの制御では，患者の体形や残存機能に大きな差があるため，あらかじめ定めた一つの制御則で効果的な動作を実現することは難しく，シミュレーションに基づく制御則の決定と患者個人の特性への適合を行う必要がある．

A．神経振動子による歩行動作生成

動物の歩行動作は，脊椎に存在するリズム発生器である**神経振動子**（central pattern generator，⇒p.61）に脳の一部が関与して制御されていることが知られている．神経振動子は，複数の振動子が結合してネットワークを形成すると，自律的で安定なリズムを刻む．その数学モデルが提案され，性質が調べられている．神経振動子のユニットは，例えば次式で与えられる．

$$\tau_n \dot{u}_n = -u_n - \sum_{n'} w_{nn'} y_{n'} - \beta v_n + u_0$$
$$+ \text{FeedBack}_n(\boldsymbol{q}, \dot{\boldsymbol{q}}, R_{\text{foot}})$$
$$\tau'_n \dot{v}_n = -v_n + y_n$$
$$y_n = f(u_n), \quad f(u_n) = \max(0, u_n)$$

ただし，上式は n 番目の振動子を表し，τ_n, τ'_n, $w_{nn'}$, β, u_0 は定数である．神経振動子の出力に比例したモーメントが筋骨格モデルの関節の駆動力として入力され，運動が生成される．

（1）歩行パターン生成 筋骨格モデルの各関節に一対の振動子を結合して動作させると，筋骨格系の非線形動特性も含めてリズム動作の相互引き込みが生じる．これにより，体全体が協調して歩行運動をする．

（2）同調とロバスト性 相互引き込みにより生じた運動が安定なリミットサイクルを形成した場合，外乱や環境変化に対するロバスト性が期待できる．また，筋骨格系のほうが能動的にリズム運動を生成している場合，神経振動子はそれに同調する性質がある．

B．外骨格型アシストロボット

典型的な歩行アシスト装置の構造は，前方または後方カフ構造で，下肢の全長に沿う形の長下肢装具とその股関節，膝関節に回転力を与える左右で四つのモータからなるものが一般的である（足関節にもモータがあるものもある）．ヒトの歩行における単位時間当りの消費エネルギーに合わせ，モータの合計容量は 400 W 程度になる．

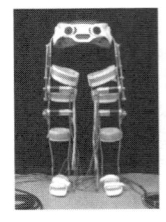

C．シミュレーションによる設計

（1）筋骨格モデルと制御器パラメータ
図に示す9リンク8自由度の剛体リンクを患者の骨格系とし，関節にはトルクが発生できると考える．この関節トルクは，それぞれの関節に対応した神経振動子の指令に従って決定されるとして，歩行動作をシミュレートする．エネルギー消費が小さく，遊脚が床に接触しない歩行動作を発生するように，シミュレーションを繰り返しながら神経振動子中のパラメータを探索する．

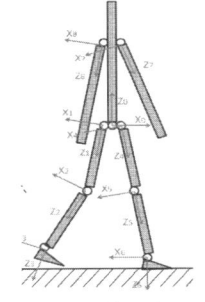

（2）姿勢の安定化とロバスト性 ヒトの歩行では，リズム運動の生成と同時に外力や床面の凹凸などに対する姿勢の安定化制御が働いている．この機能をアシスト装置に取り入れ，かつ装置のハードウェアや患者の力学パラメータの推定誤差などに対するロバスト性を確保するために，筋骨格系と神経振動子で形成されたリミットサイクルを基準軌道とするフィードバック制御を導入する．患者個人への適合が神経振動子の性質とシミュレーションの双方によって達成される．

参考文献

1) G. Taga, Y. Yamaguchi, and H. Shimizu: "Self-organized control of bipedal locomotion by neural oscillators in unpredictable environment", Biological Cybernetics, 63, 147/159 (1991)

2) 大日方，長谷：シミュレーションをベースとしたアクティブ制御型歩行支援装置の設計，計測と制御，50-1, 10/17 (2011)

分野：機械
部門：機素潤滑・ロボティクス・メカトロニクス [III-4]

歩行ロボット
[英] legged robot; walking robot

人間や動物のように脚を用いて移動するロボットを指す。車輪型のロボットでは対応できない不整地での移動や，階段や段差のある住環境でのサービスなどを目的として開発される。生物を模した2脚，4脚，6脚，8脚のロボットのほか，1脚のホッピングロボットや3脚の歩行ロボットなども開発されている[1]。2脚の人間型歩行ロボットの例として，HRP-4C「未夢」（産業技術総合研究所）を以下に示す。

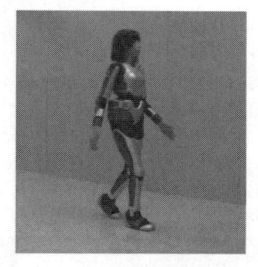

A. シミュレーションの種類と目的
歩行ロボットのシミュレーションは，以下のような目的で行われる。

（1）歩容シミュレーション　4脚以上の歩行ロボットでは，脚を動かす順番に多くの選択肢がある。移動速度や安定性を考慮した最適な歩容を得るためにシミュレーションを行う。最も簡単には，各脚の接地/非接地を1/0で表現し，その時間遷移が解析される。

（2）機構シミュレーション　歩行ロボットの脚はそれ自体が産業用マニピュレータに匹敵する複雑なメカニズムであり，その機構の設計や可動範囲の予測にシミュレーションが用いられる。

（3）動力学シミュレーション　歩行ロボットでは，転倒が大きな問題となるため，動力学を考慮したシミュレーションが行われ，安定な歩行パターンの計算や制御系の開発に利用される。また，歩行中のアクチュエータトルクや消費電力がシミュレーションによって予測され，ロボットの設計に役立てられる。

（4）行動シミュレーション　歩行ロボットが自律的に人ごみの中を歩き回る状況のように，環境との相互作用を総合的にシミュレートすることも行われる。センサの感知範囲や分解能，制御アルゴリズム，環境の特性など，多様な要素をモデル化する必要がある。

B. モデル化の方法
動力学シミュレーションでは，さまざまなモデルが用いられる。

（1）多剛体モデル　歩行ロボットを剛体リンクの集合と見なす。腰部分を第1リンクとし，そこから脚のリンクがつながっている形でモデル化する。ロボットの全リンクに関する重量，重心位置，慣性テンソルの情報が必要である。脚の先端（足部）が床と接触して反力が発生する過程は，バネ・ダンパモデルで表現されることが多い。剛体同士の接触をシミュレートする場合には，接触点における法線方向の加速度をa，反力をfとして，次式の制約条件を運動方程式に加える。

$$a \geq 0, \quad f \geq 0 \quad \text{かつ} \quad af = 0$$

ここで，aとfは剛体が離れる方向を正にとる。上式をLCP（linear complementarity problem）と呼ぶ。

（2）2次元モデル　モデルの簡略化と計算の高速化のために，ロボットの進行軸と鉛直軸で構成される矢状面（sagittal plane）内の2次元平面でモデル化することが行われる。

（3）低次元化モデル　さらにモデルを簡略化し，歩行ロボットを1〜3個程度の質点で表現することも多い（下図）。歩行軌道の計画や安定化制御では，このような低次元化モデルであっても十分に有用である[2]。

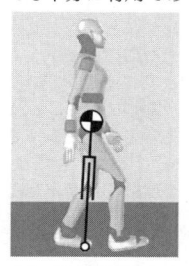

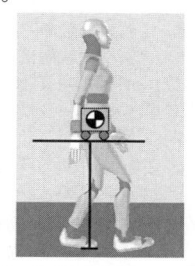

(a) 倒立振子による　　(b) 台車と無質量テーブル
　　モデル化　　　　　　　　によるモデル化

参考文献
1) Siciliano and Khatib (eds.): Springer Handbook of Robotics, pp.361–389, Springer-Verlag (2008)
2) 梶田秀司 編著：ヒューマノイドロボット，オーム社 (2005)

骨リモデリング
[英] bone remodeling

骨は，自らの力学環境の変化に応じて，その外部形状や内部構造を適応的に変化させる．この現象は，骨のリモデリングによる**機能的適応**（functional adaptation）として知られており，例えば，ヒト大腿骨近位部における海綿骨には，作用する荷重に対応した骨梁構造が観察される．この構造は，巨視的に見ると顕著な直交曲線網を呈することから，主応力場との関連が示唆され，Wolffの法則と呼ばれる骨の機能的適応仮説を説明する際の例として広く用いられる．

骨リモデリング（bone remodeling）は，海綿骨の骨梁表面と皮質骨の骨単位内表面における微視的な破骨細胞・骨芽細胞による骨吸収・形成のカップリングにより行われる．これらの細胞の活動が，局所的な力学環境の影響を受けながら調節されている．この微視的なレベルにおける骨形態の変化により，力学的機能に適応した巨視的な骨形態が形成される過程は，細胞レベルの活動から器官レベルの機能が構築される過程であり，これまで，数理モデリング・シミュレーション（⇒p.81）によるメカニズムの解明が進められてきた[1,2,3]．

A．骨のリモデリング平衡とリモデリング則

メカノスタット理論に代表されるように，あるリモデリング平衡状態における巨視的な骨の力学状態を参照して骨吸収・形成を表現する数理モデルが，これまで数多く提案されている．これらのモデルは，平衡状態における力学環境に適応した巨視的な骨形態を予測してきた．しかしながら，力学刺激の感知・変換機構が，細胞・分子レベルにおいて働いていることを考えると，骨が有する構造・機能の階層性を考慮することなくしては，骨リモデリングのメカニズムを理解することはできない．

（1）骨細胞のメカノセンシング　この骨の階層性に着目することにより，微視的な細胞レベルの力学刺激感知・変換機構と巨視的な骨リモデリング現象を結び付けた数理モデリング・シミュレーション研究が進められてきた[3]．そこでは，メカノセンサーとしての骨細胞に着目し，力学刺激感知と骨細胞間ネットワークを介した情報の伝達機構が考慮されている．これにより，骨梁レベルの力学刺激が，リモデリングにより空間的に一様化される仕組みが説明された．同様に，骨基質や骨細胞間ネットワークの局所的な損傷も，細胞レベルにおける力学状態の不均一性を生み出すこととなる．

（2）力学状態の不均一性　この骨梁内部や表面における微視的な力学状態の不均一性は，リモデリングにより達成される平衡状態に局所的な不均一性をもたらす．これが，骨吸収・形成に不均衡を与え，結果として，正味のリモデリングが駆動される．この考え方においても，いくつかの現象論的な仮説が含まれるが，巨視的な平衡状態を設定してリモデリングによる適応現象を説明する従来の数理モデルに対して，空間的な不均一性の重要性を指摘するものである．

B．ヒト大腿骨近位部のリモデリング

骨梁表面における応力の不均一性を駆動力としたリモデリング則により，リモデリングによる海綿骨の骨梁形態変化が計算機シミュレーションにより予測された[1,2]．このモデルを大規模ボクセル有限要素法（voxel FEM，⇒p.335）に適用し，ヒト大腿骨近位部の海綿骨リモデリングシミュレーションが行われた（下図）[2]．これにより，骨梁配向パターンの形成だけでなく，空間的な密度分布も現れてくることが示されている．

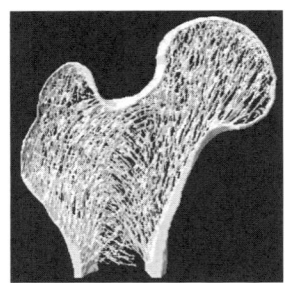

今後，これらのシミュレーションは，骨粗鬆症や脊柱管狭窄症など，骨の形態と力学が密接に関連した病因の解明，また，治療薬による骨代謝変化に伴う骨形態・機能変化などの予測手法として活用されることが期待される．

参考文献

1) T. Adachi, et al.: "Trabecular surface remodeling simulation for cancellous bone using microstructural voxel finite element models", *J. Biomech. Eng.*, **123**, 5, 403 (2001)

2) K. Tsubota, et al.: "Computer simulation of trabecular remodeling in human proximal femur using large-scale voxel FE models: Approach to Understanding Wolff's Law", *J. Biomech.*, **42**, 8, 1088 (2009)

3) T. Adachi, et al.: "Trabecular bone remodelling simulation considering osteocytic response to fluid-induced shear stress", *Philos. Trans. Royal Soc. A*, **368**, 2669 (2010)

ホメオスタシス
[英] homeostasis

　ホメオスタシスは，生理学的な用語として，代謝の恒常的平衡状態を意味している。この恒常的平衡状態は，非常に複雑な生理化学反応を含む，多くの代謝メカニズムの上に成り立っている。これらのメカニズムは，生体化学分子（⇒p.176）による情報制御機構と神経回路網（⇒p.132, p.246, p.300）による情報制御機構によって行われている。このような調節機構は，生体シミュレーションに密接に関わっている。

A. 体温のホメオスタシス

　体温調節機構の中枢は脳の**視床下部**（hypothalamus）に存在し，身体のさまざまな部分の深部体温や皮膚温の温度変化の情報を集約して，汗腺や皮膚血管に指令を送り，さまざまな**生体制御**（biological control）を行う。例えば外気の温度上昇に応じて体温が上昇すると，体温を一定の範囲に保つために発汗し，気化熱によって放熱機能を高めることで体温を下げようとする。また，外気の温度の降下に対し，体温の降下を防ぐために，発汗の腺を閉じて放熱を減少させ，内臓および骨格筋で熱産生を増加する。このような体温の恒常性を保つ機構が，ホメオスタシスの本質である。一般的には，生体の外部環境の変化に対して内部環境を一定に保つことをホメオスタシスと呼んでいる。実際の体温の調節機構は，年齢や，1日の時間内においても微妙な差異が存在する。例えば子供では皮膚血流による体温調節が中心であることが知られている。また，1日の中でも，深部体温が日内変動する調節機構により変化している。

B. ホメオスタシスのシミュレーションモデル

　ホメオスタシスはギリシア語に由来し，近年一般的に用いられるようになった生物学用語である。その普遍的な意味合いから，哲学者から実学的な制御技術者まで，広く用いられている。したがって，ホメオスタシスの恒常性は，体温ばかりでなく，血圧，pH，浸透圧などから，さらに広く状態の特性を表す言葉として用いられている。恒常性の機能を工学技術的な立場から見ると，これは一般的な定置制御に対応する。これを実現する信号伝達機構は，負のフィードバック作用である。
　ホメオスタシスの本質は一定の状態を保つことであるから，**フィードバック制御**（feedback control）でこれをモデル化できる。フィードバック制御系でホメオスタシスの恒常性特性を実現し，システムの平衡状態を安定化することは，生命の形状と機能を整然と維持することを通じて，その生命を長く保持することにつなげる，生命の基本的な性質と考えられる。

　一方，制御工学の分野において同一の状態を保つ制御は，設定値に対して制御量をフィードバックさせ，その偏差を操作量とする。フィードバック制御はホメオスタシスの工学的なモデルと考えられるが，人体を分子レベル，細胞レベルから，臓器，全身まで階層的に捉えると，複雑で階層的なフィードバックの人体シミュレータを構築することができる。今後は，生命体総合シミュレーション（⇒p.180）の開発が望まれる。このようなシミュレーションの開発によって，ホメオスタシスの複雑なメカニズムが，細胞・臓器などの個々の要素が複雑な相互作用を通して行われており，内的および外的擾乱に対して生命体全体としての安定化すなわち恒常的維持を達成している複雑で階層的なメカニズムの知見を得ることが可能となると考えられる。このようなシミュレーションは，人体の持つさまざまな謎を解き明かすためのツールとなりうる。

C. 細胞のホメオスタシスシミュレーション

　細胞のホメオスタシスは，多種の酵素，基質，代謝産物などの動的な相互作用によって形成されている。**遺伝子組み換え**（genetic recombination, ⇒p.7）などによる細胞の改変，培養環境の変化など，人為的な操作による細胞系への影響を正確に予測するには，定常状態でのホメオスタシス機構について正確に把握する必要がある。細胞系においては，多くのパラメータが複雑に相互作用をしており，ホメオスタシスの作用を評価するためには，部分的な作用の評価ばかりでなく，全体としてのパラメータ評価が必要である。この解明には，細胞シミュレーション（⇒p.112）の構築が不可欠である。この総体的把握のためのコンピュータシミュレーション技術の開発が進められている。これにはホメオスタシスに関わる代謝系のモニタリング技術，およびモデリングなどの一連の作業が必要である。

参考文献
1) 藤江幸一：生態恒常性工学，コロナ社 (2008)
2) 高木　周：ライフサイエンスと次世代スパコン，日本機械学会計算力学部門 No.40, pp.11–13 (2008)

分野：可視化
部門：ボリューム可視化［VII-3］

ボリューム可視化
［英］volume visualization

本辞典では，3次元空間で定義された数値データ（ボリュームデータ）の可視化という観点で可視化という言葉を使う．数値データの可視化の歴史については，計算機のそれよりもずっと古い．1次元空間で定義された数値データ（例えば月別売上データ）を人手により折れ線グラフ，棒グラフで可視化することは長年にわたって行われてきている．また，2次元空間で定義された数値データを**等高線**（contour line）により可視化することも，例えば地図や天気図の作成において，長年にわたって行われてきた．ここ20年くらいで発展してきた可視化技術はボリュームデータを対象としており，一つの研究分野：ボリューム可視化を形成してきた．

ボリュームデータ（volume data）では，定義している数値データがスカラデータ，ベクトルデータ，テンソルデータの場合が考えられ，それぞれスカラボリューム，ベクトルボリューム，テンソルボリュームと呼ぶ．

A. ボリューム可視化の誕生

1987年11月に出版されたACM *Computer Graphics* 特別号 *Visualization in Scientific Computing*（通称ViSCレポート）[1]の出版により，ボリューム可視化というキーワードが誕生した．このレポートにおいて，可視化は "Visualization is a method of computing" と定義され，計算結果である数値データに代表される "unseen" な "symbolic" データを "geometric" に変換することによって見えるようにするものと解説されている．

ViSCレポートの出版以降，多くのボリューム可視化技術が開発された．特筆すべきは，CG研究の世界的権威である国際会議SIGGRAPHでボリュームデータ向けのインパクトの大きい可視化技術が提案されたことである．これらについては，「スカラボリュームデータの可視化」（p.165），「ベクトルボリュームデータの可視化」（p.308）で説明しているので参照されたい．

B. ボリューム可視化の概要

場の解析を行う数値シミュレーション（構造・流体・電磁界・医療シミュレーションなど）は，格子分割された3次元空間でボリュームデータを出力する．このようなボリュームデータが定義される格子については，「ボリュームデータ」（p.319）で説明しているので参照されたい．

本辞典では，ボリューム可視化を，ボリュームデータから目的にかなった点・線分・面といった**幾何データ**（geometry data）に変換し，それらをコンピュータグラフィックス技術により画像化する過程であると定義する．現在利用可能なコンピュータグラフィックス用ハードウェア（ビデオカード）では，点・線分・面といった幾何形状の実時間描画が可能であり，ボリュームデータから幾何データへの適切な変換が重要な役割を果たす．

C. ボリューム可視化の課題

ViSCレポート出版以来2004年までの間に，重要な可視化技術が多く開発され，同時に世界は「情報ビックバン」，すなわちデータの爆発的増大を経験してきた．特筆すべきことは，2003年以降の2年間に生み出された新しい情報量は，それ以前に作り出されたすべての文書に含まれる情報量を凌駕していることである．2003年以降に生み出された新しい情報のうち，90％以上がディジタル形式をとる[2]．この事実を伝えたViSCレポートの後続となるVRC 2006レポートでは，情報の急速な成長と猛攻を理解し，それを有効かつ効率的に利用するという課題をたえず意識するよう促している．VRC 2006レポートについては「ビジュアルデータマイニング」（p.279）で説明しているので参照されたい．

1970年にノーベル経済学賞を受賞したアレクサンダーは，情報過多は注目の貧窮を生み出すというメッセージを残した．この憂うべき事態はボリューム可視化にも起こっている．高性能計算機で計算された大規模数値シミュレーションから出力されるボリュームデータを構成する格子数は，膨大になっていく傾向がある．高性能計算機の一つの計算ノードのメモリに収まらないボリュームデータを，手もとのパソコンで対話的に可視化することは困難である．そのため，ボリュームデータの特徴をうまく生かしたボリューム可視化技術や並列分散可視化技術を開発することが，喫緊の課題となっている．詳細は「大規模ボリュームデータの可視化」（p.193）を参照されたい．

参考文献
1) B. H. McCormick, T. A. DeFanti, and M. D. Brown: "Visualization in scientific computing", *ACM SIGGRAPH Computer Graphics*, 21 (6) (1987.11)

2) C. R. Johnson, R. Moorhead, T. Munzner, H. Pfister, P. Rheingans, and T. S. Yoo (eds.): *NIH-NSF Visualization Research Challenges Report*, IEEE Press (2006)

分野：可視化
部門：ボリューム可視化 [VII-3]

ボリュームデータ
[英] volume data

　可視化の対象となる数値シミュレーションデータは，3次元空間中に離散的に分布する数値データとして表現されることが多い．これをボリュームデータと呼ぶ．そして，3次元空間は多くの場合，**格子**（cell）と呼ばれる小立体（要素）に分割され，数値データは格子の頂点，すなわち**節点**（node）で定義されている．数値データは，大きく分けてスカラデータ，ベクトルデータ，テンソルデータに分類される．

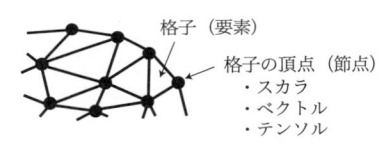

格子（要素）
格子の頂点（節点）
・スカラ
・ベクトル
・テンソル

　格子は，表現することのできる3次元空間の複雑度順に規則格子，構造格子，不規則格子に分類され，それぞれの格子で定義された数値データは，A. 規則格子ボリューム，B. 構造格子ボリューム，C. 不規則格子ボリュームと呼ばれる．

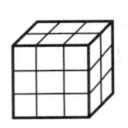

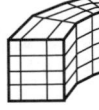

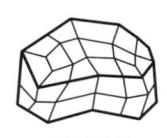

規則格子　　構造格子　　不規則格子
ボリューム　ボリューム　ボリューム

A. 規則格子ボリューム

　規則格子ボリューム（regular volume）は，各辺が座標軸に平行した直方体として表現される．このデータでは，隣接する格子間において，境界面を除く内部の節点を共有する格子の数は8であり，格子の稜線（エッジ）を共有する格子の数は4である．規則格子の節点座標は，各座標軸上での分割点座標を単純に組み合わせることで得られるため，格子についての明示的な位相情報（格子を構成する節点番号のリスト）を必要としない．いま格子が X, Y, Z 座標の順にそれぞれ昇順になるように並べられて，その順に番号が付けられていると仮定するなら，格子の番号が決まると自動的に格子点の座標が決定される．ただし，各座標軸上での分割点の座標は，格子データに含まれているものとする．規則格子ボリュームでは，直方体格子の節点で数値データが定義されている．このために，格子から節点データへのアクセスは直接的である．この規則格子ボリュームは，CTやMRIなどの医療用計測装置から生成される数値データや，有限差分法・有限体積法の計算結果として得られることが多い．

B. 構造格子ボリューム

　構造格子ボリューム（structured volume）は，隣接する格子間の関係という点において，規則格子ボリュームと同じであり，明示的な節点番号リストを持っていない．ただし，構造格子ボリュームは規則格子ボリュームを歪ませた形状となっており，そのため，節点の座標については，各座標軸上での分割点座標の単純な組み合わせでは得ることができない．そのため，構造格子ボリュームを表現するためには，すべての節点座標を明示的に表現する必要がある．いま，格子と節点に，歪ませる前の規則格子における X, Y, Z 座標の順にそれぞれ大きくなるように並べられて，その順に番号が付けられていると仮定するなら，格子の番号が決まると自動的に節点の番号が決定される．このような格子の長所は，物体まわりの流れ場を計算するような場合に，その物体のまわりを包み込むような3次元空間で定義されるボリュームデータを表現できることである．その反面，格子内部の任意点における数値データ値の補間計算に時間がかかるという短所もある．この構造格子ボリュームは，境界適合座標系（boundary fitted curvilinear; BFC）をサポートする有限差分法・有限体積法の計算結果として得られることが多い．

C. 不規則格子ボリューム

　不規則格子ボリューム（irregular volume）は，隣接する格子間の関係が規則的でなく，明示的な節点番号リストおよび節点の座標データの両方を持つ必要がある．多くの場合，節点番号のリストを使って格子を表現する．このために，格子から節点データへのアクセスは間接的である．3次元空間を構成する格子の形状は任意（四面体，五面体，六面体など）であるため，対象となる3次元空間を格子分割する上で自由度が高いという長所がある．その代わり，格子形状の種類が多いという点で，構造格子よりも，格子内部の任意点における数値データ値の補間計算に時間がかかるという短所もある．この不規則格子ボリュームは，有限要素法（finite element method; FEM）の計算結果として得られることが多い．

参考文献
1) 小山田耕二，坂本尚久：粒子ボリュームレンダリング―理論とプログラミング，pp.17-30, コロナ社 (2010)

ボリュームデータにおける特徴探索
[英] feature search of volume data

ボリュームデータにおける特徴としては，臨界点（⇒p.280）と**特異点**（critical point）が代表的なものである．臨界点はスカラボリュームデータにおいてその勾配が0になる点である．特異点は，ベクトルボリュームデータにおいてベクトルデータが0になる点である．いずれも関連する行列の固有値を使って分類する．

A. スカラボリュームデータにおける臨界点探索

臨界点とは，上述のように，与えられたスカラデータの勾配が0になる点であるが，さらに極大点・極小点・鞍点に分類される．このために，臨界点付近でスカラ場をテイラー展開し，その値の変化の様子を調べる．臨界点 $\vec{x}_C$ まわりにテイラー展開し，3次以上の項を無視すると臨界点近傍 $\vec{x}_C + \vec{x}$ における3次元スカラ場は以下のように近似される．

$$S(\vec{x}_C+\vec{x})=S(\vec{x}_C)+\vec{x}\,(\nabla S)^t+\frac{1}{2}\vec{x}H\vec{x}^t$$

ここで H はヘッセ行列（Hessian matrix）を表す．すなわち

$$H=\begin{pmatrix}\frac{\partial^2 S}{\partial x^2}&\frac{\partial^2 S}{\partial x\partial y}&\frac{\partial^2 S}{\partial x\partial z}\\\frac{\partial^2 S}{\partial x\partial y}&\frac{\partial^2 S}{\partial y^2}&\frac{\partial^2 S}{\partial y\partial z}\\\frac{\partial^2 S}{\partial x\partial z}&\frac{\partial^2 S}{\partial y\partial z}&\frac{\partial^2 S}{\partial z^2}\end{pmatrix}\quad\begin{array}{l}H\vec{x}_1^t=\lambda_1\vec{x}_1^t\\H\vec{x}_2^t=\lambda_2\vec{x}_2^t\\H\vec{x}_3^t=\lambda_3\vec{x}_3^t\end{array}$$

である．ここで，$\vec{x}_1,\vec{x}_2,\vec{x}_3$ は固有単位ベクトル，$\lambda_1,\lambda_2,\lambda_3$ は固有値を表す．ヘッセ行列は対称行列となり，固有値はすべて実数となる．勾配がゼロとなるので，臨界点とその近傍におけるスカラデータの差 ΔS はつぎのように表される．

$$\Delta S=S(\vec{x}_C+\vec{x})-S(\vec{x}_C)=\frac{1}{2}\vec{x}^t H\vec{x}$$

臨界点からの変位ベクトル $\vec{x}$ を H の固有ベクトル $\vec{x}_1,\vec{x}_2,\vec{x}_3$ の線形結合 $\vec{x}=r\vec{x}_1+s\vec{x}_2+t\vec{x}_3$ で表し，固有ベクトルがたがいに直交することを考慮すると，ΔS は

$$\Delta S=\frac{1}{2}(r\vec{x}_1+s\vec{x}_2+t\vec{x}_3)^t H(r\vec{x}_1+s\vec{x}_2+t\vec{x}_3)$$
$$=\frac{1}{2}(r^2\lambda_1|\vec{x}_1|^2+s^2\lambda_2|\vec{x}_2|^2+t^2\lambda_3|\vec{x}_3|^2)$$

となり，H の三つの固有値 $\lambda_1,\lambda_2,\lambda_3$ がすべて正またはすべて負の場合には，それぞれ $\Delta S>0$ または $\Delta S<0$ となり，それぞれ臨界点が極小または極大と分類される．そうでない場合は，ΔS の符号は変位ベクトルの向きに依存し，鞍点と分類される．

B. ベクトルボリュームデータにおける特異点探索

ベクトル場における特異点とは，ベクトルが0になる点であるが，さらに，湧き出し点・吸い込み点・鞍点・渦中心点に分類される．このために，特異点付近でベクトル場 $\vec{v}^t=(u,v,w)$ をテイラー展開し，その値の変化の様子を調べる．2次以上の項を無視すると，特異点近傍における3次元ベクトル場は以下のように近似される．

$$\vec{u}=J\vec{x}$$

ここで J は速度勾配テンソル行列

$$J=\begin{pmatrix}\frac{\partial u}{\partial x}&\frac{\partial u}{\partial y}&\frac{\partial u}{\partial z}\\\frac{\partial v}{\partial x}&\frac{\partial v}{\partial y}&\frac{\partial v}{\partial z}\\\frac{\partial w}{\partial x}&\frac{\partial w}{\partial y}&\frac{\partial w}{\partial z}\end{pmatrix}\quad\begin{array}{l}J\vec{x}_1=\lambda_1\vec{x}_1\\J\vec{x}_2=\lambda_2\vec{x}_2\\J\vec{x}_3=\lambda_3\vec{x}_3\end{array}$$

を表す．J はヘッセ行列と異なり，対称行列とは限らず，固有値は複素数になりうる．J の成分が一定とすると，上式は特異点近傍点の座標成分に関する連立1階常微分方程式となる．J の特性方程式は3次方程式であるため，少なくとも一つの実固有値を持つ．その一つを λ_1 として，これに対応する固有単位ベクトル $\vec{x}_1$ が z 軸単位ベクトル $\vec{e}_z$ と一致するような回転変換を R とすると

$$R\vec{x}_1=\vec{e}_z$$

であり，回転変換 R 適用後の座標系を $\vec{x}^R$，ベクトル場を $\vec{u}^R$ とすると

$$R\vec{x}=\vec{x}^R$$
$$R\vec{u}=\vec{u}^R$$
$$\therefore\ \vec{u}^R=RJR^{-1}\vec{x}^R$$

となる．行列 $K=RJR^{-1}$ で表される相似変換により，固有値は不変である．変換後の座標系の x-y 平面でのベクトル場を考え，これに2次元ベクトル場の分類法[1]を適用して，固有値がすべて実系のときは，吸い込み点（すべて負）・湧き出し点（すべて正）・鞍点（正と負）と分類され，また，固有値に複素共役数が含まれる場合，吸い込み渦点（実部が負）・湧き出し渦点（実部が正）と分類される．

参考文献

1) J. L. Helman and L. Hesselink: "Representation and Display of Vector Field Topology in Fluid Flow Data Sets", *IEEE Computer*, 22(8), pp.27-36 (1989)

マーケティングサイエンス
[英] marketing science

商学あるいは経営学の一環としてのマーケティング研究とは別に，**オペレーションズリサーチ**（operations research; **OR**）あるいは経営科学の1分野として，マーケティングサイエンスは誕生した．その特徴は，データに基づいて数量モデルを構築し，企業にとって最適な政策を導出する点にある．したがって，シミュレーションを含むさまざまな数量的手法が，利用可能なデータの変遷とともに発展してきた．

マーケティングサイエンスが登場した1960～70年代に利用可能だったのは，おもに売上や広告支出など集計レベルのデータであり，集計量の関係を記述したモデルが構築された．そのためおもに利用されたのは計量経済学的な手法であったが，一部では**システムダイナミクス**（system dynamics, ⇒p.121）が利用されることもあった．

1980年代に個人レベルの購買履歴データが利用可能になり，個人の行動を記述するモデルが一般的になった．その際，顧客のセグメンテーションのため，個人間の異質性を組み込むことが大きな関心事であった．そのため，潜在クラス分析（有限混合モデル）や階層ベイズ手法を適用する研究が拡大した．

2000年代に入ると，ブログやSNS（social networking service），Twitterといった，いわゆるソーシャルメディアから消費者間のクチコミが観測されるようになった．その結果，消費者間の相互作用を考慮したマーケティングの研究が一気に花開く．**エージェントベースモデリング**（agent-based modeling）あるいは**マルチエージェントシミュレーション**（multi-agent simulation, ⇒p.22）もそうした流れの一つといえる．

このような研究の流れを，新製品の普及と既存製品の選択という二つの領域について示す．

A. 新製品の普及モデル

（1）**Bassモデル**　集計レベルの**普及モデル**（diffusion model）の代表であり，時点 t にこれまで採用してこなかった個人が採用する比率は，以下のように決まる．

$$\Delta F(t) = [p + qF(t)][1 - F(t)]$$

ここで $F(t)$ は t 期の普及率，p は革新係数，q は模倣係数と呼ばれるパラメータである．

（2）**ハザードモデル**　上式はハザード関数と呼ばれるが，それを個人の採用時期データを用いて個人レベルで推定することができる．

（3）**エージェントベースモデル**　さらに個人間の影響関係がわかれば，以下のモデルを通じたシミュレーションが可能になる．

$$\Pr[x(i,t) = 1 | x(i,\tau) = 0,\ \tau < t]$$
$$= p_i + q_i \sum_{j \in L(i)} x(j,t)$$

ここで，$x(i,t)$ は個人 i が t 期に新製品を採用したら1，そうでないなら0となる変数，$L(i)$ は個人 i に影響を与えうる個人の集合である．これは，ソーシャルメディアなどを通じて徐々に観測可能になりつつある．この式を個人間で統合すると，一定の条件下ではBassモデルに収束することが証明されている．なお，採用者から非採用者への影響だけが考慮されていることに注意されたい．

B. 既存製品の選択モデル

（1）**マーケットシェアモデル**　t 期の製品 j のマーケットシェアは，以下のようなモデルによって定式化することができる．

$$S(j,t) = \frac{A(j,t)}{\sum_{k \in C} A(k,t)}$$

ここで，$A(j,t)$ は製品 j の t 期の魅力度，C は代替的な製品の集合を表す．A は製品属性やマーケティング施策の関数である．

（2）**離散的選択モデル**　個人レベルの選択には離散的選択モデル（discrete choice model）が用いられる．その代表的なものが，多項ロジット選択モデルである．

$$\Pr[x(i,t) = 1] = \frac{\exp u(i,j,t)}{\sum_{k \in C} \exp u(i,k,t)}$$

ここで $u(i,j,t)$ は個人 i が t 期に製品 j に対して持つ選好（効用）である．

（3）**選好の社会的相互作用**　消費者間の相互作用を考慮するため，選好が個人間に依存関係にある選択モデルが提案され始めている．当初は地理的に近接する消費者間の影響が分析されていたが，最近ではソーシャルメディアを通じた相互作用が分析されるようになった．

マーケティングサイエンスの主流派は，消費者間の相互作用は均衡状態にあると見なし，計量経済学的な手法を適用する．しかし，相互作用のより動的な側面を重視するならば，エージェントベースモデリングが有力な武器になる．ただし，パラメータの推定やモデルの妥当性の検証など，残された研究課題は多い．

参考文献
1) Muller, Peres & Mahajan: *Innovation Diffusion and New Product Growth*, Marketing Science Institute (2009)
2) 阿部　誠, 近藤文代：マーケティングの科学, 朝倉書店 (2005)

分野：通信ネットワーク
部門：無線ネットワーク［VIII-2］

マイクロ・ミリ波無線システム
［英］micro and millimeter wave radio system

マイクロ・ミリ波の無線システムの特徴は，送受信アンテナ間に電波を遮る障害物がいっさい存在せず，見通し内通信が行われることである。通信品質は，主として自然大気中を伝搬した直接波の強度で決まる。できるだけ無線局間を離そうとすれば，送受信アンテナに，非常に高いアンテナ利得を有するものを使用する。しかし，自然現象の雨や霧などによる電波減衰や，大気の誘電率の空間分布による電波通路の曲がりが，受信電波強度に大きく影響する。また，伝搬路の周囲環境により生じた干渉波や，周囲環境で発生した雑音電波も通信品質に影響する。これらの諸要因を勘案して，さまざまな変復調方式において，必要とされる信号と雑音比を達成することが**無線回線設計**（radio link design）となる。

シミュレーション技術は，つぎの三つの分野に分かれる。まず，回線設計を行う伝送特性評価技術がある。つぎに，自然環境のさまざまな気象現象が電波伝搬に及ぼす影響を評価する伝搬路特性評価技術がある。さらに，非常に高いアンテナ利得を有する開口面アンテナの設計と評価技術がある。

A．伝送特性評価
市販の数値解析ソフトウェアであるMATLAB[1]には，Simulinkというシミュレーションとモデルベースデザイン環境が準備されており，通信システム，ディジタル信号処理など，解析対象向けのツールボックスが用意されている。例えば下図のように，さまざまな変復調方式について，雑音レベルを変化させた際の通信品質を計算できるようになっている。

B．伝搬路特性評価
最も簡便なものとして，3次元レイトレースを使用したRapLabというツールが株式会社構造計画研究所より販売されている[2]。RapLabを使って地形データを取り込み，送受信点を設定して計算を実行すると，大地からの反射波を含んだマルチパスの伝搬路特性が得られる。RapLabで求めた，地形を考慮した無線回線構成を以下に示す（口絵47）。

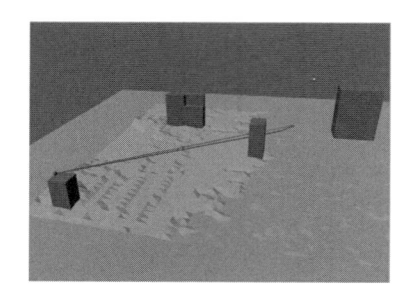

自然現象の降雨減衰や大気の誘電率分布による電波の曲がりなどに関しては，電磁界シミュレーションの際に空間の状態を詳細に反映できる時間領域差分法（FDTD）や有限要素法（FEM）を用いて，詳しく計算することができる。

C．開口面アンテナの解析
固定無線通信では無線局間をできるだけ離して設置するため，利得の非常に高いアンテナを使用する。パラボラアンテナやカセグレンアンテナなどの，開口面アンテナと呼ばれるものが用いられる。アンテナの簡便な設計評価には，レイトレース法や物理工学法が用いられる。アンテナ特性を詳細に評価するためには，アンテナ構造体での電磁界分布を細部にシミュレートできる，モーメント法（MoM）やFDTD法が利用される。MoM法では，未知数が非常に大規模となる行列方程式の解を求めることとなり，高速多重極法[3]という計算の簡素化法が導入されている。

参考文献
1) http://www.mathworks.co.jp/
2) http://www4.kke.co.jp/raplab/
3) 福井卓雄 著，小林昭一 編：波動解析と境界要素法，京都大学学術出版会 (2000)

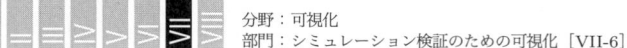

マイクロPIV

[英] micro particle image velocimetry; micro PIV

近年，マイクロ加工技術を利用して作製した流路やアクチュエータを持つ，**マイクロ流体デバイス**（micro fluidic device）が注目を集めている。特に化学分析や創薬の分野においての適用が期待されており，試薬や廃液量の低減，分析の並列化，装置全体の小型化などがマイクロ化に伴うメリットとして考えられている。マイクロ流体デバイス内では，レイノルズ数が小さいため乱流による混合は期待できない。しかし，試薬と試薬の混合距離が小さいため，分子拡散には有利であり，微小空間で化学反応や分析操作を行うことにより，操作の高速化，高効率化が実現される。

マイクロ流体デバイス内における流体の混合や拡散を計測する手法として，マイクロPIVの開発が進められてきた[1,2]）。マイクロPIVは，対象となるマイクロ流動内に蛍光微粒子を分散させ，その動きを画像解析して，速度分布を計測する手法である。以下では，マイクロPIVが持つ特徴を挙げ，計測対象を例示する。

A. 空間分解能

対象としている流れ（マイクロ流体デバイス，微小血管，微生物まわりの流れなど）が μm スケールであるため，顕微鏡観察下での計測となる。2次元平面内の空間分解能は，計測に用いる対物レンズの倍率や，PIV解析の検査領域，蛍光微粒子のサイズにより決まり，一般的に数 μm 〜 数十 μm である。むろん光計測である以上，蛍光微粒子のサイズや光学限界を下回ることはない。

B. 画像取得方法

観察領域が小さくなるほど対象の画像内の移動量は大きくなるため，短い時間間隔で二つの画像を取得する必要がある。マイクロPIVの方法は大きく分けて，パルスレーザーとカメラを信号により同期させる方法と，連続光と高速度カメラを用いる方法の二つである。前者では短い時間間隔で二つのレーザーを照射し，カメラで撮影するタイミングを同期させる。このとき，時間分解能は，用いるカメラのフレーム速度により決まる。後者はレーザーや水銀ランプを連続的に対象に照射し，1秒間に数百〜数千フレームの撮影が可能な高速度カメラを使って，二つの画像を数ミリ秒〜数十ミリ秒の間隔で取得し，画像解析を行う。このとき，時間分解能は高速度カメラのフレーム速度により決まる。

C. 被写界深度

バルクスケールの従来のPIVでは，照明としてシート状にしたレーザーを用いていたが，顕微鏡観察下では対象が小さいため，計測対象全体を照明する。このときの面外方向の**被写界深度**（depth of field; **DOF**）として

$$\delta z = \frac{3n\lambda}{NA^2} + \frac{2.16 d_p}{\tan\theta} + d_p$$

が提案されている。ここで，n は屈折率，λ は光源の波長，NA は対物レンズの開口数，d_p は粒子径，θ は粒子による対物レンズの入射角の広がり角である。焦点からずれた粒子はぼけた状態で撮影されるため，粒子径が大きく観察されて，PIV解析の計測精度を下げる要因になる。最近では，高速回転するディスク上に加工した微小な穴を通じて光を照射する高速共焦点スキャナが開発されてきており，これを用いて人工的に被写界深度を限定し，S/N比を上げる試みも行われている。

D. 計測対象の例

応用例は多岐にわたるが，大きく分けて，前述のマイクロ流体デバイスと生物流れの二つに分類される。マイクロ流路内の流れでは，スケールが小さいため，慣性力に比べて粘性や表面張力が顕在化されるというバルクスケールの化学反応器とは異なる物理的特徴がある。空気・水・油などがデバイス内で混在する複雑な流れに対してマイクロPIVを適応した例が，数多く報告されている。また，生物流れにおいては，微小血管，微生物，小型動物，細胞移動など，適用例は幅広い。篠原らは最近，受精後8日目のマウス初期胚で体の左右軸を決める繊毛細胞が発生する左向き流れ（ノード流）に，マイクロPIVを適用している。下図はその計測例である（口絵44）。

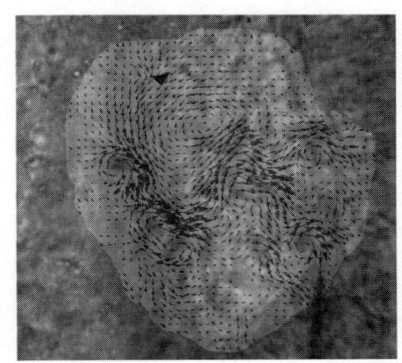

参考文献

1) Santiago, J. G., et al.: *Exp. Fluids* **25**, pp.316–319 (1998)

2) Meinhart, C. D., et al.: *Exp. Fluids* **27**, pp.414–419 (1999)

マクロ認知
［英］macrocognition

限定された状況や制御された環境における観察や実験に基づいて構築された特定の認知モジュールに関するモデルは、それらを統合することによっても、現実タスクにおける人間の振る舞いを十分に説明することは難しい。実コンテキストにおける人の振る舞いをシミュレートするためには、実環境下でのタスク遂行において起こる人間（個人だけではなくチーム・組織においても）の認知活動を理解する必要がある。このような認知活動のことを、前者と区別してマクロ認知といい、その特性を捉えることを目指したモデルのことをマクロ認知モデルという。マクロ認知では特に、動的に変化する状況、時間的制約、曖昧な目標、不確かまたは不十分な情報、チームや組織の制約、高いリスク等に特徴付けられ実環境下での意思決定における、認知の役割や機能に焦点を当てる。

Schraagenらはマクロ認知を複雑性に対する**認知的適応性**（cognitive adaptation）の研究と定義し、マクロ認知を構成する機能とプロセスを下図のように示した[1]。

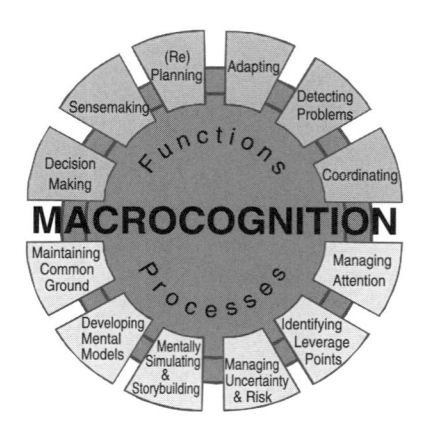

マクロ認知は**意思決定**（decision making）、**意味形成**（sensemaking）、**問題検出**（detecting problems）、**プランニング**（(re) planning）、**適応**（adapting）、**調整**（coordinating）の六つの機能に分けられる。これらの機能は相互に関係性があるが、それぞれに異なる戦略設定を持つ。現実世界における個々、チーム、組織のそれぞれどのレベルの活動においても、これらの機能は重要であるとされる。

A. チーム協調におけるマクロ認知

マクロ認知の重要な対象として、チーム協調における人間の振る舞いの理解が挙げられる。実現場における協調的な情況（collaborative context）やコミュニケーション、実問題解決に対する人間の認知的振る舞いを的確に捉えて分析する研究がなされている。それらの研究から、チームのマクロ認知を理解するためには、内在的プロセス（internalized process）と外在的プロセス（externalized process）の両方のメンタルプロセスを観測し、考慮する必要があることが指摘されている。

内在的プロセスとは、記述や発話、ジェスチャーなどの明示的なものではなく、認知マッピング、発話思考法（think aloud protocol）、多次元計測などの間接的な定性的計測手法か、あるいは、瞳孔計測やfMRIといった定量的計測方法により観測できるメンタルプロセスを指す。また、外在的プロセスとは、一貫性、信頼性、習慣などにおいて観測や計測可能な行動が関係するメンタルプロセスのことをいう。

これらに基づき、チームにおけるマクロ認知の分析は、チームメンバー個々の分析とチーム全体のプロセスの両方の視点で行われることが特徴であり、分析として協調の状況を抽出し、記述する。これらの計測（観測）結果から分析された結果に基づいて、チームとしてのマクロ認知について、モデル化の検討が行われる。

B. NDM

NDM（naturalistic decision making）は、特に専門家が行う複雑な現実の問題に対する意思決定のことを指す。NDMはマクロ認知の考え方とほぼ同時期に提唱され、専門家の意思決定やそのプロセスに焦点を当てたマクロ認知に分類することができる。従来のNDMの概念を拡大し、チーム協調やチーム認知プロセスを理解するために、マクロ認知を用いることが議論されている。特に米国では、軍事分野への応用が議論されている。例えば、戦場では部隊の良好な意思決定やチームワークが作戦の成功に大きく影響するため、意思決定がチームを通して効率的に行われ、パフォーマンスが向上したり、調整が迅速になることを目指して、研究が行われている。

参考文献
1) Schraagen, J. M., Klein, G. & Hoffman, R.: "The macrocognitive framework of naturalistic decision making", in J. M. Schraagen, L. Militello, T. Ormerod & R. Lipshitz (eds.): *Naturalistic decision making and macrocognition*, pp.3–26, Ashgate Pub (2008)

分野：電気・電子
部門：電磁界解析 [II-4]

マルチグリッド法
[英] multigrid method

連立1次方程式（system of linear equations, ⇒p.356）の解法の一つであり、特に大規模疎行列を係数行列に持つ連立方程式を高速に解けることが知られている。差分法や有限要素法における強力な解法として用いられる[1]。

この解法はガウス・ザイデル（Gauss-Seidel）法などの反復解法において、解の空間的高周波成分がすみやかに収束し、低周波成分の収束が遅いという性質をうまく利用する。**有限要素法**（finite element method, ⇒p.335）のように解析領域にメッシュを張り、そのメッシュの節点ないし辺に割り当てた未知量を求める問題を考える。このとき、通常の有限要素法であれば、一つのグリッド（メッシュ）を用意するだけであるが、マルチグリッド法では粗密の異なる複数のグリッドを用意する。以下Vサイクルと呼ばれる一般的なマルチグリッドの計算手順を説明する。

A. Vサイクル

最も細かいグリッドに対応する連立方程式に対して、前述のガウスザイデル法などの反復解法を適用する。この際、反復を数回程度で打ち切る。この操作により、誤差の高周波成分が取り除かれ、グリッドの周期よりも長い低周波成分が残る。このことから、この操作をスムージング（smoothing）と呼び、ここで用いた反復解法をスムーザ（smoother）と呼ぶ。

つぎに、残った解の残差を一段粗いグリッドに投影する。この操作を制限補間（restriction）と呼び、その際に用いる変換行列を制限行列と呼ぶ。そして、粗いグリッド上でスムージングを行う。このとき細かいグリッドから見ると低周波であった誤差が、粗いグリッドから見ると高周波に見えるので、スムージングが有効に働く。その後、残った残差をさらに粗いメッシュに制限補間する。このスムージングと制限補間の繰り返しを、最も粗いメッシュに到達するまで行う。

最も粗いメッシュ上では、投影された残差に対する残差方程式を解き、その残差に対応する誤差を求める。このときに解くべき残差方程式は、粗いメッシュ上で構築されているので、もともと解くべき方程式のサイズよりも小さい。

このようにして粗いメッシュ上で誤差が求まると、これを細かいメッシュに順に戻していく。この操作を延長補間（prolongation）と呼ぶ。延長補間に用いる変換行列は、制限行列の転置行列とすることが多い。

細かいグリッドに戻された誤差を用いて、スムージングで得られた近似解を補正する。さらにスムージングを行ったのち、より細かいグリッドに延長補間する。この操作を最も細かいグリッドに到達するまで行う。この一連の操作を図示すると、細かいグリッドを上として、粗いグリッドに順に降下していく制限補間の過程と、一番粗いグリッドで残差方程式を完全に解き、得られた誤差を延長補間で細かいグリッドに順に戻していく上昇過程からなるので、図はVの字になる。このことから、この一連の手順をVサイクルと呼ぶ。そして、解の収束判定条件を満たすまでVサイクルを繰り返す。このほかにWサイクルやフルマルチグリッドVサイクル等もある。

B. 代数マルチグリッド

上記のマルチグリッド法は複数のグリッドを用意し、そのグリッド間の幾何的な関係から制限行列を作成する。その意味から、幾何マルチグリッド（geometric multigrid）法と呼ばれる。一方、代数マルチグリッド（algebraic multigrid）法は、粗いグリッドの代わりに、与えられた係数行列から代数的な手続きで制限行列を作成する。有限要素解析にこの方法を用いれば、他の解法と同様に一番細かいメッシュのみを用意すればよく、連立方程式を解く部分をこの代数マルチグリッド法に置き換えることができる。しかし、実際には解くべき問題の性質に合わせた制限行列の生成方法を選択する必要があり、メッシュの情報をある程度利用して制限行列を作成する方法もある。

C. 派生型

連立方程式の代表的な反復解法である**共役勾配法**（conjugate gradient method, ⇒p.356）の前処理に、マルチグリッドのVサイクルを用いることもできる。また、収束の遅い成分を分離して別個に解くという考え方を応用し、過渡解析における定常解を高速に算出する方法や、各グリッド上で解く方程式を統合し、一つの連立方程式にして解く陰的マルチグリッド法も提案されている[2]。

参考文献

1) Pieter Wesseling: *An Introduction to Multigrid Methods*, John Wiley&Sons (1992)
2) 岩下武史, 美舩 健, 島崎眞昭：新しいマルチグリッド解法：陰的マルチグリッド法の基礎概念（数値アルゴリズム）, 情報処理学会論文誌, コンピューティングシステム 48, SIG8（ACS18）, pp.1–10 (2007)

マルチボディダイナミクス
[英] multibody dynamics; MBD

マルチボディダイナミクス（multibody dynamics; 多体動力学）のシミュレーションは，運動，振動，制御などに関して機構運動を伴う機械系の問題で広く行われている．すなわちOA機器，ロボット，自動車，列車，建設機械，宇宙構造物などである．これ以外に，バイオメカニクス，粒状物質，流体と構造・機構が連成するような，他領域にまたがる問題などの解析も行われている．
シミュレーション（simulation）の目的は，ものづくりのための**仮想環境**（virtual environment）の提供や，未解明の具体的な問題の解析などである．これらを発展させるために，モデル化・定式化・計算の高性能化や，接触・衝突・摩擦などの研究が行われている．一方，技術者養成，高等教育カリキュラムへの導入など，急務の課題も多い[1,2]．

A．ものづくりのための仮想環境
ものづくりのためには設計・開発・試作・試験などの工程が必要であり，リードタイムの短縮と解析主導の設計が求められる．そのような目的のために，これらの工程に対してソフトウェアを中心としてシミュレーションを行うための仮想環境の開発が求められており，現在いくつかの試みがなされている．

B．未解明の具体的な問題
未解明の具体的な問題には，自動車と鉄道車両，建設機械，航空・宇宙，往復機械と回転機械，バイオメカニクス，ロボティクスとメカトロニクス，流体・構造連成などがある．

（1）**自動車と鉄道車両**　自動車ではタイヤモデル，ステアリング制御，サスペンションの最適化，リアルタイムシミュレーション，シミュレータの構築など，二輪車では姿勢制御，安定性解析など，鉄道車両では車輪とレールの接触と相互作用，車輪の脱線後の走行，ボギー台車とステアリング性能，曲線走行時の安定性，列車と橋の相互作用，架線とパンタグラフの相互作用などの解析が行われている．

（2）**建設機械**　ブルドーザ，油圧ショベルの履帯のモデル化，油圧駆動システムのモデル化，土のモデル化とショベルの運動，機械のエネルギー消費の低減，クレーンのウインチ，ロープのモデル解析などが行われている．HILS（hardware in the loop simulation）による製品開発も行われている．

（3）**航空・宇宙**　宇宙機，テザー，展開アンテナなどの柔軟マルチボディダイナミクス解析が行われている．

（4）**往復機械と回転機械**　エンジンでは，燃料爆発時の圧力変動とクランク軸や連接棒のねじり，ピストンと壁面やクランク軸と軸受の潤滑と摩擦などが解析されている．回転機械では歯車や軸受を含む動力伝達系，柔軟翼を有限要素でモデル化した回転ブレードの解析，不つり合い励振下のロータの動特性，油圧軸受を含むロータの非線形振動，転がり軸受などの解析が行われている．

（5）**バイオメカニクス**　人体の力学モデル，二足歩行，トレーニングマシン使用時の足・腰の動き，二輪車におけるライダーの姿勢と二輪車運動，スポーツにおける人体の動作，振動を受ける人体の挙動などの解析が行われている．

（6）**ロボティクスとメカトロニクス**　ロボットに関しては，制御問題がいろいろと解析されている．宇宙ロボットでは，マニピュレータとの連成と制御，把持の問題と非ホロノミック拘束，動物に模擬したロボットと制御，大車輪鉄棒ロボットの運動と制御などである．メカトロニクス機器の解析には，OA機器，電化製品，エレベータなど多くの例がある．

（7）**流体・構造連成**　移送タンク中の流体，空気抵抗を受ける車両，トンネル内を走る列車，隙間を流れる高速流体中の柔軟体などの解析が行われている．

C．モデル化・定式化・計算の高性能化
剛体，柔軟体の定式化法と数値計算の高性能化は不変のテーマであり，種々模索され，提案されている．マルチボディダイナミクスの力学形式についての研究も，不変的である．

D．接触・衝突・摩擦
効率の良い接触判定のアルゴリズムの開発，接触・衝突における垂直接触力と摩擦力の計算法の研究，ユニラテラルコンタクトとコンプライアンスコンタクトの改良と実問題への適用などがある．

E．大学生・技術者の教育と啓蒙
マルチボディダイナミクスの発展に伴い，高等教育機関の学生や企業の技術者に対するマルチボディダイナミクスのシミュレーションの教育や啓蒙の必要性と重要性が高まっている．

参考文献
1) The CD-ROM Proceedings, The 5th Asian Conference on Multibody Dynamics, August 23-27, Kyoto, Japan (2010)
2) 日本シミュレーション学会 編：小特集 マルチボディダイナミクス－研究，応用，教育の最前線，シミュレーション，**29**, 2, pp.2-67 (2010)

密度汎関数法
［英］density functional theory; DFT

量子力学におけるホーヘンベルク・コーンの定理，すなわち(1)基底状態のエネルギーは電子密度の汎関数として記述できる，(2)電子密度を試行関数とする変分原理を満足する，から導かれたシュレディンガー方程式の解法で，フント・マリケンの**分子軌道法**（molecular orbital method, ⇒ p.304）とともに，計算物理・計算化学の分野の標準計算法である．分子軌道法に対する近似や拡張ではなく，これとは独立した体系であり，分子軌道法の**非経験**（*ab initio*）**法**と区別して，**第一原理法**（first principles method）と呼ばれることが多い．

A．おもな方法

定理より，電子密度による正確な全エネルギーの汎関数が得られれば，1本のオイラー方程式に帰結する．トーマス・フェルミモデルに源流を持つこの方法は**オービタルフリー**（orbital free）**法**と呼ばれる．しかし，いまのところ分子の化学的性質の記述に耐えうる普遍的なエネルギー汎関数は登場していない．

（1）**コーン・シャム法**（KS法）　正確な運動エネルギー汎関数の表現を放棄し，ハートリー・フォック（HF）分子軌道法と同様に殻構造が記述できる単一のスレーター行列式波動関数を導入して，多電子問題を有効1電子問題に帰着させる方法．多原子分子の現実的な計算方法であり，密度汎関数法といえば実質KS法のことを指す．

以下の計算法は，KS法がよく適用される．

（2）**カー・パリネロ法**（CP法）　固体や分子の電子状態計算と古典力学的な原子核の分子動力学計算を，波動関数に関する仮想的な運動方程式を導入しカップルさせて実行する，第一原理分子動力学計算法の総称．

（3）**時間依存法**（TD法）　時間に依存する外部ポテンシャルの摂動に対する，電子状態の応答を計算する方法．時間依存への理論の拡張を保証するのがルンゲ・グロスの定理である．おもに，本来の密度汎関数法では困難な励起エネルギーや遷移確率の計算などに利用される（⇒ p.222）．

B．特徴

KS法の核心は**交換相関**（exchange-correlation）エネルギー汎関数であり，これには真の運動エネルギーとの差も繰り込まれているものの，本質的には電子間クーロン相互作用における量子効果が生むエネルギーの総和である．一つはパウリの排他原理から要請される電子の交換エネルギーであり，もう一つは電子がたがいに避け合うほうが安定となる電子相関効果である．HF法では異なるスピンを持った電子間のクーロン反発が考慮されていないが，KS法では，交換相関汎関数の記述の中に相関エネルギーを取り込むことができる．

（1）**交換相関汎関数**　電子密度の値のみで記述する**局所密度近似**（local density approximation; **LDA**）や，これに電子密度の勾配による補正を加えた**一般化された密度勾配近似**（generalized gradient approximation; **GGA**），さらにHF法の交換項などの効果も加えた**ハイブリッド**（hybrid）**法**などがある．現在の標準法はハイブリッド法であり，典型的な分子による検証では，数％の誤差で物理量を計算する．

（2）**計算量**　KS法の解法には分子軌道法同様，基底関数展開が適用される．計算アルゴリズムも交換相関項の計算以外はすべてHF法と共通で，自己無撞着計算で求められる．固体系の計算においては，固有値問題（⇒ p.67）の回避や，平面波基底関数展開による分子積分計算の高速化といった技術も用いられることが多い（⇒ p.28）．いずれにせよ，律速は，分子積分，交換相関積分，行列演算に分類できる．各積分計算の式は基底関数の総数Nに対して$O(N^4)$で定義されるが，数学的に厳密なスクリーニング操作によって，計算は$O(N^2)$以下に抑えることができる．そのため，計算量の最大上限は実質$O(N^3)$である．

HF法の拡張で電子相関を取り込む方法では，計算量が飛躍的に増えてしまう．KS法は，はるかに少ない計算時間で，それらと対等かそれ以上の計算精度を得るまでになっている．

C．応用

このような特徴から，巨大な分子，ナノサイズのクラスタ，固体表面などを取り扱う生命科学・材料・ナノテクノロジー分野で精力的に使用されている（⇒ p.80, p.81, p.244, p.374）．これらの応用計算を進める上で，バンドギャップを過小評価するLDA，GGAに比べて，標準ハイブリッド汎関数はこれを良く補正する．一方，分散力，長距離交換相互作用の記述は不十分である．これらを補正するCAM-B3LYP汎関数をはじめ，現在も精力的に新たな交換相関汎関数が提案，検証されている．

参考文献

1) R. G. Parr, W. Yang 著，狩野　覚ほか訳：原子・分子の密度汎関数法，シュプリンガー・フェアラーク (1996)

2) 里子允敏，大西楢平：密度汎関数法とその応用―分子・クラスタの電子状態，講談社 (1994)

3) 柏木　浩監修，佐藤文俊ほか著：タンパク質密度汎関数法，森北出版 (2008)

無線LAN

[英] wireless local area network

屋内などの限定された場所でネットワークや通信端末間の無線通信を行う方法として，無線LANがある．無線LANは米国のIEEE802標準化委員会の中のIEEE802.11委員会で標準化を行う．IEEE802委員会はLANの規格を決めることを目的として，OSIレイヤの物理層と，データリンク層を**MAC層**（media access control layer）と**LLC層**（logical link control layer）に分割して規格を作成している．

A. 無線LANの特徴

無線LANは，端末（STA）がインターネット等のネットワークに接続するインフラストラクチャモードと，STA間通信のアドホックモードに分類される．今までIEEE802.11委員会で標準化された無線LANの一覧を下表に示す．

802	データ速度	変調方式	周波数
11b	11 Mbps	BPSK, QPSK, CCK	2.4 GHz
11a	54 Mbps	OFDM	5 GHz
11g	54 Mbps	OFDM	2.4 GHz
11n	74/288 Mbps	OFDM	5 GHz

B. 伝搬モデル

無線LANは狭域エリアで使用することから，家，オフィスなどの電波伝搬モデルを用いる．したがって，広域エリアの伝搬モデルと比べて，マルチパス遅延時間が数百ナノ秒と小さな値となる．また，電波の減衰特性が大きく，壁などの遮蔽物（クラスタ）の影響により，遠距離の電波伝搬はできない．利用環境はSTAが低速度で移動することから，低速フェージング環境でシミュレーションの評価を行う．また，IEEE802.11nでは，**MIMO**（multiple input multiple output）が用いられることから，MIMOチャネルモデルによる評価が行われる．

C. 変復調特性

変復調方式としては，11bではBPSK，QPSK，CCK（complementary code keying）変調，11a，11g，11nでは高速化のために**OFDM**（orthogonal frequency division multiplex）方式が採用された．OFDM変復調器の構成を下図に示す．誤り訂正符号で符号化された入力データは，マッピングで多値変調（QPSK，16QAM，64QAM）され，シリアル・パラレル変換（S/P）後，逆離散フーリエ変換（IDFT）でOFDM信号が生成される．OFDM信号はシンボルごとに，マルチパス遅延の影響を減らすためのガードインターバル

データ入力（変調器）
マッピング → IDFT → GI挿入 → 無線

データ出力（復調器）
デマッピング → DFT → GI除去 → 無線

（GI）を挿入する．GIは最長の無線マルチパス遅延時間よりも長く設定する．復調器では，GIを削除し，離散フーリエ変換（DFT）で変換後，パラレルシリアル変換（P/S）を通してデマッピングを行いデータ復調する．最後に，誤り訂正復号器で復号化を行い，データを復調する．

D. MAC

無線LANのアクセス制御には二つの特徴がある．一つは，**CSMA/CA**（carrier sense multiple access/ collision avoidance）に**DCF**（distributed coordination function）制御を採用したこと，もう一つは，隠れ端末問題を回避するために**RTS/CTS**（request to send/ clear to send）制御を採用したことである．DCF制御は各STAが同じチャネルを用いてアクセスすることで，AP（access point）での衝突を避けることを目的している．STAは，送信前にキャリアセンスを行い，他のSTAより送信信号が出ているかを確認し，信号のない場合はDIFS時間を空けてデータ送信を行う．RTS/CTS制御は，送信希望のSTAはRTSを送信し，受信したAPはCTSを送信する．周囲のSTAは，RTSかCTSを受信すると，NAV（network allocation vector）時間待ってからデータ送信を行う．これにより隠れ端末問題を回避する．

E. ハードウェア

無線LANのチップはインタフェース部，CPU（MAC）部，ベースバンド部，無線部で構成される．PCへ搭載する場合は，MACをPCのCPUにインストールする．組込みの場合は，インタフェースに対応したドライバソフトウェアをチップのCPUにインストールする．ハードウェアを低消費電力で実現するため，すべての機能をC-MOSで設計製造する．無線部はアナログ回路，ベースバンド部はディジタル回路であるため，両方を混在させたミックストシグナル回路によるSOC（system on chip）により1チップで構成したLSIやFlip Chipによりモジュール化して，ハードウェアが構成される．

参考文献

1) 佐藤拓朗，伊藤健一：最新移動通信のキーテクノロジー，RIC Telecom（2009）

分野：共通基礎
部門：計測・制御 [I-4]

メカトロニクスとディジタル制御
[英] mechatronics and digital control

メカトロニクス（mechatronics）とは，mechanics（機械工学）と electronics（電子工学）を組み合わせた和製英語で，機械工学・電気電子工学・計測制御工学・計算機工学などを統合し，優れた製品の創造を目指す工学・技術分野である。メカトロニクスでは，さまざまな工学分野のシステムを統一的に記述できるモデルが必要である。また，多くの製品は，コンピュータのディジタル制御で高度な機能を実現している。そのため，システムを計測・制御する計装技術も重要である。ここでは，A. モデリング，B. ディジタル制御，C. 計装技術について述べる。

A. モデリング

モデリング（modeling）とは，対象のモデルを作ることである。以下ではモデルの種類，静的・動的システム，制御との関係を述べる。

（1）モデル　システムを数式で表現したものを数理モデルと呼ぶ。物理法則などに基づいて数理モデルを構築する第一原理モデリングが古くから用いられてきたが，近年ではシステムの入出力データから統計的手法などで数学モデルを導出するブラックボックスモデリングも広く利用されている。数理モデルのほかに，対象をプログラムで再現した計算機モデルや，実験で模擬する実験モデルがある。

（2）静的システムと動的システム　出力が各時刻の入力のみに依存するシステムを静的システムと呼ぶ。この場合，出力は各時刻の入力の関数として表現できる。一方，出力が過去の入力にも依存するシステムを動的システムと呼び，状態空間表現や伝達関数などを用いて記述する。

（3）制御との関係　現代制御論などのモデルベースト制御は，モデルに基づいて制御系を設計する。正確なモデルの導出が望ましいが，コスト等を鑑みながら簡略化することも重要である。また，不確定性をパラメータ誤差や動的変動範囲として定量的に表し，ロバスト制御によって安定性や性能を保証することもできる。

B. ディジタル制御

ディジタル制御（digital control）は，ディジタルコンピュータで制御入力を計算する方法で，ノイズ耐性や拡張性に優れ，経年変化しにくいため，広く用いられている。ディジタル制御では下記の1～4の処理が順に行われる。

1. **サンプリング**（sampling）：一定時間ごとに，信号を取得することをサンプリングまたは標本化と呼ぶ。サンプリング間で値を保持するために，サンプリング回路ののちに**ホールド回路**（hold circuit）を用いる。
2. **A/D 変換**（analog to digital conversion）：センサで計測した連続的なアナログ値を量子化したディジタル値に変換することを A/D 変換と呼ぶ。変換した信号は量子化誤差を含む。
3. **ディジタルコンピュータ処理**：離散系の状態方程式で記述された制御則を用いて，一定の制御周期ごとに制御入力を計算する。そのほかに外部割込みなどの処理を行うことも多い。
4. **D/A 変換**（digital to analog conversion）：計算したディジタル値の制御入力を D/A 変換によりアナログ値に変換して，制御対象に出力する。

ディジタル制御用コンピュータには，組込み用マイコンが広く用いられる。ワンチップマイコンは1～4の処理を一つのチップで行うことができる。近年では浮動小数点演算器を搭載したマイコンも広まりつつある。また，リアルタイム OS の利用も一般的になっている。

C. 計装技術

計装技術とは，対象システムの計測・制御・管理方法を検討して適切な装置を装備し，運用するための技術である。計測と制御について，プロセスオートメーションとメカトロニクスでの概況を述べる。

（1）プロセスオートメーション　計測では，流量・圧力・液位・温度・成分などが重要である。制御では分散配置した計測制御用マイクロプロセッサを通信によって結合し，オペレータステーションで操作を行う**分散型制御システム**（distributed control system; **DCS**）が一般的だが，近年では PC ベースの安価なシステムも広く採用されている。

（2）メカトロニクスシステム　計測では，位置や速度を計測する内界センサに加えて，視覚センサや距離センサなどの外界センサを用いた周囲環境の計測の研究開発が行われている。ディジタル制御にはワンチップマイコンが広く利用されているが，人型ロボットなど高度な計算能力が必要なシステムでは，PC ベースのシステムが使用される。

参考文献
1) 前田良昭, 木村一郎, 押田至啓：計測工学, コロナ社 (2001)
2) 青島伸治：計装工学入門, 培風館 (1999)

分野：通信ネットワーク
部門：無線ネットワーク ［VIII-2］

メッシュネットワーク
［英］mesh network

A. 概要

メッシュネットワークは，ネットワーク内のメッシュルータ（以下ルータ）が自動的に無線マルチホップで相互接続を行い，メッシュ状の接続を維持する，自己形成・自己修復ネットワークである[1]。**アドホックネットワーク**（ad-hoc network, ⇒p.2）と異なり，ルータは通常固定配置され，無線クライアント（以下クライアント）のバックボーンネットワークとして，外部ネットワークと接続して利用することが基本となる。

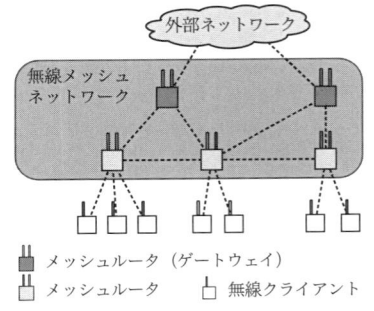

- ■ メッシュルータ（ゲートウェイ）
- ▲ メッシュルータ
- □ 無線クライアント

メッシュネットワークは，IEEE（米国電気電子学会）で標準化が進んでおり，**無線LAN**（wireless local area network, ⇒p.328）は802.11s，無線MANは802.16j，無線PANは802.15.5で標準化が行われている。また，製品化もされており，経路制御や機器構成などで各社独自の方式を採用している。

B. 性能評価手法

メッシュネットワークの性能評価には，理論的アプローチ，シミュレーション，テストベッドの三つがある[2]。モデルの複雑さのために理論解析が困難な場合が多く，通常シミュレーションが利用される。シミュレーションの方法には，自作シミュレータで評価をする方法と，シミュレーションツールを利用する方法とがある。代表的なシミュレーションツールとしてns-2 (ns-3)，QualNet，OPNETなどがあり，多くの研究で利用されている。これらは，各種通信モデルがライブラリとして組み込まれており，効率的に性能評価を進めることができる。また，テストベッドも比較的多く利用され，実際の実装・電波環境で評価を行う場合に用いられる。

C. メッシュネットワークの課題

メッシュネットワークの課題は多岐にわたっており，その解決に向けて精力的に研究が進められている。おもにシミュレーションで性能評価されている代表的な課題について，以下に述べる。

（1）経路制御（ルーティング） 無線マルチホップ接続では，データの配信に複数の経路が存在する場合があり，その中から最適な経路を選択する必要がある。電力消費に対する制約が少なく，ルータは原則移動しないというメッシュネットワークの特徴を考慮した経路制御方式の開発が進められている。

（2）リンクメトリック 経路選択には無線リンクの評価尺度（メトリック）が必要になる。無線リンクは，通信距離や周囲の環境などの影響により，最小ホップ数の経路が良い経路とは単純にいえない場合が多い。平均送信回数，送信レート，パケット損失率などを複合的に考慮したリンクメトリックが提案されている。

（3）帯域利用の効率化 複数のフローが同一チャネルを利用して同時に通信を行う場合，相互に干渉距離内にあるフロー同士の干渉が原因で，ネットワークの帯域利用効率が低下する。効率的なチャネル予約方式や経路集約方式が研究されている。

（4）チャネル割り当て ノードが複数の無線インタフェースを実装していた場合，相互に干渉距離内にあるリンクにたがいに異なるチャネルを割り当てることにより，干渉を低減できる。無線メッシュネットワーク内の干渉が最小となるような効率的なチャネル割り当て方式の研究も進展している。

（5）輻輳制御 無線メッシュネットワークでは，通信容量の制限が大きいため，ルータ間の競合などにより中継ルータに輻輳が発生し，スループットの低下や伝送遅延が生じることがある。適切な送信レート制御や，干渉を抑えた迂回経路構築をする必要がある。

（6）クライアント情報の管理 無線メッシュネットワークの独自の課題として，ルータに収容されたクライアントまでの経路の構築がある。ネットワークにさほど負荷をかけずに，ルータはクライアントの探索と管理情報の交換をする必要がある。また，クライアントのルータ間の移動によるパケット損失を発生させないために，シームレスハンドオーバーの制御も研究されている。

参考文献

1) Ian F. Akyildiz and Xudong Wang: "A Survey on Wireless Mesh Networks", *IEEE Radio Communications*, pp.S24–S30 (2005)

2) 間瀬憲一，阪田史郎：アドホック・メッシュネットワーク，コロナ社 (2007)

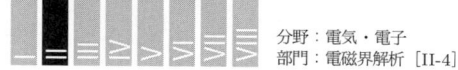

分野：電気・電子
部門：電磁界解析 [II-4]

モーター解析
[英] magnetic field analysis of motor

モーターは回転子と固定子で構成されており，モーターの磁界解析は，回転子を含む回転子空間と固定子を含む固定子空間をスライド面で連結して解析する。下図にモーター磁界解析（magnetic field analysis of motor）モデル（1/2モデル）を示す（口絵3）。

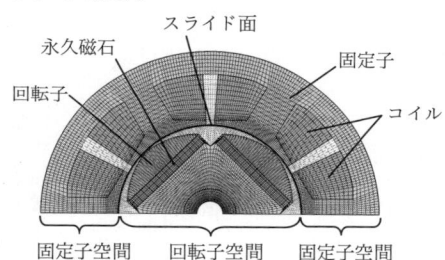

（図：永久磁石，スライド面，回転子，固定子，コイル，固定子空間，回転子空間，固定子空間）

固定子空間は静止座標系で解析し，回転子空間は回転子とともに回転する回転座標系で解析する。また，モーターは回転方向に周期性を持っており，1周期あるいは半周期の部分モデルのみを解析対象にすることが多く，周期境界面は周期境界条件で接続される。

A. スライド面の取り扱い方

回転子空間を回転座標系で解析するために，通常は回転子のメッシュ座標点を回転移動させる必要はない。回転子空間側のスライド面上の未知変数と，固定子空間側のスライド面上の未知変数の接合の組み合わせを順次変えることにより，回転子空間と固定子空間に相対的な回転効果を持たせることができる。

最も単純な方法は，回転子空間と固定子空間のメッシュの整合がとれるように，スライド面上で回転方向にメッシュを等分割させ，回転子空間側のスライド面上の未知変数と固定子空間側の未知変数の接続の組み合わせを小刻みに回転移動させることである。回転子の回転位置を自由に設定したい場合には，回転子空間あるいは固定子空間のどちらか一方のスライド面に接する1層分のメッシュを斜四角形状に変形させる方法[1]がある。この場合，斜四角形状要素の形状を徐々に変形させながら，ある時点で要素形状を大きく変更させる。このとき数値ノイズが入りやすいので，高精度解析ではスライド面上の要素分割を細かくするなどの工夫を要する。

また，スライド面上のメッシュが不整合の場合にも対応できるように，両側の未知変数を内挿で接続させる方法がある。あるいは，スライド面上に第3の回転方向等分割メッシュと未知変数を配置し，その未知変数を介在させて，両側の未知変数を間接的に接続させる方法もある[2]。また，浮き節点を用いる方法，摺動要素法[3]，エアギャップを自動要素分割する方法などがある。

B. モーター解析における留意事項

モーターで発生する電磁力の回転方向成分は，半径方向成分に対して桁違いに小さい。特にコイル負荷電流がゼロで，磁力が磁石のみで発生している場合，この状況は顕著である。この場合のトルクがいわゆるコギングトルクであり，これを解析する場合は，特に高精度な磁界解析を必要とする。

回転子と固定子の間のエアギャップにおける磁界分布は大きく変動する。したがって，モーター内の磁界を高精度に解析するためには，エアギャップ領域のメッシュを細かく分割する必要がある。また，回転子側および固定子側におけるエアギャップ付近のメッシュ構造は，なるべくモーター構造の周期性と同じ周期構造を持たせたほうがよい。

有限要素法（⇒p.335）による解析で得られたモーター内の磁束線分布（数値解析結果）を以下に示す（口絵3）。

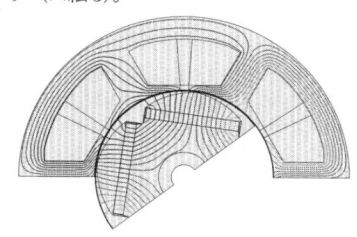

（図：モーター内の磁束線分布）

モーターの実機解析では，電源電圧を入力するモーターと電源回路との連成解析（⇒p.295, A）が重要となる。この場合は，コイル電流を未知変数として，モーター内の磁界を記述する未知変数とともに解くことが多い。

参考文献

1) D. Rodger, H. C. Lai, and P. J. Leonard: "Coupled elements for problems involving movement", *IEEE Trans. Magn.*, vol.26, no.2, pp.548–550 (1990)

2) H. Kometani, S. Sakabe, and A. Kameari: "3-D analysis of induction motor with skewed slots using regular coupling mesh", *IEEE Trans. Magn.*, vol.36, no.4, pp.1769–1773 (2000)

3) H. C. Lai, D. Rodger, and P. J. Leonard: "Coupling meshes in 3D problems involving movements", *IEEE Trans. Magn.*, vol.28, no.2, pp.1732–1734 (1992)

モンテカルロ法の可視化応用
[英] application of Monte Carlo methods to visualization

モンテカルロ法は，乱数を用いて数値計算を行う手法の総称である．計算機に発生させた疑似乱数を用いて確率過程を生成し，その軌跡上の点として得られる**サンプリング点**（sampling point）を用いて，さまざまな期待値を高速に数値計算できる．近年，モンテカルロ法が高速生成するサンプリング点を，**陰関数曲面**（implicit surface）の可視化や**ボリュームレンダリング**（volume rendering）に利用する技術が開発されている．

A. サンプリング点と可視化
陰関数曲面（方程式の形で定義された曲面）は，曲面合成や連続変形，流体の滑らかな可視化などに有用である．可視化のためには，曲面上に多数のサンプリング点を一様生成できればよい．また，3次元物体などの内部を半透明に可視化するボリュームレンダリングにおいては，不透明度分布に正比例する密度分布でサンプリング点群を生成すれば，効率的な可視化を行える．

B. 陰関数曲面のサンプリング
モンテカルロ法が生成する確率過程は，直感的には，気体分子などの微粒子が行う複雑なジグザグ運動，すなわちブラウン運動である．ブラウン運動を適当な拘束力によって陰関数曲面上に閉じ込め，軌跡上の点を取得することで，曲面のサンプリングを行える[1]．

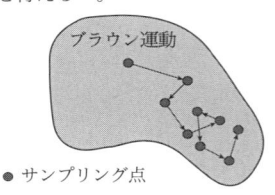

陰関数曲面 $F(q_1, q_2, q_3) = 0$ 上に閉じ込められた**ブラウン運動**（Brownian motion）は，t を時間変数として，以下の**確率微分方程式**（stochastic differential equation）によって定義できる．

$$dq_i(t) = dq_i^{(\mathrm{T})}(t) + dq_i^{(\mathrm{S})}(t)$$

ここで，$dq_i^{(\mathrm{T})}$, $dq_i^{(\mathrm{S})}$ は次式で定義される．

$$dq_i^{(\mathrm{T})} \equiv \sum_{j=1}^{3} P_{ij} dw_j$$

$$dq_i^{(\mathrm{S})} \equiv -\frac{1}{|\nabla F|^2}\left(\frac{\partial F}{\partial q_i}\right) \mathrm{Tr}(\mathbf{HP}) dt$$

$dq_i^{(\mathrm{T})}$ は陰関数曲面の接平面方向のランダム変位項である．dw_j は正規分布 $\mathrm{N}(0, 2dt)$ に従うランダム変数であり，$\mathbf{P} = \{P_{ij}\}$ は陰関数曲面への射影行列である．$dq_i^{(\mathrm{S})}$ は，接平面方向に曲面から飛び出したブラウン運動を，曲率の大きさを参照して引き戻す補正項である．曲率の情報はヘッセ行列 $\mathbf{H} = \{H_{ij}\}$, $H_{ij} = \partial^2 F/\partial q_i \partial q_j$ が与える．下図に，複雑な陰関数曲面上に生成したサンプリング点群の例を示す．

C. ボリュームデータのサンプリング
ボリュームデータの可視化では，まず格子点上で定義されたスカラ値を補間して連続スカラ場を構成する．つぎにこれを伝達関数を使って不透明度分布に変換する．この不透明度分布を可視化するのがボリュームレンダリングである．メトロポリス法[2]等の高速モンテカルロ法を用いて，不透明度分布に正比例する密度分布でサンプリング点群を生成し，色の伝達関数から各点の色を決定した上で，その像を画像平面上で合成すれば，半透明画像が得られる．下図にサンプリング点群（左）とボリュームレンダリング（右）の例を示す（口絵30）[3]．

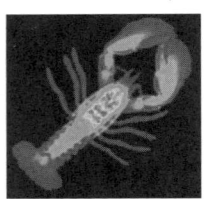

参考文献
1) S. Tanaka, A. Shibata, et al.: "Generalized Stochastic Sampling Method for Visualization and Investigation of Implicit Surfaces", Computer Graphics Forum, vol.20(3), pp.359–367 (2001)

2) N. Metropolis, et al.: "Equation of State Calculations by Fast Computing Machines", Journal of Chem. Physics, vol.21, pp.1087–1092 (1953)

3) Satoshi Tanaka, Kyoko Hasegawa, Susumu Nakata, et al.: "Grid-Independent Metropolis Sampling for Volume Visualization", International Journal of Modeling, Simulation, and Scientific Computing, vol.1(2), pp.119–218 (2010)

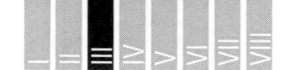

分野：機械
部門：流体力学・熱工学　[III-2]

油圧システム
[英] oil-hydraulic system

油圧システム[1]は，流体・機械・電気電子・電磁気・材料の融合技術であり，各分野のシミュレーション技術が活用されている．油圧システムは**ポンプ**（pump），**制御弁**（control valve），**シリンダ**（cylinder）などから構成される．油圧機器の研究開発では，材料力学，流体力学，熱力学，機械力学，制御工学などの基盤分野における各種シミュレーションが実施されている．また，シールの変形解析や，軸受部のトライボロジーの視点からの解析など，個別の技術課題についても，多面的な視点からシミュレーションによる研究開発が実施されている．一方，油圧回路については，油圧機器の特性をモデル化し，相互に接続して回路モデルを構築することで，油圧回路の動作をシミュレートする．基礎式を数値積分して時間応答を求める解析が主であるが，アイコンを使用した使いやすいシミュレーションソフトウェアが公開・市販されるようになり，広く普及している．

A. 油圧機器のシミュレーション

ポンプ，制御弁，シリンダなどの油圧機器では，作動油の圧力や流れによって生じる力を受けて可動部が運動することで，その機能が発揮される．したがって，シミュレーションのための基礎式は，可動部の運動方程式，作動油の圧縮性の式（あるいは連続の式），および絞りの流量特性の式の3種類である．さらに，電磁式の制御弁におけるソレノイドでは，電流と吸引力の関係を磁場解析によりシミュレートすることもある．

油圧ポンプは最も重要な機器である．例えばアキシャルピストンポンプの内部の流れは，CFDを用いて解析するなど，詳細な解析が行われている．また，ポンプの振動・騒音の観点から，ポンプ構造体の有限要素解析が行われる．

油圧機器を接続する配管では，制御弁の操作などによって，流れが急激に変化することがある．それによって発生する配管内の過渡的な圧力や流量の変化をシミュレートする手法としては，特性曲線法が用いられてきた．しかし最近では，市販のツールソフトウェアでも利用できる，最適化有限要素モデル[2]が研究開発されている．

B. 油圧回路のシミュレーション

油圧回路は，油圧源，制御部，およびアクチュエータ部から構成される．油圧源は，油圧ポンプ，タンク，冷却器などからなる．制御部は，方向制御弁，流量制御弁，圧力制御弁からなる．アクチュエータ部では，シリンダや油圧モータ，揺動モータなどが用いられる．油圧回路の動作をシミュレートする際は，各機器の動作・機能をモデル化し，それらを組み合わせて全体モデルを構築する．絞りの流量特性のように，差圧と流量の関係が静的に定まる場合は，代数的な関係式をもとに機器の数学モデルを構築する．運動方程式や圧縮性の式のように動的要素を含む場合には，因果律に留意することが重要である．すなわち，運動方程式では，力を質量で割ることで加速度を求め，加速度を積分して速度を求め，最後に速度を積分して変位を求める．また，圧縮性の式では，流量収支から圧力の時間微分を求め，その積分により圧力を求める．この因果律の関係に従って個々の機器のモデルを作成し，それらを接続すれば，油圧回路全体のモデルを構築することができる．

C. シミュレーション手法の動向

油圧回路のシミュレーションに用いられるソフトウェアについて述べる．

（1）プログラミング　C言語などのプログラミング言語を用いて，基礎式を数値積分するプログラムを作成する．油圧システムの数値積分では，可変時間刻みを用いることが望ましい．すなわち，弁の開閉などの不連続現象の発生を精度良く捉えることが重要であり，時間刻みを調整しながら数値積分を進める可変時間刻みによる数値積分法が適しているからである．

（2）ブロック線図ツール　パソコンのディスプレイにブロック線図を作図してモデルを構築する方法であり，広く普及した市販ソフトウェアがある．基礎式をブロック線図として実現する必要があるが，多くの実施例がある．

（3）ボンドグラフツール[3]　油圧ポンプで発生した油圧動力は，制御弁を介してアクチュエータに伝えられる．油圧回路において油圧作動油によって伝えられるエネルギーの流れの観点から，モデル化を行う方法である．

（4）油圧記号ツール　油圧ポンプなどの記号をパソコンのディスプレイに表示し，それらを接続することで，あたかも回路図を作図するような感覚でモデルを作成できる市販ツールがある．最近の動向としては，モデル構築の容易さから，油圧記号ツールが広く普及しつつある．

参考文献

1) 日本油空圧学会 編：新版 油空圧便覧，オーム社 (1989)
2) 真田一志：最適化有限要素モデルによる管路の流体過渡現象のシミュレーション，日本油空圧学会論文集，第31巻第1号，pp.1–6 (2000)
3) OHC-Sim, http://www.jfps.jp/

有限差分法
[英] finite difference method; FDM

微分方程式に対する近似解法の中で，最も基本的・直感的なのは，おそらく有限差分法と呼ばれる方法であろう．微分方程式に現れる微分項を，差分で置き換えてみようというのが，有限差分法の発想である．このとき問題になるのが，微分 $f'(x)$ を近似する差分のとり方が，前進差分，後退差分，中心差分など，いく通りもあることである．これらの差分のどれを使うかは，それぞれの問題に応じて慎重に考慮する必要がある．基本的に，「空間」についての微分に関しては中心差分を，「時間」についての微分には前進差分か後退差分を使う場合が多い．時間微分を含む偏微分方程式は，空間方向の微分の項を離散化すると，常微分方程式の初期値問題に帰着される．それについては「常微分方程式の初期値問題」(p.148) で説明されるので，ここでは空間方向の微分に関する有限差分近似について述べる．

A. Shortley-Weller 差分近似

最も簡単な例である1次元有界区間 $(0,1)$ 上の2点境界値問題

$$-u'' = f \quad \text{in } (0,1), \quad u(0)=a, \quad u(1)=b \quad (1)$$

を使って，有限差分法を説明する．ここで，a,b は与えられた実定数である．まず，区間 $(0,1)$ を，$0 = x_0 < x_1 < \cdots < x_{N-1} < x_N = 0$ に等分割する．その小区間で中心差分を2回使うと（1回目の中心差分は小区間の中点でとる），$h_i := x_i - x_{i-1}$ として

$$-u''(x_i) \cong -\frac{2}{h_{i+1}+h_i}\left(\frac{u(x_{i+1})-u(x_i)}{h_{i+1}} + \frac{u(x_i)-u(x_{i-1})}{h_i}\right) \quad (2)$$

と近似できる．この差分近似を，**Shortley-Weller 差分近似** (Shortley-Weller finite difference) と呼ぶ．もし，$h_i = h_{i+1}$ ならば，古典的な **3点差分近似** (three-point finite difference) になる．Shortley-Weller の差分近似を使うと，モデル方程式 (1) は

$$-\frac{2}{h_{i+1}+h_i}\left(\frac{U_{i+1}-U_i}{h_{i+1}} + \frac{U_i-U_{i-1}}{h_i}\right) = f(x_i)$$

$$i = 1, \cdots N-1, \quad U_0 = a, \quad U_N = b$$

と離散化される．この方程式を Shortley-Weller 近似に基づく有限差分方程式と呼び，その解 U_i を有限差分解という．

B. 打ち切り誤差と有限差分解の誤差

点 x_i における関数 u のテイラー展開を使うと，x_i での式 (2) の両辺の差は，$\tau(x_i) := \mathcal{O}(h)$ となる．さらに $\tau := \max_i \tau(x_i)$ として，これを Shortley-Weller 近似の**打ち切り誤差** (truncation error) または離散化誤差と呼ぶ．真の解 u が $C^{3,1}$ 級ならば，有限差分解 U_i と真の解 $u(x_i)$ の誤差について

$$\max_{1\leq i\leq N-1} |u(x_i) - U_i| \leq \mathcal{O}(h^2)$$

が成り立つことがわかっている[1]．つまり，Shortley-Weller 近似については，打ち切り誤差と有限差分解の真の解との誤差は一致しない．Shortley-Weller 近似は導出が素直な上（あるいは導出が素直なので），境界付近での超収束など，良い性質を持つことが知られている．有限差分法の打ち切り誤差，真の解との誤差については，例えば山本[2]を参照されたい．また，Shortley-Weller 差分近似の詳しい解析については，N. Matsunaga ら[1]を参照されたい．

いままでは，1次元の2点境界値問題で説明してきたが，高次元の楕円型境界値問題に対しては，各変数の微分に関してそれぞれ Shortley-Weller の差分近似を用いればよい．

従来，有限差分法の大きな欠点は，複雑な形状の領域で有限差分方程式を定義することが難しい点だといわれてきたが，Shortley-Weller 差分近似を使ったり，あるいは領域を小領域に分割し，その小領域をそれぞれ長方形領域にうまく変換したりする手法を使えば，かなり複雑な領域上で有限差分方程式を定義できるようになっている．よって，「複雑な形状の領域で有限差分法を適用することは難しい」という主張は，現在では根拠をなくしている．複雑な形状の領域上の有限差分法の弱点としては，境界上でノイマン型の境界条件を扱うことが難しい点が挙げられる．これについては，現在でも決定的な解決方法がないようである．

参考文献

1) N. Matsunaga and T. Yamamoto: "Superconvergence of the Shortley-Weller approximation for Dirichlet problems", J. Comp. Appl. Math., **116**, pp.263–273 (2000)

2) 山本哲朗：数値解析入門 [増訂版]，サイエンス社 (2003)

分野：共通基礎
部門：数値解析 [I-2]

有限要素法
[英] finite element method; FEM

A. 生い立ち

自然界に現れる現象の多くは偏微分方程式で記述される．それらの方程式を現実的に解くためには，計算機を用いた数値解法が必須となる．このようにして，現象の数値シミュレーションが実行される．

有限要素法は，偏微分方程式の解法としてわれわれが持っている最も強力な数値手法の一つである．三角形1次要素と今日呼ばれる有限要素は，1943年に発表された，数学者クーラントの論文[1]に見出すことができる．実際の問題にこの手法を適用するには計算機が必要であるが，そのとき計算機はまだ存在していなかった．最初の計算機が世に現れたのは，この2年後である．そのため，この方法は普及せず忘れられていた．しかし，1950年代に入り，構造力学研究者によって再発見され，有限要素法（FEM）と呼ばれるようになった．構造力学分野において，この方法は各部材を要素とするマトリックス法の延長線上にあり，クーラントの論文とは独立に構築された．その後，理論と計算機能力の飛躍的な発展により，今日，有限要素法は，偏微分方程式の汎用的数値解法として，線形・非線形，定常・非定常を問わず，諸々の分野で広く使われている．

B. 特長

有限要素法のおもな特長はつぎのとおりである．

- 幾何学的柔軟性を持っており，任意形状領域の問題に適用できる
- 自然境界条件の取り扱いが容易である
- 手法の数学的正当化と誤差評価の研究が進んでいる
- 計算機向きの手法であり，汎用プログラムの作成が可能である

C. 有限要素法の手続き

ポアソン方程式

$$-\Delta u = f \quad (x \in \Omega) \quad (1a)$$
$$u = 0 \quad (x \in \Gamma_0) \quad (1b)$$
$$\frac{\partial u}{\partial n} = g \quad (x \in \Gamma_1) \quad (1c)$$

を例にとる．ここで，Ω は $\Re^2$ の有界領域で，その境界は Γ_0 と Γ_1 から成り立っている．与えられた関数 f, g に対して，解 $u: \Omega \to \Re$ を求める．Γ_0 上で零となる関数 v を式 (1a) の両辺にかけて Ω で積分し，ガウス・グリーンの定理と境界条件 (1b), (1c) を使うと

$$\int_\Omega \nabla u \cdot \nabla v \, dx = \int_\Omega fv \, dx + \int_{\Gamma_1} gv \, ds \quad (2)$$

が得られる．式 (2) は問題 (1) の **弱形式**（weak form, ⇒ p.190）と呼ばれる．弱形式 (2) を有限次元近似したものが有限要素法である．そのために，領域 Ω を **三角形分割**（triangulation）する．分割に現れる三角形の頂点を **節点**（node）と呼ぶ．三角形1次有限要素近似では，各節点 P_j に関数 ϕ_j を，その節点で1，他の頂点で0，各三角形上で平面となるように決める．$\Omega \cup \Gamma_1$ にある節点の全体を $\{P_j\}(j=1,\cdots,N)$ とし，$u_h = \sum_{i=1}^N c_j \phi_j$ として，有限要素解を求める．ここで，c_j は未定係数である．h は三角形分割に現れる最大辺長を示している．未定係数 c_j は，式 (2) で $v = \phi_i$ を代入して得られる N 元連立1次方程式

$$\sum_{j=1}^n a_{ij} c_j = b_i \quad (i=1,\cdots,N)$$

$$a_{ij} = \int_\Omega \nabla \phi_j \cdot \nabla \phi_i \, dx$$

$$b_i = \int_\Omega f\phi_i \, dx + \int_{\Gamma_1} g\phi_i \, ds$$

を解いて求める．三角形がつぶれないように細分すれば，u_h は u に収束する．

ポアソン方程式の未知関数は単一の u だけであるが，複数の未知関数，例えばストークス方程式では流速 u と圧力 p，が現れる問題では，それらの関数を近似する有限要素空間を独立に選んだのでは正しい計算結果が得られない．下限上限条件と呼ばれる条件を満たすように設定することに，注意する必要がある[2]．

参考文献

1) Courant, R.: "Variational methods for the solution of problems of equilibrium and vibrations", *Bulletin of American Mathematical Society*, **49**, pp.1–23 (1943)
2) 田端正久：偏微分方程式の数値解析, 岩波書店 (2010)

有限要素法による音場シミュレーション

[英] numerical simulation of sound field by FEM

有限要素法（以下，FEM，⇒p.335）による音場シミュレーションは，FDTD法などに比べるとやや難解で，離散化の過程を直感的に把握しにくい。そのため他分野と比べるとあまり普及していないが，形状設定の自由度や汎用性から根強い需要がある。

A. 定常問題

（1）非消散系 定常問題の場合，損失を考慮しない非消散系の支配方程式は，つぎの**ヘルムホルツ方程式**（Helmholtz equation）で与えられる。

$$\nabla^2 p + k^2 p = 0$$

ここで，p は音圧，$k = \omega/c$ は波数，ω は角周波数，c は音速である。境界条件としては

$$p = \hat{p} \quad (\Gamma_p について)$$

$$\frac{\partial p}{\partial n} = \hat{p}_n \quad (\Gamma_n について)$$

が与えられる場合が多い。ただし，$\partial/\partial n$ は外向き法線方向の微分，^ は規定値を表す。音圧に関する固定境界条件（Γ_p）は，音場ではそれほど用いられず，$\hat{p} = 0$ のとき水中から見た水面に近似的に対応する。一方，境界 Γ_n は粒子速度の規定に対応し，$\hat{p}_n = 0$ で剛壁（自然境界条件），$\hat{p}_n = U_n$ で音源における速度駆動を与える。

定常音場の汎関数は，一般につぎの形で与えられる[1]。

$$\mathcal{L} = \frac{1}{2}\frac{1}{\rho c^2}\int_\Omega p^2 dV - \frac{1}{2}\frac{1}{\rho \omega^2}\int_\Omega (\nabla p)^2 dV - \int_{\Gamma_n} p U_n dS$$

ただし，Ω は領域，$\int dV$ は領域に関する体積積分，$\int dS$ は境界に関する面積積分をそれぞれ表す。

FEMでは，音場を多角形（2次元）や多面体（3次元）の要素で分割する。要素内の音圧を内挿関数により近似し，汎関数を各要素について求めれば，領域全体の汎関数はそれらの総和として与えられる。それに変分原理を適用すれば，次式のような離散化連立方程式が得られる。

$$([M] - k^2[K])\{p\} = \{\hat{Q}\}$$

ただし，$[M]$, $[K]$ はそれぞれイナータンスマトリックス，エラスタンスマトリックス，$\{p\}$, $\{\hat{Q}\}$ は節点音圧ベクトル，節点駆動ベクトルである。

（2）消散系 系に損失がある消散系では汎関数が複素数となるため，そのままでは変分原理が適用できない。その場合は，消散に見合うだけのエネルギー湧き出しを伴う随伴系を導入し，汎関数を実数の形で構成する[1, 2]。その結果，得られる離散化方程式は

$$([M] - k^2[K] + jk[G])\{p\} = \{\hat{Q}\}$$

となる。ただし，$[G]$ は損失に関するアドミッタンスマトリックスで，損失項は虚数となる。

B. 非定常問題

非定常問題の場合，時間方向にも汎関数を積分する必要がある。積分ののち，**ハミルトンの原理**（Hamilton's principle）を適用することで系を停留させれば，得られる離散化方程式は

$$[M]\{\ddot{p}\} + [G]\{\dot{p}\} + [K]\{p\} = \{\hat{Q}\}$$

のような，時間に関する2階の微分方程式となる。これを解くには時間方向の積分が必要になるが，音場解析ではルンゲクッタ法（⇒p.148）のほかに簡便な**ニューマーク β 法**（Newmark β method）[3] もよく利用される。

C. その他の関連事項

一般的にFEMは，無限開放領域を扱うのが苦手であるが，音場の場合は境界に**無限要素**（infinite element）[4] と呼ばれる等価音響アドミッタンスを接合することで，整合的に音波を吸収させて等価的に開放領域を表現する手法が採用されることが多い。無限要素には，減衰型やハイブリッド型[2, 4] などが開発されており，用途に応じて使用されている。

また音場は，振動現象と密接な関係があることから，音場と振動場の連成問題についても多くの解法が提案されている[1]。

参考文献

1) 加川幸雄：有限要素法による振動・音響工学/基礎と応用, 培風館 (1981)
2) 加川幸雄ほか：FEMプログラム選3, 音場・圧電弾性振動場－2次元/軸対称/3次元－, 森北出版 (1998)
3) N. M. Newmark: "A method for computation of structural dynamics", *Proc. ASCE, J. Eng. Mech. Div.* **85-EM**, 3, pp.467–470 (1971)
4) 加川幸雄：開領域問題のための有限/境界要素法, サイエンス社 (1983)

分野：電気・電子
部門：材料 [II-2]

誘電体
[英] dielectric

誘電体とは，誘電性を有する，すなわち，電場を印加すると分極が誘起されるような物質の総称である．絶縁体一般であるが，誘電性に起因する各種機能を意識するとき，その物質を誘電体と呼ぶ．誘電体の中には，圧力を印可すると分極/電圧を生じるもの，逆に電圧を印可すると応力/変形を生じるものがあり，これらを**圧電体**（piezo-electric material）と呼ぶ．圧電体のうち，自発分極を有するものを焦電体，さらに，焦電体のうち電場印可により分極反転可能なものを**強誘電体**（ferroelectric）と呼ぶ．

誘電体に関わるシミュレーションは，物質固有の各種物性パラメータの計算と内部組織を持つ材料パラメータの計算に大別され，前者はさらに構造物性と電子物性の二つの側面を有する．

A. 物性パラメータ

（1）結晶構造 LDA/GGA などの**密度汎関数理論**（density functional theory, ⇒ p.327）に基づく電子状態計算においては，系の全エネルギーおよび原子位置や格子変形についての全エネルギーの微分が計算可能であるので，そこから得られる原子に働く力や応力を用いて，結晶構造を求めることができる．物性パラメータ計算を，結晶構造も含む経験的パラメータを排除して第一原理的に進めようとする場合，構造決定が第一歩となる．上記の手続で決定可能なのは，絶対零度での基底状態あるいは準安定状態の結晶構造である．ペロフスカイト型の強誘電体などでは，温度変化に伴う逐次相転移が見られるが，このような相転移をシミュレートしようとすると，定温・定圧**分子動力学**（molecular dynamics）計算が必要となる．すべてを第一原理電子状態計算と組み合わせて行うのは，計算効率の観点から難しいことも多く，第一原理計算あるいは実験データを用いて有効パラメータを構築した上で，古典 MD 計算あるいはモンテカルロ計算を行うことがしばしばである．

（2）分極 自発分極あるいは電場を印可した際に誘起される分極は，イオンからの寄与と電子からの寄与に分けられる．イオン分極については，イオンの位置と価数から容易に求めることができる．一方，電子分極については，分子のような孤立系の場合と違い，無限周期系である結晶の場合は，電荷密度から一意的に求めることはできない．Berry 位相の手法を用いて，固体中の電子分極を求める手法が確立したのは，1993 年になってからのことである[1]．Berry 位相は，ワニエ軌道中心と密接に関係した物理量であるが，（最局在）ワニエ軌道自体を用いた分極計算も可能である．

（3）誘電率・圧電定数 誘電率は，一般には占有/非占有状態の電子波動関数・エネルギー固有値のデータから誘電関数の虚部を求め，それをクラマース・クローニッヒ変換することで計算される．この手法では，LDA/GGA で不可避なバンドギャップ過小評価の影響を受け，系統的な誤差が生じる．最近では，固体周期系に電場をかけた状態で電子状態計算を行う手法が提案され[2]，電場印可で誘起された分極を計算して，直接誘電率を求めることも可能となっている．圧電定数は，結晶変形時の誘起分極とボルン有効電荷などを通じて求めることができる．いずれも上記の（Berry 位相を用いた）分極計算が基盤となる．なお，前述の電場下での電子状態計算を活用すれば，電場印可時に発生する応力から直接見積もることが可能である．

（4）マルチフェロイクス 最近とみに注目を集めている物質群あるいは物理現象で，電場で磁気モーメントを制御，あるいは磁場で分極を制御でき，応用上の豊かな可能性が指摘されている．磁気モーメントの向きをあらわに扱う必要性や分極発現機構に関連して，しばしばスピン軌道相互作用・ノンコリニア磁性を考慮した計算が必要になる[3]．

B. 材料パラメータ

ヒステリシスループ 強誘電体を実際に用いる場合は，多結晶・多ドメイン構造であるのが通常である．強誘電材料の特性に対応するヒステリシスループの形状（換言すれば，抗電場などのパラメータ）は，物質固有の性質だけでなく，材料の内部組織に依存する．材料の内部組織形成については，**フェーズフィールド法**（phase-field method）でシミュレートし，ヒステリシスループについては，数学的均質化法を活用して求めるというような手続きが提案されている．

参考文献

1) 寺倉清之：ペロフスカイト系強誘電体－基礎理論の発展と応用, 固体物理 特集号「誘電体物理の新しい展開」, **35**, 9, pp.620–632 (2000), およびその中の参考文献

2) I. Souza, J. Íñiguez and D. Vanderbilt: Phys. Rev. Lett., **89**, 117602 (2002)

3) 小口多美夫, 石井史之, 浦谷佳孝：第一原理計算による物理量計算の新手法－圧電体とマルチフェロイクスを中心に, 日本物理学会誌, **64**, 4, pp.270–276 (2009)

分野：電気・電子
部門：電磁界解析 [II-4]

誘電体導波路解析
[英] dielectric waveguide analysis

誘電体導波路は，マイクロ波やミリ波，さらには光波（光ともいう）といった電磁波を局所的に閉じ込め，任意の方向に導くものである．電磁波を特定の領域（一般にコアと呼ぶ）に閉じ込めるには，通常，全反射が利用されるので，コアの屈折率が最も大きくなる．

誘電体導波路解析は，A. 固有モード解析（⇒ p.163），B. 導波路不連続解析，C. ビーム伝搬解析に分類される．なお，最近では，全反射のみならず，電磁バンドギャップ（マイクロ波・ミリ波帯）やフォトニックバンドギャップ（光波帯）を利用して，電磁波を屈折率の小さい領域に閉じ込めることも可能になっている．こうしたバンドギャップを利用する場合には，導波路解析を行う以前にバンド計算（⇒ p.222）が必要になる．

A. 固有モード解析

誘電体導波路解析の基本は，伝搬方向に構造が一様な導波路の固有モード解析である．解析領域は導波路の断面であり，動作周波数（あるいは動作角周波数，動作波長）を与えて，個々の固有モード（導波モードに対応）ごとに，伝搬方向の位相定数（固有値）と対応する電磁界分布（固有ベクトル）を求める．

誘電体導波路の固有モード解析を解析的に厳密に行うことは難しく，数値シミュレーションが必要になる．誘電体導波路の固有モード解析のための数値シミュレーション技術にはさまざまな方法があるが，あらゆる断面形状の誘電体導波路への適用が容易で，スプリアス解と呼ばれる非物理的な解が発生しない辺要素と節点要素を併用した**有限要素法**（finite element method; **FEM**）がよく利用されている．

漏れ（リーキー）構造となる誘電体導波路では，誘電体に損失がなくても，固有値，すなわち伝搬方向の位相定数は，複素数になる（虚数部は減衰定数に対応）．こうしたリーキーモードの解析では，解析領域端からの非物理的なスプリアス反射を抑圧するために吸収境界条件の導入が不可欠であり，吸収性能に優れた**完全整合層**（perfectly matched layer; **PML**）が利用されている．

B. 導波路不連続解析

誘電体導波路を伝搬方向に曲げたり，分岐させたり，あるいは複数の導波路を接続したり，結合させたり，さらにはテーパー構造やグレーティング構造を導入することによって，マイクロ波帯から光波帯にわたるさまざまなデバイスや回路を構成することができる．こうしたデバイスや回路の設計には，導波路不連続解析が必要になる．

導波路不連続解析における解析領域は，その内部にすべての不連続箇所を含む領域全体になる．任意形状の導波路不連続の解析には，**時間領域差分法**（finite-difference time-domain method; **FDTD**，⇒ p.220）や FEM（⇒ p.335）がよく利用されている．FDTD では，クーランの条件によって時間ステップに制約が課せられる．最近，こうした制約を緩和できる時間領域の**ビーム伝搬法**（beam propagation method; **BPM**）が開発されている．

導波路不連続解析では，不連続箇所において反射波，透過波，放射波などが生じる．これらが解析領域端まで到達する構造では，解析領域端からのスプリアス反射を抑圧する必要があり，PML が利用されている．

C. ビーム伝搬解析

光波帯では，導波路構造が伝搬方向に緩やかに変化し，反射波を無視できる場合がある．こうした構造では，緩慢変化包絡線近似に基づくビーム伝搬解析が有効である．

ビーム伝搬解析のための解析法を BPM と呼ぶ．BPM では，解析領域を，光波の伝搬方向とそれに垂直な面とに分け，伝搬方向に逐次的に計算を進めていくので，導波路不連続解析に比べて計算負荷を大幅に削減することができる．

BPM の原型は，光波の伝搬過程を，全空間を均質としたときの回折効果と導波路構造を反映した位相回転効果とに分離するスプリットステップ法に基づくものであり，回折効果は高速フーリエ変換によって処理される．この BPM は簡便であるが，シリコン細線のように，高密度配線が可能な高屈折率差導波路には適用できないため，伝搬方向と垂直な面に FEM や差分法を適用し，伝搬方向には無条件に安定なクランク・ニコルソン法を適用した BPM が開発されている．

ビーム伝搬解析においても，解析領域端からのスプリアス反射を抑圧するための吸収境界条件として PML がよく利用されている．また，BPM は，通常，近軸ビーム伝搬解析に用いられるが，広角ビーム伝搬解析にも対応可能な BPM が開発されている．

参考文献
1) 小柴正則：光導波路・光回路の解析技術, 電子情報通信学会誌, **82**, 9, 947 (1999)
2) 電気学会 編：計算電磁気学, 培風館 (2003)

乱流燃焼現象
[英] turbulence and turbulent combustion

乱流の数値解析は，乱流現象に内在する複雑な構造を解明，あるいは予測するために行われる。乱流変動エネルギーのパワースペクトルを波数空間でどの波数まで直接解析するかにより，直接数値計算，レイノルズ平均ナヴィエ・ストークス方程式，ラージエディシミュレーションといった解析手法がある。これらの手法は，乱流燃焼の数値解析にも適用されている。

A. 直接数値計算

直接数値計算（direct numerical simulation; **DNS**, ⇒p.345）はエネルギースペクトルの波数全体を直接解析する手法で，支配方程式を十分な解像度を持った計算格子上で離散化し，解析する。最も単純な非圧縮性の乱流場の解析には，連続の式，ナヴィエ・ストークス（Navier-Stokes）方程式が用いられる。

$$\nabla \cdot \mathbf{u} = 0$$

$$\frac{\partial u_i}{\partial t} + \frac{\partial u_i u_j}{\partial x_j} = -\frac{1}{\rho}\frac{\partial p}{\partial x_j} + \nu \nabla^2 u_i$$

ここで$\mathbf{u}$は流体の速度ベクトル，u_iは速度ベクトルのi方向の成分，ρは流体の密度，pは圧力，νは動粘度を表している。高精度の直接数値計算を行うには，乱流場の最小長さスケールであるコルモゴロフスケールを計算格子上で解像する必要があり，計算量が膨大になる。この手法はおもに乱流構造の解明に用いられている。

B. レイノルズ平均ナヴィエ・ストークス方程式

上記の支配方程式の時間平均をとり，物理量の平均値を計算することで，解析の計算量を削減できる。ナヴィエ・ストークス方程式を時間平均して得られた方程式をレイノルズ平均ナヴィエ・ストークス方程式（Reynolds averaged Navier-Stokes equations; **RANS** equations, ⇒p.345）という。この方程式はレイノルズ応力，$\rho \overline{u'_i u'_j}$を含むが，この項をモデルによって与えなくてはならない。この手法ではエネルギースペクトル全体にわたってモデルを使用するため，解析結果はモデルに大きく依存する。また，得られる解が時間平均値に限られるため，本来非定常な乱流の解析には適さない。

C. ラージエディシミュレーション

ラージエディシミュレーション（large eddy simulation; **LES**, ⇒p.345）は，支配方程式にフィルタ処理を施し，乱流場のエネルギーの大半を有する，エネルギースペクトルの低周波成分を直接解析する手法である。フィルタ[1]を施すことによって支配方程式から排除された高周波成分の低周波成分への寄与を，**サブグリッドスケールモデル**（subgrid scale model; **SGS model**）によって与える。直接数値計算に比べて計算格子を粗く設定できるため，計算量が減少するが，解析精度はSGSモデルの性能に依存する。

以下に，乱流変動エネルギーのパワースペクトルの概念図を示す。

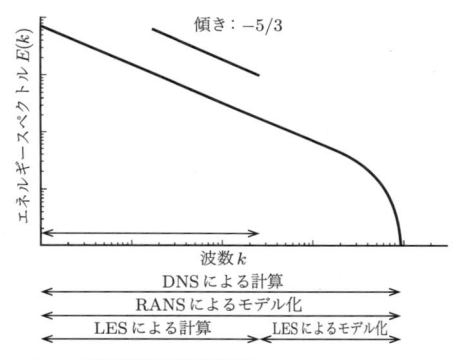

傾き：−5/3

エネルギースペクトル $E(k)$

波数 k

DNSによる計算
RANSによるモデル化
LESによる計算　LESによるモデル化

D. 乱流燃焼の数値解析

乱流燃焼の解析では，流体によって複数の化学種が輸送され，さらに化学反応によって熱エネルギーが放出されるため，連続の式とナヴィエ・ストークス方程式に加え，化学種とエネルギーの輸送方程式を解く。また，流体の密度は温度に依存して変化するため，物理量の時間平均値やフィルタ処理された値の計算には，ファブル平均（質量加重平均）を用いる。化学種の輸送方程式は化学反応項を含み，RANSやLESでは，この項のモデルを導入する必要がある[2]。

RANSでは，乱流エネルギーの減衰率が反応速度を決定する渦崩壊モデルや，燃料，酸化剤，燃焼ガスの渦塊のうち崩壊時間が最も長いものが反応速度を律速する渦消散モデル等が用いられる。LESでは，火炎の反応帯が計算格子に対して非常に薄いため，火炎面の位置を同定するためのモデル化が行われる。例として，火炎面を無限に薄い曲面と仮定するフレームトラッキング法，擬似的に火炎厚さを増して格子状に解像する肥厚火炎モデル等がある。

参考文献

1) 森西洋平：フィルタリングと数値技法，乱流工学ハンドブック（笠木伸英 総編集），pp.326–332, 朝倉書店 (2009)

2) 店橋 護：反応燃焼流体解析，計算力学ハンドブック（矢川元基・宮崎則幸 編集），pp.334–341, 朝倉書店 (2009)

リアプノフ安定
[英] Lyapunov stability

安定性理論はシステム理論や工学において中心的な役割を果たす．動的システムの研究において生ずるさまざまな種類の安定性の概念があるが，ここでは**平衡点**（equilibrium point）のリアプノフ安定性について紹介する．

自律システム
$$\dot{x} = f(x), \quad f(0) = 0 \qquad (1)$$
を考える．ここで，$f : D \to \mathbb{R}^n$ は $x = 0$ を含むある領域 $D \subset \mathbb{R}^n$ から $\mathbb{R}^n$ の中への局所的リプシッツ（Lipschitz）な写像である．その平衡点 $x = 0$ のリアプノフ安定性の定義を述べる．

定義 システム (1) の平衡点 $x = 0$ は
- それぞれの $\varepsilon > 0$ に対し
  $$\|x(0)\| < \delta \Rightarrow \|x(t)\| < \varepsilon, \quad \forall t \geq 0$$
  となるような $\delta = \delta(\varepsilon) > 0$ が存在すれば安定である．
- それが安定でなければ，不安定である．
- それが安定で
  $$\|x(0)\| < \delta \Rightarrow \lim_{t \to \infty} x(t) = 0$$
  となるような δ を選ぶことができれば**漸近安定**（asymptotically stable）である．

リアプノフの意味で，平衡点は，もしその点の近くから出発するすべての解がその点の近くに留まるならば安定で，そうでなければ不安定である．また，平衡点は，もしその点の近くから出発するすべての解がその近くに留まるだけでなく，時間が無限大に近づくにつれて，その点に向かうならば，漸近安定である．

A. 線形システム

線形システム $\dot{x} = Ax$ の平衡点 $x = 0$ が安定であるための必要十分条件は，A のすべての固有値が $\mathrm{Re}\,\lambda_i \leq 0$ を満たし，かつ虚軸上の固有値が最小多項式の1位零点となることである．平衡点 $x = 0$ は，A のすべての固有値が $\mathrm{Re}\,\lambda_i < 0$ を満たすときに限り，漸近安定である．また，A の一つ以上の固有値に対して $\mathrm{Re}\,\lambda_i > 0$，あるいは虚軸上の固有値が最小多項式の重根となるならば，平衡点 $x = 0$ は不安定である．

B. 非線形システム

まず，システム (1) の平衡点 $x = 0$ のまわりで線形化された $\dot{x} = Ax$ を考える．ただし，$A = \partial f(x)/\partial x|_{x=0}$ をヤコビ行列と呼ぶ．

定理1（リアプノフの第一定理） 平衡点 $x = 0$ は，A のすべての固有値に対して $\mathrm{Re}\,\lambda_i < 0$ ならば，漸近安定である．平衡点 $x = 0$ は，A の一つ以上の固有値に対して $\mathrm{Re}\,\lambda_i > 0$ ならば不安定である．

つぎに，リアプノフ関数を用いた平衡点 $x = 0$ の安定性を調べる方法を紹介する．

定理2（リアプノフ安定性定理） システム (1) を考える．$V : D \to R$ を連続微分可能な関数とする．以下の式
$$V(0) = 0, \quad V(x) > 0 \text{ in } D \setminus \{0\} \qquad (2)$$
$$\dot{V}(x) \leq 0 \text{ in } D \qquad (3)$$
が成り立つとき，平衡点 $x = 0$ は安定である．さらに
$$\dot{V}(x) < 0 \text{ in } D \setminus \{0\} \qquad (4)$$
ならば，平衡点 $x = 0$ は漸近安定である．

条件 (2) を満たす関数 $V(x)$ を正定値という．もしそれが $x \neq 0$ に対して $V(x) \geq 0$ を満たすならば，それを半正定値という．もし，$-V(x)$ が正定値あるいは半正定値ならば，関数 $V(x)$ をそれぞれ負定値あるいは半負定値という．リアプノフの安定定理は，もし $\dot{V}(x)$ が半負定値であるような連続微分可能な正定値関数 $V(x)$ が存在すれば，平衡点 $x = 0$ は安定であることを示す．また，$\dot{V}(x)$ が負定値ならば，平衡点 $x = 0$ は漸近安定であると言い換えることができる．

条件 (4) は実際の問題に適用するのがしばしば困難であるため，$\dot{V}(x)$ の負定値の条件を緩和する結果を紹介しよう．ある集合 M がシステム (1) の前向きの**不変集合**（invariant set）とは，初期状態 $x(0) \in M$ ならば，すべての $t \geq 0$ において解が $x(t) \in M$ を満たすことである．

定理3（ラサール（LaSalle）の不変定理） $\Omega \subset D$ をシステム (1) に関する前向きの不変集合であるコンパクト集合とする．$V : D \to R$ を Ω 内で $\dot{V}(x) \leq 0$ が成り立つような連続微分可能な関数とし，M を集合 $\{x \mid \dot{V}(x) = 0, x \in \Omega\}$ に含まれる最大不変集合とする．このとき，Ω 内から出発するすべての解は，$t \to \infty$ のとき M に近づく．

参考文献
1) H. K. Khalil: *Nonlinear Systems*, third edition, Prentice-Hall (2002)

分野：可視化
部門：バーチャルリアリティ［VII-4］

立体視
［英］stereoscopic vision

　立体視は，奥行き知覚を得る機能として捉えることができる。奥行き知覚の要因は，絵画的な要因と生理的な要因に大別される。後者は単眼情報として調節や**運動視差**（motion parallax）等があり，両眼情報として輻輳や**両眼視差**（binocular parallax）等がある。これらの要因で最もよく工学的に応用されているのは，両眼視差である。両眼視差は左右の眼の網膜上での像の位置の差として定義することができる。これら二つの像が単一像として知覚されることを両眼単一視と呼び，この状態で奥行き知覚が得られる場合を両眼立体視と呼んでいる[1]。

A. 両眼融合視
（1）両眼融合機能　　左右両眼で，ある点を固視した場合，この点は網膜上では，それぞれの眼の中心窩に位置する。したがって，両眼の結節点間を弧とし，固視点を円周上の点とすれば，この円周上の点は網膜上では同じ位置で対応し，両眼単一視が成り立つ。この円を幾何学的ホロプターと呼ぶ。実際には，このような特性を示す円は，下図に示すような経験的ホロプターと呼ばれる円で示される。この**経験的ホロプター**（empirical holopter）の前後に位置する点は，左右両眼の網膜像では異なる位置に投影されるが，両眼単一視が成立し，かつ，奥行き知覚が得られる。この状態を**両眼融合**（binocular fusion）と呼び，この範囲はPanumの融合域と呼ばれている[1, 2]。図に示すように，中心視付近では狭く，周辺視では広い融合範囲を持つ。また，融合範囲の前後に位置する点は二重像として知覚される。

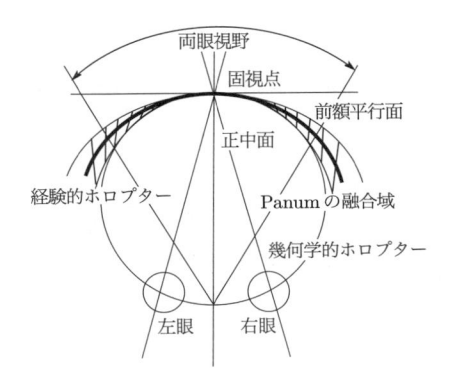

（2）両眼融合特性　　両眼融合特性は両眼立体視の基礎となるため，多様な視標で評価されている。代表的な視標として，線分とRDS（random dot stereogram）が挙げられる。RDSは，ランダムドットの一部の領域を左右の一方に移動させると得られる。線分などに対する立体視は，単眼で図形知覚を行い，かつ対応点を検出し，奥行き知覚を得ていると考えられる。しかしながら，RDSでは，まず対応点の検出を行い，奥行き知覚を経て，図形知覚がなされていると考えられる。一方，時間・空間周波数特性としての両眼融合特性の傾向は，このような視標の違いの影響を大きく受けてはいない。一般に，MTF（modulation transfer function）を評価するような繰り返しのあるパターンであれば，水平空間周波数は3 cpd（cycle per degree），時間周波数は15～30 Hzが両眼融合の上限である[2]。

B. 立体画像と立体視
（1）輻輳と調節機能　　自然の外界を観視している場合は，眼球運動による固視点とピント調節点は一致する。この特性はDonders'lineで示されている。ただし，輻輳点あるいはピント調節点を固定しても，両眼単一視のためには，**ピント調節**（accommodation）と**輻輳**（convergence）には一定の許容範囲が存在することも含まれている。さらに，手前33 cmより奥行き方向，かつ，許容範囲の最大値の1/3の範囲は，Percivalの快適視域と呼ばれ，視覚的な負担の少ない範囲といわれている。

（2）立体画像での立体視　　左右両眼に対応する画像に対する両眼立体視は，自然の外界を観視している場合とは異なる。奥行き知覚は両眼視差で得られるが，ピント調節は画像の表示画面に対して機能する。このため，大きな両眼視差であれば，輻輳点は表示画面から大きく離れた点に位置し，ピント調節は，焦点深度も含めて表示画面の近傍に位置する[2]。加えて，撮像系において光軸を交差させて画像を得ると，表示系では，視差の非線形的な表示になる場合がある。「大きさの恒常性」と矛盾した表示であるため，画面内の表示物の厚さが薄く知覚される「書き割り」効果や人・物が小さく感じられる「箱庭効果」などの原因となることが知られている。

参考文献
1) 原島　博 監修：3次元画像と人間の科学，オーム社（2000）
2) 三橋哲雄ほか：画像と視覚情報科学，コロナ社（2009）

分野：機械
部門：計算力学・設計工学・感性工学・最適化 [III-5]

リバースエンジニアリング
[英] reverse engineering

一般に，現在の工業製品の製造工程では，**CAD** (computer-aided design) で設計を行い，それを用いて **CAE** (computer-aided engineering) による性能検討を行い，**CAM** (computer-aided manufacturing) によって製造を行う。しかしながら，CADデータと実際にできあがった製品とを比較すると，必ずしもCADデータどおりになっていないことも多い。そのため，より実機に即したシミュレーションを行うためには，製造された製品を計測し，それをもとに新たにCADデータおよびシミュレーション用の解析モデルを作成することが必要になってくる。以前は，このようなことを実現するのには多くの困難があったが，現在では，計測技術およびコンピュータの演算能力の飛躍的な向上によって可能になってきている。このように，実機の計測データから出発し，それをもとにCADデータを作成して，元のCADデータと比較し，そしてシミュレーションにより性能予測をするといった一連のプロセスを，リバースエンジニアリングと呼んでいる[1,2]。

リバースエンジニアリングにはいくつかのステージがある。A. 計測データの取得，B. 前処理（ノイズ除去など），C. セグメンテーション，D. 曲面のフィッティング，E. CADデータの生成である。

A. 計測データの取得

実機の形状データを取得するには，大きく分けて二つの手法がある。一つは，対象物の表面や内部にレーザ光線やX線などを当て，その反射などによって位置情報を取得する非接触法と呼ばれる手法である。レーザスキャナやX線CTスキャンがその例である。もう一つは，アームの末端にある機械式プローブを用いることによって表面形状データを取得する接触法と呼ばれている手法である。

B. 前処理

一般に計測においてはノイズが発生する。そのため，より良いデータを作成するためには，計測で得られたデータからノイズを除去したり，計測が十分でなくデータが不十分な領域にデータを補ったりしなくてはならない。ノイズ除去に関しては，除去が十分でないと特徴部分の抽出精度が落ちる危険性がある一方で，除去しすぎると本来の特徴が失われてしまうこともある。

また，曲面フィッティングの前処理としては，対象物表面の位相的構造を捉えるために，三角形メッシュによる構造再構成も重要である。これには，**MOA** (maximum opposite angulation) 法や α-shapes による手法などが知られている。

さらに，レーザスキャナなどによる計測手法では，対象物全体のデータを一度に取得することは困難であるため，通常複数回の計測が行われ，それらを一つのデータとするために位置合わせと呼ばれる手法が前処理として必要となる。

C. セグメンテーション

セグメンテーションとは，元の点群データもしくは三角形メッシュデータを，これらが持つある性質に従って部分集合の族に分割することである。セグメンテーションには，大きく分けて edge-based 法と face-based 法の2種類があり，edge-based 法とはその名のとおり，曲面間のエッジを，法線ベクトルなどを用いて求める手法である。一方，face-based 法は同一の性質を持つ点または要素の，連続した領域を個々の曲面として求めていく手法のことである。

D. 曲面のフィッティング

曲面のフィッティングとは，与えられた点群データに対して，最良の近似となるような曲面を求めることである。一例としては，まず，平面や円筒面などの基本的な曲面の認識を行い，残りの自由曲面に対応する部分に対しては，B-Spline曲面や **NURBS** (non-uniform rational b-spline) 曲面などを付与する。また，最近では，NURBS曲面の代わりに T-Spline という新しい曲面も用いられるようになってきている。

E. CADデータの生成

最終的には，上記で生成された曲面データは，**B-Rep** (boundary representation) などの構造を付加し，CADシステムによって読み書きができるように，システム独自のフォーマットや **IGES** (initial graphics exchange specification) や **STEP** (standard for the exchange of product model data) などの標準フォーマットで格納される。

参考文献

1) 萩原一郎，篠田淳一：構造再構成技術の現状と展望，日本機械学会・計算力学部門「ここまできたリバースエンジニアリング」No.04-58 講習会，pp.1-10 (2004)

2) P. Benkő, et al.: "Algorithm for Reverse Engineering Boundary Representation Models", *Computer-Aided Design*, **33**, 11, 839 (2001)

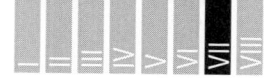

分野：可視化
部門：シミュレーション検証のための可視化 [VII-6]

粒子画像流速測定法
[英] particle image velocimetry; PIV

粒子画像流速測定法とは，レーザーやCCDカメラが普及し始めた1990年代半ばから急速に発展した流速測定法である．気体や液体の流れの中にトレーサとなる粒子を混入し，レンズ等でシート状にした光を観察領域に照射して，粒子からの散乱光をカメラで撮影する．2時刻以上の画像中における粒子の移動を相関係数に基づいて解析して速度を得る．解析では画像を小さな検査領域に分割し，その領域内の粒子群の平均移動距離を，2画像間の画像輝度値パターンの類似性から評価する．

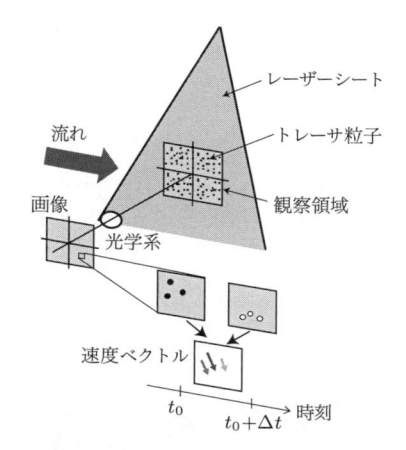

（micro，⇒p.323）・ナノスケールでの計測に容易に拡張できる．微小流れの計測では熱線流速計のような接触式計測手法を用いることは難しく，非侵襲計測手法であるPIVは非常に有用である．

1 Mpixel以上の高解像度カメラが普及したことや，再帰的相関法や画像変形法など多種多様な解析法がこれまでに提案されていることから，多点同時計測，高い空間解像度というアドバンテージを伸ばしつつ，移動量が大きい流れや強い剪断を伴う流れなどにもある程度対応できるようになってきている．再帰的相関法とは，検査領域を初めは大きくし，徐々に小さくすることによって空間解像度を向上させる方法で，移動量算出値の小数点以下の誤差が大きくなるものの，誤ベクトルは減る．構造物などによる照明光の散乱などによって2画像間の相関係数のピーク値が下がると，誤ベクトルが生じる可能性がある．誤ベクトルを除去するために，統計的処理や周囲の検査領域での算出値との比較などが行われる．

PIV解析法の誤差は，移動する粒子の像をコンピュータシミュレーションで作成し（人工画像），これを解析することで評価できる．ただし，実際に撮影した画像をPIV解析した結果の誤差評価は，その関連パラメータが非常に多いため容易ではなく，画像解析に起因する誤差に加え，ハードウェアおよびその設定などに関する多くの因子を考慮する必要がある．

A．PIVの特徴

粒子像の類似性を利用するため，検査領域内には5個程度の粒子が含まれ，画像上の粒子サイズが2 pixel以上，空間周波数が2 pixel程度ある必要がある[1]．また，2画像間の時間差Δtが大きすぎると，流れによって粒子像の類似性が崩れるため，粒子移動量が2〜8 pixel程度となるΔtを設定する必要がある．これらに起因して，PIVは測定のダイナミックレンジが，熱線流速計やレーザードップラー流速計（LDV）などの従来の点計測器に比べて劣る．時間分解能が低いため，加速度など速度の微分値の算出精度が他の手法より低くなる．一方，画像に基づく計測法であることから，多点同時計測が可能であり，流れを直感的に把握しやすい点で，熱線流速計やLDVより優れた定量計測法である．また，画像に基づくため，その拡大倍率を任意に設定することができ，顕微鏡観察下の**マイクロ**

B．動向と応用分野

PIVはもともと流れのある断面における2次元速度分布を測定する方法であるが，観察面を奥行き方向にスキャンさせる方法や，ホログラフィの導入，**ステレオ**（stereoscopic，⇒p.167）撮影などにより，3次元計測に拡張することも可能である．最近では**トモグラフィックPIV**（tomographic PIV，⇒p.241）と呼ばれるボリューム計測法の開発が盛んである．

PIVは直感的で，かつ情報量が多いため，多くの研究開発分野で利用されている．自動車や航空機まわりの流れ，エンジン内の流れ，河川・海洋の流れや流体機械など，さまざまである．特に工業製品の多くはコンピュータシミュレーションを活用して効率的に設計されるため，そのシミュレーション結果の検証にも有効である．

参考文献
1) 可視化情報学会 編：PIVハンドブック，森北出版 (2002)

分野：環境・エネルギー
部門：地域・地球環境 [IV-1]

粒子飛散現象
[英] particle dispersion phenomenon

吹雪，飛砂（黄砂），花粉など，われわれの身のまわりではさまざまな粒子の飛散現象が観察される。これらは，われわれの居住環境はもちろんのこと，時には健康にも重大な影響を及ぼす。

A. 風による粒子の運動プロセス

下図に雪粒子や砂粒子の運動形態を示す。運動形態は転がり（creep），跳躍（saltation），浮遊（suspension）の三つに分類することができる。転がりとは，粒子が雪面を転がりながら移動する現象であり，鉛直方向の移動高さは約0.01 m以下である。跳躍とは，粒子が跳ね上がり，その後落下して雪面との衝突を繰り返しながら移動する現象であり，その跳躍高さは0.01～0.1 m程度である。浮遊とは，風速が大きくなって跳躍粒子が乱流（⇒p.339）により上方へ運ばれて空中を漂う現象であり，浮遊高さは0.1～100 m程度，あるいはそれ以上である。これらの運動は，風と粒子の運動量交換を行いながら発達するため，それぞれの過程を適切にモデル化することがシミュレーションを行う上での課題となる。また，花粉などの場合は，物体への付着などの挙動も重要な要素となる。

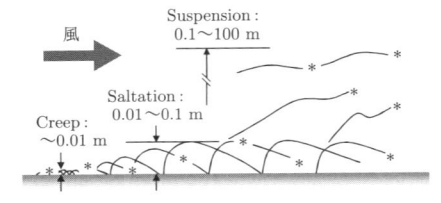

B. 粒子飛散現象のシミュレーション方法

粒子の飛散現象は，固体である粒子と空気が混合した流れであるので，**固気混（二）相流**（gas-solid multi-phase (two-phase) flow）と表現される。固気混相流は現象が非常に複雑で，理論的な扱いが困難であったため，経験的な取り扱いをされることが多かった。しかし，最近はコンピュータの発達により，現象を支配する基礎方程式を直接，あるいはモデル化した上で解析する**CFD**（computational fluid dynamics; 数値流体力学，⇒p.130）に基づくシミュレーションが主流となってきている。

固気混相流のシミュレーション方法は，2種類に大別することができる。一つは有限要素法や有限差分法をはじめとする連続体力学的な手法（**オイラー的手法**; Eulerian approach）であり，もう一つは個々の粒子の運動を**ラグランジュ的手法**（Lagrangian approach）により追跡する離散要素法である。なお，固気混相流において，流体に対して粒子の割合が多く，いわゆる濃度が高い状態になると，粒子同士の衝突が無視できない場合が生じる。しかし，吹雪，飛砂など自然界に存在する粒子飛散現象では，平均的には粒子濃度は低いと考えられるので，これらの影響は考慮しない場合が多い。また，自然界の気流は一般に乱流であるため，その表現方法も重要な問題となる。

現在行われている粒子飛散現象のシミュレーションでは，粒子にはラグランジュ的手法を，気流にはオイラー的手法を用いるのが主流である。しかし，粒子も気流もオイラー的手法で表現する2流体モデルも用いられる。このモデルは，粒子群が形成する粒子相を一つの流体と見なし，粒子が浮遊している流体の連続相と合わせて，混相流が二つの異なる流体から成り立っているとするモデルである。この場合，粒子群の挙動の物理的なモデル化が重要となる。

C. シミュレーション事例

下図は，CFDによって得られた建物周辺の気流場から，雪粒子の挙動をラグランジュ的手法により解析することで，建物への雪の吹き込みを予測した例である。なお，ここでは浮遊のみを対象としているが，雪面付近の雪の輸送は跳躍が支配的であるといわれており，吹き溜まり等の予測においては，考慮する必要がある。

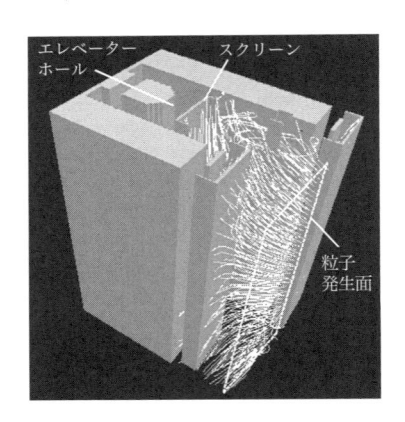

参考文献

1) 粉体工学会 編：粉体シミュレーション入門―コンピュータで粉体技術を創造する，産業図書 (2001)
2) 日本流体力学会：ながれ（特集－飛散を伴う流体現象と居住環境問題），第26巻，第5号 (2007)

分野：機械
部門：流体力学・熱工学 [III-2]

流体シミュレーション
[英] fluid simulation

流体の数値計算は **CFD** (computational fluid dynamics) と呼ばれ，流体の運動を支配する方程式を計算機により数値的に解くことで，流体解析を行う方法である[1]．

CFD の大まかな手順は，つぎのようになる．(1) 流れを支配する方程式の数学モデルを与える．(2) 数学モデルを離散化する．(3) 計算格子を与える．(4) 計算を実行する．

以下に，計算結果に大きな影響を与える (1)～(3) の手順の概略を説明する．

A. 数学モデル

流れを支配する方程式を偏微分方程式や積分形微分方程式で表現し，その境界条件を与える必要がある．

例えば管路内の流れに対しては，流体の運動方程式であるナヴィエ・ストークスの方程式（NS 方程式），連続の式とエネルギー方程式を解くことで解が得られる．流れ場が層流であれば，計算は比較的容易であるが，産業界で扱う流れの多くは乱流であり，数値解析は困難を伴う．以下に乱流の代表的な数学モデルを紹介する．

NS 方程式を直接解く方法として **DNS** (direct numerical simulation) がある．これはコルモゴロフスケールと呼ばれる乱流の最小構造を捉えられるだけの計算格子幅が必要となり，必要な計算格子の数はレイノルズ数のおよそ 3 乗に比例する．計算負荷がきわめて高い．

LES (large eddy simulation) は，乱流の空間平均に着目した方法である．乱流の流れ場においては大小さまざまな運動スケールが存在するが，小さなスケールの運動は，大きなスケールの運動に比べてはるかに弱く，物理量の輸送にはほとんど影響しない．そこで，LES は大きな運動スケールの流れ場を，完全な流れ場に局所平均を施すフィルタ操作を行った流れ場として扱う．この方法は 3 次元かつ非定常の計算が必要であり，高負荷であるが，DNS と比較するとはるかに低負荷ですむ．

LES よりも計算負荷の軽い乱流モデルとして，**RANS** (Reynolds averaged Navier-Stokes) がある．これは乱流運動を時間平均成分と変動成分に分けて考えて，乱流を工学的にモデル化し，時間平均成分に着目して解く方法である．モデル化のために詳細な流れ場の状態を捉えることはできないが，工学的に必要な情報を得るには十分であることが多く，実用上耐えうる計算時間で，ある程度の予測が可能である．この方法の代表的なものとして，k-ε モデルが挙げられる．k と ε の二つの輸送方程式を解いて，渦粘性を決定するモデルである．

B. 離散化手法

数学的モデルを選択したのち，時空間において離散的に定義された変数による代数方程式の系で，微分方程式を近似する必要がある．離散化手法としては，有限差分法，有限要素法，有限体積法などがある．

（1）有限差分法 物理量の微分を差分式で近似する方法である．流体シミュレーションでは，連続の式を満たすように圧力の導出を工夫した MAC (marker and cell) 系列の方法がよく用いられる．

（2）有限要素法 物理量の分布を要素内で関数近似する方法である．形状適合性や解析精度が良いが，計算負荷が大きい．

（3）有限体積法 小領域（セル）の境界における物理量の出入りのつり合いを近似する方法である．方程式の積分形から解析領域を格子によって有限個の隣接するコントロールボリューム (CV) に分割し，その中心に計算点を割り当てるものである．形状適合性と保存性の良さから，市販の CFD で標準的に用いられている．有限体積法の反復計算法として，SIMPLE (semi-implicit method for pressure-linked equations) 系列の方法がよく用いられている．この方法は圧力場を求めるために連続の式と NS 方程式を連立して，繰り返し計算によって収束解を得る方法である[2]．

C. 計算格子

計算すべき離散位置は計算格子によって定義される．計算格子は解析領域を有限個の小さな領域に分割する．その方法は構造格子と非構造格子に大別されるが，市販の CFD では非構造格子を用いたものが多い．

非構造格子は，有限体積法と有限要素法に適した方法である．任意の形状に対して格子を既存のアルゴリズムを用いて自動生成することが可能である．2 次元では三角形や四角形がよく用いられる．また，複雑形状に対する適合性が構造格子よりも高く，格子一つ当りの計算量は構造格子に比べて多いものの，非構造格子は実用的な計算に向いている．

参考文献

1) 小林敏雄ほか 訳：コンピュータによる流体力学，シュプリンガー・ジャパン (2003)
2) スハス・V・パタンカー：コンピュータによる熱移動と流れの数値解析, 森北出版 (1985)

流体シミュレーションとボリューム可視化

[英] volume visualization in computer fluid dynamics

流体解析のポストプロセッシングとして，流速や温度といった解析結果の可視化が一般的に行われている．解析結果の可視化により物理現象の大域的・直感的な理解が容易となる．

ここでは，流体解析分野で用いられる標準的な可視化方法である，A. 速度ベクトル表示，B. 流線表示，C. コンター表示，D. 等値面表示，E. ボリュームレンダリングについて概説する（⇒ p.165, p.308）．

A. 速度ベクトル表示

空気の流れは，その速度をベクトルの大きさや色で，流れの方向を矢印などで可視化表現する．以下に，室内に配置された天井エアコンによる気流解析の速度ベクトル分布を示す（流れの方向を把握しやすいように一定の大きさで矢印を表示している）（口絵33，以下同）．エアコンから吹き出した流れがテーブルに当たり，そこから室内に広がっていく様子がわかる．

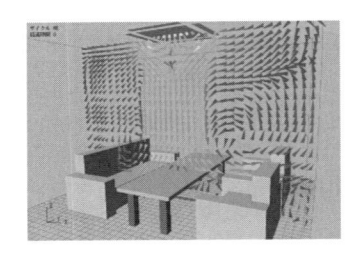

B. 流線表示

定常な流れにおいて流線開始点を決め，ある時間間隔で流速ベクトルを積分して求まる座標を繋いでいくことで流線を生成する．ベクトル表示では把握しにくい3次元的な流れを表現することができる．以下は電子計算機センターのサーバルーム内の床下空調解析結果を流線により可視化したものである．

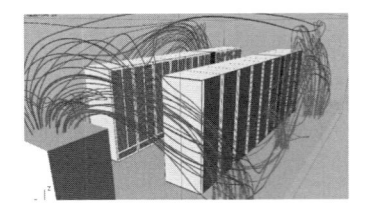

C. コンター表示

コンター表示は，速度や温度などのスカラ量を断面や物体表面で表現する等高線である．下図はエアコンからの冷気が室内に広がっていく様子を室内断面で可視化した例である．

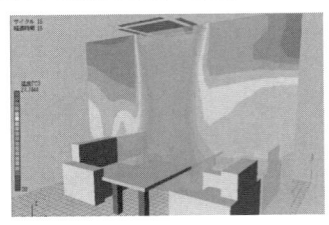

D. 等値面表示

2次元で表現される等高線がコンター表示であるが，それを3次元に拡張して可視化したものが等値面である．立体的なスカラ量の分布を把握することができる．下図はビル火災時の煙が外気で流されていく様子を等値面で表現している．これにより，近隣の建物への影響を調べることが可能となる．

E. ボリュームレンダリング

ポリゴンではなく，画素より小さいスケールの不透明発光粒子で表現する[1]ため，空間に散布された霧状のものを現実に近い形で表現をすることが可能である．下図は室内の**汚染物質**（contaminant）の濃度分布を可視化したものである．

参考文献

1) 坂本尚久, 小山田耕二：粒子ベースボリュームレンダリング, 可視化情報学会論文誌, Vol.27, No.2, pp.7–14 (2007)

分野：環境・エネルギー
部門：地域・地球環境 [IV-1]

流体騒音
[英] aerodynamic noise

A. 騒音の種類

騒音の中で，空気の流れにより発生する騒音を，流体騒音または空力騒音（⇒p.93, p.130）という。一般に，騒音は固体の振動や気体の爆発などが空気の体積変化を起こすことで発生する。発生した騒音がどのように伝わるかをシミュレートする分野が，**計算音響学**（computational acoustics）である。一方，空調機のファンの騒音のように，空気の直接的な圧縮が重要でない場合でも大きな音の発生があることが，20世紀後半になって知られてきた。研究の最初は，ジェットエンジンの騒音だったが，空調機の送風音，自動車の風切り音，新幹線のパンタグラフなどからの音，巨大風車からの騒音など，われわれが普通に生活する周辺で高速に運動する物体が増えるに伴ってその対象は増加し，計算機シミュレーションによる騒音予測が重要となってきた。このシミュレーション分野を**計算空力音響学**（computational aeroacoustics）と呼ぶ。

B. 流体騒音の性質

流体騒音あるいは空力騒音は，空気の運動だけが関係する現象であり，他の要素を考える必要はない。しかし，その予測をシミュレーションで行うことは，流体の平均的な大スケールの運動と音波と呼ばれる小スケールの運動の間でスケールが大きく異なるため，非常に難しい。一般に，騒音を生み出す流体の流速は，音速に比べて小さい。さらに，流体騒音のエネルギーは，騒音を生み出す流れのエネルギーに比べて極端に小さい。また，騒音の各周波数の音の発生には，対応する波長に比べて非常に小さい流れの中の変動が関係することによる。例えば，部屋のエアコンのファンの場合，すべての方向に放出される全騒音の単位時間のエネルギーは，送風される空気の運動エネルギーの10^{-7}である。また，3 kHzの音は約10 cmの波長を持つが，関係する流れの変動は1 mm程度以下である。

流体騒音の発生源が一様流中に置かれた円柱など流線形でない鈍い形状の物体の場合，一番大きな音は，物体後方に放出される**カルマン渦**（Kármán vortex）による音である。この音のだいたいの大きさは，カルマン渦の渦の強さや周波数に依存し，物体に働く力の実験あるいは簡単な計算のデータから経験的にある程度予測できる。しかし，環境騒音として問題になるものは，翼型のような流線形物体からの流体騒音であるため，予測には解像度の良いシミュレーションを行う必要がある。

C. 流体騒音の予測

流体騒音の予測シミュレーションは

(1) 非常に精度・解像度の良い直接シミュレーションによる予測
(2) 近似的な騒音方程式を用いたシミュレーションによる予測
(3) 流体シミュレーション結果を使った理論解析による予測

の三つの方法に分けられる。

現実的な環境騒音の予測のためには3次元現象の解析が必要であり，空間解像度の高い長時間を扱う計算が必要になる。このため，現在のスーパーコンピュータの計算速度でも，広い可聴領域での予測を行えるのは(3)の方法である。ただし，音を出す領域と騒音を予測する領域は，少なくとも数波長程度離れていることを前提とする。

D. 流体シミュレーション結果を使った騒音の理論解析

簡単に，(3)の方法を解説する。非線形問題を取り扱うとき，理論的方法として**特異摂動法**（singular perturbation）がある。この方法の一つの切りつなぎ法は，空間を近接場と遠方場に分け，各場の方程式を異なるスケールパラメータで展開して解く。展開の各段階で二つの場の情報は境界条件などとして交換される。流体騒音の場合，各場の展開の第1近似は，近接場が非圧縮流体方程式，遠方場が音響の波動方程式である。通常，遠方場の第0近似として静止解を使って近接場を解き，その解を使って遠方場での音の伝播を議論する。この遠方場の方程式では，近接場の解は原点付近の「音源」の効果をもたらす。このことを**Lighthillの音響アナロジー**（Lighthill's acoustic analog）と呼ぶ。流体シミュレーションは近接場だけを行う。ここで，時間スケールは近接場，遠方場で同じであるため，十分長時間のデータをとる必要があることに注意しなければならない。音の強さや周波数特性は，近接領域での解に依存する。近接場が物体を含んでいるとき，2重極音源で音響強度は流体の平均速度の6乗に比例し，物体がないとき，4重極音源で音響強度は流体の平均速度の8乗に比例することが理論的に示されており，数値シミュレーションの結果もこの傾向を大きく崩すことはない。現在の計算結果は，より良く解像できた近傍場の渦の大きさに対応して，低周波数領域で実験結果を良く予測できることを示している。

参考文献

1) 望月　修，丸田芳幸：流体音工学入門，朝倉書店 (1996)

分野：可視化
部門：ビジュアルデータマイニング［VII-2］

流体力学におけるビジュアルデータマイニング

[英] visual data mining in fluid dynamics

流体現象の理解は従来，シミュレーション・計測で得られた流体物理量データを可視化表示し，これを人間の目で眺めることで行われてきた．しかし，シミュレーション・計測技術の発展とともに扱うべきデータが膨大になり，可視化だけに頼った人間ベースの現象理解が困難になってきた．そこで，従来の可視化技術の単独利用に代わり，データマイニングを伴う可視化が近年になって有力視されている．

ビジュアルデータマイニング（⇒p.279）は，膨大かつ複雑なデータに潜む傾向を，人間の理解しやすい情報形態（数値・画像・文章など）に置き換える技術である．流体力学の分野では，A. 分散分析，B. 自己組織化マップ，C. ラフ集合などのデータマイニング手法がよく利用されている．

A. 分散分析

分散分析（analysis of variance）は，さまざまな入力変数に依存する出力関数について，各変数が関数に及ぼす寄与（主効果・交互作用）の程度を統計量（分散）として定量化する手法である．流体力学のデータを例にとると，変数は物体の形状や配置に，関数は物体まわりに生じる流体物理量やそれに起因する流体性能などに対応する．下図は，遠心ディフューザの羽根形状が圧力回復性能に及ぼす寄与の内訳を分散分析により算出した結果である．羽根の前縁角度・後縁角度およびそれらの組み合わせによって圧力回復性能が大きく変化することがわかり，ディフューザ性能を支配する主要な羽根形状を選別できるようになる．

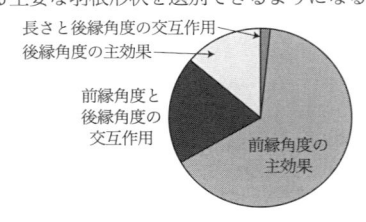

B. 自己組織化マップ

分散分析では，特定の変数が関数に及ぼす寄与の強弱はわかっても，その変数値を大きく，または小さくしたときの関数の定性的傾向はわからない．自己組織化マップ（self-organizing map，⇒p.281，B）は，一般的な多次元（多変数・多関数）データに含まれる特徴（類似・相反関係）を保持した状態で，多次元データを2次元平面上に非線形射影する手法である．下図は，既出の遠心ディフューザの圧力回復性能と羽根前縁角度を次元として作成された自己組織化マップであり，各次元値で色付けされている．各マップ上の同じ位置（右下隅部）で圧力回復性能と羽根前縁角度の各値が小さくなっていることから，これらの次元間には正の相関があることがわかり，ある主要な羽根形状を調整することでディフューザ性能を適宜制御できることがわかる．

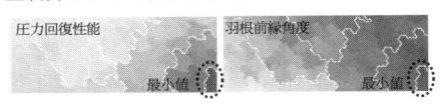

C. ラフ集合

自己組織化マップでは，マップを各次元値で色付けし，それらを人間の目で一枚一枚比較する必要があるため，結果として人間の主観に左右されやすい．ラフ集合（rough set）は，集合演算を応用したルール抽出法であり，各変数・関数の間に成り立つ支配的ルールをif-then条件文として系統的に抽出するものである．分析対象データの属性値を離散化（例えば「高」「中」「低」の3水準に分割）したのち，関数がある特定の水準を満たす際に成り立つ，各変数の水準組み合わせルールを列挙する．異なる複数のルールで共通して現れる変数水準を調べることで，関数の水準決定に必要最小限の変数を洗い出す（縮約）．さらに必要であれば，ルールが成立する頻度が極端に低いものを切り捨てるなどして，有力なルールに絞り込むこともできる（フィルタリング）．下表は，ラフ集合により抽出された，エンジン付き航空機主翼の最小化すべき各性能の水準が「低」となるためのルールに出現する，翼型形状特徴の水準と回数を表す．翼下面最大厚み位置と翼型最大厚み位置の水準がともに高い（位置を後方にする）とすべての性能の水準が低く（良く）なることがわかり，性能改善のための翼型形状に関するルールを客観的観点から導き出すことができる．

「各性能の水準＝小」となるためのルールに出現した各形状の回数

形状＼性能	抵抗	衝撃波強さ	構造重量
翼下面最大厚み位置	2	6	3
翼下面最大厚み	3	5	11
翼型最大厚み位置	6	3	3
翼型最大厚み	4	3	2

各形状の水準：高／中／低

参考文献

1) B. Efron, et al.: "The Jackknife Estimate of Variance", *The Annals of Statistics*, **9**, 3, pp.586–596 (1981)

2) T. Kohonen: *Self-Organizing Maps*, Springer (1995)

3) 森典彦ほか編：ラフ集合と感性－データからの知識獲得と推論，海文堂出版 (2004)

分野：共通基礎
部門：物理基礎 [I-3]

量子色力学
[英] quantum chromodynamics

自然界の四つの基本的な力（重力，電磁気力，強い力，弱い力）の一つである強い力は，10^{-15} m 程度の非常に短距離のみで働き，核子（陽子および中性子）をたがいに結合させて原子核を作る役割を担っている．この力を記述する基本法則は量子色力学として知られており，数学的には非アーベル群である SU(3) 群に基づくゲージ場の理論として書かれる．

現在までに知られている最も基本的な物質の構成要素は，クォークとレプトンである．そのうちクォークは，量子色力学で決まる力に従って結合状態を作り，それが自然界に存在する核子を形成する．一方のレプトンは，電子とニュートリノを含む．

A. 量子色力学の概要

量子色力学においては，クォークは空間的に広がる場として表され，量子力学の基本原理である波（場）と粒子の二重性に従って粒子的な性質も持つ．クォーク場は三つの内部自由度を持つ．色の 3 原色との類推からこれを「色」の自由度と呼んでおり，この色の自由度に働く相互作用を記述するのが量子色力学である．これは，電磁気力が粒子の持つ電荷に働くのと似ており，理論形式も類似なものになっている．電磁気学では力を伝える場は電磁場，すなわち光であるが，量子色力学ではグルーオン場と呼ばれる別の場が力を媒介する．グルーオン場自身も色の自由度を持つという性質のため，量子色力学の働く力は近距離で弱く，逆に遠距離で強くなるという性質がある（漸近自由性）．

強い相互作用の働く場の様子を，基礎理論である量子色力学に従って解析的な手法で解くことは，著しく困難な問題であり，クォークの複合状態である核子や中間子の性質を計算するには，数値的方法が不可欠である．格子量子色力学（格子 QCD とも呼ばれる）は，量子色力学を 4 次元格子の上に定義し，空間全体に広がった無限個の自由度を持つ場の理論を有限個の自由度の理論の形に書くことで，数値計算を可能にする．

B. 格子 QCD

格子 QCD では，クォーク場の自由度 $\psi_x, \overline{\psi}_x$ を 4 次元立方格子の各格子点 x に，グルーオン場の自由度 $U_{x,\mu}$ を隣り合う格子点を結ぶリンク上に置く（μ は 4 次元空間における方向を表す．$\mu = 0 \sim 3$）．求めるべき物理量は，$\langle O \rangle \propto \int [dU][d\psi][d\overline{\psi}] O(U, \psi, \overline{\psi}) e^{-S(U,\psi,\overline{\psi})}$ として，各格子点あるいはリンク上に置かれたすべての自由度 $U_{x,\mu}, \psi_x, \overline{\psi}_x$ に関する多重積分の形で書かれる．ここで，$S(U, \psi, \overline{\psi})$ は相互作用を特徴付ける作用で，$U_{x,\mu}, \psi_x, \overline{\psi}_x$ の汎関数の形で与えられる．上記の定義式は，演算子 $O(U, \psi, \overline{\psi})$ の，あらゆる可能なクォークとグルーオンの背景場に関する期待値と解釈される．背景場は，重み $e^{-S(U,\psi,\overline{\psi})}$ に従って積分に寄与する．すなわち，格子 QCD の問題は，ボルツマン分布に従って状態が生成される統計模型に類似している．

この多重積分の数値的な評価においては，モンテカルロ法が用いられる．すなわち，重み $e^{-S(U,\psi,\overline{\psi})}$ に従って背景場をランダムに生成し，十分な数の背景場のサンプルに関して演算子 $O(U, \psi, \overline{\psi})$ の期待値を計算する．ただし，クォーク場はフェルミ統計に従うため，積分の際に反交換関係を課さなければならない．このため，実際の計算では，クォーク場を先に積分した式に対して，背景ゲージ場のモンテカルロ積分を実行する．その際の重みは $\det D(U)^2 e^{-S(U)}$ の形を持ち，クォーク場の作用によって定義される大規模なフェルミオン行列 $D(U)$ の行列式で書かれる．この行列式の計算が，全体の計算コストの大部分を占める．現在の計算アルゴリズムでは，行列式の評価を逆行列の計算に置き換えて計算するため，最も頻繁に現れる計算は大規模線形 1 次方程式の逆行列計算となる．行列の条件数はクォーク質量に逆比例するので，現実世界の軽いクォークのシミュレーションに要するコストは非常に大きい．

C. 格子 QCD シミュレーション

格子 QCD シミュレーションは 1980 年代に始められたが，2000 年代後半になって，ようやく現実に近いクォーク質量でのシミュレーションが可能になった．格子 QCD のシミュレーションによって，核子や中間子などの質量や，崩壊の際の形状因子などの計算，核子間の相互作用の計算が可能になる．宇宙初期に実現していたとされる高温状態のシミュレーションも可能で，高温状態で実現が期待されるクォークグルーオンプラズマの性質の解明も期待される．また，中性子星の中心部など，非常に高密度な物質の性質の計算にも格子 QCD の応用が望まれるが，フェルミオン行列式が複素数になってモンテカルロ法が適用できなくなる問題があるため，ゼロ密度近傍での計算しか実現していない．

参考文献
1) 青木慎也：格子上の場の理論，シュプリンガー現代理論物理学シリーズ (2005)

分野：共通基礎
部門：物理基礎 [I-3]

量子力学の基礎方程式
[英] Schrödinger equation

次の形の偏微分方程式を考える。
$$\nabla^2 \psi + k^2 \psi = 0$$
この方程式は，$k^2 = 0$ のとき**ラプラス方程式** (Laplace equation)，k^2 が正定数のとき**ヘルムホルツ方程式** (Helmholtz equation)，k^2 が負定数のとき拡散方程式（の空間部分）である。偏微分方程式が変数分離可能な座標系は11種類（カーテシアン，円柱，楕円柱，放物柱，球，長球面，偏球面，回転放物面，共焦楕円面，錐面，共焦放物面）あり，それらは共焦楕円体座標系の特別な場合と考えられる。ラプラス方程式の場合は，これら以外に3種類の特別な座標系（2極，円環面，双球面）がある[1]。

A. 1電子のシュレディンガー方程式
水素原子などの原子核のまわりにだだ1個の電子を持つ原子において，原子核は電子に比べて非常に重いから静止していると考えると，$\hbar$ をプランク定数，m を電子の質量，Ze を原子核の電荷として，電子の波動方程式 $H\psi = E\psi$ は
$$\left(-\frac{\hbar^2}{2m}\nabla^2 - \frac{Ze^2}{r}\right)\psi(x,y,z) = E\psi(x,y,z)$$
と書ける[2]。球座標系 ($x = r\sin\theta\cos\phi$, $y = r\sin\theta\sin\phi$, $z = r\cos\theta$) ではラプラシアン ∇^2 は次の形に書かれる。
$$\nabla^2 = \frac{1}{r^2}\frac{\partial}{\partial r}\left(r^2\frac{\partial}{\partial r}\right) - \frac{1}{r^2}\frac{L^2}{\hbar^2}$$
だたし
$$L^2 = -\hbar^2\left[\frac{1}{\sin\theta}\frac{\partial}{\partial\theta}\left(\sin\theta\frac{\partial}{\partial\theta}\right) + \frac{1}{\sin^2\theta}\frac{\partial^2}{\partial\phi^2}\right]$$
である（L は電子の軌道角運動量）。
波動方程式の解は次のように変数分離される。
$$\psi_{n,l,m}(r,\theta,\phi) = R_{n,l}(r)\cdot Y_{l,m}(\theta,\phi)$$
$R_{n,l}(r)$ は動径波動関数で，ラゲールの陪多項式を含む形に書き表せる。$Y_{l,m}(\theta,\phi)$ は波動関数の角部分で，ルジャンドルの陪関数で書き表される。

n を**主量子数** (principal quantum number; エネルギー準位の値を決める量子数)，l を**方位量子数** (azimuthal quantum number; 角運動量の大きさを決める量子数)，m を**磁気量子数** (magnetic quantum number; 角運動量の z 成分の値）という。
$$n = 1, 2, \cdots$$
$$l = 0, 1, \cdots, n-1$$
$$m = -l, -l+1, \cdots, l-1, l$$
の値をとる。エネルギーは n だけで定まり，l や m によらない。

B. 一般的な問題に対する電子のシュレディンガー方程式
ある空間位置 **r** とある時刻 t における一体電子の波動関数 $\psi(\mathbf{r},t)$ を求める方程式をシュレディンガー方程式と呼び，この波動関数のノルム $|\psi^*(\mathbf{r},t)\psi(\mathbf{r},t)|$ が電子の場所 **r** と時刻 t における存在確率を与える。方程式の具体的な形は，
$$i\hbar\frac{\psi(\mathbf{r},t)}{dt} = \left[\frac{-\hbar^2}{2m}\nabla^2 + V(\mathbf{r},t)\right]\psi(\mathbf{r},t)$$
で与えられる。$V(\mathbf{r},t)$ は電子の感じるポテンシャルである。これを**時間依存シュレディンガー方程式** (time-dependent Schrödinger equation) と呼ぶ。多くの場合，電子の定常状態を計算する場合が多く
$$\left[\frac{-\hbar^2}{2m}\nabla^2 + V(\mathbf{r})\right]\psi(\mathbf{r}) = E\psi(\mathbf{r})$$
を計算することが多い。ここで E を電子の**固有エネルギー** (eigen energy) と呼ぶ。定常状態計算なので，ポテンシャル項からも時間依存性が消えている。なお，これまで書いたシュレディンガー方程式の形式は非相対論的であり，相対論の要求である時間と空間の同等性を取り込む場合には，ディラックの方程式を適用する。座標の次元が1次元あるいは2次元の場合の数値計算は，量子井戸における電子の挙動を巨視的に理解するのに便利である。しかし，実際の物質における電子の挙動を，物質を構成する元素の配列に依存して理解するには3次元座標の解を求めることが必須で，$V(\mathbf{r})$ に物質内に配列している原子核からのポテンシャルを取り込んで数値計算する必要がある。さらに，上に示したシュレディンガー方程式は電子一体の式であるが，実際の物質を扱うには多数の電子の複雑な相互作用（多体効果）を取り込む必要がある。原子配列が分子を構成する場合には分子軌道計算（⇒ p.304），原子配列が周期的な結晶を構成する場合には固体計算の手法（密度汎関数法，⇒ p.327）が選択されるが，最近は大型分子の計算に密度汎関数法が利用されることも多い。

参考文献
1) G. Arfken: *Mathematical Methods for Physicists*, Academic Press, Inc. (1970)
【邦訳】権平健一郎, 神原武志, 小山直人 訳：基礎物理数学, 講談社 (1977)
2) 米澤貞次郎, 永田親義, 加藤博史, 今村 詮, 諸熊奎治：量子化学入門 第3版, 化学同人 (1983)

分野：通信ネットワーク
部門：ネットワーク［VIII-1］

ルーティング解析
［英］routing analysis

　現在の代表的なコンピュータネットワークであるインターネットにおいて，送信元のコンピュータから宛先のコンピュータにパケットを伝送する際に，パケットはいくつかのルータにより中継され，ある経路に沿って宛先に届けられる．送信元から宛先への経路としてはさまざまなものがあるが，どのような経路を経由して送信元から宛先までパケットを届けるかを決める作業を**ルーティング**（routing）と呼ぶ．

　ネットワークの構成要素，性質，使用目的が異なれば，ルーティングに求められるものも異なるため，それらに合わせてさまざまなルーティング手法が開発されている．開発した手法を評価する際，テストベッドによる実験的評価や理論解析も行われているが，多くの場合シミュレーションが行われている．

　また，ルーティングにより選択される経路の評価に用いる**メトリック**（metric）にもさまざまなものがあり，ルーティング手法そのものの評価だけでなく，メトリックの評価も行われている．

A．ルーティング
（1）インターネットのルーティング　インターネットにおいて，ルーティングは自律分散的な手法により行われる．その手法としては，使用する経路をあらかじめ静的に定めるスタティックルーティングと，動的に決定するダイナミックルーティングがある．ダイナミックルーティングでは，ある経路に含まれるルータあるいはリンクに障害が発生した場合，この経路とは別の経路を使用することにより，障害を回避できる．ダイナミックルーティングを行うためのルーティングプロトコルとして，ディスタンスベクタ型ルーティングの**RIP**（routing information protocol）や，リンクステート型ルーティングのOSPF（open shortest path first），パスベクタ型ルーティングの**BGP**（border gateway protocol）等がある．

（2）マルチホップ無線ネットワーク　ネットワークに参加するすべての無線コンピュータにルーティング機能を付与することで，無線コンピュータ同士が自律的にネットワークを構築し，情報交換を行うことが可能となる．このようなネットワークを**マルチホップ無線ネットワーク**（multi-hop wireless network）という．マルチホップ無線ネットワークにおける通信形態であるマルチホップ無線通信は，一時的なネットワークである**MANET**（mobile ad hoc network）や，無線通信・情報処理機能を有するセンサのネットワークである無線センサネットワークにおいても用いられる．

　マルチホップ無線ネットワークにおいては，無線を用いるためリンクの信頼性が低いことと，中継ノードが頻繁に移動することから，インターネットと比較して，より頻繁にネットワーク構造の変化が起こることが想定される．そのため，マルチホップ無線ネットワークでは，この変化に対応したルーティングプロトコルが必要となり，**DSR**（dynamic source routing），**OLSR**（optimized link state routing）等のさまざまなルーティングプロトコルが開発されている．

B．経路の品質・評価
　ルーティングにおいて経路を選ぶための基準として，さまざまなメトリックが用いられる．まず，始点と終点を結ぶ経路の中でホップ数が最小であるような経路を選択することがしばしば行われる．RIPにおいては，ホップ数がメトリックとして使用される．一方，OSPFでは帯域幅などからコストを計算し，これをルーティングのメトリックとして用いる．また，マルチホップ無線ネットワークのように無線リンクを用いてネットワークを形成する場合は，無線リンクの品質が経路品質に大きな影響を与えるため，無線リンクを評価するための指標として**ETX**（expected transmission count），**ETT**（expected transmission time）等のメトリックが提案され，比較評価されている．

　MANETにおいては，移動によるネットワーク構造の変化への対応能力が，ルーティングの評価指標となる．また，無線センサネットワークにおいては，消費電力を抑えることが必須であり，消費電力もルーティングの評価指標となる．このように，ルーティング手法の評価には，リンクの性質，ノードの移動，消費電力など，さまざまな影響を考慮する必要がある．そのため，評価のための移動モデル，消費電力モデル等が必要であり，これらのモデルも検討され，ルーティング評価のために用いられている．

参考文献
1）堀良　彰，池永全志，門林雄基，後藤滋樹：ネットワークの相互接続，岩波書店（2001）
2）間瀬憲一，中野敬介，仙石正和，篠田庄司：アドホックネットワーク，電子情報通信学会誌，**84**, 2, pp.127–134 (2001)

分野：生命・医療・福祉
部門：医療 [V-4]

レーザー治療
[英] laser therapy; laser treatment

レーザーを用いた治療は，光と組織・細胞の相互作用に基づいて，(1) **光熱的**（photothermal），(2) **光化学的**（photochemical），(3) **光音響的**（photoacoustic）・**光機械的**（photomechanical）治療に分類される．最近では，超短パルスレーザー（ultra short pulse laser）技術の発展を背景に，(4) **非線形光学**（nonlinear optical）作用を利用した治療も臨床応用が始められている．そのほかに，(5) **低レベルレーザー治療**（low-level laser therapy; **LLLT**）がある．これは低出力の可視・近赤外レーザー照射により，血行促進，疼痛緩和，創傷治癒促進などの効果を得る治療であり，臨床応用が進む一方で，メカニズムの解明は不十分である．これらのうち，シミュレーションの対象となっているのは，おもに (1)～(4) である．実際の治療において上記の厳密な分類は難しく，いくつかの作用が複合的に働いている場合が多い．

A．光熱的治療

最も一般的な治療で，光エネルギーを熱に変換して組織・細胞を凝固（coagulation）させたり，蒸散ないしアブレーション（ablation）により除去する（レーザーメスなど）．組織の融着（welding）や熱変形治療（reshaping）も，この分類に属する．アブレーションの計算モデルにはさまざまなものがあるが[1]，ここでは市販の伝熱・固体力学解析ソフトウェア（株式会社計算力学研究センターの Quick Therm）をベースに開発されたモデルによる計算例を示す．主方程式は，温度や水分移動などに関する複数の拡散方程式と，固体の弾性・塑性共存状態での力のつり合い式であり，これらの連立微分方程式を有限要素法（⇒p.335）で離散化して得られる連立方程式を，時間的に解き進める．組織表面に照射されるエネルギー密度分布を与え，非定常の熱伝導方程式を解いて，アブレーション溝の形状や温度分布を計算する．下図に，2波長同時発振レーザー（波長 3 μm，2 μm）によるアブレーションに関する計算例を示す（％値は 2 μm 出力の比率）（口絵 20）[2]．

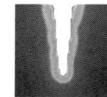

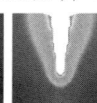

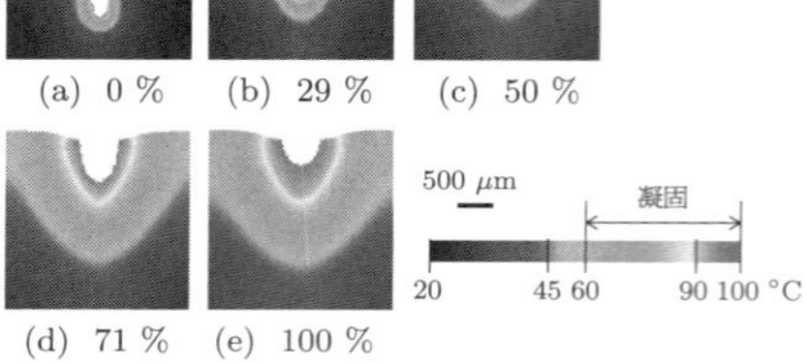

(a) 0 % (b) 29 % (c) 50 %
(d) 71 % (e) 100 %
500 μm
凝固
20 45 60 90 100 °C

なお，近視治療に用いられている紫外パルスレーザーによるアブレーションは，光子エネルギーにより分子結合を開裂しうることから，光化学的治療に分類されることもある．

B．光化学的治療

レーザー照射により，組織中の内因性ないし外因性化学物質（薬剤など）を光励起し，化学反応を誘起して治療効果を得る．光感受性薬剤を光励起し，そのエネルギーを生体中の酸素に移乗して一重項酸素を発生させ，その酸化力で殺細胞効果を得る光線力学的治療（photodynamic therapy; PDT）がその代表で，がんの治療などに用いられている．薬剤分布を考慮した組織の吸収・散乱係数に関するデータセットに基づき，モンテカルロ法を用いて吸収光エネルギー分布を計算することにより，治療効果の評価が行われている．

C．光音響的・機械的治療

組織に，熱および音波の閉じ込めが起きる短パルスレーザー光を照射すると，効率よく音波が発生する．レーザー光の強度が高くプラズマが生成する場合は，その膨張に伴って衝撃波状の強い圧力波が発生する．これらの圧力波の機械的作用を利用する結石破砕（lithotripsy）が代表例である．一方で，薬剤輸送（drug delivery）や遺伝子導入（⇒p.7）への応用についても研究が行われている．プラズマを伴う生体組織のアブレーションにより発生する圧力の計算モデルは確立していないが，真空中の材料を対象とした Phipps の実験式[3]により，レーザーの強度，波長，パルス幅依存性をある程度予測することが可能である．

D．非線形光学作用を利用した治療

超短パルスレーザー光を集光して組織・細胞に照射すると，多光子吸収（multiphoton absorption, ⇒p.90）が誘起され，精緻なアブレーションが可能となる．近赤外光を用いると，組織内部の微細加工も可能であり，近視矯正を目的とした角膜の実質内アブレーションや，細胞内小器官の除去（nanosurgery; ナノサージェリー）に応用されている．超短パルスレーザーアブレーションに関しては，その閾値について光電離と衝突電離を考慮した電子密度に関する速度方程式と，電子熱エネルギー密度に関する速度方程式を連立して解くことにより，解析が試みられている．

参考文献

1) A. Vögel and V. Venugopalan: *Chem. Rev.*, 103, pp.609–615 (2003)

2) K. Naruse, et al.: *SPIE Proc.*, 4257, 334 (2001)

3) C. R. Phipps, et al.: *J. Appl. Phys.*, 64, 1083 (1988)

レーザー誘起蛍光法
[英] laser induced fluorescence; LIF

ある波長成分を持つ光で励起された分子が、吸収したエネルギーを熱や光として放出することがあり、このうち三重項状態を経ずに、あるエネルギー準位から直接基底状態に落ちる過程で発せられる光を蛍光という。放出される光の波長は物質固有のものであり、励起光よりも低エネルギー・高波長の光が放出される。励起から**蛍光**（fluorescence）発光まで1ナノ秒以下の時間で起こる現象である。光エネルギーの受け取りやすさを表す吸光スペクトルと、光エネルギーの放出量を表す発光スペクトルは、蛍光分子の周囲環境に依存して変化する。この変化を利用して**温度**（temperature）やpH、**物質濃度**（concentration）などのスカラ量を定量可視化計測する手法が、レーザー誘起蛍光法（LIF）である。

カメラによる可視化計測であるLIFでは、指向性を持つ単一波長のレーザー光をレンズ等によりシート状にして対象物を励起させ、ある断面における蛍光を測定する。液体（おもに水）や燃焼場などの気体を対象とし、少量の蛍光分子を指示薬として対象物に混入する。蛍光分子にはフルオレセイン、ローダミンやアセトンガスが用いられる。生物細胞活動で生じるカルシウムイオンに反応する蛍光分子や、癌細胞など特定の細胞の活動に反応する蛍光分子を用いた細胞活動計測もある。燃焼場などに生じる自発蛍光計測、指示薬の吸光量計測などと共通点が多い。なお、指示薬となる蛍光分子を理論的に設計・合成することは難しいが、膨大な種類の機能性蛍光分子が存在する。

蛍光の発光量は、励起光の強さ、モル吸光度、量子効率、蛍光分子濃度の積で表される。pHや温度により、モル吸光度や量子効率、つまり発光量が変化する。ただし、量子効率は酸素などの溶存ガスや、塩化物イオンなどの溶存イオンによって変化することもあり、測定時に注意が必要である。また、蛍光分子濃度が高すぎたり、強い光で長時間励起させたりすると、蛍光分子が失活し、消光（クエンチング）が生じる。

A. 二色蛍光法

一方、励起光の強さを時間的・空間的に一定にすることも難しい。そこで、LIFでは異なる2波長の発光量の比からスカラ量を定量測定する二色蛍光法が、しばしば利用される。複数の発光波長を持つ蛍光分子や、異なる2種類の蛍光分子を利用する。二色蛍光法の概要例を図示する（口絵38）。pHに依存して発光強度が変化する波長の光と、発光強度がpHに依存しない波長の光を2台のカメラで捉え、水槽内の同じ位置での発光強度比を求めると、励起光の時空間的な不均一性に依存しないpH分布を得ることができる。

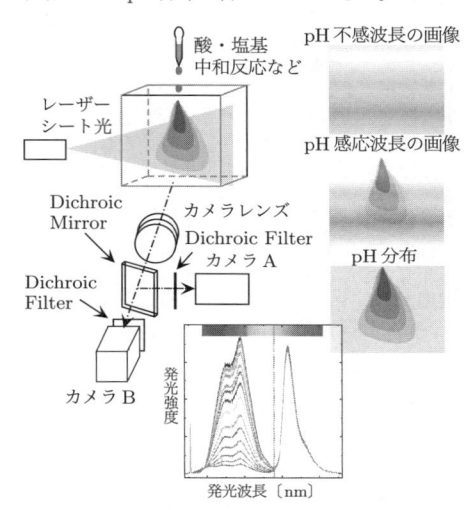

B. LIFのメリット・デメリット

LIFによるスカラ量計測では、励起光の強さなど、蛍光の明るさに関わるパラメータを調整することにより、測定対象のpH（温度）範囲を画像の全階調を利用して測定できる。そのため、熱電対で0.1℃、ガラス電極pH計で0.01という点計測器の精度より10倍以上高い計測分解能を達成することができる。蛍光放出が10^{-9}秒以下で終わるため、ある瞬間のスカラ量を測定可能であり、高速度カメラを用いればこれを数十キロヘルツで測定できる。熱電対やガラス電極pH計では達成不能な時間分解能である。レンズを用いて任意のズーム率で撮影する非侵襲測定であるため、マイクロ・ナノスケールの微小空間に適用できる。また、高圧環境でのpH計測[1]など、他の手法では測定困難な極限環境での計測も容易である。さらに、カメラを用いた可視化計測であるため、カメラの空間解像度に応じた多点同時計測法である。このように、LIFは多くのアドバンテージを持つ。デメリットとしては、(1) 熱電対などに比べてシステムが複雑、(2) クエンチングに注意が必要、といった点が挙げられる。

参考文献

1) S. Someya, et al.: "DeLIF measurement of pH distribution around dissolving CO2 droplet in high pressure vessel", *Int. J. of Heat and Mass Transfer*, 48, 2508 (2005)

歴史シミュレーション・計算考古学
[英] history simulation, computational archaeology

歴史学は，おもに三つの時間枠で社会を捉えてきた。環境・生態系といった地理的時間，社会構造の歴史，個別事象の事件史である。長期的な時間に視点を置きつつも，さまざまな現象が多層的な時間において相互作用をもって発生することが，歴史全体を成立させていると考えられる。近年，歴史学は実証主義を重視する伝統的な研究から，さまざまに領域を拡大する学際的な研究へと発展してきている。歴史人口学は，人口や家族が社会の基層にあると考え，その構造や変動が歴史を変えてきたとする新しい学問である。また，文献調査によって当時の社会制度や家族の形態などを詳細に分析する文献史学や，遺跡や田畑の状態，使われていた道具の分析などによって，村落の状況や食文化などを調べる考古学の分野でも，データを用いて当時の社会を再現し人口移動の原因を探索するといった，歴史シミュレーション研究が発展してきている。

A. 歴史人口学シミュレーション

歴史人口学は，地域や都市人口といったマクロデータによる人口趨勢から，教区簿冊などを用いて家族を「復元」するミクロデータによる研究へと，歴史学の発展の可能性に道を開いてきた。例えば，江戸時代に幕府が全国的に作成した資料として，宗門改帳がある。本来は民衆の宗教を調査する目的であったが，のちには戸籍に相当する人口動態基礎資料となった。この資料からさまざまな家族情報を得ることができる。例えば年齢別婚姻出生率は地域で大きく異なり，婚姻年齢，出生率，死亡年齢，相続形態などから地域間の家族システムの違いを示すシミュレーションが行われている。それによると，東北日本では直系家族，中央日本では直系家族と核家族の混在を示す結果が得られ，明治時代の戸籍調査と同様の傾向を示している。

B. 人類学シミュレーション

人類学や歴史社会学，心理学の分野において，規範・分配・取引といった人間社会の基盤となる原理がどのように成立したのかは，重要なテーマになってきた。この中で，資源の分配システムの発生過程を，人類学の知見をもとにシミュレートする研究が進んでいる。例えば，狩猟採集社会における資源分配行動の実証分析から，資源の共同化を主張する共同分配論が集団内で最も優越した戦略となることを進化ゲームシミュレーションによって示した研究などが報告されている。このように，人類の基礎社会での原理を解明する手法として，シミュレーションは仮説演繹装置の役割を担っている。

C. 考古学シミュレーション

文書が残っていない文化の場合，遺跡や遺体などの考古学的資料から社会の形成過程を調査してきた。近年この考古学分野でも，コンピュータを用いたシミュレーションが可能となっている。例えば，米国南西部コロラド州近辺に紀元前から住んでいたアナサジ族の調査では，西暦1200年頃から始まる急速な人口減少の原因と移住の様子が，エージェントベースシミュレーション（agent-based simulation; **ABS**）の手法を用いて再現されている。彼らはトウモロコシを栽培し，渓谷に竪穴式の多数の集落を築いていたが，遺構や環境変化の記録から，気候変動，森林伐採，狩猟などの影響がこれらの集落の消滅の原因であることをシミュレーションは示唆している。エージェントベースシミュレーションは，家族などを表すエージェントの意思決定や相互作用をモデル化することができ，従来のマクロな視点とは異なるボトムアップの手法として，考古学分野でも注目されている。

D. 家族歴史学シミュレーション

文書が残る文化では，さまざまな文献史料からその時代の様子を知ることができる。家系図などもその一つである。例えば，中国では官僚登用試験として科挙が唐代より1300年以上にわたって行われてきた。これらの史料から，その当時の試験や受験者の様子を伺い知ることができる。この中で，合格者を多数輩出した家系に着目し，その家の家訓ともいえる子女教育の方針をエージェントベースシミュレーションを用いて研究した事例が報告されている。この研究では，世代間の文化資本の伝達構造や，婚姻を通したリネージ間の互恵関係の重要性が見出されている。

参考文献

1) J. S. Dean, et al.: "Understanding Anasazi Culture Change Through Agent-based Modeling", in *Generative Social Science: studies in agent-based computaional modeling*, J. M. Epstein (ed.), Princeton University Press (2007)

2) 速水　融：歴史人口学への世界，岩波書店 (1997)

3) 日本認知学会 編：進化ゲームとその展開，共立出版 (2002)

連続体損傷力学
[英] continuum damage mechanics

連続体力学に基づく有限要素法による非線形構造解析においては，材料内部におけるマイクロクラックあるいはマイクロボイドの発生，それらの成長・合体によるマクロクラックの進展，破断などのいわゆる材料損傷あるいは材料破壊現象は一般には考慮されない．それらは破壊力学，材料強度学などにより，別途考察されるのが普通である．

材料破壊現象の例（鋼製はりの3点曲げ疲労破壊）を以下に示す．

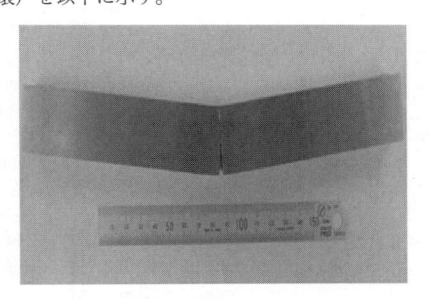

ところが近年，連続体損傷力学に基づく構成方程式を導入した有限要素解析法，いわゆる**局所的破壊解析法**（local approach to fracture）により構造解析と損傷・破壊解析を融合した，非線形有限要素解析が可能になりつつある．

連続体損傷力学は，マイクロクラックあるいはマイクロボイドなどの微視的損傷の発生・成長と力学的効果を，損傷の程度を表す状態変数である損傷変数を導入し，連続体近似の枠組の中で考慮する力学理論である．

A．微視的損傷

連続体損傷力学が対象とする微視的損傷のメカニズムとして，金属では転位の集積によるマイクロボイド（マイクロクラック）の発生，高分子材では長分子鎖間の破断，複合材料（繊維強化プラスチックなど）では繊維・高分子母材間の剥離，セラミックスでは粒界・粒内クラックや相間剥離，コンクリートでは骨材・セメント間の剥離，木材では繊維細胞の分離などの例を挙げることができる．

B．損傷の力学的表現

固体中の任意点Mに微小な立方体の代表体積要素を考え，適当な方向ベクトル$\vec{n}$に沿った座標をxとする．xの位置における代表体積要素の断面積をδS，その断面積内に発生している損傷の面積をδS_{Dx}とすれば，**損傷変数**（damage variable）Dはつぎのように定義される．

$$D(\mathrm{M}, \vec{n}, x) = \frac{\delta S_{Dx}}{\delta S}$$

有限要素法の定式化で用いる応力ベクトル$\{\sigma\}$に対して，次式により有効応力ベクトルが定義される．

$$\{\bar{\sigma}\} = \frac{\{\sigma\}}{1-D}$$

損傷を考慮した構成方程式を導く際の指針として，「損傷材料に対する構成方程式は，非損傷材の構成式における応力を有効応力に置換することにより導かれる」という仮説が，その簡明さより，しばしば用いられる．この仮説は，ひずみ等価性仮説と呼ばれている．

C．有限要素解析への応用

材料損傷を考慮した非線形構造解析を行う場合に，損傷とひずみの連成を考慮するための方法が3種類ある．第一の方法は，増分解析過程において損傷を考慮した構成方程式を用いる**完全連成解析**（fully-coupled analysis）である．他の二つの方法は，損傷を考慮しない構造解析によるひずみ履歴から，損傷を考慮した構成方程式を用いたポスト処理により損傷発展を評価する**部分連成解析**（locally-coupled analysis），および，損傷を考慮しない構造解析による応力・ひずみ履歴から，損傷発展方程式を用いたポスト処理により損傷発展を評価する**非連成解析**（uncoupled analysis）である．

完全連成解析は計算量が多くなるが，計算精度は最も高い．部分連成解析と非連成解析においては，通常の構造解析のポスト処理として構成式レベルで損傷評価を行うため，疲労損傷解析などには好都合である．しかしながら，部分連成解析が高精度を保つためには，損傷領域が構造全体に比べて十分に小規模であり，損傷発生がひずみ場に大きな影響を与えないことが前提条件となる．また，非連成解析においては損傷発生による応力再配分が考慮されないため，一般に精度を維持するのは困難である．

参考文献
1) 都井 裕：計算固体力学入門－材料と構造のモデリングとシミュレーション－，コロナ社 (2008)

連立1次方程式
[英] system of linear equations

n次正方行列Aおよびn次元ベクトルbに対して，連立1次方程式$Ax = b$を満たすベクトルxを求める問題は，多くのシミュレーションで現れる．行列は大規模になることが多く，問題の性質によって適切な解法を用いる必要がある．

A．密行列と疎行列

差分法や有限要素法などで現れる行列は，その要素に0が多く含まれる．このような行列を疎行列といい，0でない要素を非零要素という．これに対して，すべての要素を与えた行列を密行列という．疎行列では非零要素のみを保持し，計算でも非零要素のみ用いることで，メモリや計算量を節約する．疎行列データ格納方式としては，CCS (compressed column storage) 形式，CRS (compressed row storage) 形式，スカイライン形式などがある[1]．

B．直接解法

（1）密行列直接解法 連立1次方程式の数値計算では，逆行列を求めてから$A^{-1}b$によって解を求めることは，特に必要がない限り行わない．密行列の直接解法では，行列Aを下三角行列Lと上三角行列Uの積に分解する**LU分解**（LU decomposition）を行ったのち，LとUを用いて前進代入と後退代入により解xを求める．このとき，LU分解の途中で現れる対角要素（軸）の値ができるだけ大きくなるように，行や列を入れ替える軸選択を行う．LU分解のために約$(2/3)n^3$回，前進後退代入のために約$2n^2$回の演算が必要とされる．行列Aが正定値対称の場合には，$A = LL^T$のように分解する**コレスキー分解**（Cholesky decomposition）が用いられる．

（2）疎行列直接解法 疎行列の直接解法では非零要素部分のみ消去を行うが，その過程で零要素に値が入るフィルインが起こる．どの要素にフィルインが起こるかを記号的分解によって調べてから，数値を用いた計算を行う．フィルインを減らすために，行と列の入れ替えをする順序付け（オーダリング）を行う．順序付けの方法として，ND (nested dissection) 法やRCM (reverse Cuthill-McKee) 法などがある．

C．反復解法

大規模な問題で，直接解法では計算量や必要メモリ量が大きくなるときには，反復によって解を求める．反復解法の多くにおいて，計算の主要部は行列とベクトルの積で構成され，行列の要素は必ずしも直接必要ではない．

（1）定常反復と非定常反復 反復で一定の計算を繰り返す定常反復解法として，ヤコビ法，ガウス・ザイデル法，逐次過緩和（SOR）法などがある．一方，非定常反復解法として，共役勾配（conjugate gradient; CG）法，双共役勾配（BiCG）法，BiCGSTAB法，GMRES法，IDR法などがある．非定常反復解法の多くは，**クリロフ部分空間**（Krylov subspace）の原理に基づく．

（2）前処理 反復解法の収束性を改善するために前処理が用いられる．不完全LU (incomplete LU; ILU) 分解は，AのLU分解を近似的に行って前処理行列を得る．特に正定値対称行列では，不完全コレスキー分解を前処理に利用した共役勾配（ICCG）法が用いられる．このほかに，多項式前処理，ヤコビ前処理，対称逐次過緩和（SSOR）前処理，近似逆行列前処理，デフレーション前処理，マルチグリッド法など，多くの前処理法があり，問題によって有効な方法が異なる．前処理部分の計算のみ低精度で実行する精度混合型の反復解法が高速化に有効な場合もある．この場合，得られる解の精度低下を避けるため，可変前処理が適用可能な反復解法を組み合わせる．

（3）並列処理 不完全LU分解前処理は基本的に逐次計算であり，そのままでは並列性がない．たがいに依存しない要素を集める赤黒順序付けやND法を適用し，依存関係のない部分ごとに並列に計算する．多項式前処理，近似逆行列前処理などは行列とベクトルの積で計算するため，並列性がある．差分法や有限要素法などでは，領域分割を行って領域ごとの並列性を利用する．

D．ソフトウェア

ベクトルの内積や，行列とベクトルの積などの基本的な操作を実行するプログラム群として，BLAS (Basic Linear Algebra Subprograms) がある．BLASは操作の種類によってLevel 1からLevel 3に分けられる．LU分解などの線形計算では，**LAPACK**（Linear Algebra Package），およびその並列版であるScaLAPACK (Scalable LAPACK) がよく用いられる．疎行列反復解法のパッケージでは，PETScやTrilinosがある．行列が扱いやすい言語として，MATLAB，Scilab，Octaveなどがある．

参考文献

1) G. H. Golub and C. F. van Loan: *Matrix Computations*, Hohns Hopkins University Press (1983)

ローイング動作を用いた
リハビリテーション
[英] rehabilitation using rowing motion

　高齢者は加齢や障害による筋萎縮，筋力低下，関節拘縮を予防するために，リハビリテーションを行う．歩行動作や運動補助機器を用いたサイクリング動作，ローイング運動がリハビリテーションとして行われている．このリハビリテーションにシミュレーション技術を用いることで，運動計測を必要とせずに，高齢者や障がい者の腕や足の各関節の軌跡や，各筋肉の活動状態といった運動データを得ることができる．

A．ローイング運動

　ローイング運動とは，下肢を屈伸させながら上体でハンドルを引きつける，ボートを漕ぐ運動である．このローイング運動にはローイングマシンと呼ばれる運動補助機器が用いられる．ローイングマシンを用いたトレーニング方法を下図に示す．

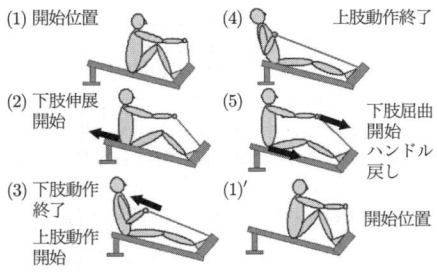

(1) 開始位置
(2) 下肢伸展開始
(3) 下肢動作終了　上肢動作開始
(4) 上肢動作終了
(5) 下肢屈曲開始　ハンドル戻し
(1)' 開始位置

　(1) スタート位置では，膝を屈曲させ，肘を伸展させる．(2) フットレストに両脚で力をかけることで，スライド座面が後方に移動し，下肢（膝）伸展が開始する．(3) 下肢動作が終了するとスライド座面は停止し，上肢動作（肘の屈曲）を開始する．(4) 両腕でハンドルが腹部に付くように，しっかりと引き込む．(5) ハンドルの引き込みが終了すると，肘の伸展を開始させると同時に下肢（膝）屈曲動作を開始し，スライド座面を前方に移動する．(1)' 下肢屈曲が終了してスライド座面が前方で停止する．この (1) から (5) の動作を繰り返すことでトレーニングを行う．

B．ローイング運動のモデル[1]

　ローイング運動をシミュレートするための筋骨格モデルを下図に示す．1 次遅れ要素神経系モデルが採用されており，体性感覚から筋へのフィードバックは PD 制御器で構成されている．このモデルを用いたシミュレーションでは，健常者のローイング動作だけではなく，脊髄損傷者の**機能的電気刺激**（functional electrical stimulation; **FES**, ⇒ p.62）を併用したローイング動作の評価が行われている．シミュレーションモデルを用いることで，障がい者の運動計測を行うことなく，各関節の軌跡，関節に働く力，筋力などの生体運動データを得ることができる．

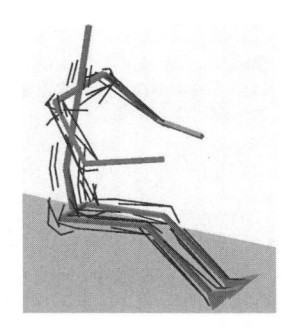

　機能的電気刺激とは，交通事故や労働災害による脊髄損傷で筋が麻痺した人に対し，外部の装置から制御された電気信号を筋・神経系へ与えることにより，運動機能を再建する技術のことである．

C．ローイング運動の逆動力学[2]

　ローイング動作は，高齢者・障がい者の各関節の軌跡をモーションキャプチャ装置で測定し，足部に作用する力を用いて逆動力学計算（⇒ p.61, p.360）をすることである．各関節に作用する力や，筋力や消費エネルギーなどの生体に作用するデータを，実験的に評価することができる．この手法は歩行動作分析などリハビリテーション医学でもよく用いられるが，障がい者・高齢者による実験が必要なため，患者への負担が伴う．

参考文献

1) K. Hase, B. J. Andrews, A. B. Zavatsky, and S. E. Halliday: "Biomechanics of Rowing. II. A control Model for Biomechanical Simulation of Rowing and Other Human Movement", JSME International Journal, Series C, 45-4 pp. 1080–1092 (2002)

2) K. Miyawaki, T. Iwami, G. Obinata, Y. Shimada, T. Matsunaga, and M. Sato: "Development of FES-Rowing Machine", Proceedings of the 29th Annual International Conference of the IEEE EMBS, pp.2768–2772 (2007)

ロジックシミュレーション
[英] logic simulation

ロジックシミュレーション（論理シミュレーション）とは，**論理回路**（logic circuit）の機能やタイミングを検証するために行うシミュレーションである．回路情報，入力信号，制御情報を入力し，出力信号を得る．電気信号の高低を 0（Low）および 1（High）とする論理演算によってシミュレーションを行う．

A. 回路情報
回路情報は以下のようなさまざまな抽象レベルで表現することが可能である．

(1) スイッチレベル
(2) ゲートレベル
(3) RTL（register transfer level）
(4) 動作レベル

上から抽象レベルが低い順に並んでおり，抽象レベルが高い回路情報ほどシミュレーションは高速に行うことができる．

スイッチレベルシミュレーション（switch level simulation）は，MOS トランジスタなどをスイッチとしてモデル化し，シミュレーションを行うものである．

ゲートレベルシミュレーション（gate level simulation）は，AND や OR などのゲート回路や，FF（フリップフロップ）のレベルでシミュレーションを行うものである．もともとは回路図入力で作成されたネットリストを用い，このレベルでシミュレーションを行う方法が広く普及した．RTL を記述することによる設計では，回路記述を Verilog-HDL や VHDL などのハードウェア記述言語を用いて行い，論理合成によってゲートレベルのネットリストを得ることができる．

RTL シミュレーション（register transfer level simulation; RTL simulation）は，レジスタ間の信号の流れを表す RTL 記述を回路情報として，論理シミュレーションを行うものである．

動作レベルシミュレーション（behavior level simulation）は，回路の動作を表現したレベルでのシミュレーションである．合成の技術が進んで，動作合成が用いられるケースが増えると，それに伴って動作記述を入力とするシミュレーションが行われるケースも増加するものと思われる．

回路図入力や論理合成などによって作成されたゲートレベルの回路情報では，ゲート遅延を考慮したシミュレーションを行うことができる．さらに，配置配線によって配線長が決まると，配線遅延も考慮したタイミング検証を正確に行うことが可能になる．配置配線の前は，過去の製品での経験を参考にするなど，なんらかの方法で配線遅延を見積もる必要がある．半導体集積回路のプロセス技術が進歩し，微細化，大規模化が進むと，ゲート遅延は小さくなり，配線遅延は大きくなる．このため，配線遅延を正確に見積もることがタイミング検証において重要になる．

B. シミュレータ
シミュレータは 0，1 のほか，x（不定値）や z（ハイインピーダンス）を扱うことができる．また，信号強度として以下の 8 レベルを持つ．

信号強度		レベル
supply0	supply1	7
strong0	strong1	6
pull0	pull1	5
large0	large1	4
weak0	weak1	3
medium0	medium1	2
small0	small1	1
highz0	highz1	0

実行方法は，大きくインタープリタ方式とコンパイル方式とに分けられる．インタープリタ方式は，与えられた回路情報や入力信号を解釈し，回路動作をシミュレートするものである．これに対してコンパイル方式は，与えられた情報をもとにコンパイルを行い，シミュレーションに用いる計算機が直接解釈できるモジュールを生成して実行する．インタープリタ方式はコンパイルのオーバーヘッドがないが，シミュレーション速度の点ではコンパイル方式が圧倒的に有利である．また，コンパイル方式では，参照しない部分については処理を省くなどの高速化も行いやすい．

ロジックシミュレータの実装技術として，**イベントドリブン**（event driven）方式がよく知られている．これは各素子や論理ブロックなどのシミュレーション単位において，前段の出力に変化がなければ，すなわちイベントが発生していなければ，後段の処理は省略するというものである．この技術によりシミュレーションの速度は飛躍的に向上する．

参考文献
1) 小林　優：入門 Verilog-HDL 記述，CQ 出版社（1996）

分野：機械
部門：計算力学・設計工学・感性工学・最適化　[III-5]

ロバスト設計
[英] robust design

ロバスト設計とは，プロダクトやサービスの期待される機能や特性が，使用時において，安定的・継続的に発揮されることを主眼とした設計法と設計解の総称である。近年における，消費者嗜好の多様化，市場と生産拠点のグローバル化，安全に対する問題意識の高まりなどから，ロバスト設計はますます重要視される傾向にある。また，ロバスト設計における主題は，ISO においても**品質**（quality）として定義されている[1]。

「本来備わっている特性の集まりが，明示されている，通常暗黙のうちに了解されている，または義務として要求されているニーズもしくは期待を満たす程度」

この意味では，ロバスト設計とは（高い）品質の設計であるといえる。

A. 剛な設計との違い

ロバストは頑強と訳されることが多いが，単に剛なことを意味するものではない。剛な設計といった場合，一般には，入力変動に対する応答変動を小さく抑えるために，システムの感度を下げる設計を意味することが多い。例えば，構造体であれば作用荷重に抗するため，運動体であれば系の慣性を増すために，追加の部材を用いるなどである。この場合の追加部材は，本来のシステム設計には存在しない異物であり，システムの機能性を低下させる。ロバスト設計では，システムを設計時の理想状態から乖離させる内乱・外乱などの変動要因に対してシステム機能・特性が独立になるような設計解を導出することが課題となる。

B. 品質管理手法との違い

ロバスト設計は，品質を扱いながらも，**TQM**（total quality management）などの品質管理手法とは大きく異なる。品質管理手法が変動要因の発見・除去を主眼とするのに対して，ロバスト設計には変動要因除去の視点は存在しない。むしろ不可避の前提として扱われる。これは，品質管理手法がもともと製造品質の向上を目的としたものであるのに対して，ロバスト設計は**市場品質**（quality at market）を**設計品質**（quality by design）として達成することを意図しているという違いによる。製造工程における問題は除去可能であるが，市場や消費者における多様性や特殊性の除去は，今日的な市場においては不可能，または無意味だからである。

C. ロバスト設計の手法

冒頭の課題を達成することができる手法は，すべてロバスト設計法と呼びうる。ここでは，エンジニアリングの手法として**タグチメソッド**（Taguchi method）および「ロバスト最適設計法」を，デザインの手法として「多様場対応ロバスト設計法」を説明する。

（1）タグチメソッド　　田口玄一博士により，1970 年頃から提唱され始めた方法論である。基本機能や目的機能といったシステムアーキテクチャの根幹に注目して品質設計を行う。システムをこれらに基づく入出力を持つ系として捉え，システム機能に基づく出力と誤差による変動出力とを比較して，それをロバスト性の評価測度とする。この量は SN 比と呼ばれる。

また，実務家に馴染みやすい実験計画法をフレームワークとして利用する点も特徴である。ただし，通常の実験計画法とは異なる独自の構成を持っており，安易に実験計画法の派生手法と考えることはできない。また，「タグチメソッド」という呼び名は通称である。詳細は品質工学会[2] などを参照されたい。

（2）ロバスト最適設計法　　通常の最適設計法（⇒p.110）では，設計変数 $x = (x_i)$ ($i = 1, 2, \cdots$) と制約条件 $g_j(x) \leq 0$ ($j = 1, 2, \cdots$) に対して，目的関数 $f(x)$ の最大化や最小化を実施する。ロバスト最適設計法では，ここに，変動要因を表す確率変数 $z = (z_k)$ ($k = 1, 2, \cdots$) とシステムの満たすべきロバスト性を表す評価関数 $\mathrm{Rel}(g, f, x, z)$ を導入し，$f(x)$ の代わりに $f(x, z) + \mathrm{Rel}(g, f, x, z)$ の**最適化**（optimization, ⇒p.110）を実施する。$\mathrm{Rel}(g, f, x, z)$ をどう定義するかは本質的であるが，この点は最適化実施者に委ねられることが多い。$\mathrm{Rel}(\cdot)$ として，単に信頼性を使用する場合も多い。また $f(\cdot)$ と $\mathrm{Rel}(\cdot)$ を上記のように結合せずに，多目的最適化問題として解くことも行われる。

（3）多様場対応ロバスト設計法　　近年，デザイン分野においても体系的な手法・方法論の整備が進んでいる。多様場対応ロバスト設計法は，人工物が使用される環境の多様性を，非正規型の確率変数としてモデル化し解析することで，構想段階においてロバスト性を設計しようとする方法である。詳細は松岡[3] などを参照されたい。

参考文献
1) ISO9000 品質マネジメントシスム―基本および用語
2) http://www.qes.gr.jp/
3) 松岡由幸 著, デザイン塾 監修：デザイン・サイエンス 未来創造の六つの視点, 丸善 (2008)

ロボットマニピュレータ
[英] robot manipulator

　マニピュレータは人間の腕に相当するロボットである。シリアルリンクマニピュレータ（serial link manipulator）とパラレルリンクマニピュレータ（parallel link manipulator）に大別され，運動方程式を解くことにより動力学シミュレーションが可能になる。その高速計算法が考案されている．

A. 種類
（1）シリアルリンクマニピュレータ
　リンクを回転関節または直動関節により直列に繋げて構成したマニピュレータである．先端にはグリッパ等の手先効果器が装着される．3次元空間で位置姿勢の自由度は6であるため，先端が任意の位置姿勢をとるためには，六つの関節自由度が必要になる．七つ以上の関節を持つものは冗長マニピュレータと呼ばれる．シリアルリンクマニピュレータは，その構造から一般に広いワークスペースを持つ．しかし，根元側の関節アクチュエータほど，先端側を支えるために強力なものが必要になる．

（2）パラレルリンクマニピュレータ
　一つの出力リンクを複数のリンク機構で並列に駆動する構造である．アクチュエータを根元または根元寄りに配置できることや，それにより出力リンクの軽量化・高速化が可能であることが利点である．欠点はワークスペースが狭いことである．

B. 運動学
（1）順運動学，逆運動学　順運動学（forward kinematics）とは，幾何学的な関係をもとに，関節の変位，速度，加速度からリンクや先端の位置姿勢，速度，加速度の関係を求めることである[1]．逆運動学（inverse kinematics）とは，逆に先端の位置姿勢，速度，加速度から関節の変位，速度，加速度を求めることである．先端の位置姿勢に対して，関節の変位は一意に定まるとは限らない．速度の関係をつぎに示す．

（2）ヤコビ行列　$\dot{\theta}$, V をそれぞれ一般化座標としての関節速度，先端速度を並べたベクトルとする．それらの関係は，シリアルリンクマニピュレータでは一般に

$$V = J\dot{\theta}$$

で表される．Jをヤコビ行列（Jacobian matrix）と呼ぶ．Jが非正則のとき特異点と呼び，自由度が縮退するので注意が必要である．

パラレルリンクマニピュレータでは

$$J_a V = J_b \dot{\theta}$$

と書かれる．J_aが非正則，J_bが非正則，および両方が非正則となる特異点が存在する．

C. 動力学
（1）運動方程式　マニピュレータの運動方程式は

$$M(\boldsymbol{\theta})\ddot{\boldsymbol{\theta}} + C(\boldsymbol{\theta},\dot{\boldsymbol{\theta}}) + G(\boldsymbol{\theta}) = \boldsymbol{\tau}$$

の形式で表される．ここで，$M(\boldsymbol{\theta})$は慣性行列，$C(\boldsymbol{\theta},\dot{\boldsymbol{\theta}})$はコリオリ力・遠心力項，$G(\boldsymbol{\theta})$は重力項，$\boldsymbol{\tau}$は一般化力としての関節駆動力である．この運動方程式はラグランジュ方程式（Lagrangian equation）

$$\frac{d}{dt}\frac{\partial L}{\partial \dot{\boldsymbol{\theta}}} - \frac{\partial L}{\partial \boldsymbol{\theta}} = \boldsymbol{\tau}$$

より導くことができる．ここで，$L = K - U$をラグランジュ関数とし，Kをマニピュレータの全運動エネルギー，Uを全位置エネルギーとする．
　一方，ニュートン・オイラー法（Newton-Euler formulation）により，運動方程式をリンクごとの漸化式の形式で求めることができる．

（2）順動力学，逆動力学　順動力学とは，初期状態と関節駆動力を与えた場合に，関節の変位，速度，加速度を求めることである．逆動力学とは，逆に関節の変位，速度，加速度を与えた場合に，それを生成するための関節駆動力を求めることである．順動力学はシミュレーションの目的のため，逆動力学は制御の目的のために解かれる問題といえる．
　シリアルリンクマニピュレータの逆動力学に関しては，ニュートン・オイラー法により，Nをリンク数として$O(N)$の計算量で関節駆動力が計算できる．パラレルリンクマニピュレータに関しても，仮想的な閉リンクの切断により，同様な計算量で計算できる．また，順動力学に関しては，シリアル，パラレル問わず計算量$O(N)$の計算方法が考案されている[2]．以上のいずれの計算も，並列計算により$O(\log N)$で計算することができる．これらの計算を行うためには，リンクの幾何的，力学的パラメータが既知である必要がある．その同定方法が研究されている[1]．

参考文献
1) 小林尚登ほか：ロボット制御の実際，計測自動制御学会編，コロナ社（1997）
2) 山根　克, 中村仁彦：仮想仕事の原理に基づく並列O（logN）順動力学計算法，日本機械学会ロボティクス・メカトロニクス講演会, 2P2-H4（2001）

分野：可視化
部門：バーチャルリアリティ ［VII-4］

CAD/CAEにおける
バーチャルリアリティ
［英］virtual reality in CAD/CAE

　CAD/CAEは，設計支援ツールとして必要不可欠となっているが，解析モデルが3次元的に複雑かつ大規模な場合，そのプリ・ポスト処理において，作成された形状モデルやメッシュの品質を確認・修正することや，3次元的な現象を正確に把握することは困難であるとの指摘がなされている．これらの問題点は，可視化方法に起因する．これらは一般に，3次元データを投影変換によりディスプレイやスクリーン等の2次元表示媒体に可視化表示すると，奥行方向の3次元形状や現象を正確に把握することが困難となることにより生じる．
　近年，これらの問題点を解決するために，バーチャルリアリティ（VR）の活用が注目されている．

A．プリ・ポスト処理への応用
　VRの活用として，立体視対応の可視化ソフトウェアによる映像をVR装置に投影することにより，形状モデルやメッシュの品質および計算結果を容易に確認することが可能となる．下図は，その一例として，ユーザが都市域の一角にある高架道路の裏側に生成された表面メッシュの品質を，没入型VR装置により観察している様子を示している（口絵43）．このような狭小空間に生成されたメッシュの品質を2次元表示媒体により正確に把握することは困難であるが，VR空間ではユーザは任意のスケールで自由に移動できるため，その詳細を正確に把握することが可能となる．

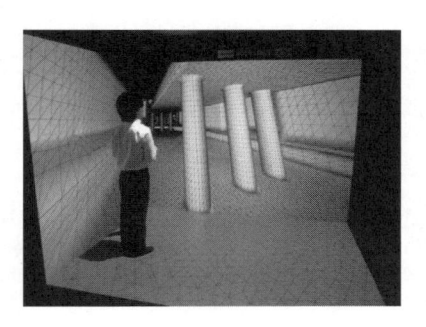

　しかし，一般の可視化ソフトウェアでは，VR空間においてメッシュの修正や計算結果の可視化を対話的に行うことは困難である．このような問題点を解決するために，OpenGLとCAVEライブラリ[1]を用いた対話型のプリ・ポスト処理システムが提案されている．プリ処理（pre-process）システムとしては，VR空間に3次元メッシュを立体視表示させ，ユーザがメッシュの歪みの大きい要素に近づいて，コントローラのボタン操作によりメッシュを構成している節点を任意の位置に移動させたり，あるいは新たな節点を追加させたりすることでメッシュ形状の品質改善を行うシステム[2]が提案されている．一方，**ポスト処理**（post-process）システムとしては，スカラ場やベクトル場のシミュレーション結果を対話的に可視化するシステムが提案されている[1,3]．下図は，VR空間に没入した観察者が，3次元的な流れの構造を，複数の可視化機能を用いて観察している様子である（口絵43）．

B．VR活用の効果
　CAD/CAEにおけるVRの活用は，プリ・ポスト処理において，ユーザがこれまで気づかなかったり理解が困難だったりしたことを容易にするとともに，メッシュの修正や計算結果の定量的可視化を対話的に行うことを可能にする．
　今後，VRはその普及とともに設計などの高品質化の実現において，ますます重要な役割を果たすといえる．

参考文献
1) A. Kageyama, Y. Tamura, and T. Sato: "Visualization of vector field by virtual reality", *Progress of Theoretical Physics Supplement*, No.138, pp.665–673 (2000)
2) 林田憲治，樫山和男，山崎　輔，陰山　聡，大野暢亮：VR技術を用いた有限要素メッシュの対話的修正システムの構築，計算工学講演会論文集，**15**, 1, pp.219–222 (2010)
3) 山崎　輔，樫山和男，陰山　聡，大野暢亮：流体解析のためのVR技術に基づく対話的可視化システムの構築，計算工学講演会論文集，**15**, 2, pp.1055–1158 (2010)

分野：可視化
部門：バーチャルリアリティ ［VII-4］

CAVE
［英］CAVE Automatic Virtual Environment

CAVE[1] は，1991 年にイリノイ大学シカゴ校 EVL（Electronic Visualization Laboratory）の T. A. DeFanti らのグループによって考案された，体験者の周囲を大型の映像で取り囲む**没入型投影ディスプレイ**（immersive projection display; **IPD**）である．CAVEは，1992 年に ACM（Association for Computing Machinery; 米国計算機学会）SIGGRAPH（Special Interest Group on Graphics and Interactive Techniques）'92 で初めて発表された[2]．

A. IPT

VR（virtual reality）分野の大きな課題の一つとして，提示した映像にユーザがどれだけ没入できるかが挙げられる．その一つとして，1968 年に I. E. Sutherland が提案した HMD（head mounted display）を軽量かつ高精細にすることで広視野を実現し，ユーザの没入感を高めることが長年試みられてきた．一方，それとはまったく逆の思想で，大型画面によってユーザの周囲を取り囲み，取り囲んだ映像によって広視野角と映像への没入感を与えようとする技術がIPT（immersive projection technology）である．IPT の先駆けとして提案されたシステムが C. Cruz-Neira と T. A. DeFanti らによる CAVE である．

B. CAVEの特長

CAVE は，高速グラフィックスワークステーションをホストコンピュータとし，位置センサー，3 次元入力装置，液晶シャッター眼鏡などを用いて，CAVE 内に投影された立体映像と対話することで，提示された仮想空間内にユーザが没入できるシステムである．CAVE には，つぎのような特長が挙げられる．

1. 多人数参加型の VR 空間
2. 多面高精細大型映像による広視野角の実現
3. 実時間 3 次元立体空間の創生
4. 6 軸位置入力システムによる高性能な対話性
5. 3 次元オーディオ環境

C. CAVEの応用分野

CAVE は，多人数が参加でき，広視野，高精細映像を提供できることから，つぎに示すさまざまな分野で利用されている．

1. エンターテインメント，アミューズメント施設
2. 工業デザイン
3. ビジュアライゼーション
4. 遠隔操作，テレプレゼンス，共同作業
5. 教育，訓練
6. 医療分野
7. 芸術分野

CAVEが提案された初期の応用例として，工業デザイン分野では，Caterpillar 社がドライビングシミュレーションに利用したり，GM（General Motors）社が車の内装設計に利用したりした．日本では，1996 年に東京工業大学 VBL（Venture Business Laboratory）が研究用として CAVE を導入し，また，セガエンタープライゼスが 5 面に映像投影可能な CAVE 型の SEGA B.O.X SYSTEM を東京ジョイポリスに設置した．1997 年には，科学技術と芸術文化を結び付けた先進的な芸術表現の場として，NTT ICC（InterCommunication Center）が，CAVE を利用した展示の一般公開を行った．

D. CAVEの発展システム

1998 年，東京大学 IML（Intelligent Modeling Laboratory）に設置された CABIN（Computer Augmented Booth for Image Navigation）は，入口となる立方体の側面 1 面を除く，天井，床面と 3 側面の合計 5 面に映像を投影できるシステムである．また，岐阜県生産技術研究所は，ユーザの周囲を完全に覆ってしまう完全没入型 6 面ディスプレイ COSMOS を構築した．

M. Gross らが 2003 年に提案した blue-c は，PDLC（phase dispersed liquid crystal）を用いてスクリーンの透明・不透明を切り替えることで，スクリーンへの映像投影とユーザ像の撮影を可能にし，遠隔地との共同作業が行えるシステムである．

参考文献

1) C. Cruz-Neira, D. J. Sadnin, and T. A. DeFanti: "Surround-Screen Projection-Based Virtual Reality: The Design and Implementation of the CAVE", *Computer Graphics (Proceedings of SIGGRAPH'93), ACM SIGGRAPH*, pp.135–142 (1993)

2) CAVE —A Virtual Reality Theater— (1992), http://www.evl.uic.edu/core.php?mod=8&type=1&indi=2

CIP法
[英] constrained interpolation profile method

CIP法は，矢部らにより提案された**偏微分方程式**（partial differential equation）の高精度数値解法である．1980年代半ばに提案されて以来，CIP法は流体，プラズマ，電磁波（場），原子・分子，生体など，多岐にわたる現象の数値シミュレーションにおいて，研究と実用も両面で幅広く応用され，それに伴ってCIP法自身も進化してきた．

A. CIP法の基本定式化

まず，時間 t と1次元空間 x における**移流**（advection）（波動）方程式

$$\frac{\partial q}{\partial t} + u\frac{\partial q}{\partial x} = 0 \tag{1}$$

に対するCIP法を解説する．ただし，q は移流される物理量，u は移流速度である．CIPでは，従属変数 q だけではなく，その空間1階微分値 $q_x = \partial q/\partial x$ も，つぎの方程式によって予報する（簡単のため，速度 u を一定としている）．

$$\frac{\partial q_x}{\partial t} + u\frac{\partial q_x}{\partial x} = 0 \tag{2}$$

よって，格子点 x_i につき，q_i と q_{xi} の2種類の離散値（モーメントと呼ぶ）が独立に存在する．いま $u<0$ の場合を考え，x_i とその上流側の格子点 x_{i+1} に合わせて四つの自由度があるため，メッシュセル $[x_i, x_{i+1}]$ において，3次補間関数

$$\mathcal{Q}(x) = c_0 + c_1(x-x_i) + c_2(x-x_i)^2 + c_3(x-x_i)^3$$

を構築することができる．ここで，第 n 時間ステップにおける各格子点上の物理量とその1階微分値 q_i^n, q_{xi}^n が既知だとすると，拘束条件

$$\mathcal{Q}(x_i) = q_i^n, \quad \frac{d}{dx}\mathcal{Q}(x_i) = q_{xi}^n$$

$$\mathcal{Q}(x_{i+1}) = q_{i+1}^n, \quad \frac{d}{dx}\mathcal{Q}(x_{i+1}) = q_{xi+1}^n$$

より，係数 $c_0 \sim c_3$ は一意的に定められる．また，支配方程式(1), (2)の**リーマン不変量**（Riemann invariant）の解を用いれば，新しい時刻 $(n+1)$ の数値解は

$$q_i^{n+1} = \mathcal{Q}(x_i - u\Delta t) \tag{3}$$

$$q_{xi}^{n+1} = \frac{d}{dx}\mathcal{Q}(x_i - u\Delta t) \tag{4}$$

によって求まる．

従来の差分法では，予報変数は q のみとするのに対し，CIP法は q_x も予報変数として取り扱う．この点でCIP法は過去に類を見ない計算法といえるだろう．CIP法は，純粋な**移流スキーム**（advection scheme）として，輸送現象や波の伝搬などのシミュレーションに直接使える．また，流体などの**連続体数値モデル**（continuum numerical model）の中核スキームとしても，広く用いられている．これまでの検証および実際の応用によると，CIP法は計算精度だけではなく，計算安定性，ロバスト性，計算効率などの面においても優れた性質を有している．

B. CIP法の発展と展開

CIP法の応用と改善を目的に研究が続けられ，数多くの成果が挙げられている．日本を中心に代表的なものを取り上げると，(a) 式(3), (4)を用いず，局所な補間関数から空間微分を求め，高次時間積分式で変数を予報するIDO法，(b) 曲線格子，非構造格子，またはCIPの高精度局所補間を生かしたソロバン格子におけるCIP法，(c) メッシュセルの積分値を新たな予報変数として取り入れた保存型CIP法，(d) 格子点における変数値とその微係数を用いるエルミート補間関数を基底関数とするCIP-BS法，(e) **流体計算**（fluid simulation）の**有限体積法**（finite volume method）に対して，セルの体積分量に加え，点，線または面における変数値など多種類のモーメントを新たな予報変数として取り扱うCIP有限体積法，(f) 各種のモーメントは予報変数として直接計算せず，ほかに定義される予報変数の時間発展方程式を定める際の制約条件として用いるマルチモーメント制約型手法，が挙げられる．

このように，物理量だけではなく，その微分（積分）値も予報変数とし，元の支配方程式と整合性を持つ微分（積分）方程式に従って独立に予報することは，CIP法と従来手法との根本的な違いである．つまり，CIP法のエッセンスは**マルチモーメント**（multi-moment）である．マルチモーメントを使えば，物理場の空間変化を多方面から捉えることができ，当然物理的にも数値的にもより良い結果が得られる．マルチモーメントという広い視点により，CIP法のさまざまな新展開がおおいに期待される．

参考文献

1) 矢部　孝, 内海隆行, 尾形陽一：CIP法－原子から宇宙までを解くマルチスケール解法, 森北出版 (2003)

2) 矢部　孝ほか：CIP法特集, 応用数理, **18** (2), pp.76–139 (2008)

3) 肖　鋒, 伊井仁志, 小野寺直幸：計算流体力学－CIPマルチモーメント法による手法, コロナ社 (2009)

EMC解析
[英] electromagnetic compatibility analysis

電磁環境両立性（electromagnetic compatibility; **EMC**）の主要な要素として，**電磁的妨害**（electromagnetic interference; **EMI**）と**イミュニティ**（immunity）が挙げられる。EMC解析では，共振，放射，伝導，遮蔽などの複合的な電磁気現象を取り扱うことになる。電子機器におけるEMC問題では，**プリント回路基板**（printed circuit board; **PCB**），各種回路部品，筐体，ケーブル，LSIなどをコンポーネントごとに考えるだけでなく，それらの複雑な相互作用をシステムレベルで解析することも重要になる（口絵4）。

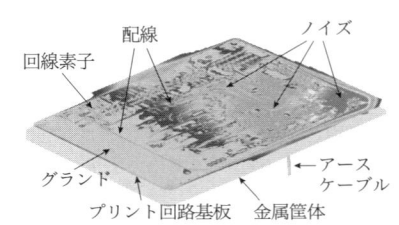

図：配線，ノイズ，回線素子，グランド，アースケーブル，プリント回路基板，金属筐体

EMC解析の代表的な数値シミュレーション手法[1]としては，**モーメント法**（method of moment, ⇒p.5），**部分要素等価回路法**（partial element equivalent circuit method; **PEEC法**），**時間領域有限差分法**（finite difference time domain method; **FDTD法**, ⇒p.220）が挙げられる。このうちFDTD法は，複雑な形状や多種多様な媒質，回路素子を容易に取り扱うことができ，また大規模並列計算にも適しているため，汎用3次元電磁波シミュレータとして採用され，EMC分野で広く使用されている。

EMC問題を取り扱うために必要なFDTD解析技術としては，A. 回路素子[2]，B. 分散性媒質[2]，C. 並列計算[3]などが挙げられる。

A. 回路素子
PCBには，抵抗，コイル，コンデンサなどの線形回路から，ダイオード，トランジスタのような非線形回路も実装される。以下では，複雑な回路素子を取り扱う方法を示す。

（1）集中定数回路素子 典型的な回路部品としては，**パスコン**（bypass capacitor）などがある。このような回路部品は一般に解析領域に比べて小さいため，物理的にモデル化すると解析空間のメッシュ数が増加する。これを回避するために，回路部品を集中定数回路素子として取り扱う技術が必要になる。また，広帯域の解析では，寄生効果（parasitic effect）を含めた高周波特性も考慮しなければならない。これに対しては，計算格子1セルに複雑な線形回路網を取り込むアルゴリズムが知られており，非線形回路網への拡張も提案されている。

（2）電磁波-回路連携解析 システムレベルのEMCシミュレーションでは，線形回路，非線形回路および各種波源を含む一般の集中定数回路網を考慮する場合がある。このような場合には，回路網を**SPICE**（simulation program with integrated circuit emphasis, ⇒p.37）のような回路シミュレータで解き，FDTD法に基づく電磁波シミュレータと時間領域で直接連携解析する方法が知られている。しかし，LSIのような複雑かつ大規模な回路を扱う場合には，回路シミュレータの計算時間が長くなるため，回路モデルの適切な簡略化が課題となる。

B. 分散性媒質
PCBは，配線パターン，電源/グランドパターン，誘電体基板などから構成されている。このうち，通常の基板に使われるエポキシ材の周波数依存性は，高周波ノイズの挙動に影響を与えうる。分散性媒質を考慮するFDTD技術としては，帰納的畳み込み法や補助微分方程式法が知られている。一方，配線パターンなどの導体損失を考慮するときには，表皮厚みのメッシュを避けるために，周波数依存の表面インピーダンス境界条件を用いる方法が報告されている。

C. 並列計算
解析規模が数億メッシュを超えるようなシステムレベルのEMC解析では，PCクラスタ（⇒p.371）などの並列分散処理システムを用いた大規模並列計算が実施されている。FDTD法の電磁界計算を並列化するためには，まず計算領域全体を複数の小さい領域に分割する。FDTD法では近接格子点の電磁界データのみが使われることに着目し，小領域の内部は通常の電磁界計算を行い，領域境界で電磁界データの通信が行われる。

参考文献
1) H. Brüns, et al.: "Numerical Electromagnetic Field Analysis of EMC problem", IEEE Trans. on Electromagn. Compat., vol. 49, no.2 (2007)

2) A. Taflov and S. Hagness: Computational Electrodynamics 3rd Edition, Artech House (2005)

3) W. Yu, et al.: Parallel Finite Difference Time Domain Method, Artech House (2006)

分野：電気・電子
部門：音響 [II-1]

FDTD法による音場シミュレーション

[英] numerical simulation of sound field by finite difference time domain method

音響分野における代表的な時間領域の数値解析手法に**FDTD法**（finite difference time domain；時間領域差分法）がある．FDTD法は，Yee[1]により電磁波伝搬の解析手法として提案された差分法の一種であり，連続の式と運動方程式を**蛙跳び法**（leapfrog method）により交互に解くことに特徴がある．離散化が直接的で，計算機への実装が容易であるため，広く普及している．蛙跳び法によらない差分法はFDM（⇒p.334）と呼ばれ，FDTD法と区別されることが多い．

A. 定式化

基本となる支配方程式は，連続の式と運動方程式である．FDTD法では，両式を下図のような**スタガードグリッド**（staggered grid）上で差分化する．

音圧と粒子速度は，空間的・時間的に半セルずれて定義されており，中心差分により差分化される．

$$p^n(i,j,k) = p^{n-1}(i,j,k)$$
$$-\rho c^2 \Delta t \left[\frac{u_x^{n-\frac{1}{2}}(i+\frac{1}{2},j,k) - u_x^{n-\frac{1}{2}}(i-\frac{1}{2},j,k)}{\Delta x} \right.$$
$$+ \frac{u_y^{n-\frac{1}{2}}(i,j+\frac{1}{2},k) - u_y^{n-\frac{1}{2}}(i,j-\frac{1}{2},k)}{\Delta y}$$
$$\left. + \frac{u_z^{n-\frac{1}{2}}(i,j,k+\frac{1}{2}) - u_z^{n-\frac{1}{2}}(i,j,k-\frac{1}{2})}{\Delta z} \right] \quad (1)$$

$$u_x^{n+\frac{1}{2}}\left(i+\frac{1}{2},j,k\right) = u_x^{n-\frac{1}{2}}\left(i+\frac{1}{2},j,k\right)$$
$$-\frac{\Delta t}{\rho}[p^n(i+1,j,k) - p^n(i,j,k)] \quad (2)$$

ここで，pは音圧，uは粒子速度，ρは媒質密度，cは音速，$\Delta x, \Delta y, \Delta z$はグリッド間隔，$\Delta t$は時間間隔，$i,j,k$は離散座標，$n$は離散時刻である．式(2)の離散化は$y,z$方向についても同様である．

B. 境界条件

（1）反射境界条件 完全反射（剛壁）条件の場合は，境界に接している粒子速度成分を0にすればよいが，FDTD法では音圧と粒子速度が半セルずれているため，領域の長さが半セル分前後することになる．また，任意の反射係数を有する境界条件の場合は，境界上に表面音響インピーダンスを仮定し，それにより音圧と粒子速度の関係を規定する必要があるが，この場合も半セルのずれを考慮することになる．

（2）吸収境界条件 吸収境界条件（absorbing boundary condition）は，開放領域を表現したい場合に必要となる．吸収境界条件はいくつかあり，音波の場合はMurの吸収境界条件[2]とBerengerの**PML**（perfect matched layer）[3]がよく用いられる．Murの吸収境界条件は，境界で進行波条件を満足させることで入射音波を吸収する．1次と2次があり，精度は中程度であるが，簡便であることからよく用いられる．PMLは，仮想的な音波吸収体の層を境界に設置することで，インピーダンス整合を保ちながら斜め入射波についても大きな吸収を実現する．精度は最良だが，取り扱いが複雑で，メモリ使用量も若干多くなる．

C. 精度

FDTD法は中心差分を採用しているため，2次精度を有し，保存的である．ただし，高周波成分ほど見かけの音速が低下する**数値分散誤差**（numerical dispersion error）が生じる．この誤差のために，急峻に音圧が変化する部分で伝搬とともに数値振動が生じ，波形が崩れることになる．これを回避するために，より高次精度のFDTD(2,4)法やコンパクト差分などが提案されている．

参考文献

1) K. S. Yee: "Numerical solution of initial boundary value problems involving Maxwell's equations in isotropic media", *IEEE Trans. Antennas Prop.*, **14**, 4, pp.302–307 (1966)

2) G. Mur: "Absorbing boundary conditions for the finite-difference approximation of the time-domain electromagnetic field equation", *IEEE Trans. Electromagnetic Compt.*, **EMC-23**, 4, pp.377–382 (1981)

3) J. P. Berenger: "A Perfectly matched layer for the absorption of electromagnetic waves", *J. Compt. Phys.*, **114**, 1, pp.185–200 (1994)

GaN 中不純物
[英] impurities in GaN

GaN は光デバイスとして重要であるのみならず，スピントロニクス材料としても有望である。ここでは GaN 内点欠陥の第一原理計算によるシミュレーション事例を紹介する。さらなる事例に関しては他の文献を参照されたい。

A. 希土類元素ドープに伴う空孔導入：陽電子消滅の PAW シミュレーション

GaN では Er のドーピングに伴い空孔型点欠陥の密度が増大するが，空孔の種類は明らかになっていなかった。陽電子消滅は，その際発生する γ 線のドップラー効果による変調により，点欠陥を検出することができる。**密度汎関数法**（density functional theory; **DFT**）および**射影子補強波**（projector-augmented wave; **PAW**）法を用いて電子および陽電子の波動関数を計算することにより，各種空孔に対応するドップラー変調のシミュレーションが行われた[1]。その結果，Er ドーピングにより Ga 空孔およびそれを含む複空孔が導入されていることが明らかとなった。

数学的には，超ソフト擬ポテンシャル法と等価であり，物理的には内殻電子をも考慮している PAW 法は，原子核付近の波動関数も精度良く記述できるため，電子-陽電子運動量密度を高運動量領域においても計算することが可能である。

B. Gd ドーパントと Ga 空孔による協奏的強磁性：DFT+U

Gd をドープした GaN による希薄磁性半導体は，室温で強磁性を示すのみならず，Gd ドーパント当りの磁気モーメントが数千 μ_B に達することが複数の実験グループにより示され，注目されている。その起源を解明するために，DFT+U によるシミュレーションが行われている[2]。

DFT+U 法（DFT+U method）は局在電子間のオンサイト Coulomb 反発エネルギー U を外部項により取り入れる方法であるが，原子配置によらず局在している Gd の $4f$ 電子に対しては，U の値を非経験的に決定することができるため，有用である。

シミュレーションではスピン分極した Ga 空孔と Gd の相互作用が強磁性的であり，空孔の数に応じて線型に磁気モーメントが増加する結果が得られた[2]。スピンサイト間の磁気的相互作用は，Ga 空孔のギャップ中非占有状態が局在化している一方で，占有状態は価電子帯と混成し，波動関数の裾がバルク内部に広がっていること（図を参照）に由来する。

Ga 空孔導入により変化した
GaN 窒素サイト局所状態密度

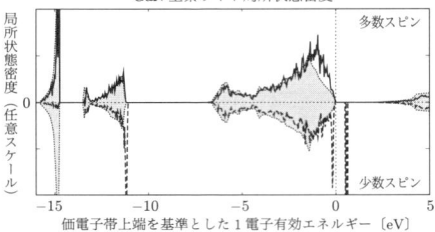

C. Mn ドーパントによる Jahn-Teller 歪み：ハイブリッド DFT

従来の DFT 汎関数（例えば PBE 汎関数）は，厳密な電子間交換相互作用の非局所性を無視しており，半導体中の欠陥準位の位置を記述するのに十分ではないことも多い。そのため，厳密な Hartree-Fock（HF）交換項と DFT 汎関数を混ぜ合わせた**ハイブリッド DFT**（hybrid-DFT; ハイブリッド密度汎関数法）は，欠陥準位の記述を改善することが期待される。非局所ハイブリッド汎関数の一つである PBE0 汎関数は，以下の式によって表される。

$$E_{\text{XC}}^{\text{PBE0}} = E_{\text{XC}}^{\text{PBE}} + \frac{1}{4}\left(E_{\text{X}}^{\text{HF}} - E_{\text{X}}^{\text{PBE}}\right)$$

ハイブリッド DFT による計算は Mn をドープした立方晶 GaN に対して行われている[3]。Jahn-Teller 効果による多数スピン t_2 バンドの分裂は，従来の DFT では 0.23 eV であるのに対し，ハイブリッド DFT では 1.46 eV となり，GW 計算とおおむね一致している。

DFT+U やハイブリッド DFT 以外に，**自己相互作用補正**（self-interaction correction; **SIC**）を取り入れた計算も報告されているが，SIC は経験的パラメータを含むため，その妥当性の検証には注意が必要である。

参考文献

1) A. Uedono, C. Shaoqiang, S. Jongwon, K. Ito, H. Nakamori, N. Honda, S. Tomita, K. Akimoto, H. Kudo, and S. Ishibashi: "Vacancy-type defects in Er-doped GaN studied by a monoenergetic positron beam", *J. Appl. Phys.* **103**, 104505 (2008)

2) Y. Gohda and A. Oshiyama: "Intrinsic ferromagnetism due to cation vacancies in Gd-doped GaN: First-principles calculations", *Phys. Rev. B* **78**, 161201(R) (2008)

3) A. Stroppa and G. Kresse: "Unraveling the Jahn-Teller effect in Mn-doped GaN using the Heyd-Scuseria-Ernzerhof hybrid functional", *Phys. Rev. B* **79**, 201201(R) (2009)

GPGPU

[英] general-purpose computing on graphics processing units

画像処理プロセッサ（graphics processing unit; GPU）の描画性能と表示機能が向上するにつれ，GPU を汎用計算に使う試み，GPGPU が 2000 年あたりから始まった．2006 年に NVIDIA 社が自社の GPU に対する GPGPU 用の統合開発環境として CUDA（Compute Unified Device Architecture）[1]）をリリースし，一気に GPGPU の利用が広まった．それまでは画像処理の機能を汎用計算にマッピングしなければならなかったが，CUDA により，標準 C 言語と GPGPU 用の拡張だけでプログラミングすることができるようになった．さらに，2009 年には FORTRAN 版もリリースされ，頻繁なバージョンアップにより機能向上が著しい．2009 年末には，特定の GPU だけでなく，AMD 社，インテル社の GPU や Cell などでも同じプログラムが動作するような標準化を目的として策定されてきた OpenCL の正式版 1.0 がリリースされている．

GPU はグラフィックボードに搭載され，パソコンなどの画像表示を高速化するために開発されてきたため，1 TFlops を超えるようなピーク性能を持つ GPU を，通常のパソコンに装着して使うことができる．パソコン市場で展開する製品の流用であるため，コストがきわめて低いという特徴を持つ．GPU は消費電力当りの演算性能が高いため，スーパーコンピュータの低消費電力化に向けたアクセラレータとして広く認識されるようになっている．2010 年には，倍精度浮動小数点演算性能が向上し，ECC メモリに対応した GPU がリリースされるなど，HPC（high performance computing）での利用の条件が整ってきている．2010 年 11 月のスーパーコンピュータ Top500 のランキングでも，1 位と 3 位に中国の GPU スーパーコンピュータが入り，4 位に東京工業大学の TSUBAME 2.0 がランクインするなど，GPU マシンが上位を独占している．

A. GPU のアーキテクチャとプログラミングモデル

GPU のアーキテクチャは汎用 CPU と異なり，2010 年の最新 NVIDIA GPU では 1 チップ当り 400 個以上の演算ユニット（CUDA コア）が搭載されている．さらに，8〜32 個の CUDA コアが一つのマルチプロセッサを構成していて，そこには L1 キャッシュと共有メモリがある．GPGPU では，多数の演算ユニットを効率的に使うようにプログラミングすることで，高い実行性能が得られる．データ並列性の高い問題に対して GPGPU の適用が有効であるといえる．

B. 粒子計算

当初の GPGPU では，**重力多体問題**（N-body problem）における性能が注目を集めた．GRAPE などの専用計算機と同様に，演算負荷の高い部分でアクセラレータとして GPU を利用することにより，高い実行性能を引き出すことができた．**個別要素法**（distinct element method; **DEM**）や **SPH 法**（smoothed particle hydrodynamics）などの粒子法の計算でも比較的早くから GPU が利用され，**分子動力学**（molecular dynamics; **MD**）計算では，複数 GPU での計算例が増えている．汎用 MD コードの多くが GPU をサポートするようになっている．

C. 格子計算

ClearSpeed や GRAPE などの従来のアクセラレータと GPU の最大の違いは，広いメモリバンド幅にある．**流体計算**（computational fluid dynamics; **CFD**）などの格子系のステンシル計算では，演算よりもメモリアクセスに時間がかかり，GPU は格子系のアプリケーションにおいても CPU と比較して高い実行性能を示している．気象計算などでは，4000 GPU を使って 150 TFlops 近い実行性能が報告されている[2]．

D. 多様なアプリケーション

世界的に多くの計算センターで導入が進んでいることからもわかるように，限定された計算ではなく，物理，化学，金融，データ処理など，さまざまな分野のアプリケーションへの GPGPU の適用が進んでいる．

図は水平 500 m 格子で計算したメソスケール気象シミュレーションの雲分布である（口絵 1）．

参考文献

1) 青木尊之, 額田 彰：はじめての CUDA プログラミング, 工学社 (2009)
2) T. Shimokawabe, T. Aoki, et al.: "An 80-Fold Speedup, 15.0 TFlops Full GPU Acceleration of Non-Hydrostatic Weather Model ASUCA Production Code", in SC'10 Proceedings, New York, NY, USA, ACM (2010)

Liイオン電池
[英] lithium ion battery

リチウム (Li) イオン電池は，おもに正極にリチウム金属酸化物，負極にグラファイトなどの炭素系化合物を用い，炭酸エチレンなどの非水系電解液で構成される二次電池を指す。現在では，負極に金属リチウムを用いるリチウム電池とは区別されている。1980年代に負極に炭素系材料を用いることが提案されて以来開発が活発化した。炭素系材料は過反応活性な金属リチウム電極の代替として検討が始められた材料である。1980年代中盤には層状のリチウム金属酸化物（下図(a)）が正極として用いられるようになり，炭酸エチレンを電解液溶媒として組み合わせて，リチウム電池並みの電圧が得られることになった。同じ1980年代に盛んに研究された導電性高分子を電極に用いるタイプの電池も動作機構からリチウムイオン電池の一種といえる。

水溶液系電解質はリチウムによって電気分解するため，通常は炭酸エチレンなどの非水系の電解質溶液が使用される。水の電気分解電位よりも高い電位を得ることが可能となるためエネルギー密度の高い二次電池となる。しかし，ここで用いられる有機溶媒は正極で分解，変質しやすい性質がある。条件によって溶媒は分解し，相間固体電解質 (solid electrolyte interphase; SEI) と呼ばれる固体の層に変化する。これはリチウムイオンの導電性を妨げるとともに，充電後の電解質の分解を防止するという働きも認められている。また，高電位まで充電できることの裏返しとして，正極，負極が高い酸化状態，還元状態に置かれることになり，電極が不安定化しやすいという欠点につながる。発熱や電極の劣化，場合によっては破裂発火を引き起こすこともある。このため，リチウムイオン電池の開発課題としては高性能化や長寿命化，低コスト化と並んで安全性の問題が重視されている。

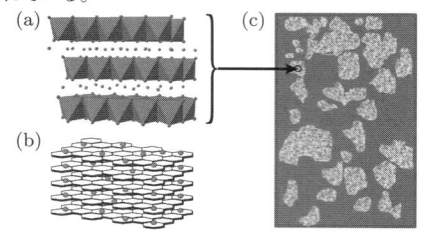

A. 電池セルの構造設計
セルの構造や電極の構成，熱暴走の機構などについて，巨視的な熱流体シミュレーションと電極表面での反応速度方程式を用いた設計や解析が行われている。充放電に伴う電位分布や熱分布の変化がシミュレートされ，安全な構造の設計などに活用される。

B. 電極材料と電解液およびSEI
電極については，酸化還元に伴う電子移動とそれによって生じる材料の構造変化を第一原理計算および第一原理分子動力学シミュレーションによって検討することが比較的多くなされている。正極では，安定な結晶構造を探索し，その中でのLi^+の運動を調べることが行われる。負極では，グラファイトの層間結合が共有結合やイオン結合に比べて弱い分散力が支配的であり，層間でのLi^+の運動などが調べられる。図(b)に負極材料であるLi^+/グラファイトの模式図を示した。電解液についてはSEIの形成機構が重要であるが，SEIの組成や構造が十分にわかっていないため有効なシミュレーションはまだ行われていない。SEIと電極界面，電解液とSEI界面でのイオンの移動についてもシミュレーションによる解析が期待されているが，実際には十分には進んでいない。Li^+やBF_4^-など陰イオンの溶媒和構造とその安定性については，分子軌道法や古典分子動力学法などによって調べられている。各イオンの拡散性や電極に挿入される際の脱溶媒和機構の解明などにとって有用な情報を与えるが，SEIの構造に不明な点が多く残っているために現在のところはまだ積極的に研究されている状況ではない。

C. 電極材料の多結晶組織構造
両電極ともに単結晶材料ではないので多結晶組織構造の形成や物性への影響が重要である。しかし，導電助剤が混在されているなどさらに複雑な構成になっており，シミュレーションによる取り組みはまだ困難な状況にある。図(c)は，正極材料におけるLi金属酸化物（粒状の明灰色部）と導電助剤（暗灰色部）の状態を示す模式図である。多結晶組織構造とその構造のもとでのイオン拡散などについては動的密度汎関数法やフェーズフィールド法などのメソスケールシミュレーション法によって調べることは可能であり，実際に報告例もある。

リチウムイオン電池の開発は目覚ましく進んでいるが，そのために構成が複雑でかえって詳細には不明な点が多く，材料レベルでの具体的な検討はなかなか進めがたい状況にある。とはいえ，電位がかかった状況での構造や反応，拡散といった問題を適切に検討するには，実験による結果だけでは複雑すぎる。そのため，シミュレーションの活用，援用がますます重要になっていくものと考えられる。

分野：共通基礎
部門：計測・制御　[I-4]

LMI設計
[英] LMI-based control design

近年，制御理論の分野では，LMI（linear matrix inequality; 線形行列不等式）がさまざまな場面でよく用いられるようになった．制御理論におけるLMIの登場は1990年頃である．それまで制御理論の分野では，問題が解析的に解けなければ，解けたとは見なされなかった．しかし，LMIが登場した1990年頃を境に，問題がLMIで表現されれば解けたと見なされるようになった．それは，解析的に解けなかったH_2/H_∞制御などの重要で複雑な問題が，LMIで表現して数値的に解けることがわかったからである．1990年代以降，LMIを積極的に利用する機運が一気に高まり，今日では，LMIは制御系の設計・解析のための標準的ツールと位置付けられている．

A. 基本原理

LMIの標準形が以下で与えられる．

$$F(x) = F_0 + \sum_{i=1}^{p} x_i F_i > 0, \quad F_i \in \mathcal{S}^{n \times n} \quad (1)$$

ただし，$x = [x_1, \cdots, x_p]^T \in \mathbf{R}^p$ は決定変数ベクトルであり，$\mathcal{S}^{n \times n}$ は $n \times n$ 対称行列を表す．
$X \in \mathcal{S}^{2 \times 2}$ に対し，条件：

$$X = \begin{bmatrix} x_1 & x_2 \\ x_2 & x_3 \end{bmatrix} > 0 \quad \text{（正定条件）}$$

を考える．このとき，決定変数ベクトルは

$$x = [x_1, x_2, x_3]^T \in \mathbf{R}^3$$

であり，式(1)の $F_i \in \mathcal{S}^{2 \times 2}$ $(0 \le i \le 3)$ は，それぞれ

$$F_0 = 0, \quad F_1 = \begin{bmatrix} 1 & 0 \\ 0 & 0 \end{bmatrix},$$

$$F_2 = \begin{bmatrix} 0 & 1 \\ 1 & 0 \end{bmatrix}, \quad F_3 = \begin{bmatrix} 0 & 0 \\ 0 & 1 \end{bmatrix}$$

で与えられる．

B. リアプノフ安定性 (⇒p.340) との関連

線形時不変系

$$\dot{x} = Ax + Bu + Ew, \quad z = Cx + Du$$

に対する状態フィードバック制御

$$u = -Kx \quad (2)$$

により得られる閉ループ系

$$\dot{x} = (A - BK)x + Ew, \quad z = (C - DK)x \quad (3)$$

の漸近安定性は，リアプノフ不等式で与えられる．

$$P(A - BK) + (A - BK)^T P < 0 \quad (4)$$

この不等式を制御系設計の観点で見ると，行列変数 $P > 0, K$ に関するBMI（bilinear matrix inequality; 双線形行列不等式）となっている．式(4)の両側から $X := P^{-1} > 0$ を掛け，$W := KX$ とおくと，つぎのLMIが得られる．

$$(AX - BW) + (AX - BW)^T < 0$$

このLMIを行列変数 X, W について解けば，安定化制御ゲインが，$K = WX^{-1}$ で求まる．

C. 最適レギュレータ (⇒p.111) との関連

式(3)は $w \to z$ の伝達関数 $H_{zw}(s)$ を用い

$$z = H_{zw}(s)w$$

$$H_{zw}(s) = (C - DK)[sI - (A - BK)]^{-1}E$$

と書けるが，H_2ノルムの2乗 $J := \|H_{zw}(s)\|_2^2$ は $C^T D = 0, \quad R := D^T D > 0$ の条件のもとで，最適レギュレータの2次形式評価関数

$$J = \int_\infty^0 (x^T Qx + u^T Ru) dt, \quad Q := C^T C$$

と等価である．J を最小化する H_2 制御問題（H_2 control problem）は

$$J := \inf \mathrm{Tr}[Z] \quad \text{subject to} \quad \begin{bmatrix} X & E \\ E^T & Z \end{bmatrix} > 0$$

$$\begin{bmatrix} (AX - BW) + (AX - BW)^T & * \\ CX - DW & -I \end{bmatrix} < 0$$

で与えられる．この行列変数 Z, X, W に関するLMIについて最小化問題を解けば，式(2)の H_2 制御ゲインが，$K = WX^{-1}$ で求まる．

D. ロバスト制御との関連

ロバスト制御に関する条件が H_∞ ノルムを用い，$\|H_{zw}(s)\|_\infty < \gamma$ で与えられる．これは**H_∞制御問題**（H_∞ control problem）といわれ，これをLMIで表すと

$$\begin{bmatrix} (AX - BW) + (\bullet)^T & * & * \\ CX - DW & -\gamma I & * \\ E^T & 0 & -\gamma I \end{bmatrix} < 0$$

となる（**有界実補題**; bounded real lemma）．このLMIを行列変数 X, W について解けば，式(2)の H_∞ 制御ゲインが，$K = WX^{-1}$ で求まる．

参考文献

1) S. Boyd, et al.: *Linear Matrix Inequalities in System and Control Theory*, SIAM (1994)

2) P. Colaneri, J. C. Geromel, A. Locatelli: *Control Theory and Design*, Academic Press (1997)

OSCE
[英] objective structured clinical examination

OSCE（オスキー）とは，技能・態度を客観的に評価するための臨床能力試験のことである．わが国における以前の医学・歯学教育は知識の習得に偏っており，患者に接する能力（医療面接や身体診察など）を含めて，基本的な臨床技能の教育が不十分であった．近年，学生が医療チームの一員として診療に参加する**診療参加型実習**（clinical clerkship）が導入されたことから，医療従事者としてとるべき対応や姿勢など，基本的臨床技能習得の訓練とその客観的な評価が重要となってきた．そこで，医療従事者が一般診療に関する基本的臨床能力を備えているかどうかを判定する手法として，OSCE（客観的臨床能力試験）が用いられるようになった．

A．OSCE の概要

OSCE は 1975 年に英国の R. Harden らに提唱されて以来，ヨーロッパと北米を中心に普及し，現在では数十か国で導入されている．わが国では 1994 年に川崎医科大学で初めて導入され，以後，医学・歯学の共用試験に採用されたことで広く普及した．現在，医師の初期研修をはじめ，薬学，看護学ほか，医療技術スタッフ教育などにも導入が進んでいる．

OSCE では，受験者は複数の試験ブース（ステーションと呼ばれる）を回りながら，ステーションごとに医療面接，バイタルサイン，頭頸部診察，胸部診察，神経診察，外科手技（ガウンテクニック，消毒，縫合）等に関する課題を，それぞれ 5 分から 10 分程度の時間でこなしていく．多くの場合，他施設のスタッフを含む複数の評価者によって評価される．すべての受験者が同じ課題に同じ条件のもとで取り組むことができ，評価者も同一の評価基準で評価できるため，臨床実技を客観的に評価できる手法である

B．共用試験における OSCE

医・歯学生が診療参加型臨床実習に参加するにあたり，一般診療に関する基本的臨床能力を備えているかどうかを判定する手法として，OSCE が用いられるようになった．臨床実習開始前の共用試験のトライアル開始時（2001 年，正式実施は 2005 年）から CBT（知識を評価するためのコンピュータを用いた試験）とともに OSCE が導入され，国内のすべての医・歯学部（医科・歯科の単科大学を含む）で実施されている．

共用試験における OSCE は臨床実習に入る前の評価であり，課題はごく基本的なものに限られる．医療面接，胸部診察，心音・呼吸音聴診，腹部診察，神経診察，バイタルサイン等から 5 課題程度を選択して，1 課題当り 5 分程度で実施する．評価者には当該大学の教員だけでなく，他大学・他施設の教員（医師）も加わっている．試験結果をフィードバックすることによる学生および教員双方の教育効果の向上，および学生が患者役を務める場合には，そのことによる教育効果が見られる．

C．ADVANCED OSCE

共用試験における OSCE は，ごく基本的な臨床技能を対象にしたものである．これに対して，Advanced OSCE では診断の推論などを含む，実際の診療シーンに即した技能を評価対象にするのが一般的であり，臨床実習終了時や，卒業認定，卒後臨床研修などに際して実施される．手技に加えて画像診断や多肢選択問題などが課される場合もある．個々のスキルに対する評価に加えて，それらのスキルを統合した個人の診療遂行能力の評価や，チーム医療におけるメンバーの役割の理解度の評価，医療安全のレベル向上のための行動の評価などを行う場合にも，客観的評価の手法として重用される．

D．シミュレータと OSCE

医療面接や身体診察などの課題は，おもに**模擬患者**（standardized patient; **SP**）の協力を得て実施するが，外科手技や心肺蘇生などの課題には，**医療教育用シミュレータ**（simulator for medical education, ⇒p.10）が活用されている．下図右下の机上には，縫合手技評価のための縫合トレーナと縫合器具がセットされている．このステーションでは，縫合手技だけでなく，消毒や感染性廃棄物の処理など，一連の行動全体が評価の対象となる．

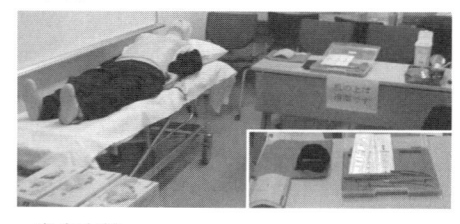

参考文献

1) Harden R, et al.: "Assessment of clinical competence using objective structured examination", *BMJ*, **1**, pp.447–451 (1975)

2) 社団法人医療系大学間共用試験実施評価機構：客観的臨床能力の評価（概要）(2010), http://www.cato.umin.jp/02/0601osce_outline.html

分野：共通基礎
部門：計算機システム［I-5］

PCクラスタ
［英］PC cluster

PCクラスタは，それ自身も単体で動作が可能なCOTS（commercial off-the-shelf）のコンピュータノードと，そのコンピュータノード間を接続して通信を行うインターコネクトネットワークを基本として構成し，科学技術計算分野，シミュレーション分野で活用されている．科学技術計算分野においては，その分野に特化して開発されたスーパーコンピュータが主流であったが，この分野における並列処理技術・プログラミングの進展，価格理論性能の優位性，最先端のコモディティ技術をいち早く取り込めることなどにより普及してきている．また，コンピュータノード，インターコネクトネットワーク，各種システムソフトウェアの組み合わせにより，PCクラスタ構築者が自らのシステム設計によりスーパーコンピュータシステムを構築することが可能なことから，"Build it yourself supercomputer" という側面も持ち合わせている．

A. コンピュータノード

コンピュータノードを構成するサーバのフォームファクタとしては，ラックマウント型やブレード（下図）が主流となっており，コンピューティングリソースとローカルストレージリソースを提供する．また，最近では，これらを通じてコンピュータリソース機能の強化・追加としてアクセラレータを実装する形態も見受けられるようになっている．ストレージリソースに関しては，ローカルストレージ以外に，各コンピュータノードから共有される外部リモートストレージを構成することも，大規模システムを中心に一般的になってきている．

B. インターコネクトネットワーク

PCクラスタにおけるコンピュータノード間の接続は，コンピュータノード間のみを接続するインターコネクトネットワークを構成し，PCクラスタシステムの外部のネットワークとは分離する構成にするのが一般的である．インターコネクトネットワークは，コンピュータノード間のデータ・パケットの通信を可能にする．性能的にはバンド幅とレイテンシーの2種類の特徴を持つ．バンド幅は単位時間当りの転送量（Gbps）で規定され，レイテンシーはノード間のパケット転送に要する時間（μS）で規定される．また，システムとしては，インターコネクトネットワーク全体の帯域幅の総計を示す2分割帯域幅（bi section bandwidth）で規定される．性能はバンド幅が大きく，レイテンシーが小さいほど優位になる．PCクラスタが登場した当時はGbEが使われていたが，現在は，大バンド幅，小レイテンシーの特性を持つInfinibandの活用が主流になっている．

C. システムソフトウェア

PCクラスタでは多種のシステムソフトウェアを実装することになるが，大規模システムで活用されることがある，おもなシステムソフトウェアを以下に列記する．

OS関連 主流はLinuxであるが，Windowsの活用も見られ始めている．

ファイルシステム ノード間共有ストレージに対するファイルシステムとして，当初はNFSが活用されていたが，性能・機能面で限界が見え始めており，Lusterをはじめとする並列ファイルシステムの活用が見られ始めている．

Deployment Tool 1000ノード以上のサーバに効率良くOS, APを配信・インストールするためのツール．

Scheduling & Allocation Tool PCクラスタシステムで実行するプログラムを，どのノード群でいつ走行させるかを制御するツール．

System Administration Tool ユーザジョブアカウント管理，ジョブキュー管理，サーバ・ネットワーク健常性管理など，諸々のHouse Keeping Tool．

Monitoring & Diagnosis Tool システムの状態，運用状況，装置の死活をモニタし，問題発生時に問題箇所を解析するツール．

最後に，最近のPCクラスタの傾向としては，大規模化に伴い，消費電力問題が表面化し，単位電力当りの性能が重要視されてきている．

参考文献
1) Mark Baker (ed.): "Cluster Computing White paper Version 2.0", University of Portsmouth (December 2000)

P2P
[英] peer to peer

P2Pは "peer to peer" の略であり，"peer" は「対等な物」を意味している．下図のようなコンピュータ等の端末間で，対等な関係で情報をやりとりするものであり，その通信システムや通信技術を指す．また，クライアントサーバモデルに対峙するものとしても用いられる．

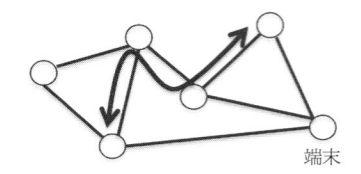

端末

A．P2Pの形態

端末がコンテンツのやりとりをする P2P の形態として，ハイブリッド型 P2P，ピュア型 P2P，スーパーノード型 P2P の三つを紹介する．20世紀末よりインターネット上で注目を浴びてきた P2P 型のソフトウェアは，この順で世に出ている．

（1）ハイブリッド型 P2P　下図は，ハイブリッド型 P2P において，端末 A の要求に対し，端末 B からのコンテンツを端末 A が受け取る手続きを表している．

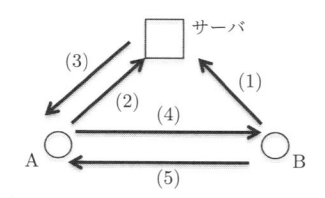

サーバ

(1) 端末 B はコンテンツの名前をサーバに登録する
(2) 端末 A はコンテンツの情報をサーバに求める
(3) サーバは端末 A に端末 B のアドレスを送る
(4) 端末 A は端末 B にコンテンツを要求する
(5) 端末 B が端末 A にコンテンツを送る

ファイル共有ソフトの Napster は，ハイブリッド型 P2P の例である．

（2）ピュア型 P2P　ピュア型 P2P では，サーバは存在せず，おのおのの端末がコンテンツ情報を持ち，それをやりとりする．つまり，上図において，(1) と (3) の手続きが不要となる．サーバは不要であるが，そのために情報が管理されにくい．ファイル共有ソフトの Gnutella がこれに当たる．

（3）スーパーノード型 P2P　スーパーノード型 P2P は，上図におけるサーバが固定されず，ある基準を満たしたコンピュータに随時変更される．これにより，負荷の固定化が避けられる．インターネット電話サービス Skype がその例である．

B．P2Pの特徴

クライアントサーバモデルと比較して，P2P モデルは，**スケーラビリティ**（scalability）や**耐故障性**（fault tolerance）の面で優れており，P2P 技術を用いたサービスが展開されている．これは，電話などの同期型通信や，ファイルの配信などの非同期型通信に用いられる．また，**アドホックなネットワーク**（ad-hoc network，⇒p.2）を構成する目的でも優れており，例えば，災害地における緊急のネットワーク構築に期待されている．

C．P2Pの問題点

P2P はその初期の段階で，不適切な利用による著作権侵害や情報漏洩など，さまざまな問題が生じた．これは，端末間の情報のやりとりを把握し，管理することが困難であることが原因となっている．しかしながら，例えば商用のファイル配信サービスには P2P が有効であるため，これらの問題を解決する適切なシステムの開発が望まれる．また，P2P では非効率な通信が生じる傾向があり，インターネットのトラフィック増加に P2P が大きく関与しているといわれている．ただ，将来的には動画サービスによるトラフィックへの影響が大きくなるとの指摘もある．

D．P2Pの今後

P2P の技術的な優位性は認識されているが，解決が必要な問題も存在しており，ネットワークシミュレーションは一つの有効な解決手段になりうる．これまで P2P は新しい技術を生み出してきており，今後 P2P を Twitter やクラウドコンピューティング等，インターネットにおける新しいサービスに適応させることが考えられる．中央で管理せず，対等な立場で情報を共有することがインターネットの理念であるならば，P2P がさまざまなサービスに適用されることで，インターネットは適切な発展を遂げるであろう．

参考文献
1) 江崎　浩 監修：P2P教科書，インプレス R&D (2007)

分野：通信ネットワーク
部門：ネットワーク [VIII-1]

QoS/QoE 評価
[英] QoS/QoE assessment

インターネット（⇒p.14）に代表される，階層化アーキテクチャを採用したネットワークにおいては，各階層が上位の階層に対して提供する通信サービスを規定している．その品質を**サービス品質**（quality of service; **QoS**）と呼ぶ．

IPネットワークにおけるQoSは，その階層に従って，物理レベル，リンク（ノード）レベル，ネットワークレベル，エンドツーエンド（トランスポート）レベル，アプリケーションレベル，ユーザレベルの6レベルに分類できる[1]．このうち，ユーザレベルQoSは，ユーザが主観的に感じる品質である．ITU-Tでは，勧告P.10/G.100において，ユーザレベルQoSのことを**ユーザ体感品質**（quality of experience; **QoE**）と呼んでいる．

QoSの良し悪しは定量的に表現される必要がある．そのための尺度をQoSパラメータと呼ぶ．以下では，各レベルのQoS，そのパラメータ，評価のためのツールを紹介する．

A. 物理レベル QoS

物理レベルのQoSパラメータとしては，チャネル伝送速度，信号対雑音電力比（SNR），ビット誤り率などが挙げられる．

物理レベルQoSのシミュレーションによる測定には，MATLABなどのツールが用いられる．

B. リンクレベル QoS

放送型チャネル，ポイントツーポイントチャネルのいずれにおいても，リンクレベルQoSパラメータとしては，隣接局間でのデータリンクフレームの伝送遅延，スループットおよび欠落率などが挙げられる．放送型チャネルにおいてMAC副層により提供されるサービスの品質を，MACレベルQoSと呼ぶこともある．

C. ネットワークレベル QoS

ネットワークレベルQoSは，IPネットワークにおいては，エンドツーエンドでのパケット伝送サービスの品質と定義される．例えばNGN（next generation network）では，IPネットワークに関して，ネットワークレベルQoSに相当するNetwork QoSが定められている．そのQoSパラメータとしては，IPパケットの遅延（IPTD），遅延変動（IPDV），欠落率（IPLR），誤り率（IPER），スループット（IPPT）などが，ITU-T勧告Y.1540で定義されている．

D. エンドツーエンドレベル QoS

エンドツーエンドレベルQoSは，端末プロセス間での通信品質を表す．

IPネットワークでは，トランスポートプロトコルとして，TCPもしくはUDPが用いられることが多い．TCPでは信頼性の高い通信を提供するために，さまざまな制御が取り入れられている．このような制御がエンドツーエンドレベルQoSに大きく影響する．そのパラメータとして代表的なのは，スループットや遅延などである．

リンクレベルからエンドツーエンドレベルまでのQoS評価には，ns-2やOPNETといったネットワークシミュレーションツール（⇒p.253）がよく用いられる．

E. アプリケーションレベル QoS

アプリケーションレベルQoSパラメータは，メディアごとに考える必要がある．音声のPESQ値とR値，ビデオのPSNRは，その例である．

音声やビデオのような連続メディアの場合，そのアプリケーションレベルQoSには時間構造品質，すなわち**メディア同期品質**（media synchronization quality）を反映させなければならない．また，マルチメディアの場合には，複数メディア間の時間関係を表現するQoSパラメータも必須となる．

アプリケーションレベルQoSパラメータの評価にもネットワークシミュレーションツールが有用であるが，評価対象となるアプリケーションごとにシミュレーションモジュールを実装することが必要となる．

F. QoE（ユーザレベル QoS）

QoE尺度は，人の主観を表現する尺度である．そのため，QoEの測定・評価は，基本的には，評価対象（音声やビデオなどの出力メディア）を複数の被験者に提示し，各被験者に主観的に判断してもらうことによって行われる．代表的な方法は**評定尺度法**（rating scale method）である．この方法では，各被験者は，数値を付与した一連のカテゴリーの中から対象が属するものを判断する．例えば，5段階品質尺度によるカテゴリーとして，品質が「非常に良い」「良い」「普通」「悪い」「非常に悪い」の5段階を用意し，それらに5から1の数値を付与する．一つの対象の判断結果の数値を全被験者について平均して得られるのが，**平均オピニオン評点**（mean opinion score; **MOS**）である．MOSは，QoE尺度の代表例である．

参考文献
1) 田坂修二：情報ネットワークの基礎，数理工学社 (2003)

分野：電気・電子
部門：材料 [II-2]

SiC粒界構造
[英] grain-boundary structure in silicon carbide

SiC（炭化ケイ素）は，パワーデバイス用半導体あるいは耐熱高強度セラミックスとして研究開発が活発に行われてきた。Siと炭素がたがいに四配位の共有結合ボンドを形成する結晶であるが，{111}（{0001}）原子層の積層周期の違いによるさまざまの多形（2H, 3C, 4H, 6Hなど）が存在する。こうしたSiC結晶の凝集エネルギーや格子定数，基本的な物性は，密度汎関数理論に基づく第一原理計算[1]により，原子・電子レベルから高精度に再現できる。

一方，電子デバイスや耐熱高強度セラミックスへの応用の見地からは，表面や金属/SiC界面，SiO_2/SiC界面，結晶粒界[2]など，複雑構造の解明が求められる。こうした系にもさまざまな計算機シミュレーションが適用されている。SiCの結晶粒界は，規則構造を有する**対応粒界**（coincidence boundary）について，安定構造と諸性質の第一原理計算による解明が開始されており，高分解能電子顕微鏡観察との比較も行われている。

A. 対応粒界

対応粒界は，**対応格子理論**（coincidence-site lattice theory）[3]により解析できる粒界で，SiCはじめ多くの物質で安定であることが確認されている。粒界を形成する2結晶の各格子を延長して格子点の重なりを考える。2結晶が特定の方位関係（回転軸と回転角）にある場合，2結晶の格子点の重なりが周期的に生じる。これを対応格子点と呼ぶ。対応格子の単位胞の体積と，元の結晶格子の単位胞の体積との比が，粒界のΣ値である。界面は，対応格子点を多く含む面に形成されると予想され，界面平行方向に対応格子の周期性を持つと予想される。Σ値の小さい粒界ほど2結晶の一致度が高く，周期が短い構造である。

B. 粒界のスーパーセル

粒界構造のシミュレーションは，対応粒界の界面に沿った周期構造の基本単位を，第一原理計算や古典分子動力学計算の**スーパーセル**（super-cell）にとって行われる。界面垂直方向にも反転対称な界面を設定し，3次元の周期構造を扱う。CarとParrinelloによる第一原理分子動力学法[1]の開発以後，粒界のような大きなスーパーセル構造の第一原理計算が可能となった。これは，密度汎関数理論に基づく平面波基底擬ポテンシャル法の基底状態計算を，各種最適化計算技法を駆使して高速に実行するものである[1]。一方，古典分子動力学法では，SiC用の比較的高精度の原子間ポテンシャルの開発も行われている。

C. 粒界の第一原理計算

対応粒界のスーパーセルに第一原理計算を適用することで，粒界の安定原子配列，エネルギー，電子構造，電子密度分布，界面結合の様子，強度などを明らかにすることができる。下図は，第一原理計算により求めた，SiC（3C構造）の{122}$\Sigma = 9$粒界の安定原子配列と価電子密度分布を示している[2]。図は<011>方向からの投影図であり，原子位置は○で，価電子密度は等高線で示されている。

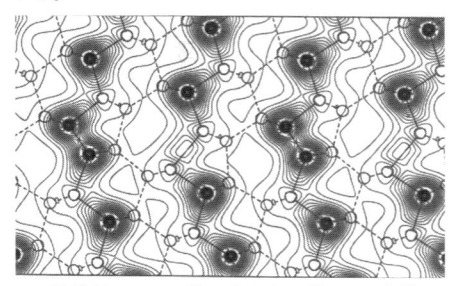

2結晶が<011>軸のまわりに約38.9°回転した関係で，{122}面を界面とし，界面に沿って<011>方向と<411>方向に周期性を持つ。界面ですべてのダングリングボンドが再構成し，五員環，七員環の周期的なジグザグ配列で構成されている。同じ構造が電子顕微鏡で観察されている。Si粒界でも同様の構造が観察されるが，SiCの場合，C-C，Si-Siの同種原子ボンドが周期的に生じる。図からわかるように，C-C，Si-Siの各ボンドは，それぞれダイアモンド，Siのボンドに類似している。こうした粒界の強度が興味深い。第一原理計算による引っ張り破壊シミュレーションでは，この粒界はボンドの再構成により高強度であること（完全結晶の約8割の理論強度）や，C-Cボンドが強すぎて，その後ろのSi-Cボンドに応力が集中し，そこから破断が始まることが示されている。

参考文献

1) R. M. Martin: *Electronic Structure: Basic Theory and Practical Methods*, Cambridge (2004)

2) M. Kohyama: *Model. Simul. Mater. Sci. Eng.*, **10**, R31 (2002)

3) A. P. Sutton and R. W. Balluffi: *Interfaces in Crystalline Materials*, Oxford (1995)

1次救命措置

[英] basic life support; BLS

通常，1次心肺蘇生法（basic cardiac life support; BCLS）とほぼ同義に用いられ，呼吸が停止し心臓が動いていない人の救命の可能性を向上させるために行う一連の救命処置のうち，その場に居合わせた**一般市民**（bystander; バイスタンダー）が特殊な機器や医薬品を用いずに実施する**心肺蘇生法**（cardiopulmonary resuscitation; **CPR**）のことを指す．広義のBLSには窒息などへの対処法も含まれる．

脳は最大の酸素消費器官の一つであり，酸素を運ぶ血液循環の停止により，短時間で回復不能な機能障害に陥る．心肺機能停止後2分以内に蘇生が開始された場合には，9割程度の救命率が期待できるが，5分後に開始した場合は3割以下に低下する．心肺停止直後から救急隊到着までの間にバイスタンダーによる心肺蘇生が的確に実施されるか否かで救命率が大きく左右されるため，医療関係者のみならず，一般市民を含めたBLS（バイスタンダーによるCRP）の施行率の向上が，救命率向上の鍵となる．

A. BLSの手順

BLS講習は米国心臓協会（American Heart Association; **AHA**）のガイドライン（現在はGuideline 2010）に則して実施される．発生頻度が高い心疾患に対するBLSが最も一般的であり，**心肺蘇生用医療教育シミュレータ**（心肺蘇生訓練用マネキン）および**自動体外式除細動器**（automated external defibrillator; **AED**）が用いられる．

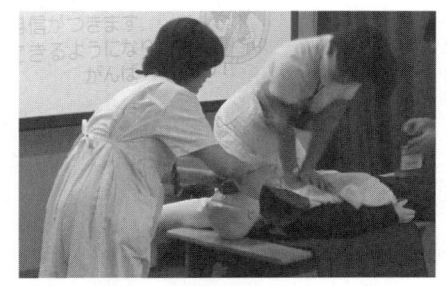

成人に対するBLSの概要は以下のとおりである．

(1) 現場の安全確認
(2) 意識の確認（耳元で呼びかけ）
(3) 応援を呼ぶ（救急隊に連絡，AED手配依頼）
(4) 胸骨圧迫による心臓マッサージ（毎分100回以上．胸壁が5 cm沈むように，また，1回ごとに胸壁が元の位置まで戻るように実施）（Circulation; C）
(5) AEDが届き次第，除細動実施
(6) 気道確保（頭部後屈顎先挙上法などによる）（Airway; A）
(7) 人工呼吸（可能であれば，胸骨圧迫30回に2回の割合）（Breathing; B）

旧ガイドライン（AHA Guideline 2005）では，気道確保（A），人工呼吸（B），心臓マッサージ（C）の手順であったが，人工呼吸の準備に手間をとられて心臓マッサージの開始が遅れがちとなる点が問題になっていた．呼吸停止後もしばらくは血中酸素濃度が低下しないこと，および胸骨圧迫によって肺も動くことなどから，2010年度版AHAガイドラインでは循環機能の維持を優先させる手順（C, A, B）に変更された．

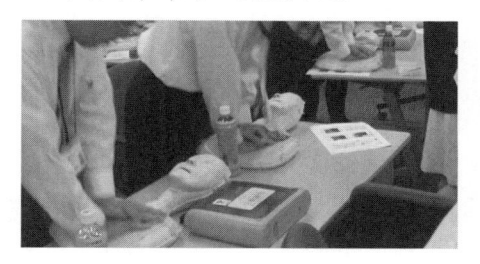

B. BLSの実施状況

医療教育機関では，おもに低学年次において心肺蘇生用医療教育シミュレータとAEDを用いたBLS講習が導入され，手技習得と同時に，医療関係者としての自覚形成に役立っている．近年，AEDの普及と並行して，シミュレータとAEDを用いた市民対象のBLS講習が広く行われるようになってきた．実施組織・団体には消防・日本赤十字社，医師会，日本循環器学会，日本ACLS協会，日本BLS協会，日本医療教授システム学会などがある．BLS講習は，一般市民が医療シミュレータに触れることのできる最も身近な機会の一つといえる．

参考文献

1) Field JM, et al.: "Executive Summary: 2010 American heart association guidelines for cardiopulmonary resuscitation and emergency cardiovascular care", Circulation, **122**, pp.S640–S656 (2010)

2) Markenson D, et al.: "Part 17 First aid: 2010 American heart association and American red cross guidelines for first aid", Circulation, **122**, pp.S934–S946 (2010)

1分子粒度細胞シミュレーション
[英] cell simulation at the molecular resolution

細胞シミュレーションは，大きく分けて，代謝・信号伝達・遺伝子発現などの生化学反応ネットワークの挙動を計算する生化学反応ネットワークシミュレーション（生化学シミュレーション，⇒p.112, p.194）と，細胞骨格や細胞膜の構造の動的変化を計算する生体力学シミュレーション（⇒p.177）の二つの領域がある。このうち生化学シミュレーションでは，これまでは細胞内の空間的要素を陽には表現しない濃度モデルが主流であった。しかし，近年の1分子観察技術の発展や計算機の能力向上により，分子一つひとつの運動を直接表現した，1分子粒度細胞シミュレーションが可能になってきた。

A. 細胞環境

細胞内の空間（in vivo 環境）は，試験管条件（in vitro 環境）とは大幅に異なった特異な性質を持つ[1]。例えば，典型的な細胞質中のタンパクや核酸などの巨大分子の全濃度は数mM程度であるが，一つひとつの分子が大きく重いため，空間のおよそ30％以上が占拠され，1 ml当り数百mgという超高密度で充填されていると考えられている。このような状況を**巨大分子混雑**（macromolecular crowding）と呼ぶ。分子混雑下では，分子は異常型拡散と呼ばれる様式で通常よりも遅い運動を示し，結合乖離反応の平衡点も変位する。さらに，細胞内空間は細胞膜，核膜，細胞骨格や細胞内小器官などにより区画化・構造化され，多くのタンパク分子が局在，さらにクラスター化して存在することが観察されている。分子混雑と分子の局在やクラスター化による空間の構造化は相俟って，多くのタンパク間相互作用に強く拡散律速な状況をもたらし，たがいに効果を増強し合う関係にある。このような特徴は，信号伝達系と遺伝子発現（特に転写制御）系に強く表れ，1分子粒度でシミュレーションを行う強い動機となっている。

B. 計算手法

1分子粒度計算では，Smoluchowski 風の反応拡散方程式[2]を基礎方程式として用いることが多い。この式は，分子を揺動力によりブラウン運動する球状の剛体と見なし，並進ブラウン運動を記述する Langevin 方程式の慣性項を無視した過減衰極限をとることで得られる。一方で，化学反応は剛体同士が接触したときに感じる放射境界条件として取り入れられる。

Smoluchowski の反応拡散方程式の解法は，粒子を用いて空間を離散化しない手法と，格子によ り離散化する手法の2種類に大別される。粒子法はさらに，分子間の2次反応を Smoluchowski 式の厳密解に基づいて正確に解く厳密法と，近似により簡易に解く近似法に大別される。前者の代表として **GFRD法**（Greens Function Reaction Dynamics method; GFRD method）[3]，後者の代表として **Smoldyn法** がある。格子法の多くは格子気体法を拡張したもので，立方格子および六方細密格子がよく用いられる。例として，**Spatiocyte法**[4] などがある。

C. 関連領域および今後の発展

1分子粒度シミュレーションの大きな利点は，細胞環境のより現実的な表現に加え，蛍光顕微鏡を用いた1分子観察や相関分光法などにより得られる拡散速度や構造変化の時定数など，定量性の高い物理パラメータとの整合性が高いところにある。また，生化学反応ネットワークと細胞骨格や細胞膜形状の変化などの力学的要素とが相互に影響し合っていることは，発生，免疫，癌化などの高次の機能を理解する上で重要であるが，空間的に解像した生化学反応モデルを用いることは，生体力学モデルとの接続の点でも優位性がある。

D. ソフトウェア

1分子粒度で生化学反応ネットワークの挙動をシミュレートできるソフトウェアとして，MCell，Smoldyn, ChemCell などがある。国産のものとしては，格子法シミュレータ Spatiocyte が **E-Cell System** の現行版（Version 3）上に構築されているほか，次世代版（Version 4）では GFRD 法を含めた全面的な対応が予定される。

参考文献

1) K. Takahashi, et al.: "Space in systems biology of signaling pathways – intracellular molecular crowding in silico", *FEBS Lett.* **579**, 8 (2005)

2) S. A. Rice: "Diffusion-Limited Reactions", *Compr. Chem. Kinet.*, Vol.25 (C. H. Bamford, C. F. H. Tipper, and R. G. Compton (eds.)), Elsevier (1985)

3) J. S. van Zon and P. R. ten Wolde: "Simulating biochemical networks at the particle level and in time and space: Green's function reaction dynamics", *Phys Rev Lett.* **94**, 128103 (2005)

4) S. N. V. Arjunan and M. Tomita: "A new multicompartmental reaction-diffusion modeling method links transient membrane attachment of E. coli MinE to E-ring formation", *Syst. Synth. Biol.* **4**, 1 (2010)

分野：人間・社会
部門：学習・教育　[VI-6]

2次救命措置
［英］advanced cardiovascular life support; ACLS

呼吸が停止し心臓が動いていない人の救命の可能性を向上させるために行う一連の救命処置のうち，医療器具や薬品などを用いて医療機関で行う**心肺蘇生法**（cardiopulmonary resuscitation; **CPR**）を指す（2次心肺蘇生法）。

A. ACLSの概要

1次救命措置（basic life support; **BLS**, ⇒ p.375）が施行されて医療機関に搬入された患者，または医療機関内で発生した心停止などが対象となり，CCU（coronary care unit）等の循環器部門に引き渡すまでに適切な処置を講じ，患者の救命率および予後を向上させる。なお，小児を対象とする2次救命措置はPALS（pediatric advanced life support）と呼ばれ，特に乳幼児の特性に適合した措置が実施される。

多くの学会で専門医資格の取得条件にACLSの受講が課されたことや，初期研修の課程にACLS講習が組み込まれたことなどから，講習会の開催回数，受講者数とも増加しつつある。

心肺蘇生の教育は，従前はおもに座学と救命センター等に配属されての実地演習（on the job training; OJT）とで実施されていた。しかしながら，たとえ知識があっても，ためらいや恐怖感なく的確に実施するには，手技を繰り返して習熟しておく必要がある。座学とOJT主体の教育には，この点で大きな問題があったが，心肺蘇生シミュレータの普及により，オフ・ザ・ジョブトレーニングによる心肺蘇生手技の習熟が容易となった。

B. ACLS講習の概略

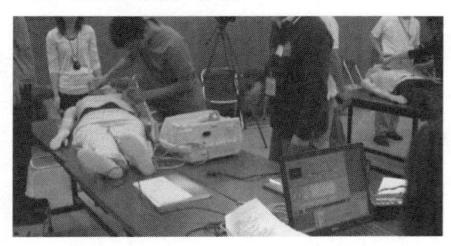

ACLS講習はBLSと同じく**米国心臓協会**（American Heart Association; **AHA**）のガイドライン（現在はGuideline 2010）に則して実施され，心肺蘇生用医療教育シミュレータ（心肺蘇生訓練用マネキン），自動体外式除細動器（automated external defibrillator; AED），気道管理（気管挿管）トレーナ等が用いられる。

講習は通常，まずいくつかのステーションに分かれ，BLSの復習，コンピュータ制御された心肺蘇生シミュレータ・自動体外式除細動器（AED）・心電図モニター等を用いた心肺蘇生演習，気道管理シミュレータを用いた気管挿管演習などを実施し，それぞれの手技に習熟する。その際，例えば実際の診療では気管挿管を行わない職種のスタッフも手技を実際に体験することで，術者がどのようなことをしているのかが理解でき，その作業を最も適切にサポートするためにはどうすればよいかを考えることも可能となる。

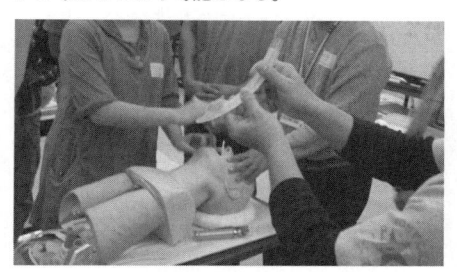

つぎに，用意した数種類のシナリオに基づいて一連の蘇生処置をチームになって行う「メガコード」と呼ばれる体験的学習シミュレーションを行う。メガコードでは，参加者が役割を変えながらロールプレイを行うことで，学習した手技の習熟度の確認に加えて，チームによる蘇生実施に際してすべてのチーム構成員の行動を体験しながら理解することができる。シナリオに応じた生体情報（バイタル）データを事前に設定できるシミュレータもある。

最後に，チーム全員と指導者で「振り返り」を行い，良かった点，改善を要する点などについてディスカッションして総括する。

ACLSは，医療関係者がシミュレータと最も密接に関係する医療教育の場の一つとなっている。

参考文献
1) Field JM, et al.: "Executive Summary: 2010 American heart association guidelines for cardiopulmonary resuscitation and emergency cardiovascular care", *Circulation*, **122**, pp.S640–S656 (2010)

分野：可視化
部門：バーチャルリアリティ ［VII-4］

3次元音響
［英］three-dimensional sound

ヒトは，上下，左右，前後のあらゆる方向から到来する音の方向を知覚することができ，また，コンサートホールや洞窟など，さまざまな音空間（sound space）の音響印象の違いを知覚することができる．これは，聴覚（auditory sense）が3次元的に音場（sound field）を知覚することができるためである．そして，自然界に存在するあらゆる音場は3次元音空間である．シミュレーション技術における3次元音響には，音場を収音する技術，音場を再現する技術，そして，音場を創造する技術などが含まれる．3次元音響技術の目的は，ヒトが聞くことのできる音の空間印象と同等あるいは近似した音響印象を再現あるいは創造すること，そして，自然界に存在する音空間を物理的に再現することである．3次元音空間の再現方式は，A. 方向制御に基づく方式，B. 聴取点制御に基づく方式，C. 空間制御に基づく方式に分類される[1]．

A. 方向制御に基づく方式
音空間を構成するあらゆる音源の方向を再現すれば，ヒトが両耳で聞く音空間の印象を再現できるというのが，方向制御の考え方である．

（1）マルチチャネル音響 映画，放送，音楽，ゲーム産業やシミュレーション技術において最も多く実用化されているのが，複数個のスピーカを聴取者の周囲に配置する音響再生方式である．これは**マルチチャネル音響方式**（multichannel sound system）と呼ばれている．チャネルとは音空間を構成するための一つの音源であり，一つのチャネルが聴取位置に対して一つの音の方向を再現する．一般には，再現したい方向ごとに1チャネルが割り当てられ，その方向ごとに向けられた複数の指向性マイクロホン（directional microphone）で実音場を収音し，一つのチャネルを1個のスピーカで再生する．ただし，映画館や劇場などの大きな空間では，1個のチャネルを複数個のスピーカで再生することもある．最近では，「5.1マルチチャネル音響方式」に代表されるように，「（再生チャネル合計数）.（LFEチャネル数）」という表記で，使用されるチャネル数が記述されている．LFE（low frequency effects）とは，重低音成分（通常120 Hz以下）だけを記録再生するための低音効果用チャネルである．

マルチチャネル音響方式で3次元音響再現を行うには，チャネルを3次元配置する必要があり，例えば，22.2マルチチャネル音響方式（22.2 multichannel sound system）では，上層（9チャネル），中層（10チャネル），下層（3チャネル）と3層のチャネルを垂直方向に配置し，これに2チャネルのLFEを組み合わせて，3次元音響を実現している．

（2）アンビソニックス アンビソニックス（Ambisonics）は，あらゆる方向の音を収音，記録伝送，再生するための音響システムであり，単一の収音法によって実音場を記録し，モノ，2次元音響，3次元音響のすべてに対応して階層的に音の方向再生ができるのが特徴である．

B. 聴取点制御に基づく方式
ヒトの鼓膜付近の音を完全に再現すれば，ヒトが両耳で聞く音と同じ音空間印象を得ることができるというのが聴取点制御の考え方である．

（1）バイノーラル音響 両耳の位置に小型マイクロホンを置いて音場を収音し，それをヘッドホンで聞くのがバイノーラル音響（binaural sound）である．

（2）頭部伝達関数 音源からヒトの鼓膜までの音波伝搬特性を伝達関数で表現し，この伝達関数に基づいて鼓膜における音を合成すれば，バイノーラル音響と同等の音空間再現が可能である．この伝達関数は頭部伝達関数（head related transfer function）と呼ばれる．

C. 空間制御に基づく方式
実音場を物理的に再現すれば，ヒトがその音場において聞く音と同じ空間印象を得ることができるという考え方である．

（1）WFS 多数の小型スピーカを横方向に密に配置したスピーカアレイを用いて波面合成による音空間再現を目指しているのが，WFS（wave field synthesis）である．

（2）境界音場制御 キルヒホッフ・ヘルムホルツ積分方程式（Kirchhoff-Helmholtz integral equation）に基づき，聴取者の周囲に多数配置したスピーカで頭部周辺に波面を合成し音空間の再現を目指しているのが，境界音場制御（boundary surface control system）による音響再生方式である．

参考文献
1) 映像情報メディア学会編：超臨場感システム，オーム社 (2010)

和文索引

【あ】

アークプラズマ　186
アーランB公式　243
アクセス制御　**1**
アクチュエータ　66
アクチュエータ材料　169
アクティブ測定　255
圧縮性　70
圧電体　337
圧力　100
圧力制御　235
アドホックネットワーク　2, 330, 372
アドレス付け　14
アナリシス　181
アニメーション　95
アノテーション　293
アベイラビリティ　182
誤り訂正　**3**
アンサンブルカルマンフィルタ　60
安定性　**4**
安定性解析　176
安定度　226
安定判別　34
アンテナ解析　**5**
アンビソニックス　378

【い】

イオンチャネル　45
イオン注入　270
意思決定　324
異質的エージェント　79
異常気象　59
位相エンコード　114
位相変調　309
位置決め制御　**6**
一対一（アクセス制御）　**1**
一般化密度勾配近似（GGA）　272, 327
一般均衡理論　296
一般市民　375
遺伝子組み換え　**7**, 317
遺伝的アルゴリズム（GA）　32, 73, 77
移動ロボット　**8**
異文化間リテラシー　106
イベントドリブン　358
意味形成　324
イミュニティ　364
癒し工学　**9**
医用画像　177
移流　363
移流スキーム　363
医療教育用シミュレータ　10, 166, 370
医療シミュレーションとボリューム可視化　**11**
医療用画像　175
医療用材料のMRIアーティファクト　**12**
入れ子状で表現する空間充填表現　58
陰解法　233
因果確率推論　52
陰関数曲面　332
陰関数曲面法と可視化　**13**
陰関数曲面モデリング　**13**
インターネットプロトコル　14
インタフェース　14
インド洋ダイポール（IOD）　202
インパルス ΔV　18

インフォメーショングラフィックス　248
インフライトシミュレータ　92

【う】

ウィナー・ヒンチンの定理　271
ウェーバー・フェヒナーの法則　251
うず電流　12, 15
うず電流解析　15
うず電流損　122
打ち切り誤差　334
宇宙往還機の飛行　**16**
宇宙関連ビジュアルデータマイニング　**17**
宇宙機の運動　**18**
宇宙機の熱・構造問題　**19**
宇宙機の流体問題　**20**
運動学　8
運動視差　341
運動方程式　245

【え】

英国式オークション　27
衛星回線　**21**
エージェント　22, 136
エージェントベースシミュレーション（ABS）　22, 79, 137, 285, 354
エージェントベースシミュレーションツール　**22**
エージェントベースモデリング　321
液化天然ガス（LNG）　236
エスノグラフィ　108, 303
枝　138
エネルギー解放率　268

中項目となっている語句のページは太字で示している。

エネルギー原単位		143
エネルギー使用の合理化に		
関する法律		143
エネルギー法		188
エラー回復制御		14
エルニーニョもどき		202
エルミート補間多項式		312
塩害		240
遠隔視触覚協働環境（HCVE）		
		23
沿岸海流		**24**
沿岸環境		**25**
塩基配列		305

【お】

オイラー型		180
オイラー的手法		344
オイラー法		148
オイラー・マクローリンの公式		
		162
応答曲面		26
応答曲面法による最適化		**26**
応力拡大係数		268
応力遮蔽		175
大型モデル		98
オークション		**27**
オーダーブックデータ		103
オーダーN法		**28**
オートメーションサプライズ		249
オービタルフリー		327
オスキー（OSCE）		**370**
汚染物質		346
オブザーバ		**29**
オブジェクト指向		22, 30
オブジェクト指向技術と可視化		
		30
オペレーションズリサーチ（OR）		
		108, 170, 321
オペレーティングシステム		14
重み		162
折紙工学		**31**
折れ線グラフ		118
音圧		32
音響インテンシティ		32

音響エネルギー流れ		32
音響超音波法		169
音源探査		32
音源–フィルタ理論		33
音場の可視化と音源の同定		**32**
音声合成		**33**
温度		353
温度時間換算則		257
オントロジー		203
温熱環境		237

【か】

カーネル関数		231
可安定		111
開口面アンテナの解析		322
外骨格装具型		314
介在物		244
海上交通流シミュレーション		35
外生的循環論		285
解析的推論		278
回線設計		21
回転機械		34
回転系安定性，軸・軸受・		
構造連成モデル		**34**
回転翼		93
海難事故リスク評価		**35**
海洋大循環		**36**, 59
海洋中規模変動		24
外乱		262
開ループ制御		6
回路シミュレーション		**37**
ガウス型公式		162
ガウスモデル		87
ガウス・エルミート公式		162
ガウス・ルジャンドル公式		162
蛙跳び法		365
火炎伝播		237
カオス		285
化学情報学		120
化学反応速度論		117
可観測		111
蝸牛		204
拡散光トモグラフィ		68, 76

拡散テンソル磁気共鳴画像法		
（DT-MRI）		11
核子		39
核磁気共鳴		114
核磁気共鳴画像法（MRI）		
		11, 114, 178
学習		156
拡張現実感（AR）		**38**, **75**, 293
拡張性		71
拡張バーチャリティ		293
拡張不確かさ		83
角度中性子束		88
角度変調		309
核物理		**39**
核融合		**40**
確率微分方程式		332
確率分布		229
がけ崩れ		239
可検出		111
加工システム（切削・プレス・		
溶接等）		**41**
火災災害		**42**
火砕流		43
火山噴火災害		**43**
可視化出自管理		278
可視化発見プロセス		279
可視光通信システム（VLC）		275
過信		249
ガス化炉		48
ガスタービン		48
可制御		111
河川環境		**44**
仮想環境		326
仮想計算機		72
仮想現実感（VR）		
		75, 91, **264**, 293
仮想市場		296
仮想心臓シミュレーション		**45**
仮想組織		72
仮想プライベートネットワーク		
（VPN）		252
家族歴史学		354
硬い系		148
価値誘発理論		126

楽　器	**46**	
活動電位	*247*	
過渡的増速拡散（TED）	*270*	
過度の依存	*249*	
カバレッジエリア	*21*	
可変特性機	*92*	
雷災害	**47**	
雷リスク	**47**	
カメラ校正	*167*	
可用性	*71*	
ガラーキン法	*289*	
火力発電	**48**	
カルマン渦	*347*	
カルマンフィルタ	**49**	
感圧塗料・感温塗料法（PSP/TSP）	**50**	
監視制御	*249*	
干渉波	*139*	
関数解析	**51**	
感性工学	**52**	
感性シミュレーション	**52**	
感性の構造化	**52**	
間接測定	*83*, *84*	
感染拡大予防対策	**53**	
感染症シミュレーション	**53**	
完全整合層（PML）	*338*, *365*	
完全電離気体	*40*	
完全連成解析	*355*	
感　度	*97*	
感度解析	*176*	
感度を使った最適化	**54**	
関連性理論	*107*	
管　路	*70*	

【き】

気液二相流体	*125*	
機械学習	*231*	
機械加工	**55**	
機械–電気–化学変換	*204*	
機械要素	**56**	
幾何学的非線形問題	*286*	
幾何データ	*318*	
危機対応システム	*310*	
機構解析	*57*	
機構学（機械設計）	**57**	
木構造	*118*, *125*	
木構造データの情報可視化	**58**	
気候変動	**59**	
気候変動現象	*59*	
気候変動に関する政府間パネル（IPCC）	*201*, *202*	
気候モデル	*201*	
義　肢	*145*	
疑似触覚	*264*	
疑似体験	*264*	
基準振動解析	*81*	
気象モデル	*183*	
気象予測	**60**	
擬似乱数	*185*	
寄生効果	*364*	
輝線スペクトル	*299*	
機　素	*57*	
義　足	*61*	
規則格子ボリューム	*319*	
義足歩行	**61**	
基底関数	*304*	
基底膜	*204*	
機能的核磁気共鳴法（fMRI）	*301*	
機能的適応	*316*	
機能的電気刺激（FES）	*62*, *357*	
機能的電気刺激による動作	**62**	
希薄磁性半導体（DMS）	*123*	
揮発性有機化合物（VOC）	*200*	
ギブスの現象	*292*	
気泡影法	**63**	
逆シミュレーション	*137*	
逆投影法	*216*	
逆動力学解析	*73*	
逆動力学シミュレーション	*61*	
逆問題	*32*, *76*, *84*	
逆離散フーリエ変換	*292*	
客観解析法	*87*	
キャッシュ	*164*	
吸音材	*64*	
吸音・制振構造	**64**	
吸音率	**64**	
吸収境界条件	*5*, *365*	

共役勾配法	*325*	
境界音場制御	*378*	
境界条件	*220*	
境界積分方程式	*5*, *32*	
境界層剥離	*93*	
境界要素法（BEM）	*32*, *46*, **65**, *99*, *210*, *289*	
強化学習	*77*, *296*	
仰　角	*21*	
協調工学	**66**	
協調シミュレーション	*253*	
協調の原則	*107*	
共同実施（JI）	*266*	
京都議定書	*266*	
強誘電体	*337*	
行列の固有値問題	**67**	
行列の縮約	*192*	
強連成解析	*192*	
魚眼表示	*150*	
極限平衡法	*239*	
局在軌道法	*28*	
局所的破壊解析法	*355*	
局所密度近似（LDA）	*272*, *327*	
巨視的モデル	*101*	
巨大分子混雑	*376*	
筋骨格モデル	*61*, *73*	
近赤外光	*76*	
近赤外分光法	**68**	
筋肉の特性	**69**	

【く】

空間充填形	*31*	
空気圧システム	**70**	
空気吸込	*16*	
偶然誤差	*83*	
クーラント	*41*	
クォーク	*39*	
区間拡張	*179*	
区間包囲	*179*	
区分モード合成法（CMS）	*19*, *129*	
クライアント–サーバ	*23*	
クラウドコンピューティング	**71**	
クラスタリング	*281*	

グラフカット		113
グラフ描画		256
クリーン開発メカニズム（CDM）		266
繰り返し制御		6
クリギング		26
グリッド		137
グリッドコンピューティング		72
グリッドミドルウェア		72
クリロフ部分空間		356
クリロフ列		67
車いす駆動		73
クローズドフォーム		16
クロスバネットワーク		202
軍事シミュレーション		74
訓練用シミュレータ		75

【け】

計器飛行方式（IFR）		94
経験的ホロプター		341
蛍光		353
蛍光トモグラフィ		76
経済主体		79
経済データ分析における機械学習		77
経済ネットワーク		78
経済物理	79,	103
計算音響学		347
計算空力音響学		347
計算組織論		187
計算力学（ナノテクノロジー）		80
計算力学（バイオ）		81
計算力学（流体）		82
形式ニューロンモデル		246
継承		30
計測技術		83
計測原理		84
携帯電話		109
携帯電話システム		85
系統誤差		83
計量ファイナンス		103
経路制御		14
経路制御方式		2

ゲートレベルシミュレーション		358
結合損失率（CLF）		230
血行動態応答関数（HRF）		154
ゲノム		265
ゲノムブラウザ		265
ケモインフォマティクス		120
検索連動広告		27
現実環境		293
原子力発電		**86**
原子炉		**88**
原子炉事故時の放射性物質拡散		87
原子炉物理		86, 88
原単位管理ツール		144
限定合理性	285,	291
顕熱		238
検波		309

【こ】

高圧導管		235
広域イーサネット		252
行為の中での省察		181
公開鍵暗号		305
公開競り上げ方式		27
光化学オキシダント		191
光化学的		352
光学的干渉法		89
光学特性値		174
交換相関		327
光機能モニタリング		68
高強度レーザーと物質の相互作用		90
航空機の構造問題		**91**
航空機の飛行		**92**
航空機の流体問題		**93**
航空交通管理（ATM）		**94**
航空事故リスク評価		**94**
呼受付制御（CAC）		254
考古学		354
格子		319
高次元シミュレーションと可視化		**95**
硬磁性材料		122

更新ラグランジュ法（U.L.F）		286
構成関係式		220
構成方程式	55,	257
酵素		194
構造		96
構造健全性		96
構造工学		**96**
構造格子ボリューム		319
構造最適設計		**97**
構造シミュレーション		7
構造シミュレーションとボリューム可視化		**98**
構造流体連成		180
高速回路シミュレータ		195
高速多重極法	5, 65, **99**,	185
高速度PIV		**100**
高速フーリエ変換（FFT）	216,	292
酵素反応		117
剛体		18
広帯域CDMA（W-CDMA）		85
剛体折り		31
剛体リンクモデル		73
交通シミュレーション		**101**
工程計画		**102**
工程計画ソフトウェア		102
光熱的		352
高頻度経済データ		**103**
高齢者		145
高レイノルズ数		93
高レイノルズ数流れ		20
高レベル放射性廃棄物（HLW）		200
コージェネレーションシステム		237
コード生成法		37
ゴードン・ベル賞		17
固気混（二）相流		344
コグニティブ無線技術		**104**
誤差		83
誤差逆伝搬法		246
誤差最小2乗法		26
湖沼環境		**105**

和文索引　383

固体ストレージ装置（SSD）	211
固体伝播	129
固体力学	177
個別要素法（DEM）	295, 367
ゴミ箱モデル	136
コミュニケーショントレーニング	**106**
コミュニケーションモデル	**107**
固有エネルギー	350
固有振動解析	233
固有振動数	158
固有値問題	163
固有ひずみ	244
語用論	107
コレスキー分解	356
コンカレント・エンジニアリング	210
混合正規分布	281
混合層モデル	25
コンタ―ツリー	280
コンパクト線形作用素	51
コンピュータ断層撮影（CT）	292
コンリン法	54

【さ】

サージ	47
サービス工学	**108**
サービス品質（QoS）	373
サーフェスインテグリティ	55
サーフェスレンダリング	165
再重み付け	232
災害時のネットワーク	**109**
最近点への丸め	161
在庫マネジメント	141
最小次元オブザーバ	29
最小二乗法	77, 83
最大値投影法（MIP）	165
最適化	32, **110**, 296, 359
最適化計算	73
最適な車両配置	235
最適フィルタリング問題	49
最適レギュレータ	**111**
最適レギュレータ問題	111

細胞環境	376
細胞シミュレーション	45, **112**
サイマルテニアス・エンジニアリング	210
財務諸表データ	103
最尤推定（MLE）	77
材料非線形問題	286
サブグリッドスケール（SGS）モデル	339
サプライチェーン	78, 141
サプライチェーンマネジメント（SCM）	297
差分商	312
酸化	270
三角形分割	335
酸素輸送動態	154
散布図	198
サンプリング	329
サンプリング点	332
散乱波動関数	218

【し】

視覚情報処理	**113**
視覚的分析技術	149
磁化率アーティファクト	12
時間依存シュレディンガー方程式	90, 350
時間依存密度汎関数理論（TDDFT）	90, 222, 288
時間分割多重アクセス（TDMA）	1, 85
時間領域差分法（FDTD）	178, 220, 338, 364, 365
色覚異常	145
磁気共鳴イメージング（MRI）	11, **114**, 178
磁気構造	**115**
磁気ヘッド解析	**116**
磁気流体力学（MHD）	40
磁気ループ機器	205
軸受	56
シグナル伝達	**117**
時系列	95
時系列データ	125

時系列データの情報可視化	**118**
次元圧縮	281
試行	166
自己駆動粒子	313
時刻歴応答解析	233
事後誤差評価	190
自己相互作用補正（SIC）	366
自己組織化	80
自己組織化マップ（SOM）	246, 281, 283, 348
自己無撞着場（SCF）	304
事故要因分析	96
視床下部	317
事象カレンダー	297
市場指向プログラミング（MOP）	296
市場品質	359
矢状面	315
地震	213
地震災害	**119**
地震性津波	208
地震動	119
地震ハザードマップ	119
システム思考	121
システムズケミストリー	**120**
システムズバイオロジー	**120**
システム創薬科学	**120**
システムダイナミクス（SD）	121, 136, 321
システムレベルシミュレーション	85
地すべり	239
磁性材料モデリング	**122**
姿勢制御	16
磁性半導体	**123**
自然エネルギー利用	**124**
自然科学シミュレーションと情報可視化	**125**
自然科学ビジュアリゼーション（SciVis）	149
事前誤差評価	190
磁束線	219
実験計画	26
実験経済学	**126**

和文索引

実現ボラティリティ　103
実験モード解析　233
実効増倍率　88
実体設計　181
自動車事故リスク評価　**127**
自動車の構造問題　**128**
自動車の騒音　**129**
自動車の流体問題　**130**
自動船舶識別装置（AIS）　35
自動体外式除細動器（AED）　375
自動取引　156
自動売買　**131**
シナプス　132
シナプス可塑性　**132**
シナプス結合　247
シナプス後電位　260
地盤振動　214
時分割多元アクセス方式
　　（TDMA）　1, 85
字　幕　205
シミュレーション　326
シミュレーション技術と社会　**133**
シミュレーションとバーチャルリ
　　アリティ・地球シミュレータ
　　　　　　　　　　134
射影子補強波（PAW）法　366
社会科学シミュレーションと
　　情報可視化　**135**
社会技術システム　291
社会システムシミュレーション
　　　　　　　　　　136
社会シミュレーションの
　　大規模化　**137**
社会的決定　133
社会ネットワーク　**138**
弱形式　335
弱連成解析　192
車々間通信（IVC）　**139**
遮断器　186
斜面崩壊　239
車両全体　128
シューア分解　67
重回帰分析　228
周　期　292

周期的　292
自由空間光無線（FSO）　275
修正コレスキー分解法　110
修正ランバート・ベア則　68
重点サンプリング　245
周波数エンコード　114
周波数応答関数　158
周波数直交多元アクセス方式
　　（OFDMA）　1, 85
周波数分割多元アクセス方式
　　（FDMA）　1, 85
周波数変調（FM）　1, 309
周波数弁別器　309
自由表面流れ　**140**
重要インフラ防護　310
終了時刻直前の入札　27
重　力　17
重力多体問題　367
需給シミュレーション　**141**
縮退点　223
主成分分析　9, 228
受動型動吸振器　**142**
需要関数　141
手　話　205
巡回セールスマン問題（TSP）
　　　　　　　　　　298
潤　滑　242
順シミュレーション　137
順動力学シミュレーション　61
省エネ診断　**144**
省エネ法　143
省エネラベル　143
省エネルギー技術（工場・家庭）
　　　　　　　　　　143
省エネルギー技術（ビル）　**144**
障がい者・高齢者疑似体験機器
　　　　　　　　　　145
傷害値予測　128
障害物回避　8
状況認識　291, 303
消去先　121
衝撃を受ける人体の挙動予測　**146**
条件数　306

詳細設計　181
硝酸エアロゾル　191
常磁性体　12
状態監視保全　182
状態遷移モデル　**147**
状態方程式　4, 184, 262
常電導状態　206
衝突過程　95
衝突輻射モデル　299
常微分方程式　289
常微分方程式の初期値問題　**148**
情報可視化（InfoVis）　**149**
情報可視化のユーザインタラク
　　ション　**150**
情報処理アプローチ　187
情報処理モデル　**151**
乗法代数再構成法（MART）　241
情報ビッグバン　279
触媒反応　194
触力覚提示　152
触感デバイス　10, **152**
初等理論　188
自立移動　225
シリンダ　70, 333
事例ベース推論　171
進化ゲーム理論　285
シンキングCAE　**153**
神経回路網　300
神経活動（LFP）　154
神経血管カップリング　154
神経−血管相互作用　**154**
神経細胞　247, 263, 300
神経振動子　314
人工関節用金属材料の加工法　**155**
人工市場　**156**
人工知能（AI）　171
人工廃熱　238
新古典派経済学　296
浸　水　197
シンセシス　181
身体障がい者　145
人体モデル　146, **157**
心的作業負荷　151
振　動　100

和文索引　　385

振動遮断	64	
振動モード	**158**	
心肺蘇生法（CPR）	375, 377	
深部感覚	152	
振幅制限器	309	
信用関係	78	
信頼区間	83	
信頼性評価	**159**	
心理評価	9	
診療参加型実習	370	
人類学	354	

【す】

水害・洪水災害	**160**
吹送流	105
水素発生反応	272
垂直磁気記録	211
スイッチレベルシミュレーション	358
水和反応	240
数値気象モデル	240
数値計算と浮動小数点演算	**161**
数値積分	**162**
数値積分手法	226
数値線形代数	**163**
数値天気予報	60
数値分散誤差	365
数値流体力学（CFD）	
	42, 130, 236, 344, 345, 367
スーパーセル	217, 374
数理計画法	97, 171, 297
スカラ超並列計算機	**164**
スカラ場	13
スカラ波近似解析	274
スカラボリュームデータ	165
スカラボリュームデータの可視化	**165**
スキャナデータ	103
スキルスラボ	10, **166**
スキルベース	151
スケーラビリティ	193, 372
スケールフリー・ネットワーク	138
図上演習	74

スタガードグリッド	365
スタンドアロン	23
ステレオ PIV	**167**, 343
ストック	121
ストック・フロー図式（SFD）	121
スパイクタイミング依存性シナプス可塑性	132
スパイラルリエントリー	45
スプライン補間	312
スプリングモデル	256
スペクトル半径	306
すべり線場法	188
スポーツ工学	**168**
スマート構造材料	**169**
スラブ法	188
スラブモデル	217
スリップ	290
スロット付きアロハ方式	1

【せ】

精確さ	161
正確性	253
正確丸め	161
制御器	262
制御対象	262
制御入力	262
制御弁	333
制御量	262
制御理論	262
制限酵素	305
生産管理	**170**
生産計画	**171**
生産システム	297
静止画	95
静磁界解析	**172**
脆弱性	78
制振	142
制振構造	64
静水圧近似	25, 105
製造ライン	**173**
正則化	84
生息場評価	44
生息量予測	44

声帯	33, 178
生体制御	317
生体組織の光学特性	**174**
生体とバイオマテリアルの力学シミュレーション	**175**
生体分子ネットワーク	**176**
生体力学	**177**
静的協調	66
静的モデル	112
声道	33, 178
声道問題	**178**
精度保証付き数値計算	**179**
製品モデル（PM）	173
精密さ	161
生命情報学	120
生命体統合シミュレーション	**180**
制約誘導論	171
世界諸英語	106
赤外線通信システム（IrDA）	275
赤外放射	238
積分発火モデル	263
セキュリティ	135
絶縁	186
設計工学	**181**
設計品質	359
設計変数	97
切削	41
接触問題	286
絶対誤差	161
節点	319, 335
節点力法	221
設備管理	**182**
設備保全	182
雪氷災害	**183**
説明責任	133
セミクローズドループ制御	6
セルオートマトン	101, 147
ゼロ知性	27
遷移確率	53
繊維強化樹脂基複合材料（FRP）	294
全球モデル	191
漸近安定	340
線形	289

線形回帰モデル	77, 141	【た】		縦緩和	114
線形帰還シフトレジスタ	185	ターボ符号	3	多波長データ	17
線形時不変	4	ダイアグラム	248	ダブルオークション	27
線形多段階法	148	第一原理法	327	多変量データ	308
線形長波理論	208	第一原理計算	123, 244, 272	多変量データの情報可視化	**198**
線形破壊力学	268	対応格子理論	374	多峰性	153
線形モデル	**184**	対応粒界	374	ダメージトレランス性	91
宣言的知識	203, 250	大気汚染物質の輸送	**191**	多目的	153
先進安全自動車（ASV）	139	大気海洋結合モデル	59	単一光子放射断層撮影	
浅水流方程式	44	大気境界層モデル	276	（SPECT）	11
浅水理論	208	大規模構造・複合領域	**192**	探究的可視化	279
選択的注意	251	大規模シミュレーション	136	タンクモデル	160
潜　熱	238	大規模ボリュームデータの		弾性波動方程式	119
専用計算機	**185**	可視化	**193**	断層面	119
		耐故障性	372	単段方式（SSTO）	16
【そ】		代謝経路	194	断熱的	288
装　具	145	代謝生化学シミュレーション		断熱動力学シミュレーション	288
相互依存性分析	310		**194**	断熱ポテンシャル面	288
走行安全性	214	代謝流束	194	ダンパ	142
相互監視	199	大循環モデル（GCM）	201	断面像	165
相互作用	265	耐衝撃安全性	91		
相互支援	199	体性感覚	152	【ち】	
操作パラメータ	23	耐損傷性	91	チーム志向	199
操作力楕円体	73	ダイナミックインバージョン		チーム・集団モデル	**199**
操船シミュレータ	35	（DI）	16	チームワーク	199
総　体	79	代表的エージェント	79	チェーニング	307
相対誤差	161	タイミング検証	195	チェビシェフ多項式	312
総通話量	109	タイミングシミュレーション		チェビシェフ補間	312
創　発	156		**195**	遅　延	195
送変電機器	**186**	タイムスタンプ	23	地下環境	**200**
ソーシャルネットワークサー		太陽風	**196**	力-速度関係	69
ビス（SNS）	252	耐雷設計	47	力-長さ関係	69
粗視化モデル	180	タイルドディスプレイ	284	地球温暖化	59, **201**, 266
組織シミュレーション	**187**	第2種レイリー積分	224	地球シミュレータ	36, 134, **202**
塑性加工	**188**	高潮災害	**197**	知識ベース	151
ソニックコンダクタンス	70	多空間デザインモデル	212	知識モデル・知識表現	**203**
ソニックブーム	93	タグチメソッド	359	知能道路	139
ソフトマテリアル	**189**	多元アクセス方式	1	中央複合計画	26
ソボレフ空間	51	多次元データ	125	中規模以下変動	24
ソボレフ空間と数値計算	**190**	多相性	30	中性子輸送計算	88
損傷変数	355	多層ニューラルネットワーク	26	超音波治療	177
損傷力学	294	多体動力学（MBD）	214, 326	聴　覚	**204**
		脱　線	213		

聴覚障がい者のためのコミュニケーション支援システム		**205**
長期増強現象（LTP）		132
長期抑圧現象（LTD）		132
長周期地震動		119
調　整		324
頂　点		138
超電導解析		**206**
超電導磁気浮上式鉄道		**207**
超電導磁石		207
超電導状態		206
超流線		223
直接数値計算（DNS）		339, 345
直接測定		83
直線探索		172
直交周波数分割多重アクセス（OFDMA）		1, 85
直交多項式系		312
直交表実験計画		26
地理情報システム（GIS）		42

【つ】

通信需要	109
津　波	197
津波災害	**208**
ツリー法	185

【て】

ディジタルアーカイブ	**209**
ディジタルエンジニアリング	181
ディジタル開発	**210**
ディジタルカルチュラルヘリテージ	209
ディジタルサイネージ	108
ディジタル信号処理（DSP）	46
ディジタルファクトリ	173
ディジタルモックアップ（DMU）	102, 210
定常状態	176
低侵襲手術	23
ティックデータ	103
低レベルレーザー治療（LLLT）	352
データストレージ	**211**
データ同化	60
データベース	226
データマイニング	279
適　応	324
適応アルゴリズム	261
適応性	199
適応制御	261
適応同定	261
適　合	225
テクスチャ統合	308
デザイン科学	**212**
デザイン科学の枠組み	212
デザイン学	212
鉄　損	122
手続き的知識	203, 250
鉄道事故リスク評価	**213**
鉄道の構造問題	**214**
鉄道の流体問題	**215**
デュアル法	54
電圧安定性	226
転位動力学	244
電気インピーダンストモグラフィ（EIT）	**216**
電気泳動	305
電気化学反応	217, 272
電気伝導	**218**
電気二重層	217
電磁界シミュレーションとボリューム可視化	**219**
電磁界の離散化	**220**
電磁カスケード	311
電磁環境両立性（EMC）	364
電子広告	38
電子状態理論	80
電磁的妨害（EMI）	364
電磁力計算	**221**
電子励起エネルギーの計算手法	**222**
伝送特性評価	322
テンソルボリュームデータの可視化	**223**
伝達関数	4, 184
伝達線路行列法	224
伝達線路行列法の波面合成法への応用	**224**
電動車いすシミュレータ	**225**
伝搬路特性評価	322
転　覆	213
天文データベース	17
電流連続式	269
電力系統解析	**226**
電力系統制御・シミュレータ	**227**

【と】

同一次元オブザーバ	29
投影関数	167, 241
投影像	165
等価介在物法	244
同期検波	309
統　計	**228**
統計教育シミュレーションツール	**229**
統計的安全評価手法	86
統計的エネルギー解析法（SEA）	**230**
統計的学習機械	**231**
統計プロセス制御（SPC）	283
統計力学的手法による分子動力学計算	**232**
統合型光無線（RoFSO）	275
等高線	318
動作レベルシミュレーション	358
同時計測	50
同調形マスダンパ（TMD）	142
動的応答	**233**
動的協調	66
動的計画法	171
動的検索	150
動的システム評価	**234**
動的モデル	112
頭部装着ディスプレイ（HMD）	38, 293
頭部伝達関数	204, 378
動力学	8
トータル物流	297
特異摂動法	347

特異点	320
特性方程式	223
特徴領域（ROI）	125
都市ガス供給	**235**
都市ガス製造	**236**
都市ガス利用機器	**237**
都市気候	**238**
都市構造	53
土砂災害	**239**
土石流	**239**
トップランナー基準	143
土木構造物	**240**
トモグラフィ	255
トモグラフィック PIV	**241**, 343
ドライビングシミュレータ	75, 127, 249
トライボロジー	**242**
ドラッグデリバリーシステム	189
トラフィック解析	**243**
トレーサ粒子	167
トレンド	135
トロイダル CVT	57
トンネル微気圧波	215

【な】

ナイキスト安定判別法	184
内生的循環論	285
内部損失率（ILF; DLF）	230
流れ場–生態系結合モデル	25, 105
雪崩の運動モデル	183
ナノ・マイクロメカニクス	**244**
ナノマテリアル	80
ナノメカニクス	**244**
ナビエ・ストークス方程式	36
軟磁性材料	122

【に】

ニアネットシェイプ	155
二酸化炭素の地中貯留（CCS）	200
二重指数関数型公式	162
二重偏波気象レーダ	160
二体問題	18

ニュートン・オイラー法	360
ニュートン・カントロビッチの定理	51
ニュートン・コーツ公式	162
ニュートン補間公式	312
ニュートン・ラフソン法	172
ニュートン力学の可視化応用	**245**
ニューマーク β 法	336
ニューラルネットワーク（NN）	66, 231, **246**
ニューロン	247
ニューロンの数理モデル	**247**
人間介在型シミュレーション	75, 310
人間科学シミュレーションと情報可視化	**248**
人間機械系	**249**, 303
人間信頼性解析	290
人間信頼性評価	147, 290
人間・組織・社会（IOS）	74
認知アーキテクチャ	**250**
認知機構	156
認知地図	248
認知的適応性	324
認知特性	**251**
認知モジュール	250

【ね】

ねじ	56
熱拡散	270
ネットワーク	248
ネットワーク構造	118, 125
ネットワークサービス	**252**
ネットワークシミュレーション	**253**
ネットワークシミュレータ	2
ネットワーク制御	**254**
ネットワーク測定	**255**
ネットワークの情報可視化	**256**
熱の貯留	238
年間エネルギー消費量	143
燃焼計算	88
燃焼・乱流	20

粘弾性	257
粘弾性流体の流動	**257**
燃料電池	237, **258**

【の】

脳	300
脳機能測定	68
脳機能 MRI（fMRI）	**259**
脳血流（CBF）	154
脳磁図（MEG）	**260**
脳組織酸素代謝率（CMRO$_2$）	154
濃度	353
能動音響制御（ANC）	**261**
能動型動吸振器	142
能動振動制御	**262**
脳波	**263**
ノード・リンク表現	58
ノーマルサイエンス	133
乗り心地	214

【は】

バーチャル開発	210
バーチャル環境	293
バーチャルマニファクチャリング	173
バーチャルリアリティ（VR）	75, 91, **264**, 293, 362
ハードディスク装置	211
ハートリー・フォック（HF）	304
バイオインフォマティクス	120, 302
バイオインフォマティクスにおけるビジュアルデータマイニング	**265**
排出権取引市場	**266**
バイスタンダー	375
ハイゼンベルグ模型	115
バイドメインモデル	45
バイノーラル音響	378
ハイブリッドシミュレーション	80
ハイブリッド法	327

和文索引		
ハイブリッド密度汎関数法	366	
ハイブリッドDFT	366	
配列	267	
配列解析	**267**	
配列類似性検索	267	
パイロットレイティング	92	
破壊力学	**268**	
薄層要素法	214	
歯車	56	
パケット転送	14	
箱ひげ図	282	
パスウェイ	265	
パスコン	364	
波長分割技術（WDM）	275	
バックアノテーション	195	
パッシブ測定	255	
発信規制	109	
発生元	121	
波動方程式	178, 224	
ハドロン	311	
ハミルトンの原理	336	
波面合成法（WFS）	224, 378	
パラメタリゼーション	36	
パラレルリンクマニピュレータ	57	
汎関数オブザーバ	29	
反磁性体	12	
反射モデル	113	
搬送波	309	
搬送波電力対雑音電力比（CNR; C/N）	21	
反転螺旋型円筒折り紙構造	31	
半導体スピントロニクス	123	
半導体デバイスシミュレーション	**269**	
半導体プロセスシミュレーション	**270**	
反復法	99	
判別分析	281	

【ひ】

非圧縮性粘性流	82	
ヒートアイランド現象	237	
ヒートマップ	265	
ビーム伝搬法（BPM）	338	
ビーンモデル	206	
ビオ・サバールの法則	260	
光音響的	352	
光拡散方程式	76, 174	
光機械的	352	
光コヒーレントモグラフィ	11, **271**	
光シート	167	
光触媒設計	**272**	
光断層撮影技術（OCT）	11, 271	
光ネットワーク	**273**	
光ファイバ解析	**274**	
光ファイバセンサ	169	
光無線ネットワーク	**275**	
微気圧波	207	
微気象	**276**	
非経験法	327	
飛行条件	16	
飛行性	92	
飛行領域	16	
微視的モデル	101	
ビジネス	135	
ビジネスゲーム	**277**	
ビジネスシミュレーション	**277**	
被写界深度（DOF）	323	
ビジュアルアナリティクス	149, **278**	
ビジュアルシンキング	153	
ビジュアルデータマイニング	**279**	
ビジュアルデータマイニングの基礎理論：位相解析	**280**	
ビジュアルデータマイニングの基礎理論：機械学習	**281**	
ビジュアルデータマイニングの基礎理論：統計処理	**282**	
ビジュアルデータマイニングのための大規模データ管理	**283**	
ビジュアルデータマイニングのためのディスプレイ技術	**284**	
微小循環系	177	
非侵襲脳計測	301	
ヒステリシス特性	122	
ヒストグラム	198, 282	

ひずみエネルギー密度（SED）	175	
非静力学モデル	60	
非線形	289	
非線形経済動学	**285**	
非線形光学	352	
非線形構造解析	**286**	
非線形性	46	
非線形破壊力学	268	
非線形方程式	**287**	
ビタビ復号法	3	
非断熱係数	288	
非断熱動力学シミュレーション	**288**	
ビデオアバタ	38, 284	
非テキスト情報	52	
非同期検波	309	
皮膚感覚	152	
微分形式	220	
微粉炭焚ボイラ	48	
微分方程式	176, 289	
微分方程式と数値計算	**289**	
非平衡グリーン関数	218	
非平衡性	20	
ヒューマンエラー	**290**	
ヒューマンファクタ	35	
ヒューマン・マシンインタフェース	151, 249	
ヒューマンモデル	**291**	
ヒューリスティックス	251	
評価尺度法	373	
標本分布	229	
表面	242	
漂流物	197, 208	
非連成解析	355	
疲労寿命予測	128	
疲労破壊問題	268	
貧酸素化	25, 105	
品質	359	
品質（QoS）	254	
品質機能展開（QFD）	181	
敏捷性	71	
ピント調節	341	

【ふ】

ファットツリーネットワーク　202
不安定　34
フィードバック　121
フィードバック制御　317
フィードフォワード制御　6
フィッツーナグモモデル　263
フーリエ解析　**292**
フーリエ逆変換　292
フーリエ級数　292
フーリエドメインOCT　271
フーリエ変換　292
富栄養化　25, 105
フェーズフィールド法　337
フェルミ演算子法　28
フォークト模型　257
フォールトツリー解析（FTA）　181, 234
不確実要因　91
負荷計算　144
不規則格子・ボリューム　319
普及モデル　321
複合現実感　113, **293**
複合材料　**294**
複合（ハイブリッド）システム　**295**
複雑系経済学　**296**
輻　射　20
輻　輳　254, 341
輻輳制御　14
復　調　309
符号分割多元アクセス方式（CDMA）　1, 85
不確かさ　83
物質との相互作用　311
物流シミュレーション　**297**
物流マネジメント　**298**
不適切問題　216
部分放電　186
部分要素等価回路法（PEEC法）　364
部分連成解析　355
不変集合　340
フライスルー　271
ブラウン運動　332
フラジリティ関数　208
プラスチックの成形加工　257
プラズマ　40, 90, 196
プラズマ物理　**299**
プランニング　324
振り返り　166
プリ処理　361
プリント回路基板（PCB）　364
ブレインコンピューティング　**300**
ブレイン・マシンインタフェース（BMI）　**301**
プレス加工　41
フレッシュコンクリート　240
フレッドホルムの交代定理　51
フロー　121
フロー測定　255
プロジェクションクラスタ技術　225
プロセスシステム　75
ブロックダイアグラム　159
プロテオミクス　**302**
プロトコル　14
噴　煙　43
文化財　209
分割統治計算　99
分割統治法　28
分割表　198
分散型制御システム（DCS）　329
分散認知　**303**
分散分析　348
分子イメージング　76
分子軌道　304
分子軌道法　**304**, 327
分枝限定法　171
分子コンピューティング　**305**
分子動力学（MD）　39, 81, 180, 185, 232, 244, 337, 367
分子―分子相互作用　117
分　点　162
分　布　229
分布定数回路　224

【へ】

平均オピニオン評点（MOS）　373
平行座標プロット　198, 282
平衡状態　245
平衡点　340
米国心臓協会（AHA）　375, 377
ベイジアンネットワーク　108
ベイズモデル　231
平面充填形　31
閉ループ制御　6
並列アップデーティング　313
ベータ分布　159
ベーテ・サルピータ方程式（BSE）　222
べき乗則　79, 138
ベクター（遺伝子組み換え）　7
ベクトルと行列のノルム　**306**
ベクトル波解析　274
ベクトル並列計算機　**307**
ベクトルボリュームデータの可視化　**308**
ベクトルレジスタ　307
ヘッセ行列　320
ヘッドマウントディスプレイ（HMD）　38, 293
ヘッブ学習則　132
ペトリネット　234
ヘモダイナミクス　259
ヘルムホルツ共鳴器　64
ヘルムホルツ方程式　32, 336, 350
変圧器　186
変　調　309
偏微分方程式　36, 289, 363
変復調方式　**309**

【ほ】

ポアソン方程式　269
ホイットニー要素　15
棒グラフ　198
防災シミュレーション　**310**
放射線輸送　**311**

ホールド回路		329
補　間		13, 312
補間型数値積分公式		162
補間多項式		312
補間と直交多項式系		**312**
ボクセル		180
ボクセル有限要素法		316
歩行者エージェント		313
歩行者ダイナミクス		313
歩行者流		**313**
歩行リハビリテーションロボット		314
歩行ロボット		**315**
ホジキン-ハクスレイ方程式		263
ポスト処理		361
ポストプロセッシング		219
ポストレイアウトシミュレーション		195
補聴器		205
没入型投影ディスプレイ（IPD）		362
ポテンシャル力		245
骨リモデリング		**316**
ホメオスタシス		**317**
ポリエチレングリコール（PEG）		189
ポリゴンメッシュ		245
ボリューム可視化		**318**
ボリュームディスプレイ		219
ボリュームデータ		318, 319
ボリュームデータにおける特徴探索		**320**
ボリュームレンダリング		165, 193, 332
ボルツマン輸送方程式		311
ボルン・オッペンハイマー近似		288
ホログラフィ干渉法		89
ホログラフィックニューラルネットワーク（HNN）		9
ポンプ		333

【ま】

マーケティングサイエンス		**321**
マイクロマグネティクス解析		116
マイクロ・ミリ波無線システム		**322**
マイクロメカニクス		244
マイクロ流体デバイス		323
マイクロPIV		**323**, 343
マクスウェルの応力法		221
マクスウェル方程式		15, 220, 260
マグマ		43
マクロ認知		**324**
摩　擦		242
待ち行列理論		243
マックスウェル模型		257
マッハ・ツェンダ干渉法		89
マティーセン則		269
摩　耗		242
マルコフ過程		147
マルコフ連鎖モンテカルロ（MCMC）		113
マルチエージェントシステム		101
マルチエージェントシミュレーション		321
マルチグリッド法		**325**
マルチスケール解析		116
マルチスケール・マルチフィジクスシミュレーション		177
マルチチャネル音響方式		378
マルチパスフェージング		139
マルチパラメータ・レーダ		160
マルチフィジクス解析		116
マルチホップ無線ネットワーク		351
マルチボディ		146
マルチボディシステム（MBS）		213
マルチボディダイナミクス（MBD）		214, **326**
マルチモーメント		363
丸めモード		161
マン・マシンインタフェース		66

【み】

見える化		135
ミカエリス・メンテンの式		194
身構え		146
ミクロ・マクロリンク		136
ミステイク		290
ミセル		189
ミッション設計		18
密度行列法		28
密度汎関数法（DFT）		90, 115, **327**, 337, 366
密度流		105
耳つん		215

【む】

無限要素		336
無線回線設計		322
無線LAN		**328**, 330

【め】

メカトロニクス		329
メカトロニクスとディジタル制御		**329**
メゾ力学		244
メッシュネットワーク		**330**
メディア同期品質		373
メトリック		351
メラー・プレセット（MP）		304
免　震		64

【も】

モース・スメール複体		280
モーター解析		**331**
モーター磁界解析		331
モード解析		34, 129
モード減衰比		158
モード合成法		19
モード座標		158
モード特性		158
モード法		46
モード密度		230
モーメント法		65, 364
模擬患者（SP）		370

目的関数	97
目標安全度（TLS）	94
モザイクプロット	198
モチーフ	267
モデリング&シミュレーション（M&S）	74
モデル化	262
モデル選択	137
モノドメインモデル	45
問題検出	324
モンテカルロシミュレーション	234
モンテカルロ法	91, 159, 162, 174, 243, 299
モンテカルロ法の可視化応用	**332**

【ゆ】

油圧システム	**333**
有界実補題	369
有限オートマトン	305
有限差分法（FDM）	46, 65, 148, 289, **334**
有限体積法	363
有限要素法（FEM）	12, 46, 65, 129, 146, 178, 188, 210, 214, 216, 289, 325, **335**, 338
有限要素法による音場シミュレーション	**336**
有効遮蔽媒質（ESM）	217
ユーザインタラクション	150
ユーザ体感品質（QoE）	373
遊星歯車機構	57
優先権制御	254
誘電体	**337**
誘電体導波路解析	**338**
輸送方程式	269
ユニットロード	298

【よ】

陽解法	233
溶岩流	43
要求 QoS	139
溶接	41
要素	230
要約筆記	205
横風	215
横緩和	114

【ら】

ラージエディシミュレーション（LES）	20, 48, 130, 339, 345
ライトヒルの音響アナロジー	347
ライトレール車両（LRV）	213
ライフサイクルシミュレーション	173
ライフログ	248
ラウス・フルビッツの安定判別法	184
ラグランジュ緩和法	171
ラグランジュ的手法	344
ラグランジュ法（T.L.F）	286
ラグランジュ方程式	360
ラグランジュ補間公式	312
ラフ集合	348
ラプス	290
ラプラス方程式	350
ランダウアーの公式	218
ランダムウェイポイントモデル	2
ランダムスパース行列	37
ランダム直列アップデーティング	313
ランチョス法	67
乱流拡散	87
乱流拡散モデル	183
乱流現象	82
乱流燃焼	237
乱流燃焼現象	**339**
乱流輸送	40

【り】

リアプノフ安定	**340**
リアプノフ安定定理	184
リアルタイムシミュレータ	227
リアルタイム性	139
リーダーシップ	199
リーマン不変量	363
リカッチ代数方程式	111
力覚提示	152
離散化	190
離散型シミュレーション（DES）	102, 253, 297
離散的選択モデル	321
離散フーリエ変換	292
離散変数法	148
理想気体の状態方程式	70
立体折り紙	31
立体構造	265
立体視	**341**
リバースエンジニアリング	**342**
リハビリテーション	314
リプシッツ	340
粒子画像流速測定法（PIV）	50, 63, 89, 100, **343**
粒子速度	32
粒子追跡法	308
粒子追跡流速計測法（PTV）	63
粒子飛散現象	**344**
粒子法	40, 87, 160, 299
流束収支解析	176
流体計算（CFD）	363, 367
流体シミュレーション	**345**
流体シミュレーションとボリューム可視化	**346**
流体騒音	**347**
流体力学	177
流体力学におけるビジュアルデータマイニング	**348**
流量制御性	235
領域モデル	191
両眼視差	341
両眼融合	341
量子色力学	**349**
量子化学	180
量子化学計算	81
量子効果	80
量子力学の基礎方程式	**350**
量的予報	208
臨界状態モデル	206
臨界点	280
リンクの提示を略する隣接表現	58

リンクレベルシミュレーション 85	レイノルズ平均ナヴィエ・ストークスモデル 48, 130	【ろ】
臨床技能研修室 10	レイノルズ方程式 82	老化 240
【る】	レイリー・リッツ手法 67	ローイング動作を用いたリハビリテーション 357
ルーティング 351	レーザー治療 352	ロールオーバー 236
ルーティング解析 **351**	レーザー誘起蛍光法（LIF） 50, **353**	ローレンツ力 221
ルーティング制御 254	レオノフモデル 257	ロジックシミュレーション **358**
ルーティングプロトコル 253	歴史シミュレーション・計算考古学 **354**	路車間通信（RVC） 139
ルールベース 151	歴史人口学 354	ロトカ・ヴォルテラ方程式 81
ルールベースモデル 285	劣化現象 240	ロバスト安定性 262
ルールベースモデル化 112	連結階層シミュレーション 295	ロバスト設計 **359**
ルジャンドル多項式 312	連結図 256	ロバストネス 176
ルンゲ・クッタ法 148	連鎖倒産 78	ロボットマニピュレータ **360**
【れ】	連成シミュレーション 295	論理回路 358
レイノルズ数 82	連続体数値モデル 363	論理ループ構造 159
レイノルズ平均ナヴィエ・ストークス（RANS）方程式 339, 345	連続体損傷力学 **355**	【わ】
	レンダリング 13	ワイブル分布 159
	連立1次方程式 163, 325, **356**	

【A】	Fitts の法則 250	【L】
A/D 変換 329	【G】	LES 法 20, 48, 130, 339, 345
【C】	GaN 中不純物 **366**	LES モデル 276
CAD/CAE におけるバーチャルリアリティ **361**	GFRD 法 376	Li イオン電池 **368**
CIP 法 **363**	GW 近似 222	LLC 層 328
CR モデル 299	【H】	LMI 設計 **369**
【D】	Hill のモデル 69	LMS アルゴリズム 261
D/A 変換 329	H_∞ 制御 262	LU 分解 356
DFT+U 法 **366**	H_∞ 制御問題 369	【M】
DFX 方法論 181	H_2 制御 262	MAC 層 328
【E】	H_2 制御問題 369	MMA 法 54
EMC 解析 **364**	【I】	MOA 法 342
【F】	IS 法 131	【N】
FDTD 法による音場シミュレーション **365**	ITS 無線システム 139	n 値モデル 206
	【K】	NP 完全問題 298
FIR フィルタ 261	KKT 条件 110	【O】
	k-ε モデル 130	OSI 参照モデル 14

【P】

PCクラスタ	137, **371**
PEEC法	364
PIC法	40, 87, 299

【Q】

QoS/QoE評価	**373**

【R】

RAIDシステム	211
RANS解析	20
RANSモデル	130
RSMモデル	130
RTLシミュレーション	358

【S】

SD法	152
Shortley-Weller差分近似	334
SiC粒界構造	**374**
Smoldyn法	376
Spatiocyte法	376
SPH法	367

【W】

Wang-Landau法	232

【X】

X線コンピュータ断層撮影（CT）	11, 216

【数字】

1次救命措置（BLS）	10, **375**, 377
1分子粒度細胞シミュレーション	**376**
2次救命措置（ACLS）	10, **377**
2段方式（TSTO）	16
3次元音響	**378**
3点差分近似	334
4次元変分法	60
6軸動揺台	225

欧文索引

【A】

a posteriori error estimate　190
a priori error estimate　190
ab initio　327
abnormal weather　59
ABS (agent-based simulation)
　　22, 79, 137, 285, 354
abscissas　162
absolute error　161
absorbing boundary condition
　　5, 365
access control　1
accident cause analysis　96
accidental error　83
accommodation　341
accountability　133
accuracy　161
ACLS (advanced
　　cardiovascular life
　　support)　10, **377**
acoustic intensity　32
acousto-ultrasonics　169
Act Concerning the Rational
　　Use of Energy　143
action potential　247
active dynamic vibration
　　absorber　142
active measurement　255
active noise control　**261**
active vibration control　**262**
actuator　66
actuator material　169
ad-hoc network　2, 330, 372
adaptability　199
adapting　324
adaptive algorithm　261

adaptive control　261
adaptive identification　261
addressing　14
adiabatic　288
adiabatic dynamics simulation
　　288
adiabatic potential surface
　　288
adjacency　58
advanced cardiovascular life
　　support　10, **377**
advanced safety vehicle　139
Advanced Simulation and
　　Computing　164
advection　363
advection scheme　363
AED (automated external
　　defibrillator)　375
aerodynamic noise　**347**
aerodynamic problem of road
　　vehicle　**130**
aerodynamics of aircraft　**93**
aerosol　191
agent　22, 136
agent-based modeling　321
agent-based simulation
　　22, 79, 137, 285, 354
aggregation　79
agility　71
AHA (American Heart
　　Association)　375, 377
AI (artificial intelligence)　171
air-breathing　16
air traffic management　94
aircraft accident risk analysis
　　94

AIS (automatic identification
　　system)　35
algebraic Riccati equation　111
Ambisonics　378
American Heart Association
　　375, 377
amplitude shift keying　309
analog to digital conversion
　　329
analysis　181
analysis of variance　348
analytic reasoning　278
ANC (active noise control)
　　261
angle modulation　309
animation　95
annotation　293
annual energy consumption
　　143
antenna analysis　**5**
anthropogenic heat　238
anthropology　354
aperture antenna analysis　322
application of Monte Carlo
　　methods to visualization
　　332
application of Newotonian
　　dynamics to visualization
　　245
approximate scalar-wave
　　analysis　274
AR (augmented reality)
　　38, 75, 293
arc　138
arc plasma　186
archaeology　354
artificial intelligence　171

artificial market **156**
artisoc 22
ASC (Advanced Simulation and Computing) 164
ASK (amplitude shift keying) 309
assistive product for communication and information for people with hearing difficulties 205
assistive product for hearing 205
astronomical database 17
ASV (advanced safety vehicle) 139
asymptotically stable 340
ATM (air traffic management) 94
atmospheric boundary layer model 276
atmospheric dispersion of radioactive releases at nuclear accidents 87
attitude control 16
auction 27
augmented reality **38**, 75, 293
augmented virtuality 293
aural discomfort 215
automated external defibrillator 375
automated trading **131**, 156
automatic identification system 35
automation surprise 249
availability 71, 182

[B]

B-Rep (boundary representation) 342
back annotation 195
back projection method 216
back propagation 246
backup behavior 199

bar chart 198
basic life support 10, **375**, 377
basilar membrane 204
basis set 304
Bayes model 231
Bayesian network 108
beam propagation method 338
Bean model 206
bearing 56
behavior level simulation 358
BEM (boundary element method) 32, 46, **65**, 99, 210, 289
beta distribution 159
Bethe-Salpeter equation 222
BGP (border gateway protocol) 253, 351
bidomain model 45
binaural sound 378
binocular fusion 341
binocular parallax 341
bioinformatics 120, 302
biological control 317
biomechanics **177**
biomolecular network **176**
Biot-Savart law 260
block diagram 159
blood oxygen level dependent 259
BLS (basic life support) 10, **375**, 377
BMI (brain-machine interface) **301**
BOLD (blood oxygen level dependent) 259
bolt/nut assembly 56
Boltzmann transport equation 311
bone remodeling **316**
border gateway protocol 253, 351
Born-Oppenheimer approximation 288
boundary condition 220

boundary element method 32, 46, **65**, 99, 210, 289
boundary integral equation 5, 32
boundary layer separation 93
boundary representation 342
boundary surface control system 378
bounded rationality 285, 291
bounded real lemma 369
box plot 282
BPM (beam propagation method) 338
brace 146
brain 300
brain computing **300**
brain fMRI **259**
brain function measurement 68
brain functional magnetic resonance imaging **259**
brain-machine interface **301**
branch and bound method 171
bridge simulator 35
Brownian motion 332
BSE (Bethe-Salpeter equation) 222
bubble shadow method 63
building fire and urban fire 42
burnup calculation 88
business 135
business game 277
business simulation **277**
bypass capacitor 364
bystander 375

[C]

C/N (carrier-to-noise ratio) 21
CAC (connection admission control) 254
cache 164
CAD (computer-aided design) 181, 342

欧文索引　397

CAE (computer-aided engineering)　181, 342
call demand　109
call regulation　109
CAM (computer-aided manufacturing)　55, 181, 342
camera calibration　167
caption　205
carbon capture and storage　200
carbon market　**266**
cardiopulmonary resuscitation　375, 377
carrier　309
carrier sense multiple access with collision detection　252
carrier sense multiple access/collision avoidance　328
carrier-to-noise ratio　21
case-based reasoning　171
catalytic reaction　194
causality probabilistic inference　52
CAVE (CAVE Automatic Virtual Environment)　134, 284, **362**
CBF (cerebral blood flow)　154
CCS (carbon capture and storage)　200
CDM (clean development mechanism)　266
CDMA (code division multiple access)　1, 85
cell　319
cell simulation　45, **112**
cell simulation at the molecular resolution　376
cellular automaton　101, 147
cellular environment　376
cellular phone　109
cellular system　**85**
central composite design　26

central pattern generator　314
cerebral blood flow　154
cerebral oxygen metabolic rate of oxygen　154
CFD (computational fluid dynamics)　42, 130, 236, 344, 345, 367
CG (computer graphics)　293
chain of bankruptcy　78
chaining　307
chaos　285
characteristic equation　223
Chebyshev interpolation　312
Chebyshev polynomial　312
chemical kinetics　117
chemoinformatics　120
Cholesky decomposition　356
CIP method　**363**
circuit breaker　186
circuit simulation　**37**
city gas production　**236**
city gas supply　**235**
clean development mechanism　266
CLF (coupling loss factor)　230
client-server　23
climate model　201
climate variation　**59**
climate variation phenomenon　59
clinical clerkship　370
clinical skills simulation laboratory　**166**
closed form　16
closed-loop control　6
cloud computing　**71**
clustering　281
$CMRO_2$ (cerebral oxygen metabolic rate of oxygen)　154
CMS (component mode synthesis)　19, 129
CNR (carrier-to-noise ratio)　21

co-simulation　253
coarse grain model　180
coastal ocean current　**24**
coastal sea environment　**25**
cochlea　204
COCOM (contextual control model)　147
code division multiple access　1, 85
code generation method　37
cogeneration system　237
cognitive adaptation　324
cognitive architecture　**250**
cognitive characteristics　**251**
cognitive map　248
cognitive mechanism　156
cognitive module　250
cognitive radio technology　**104**
coherent detection　309
coincidence boundary　374
coincidence-site lattice theory　374
collaborative engineering　**66**
collision process　95
collisional-radiative model　299
color vision deficiency　145
combustion-turbulence　20
communication model　**107**
communication training　**106**
component mode synthesis　19, 129
composite material　**294**
compressibility　70
computational acoustics　347
computational aeroacoustics　347
computational fluid dynamics　42, 130, 236, 344, 345, 367
computational mechanics (bio)　81
computational mechanics (fluid)　**82**
computational mechanics (nano-technology)　**80**

computational methods for electronic excitation energies **222**
computational organization theory 187
computed tomography 292
computer-aided design 181, 342
computer-aided engineering 181, 342
computer-aided manufacturing 55, 181, 342
computer graphics 293
computer supported collaborative work system 66
concentration 353
concrete structure **240**
concurrent engineering 210
condition number 306
confidence interval 83
congestion 254
congestion control 14
conjugate gradient method 325
connection admission control 254
constitutive equation 55, 257
constitutive relation 220
constrained interpolation profile method **363**
contact problem 286
contaminant 346
contextual control model 147
contingency table 198
continuous path 6
continuum damage mechanics **355**
continuum numerical model 363
contour line 318
contour tree 280
control input 262
control theory 262
control valve 333

controllable 111
controlled system 262
controlled variable 262
controller 262
convergence 341
convex linearization 54
coolant 41
cooperative principle 107
coordinating 324
correct rounding 161
coupled general circulation model 59
coupling loss factor 230
coverage area 21
CP (continuous path) 6
CPR (cardiopulmonary resuscitation) 375, 377
CR model 299
crashworthiness 91
credit relationship 78
critical infrastructure protection 310
critical point 280, 320
critical state model 206
cross wind 215
crossbar switch network 202
CSCW (computer supported collaborative work system) 66
CSMA/CA (carrier sense multiple access/ collision avoidance) 328
CSMA/CD (carrier sense multiple access with collision detection) 252
CT (computed tomography) 292
cultural property 209
current continuity equation 269
cutaneous sensation 152
cylinder 70, 333

【D】

damage mechanics 294
damage tolerance 91
damage variable 355
damper 142
damping loss factor 230
data assimilation 60
data mining 279
database 226
DBA (dynamic bandwidth allocation) 273
DCF (distributed coordination function) 328
DCM (dynamic causal modeling) 259
DCS (distributed control system) 329
DDoS (distributed denial of service) 255
debris 197
debris flow 239
decision making 324
declarative knowledge 203, 250
deep sensation 152
degenerate point 223
delay 195
DEM (discrete element method) 295
DEM (distinct element method) 367
demand and supply simulation **141**
demand function 141
demodulation 309
density-driven current 105
density functional theory 90, 115, **327**, 337, 366
density matrix minimization 28
depth of field 323
derailment 213
DES (discrete event simulation) 102, 253, 297

design engineering	181	
design for X	181	
design of experiments	26	
design science	**212**	
design variable	97	
detail design	181	
detectable	111	
detecting problems	324	
detection	309	
deterioration phenomenon	240	
DFM (dynamic flowgraph methodology)	234	
DFT (density functional theory)	90, 115, **327**, 337, 366	
DFT+U method	366	
DFX (design for X)	181	
DI (dynamic inversion)	16	
diagram	248	
diamagnetic material	12	
dielectric	**337**	
dielectric waveguide analysis	**338**	
differential equation	176, 289	
differential equation and numerical analysis	**289**	
differential form	220	
diffuse optical tomography	68, 76	
diffusion model	321	
diffusion tensor magnetic resonance imaging	11	
digital archive	**209**	
digital cultural heritage	209	
digital development	**210**	
digital engineering	181	
digital factory	173	
digital mock-up	102, 210	
digital signage	38, 108	
digital signal processing	46	
digital to analog conversion	329	
dilute magnetic semiconductor	123	
dimensionality reduction	281	
direct measurement	83	
direct numerical simulation	339, 345	
discrete choice model	321	
discrete element method	295	
discrete event simulation	102, 253, 297	
discrete Fourier inverse transform	292	
discrete Fourier transform	292	
discrete variable method	148	
discretization	190	
discretization of electromagnetic fields	**220**	
discriminant analysis	281	
dislocation dynamics	244	
display technology for visual data mining	**284**	
distinct element method	367	
distributed cognition	**303**	
distributed constant circuit	224	
distributed control system	329	
distributed coordination function	328	
distributed denial of service	255	
distribution	229	
disturbance	262	
divide and conquer algorithm	28, 99	
divided difference	312	
DLF (damping loss factor)	230	
DMS (dilute magnetic semiconductor)	123	
DMU (digital mock-up)	102, 210	
DNS (direct numerical simulation)	339, 345	
DOF (depth of field)	323	
double auction	27	
double exponential formula	162	
driving simulator	75, 127, 249	
drug delivery system	189	
DSP (digital signal processing)	46	
DSR (dynamic source routing)	351	
DT-MRI (diffusion tensor magnetic resonance imaging)	11	
dual method	54	
dynamic bandwidth allocation	273	
dynamic causal modeling	259	
dynamic collaboration	66	
dynamic damper	64	
dynamic flowgraph methodology	234	
dynamic inversion	16	
dynamic model	112	
dynamic programming	171	
dynamic query	150	
dynamic response	**233**	
dynamic source routing	351	
dynamic system analysis	**234**	
dynamics	8	

[E]

E-Cell System	376	
Earth Simulator	134, **202**	
earthquake	213	
earthquake disaster	**119**	
earthquake induced tsunami	208	
economic actor	79	
economic network	**78**	
economics of complex systems	**296**	
econophysics	**79**, 103	
eddy current	12, 15	
eddy current analysis	**15**	
eddy current loss	122	
EDFA (erbium doped fiber amplifier)	273	
edge	138	

effective multiplication factor 88
effective screening medium 217
eigen energy 350
eigen frequency analysis 233
eigen strain 244
eigenvalue problem 163
EIT (electrical impedance tomography) 216
elastic wave equation 119
electric double layer 217
electric wheelchair driving simulator 225
electrical impedance tomography 216
electrochemical reaction 217, 272
electroencephalogram 263
electromagnetic cascade 311
electromagnetic compatibility 364
electromagnetic compatibility analysis 364
electromagnetic force calculation 221
electromagnetic interference 364
electromagnetic simulation of superconductor 206
electromagnetic transients program 47
electron-conduction 218
electronic structure theory 80
electrophoresis 305
element 57
elementary method 188
elevation angle 21
ElNino Modoki 202
embodiment design 181
EMC (electromagnetic compatibility) 364
emergence 156
emergency response system 310

EMI (electromagnetic interference) 364
empirical holopter 341
EMTP (electromagnetic transients program) 47
enabling large-scale social simulation **137**
endogenous business cycle theory 285
energy audit program 144
Energy Conservation Law 143
energy conservation tool for buildings **144**
energy conservation tool for factories and houses 143
energy flow 32
energy method 188
energy release rate 268
energy saving label 143
energy specific unit 143
Energy Specific Unit Management Tool 144
English auction 27
ensemble Kalman filter 60
enzymatic reaction 117
enzyme 194
equation of state of ideal gas 70
equilibrium point 340
equilibrium state 245
equivalent inclusion method 244
erbium doped fiber amplifier 273
Erlang B formula 243
error 83
error recovery control 14
ESM (effective screening medium) 217
ethnography 108, 303
ETL (extract/transform/load) 283
ETT (expected transmission time) 351

ETX (expected transmission count) 351
Euler-Maclaurin formula 162
Euler method 148
Eulerian approach 180, 344
eutrophication 25, 105
event calendar 297
event driven 358
evolutionary game theory 285
exchange-correlation 327
exogenous business cycle theory 285
exoskeleton type orthosis 314
expected transmission count 351
expected transmission time 351
experimental economics **126**
experimental modal analysis 233
explicit method 233
exploratory visualization 279
extended uncertainty 83
extract/transform/load 283

【F】

failure mode effect analysis 181
family history 354
fast circuit simulator 195
fast Fourier transform 216, 292
fast multipole method 5, 65, **99**, 185
Fat-Tree network 202
fatigue fracture problem 268
fatigue life prediction 128
fault plane 119
fault ride through 124
fault tolerance 372
fault tree analysis 181, 234
FDM (finite difference method) 46, 65, 148, 289, **334**
FDMA (frequency division multiple access) 1, 85

欧文索引

FDTD (finite-difference time-domain method) *178, 220, 338, 364, 365*
feature search of volume data **320**
feedback *121*
feedback control *317*
feedforward control *6*
FEM (finite element method) *12, 46, 65, 129, 146, 178, 188, 210, 214, 216, 289, 325,* **335**, *338*
Fermi operator expansion *28*
ferroelectric *337*
FES (functional electrical stimulation) *62, 357*
FFT (fast Fourier transform) *216, 292*
fiber reinforced plastic *294*
fidelity *253*
financial statement data *103*
finite automaton *305*
finite difference method *46, 65, 148, 289,* **334**
finite-difference time-domain method *178, 220, 338, 364, 365*
finite element method *12, 46, 65, 129, 146, 178, 188, 210, 214, 216, 289, 325,* **335**, *338*
Finite Volume Coastal Ocean Model *24*
finite volume method *363*
FIR filter *261*
first principle analysis *244*
first principles method *327*
first-principles calculation *123, 272*
fisheye *150*
fitting *225*
Fitts's law *250*
Fitzhugh-Nagumo model *263*
flame propagation *237*

flight condition *16*
flight envelope *16*
flight of aircraft **92**
flight of spaceplane **16**
floating material *208*
flood disaster **160**
flow *121*
flow control *235*
flow in visco-elastic fluid **257**
flow measurement *255*
fluid dynamics of spacecraft **20**
fluid flow with free surface **140**
fluid mechanics *177*
fluid simulation **345**, *363*
fluid-structure coupling *180*
fluorescence *353*
fluorescence tomography **76**
flux balance analysis *176*
fly-through *271*
flying qualities *92*
FM (frequency modulation) *1, 309*
FMEA (failure mode effect analysis) *181*
fMRI (functional magnetic resonance imaging) *301*
force feedback *152*
force-length relationship *69*
force-velocity relationship *69*
forward dynamic simulation *61*
forward error correction *3*
forward simulation *137*
Fourier analysis **292**
Fourier-domain OCT *271*
Fourier series *292*
Fourier transform *292*
fracture mechanics **268**
fragility *78*
fragility function *208*
framework for design science *212*

Fredholm alternative theorem *51*
free space optics *275*
frequency discriminator *309*
frequency division multiple access *1, 85*
frequency encoding *114*
frequency modulation *1, 309*
frequency response function *158*
frequency shift keying *309*
fresh concrete *240*
friction *242*
FRP (fiber reinforced plastic) *294*
FRT (fault ride through) *124*
FSK (frequency shift keying) *309*
FSO (free space optics) *275*
FTA (fault tree analysis) *181, 234*
fuel cell *237,* **258**
full vehicle *128*
fully-coupled analysis *355*
functional adaptation *316*
functional analysis **51**
functional electrical stimulation *62, 357*
functional magnetic resonance imaging *301*
functional observer *29*
FVCOM (Finite Volume Coastal Ocean Model) *24*

【G】

GA (genetic algorithm) *32, 73, 77*
Galerkin method *289*
garbage can model *136*
gas appliance **237**
gas-liquid two-phase flow *125*
gas-solid multi-phase (two-phase) flow *344*
gas turbine *48*

gasifier	48	
gate level simulation	358	
Gauss formula	162	
Gauss-Hermite formula	162	
Gauss-Legendre formula	162	
Gaussian mixture model	281	
Gaussian model	87	
GCM (general circulation model)	201	
Geant4	30	
gear	56	
gene recombination	**7**	
general circulation model	201	
general equilibrium theory	296	
general-purpose computing on graphics processing units	**367**	
generalized gradient approximation	272, 327	
genetic algorithm	32, 73, 77	
genetic recombination	317	
genome	265	
genome browser	265	
geographic information system	42	
geometrically nonlinear problem	286	
geometry data	318	
GFRD (Greens Function Reaction Dynamics) method	376	
GGA (generalized gradient approximation)	272, 327	
Gibbs phenomenon	292	
GIS (geographic information system)	42	
global model	191	
global positioning system	298	
global warming	59, **201**, 266	
Gordon Bell Prize	17	
GPGPU (general-purpose computing on graphics processing units)	**367**	

GPS (global positioning system)	298	
GPU (graphics processing unit)	71	
grain-boundary structure in silicon carbide	**374**	
graph cut	113	
graph drawing	256	
graphics processing unit	71	
gravity	17	
Greens Function Reaction Dynamics method	376	
grid	137	
grid computing	**72**	
grid middleware	**72**	
ground motion	119	
ground vibration	214	
GW approximation	222	

【H】

H_∞ control	262	
H_∞ control problem	369	
H_2 control	262	
H_2 control problem	369	
habitat evaluation procedure	44	
hadron	311	
Hamilton's principle	336	
haptic collaborative virtual environment	**23**	
haptic feedback	152	
hard disk drive	211	
hard magnetic material	122	
Hartree-Fock	304	
HCVE (haptic collaborative virtual environment)	**23**	
head mounted display	38, 293	
head-related transfer function	204, 378	
hearing	**204**	
heat island effect	237	
heat map	265	
heat storage	238	
Hebbian rule	132	

Heisenberg model	115	
Helmholtz equation	32, 336, 350	
Helmholtz resonator	64	
hemodynamic response function	154	
hemodynamics	259	
Hermite interpolation polynomial	312	
Hessian matrix	320	
heterogeneous agent	79	
heuristic	251	
HF (Hartree-Fock)	304	
high-dimensional simulation and visualization	**95**	
high-frequency economic data	**103**	
High Level Architecture (IEEE 1516)	74	
high level radioactive waste	200	
high performance computing	71	
high pressure pipeline	235	
high Reynolds number	93	
high Reynolds number flow	20	
high time-resolved particle image velocimetry	**100**	
high time-resolved PIV	**100**	
Hill's model	69	
histogram	198, 282	
historical demography	354	
history simulation, computational archaeology	**354**	
HLA (High Level Architecture)	74	
HLW (high level radioactive waste)	200	
HMD (head mounted display)	38, 293	
HNN (holographic neural network)	9	
Hodgkin-Huxley equation	263	

hold circuit	329	
holographic interferometry	89	
holographic neural network	9	
homeostasis	**317**	
HPC (high performance computing)	71	
HRF (hemodynamic response function)	154	
HTTP (hypertext transfer protocol)	14	
human-computer interaction	303	
human error	**290**	
human factor	35	
human-in-the-loop simulation	75, 310	
human-machine interface	151, 249	
human-machine system	**249**, 303	
human model	146, **157, 291**	
human reliability analysis	147, 290	
human reliability assessment	290	
hybrid	327	
hybrid-DFT	366	
hybrid simulation	80	
hybrid system	**295**	
hydration reaction	240	
hydrodynamic-ecosystem coupled model	25, 105	
hydrogen evolution reaction	272	
hydrostatic approximation	25, 105	
hyperstream line	223	
hypertext transfer protocol	14	
hypothalamus	317	
hypoxia	25, 105	
hysteresis property	122	

[I]

identity observer	29	
IEEE754	179	
IFR (instrument flight rules)	94	
IGES (initial graphics exchange specification)	342	
ILF (internal loss factor)	230	
ill-posed problem	216	
immersive projection display	362	
immersive projection technology	362	
immunity	364	
implementation shortfall method	131	
implicit method	233	
implicit surface	332	
implicit surface modeling	13	
implicit surface modeling and visualization	13	
importance-driven	193	
importance sampling	245	
impulse ΔV	18	
impurities in GaN	**366**	
IMT-2000 (International Mobile Telecommunications 2000)	85	
in-flight simulator	92	
inclusion	244	
incoherent detection	309	
incompressible viscous flow	82	
independent mobility	225	
Indian Ocean Dipole	202	
indirect measurement	83, 84	
individual, organizational and social	74	
induced value theory	126	
induction-loop device	205	
infection simulation	**53**	
infinite element	336	
information big bang	279	
information graphics	248	
information processing model	151	

information storage technology	**211**	
information visualization	**149**	
information visualization and simulation in human science	**248**	
information visualization for hierarchical structure	**58**	
information visualization for networks	**256**	
information visualization for scientific simulation	**125**	
information visualization for social simulation	**135**	
information visualization of multivariate data	**198**	
information visualization of time-varying data	**118**	
InfoVis (information visualization)	**149**	
infrared data association	275	
infrared radiation	238	
inheritance	30	
initial graphics exchange specification	342	
injury value prediction	128	
instability	34	
instrument flight rules	94	
instrumentation technology	**83**	
insulation	186	
integrate-and-fire model	263	
integrated simulation of living matter	**180**	
intelligent agent approach	313	
inter vehicle communications	**139**	
interaction	265	
interaction of high intensity laser with matter	**90**	
interaction with matter	311	
intercultural literacy	106	
interdependency analysis	310	
interface	14	
interference wave	139	

interferometry 89
Intergovernmental Panel on Climate Change 201, 202
internal loss factor 230
International Mobile Telecommunications 2000 85
interpolating polynomial 312
interpolation 13, 312
interpolation and system of orthogonal polynomials 312
interpolatory quadrature formula 162
interval extension 179
interval inclusion 179
inundation 197
invariant set 340
inventory management 141
inverse dynamic simulation 61
inverse dynamics 73
inverse Fourier transform 292
inverse problem 32, 76, 84
inverse simulation 137
IOD (Indian Ocean Dipole) 202
ion channel 45
ion implantation 270
IOS (individual, organizational and social) 74
IPCC (Intergovernmental Panel on Climate Change) 201, 202
IPD (immersive projection display) 362
IPsec (security architecture for Internet protocol) 252
IPT (immersive projection technology) 362
IrDA (infrared data association) 275
iron loss 122
irregular volume 319
iterative method 99

ITS wireless communications system 139
IVC (inter vehicle communications) 139
iyashi engineering 9

[J]

JI (joint implementation) 266
joint implementation 266

[K]

k-ε model 130
Kármán vortex 347
Kalman filter 49
kansei engineering 52
kansei simulation 52
kansei structuring 52
Karush-Kuhn-Tucker conditions 110
kernel function 231
kinematics 8
KKT conditions 110
knowledge-based 151
knowledge model and knowledge representation 203
kriging 26
Krylov sequence 67
Krylov subspace 356
Kyoto Protocol 266

[L]

Lagrange relaxation method 171
Lagrange interpolation polynomial 312
Lagrangian approach 344
Lagrangian equation 360
lake environment 105
Lanczos method 67
Landauer formula 218
landslide 239
LAPACK (Linear Algebra Package) 356

Laplace equation 350
lapse 290
large data management for visual data mining 283
large eddy simulation 20, 48, 130, 339, 345
large eddy simulation model 276
large scale model 98
large scale simulation/ co-simulation 192
large-scale social simulation 136
laser induced fluorescence 50, 353
laser therapy 352
laser treatment 352
last minute bidding 27
latent heat 238
lava flow 43
LDA (local density approximation) 272, 327
leadership 199
leapfrog method 365
learning 156
least square errors method 26
least square method 83
least squares 77
Legendre polynomial 312
legged robot 315
Leonov model 257
LES (large eddy simulation) 20, 48, 130, 276, 339, 345
LFP (local field potential) 154
LIC (line integral convolution) 308
LIF (laser induced fluorescence) 50, 353
life cycle simulation 173
lifelog 248
light rail vehicle 213
light sheet 167
Lighthill's acoustic analog 347
lightning disaster 47

lightning protection design 47
lightning risk 47
limit equilibrium method 239
limiter 309
line integral convolution 308
line-search 172
line spectrum 299
linear 289
Linear Algebra Package 356
linear compact operator 51
linear-feedback shift register 185
linear fracture mechanics 268
linear long wave theory 208
linear multistep method 148
linear regression model 77, 141
linear system modeling **184**
linear time-invariant 4
link 138
link budget 21
link-level simulation 85
Lipschitz 340
liquefied natural gas 236
lithium ion battery **368**
LLLT (low-level laser therapy) 352
LMI-based control design **369**
LMS algorithm 261
LNG (liquefied natural gas) 236
load calculation 144
local approach to fracture 355
local density approximation 272, 327
local field potential 154
locally-coupled analysis 355
logic circuit 358
logic simulation **358**
logical link control layer 328
logical loop structure 159
logistics management **298**
logistics simulation **297**
long period ground motion 119
long term depression 132

long term evolution 85
long term potentiation 132
longitudinal relaxation 114
Lorentz force 221
Lotka-Volterra equation 81
low-level laser therapy 352
LRV (light rail vehicle) 213
LTD (long term depression) 132
LTE (long-term evolution) 85
LTP (long term potentiation) 132
LU decomposition 356
lubrication 242
Lyapunov stability **340**
Lyapunov stability theorem 184

【M】

M&S (modeling & simulation) 74
Mach-Zehnder interferometer 89
machine element **56**
machine learning 231, **281**
machine learning for analyzing economic and financial data **77**
machining 41, **55**
macrocognition **324**
macromolecular crowding 376
macroscopic model 101
magma 43
magnetic field analysis of motor **331**
magnetic flux line 219
magnetic material modeling **122**
magnetic recording head analysis **116**
magnetic resonance imaging 11, **114**, 178
magnetic semiconductor **123**
magnetic structure **115**

magnetoencephalography **260**
magnetohydrodynamic 40
magnetostatic analysis **172**
Malkov process 147
man-machine interface 66
MANET (mobile ad hoc network) 351
manipulating force ellipsoid 73
manufacturing process design **102**
manufacturing process design software 102
manufacturing system 297
marine accident risk analysis **35**
marine traffic simulation 35
market-oriented program 296
marketing science **321**
Markov chain Monte Carlo 113
MART (multiplicative arithmetic reconstruction technique) 241
Mason 22
materially nonlinear problem 286
mathematical model of neuron **247**
mathematical programming 97, 171, 297
matrix eigenvalue problem **67**
matrix reduction 192
Matthiessen's rule 269
maximum intensity projection 165
maximum likelihood estimation 77
maximum opposite angulation 342
Maxwell equation 15, 220, 260
Maxwell model 257
Maxwell stress tensor method 221
MBD (multibody dynamics) 214, 326

MBS (multibody system)　213
McCulloch-Pitts formal neuron　246
MCMC (Markov chain Monte Carlo)　113
MD (molecular dynamics)　39, 81, 180, 185, 232, 244, 337, 367
mean opinion score　373
mechanical analysis　57
mechanical-electric-chemical conversion　204
mechanical property of muscle　**69**
mechanical simulation of living body and biomaterial　**175**
mechanism (machine design)　57
mechatronics　329
mechatronics and digital control　**329**
media access control layer　328
media synchronization quality　373
medical image　175, 177
medical simulation and volume visualization　**11**
MEG (magnetoencephalography)　**260**
mental workload　151
mesh network　**330**
mesomechanics　244
metabolic biochemical simulation　**194**
metabolic flux　194
metabolic pathway　194
metal forming process of artificial joint made of metallic materials　**155**
metal-oxide-semiconductor field effect transistor　269
method of moments　65, 364
method of moving asymptotes　54

metric　351
MHD (magnetohydrodynamic)　40
Micelle　189
Michaelis-Menten kinetics　194
micro and millimeter wave radio system　**322**
micro fluidic device　323
micro-macro interlocked simulation　295
micro-macro link　136
micro magnetic analysis　116
micro particle image velocimetry　**323**, 343
micro PIV　**323**, 343
micro-pressure wave　215
microcirculation system　177
micromechanics　244
micrometeorology　**276**
microscopic model　101
military simulation　**74**
MIMD (multiple instruction multiple data)　164
MIMO (multiple input multiple output)　328
minimal order observer　29
minimally invasive surgery　23
MIP (maximum intensity projection)　165
mission design　18
mistake　290
mixed layer model　25
mixed reality　113, **293**
MLE (maximum likelihood estimation)　77
MMA method　54
MOA (maximum opposite angulation)　342
mobile ad hoc network　351
mobile robot　**8**
modal analysis　34, 129
modal coordinate　158
modal damping ratio　158
modal density　230

modal method　46
modal parameter　158
model selection　137
modeling　262
modeling & simulation　74
modified Cholesky method　110
modified Lambert-Beer law　68
modulation　309
modulation and demodulation　**309**
molecular computing　**305**
molecular dynamics　39, 81, 180, 185, 232, 244, 337, 367
molecular dynamics simulation by advanced statistical methods　**232**
molecular imaging　76
molecular-molecular interaction　117
molecular orbital　304
molecular orbital method　**304**, 327
Møller-Plesset　304
monitored maintenance　182
monodomain model　45
Monte Carlo method　91, 159, 162, 174, 243, 299
Monte Carlo simulation　234
MOP (market-oriented program)　296
Morse-Smale complex　280
MOS (mean opinion score)　373
mosaic plot　198
MOSFET (metal-oxide-semiconductor field effect transistor)　269
motif　267
motion equation　245
motion of functional electrical stimulation　**62**
motion of spacecraft　**18**
motion parallax　341

motion prediction of human body sustained impacts **146**
MP (Møller-Plesset) 304
MRI (magnetic resonance imaging) 11, **114**, 178
MRI artifact of medical materials **12**
multi-agent simulation 321
multi-agent system 101
multi-dimensional data 125
multi-domain simulation 295
multi-hop wireless network 351
multi modal 153
multi-moment 363
multi-parameter radar 160
multi-physics analysis 116
multi-scale analysis 116
multi-scale and multi-physics simulation 177
multi-wavelength data 17
multibody 146
multibody dynamics 214, **326**
multibody system 213
multichannel sound system 378
multigrid method **325**
multiobjective 153
multipath fading 139
multiple access scheme 1
multiple input multiple output 328
multiple instruction multiple data 164
multiple liner regression analysis 228
multiplicative arithmetic reconstruction technique 241
multispace design model 212
multivariate data 308
musculo-skeletal model 61, 73
musical instrument **46**
mutual performance monitoring 199

[N]

N-body problem 367
nano-material 80
nano/micromechanics **244**
nanomechanics **244**
natural frequency 158
naturalistic decision making 324
Navier-Stokes equations 36
NDM (naturalistic decision making) 324
near infrared light 76
near infrared spectroscopy **68**
near net shape 155
neo-information processing view 187
neoclassical economics 296
Netlogo 22
network 248
network control **254**
network measurement **255**
network service **252**
network simulation **253**
network simulator 2
network structure 118, 125
neural network 26, 66, 231, **246**, 300
neuro-vascular interaction **154**
NEURON 300
neuron 247, 263, 300
neurovascular coupling 154
neutron angular flux 88
neutron transport calculation 88
Newmark β method 336
Newton interpolation formula 312
Newton-Cotes formula 162
Newton-Euler formulation 360
Newton-Kantorovich theorem 51
Newton-Raphson method 172

NN (neural network) 26, 66, 231, **246**, 300
nodal force method 221
node 138, 319, 335
node-link 58
node-link diagram 256
noise of vehicle **129**
non-adiabatic coupling 288
non-adiabatic dynamics simulation **288**
non-equilibrium 20
non-equilibrium Green's function 218
non-invasive neuroimaging 301
non-text information 52
non-uniform rational b-spline 342
nonhydrostatic model 60
nonlinear 289
nonlinear economic dynamics **285**
nonlinear equation **287**
nonlinear fracture mechanics 268
nonlinear optical 352
nonlinear structural analysis **286**
nonlinearity 46
norm of vectors and matrices **306**
normal mode analysis 81
normal science 133
normal state 206
note taking 205
NP-complete problem 298
nuclear fusion **40**
nuclear magnetic resonance 114
nuclear physics **39**
nuclear power generation **86**
nuclear reactor 88
nucleic acid sequence 305
nucleon 39

numerical computation and
    floating-point arithmetic
                                    161
numerical dispersion error   365
numerical integration   *162*
numerical integration method
                                    226
numerical linear algebra   *163*
numerical meteorological
    model   *183*
numerical simulation of sound
    field by FEM   *336*
numerical simulation of sound
    field by finite difference
    time domain method   *365*
numerical solution of
    initial-value problem of
    ordinary differential
    equations   *148*
numerical weather forecasting
    model   240
numerical weather prediction
                                    60
NURBS (non-uniform rational
    b-spline)   342
Nyquist stability criterion 184

[O]

$O(N)$ method   *28*
object orientation   30
object oriented   22
object-oriented technology and
    visualization   30
objective analysis   87
objective function   97
objective structured clinical
    examination   *370*
observable   111
observer   29
obstacle avoidance   8
ocean general circulation
                           36, 59
ocean mesoscale variation   24

OCT (optical coherence
    tomography)   11, *271*
OFDM (orthogonal frequency
    division multiplex)   328
OFDMA (orthogonal
    frequency division
    multiple access)   1, 85
oil-hydraulic system   *333*
OLSR (optimized link state
    routing)   351
ontology   203
open-loop control   6
open shortest path first   253
open systems interconnection
                                252
operating system   14
operational parameter   23
operations research
                        108, 170, 321
optical coherence tomography
                            11, *271*
optical fiber analysis   *274*
optical fiber sensor   169
optical monitoring of biological
    function   68
optical network   *273*
optical property   174
optical property of biological
    tissue   *174*
optical wireless network   *275*
optimal arrangement of vehicle
                                235
optimal filtering   49
optimal regulator   *111*
optimal regulator problem   111
optimization   32, *110*, 296, 359
optimization calculation   73
optimization using response
    surface   26
optimization with sensitivity
    analysis   54
optimized link state routing
                                351

OR (operations research)
                        108, 170, 321
orbital free   327
orbital minimization   28
order book data   103
ordinary differential equation
                                289
organizational simulation *187*
origami engineering   *31*
orthogonal design   26
orthogonal frequency division
    multiple access   1, 85
orthogonal frequency division
    multiplex   328
orthotics   145
OSCE (objective structured
    clinical examination) *370*
oscillation   100
OSI (open systems
    interconnection)   252
OSI reference model   14
OSPF (open shortest path
    first)   253
outbreak control measure   53
overreliance   249
overtrust   249
overturn   213
oxidation   270
oxygen transport dynamics   154

[P]

packet forwarding   14
parallel coordinate plot
                            198, 282
parallel link manipulator   57
parallel updating with conflict
    resolution   313
paramagnetic material   12
parameterization   36
parasitic effect   364
partial differential equation
                        36, 289, 363
partial discharge   186

partial element equivalent circuit method 364
particle dispersion phenomenon **344**
particle image velocimetry 50, 63, 89, 100, **343**
particle-in-cell method 40, 87, 299
particle method 160
particle tracing method 308
particle tracking method 308
particle tracking velocimetry 63
particle velocity 32
passive dynamic vibration absorber **142**
passive measurement 255
passive optical network 273
pathway 265
PAW (projector-augmented wave) 366
PC cluster 137, **371**
PCB (printed circuit board) 364
PCR (polymerase chain reaction) 7
pedestrian dynamics 313
pedestrian flow **313**
PEEC method (partial element equivalent circuit method) 364
peer to peer **372**
PEG (polyethylene Glycol) 189
perception-driven 193
perfectly matched layer 338, 365
period 292
periodic 292
perpendicular magnetic recording 211
person with physical disabilities 145
Petri net 234

phase encoding 114
phase-field method 337
phase modulation 309
phase shift keying 309
photoacoustic 352
photocatalyst design **272**
photochemical 352
photochemical oxidant 191
photomechanical 352
photon diffusion equation 76, 174
photothermal 352
PIC (particle in cell) 40, 87, 299
piezoelectric material 337
pilot induced oscillation 92
pilot rating 92
PIO (pilot induced oscillation) 92
pipe 70
PIV (particle image velocimetry) 50, 63, 89, 100, **343**
plane filling structure 31
planetary gear drive 57
planning 324
plant maintenance 182
plant management **182**
plasma 40, 90, 196
plasma physics **299**
PLM (product lifecycle management) 170
PM (product model) 173
PM (productive maintenance) 182
PML (perfectly matched layer) 338, 365
pneumatic system **70**
point to point 1, 6
Poisson equation 269
polyethylene Glycol 189
polygon mesh 245
polyline chart 118
polymer processing 257

polymerase chain reaction 7
polymorphism 30
POM (Princeton Ocean Model) 24
PON (passive optical network) 273
population dynamics model 44
positioning control **6**
post layout simulation 195
post-process 361
postprocessing 219
postsynaptic potential 260
potential force 245
power law 79, 138
power-law model 206
power system analysis **226**
power system control, simulator **227**
power system stability 226
pragmatics 107
pre-process 361
precision 161
press 41
pressure 100
pressure control 235
pressure sensitive paint / temperature sensitive paint **50**
Princeton Ocean Model 24
principal component analysis 9, 228
principle of instrumentation 84
printed circuit board 364
priority control 254
probability distribution 229
procedural knowledge 203, 250
process system 75
processing system (machining, press, welding) **41**
product lifecycle management 170
product model 173
production line **173**
production management **170**

production planning	171	
productive maintenance	182	
projection cluster technology	225	
projection function	167, 241	
projection image	165	
projector-augmented wave	366	
prosthesis	61, 145	
prosthetic walking	61	
proteomics	302	
protocol	14	
protocols in the Internet	14	
pseudo-haptics	264	
pseudo-random number	185	
PSK（phase shift keying）	309	
PSP/TSP（pressure sensitive paint / temperature sensitive paint）	50	
psychological evaluation	9	
PTP（point to point）	1, 6	
PTV（particle tracking velocimetry）	63	
public key cryptosystem	305	
pulverized coal-fired boiler	48	
pump	333	
pyroclastic flow	43	
P2P（peer to peer）	372	

[Q]

QFD（quality function deployment）	181	
QoE（quality of experience）	373	
QOL（quality of life）	61, 225	
QoS（quality of service）	139, 254, 373	
QoS/QoE assessment	373	
quality	359	
quality at market	359	
quality by design	359	
quality function deployment	181	
quality of experience	373	
quality of life	61, 225	
quality of service	139, 254, 373	
quantitative finance	103	
quantitative forecasting	208	
quantum chemistry	180	
quantum chemistry calculation	81	
quantum chromodynamics	349	
quantum effect	80	
quark	39	
queueing theory	243	

[R]

radiation	20	
radiation transport	311	
radio link design	322	
radio on free-space optics	275	
radio propagation estimation	322	
RAID（redundant arrays of independent disks）system	211	
railway accident risk analysis	213	
railway aerodynamics	215	
railway structure problem	214	
random sequential updating	313	
random sparse matrix	37	
random waypoint model	2	
RANS（Reynolds averaged Navier-Stokes）	345	
RANS（Reynolds averaged Navier-Stokes）equations	339	
RANS（Reynolds averaged Navier-Stokes）model	48, 130	
rating scale method	373	
Rayleigh-Ritz procedure	67	
reactor physics	86, 88	
real environment	293	
real-time characteristic	139	
real-time simulator	227	
realized volatility	103	
redundant arrays of independent disks	211	
reflectance model	113	
reflection	166	
reflection in action	181	
region of interest	125	
regional model	191	
Regional Ocean Modeling System	24	
register transfer level simulation	358	
regular volume	319	
regularization	84	
rehabilitation	314	
rehabilitation using rowing motion	357	
reinforcement learning	77, 296	
relative error	161	
relevance theory	107	
reliability analysis	159	
rendering	13	
Repast	22	
repetitive control	6	
replanning	324	
representative agent	79	
request to send/ clear to send	328	
resin transfer molding	294	
response surface	26	
restriction enzyme	305	
reverse engineering	342	
reverse spiral cylindrical origami structure	31	
reweighting	232	
Reynolds averaged Navier-Stokes	345	
Reynolds averaged Navier-Stokes analysis	20	
Reynolds averaged Navier-Stokes equations	339	
Reynolds averaged Navier-Stokes model	48, 130	

Reynolds equation 82
Reynolds number 82
Reynolds stress model 130
ride quality 214
Riemann invariant 363
rigid body 18
rigid link model 73
rigid origami 31
RIP (routing information protocol) 351
river environment 44
road to vehicle communication 139
robot for walking rehabilitation **314**
robot manipulator **360**
robust design **359**
robust stability 262
robustness 176
RoFSO (radio on free-space optics) 275
ROI (region of interest) 125
rollover 236
ROMS (Regional Ocean Modeling System) 24
rotary wing 93
rotating machinery 34
rough set 348
rounding mode 161
rounding to the nearest 161
Routh-Hurwitz stability criterion 184
routing 14, 351
routing analysis **351**
routing control 254
routing information protocol 351
routing method 2
routing protocol 253
RTL (register transfer level) simulation 358
RTM (resin transfer molding) 294

RTS/CTS (request to send/clear to send) 328
rule-based 151
rule-based model 285
rule-based modeling 112
Runge-Kutta method 148
running safety 214
RVC (road to vehicle communication) 139

[S]

sagittal plane 315
saliency-driven 193
salt damage 240
sampling 329
sampling distribution 229
sampling point 332
SAO (sequential approximate optimization) 54
satellite link **21**
SBML (systems biology markup language) 112
scalability 71, 193, 372
scalar field 13
scalar massively parallel processor **164**
scalar volume data 165
scale-free network 138
scanner data 103
scatter diagram 198
scattering wave function 218
SCF (self-consistent field) 304
Schrödinger equation **350**
Schur decomposition 67
science of design 212
scientific visualization 149
SciVis (scientific visualization) 149
SCM (supply chain management) 297
SD (system dynamics) 121, 136, 321
SEA (statistical energy analysis) **230**

search advertising 27
second Rayleigh integral 224
secure socket layer 252
security 135
security architecture for Internet protocol 252
SED (strain energy density) 175
sediment disaster **239**
SEDRIS (Synthetic Environmental Data Representation & Interchange Specification) 74
seismic hazard map 119
seismic isolation 64
selective attention 251
self-consistent field 304
self-driven particle 313
self-interaction correction 366
self-organizing 80
self-organizing map 246, 281, 283, 348
semantic differential method 152
semiclosed-loop control 6
semiconductor device simulation **269**
semiconductor process simulation **270**
semiconductor spintronics 123
senior simulator and prosthesis simulator **145**
sense of touch device 10, **152**
sensemaking 324
sensible heat 238
sensitivity 97
sensitivity analysis 176
sequence 267
sequence analysis **267**
sequence similarity search 267
sequential approximate optimization 54
service engineering **108**

SFD (stock-flow diagram)	121	
SGS model	339	
shallow water equation	44	
shallow water theory	208	
Shortley-Weller finite difference	334	
SIC (self-interaction correction)	366	
sign language	205	
signal transduction	**117**	
SIMD (single instruction multiple data)	164, 307	
simple mail transfer protocol	14	
simulated experience	264	
simulation	326	
simulation and virtual reality / Earth Simulator	**134**	
simulation for emergency response and preparedness	**310**	
Simulation Program with Integrated Circuit Emphasis	37, 364	
simulation technology and society	**133**	
simulation tool for statistics education	**229**	
simulator for medical education	**10**, 166, 370	
simultaneous engineering	210	
simultaneous measurement	50	
single instruction multiple data	164, 307	
single photon emission computed tomography	11	
single-stage-to-orbit	16	
singular perturbation	347	
sink	121	
situation awareness	291, 303	
skill-based	151	
skills lab	10	
slab method	188	
slab model	217	
slice image	165	
slip	290	
slip line field method	188	
slope failure	239	
slotted ALOHA	1	
smart structure and material	**169**	
SMARTWAY	139	
Smoldyn	376	
smoothed particle hydrodynamics	367	
SMTP (simple mail transfer protocol)	14	
snow and ice disaster	**183**	
snow avalanche dynamics model	183	
SNS (social network service)	252	
SOARS	22	
Sobolev space	51	
Sobolev space and numerical analysis	**190**	
social decision-making	133	
social network	**138**	
social network service	252	
social system simulation	**136**	
socio-technical system	291	
soft magnetic material	122	
softmaterial	**189**	
solar wind	**196**	
solid borne	129	
solid mechanics	177	
solid state drive	211	
SOM (self-organizing map)	246, 281, 283, 348	
somatic sensation	152	
sonic boom	93	
sonic conductance	70	
sound absorbing material	64	
sound absorbing/damping structure	**64**	
sound absorption coefficient	64	
sound pressure	32	
sound source exploration	32	
source	121	
source-filter theory	33	
SP (standardized patient)	370	
space-filling	58	
space-filling structure	31	
spacecraft thermal and structural technology	**19**	
Spatiocyte	376	
SPC (statistical process control)	283	
special-purpose computer	**185**	
SPECT (single photon emission computed tomography)	11	
spectral radius	306	
speech synthesis	**33**	
SPEEDI	310	
SPH (smoothed particle hydrodynamics)	367	
SPICE (Simulation Program with Integrated Circuit Emphasis)	37, 364	
spike-timing dependent synaptic plasticity	132	
spiral wave reentry	45	
spline interpolation	312	
sports engineering	**168**	
spring embedder model	256	
SSD (solid state drive)	211	
SSL (secure socket layer)	252	
SSTO (single-stage-to-orbit)	16	
stability	**4**	
stability analysis	34, 176	
stability of rotating machinery, coupled system of shaft, bearing and casing	**34**	
stabilizable	111	
staggered grid	365	
stand-alone	23	
standard for the exchange of product model data	342	
standardized patient	370	
state equation	4, 184, 262	

state machine model 147
state transition model 147
state transition probability 53
static collaboration 66
static model 112
statistical energy analysis 230
statistical learning machine 231
statistical process control 283
statistical safety evaluation method 86
statistics 228
steady state 176
Stella/iThink 121
STEP (standard for the exchange of product model data) 342
stereo PIV 167, 343
stereoscopic particle image velocimetry 167, 343
stereoscopic vision 341
stiff system 148
still image 95
stochastic differential equation 332
stock 121
stock-flow diagram 121
storm surge disaster 197
strain energy density 175
stress intensity factor 268
stress shielding 175
strong coupling analysis 192
structural integrity 96
structural mechanics 96
structural optimal design 97
structural simulation 7
structural simulation of automobile 128
structure 96
structure analysis simulation and volume visualization 98
structure of aircraft 91
structured volume 319

sub mesoscale variation 24
subgrid scale model 339
subsystem 230
super cell 217
supercell 374
superconducting maglev system 207
superconducting magnet 207
superconducting state 206
supervisory control 249
supply chain 78, 141
supply chain management 297
support vector machine 231
surface 242
surface integrity 55
surface rendering 165
surge 47
susceptibility artifact 12
SVM (support vector machine) 231
Swarm 22
switch level simulation 358
synapse 132
synaptic connection 247
synaptic plasticity 132
synthesis 181
Synthetic Environmental Data Representation & Interchange Specification 74
system dynamics 121, 136, 321
system-level simulation 85
system of linear equations 163, 325, 356
system of orthogonal polynomials 312
system thinking 121
systematic error 83
systems-based drug design 120
systems biology 120
systems biology markup language 112
systems chemistry 120

【T】

T.L.F (total Lagrangian formulation) 286
Taguchi method 359
tank model 160
target level of safety 94
TCP/IP (transmission control protocol/Internet protocol) 14, 253
TDDFT (time-dependent density functional theory) 90, 222, 288
TDMA (time division multiple access) 1, 85
team and group model 199
team orientation 199
team work 199
technology of plasticity 188
TED (transient enhanced diffusion) 270
telecommunication networks during disasters 109
temperature 353
texture synthesis 308
The Earth Simulator 36
the elderly 145
theory of constraint-induced 171
thermal diffusion 270
thermal environment 237
thermal power generation 48
thin layered element method 214
thinking CAE 153
three-dimensional sound 378
three-point finite difference 334
tick data 103
tie 138
tiled display 284
time-dependent density functional theory 90, 222, 288

time-dependent Schrödinger equation 90, 350
time division multiple access 1, 85
time series 95
time stamp 23
time-temperature superposition principle 257
time-varying data 125
time-weighted average price 131
timing simulation **195**
timing verification 195
TLS (target level of safety) 94
TMD (tuned mass damper) 142
tomo PIV **241**, 343
tomographic particle image velocimetry **241**, 343
tomography 255
toolkit for agent-based social simulation **22**
Top Runner Program 143
topological analysis **280**
Top500 307
total Lagrangian formulation 286
total logistics 297
total quality management 359
total traffic volume 109
TQM (total quality management) 359
tracer particle 167
traffic accident risk analysis **127**
traffic analysis **243**
traffic simulation **101**
training simulator **75**
transfer function 4, 184
transformer 186
transient enhanced diffusion 270
transient response analysis 233

transmission and distribution equipment **186**
transmission characteristics estimation 322
transmission control protocol/Internet protocol 14, 253
transmission-line modeling 224
transmission-line modeling method for wave field synthesis **224**
transport and transformation of air-pollutants **191**
transport equation 269
transverse relaxation 114
traveling salesman problem 298
tree method 185
tree structure 118, 125
trend 135
trial and error 166
triangulation 335
tribology **242**
troidal continuously variable transmission 57
troidal CVT 57
truncation error 334
TSP (traveling salesman problem) 298
TSTO (two-stage-to-orbit) 16
tsunami 197
tsunami and its disaster **208**
tuned mass damper 142
tunnel sonic boom 207
turbo coding 3
turbulence and turbulent combustion **339**
turbulent combustion 237
turbulent diffusion 87
turbulent diffusion model 183
turbulent phenomenon 82
turbulent transport 40
TWAP (time-weighted average price) 131
two body problem 18

two-stage-to-orbit 16

【U】

U.L.F (updated Lagrangian formulation) 286
ultrasound therapy 177
uncertainty 83, 91
uncoupled analysis 355
underground environment **200**
unit load 298
updated Lagrangian formulation 286
urban climatology **238**
urban structure 53
user interaction 150
user interaction in information visualization **150**
utilization of renewable energy resources **124**

【V】

VANET (vehicular ad-hoc network) 2
variable stability airplane 92
vector 7
vector parallel computer **307**
vector register 307
vector-wave analysis 274
vehicular ad-hoc network 2
Vensim 121
Verification, Validation & Accreditation 74
verified numerical computation **179**
vertex 138
vibration control 142
vibration isolation 64
vibration mode **158**
video avatar 38, 284
virtual computer 72
virtual development 210
virtual environment 293, 326
virtual heart **45**
virtual manufacturing 173

virtual market	296	
virtual organization	72	
virtual private network	252	
virtual reality	75, 91, **264**, 293, 362	
virtual reality in CAD/CAE	***361***	
Virtual Surge Testing Lab.	47	
visco-elasticity	257	
visible light communication	275	
visual analytics	149, **278**	
visual data mining	**279**	
visual data mining and statistical analysis	**282**	
visual data mining in astronomy	17	
visual data mining in bioinformatics	**265**	
visual data mining in fluid dynamics	**348**	
visual information processing	**113**	
visual thinking	153	
visualization discovery process	279	
visualization for scalar volume data	**165**	
visualization for tensor volume data	**223**	
visualization for vector volume data	**308**	
visualization of large-scale volume data	**193**	
visualization of sound field and acoustic intensity	**32**	
visualization provenance management	278	
Viterbi decoding	3	
VLC（visible light communication）	275	
VOC（volatile organic compounds）	200	

vocal folds	33, 178	
vocal tract	33, 178	
vocal tract acoustics	**178**	
Voigt model	257	
volatile organic compounds	200	
volcanic eruption disaster	**43**	
volcanic plume	43	
voltage stability	226	
volume data	318, **319**	
volume rendering	165, 193, 332	
volume visualization	**318**	
volume visualization in computer fluid dynamics	***346***	
volume visualization in electro-magnetic field analysis	**219**	
volume-weighted average price	131	
volumetric display	219	
voxel	180	
voxel FEM	316	
VPN（virtual private network）	252	
VR（virtual reality）	75, 91, **264**, 293, 362	
VSTL（Virtual Surge Testing Lab.）	47	
VV&A（Verification, Validation & Accreditation）	74	
VWAP（volume-weighted average price）	131	

【W】

W-CDMA（wideband code division multiple access）	85	
walking robot	**315**	
Wang-Landau method	232	
war gaming	74	
warehouse management system	298	

wave equation	178, 224	
wave field synthesis	224, 378	
wavelength division multiplexing	275	
WDM（wavelength division multiplexing）	275	
weak coupling analysis	192	
weak form	335	
wear	242	
weather prediction	**60**	
Weber-Fechner's law	251	
Weibull distribution	159	
weight	162	
welding	41	
WFS（wave field synthesis）	224, 378	
wheelchair propulsion	**73**	
Whitney element	15	
wide area Ethernet	252	
wideband code division multiple access	85	
Wiener-Khinchin theorem	271	
wind-driven current	105	
wireless local area network	**328**, 330	
WMS（warehouse management system）	298	
world Englishes	106	

【X】

X-ray computed tomography	11, 216	

【Z】

zero-intelligence	27	

【数字】

3D origami	31	
3D-structure	265	
4 dimensional variational method	60	
6 axis motion base	225	

シミュレーション辞典
Simulation Dictionary

ⓒ 一般社団法人 日本シミュレーション学会　2012

2012 年 2 月 27 日　初版第 1 刷発行　　　　　　　　　★
2013 年 6 月 15 日　初版第 2 刷発行

検印省略	編　者	一般社団法人 日本シミュレーション学会
	発行者	株式会社　コロナ社
	代表者	牛来真也
	印刷所	三美印刷株式会社

112-0011　東京都文京区千石 4-46-10
発行所　株式会社　コロナ社
CORONA PUBLISHING CO., LTD.
Tokyo Japan
振替 00140-8-14844・電話(03)3941-3131(代)
ホームページ http://www.coronasha.co.jp

ISBN 978-4-339-02458-6　　（新宅）　（製本：牧製本印刷）G
Printed in Japan

本書のコピー，スキャン，デジタル化等の無断複製・転載は著作権法上での例外を除き禁じられております。購入者以外の第三者による本書の電子データ化及び電子書籍化は，いかなる場合も認めておりません。

落丁・乱丁本はお取替えいたします

生物工学ハンドブック

内容見本進呈

日本生物工学会 編
B5判／866頁／定価29,400円／上製・箱入り

- ■ 編集委員長　塩谷　捨明
- ■ 編　集　委　員　五十嵐泰夫・加藤　滋雄・小林　達彦・佐藤　和夫
  （五十音順）　澤田　秀和・清水　和幸・関　　達治・田谷　正仁
  　　　　　　　土戸　哲明・長棟　輝行・原島　　俊・福井　希一

21世紀のバイオテクノロジーは，地球環境，食糧，エネルギーなど人類生存のための問題を解決し，持続発展可能な循環型社会を築き上げていくキーテクノロジーである。本ハンドブックでは，バイオテクノロジーに携わる学生から実務者までが，幅広い知識を得られるよう，豊富な図と最新のデータを用いてわかりやすく解説した。

主要目次

I編：生物工学の基盤技術　　生物資源・分類・保存／育種技術／プロテインエンジニアリング／機器分析法・計測技術／バイオ情報技術／発酵生産・代謝制御／培養工学／分離精製技術／殺菌・保存技術

II編：生物工学技術の実際　　醸造製品／食品／薬品・化学品／環境にかかわる生物工学／生産管理技術

本書の特長

- ◆ 学会創立時からの，醸造学・発酵学を基礎とした醸造製品生産工学大系はもちろん，微生物から動植物の対象生物，醸造飲料・食品から医薬品・生体医用材料などの対象製品，遺伝学から生物化学工学などの各方法論に関する幅広い展開と広大な対象分野を網羅した。
- ◆ 生物工学のいずれかの分野を専門とする学生から実務者までが，生物工学の別の分野（非専門分野）の知識を修得できる実用書となっている。
- ◆ 基本事項を明確に記述することにより，長年の使用に耐えられるようにし，各々の研究室等における必携の書とした。
- ◆ 第一線で活躍している約240名の著者が，それぞれの分野の研究・開発内容を豊富な図や重要かつ最新のデータにより正確な理解ができるよう解説した。

定価は本体価格+税5％です。
定価は変更されることがありますのでご了承下さい。

図書目録進呈◆

新版 ロボット工学ハンドブック

日本ロボット学会 編
（B5判／1,154頁／定価33,600円）
CD-ROM付

編集委員長　増田良介（東海大学）

刊行のことば

　「ロボット工学ハンドブック」が刊行されてからすでに15年が経過しようとしています。ロボット工学の分野はこの間飛躍的な進歩を遂げてきており，このたび，現代のロボット工学・技術に対応すべく全面的に改訂を行った「新版ロボット工学ハンドブック」を刊行することになりました。旧版の発行より十年余の間にヒューマノイドロボット，ペットロボット，福祉ロボットなどが登場し，加藤一郎前委員長の予測が徐々に現実のものとなりつつあります。これはコンピュータをはじめとする関連技術の進歩もありますが，ロボット研究者・技術者のたゆまぬ地道な努力に支えられたものにほかなりません。そして「ロボット工学ハンドブック」もその発展の一助になってきたと考えられます。

　本ハンドブックは旧版と同様に，専門家だけでなく幅広い読者を対象としたものです。そしてロボットの専門分野とともに学際的な知識が得られるように配慮して構成し，今後の発展が期待されるロボットの先進的な分野や応用分野についてもできる限り網羅的に収録しています。本書は，ロボットに関連するあらゆる分野のさらなる発展に資することが期待されます。

主要目次

〔**第1編:基礎**〕ロボットとは／数学基礎／力学基礎／制御基礎／計算機科学基礎，〔**第2編:要素**〕センサ／アクチュエータ／動力源／機構／材料，〔**第3編:ロボットの機構と制御**〕総論／アームの機構と制御／ハンドの機構と制御／移動機構，〔**第4編:知能化技術**〕視覚情報認識／音声情報処理／力触覚認識／センサ高度応用／プラニング／自律移動，〔**第5編:システム化技術**〕ロボットシステム／モデリングとキャリブレーション／ロボットコントローラ／ロボットプログラミング／シミュレーション／操縦型ロボット／ヒューマンインタフェース／ロボットと通信システム／ロボットシステム設計論／分散システム／ロボットの信頼性,安全性,保全性,人間共存性，〔**第6編:次世代基盤技術**〕ヒューマノイドロボット／マイクロロボティクス／バイオロボティクス，〔**第7編:ロボットの製造業への適用**〕インダストリアル・エンジニアリング／製造業におけるロボット応用／各種作業とロボット／ロボットを取り巻く法律等，〔**第8編:ロボット応用システム**〕製造業以外の分野へのロボット応用／医療用ロボット／福祉ロボット／特殊環境・特殊作業への応用／研究・教育への応用，〔**資料**〕

本書の特長

　1990年版発行から十余年のロボット関連の研究・開発・応用の進展に対応するため，350ページ増を含めて全面改訂／ヒューマノイドロボット,マイクロ・ナノロボット,医療・福祉ロボットなど新しいテーマについて解説を収録／ロボット応用(製造業)では経営システム工学の専門家の協力を得て生産管理の面から応用まで体系的に解説／各編の内容を10ページに要約して紹介し,ハンドブック全体の内容を短時間に把握可能として使いやすさを実現／ハンドブックを起点に発展的に活用できるよう参考文献を充実／CD-ROMに本文で紹介の写真・図や関連の動画とともに,詳細目次・索引,1500語の英日対応用語集などを収録し,多岐に利用できるようにした。

定価は本体価格+税5％です。
定価は変更されることがありますのでご了承下さい。

図書目録進呈◆

エネルギー便覧

（資源編）（プロセス編）

社団法人日本エネルギー学会 編
編集委員長：請川 孝治（(独)産業技術総合研究所・理事）

★ 資　源　編：B5判／334頁／定価 9,450円 ★
★ プロセス編：B5判／850頁／定価24,150円 ★

刊行にあたって

　21世紀を迎えてわれわれ人類のさらなる発展を祈念するとき，自然との共生を実現することの難しさを改めて感じざるをえません。近年，アジア諸国をはじめとする発展途上国の急速な経済発展に伴い，爆発的な人口の増加が予想され，それに伴う世界のエネルギー需要の増加が予想されます。
　石炭・石油などの化石資源に支えられた20世紀は，われわれに物質的満足を与えてくれた反面，地球環境の汚染を引き起こし地球上の生態系との共存を危うくする可能性がありました。
　21世紀におけるエネルギー技術は，量の確保とともに地球に優しい質の確保が不可欠であります。同時に，エネルギーをいかに上手に使い切るか，いわゆる総合エネルギー効率をどこまで向上させられるかが重要となります。
　（旧）〔燃料協会時代に刊行された『燃料便覧』は発刊後すでに20年を経過し，目まぐるしく変化する昨今のエネルギー情勢のなかで，その存在価値が薄れつつあります。しかしながら，エネルギー問題は今後ますますその重要性を高めると考えられ，今般，現在のエネルギー情勢に適応した便覧を刊行することになりました。
　本エネルギー便覧は，「資源編」と「プロセス編」の2分冊とし，エネルギー分野でご活躍の第一線の技術者・研究者のご協力により，「わかりやすい便覧」を作成いたしました。皆様の座右の書として利用していただけるものであると自負しております。
　最後に，本書が学術・産業の発展はもとより，エネルギー・環境問題の解決にいささかでも寄与できることを祈念します。

主要目次

【資源編】

Ⅰ．総　論〔エネルギーとその価値／エネルギーの種類とそれぞれの特徴／2次エネルギー資源と2次エネルギーへの転換／エネルギー資源量と統計／資源と環境からみた各種非再生可能エネルギーの特徴／エネルギー需給の現状とシナリオ／エネルギーの単位と換算〕

Ⅱ．資　源〔石油類／石炭／天然ガス類／水力／地熱／原子力（核融合を含む）／再生可能エネルギー／廃棄物〕

【プロセス編】

石油／石炭／天然ガス／オイルサンド／オイルシェール／メタンハイドレート／水力発電／地熱／原子力／太陽エネルギー／風力エネルギー／バイオマス／廃棄物／火力発電／燃料電池／水素エネルギー

定価は本体価格+税5％です。
定価は変更されることがありますのでご了承下さい。

図書目録進呈◆

コロナ社創立80周年記念出版〔創立1927年〕

電気鉄道ハンドブック

電気鉄道ハンドブック編集委員会 編　**内容見本進呈**
B5判／1,002頁／定価31,500円／上製・箱入り

監修代表：持永芳文（(株)ジェイアール総研電気システム）
監　　修：曽根　悟（工学院大学），望月　旭（(株)東芝）
編集委員：油谷浩助（富士電機システムズ(株)），荻原俊夫（東京急行電鉄(株)）
（五十音順）水間　毅（(独)交通安全環境研究所），渡辺郁夫（(財)鉄道総合技術研究所）
（編集委員会発足時）

21世紀の重要課題である環境問題対策の観点などから，世界的に個別交通から公共交通への重要性が高まっている。本書は電気鉄道の技術発展に寄与するため，電気鉄道技術に関わる「電気鉄道技術全般」をハンドブックにまとめている。

【目　次】

1章　総　論
電気鉄道の歴史と電気方式／電気鉄道の社会的特性／鉄道の安全性と信頼性／電気鉄道と環境／鉄道事業制度と関連法規／鉄道システムにおける境界技術／電気鉄道における今後の動向

2章　線路・構造物
線路一般／軌道構造／曲線／軌道管理／軌道と列車速度／脱線／構造物／停車場・車両基地／列車防護

3章　電気車の性能と制御
鉄道車両の種類と変遷／車両性能と定格／直流電気車の速度制御／交流電気車の制御／ブレーキ制御

4章　電気車の機器と構成
電気車の主回路構成と機器／補助回路と補助電源／車両情報・制御システム／車体／台車と駆動装置／車両の運動／車両と列車編成／高速鉄道／電気機関車／電源搭載式電気車両／車両の保守／環境と車両

5章　列車運転
運転性能／信号システムと運転／運転時隔／運転時間・余裕時間／列車群計画／運転取扱い／運転整理／運行管理システム

6章　集電システム
集電システム一般／カテナリ式電車線の構成／カテナリ式電車線の特性／サードレール・剛体電車線／架線とパンタグラフの相互作用／高速化／集電系騒音／電車線の計測／電車線路の保全

7章　電力供給方式
電気方式／直流き電回路／直流き電用変電所／交流き電回路／交流き電用変電所／帰線と誘導障害／絶縁協調／電源との協調／電灯・電力設備／電力系統制御システム／変電設備の耐震性／変電所の保全

8章　信号保安システム
信号システム一般／列車検知／間隔制御／進路制御／踏切保安装置／信号用電源・信号ケーブル／信号回路のEMC/EMI／信頼性評価／信号設備の保全／新しい列車制御システム

9章　鉄道通信
鉄道と通信網／鉄道における移動無線通信

10章　営業サービス
旅客営業制度／アクセス・乗継ぎ・イグレス／旅客案内／付帯サービス／貨物関係情報システム

11章　都市交通システム
都市交通システムの体系と特徴／路面電車の発展とLRT／ゴムタイヤ都市交通システム／リニアモータ式都市交通システム／ロープ駆動システム・急こう配システム／無軌条交通システム／その他の交通システム・都市交通の今後の動向

12章　磁気浮上式鉄道
磁気浮上式鉄道の種類と特徴／超電導磁気浮上式鉄道／常電導磁気浮上式鉄道

13章　海外の電気鉄道
日本の鉄道の位置づけ／海外の主要鉄道／海外の注目すべき技術とサービス／電気車の特徴／電力供給方式／列車制御システム／貨物鉄道

定価は本体価格+税5％です。
定価は変更されることがありますのでご了承下さい。

図書目録進呈◆

カーボンナノチューブ・グラフェンハンドブック

フラーレン・ナノチューブ・グラフェン学会 編
B5判／368頁／定価10,500円／箱入り上製本

監　　修：飯島　澄男，遠藤　守信
委 員 長：齋藤　弥八
委　　員：榎　敏明，斎藤　晋，齋藤理一郎，
（五十音順）　篠原　久典，中嶋　直敏，水谷　孝
（編集委員会発足時）

　本ハンドブックでは，カーボンナノチューブの基本的事項を解説しながら，エレクトロニクスへの応用，近赤外発光と吸収によるナノチューブの評価と光通信への応用の可能性を概観。最近嘱目のグラフェンやナノリスクについても触れた。

【目　次】

1. CNTの作製
   1.1 熱分解法／1.2 アーク放電法／1.3 レーザー蒸発法／1.4 その他の作製法
2. CNTの精製
   2.1 SWCNT／2.2 MWCNT
3. CNTの構造と成長機構
   3.1 SWCNT／3.2 MWCNT／3.3 特殊なCNTと関連物質／3.4 CNT成長のTEMその場観察／3.5 ナノカーボンの原子分解能TEM観察
4. CNTの電子構造と輸送特性
   4.1 グラフェン，CNTの電子構造／4.2 グラフェン，CNTの電気伝導特性
5. CNTの電気的性質
   5.1 SWCNTの電子準位／5.2 CNTの電気伝導／5.3 磁場応答／5.4 ナノ炭素の磁気状態
6. CNTの機械的性質および熱的性質
   6.1 CNTの機械的性質／6.2 CNT撚糸の作製と特性／6.3 CNTの熱的性質
7. CNTの物質設計と第一原理計算
   7.1 CNT，ナノカーボンの構造安定性と物質設計／7.2 強度設計／7.3 時間発展計算／7.4 CNT大規模複合構造体の理論
8. CNTの光学的性質
   8.1 CNTの光学遷移／8.2 CNTの光吸収と発光／8.3 グラファイトの格子振動／8.4 CNTの格子振動／8.5 ラマン散乱スペクトル／8.6 非線形光学効果
9. CNTの可溶化，機能化
   9.1 物理的可溶化および化学的可溶化／9.2 機能化
10. 内包型CNT
    10.1 ピーポッド／10.2 水内包SWCNT／10.3 酸素など気体分子内包SWCNT／10.4 有機分子内包SWCNT／10.5 微小径ナノワイヤー内包CNT／10.6 金属ナノワイヤー内包CNT
11. CNTの応用
    11.1 複合材料／11.2 電界放出電子源／11.3 電池電極材料／11.4 エレクトロニクス／11.5 フォトニクス／11.6 MEMS，NEMS／11.7 ガスの吸着と貯蔵／11.8 触媒の担持／11.9 ドラッグデリバリーシステム／11.10 医療応用
12. グラフェンと薄層グラファイト
    12.1 グラフェンの作製／12.2 グラフェンの物理／12.3 グラフェンの化学
13. CNTの生体影響とリスク
    13.1 CNTの安全性／13.2 ナノカーボンの安全性

定価は本体価格+税5％です。
定価は変更されることがありますのでご了承下さい。

図書目録進呈◆

工学分野を横断する制振技術の集大成！

制振工学ハンドブック

制振工学ハンドブック編集委員会 編／B5判／1,272頁／定価36,750円（上製・箱入り）

[内 容]

本書は振動・音響工学における制振機能の役割について，多くの分野から具体的事例を取り入れ解説した。どのような振動・音響問題に対して制振は有効か，また効果が出にくい条件はなにかなどについてわかりやすく体系的にまとめた。

[主要目次]

1．**基礎理論**（総論／制振とその機能／ミクロの制振機構／マクロの制振機構／いろいろな制振機構／制振の基本モデルと数式的表現／動的モデルにおける制振の挙動）2．**制振材料**（総論／高分子系制振材料／制振金属・合金／制振鋼板／インテリジェント材料）3．**計測技術**（総論／制振特性／吸音・遮音特性／動吸振器特性／数値解析パラメータ計測・評価技術／計測・評価装置）4．**解析・適用技術**（総論／解析技術／実験的解析技術／構造系の振動低減への適用技術／音響系・流体系の騒音低減への適用技術／適用技術の考え方／具体的適用事例／アクティブ制御）5．**利用技術**（総論／産業別制振技術の適用）6．**基礎資料**（総論／研究の動き／基準・規格／法規／材料のデータベース／構造集）

塑性加工全般を網羅した！

塑性加工便覧 [CD-ROM付]

日本塑性加工学会 編／B5判／1,194頁／定価37,800円

[まえがき（抜粋）]

塑性加工分野の学問・技術に関する膨大かつ貴重な資料を，学会の分科会で活躍中の研究者，技術者から選定した執筆者が，機能的かつ利便性に富むものとして役立て，さらにその先を読み解く資料へとつながる役割を持つように記述した。

[主要目次]

総論／圧延／押出し／引抜き加工／鍛造／転造／せん断／板材成形／曲げ／矯正／スピニング／ロール成形／チューブフォーミング／高エネルギー速度加工法／プラスチックの成形加工／粉末／接合・複合／新加工／特殊加工／加工システム／塑性加工の理論／材料の特性／塑性加工のトライボロジー

定価は本体価格＋税5％です。
定価は変更されることがありますのでご了承下さい。

図書目録進呈◆